· 数据科学与商务智能系列 ·

Optimization in Operations Research

2nd Edition

运 筹 学

（原书第2版）

[美]　罗纳德 L.拉丁（Ronald L.Rardin）　著

肖勇波　梁湧◎译

U0191038

机械工业出版社
CHINA MACHINE PRESS

图书在版编目（CIP）数据

运筹学（原书第 2 版）/（美）罗纳德 L. 拉丁（Ronald L. Rardin）著；肖勇波，梁湧译 .
—北京：机械工业出版社，2018.6（2024.1 重印）
（数据科学与商务智能系列）
书名原文：Optimization in Operations Research

ISBN 978-7-111-60033-6

I. 运⋯ II. ①罗⋯ ②肖⋯ ③梁⋯ III. 运筹学 – 高等学校 – 教材 IV. O22

中国版本图书馆 CIP 数据核字（2018）第 096993 号

北京市版权局著作权合同登记 图字：01-2018-0564 号。

Ronald L.Rardin. Optimization in Operations Research，2nd Edition.
ISBN 978-0-13-438455-9
Copyright © 2017 by Pearson Education, Inc.
Simplified Chinese Edition Copyright © 2017 by China Machine Press.
Published by arrangement with the original publisher, Pearson Education, Inc. This
edition is authorized for sale and distribution in the Chinese mainland (excluding Hong Kong
SAR, Macao SAR and Taiwan).
All rights reserved.

本书中文简体字版由 Pearson Education（培生教育出版集团）授权机械工业出版社在中国大陆地区（不包括香港、澳门特别行政区及台湾地区）独家出版发行。未经出版者书面许可，不得以任何方式抄袭、复制或节录本书中的任何部分。

本书封底贴有 Pearson Education（培生教育出版集团）激光防伪标签，无标签者不得销售。

本书宗旨是给不同学科背景的读者提供运筹学学习的全面指南。本书涵盖运筹学的全部内容（整数、非整数算法，网络编程，动态数学建模等），加入了众多主题和案例，每种算法和分析都配有一个小故事和计算练习。

修订版本提升了本书作为本科生教材的难度，与研究生阶段的内容衔接更为紧密，同时又可作为研究、专业人员的自学和参考用书。本书已被普渡大学、加州大学欧文分校、华盛顿大学等高校采用。

出版发行：机械工业出版社（北京市西城区百万庄大街 22 号 邮政编码：100037）
责任编辑：冯小妹 责任校对：李秋荣
印　　刷：北京建宏印刷有限公司 版　　次：2024 年 1 月第 1 版第 8 次印刷
开　　本：185mm×260mm 1/16 印　　张：60
书　　号：ISBN 978-7-111-60033-6 定　　价：199.00 元

客服电话：(010) 88361066 68326294

译者序

在任何组织（包括政府部门、企业、非营利性组织等）中，管理者的主要职能都在于决策制定。这些决策分布在企业的战略、运营和操作等不同层面，跨越人力资源、财务、市场营销、生产运作等不同职能部门，需要考虑到短期目标与长期目标。如何通过科学的分析，在众多方案中找到符合决策者需求的选择？运筹学的一些基本模块（如线性规划、目标规划、整数规划、非线性规划、动态规划）为管理者的决策制定提供了有力的方法支持。特别是对于现实生活中高度复杂的决策问题，如果离开运筹方法的支持，管理决策几乎无从谈起。

"运筹学"一直是高等院校经济管理、自动控制和应用数学等相关专业本科生和研究生的一门必修课程。它不仅讲授一般的优化技术与方法，更重要的是训练学生通过建模分析来定义问题并解决问题的理念与思路。国内现有的相关教材多侧重于讲授运筹学的优化原理，其相关模块与现实管理问题的结合相对薄弱。阿肯色州费耶特维尔大学的罗纳德 L. 拉丁教授（也是运筹学与管理科学协会会士）精心编写的《运筹学》很好地弥补了国内运筹学教材的上述局限。在 40 年左右的职业生涯中，拉丁教授的教学和研究都围绕优化方法与应用展开。本书是拉丁教授一辈子教学与科研工作心得体会的结晶。在书中每一个模块中，拉丁教授都从案例出发来教学生一步一步地完成问题建模、优化求解以及结果分析等步骤。该教材浅显易懂，不需要学生有特别高深的数学基础，特别适用于经济管理类的本科生和研究生课堂使用。

受机械工业出版社的委托，我们很荣幸承担了拉丁教授《运筹学》教材的翻译工作，也非常高兴能把这本优秀的教材推荐给中国高校的学生和教授。在目前的大数据背景下，越来越多的企业意识到了商务分析对于组织的价值。将数理统计、数据挖掘和运筹学等技术结合起来，通过定量的分析与决策为企业创造价值是大势所趋。我们认为，不仅仅经济管理类的学生应该掌握运筹学的基本理念和方法，和"高等数学"一样，"运筹学"应该普及到几乎所有专业的本科生和研究生。作为在清华大学讲授"运筹学"课程的教师，我们很愿意为在高校进一步普及运筹学尽点微薄之力。

　　本书的翻译工作由清华大学经济管理学院和清华大学现代管理研究中心的肖勇波教授和梁湧教授共同主持。初稿翻译得到了清华大学经济管理学院的多名本科生和研究生的帮助，他们是管理科学与工程专业的孙昊、张冲、胡晨、丁淑萍、慕遥、荣立松、邝仲弘、吴蕴之、唐润宇等研究生，以及房桢、吴史文、王旭红、唐雁寒、刘宇等本科生。孙昊、胡晨、马晓晨等同学在翻译协调和译稿校对中发挥了重要作用。全书最终的统稿和校对由肖勇波（1～8章）和梁湧（9～17章）完成。北京外国语大学的张继红教授、联想（北京）有限公司的刘晓玲女士、京东（北京）世纪贸易有限公司的许晔女士等提供了各种形式的支持，在此向他们表示深深的谢意！同时我们还要感谢机械工业出版社编辑的辛勤工作，他们使得本书能够顺利出版。

　　由于译者水平有限，再加上时间紧迫，译文中定有不妥和疏漏之处，敬请读者批评指正。

肖勇波　梁　湧

清华大学经济管理学院

清华大学现代管理研究中心

2018 年 6 月

前　言

距离《运筹学》（*Optimization in Operations Research*）第 1 版出版已近 20 年了。在此期间上千学生和百余名教师、研究人员和相关从业者有机会从本书的连贯性内容和易读性设计中受益。诚然，这本书很难让所有读者都受益，但仍然有很多人通过书评或信件的方式表达了他们对这本书的赞许之情。美国工业工程师协会也高度评价了此书，并授予其 1999 年联合出版年度图书奖。

在第 2 版中，我尽量保留了上一版中最好的部分，并在其基础上加入了新的内容。本书的编写目标不变——给那些在学习过程中的高年级本科生或刚入学的研究生以及参照本书自学的研究人员和业界相关从业者提供优化建模和分析的工具，希望他们将学习到的相关知识技能与管理洞察力应用在实际操作中，为以后的工作提供帮助。

本书第 2 版中增加了许多新内容：

- 在第 4 章随机优化问题中，第一次引入了随机规划的相关内容，并在第 9 章讨论了马尔可夫决策过程。

- 关于线性规划的讨论，在第 6 章加入了两种对偶方法（即 encompass dual 和 primal-dual 方法）。

- 新内容详细整理了最优化问题的各种情况，包括第 6 章的线性规划与第 12 章的割平面法。

- 将匈牙利算法纳入作业部分，并在第 10 章加入最小/最大生成树方法的介绍。

- 新加入的第 13 章介绍了大规模最优化问题的相关知识，包括延迟列生成算法、拉格朗日松弛定理、Dantzig-Wolfe 分解与 Benders 分割法。

- 新加入的第 14 章介绍了有关计算复杂度的各种理论，以便更精确地比较问题和算法。

- 有关非线性规划的第 17 章现在涵盖了比较流行的序列二次规划方法。

- 在整本教材中提高了数学的严谨性，比如细化了相关计算步骤。

为了满足读者的兴趣和需求，本书加入了很多新内容，使得关于最优化和数学规划问题的讨论更加全面。这些内容涵盖线性规划、整数规划、非线性规划、网络规划和动态规划模型及算法，以及这些问题应用领域的丰富案例。

由于本书内容面广，显然许多读者阅读和课程教学中很少会用到整本书的内容，也不会按照书中内容顺序来使用。所以，我尽量合理组织各章节内容，让它们尽可能通俗易懂并易于跳跃、重复阅读。

章节之间互相依赖的内容已尽可能删减，留下的部分也有清晰的引用标注。预备知识简明地梳理了与所学内容相关的基础知识。而**定义**、**原理**和**算法**被安排在显眼的框图中，便于读者查询和理解。当需要更多篇幅涉及计算和延伸讨论等细节内容时，为了易于阅读，它们被概括总结到**例题**中。每个章节最后都配有**练习题**，题前有相关图标标识哪些题目需要电脑软件（□）、计算器（▦）和在网站配有参考答案（✔）。

为了能让不同知识背景的读者都感到最优化问题的教材有趣且易读，需要将最优化模型和问题相结合，这是我在撰写此书时一个坚定的想法。所以在应用案例中每个算法和分析都由一个简短的故事引入。而且在练习题中，计算题也通常会先将问题模型化。这些故事大部分都源于真实的运筹学案例。故事的设定有时看起来不太自然，但都能帮助读者理解模型的决策变量、约束和目标以及计算的步骤。比如相比于单单一个抽象的数学函数，故事中的某些变量能随着算法的引入而改善，那么这种改善建议就会给读者更直观的感受。同样，如果读者能体会到一些现实决策本质上是判断是否引入某项行动时，就更容易理解二元决策变量的含义了。

一般人认为学生通过作业练习题能更好地掌握相关的知识。这也是第 2 版延续第 1 版的传统，在每个章节最后加入练习题的原因。其中一些练习题摘自教材第 1 版，而大部分是新的或改良后的题目。这些题目涵盖范围十分广泛，有关于算法细节、定义及性质的证明题，用以加强对方法的理解；也加入了大量定量计算的练习题，包括对小型案例解决方法的说明与验证，和更加复杂困难的应用题的案例介绍。它们改编自实际运筹问题，有助于锻炼读者的数理能力。

早期最优化问题入门级教材很大程度关注于如何依靠算法来计算小案例的解。但随着现今实际问题逐渐改由大型计算机软件计算，教材有时会将注意力局限在构建数据集合而非算法——将计算过程本身看作黑箱。

我尽量避免了上述的两种极端。如果学生想掌握计算过程所基于的原理，那么实例的图解和算法实现就是十分重要的。本书第 2 版延续了上一版的模式，在介绍新概念时将篇幅着重于算法实现和求解过程。但是，没有读者会仅仅看到算法应用到小型例子中就能真切感受到最优化方法的力量，所以第 1 版和第 2 版的大部分案例和练习中都要求学生在课上使用软件求解更加庞大复杂的问题。这些问题不像小案例那样易于观察到答案，需要应用正确的求解方法。此外，书中一些部分还涉及了建模编程语言，例如 AMPL。

本书的读者既有本科生也有低年级研究生，在平衡两类学生对于内容接受程度的过程中，最大的挑战就是数理内容严谨性的问题。初级教材仅简单介绍计算方法的内容，而很少证明其正确性。进阶的教材通常很快进入严谨的数学定理和公式的证明，几乎不包含任何关于基本策略和思路的讨论。

在第 1 版中我努力缩小两者的差异，在书中不仅关注于方法背后的策略和思路，同时提供了其正确性的相关讨论。在第 2 版中，为了更好地满足低年级研究生和自学者的需求，大幅度增加了数理讨论的严谨性。虽然它们没有体现在定理或证明中，但为此，基本原理大部分要素都进行了修改。

第 2 版的出版花费了很长时间，我对此感到很骄傲，在此期间我们努力将这本书修改得更加完善。我也希望读者能发现这本书比第 1 版的优秀之处，期盼着你们的意见和建议。

十分感谢佐治亚理工学院、普渡大学和阿肯色州立大学的数百名学生、朋友和同事在本书撰写时提供的建议和鼓励。在此特别感谢研究生助理对练习题和答案撰写的帮助，以及院系负责人 Marlin Thomas、Dennis Engi、John English、Kim Needy 和 Ed Pohl 的耐心支持。感谢我的家庭（特别是我的妻子 Blanca 和儿子 Rob）在我长期工作中对我的耐心和鼓励。

作者简介

罗纳德 L. 拉丁博士于 2013 年以名誉杰出教授退休。在 40 年的职业生涯中,他作为教育者和研究者在最优化方法及应用方面取得了杰出成就。自 2007 年成为阿肯色州费耶特维尔大学工业工程 John and Mary Lib White 杰出教授后,他领导了该大学的医疗保健物流创新中心 (CIHL),着眼于医疗保健运营中供应链和物流方面的研究,并与大量医疗相关组织建立了合作关系。此外,他带领阿肯色大学的同事们创建了医疗系统工程联盟 (HSEA)。

更早之前,2006 年拉丁教授以普渡大学工业工程学院的名誉教授退休。24 年任教期间他指导了普渡大学能源建模研究小组,并且领导了普渡大学研究医疗工程的 Regenstrief 中心。在此之前,他在佐治亚理工学院工业和系统工程学院任教了 9 年。2000~2003 年,他在美国国家科学基金会担任项目主管,负责运作管理研究和企业工程服务,其间建立了相关项目来支持有关服务行业的学术研究。

拉丁博士在堪萨斯州立大学获得学士和公共管理硕士学位。在政府部门工作 5 年后,他在佐治亚理工学院获得了博士学位。

他的教学和研究主要集中于大规模最优化模型和算法方面,特别是它们在医疗和能源领域的应用。他被授予以上研究方向的荣誉教授,同时他也是大量研究文献和两本综合教材的合著者。其中 *Discrete Optimization* 是研究生教材,出版于 1988 年;*Optimization in Operations Research* 是一本关于数学规划的综合性本科生教材,出版于 1998 年并获得了美国工业工程师协会年度图书奖。除此之外,拉丁教授还获得了许多其他荣誉。他是美国工业工程师协会和运筹学与管理科学协会 (INFORMS) 的会员,并且在 2012 年由于杰出的生涯研究贡献,获得了美国工业工程师协会的 David F. Baker 奖。

目　录

译者序

前　言

作者简介

**第1章　运用数学模型解决
　　　　问题** …………………… 1

1.1　运筹学应用案例 …………… 1

1.2　优化及运筹学方法的步骤 …… 3

1.3　系统边界、敏感性分析、易
　　　处理性以及有效性 ………… 7

1.4　描述性模型与仿真模拟 …… 9

1.5　数值搜索，精确解与
　　　启发解 …………………… 12

1.6　确定模型与随机模型 …… 14

1.7　本章小结 ………………… 16

练习题 ………………………… 17

**第2章　运筹学中的确定性
　　　　优化模型** …………… 19

2.1　决策变量、约束条件以及
　　　目标函数 ………………… 19

2.2　图解法和最优化产出 ……… 22

2.3　大型优化模型及其标引 …… 32

2.4　线性规划与非线性规划 …… 38

2.5　离散（或者整数）规划 …… 43

2.6　多目标优化模型 ………… 50

2.7　优化模型分类小结 ……… 54

2.8　计算机求解技术以及 AMPL … 54

练习题 ………………………… 61

参考文献 ……………………… 76

第3章　搜索算法 ……………… 77

3.1　搜索算法、局部和全局
　　　最优 …………………… 77

3.2　沿可行改进方向的搜索 …… 86

3.3　可行改进方向的代数条件 … 93

3.4　线性目标和凸集的易
　　　处理性 ………………… 102

3.5　寻找初始可行解 ………… 109

练习题 ………………………… 116

参考文献 ……………………… 119

第4章　线性规划 …………… 120

4.1　资源分配模型 …………… 120

4.2　混料模型 ………………… 124

4.3 运营规划模型 …………… 128

4.4 排班和人员规划模型 ……… 137

4.5 多阶段模型 …………… 141

4.6 可线性化的非线性目标
模型 …………… 146

4.7 随机规划 …………… 152

练习题 …………… 157

参考文献 …………… 175

第5章 线性规划的单纯形法 … 176

5.1 线性规划的最优解和
标准型 …………… 176

5.2 顶点搜索和基本解 ……… 187

5.3 单纯形法 …………… 196

5.4 字典和单纯形表 ……… 204

5.5 两阶段法 …………… 208

5.6 退化与零步长 ……… 217

5.7 单纯形法的收敛和循环 … 220

5.8 力求高效：修正单纯形法 … 222

5.9 有简单上下限的单纯形法 … 233

练习题 …………… 240

参考文献 …………… 245

第6章 线性规划的对偶理论与
灵敏度分析 …………… 246

6.1 通用的活动视角与资源
视角 …………… 246

6.2 对线性规划模型系数变化的
定性灵敏度分析 …………… 250

6.3 线性规划模型系数
灵敏度的定量分析：对偶
模型 …………… 259

6.4 构造线性规划的对偶问题 … 267

6.5 计算机输出结果与单个
参数变化的影响 …………… 271

6.6 模型大幅度改动，再优化
以及参数规划 …………… 285

6.7 线性规划中的对偶问题和
最优解 …………… 292

6.8 对偶单纯形法的搜索 ……… 304

6.9 原始—对偶单纯形法搜索 … 308

练习题 …………… 313

参考文献 …………… 327

第7章 线性规划内点法 ……… 328

7.1 在可行域内部搜索 ……… 328

7.2 对当前解进行尺度变换 … 336

7.3 仿射尺度变换搜索 ……… 342

7.4 内点搜索的对数障碍法 … 348

7.5 原始对偶内点法 ……… 358

7.6 线性规划搜索算法的
复杂性 …………… 364

练习题 …………… 365

参考文献 …………… 371

第8章 目标规划 …………… 372

8.1 多目标优化模型 ……… 372

8.2 有效点和有效边界 ……… 377

8.3 抢占式优化和加权目标 …… 382

8.4 目标规划 …………… 387

练习题 …………… 396

参考文献 …………… 407

第9章 最短路与离散动态
规划 …………… 408

9.1 最短路模型 …………… 408

9.2 利用动态规划解决最短路
问题 …………… 415

9.3 一对多的最短路问题：
贝尔曼—福特算法 ……… 422

9.4 多对多最短路问题：弗洛
伊德—瓦尔肖算法 ……… 428

9.5 无负权一对多最短路问题：
迪杰斯特拉算法 ……… 435

9.6 一对多无环图最短路
问题 ……… 440

9.7 CPM 项目计划和最长路 …… 444

9.8 离散动态规划模型 ……… 450

9.9 利用动态规划解决整数规划
问题 ……… 458

9.10 马尔科夫决策过程 ……… 461

练习题 ……… 466

参考文献 ……… 476

第 10 章 网络流与图 ……… 477

10.1 图、网络与流 ……… 477

10.2 用于网络流搜索的
圈方向 ……… 487

10.3 消圈算法求最优流 ……… 497

10.4 网络单纯形法求最优流 …… 504

10.5 最优网络流的整性 ……… 512

10.6 运输及分配模型 ……… 514

10.7 用匈牙利算法求解分配
问题 ……… 521

10.8 最大流与最小割 ……… 527

10.9 多商品及增益/损耗流 …… 533

10.10 最小/最大生成树 ……… 539

练习题 ……… 544

参考文献 ……… 560

第 11 章 离散优化模型 ……… 561

11.1 块状/批量线性规划及固定
成本 ……… 561

11.2 背包模型与资本预算
模型 ……… 566

11.3 集合包装、覆盖和划分
模型 ……… 571

11.4 分配模型及匹配模型 ……… 579

11.5 旅行商和路径模型 ……… 588

11.6 设施选址和网络设计
模型 ……… 596

11.7 处理机调度及排序模型 …… 602

练习题 ……… 613

参考资料 ……… 630

第 12 章 离散优化求解方法 …… 631

12.1 全枚举法求解 ……… 631

12.2 离散优化模型的松弛模型
及其应用 ……… 633

12.3 分支定界搜索 ……… 649

12.4 分支定界法的改良 ……… 660

12.5 分支切割法 ……… 671

12.6 有效不等式组 ……… 676

12.7 割平面理论 ……… 681

练习题 ……… 688

参考资料 ……… 702

第 13 章 大规模优化方法 ……… 703

13.1 列生成算法和分支定价
算法 ……… 703

13.2 拉格朗日松弛算法 ……… 713

13.3 Dantzig-Wolfe 分解
算法 ……… 726

13.4 Benders 分解算法 ……… 731

练习题 ……… 737

参考文献 ……… 742

第 14 章 计算复杂性理论 ……… 743

14.1 问题、实例和求解的
难度 ……… 743

14.2 衡量算法复杂性及问题
的难度 ……………… 745

14.3 可解问题的多项式时间
验证标准 …………… 748

14.4 多项式可解和非确定多项式
可解 ………………… 749

14.5 多项式时间归约和 NP
难问题 ……………… 753

14.6 P 问题和 NP 问题 ……… 755

14.7 求解 NP 难问题 ……… 757

练习题 ………………… 760

参考文献 ……………… 764

第 15 章 离散优化的启发式
算法 ………………… 765

15.1 构造型启发式算法 ……… 765

15.2 针对离散优化 INLPs 问题
改进搜索启发式算法 …… 771

15.3 元启发式算法：禁忌搜索
和模拟退火 …………… 777

15.4 进化元启发式算法和遗传
算法 ………………… 784

练习题 ………………… 787

参考文献 ……………… 793

第 16 章 无约束的非线性
规划 ………………… 794

16.1 无约束非线性规划模型 …… 794

16.2 一维搜索 ……………… 803

16.3 导数、泰勒级数和多维的
局部最优解条件 ………… 812

16.4 凹凸函数和全局最优 …… 822

16.5 梯度搜索 ……………… 827

16.6 牛顿法 ………………… 831

16.7 拟牛顿法和 BFGS 搜索 … 835

16.8 无导数优化和 Nelder-
Mead 法 ……………… 842

练习题 ………………… 849

参考文献 ……………… 854

第 17 章 带约束的非线性
规划 ………………… 855

17.1 带约束的非线性规划
模型 ………………… 855

17.2 特殊的 NLP：凸规划、可
分离规划、二次规划和正项
几何规划 …………… 862

17.3 拉格朗日乘子法 ………… 876

17.4 KARUSH-KUHN-TUCKER
最优性条件 …………… 882

17.5 惩罚与障碍法 ………… 890

17.6 既约梯度法 …………… 898

17.7 二次规划求解方法 ……… 909

17.8 序列二次规划 ………… 917

17.9 可分离规划方法 ……… 920

17.10 正项几何规划方法 …… 927

练习题 ………………… 934

参考文献 ……………… 945

第1章

运用数学模型解决问题

任何受过基本科学训练的学生都会遇到下面的情形：通过数学公式模拟现实生活，进而解决实际问题。牛顿、欧姆、爱因斯坦等卓越的科学家们应用自然法则将现实生活中的许多问题（如物体坠落、梁的受剪、气体扩散、电流等现象）简化为简洁的数学公式，这对我们更好地了解世界起到了极大的推进作用。

这种方式也可以应用于解决各种"运作"问题，诸如为大型组织计划轮班制度、为资金制订投资计划、为客户服务进行设施设计等。应用法则可能略有变化，但这些"运作"问题同样可以通过数学模型进行抽象模拟，进而被解决。总的来说，**数学模型**（mathematical model）是一个包含变量及问题相关特征之间关系的集合体。

定义 1.1 **运筹学**（operations research，OR）*是研究如何为复杂的工程或者管理问题构建数学模型，以及如何分析模型以探索可能解决方案的一门学科。*

在本章，我们将会为大家介绍运筹学的一些基本问题与术语。

1.1 运筹学应用案例

运筹学技术可应用于多种现实场景中，本书的一个目标是为同学们尽可能广泛地介绍运筹学应用案例，以使大家对运筹学技术有一个概览。

本书的部分应用案例取自真实的运筹实践。当然，这些应用案例均在规模与复杂性上有所简化。此外，案例的数据细节基本上是作者编造的。还有一部分只是呈现了应用问题的基本要素，对问题进行了极大的简化，以便于读者快速掌握相关知识。

本书还有一些小规模的不太符合常规的例子，它们主要是为了方便说明方法论上的一些问题，因此可能不太切合实际。

□应用案例 1-1

Mortimer Middleman

我们的第一个案例是一个虚构的故事。Mortimer Middleman（朋友们都叫他

MM)从事钻石批发生意。每年 MM 都会去比利时安特卫普进行几次补货。钻石的批发价格约为每克拉⊖700 美元，但是安特卫普市场要求每次批发数量不得少于 100 克拉。之后 MM 会将这些钻石以每克拉 200 美元的利润转售给珠宝商。MM 每次去补货都要花费一周时间以及约 2 000 美元的差旅成本。

顾客需求如图 1-1a 所示，在过去的一年顾客需求为每周 55 克拉。图 1-1c 显示了 MM 目前遇到的问题：每周的期初库存波动很大，期初库存取决于每周的顾客需求量以及补货量（如图 1-1b 所示）。

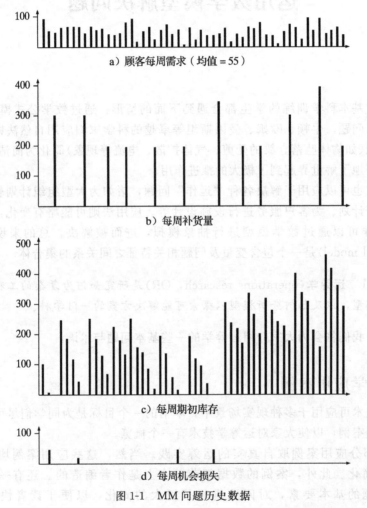

图 1-1 MM 问题历史数据

有时 MM 会觉得自己的库存量太大，库存量过大会导致保险费上升，同时会占用资金（如果没有这些库存，MM 可以将资金投资在别处）。MM 估算出每周库存的持有成本为批发价格的 0.5%（即每克拉钻石每周的持有成本为 0.005×700=3.5 美元）。

与此同时，当钻石需求高于当前库存时，MM 会有机会损失（如图 1-1d 所示）。顾客需求一旦产生，MM 或者满足顾客订单，或者承担机会损失。

⊖ 1 克拉=200 毫克。

　　通过以上数据，MM 计算出去年一年他的总持有成本为 38 409 美元，未实现的利润（即机会损失）为 31 600 美元，补货的总差旅成本为 24 000 美元，总成本共计 94 009 美元。MM 能否通过合理规划提升绩效？

1.2　优化及运筹学方法的步骤

　　所谓运筹学，就是通过构建及分析数学模型——将问题特征用数学语言合理表示并分析，用以处理诸如 MM 案例中的**决策问题**（decision problem）。图 1-2 展示了运筹学处理问题的一般步骤。

　　一般步骤开始于建模，即我们首先要定义相关变量，以及量化用于描述问题相关行为的一些关系。

　　之后是分析。我们需要应用数学方法与技术去找到模型建议的结论，注意这些结论源自于模型而非最初的实际问题。最后我们需要做出推论，以表明这些源自于模型的结论对于解决实际问题的合理性。当然，推论也可能证明

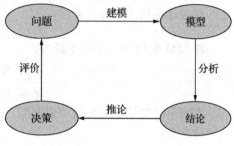

图 1-2　运筹学方法的步骤

这些源自于模型的结论对于解决问题是不充分的或者难以执行的，这时我们就需要修正模型并重新进行上述步骤。

1.2.1　决策、约束与目标

　　通常在建模前，我们需要从三个维度——决策、约束与目标去关注问题。

　　定义 1.2　三个建模的基本关注点为（a）决策者需要做出的**决策**（decision），（b）限制决策选择的**约束**（constraint），以及（c）人们偏好的决策所产生的**目标**（objective）。

　　在处理许多实际决策问题（工程问题、管理问题，甚至是个人问题）中，明确地定义出决策、约束与目标对于阐明问题非常有帮助。第一个关注点是决策。在应用案例 1-1 中，MM 显然是决策者。那么，MM 需要做出的决策是什么呢？

　　事实上，MM 每年都需要制定关于补货时间和补货量的上百次决策。MM 问题是一个典型的库存管理问题，因此我们可以将问题简化为两个决策：订货点，即当库存量降为多少时会引发一次补货；订货量，即每次补货需要购进的钻石数量为多少。这两个变量就构成了我们的决策。我们假定一旦库存量降到订货点，MM 就需要去安特卫普购进数量为订货量的钻石。

　　第二个关注点是约束。什么样的约束会限制 MM 做决策？在该案例中约束并不多，所有决策都必须为非负数，并且订货量不得少于 100 克拉。

　　第三个关注点是目标。我们通过什么去判断一个决策优于另一个决策？在 MM 案例中目标显然应该为最小化总成本；更确切地说，我们想要最小化持有成本、补货成本以及机会损失之和。

用语句来描述上述内容，即我们的目标是选择一个非负的订货点与一个非负的订货量，在满足订货量不小于 100 克拉的前提下，最小化持有成本、补货成本以及机会损失之和。

1.2.2 优化与数学规划

用语言描述的模型虽然可以帮助分析者组织思路，却不便于进行数学分析。因此，在本书中，我们引入优化模型(也称为数学规划)。

定义 1.3 优化模型(也称为数学规划)将问题的决策用决策变量描绘，其目标为寻求能够最大化或者最小化目标函数的决策变量的取值。当然，这些决策变量的取值要满足限制问题决策选择的约束。

在 MM 案例中，决策变量为：

$$q \triangleq 每次补货的订货量$$
$$r \triangleq 补货的订货点$$

本书中的符号 $\triangleq$ 均表示"定义"。

约束为：

$$q \geqslant 100$$
$$r \geqslant 0$$

目标函数为：

$$c(q,r) \triangleq 订货量为 q 且订货点为 r 时的总成本$$

之后，我们还需要通过某种数学形式更明确地表达目标函数，并要找到满足所有约束的且能最小化 $c(q, r)$ 的 q 与 r 的取值。

1.2.3 常数需求率假设

下面的问题是，我们应该基于何种假设用决策变量将目标函数明确表示出来。这里，我们采用一个非常强的假设：**常数需求率**(constant-rate demand)假设，即假定每周的需求量均为常数 55 克拉。由图 1-1a 可知，实际上需求率并非常数，但是每周的平均需求确实为 55 克拉。常数需求率假设能让我们在对现实问题进行合理假设的基础上进一步简化问题。

如果需求率为常数，那么在任意一组确定的 q 与 r 取值下，库存量的变化将会呈现出"锯齿状"的周期性(如图 1-3 所示)。每次补货后货物到达时，库存量都会增加订货量 q，之后以 55 克拉/周的速率减少，进而产生有规律的循环。图 1-3a 是库存永远不会消耗完的情形(即存在**安全库存**，safety stock)。安全库存能够预防随机需求波动产生的不良影响。另一个比较极端的情形是图 1-3c，在该情形下会产生机会损失，即库存会在**提前期**(lead time)内(在库存量降为订货点 r 与新的一批补货尚未到达之间)被耗尽。图 1-3b 则为既没有安全库存又没有机会损失的情形，此时库存正好在新的补货到达时被耗尽。

1.2.4 粗略分析

在不存在机会损失的情形下(图 1-3a 与图 1-3b)，我们很容易计算出"锯齿状"循环的周

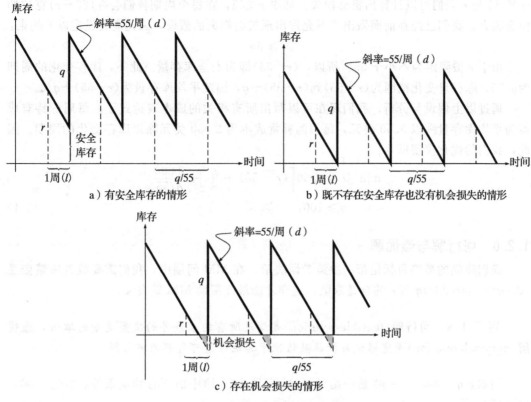

图 1-3　常数需求率下的库存变化

期为：

$$\frac{订货量}{需求率} = \frac{q}{55}$$

而在存在机会损失的情形下（图 1-3c），每个周期均需增加一段 MM 缺货的时期，这段时期的长短取决于 q 与 r 的取值。

　　显然，如果我们忽略存在机会损失的情形，建模与分析都会变得更加简单。那么，我们是否可以忽略机会损失呢？正如很多运筹学问题一样，我们可以首先对相关成本进行一些"粗略"的估计，进而帮助我们回答该问题。

　　在最优计划下，每周需求的波动仍然可能导致产生机会损失。然而，在我们的常数需求率假设下，需求是不变的。因此，MM 可以在原有订货量 q 的基础上增加一个订货单位，并且只要持有时间在

$$\frac{单位机会损失成本}{每周持有成本} = \frac{200 \text{ 美元}}{3.50 \text{ 美元} / 周} \approx 57.1 \text{ 周}$$

内，都会优于产生机会损失。由图 1-1a 可知，库存持有时间不会超过 4～6 周，因此我们可以合理地做出第二个假设——不存在机会损失。

1.2.5　常数需求率模型

　　由于在 MM 去安特卫普进行补货的一周时间内，顾客的需求为 55 克拉，因此通过

比较 55 与 r 我们可以计算出机会损失。如果 $r < 55$，在每个周期我们会有 $(55-r)$ 克拉的机会损失。我们已经在前面做出了不允许出现机会损失的假设，因此需要设定以下约束：

$$r \geqslant 55$$

由于 r 被限定为不小于 55，所以，$(r-55)$ 即为安全库存量。此外，库存变化的周期为 $q/55$，库存量变化范围为 $(r-55)$ 到 $(r-55)+q$，因此平均库存量为 $(r-55)+q/2$。

通过以上假设与分析，我们现在可以写出所有相关的成本表达式了。每周的持有成本为平均库存量乘以 3.50 美元，每周的补货成本为 2 000 美元除以库存变化的周期。因此，我们的优化模型即为：

$$\min \quad c = 3.50\left[(r-55) + \frac{q}{2}\right] + \frac{2\,000}{q/55}$$
$$\text{s. t.} \quad q \geqslant 100, \quad r \geqslant 55 \tag{1-1}$$

1.2.6 可行解与最优解

我们建模的最终目标是帮助决策者做决策。在 MM 问题中，我们需要找到**决策变量**(decision variable) q 与 r 的合适取值，这样才能最终帮助 MM 做决策。

定义 1.4 **可行解**(feasible solution)是满足所有约束条件的决策变量的取值，**最优解**(optional solution)是能够使目标函数值优于其他任意可行解的可行解。

例如，$q = 200$，$r = 90$ 是一组可行解[满足式(1-1)中的所有约束条件：$200 \geqslant 100$，$90 \geqslant 55$]。

在此基础上，我们进一步寻找最优解。首先，注意到如果 r 偏离需求 55，我们便会产生额外的持有成本，并且没有约束限制我们取 r 值为 55，因此我们可以得出：

$$r^* = 55$$

该结论可以使 MM 确切地知道自己应该何时准备去安特卫普补货。变量上面加星号($*$)代表该变量的最优取值。

将 r 的最优取值代入式(1-1)中，目标函数变为：

$$c(q,r) \triangleq 3.50\left(\frac{q}{2}\right) + 2\,000\left(\frac{55}{q}\right) \tag{1-2}$$

通过一些简单计算我们便可以得出模型完整的最优解(对 q 求导并且找到满足一阶条件的 q 值)。为了避免在本章出现过多的数学细节，我们将具体计算过程作为练习留给读者。

我们将目标函数[即式(1-2)]表示在图 1-4 中，可以得到能够最小化每周平均成本的 q 值：

$$q^* = \sqrt{\frac{2 \times 2\,000 \times 55}{3.50}} \approx 250.7$$

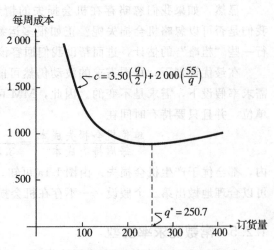

图 1-4 常数需求率下 MM 的最优订货量

显然，这个结果满足约束 $q \geq 100$，因此该结果是最优的。

综上所述，在假定常数需求率与无机会损失的前提下，我们建议 MM 在库存量降为 $r^* = 55$ 克拉的时候去安特卫普补货，并且每次补货的订货量为 $q^* = 250.7$ 克拉。将这两个决策变量取值代入式(1-1)中，我们可以计算出 MM 每周的总成本为 877.50 美元，即年总成本 45 630 美元，远好于他之前的实际总成本 94 009 美元。

1.3　系统边界、敏感性分析、易处理性以及有效性

1.2 节中的建模涉及很多"数量"。这些"数量"既有已经给定的(如每周需求与每克拉钻石的成本)，又有等待被确定的(如决策变量订货点与订货量)。给定的参数以及等待被确定的变量之间的界限构成了系统边界。图 1-5 展示了如何用**参数**(parameter，即给定的"数量")定义适用于系统内部模型的目标函数以及约束，然后，通过对决策变量进行分析，进而输出系统结果——**输出变量**(output variable)。

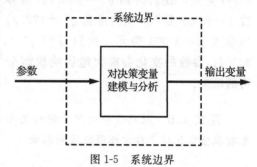

图 1-5　系统边界

1.3.1　常数需求率下的 EOQ 模型

MM 问题中的常数需求率模型的输出变量只有成本 c。下面我们列举出问题的参数：

$$d \triangleq \text{每周需求}(55 \text{ 克拉})$$
$$f \triangleq \text{每次补货的固定成本}(2\,000 \text{ 美元})$$
$$h \triangleq \text{每周每克拉钻石的持有成本}(3.50 \text{ 美元})$$
$$s \triangleq \text{每克拉钻石的机会损失成本}(200 \text{ 美元})$$
$$l \triangleq \text{到达订货点与收到新的一批货物之间的提前期}(1 \text{ 周})$$
$$m \triangleq \text{每次补货的最小订货量}(100 \text{ 克拉})$$

常数需求率模型的一个优势在于，我们可以通过上述符号以解析解形式表示出最优解。在不允许机会损失存在的前提下，根据以上符号参数我们可以得到以下结论：

原理 1.5

$$\text{最优订货量} \quad q^* = \sqrt{\frac{2fd}{h}}$$
$$\text{最优订货点} \quad r^* = ld$$

这些结论只有当 $q^* \geq m$ 时才成立(一般情况下，我们还需要保证 $q^* \geq ld$)。q^* 的表达式是运筹学的一个经典结果：库存管理的**经济订货量**(economic order quantity，EOQ)准则。尽管后面我们很快便会看到不同于 MM 问题结果的 r^*，但 EOQ 仍然是一个应用非常广泛的库存策略。

1.3.2　系统边界与敏感性分析

为了看清原理 1.5 中解析解的力量，我们必须在系统边界内识别出系统内在参数的

任意性。如果我们不对参数任意性做限定，那么模型的复杂性会迅速增长，此时我们将无法进行有意义的分析。但实际上，我们对于部分参数的认知具有一定的模糊性，例如，MM 每次补货的固定成本约为 $f = 2\,000$ 美元，但显然该成本是随时间变化的，通过更仔细地对过去的补货开销进行记录，我们发现 2 000 美元的补货成本其实是对 1 000 美元与 3 000 美元求得的平均成本。图 1-6 展示了 q^* 的重要含义：当参数 $f = 2\,000$ 美元，我们得到 $q^* = 250.7$；当参数 $f = 1\,000$ 美元，我们得到 $q^* = 177.3$；当参数 $f = 3\,000$ 美元，我们得到 $q^* = 307.1$。参数的变化会极大地影响模型分析的结果。

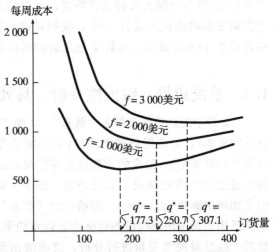

图 1-6　MM 常数需求模型结果对于参数的敏感性

定义 1.6　敏感性分析用于评价某个参数取值变化对于数学模型结果的影响。

任何完整的运筹学研究都包含参数敏感性分析。

1.3.3　解析解

能够基于输入参数用公式表达出来的用于描述决策变量选择的解被称为**解析解**（closed-form solution）。原理 1.5 中的表达式即为一个解析解。

解析解的优势在于其为基于参数的表达式，因此能够在不同的参数取值条件下通过简单计算直接得到结果。通过 1.2 节中的假设的参数取值，我们可以得到最优解 q^* 和 r^*。除此以外，解析解还能够让我们进一步看到输入参数变化对于最优结果的影响。例如，我们可以直接看出补货固定成本 f 对于 q^* 有正相关的影响，而对于 r^* 没有影响。

原理 1.7　解析解代表着数学模型的最终分析，因为解析解不但能提供直接的模型结果，而且能提供丰富的敏感性分析。

1.3.4　易处理性与有效性

定义 1.8　**易处理性**（tractability）是指模型便于分析的程度，即有多少分析是可操作的。

MM 问题中的常数需求率模型显然是易处理的，因为其通过一些基本的计算便可以得到解析解。那么，我们是否应该将所有运筹学研究的目标均设定为找到解析解呢？显然，不应该！

此时再重新看一下图 1-2 所示的运筹学研究步骤，我们研究问题并不是为了得到漂亮的数学形式，而是要提供管理启示以帮助诸如 MM 的决策者解决问题。为了评价运筹学研究的这一优势，我们还应考虑另一个维度——有效性。

定义 1.9　有效性(validity)是指由模型推断得到的结果适用于真实系统的程度。

在常数需求率模型中我们做了常数需求率这一很强的假设，这个假设使我们得到了一个简单的以数学形式表达的结果，进而使我们对问题进行完整的分析成为可能。但在后面的章节中，我们会发现相同的假设会使解析结果的有效性受到质疑。这也是运筹学分析目前面临的并且会继续面对的困境。

原理 1.10　运筹学分析者总是面临模型有效性与分析易处理性之间的权衡。

1.4　描述性模型与仿真模拟

MM 问题中的常数需求率分析起始于将图 1-1a 中的所有信息简化为一个数字——每周平均销售 55 克拉钻石。那么，我们为什么不使用更多的信息？

1.4.1　MM 历史数据仿真模拟

我们可以用仿真模型去模拟真实系统。仿真模型简单来说就是一个计算机程序，其通过调试系统行为(包括计算机变量、程序逻辑等)对真实系统进行模拟，进而报告历程。

下面我们用 MM 库存问题对仿真模拟进行详细阐述。假设我们考虑 1.2.1 节中用语言描述的模型，即连续关注再订货点 r 与再订货量 q，一个能直接想到的计算机程序便是逐步调试 52 周的历史数据，并尝试所有给出的 r 与 q。在每一步调试中，程序需要：

（1）检查 MM 是否应该携带数量为 q 的钻石到达。

（2）判断库存量是否达到 r，如果达到，则产生新的补货需求。

（3）计算由于实际需求产生导致的库存量减少。

每周的持有成本为 3.50 美元乘以平均库存量，补货成本为每次 2 000 美元，机会损失成本为 200 美元乘以未能满足的需求量。

表 1-1 详述了一个关于 MM 需求历史数据的仿真模拟。运用常数需求率模型中的最优解 $q^* = 251$ 以及 $r^* = 55$，该仿真模拟报告了每周的期初库存、图 1-1a 中的顾客需求、库存管理采取的措施，以及它们产生的关于持有成本、补货成本、机会损失成本的结果。

表 1-1　MM 问题的确定性仿真模拟

周次，t	期初库存	顾客需求	仿真的库存管理措施	持有成本（美元）	补货成本（美元）	机会损失（美元）
1	100	94	卖 94	185.5	0	0
2	6	54	低于 $r=55$，补货；卖 6	1.2	2 000	9 600
3	0	52	$q=251$ 到达；卖 52	787.5	0	0
4	199	64	卖 64	584.5	0	0
5	135	69	卖 69	353.5	0	0
6	66	69	卖 66	110.5	0	600
7	0	68	低于 $r=55$，补货；卖 0	0.0	2 000	13 600

（续）

周次，t	期初库存	顾客需求	仿真的库存管理措施	持有成本 （美元）	补货成本 （美元）	机会损失 （美元）
8	0	47	$q=251$ 到达，卖 47	798.0	0	0
9	204	68	卖 68	595.0	0	0
10	136	56	卖 56	378.0	0	0
11	80	62	卖 62	171.5	0	0
12	18	44	低于 $r=55$，补货；卖 18	12.9	2 000	5 200
13	0	41	$q=251$ 到达，卖 41	808.5	0	0
14	210	46	卖 46	654.5	0	0
15	164	84	卖 84	427.0	0	0
16	80	94	卖 80	119.1	0	2 800
17	0	18	低于 $r=55$，补货；卖 0	0.0	2 000	3 600
18	0	52	$q=251$ 到达；卖 52	787.5	0	0
19	199	67	卖 67	581.0	0	0
20	132	26	卖 26	416.5	0	0
21	106	59	卖 59	269.5	0	0
22	47	77	低于 $r=55$，补货；卖 47	50.2	2 000	6 000
23	0	42	$q=251$ 到达；卖 42	805.0	0	0
24	209	59	卖 59	630.0	0	0
25	150	11	卖 11	507.5	0	0
26	139	67	卖 67	371.0	0	0
27	72	25	卖 25	210.0	0	0
28	47	60	低于 $r=55$，补货；卖 47	64.4	2 000	2 600
29	0	41	$q=251$ 到达；卖 41	808.5	0	0
30	210	42	卖 42	661.5	0	0
31	168	47	卖 47	507.5	0	0
32	121	66	卖 66	308.0	0	0
33	55	20	低于 $r=55$，补货；卖 20	157.5	2 000	0
34	35	46	$q=251$ 到达；卖 46	920.5	0	0
35	240	36	卖 36	777.0	0	0
36	204	69	卖 69	595.0	0	0
37	135	64	卖 64	360.5	0	0
38	71	83	卖 71	106.3	0	2 400
39	0	42	低于 $r=55$，补货；卖 0	0.0	2 000	8 400
40	0	38	$q=251$ 到达；卖 38	812.0	0	0
41	213	13	卖 13	724.5	0	0
42	200	50	卖 50	612.5	0	0
43	150	77	卖 77	392.0	0	0
44	73	64	卖 64	143.5	0	0
45	9	27	低于 $r=55$，补货；卖 9	5.2	2 000	3 600
46	0	96	$q=251$ 到达；卖 96	710.5	0	0
47	155	57	卖 57	444.5	0	0

（续）

周次，t	期初库存	顾客需求	仿真的库存管理措施	持有成本（美元）	补货成本（美元）	机会损失（美元）
48	98	95	卖 95	178.5	0	0
49	3	46	低于 $r=55$，补货；卖 3	0.3	2 000	8 600
50	0	56	$q=251$ 到达；卖 56	780.5	0	0
51	195	68	卖 68	563.5	0	0
52	127	42	卖 42	371.0	0	0

模拟出来的 52 周的总成本为 108 621 美元。回忆前面提到的 MM 实际的成本为 94 009 美元，而常数需求率模型计算出在 q^* 以及 r^* 下的成本将为 45 630 美元。目前这个仿真模型告诉我们，如果 MM 采取我们推测出的常数需求率模型策略，相比于他之前的做法，他将会多花 108 621－94 009＝14 621 美元，这显然对于 MM 没有任何帮助。

1.4.2　仿真模型的有效性

这些新的结果值得相信吗？只有未卜先知的人才会知道。但是我们可以确定的是，相对于常数需求率模型的结果，我们应该更加重视这些依据全年真实结果而得出的仿真结果。

定义与原理 1.11　仿真模型由于非常准确地跟踪了真实的系统行为，因而通常具有较高的有效性。

值得注意的是，仿真模拟也是基于一些假设构建的，例如，我们在上述例子中其实暗含了未来需求将会与去年需求一致的假设。

1.4.3　描述性模型与规范性模型

我们现在考虑易处理性。仿真模型到底能告诉我们多少信息？仿真模型其实只是在 $q=251$ 和 $r=55$ 作为固定输入参数的条件下，评估了持有成本、补货成本以及机会损失成本，除此之外，并无其他。

我们将 1.3 节中的常数需求率模型称为**规范性模型**（prescriptive model），而将本节中仅用于评估某些确定决策变量的结果而非寻求最优的决策变量的模型称为**描述性模型**（descriptive model）。像这样评估一些明确的决策变量的描述性模型有时能够告诉决策者（这里的决策者是 MM）需要知道的一切，毕竟许多问题在实践中本身就只允许一些解存在。

但是，这些只能包含一些情况的描述性仿真模型，与我们的规定性常数需求率优化模型相比，其所能提供的信息相差甚远。1.3 节中的解析解不仅推荐了关于 q 与 r 的最优选择，而且提供了关于输入参数的敏感性分析，这些都是描述性仿真模型做不到的。

原理 1.12　描述性模型由于输入参数与决策变量均为确定的，因此其相比于规定性的优化模型，所能产生的分析性推论较少。

现在看来，易处理性与有效性之间的权衡变得越来越清晰了。借助如仿真模型这种结构性较低的数学形式可以大大提高有效性，但是，这种缺乏结构性的数学形式会严重限制分析的可能性。因此，模型有效性高通常意味着易处理性低。

1.5 数值搜索、精确解与启发解

1.4 节中的仿真模型提供了一个计算机程序，该程序被用以在一个特定的再订货点与再订货量下评估总库存成本。假定我们设定计算结果为方程 $c(q, r)$，即对于任意给定的 q 与 r：

$c(q,r) \triangleq$ 当再订货点设定为 r 与再订货量设定为 q 时，仿真模型计算出的总成本

MM 问题此时可以简化为数学模型：

$$\min \quad c(q,r)$$
$$\text{s. t.} \quad q \geqslant 100, \quad r \geqslant 0 \tag{1-3}$$

1.5.1 数值搜索

由于我们对数学函数 $c(q, r)$ 的性质知之甚少，因此以这种抽象的形式重新开始考虑问题并不会带来直接的启发。但是，它可以为我们提供一种推进问题解决的新思路——数值搜索。

数值搜索（numerical search）是这样一个过程，它系统地尝试不同的决策变量选择，并不断追踪能够使目标函数值为当前最好的可行解。我们之所以称这样的搜索为数值搜索，是因为它处理的是具有明确取值的变量，而非我们常数需求率模型中的可被用来进行分析的符号数量。

在此我们需要从数值上搜索 q 与 r，很容易想到从常数需求率模型的推荐开始 q 与 r 搜索。我们用上标（注意，并非指数含义）表示关于决策变量的特定选择，$q^{(0)} = 251$ 与 $r^{(0)} = 55$，并且 $c(q^{(0)}, r^{(0)}) = 108\,621$ 美元。

然后，我们需要考虑更新 q 与 r 的方式。本书中的大部分内容都会关注如何构造搜索路径。在这里，我们采用一个非常简单的规则：每次只改变（增加或减少）一个变量取值，且改变量为 10。

表 1-1 中有很多情形出现了机会损失，因此我们增大 r 以引入安全库存，不断增大 r，直到目标函数值开始变差。

$$q^{(0)} = 251 \quad r^{(0)} = 55 \quad c(q^{(0)}, r^{(0)}) = 108\,621$$
$$q^{(1)} = 251 \quad r^{(1)} = 65 \quad c(q^{(1)}, r^{(1)}) = 108\,421$$
$$q^{(2)} = 251 \quad r^{(2)} = 75 \quad c(q^{(2)}, r^{(2)}) = 63\,254$$
$$q^{(3)} = 251 \quad r^{(3)} = 85 \quad c(q^{(3)}, r^{(3)}) = 63\,054$$
$$q^{(4)} = 251 \quad r^{(4)} = 95 \quad c(q^{(4)}, r^{(4)}) = 64\,242$$

所有的 $(q^{(t)}, r^{(t)})$ 都是可行的，我们找出以上情形中最好的，即 $r=85$，然后尝试改变 q。增加 q 得到：

$$q^{(5)} = 261 \quad r^{(5)} = 85 \quad c(q^{(5)}, r^{(5)}) = 95\,193$$

减小 q，得到：

$$q^{(6)} = 241 \quad r^{(6)} = 85 \quad c(q^{(6)}, r^{(6)}) = 72\,781$$

这两个结果均差于($q^{(3)}$, $r^{(3)}$)，因此我们结束搜索。

1.5.2　不同的搜索起点

目前，数值搜索已经找到了一组 q 与 r 的取值，其模拟成本为 63 054 美元，远优于使用常数需求率模型解得的成本 108 621 美元与 MM 真实的成本 94 009 美元。我们无法知道 MM 的成本究竟能降低多少，只能从一组新的初值重新尝试数值搜索：

$$q^{(0)} = 251 \quad r^{(0)} = 145 \quad c(q^{(0)}, r^{(0)}) = 56\,904$$
$$q^{(1)} = 251 \quad r^{(1)} = 155 \quad c(q^{(1)}, r^{(1)}) = 59\,539$$
$$q^{(2)} = 251 \quad r^{(2)} = 135 \quad c(q^{(2)}, r^{(2)}) = 56\,900$$
$$q^{(3)} = 251 \quad r^{(3)} = 125 \quad c(q^{(3)}, r^{(3)}) = 59\,732$$
$$q^{(4)} = 261 \quad r^{(4)} = 135 \quad c(q^{(4)}, r^{(4)}) = 54\,193$$
$$q^{(5)} = 271 \quad r^{(5)} = 135 \quad c(q^{(5)}, r^{(5)}) = 58\,467$$

此时，我们可以找到更好的启发解 $q=261$ 与 $r=135$，其模拟成本为 54 193 美元。显然，之前最好的解 $q=251$ 与 $r=85$ 并非最优解，但是我们依然无法确信这个解（$q=261$ 与 $r=135$）就是最优解。

由于只有两个变量，因此我们可以进行更为彻底的搜索，循环尝试由 q 与 r 构成的整个坐标网格上的所有点并评估 $c(q, r)$。此时困难仍然存在，因为结果完全取决于你所尝试的坐标网格的大小。

原理 1.13　一般来说，数值搜索的结论受限于被探索的变量的取值范围，除非模型的数学结构支持对搜索范围的进一步缩减。

1.5.3　精确优化与启发优化

定义 1.14　**精确最优解**（exact optimal solution）是可被证明的能够使目标函数值达到最优的可行解；而**启发式**（heuristic）/**近似最优解**（approximate optimum）只是通过描述性模型分析得到的可行解，并不能保证其是真正的最优解。

前文对于 MM 问题的数值搜索只是得到了一个启发式最优解，即一个好的可行解，那么，我们究竟是否需要求出精确最优解？

一般情况下，答案其实并不明朗。图 1-6 呈现的三个关于 q 的"最优"取值在数学上均是精确的，但是它们推荐的最优决策会随着输入参数的变化产生大幅度的波动。此外，仿真结果也表明真实的成本与常数需求率模型计算出的最优目标函数值相差甚远。

原理 1.15　用启发解代替精确最优解所带来的损失，相比于采用通过有问题的模型假设与数据得到的精确最优解引发的不确定性变化，有时微不足道。

但是，如果我们知道了精确最优解，便能知道启发解与最优解的距离，那么我们便会更加确定是否应该推荐我们在数值搜索中发现的最好的解：$q=261$ 与 $r=135$。换言之，精确最优解为我们提供了一个评价满意度的参考。

原理 1.16　精确最优解的吸引力在于它们不仅能够提供好的可行解，而且能够确定在一些固定的模型假设下模型能够达到什么样的结果。

1.6　确定模型与随机模型

1.5 节中的搜索都是基于 MM 未来每年的需求均与历史需求一致的假设，这显然不太现实。关于未来事件我们能够推测的通常只能是不同结果产生的概率。

定义 1.17　一个数学模型如果其所有参数值均被假设为**确定的**（deterministic），则称之为确定模型；而如果模型中存在一些只知道其概率分布的参数，则称之为**随机**（stochastic）模型或者**概率**（probabilistic）模型。

1.6.1　随机变量及其实现

随机变量（random variable）即随机模型中只知道概率分布的参数，为了区分随机变量与单一取值的参数，我们用大写字母表示随机变量。

如果我们不认可 MM 问题中的顾客需求完全复制历史需求，那么周需求便应为一个随机的参数。此时我们需要在只知道周需求概率分布的条件下，重新选择再订货点与再订货量。

如果每周的随机需求（用 D_t 表示）独立于其他参数与变量（注意，这是一个假设），图 1-1a 中的每一个值都是一个 D_t 的**实现**（即一个特定的历史结果）。我们可以通过计算每一个数值实现的频率找出 D_t 的概率分布。图 1-7 中的实线显示了需求的**直方图**（frequency histogram），由图可以看出需求的范围为 11 到 96，其中需求在 40 到 70 间出现的频率较高。

去掉图 1-7 中实线的一些粗糙的地方，图 1-7 中的虚线展示了 D 的概率分布。由图可

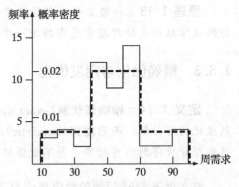

图 1-7　MM 问题周需求频率分布

知，需求为 40～70 的概率是需求为 10～30 或者 70～100 的 3 倍。此外，在这三个区域的自身范围内，需求出现的概率是相等的。

1.6.2　随机仿真

1.4 节与 1.5 节中的仿真模型，由于所有输入参数在开始进行计算时都被设定为已知的，因此该模型是确定的。我们可以在这个确定仿真模型的基础上构建一个随机仿真模型。假设周需求 D_1, D_2, …, D_{52} 是服从如图 1-7 虚线所示概率分布的相互独立的随机变量，此时我们要探究的是关于再订货量 q 与再订货点 r 的任意组合下的年总成本［如今变为随机变量 $C(q, r)$］的分布。

随机仿真(有时被称为**蒙特卡罗分析**)提供了一个工具，它通过如下方式产生输出变量分布的样本：

(1)随机产生一个输入参数的实现序列。

(2)对不同的决策变量选择都重新进行随机仿真。

在足够大(且足够随机)的样本下，关于输出变量的直方图将会非常接近真实的输出分布。

图 1-8 展示了 MM 问题的随机仿真取样的结果。一共有 200 组关于需求变量 D_1，D_2，…，D_{52} 的实现序列随机生成(分布如图 1-7 虚线所示)，在 $q = 261$ 与 $r = 135$ 的条件下，计算年总成本 $C(261，135)$ 的分布结果。

由图 1-8 可知，对于这个已知的最好的决策变量选择($q = 261$ 与 $r = 135$)，年总成本的范围从 52 445 美元到 69 539 美元，平均成本为 57 374 美

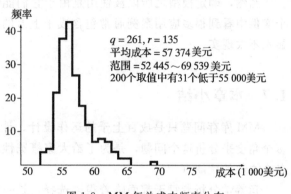

图 1-8　MM 年总成本频率分布

元。注意这个范围包含 1.5 节中的数值搜索结果 54 193 美元。当然，其他的成本结果也会产生，这取决于需求实现的具体数值是多少。

随机仿真是一个有效且广泛应用的运筹学建模技术，因为仿真模型极大的灵活性能够有效地使模型涵盖非常广泛的问题情形。当然，图 1-8 中直方图参差不齐的形状凸显了计算仿真分布面临的挑战。即使对于确定的决策变量，我们在进行了 200 轮仿真后，也只能如图 1-8 所示近似地得到 $C(q，r)$ 的分布。此时，我们需要进一步采用统计评估技术来判定结论的置信度。

原理 1.18　随机仿真模型除了提供描述性分析，还应该对系统样本实现的结果进行统计分析。

1.6.3　确定模型与随机模型之间的权衡

现实系统的参数几乎没有可以被确定量化的(参数被确定量化恰好是确定模型的假设)，图 1-8 中的分布描述更为完整地刻画了对于任意给定的 q 与 r，系统到底会产生什么样的结果。

那么，为什么不对所有问题都采用随机模型呢？答案毫无疑问应该是易处理性。我们已经看到对于任意给定的 q 与 r，通过随机仿真测定输出分布所需的工作量之大。尽管其他的随机方法有时能够较为容易地产生结果，但是有效性有时要求模拟出随机变化，此时易处理性的差异将会很大。

原理 1.19　处理随机模型的数学工具，其在能力与通用性上均与处理确定模型的工具不一致。

如果优化是目标，那么确定模型通常是唯一的选择。

原理 1.20　大部分的优化模型都是确定模型——并非因为运筹学分析者认为所有问题参数都是被确定知道的，而是由于通常只有忽略随机变化才能得到一些有用的描述性结果。

当然，确定模型之所以被使用是由于它们能够解决问题。我们将会在本书后面的多个实例中看到很多应用案例通常包含成千上万的决策变量，此时运用随机模型解决问题显然不太现实。

1.7　本章小结

MM 库存问题只是成百上千的运作设计、计划、控制问题中的一个。我们之所以从多个角度来分析这个问题，是为了给大家概览性地介绍一些解决该问题的可能方法以及各个方法的优缺点。

运筹学分析者每天都面临着很多选择：是一些粗略的计算就已足够，还是需要建立一个有条理的模型去解决问题；是需要建立一个比较细节化的（因而比较有效的）模型，还是建立一个比较易于处理的近似模型。本书的一个目的就是帮助我们对这些问题进行选择。

1.7.1　其他问题

本章强调了运筹学中易处理性与有效性之间的权衡，但并不意味着该问题就是运筹学的唯一问题。模型还会因下面一些问题而产生差异，如模型是否能被使用者（这里指MM）容易地理解，分析需要多快完成，分析需要投入多少计算代价，需要收集多少数据等。

更重要的是，许多情形并不适合通过运筹学方法解决。即便仅仅通过本章简单的介绍，我们也能清楚地发现很难建立一个有效的模型并使其易于被分析。历史实践表明：运筹学是建立在这样的信念上的——尽管需要时间与资源，但将数学决策模型公式化并分析出来，这些所需要经历的困难都是值得的。

原理 1.21　以模型为基础的运筹学方法适用于解决那些足够重要的、值得花时间与资源仔细研究的问题。

1.7.2　本书后续章节概览

本书的剩余章节将主要研究不同类别的确定优化模型，以及处理这些模型的求解技术。第 2 章根据不同模型所需的不同数学性质，将现实生活中的一系列问题进行分类并介绍将这些问题公式化的方法。之后的章节将依次介绍不同的问题类别，强调将一些商业与工程应用问题公式化的方法，并重点阐述用于处理不同类别问题的不同分析技术的一些基本要素。

练习题

1-1　我们要在一段高速公路上安装感应器，用以自动监控交通流量，感应器需要被等距离安装。测量流量的最大误差（发生在两个感应器之间）为 $(d/s)^2$，其中，d 为这段高速公路的长度，s 为感应器的数量。每个感应器的成本为 p 美元。设计者想在感应器总预算为 b 美元的前提下尽可能减小最大误差。请识别该设计问题的以下元素：

☑(a) 决策变量。

☑(b) 输入参数。

☑(c) 目标函数。

☑(d) 约束条件。

1-2　回到练习题 1-1，假设 $d=10$，$p=3.5$，$b=14$。判定（如果需要的话，请尝试所有的可能性）下列解是否为可行解；如果是，其是否为最优解？

☑(a) $s=4$。

☑(b) $s=6$。

☑(c) $s=2$。

1-3　一个工厂有两条生产线用以生产某一产品。生产线 1 可以在 t_1 时间内以成本 c_1 生产一单位产品，生产线 2 可以在 t_2 时间内以成本 c_2 生产一单位产品。工厂经理希望能在 T 时间内以最少的成本生产 b 单位的产品。x_1 单位的产品将在生产线 1 上生产，x_2 单位的产品将在生产线 2 上生产（注意 x_1 与 x_2 均为整数）。请识别该问题的以下元素：

(a) 决策变量。

(b) 输入参数。

(c) 目标函数。

(d) 约束条件。

1-4　回到练习题 1-3，假设 $t_1=10$，$t_2=20$，$c_1=500$，$c_2=100$，$b=3$，$T=40$。判定（如果需要的话，请尝试所有的可能性）下列解是否为可行解；如果是的话，其是否为最优解？

(a) $x_1=0$，$x_2=3$。

(b) $x_1=2$，$x_2=1$。

(c) $x_1=3$，$x_2=0$。

1-5　一个大学想要在实验室有限的空间与预算内，尽可能多地购买计算机工作站。判断以下情形最有可能为以下哪种结果：解析解优化的结果、精确数值优化的结果、启发优化的结果、描述性建模的结果。

☑(a) 在 2 000 平方英尺⊖与 500 000 美元的限制条件内，最多的工作站数量为 110。

(b) 通常安排 80 个工作站需要 1 600 平方英尺以及 382 000 美元。

☑(c) 在 f 千平方英尺与 b 千美元的限制条件内，最多的工作站数量为 $\min\{50f,\ b/5\}$。

(d) 在 2 000 平方英尺与 500 000 美元的限制条件内，通常最好的布局为 85 个工作站。

1-6　解释以下选项中为什么前者相对于后者能够构建更为完整的优化分析。

(a) 解析解形式 vs. 数值优化。

(b) 精确优化 vs. 启发优化。

(c) 启发优化 vs. 对于一些特定解的仿真。

1-7　解释为什么一个被认定为练习题 1-6 中较优选择的模型未必比只允许某个选择的模型更合适解决问题。

1-8　一个工程师目前正在研究一个有 n 个

⊖　1 英尺＝0.304 8 米。

参数的设计问题，其中每个参数都有3个可能的取值。目前有一个高度有效的描述性模型可供选择，该工程师打算用这个模型去评价所有参数取值组合的结果进而选出最好的设计。

(a) 解释为什么这种方法需要在 3^n 个参数取值组合上运行该模型。

☑(b) 对于 $n=10$，15，20 和 30，分别计算出检查所有组合所需的时间。假设程序可以一天运行 24 小时，一年运行 365 天，且任一特定组合的运行时间均为 1 秒。

(c) 依据(b)的结果，评论"尝试所有组合"这种分析策略在实践上的局限性。

1-9 判定以下各选项是否可以被模拟为一个随机变量，或者用一个确定性的参数就足以表示。

☑(a) 未来 14 天某城市的降雨英寸⊖数。

(b) 某城市 14 天的平均降雨量。

☑(c) 一周以前某股票的市场价格。

(d) 从今天起一周的某股票的市场价格。

☑(e) 某餐厅的座位容量。

(f) 今晚将要到达某餐厅的顾客数量。

☑(g) 受限于频繁故障的某工业机器人的生产率。

(h) 某高度可靠的工业机器人生产率。

☑(i) 未来 7 天某型号推土机的工厂需求。

(j) 未来 7 年某型号推土机的工厂需求。

⊖ 1 英寸=0.025 4 米。

第 2 章

运筹学中的确定性优化模型

本章我们将开始详细介绍运筹学中的确定模型。在这类模型中我们假设所有关于问题的输入数据都是确定的。这种假设有时并不太符合现实情况，因为运筹模型中的输入常量通常都是估算出来的，有一些甚至相当粗略。我们之所以采用确定模型，一方面因为确定模型通常能够得到足够有效而且有用的结果，另一方面因为它们相对于随机模型而言更加容易分析。

随着优化技术的不断发展，确定模型越来越易于处理；这种易处理性使我们能够更加精确地解决优化问题。通常，我们通过优化只能得到一个近似最优解，但我们追求的目标是找到最优的解。

确定性优化模型通常被称为**数学规划**（mathematical program），这是因为它们决定了如何计划或者"规划"现实生活中的各项活动。我们在本章将通过多个例子来介绍确定性优化模型。通过阐述各种例子，我们将逐步介绍建模的技巧。同时，也会展示各种建模形式，并介绍一些专业术语。除了最开始的一个小例子外，本章所介绍的所有例子都是基于真实案例的。

2.1 决策变量、约束条件以及目标函数

确定性优化技术最初被广泛应用于石油精炼工业。石油精炼运作通常需要通过系统的优化技术去制订运作计划，计划周期通常以天甚至小时为单位。因此，优化技术对于石油精炼工业的重要性不言而喻。以此为背景，我们将构造一个数学规划模型。尽管这个模型是对现实石油精炼问题的极大简化，但其足以引导我们开启对确定性优化问题的研究。

□应用案例 2-1

双原油问题

得克萨斯州海岸有一个小型炼油厂。炼油厂的原油产自两个产地：沙特阿拉伯和委内瑞拉。炼油厂通过蒸馏等技术把原油精炼成三种产品：汽油、气体燃料以及

润滑油。

由于两个原产地的原油有着不同的化学构成，它们可以精炼出不同的产品组合。每桶沙特阿拉伯原油可精炼出 0.3 桶汽油、0.4 桶气体燃料以及 0.2 桶润滑油，剩余 0.1 桶为精炼损失；而每桶委内瑞拉原油可精炼出 0.4 桶汽油、0.2 桶气体燃料以及 0.3 桶润滑油，剩余 0.1 桶为精炼损失。

同时，两个原产地原油的成本及供应量也不同。炼油厂每天最多可购得 9 000 桶沙特阿拉伯原油，每桶单价 100 美元；每天最多可购得 6 000 桶委内瑞拉原油，每桶单价 75 美元（由于运输距离较短，因此成本也较低）。

炼油厂生产出精炼产品供应给不同的批发商。批发商之间相互独立，所有批发商的需求之和为每天 2 000 桶汽油、1 500 桶气体燃料以及 500 桶润滑油。炼油厂怎样制订生产计划才能最有效地满足需求？

2.1.1 决策变量

阐述任何优化模型的第一步都是要先识别决策变量。

定义 2.1 优化模型中描绘决策的变量即为**决策变量**。

即使是如此简单的原油问题，可以选择的安排也是非常多的。我们到底应该如何决策？成本、供应量、产量以及需求都是问题的**输入参数**（我们认为取固定值的量，详见 1.3 节）。我们必须决定的是每种原油精炼的数量，因此我们定义如下决策变量：

$$x_1 \triangleq 每天被精炼的沙特阿拉伯原油桶数（以千桶为单位）$$

$$x_2 \triangleq 每天被精炼的委内瑞拉原油桶数（以千桶为单位） \qquad (2\text{-}1)$$

这里我们详细列出了每个变量的含义及单位，这是建模时必须注意的。

2.1.2 变量类型约束

描述优化模型的下一步是确定**约束条件**，即明确什么限制了我们的决策。

最基本的约束是明确变量的类型。

定义 2.2 变量类型约束详细说明了决策变量的定义域，即在什么样的取值集合中决策变量才有实际意义。

例如，决策变量可以被限定为非负值或非负整数，或者决策变量直接被设定为无约束。

双原油问题中的决策变量 x_1 和 x_2 分别代表精炼的双原油的数量，因此它们从属于最常见的变量约束类型，即非负约束。任何有实际意义的决策变量取值都应满足下列条件：

$$x_1, x_2 \geqslant 0 \qquad (2\text{-}2)$$

即双原油数量必须是非负实数。

在式（2-1）中我们已经明确地对决策变量 x_1 和 x_2 进行了定义，此时再列举出式（2-2）

中的约束似乎有点多余。但是由于我们需要使构建的模型能够被基于计算机的程序分析，因此在模型中明确地列举出所有的约束条件是十分必要的。总之，只有当约束条件被明确地在模型中表达出来时，解决该模型的方法才能被有效执行。

2.1.3　主约束

除变量类型约束外，其他所有对决策变量的限制条件构成了主约束。

定义 2.3　**主约束**（main constraint）是优化模型中除变量类型约束外，其他所有表明对决策变量的限制以及表示决策变量之间关系的约束条件。

即便在简单的双原油问题中，也存在一些主约束。首先考虑输出需求，所选择的原油数量要满足合约需求，即：

$$\underbrace{\sum（每桶某种原油对某产品的产量）（该原油购买的桶数）}_{该种产品的总产量} \geqslant 该产品需求$$

将上面的约束条件根据我们所定义的决策变量进行量化，就得到：

$$
\begin{aligned}
0.3x_1 + 0.4x_2 &\geqslant 2.0 \quad （汽油）\\
0.4x_1 + 0.2x_2 &\geqslant 1.5 \quad （气体燃料）\\
0.2x_1 + 0.3x_2 &\geqslant 0.5 \quad （润滑油）
\end{aligned}
\tag{2-3}
$$

上述约束均以千桶/天为计量单位。

原油的供应量限制则构成了另一类约束。我们每天只能购买不多于 9 000 桶的沙特阿拉伯原油以及不多于 6 000 桶的委内瑞拉原油，相对应的约束为（单位为一千桶/天）：

$$
\begin{aligned}
x_1 &\leqslant 9 \quad （沙特阿拉伯）\\
x_2 &\leqslant 6 \quad （委内瑞拉）
\end{aligned}
\tag{2-4}
$$

2.1.4　目标函数

目标函数用以衡量我们所做决策的结果。

定义 2.4　目标函数是在优化模型中量化决策结果的函数，决策的目的通常是最大化或者最小化目标函数。

在双原油问题中，我们如何才能判断决策变量的一组取值比另一组取值好？答案显然是用成本去衡量。最优解应该是能够使总成本最小的解，即我们的目标是：

$$\min \sum 某原油单位成本 \times 该原油购买的桶数$$

将上面的目标根据我们所定义的决策变量进行量化，就得到（以千美元为单位）：

$$\min \quad 100x_1 + 75x_2 \tag{2-5}$$

2.1.5　标准形式

一旦定义了决策变量，列举出约束条件，并量化了目标函数，我们就可以得到一个完整的数学优化模型。通常，我们将其总结成一个标准模式，即优化模型的标准形式。

定义 2.5 优化模型的标准形式如下：

$$\min \text{ 或 } \max[\text{目标函数（可以是多个）}]$$
$$\text{s. t. （主约束）}$$
$$\text{（变量类型约束）}$$

其中，"s. t."代表"使服从"（subject to）。

联立式(2-2)~式(2-5)，我们可以得到双原油问题的优化模型：

$$
\begin{aligned}
\min \quad & 100x_1 + 75x_2 && \text{（总成本）} \\
\text{s. t.} \quad & 0.3x_1 + 0.4x_2 \geqslant 2.0 && \text{（汽油需求）} \\
& 0.4x_1 + 0.2x_2 \geqslant 1.5 && \text{（气体燃料需求）} \\
& 0.2x_1 + 0.3x_2 \geqslant 0.5 && \text{（润滑油需求）} \\
& x_1 \qquad\quad\; \leqslant 9 && \text{（沙特阿拉伯原油供应量）} \\
& x_2 \leqslant 6 && \text{（委内瑞拉原油供应量）} \\
& x_1, x_2 \qquad \geqslant 0 && \text{（非负约束）}
\end{aligned}
\tag{2-6}
$$

例 2-1 构造标准形式的优化模型

假设我们打算用 80 米围栏围住一块长方形设备堆放场地，构造一个优化模型找到能够最大化场地面积的设计。

解： 我们所做的决策应该是长方形的尺寸，因此定义以下决策变量。

$$l \triangleq \text{长方形设备堆放场地的长（单位：米）}$$
$$w \triangleq \text{长方形设备堆放场地的宽（单位：米）}$$

两个变量都是非负的数量，因此变量类型约束为：

$$l, w \geqslant 0$$

唯一的主约束是长方形设备堆放场地的周长不能大于 80 米，依据决策变量，主约束可以表示为：

$$2l + 2w \leqslant 80$$

目标函数是最大化设备堆放场地的面积 lw。因此，完整的优化模型为：

$$
\begin{aligned}
\max \quad & lw && \text{（场地面积）} \\
\text{s. t.} \quad & 2l + 2w \leqslant 80 && \text{（围栏长度约束）} \\
& l, w \qquad \geqslant 0 && \text{（非负约束）}
\end{aligned}
$$

2.2 图解法和最优化产出

在本书后面的很多章节中我们会集中讲解优化模型的各种分析方法，而在本节中，我们首先将注意力集中在一种非常简单的分析方法——图解法上。这种方法虽然简单，但足以解决诸如双原油问题的简单模型，同时，图解法能够提供"图形"，这有助于我们更直观地理解模型的性质及求解方法。

在本节，我们主要讲解图解法求解技术，同时，也会详细说明图解法强大的探索优化问题解（包含唯一最优解、多个最优解、无可行解，以及无界解）的能力。

2.2.1　图解法

图解法主要用于解决具有两个或者三个决策变量的优化模型，它能够将模型的要素呈现在与决策变量相对应的坐标系中，以此来探索优化模型的最优解。例如，双原油问题的模型式(2-6)包含两个决策变量 x_1 和 x_2，任何关于这两个决策变量的取值都对应一个二维图中的点(x_1，x_2)。

2.2.2　可行域

图解法的首要问题是确定可行域（也被称为可行集、可行空间）。

定义 2.6　优化模型的**可行域**(feasible set)是满足所有模型约束条件的决策变量的取值集合。

2.2.3　绘制约束及可行域

如果我们要在一个由决策变量定义的坐标系中画出可行域，则首先要在该坐标系中画出变量类型约束（定义 2.2）。

原理 2.7　图解法首先要在由决策变量定义的坐标系中绘制出满足变量类型约束的区域。

在双原油问题中，两个决策变量都是非负实数，因此任何一个可行解都应该在右图的阴影区域（二维图的非负区域）。

接下来我们逐个引入主约束（定义 2.3）。首先是汽油需求约束：

$$0.3x_1 + 0.4x_2 \geqslant 2 \qquad (2\text{-}7)$$

如果只考虑上述约束的等式形式：

$$0.3x_1 + 0.4x_2 = 2$$

可行的点应该落在上述直线上。

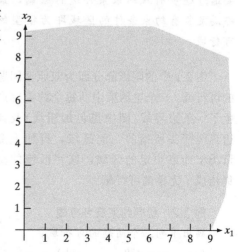

原理 2.8　满足等式约束的点集形成一条直线或者曲线。

但是，约束式(2-7)是一个不等式，因此，为了识别出可行域，通常我们会先画出边界线，然后找出满足不等式约束中不等号的区域。

原理 2.9　满足不等式约束的点集包含一条边界线及该边界线某侧区域内的所有点；其中边界线为直线或者曲线，在该边界线上不等式约束中的等号成立，而在边界线某侧区域内不等式约束中的不等号成立（我们通常在边界线上增加一个小箭头，箭头所指的一侧是可行区域的方向）。

双原油问题中，在非负约束的基础上加入汽油需求约束，我们可以得到：

右图中黑色加粗的边界线即为满足 $0.3x_1 + 0.4x_2 = 2$ 的点集，为了判定边界线的哪一侧是满足 $0.3x_1 + 0.4x_2 > 2$ 的点集，我们只需要找一个不在边界线上的点代入约束中看其是否成立。例如，我们代入原点（$x_1 = x_2 = 0$），发现 $0.3x_1 + 0.4x_2 = 0.3 \times 0 + 0.4 \times 0 \neq 2$，显然约束不成立，因此满足 $0.3x_1 + 0.4x_2 > 2$ 的可行点集必然在边界线的另一侧（图中箭头所指的那一侧）。

可行的（x_1，x_2）必须同时满足所有的约束条件，因此我们需对其余约束条件重复上述步骤，以此得到完整的可行域。

原理 2.10 优化模型的可行域需要通过逐步引入约束条件进行绘制，最终满足所有约束条件的区域即为模型的可行域。

图 2-1 中的阴影部分即为双原油问题的可行域：5 个主约束中的每个约束都产生了一条边界线（图中黑色加粗线）及该边界线箭头所指的一侧区域，再加上变量类型约束决定的区域，这些区域的交集构成了完整的可行域。

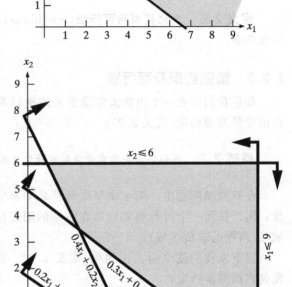

图 2-1　双原油问题的可行域

例 2-2　绘制约束及可行域

画出下列三个问题的可行域：

(a) $x_1 + x_2 \leqslant 2$ (b) $x_1 + x_2 \leqslant 2$ (c) $(x_1)^2 + (x_2)^2 \leqslant 4$

$3x_1 + x_2 \geqslant 3$ $3x_1 + x_2 = 3$ $|x_1| - x_2 \leqslant 0$

$x_1,\ x_2 \geqslant 0$ $x_1,\ x_2 \geqslant 0$

解：根据原理 2.10 中的步骤，我们可以分别绘制出三个问题的可行域如下。

注意：图 b 中由于存在等式约束，因此它的可行域只是一条线段，如图中最粗的那条线段所示；图 c 中由于变量类型约束类型是无约束，因此它的可行域存在取负值的变量。

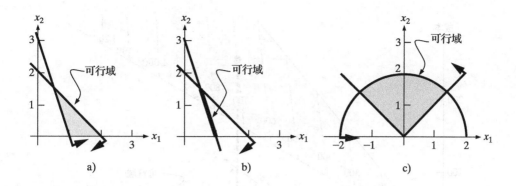

a)　　　　　　　　　　　　b)　　　　　　　　　　　　c)

2.2.4　绘制目标函数

为了找到最优的可行点，我们必须将目标函数引入可行域图形（如图 2-1 所示）中。首先定义双原油问题的目标函数为：

$$c(x_1,x_2) \triangleq 100x_1 + 75x_2 \tag{2-8}$$

注意到 c 是一个关于 x_1 和 x_2 的函数，因此需要增加一个维度。

如图 2-2a 所示，我们在由 x_1，x_2 及 c 构成的三维坐标系中画出了式（2-8）的平面，如可行点 $x_1 = x_2 = 4$ 在目标函数面的取值为 $c(4，4) = 100 \times 4 + 75 \times 4 = 700$。

由于人们的空间想象能力有限，因此相比于三维视图，图 2-2b 所示二维视图更有利于我们进行分析。在二维视图中，第三个维度——成本以等值线形式被表示出来。

原理 2.11　优化模型的目标函数通常以等值线（通常用虚线表示）的形式被绘制在可行域所在的坐标系中，等值线是通过选择不同的决策变量使目标函数取值相同的直线或曲线，它们垂直于目标函数值改进的梯度方向（即目标函数值增长或者下降最快的方向）。

一种引入等值线的方法是在图中任意寻找一个点，计算该点的目标函数值，然后找到取该目标函数值的点集。例如，我们在双原油问题中找到一个点 $x_1 = 9$，$x_2 = 0$，然后我们计算该点的目标函数值：

$$100x_1 + 75x_2 = 100 \times 9 + 75 \times 0 = 900$$

然后我们画出直线 $100x_1 + 75x_2 = 900$，即为图 2-2b 中目标函数值为 900 的等值线。

另一种方法是在可行域中任取一点，如 $x_1 = 6$，$x_2 = 4$，此时目标函数取值仍为 900；然后，我们可以找出如右图所示的目标函数值下降的梯度方向（即最速下降方向）。

x_1 每减小 1 单位，目标函数值减小 100 单位，而 x_2 每减小 1 单位，目标函数值减小 75 单位，由此我们可以找出目标函数值的最速下降方向；同时，右图中在点（6，4）处垂直于最速下降方向的虚线即为目标函数值为 900 的等值线。

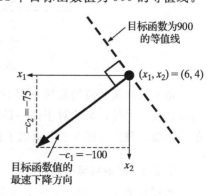

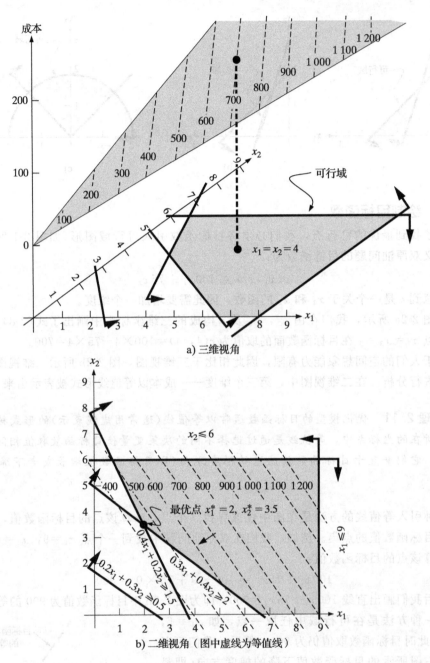

图 2-2 双原油问题的图示解

由于目标函数值的最速下降方向相同，因此其余等值线均平行于目标函数值为 900 的等值线。另外，虽然对于任一目标函数值均存在一条等值线，但我们没必要画出所有的等值线，我们在图 2-2 中画出了目标函数值变化间隔为 100 个单位的等值线。

例 2-3 绘制目标函数等值线

在可行域 $y_1 + y_2 \leqslant 2$，y_1，$y_2 \geqslant 0$ 中画出下列目标函数的等值线：

(a) min　$3y_1 + y_2$　　(b) max　$3y_1 + y_2$　　(c) max　$2(y_1)^2 + 2(y_2)^2$

解： 等值线如下图所示。

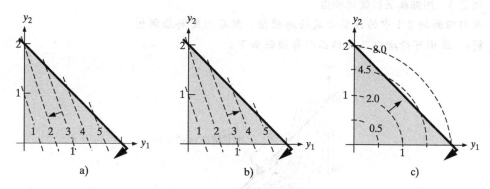

a)　　　　　　　b)　　　　　　　c)

(a) 任取一点 $y_1 = 0$，$y_2 = 1$，对应的等值线为：
$$3y_1 + y_2 = 3 \times 0 + 1 = 1$$
然后依次画出目标函数值为 2，3，…，5 的等值线。

(b) 等值线与(a)相同，同时等值线上的小箭头（垂直于等值线方向）告诉我们目标函数增长的方向。

(c) 在这个问题中，由于目标函数变得更为复杂（非线性形式），因此等值线也不再是直线。任取一点 $y_1 = 0$，$y_2 = 1$，对应的等值曲线为：
$$2(y_1)^2 + 2(y_2)^2 = 2 \times 0^2 + 2 \times 1^2 = 2$$
然后用相同的方法画出目标函数值分别为 0.5、4.5 及 8.0 的等值线。

2.2.5　最优解

我们用图解法分析优化模型的最终目的是找到模型的最优解（注意前提为最优解存在）。

定义 2.12 **最优解**（optimal solution）是可行域内的决策变量某个（些）取值组合，这个（组）决策变量值能使目标函数值不差于其他可行解所能达到的目标函数值。

我们已经找出了可行点集（图 2-2b 中的阴影区域），为了找到最优解，我们需要考核目标函数的等值线。

原理 2.13 最优解位于目标函数最优等值线与可行域相交的部分。

双原油问题中的目标函数是最小化形式，因此最优目标函数等值线应该是与可行域有交点的位置最低的等值线。我们可以通过在该等值线上寻找可行解的方法，找到最优解。

虽然只有一些等值线在图 2-2b 中被明确画出，但实际上存在无数条等值线。在图 2-2b 中，我们可以找到满足原理 2.13 的唯一点：$(x_1^*, x_2^*) = (2, 3.5)$，其中星号（*）表示最优解。

由此我们可以用图示法得到双原油问题的最优解：最优运作计划为每天使用 2 000 桶

沙特阿拉伯原油和 3 500 桶委内瑞拉原油进行生产,每天的总成本为 462 500 美元。

例 2-4 用图解法解优化模型

我们回到例 2-1 中的设备堆放场地模型,然后用图解法解模。

解: 画出可行域以及目标函数等值线如下。

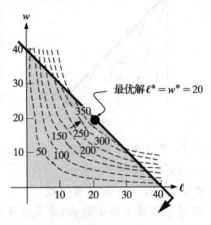

由于这个问题的目标函数为最大化形式,因此我们在位置最高的等值线上寻找最优解,根据原理 2.7,我们可以得到最优解为:$\ell^* = w^* = 20$。

2.2.6 最优值

最优解告诉我们的是决策变量应该怎样取值,而最优值告诉我们的则是与最优解对应的目标函数值是多少。

定义 2.14 优化模型的最优值是最优解对应的目标函数取值。

例如在双原油问题中,最优值为 462 500 美元。注意,两个不同的目标函数取值不可能同时为最优。

原理 2.15 一个优化模型只可能存在一个最优值。

从图解法的角度来解释,就是一个优化模型只存在一条最优等值线(根据原理 2.13)。

2.2.7 唯一最优解与多个最优解

最优解 $x_1^* = 2$,$x_2^* = 3.5$ 是双原油问题的唯一最优解,因为它是图 2-2b 中唯一能够达到最优值的可行解。但并非所有的问题都是这种情况,有一些模型存在多个最优解。

原理 2.16 一个优化模型有最优解,则该模型存在唯一最优解或者多个最优解。

注意,所有的最优解都对应相同的最优值。

我们可以通过另一个例子来解释原理 2.16。对双原油问题中的原油价格进行一些改动，得到如下新的目标函数：

$$\min \quad 100x_1 + 50x_2$$

如图 2-3 所示，最优值仍然只有一个，375 000 美元，但是最优解有无穷多个（图中最粗的线段上的所有点均为最优解），这些最优解均位于目标函数值为 375（千美元）的等值线上。

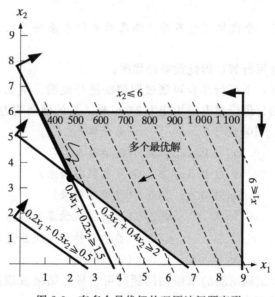

图 2-3　有多个最优解的双原油问题变形

原理 2.17　从图示角度来看，当最优值等值线与可行域只有一个交点，优化问题存在唯一最优解；当最优值等值线与可行域的交点不止一个时，优化问题存在多个最优解。

例 2-5　判定唯一最优解与多个最优解

用图解法判定下列模型中哪些具有唯一最优解，哪些具有多个最优解。

(a) $\max \quad 3w_1 + 3w_2$

   s.t. $w_1 + w_2 \leqslant 2$

     $w_1, w_2 \geqslant 0$

(b) $\max \quad 3w_1 + w_2$

   s.t. $w_1 + w_2 \leqslant 2$

     $w_1, w_2 \geqslant 0$

解：这些模型的图示解如下。

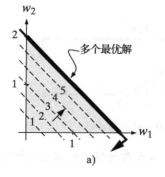

a)

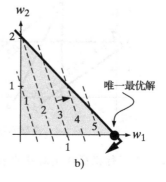

b)

模型(a)有多个最优解，图中最粗的线段上的所有点均为最优解，包括$(w_1, w_2)=$ $(0, 2)$，$(w_1, w_2)=(1, 1)$，$(w_1, w_2)=(2, 0)$；模型(b)有唯一最优解$(w_1, w_2)=$ $(2, 0)$，最优值等值线与可行域只有一个交点。

2.2.8 不可行模型

不可行模型没有最优解。

定义 2.18 如果一个优化模型不存在满足所有约束条件的决策变量取值，则该模型不可行。

这类模型由于没有可行解，因此没有最优解。

当模型比较简单时，不可行性也可通过图解法进行说明。例如，我们对双原油问题进行变形，将双原油的日供应量上限均变为 2 000 桶，新的模型变为：

$$
\begin{aligned}
\min \quad & 100x_1 + 75x_2 && (总成本) \\
\text{s. t.} \quad & 0.3x_1 + 0.4x_2 \geqslant 2.0 && (汽油需求) \\
& 0.4x_1 + 0.2x_2 \geqslant 1.5 && (气体燃料需求) \\
& 0.2x_1 + 0.3x \geqslant 0.5 && (润滑油需求) \\
& x_1 \qquad\qquad \leqslant 2 && (沙特阿拉伯原油供应量) \\
& \qquad\quad x_2 \leqslant 2 && (委内瑞拉原油供应量) \\
& x_1, x_2 \qquad \geqslant 0 && (非负约束)
\end{aligned}
$$

在图 2-4 中我们尝试画出新的双原油问题的可行域，结果发现图中没有任何一个点(x_1, x_2)能够同时满足所有的约束条件。

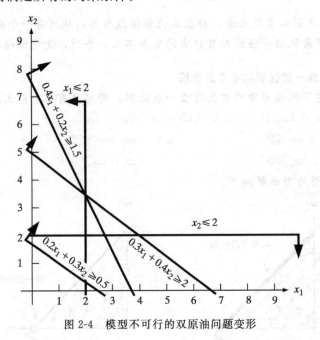

图 2-4 模型不可行的双原油问题变形

原理 2.19 不可行模型在图解法中表现为不存在能够同时满足所有约束条件的点。

例 2-6　用图解法识别不可行模型

用图解法判定下列模型是否可行：

(a) max　$3w_1 + w_2$

　　s.t.　$w_1 + w_2 \leqslant 2$

　　　　　$w_1 + w_2 \geqslant 1$

　　　　　$w_1 , w_2 \geqslant 0$

(b) max　$3w_1 + w_2$

　　s.t.　$w_1 + w_2 \leqslant 2$

　　　　　$w_1 + w_2 \geqslant 3$

　　　　　$w_1 , w_2 \geqslant 0$

解： 用图解法解上述模型如下。

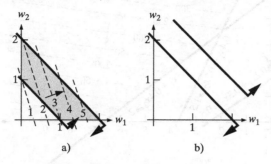

a)　　　　　　　　　b)

模型 a)中阴影区域为满足所有约束条件的点集，因此该模型可行；模型 b)中不存在满足所有约束条件的点，因此该模型不可行。

2.2.9　无界模型

另外一种没有最优解的优化模型的情形是该模型无界。

定义 2.20　如果一个优化模型存在可行域内的点，可以使目标函数值朝改进的方向一致平移，则该模型无界。

无界模型没有最优解的原因是任意可能的解都可以被继续优化。

我们同样可以通过图解法说明这种情形。再次对双原油问题进行变形（尽管这个模型不太符合现实情况），假设沙特阿拉伯对原油进行大规模补贴，每消耗一桶原油，沙特阿拉伯补贴给购买方 10 美元，并且以这个负价格无限量供应原油，则模型变为：

$$\min \quad -10x_1 + 75x_2 \qquad (\text{总成本})$$
$$\text{s.t.} \quad 0.3x_1 + 0.4x_2 \geqslant 2.0 (\text{汽油需求})$$
$$0.4x_1 + 0.2x_2 \geqslant 1.5 (\text{气体燃料需求})$$
$$0.2x_1 + 0.3x_2 \geqslant 0.5 (\text{润滑油需求})$$
$$x_2 \qquad \leqslant 6 \quad (\text{委内瑞拉原油供应量})$$
$$x_1 , x_2 \qquad \geqslant 0 \quad (\text{非负约束})$$

图 2-5 展示了该模型的图示解。注意对任意解，通过增大 x_1（沙特阿拉伯原油购买量），我们总能找到更好的目标函数值，因此该模型无最优解，这便是模型无界的本质含义。

原理 2.21　无界模型在图解法中表现为在可行域中总存在能使目标函数值更优的点。

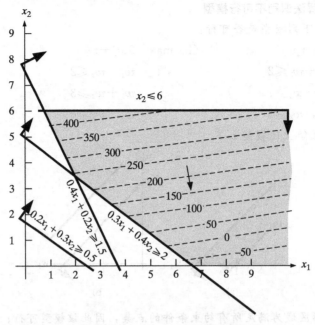

图 2-5　模型无界的双原油问题变形

例 2-7　用图解法识别无界模型

用图解法判定下列优化模型哪些有唯一解，哪些是无界的：

(a) max　$-3w_1+w_2$　　　　　　(b) max　$3w_1+w_2$

　　s. t.　$-w_1+w_2\leqslant1$　　　　　　　s. t.　$-w_1+w_2\leqslant1$

　　　　　$w_1,\ w_2\ \geqslant0$　　　　　　　　　　$w_1,\ w_2\ \geqslant0$

解：　用图解法解以上模型如下。

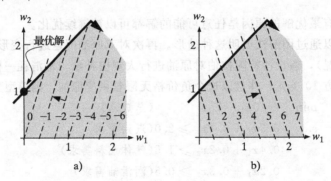

模型 a)在点$(w_1,\ w_2)=(0,\ 1)$处有唯一最优解；模型 b)是无界的，因为我们总是可以在可行域内找到能使目标函数值无限改进的等值线。

2.3　大型优化模型及其标引

上节中，我们引入了一个简单的优化模型——双原油问题，这个模型由于决策变量较少，可以用图解法进行分析，这个例子很好地帮助我们理解了数学规划中的一些基本概念。但是，在实际应用中，决策变量个数和约束个数通常可以达到上千，甚至上万个，此时图解法显然已不再适用。因此，在本节，我们开始探讨如何处理大规模优化模型，并引入具有标引的符号体系以便于解决此类模型。

□ 应用案例 2-2

Pi Hybrids

我们在此引入运筹学的第一个真实应用案例[⊖]：一个名为 Pi Hybrids 的大型玉米种子生产商，运营 ℓ 台设备将玉米谷粒加工生产成 m 个品种的玉米杂交种，并且将这些杂交种分销到 n 个销售地。该经销商需要制订生产与分销计划，以最小化生产成本。

一些制订计划所需的参数已经以常数形式被测量出来。

- 每台设备生产每种玉米杂交种的单位生产成本（单位：美元/袋）。
- 每台设备处理玉米谷粒的能力（单位：蒲式耳）。
- 生产每种玉米杂交种所需的玉米谷粒数量（单位：蒲式耳/袋）。
- 每个销售地对每种玉米杂交种的需求量（单位：袋）。
- 从工厂运输每种玉米杂交种到每个销售地的单位成本（单位：美元/袋）。

我们的任务是根据这些参数建立起合适的优化模型。

2.3.1　标引

标引（或者脚注）使我们可以用一个符号描述一系列类似的数量值，例如：

$$\{z_i : i = 1, \cdots, 100\}$$

代表 100 个用 z 命名的数量值，标引 i 被用来区分这些值。

标引是一个处理大规模优化模型的强大辅助工具，它使得这类模型更易于理解与表达。事实上，建立标引体系也是我们处理大规模优化模型的首要步骤。

原理 2.22　构建大规模优化模型的首要步骤是为问题的不同维度选择合适的标引体系。

Pi Hybrids 问题中有三个主要维度：设备、玉米杂交种，以及销售地。我们需要为每个维度选择一个标引，由此开启对该问题的建模：

$$f \triangleq \text{生产设备编号}(f = 1, \cdots, \ell)$$
$$h \triangleq \text{玉米杂交种品种编号}(h = 1, \cdots, m)$$
$$r \triangleq \text{销售地编号}(r = 1, \cdots, n)$$

2.3.2　标引决策变量

现在我们要开始考虑 Pi Hybrids 问题需要什么样的决策变量。很明显有两类：玉米杂交种的生产量及运输量。

⊖ M. Zuo，W. Kuo，and K. L. McRoberts(1991)，"Application of Mathematical Programming to a Large-Scale Agricultural Production and Distribution System," *Journal of the Operational Research Society*，42，639-648.(1991)：639-648.

首先要决定每台设备对每种玉米杂交种的生产量。我们可以对决策变量按 1，…，ℓm 依次编号，但这样做会使设备与玉米杂交种品种难以区分，因此，方便起见，我们对生产量这个决策变量做如下标引：

$$x_{f,h} \triangleq 生产设备 f 生产品种 h 的袋数$$
$$(f = 1,\cdots,\ell; h = 1,\cdots,m)$$

多重脚注在大规模优化问题中非常常见。

原理 2.23　对决策变量或者输入参数进行标引时，我们通常会用分开的脚注分别对优化问题的每一个维度进行标注。

Pi Hybrids 问题中的运输问题既涉及从哪个设备输出、运输的玉米杂交种品种，又涉及输送到哪个销售地去。依据原理 2.23，我们构建运输量这个决策变量如下：

$$y_{f,h,r} \triangleq 从生产设备 f 运输到销售地 r 的品种 h 的袋数$$
$$(f = 1,\cdots,\ell; h = 1,\cdots,m; r = 1,\cdots,n)$$

值得注意的是，标引能够使我们仅用两个符号就表示出大量的变量。如果 $\ell = 20$，$m = 25$，$n = 30$，就存在 $\ell m = 20 \times 25 = 500$ 个 x 系列变量，以及 $\ell m n = 20 \times 25 \times 30 = 15\ 000$ 个 y 系列变量。尽管 15 500 个变量相比于最初的双原油问题的两个变量已经非常多，但这只是实际应用中优化模型的平均变量数目，还有很多优化问题的变量数量远多于 15 500 个。

例 2-8　计算决策变量数目

假设一个优化模型采用决策变量 $w_{i,j,k,l}$，其中 i 和 k 取值为 1，…，100，j 和 l 取值为 1，…，50。计算决策变量的数目。

解：　决策变量数目如下。

i 的数目 $\times$ j 的数目 $\times$ k 的数目 $\times$ l 的数目 $= 100 \times 50 \times 100 \times 50 = 25\ 000\ 000$

2.3.3　标引符号参数

如果 Pi Hybrids 只用两台设备生产两种产品，我们可以非常简单地将总生产成本表达如下：

$$(设备 1 生产品种 1 的成本)x_{1,1} + (设备 1 生产品种 2 的成本)x_{1,2}$$
$$+ (设备 2 生产品种 1 的成本)x_{2,1} + (设备 2 生产品种 2 的成本)x_{2,2} \tag{2-9}$$

但是对于 $\ell = 20$，$m = 25$，要写出 $\ell m = 20 \times 25 = 500$ 个生产成本项显然会使式子非常庞大，这将非常不利于书写与阅读。解决这个困境的办法就是我们在输入参数上也引入标引。

原理 2.24　为了更简洁地描述大规模优化问题，通常我们会用有标引的符号表示输入参数，尽管这些参数被视为常量。

例如，我们定义：

$$p_{f,h} \triangleq 设备 f 生产一袋品种 h 的生产成本$$

之后，我们便可以用求和符号表达形如式(2-9)的任意数量设备与任意数量品种的生产成本总和：

$$\sum_{f=1}^{\ell}\sum_{h=1}^{m}p_{f,h}x_{f,h}$$

两个求和符号的叠加包含了设备与品种的所有组合，其中，$f=1,2,\cdots,\ell$；$h=1,2,\cdots,m$。

例 2-9　使用求和符号

（a）用求和符号表达下列式子：

$$2w_{1,5}+2w_{2,5}+2w_{3,5}+2w_{4,5}+2w_{5,5}$$

（b）拆分下列求和项：

$$\sum_{i=1}^{4}iw_i$$

解：

（a）引入标引 i 代表第一个脚注：

$$\sum_{i=1}^{5}2w_{i,5}=2\sum_{i=1}^{5}w_{i,5}$$

（b）该求和公式的四个分项为：

$$1w_1+2w_2+3w_3+4w_4$$

2.3.4　目标函数

同样，方便起见，我们对 Pi Hybrids 问题中的其他输入参数进行如下定义：

$u_f\triangleq$ 设备 f 处理玉米谷粒的能力（单位：蒲式耳）

$a_h\triangleq$ 生产一袋 h 品种玉米杂交种所需的玉米谷粒数量（单位：蒲式耳／袋）

$d_{h,r}\triangleq$ 销售地 r 对 h 品种玉米杂交种的需求量（单位：袋）

$s_{f,h,r}\triangleq$ 从设备 f 将一袋 h 品种玉米杂交种运输到销售地 r 的运输成本（单位：美元／袋）

借助这些有标引的决策变量与输入参数，我们便可以开始构建 Pi Hybrids 模型的目标函数了，Pi Hybrids 问题的目标是最小化。

$$总成本 = 总生产成本 + 总运输成本$$

即：

$$\min\sum_{f=1}^{\ell}\sum_{h=1}^{m}p_{f,h}x_{f,h}+\sum_{f=1}^{\ell}\sum_{h=1}^{m}\sum_{r=1}^{n}s_{f,h,r}y_{f,h,r}$$

2.3.5　标引约束条件族

现在需要考虑 Pi Hybrids 模型的约束条件了，即决策变量需要满足什么样的约束。

一个需要被考虑的约束是各个设备的生产能力。u_f 表示设备 f 处理玉米谷粒的能力，a_h 表示生产一袋 h 品种玉米杂交种所需的玉米谷粒数量，因此我们可以将设备 1 的处理能力约束表示如下：

$$\sum_{h=1}^{m}每袋 h 品种所需的玉米谷粒数 \times 设备 1 生产 h 品种的袋数$$

$$\leqslant 设备 1 的玉米谷粒处理能力$$

即：

$$\sum_{h=1}^{m} a_h x_{1,h} \leqslant u_1$$

如果 $\ell=20$，那么就会有 20 个这样的约束，我们当然可以把这些约束全部列出，但显然这样做会使式子非常庞大，并且不易于阅读与理解。

标准的数学规划模型会通过引入标引约束族来解决这个难题。

原理 2.25 一系列类似的约束条件（约束族）可以用标引进行如下表述：

（带有标引的约束）（标引的取值范围）

其中每一个标引取值都代表一个约束。

依据原理 2.25，我们可以将 Pi Hybrids 模型的处理能力约束表述为：

$$\sum_{h=1}^{m} a_h x_{f,h} \leqslant u_f \quad f=1,\cdots,\ell$$

由于 $f=1$，$\cdots$，ℓ，因此上述形式隐含 ℓ 个约束条件。同时，由于我们知道 f 的取值是从 1 到 ℓ，并且数学符号 $\forall$ 表示"对于任意"，因此我们可以将上述形式等价地写为：

$$\sum_{h=1}^{m} a_h x_{f,h} \leqslant u_f \quad \forall f$$

或

$$\sum_{h=1}^{m} a_h x_{f,h} \leqslant u_f \quad \forall f$$

例 2-10 运用标引表示约束条件

一个关于资源分配的优化问题：我们需要将 m 个供应源处的资源分配给 n 个客户，其中供应源 i 处的资源总量为 $s_i(i=1,\cdots,m)$，客户 j 的需求量为 $r_j(j=1,\cdots,n)$。请使用决策变量

$$w_{i,j} \triangleq 从供应商 i 分配到客户 j 的资源数量$$

并根据原理 2.25，写出以下约束条件：

（a）从供应源 32 处分配出去的资源总量不能超过供应源 32 处的资源总量。

（b）从任意供应源 i 处分配出去的资源总量不能超过该供应源的资源总量。

（c）分配给客户 n 的资源数量应等于客户 n 的需求量。

（d）分配给任意客户 j 的资源数量应等于该客户的需求量。

解：

（a）此问题只需要一个约束：

$$\sum_{j=1}^{n} w_{32,j} \leqslant S_{32}$$

（b）此问题对于每一个供应源都需要一个约束，根据原理 2.25，约束可以写为：

$$\sum_{j=1}^{n} w_{i,j} \leqslant S_i \quad i=1,\cdots,m$$

（c）此问题只需要一个约束：

$$\sum_{i=1}^{m} w_{i,n} = r_n$$

（d）此问题对于每一个客户都需要一个约束，根据原理 2.25，约束可以写为：

$$\sum_{i=1}^{m} w_{i,j} = r_j \quad j=1,\cdots,n$$

例 2-11　计算约束条件数目

计算下列式子所表示的约束条件数目：

（a）$\displaystyle\sum_{i=1}^{22} z_{i,3} \geqslant b_3$

（b）$\displaystyle\sum_{i=1}^{22} z_{i,p} \geqslant b_p \quad p=1,\cdots,45$

（c）$\displaystyle\sum_{k=1}^{10} z_{i,j,k} \leqslant g_j \quad i=1,\cdots,14 ; \quad j=1,\cdots,30$

解：

（a）该式子代表一个与标注 3 相关的约束条件。

（b）该式子代表 45 个约束条件，每一个 p 值都有一个约束条件。

（c）该式子代表 $14 \times 30 = 420$ 个约束条件，每一个 i 值与 j 值的组合都有一个约束条件。

2.3.6　Pi Hybrids 问题的优化模型

依据前面我们定义的一系列符号，我们可以得到关于 Pi Hybrids 生产—分配问题的完整优化模型：

$$
\begin{aligned}
\min \quad & \sum_{f=1}^{\ell}\sum_{h=1}^{m} p_{f,h} x_{f,h} + \sum_{f=1}^{\ell}\sum_{h=1}^{m}\sum_{r=1}^{n} s_{f,h,r} y_{f,h,r} \qquad （\text{总成本}） \\
\text{s.t.} \quad & \sum_{h=1}^{m} a_h x_{f,h} \leqslant u_f \qquad f=1,\cdots,\ell \qquad （\text{设备能力约束}） \\
& \sum_{f=1}^{\ell} y_{f,h,r} = d_{f,h} \quad h=1,\cdots,m; \quad r=1,\cdots,n \,(\text{需求约束}) \\
& \sum_{r=1}^{n} y_{f,h,r} = x_{f,h} \quad f=1,\cdots,\ell; \quad h=1,\cdots,m\,(\text{生产—分配平衡约束}) \\
& x_{f,h} \qquad\quad \geqslant 0 \quad f=1,\cdots,\ell; \quad h=1,\cdots,m\,(\text{非负约束}) \\
& y_{f,h,r} \qquad\ \geqslant 0 \quad f=1,\cdots,\ell; \quad h=1,\cdots,m; \quad r=1,\cdots,n
\end{aligned}
$$

(2-10)

除了目标函数和设备能力约束以外，模型（2-10）还包含了四个新的约束：第一个是关于每个销售地对每个品种的需求约束，即从不同设备运输到某一销售地的某品种的总量应该等于该销售地对该品种的需求量；第二个是关于生产量与分配量的平衡约束，即运往不同销售地的某一设备对某个品种的生产量之和应该等于该设备对该品种的生产量；最后两个约束属于变量类型约束，即它们要求任一生产量与分配量都应为非负值。

2.3.7 模型规模如何变大

假设 $l=20$，$m=25$，$n=30$，就存在 500 个 x 系列变量以及 15 000 个 y 系列变量，模型(2-10)就需要满足 $20+750+500+15\,500=16\,770$ 个约束：

$$
\begin{aligned}
l &= 20 &&\text{（设备能力约束）}\\
mn &= 25\times30 &&= 750 &&\text{（需求约束）}\\
lm &= 20\times25 &&= 500 &&\text{（生产—分配平衡约束）}\\
lm+lmn &= 20\times25+20\times25\times30 &&= 15\,500 &&\text{（非负约束）}
\end{aligned}
$$

尽管约束很多，但我们依然可以用几行公式简洁地表达出它们。

这种简洁除了源于标引符号的引入，还源于另一个原因——模型本身涉及的概念并不多。模型(2-10)实际上只涉及了一些简单的概念：生产成本、运输成本、设备能力、需求、分配平衡以及非负。尽管概念并不多，但通过设备、品种与销售地这些参数的各种组合，使这些概念不断重复出现，最终使得模型规模不断变大。

这便是运筹学模型规模变大的典型方式。

原理 2.26 针对不同的时期、地点、产品等，优化模型中原本数量相对较少的目标函数与约束中的元素被不断重复，进而使优化模型规模变大。

通过对问题的不同维度进行标引，我们可以将大规模优化模型用几行公式简洁地表达出来。

2.4 线性规划与非线性规划

对于不同的优化模型，处理方法也截然不同，因此识别模型类型变得尤为重要。在本节，我们将为大家展示两种模型类型——线性规划与非线性规划，并分析它们的本质区别。

2.4.1 数学规划的一般形式

如何区分数学规划类型？其主要依据为包含决策变量的方程的类型。方便起见，首先，我们写出数学规划的一般形式。

原理 2.27 数学规划或者（单目标）优化模型的一般形式如下。

$$\min \text{ 或 } \max \quad f_1(x_1,\cdots,x_n)$$

$$\text{s.t.} \quad g_i(x_1,\cdots,x_n)\begin{cases}\leqslant\\=\\\geqslant\end{cases} b_i \quad i=1,\cdots,m$$

其中 f，g_1，…，g_m 是关于决策变量 x_1，…，x_n，以及常数参数 b_1，…，b_m 的方程，每一个约束都可以是 "$\leqslant$" "$=$" 或者 "$\geqslant$" 的形式。

为了进一步说明问题，我们回到 2.1 节的双原油模型：

$$
\begin{aligned}
\min \quad & 100x_1 + 75x_2 \\
\text{s.t.} \quad & 0.3x_1 + 0.4x_2 \geqslant 2.0 \\
& 0.4x_1 + 0.2x_2 \geqslant 1.5 \\
& 0.2x_1 + 0.3x_2 \geqslant 0.5 \\
& x_1 \qquad\qquad \leqslant 9 \\
& x_2 \quad\qquad\; \leqslant 6 \\
& x_1, x_2 \qquad\; \geqslant 0
\end{aligned}
$$

该模型有 $n=2$ 个决策变量，即 x_1 和 x_2，以及 $m=7$ 个约束条件。如果采用原理 2.27 的形式，则需做以下定义：

$$
\begin{aligned}
f(x_1, x_2) &\triangleq 100x_1 + 75x_2 \\
g_1(x_1, x_2) &\triangleq 0.3x_1 + 0.4x_2 \\
g_2(x_1, x_2) &\triangleq 0.4x_1 + 0.2x_2 \\
g_3(x_1, x_2) &\triangleq 0.2x_1 + 0.3x_2 \\
g_4(x_1, x_2) &\triangleq x_1 \\
g_5(x_1, x_2) &\triangleq x_2 \\
g_6(x_1, x_2) &\triangleq x_1 \\
g_7(x_1, x_2) &\triangleq x_2
\end{aligned}
\tag{2-11}
$$

注意：g 方程既包含主约束，又包含变量类型约束。

2.4.2　右边项

在原理 2.27 的一般形式中，我们用方程 f，g_1，…，g_m 表示有关决策变量的一切，而关于约束条件的限制则通过常数 b_i 表示。这些约束条件常数 b_i 被称为模型的右边项（RHSs），在双原油模型中，右边项为：

$$b_1 = 2.0, \quad b_2 = 1.5, \quad b_3 = 0.5, \quad b_4 = 9, \quad b_5 = 6, \quad b_6 = 0, \quad b_7 = 0$$

例 2-12　用公式形式表示模型

假设决策变量为 w_1、w_2 和 w_3，将下列优化模型用原理 2.27 的形式表示出，并识别出所有方程以及右边项。

$$
\begin{aligned}
\max \quad & (w_1)^2 + 8w_2 + (w_3)^2 \\
\text{s.t.} \quad & w_1 + 6w_2 \leqslant 10 + w_2 \\
& (w_2)^2 \quad\; = 7 \\
& w_1 \qquad\; \geqslant w_3 \\
& w_1, w_2 \quad \geqslant 0
\end{aligned}
$$

解： 根据原理 2.27，目标函数如下。

$$f(w_1, w_2, w_3) \triangleq (w_1)^2 + 8w_2 + (w_3)^2$$

约束条件为：

$$g_1(w_1, w_2, w_3) \leqslant 10$$
$$g_2(w_1, w_2, w_3) = 7$$
$$g_3(w_1, w_2, w_3) \geqslant 0$$
$$g_4(w_1, w_2, w_3) \geqslant 0$$
$$g_5(w_1, w_2, w_3) \geqslant 0$$

其中：

$$g_1(w_1, w_2, w_3) \triangleq w_1 + 6w_2 - w_2 = w_1 + 5w_2$$
$$g_2(w_1, w_2, w_3) \triangleq (w_2)^2$$
$$g_3(w_1, w_2, w_3) \triangleq w_1 - w_3$$
$$g_4(w_1, w_2, w_3) \triangleq w_1$$
$$g_5(w_1, w_2, w_3) \triangleq w_2$$

相关的右边项为：

$$b_1 = 10, \quad b_2 = 7, \quad b_3 = 0, \quad b_4 = 0, \quad b_5 = 0$$

2.4.3 线性方程

有了原理 2.27 的数学规划的一般形式，我们便可以根据其中的方程 f，g_1，$\cdots$，g_m 的形式（线性或者非线性）来判断数学规划的类型了。

原理 2.28 一个方程，如果它是关于决策变量的常数加权求和形式，则该方程为**线性**（linear）方程，否则该方程为**非线性**（non-linear）方程。

线性方程只包含常数以及决策变量的一次幂形式，例如，我们可以判断出双原油问题的目标函数：

$$f(x_1, x_2) \triangleq 100x_1 + 75x_2$$

是线性的，因为它只是常数 100 和 75 分别对决策变量 x_1 和 x_2 加权后求和；而例 2-12 中的目标函数：

$$f(w_1, w_2, w_3) \triangleq (w_1)^2 + 8w_2 + (w_3)^2$$

是非线性的，因为它包含决策变量的二次幂形式。

例 2-13 识别线性方程

假设 x 表示决策变量，其他符号均代表常数，判定下列方程是线性的还是非线性的：

(a) $f(x_1, x_2, x_3) \triangleq 9x_1 - 17x_3$

(b) $f(x_1, x_2, x_3) \triangleq \sum_{j=1}^{3} c_j x_j$

(c) $f(x_1, x_2, x_3) \triangleq \dfrac{5}{x_1} + 3x_2 - 6x_3$

(d) $f(x_1, x_2, x_3) \triangleq x_1 x_2 + (x_2)^3 + \ln(x_3)$

(e) $f(x_1,\ x_2,\ x_3) \triangleq e^{\alpha} x_1 + \ln(\beta) x_3$

(f) $f(x_1,\ x_2,\ x_3) \triangleq \dfrac{x_1 + x_2}{x_2 - x_3}$

解：

(a) 该方程是线性的，因为它只是常数 9、0 和 -17 分别对决策变量 x_1、x_2 和 x_3 加权后求和。

(b) 该方程是线性的，因为 c_j 是常数。

(c) 该方程是非线性的，因为它包含 x_1 的负指数幂。

(d) 该方程是非线性的，因为它包含决策变量的乘积、非一次指数幂以及对数形式。

(e) 该方程是线性的，因为 α 和 β 是常数，方程是决策变量的加权求和形式。

(f) 该方程是非线性的，因为它包含一个商数形式，尽管商数的分子和分母都是线性形式。

2.4.4　定义线性与非线性规划

原理 2.27 中方程的形式决定了模型是线性规划还是非线性规划。

定义 2.29　如果原理 2.27 中的（单一）目标函数方程 f 以及约束方程 $g_1,\ \cdots,\ g_m$ 均为关于决策变量的线性方程，则该优化模型为**线性规划**（linear program，LP），其中目标函数值可以为满足约束的任意整数或分数。

定义 2.30　如果原理 2.27 中的（单一）目标函数方程 f 以及约束方程 $g_1,\ \cdots,\ g_m$ 中存在关于决策变量的非线性方程，则该优化模型为**非线性规划**（nonlinear program，NLP），其中目标函数值可以为满足约束的任意整数或分数。

例 2-14　判别线性或非线性规划

假设符号 y 表示决策变量，其他符号均为常数，判定下列数学规划中哪些是线性规划，哪些是非线性规划：

(a) min　$\alpha(3y_1 + 11y_4)$

　　s. t.　$\displaystyle\sum_{j=1}^{5} d_i y_j \leqslant \beta$

　　　　　$y_j \geqslant 1 \quad j = 1, \cdots, 9$

(b) min　$\alpha(3y_1 + 11y_4)^2$

　　s. t.　$\displaystyle\sum_{j=1}^{5} d_i y_j \leqslant \beta$

　　　　　$y_j \geqslant 1 \quad j = 1, \cdots, 9$

(c) max　$\displaystyle\sum_{j=1}^{9} y_j$

　　s. t.　$y_1 y_2 \leqslant 100$

　　　　　$y_j \geqslant 1 \quad j = 1, \cdots, 9$

解：

(a) 该模型是线性规划，因为模型中目标函数和所有约束函数均为决策变量的线性方程。

（b）该模型是非线性规划，因为尽管模型中所有约束函数与（a）相同，均为决策变量的线性方程，但目标函数是非线性的。

（c）该模型是非线性规划，因为尽管目标函数和最后九个约束方程为线性的，但是第一个约束方程 $y_1 y_2 \leqslant 100$ 是非线性的，这导致了整个模型变为非线性规划。

由定义 2.10，我们可以判定 2.1 节中的双原油模型和 2.3 节的 Pi Hybrids 模型均为线性规划。具体来讲，在双原油问题中，模型（2-11）展示了所有关于决策变量的方程，显然它们均满足定义 2.10；而在 Pi Hybrids 问题中，模型（2-10）中虽然参数众多，不太容易辨别，但仔细观察后我们也能判断出该模型的目标函数以及约束方程均为决策变量 $x_{f,h}$ 以及 $y_{f,h,r}$ 的加权求和，因此 Pi Hybrids 模型也是一个线性规划。

2.4.5　E-MART 问题

□应用案例 2-3

E-MART

现在我们来举一个非线性规划的例子，考虑一个名为 E-MART 的大型欧洲连锁便利店的广告支出预算问题。[一]E-MART 主要经营 m 个类别的商品，如童装、糖果、音乐、玩具、电子产品等；目前有 n 种备选广告活动形式，这些活动均通过某一具体媒介（如邮寄产品目录、报纸杂志等出版物、电视广告）实施，如通过邮寄产品目录宣传童装、通过报纸杂志宣传童装、通过电视宣传玩具等。现已知每个类别商品的边际利润（以销售利润占比形式表示），E-MART 想要通过合理分配有限的广告支出以最大化广告收益。

2.4.6　E-MART 问题的标引、参数与决策变量

首先引入问题两个主要维度的标引：

$$g \triangleq 商品类别编号（g = 1, \cdots, m）$$
$$c \triangleq 广告活动编号（c = 1, \cdots, n）$$

然后我们用以下符号表示主要输入参数：

$$p_g \triangleq 商品类别 g 的利润（以销售利润占比形式表示）$$
$$b \triangleq 广告预算$$

我们需要做的决策是如何分配 E-MART 的广告预算，因此决策变量为：

$$x_c \triangleq 广告活动 c 分配到的广告预算$$

2.4.7　非线性响应

为了构造一个完整的模型，我们必须知道商品类别 g 的销售量中有多少是由于进行

㊀　P. Doyle and J. Saunders (1990)，"Multiproduct Advertising Budgeting," *Marketing Science*，9，97-113.

广告活动 c 带来的，如果它们之间的关系是线性的，即：

$$广告活动 c 为商品类别 g 带来的销售增长 = s_{g,c}x_c$$

其中：

$s_{g,c} \triangleq$ 分配到广告活动 c 的广告预算与商品类别 g 的销售增长之间的关系参数

则这种线性形式由于比较易于分析，因此会被首先考虑。

原理 2.31　对于目标函数以及约束条件，当我们可以选择时，相比于非线性形式，我们更应采用线性形式。因为对于优化模型而言，每一个非线性形式相比于线性形式都会增大问题的处理难度。

但不巧的是，市场调研表明这种线性关系并不符合实际情况，主要的问题在于线性方程会导致经济学上规模报酬相等的现象。

原理 2.32　线性方程隐含如下假设——决策变量每增加一单位产生的效应与之前的每一次增加产生的效应都相等，即规模报酬相等。

E-MART 问题产生了一些不同的结果，历史数据表明广告投入呈现出规模报酬递减的趋势，即每一美元的某种广告活动带来的收益都少于之前进行同等广告活动带来的收益。

以上的规模报酬不等的现象暗含一种非线性关系，E-MART 的分析师采用了以下非线性形式：

$$广告活动 c 为商品类别 g 带来的销售增长 = s_{g,c}\log(x_c + 1) \tag{2-12}$$

这个销售响应方程可以表示规模报酬递减是因为对数形式会使函数随着 x_c 变大增长，并且增长率递减，增加"+1"是为了保证函数对于所有的 $x_c \geqslant 0$ 均为非负。

2.4.8　E-MART 问题的优化模型

在用历史数据估计完 $s_{g,c}$ 之后，我们便可以得到完整的 E-MART 模型：

$$
\begin{aligned}
\max \quad & \sum_{g=1}^{m} p_g \sum_{c=1}^{n} s_{g,c}\log(x_c + 1) \text{（总利润）} \\
\text{s.t.} \quad & \sum_{c=1}^{n} x_c \leqslant b \qquad\qquad \text{（预算约束）} \\
& x_c \quad \geqslant 0 \quad c = 1, \cdots, n \text{（非负约束）}
\end{aligned}
\tag{2-13}
$$

目标函数是最大化总利润，即将式（2-12）中的销售增长分别乘以相应的利润因子，然后求和。主约束有一个，即广告预算约束；变量类型约束则是要保证所有的支出均为非负。由于模型的目标函数是非线性的，因此该模型是非线性规划。

2.5　离散（或者整数）规划

在数学规划中，变量即意味着决策，现实中充满各种各样的决策，因此对变量类型

也存在各种各样的需求。本节开始我们为大家介绍一种有着特殊变量类型的优化模型——离散优化模型。离散优化模型在变量类型上不同于前面所讲的一般的线性或者非线性规划，其通常也被称为整数（线性或非线性）规划、混合整数（线性或非线性）规划、组合优化问题。

□应用案例 2-4

伯利恒钢锭模

伯利恒钢铁公司目前面临锭料尺寸以及模具的选择问题。[⊖]在制作钢铁产品的过程中，主炉产出的熔铁会被倒入大型模具中，进而生产出长方形铁块即钢锭，之后钢锭从模具中被移出，受热熔化后，被制成各种形状的钢铁产品，如工字梁、钢铁板材等。

在我们的设定中，伯利恒钢铁公司要通过上述方法制造 $n=130$ 种钢铁产品。钢锭的尺寸规格直接影响了制造钢铁产品的效率。例如，某种尺寸规格的钢锭比较容易制成工字梁，但是另一种尺寸规格的钢锭制成钢铁板材可以极大程度减少浪费，甚至有一些尺寸的钢锭根本不能被用来制造产品。

通过测试后发现，生产钢锭的模具共有 $m=600$ 种备选方案，但是考虑到处理及储存成本，设计如此多的模具对钢铁厂来说显然非常不切实际。因此，伯利恒钢铁公司计划选择至多 $p=6$ 种模具，并用它们生产 n 种钢铁产品，其目标为最小化浪费。

2.5.1 伯利恒问题的标引及参数

伯利恒问题主要有两个维度的标引：

$$i \triangleq 模具编号(i = 1,\cdots,m)$$
$$j \triangleq 产品编号(j = 1,\cdots,n)$$

一组输入参数为：

$$c_{j,i} \triangleq 用模具 i 生产产品 j 所产生的浪费$$

另一组输入参数需要表明一种模具是否适合制造某种产品，因此我们引入指示参数：

$$I_j \triangleq 可以被用来生产产品 j 的模具 i 的集合$$

如果 $i \in I_j$，模具 i 适合用于生产产品 j。

2.5.2 离散决策变量 vs. 连续决策变量

建模始于决策变量，伯利恒问题中的决策变量类型显然不同于之前所提到的那些模型。我们在这个问题中所做的决策有两个：一是某种模具是否应该被选择，二是如果某个模具被选择，它是否应该被用于某种产品的生产。这些决策显然需要一种新的、有逻辑的、离散的变量去描述。

⊖ F. J. Vasko, F. E. Wolf, K. S. Stott, and J. W. Scheirer(1989), "Selecting Optimal Ingot Sizes for Bethle-hem Steel," *Interfaces*, 19: 1, 68-84.

定义 2.33　如果一个变量的取值范围为某一区间的一些特定的或者可数的取值的集合，则该变量为离散变量。0—1 变量（取值为 0 或者 1 的变量）是一种常用的离散变量。

常用的一种离散变量类型为 0—1 变量，其取值只能为 0 或 1；非负整数变量也是一种离散变量，其取值只能为任意非负的整数。

我们通常使用离散变量表示"全部或者没有""是或者否"类型的决策，如伯利恒模型中的决策就是此类决策。具体来说，我们采用如下变量表示某种模具是否被选择：

$$y_i \triangleq \begin{cases} 1 & \text{如果模具 } i \text{ 被选择} \\ 0 & \text{否则} \end{cases}$$

变量 y_i 是离散的，因为它只能取两个值（1 或者 0），我们用 1 表示事件发生，用 0 表示事件未发生，而其他数值如 0.3 或者 4/5 则没有任何实际意义。

类似地，我们采用如下变量表示某种模具是否应该被用于某种产品的生产：

$$x_{j,i} \triangleq \begin{cases} 1 & \text{如果模具 } i \text{ 被用于生产产品 } j \\ 0 & \text{否则} \end{cases}$$

这些变量的取值范围被限制在一个可数的集合中，以此来体现决策的逻辑特征。

相比于这些决策变量，我们称之前的模型中的决策变量为连续变量。

定义 2.34　如果一个变量的取值范围为某一区间的任意数值，则该变量为**连续**（continuous）变量。

例如，非负变量是连续的，因为它可以是区间 $[0, +\infty)$ 上的任意数值。

2.1 节的双原油模型中的变量显然是连续变量，它们被命名为原油的千桶数，因此任意非负实数取值均具有实际物理意义。严格来说，2.3 节的 Pi Hybrids 模型中的决策变量——生产以及运输的玉米杂交种袋数，实际上应该被限制为整数（一个离散集合），但是由于问题涉及的规模很大，因此将决策变量的取值扩展为所有非负实数也不失合理性，并且这样做会使问题更易处理。我们在后面的章节中会对此进行详细说明。

原理 2.35　对于一些实际中应该为离散变量的决策变量，当最优决策变量的量级足够大以至于分数对于实际应用没有太大影响时，我们相对于离散变量更应该采用连续变量，因为连续变量相对于离散变量会大大降低优化问题处理的难度。

例 2-15　采用离散变量还是连续变量

判定我们应该采用离散变量还是连续变量表示以下变量：

（a）某一化工工艺的操作温度。

（b）储存某一特定产品所占用的仓库狭槽数。

（c）一个资本项目是否应该选择被投资。

（d）从日元兑换成美元的金钱数目。

(e) 国防合同中要制造的飞机数目。

解：

(a) 温度可以取一个物理范围内的任意值，因此应为连续变量。

(b) 狭槽数目应该从一个有限的(可数的)列表中选取，因此应为离散变量。

(c) 假设投资人不能只对项目进行部分投资，则只有两种可能：投资或者拒绝，因此 0—1 离散变量适合该变量。

(d) 金钱数目可以是任意非负数值，因此应为离散变量。

(e) 如果飞机数量非常庞大，则根据原理 2.21 使用连续变量描述比较合适；而如果只有一些少量的昂贵的飞机，则离散变量比较合适，此时需要用非负整数变量去描述。

2.5.3 包含离散变量的约束

现在我们考虑伯利恒模型的约束条件，首先是至多可以选择 p 个模具：

$$\sum_{i=1}^{m} y_i \leqslant p$$

注意，我们习惯用变量＝1表示事件发生，用变量＝0表示其他情况。

另一个约束要求任一产品只能被分配到一种模具：

$$\sum_{i \in I_j} x_{j,i} = 1 \quad j = 1, \cdots, n$$

注意，用 0—1 变量可以很好地对"至少 1""至多 1""恰为 1"等表述进行数学描述。

伯利恒模型的最后一个主约束需要描述出 x 与 y 变量之间的依赖关系，即如果模具 i 并非属于 p 个被选择的模具，则模具 i 不可以被分配到制作产品 j：

$$x_{j,i} \leqslant y_i \quad i = 1, \cdots, m; \quad j = 1, \cdots, n$$

例 2-16 用 0—1 变量描述约束

从 16 个备选项目集合中选择合适的项目，设定变量：

$$w_j \triangleq \begin{cases} 1 & \text{如果项目 } j \text{ 被选中} \\ 0 & \text{否则} \end{cases}$$

根据以上变量表述出以下约束：

(a) 前 8 个项目中至少有 1 个被选中。

(b) 后 8 个项目中至多有 3 个被选中。

(c) 项目 4 或者项目 9 有且只有一个被选中。

(d) 只有在项目 2 被选中时，项目 11 才能被选择。

解：

(a) $\sum_{j=1}^{8} w_j \geqslant 1$ (b) $\sum_{j=9}^{16} w_j \leqslant 3$

(c) $w_4 + w_9 = 1$ (d) $w_{11} \leqslant w_2$

2.5.4 伯利恒问题的优化模型

此时，我们可以得到完整的伯利恒问题优化模型：

$$\min \quad \sum_{j=1}^{n} \sum_{i \in I_j} c_{j,i} x_{j,i} \qquad\qquad （总浪费）$$

$$\text{s. t.} \quad \sum_{i=1}^{m} y_i \leqslant p \qquad\qquad （至多选择~p~个模具）$$

$$\sum_{i \in I_j} x_{j,i} = 1 \qquad j = 1, \cdots, n \qquad （任一产品只能使用一种模具）$$ (2-14)

$$x_{j,i} \leqslant y_i \qquad j = 1, \cdots, n; i \in I_j （模具只有被选中才能被使用）$$

$$y_i = 0~或~1 \qquad i = 1, \cdots, m \qquad （二元变量）$$

$$x_{j,i} = 0~或~1; \quad j = 1, \cdots, n; i \in I_j$$

该模型的目标函数是用钢锭制作产品的总残余浪费，除了三组主约束外，模型还包含了 m 个关于 y_j 的以及 mn 个关于 $x_{j,i}$ 的变量类型约束，"$=0$ 或 1"表明这些变量为离散变量，并且只能为 0 或 1。

2.5.5　整数规划与混合整数规划

如果一个数学规划包含离散变量，则该数学规划为离散优化模型；否则，为连续优化模型。

由于我们通常设定离散变量的取值为某一区间上的整数，因此离散模型通常也被称为整数规划，例如：

$$y_j = 0~或~1$$

即：

$$0 \leqslant y_j \leqslant 1$$
$$y_j~为整数$$

只要一个变量的取值范围是一个特定取值的或者可数的集合，我们总可以用类似的方法为它找到与之相匹配的整数形式表达。

定义 2.36　一个优化模型，如果它的决策变量中存在离散变量，则该优化模型为**整数规划**（integer program，IP）。如果整数规划的所有决策变量均为离散变量，则该整数规划为**纯整数规划**（pure integer program）；否则，为**混合整数规划**（mixed-integer program）。

例 2-17　识别整数规划

判定拥有以下约束的优化模型是否为整数规划，如果是，请进一步判定它是纯整数规划还是混合整数规划。

(a) $w_j \geqslant 0$，$j = 1, \cdots, q$

(b) $w_j = 0$ 或 1，$j = 1, \cdots, p$

　　$w_{p+1} \geqslant 0$ 且为整数

(c) $w_j \geqslant 0$，$j = 1, \cdots, p$

　　$w_{p+1} \geqslant 0$ 且为整数

解：

（a）由于所有变量均为连续变量，因此该优化模型为连续模型，并非离散模型。

（b）前 p 个变量为 0—1 变量，其余变量均为非负整数，因此该优化模型为纯整数规划。

（c）前 p 个变量非负实数，其余变量均为非负整数，因此该优化模型中既存在连续变量，又存在离散变量，是一个混合整数规划。

2.5.6 整数线性规划 vs. 整数非线性规划

伯利恒问题优化模型(2-14)除了变量类型为二元变量外，其余元素均满足定义 2.11 中关于线性规划的定义，因此我们将其归为整数线性规划。

定义 2.37 一个离散或者整数规划，如果它的（单一）目标函数和约束条件都是线性的，则该整数规划为**整数线性规划**（integer linear program，ILP）。

另一种可能是整数非线性规划。

定义 2.38 一个离散或者整数规划，如果它的（单一）目标函数和约束条件中存在非线性形式，则该整数规划为**整数非线性规划**（integer nonlinear program，INLP）。

例 2-18 识别整数线性规划与整数非线性规划

假设所有的 w_j 均为决策变量，判定以下数学规划是线性规划、非线性规划、整数线性规划还是整数非线性规划。

（a）$\max \quad 3w_1 + 14w_2 - w_3$

$$\text{s. t.} \quad w_1 \qquad \leqslant w_2$$
$$w_1 + w_2 + w_3 = 10$$
$$w_j \qquad = 0 \text{ 或 } 1 \quad j = 1, \cdots, 3$$

（b）$\min \quad 3w_1 + 14w_2 - w_3$

$$\text{s. t.} \quad w_1, w_2 \qquad \leqslant 1$$
$$w_1 + w_2 + w_3 = 10$$
$$w_j \qquad \geqslant 0 \quad j = 1, \cdots, 3$$
$$w_1 \text{ 为整数}$$

（c）$\min \quad 3w_1 + 9 \dfrac{\ln(w_2)}{w_3}$

$$\text{s. t.} \quad w_1 \qquad \leqslant w_2$$
$$w_1 + w_2 + w_3 = 10$$
$$w_2, w_3 \qquad \geqslant 1$$
$$w_1 \qquad \geqslant 0$$

（d）$\max \quad 19w_1$

$$\text{s. t.} \quad w_1 \qquad \leqslant w_2$$
$$w_1 + w_2 + w_3 = 10$$
$$w_2, w_3 \qquad \geqslant 1$$
$$w_1 \qquad \geqslant 0$$

解：

（a）该模型除了变量类型为离散变量外，其余元素均满足线性规划的定义（其目标函数与约束条件均为线性的），因此该模型为整数线性规划。

（b）该模型的第一个主约束是非线性的，并且变量 w_1 是离散变量，因此该模型为整数非线性规划。

（c）目标函数中有对数以及商数形式（非线性形式），所有的决策变量都是连续变量，因此该模型为非线性规划。

（d）目标函数和所有主约束均为线性的，所有的决策变量都是连续变量，因此该模型为线性规划。

□ **应用案例 2-5**

普渡大学期末考试安排

我们用一个所有大学生都很熟悉的例子——期末考试安排，来为大家详细说明整数非线性规划。[⊖] 普渡大学在每个学期末都要为 $m = 2\,000$ 个课程在 $n = 30$ 个时间段内安排考试时间。

考试安排最大的问题是"冲突"，例如一个学生在同一个时间段内可能会有不止一门考试安排，而冲突的课程需要安排补考，因此冲突会给学生和老师都带来很多麻烦。普渡的考试安排流程会首先通过处理注册记录来确定有多少学生同时注册了多个课程，然后为所有课程分配考试时间段，因此一个容易想到的优化方案便是最小化总冲突数。

2.5.7　普渡大学期末考试安排问题的标引、参数与决策变量

如前面问题一样，我们首先引入问题主要维度的标引：

$$i \triangleq 课程编号(i = 1, \cdots, m)$$
$$t \triangleq 考试时间段编号(t = 1, \cdots, n)$$

离散决策变量为：

$$x_{i,t} \triangleq \begin{cases} 1 & 如果课程 \ i \ 被分配到考试时间段 \ j \\ 0 & 否则 \end{cases}$$

同时，我们定义代表"同时注册多个课程"的输入参数：

$$e_{i,t} \triangleq 同时参加课程 \ i \ 与课程 \ i' \ 的学生人数$$

2.5.8　非线性目标函数

解决普渡大学期末考试安排问题的最大挑战便是如何用前面定义的符号在目标函数中描述出总冲突数。首先，我们关注每一对课程 i 与课程 i' 的组合，引入乘积：

⊖　C. J. Horan and W. D. Coates(1990)，"Using More Than ESP to Schedule Final Exams：Purdue's Examination Scheduling Procedure II（ESP II），" *College and University Computer Users Conference Proceedings*，35，133-142.

$$x_{i,t}x_{i',t} = \begin{cases} 1 & \text{如果课程 } i \text{ 与课程 } i' \text{ 同时被分配到考试时间段 } t \\ 0 & \text{否则} \end{cases}$$

然后我们便可以表达出每一对课程 i 与课程 i' 的冲突数：

$$\text{课程 } i \text{ 与课程 } i' \text{ 的冲突数} = e_{i,i'} \sum_{t=1}^{n} x_{i,t}x_{i',t}$$

之后对所有课程对的冲突数求和，便可得到目标函数：

$$\min \sum_{i=1}^{m-1} \sum_{i'=i+1}^{m} e_{i,i'} \sum_{t=1}^{n} x_{i,t}x_{i',t} \quad （总冲突数） \tag{2-15}$$

注意求和符号的标引，其中 $i'>i$，这样能够避免课程对被重复计数。第一个求和符号考虑了除 m 外的所有 i 值(注意，没有比 m 更大的标引)，第二个求和符号则加总了所有 $i'>i$ 的课程单元对。

2.5.9 普渡大学期末考试安排问题的优化模型

此时，我们可以写出完整的普渡大学期末考试安排模型：

$$
\begin{aligned}
\min \quad & \sum_{i=1}^{m-1} \sum_{i'=i+1}^{m} e_{i,i'} \sum_{t=1}^{n} x_{i,t}x_{i',t} && （总冲突数） \\
\text{s.t.} \quad & \sum_{t=1}^{n} x_{i,t} = 1 \quad i=1,\cdots,m && （课程 i 的安排约束） \\
& x_{i,t} = 0 \text{ 或 } 1 \quad i=1,\cdots,m; \quad t=1,\cdots,n
\end{aligned}
\tag{2-16}
$$

主约束保证每一个课程 i 都一定能被分配到一个考试时间段 t。

模型(2-16)是一个整数非线性规划(INLP)，其主约束是线性的，但目标函数是非线性的。此外，变量类型是离散的。

2.6 多目标优化模型

目前为止，我们介绍的所有模型都可以用一种明确的、量化的方式比较其可行解，这是由于它们均只有一个目标函数，因而易于进行比较。在很多商业和工业应用中，用单一目标就可以很好地描述真实的决策过程，在这些应用中，尽管可能有其他相关目标也应被考虑，但通常单一地最大化收益或者最小化成本就能够达到其决策目的。

但是对于一些更为复杂的环境如政府部门、复杂的工程设计或者一些不确定性不能被忽略的环境，对于同一个解，参与决策的不同人可能会对其有截然不同的评价，或者问题本身就存在不同的绩效评估标准。此时，单一目标显然已不再适用，我们需要用一种新型的模型——多目标优化模型(即同时最大化或者最小化多个目标函数)去解决此类问题。

□应用案例 2-6

杜佩琪土地使用规划

提起公共部门问题，涉及最多利益冲突的恐怕就是土地使用规划问题了，因此政府官员在解决伊利诺伊州杜佩琪县(位于芝加哥附近的发展迅速的郊区)的未开发土地使用规划问题时,便采用了多目标规划方法。[⊖]

表 2-1 简要列举了 $m=7$ 种土地使用类型。目前,需要解决的问题便是如何在该县的 $n=147$ 个规划区域将这些未开发的土地分配给不同的土地使用类型。

表 2-1　杜佩琪土地使用类型

i	土地使用类型	i	土地使用类型
1	独立住宅房	5	工业区
2	多层住宅房	6	学校及其他公共机构
3	商业区	7	开放空间
4	办公楼		

2.6.1　多目标

没有任何一个单一的准则能够完整地表达出将未开发土地分配给某一使用类型的合理性,这里我们将采用五种准则。

(1) 相容性:在一个区域内某种土地使用类型与其他土地使用类型之间的相容性指数。

(2) 交通:往返于这些土地使用地与交通主干道所花费的交通时间。

(3) 税负:土地使用地的不动产税负比例。

(4) 环境影响:由于土地使用而导致的相关环境恶化程度。

(5) 设施:用于支持该土地使用类型所需的学校及其他社区设施所需的资金成本。

好的规划方案应该使上述五个目标中的第一个目标尽量大,而其余四个尽量小。在此,我们采用标引:

$$i \triangleq \text{土地使用类型}(i = 1, \cdots, m)$$

$$j \triangleq \text{规划区域}(j = 1, \cdots, n)$$

并用以下符号表示五个目标中的相关输入参数:

$c_{i,j} \triangleq$ 每英亩[⊖] 土地使用类型 i 与规划区域 j 的相容性指数

$t_{i,j} \triangleq$ 在规划区域 j 内每英亩土地使用类型 i 产生的交通时间

$r_{i,j} \triangleq$ 在规划区域 j 内每英亩土地使用类型 i 的不动产税负比例

$e_{i,j} \triangleq$ 在规划区域 j 内每英亩土地使用类型 i 产生的相关环境恶化程度

$f_{i,j} \triangleq$ 在规划区域 j 内每英亩土地使用类型 i 需要的社区设施资金成本

然后再加上决策变量:

$x_{i,j} \triangleq$ 在规划区域 j 内分配给土地使用类型 i 的未开发土地英亩数

我们便可以得到如下的多目标函数:

⊖　D. Bammi and D. Bammi (1979),"Development of a Comprehensive Land Use Plan by Means of a Multiple Objective Mathematical Programming Model," *Interfaces*,9:2,part 2,50-63.
⊖　1 英亩 ≈ 4 046.856 422 4 平方米。

$$\max \quad \sum_{i=1}^{m}\sum_{j=1}^{n} c_{i,j} x_{i,j}$$

$$\min \quad \sum_{i=1}^{m}\sum_{j=1}^{n} t_{i,j} x_{i,j}$$

$$\min \quad \sum_{i=1}^{m}\sum_{j=1}^{n} r_{i,j} x_{i,j}$$

$$\min \quad \sum_{i=1}^{m}\sum_{j=1}^{n} e_{i,j} x_{i,j}$$

$$\min \quad \sum_{i=1}^{m}\sum_{j=1}^{n} f_{i,j} x_{i,j}$$

2.6.2 杜佩琪土地使用规划问题的约束条件

一些杜佩琪土地使用规划问题的约束条件非常直观，定义如下参数：

$b_j \triangleq$ 规划区域 j 的未开发土地英亩数

$l_i \triangleq$ 整个杜佩琪县可以分配给使用类型 i 的土地英亩数下限

$u_i \triangleq$ 整个杜佩琪县可以分配给使用类型 i 的土地英亩数上限

$o_j \triangleq$ 规划区域 j 的不可开发土地（如洪泛区、岩石区）英亩数

因此，第一组约束条件需要保证每个规划区域内的所有未开发土地均被分配出去：

$$\sum_{i=1}^{m} x_{i,j} = b_j \quad j = 1,\cdots,n$$

之后两组约束要保证整个杜佩琪县可以分配给某种使用类型的土地数在上、下限范围内：

$$\sum_{j=1}^{n} x_{i,j} \geqslant l_i \quad i = 1,\cdots,m$$

$$\sum_{j=1}^{n} x_{i,j} \leqslant u_i \quad i = 1,\cdots,m$$

最后一组约束则要保证不可开发区域全部分配给了土地使用类型 7，即公园等开放空间：

$$x_{7,j} \geqslant o_j \quad j = 1,\cdots,n$$

更复杂的约束条件则要描述不同土地使用类型之间的相互作用。具体来说，独立住宅房与多层住宅房的开发会带来对商业区与开放空间的需求，同样也会带来对新学校与其他公共机构的需求，我们使用以下符号参数对表示这些相互作用：

$s_i \triangleq$ 每英亩独立住宅房带来的对土地使用类型 i 的需求的英亩数

$d_i \triangleq$ 每英亩多层住宅房带来的对土地使用类型 i 的需求的英亩数

我们可以得到约束条件：

$$x_{i,j} \geqslant s_i x_{1,j} + d_i x_{2,j} \quad i = 3,6,7; \quad j = 1,\cdots,n$$

上述约束条件表示商业区（$i=3$）、公共机构（$i=6$）、开放空间（$i=7$）的英亩数必须满足相应需求。

2.6.3 杜佩琪土地使用规划问题的优化模型

整理上述目标函数与约束条件，我们便可以得到完整的杜佩琪土地使用规划多目标

优化模型：

$$
\begin{aligned}
\max \quad & \sum_{i=1}^{m}\sum_{j=1}^{n} c_{i,j} x_{i,j} && \text{（相容性）}\\
\min \quad & \sum_{i=1}^{m}\sum_{j=1}^{n} t_{i,j} x_{i,j} && \text{（交通）}\\
\min \quad & \sum_{i=1}^{m}\sum_{j=1}^{n} r_{i,j} x_{i,j} && \text{（税负）}\\
\min \quad & \sum_{i=1}^{m}\sum_{j=1}^{n} e_{i,j} x_{i,j} && \text{（环境）}\\
\min \quad & \sum_{i=1}^{m}\sum_{j=1}^{n} f_{i,j} x_{i,j} && \text{（设施）}\\
\text{s. t.} \quad & \sum_{i=1}^{m} x_{i,j} = b_j && j = 1,\cdots,n && \text{（全部使用）}\\
& \sum_{j=1}^{n} x_{i,j} \geqslant \ell_i && i = 1,\cdots,m && \text{（使用下限）}\\
& \sum_{j=1}^{n} x_{i,j} \leqslant u_i && i = 1,\cdots,m && \text{（使用上限）}\\
& x_{7,j} \geqslant o_j && j = 1,\cdots,n && \text{（不可开发区域）}\\
& x_{i,j} \geqslant s_i x_{1,j} + d_i x_{2,j} && i = 3,6,7; j = 1,\cdots,n && \text{（隐含需求）}\\
& x_{i,j} \geqslant 0 && i = 1,\cdots,m; j = 1,\cdots,n && \text{（非负约束）}
\end{aligned}
\tag{2-17}
$$

上述模型中唯一新加入的元素便是关于决策变量类型的非负约束。

2.6.4　目标函数之间的冲突

　　像许多其他应用问题一样，我们可以设定多个目标函数去有效解决杜佩琪土地使用规划问题，但是这样做往往会使得问题处理的难度增加，在后面章节我们会对此做详细说明。通常来讲，土地使用规划问题中不同目标的最优分配之间往往会存在冲突，例如，给某个制造业用地进行土地分配时，如果可行解靠近交通主干道，则可使交通目标得分很高，但其他目标如相容性目标则可能得分并不高，此外该分配结果还极有可能严重破坏环境。

　　总的来说，单目标优化模型由于不存在这种冲突问题，因此更容易解决，而对于多目标优化模型，我们甚至很难去清楚地定义出一个“最优”的解。

　　原理 2.39　当我们可以选择时，我们要优先建立单目标优化模型而非多目标优化模型，因为多目标优化模型目标函数之间的冲突会使得问题处理难度大大增加。

　　例 2-19　理解多目标间的冲突
　　考虑如下多目标数学模型：

$$\max \quad 3z_1 + z_2$$
$$\min \quad z_1 - z_2$$
$$\text{s. t.} \quad z_1 + z_2 \leqslant 3$$
$$z_1, z_2 \geqslant 0$$

画出可行域并分别找到对应这两个目标函数的最优解。

解： 可行域及两个目标函数的等值线如下。

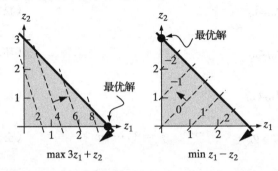

可行解 $z_1 = 3$，$z_2 = 0$ 是第一个目标函数的最优解，而 $z_1 = 0$，$z_2 = 3$ 是第二个目标函数的最优解。因此，想要找到一个综合的、全面的"最好"的解，则必须考虑如何平衡具有冲突性的目标函数。

2.7 优化模型分类小结

优化模型的使用者在实际生活中面对的是一些有着特定决策变量、约束以及目标函数的实际问题，这些实例通常有明确的模型参数（常数形式）而非简单的符号。此外，优化问题的类型如线性或者非线性、连续或者离散、单目标或者多目标，会对解决一个实际问题的难易程度、用何种方法解决产生巨大的影响。因此，对于模型应用者而言，首要问题便是识别出要解决的实际问题所对应的模型类型。

图 2-6 为大家展示了一个优化模型的分类小结：LP（线性规划）最易处理，其变量类型为连续变量，只有一个目标函数，且目标函数和约束均为线性形式；NLP（非线性规划）的目标函数或约束中存在非线性形式，其余均与 LP 相同；如果模型中存在离散变量，则 LP 就变成了 ILP（整数线性规划），同样，NLP 就变成了 INLP（整数非线性规划）。

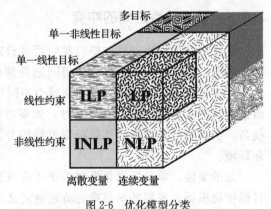

图 2-6 优化模型分类

2.8 计算机求解技术以及 AMPL

目前为止，本章主要介绍了如何表达以及分类优化模型，并没有对求解方法进行太多介绍，只有 2.2 节介绍了一些只有 2 个或者 3 个决策变量的简单的优化模型。这些模型可以用图示法解，直观地帮助大家了解了如何用优化模型解决现实问题。但是，现实中的数学规划问题通常更为复杂，此时我们需要用计算机求解技术去解决。本书后面章节的大部分内容也都是围绕此展开的。

本节我们会介绍一些目前常见的计算机优化软件的主要思想，同时，我们会重点介绍一种应用极为广泛的建模语言——AMPL。[○]

2.8.1　求解程序与建模语言

数学规划软件的设计者和使用者面临两大挑战。

原理 2.40　**求解程序**软件要能够使数学规划实际问题以便捷的数学形式输入，并且该数学形式应便于求解程序的应用，同时能够计算并返回最优解及相关的分析结果。

原理 2.41　**建模语言**要能够容纳类似于 2.2~2.6 节标准形式的模型及参数表达形式，进而产生相对应的一套所选求解程序的输入元素；同时，一旦求解程序完成求解，结果便会被翻译回原表达形式并被报告出来。

表 2-2 展示了如何用计算机软件求解式(2-6)中的双原油问题，我们对所有标引及参数均采用了"硬编码"（即直接将常数参数写入目标函数与约束条件中)的简单形式。

表 2-2　双原油问题的初级 AMPL 建模
a) AMPL Input

var	x1 >= 0;	# 决策变量及其类型
var	x2 >= 0;	
minimize tcost:	100*x1+75*x2;	# 目标函数
subject to		
gas:	0.3*x1+0.4*x2 >= 2.0;	
jet:	0.4*x1+0.2*x2 >= 1.5;	
lubr:	0.2*x1+0.3*x2 >= 0.5;	
saudi:	x1 <= 9;	
venez:	x2 <= 6;	
option	solver cplex;	# 选择并调用求解程序
	solve;	
display	cost, x1,x2;	# 报告求解程序输出

b) AMPL Output

CPLEX	optimal solution 462.5	# 求解结果
	tcost = 462.5	# 目标函数最优值
	x1 = 2.0	
	x2 = 3.5	

表中 a 部分展示了 AMPL 输入代码，b 部分则是我们接收到的输出结果。注意：

○ R. Fourer，D. Gay and B. Kernighan (2003)，*AMPL：A Modeling Language for Mathematical Programming*，2nd edition，Brooks/Cole，Pacific Grove，California.

- AMPL 陈述语句总是以分号结尾，"♯"后面的内容只是评论或批注，空行不会对求解程序产生任何影响。
- var 语句定义决策变量及其变量类型约束。
- minimize 或者 maximize 语句表明目标函数。
- subject to 后面列举主约束，每个主约束前面都用一个名字标注。
- 目标函数以及约束中的数学表达均采用典型的科学计算机编程形式，用"＋""－""＊""/"表示四则运算，用"＞＝""＜＝"表示不等式。
- 在表述完公式之后，需要进行求解程序选择，因此需要写一条调用求解程序的命令语句(option solver 语句)，本例中我们选择一个常用的 CPLEX [⊖] 求解程序来求解。
- display 命令语句表明我们需要报告的求解结果种类。

2.8.2 标引、求和以及符号参数

在 2.3 节中我们为大家详细说明了在现实生活中的多数大规模数学规划中，应该如何有效使用标引体系表示模型的不同维度(原理 2.22)、如何用求和符号表示多个项的相加，以及如何用符号参数表示输入常数(原理 2.24)。像 AMPL 这类建模语言，必须能够以某种方式表现出这些大规模建模的特点，这样才能够被用以求解大规模数学规划。

表 2-3 展示了如何用 AMPL 表达式(2-10)中的 Pi Hybrids 问题，新增加的元素有：
- param 语句定义符号参数。
- set 语句用来声明标引设置。
- sum 语句用来表明求和运算。
- 如果变量或者参数被定义在某个标引范围内，则该范围需被标注在"{}"内。
- 脚标需被标注在"[]"内。

表 2-3 用符号参数形式呈现了 Pi Hybrids 问题的 AMPL 模型表达式，具体的常数参数形式将会在后面的数据部分呈现。

表 2-3 案例 2-2 Pi Hybrids 的 AMPL 模型

```
# 此部分为抽象模型部分
model;

# 设备、品种、销售地的标引设定
param 1;
param m;
param n;
set facils := 1 .. 1;
set hybrs := 1 .. m;
set regns := 1 .. n;
```

⊖　IBM ILOG AMPL (2010)，*IBM ILOG AMPL Version* 12. 2 *User's Guide*，ampl. com/booklets.

（续）

```
# 设备加工能力的符号参数，单位：蒲式耳/袋
# 生产成本、销售需求以及运输成本
param u{f in facils};
param a{h in vars};
param p{f in facils, h in hybrs};
param d{h in hybrs, r in regns};
param s{f in facils, h in hybrs, r in regns};

# 生产和销售的决策变量及变量类型约束
var x{f in facils, h in hybrs} >=0;
var y{f in facils, h in hybrs, r in regns} >= 0;

# 总成本目标
minimize tcost: sum{f in facils, h in hybrs} p[f,h]*x[f,h]
+ sum{f in facils, h in hybrs, r in regns} s[f,h,r]*y[f,h,r];

# 设备能力约束、需求约束、生产—分配平衡约束三个主约束的设定
subject to
fcap{f in facils}: sum{h in hybrs} a[h]*x[f,h] <= u[f];
rdems{h in hybrs, r in regns}: sum{f in facils} y[f,h,r] = d[h,r];
psbal{f in facils, h in hybrs}: sum{r in regns} y[f,h,r] = x[f,h];
```

原理 2.42　大规模 AMPL 输入设定通常分为两部分——一部分是抽象的模型部分；另一部分是数据部分，这部分包含要解决的实例的具体信息。

这种分开设定相对于"硬编码"而言，在多数情况下会为求解带来极大便利，因为对于模型形式相同的不同实例，在求解时只需调整数据部分即可。

表 2-4 呈现了一个 Pi Hybrids 实例的数据部分，这个实例规模比较小，只包含 $l = 2$ 台生产设备，$m = 4$ 个玉米杂交种品种，以及 $n = 3$ 个销售地。为了运行求解程序，我们需要输入表 2-3 的模型部分、表 2-4 的数据部分、合适的 solve 命令，以及所需的 display 选择。此外，我们还需注意如何给参数赋值。

表 2-4　应用案例 2-2 Pi Hybrids 小型实例的 AMPL 数据部分

```
# 此部分为一个具体实例的数据部分
data;

# 给没有脚标的标量参数赋值
param l := 2;
param m := 4;
param n := 3;

# 以列表形式设定单一脚标的参数
param u := 1 2200 2 2555;
param a := 1 7 2 11 3 6 4 18;

# 以表格形式设定多重脚标的参数
 param p:    1     2     3     4     :=
 1          1.10  0.89  2.05  1.45
 2          1.55  1.13  2.15  1.56
 3          0.95  0.83  1.80  1.22   ;
```

（续）

1	123	119	500
2	311	281	333
3	212	188	424
4	189	201	440 ;

param s:	1	2	3	:=
1 1	0.89	0.91	0.77	
1 2	1.00	0.84	0.89	
1 3	0.77	0.76	0.78	
1 4	0.99	1.03	0.85	
2 1	0.92	0.89	0.92	
2 2	0.87	0.95	0.90	
2 3	0.91	0.83	0.77	
2 4	0.89	0.79	0.86 ;	

- 符号"：="被用来表示赋常数值。
- 不用逗号或者其他分隔符分隔数据值。
- 没有脚标的标量参数直接用"：="赋值即可。
- 单一脚标的参数被赋值时是一个"脚标—数值"对的列表。
- 多重脚标的参数被赋值时是一张表格，其中列对应排在最后的脚标，行对应其他标引。

例 2-20　用 AMPL 为 LP 建模（使用标引与求和符号）

考虑以下 AMPL 的模型部分与数据部分的输入设定：

```
model;
param m;
param n;
set rows := 1 .. m;
set cols := 1 .. n;
param a{i in rows, j in cols};
param r{i in rows};
param d{j in cols};
var x{j in cols} >= 0;
maximize totl: sum{j in cols} d[j]*x[j];
subject to
lims{ in in rows}: sum{j in cols} a[i,j]*x[j] <= r[i];
data;
param m:= 2;
param n:= 3;
param d:= 1 210 2 333 3 40;
param r:= 1 1100 2 2019;
param a: 1 2 3 :=
1 14 23 41
2 29 19 50 ;
```

依据此，写出对应的 LP 标准数学形式，注意写出所有上述 AMPL 输入中明确表示出的常数参数值。

解： 该 LP 的标准形式如下。

$$\begin{aligned}
\max \quad & 210x_1 + 333x_2 + 40x_3 \\
\text{s. t.} \quad & 14x_1 + 23x_2 + 41x_3 \leqslant 1\,100 \\
& 29x_1 + 19x_2 + 50x_3 \leqslant 2\,019 \\
& x_1, x_2, x_3 \qquad\qquad\quad \geqslant 0
\end{aligned}$$

2.8.3　非线性规划模型与整数规划模型

目前，本节展示的模型都是线性规划，当然，AMPL 同样适用于求解非线性规划、整数规划或者混合整数规划，但是需要选择不同的求解程序。

表 2-5 展示了如何用 AMPL 表达非线性规划——式（2-13）中的 E-MART 问题（即应用案例 2-3）。唯一增加的新元素是 log 方程，这在 AMPL 中可以很容易被表达出来，当然我们还需要利用其他求解程序如 MINOS [⊖] 去解决这个非线性规划问题。

表 2-5　应用案例 2-3 E-MART 的 AMPL 模型

```
model;

# 商品类别、广告活动的标引设定
param m;
param n;
set groups := 1 .. m;
set cpaigns := 1 .. n;

# 预算、利润、销售增长的符号参数
param b;
param p{g in groups};
param s{g in groups, c in cpaigns};

# 决策变量及变量类型约束
var x{c in cpaigns} >=0;

# 总利润目标
maximize tprof:  sum{g in groups}p[g]
    * sum{c in cpaigns} s[g,c]*log(x[c]+l);

# 预算主约束
subject to
budgt:  sum{c in cpaigns} x[c] <= b;
```

表 2-6 展示了如何用 AMPL 表达整数规划与混合整数规划——伯利恒问题（即应用案例 2-4）。表 2-6 中新增加的元素包括：

- x 与 y 均为二元变量，即它们的取值只能为 0 或者 1，因此 var 命令语句要对此进行界定，以使该模型成为整数规划。
- 对于非负整数变量，如 $z_k(k \in KK)$，其取值并非只能为 0 或者 1，此时用 AMPL 编码时只需写为 "z{k in KK}integer>=0"。
- 该应用也展现了如何用 AMPL 编码标引集合的子集，伯利恒问题中设定 $I_j \subset I$（I_j 为模具集合 I 中可以被用来生产产品 j 的模具集合），语句表述为 "amold[j]"。

⊖　B. Murtagh and M. Saunders(1998-)，*MINOS Optimization Software*，Stanford Business Software，Inc.

表 2-6 应用案例 2-4 伯利恒问题的 AMPL 模型

```
model;

# 模具、产品、合适模具的标引设定
param m;
param n;
set molds := 1 .. m;
set prods := 1 .. n;
set amolds {j in prods} within molds;
# 模具浪费与相关限制的符号参数
param p;
param c{j in prods, i in amolds[j]};

# 决策变量及变量类型约束
var x {j in prods, i in amolds[j]} binary;
var y {i in molds} binary;

# 总浪费目标
minimize twaste:  sum {j in prods} sum {i in amolds [j]} c[j,i]*x[j,i];

# 模具选择约束、产品分配约束、模具分配约束三个主约束
subject to
mcnt:  sum{i in molds} y[i] <= p;
pasmt{j in prods}:   sum{i in amolds [j]} x [j ,i) = 1;
mamatch{j in prods,i in amolds[j]}: x[j,i] <= y[i];
```

例 2-21　用 AMPL 为 MIP 建模（使用标引与求和符号）
考虑以下 AMPL 的模型部分与数据部分的输入设定。

```
model;
param m;
param n;
set rows := 1 .. m;
set cols := 1 .. n;
param a{i in rows, j in cols};
param r{i in rows};
param d{j in cols};
param f{i in rows};
var x{j in cols} >= 0;
var y{i in rows} integer >= 0;
minimize tcost: sum{j in cols} d[j]*x[j]+sum{i in rows}
f[i]*y[i];
subject to
lims{ i in rows}: sum{j in cols} a[i, j]*x[j] +400*y[i] >= r[i];
data;
param m:= 2;
param n:= 3;
param d:= 1 210 2 333 3 40;
param r:= 1 1100 2 2019;
param f:= 1 300 2 222;
param a: 1 2 3 :=
1 14 23 41
2 29 19 50 ;
```

依据此，写出对应的 MIP 标准数学形式，注意写出所有上述 AMPL 输入中明确表示出的常数参数值。

解： 用 3 个 x 变量，2 个 y 变量，以及常数参数值，我们可以写出该 MIP 的标准形式如下。

$$\begin{aligned}
\min \quad & 210x_1 + 333x_2 + 40x_3 + 300y_1 + 222y_2 \\
\text{s.t.} \quad & 14x_1 + 23x_2 + 41x_3 + 400y_1 && \geqslant 1\,100 \\
& 29x_1 + 19x_2 + 50x_3 + 400y_2 && \geqslant 2\,019 \\
& x_1, x_2, x_3 && \geqslant 0 \\
& y_1, y_2 && \geqslant 0 \text{ 且为整数}
\end{aligned}$$

练习题⊖

2-1 Notip 桌子制造公司现有两种五腿桌专利产品——基础款与升级款。基础款桌子为木质桌面，装配一张桌子需要 0.6 小时，每张桌子的利润为 200 美元；升级款桌子为玻璃桌面，装配一张桌子需要 1.5 小时，每张桌子的利润为 350 美元。在下一周的生产周期中，Notip 共有 300 条桌子腿，50 个木质桌面，35 个玻璃桌面，以及 63 小时的可用装配时间。假设所有被生产出的桌子均能被卖掉，Notip 应该如何制订其生产计划以最大化利润？

☑(a) 写出该优化模型的表达式，注意写出 4 个主约束，并使用决策变量 $x_1 \triangleq$ 基础款桌子生产数量，$x_2 \triangleq$ 升级款桌子生产数量。

☑(b) 用课堂上讲的优化软件求解。

🖥(c) 用图解法求解优化模型，画出二维图，求出最优解并解释最优解的唯一性。

☑(d) 当基础款桌子与升级款桌子的边际利润分别变为 120 美元与 300 美元时，用图解法展示新模型有多个最优解。

2-2 基金经理 Wiley Wiz 考虑如何将 1 200 万美元分配投资到国内股票与国外股票上。国内股票的年收益率为 11%，国外股票的年收益率为 17%，Wiley 希望通过合理分配投资最大化年收益；与此同时，Wiley 认为自己还需要保持投资的谨慎性，因此他决定国内股票投资不超过 1 000 万美元，国外股票投资不超过 700 万美元；此外，为了确保投资平衡，Wiley 要保证投资到国内股票上的资金至少是国外股票的一半，并且投资到国外股票上的资金也至少是国内股票的一半。

(a) 写出 Wiley 最优投资计划的优化模型表达式，注意写出 5 个主约束，并使用决策变量 $x_1 \triangleq$ 投资到国内股票的资金数（单位：百万美元），$x_2 \triangleq$ 投资到国外股票

⊖ 如果题目要求写出优化模型的**表达式**，则需定义出所有决策变量与符号参数，写出所有约束条件（包括主约束与变量类型约束）并注释出含义，同时写出目标函数并注释出含义。

如果题目要求用**图解法**求解优化模型，则需标注坐标轴，画出并标注所有约束条件，指出可行域（如果存在的话），画出目标函数的等值线并标出其最速改进方向，然后找出最优解。如果没有最优解，则需解释原因。

的资金数(单位：百万美元)。

(b) 用课堂上讲的优化软件求解。

(c) 用图解法求解优化模型，画出二维图，求出最优投资计划。

(d) 当投资国内股票与国外股票的年收益率相等时，用图解法展示新模型有多个最优解。

2-3 Tall Tree 木材公司在太平洋西北部有 95 000 英亩林地，其中至少有 50 000 英亩林地需要空中喷洒以防害虫。现有两家公司可以完成空中喷洒工作：一家为 Squawking Eagle，成本(包括飞行时间、飞行员和原料费用等)为 3 美元 1 英亩，喷洒上限为 40 000 英亩；另一家为 Crooked Creek，成本为 5 美元 1 英亩，喷洒上限为 30 000 英亩。Tall Tree 如何制订喷洒计划才能最小化其成本？

(a) 写出 Tall Tree 最优喷洒计划的优化模型表达式，注意使用决策变量 $x_1 \triangleq$ Squawking Eagle 喷洒林地数(单位：千英亩)，$x_2 \triangleq$ Crooked Creek 喷洒林地数(单位：千英亩)。

(b) 用课堂上讲的优化软件求解。

(c) 用图解法求解优化模型，画出二维图，求出最优喷洒计划并解释最优解的唯一性。

(d) 当删去 Squawking Eagle 喷洒上限约束以及两个非负约束时，用图解法展示新模型无界。

(e) 当 Crooked Creek 喷洒设备因大火损坏而无法提供喷洒服务时，用图解法展示新模型不可行。

2-4 Fast Food Fantasy(Triple-F)汉堡连锁店为响应消费者的健康需求要推出一款新汉堡，该汉堡既有牛肉又有鸡肉，Triple-F 需要决定牛肉与鸡肉的

配比，并且要保证每个新汉堡至少重 125 克，至多含 350 卡路里、15 克脂肪、360 毫克钠。每克牛肉含 2.5 卡路里、0.2 克脂肪、3.5 毫克钠，而每克鸡肉含 1.8 卡路里、0.1 克脂肪、2.5 毫克钠。Triple-F 应该如何对牛肉与鸡肉进行配比才能满足所有需求并最大化牛肉含量？

(a) 写出 Triple-F 新汉堡最优配比的优化模型表达式，注意使用决策变量 $x_1 \triangleq$ 每个汉堡的牛肉量(单位：克)，$x_2 \triangleq$ 每个汉堡的鸡肉量(单位：克)。

(b) 用课堂上讲的优化软件求解。

(c) 用图解法求解优化模型，画出二维图，求出最优配比并解释最优解的唯一性。

(d) 当重量需求下限从 125 克变为 200 克时，用图解法展示新模型不可行。

(e) 当删去重量需求下限约束与非负约束时，用图解法展示新模型无界。

2-5 Sun Agriculture(SunAg)在美国干旱的西南部运营 10 000 英亩农田。SunAg 可以选择在农田上种植蔬菜或者棉花，其中蔬菜的利润为每英亩 450 美元，棉花的利润为每英亩 200 美元。SunAg 在选择种植作物种类时必须提前为可能出现的坏天气、害虫或者其他因素做好预防措施，因此这两类作物的种植面积均不能超过总农田面积的 70%；同时，政府分配给 SunAg 的灌溉水资源有限，上限为每个种植季度 70 000 单位，而每亩蔬菜需要 10 单位水，每亩棉花需要 7 单位水。SunAg 如何制订种植计划才能最大化其利润？

(a) 写出 SunAg 最优种植计划的优化模型表达式，注意写出两个主约束、两个上限约束、两个变量类型约束，同时使用决策变量 $v \triangleq$ 蔬菜种植英亩数，$c \triangleq$ 棉花种植英亩数。

(b) 用课堂上讲的优化软件求解。

(c) 用图解法求解优化模型，画出二维图，求出最优种植计划。

(d) 当删去两个决策变量的上、下限约束时，用图解法展示新模型无界。

(e) 当政府要求 SunAg 必须将其农田种满作物时，用图解法展示新模型不可行。

2-6 Kazak 电影胶片公司要用库存原料生产长胶片与短胶片，每片库存原料都可以被剪切成某一种模块（共有两种模块）——第一种能够生产 5 个长胶片与 2 个短胶片，第二种能够生产 5 个长胶片与 5 个短胶片。此外，库存原料一旦被剪切，则剩余部分就成为废料；同时由于每种模块的夹具被多次使用后精确度会下降，因此每种模块均最多被 4 次用于生产胶片。Kazak 要决定两种模块的剪切数量，其目标是最小化库存原料使用片数。

(a) 写出该优化模型的表达式，注意使用决策变量 $x_1 \triangleq$ 模块 1 的数量，$x_2 \triangleq$ 模块 2 的数量。

(b) 两个决策变量都必须为整数，请解释原因。

(c) 用课堂上讲的优化软件求解。

(d) 用图解法求解优化模型，画出二维图，求出最优剪切计划，注意只考虑整数解。

(e) 用图解法展示模型有多个最优解。

2-7 一个工厂计划建造一个 500 平方英尺的开放型（不封顶）长方形冷却池，冷却池深 8 英尺，其长至少为宽的两倍，宽至多为 15 英尺，工厂应该如何设计才能最小化池壁建造面积？

(a) 写出最优设计的优化模型表达式，注意写出 3 个主约束，并使用决策变量 $x_1 \triangleq$ 冷却池的长，$x_2 \triangleq$ 冷却池的宽。

(b) 用课堂上讲的优化软件求解。

(c) 用图解法求解优化模型，画出二维图，求出最优设计。

(d) 如果冷却池的长至多为 25 英尺，用图解法展示新模型不可行。

2-8 一个建造师要设计一个圆柱体酒店，该酒店每层面积至多为 150 000 平方英尺，每层楼高为 10 英尺，建造师希望楼层数越多越好，但整个建筑物的高度不能过高，过高会导致建筑物不稳定，因此建筑物高度不能超过其直径的 4 倍。建造师该如何设计酒店才能最大化其楼层数（注意：该题目为粗略计算，其楼层数目可以为分数）？

(a) 写出最优设计的优化模型表达式，注意写出 2 个主约束，并使用决策变量 $x_1 \triangleq$ 酒店直径英尺数，$x_2 \triangleq$ 楼层数。

(b) 用课堂上讲的优化软件求解。

(c) 用图解法求解优化模型，画出二维图，求出最优设计。

(d) 如果酒店直径至多为 50 英尺，用图解法展示新模型不可行。

2-9 考虑具有以下约束条件的线性规划：

$$x_1 + x_2 \geqslant 2$$
$$-x_1 + x_2 \geqslant 0$$
$$x_2 \leqslant 2$$
$$x_1, x_2 \geqslant 0$$

(a) 在二维图中画出可行域。

☑(b)写出一个线性目标函数，使构造的优化模型具有唯一最优解，并画图展示出来。

☑(c) 写出一个线性目标函数，使构造的优化模型具有多个最优解，并画图展示出来。

☑(d) 写出一个线性目标函数，使构造的优化模型无界，并画图展示出来。

☑(e) 增加一个约束条件，使模型不可行，并画图展示出来。

2-10 考虑具有以下约束条件的线性规划：

$$2x_1 + 3x_2 \geq 6$$
$$x_1 \geq 0$$

请在新约束条件下重复回答 2-9 的所有问题。

2-11 用求和符号与 "∀" 符号使下列表达更简洁。

☑(a) min $3y_{3,1}+3y_{3,2}+4y_{4,1}+4y_{4,2}$

(b) max $1y_{1,3}+2y_{2,3}+3y_{3,3}+4y_{4,3}$

☑(c) max $\alpha_1 y_{1,4}+\alpha_2 y_{2,4}+\cdots+\alpha_p y_{p,4}$

(d) min $\delta_1 y_1+\delta_2 y_2+\cdots+\delta_t y_t$

☑(e) $y_{1,1}+y_{1,2}+y_{1,3}+y_{1,4}=s_1$
$y_{2,1}+y_{2,2}+y_{2,3}+y_{2,4}=s_2$
$y_{3,1}+y_{3,2}+y_{3,3}+y_{3,4}=s_3$

(f) $a_{1,1}y_1+a_{2,1}y_2+a_{3,1}y_3+a_{4,1}y_4=c_1$
$a_{1,2}y_1+a_{2,2}y_2+a_{3,2}y_3+a_{4,2}y_4=c_2$
$a_{1,3}y_1+a_{2,3}y_2+a_{3,3}y_3+a_{4,3}y_4=c_3$

2-12 假设一个优化模型的决策变量如下：

$x_{i,j,t} \triangleq$ 第 t 周在生产线 j 生产的 i 产品数量

其中 $i=1, \cdots, 17$；$j=1, \cdots, 5$；$t=1, \cdots, 7$。

依据以上决策变量用求和符号与 "∀" 符号分别写出下列约束条件族，并确定每个约束条件族的约束条件数目。

☑(a) 每条生产线每周的产量不能超过 200。

☑(b) 产品 5 在第 7 周的产量不能超过 4 000。

☑(c) 每周每种产品的产量不得少于 100。

💻2-13 用 AMPL 编码变量与约束，重复练习 2-12(参考表 2-3 与表 2-4)。

2-14 假设一个优化模型的决策变量如下：

$x_{i,j,t} \triangleq$ 第 t 年地块 i 分配给农作物 j 的英亩数

其中 $i=1, \cdots, 47$；$j=1, \cdots, 9$；$t=1, \cdots, 10$。

依据以上决策变量用求和符号与 "∀" 符号分别写出下列约束条件族，并确定每个约束条件族的约束条件数目。

☑(a) 每年地块 i 的总英亩数都不得超过一个上限(用 p_i 表示)。

☑(b) 前 5 年每年分配给玉米(农作物 $j=4$)的土地数至少为总土地面积的 25%。

☑(c) 每年每个地块分配给豆类(农作物 $j=1$)的土地面积都应大于其他农作物。

💻2-15 用 AMPL 编码变量与约束，重复练习 2-14(参考表 2-3)。

2-16 假设有决策变量 y_1、y_2、y_3，依据原理 2.27 识别出下列优化模型的目标函数 f，约束函数 g_i，以及右边项 b_i。

☑(a) max $(y_1)^2 y_2/y_3$
s.t. $y_1+y_2+y_3+7=20$
$2y_1 \geq y_2-9y_3$
$y_1, y_3 \geq 0$

(b) min $13y_1+22y_2+10y_2 y_3+100$

s. t. 　$y_1 + 5 \geqslant y_2 - 9y_3$

　$8y_2 \geqslant 4y_3$

　$y_1,\ y_2 \geqslant 0,\ y_3 \leqslant 0$

2-17 假设有决策变量 x_j，其他符号均代表常数参数，判断下列约束是线性的还是非线性的，并简要解释原因。

✅(a) $3x_1 + 2x_2 - x_{17} = 9$

(b) $x_1 + x_3 = 4x_6 + 9x_7$

✅(c) $\alpha/x_9 + 10x_{13} \leqslant 100$

(d) $x_4/\alpha + \beta x_{13} \geqslant 29$

✅(e) $\sum_{j=1}^{7} \beta_j (x_j)^2 \leqslant 10$

(f) $\log(x_1) \geqslant 28x_2 x_3$

✅(g) $\max\{x_1,\ 3x_1 + x_2\} \geqslant 111$

(h) $\sum_{j=1}^{15} \sin(\gamma_j) x_j \leqslant 33$

2-18 假设有决策变量 w_j，其他符号均代表常数参数，判断下列规划是线性规划（LP）还是非线性规划（NLP），并简要解释原因。

✅(a) min　$3w_1 + 8w_2 - 4w_3$

　s. t.　$\sum_{j=1}^{3} h_j w_j = 9$

　$0 \leqslant w_j \leqslant 10 \quad j = 1,\ \cdots,\ 3$

(b) min　$5w_1 + 23/w_2$

　s. t.　$9w_1 - 15w_2 \leqslant w_3$

　$w_1,\ w_2 \quad \geqslant 0$

✅(c) max　$\sum_{j=1}^{10} \alpha_j w_j$

　s. t.　$(w_1)^2 + w_2 w_3 \geqslant 14$

　$w_1,\ w_2,\ w_3 \leqslant 1$

(d) max　$\sum_{j=1}^{40} w_j/\log(\beta_j)$

　$\sum_{j=1}^{27} \sigma_j w_j \geqslant e^b$

　$w_j \geqslant 0 \quad j = 1,\ \cdots,\ 40$

2-19 判断下列数量适合用离散变量还是连续变量去建模。

✅(a) 消耗的电量。

(b) 一个工厂是否应该被关闭。

✅(c) 用于生产的流程。

(d) 即将到来的飓风季的暴风雨数目。

2-20 林务局可以在 8 座山上的任意一座山上建立防火瞭望塔（每座山上最多建立一个）。用决策变量 $x_j = 1$ 表示在 j 山上建立瞭望塔，$x_j = 0$ 表示不在 j 山上建立瞭望塔，写出满足下列需求的约束条件。

✅(a) 一共要在 3 座山上建立瞭望塔。

(b) 1、2、4、5 号四座山上至少要建立 2 个瞭望塔。

✅(c) 3 号山和 8 号山不能同时建立瞭望塔。

(d) 只有当 4 号山上建立瞭望塔时 1 号山上才能建立。

2-21 美国国家科学基金会（NSF）收到了四份关于运筹学方法的研究基金申请书。每份申请书如果被接受的话，其在下一年可以得到的研究基金水平（单位：千美元）如下表所示，NSF 在下一年发放的研究基金预算上限为 100 万美元。

申请书	1	2	3	4
基金	700	400	300	600
得分	85	70	62	93

此外，NSF 顾问小组会对申请进行综合评估，得分详见上表。

✅(a) 构建一个离散优化模型，决定哪些申请被接受时才能在不超过预算的前提下最大化总得分，注意使用决策变量 $x_j = 1$ 表示申请 j 被接受，$x_j = 0$ 表示申请 j 被拒绝。

✅(b) 用课堂上讲的优化软件求解。

2-22 某州立劳工部计划在不超过 4 个地址建立区域培训中心，用以服务该州 5 个区域的劳工。下表展示了在这 4 个地址建立区域培训中心的成本(千美元)，此外，"×"表示在该地址建立培训中心可以服务到对应区域的劳工。

区域	地址			
	1	2	3	4
西北部	—	×	—	×
西南部	×	×	—	×
中部	—	×	×	—
东北部	×	—	—	×
西北部	×	×	×	—
成本	43	175	60	35

劳工部想要寻求一个成本最低且能服务到 5 个区域的方案。

(a) 构建一个离散优化模型，决定应该在哪些地址建立培训中心，注意使用决策变量 $y_j=1$ 表示在地址 j 建立培训中心，$y_j=0$ 表示不在地址 j 建立培训中心。

(b) 用课堂上讲的优化软件求解。

2-23 假设 z_j 为决策变量，判定下列优化模型为线性规划(LP)、非线性规划(NLP)、整数线性规划(ILP)还是整数非线性规划(INLP)，并简要解释原因。

(a) max $3z_1+14z_2+7z_3$
    s. t. $10z_1+5z_2+18z_3 \leqslant 25$
    $z_j=0$ 或 1 $j=1, \cdots, 3$

(b) max $7z_1+12/z_2+z_2z_3$
    s. t. $15z_1-11z_2 \geqslant z_3$
    $0 \leqslant z_j \leqslant 1$ $j=1, \cdots, 3$

(c) min $7z_1z_2+17z_2z_3+27z_1z_3$
    s. t. $\sum_{j=1}^{3} z_j=2$

$z_j=0$ 或 1 $j=1, \cdots, 3$

(d) min z_4
    s. t. $27z_1+33z_2+15z_3 \leqslant z_4$
    $z_1, z_2, z_3 \qquad \geqslant 0$

(e) max $12z_1+4z_2$
    s. t. $z_1z_2z_3=1$
    $z_1, z_2 \geqslant 0$
    $z_3 \quad =0$ 或 1

(f) max $12z_1+18z_2+15z_3$
    s. t. $z_1+z_2+z_3 \leqslant 14$
    $z_j \geqslant 0$ $j=1, \cdots, 3$
    z_1, z_3 为整数

(g) max $(5z_1+19z_2)/27$
    s. t. $z_1+20z_2 \leqslant 60$
    $z_1, z_2 \quad \geqslant 0$

(h) max $3z_1z_2+15z_3$
    s. t. $z_1+z_2 \leqslant 18z_3$
    $z_1, z_2 \geqslant 0$, z_3 为二进制数

2-24 回到 2-23，比较下列模型中哪个通常更易处理，并简要说明原因。
(a) 模型(a)与模型(d)。
(b) 模型(b)与模型(d)。
(c) 模型(c)与模型(d)。
(d) 模型(e)与模型(f)。
(e) 模型(a)与模型(g)。

2-25 考虑下列多目标优化模型：
$$\max \quad x_1$$
$$\max \quad -3x_1+x_2$$
$$\text{s. t.} \quad -x_1+x_2 \leqslant 4$$
$$x_1 \qquad \leqslant 8$$
$$x_1, x_2 \qquad \geqslant 0$$

(a) 如果只考虑第一个目标函数，用图解法求解上述模型。
(b) 如果只考虑第二个目标函数，用图解法求解上述模型。
(c) 讨论两个目标之间的冲突性。

2-26 考虑下列多目标优化模型：

$$\min \quad x_1 + 10x_2$$
$$\min \quad 12x_1 + 5x_2$$
$$\text{s.t.} \quad x_1 + x_2 \geqslant 4$$
$$x_1, x_2 \geqslant 0$$

重复回答 2-25 中的所有问题。

2-27 墨西哥通信公司要为一条新的 16 000 米的电话线路选择电缆,下表列举了每米不同直径电缆的成本、电阻以及衰减。[⊖]

直径 (0.1毫米)	成本 (美元/米)	电阻 (欧姆/米)	衰减 (分贝/米)
4	0.092	0.279	0.001 75
5	0.112	0.160	0.001 30
6	0.141	0.120	0.001 61
9	0.420	0.065	0.000 95
12	0.719	0.039	0.000 48

该公司可以选择不同直径的电缆组合构成这条新的电话线,其目标是最小化成本,并保证总电阻不超过 1 600 欧姆,总衰减不超过 8.5 分贝。

(a) 写出最优电缆组合的优化模型表达式,注意写出 3 个主约束,并使用决策变量 $x_d \triangleq$ 直径为 d 的电缆使用米数($d = 4$,5,6,9,12),假设电阻与电缆使用长度之间为线性关系。

☑(b) 用课堂上讲的优化软件求解。
💻

2-28 兰开斯特市用水分配系统有 3 个水井供水,3 个水井共有 10 个水泵,经估计泵送率要达到 10 000 加仑/分钟才能满足整个城市的用水需求。[⊖] 3 个水井的泵送率限制为:水

井 1 为 3 000 加仑/分钟,水井 2 为 2 500 加仑/分钟,水井 3 为 7 000 加仑/分钟。下表列举了 10 个水泵的泵送率上限、操作成本以及服务于哪个水井。

水泵	泵送率上限 (加仑/ 分钟)	成本 (美元/加仑/ 分钟)	服务水井
1	1 100	0.05	1
2	1 100	0.05	2
3	1 100	0.05	3
4	1 500	0.07	1
5	1 500	0.07	2
6	1 500	0.07	3
7	2 500	0.13	1
8	2 500	0.13	2
9	2 500	0.13	3
10	2 500	0.13	3

兰开斯特想要找到一个水泵使用方案,在满足全市用水需求的前提下最小化总成本。

(a) 解释对该问题进行建模时使用下列决策变量的合理性:$x_j \triangleq$ 水泵 j 的泵送率($j = 1$, …, 10)。

(b) 用合适的符号表示上表中的两个常数参数——成本及泵送率上限。

(c) 写出 1 个目标函数以最小化总成本。

(d) 写出 3 个代表水井泵送率限制的主约束。

(e) 写出 10 个代表水泵泵送率限制的主约束。

⊖ L. F. Hernandez and B. Khoshnevis(1992), "Optimization of Telephone Wire Gauges for Transmission Standards," *European Journal of Operational Research*, 58, 389-392.

⊖ S. C. Sarin and W. El Benni (1982), "Determination of Optimal Pumping Policy of a Municipal Water Plant," *Interfaces*, 12:2, 43-48.

（f）写出 1 个代表全市用水需求的主约束。

（g）写出合适的变量类型约束以完成整个优化模型。

（h）判断你所构建的模型是 LP、NLP、ILP 还是 INLP，是单目标还是多目标，并解释原因。

☑💻（i）用课堂上讲的优化软件求解。

2-29 一家小型工程咨询公司要确定下一年的计划，公司主管及三个合伙人要决定在下一年他们承接哪些项目。⊖公司对 8 个备选项目做了初步调研，下表列举了各个项目的期望利润、所需的工作人日，以及所需的计算机处理机（CPU）时间（单位：小时）。

水项目	利润	工作人日	CPU
1	2.1	550	200
2	0.5	400	150
3	3.0	300	400
4	2.0	350	450
5	1.0	450	300
6	1.5	500	150
7	0.6	350	200
8	1.8	200	600

除去故障时间，每年该公司可用的 CPU 时间为 1 000 小时；此外，目前该公司有 10 名工程师（包含主管和合伙人），每名工程师每年有 240 个工作人日，公司经理考虑到市场的不确定性，因此在下一年不会雇用新的工程师，同时最多有 3 名工程师被解雇或者停工；该公司至少要选 3 个项目以使每个合伙人都至少能负责一个项目，并且公司要从

主管中意的 4 个项目（项目 3、4、5 和 8）中至少挑选 1 个项目。

该公司想要构建一个优化模型去决定下一年应该承接哪些项目，注意项目只能被全部选择或者全部拒绝，不能被部分选择。

（a）解释下列决策变量的合理性：

$$x_j \triangleq \begin{cases} 1 & \text{如果项目 } j \text{ 被选中} \\ 0 & \text{否则} \end{cases}$$

$$(j = 1, \cdots, 8)$$

（b）用合适的符号表示上表中常数参数。

（c）写出 1 个目标函数以最大化总利润。

（d）写出 2 个代表工程师工作人日上下限的主约束（要考虑到不同数目工程师停工）。

（e）写出 3 个代表 CPU 时间上限、至少选择 3 个项目、至少选择 1 个主管中意项目的主约束。

（f）写出 1 个代表全市用水需求的主约束。

（g）写出合适的变量类型约束以完成整个优化模型。

（h）判断你所构建的模型是 LP、NLP、ILP 还是 INLP，是单目标还是多目标，并解释原因。

☑💻（i）用课堂上讲的优化软件求解。

2-30 布里斯班机场要进行大规模扩建，需要把大量的泥土从 4 个供应地运往 7 个需求地。⊖下表展示了不同供应地与需求地之间的距离（单位：百米）以及每个供应地的可供泥土量（单位：立方米）。

⊖ R. B. Gerdding and D. D. Morrison（1980），"Selecting Business Targets in a Competitive Environment," *Interfaces*，10：4，34-40.

⊖ C. Perry and M. Iliff（1983），"From the Shadows：Earthmoving on Construction Projects," *Interfaces*，13：1，79-84.

需求地	供应地			
	Apron	Term.	Cargo	Access
延展地	26	28	20	26
干塘	12	14	26	10
道路	10	12	20	4
停车场	18	20	2	16
消防站	11	13	6	24
工业园区	8	10	22	14
周边道路	20	22	18	21
可得数量	660	301	271	99

其中，延展地需要 247 立方米泥土，干塘需要 394 立方米泥土，道路需要 265 立方米泥土，停车场需要 105 立方米泥土，消防站需要 90 立方米泥土，工业园区需要 85 立方米泥土，周边道路需要 145 立方米泥土。工程师想要设计出一个运输方案，在满足需求的前提下，最小化总的运输距离与运输量的乘积。

(a) 解释下列决策变量的合理性：

$x_{i,j} \triangleq$ 从供应地 i 运往需求地 j 的泥土立方米数（$i=1, \cdots, 4$；$j=1, \cdots, 7$）

(b) 用合适的符号表示上表中的常数参数。

(c) 写出 1 个目标函数以最小化总的运输距离与运输量的乘积。

(d) 写出 4 个代表供应地泥土供应量限制的主约束。

(e) 写出 7 个代表需求地需求被满足的主约束。

(f) 写出 1 个代表全市用水需求的主约束。

(g) 写出合适的变量类型约束以完成整个优化模型。

(h) 判断你所构建的模型是 LP、NLP、ILP 还是 INLP，是单目标还是多目标，并解释原因。

(i) 用课堂上讲的优化软件求解。

2-31 某州立公路管理局有一个评估公路除雪成本的公式，该公式是下雪厚度（单位：英寸）的函数。现有一个历史样本记录了 n 次下雪厚度 f_j 及其对应的除雪成本 c_j（$j=1, \cdots, n$），公路管理局想要通过最小化误差平方和的方法（最小二乘法）拟合一条如下形式的 S 形曲线函数：

$$c = \frac{k}{1 + e^{a+bf}}$$

其中 k，a，b 是实验参数，可能为任意值。

(a) 解释该优化模型的决策变量为什么是 k，a，b。

(b) 构建一个无约束优化模型去实现题目中的曲线拟合。

(c) 判断你所构建的模型是 LP、NLP、ILP 还是 INLP，是单目标还是多目标。

2-32 Blue Hills Home Corporation（BH-HC）雇用了 22 名补习老师为圣路易斯地区 22 所学校的学生提供特别教育服务，目前其正在考虑今年如何分配老师（BHHC 在分配时通常会把某个老师分配到某个学校一整年）。[⊖] 分配首要考虑的因素便是成本，如果 BHHC 把老师 i 分配到学校 j，则需支付给该老师交通补助 $c_{i,j}$；此外，分配还需要考虑其他 3 个因素：老师 i 对学校 j 的偏好得分 $t_{i,j}$，BHHC 主管对老师 i 分配到

⊖ S. Lee and M. J. Schniederjans（1983），"A Multicriteria Assignment Problem: A Goal Programming Approach," *Interfaces*，13: 4，75-81.

学校 j 的偏好得分 $s_{i,j}$，学校 j 校长对老师 i 的偏好得分 $p_{i,j}$；其中得分越高，偏好程度越高。

(a) 解释下列决策变量的合理性：

$$x_{i,j} \triangleq \begin{cases} 1 & \text{如果老师 } i \text{ 被分配到学校 } j \\ 0 & \text{否则} \end{cases}$$

$(i,j = 1, \cdots, 22)$

(b) 用以上决策变量与题目中的符号参数，写出不同的目标函数以表达 BHHC 的不同分配目标。

(c) 写出 1 个代表每个老师都应被分配到一个学校的主约束族（含 22 个约束）。

(d) 写出 1 个代表每个学校都应分配到一个老师的主约束族（含 22 个约束）。

(e) 写出合适的变量类型约束以完成整个优化模型。

(f) 判断你所构建的模型是 LP、NLP、ILP 还是 INLP，是单目标还是多目标，并解释原因。

2-33 Proof 教授要决定如何将 6 个教学助教任务分配给他的两个研究生助教，每个助教都必须承担一定的任务，下表列举了两个助教对各个任务的潜力得分（分数越高，则越有潜力做好该项任务）。

助教	任务					
	1	2	3	4	5	6
0	100	85	40	45	70	82
1	80	70	90	85	80	65

Proof 教授打算让两名助教每人各承担 3 项任务，但是任务 5 与任务 6 必须由同一名助教承担。

(a) 解释下列决策变量的合理性：

$$x_j \triangleq \begin{cases} 0 & \text{如果任务 } j \text{ 被分配给助教 } 0 \\ 1 & \text{如果任务 } j \text{ 被分配给助教 } 1 \end{cases}$$

$(j = 1, \cdots, 6)$

(b) 写出 1 个目标函数以最大化潜力得分（提示：当 $x_j = 0$ 时，$1 - x_j = 1$）。

(c) 写出 1 个代表每个助教必须被分配 3 项任务的主约束。

(d) 写出 1 个代表任务 5 与任务 6 分配给同一名助教的主约束。

(e) 写出合适的变量类型约束以完成整个优化模型。

(f) 判断你所构建的模型是 LP、NLP、ILP 还是 INLP，是单目标还是多目标，并解释原因。

(g) 用课堂上讲的优化软件求解。

2-34 Fast Food Fantasy (Triple-F) 要制作不同种类的汉堡（$j = 1, \cdots, 4$），每种汉堡都是以炉为单位制作的。一炉汉堡 j 最多包含 u_j 个汉堡，并且制作一炉汉堡 j 需要占用烤炉 t_j 分钟。假设每小时汉堡 j 的需求量为 d_j，Triple-F 应该如何决定每种汉堡一炉的制作量？所有的汉堡制作炉数（可以为分数）都应该在每小时烤炉可用时间内合理分配，Triple-F 的目标是最小化卖光每种汉堡的时间以保证汉堡在足够新鲜的情况下被卖出。

(a) 解释下列决策变量的合理性：
    $x_j \triangleq$ 汉堡 j 一炉的制作量
    $(j = 1, \cdots, 4)$

(b) 假设需求是平稳的，写出 4 个目标函数以最小化卖光 4 种汉堡的时间。

(c) 写出 1 个代表汉堡制作量满足需求量的主约束。

(d) 写出合适的变量上限约束与变量类型约束以完成整个优化模型。

(e) 判断你所构建的模型是 LP、

NLP、ILP 还是 INLP，是单目标还是多目标，并解释原因。

2-35 Kitty 铁路公司打算在该县的 5 个区域重新布局运输车以迎接即将到来的秋收季节。下表列举了一辆运输车在不同区域之间移动的成本，以及各个区域目前已有的以及所需的运输车数量。

起点	区域				
	1	2	3	4	5
1	—	10	12	17	35
2	10	—	18	8	46
3	12	18	—	9	27
4	17	8	9	—	20
5	35	46	27	20	—
现有运输车	115	385	410	480	610
所需运输车	200	500	800	200	300

我们需要选择一个再布局计划以在满足需求的前提下最小化总移动成本。

(a) 简要解释下列决策变量的合理性：

$x_{i,j} \triangleq$ 从区域 i 运往区域 j 的运输车数量 $(i, j=1, \cdots, 5, i \neq j)$

(b) 运送的运输车数量 $x_{i,j}$ 应该为整数，但是在建模时最好把它们设定为连续变量，解释为什么。

(c) 用合适的符号表示上表中的常数参数。

(d) 写出 1 个目标函数以最小化总移动成本。

(e) 写出 1 个代表移动后各区域运输车数量等于其需求数量的主约束族(含 5 个约束)。

(f) 写出合适的变量类型约束以完成整个优化模型。

(g) 判断你所构建的模型是 LP、NLP、ILP 还是 INLP，是单目标还是多目标，并解释原因。

☑□ (h) 用课堂上讲的优化软件求解。

2-36 一个大型制铜公司有 23 家工厂，每个工厂都可以使用 4 种燃料产生能量以精炼铜。[⊖] 工厂 p 能量需求为 r_p，每吨燃料 f 能够产生的能量总量为 e_f，同时也会产生硫污染释放量 s_f。燃料成本会因地域产生差异，每吨工厂 p 的燃料 f 成本为 $c_{f,p}$。我们需要选择一个燃料组合使用方案，在保证需求的前提下最小化成本以及污染。

(a) 简要解释下列决策变量的合理性：

$x_{f,p} \triangleq$ 工厂 p 使用的燃料 f 的数量 $(f=1, \cdots, 4; p=1, \cdots, 23)$

(b) 写出 1 个目标函数以最小化总成本。

(c) 写出 1 个目标函数以最小化硫污染。

(d) 写出 1 个代表各个工厂生产出足够所需能量的主约束族，并指出其具体包含多少个约束。

(e) 写出合适的变量类型约束族以完成整个优化模型，并指出其具体包含多少个约束。

(f) 判断你所构建的模型是 LP、NLP、ILP 还是 INLP，是单目标还是多目标，并解释原因。

⊖ R. L. Bulfin and T. T. deMars(1983)，"Fuel Allocation in Processing Copper Ore," *IIE Transactions*，15，217-222.

2-37 阿拉巴马橱柜公司经营了一家锯木厂以生产制作橱柜所需的被称为"blank"的木板。[⊖]生产木板的原材料木材有两个来源:一个是由公司作坊自己生产,将原木锯成原材料木材;另一个则是直接购买未烘干的原材料木材。两个来源的原材料木材在被切割成"blank"之前都需要先在窑炉里烘干。

下表中的第一个表列举了公司可供自己生产所用的三种直径的原木的相关信息,包括原木单价、单个原木能生产的原材料木材板尺(板尺为计量单位)数量、每周原木的可得量,此外,每板尺由原木生产的原材料木材能够生产 0.09 个"blank"。下表中的第二个表列举了购买的原材料木材的相关信息,包括每板尺的价格、每板尺能够生产的"blank"数量,以及每周可得的板尺数量。

购买的原木信息

直径	原木单价(美元)	板尺	原木个数/周
10	70	100	50
15	200	240	25
20	620	400	10

购买的原材料木材信息

等级	美元/板尺	blank 数/板尺	板尺/周
1	1.55	0.10	5 000
2	1.30	0.08	无限量

此外,作坊的生产能力上限为每周锯 1 500 个原木、烘干 26 500 板尺原材料木材。该公司要在保证每周至少生产 2 350 个"blank"的前提下,寻找一个最小化总采购成本的生产计划。

(a) 解释下列决策变量的合理性:

$x_d \triangleq$ 每周所需的直径为 d 的原木个数($d = 10,15,20$)

$y_g \triangleq$ 每周所需的等级为 g 的原材料木材板尺数($g = 1,2$)

(b) 原木个数 x_d 应该为整数,但是在建模时最好把它们设定为连续变量,解释为什么。

(c) 写出 1 个目标函数以最小化总采购成本(假定其他成本为固定成本)。

(d) 写出 1 个代表所需"blank"数量能够被满足的主约束。

(e) 写出 2 个代表作坊锯木能力与烘干原材料木材能力上限的主约束。

(f) 写出 4 个代表决策变量上限的约束。

(g) 写出合适的变量类型约束以完成整个优化模型。

(h) 判断你所构建的模型是 LP、NLP、ILP 还是 INLP,是单目标还是多目标,并解释原因。

(i) 用课堂上讲的优化软件求解。

2-38 瓶子电影节每年都会吸引成千上万的来宾来观赏最新的电影以及颁奖典礼,电影节主办方目前要制订一个电影放映计划,即为 $j=1, \cdots, m$ 电影在 $t=1, \cdots, n$ 时间段中选择一个放映时间。根据以往的经验,主办方会提前预估同时想看电影 j 和电影 j' 的来宾人数 $a_{j,j'}$,并且不会在同一时间段安排放映超过 4 部

⊖ H. F. Carino and C. H. LeNoir(1988), "Optimizing Wood Procurement in Cabinet Manufacturing," *Interfaces*, 18: 2, 10-19.

电影。主办方的目标是最小化不能同时观看两部想看电影的来宾总人数，其应该如何制订电影放映计划？

(a) 解释下列决策变量的合理性：

$$x_{j,t} \triangleq \begin{cases} 1 & \text{如果电影 } j \text{ 被安排在} \\ & \text{时间段 } t \text{ 放映} \\ 0 & \text{否则} \end{cases}$$

$$(j = 1, \cdots, m; t = 1, \cdots, n)$$

(b) 写出 1 个目标函数以最小化不能同时观看两部想看电影的来宾总人数（提示：$x_{j,t} x_{j',t} = 1$ 表示电影 j 和电影 j' 被同时安排在时间段 t 放映）。

(c) 写出 1 个代表每个电影都被安排在了某个时间段放映的主约束族（含 m 个约束）。

(d) 写出 1 个代表任一时间段都不会被同时安排放映超过 4 部电影的主约束族（含 n 个约束）。

(e) 写出合适的变量类型约束以完成整个优化模型。

(f) 判断你所构建的模型是 LP、NLP、ILP 还是 INLP，是单目标还是多目标，并解释原因。

(g) 用 AMPL 编码你的模型（参考表 2-5 和表 2-6）。

2-39 为了提高纳税遵从度，得克萨斯州的审计人员需要定期审计在得克萨斯州经营业务的外州公司，而这些审计工作必须要审计人员去到这些外州公司的本部才能完成。[⊖] 为节约交通成本，得克萨斯州计划开放一系列新的办公场所。下表列举了在 5 个不同地点（$i = 1, \cdots, 5$）新建办公场所的固定成本（千美元）；此外，审计工作需要到 5 个州（$j = 1$,

$\cdots$, 5）进行，表中还列举了各个州所需的审计次数，以及从每个办公场所到每个州进行一次审计工作所需的交通成本（千美元）。

办公场所备选地点	固定成本	一次审计的交通成本				
		1	2	3	4	5
1	160	0	0.4	0.8	0.4	0.8
2	49	0.7	0	0.8	0.4	0.4
3	246	0.6	0.4	0	0.5	0.4
4	86	0.6	0.4	0.9	0	0.4
5	100	0.9	0.4	0.7	0.4	0
审计次数		200	100	300	100	200

(a) 简要解释下列决策变量的合理性：

$x_{i,j} \triangleq$ 周 j 的审计工作中分配给办公场所 i 的比例

$$y_i \triangleq \begin{cases} 1 & \text{如果办公场所 } j \text{ 开放} \\ 0 & \text{否则} \end{cases}$$

(b) 解释为什么变量 y_j 必须为离散变量。

(c) 用合适的符号表示上表中的常数参数，包括：开放办公场所 i 的固定成本，从办公场所 i 到州 j 进行一次审计的交通成本，以及州 j 所需的审计次数。

(d) 写出 1 个目标函数以最小化办公场所总固定成本与总交通成本之和（提示：从办公场所 i 到州 j 进行审计总次数等于 $x_{i,j}$ 乘以州 j 所需的审计次数）。

(e) 写出 1 个代表州 j 的审计工作被 100% 完成的主约束族（含 5 个约束）。

⊖ J. A. Fitzsimmons and L. A. Allen(1983)，"A Warehouse Location Model Helps Texas Comptroller Select Out-of-State Tax Offices," *Interfaces*, 13：5, 40-46.

(f) 写出 1 个主约束族(含 25 个约束),代表只有办公场所 i 开放才能进行任一个州 j 的审计工作。

(g) 写出合适的变量类型约束以完成整个优化模型。

(h) 判断你所构建的模型是 LP、NLP、ILP 还是 INLP,是单目标还是多目标,并解释原因。

✅(i) 用课堂上讲的优化软件求解。

💻(j) 用 AMPL 编码你的模型(参考表 2-5 和表 2-6)。

2-40 频道 999 电视台本周五要对 4 个高中足球比赛进行现场新闻报道。下表列举了 8 场比赛的一些信息:有 3 场比赛恰好位于频道 999 所在的镇,因此报道必须至少覆盖这 3 场比赛中的 2 场,同时报道还必须覆盖镇外 5 场比赛中的 1 场;有 4 场比赛包含本次比赛夺冠热门队伍,因此报道必须至少覆盖这 4 场比赛中的 2 场。此外,对于每场比赛的报道只能全覆盖或者不覆盖(不可部分覆盖)。在满足以上需求的前提下,频道 999 要制订一个报道计划以最大化总收视点。

比赛编号	1	2	3	4	5	6	7	8
是否在镇内	Y	Y	Y					
是否包含夺冠热门队伍				Y	Y	Y		Y
收视点	3.0	3.7	2.6	1.8	1.5	1.3	1.6	2.0

✅(a) 构建(但不需要求解)一个数学规划以计算最优报道计划(即报道应该覆盖到哪些比赛才能在满足需求的前提下,使频道 999 的总收视点最大)。注意要定义出决策变量,并对目标函

数及约束条件(包含主约束和变量类型约束)做简要注释。

✅(b) 用 AMPL 编码你的模型(参考表 2-5 和表 2-6)。

✅(c) 判断你所构建的模型是 LP、NLP、ILP 还是 INLP,并解释原因。

2-41 投机基金是一种组合投资到 n 个普通股 j($j=1$,…,n)的股票基金。其中,投资到普通股 j 上的投资上、下限占总基金资本的比例分别为 u_j、l_j。该基金估计了投资收益:每投资到普通股 j 上 1 美元,其年平均收益率为 v_j;同时,还估计了投资风险:每投资到普通股 j 上 1 美元,其风险为 r_j。投资目标是最大化收益并最小化风险。

(a) 解释下列决策变量的合理性:$x_j \triangleq$ 投资到普通股 j 上的投资占基金总资本的比例。

(b) 写出 1 个目标函数以最大化每 1 美元投资的平均收益率。

(c) 写出 1 个目标函数以最小化每 1 美元投资的风险(假定不同普通股的风险是相互独立的)。

(d) 写出 1 个代表基金总资本被 100% 用于投资到普通股上的主约束。

(e) 写出 1 个主约束族(含 n 个约束),代表投资到每个普通股 j 上的投资下限占基金总资本的比例。

(f) 写出 1 个主约束族(含 n 个约束),代表投资到每个普通股 j 上的投资上限占基金总资本的比例。

(g) 判断你所构建的模型是 LP、NLP、ILP 还是 INLP,是单目

标还是多目标，并解释原因。

2-42 工程师们要在电脑主板上为 m 个模块 i ($i = 1, \cdots, m$) 在 n 个位置 j ($j = 1, \cdots, n$) 上布局，他们已经知道如下信息：[一]

$$a_{i,i'} \triangleq \begin{cases} 1 & \text{如果模块 } i \text{ 与模块 } i' \text{ 需要} \\ & \text{用金属线连接} \\ 0 & \text{否则} \end{cases}$$

$d_{j,j'} \triangleq$ 位置 j 与位置 j' 之间的距离

使用这些信息，他们想找出一个最佳布局方案以最小化所需的总的金属线长度。

(a) 简要解释下列决策变量的合理性：

$$x_{i,j} \triangleq \begin{cases} 1 & \text{如果模块 } i \text{ 被布置在位置 } j \\ 0 & \text{否则} \end{cases}$$

$$(i = 1, \cdots, m; j = 1, \cdots, n)$$

(b) 解释为什么可以用以下表达式表示模块 i 与模块 i' 所需的金属线长度：

$$\sum_{j=1}^{n} \sum_{j'=1}^{n} d_{j,j'} x_{i,j'} d_{i',j'}$$

(c) 使用 (b) 中的表达式写出 1 个目标函数，以最小化总的金属线长度。

(d) 写出 1 个主约束族（含 m 个约束），代表每个模块都被布置到了某一个位置。

(e) 写出 1 个主约束族（含 n 个约束），代表每个位置至多被布置 1 个模块。

(f) 写出合适的变量类型约束以完成整个优化模型。

(g) 判断你所构建的模型是 LP、NLP、ILP 还是 INLP，是单目标还是多目标，并解释原因。

(h) 用 AMPL 编码你的模型（参考表 2-5 和表 2-6）。

2-43 考虑下列混合整数线性规划 AMPL 输入的模型部分与数据部分。

```
model;
param p;
param q;
set prods := 1 .. p;
set procs := 1 .. q;
param a{i in procs, j in prods};
param b{i in procs};
param v{j in prods};
param f{i in procs};
var x{j in prods} >= 0;
var y{i in procs} integer >= 0;
maximize net: sum{j in prods} v[j]*x[j]-sum{i in procs} f[i]*y[y];
subject to
caps{ i in procs }: sum{j in prods} a[i,j]*x[j] <= b[i]*y[i];
dem: sum{j in prods } x [j] >= 205;
cnt: sum{i in procs } Y [i] <= 2;
data;
param p:= 4;
param q:= 3;
param v:= 1 199 2 229 3 188 4 205;
param b:= 1 2877 2 2333 3 3011;
param f:= 1 180 2 224 3 497;
param a: 1 2 3 4 :=
1 0 0 23 41
2 14 29 0 0
3 0 0 11 27 ;
```

[一] L. Steinberg(1961)，"The Backboard Wiring Problem：A Placement Algorithm," *SIAM Review*，3，37-50.

写出对应的 MILP 标准数学形式，注意写出所有上述 AMPL 输入中明确表示出的常数参数值。

2-44 考虑下列线性规划 AMPL 输入的模型部分与数据部分。

```
model;
param m;
param n;
param l;
set plants := 1 .. n;
set procs := 1 .. m;
set periods := 1 .. 1;
param p{i in procs, j in plants, t in periods};
param b{i in procs, t in periods};
param r{j in plants t in periods};
param d{t in periods};
var x{j in plants, t in periods} >= 0;
maximize retn: sum{j in plants, t in periods} r[j, t]*x[j, t];
subject to
caps{ i in procs, t in periods}: sum{j in plants} p[i,j,t]*x[j, t] <= b[i,t];
demd {t in periods}: sum{j in plants} x[j,t] >= d[t];
data;
param l := 4;
param m := 2;
param n := 3;
param d := 1 200 2 300 3 250 4 500;
param r: 1 2 3 4 :=
1 11 15 19 10
2 19 23 44 67
3 17 18 24 55
param b: 1 2 3 4 :=
1 7600 8200 6015 5000
2 6600 7900 5055 7777 ;
param p: 1 2 3 4 :=
1 1 15 19 23 14
1 2 24 26 18 33
1 3 17 13 16 14
2 1 31 25 39 29
2 2 26 28 22 31
2 3 21 17 20 18 ;
```

写出对应的 LP 标准数学形式，注意写出所有上述 AMPL 输入中明确

表示出的常数参数值。

参考文献

Fourer, Robert, David M. Gay, and Brian W. Kernighan (2003), *AMPL; A Modeling Language for Mathematical Programming,* Thomson-Brooks-Cole, Canada.

Hillier, Fredrick S. and Gerald J. Lieberman (2001), *Introduction to Operations Research,* McGraw-Hill, Boston.

Taha, Hamdy (2011), *Operations Research - An Introduction,* Prentice-Hall, Upper Saddle River, New Jersey.

Winston, Wayne L. (2003), *Operations Research - Applications and Algorithms,* Duxbury Press, Belmont California.

第 3 章

搜索算法

到目前为止，我们遇到了多种形式的确定性优化模型，但是只完整地分析了其中的一两个。本章开始，我们重点关注模型的求解方法。

一些优化模型的最优解能够通过显示表达式明确刻画出来，但绝大多数优化模型却只能通过**数值搜索**(numerical search)的方法来求解，即依次尝试不同的决策变量取值，直到得到一个满意的结果。事实上，大多数的优化过程都可以看作是搜索算法的衍生方法。

搜索算法(improving search)通过检查邻域来寻找比当前更好的解，若有改进，则替换当前解，继续迭代，直到邻域中没有更好的解为止。搜索算法又称**局部改进**(local improvement)、**爬山算法**(hillclimbing)、**局部搜索**(local search)或**邻域搜索**(neighborhood search)。

搜索算法是本书的一个重要主题，本章将对搜索算法进行基本介绍。我们将探讨搜索算法的主要策略，并找出容易证明的特殊情景。在正式展开本章内容之前，我们假设读者已经掌握了第 2 章中关于模型的分类。

强烈建议读者在阅读其余章节之前理解透彻本章的中心思想。后文中多数内容将直接建立在本章的基础上。

3.1　搜索算法、局部和全局最优

搜索就像狩猎，而搜索算法就像是猎人。在搜索算法中，我们系统地尝试不同决策变量的取值，直到找到一个足够好的结果时停止搜索。

3.1.1　解

我们将搜索中尝试过的一系列点称为"解"。

定义 3.1　解是一组决策变量的取值。

例如，在 2.1 节的双原油模型中，决策变量如下。

$$x_1:每天提炼的沙特原油(千桶)$$
$$x_2:每天提炼的委内瑞拉原油(千桶)$$

该模型的解是 x_1 和 x_2 的一组非负取值。

注意，这里的解不一定是最优解。在双原油模型中，任意一组非负数均构成一组解，但是只有同时满足所有约束并使目标成本最小的解才是最优解。

3.1.2 解的向量形式

具有 n 个决策变量的优化模型的解同样是 n 维的。因此，为了简化处理，我们用 n 维向量(n-vectors)，即有 n 个分量(component)的线性排列来表示模型的解。例如，在双原油模型中每天提炼 3 千桶沙特原油和 2 千桶委内瑞拉原油，用向量形式和分量形式分别可以表示为 $\mathbf{x}=(3,2)$，$x_1=3$ 和 $x_2=2$。

由于搜索算法是关于整体解的改进，我们在讨论中使用解的向量表现形式。预备知识 1 回顾了向量的表示和计算方法，可供有所遗忘的读者参考。我们用上标表示解的搜索次序，定义如下：

定义 3.2 对于决策向量为 $\mathbf{x}$ 的模型，搜索过程经过的第一组解表示为 $\mathbf{x}^{(0)}$，第二组为 $\mathbf{x}^{(1)}$，以此类推。

例 3-1 用向量形式表示解

以下表格描述了有 4 个决策变量的优化模型的搜索过程。

x_1	x_2	x_3	x_4
1	0	1	2
1	1	-2	4
2	1	-1	4
5	1	-1	6

(a) 用标准向量形式(见定义 3.2)表示上述解。

(b) 写出 $x_1^{(3)}$ 和 $x_3^{(1)}$ 的对应值。

解：

(a) 根据定义 3.2 中的表示方法，上述解可表示为：
$$\mathbf{x}^{(0)}=(1,0,1,2)$$
$$\mathbf{x}^{(1)}=(1,1,-2,4)$$
$$\mathbf{x}^{(2)}=(2,1,-1,4)$$
$$\mathbf{x}^{(3)}=(5,1,-1,6)$$

(b) $\mathbf{x}^{(3)}$ 的第一个分量 $x_1^{(3)}=5$，$\mathbf{x}^{(1)}$ 的第三个分量 $x_3^{(1)}=-2$。

▶**预备知识 1：向量**

标量(scalar)是一个实数，例如 2，-0.25，$\frac{3}{7}$，$\sqrt{7}$，π。而标量变量指只能用标量赋值的变量，例如 x，y_6，Δp，α。注意，我们用斜体表示标量变量。

运筹学中的计算通常同时涉及多个数量或变量。为了简化处理，通常用向量（即一维排列的标量）表示决策变量。向量可以是行向量或者列向量，但是本书不进行区分。以下是同一个向量的不同表达。

$$\begin{bmatrix} 3 \\ \dfrac{1}{3} \\ -2 \end{bmatrix} = \left(3, \dfrac{1}{3}, -2\right)$$

向量中标量的个数就是向量的**维度**（dimension）。上述向量的维度是 3，称之为三维向量。同时我们将组成向量的标量称作向量的**分量**，因此上述向量的第二个分量是 $\dfrac{1}{3}$。

本书中黑体表示**向量变量**（例如 **x**，**a**，Δ**p**），上标表示分量。因此对于一个 5 维向量 **p**，一个可能的取值是 **p**＝(0，-2，2/5，0，11)，其中分量 $p_2＝-2$，$p_5＝11$。我们通过圆括号中的上标区分不同的向量分量，例如 $\mathbf{y}^{(7)}$ 和 $\mathbf{y}^{(13)}$ 的第三个分量分别是 $y_3^{(7)}$ 和 $y_3^{(13)}$。

向量有两种几何表示方法。第一种简单地认为 n 维向量是一个 n 维空间中的点，坐标与对应分量相等。例如，二维向量 $\mathbf{x}^{(1)}＝(2，-3)$ 和 $\mathbf{x}^{(2)}＝(4，1)$ 分别对应下图 a 中的点 $(2，-3)$ 和点 $(4，1)$。第二种方法认为向量是 n 维空间中的位移，移动的距离和方向由向量分量决定。图 b 中从原点出发的箭头即表示对应向量。

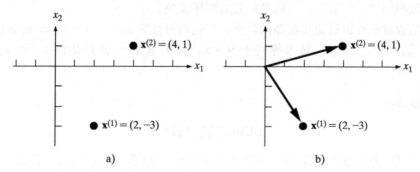

n 维向量 **x** 的**长度**（length）或**模**（norm），记作 $\|\mathbf{x}\|$，

$$\|\mathbf{x}\| \triangleq \sqrt{\sum_{j=1}^{n} (x_j)^2}$$

例如，$\|\mathbf{x}^{(1)}\| = \sqrt{(2)^2+(-3)^2} = \sqrt{13}$。

两个同维数的向量相加减等于对应的分量相加减。根据上文有 $\mathbf{x}^{(1)}＝(4，1)$ 和 $\mathbf{x}^{(2)}＝(2，-3)$，因此：

$$\mathbf{x}^{(1)} + \mathbf{x}^{(2)} = \begin{bmatrix} 2 & +4 \\ -3 & +1 \end{bmatrix} = \begin{bmatrix} 6 \\ -2 \end{bmatrix}, \quad \mathbf{x}^{(1)} - \mathbf{x}^{(2)} = \begin{bmatrix} 2 & -4 \\ -3 & -1 \end{bmatrix} = \begin{bmatrix} -2 \\ -4 \end{bmatrix}$$

类似地，向量的数乘由实数与向量的分量相乘得到。同样，对于 $\mathbf{x}^{(1)}$，$\mathbf{x}^{(2)}$ 有：

$$0.3\mathbf{x}^{(1)} = (0.3(2), 0.3(-3)) = (0.6, -0.9)$$

$$\mathbf{x}^{(1)} + 0.3\mathbf{x}^{(2)} = (2+0.3(4), -3+(0.3)(1)) = (3.2, -2.7)$$

向量的线性运算及其几何表示见下图。如图 a 所示，将 $\mathbf{x}^{(1)}$，$\mathbf{x}^{(2)}$ 首尾相连，由 $\mathbf{x}^{(1)}$ 始点指

向 $\mathbf{x}^{(2)}$ 终点的向量即为两者的和向量。同样如图 b 所示，$\mathbf{x}^{(1)}$ 和 $\mathbf{x}^{(2)}$ 的差向量可看作 $\mathbf{x}^{(1)}$ 和 $-\mathbf{x}^{(2)}$ 的和向量，$\mathbf{x}^{(1)} + 0.3\mathbf{x}^{(2)}$ 是 $\mathbf{x}^{(1)}$ 和 $\frac{3}{10}\mathbf{x}^{(2)}$ 的和向量。

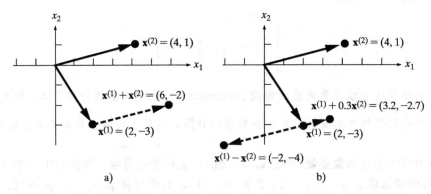

a)   b)

相同维数的向量也可以相乘。直观上，向量的乘法意味着对应分量相乘，但是在运筹学中，我们更多地使用一种不常见的乘法定义——数量积。

n 维向量 $\mathbf{x}$，$\mathbf{y}$ 的**数量积**(dot product)是一个标量，由下式得到：

$$\mathbf{x} \cdot \mathbf{y} \triangleq \mathbf{y} \cdot \mathbf{x} \triangleq \sum_{j=1}^{n} x_j y_j$$

例如，对于二维向量 $\mathbf{x}^{(1)}$，$\mathbf{x}^{(2)}$，$\mathbf{x}^{(1)} \cdot \mathbf{x}^{(2)} = \mathbf{x}^{(2)} \cdot \mathbf{x}^{(1)} = 2(4) + (-3)(1) = 3$。注意，向量的数量积用 "$\cdot$" 表示，与向量的先后顺序无关。

向量的数量积可以简化加权和的计算。当我们想计算 x_1，x_2，$\cdots$，x_6 的加权和，权重为 w_1，w_2，$\cdots$，w_6 时，结果等同于 $\mathbf{w} \cdot \mathbf{x}$，其中 $\mathbf{w}$ 和 $\mathbf{x}$ 分别是由 w_j 和 x_j 组成的向量。

□应用案例 3-1

DClub 选址问题

为了说明搜索的基本思想，我们考虑 DClub 折扣百货商店的选址问题。图 3-1 中地图上的点标注出该地区的三个人口中心。人口中心 1 约有 60 000 人，中心 2 有 20 000 人，中心 3 有 30 000 人。

DClub 希望在该地区新建一个店铺，尽可能获得最大的客流量。决策变量是店铺坐标 x_1，x_2。

新店铺可以建在距离三个人口中心 0.5 英里⊖以外的任何地方，如图 3-1 阴影部分所示，也就是说模型需要满足以下约束：

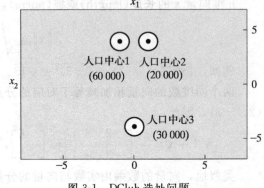

图 3-1　DClub 选址问题

⊖　1 英里＝1.609 344 千米。

$$[x_1 - (-1)]^2 + (x_2 - 3)^2 \geqslant (\tfrac{1}{2})^2$$

$$(x_1 - 1)^2 + (x_2 - 3)^2 \geqslant (\tfrac{1}{2})^2$$

$$(x_1 - 0)^2 + [x_2 - (-4)]^2 \geqslant (\tfrac{1}{2})^2$$

假设经验表明，店铺从各人口中心获得的客流量服从"重力"模式，即业务量与该人口中心人口成正比，与 1＋距离的平方成反比。根据该假设建立目标函数如下：

$$\max \quad p(x_1, x_2) \triangleq \frac{60}{1 + (x_1 + 1)^2 + (x_2 - 3)^2} + \frac{20}{1 + (x_1 - 1)^2 + (x_2 - 3)^2}$$
$$+ \frac{30}{1 + (x_1)^2 + (x_2 + 4)^2} \tag{3-1}$$

图 3-2 给出了上述非线性目标函数的三维视图，峰值在人口中心 1 附近达到。图 3-3 是一个更易于理解的整体模型等值线视图（与 2.2 节类似）。虚线连接的是具有相同目标值的点。整体模型如下：

$$\max \quad p(x_1, x_2) \triangleq \frac{60}{1 + (x_1 + 1)^2 + (x_2 - 3)^2} + \frac{20}{1 + (x_1 - 1)^2 + (x_2 - 3)^2}$$
$$+ \frac{30}{1 + (x_1)^2 + (x_2 + 4)^2} \tag{3-2}$$

$$\text{s. t.} \quad (x_1 + 1)^2 + (x_2 - 3)^2 \geqslant \frac{1}{4}$$

$$(x_1 - 1)^2 + (x_2 - 3)^2 \geqslant \frac{1}{4}$$

$$(x_1 - 0)^2 + (x_2 + 4)^2 \geqslant \frac{1}{4}$$

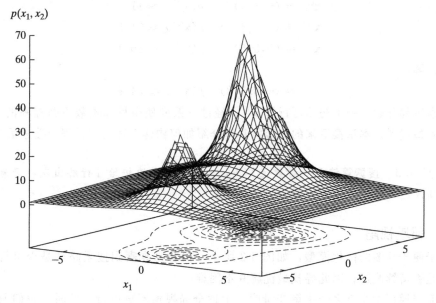

图 3-2　DClub 客流量函数的三维视图

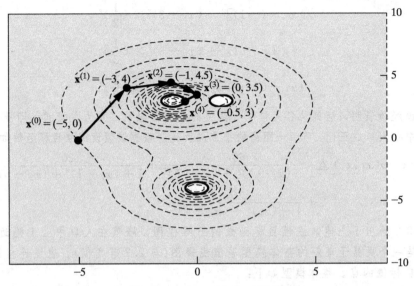

图 3-3　DClub 寻找最优解的搜索过程

我们希望在避开人口中心附近拥挤区域的同时最大化客流量 $p(x_1, x_2)$。图 3-3 中的点 $\mathbf{x}^{(4)}$ 是最高等值线上的可行点，根据原理 2.13，该点近似最优。

3.1.3　搜索算法实例

图 3-3 同时也描绘了 DClub 寻找最优解 $\mathbf{x}^{(4)}$ 的搜索过程。初始迭代点为 $\mathbf{x}^{(0)}$。

$$\mathbf{x}^{(0)} = (-5, 0) \quad p(\mathbf{x}^{(0)}) \approx 3.5$$

经过：

$$\mathbf{x}^{(1)} = (-3, 4) \quad p(\mathbf{x}^{(1)}) \approx 11.5$$
$$\mathbf{x}^{(2)} = (-1, 4.5) \quad p(\mathbf{x}^{(2)}) \approx 21.6$$
$$\mathbf{x}^{(3)} = (0, 3.5) \quad p(\mathbf{x}^{(3)}) \approx 36.1$$

得到最优解：

$$\mathbf{x}^{(4)} = (-0.5, 3) \quad p(\mathbf{x}^{(4)}) \approx 54.8$$

搜索过程开始于一个初始可行解 $\mathbf{x}^{(0)}$，经过一系列使得目标函数不断提高的可行解，最终得到最优解。本章接下来的内容将具体介绍如何构建上述迭代过程，搜索最优解。

定义 3.3　搜索算法是一种数值算法，由给定模型的初始可行解出发，沿着使目标函数不断改进的路径寻找最优解。

3.1.4　邻域视角

对于便于绘图的优化模型，如图 3-3 所示，很容易观察到搜索路径是否可行以及目标函数是否持续改进，因此寻找最优解并不困难。

然而当模型中含有多个决策变量时，上述全局视角不再可行。此时，我们通常将图放大至 $\mathbf{x}^{(4)} = (-0.5, 3)$ 的邻域，如图 3-4 所示。通过观察邻域我们可以识别在 $\mathbf{x}^{(4)}$ 附近的目标函数值，同时发现约束函数限制变量向左移动。这种方法的缺点是我们无法得知其他可行域的情况。

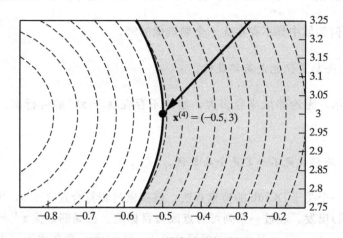

图 3-4　DClub 搜索中的邻域视角

上述局部视角在典型的搜索中常会遇到。由于缺乏完整的观察，我们必须尽可能地利用当前解的邻域信息建立搜索路径。

定义 3.4　当前解 $\mathbf{x}^{(t)}$ 的**邻域**（neighborhood）由所有附近的点组成，即所有与 $\mathbf{x}^{(t)}$ 有一段微小的正向距离的点。

3.1.5　局部最优

如图 3-4 所示是当前所有关于 DClub 模型的信息，根据该图可以看出 $(-0.5, 3)$ 是它附近最好的一点，但我们无法判断可视范围以外是否存在优于 $\mathbf{x}^{(4)}$ 的点，因此我们称 $\mathbf{x}^{(4)}$ 局部最优。

定义 3.5　倘若一组可行解周围足够小的邻域内不存在优于该解的可行点，则称该解为**局部最优解**（local optimum）。最小化（最大化）问题存在**局部最小（最大）解**。

3.1.6　局部最优和搜索算法

在局部最优点处，搜索算法无法进一步迭代。

原理 3.6　到达局部最优后，搜索算法停止迭代。

在局部最优解的邻域内可能存在目标值更高的解，如图 3-4 中的 $\mathbf{x}=(-0.55, 3)$，或可行解，例如 $\mathbf{x}=(-0.5, 3.05)$，然而不可能存在目标值更高的可行解。

3.1.7　局部和全局最优

从数学角度出发，真正的最优解应当是可行的，同时具备不劣于任何其他可行解（邻域或非邻域中）的目标函数值。为了区分这种全面的最优，我们称之为全局最优。

定义 3.7 如果在全局范围内不存在目标值优于某可行解的其他可行点，则称该可行解为**全局最优解**(global optimum)。最小化(最大化)问题存在全局最小(最大)解。

注意，在任何邻域中都不存在优于全局最优的解。

原理 3.8 全局最优也是局部最优。

如图 3-3 所示，无论邻域半径多大，始终不存在优于 $\mathbf{x}^{(4)}$ 的可行点。然而，反之不成立。

原理 3.9 局部最优不一定是全局最优。

图 3-5 是另一个关于 DClub 的搜索算法。该搜索过程符合定义 3.3，由一个初始可行点(与图 3-3 相同)出发，经过一系列可行点改善目标值。在局部最优 $\mathbf{x}^{(3)} = (0, -3.5)$ 处停止迭代，目标值 $p(\mathbf{x}^{(3)}) = 25.8$。根据原理 3.6，邻域中不存在优于该点的可行点。由图 3-3 可知，存在可行点 $\mathbf{x}^* = (-0.5, 3)$，对应目标值约为 54.8，显然图 3-5 中的局部最优点不是全局最优。

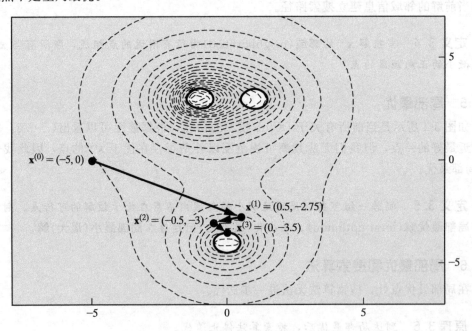

图 3-5　DClub 寻找局部最优的搜索过程

例 3-2 识别局部最优和全局最优

下图描绘了一个最小化模型的约束和目标等值线。判断以下各点是否是局部最优，全局最优，或两者都不是。

(a) $\mathbf{x}^{(1)} = (0, 2)$ 　　　　　(b) $\mathbf{x}^{(2)} = (4, 5)$

(c) $\mathbf{x}^{(3)} = (6, 6)$ 　　　　　(d) $\mathbf{x}^{(4)} = (6, 0)$

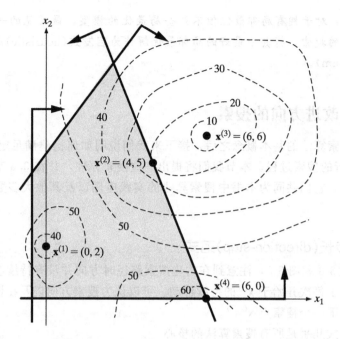

解：根据定义 3.5 和定义 3.7 可知：

(a) $x^{(1)}$ 是局部最优但不是全局最优，因为 $x^{(1)}$ 邻域内不存在优于该点的可行点，但是从全局范围来看，$x^{(2)}$ 目标函数值优于 $x^{(1)}$。

(b) $x^{(2)}$ 是全局最优也是局部最优，全局范围内没有目标值优于该点的可行点。

(c) $x^{(3)}$ 既不是全局最优也不是局部最优，虽然 $x^{(3)}$ 的目标值较小，但该点不可行。

(d) $x^{(4)}$ 既不是全局最优也不是局部最优，任一邻域内均有目标函数值优于该点的可行点。

3.1.8　局部最优的处理

根据原理 3.6，搜索算法在到达局部最优时停止，因此至多可实现一个局部最优，然而根据原理 3.9，局部最优不一定是全局最优。那么，我们应该如何权衡搜索算法的计算简便性与全局最优的分析完整性呢？

幸运的是，大多数情况下我们不需要面对这样的选择。

原理 3.10　搜索算法最适应的是那些能够从数学上保证每一个局部最优都是全局最优的优化模型。

因此有时在运用搜索算法之前，我们已经了解到该模型中局部最优同时也是全局最优。

那么，应该如何处理众多不满足原理 3.10 的模型呢？有时我们可以通过一些更为复杂的搜索方法寻找全局最优。但是更为常见的方法是，尝试不同的搜索算法（通常使用不同的初始点），选取其中最好的结果作为一种近似或启发式最优。

原理 3.11 对于拥有局部最优但不是全局最优的模型，最常见的一种分析方法是进行若干次独立的搜索，将其中最好的局部最优解作为**启发式**（heuristic）或**近似最优**（approximate optimum）。

3.2 沿可行改进方向的搜索

在介绍了搜索算法的基本概念之后，接下来我们说明如何构建满足定义 3.3（即改进目标值）同时可行的搜索过程。本节我们将提出一些搜索原理，并在 3.3 节进一步将它们转换为代数条件。它们共同为本书中搜索算法的实践应用以及其他大多数内容奠定重要基础。

3.2.1 方向步长(direction-step)范式

再次回顾图 3-3 和图 3-5，注意到在构建搜索路径时方向并没有持续改变，相反，在直线方向上进行了每次开始于 $\mathbf{x}^{(t)}$ 的持续移动。可以认为搜索方向以及在该方向上前进的步长共同决定了下一个搜索点 $\mathbf{x}^{(t+1)}$。

方向步长范式几乎是所有搜索算法的核心。

定义 3.12 搜索算法沿 $\mathbf{x}^{(t+1)} \leftarrow \mathbf{x}^{(t)} + \lambda \Delta \mathbf{x}$ 由当前点 $\mathbf{x}^{(t)}$ 向下一搜索点 $\mathbf{x}^{(t+1)}$ 移动，其中 $\Delta \mathbf{x}$ 是在当前点 $\mathbf{x}^{(t)}$ 处的**搜索方向**（move direction），$\lambda(\lambda > 0)$ 是沿该方向前进的**步长**（step size）。

如图 3-5 中的第一次搜索，由 $\mathbf{x}^{(0)} = (-5, 0)$ 移动至 $\mathbf{x}^{(1)} = (0.5, -2.75)$。大多数搜索算法通过确定搜索方向 $\Delta \mathbf{x}$，再选择合适的步长 λ 完成这一搜索过程。

根据下式可得到一个搜索方向：

$$\Delta \mathbf{x} = \mathbf{x}^{(1)} - \mathbf{x}^{(0)} = (0.5, -2.75) - (-5, 0) = (5.5, -2.75)$$

步长 $\lambda = 1$ 时，有：

$$\mathbf{x}^{(1)} = \mathbf{x}^{(0)} + \lambda \Delta \mathbf{x} = (-5, 0) + 1(5.5, -2.75) = (0.5, -2.75)$$

注意在这个例子中，当搜索方向为 $\Delta \mathbf{x}' = (2, -1)$（与 $\Delta \mathbf{x}$ 方向相同），且步长为 $\lambda' = 2.75$ 时，得到的新搜索点与之前相同。

$$\mathbf{x}^{(1)} = \mathbf{x}^{(0)} + \lambda' \Delta \mathbf{x}' = (-5, 0) + 2.75(2, -1) = (0.5, -2.75)$$

例 3-3 根据方向和步长得到新的搜索点

已知初始点为 $\mathbf{w}^{(0)} = (5, 1, -1, 11)$，三次搜索的方向和步长分别为：

$$\Delta \mathbf{w}^{(1)} = (0, 1, 1, 3), \qquad \lambda_1 = \frac{1}{3}$$

$$\Delta \mathbf{w}^{(2)} = \left(2, 0, \frac{1}{4}, -1\right), \quad \lambda_2 = 4$$

$$\Delta \mathbf{w}^{(3)} = \left(1, -\frac{1}{3}, 0, 2\right) \quad \lambda_3 = 1$$

请写出对应的三个搜索点。

解：根据定义 3.12 可知：

$$\mathbf{w}^{(1)} = \mathbf{w}^{(0)} + \lambda_1 \Delta \mathbf{w}^{(1)} = (5,1,-1,11) + \frac{1}{3}(0,1,1,3) = \left(5, \frac{4}{3}, -\frac{2}{3}, 12\right)$$

$$\mathbf{w}^{(2)} = \mathbf{w}^{(1)} + \lambda_2 \Delta \mathbf{w}^{(2)} = \left(5, \frac{4}{3}, -\frac{2}{3}, 12\right) + 4\left(2, 0, \frac{1}{4}, -1\right) = \left(13, \frac{4}{3}, \frac{1}{3}, 8\right)$$

$$\mathbf{w}^{(3)} = \mathbf{w}^{(2)} + \lambda_3 \Delta \mathbf{w}^{(3)} = \left(13, \frac{4}{3}, \frac{1}{3}, 8\right) + 1\left(1, -\frac{1}{3}, 0, 2\right) = \left(14, 1, \frac{1}{3}, 10\right)$$

例 3-4　据搜索点确定搜索方向

搜索路径中的前四个点分别为 $\mathbf{y}^{(0)} = (5, 11, 0)$，$\mathbf{y}^{(1)} = (4, 9, 3)$，$\mathbf{y}^{(2)} = (4, 9,$ $7)$，$\mathbf{y}^{(3)} = (0, 8, 7)$。假设步长为 $\lambda = 1$，求搜索方向。

解：当 $\lambda = 1$ 时，搜索方向的序列也是连续两组解之差的序列。

$$\begin{aligned} \Delta \mathbf{y}^{(1)} &= \mathbf{y}^{(1)} - \mathbf{y}^{(0)} \\ &= (4,9,3) - (5,11,0) = (-1,-2,3) \end{aligned}$$

因此：

$$\begin{aligned} \mathbf{y}^{(1)} &= \mathbf{y}^{(0)} + \lambda \Delta \mathbf{y} \\ &= (5,11,0) + 1(-1,-2,3) = (4,9,3) \end{aligned}$$

改进方向：

$$\Delta \mathbf{y}^{(2)} = \mathbf{y}^{(2)} - \mathbf{y}^{(1)} = (4,9,7) - (4,9,3) = (0,0,4)$$

$$\Delta \mathbf{y}^{(3)} = \mathbf{y}^{(3)} - \mathbf{y}^{(2)} = (0,8,7) - (4,9,7) = (4,-1,0)$$

根据定义 3.3，目标值在搜索过程中逐渐优化，然而由图 3-4 可以发现实际搜索方向往往从局部视角出发，受限于当前解 $\mathbf{x}^{(t)}$ 的邻域信息。在只能看到当前解的邻域时，如何保证目标值的提高呢？我们将搜索限制在改进目标值的方向。

定义 3.13　对于所有足够小的 λ，且 $\lambda > 0$，都有 $\mathbf{x}^{(t)} + \lambda \Delta \mathbf{x}$ 的目标值优于 $\mathbf{x}^{(t)}$，则称 $\Delta \mathbf{x}$ 是当前解的一个**改进方向**(improving direction)。

如果在当前解 $\mathbf{x}^{(t)}$ 的邻域内沿 $\Delta \mathbf{x}$ 方向不能改进目标值，那么无论在全局范围内沿该方向能多大程度上改进目标值，该方向均不是当前解的改进方向。

图 3-6 描绘了 DClub 选址问题中的目标函数(3-1)。由于约束函数不影响改进方向，暂不考虑。根据图 3-6a 中的目标等值线，可以发现 $\Delta \mathbf{x} = (-3, 1)$ 是解 $\mathbf{x}^{(3)} = (2, 0)$ 的改进方向，沿该方向搜索，目标值提高。注意，沿改进方向搜索不会使目标值一直提高。例如，$\Delta \mathbf{x} = (-6, 2)$ 等同于原方向上步长加倍，但是目标值相对当前解 $\mathbf{x}^{(3)}$ 下降。

图 3-6b 说明了改进方向不是处处改进。$\Delta \mathbf{x} = (-3, 1)$ 是解 $\mathbf{x}^{(3)} = (2, 0)$ 的改进方向，但在 $\mathbf{x}^{(4)} = (-1.5, -1.5)$ 处不改进。

最后，观察图 3-6b 中的局部最优 $\mathbf{x}^{(1)} = (0, -4)$，通过目标等值线可以发现 $\mathbf{x}^{(2)}$ 的目标值优于 $\mathbf{x}^{(1)}$，得到 $\mathbf{x}^{(1)}$ 指向 $\mathbf{x}^{(2)}$ 的方向。

$$\Delta \mathbf{x}' = \mathbf{x}^{(2)} - \mathbf{x}^{(1)} = (-1,3) - (0,-4) = (-1,7)$$

根据定义 3.13，该方向不是 $\mathbf{x}^{(1)}$ 处的改进方向。

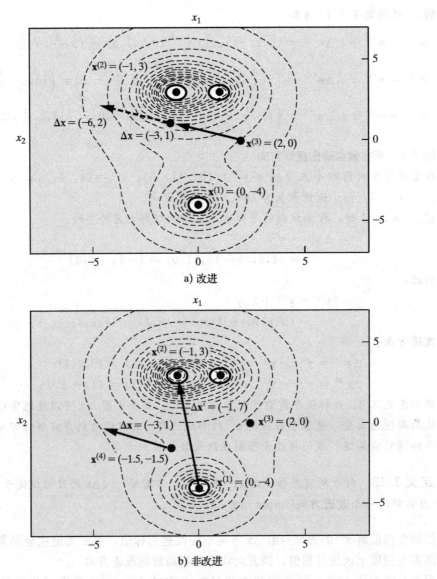

a) 改进

b) 非改进

图 3-6 DClub 目标函数的改进方向

例 3-5 作图识别改进方向

右图描绘了一个最小化模型的目标函数，决策变量为 y_1，y_2。

观察该图判断下列方向是否是对应点的改进方向：

(a) $\Delta \mathbf{y} = (1, -1)$，$\mathbf{y}^{(1)} = (1, 1)$

(b) $\Delta \mathbf{y} = (0, 1)$，$\mathbf{y}^{(1)} = (1, 1)$

(c) $\Delta \mathbf{y} = (0, 1\,000)$，$\mathbf{y}^{(1)} = (1, 1)$

(d) $\Delta \mathbf{y} = (0, 1\,000)$，$\mathbf{y}^{(2)} = (5, 3)$

(e) $\Delta \mathbf{y} = (-1, 0)$，$\mathbf{y}^{(2)} = (5, 3)$

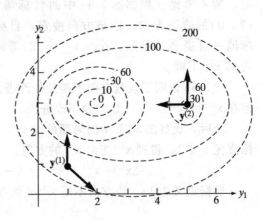

解：根据定义 3.13，答案如下。

（a）在 $\mathbf{y}^{(1)}$ 处沿 $\Delta\mathbf{y}=(1，-1)$ 前进一小段距离，目标值提高，因此该方向不是改进方向。

（b）在 $\mathbf{y}^{(1)}$ 处沿 $\Delta\mathbf{y}=(0，1)$ 前进一小段距离，目标值下降，因此该方向是改进方向。

（c）根据定义 3.13，只要步长 λ 足够小，改进方向的判定与方向自身长度无关，因此 $\Delta\mathbf{y}=(0，1\,000)$ 是 $\mathbf{y}^{(1)}$ 的改进方向。

（d）在 $\mathbf{y}^{(2)}$ 处沿 $\Delta\mathbf{y}=(0，1\,000)$ 前进一小段距离，目标值提高，因此该方向不是改进方向。

（e）虽然在 $\mathbf{y}^{(2)}$ 处沿 $\Delta\mathbf{y}=(-1，0)$ 前进一定距离，目标值下降，但该步长不满足足够小的要求，因此该方向不是改进方向。

3.2.2 可行方向

对于有约束的优化模型，搜索路径必须在改善目标值的同时确保是可行的。为保证可行性，与改进方向相同，我们将搜索限制在保证搜索可行的方向。

定义 3.14 对于所有足够小的 λ，且 $\lambda>0$，都有 $\mathbf{x}^{(t)}+\lambda\Delta\mathbf{x}$ 满足所有的约束函数，则称 $\Delta\mathbf{x}$ 是当前解的一个**可行方向**。

与定义 3.13 相同，我们在考虑可行性时，只关注当前解的邻域范围。只有当步长足够小且满足约束条件时，我们认为该方向可行。超过邻域范围，我们无法判断搜索方向的可行性，因此不将该方向纳入考虑。

为说明这一点，我们用图 3-7 描绘了双原油模型中的变量和不等式约束。回顾 2.1 和 2.2 节，双原油模型表达式如下：

$$\min \quad 100x_1 + 75x_2$$
$$\text{s.t.} \quad 0.3x_1 + 0.4x_2 \geqslant 2$$
$$0.4x_1 + 0.2x_2 \geqslant 1.5$$
$$0.2x_1 + 0.3x_2 \geqslant 0.5$$
$$0 \leqslant x_1 \leqslant 9$$
$$0 \leqslant x_2 \leqslant 6$$

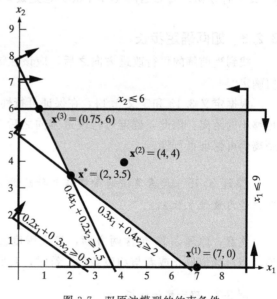

图 3-7 双原油模型的约束条件

显然，在 $\mathbf{x}^{(2)}$ 处任何方向的一段微小的移动都不违反约束条件，因此对于 $\mathbf{x}^{(2)}$ 每个方向都是可行的。$\Delta\mathbf{x}=(0，1)$ 是 $\mathbf{x}^{(1)}$ 的可行方向，在 $\mathbf{x}^{(1)}$ 处沿 $\Delta\mathbf{x}=(0，1)$ 前进一小段距离不违反约束条件。同时根据定义 3.13，$\Delta\mathbf{x}=(0，1)$ 也是 $\mathbf{x}^{(1)}$ 的改进方向。而对于 $\mathbf{x}^{(3)}$，由于沿 $\Delta\mathbf{x}=(0，1)$ 方向一段微小移动不满足约束条件 $x_2\leqslant6$，因此，$\Delta\mathbf{x}=(0，1)$ 不是 $\mathbf{x}^{(3)}$ 的可行方向。

例 3-6 作图识别可行方向

右图描绘了一个数学模型的可行域，决策变量为 y_1，y_2。

观察该图，判断下列方向是否是对应点的可行方向。

(a) $\Delta\mathbf{y}=(1,0)$，$\mathbf{y}^{(1)}$

(b) $\Delta\mathbf{y}=(1,0)$，$\mathbf{y}^{(2)}$

(c) $\Delta\mathbf{y}=(0,1)$，$\mathbf{y}^{(2)}$

(d) $\Delta\mathbf{y}=(0,1\,000)$，$\mathbf{y}^{(2)}$

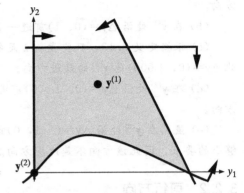

解：根据定义 3.14，答案如下。

(a) 在 $\mathbf{y}^{(1)}$ 处沿任何方向移动一小段距离都不会违反约束条件，因此该点处所有方向包括 $\Delta\mathbf{y}=(1,0)$ 均是可行方向。

(b) 在 $\mathbf{y}^{(2)}$ 处沿 $\Delta\mathbf{y}=(1,0)$ 移动一小段距离后违反约束条件，因此该方向不是可行方向。

(c) 在 $\mathbf{y}^{(3)}$ 处沿 $\Delta\mathbf{y}=(0,1)$ 移动一小段距离后没有违反约束条件，因此该方向是可行方向。

(d) 根据定义 3.14，方向自身的长度不影响其是否可行，已知 (c) 中 $\Delta\mathbf{y}=(0,1)$ 是 $\mathbf{y}^{(3)}$ 处可行方向，因此 $\Delta\mathbf{y}=(0,1\,000)$ 也是该处的可行方向，只是对应步长 λ 较小。

3.2.3 如何确定步长

找到当前解的可行改进方向之后，应该在该方向上前进多少呢？也就是步长 λ 该如何确定？

根据定义 3.13 和定义 3.14，在保证可行性的条件下，沿可行改进方向至少可以前进足够小的距离。因此，确定可行改进方向之后，很自然地想到在该方向上最多前进多长距离仍可保证可行性。

原理 3.15 搜索算法通常将沿可行改进方向最大程度改进目标值，并保持可行的距离作为最佳步长 λ。

注意，原理 3.15 包含两方面：最大程度改进目标值的距离以及保持可行的最大距离。当目标值停止或者与约束条件不符时，我们固定 λ 值，并选取一个新的改进方向。

例 3-7 确定最佳步长

考虑以下数学模型：

$$\min\ 10w_1+3w_2$$
$$\text{s.t}\ \ w_1+w_2\leqslant 9$$
$$w_1,w_2\geqslant 0$$

在搜索过程中，根据原理 3.15，确定当前解 $\mathbf{w}^{(19)}=(4,5)$ 沿 $\Delta\mathbf{w}=(-3,-8)$ 方向的最佳步长。

解： 由于在任意一点沿 $\Delta \mathbf{w}$ 搜索都使得两个具有正向成本的决策变量减小，因此对于任意步长 $\lambda > 0$，$\Delta \mathbf{w}$ 在任意一点都可以改进目标值。

对于改进方向的可行性，我们首先考虑不等式约束。对于任意步长 $\lambda > 0$，有：

$$(w_1 + \lambda \Delta w_1) + (w_2 + \lambda \Delta w_2) = (4 - 3\lambda) + (5 - 8\lambda) \leqslant 9$$

显然满足该不等式约束。

因此，我们认为最佳步长由变量约束 $w_1 \geqslant 0$ 和 $w_2 \geqslant 0$ 决定。由

$$\mathbf{w}^{(20)} = \mathbf{w}^{(19)} + \lambda \Delta \mathbf{w} = \begin{bmatrix} 4 \\ 5 \end{bmatrix} + \lambda \begin{bmatrix} -3 \\ -8 \end{bmatrix} = \begin{bmatrix} 4 - 3\lambda \\ 5 - 8\lambda \end{bmatrix}$$

可知：任意 $\lambda > \dfrac{4}{3}$ 使得 w_1 为负，任意 $\lambda > \dfrac{5}{8}$ 使得 w_2 为负。因此，最佳步长是同时满足两个变量约束的最大 λ：

$$\lambda = \min \left(\frac{4}{3}, \frac{5}{8} \right) = \frac{5}{8}$$

3.2.4 DClub 搜索

3A 算法在正式的搜索过程中应用到定义 3.12~3.14 和原理 3.15。我们将通过图 3-5 中的 Dclub 搜索进行说明。该搜索过程始于可行解 $\mathbf{x}^{(0)} = (-5, 0)$，对应目标值为 $p(-5, 0) \approx 3.5$。

我们直接跳至 3A 算法的第 1 步，寻找可行改进方向。图 3-5 中选择的是 $\Delta \mathbf{x}^{(1)} = (2, -1)$，该点满足定义 3.13 和定义 3.14，沿该方向搜索可以同时改进目标值并保持可行。

3A 算法的第 3 步是选择最佳步长 λ。已知在选定可行改进方向上任意移动一定距离均可行，因此以最大程度改进目标值为标准确定最佳步长。DClub 模型有多个决策变量，我们选择作图法确定步长，可以发现最佳步长约为 $\lambda_1 = 2.75$。第 4 步有：

$$\mathbf{x}^{(1)} \leftarrow \mathbf{x}^{(0)} + \lambda_1 \Delta \mathbf{x}^{(1)} = (-5, 0) + 2.75(2, -1) = (0.5, -2.75)$$

▶**3A 算法：连续的搜索算法**

第 0 步：初始化。 选择初始可行解 $\mathbf{x}^{(0)}$，令 $t \leftarrow 0$。

第 1 步：局部最优。 如果当前解 $\mathbf{x}^{(t)}$ 处不存在可行改进方向 $\Delta \mathbf{x}$，则停止搜索；根据模型形式的弱假设，当前解 $\mathbf{x}^{(t)}$ 是局部最优点。

第 2 步：搜索方向。 构建当前解 $\mathbf{x}^{(t)}$ 处的可行改进方向。

第 3 步：最佳步长。 如果沿当前解的可行改进方向上存在同时改进目标值并保持可行的最大步长，则该步长为最佳步长；否则停止搜索，该模型无界。

第 4 步：前进。 根据 $\mathbf{x}^{(t+1)} \leftarrow \mathbf{x}^{(t)} + \lambda_{t+1} \Delta \mathbf{x}^{(t+1)}$ 得到下一搜索点 $\mathbf{x}^{(t+1)}$，令 $t \leftarrow t+1$，返回第 1 步。

第一次迭代完成，令 $t \leftarrow 1$，返回第 1 步。选择可行改进方向 $\Delta \mathbf{x}^{(2)} = (-4, -1)$。与之前类似，最佳步长由最大程度改进目标值确定。选择 $\lambda_2 = 0.25$，有：

$$\mathbf{x}^{(2)} \leftarrow \mathbf{x}^{(1)} + \lambda_2 \Delta \mathbf{x}^{(2)} = (0.5, -2.75) + 0.25(-4, -1) = (-0.5, -3)$$

返回第 1 步，开始第三次迭代。选择可行改进方向 $\Delta \mathbf{x}^{(3)} = (-1, 1)$。与之前的迭代

过程不同，此时需要考虑可行性。步长等于 0.5 时，恰好满足约束条件；步长大于 0.5 时，目标值就可以进一步改进，但是搜索不再满足约束条件。因此确定最佳步长 $\lambda_3 = 0.5$，有：

$$\mathbf{x}^{(3)} \leftarrow \mathbf{x}^{(2)} + \lambda_3 \Delta \mathbf{x}^{(3)} = (-0.5, -3) + 0.5(1, -1) = (0, -3.5)$$

返回第 1 步，显然不再存在可行改进方向，3A 算法得到局部最优解 $\mathbf{x} = (0, -3.5)$。

3.2.5 搜索算法何时停止

上述内容说明，只要存在可行改进方向，目标值就可以在邻域内改善，3A 算法就会继续迭代。

原理 3.16 优化模型中，只要某一组解存在可行改进方向，则该解不是局部最优。

沿该可行改进方向前进一小段步长可以同时改进目标值并保持可行，所以每个邻域中都包含优于当前解的点。

如果算法在找不到可行改进方向的点停止迭代会怎样呢？根据定义 3.5，多数情况下，该点为局部最优。

原理 3.17 如果一个连续的搜索算法在没有可行改进方向的解停止迭代，在弱假设下可以认为该点是局部最优的。

图 3-3 和图 3-5 说明了这种典型情况。显然两种算法都在没有可行改进方向处停止迭代，对应的两个结果均是局部最优。

在原理 3.17 中我们注明"弱假设"，是因为存在没有可行改进方向的当前解不是局部最优。图 3-8 给出了两个例子。如图 3-8a 所示，在 $\mathbf{w}$ 处沿图示曲线方向移动可以减小目标值，该点不是给定无约束模型的局部最小点，然而该点处任意直线方向的移动都无法改进目标值，因此 $\mathbf{w}$ 点也不存在改进方向，3A 算法在 $\mathbf{w}$ 处停止迭代。

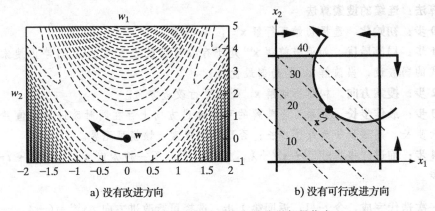

a) 没有改进方向   b) 没有可行改进方向

图 3-8 不存在可行改进方向的非局部最优点

即使目标函数形式简单，约束函数也可能产生类似的异常。如图 3-8b 所示，当前解 $\mathbf{x}$ 处不存在能够改进目标值的直线可行方向，因此 3A 算法在该点停止迭代。然而，显然

存在与 **x** 相邻对目标值有所改善的可行点，**x** 不是局部最优。

幸运的是，在本书的标准模型中这类例子非常罕见。从效率角度考虑，分析者更愿意接受搜索算法至少得到局部最优的结果。

3.2.6　检验无界性

大多数情况下，3A 算法因为在当前解找不到可行改进方向，在第 1 步停止迭代。然而该算法也有可能在第 3 步选择步长 λ 时停止。

根据定义 2.20，如果某一优化模型的可行解可以实现任意更好的目标值，则称该模型是**无界的**（unbounded）。

原理 3.18　如果沿某一可行改进方向前进任意步长都能同时改进目标值并保持可行性，则该模型无界。

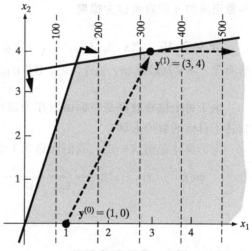

图 3-9 通过一个 3A 算法的应用实例说明该问题，初始点为 $\mathbf{y}^{(0)} = (1, 0)$。图中的目标等值线说明了目标函数随决策变量 y_1 增加而提高。

如图 3-9 所示，第一次迭代中选择可行改进方向 $\Delta\mathbf{y}^{(1)} = (1, 2)$，到达第 3 步。该方向上改进受到约束限制，因此根据原理 3.15 确定最佳步长 $\lambda_1 = 2$。下一次迭代中，可行

图 3-9　无界模型的搜索过程

改进方向为 $\Delta\mathbf{y}^{(2)} = (1, 0)$，该方向上不存在步长限制，模型无界，第 3 步停止迭代。

例 3-8　在搜索算法中识别无界性

对以下模型展开搜索，初始点为 $\mathbf{w}^{(0)} = (0, 0)$。

$$\min \quad w_2$$
$$\text{s.t.} \quad 0 \leqslant w_1 \leqslant 1$$

（a）请说明为什么该模型是无界的。

（b）找出 $\mathbf{w}^{(0)}$ 处一个能说明无界性的可行改进方向 $\Delta\mathbf{w}$。

解：

（a）模型中 w_2 无下界，我们令 $w_1 = 0$，降低 w_2 可以得到任意的目标函数值。

（b）根据（a）可知，保持 $w_1 = 0$，降低 w_2 可以得到任意目标函数值，因此显然沿可行改进方向 $\Delta\mathbf{w} = (0, -1)$ 移动能够改进目标值并保持可行性。

3.3　可行改进方向的代数条件

3A 算法与其他搜索算法的区别主要在于确定可行改进方向的方法不同，我们为这个搜索过程的核心部分建立基本代数条件。

建议读者认真思考这些简单的条件并利用一些例子进行试验，直到完全理解其中所有思想。我们在后文提出算法时将多次回到本节的代数部分。

3.3.1　梯度

为了用代数刻画改进方向，我们使用了一点微积分的知识。如果优化模型的目标函数是**光滑的**(smooth)，即所有决策变量都是可微的，代数条件很容易设计。对微积分有所遗忘的读者不必担心，预备知识 2 将会详细介绍所涉及的内容。

当 f 是一个 n 维向量 $\mathbf{x} \triangleq (x_1, \cdots, x_n)$ 的函数，它有 n 个一阶偏导数。我们将这些偏导数组成的 n 维向量称为**梯度**。

定义 3.19　$f(\mathbf{x}) \triangleq f(x_1, \cdots, x_n)$ 在 $\mathbf{x}$ 点处的梯度，记作 $\nabla f(\mathbf{x})$，是由偏导数组成的向量，有 $\nabla f(\mathbf{x}) \triangleq (\partial f/\partial x_1, \cdots, \partial f/\partial x_n)$。

由于每个偏导数都是目标函数在当前解的斜率或者随坐标方向变化的变化率，梯度描述了目标函数的形状。

为了具体说明这一点，我们回到 3.1 节中 DClub 选址问题的客流量目标函数：

$$\max \quad p(x_1, x_2) \triangleq \frac{60}{1+(x_1+1)^2+(x_2-3)^2} + \frac{20}{1+(x_1-1)^2+(x_2-3)^2}$$
$$+ \frac{30}{1+(x_1)^2+(x_2+4)^2}$$

▶**预备知识 2：导数和偏导数**

导数(derivative)是微积分中的一个重要概念，描述了函数随参数的变化率。本书中我们只需要理解导数的基本概念，直观上将导数等同于"斜率"，此外有时可能涉及导数的计算。

如果函数在某点有明确的变化率，即变化率在该点没有发生突变，则称这个函数在该点是**可微**(differentiable)或**光滑的**。一个典型的函数不总是可微的例子是 $f(x) \triangleq |x|$。在 $x=0$ 时，函数发生突变，导数由 $x<0$ 时的 -1 变化为 $x>0$ 时的 $+1$，显然 $x=0$ 时该函数不存在导数。

对于一元函数 $f(x)$，通常用 $\mathrm{d}f/\mathrm{d}x$ 或 $f'(x)$ 表示 f 关于 x 的导数。常数函数 $f(x) \triangleq a$ 对于每个 x 都有 $f'(x)=0$，因为其函数值不随 x 的变化而变化。

常见函数的导数表达式如下(a 为常数)：

$f(x)$	$\dfrac{\mathrm{d}f}{\mathrm{d}x}$	$f(x)$	$\dfrac{\mathrm{d}f}{\mathrm{d}x}$	$f(x)$	$\dfrac{\mathrm{d}f}{\mathrm{d}x}$
ax	a	x^a	ax^{a-1}	$\sin(ax)$	$a\cos(ax)$
a^x	$a^x \ln(a)$	$\ln(ax)$	$\dfrac{1}{x}$	$\cos(ax)$	$-a\sin(ax)$

常见复合函数的导数表达式如下：

$f(x)$	$\dfrac{\mathrm{d}f}{\mathrm{d}x}$	$f(x)$	$\dfrac{\mathrm{d}f}{\mathrm{d}x}$
$g(h(x))$	$\dfrac{\mathrm{d}g}{\mathrm{d}h}\cdot\dfrac{\mathrm{d}h}{\mathrm{d}x}$	$g(x)\cdot h(x)$	$g(x)\dfrac{\mathrm{d}h}{\mathrm{d}x}+h(x)\dfrac{\mathrm{d}g}{\mathrm{d}x}$
$g(x)\pm h(x)$	$\dfrac{\mathrm{d}g}{\mathrm{d}x}\pm\dfrac{\mathrm{d}h}{\mathrm{d}x}$	$\dfrac{g(x)}{h(x)}$	$\left[h(x)\dfrac{\mathrm{d}g}{\mathrm{d}x}-g(x)\dfrac{\mathrm{d}h}{\mathrm{d}x}\right]/h(x)^2$

例如，$f(x)\triangleq(3x)^4$ 可看作 $g(h)\triangleq h^4$ 和 $h(x)\triangleq 3x$ 两个函数，所以 $f(x)$ 的导数为 $(\mathrm{d}g/\mathrm{d}h)\cdot(\mathrm{d}h/\mathrm{d}x)\triangleq 4(-3x)^4(-3)$。同样，$f(x)\triangleq(4x)\mathrm{e}^x$ 可看作函数 $g(x)\triangleq 4x$ 和 $h(x)\triangleq\mathrm{e}^x$ 的乘积，因此有 $\mathrm{d}f(x)/\mathrm{d}x=(4x)(\mathrm{e}^x)(1)+(\mathrm{e}^x)(4)$。

一个多变量函数的**偏导数**(partial derivative)，就是保持其他变量恒定时，它关于其中一个变量的导数。$f(x_1,x_2,\cdots,x_n)$ 的偏导数通常记作 $\partial f/\partial x_i$，$i=1,2,\cdots,n$。例如，$f(x_1,x_2,x_3)\triangleq(x_1)^5(x_2)^7(x_3)$，保持 x_2，x_3 不变，有 $\partial f/\partial x_1=5(x_1)^4(x_2)^7(x_3)$。类似地，$\partial f/\partial x_2=7(x_1)^5(x_2)^6(x_3)$，$\partial f/\partial x_3=(x_1)^5(x_2)^7$。

图 3-10 描绘了当前的目标等值线。对目标函数求梯度，有：

$$\nabla p(x_1,x_2)$$

$$\triangleq\begin{bmatrix}\dfrac{\partial p}{\partial x_1}\\[2mm]\dfrac{\partial p}{\partial x_2}\end{bmatrix} \tag{3-3}$$

$$=\begin{bmatrix}-\dfrac{120(x_1+1)}{\left[1+(x_1+1)^2+(x_2-3)^2\right]^2}-\dfrac{40(x_1-1)}{\left[1+(x_1-1)^2+(x_2-3)^2\right]^2}-\dfrac{60(x_1)}{\left[1+(x_1)^2+(x_2+4)^2\right]^2}\\[4mm]-\dfrac{120(x_2-3)}{\left[1+(x_1+1)^2+(x_2-3)^2\right]^2}-\dfrac{40(x_2-3)}{\left[1+(x_1-1)^2+(x_2-3)^2\right]^2}-\dfrac{60(x_2+4)}{\left[1+(x_1)^2+(x_2+4)^2\right]^2}\end{bmatrix}$$

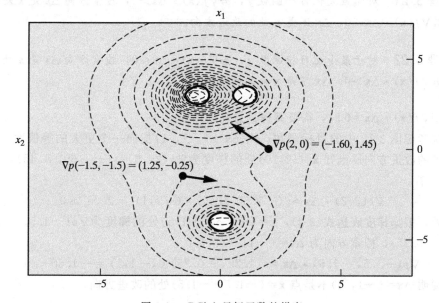

图 3-10　DClub 目标函数的梯度

因此在点 $\mathbf{x}=(2,0)$，有：
$$\nabla p(2,0) \approx (-1.60, 1.45)$$

这意味着在点 $\mathbf{x}=(2,0)$ 邻域附近，目标值随 x_1 的每单位增长下降约 1.60，随 x_2 的每单位增长提高约 1.45。这给我们提供了当前邻域附近相对完整的信息，当然，如果我们离开 $\mathbf{x}=(2,0)$ 的邻域，这些斜率会发生变化。

图 3-10 也描绘了梯度向量的几何图形。

原理 3.20 几何上，梯度是一个垂直于目标函数等值面的向量，它指向目标函数增长最快的方向。

例如，目标函数在 $\mathbf{x}=(2,0)$ 处增长最快的方向 $\Delta\mathbf{x}=(-1.60, 1.45)$，垂直于目标函数等值线，即 $\nabla p=(2,0)$。

3.3.2 改进方向的梯度条件

假设目标函数 f 的搜索到达当前解 $\mathbf{x}$，此时目标值随 $\Delta\mathbf{x}$ 方向前进步长 λ 的变化近似为[⊖]：
$$\text{目标值变化} \approx \sum_{j}\left(\frac{\partial f}{\partial x_j}\right)(\lambda\Delta x_j) = \lambda(\nabla f(\mathbf{x}) \cdot \Delta\mathbf{x})$$

也就是说，目标值在当前解 $\mathbf{x}$ 处的变化率近似等于 $\nabla f(\mathbf{x})$ 和 $\Delta\mathbf{x}$ 的点积，近似于由偏导数描述的变化率的加权和，权重为搜索方向在各坐标方向上的分量。

当点积 $\nabla f \cdot \Delta\mathbf{x} \neq 0$ 时，梯度信息为搜索方向是否改进并满足定义 3.13 提供了一个简单的代数检验：

原理 3.21 对于最大化目标函数 f，若 $\nabla f(\mathbf{x}) \cdot \Delta\mathbf{x}>0$，搜索方向 $\Delta\mathbf{x}$ 是 $\mathbf{x}$ 处的改进方向；若 $\nabla f(\mathbf{x}) \cdot \Delta\mathbf{x}<0$，$\Delta\mathbf{x}$ 不是 $\mathbf{x}$ 处的改进方向。

原理 3.22 对于最小化目标函数 f，若 $\nabla f(\mathbf{x}) \cdot \Delta\mathbf{x}<0$，搜索方向 $\Delta\mathbf{x}$ 是 $\mathbf{x}$ 处的改进方向；若 $\nabla f(\mathbf{x}) \cdot \Delta\mathbf{x}>0$，$\Delta\mathbf{x}$ 不是 $\mathbf{x}$ 处的改进方向。

点积 $\nabla f(\mathbf{x}) \cdot \Delta\mathbf{x}=0$ 时，需要其他信息辅助判断。

再次考虑图 3-10 中的目标函数，由 $\Delta\mathbf{x}=(-1,1)$ 指向一个更大的等值面，是 $\mathbf{x}=(2,0)$ 处的改进方向。已知 $\mathbf{x}=(2,0)$ 处的梯度为 $\nabla p(2,0)=(-1.60,1.45)$，根据原理 3.21，有：
$$\nabla p(0,2) \cdot \Delta\mathbf{x} \approx (-1.60,1.45) \cdot (-1,1) = 3.05 > 0$$

此外，根据梯度表达式(3-3)，$\mathbf{x}=(-1.5,-1.5)$ 处的梯度为 $\nabla p(-1.5,-1.5)=(1.25,-0.25)$，搜索方向为 $\Delta\mathbf{x}=(-1,1)$，有：
$$\nabla p(-1.5,-1.5) \cdot \Delta\mathbf{x} \approx (1.25,-0.25) \cdot (-1,1) = -1.50 < 0$$

这说明 $\Delta\mathbf{x}=(-1,1)$ 不是点 $\mathbf{x}=(-1.5,-1.5)$ 处的改进方向。

⊖ 泰勒级数近似将在 16.3 节中具体介绍。

例 3-9 梯度法说明搜索方向改进与否

应用梯度法判断下列方向是否能在指定点改进指定目标函数，或者说明为什么不能得出结论。

(a) 最小化目标函数 $f(\mathbf{w}) \triangleq (w_1)^2 + 5w_2 w_3$，当前解 $\mathbf{w} = (2, 1, 0)$，搜索方向 $\Delta \mathbf{w} = (1, 0, -2)$。

(b) 最大化目标函数 $f(\mathbf{y}) \triangleq 9y_1 + 40y_2$，当前解 $\mathbf{y} = (13, 2)$，搜索方向 $\Delta \mathbf{y} = (3, -6)$。

(c) 最小化目标函数 $f(\mathbf{z}) \triangleq 5(z_1)^2 - 3z_1 z_2 + (z_2)^2$，当前解 $\mathbf{z} = (1, 3)$，搜索方向 $\Delta \mathbf{z} = (-6, 2)$。

解：

(a) 在给定 $\mathbf{w}$ 处计算目标函数梯度。

$$\nabla f(\mathbf{w}) = \begin{bmatrix} \dfrac{\partial f}{\partial w_1} \\ \dfrac{\partial f}{\partial w_2} \\ \dfrac{\partial f}{\partial w_3} \end{bmatrix} = \begin{bmatrix} 2w_1 \\ 5w_3 \\ 5w_2 \end{bmatrix} = \begin{bmatrix} 2(2) \\ 5(0) \\ 5(1) \end{bmatrix} = \begin{bmatrix} 4 \\ 0 \\ 5 \end{bmatrix}$$

所以有：

$$\nabla f(\mathbf{w}) \cdot \Delta \mathbf{w} = (4, 0, 5) \cdot (1, 0, -2) = -6 < 0$$

根据原理 3.22，方向 $\Delta \mathbf{w}$ 不是 $f(\mathbf{w})$ 在 $\mathbf{w}$ 处的改进方向。

(b) 在给定 $\mathbf{y}$ 处计算目标函数梯度。

$$\nabla f(\mathbf{y}) = \begin{bmatrix} \dfrac{\partial f}{\partial y_1} \\ \dfrac{\partial f}{\partial y_2} \end{bmatrix} = \begin{bmatrix} 9 \\ 40 \end{bmatrix}$$

有：

$$\nabla f(\mathbf{y}) \cdot \Delta \mathbf{y} = (9, 40) \cdot (3, -6) = -213 < 0$$

根据原理 3.22，方向 $\Delta \mathbf{y}$ 不是 $f(\mathbf{y})$ 在 $\mathbf{y}$ 处的改进方向。

(c) 在给定 $\mathbf{z}$ 处计算目标函数梯度。

$$\nabla f(\mathbf{z}) = \begin{bmatrix} \dfrac{\partial f}{z_1} \\ \dfrac{\partial f}{z_2} \end{bmatrix} = \begin{bmatrix} 10z_1 - 3z_2 \\ -3z_1 + 2z_2 \end{bmatrix} = \begin{bmatrix} 10(1) - 3(3) \\ -3(1) + 2(3) \end{bmatrix} = \begin{bmatrix} 1 \\ 3 \end{bmatrix}$$

且：

$$\nabla f(\mathbf{z}) \cdot \Delta \mathbf{z} = (1, 3) \cdot (-6, 2) = 0$$

由于点积等于 0，原理 3.21 和 3.22 不足以判断该方向是否改进，不能得出结论。

3.3.3 将目标函数梯度作为搜索方向

根据原理 3.21 和 3.22，我们可以从任意非零梯度直接得到改进方向（虽然 16 章和 17 章将会说明梯度方向不总是最佳的搜索方向）。由于非零梯度与自身的点积为：

$$\nabla f(\mathbf{x}) \cdot \nabla f(\mathbf{x}) = \sum_j \left(\frac{\partial f}{\partial x_j}\right)^2 > 0$$

我们只需要选择 $\Delta \mathbf{x} = \pm \nabla f(\mathbf{x})$。

原理 3.23 当目标函数梯度 $\nabla f(\mathbf{x}) \neq 0$，$\Delta \mathbf{x} = \nabla f(\mathbf{x})$ 是最大化目标 f 的一个改进方向，$\Delta \mathbf{x} = -\nabla f(\mathbf{x})$ 是最小化目标 f 的一个改进方向。

图 3-10 中的等值面说明了图中两个梯度方向均是最大化模型的改进方向。为了从几何上验证这一点，我们可以选择：

$$\Delta \mathbf{x} = \nabla p(0,2) = (-1.60, 1.45)$$

根据原理 3.21，有：

$$\nabla p(0,2) \cdot \Delta \mathbf{x} = (-1.60, 1.45) \cdot (-1.60, 1.45) = (-1.60)^2 + (1.45)^2 > 0$$

说明了 $\Delta \mathbf{x}$ 是 $\mathbf{x} = (0,2)$ 处的改进方向。

例 3-10 利用梯度构建改进方向

根据下列目标函数的梯度构建指定点的改进方向。

(a) 最小化目标函数 $f(\mathbf{w}) \triangleq (w_1)^2 \ln(w_2)$，$\mathbf{w} = (5, 2)$。

(b) 最大化目标函数 $f(\mathbf{y}) \triangleq 4y_1 + 5y_2 - 8y_3$，$\mathbf{y} = (2, 0, 0.5)$。

解：

(a) 计算指定点的梯度。

$$\nabla f(\mathbf{w}) \triangleq \begin{bmatrix} \dfrac{\partial f}{\partial w_1} \\ \dfrac{\partial f}{\partial w_2} \end{bmatrix} = \begin{bmatrix} 2w_1 \ln(w_2) \\ \dfrac{(w_1)^2}{w_2} \end{bmatrix} = \begin{bmatrix} 2(5)\ln(2) \\ \dfrac{(5)^2}{2} \end{bmatrix} \approx \begin{bmatrix} 6.93 \\ 12.5 \end{bmatrix}$$

梯度非零，根据原理 3.23，有：

$$\Delta \mathbf{w} = -\nabla f(\mathbf{w}) = \begin{bmatrix} -6.93 \\ -12.5 \end{bmatrix}$$

是最小化目标函数的改进方向。

(b) 计算梯度。

$$\nabla f(\mathbf{y}) \triangleq \begin{bmatrix} \dfrac{\partial f}{\partial y_1} \\ \dfrac{\partial f}{\partial y_2} \\ \dfrac{\partial f}{\partial y_3} \end{bmatrix} = \begin{bmatrix} 4 \\ 5 \\ -8 \end{bmatrix}$$

梯度非负，根据原理 3.23，有：

$$\Delta \mathbf{y} = \nabla f(\mathbf{y}) = \begin{bmatrix} 4 \\ 5 \\ -8 \end{bmatrix}$$

是最大化目标函数的改进方向。

3.3.4　起作用约束和可行方向

现在转向可行方向的代数条件，我们重点关注约束函数。约束函数定义了优化模型可行域的边界，它是我们研究可行方向的起点。

图 3-11 再次提及了我们熟悉的双原油模型，可以看出不是所有的约束都与方向 $\Delta\mathbf{x}$ 在特定解 $\mathbf{x}$ 处的可行性有关。例如，对于 $\mathbf{x}^{(1)} = (7, 0)$，只有 $x_2 \geqslant 0$ 约束了该点处搜索方向的可行性；在点 $\mathbf{x}^{(1)}$ 处前进一小段距离不会影响到其他任意约束。而对于 $\mathbf{x}^{(3)} = (0.75, 6)$，它的相关约束是：

$$x_2 \leqslant 6 \text{ 和 } 0.4x_1 + 0.2x_2 \geqslant 1.5$$

原理 3.24　当前解 $\mathbf{x}$ 处的搜索方向是否可行取决于在该方向上前进任意微小步长是否满足**起作用约束**（active constraint），即在当前解 $\mathbf{x}$ 处恰好满足等式的约束。

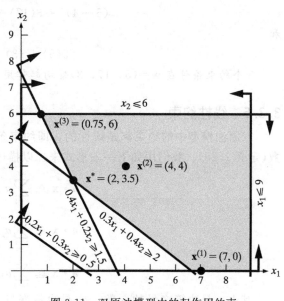

图 3-11　双原油模型中的起作用约束

起作用约束又称**紧约束**（tight constraint）和**积极约束**（binding constraint）。

对于任意可行点，等式约束都是起作用约束，它们始终满足等式条件。不等式约束更为复杂，例如，双原油模型中 $\mathbf{x}^{(1)} = (7, 0)$ 满足下述不等式约束：

$$0.4x_1 + 0.2x_2 \geqslant 1.5$$

由图 3-11，该约束是不起作用约束，有：

$$0.4(7) + 0.2(0) = 2.8 > 1.5$$

然而，同样的不等式约束在 $\mathbf{x}^* = (2, 3.5)$ 是起作用约束，有：

$$0.4(2) + 0.2(3.5) = 1.5$$

例 3-11　判断起作用约束

考虑约束条件如下的优化模型：

$$(w_1 - 4)^2 + 3w_2 - 7w_3 \geqslant 31 \tag{3-4}$$

$$2w_1 + w_3 \leqslant 13 \tag{3-5}$$

$$w_1 + w_2 + w_3 = 25 \tag{3-6}$$

判断这些约束在下列可行解处是否起作用。

(a) $\mathbf{w} = (8, 20, -3)$　　(b) $\mathbf{w} = (5, 17, 3)$

解：　等式约束(3-6)在所有可行解处均起作用。

(a) 根据原理 3.24 判断 $\mathbf{w} = (8, 20, -3)$ 处的约束(3-4)和(3-5)，有：

$$(8 - 4)^2 + 3(20) - 7(-3) = 97 > 31$$

和

$$2(8) + (-3) = 13$$

因此，约束(3-5)和(3-6)在可行解 $\mathbf{w} = (8, 20, -3)$ 处均起作用。

（b）根据原理 3.24 判断 $\mathbf{w} = (5, 17, 3)$ 处的约束(3-4)和(3-5)，有：

$$(5-4)^2 + 3(17) - 7(3) = 31$$

和

$$2(5) + (3) = 13$$

3 个约束条件在 $\mathbf{w} = (5, 17, 3)$ 处均起作用。

3.3.5 线性约束

双原油模型中的约束都是线性的，即约束条件左边是决策变量的加权和，右边是常数（定义 2.28）。我们用如下一般形式来加以描述：

$$\mathbf{a} \cdot \mathbf{x} \triangleq \sum_{j=1}^{n} a_j x_j \geqslant b \tag{3-7}$$

$$\mathbf{a} \cdot \mathbf{x} \triangleq \sum_{j=1}^{n} a_j x_j \leqslant b \tag{3-8}$$

$$\mathbf{a} \cdot \mathbf{x} \triangleq \sum_{j=1}^{n} a_j x_j = b \tag{3-9}$$

其中 n 是决策变量的个数，a_j 是决策变量 x_j 的约束系数，$\mathbf{a}$ 是由 a_j 组成的系数向量，b 是右端项。

例如，在双原油模型中的第一个约束条件：

$$0.3x_1 + 0.4x_2 \geqslant 2$$

中，有：

$$n = 2, a_1 = 0.3, a_2 = 0.4, \mathbf{a} = (0.3, 0.4), b = 2$$

3.3.6 线性约束下可行方向的代数条件

虽然可以设计在更复杂的情景下可行方向的代数条件，但是现在我们把重点放在线性形式(3-7)～(3-9)（见 14.4 节）。考虑双原油模型的下述约束：

$$0.4x_1 + 0.2x_2 \geqslant 1.5$$

因为：

$$0.4(0.75) + 0.2(6) = 1.5$$

该约束在解 $\mathbf{x}^{(3)} = (0.75, 6)$ 处是起作用的。

沿 $\Delta \mathbf{x} \triangleq (\Delta x_1, \Delta x_2)$ 方向前进一段步长，使得左端项变为：

$$0.4(0.75 + \lambda \Delta x_1) + 0.2(6 + \lambda \Delta x_2) = 1.5 + \lambda(0.4\Delta x_1 + 0.2\Delta x_2)$$

由可行性有：

$$1.5 + \lambda(0.4\Delta x_1 + 0.2\Delta x_2) \geqslant 1.5$$

只有当系数的"净变化"达到下列要求时，上述条件被满足：

$$\sum_{j=1}^{n} a_j \Delta x_j = 0.4\Delta x_1 + 0.2\Delta x_2 \geqslant 0$$

根据上述分析，可以得到线性约束下可行方向的一般条件。

原理 3.25　对于线性约束优化模型，当且仅当所有起作用大于等于约束 $\sum_{j} a_j x_j \geqslant b$，有：

$$\mathbf{a} \cdot \Delta \mathbf{x} \triangleq \sum_{i=1}^{n} a_j \Delta x_j \geqslant 0$$

所有起作用小于等于约束 $\sum_{j} a_j x_j \leqslant b$，有：

$$\mathbf{a} \cdot \Delta \mathbf{x} \triangleq \sum_{i=1}^{n} a_j \Delta x_j \leqslant 0$$

且所有等式约束 $\sum_{j} a_j x_j = b$，有：

$$\mathbf{a} \cdot \Delta \mathbf{x} \triangleq \sum_{i=1}^{n} a_j \Delta x_j = 0$$

时，搜索方向 $\Delta \mathbf{x} \triangleq (\Delta x_1, \cdots, \Delta x_n)$ 对于解 $\mathbf{x} \triangleq (x_1, \cdots, x_n)$ 是可行的。

回到图 3-11，解 $\mathbf{x}^{(2)} = (4, 4)$ 处不存在起作用约束，且每一个方向都是可行的。解 $\mathbf{x}^{(3)} = (0.75, 6)$ 存在两个起作用约束：

$$0.4x_1 + 0.2x_2 \geqslant 1.5$$
$$x_2 \leqslant 6$$

如果方向 $\Delta \mathbf{x}$ 可行，则它必须同时满足两个约束，由此根据原理 3-25 得到两个对应的条件：

$$0.4 \Delta x_1 + 0.2 \Delta x_2 \geqslant 0$$
$$\Delta x_2 \leqslant 0$$

例 3-12　构建可行方向的代数条件

考虑如下线性约束优化模型：

$$3w_1 + w_3 \geqslant 26 \tag{3-10}$$
$$5w_1 - 2w_3 \leqslant 50 \tag{3-11}$$
$$2w_1 + w_2 + w_3 = 20 \tag{3-12}$$
$$w_1 \geqslant 0 \tag{3-13}$$
$$w_2 \geqslant 0 \tag{3-14}$$

写出 $\Delta \mathbf{w}$ 在 $\mathbf{w} = (10, 0, 0)$ 处可行需要满足的所有条件。

解：在 $\mathbf{w} = (10, 0, 0)$ 处起作用的约束有 (3-11)(3-12) 和 (3-14)。根据原理 3.25，可行方向的对应条件有：

$$5 \Delta w_1 - 2 \Delta w_3 \leqslant 0$$
$$2 \Delta w_1 + \Delta w_2 + \Delta w_3 = 0$$
$$\Delta w_2 \geqslant 0$$

例 3-13　检验方向的可行性

回到由约束 (3-10)~(3-14) 构成的可行域，判断方向 $\Delta \mathbf{w} = (0, -1, 1)$ 在 $\mathbf{w} = (6, 0,$

8)处是否可行。

解： 在 $\mathbf{w}=(6，0，8)$ 处起作用的约束有(3-10)(3-12)和(3-14)。根据原理 3.25，可行方向的对应条件有：

$$3\Delta w_1 + \Delta w_3 \geqslant 0$$
$$2\Delta w_1 + \Delta w_2 + \Delta w_3 = 0$$
$$\Delta w_2 \geqslant 0$$

因为：

$$3\Delta w_1 + \Delta w_3 = 3(0) + (1) \geqslant 0$$
$$2\Delta w_1 + \Delta w_2 + \Delta w_3 = 2(0) + (-1) + (1) = 0$$
$$\Delta w_2 = (-1) \ngeqslant 0$$

$\Delta \mathbf{w}=(0，-1，1)$ 满足约束(3-10)和(3-12)，但是不满足约束(3-14)，故 $\Delta \mathbf{w}$ 不可行。

3.4 线性目标和凸集的易处理性

根据定义 1.8，模型的**易处理性**（tractability）意味着分析的便利性。虽然有时候较为复杂的形式是无法避免的，但在第 1 章中我们可以看到建模时常常涉及两者之间的权衡。为了获得一个能够产生有意义启示的易处理模型，我们有时选择简化假设或采用其他方式简化模型。重要的是能够识别首选情景。

本章前文大致介绍了搜索算法的基本概念和它所面临的挑战，包括局部最优和全局最优的关系。现在我们将在 3.2 和 3.3 节的基础上定义方便处理的模型形式，这些模型通常在考虑局部最优是否为全局最优时会遇到。如果认为模型对应用问题充分有效，那么这种形式是我们的首选。

3.4.1 线性目标函数的易处理性

回顾定义 2.28，线性目标函数是决策变量加权和的表达式，一般形式如下：

$$\min \text{ 或 } \max f(\mathbf{x}) \equiv \sum_{j=1}^{n} c_j x_j = \mathbf{c} \cdot \mathbf{x}$$

其中，x 是 n 个决策变量组成的 n 维向量，$\mathbf{c}$ 是相应的 n 维向量目标函数系数。例如，线性目标：

$$\min \quad 3.5x_1 - 2x_2 + x_3$$

权重为 $c_1 = 3.5$，$c_2 = -2$，$c_3 = 1$。

在线性目标函数下判断某方向是否可行十分简单，根据原理 3.21 和原理 3.22，显然目标函数梯度为常数 $\nabla f = c$。

原理 3.26 对于最大化目标函数 $\mathbf{c} \cdot \mathbf{x}$，当且仅当 $\mathbf{c} \cdot \Delta \mathbf{x} > 0$ 时，方向 $\Delta \mathbf{x}$ 是改进方向；对于最小化目标函数，当且仅当 $\mathbf{c} \cdot \Delta \mathbf{x} < 0$ 时，方向 $\Delta \mathbf{x}$ 是改进方向。

在上述最小化实例中，根据原理 3.26，当且仅当

$$\mathbf{c} \cdot \Delta \mathbf{x} = 3.5\Delta \mathbf{x}_1 - 2\Delta \mathbf{x}_2 + \Delta \mathbf{x}_3 < 0$$

时，$\Delta\mathbf{x}$ 是改进方向。

在我们确定步长 λ，也就是 3A 搜索算法的第 3 步沿搜索方向前进多少时，再次体现了这种易处理性的便利。对于线性目标模型，改进方向对于所有可行解都是改进的。

3.4.2　约束条件和局部最优

目标函数并不是数学规划模型得到局部最优时唯一值得关注的部分。如图 3-12 所示，DClub 可行域中唯一的无约束局部最优出现在无约束全局最优点 $\mathbf{x}=(-1，3)$。

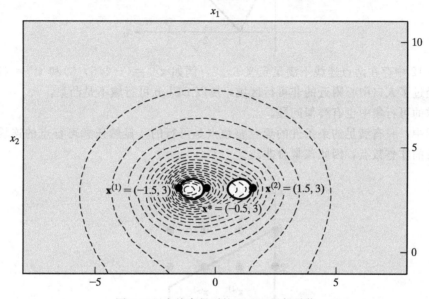

图 3-12　由约束得到的 DClub 局部最优

解 $\mathbf{x}^{(1)}=(-1.5，3)$ 和 $\mathbf{x}^{(2)}=(1.5，3)$ 说明了一种由约束条件得到的新的局部最优形式。它们都是在整体模型中由约束限制的局部最大，目标值低于全局最大解 $\mathbf{x}^{*}=(-0.5，3)$。而 $\mathbf{x}^{(1)}$ 处的改进方向 $\Delta\mathbf{x}=(\mathbf{x}^{*}-\mathbf{x}^{(1)})$ 和 $\mathbf{x}^{(2)}$ 处的改进方向 $\Delta\mathbf{x}=(\mathbf{x}^{*}-\mathbf{x}^{(2)})$ 都直接指向全局最优解，因此重点不在于目标函数的形状，而在于约束条件。$\mathbf{x}^{(1)}$ 和 $\mathbf{x}^{(2)}$ 邻域中不存在改进目标值同时满足所有约束条件的解，所以 $\mathbf{x}^{(1)}=(-1.5，3)$ 和 $\mathbf{x}^{(2)}=(1.5，3)$ 均是局部最优解。

3.4.3　凸集

在凸集中，上述问题能够得到有效避免。

定义 3.27　如果可行域内任意两点的连线都在可行域内，则称该可行域为**凸集**（convex）。

上述思想可由下图中的可行集加以说明。

因为任意两个可行点的连线都在可行域内，上述可行域是凸集。$\mathbf{x}^{(1)}$ 和 $\mathbf{x}^{(2)}$ 的连线如下图所示。

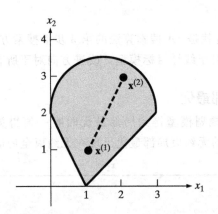

图 3-12 中存在两点连线不满足定义 3.27，例如 $\mathbf{x}^{(1)} = (-1.5，3)$ 和 $\mathbf{x}^{(2)} = (1.5，3)$ 的连线经过了人口中心附近的非可行区域，所以 DClub 可行域不是凸集。

离散的可行集中也有类似问题。

下图中，只有满足约束条件的黑色整数点是可行的。显然任意可行点的连线都会经过非可行的非整数点，因此该集合非凸。

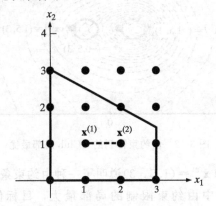

原理 3.28 离散的可行集总是非凸集(只有一个可行点的情况除外)。

例 3-14 作图说明非凸性

作图说明以下可行域是非凸集。

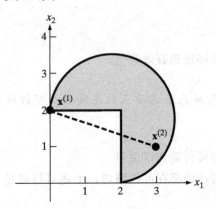

解：为了说明该集合不满足定义 3.27，我们必须找出连线在可行域外的两个可行点。显然，$\mathbf{x}^{(1)}=(0，2)$ 和 $\mathbf{x}^{(2)}=(3，1)$ 的连线经过了非可行点。

3.4.4 连线的代数表示

三维或三维以上空间中连线的含义是什么呢？这里我们提出了一个便于理解的代数表示。方向 $(\mathbf{x}^{(2)}-\mathbf{x}^{(1)})$ 是从 $\mathbf{x}^{(1)}$ 到 $\mathbf{x}^{(2)}$ 的直线移动，$\mathbf{x}^{(1)}$ 沿该方向前进一小段距离所得到的点恰好组成了两点之间的连线。

定义 3.29 向量解 $\mathbf{x}^{(1)}$ 和 $\mathbf{x}^{(2)}$ 之间的连线由 $\mathbf{x}^{(1)}+\lambda(\mathbf{x}^{(2)}-\mathbf{x}^{(1)})$，$(0\leqslant\lambda\leqslant1)$ 上的所有点组成。

假设 $\mathbf{x}^{(1)}=(1，5，0)$ 和 $\mathbf{x}^{(2)}=(0，1，2)$ 都可行，它们的连线两端分别是 $\mathbf{x}^{(1)}(\lambda=0)$ 和 $\mathbf{x}^{(2)}(\lambda=1)$，连线之间包括由 $0<\lambda<1$ 组成的所有点。当 $\lambda=0.25$ 时，有：

$$\mathbf{x}^{(1)}+0.25(\mathbf{x}^{(2)}-\mathbf{x}^{(1)})=\begin{bmatrix}1\\5\\0\end{bmatrix}+0.25\left(\begin{bmatrix}0\\1\\2\end{bmatrix}-\begin{bmatrix}1\\5\\0\end{bmatrix}\right)=\begin{bmatrix}0.75\\4\\0.5\end{bmatrix}$$

显然，如果可行集是凸集，那么 $(0.75，4，0.5)$ 和连线上其他点都应该满足所有约束条件。

例 3-15 连线的代数表示

回到例 3-14 中 $\mathbf{x}^{(1)}=(0，2)$ 和 $\mathbf{x}^{(2)}=(3，1)$ 两点的连线。

(a) 写出该连线的代数表示。

(b) 用代数方法证明连线上存在一点 $\mathbf{x}=\left(1，\dfrac{5}{3}\right)$。

解：

(a) 根据定义 3.29，连线向量可以表示为：

$$x^{(1)}+\lambda(x^{(2)}-x^{(1)})=\begin{bmatrix}0\\2\end{bmatrix}+\lambda\left(\begin{bmatrix}3\\1\end{bmatrix}-\begin{bmatrix}0\\2\end{bmatrix}\right)=\begin{bmatrix}3\lambda\\2-\lambda\end{bmatrix}$$

其中，$0\leqslant\lambda\leqslant1$。

(b) 为了表示 $\left(1，\dfrac{5}{3}\right)$，我们要选择一个合适的 λ，根据第一个分量 $3\lambda=1$，有 $\lambda=\dfrac{1}{3}$，即：

$$(3\lambda，2-\lambda)=\left(3\left(\frac{1}{3}\right)，2-\left(\frac{1}{3}\right)\right)=\left(1，\frac{5}{3}\right)$$

例 3-16 代数方法判断非凸性

用代数方法说明下列约束构成的可行域是非凸集。

$$(w_1)^2+(w_2)^2\geqslant1$$

解：我们首先必须找出一对连线经过单位圆内的非可行区域的可行点，即 $\mathbf{w}^{(1)}=(-1，0)$ 和 $\mathbf{w}^{(2)}=(1，0)$。根据定义 3.29，这两点之间的连线表达式为：

$$\mathbf{w}^1 + \lambda(\mathbf{w}^{(2)} - \mathbf{w}^{(1)}) = \begin{bmatrix} -1 \\ 0 \end{bmatrix} + \lambda\left[\begin{bmatrix} 1 \\ 0 \end{bmatrix} - \begin{bmatrix} 1 \\ 0 \end{bmatrix}\right] = \begin{bmatrix} -1 + 2\lambda \\ 0 \end{bmatrix}$$

其中，$0 \leqslant \lambda \leqslant 1$。当 $\lambda = \dfrac{1}{2}$ 时，根据表达式得到 $\mathbf{w} = (0, 0)$，显然该点在非可行域单位圆内。

3.4.5 凸集的易处理性

根据前文分析我们知道，如果可行集是凸集，那么始终存在由可行解 $\mathbf{x}^{(1)}$ 指向 $\mathbf{x}^{(2)}$ 的可行方向 $\Delta\mathbf{x} = (\mathbf{x}^{(2)} - \mathbf{x}^{(1)})$。

原理 3.30 若优化模型的可行集是凸集，那么对任意可行解始终存在指向另一解的可行方向。

这意味着只要存在更优的可行解，可行性不会阻碍局部最优解发展为全局最优解。

3.4.6 凸集和线性目标的全局最优性

凸集和线性目标两者的易处理性相结合可以避免 3A 算法在一个局部最优处停止，而无法达到全局最优。

原理 3.31 对于一个具有线性目标和凸可行集的优化模型，若 3A 搜索算法在一个可行解 $\mathbf{x}^*$ 处停止，且不存在可行改进方向，则 $\mathbf{x}^*$ 是全局最优解。也就是说，对于具有线性目标和凸集的模型，局部最优解就是全局最优解。

假设存在一个优于 $\mathbf{x}^*$ 的可行解 $\mathbf{x}'$，根据原理 3.30，$\mathbf{x}^*$ 处存在可行方向 $\Delta\mathbf{x} = (\mathbf{x}' - \mathbf{x}^*)$。倘若该问题是一个最小化模型，有 $\mathbf{c}\mathbf{x}' < \mathbf{c}\mathbf{x}^*$，意味着 $\mathbf{c}(\mathbf{x}' - \mathbf{x}^*) = \mathbf{c}\Delta\mathbf{x} < 0$，因此 $\Delta\mathbf{x}$ 是 $\mathbf{x}^*$ 处的可行改进方向，3A 算法继续迭代。

例 3-17 证明对于具有线性目标和凸集的模型，局部最优解就是全局最优解
考虑一个目标函数为 $2x_1 + x_2$ 的最大化问题，约束条件是 $(x_1)^2 + (x_2)^2 \leqslant 1$。
（a）说明上述问题满足原理 3.31 中的假设。
（b）作图说明该问题的局部最优是全局最优。
解：
（a）根据右图，显然单位圆构成的可行域是凸集。此外，目标函数是决策变量的加权和，因此是线性的。

（b）右图画出了 $\mathbf{x}^* \approx (0.89, 0.45)$ 处目标函数的等值面，显然该点处任意一个改进方向都是不可行的，该点是局部最优解。同时，观察右图可以发现 $\mathbf{x}^*$ 也是全局最优解，与原理 3.31 中的结论相符。

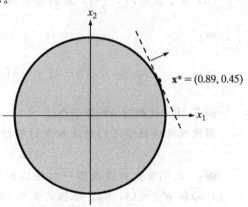

3.4.7　线性约束可行集的凸性

线性约束可以是(3-7)～(3-9)中任意一种形式。与线性目标函数类似，线性约束可行集，又称**多面体集**(polyhedral sets)，具有重要的易处理性。

原理 3.32　如果优化模型的所有约束都是线性的(包括主要约束和变量约束)，那么该模型的可行域是凸集。

为了详细说明这一点，在一个线性约束优化模型中选择两个解 $\mathbf{x}^{(1)}$ 和 $\mathbf{x}^{(2)}$，对于模型的 $\geqslant$ 约束，有：

$$\sum_{j=1}^{n} a_j x_j^{(1)} \geqslant b \quad \sum_{j=1}^{n} a_j x_j^{(2)} \geqslant b \tag{3-15}$$

对于 $\mathbf{x}^{(1)}$ 和 $\mathbf{x}^{(2)}$ 连线上的点，根据定义 3.29，已知它们由 $\lambda(0<\lambda<1)$ 确定。选定任意 λ，将 $1-\lambda$ 乘以(3-15)中的第一个不等式加上 λ 乘以第二个不等式，得到：

$$(1-\lambda) \sum_{j=1}^{n} a_j x_j^{(1)} + \lambda \sum_{j=1}^{n} a_j x_j^{(2)} \geqslant (1-\lambda)b + \lambda b = b$$

展开上式，有：

$$\sum_{j=1}^{n} a_j x_j^{(1)} - \lambda \sum_{j=1}^{n} a_j x_j^{(1)} + \lambda \sum_{j=1}^{n} a_j x_j^{(2)} \geqslant b$$

$$\sum_{j=1}^{n} a_j [x_j^{(1)} + \lambda(x_j^{(2)} - x_j^{(1)})] \geqslant b$$

第二个不等式说明 $\mathbf{x}^{(1)} + \lambda(\mathbf{x}^{(2)} - \mathbf{x}^{(1)})$ 满足 $\geqslant$ 约束。其他约束条件可做相同变换，因此，我们可以认为 $\mathbf{x}^{(1)}$ 和 $\mathbf{x}^{(2)}$ 连线上的所有点都是可行的，也就是说该可行集是凸集。

例 3-18　说明线性约束集都是凸集

证明满足以下约束的可行集是凸集：

$$19w_1 + 3w_2 - w_3 \leqslant 14$$
$$w_1 \geqslant 0$$

解：　任意选择满足以上约束的两点 $\mathbf{w}^{(1)}$ 和 $\mathbf{w}^{(2)}$，有：

$$19w_1^{(1)} + 3w_2^{(1)} - w_3^{(1)} \leqslant 14 \quad w_1^{(1)} \geqslant 0$$
$$19w_1^{(2)} + 3w_2^{(2)} - w_3^{(2)} \leqslant 14 \quad w_1^{(2)} \geqslant 0$$

接下来需要证明 $\mathbf{w}^{(1)}$ 和 $\mathbf{w}^{(2)}$ 连线上任意一点都满足约束条件，根据定义 3.29，连线上每一点对应一个 λ，且 $0<\lambda<1$。

给定 λ，将 $1-\lambda$ 乘以 $\mathbf{w}^{(1)}$ 对应的约束加上 λ 乘以 $\mathbf{w}^{(2)}$ 对应的约束，得到：

$$(1-\lambda)(19w_1^{(1)} + 3w_2^{(1)} - w_3^{(1)}) + \lambda(19w_1^{(2)} + 3w_2^{(2)} - w_3^{(2)})$$
$$\leqslant 14(1-\lambda) + 14\lambda$$

对等式左边进行组合变换，有：

$$19[w_1^{(1)} + \lambda(w_1^{(2)} - w_1^{(1)})] + 3[w_2^{(1)} + \lambda(w_2^{(2)} - w_2^{(1)})]$$
$$- [w_3^{(1)} + \lambda(w_3^{(2)} - w_3^{(1)})] \leqslant 14$$

显然，连线上的点满足约束。

对于非负约束，同样有：

$$(1-\lambda)w_1^{(1)} + \lambda(w_1^{(2)}) \geqslant 0(1-\lambda) + 0\lambda$$

$$w_1^{(1)} + \lambda(w_1^{(2)} - w_1^{(1)}) \geqslant 0$$

连线上的点满足非负约束。

3.4.8 线性规划搜索算法的全局最优性

回顾定义 2.29，线性规划（简称 LP）是目标函数和约束条件都是线性函数，同时具有连续决策变量的优化问题。现在我们综合原理 3.31 和原理 3.32 说明，为什么具有线性目标函数和线性约束的情景是最容易解决的数学规划问题。

原理 3.33 如果线性规划具有全局最优解，那么 3A 搜索算法只可能在该点处停止。也就是说，线性规划的局部最优解就是全局最优解。

3.4.9 线性规划的阻碍约束

根据原理 3.26，我们已知线性目标函数情景下，改进方向在任意可行点都可以改进目标值，也就是说，它不会成为线性规划中 3A 算法寻找可行改进方向的限制因素。同样，根据原理 3.25，由起作用线性约束得到的简化可行方向条件保证了搜索方向满足所有的约束条件。我们对于线性规划易处理性的最后一个话题是关于步长的可行性限制，也就是**阻碍约束**（blocking constraint），该约束是不起作用的约束。

例 3-19 证明线性约束可行集的阻碍约束一定是无效的，但是在普通凸集中不一定

考虑如下的两个可行集：例 3-17 中的单位圆 $\{x_1, x_2: (x_1)^2 + (x_2)^2 \leqslant 1\}$ 和线性规划 $\{x_1, x_2 \geqslant 0: x_1 + x_2 \leqslant 1\}$，见下图。两个模型都有当前解 $\mathbf{x}^{(t)} = (1, 0)$，搜索方向为 $\Delta\mathbf{x} = (-2, 1)$。

（a）分别找出两个模型中的起作用约束。

（b）说明线性规划中阻碍约束在当前解 $\mathbf{x}^{(t)}$ 处一定不起作用，但是该命题在非线性凸集问题中不一定成立。

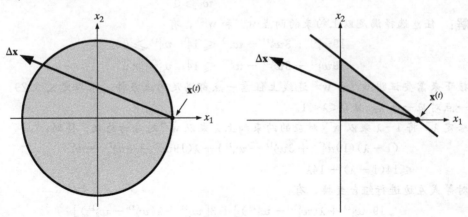

解：

（a）在第一个非线性模型中，$(x_1)^2 + (x_2)^2 \leqslant 1$ 是起作用约束；在第二个线性模型

中，$x_2 \geqslant 0$ 和 $x_1 + x_2 \leqslant 1$ 是起作用约束。

（b）在第一个非线性模型中，到达最大可行点后，搜索与 $\mathbf{x}^{(t)}$ 受限于相同的约束条件；然而在第二个线性规划问题中，沿搜索方向前进任意步长后，原来的起作用约束都不再有效，只有之前的无效约束 $x_1 \geqslant 0$ 限制搜索。

3.5 寻找初始可行解

到目前为止，我们已经讨论了搜索算法是如何从一个可行解转移到另一个更好的可行解的。那么，第一个初始可行解是怎样产生的？一些复杂的优化问题有着成千上万的约束和变量，往往没有明显可行的解决方案。因此，分析的首要任务是确定是否存在可行解。在本节中，我们将介绍两种人工变量法来寻找初始解，即**两阶段法**（two-phase）和**大 M 法**（big-M）。

3.5.1 两阶段法

搜索算法可以适用于初始可行解未知的情景，此时首先利用搜索算法寻找该解。更精确地说，可以将优化过程划分为两阶段。**第一阶段**处理的是一个更易满足约束条件的人工问题。从这个人工问题的可行解出发，寻找其中最少违反原问题约束条件的可行解。若存在不违反任何约束的可行解，则得到一个完整的原问题可行解。**第二阶段**在该可行解的基础上进行常规的搜索过程寻找最优解。若第一阶段（全局）最优值非零，即不能消除违反约束，那么原问题无可行解。3B 算法就是一种两阶段法。

▶ **3B 算法：两阶段搜索算法**

第 0 步：人工问题。选择一个原问题的解，通过在未满足的约束条件中加入（或减去）非负人工变量构建第一阶段的人工问题。

第 1 步：第一阶段。给人工变量赋值，得到一个人工问题的初始可行解。从该可行解开始执行搜索算法，目标是最小化人工变量之和。

第 2 步：不可行性分析。若第一阶段中人工变量的和等于 0，继续第 3 步，原问题可行；若人工变量的和大于 0，则原问题无可行解，停止算法；否则回到第 1 步，从另一个初始可行解开始执行算法。

第 3 步：第二阶段。删去第一阶段最优解中的人工变量，得到原问题的初始可行解。从该可行解开始，利用常规搜索过程寻找满足原问题约束条件的最优解。

3.5.2 再次审视双原油模型

图 3-11 的双原油模型提供了一个常见的例子：

$$
\begin{aligned}
\min \quad & 100x_1 + 75x_2 \\
\text{s. t.} \quad & 0.3x_1 + 0.4x_2 && \geqslant 2 \\
& 0.4x_1 + 0.2x_2 && \geqslant 1.5 \\
& 0.2x_1 + 0.3x_2 && \geqslant 0.5 \\
& 0 \leqslant x_1 \leqslant 9, 0 \leqslant x_2 \leqslant 6
\end{aligned}
$$

这个例子中，很容易通过作图或者试错法找到一个初始可行解。但在这里我们利用标准的 3B 算法解决该问题，具体说明两阶段法。

首先对原问题的变量任意赋值，不考虑可行与否。通常在这里我们赋 0 值。$x_1 = x_2 = 0$ 满足以下两个变量约束：

$$0 \leqslant x_1 \leqslant 9, 0 \leqslant x_2 \leqslant 6$$

但是违反了其他 3 个约束条件。

3.5.3 人工变量

我们通过引入人工变量解决任意初始解带来的非可行问题。

原理 3.34 第一阶段模型的约束条件来自原模型，并且与初始解有关。初始解满足的约束是第一阶段模型约束，而初始解不满足的约束加上（或减去）非负人工变量，实现了人工可行后也是第一阶段模型的约束条件。

在 $x_1 = x_2 = 0$ 不满足的 3 个约束条件中添加人工变量 x_3，x_4 和 x_5，得到第一阶段的约束条件：

$$0.3x_1 + 0.4x_2 + x_3 \geqslant 2$$
$$0.4x_1 + 0.2x_2 + x_4 \geqslant 1.5$$
$$0.2x_1 + 0.3x_2 + x_5 \geqslant 0.5$$
$$0 \leqslant x_1 \leqslant 9, 0 \leqslant x_2 \leqslant 6$$
$$x_3, x_4, x_5 \geqslant 0$$

注意，在每个约束条件中引入不同的人工变量。

本问题中，在 $x_1 = x_2 = 0$ 处，原约束条件左边加上非负人工变量后满足 $\geqslant$ 约束。有时也需要减去非负的人工变量。若原问题包含约束：

$$x_1 - x_2 = -10$$

则在第一阶段中需要引入人工变量 x_6，

$$x_1 - x_2 - x_6 = -10$$

对于 $x_1 = x_2 = 0$，$x_6 = 10$，该约束可行。如果加上 x_6，则要求 x_6 是小于零的，违反了人工变量的非负性。

3.5.4 第一阶段模型

人工变量为构建第一阶段约束条件提供了方法，与此同时我们的目标是消除所有的不可行性，即找到一个使所有人工变量均为 0 的可行解。由此给出第一阶段的目标函数。

原理 3.35 第一阶段的目标函数是最小化人工变量之和。

由于人工变量是非负的，因此最小化人工变量之和也就是最小化其中每一个变量。

双原油模型的第一阶段模型如下：

$$\begin{aligned}
\min \quad & x_3 + x_4 + x_5 \\
\text{s. t.} \quad & 0.3x_1 + 0.4x_2 + x_3 \qquad\qquad \geqslant 2 \\
& 0.4x_1 + 0.2x_2 \qquad + x_4 \qquad \geqslant 1.5 \\
& 0.2x_1 + 0.3x_2 \qquad\qquad + x_5 \geqslant 0.5 \\
& 0 \leqslant x_1 \leqslant 9, 0 \leqslant x_2 \leqslant 6 \\
& x_3, x_4, x_5 \qquad\qquad\qquad\quad \geqslant 0
\end{aligned} \tag{3-16}$$

例 3-20　构建第一阶段模型

考虑以下优化模型：

$$\begin{aligned}
\max \quad & 14(w_1 - 10)^2 + (w_2 - 3)^2 + (w_3 + 5)^2 \\
\text{s. t.} \quad & 12w_1 \qquad\quad + w_3 \geqslant 19 \tag{3-17} \\
& 4w_1 + w_2 - 7w_3 \leqslant 10 \tag{3-18} \\
& -w_1 + w_2 - 6w_3 = -8 \tag{3-19} \\
& w_1, w_2, w_3 \qquad\quad \geqslant 0 \tag{3-20}
\end{aligned}$$

构建第一阶段模型，初始解为 $w_1 = w_2 = w_3 = 0$。

解： 初始解 $w_1 = w_2 = w_3 = 0$ 满足约束(3-18)和非负约束(3-20)。根据原理 3.39，需要在约束(3-17)和(3-19)中分别加上和减去非负人工变量 w_4 和 w_5。

根据原理 3.35 最小化人工变量之和，得到第一阶段模型：

$$\begin{aligned}
\min \quad & w_4 + w_5 \\
\text{s. t.} \quad & 12w_1 \qquad\quad + w_3 + w_4 \qquad\qquad \geqslant 19 \\
& 4w_1 + w_2 - 7w_3 \qquad\qquad\qquad \leqslant 10 \\
& -w_1 + w_2 - 6w_3 \qquad\quad -w_5 = -8 \\
& w_1, w_2, w_3, w_4, w_5 \qquad\qquad\qquad \geqslant 0
\end{aligned}$$

3.5.5　从人工初始解开始

根据前文介绍，每一个未满足的约束中使用独立的人工变量，因此很容易找到第一阶段搜索的初始可行解。

原理 3.36　在原问题变量任意赋值以后，将每一个人工变量初始化为满足对应约束的最小值。

例如，在双原油模型(3-16)中，已知第一阶段的初始可行解 $\mathbf{x}^{(0)}$ 中，$x_1^{(0)} = x_2^{(0)} = 0$，在第一个主要约束中有：

$$0.3(0) + 0.4(0) + x_3 \geqslant 2$$

为满足该约束，选择 $x_3^{(0)} = 2$。同样，

$$0.4(0) + 0.2(0) + x_4 \geqslant 1.5$$

要求 $x_4^{(0)} = 1.5$，

$$0.2(0) + 0.3(0) + x_5 \geqslant 0.5$$

要求 $x_5^{(0)} = 0.5$。由此得到第一阶段的一个初始可行解 $\mathbf{x}^{(0)} = (0, 0, 2, 1.5, 0.5)$。

例 3-21　构建第一阶段的初始可行解

回到例 3-20 中的人工问题，当 $w_1 = w_2 = w_3 = 0$ 时，构建第一阶段的一个初始可行解。

解： 令 $w_1^{(0)} = w_2^{(0)} = w_3^{(0)} = 0$，为满足两个主要约束，有 $w_4^{(0)} = 19$，$w_5^{(0)} = 8$，初始可行解为 $\mathbf{w}^{(0)} = (0, 0, 0, 19, 8)$。

3.5.6　第一阶段结果

第一阶段的搜索过程何时停止？显然，它不会在一个负的目标值处停止。人工变量非负，那么人工变量之和显然非负。因此，第一阶段模型必然是一个有界问题，目标值不可能小于零。

第一阶段搜索结果存在三种可能。

原理 3.37　若第一阶段搜索在目标值为 0 处停止，则当前解中的原问题变量构成了原问题的一个可行解。

原理 3.38　若第一阶段搜索在全局最小处停止，且目标值大于 0，那么原问题无可行解。

原理 3.39　若第一阶段搜索在局部最小处停止，且目标值大于 0，那么无法判定。由一个新的初始解重新开始第一阶段。

从最理想的情景——原理 3.37 开始分析，此时第一阶段能够得到一组使人工变量之和为 0 的解。在双原油模型中，搜索算法经过两轮迭代可以得到第一阶段解 $\mathbf{x}^{(2)} = (4, 4, 0, 0, 0)$，对应的目标函数值为：

$$x_3^{(2)} + x_4^{(2)} + x_5^{(2)} = 0 + 0 + 0 = 0$$

使非负数之和为零的唯一方法是其中每一个数都为零。因此，在第一阶段最后的解中，每一个人工变量都等于零。此时人工变量不再对约束产生影响，也意味着非人工变量满足相应的约束条件。我们可以简单地舍去人工变量，开始第二阶段。

第二阶段的初始可行解由第一阶段的原问题变量组成。在双原油模型中，根据 $\mathbf{x}^{(2)} = (4, 4, 0, 0, 0)$，非人工变量 $x_1^{(2)} = x_2^{(2)} = 4$，所以第二阶段的初始可行解为 $\mathbf{x}^{(0)} = (4, 4)$。

例 3-22　证明第一阶段最优解在原问题中的可行性

证明 $w_1 = 2$，$w_2 = 0$，$w_3 = 1$ 是例 3-20 中原问题的可行解，为第一阶段构建一个相对应的最优解，并说明该解为什么是最优的。

解： $w_1 = 2$，$w_2 = 0$，$w_3 = 1$ 中三个变量均非负，且满足约束：

$$12 \times 2 + 1 = 25 \geqslant 19$$
$$4 \times 2 + 0 - 7 \times 1 = 1 \leqslant 10$$
$$-2 + 0 - 6 \times 1 = -8$$

因此，$w_1 = 2$，$w_2 = 0$，$w_3 = 1$ 是原问题的可行解。为了在第一阶段中构建一个相应的最优解，引入人工变量 $w_4=0$，$w_5=0$。显然，$\mathbf{w}=(2,0,1,0,0)$ 可行，同时 $w_4=0$，$w_5=0$ 使得人工变量之和为零，因此 $\mathbf{w}$ 是第一阶段的最优解。

3.5.7 由第一阶段得到原模型无可行解

现在考虑情景 3.38 和 3.39，第一阶段在目标值为正的点停止迭代。第一阶段搜索算法的最终结果可能会近似局部最优（原理 3.37），但不一定是全局最优。

如果能够确定第一阶段的解是全局最优解，我们可以得到明确的结论。根据原理 3.38，此时人工变量都为正，人工变量之和自然也为正值，原模型无可行解。

为了具体说明这一情景，我们对双原油模型稍做修改，使之无可行解。改变第一阶段模型最后一个主要约束的不等号方向，即：

$$0.2x_1 + 0.3x_2 + x_5 \leqslant 0.5 \tag{3-21}$$

修改后，搜索算法在 $\mathbf{x}^{(t)}=(2.5,0,1.25,0.5,0)$ 处停止迭代，目标值为 $1.25+0.5+0=1.75>0$。已知上述第一阶段模型的目标函数和约束条件都是线性的，根据 3.4 节原理 3.32，该模型的局部最优就是全局最优。此外，修改后的第一阶段模型不存在人工变量之和小于 1.75 的可行解，即人工变量不能被舍去。根据原理 3.38 可知，修改后的模型无可行解。

例 3-23 第一阶段模型求解

考虑一个决策变量为 z_1，z_2 和 z_3 的线性约束优化模型，在第一阶段加入了非负人工变量 z_4，z_5 和 z_6。对于以下原模型目标函数和第一阶段的搜索结果，请说明我们可以得到什么结论，并且 3B 算法该如何继续。

(a) 原问题目标函数：$\max 14z_1 - z_3$；第一阶段局部最优：$\mathbf{z}=(1,-1,3,0,0,0)$。

(b) 原问题目标函数：$\min (z_1z_2)^2 - \sin(z_3)$；第一阶段局部最优：$\mathbf{z}=(1,2,-3,0,1,1)$。

解：

(a) 第一阶段的局部最优解中，三个人工变量都等于 0，因此根据原理 3.37，$\mathbf{z}^{(0)}=(1,-1,3)$ 是原问题的一个可行解。接下来 3B 算法应以 $\mathbf{z}^{(0)}$ 为初始解，并展开第二阶段的搜索。

(b) 由于第一阶段模型具有线性目标和线性约束条件，尽管目标函数具有高度的非单峰性质，但根据原理 3.37，$\mathbf{z}$ 也是全局最优点。此外根据原理 3.38，因为人工变量和 $z_4+z_5+z_6=0+1+1=2>0$，原模型无可行解。

3.5.8 大 M 法

上述提出的两阶段 3B 算法分开处理可行性和最优性：在第一阶段检验可行性，在第二阶段达到最优结果。而大 M 法则在一个单一的搜索中实现了上述两个阶段的活动。同样，大 M 法首先在约束中引入人工变量，不同的是后续使人工变量和等于零以及寻找原模型最优解将在一次搜索中完成。

综合考虑可行性和最优性的关键是一个复合目标函数。

定义 3.40　为了在单一目标函数中综合考虑可行性和最优性，**大 M 法引入了人工变量系数** M（M 为任意大的正数），对于最大化问题有：

$$\max(原目标) - M(人工变量和)$$

对于最小化问题有：

$$\min(原目标) + M(人工变量和)$$

系数 M 的作用是惩罚因子，大 M 法也由此命名。当目标函数要实现最大化（或最小化）时，人工变量必须等于 0，否则目标函数不可能达到最大值（或最小值），这样也就保证了当人工变量和不等于 0 时，原问题是无可行解的。

再次用双原油模型加以说明。运用大 M 法求解该问题有如下形式：

$$
\begin{aligned}
\min \quad & 100x_1 + 75x_2 + M(x_3 + x_4 + x_5) \\
\text{s. t.} \quad & 0.3x_1 + 0.4x_2 + x_3 && \geqslant 2 \\
& 0.4x_1 + 0.2x_2 \quad\;\; + x_4 && \geqslant 1.5 \\
& 0.2x_1 + 0.3x_2 \qquad\quad + x_5 && \geqslant 0.5 \\
& 0 \leqslant x_1 \leqslant 9, 0 \leqslant x_2 \leqslant 6 \\
& x_3, x_4, x_5 && \geqslant 0
\end{aligned}
\tag{3-22}
$$

注意，上述模型的约束条件和第一阶段模型(3-16)相同。说明原理 3.36 中的 $\mathbf{x}^{(0)} = (0，0，2，1.5，0.5)$ 也是这里的一个初始解。

目标函数与第一阶段不同，在 $100x_1 + 75x_2$ 之外还引入了乘以惩罚因子大 M 的人工变量和 $x_3 + x_4 + x_5$。

取 $M = 10\,000$，对(3-22)模型搜索可以得到原问题的最优解。任何人工变量取值大于 0 的解都不可能使目标函数最小化，因此不是原问题的最优解。人工变量等于 0 时，即在原问题的可行解中，原目标值最小的解是最优解。

例 3-24　构建大 M 模型

回到例 3-20 中的优化问题，构建相应的大 M 模型。

解：约束条件和人工变量和例 3-21 中完全相同，根据定义 3.40，最大化问题需减去人工变量和，有：

$$
\begin{aligned}
\max \quad & 14(w_1 - 10)^2 + (w_2 - 3)^2 + (w_3 + 5)^2 - M(w_4 + w_5) \\
\text{s. t.} \quad & 12w_1 \qquad\quad + w_3 + w_4 && \geqslant 19 \\
& 4w_1 + w_2 - 7w_3 && \leqslant 10 \\
& -w_1 + w_2 - 6w_3 \qquad\quad - w_5 && = -8 \\
& w_1, w_2, w_3, w_4, w_5 \geqslant 0
\end{aligned}
$$

3.5.9　大 M 法的搜索结果

大 M 法可能的搜索结果与两阶段法类似，详见原理 3.37～3.39。当大 M 法停止迭代时，可能会出现以下三种结果：原问题有最优解，原问题无可行解或无法判定。

首先考虑最优的情形。

原理 3.41 若大 M 搜索在一个局部最优解处停止迭代，且所有人工变量都等于 0，那么当前解的原问题变量构成了原问题的一个局部最优解。

例如，取 $M = 10\,000$，模型 (3-22) 中大 M 搜索得到全局最优解 $\mathbf{x} = (2, 3.5, 0, 0, 0)$。其中 $x_1 = 2$ 和 $x_2 = 3.5$ 构成了原问题的最优解。

当大 M 搜索在人工变量为正值时停止迭代，问题就变得更为复杂了。

原理 3.42 若大 M 搜索 (M 足够大) 在全局最优解处停止迭代，且存在部分人工变量大于 0，那么原问题无可行解。

原理 3.43 若大 M 搜索在一个存在部分人工变量大于 0 的局部最优解处停止迭代，或者 M 不够大，那么无法进行判定，应选择一个新的初始解或足够大的系数 M 重新进行迭代。

与两阶段法的结果 3.38 和 3.39 类似，当大 M 搜索在人工变量大于 0 时停止搜索，我们无法得出结论，除非我们能够肯定该点是全局最优解。当该点是局部最优时，当前解中的原问题变量有可能构成了原问题的一个可行解。

然而，注意到 3.42 和 3.43 中，我们在使用大 M 法时遇到了一个新问题。当 M 取值不够大时，人工变量也有可能在最优点处大于 0。例如，如果在 (3-22) 模型中取 $M = 1$，产生最优解 $\mathbf{x} = (0, 0, 2, 1.5, 0.5)$，惩罚数：

$$M(x_3 + x_4 + x_5) = 1 \times (2.0 + 1.5 + 0.5)$$

不足够大。只有当 M 足够大 (取决于具体模型) 时，大 M 法最优点处人工变量大于 0 才意味着原模型无可行解。

例 3-25 大 M 法求解

考虑利用大 M 法求解决策变量为 z_1，z_2 和 z_3 的线性约束优化模型，加入了非负人工变量 z_4，z_5 和 z_6，惩罚因子 $M = 1\,000$。对于以下原模型目标函数和大 M 搜索结果，请说明我们可以得到什么结论。

(a) 原问题目标函数：$\max 14z_1 - z_3$；大 M 法局部最优：$\mathbf{z} = (1, -1, 3, 0, 0, 0)$。

(b) 原问题目标函数：$\max z_2 + z_3$；大 M 法局部最优：$\mathbf{z} = (0, 0, 0, 1, 0, 2)$。

(c) 原问题目标函数：$\min (z_1 z_2)^2 + \sin(z_3)$；大 M 法局部最优：$\mathbf{z} = (1, 1, 3, 0, 0, 0)$。

(d) 原问题目标函数：$\min (z_1 z_2)^2 + \sin(z_3)$；大 M 法局部最优：$\mathbf{z} = (1, 2, -3, 0, 1, 1)$。

解：

(a) 大 M 法局部最优解中，三个人工变量都等于 0，因此根据原理 3.41，$\mathbf{z} = (1, -1, 3)$ 是原问题的一个局部最大解。因为目标函数和约束都是线性的，所以该解也是全局最优解。

(b) 由于模型具有线性目标和线性约束条件，$\mathbf{z}$ 是全局最优点。但是根据原理 3.42，只有当 $M = 1\,000$ 对于原模型足够大时，我们才能得出原模型无可行解的结论。

(c) 大 M 法局部最优解中，三个人工变量都等于 0，因此根据原理 3.41，$\mathbf{z} = (1, 1,$

3)是原问题的一个局部最优解。但是由于目标函数具有高度的非单峰性质，无法判断该点是否是全局最优解。

（d）大 M 目标函数高度的非单峰性质使得无法判断给定 $\mathbf{z}$ 是否是全局最小。由于部分人工变量非零，根据原理 3.43，我们只能选择一个新的初始解或换一个足够大的 M 重新迭代。

练习题

3-1 观察下图，判断下列点在图示模型中是否可行，是否是局部或全局最优。虚线表示目标等值线，实线表示约束条件。

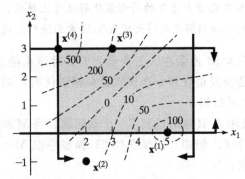

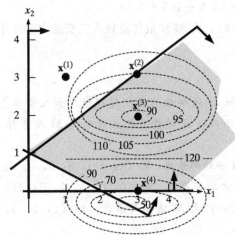

(a) 最大化问题；$\mathbf{x}^{(1)}=(5,0)$，$\mathbf{x}^{(2)}=(2,-1)$，$\mathbf{x}^{(3)}=(3,3)$，$\mathbf{x}^{(4)}=(1,3)$。

(b) 最小化问题；$\mathbf{x}^{(1)}=(1,3)$，$\mathbf{x}^{(2)}=(3,3)$，$\mathbf{x}^{(3)}=(3,2)$，$\mathbf{x}^{(4)}=(3,0)$。

3-2 根据下列方向和步长写出相应的搜索点，初始点为 $\mathbf{y}^{(0)}=(2,0,5)$。

(a) $\Delta\mathbf{y}^{(1)}=(3,-1,0)$，$\lambda_1=2$，

$\Delta\mathbf{y}^{(2)}=(-1,2,1)$，$\lambda_2=5$，

$\Delta\mathbf{y}^{(3)}=(0,6,0)$，$\lambda_3=\dfrac{1}{2}$。

(b) $\Delta\mathbf{y}^{(1)}=(1,3,-2)$，$\lambda_1=2$，

$\Delta\mathbf{y}^{(2)}=(1,0,2)$，$\lambda_2=\dfrac{1}{2}$，

$\Delta\mathbf{y}^{(3)}=(4,3,2)$，$\lambda_3=12$

3-3 根据下列搜索点写出对应的搜索方向，步长 $\lambda=1$。

(a) $\mathbf{w}^{(0)}=(0,1,1)$，$\mathbf{w}^{(1)}=(4,-1,7)$，$\mathbf{w}^{(2)}=(4,-3,19)$，$\mathbf{w}^{(3)}=(3,-3,22)$

(b) $\mathbf{w}^{(0)}=(4,0,7)$，$\mathbf{w}^{(1)}=(4,2,10)$，$\mathbf{w}^{(2)}=(-2,4,5)$，$\mathbf{w}^{(3)}=(5,5,5)$

3-4 结合练习题 3-1，判断下列方向是否是对应点的改进方向。

(a) $\Delta\mathbf{x}=(-3,3)$，练习题 3-1(a) 的 $\mathbf{x}^{(1)}$

(b) $\Delta\mathbf{x}=(0,1)$，练习题 3-1(a) 的 $\mathbf{x}^{(2)}$

(c) $\Delta\mathbf{x}=(-10,1)$，练习题 3-1(a) 的 $\mathbf{x}^{(3)}$

(d) $\Delta\mathbf{x}=(0,-3)$，练习题 3-2(b) 的 $\mathbf{x}^{(2)}$

(e) $\Delta\mathbf{x}=(2,2)$，练习题 3-2(b) 的 $\mathbf{x}^{(3)}$

(f) $\Delta\mathbf{x}=(-1,-10)$，练习题 3-2(b) 的 $\mathbf{x}^{(4)}$

3-5 结合练习题 3-2，判断下列方向在对应点是否可行。

(a) $\Delta\mathbf{x}=(-5,5)$，练习题 3-2(a) 的 $\mathbf{x}^{(1)}$

(b) $\Delta\mathbf{x}=(0,1)$，练习题 3-2(a) 的 $\mathbf{x}^{(3)}$

(c) $\Delta\mathbf{x}=(-10,0)$，练习题 3-2(a) 的 $\mathbf{x}^{(3)}$

(d) $\Delta\mathbf{x}=(-3,-2)$，练习题 3-2(b) 的 $\mathbf{x}^{(2)}$

(e) $\Delta\mathbf{x}=(2,5)$，练习题 3-2(b) 的 $\mathbf{x}^{(3)}$

(f) $\Delta\mathbf{x}=(-1,-10)$，练习题 3-2(b)的 $\mathbf{x}^{(4)}$

3-6 考虑带有以下约束的数学模型：
$$x_1-2x_2+3x_3\leqslant 25$$
$$x_1,x_2,x_3\geqslant 0$$
在以下指定点沿指定方向搜索，找出保持可行的最大步长(可能无穷大)。假设以下方向在每一点都能改进目标值，说明该步长是否能表明模型是无界的。

(a) $\Delta\mathbf{x}=(-1,3,-2)$，从 $\mathbf{x}=(4,0,6)$

(b) $\Delta\mathbf{x}=(-2,1,-1)$，$\mathbf{x}=(8,5,3)$

(c) $\Delta\mathbf{x}=(1,3,1)$，从 $\mathbf{x}=(0,0,4)$

(d) $\Delta\mathbf{x}=(2,7,4)$，$\mathbf{x}=(20,4,3)$

3-7 根据原理 3.21 和 3.22，判断以下搜索方向在对应点处是否可以改进，或是否需要其他信息来辅助判断。

(a) max $4y_1-2y_3+y_5$，$\mathbf{y}=(1,0,19,4,6)$，$\Delta\mathbf{y}=(2,-3,4,0,6)$

(b) max $y_1+7y_3+2y_5$，$\mathbf{y}=(1,0,9,0,0)$，$\Delta\mathbf{y}=(-10,-20,2,0,4)$

(c) min $y_1y_2+(y_1)^2+4y_2$，$\mathbf{y}=(3,-1)$，$\Delta\mathbf{y}=(-7,5)$

(d) min $y_1y_2+4y_1+(y_2)^2$，$\mathbf{y}=(2,1)$，$\Delta\mathbf{y}=(-1,3)$

(e) max $(y_1-5)^2+(y_2+1)^2$，$\mathbf{y}=(4,1)$，$\Delta\mathbf{y}=(-1,2)$

(f) min $(y_1-2)^2+y_1y_2+(y_2-3)^2$，$\mathbf{y}=(1,1)$，$\Delta\mathbf{y}=(3,-1)$

3-8 根据目标函数梯度构建指定点的改进方向。

(a) max $3w_1-2w_2+w_4$，$\mathbf{w}=(2,0,5,1)$

(b) min $-4w_2+5w_3-w_4$，$\mathbf{w}=(2,2,1,0)$

(c) min $(w_1+2)^2-w_1w_2$，$\mathbf{w}=(3,2)$

(d) max $-4w_1+9w_2+2(w_2)^2$，$\mathbf{w}=(11,2)$

3-9 判断以下哪些约束条件是给定解的起作用约束。
$$(z_1-2)^2+(z_2-1)^2\leqslant 25 \quad [\text{i}]$$
$$2z_1-z_2=8 \quad [\text{ii}]$$
$$z_1\geqslant 0 \quad [\text{iii}]$$
$$z_2\geqslant 0 \quad [\text{iv}]$$

(a) $\mathbf{z}=(4,0)$

(b) $\mathbf{z}=(6,4)$

3-10 给定线性约束条件，判断以下搜索方向在对应点处是否可行。
$$3y_1-2y_2+8y_3=14$$
$$6y_1-4y_2-1y_3\leqslant 11$$
$$y_1,y_2,y_3\geqslant 0$$

(a) $\Delta\mathbf{y}=(0,4,1)$，$\mathbf{y}=(2,0,1)$

(b) $\Delta\mathbf{y}=(0,-4,1)$，$\mathbf{y}=(2,0,1)$

(c) $\Delta\mathbf{y}=(2,0,1)$，$\mathbf{y}=(0,1,2)$

(d) $\Delta\mathbf{y}=(-2,1,1)$，$\mathbf{y}=(0,1,2)$

3-11 给定线性约束条件，写出以下可行方向在对应点需要满足的代数条件。

(a) $2w_1+3w_3=18$
$1w_1+1w_2+2w_3=14$
$w_1,w_2,w_3\geqslant 0$
$\mathbf{w}=(0,2,6)$

(b) 约束条件同(a)
$\mathbf{w}=(6,4,2)$

(c) $1w_1+1w_2=10$
$2w_1-1w_2\geqslant 8$
$1w_1-8w_2\leqslant 1$
$\mathbf{w}=(6,4)$

(d) 约束条件同(c)
$\mathbf{w}=(7,3)$

3-12 考虑以下线性规划，当前解为 $\mathbf{y}^{(1)} = (0, 3)$。

$$\min \quad -y_1 + 5y_2$$
$$\text{s. t.} \quad -y_1 + y_2 \leqslant 3$$
$$y_2 \geqslant 2$$
$$y_2 \geqslant y_1$$
$$y_1, y_2 \geqslant 0$$

- ☑(a) 写出 $\Delta\mathbf{y}$ 在 $\mathbf{y}^{(1)}$ 处改进需要满足的代数条件。
- ☑(b) 证明 $\Delta\mathbf{y}=(1, -1)$ 满足(a)条件。
- ☑(c) 写出 $\mathbf{y}^{(1)}$ 处的起作用约束。
- ☑(d) 列出 $\mathbf{y}^{(1)}$ 处的所有可行方向，并给出证明。
- ☑(e) 证明 $\Delta\mathbf{y}=(1, -1)$ 满足(d)条件，确定 $\mathbf{y}^{(1)}$ 沿该方向搜索的最大可行步长，并写出下一搜索点 $\mathbf{y}^{(2)}$。
- (f) 绘制二维图描述线性规划的可行域和目标等值线，然后说明 $\Delta\mathbf{y}=(1, -1)$ 在 $\mathbf{y}^{(1)}$ 处如何改进目标值，并描述沿 $\Delta\mathbf{y}$ 前进直到达到最大步长 λ 时出现起作用约束的整个过程。

3-13 对以下线性规划完成练习题 3-12(a)~(e)。

$$\min \quad 3x_1 - 13x_3$$
$$\text{s. t.} \quad 11x_1 + 3x_2 + 4x_3 = 69$$
$$x_1 + x_2 + x_3 \leqslant 16$$
$$x_1, x_2, x_3 \geqslant 0$$
$$\mathbf{x}^{(1)} = (3, 0, 9), \quad \Delta\mathbf{x} = (-1, 1, 2)$$

3-14 考虑以下规划模型：

$$\max \quad 4z_1 + 7z_2$$
$$\text{s. t.} \quad 2z_1 + z_2 \leqslant 9$$
$$0 \leqslant z_1 \leqslant 4$$
$$0 \leqslant z_2 \leqslant 3$$

- ☑(a) 证明方向 $\Delta\mathbf{z}^{(1)} = (2, 0)$ 和 $\mathbf{z}^{(2)} = (-2, 4)$ 在模型的任意一点 $\mathbf{z}$ 都是改进方向。
- ☑(b) 对上述模型执行 3A 算法，搜索方向是 $\Delta\mathbf{z}^{(1)} = (2, 0)$ 和 $\mathbf{z}^{(2)} = (-2, 4)$，从点 $\mathbf{z}^{(0)} = (0, 0)$ 开始迭代，直到不存在可行改进方向处停止。
- (c) 绘制二维图描绘模型的可行域和目标等值线，然后画出(b)中的搜索路径。

3-15 对以下线性规划完成练习题 3-14。

$$\min \quad z_1 + z_2$$
$$\text{s. t.} \quad 2z_1 + 2z_2 \geqslant 4$$
$$0 \leqslant z_1 \leqslant 6$$
$$0 \leqslant z_2 \leqslant 4$$

搜索方向：
$$\Delta\mathbf{z}^{(1)} = (0, -2)$$
$$\Delta\mathbf{z}^{(2)} = (-4, 2)$$
初始点 $\mathbf{z}^{(0)} = (6, 4)$

3-16 考虑下列解 $\mathbf{z}^{(1)}$，$\mathbf{z}^{(2)}$ 之间的连线。写出连线上的所有点的代数表达式，并证明 $\mathbf{z}^{(3)}$ 是连线上一点，$\mathbf{z}^{(4)}$ 不是。

- ☑(a) $\mathbf{z}^{(1)} = (3, 1, 0)$，$\mathbf{z}^{(2)} = (0, 4, 9)$，$\mathbf{z}^{(3)} = (2, 2, 3)$，$\mathbf{z} = (3, 5, 9)$
- (b) $\mathbf{z}^{(1)} = (6, 4, 4)$，$\mathbf{z}^{(2)} = (10, 0, 7)$，$\mathbf{z}^{(3)} = (9, 1, 25/4)$，$\mathbf{z}^{(4)} = (14, -4, 10)$

3-17 判断以下约束条件构成的可行域是否是凸集，若不是，给出可行域中不满足定义 3.27 的两点。

- ☑(a) $(x_1)^2 + (x_2)^2 \geqslant 9$
  $x_1 + x_2 \leqslant 10$
  $x_2, x_2 \geqslant 0$
- (b) $(x_1)^2/4 + (x_2)^2 \leqslant 25$
  $x_1 \leqslant 9$
  $x_1 + x_2 \geqslant 3$
  $x_1, x_2 \geqslant 0$
- ☑(c) $x_1 - 2x_2 + x_3 = 2$
  $x_1 + 8x_2 - x_3 \leqslant 16$
  $x_1 + 4x_2 - x_3 \geqslant 5$

$$x_1, \ x_2, \ x_3 \ \geqslant 0$$

(d) $\displaystyle\sum_{j=1}^{12} 3x_j \leqslant 50$

$$x_j \geqslant x_{j-1} \quad j=2, \ \cdots, \ 12$$
$$x_j \geqslant 0 \quad j=1, \ \cdots, \ 12$$

☑ (e) $x_1 + 2x_2 + 3x_3 + x_4 \leqslant 24$

$$0 \leqslant x_j \leqslant 10, \quad j=1, \ \cdots, \ 4$$
$$x_j \text{ 为整数}, \quad j=1, \ \cdots, \ 4$$

(f) $\displaystyle\sum_{j=1}^{50} x_j \leqslant 200$

$$x_j \leqslant x_1 \quad j=2, \ \cdots, \ 100$$
$$x_j \geqslant 0 \quad j=1, \ \cdots, \ 100$$
$$x_1 = 0 \ \text{或} \ 1$$

3-18 构建第一阶段模型，并给人工变量赋初值。假设所有的原问题决策变量 $w_j = 0$。

☑ (a) max $22w_1 - w_2 + 15w_3$

    s. t. $40w_1 + 30w_2 + 10w_3 = 150$

$$w_1 - w_2 \qquad\qquad \leqslant 0$$
$$4w_2 + w_3 \qquad \geqslant 0$$
$$w_1, \ w_2, \ w_3 \qquad \geqslant 0$$

(b) min $-w_1 + 5w_2$

    s. t. $-w_1 + w_2 \leqslant 3$

$$w_2 \qquad\qquad \geqslant w_1 + 1$$
$$w_2 \qquad\qquad \geqslant w_1$$
$$w_1, \ w_2 \qquad \geqslant 0$$

☑ (c) min $2w_1 + 3w_2$

    s. t. $(w_1 - 3)^2 + (w_2 - 3)^2 \leqslant 4$

$$2w_1 + 2w_2 \qquad = 5$$
$$w_1 \qquad\qquad\qquad \geqslant 3$$

(d) max $(w_1)^2 + (w_2)^2$

    s. t. $w_1 w_2 \leqslant 9$

$$2w_1 = 4w_2$$
$$w_2 \qquad \geqslant 2$$
$$w_1 \qquad \geqslant 0$$

3-19 考虑以下线性规划：

    min $3w_1 + 7w_2$

    s. t. $w_1 + w_2 \geqslant 5$

$$0 \leqslant w_1 \leqslant 2$$
$$0 \leqslant w_2 \geqslant 2$$

(a) 通过观察证明该模型无可行解。

(b) 添加人工变量构建第一阶段模型，初始点 $w_1 = w_2 = 0$。

(c) 解释为什么 (b) 中构建的第一阶段模型可行但原问题无可行解。

⌨ (d) 利用优化软件求解第一阶段模型，并证明原模型无可行解。

3-20 说明当第一阶段算法在以下点停止迭代时，两阶段算法能够得到哪些结论，原问题决策变量为 y_1，y_2 和 y_3。

☑ (a) 全局最优 $\mathbf{y} = (40, 7, 0, 9, 0)$

(b) 全局最优 $\mathbf{y} = (6, 3, 1, 0, 0)$

☑ (c) 局部最优 $\mathbf{y} = (1, 3, 1, 0, 0)$

(d) 局部最优 $\mathbf{y} = (0, 5, 1, 2, 0)$，但可能不是全局最优

3-21 为练习题 3-18(a)~(d) 构建大 M 模型，并给人工变量赋初值。假设所有的原问题决策变量 $w_j = 0$。

3-22 说明当大 M 算法在 3-20(a)~(d) 停止迭代时，大 M 算法能够得到哪些结论，原问题决策变量为 y_1，y_2 和 y_3。

参考文献

Bazaraa, Mokhtar, Hanif D. Sherali and C. M. Shetty (2006), *Nonlinear Programming - Theory and Algorithms*, Wiley Interscience, Hoboken, New Jersey.

Griva, Igor, Stephen G. Nash, and Ariela Sofer (2009). *Linear and Nonlinear Optimization*, SIAM, Philadelphia, Pennsylvania.

Luenberger, David G. and Yinyu Ye (2008), *Linear and Nonlinear Programming*, Springer, New York, New York.

第 4 章

线 性 规 划

线性规划(linear programming，LP)是具备第 3 章中所提及的所有特征、高度方便求解的数学规划。

定义 4.1 如果一个优化模型的决策变量取值连续，具有单一线性目标函数，而且所有约束都是关于决策变量的线性等式或不等式，那么该优化模型称为线性规划。

简而言之，线性规划中的目标函数和约束条件都必须是连续决策变量的线性加权和。

现实生活中几乎所有问题都不是线性的和连续的，但大量的应用可以建模为线性规划加以解决。即便线性规划问题涉及的变量数量级为千、百万，甚至十亿个，也能够有效地找到全局最优的解。

我们在 2.1 节至 2.4 节中已经介绍了一些线性规划模型，在第 10 章网络流中会有更多的线性规划模型。

本章将通过介绍几类典型的线性规划应用，让读者对线性规划应用有更为系统的理解。本章的多数模型已经得到了实际组织的采纳应用，只是具体的细节和数据是虚构的。

线性规划是数学规划中非常核心的内容，接下来的 4 章内容都将围绕线性规划展开。第 5 章中，我们将聚焦于第 3 章介绍的搜索算法，开发一种称之为"单纯形法"的高效算法。第 6 章中，我们学习对偶单纯形法。第 7 章中，我们介绍"内点法"这一线性规划的求解方法。此外，在第 6 章中我们也会介绍线性规划的对偶理论和敏感性分析，第 10 章中会具体介绍网络流模型这类特殊的线性规划模型。

4.1 资源分配模型

资源分配模型(allocation model)是一类最简单、应用广泛的线性规划。其核心问题是在资源有限的情况下，如何将资源分配给彼此竞争的需求，从而实现资源的优化配置。这些资源可以是土地、资本、时间、燃料或其他任何有限的资源。比如，2.4 节的 E-MART 模型(非线性)中，需要加以分配的是广告预算。

□应用案例 4-1

<h2 align="center">林务局的分配问题</h2>

美国林务局(The U. S. Forest Service)采用资源分配模型解决了 191 000 000 英亩森林土地使用的管理问题。林务局在制定林地规划时，必须综合考虑到木材砍伐、放牧、可持续发展、环境、国家保护，以及关于林地其他需求等方面的因素。[○]

建立林地规划模型首先将林地划分为若干区域，然后针对每个区域提出若干管理方案并加以评估。优化的目标是在保证林地使用限制的条件下，为各分析区域设定合适的管理方案。

表 4-1 列出了我们虚构的占地 788 000 英亩的 Wagonho 国家森林(Wagonho National Forest)的具体数据。该国家森林被划分为 7 个分析区域，每个区域均可采用 3 种管理方案。第 1 种方案鼓励木材的生产，第 2 种方案强调畜牧，第 3 种方案则注重原生态保护。为方便表示，我们记：

$$i \triangleq 分析区域编号(i = 1, \cdots, 7)$$
$$j \triangleq 管理方案编号(j = 1, \cdots, 3)$$

表 4-1　林务局的具体数据

分析区域 i	土地面积 s_i（千英亩）	方案 j	净现值（每英亩）$p_{i,j}$	木材产量（每英亩）$t_{i,j}$	畜牧量（每英亩）$g_{i,j}$	原生态指数 $w_{i,j}$
1	75	1	503	310	0.01	40
		2	140	50	0.04	80
		3	203	0	0	95
2	90	1	675	198	0.03	55
		2	100	46	0.06	60
		3	45	0	0	65
3	140	1	630	210	0.04	45
		2	105	57	0.07	55
		3	40	0	0	60
4	60	1	330	112	0.01	30
		2	40	30	0.02	35
		3	295	0	0	90
5	212	1	105	40	0.05	60
		2	460	32	0.08	60
		3	120	0	0	70
6	98	1	490	105	0.02	35
		2	55	25	0.03	50
		3	180	0	0	75
7	113	1	705	213	0.02	40
		2	60	40	0.04	45
		3	400	0	0	95

○ B. Kent，B. B. Bare，R. C. Field，G. A. Bradley(1991)，"Natural Resource Land Management Planning Using Large-Scale Linear Programs：The USDA Forest Service Experience with FORPLAN," *Operations Research*，39，13-27.

表 4-1 列出了下列符号的具体取值。

$s_i \triangleq$ 分析区域 i 的面积(单位:千英亩)

$p_{i,j} \triangleq$ 区域 i 中采用方案 j 时每英亩的净现值(NPV)

$t_{i,j} \triangleq$ 区域 i 采用方案 j 时木材的期望产量(单位:板英尺$^\ominus$/英亩)

$g_{i,j} \triangleq$ 区域 i 采用方案 j 时放牧能力的期望值(单位:牲畜数/英亩)

$w_{i,j} \triangleq$ 区域 i 采用方案 j 时的原生态指数(取值 0～100)

我们希望找到一种分配方案来最大化总净现值,前提是生产出 4 000 万板英尺的木材,畜牧量达到 5 000,而且平均原生态指数不低于 70。

4.1.1 林务局分配问题中的决策变量

和所有资源分配问题一样,林务局规划的目标是找到一种最优的分配方案,其决策变量的取值就定义了一种分配方案。

原理 4.2 资源分配模型中,决策变量指定了各种资源分配到每一种使用方式的数量。

在林务局的例子,我们定义如下非负决策变量:

$$x_{i,j} \triangleq \text{区域 } i \text{ 中采用方案 } j \text{ 进行管理的占地面积(单位:千英亩)}$$

4.1.2 林务局分配模型

林务局的目标是最大化总净现值(NPV)。根据上文定义的符号,目标函数为:

$$\max \sum_{i=1}^{7} \sum_{j=1}^{3} p_{i,j} x_{i,j} = 503x_{1,1} + 140x_{1,2} + 203x_{1,3} + 675x_{2,1} + 100x_{2,2} + 45x_{2,3}$$

$$+ \cdots + 705x_{7,1} + 60x_{7,2} + 400x_{7,3}$$

约束方面,首先得保证每个区域的林地都得到分配。以分析区域 1 为例,其对应的约束是:

$$x_{1,1} + x_{1,2} + x_{1,3} = 75$$

利用符号来表示,7 个区域对应的面积约束可以表示如下:

$$\sum_{j=1}^{3} x_{i,j} = s_i \quad i = 1, \cdots, 7$$

最后,还需要考虑木材产量、放牧量和原生态指数方面的约束。比如,木材产量必须满足以下条件:

$$\sum_{i=1}^{7} \sum_{j=1}^{3} t_{i,j} x_{i,j} = 310x_{1,1} + 50x_{1,2} + 0x_{1,3} + 198x_{2,1} + 46x_{2,2} + 0x_{2,3}$$

$$+ \cdots + 213x_{7,1} + 40x_{7,2} + 0x_{7,3}$$

$$\geqslant 40\,000$$

考虑到所有其他约束,该林地规划问题的完整线性规划模型如下:

$\ominus$　1 000 板英尺$\approx$2.36 立方米。

$$\max \quad \sum_{i=1}^{7}\sum_{j=1}^{3} p_{i,j} x_{i,j} \qquad \qquad (净现值)$$

$$\text{s.t.} \quad \sum_{j=1}^{3} x_{i,j} \qquad\qquad = s_i \quad i=1,\cdots,7 (土地面积分配)$$

$$\sum_{i=1}^{7}\sum_{j=1}^{3} t_{i,j} x_{i,j} \qquad \geqslant 40\,000 \qquad (木材产量)$$

$$\sum_{i=1}^{7}\sum_{j=1}^{3} g_{i,j} x_{i,j} \qquad \geqslant 5 \qquad\qquad (放牧量) \qquad\qquad (4\text{-}1)$$

$$\frac{1}{788}\sum_{i=1}^{7}\sum_{j=1}^{3} w_{i,j} x_{i,j} \geqslant 70 \qquad (原生态指数)$$

$$x_{i,j} \qquad\qquad \geqslant 0 \quad i=1,\cdots,7;\quad j=1,\cdots,3$$

规划求解得到的最优分配方案为：

$$x_{1,1}^* = 0, \quad x_{1,2}^* = 0, \quad x_{1,3}^* = 75, \quad x_{2,1}^* = 90, \quad x_{2,2}^* = 0, \quad x_{2,3}^* = 0,$$
$$x_{3,1}^* = 140, \quad x_{3,2}^* = 0, \quad x_{3,3}^* = 0, \quad x_{4,1}^* = 0, \quad x_{4,2}^* = 0, \quad x_{4,3}^* = 60,$$
$$x_{5,1}^* = 0, \quad x_{5,2}^* = 154, \quad x_{5,3}^* = 58, \quad x_{6,1}^* = 0, \quad x_{6,2}^* = 0, \quad x_{6,3}^* = 98,$$
$$x_{7,1}^* = 0, \quad x_{7,2}^* = 0, \quad x_{7,3}^* = 113.$$

对应的总净现值为 322 515 000 美元。

例 4-1 时间分配问题

本学期，吉尔(Jill)选修了运筹学、工程经济学、统计学和材料科学 4 门课。她一共有 30 个小时的复习时间来为期末考试做准备；她希望能够对有限的时间进行合理分配以尽可能提升考试成绩。吉尔最喜欢的是运筹学，所以她在运筹学上投入的复习时间不会低于其他课程。她认为每门功课的复习时间超过 10 小时可能用处不大。根据以往的经验，她在运筹学上每投入 1 小时时间能够提升 2% 的成绩，在工程经济学上每投入 1 小时能够提升 3% 的成绩，在统计学上每投入 1 小时能够提升 1% 的成绩，在材料科学上每投入 1 小时能够提升 5% 的成绩。请构造一个线性规划模型帮助吉尔优化复习时间的分配。

解：定义决策变量：

$$h_j \triangleq 在第 j 门功课上投入的小时数 \quad j=1,\cdots,4$$

时间分配模型如下：

$$\max \quad 2h_1 + 3h_2 + 1h_3 + 5h_4 \qquad\qquad (总成绩回报)$$

$$\text{s.t.} \quad h_1 + h_2 + h_3 + h_4 = 30 \qquad\qquad (可用时间)$$

$$h_1 \qquad\qquad \geqslant h_j \quad j=2,\cdots,4 (运筹学花费时间最多)$$

$$h_j \qquad\qquad \leqslant 10 \quad j=1,\cdots,4 (每门功课时间不超过 10 小时)$$

$$h_j \qquad\qquad \leqslant 0 \quad j=1,\cdots,4$$

在上述模型中，目标函数是最大化课程成绩。主要约束包括总可用时间为 30 小时、投入运筹学的时间最长，以及每门课程最多分配 10 小时。

4.2 混料模型

资源分配模型是将各种资源分配给不同的需求，混料模型则是把零散的资源整合起来。简言之，**混料模型**(blending model)需要决策的是各种成分的组合以最好地满足产出的要求。现实生活中有很多混料模型的例子，混合的成分包括化学配料、营养组合、金属成分、动物饲料等。比如，2.1 节的双原油例子就是一个典型的混料模型，它通过调配两种原油的配比来生产炼油成品。

□应用案例 4-2

瑞典钢材生产

钢铁行业的生产是通过高温熔化金属废料以生成新型合金产品，这是一个典型的混料问题。位于瑞典法格什塔的一家钢铁厂(Fagersta AB)就借助数学规划模型来帮助进行钢铁混料的规划。[○]

每次熔炉进料时都面临着一个优化问题。为了生产出满足各种化学成分要求的合金产品，金属废料往往需要加入一些纯添加剂。最大程度地利用金属废料是至关重要的，因为添加剂极为昂贵。11.1 节会讨论到一些整数规划模型，这里我们只考虑该例子中的线性规划形式。

我们虚构的瑞典钢铁厂计划生产 1 000 千克的熔炉进料。所有钢材的主要原料是铁。表 4-2 列举了 4 种可用废料中碳、镍、铬、钼等微量元素的含量比、可用数量以及单位成本(以瑞典货币克朗计量)。同时，表中也列出了 3 种可用的高成本纯添加剂以及最终混料中各种元素的允许含量范围。比如，1 000 千克的钢材产成品中，碳含量应该在 0.65% 和 0.75% 之间。

表 4-2 瑞典钢材生产的相关数据

	含量占比(%)				可用量 (千克)	成本 (克朗/千克)
	碳	镍	铬	钼		
废料 1	0.80	18	12	—	75	16
废料 2	0.70	3.2	1.1	0.1	250	10
废料 3	0.85	—	—	—	无限制	8
废料 4	0.40	—	—	—	无限制	9
镍	—	100	—	—	无限制	48
铬	—	—	100	100	无限制	60
钼	—	—	—	—	无限制	53
成品中最低占比	0.65	3.0	1.0	1.1		
成品中最高占比	0.75	3.5	1.2	1.3		

○ C.-H. Westerberg, B. Bjorklund, and E. Hultman(1977), "An Application of Mixed Integer Programming in a Swedish Steel Mill," *Interfaces*, 7：2, 39-43.

4.2.1 混料模型的决策变量

混料模型中，我们将成分作为决策变量。

原理 4.3 混料模型中，决策变量可以设定为混合物中包含的各种原材料的数量。

在瑞典钢材生产的例子中，一共有 7 个决策变量：

$$x_j \triangleq 炉料中原料 j 的千克数$$

其中，$j=1$，…，4 分别表示 4 种废料，$j=5$，…，7 分别表示 3 种纯添加剂。

4.2.2 成分约束

在这个例子中，任何方案都必须满足炉料总量为 1 000 千克的约束条件。

$$x_1 + x_2 + x_3 + x_4 + x_5 + x_6 + x_7 = 1000 \tag{4-2}$$

除总量约束外，混料模型中最关键的约束是产成品中各种成分的比例要求。

定义 4.4 混料模型中，**成分**(composition)约束确定了产成品中各种成分所占比重的上限和/或下限。

在这个例子中，钢材成品中的 4 种元素(碳、镍、铬、钼)的含量要满足最低和最高百分比的限制。每种元素的含比限制可以抽象地表示为：

$$\sum_j 第 j 种原料中某元素的含量 \times 第 j 种原料的使用量 \geqslant 或$$

$$\leqslant 产成品中允许的比例 \times 产成品的总量 \tag{4-3}$$

具体来说，本例子中的成分约束表示如下：

$$0.008\,0x_1 + 0.007\,0x_2 + 0.008\,5x_3 + 0.004\,0x_4 \geqslant 0.006\,5\sum_{j=1}^{7} x_j$$

$$0.008\,0x_1 + 0.007\,0x_2 + 0.008\,5x_3 + 0.004\,0x_4 \leqslant 0.007\,5\sum_{j=1}^{7} x_j$$

$$0.180x_1 + 0.032x_2 + 1.0x_5 \geqslant 0.030\sum_{j=1}^{7} x_j$$

$$0.180x_1 + 0.032x_2 + 1.0x_5 \leqslant 0.035\sum_{j=1}^{7} x_j$$

$$0.120x_1 + 0.011x_2 + 1.0x_6 \geqslant 0.010\sum_{j=1}^{7} x_j$$

$$0.120x_1 + 0.011x_2 + 1.0x_6 \leqslant 0.012\sum_{j=1}^{7} x_j$$

$$0.001x_2 + 1.0x_7 \geqslant 0.011\sum_{j=1}^{7} x_j$$

$$0.001x_2 + 1.0x_7 \leqslant 0.013\sum_{j=1}^{7} x_j$$

例 4-2 食品配料的成分约束

考虑一种带有 3 种成分的食品配料问题，其中非负决策变量为：

$$x_j \triangleq 原料 \ j \ 的用量 \quad j = 1, \cdots, 3$$

已知每克原材料 1 含有 4% 的纤维素和 10 毫克的钠，每克原材料 2 含有 9% 的纤维素和 15 毫克的钠，每克原材料 3 含有 3% 的纤维素和 5 毫克的钠。食品配料需满足下列要求：

（a）混料中的平均纤维素含量至少达到 5%。

（b）混料中钠含量最多不超过 100 毫克。

解：

（a）根据式(4-3)，纤维素的需求约束可以表示如下：

$$0.04x_1 + 0.09x_2 + 0.03x_3 \geqslant 0.05(x_1 + x_2 + x_3)$$

（b）钠含量的约束用绝对含量（而不是相对比例）表示如下：

$$10x_1 + 15x_2 + 5x_3 \leqslant 100$$

4.2.3　瑞典钢材生产模型

瑞典钢材生产模型具体如下：

$$
\begin{aligned}
\min \quad & 16x_1 + 10x_2 + 8x_3 + 9x_4 + 48x_5 + 60x_6 + 53x_7 && \text{(成本)} \\
\text{s. t.} \quad & x_1 + x_2 + x_3 + x_4 + x_5 + x_6 + x_7 = 1\,000 && \text{(总质量)} \\
& 0.008\,0x_1 + 0.007\,0x_2 + 0.008\,5x_3 + 0.004\,0x_4 \geqslant 0.006\,5 \times 1\,000 && \text{(碳)} \\
& 0.008\,0x_1 + 0.007\,0x_2 + 0.008\,5x_3 + 0.004\,0x_4 \leqslant 0.007\,5 \times 1\,000 \\
& 0.180x_1 + 0.032x_2 + 1.0x_5 \geqslant 0.030 \times 1\,000 && \text{(镍)} \\
& 0.180x_1 + 0.032x_2 + 1.0x_5 \leqslant 0.035 \times 1\,000 \\
& 0.120x_1 + 0.011x_2 + 1.0x_6 \geqslant 0.010 \times 1\,000 && \text{(铬)} \\
& 0.120x_1 + 0.011x_2 + 1.0x_6 \leqslant 0.012 \times 1\,000 && \text{(4-4)} \\
& 0.001x_2 + 1.0x_7 \geqslant 0.011 \times 1\,000 && \text{(钼)} \\
& 0.001x_2 + 1.0x_7 \leqslant 0.013 \times 1\,000 \\
& x_1 \leqslant 75 && \text{(废料可用量)} \\
& x_2 \leqslant 250 \\
& x_1, \cdots, x_7 \geqslant 0 && \text{(非负约束)}
\end{aligned}
$$

上述目标函数是 7 种原料的总成本。上文我们唯一没有讨论过的是废料 1 和废料 2 的可用量约束。上面的成分约束中根据钢材生产总量为 1\,000 千克进行了相应的简化。

模型(4-4)的唯一最优解如下（单位：千克）：

$$x_1^* = 75.00, \quad x_2^* = 90.91, \quad x_3^* = 672.28, \quad x_4^* = 137.31$$

$$x_5^* = 13.59, \quad x_6^* = 0.00, \quad x_7^* = 10.91$$

相应的最低总成本为 9\,953.7 克朗。

4.2.4 比率约束

上述瑞典钢材生产例子的成分约束可以看作是一种**比率约束**(ratio constraint),因为它们限制了变量加权和相对于另一个加权和的比例的范围。比如,碳含量的下限约束可以表示为:

$$0.008\,0x_1 + 0.007\,0x_2 + 0.008\,5x_3 + 0.004\,0x_4 \geqslant 0.006\,5\sum_{J=1}^{7}x_j$$

或者:

$$\frac{0.008\,0x_1 + 0.007\,0x_2 + 0.008\,5x_3 + 0.004\,0x_4}{x_1 + x_2 + x_3 + x_4 + x_5 + x_6 + x_7} \geqslant 0.006\,5$$

注意,第二种表达式不是线性的。然而,如果在不等式两边都乘以分母(其永远是非负的),就可以得到一个方向保持不变的线性不等式约束了。

比率约束在混料模型中十分常见。比如,如果原料 3 和原料 4 的用量比率不能超过 2∶3,其相应的约束条件可以表示为:

$$\frac{x_3}{x_4} \leqslant \frac{2}{3}$$

同样,因为分母 $x_4 \geqslant 0$,不等式两边同时乘以 x_4 就可以得到一个线性不等式:

$$x_3 \leqslant \frac{2}{3}x_4$$

不是所有的比率约束都可以转化为线性约束,比如我们考虑下面的比率约束:

$$\frac{x_3}{x_1 - x_2} \leqslant \frac{2}{3}$$

虽然所有变量 x_j 均为非负,但上式中分母的正负号无法判断。如果没有其他额外的信息,我们没法将它转化为一个线性约束。

原理 4.5 比率约束往往对两个线性函数相对比值的范围进行了限制。它通常可以通过两边同乘分母的方式转化为线性约束。但是,如果比率约束是不等式约束,只有在明确分母的正负号的基础上才能转化为线性不等式约束。

例 4-3 构建比率约束

请构建线性约束来表达下列比率要求,其中非负决策变量 x_1,x_2 和 x_3 分别表示混料中三种原料的用量。

(a) 原料 1 和原料 2 的用量比率必须为 4∶7。

(b) 原料 1 的用量不超过原料 3 的一半。

(c) 混料中原料 1 的含量至少为 40%。

解:

(a) 所要求的约束表示如下:

$$\frac{x_1}{x_2} = \frac{4}{7} \quad \text{或} \quad x_1 = \frac{4}{7}x_2$$

（b）所需的约束为：

$$x_1 \leqslant \frac{1}{2}x_3$$

（c）所需的约束为：

$$\frac{x_1}{x_1 + x_2 + x_3} \geqslant 0.40$$

或者（考虑到分母是非负的）：

$$x_1 \geqslant 0.40(x_1 + x_2 + x_3)$$

4.3　运营规划模型

另一种经典的线性规划模型用于规划运营决策问题。从公益组织、政府部门到制造型企业和分销企业等形形色色的组织中，规划者都必须制定做什么、什么时候做、在哪里做等方面的决策。比如，2.3节中Pi Hybrids模型（2-10）被用来规划玉米种子的生产和分销。

□应用案例 4-3

管材产品运营规划

有些时候，运营规划只需要对工作的具体分配进行决策。巴威（Babcock and Wilcox）的管材产品部门（the tubular products，TP）在建立新厂后，就面临着如何对工作进行重新分配的问题。管材产品部门可以生产多种型号的用于不同用途的钢管（包括发电站）。当前，产品的生产是由三家工厂来承担的；管理部门希望分析第4家新厂的不同配置会如何影响到生产任务（以及相应的成本）在4家工厂的最优分配。[⊖]

表4-3列出了现有的3家工厂和第4家新厂中生产16种产品的虚构数据。钢管产品分为标准型和抗压型两种，各有0.5英寸、1英寸、2英寸和8英寸4种内径规格，以及厚管壁和薄管壁两种类型。表中列出了每家工厂生产1000磅[⊜]不同型号的钢管各自所需的成本（单位：美元）和时间（单位：小时）。如果表中单元格无数据，说明该工厂无法生产对应型号的钢管。

表 4-3　管材产品应用的相关数据

产品	工厂 1		工厂 2		工厂 3		工厂 4		每周需求
	成本	时间	成本	时间	成本	时间	成本	时间	
标准型									
1 0.5英寸厚	90	0.8	75	0.7	70	0.5	63	0.6	100
2 0.5英寸薄	80	0.8	70	0.7	65	0.5	60	0.6	630

⊖　Wayne Drayer and Steve Seabury（1975），"Facilities Expansion Model," *Interfaces*，5：2，part 2，104-109.

⊜　1磅=0.453 59千克。

（续）

产品	工厂 1		工厂 2		工厂 3		工厂 4		每周需求
	成本	时间	成本	时间	成本	时间	成本	时间	
3 1英寸厚	104	0.8	85	0.7	83	0.5	77	0.6	500
4 1英寸薄	98	0.8	79	0.7	80	0.5	74	0.6	980
5 2英寸厚	123	0.8	101	0.7	110	0.5	99	0.6	720
6 2英寸薄	113	0.8	94	0.7	100	0.5	84	0.6	240
7 8英寸厚	—	—	160	0.9	156	0.5	140	0.6	75
8 8英寸薄	—	—	142	0.9	150	0.5	130	0.6	22
抗压型									
9 0.5英寸厚	140	1.5	110	0.9	—	—	122	1.2	50
10 0.5英寸薄	124	1.5	96	0.9	—	—	101	1.2	22
11 1英寸厚	160	1.5	133	0.9	—	—	138	1.2	353
12 1英寸薄	143	1.5	127	0.9	—	—	133	1.2	55
13 2英寸厚	202	1.5	150	0.9	—	—	160	1.2	125
14 2英寸薄	190	1.5	141	0.9	—	—	140	1.2	35
15 8英寸厚	—	—	190	1.0	—	—	220	1.5	100
16 8英寸薄	—	—	175	1.0	—	—	200	1.5	10

表 4-3 也列出了 16 种产品每周的市场需求（单位：千磅）。现有的 3 家工厂每周的有效生产能力分别是 800 小时、480 小时和 1 280 小时，第 4 家新厂的有效生产能力计划能达到 960 小时。

4.3.1 管材产品运营规划模型

在运营规划模型中，决策通常围绕应该采取何种生产计划。此问题中，为方便表示，我们记：

$$p \triangleq 产品编号（p = 1, \cdots, 16）$$
$$m \triangleq 工厂编号（m = 1, \cdots, 4）$$

相应的决策变量定义为：

$$x_{p,m} \triangleq 第\ m\ 个工厂生产第\ p\ 种产品的数量（单位：千磅 / 周）$$

根据定义的决策变量，可以非常直观地构建线性规划模型。为了简化模型的书写，我们定义下面的符号：

$c_{p,m} \triangleq$ 表 4-3 中工厂 m 生产产品 p 的单位成本（如果工厂 m 无法生产产品 p，则对应的成本为 $+\infty$）

$t_{p,m} \triangleq$ 表 4-3 中工厂 m 生产产品 p 所需的单位时间（如果工厂 m 无法生产产品 p，则对应的生产时间为 0）

$d_p \triangleq$ 表 4-3 中产品 p 每周的需求量

$b_m \triangleq$ 工厂 m 的生产能力

那么，管材运营规划模型如下：

$$\min \quad \sum_{p=1}^{16}\sum_{m=1}^{4} c_{p,m} x_{p,m} \qquad \text{（总成本）}$$

$$\text{s. t.} \quad \sum_{m=1}^{4} x_{p,m} \quad \geqslant d_p \quad p=1,\cdots,16（需求）$$

$$\sum_{p=1}^{16} t_{p,m} x_{p,m} \leqslant b_m \quad m=1,\cdots,4 \text{（生产能力）}$$

$$x_{p,m} \quad \geqslant 0 \quad p=1,\cdots,16; m=1,\cdots,4$$

(4-5)

上述线性规划的目标是最小化总生产成本。约束主要体现在两方面，即要求满足各种型号产品的市场需求，同时不能超出工厂的生产能力。

表 4-4 列出了模型的一个最优解 $\mathbf{x}^*$。结果表明，旧工厂 1 几乎被弃用，旧工厂 2 和旧工厂 3 分别主要生产抗压型产品和标准型产品，新厂 4 则同时生产抗压型和标准型两类产品。相应的每周最低总成本是 378 899 美元。

表 4-4　管材产品运营规划的最优解

	产品	工厂 1	工厂 2	工厂 3	工厂 4
标准型					
1	0.5 英寸厚	0.0	0.0	0.0	100.0
2	0.5 英寸薄	0.0	0.0	630.0	0.0
3	1 英寸厚	0.0	0.0	404.8	95.2
4	1 英寸薄	0.0	0.0	980.0	0.0
5	2 英寸厚	0.0	0.0	0.0	720.0
6	2 英寸薄	0.0	0.0	0.0	240.0
7	8 英寸厚	—	0.0	0.0	75.0
8	8 英寸薄	—	0.0	0.0	22.0
抗压型					
9	0.5 英寸厚	0.0	50.0	—	0.0
10	0.5 英寸薄	0.0	22.0	—	0.0
11	1 英寸厚	0.0	214.1	—	138.9
12	1 英寸薄	55.0	0.0	—	0.0
13	2 英寸厚	0.0	125.0	—	0.0
14	2 英寸薄	0.0	0.0	—	35.0
15	8 英寸厚		100.0		0.0
16	8 英寸薄	—	10.0	—	0.0

□**应用案例 4-4**

加拿大森林产品有限公司(CFPL)运营规划

当生产涉及多道工序时，运营规划模型就会变得相对复杂一些。前一道工序的产出是下一道工序的投入。

加拿大森林产品有限公司(Canadian Forest Products Limited，CFPL)借助一个

线性规划模型来优化胶合板的生产规划。[⊖] 图 4-1 所示的是整个生产线的生产流程。生产流程从购买原木开始，然后旋切加工成单板；单板也可以直接购买。接着所有单板烘干与处理后，按照品质分类，有时单板可以通过补结或黏合来提升品质。下一步将单板切割成统一尺寸，胶合按压单板制成胶合板粗成品。最后一步，磨砂修整胶合板粗成品并加工成特定规格的成品用于销售。

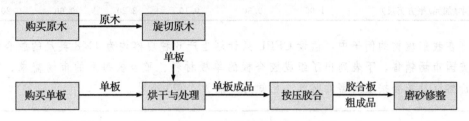

图 4-1　CFPL 例子中的胶合板生产流程

　　CFPL 的运营规划目标是合理安排生产设备来获取最高的利润（即销售收入减去木材成本）。劳动力成本、设备维修费用和其他的工厂费用可被视作固定成本。除了原木的可用量和市场需求是限制条件外，用于压制合板的设备的生产能力也是一个主要约束。

　　假设有两个供应商可以提供高品质和一般品质的两种原木，每月可供应的最大数量和价格见下表。表中也列出了每平方英尺给定品质的原木能够加工成 $\frac{1}{16}$ 英寸或 $\frac{1}{8}$ 英寸的 A、B、C 三种等级的单板的数量。

		单板产量（平方英尺）			
		供应商 1		供应商 2	
		高品质	一般品质	高品质	一般品质
每月可供应量		200	300	100	1 000
每根原木成本（加元）		340	190	490	140
A	$\frac{1}{16}$英寸单板（平方英尺）	400	200	400	200
B	$\frac{1}{16}$英寸单板（平方英尺）	700	500	700	500
C	$\frac{1}{16}$英寸单板（平方英尺）	900	1 300	900	1 300
A	$\frac{1}{8}$英寸单板（平方英尺）	200	100	200	100
B	$\frac{1}{8}$英寸单板（平方英尺）	350	250	350	250
C	$\frac{1}{8}$英寸单板（平方英尺）	450	650	450	650

⊖　D. B. Kotak（1976），"Application of Linear Programming to Plywood Manufacture," *Interfaces*，7：1，part2，56-68.

我们也可以直接购买单板，可购买的数量和购买价格如下表所示。

	$\frac{1}{16}$英寸单板			$\frac{1}{8}$英寸单板		
	A	B	C	A	B	C
可购买量（平方英尺/月）	5 000	25 000	40 000	10 000	40 000	50 000
成本（加元/平方英尺）	1.00	0.30	0.10	2.20	0.60	0.20

在我们虚构的例子中，假设 CFPL 只计划生产 6 种规格均为 4×8 英尺的胶合板在美国市场销售。下表列出了组成胶合板的单板材料、胶合板每月的市场需求、市场价格以及胶合按压所需的时间。已知月产能为 4 500 小时。

	$\frac{1}{4}$英寸胶合板			$\frac{1}{2}$英寸胶合板		
	AB	AC	BC	AB	AC	BC
面板	$\frac{1}{16}$A	$\frac{1}{16}$A	$\frac{1}{16}$B	$\frac{1}{16}$A	$\frac{1}{16}$A	$\frac{1}{16}$B
				$\frac{1}{8}$C	$\frac{1}{8}$C	$\frac{1}{8}$C
芯板	$\frac{1}{8}$C	$\frac{1}{8}$C	$\frac{1}{8}$C	$\frac{1}{8}$B	$\frac{1}{8}$B	$\frac{1}{8}$B
				$\frac{1}{8}$C	$\frac{1}{8}$C	$\frac{1}{8}$C
背板	$\frac{1}{16}$B	$\frac{1}{16}$C	$\frac{1}{16}$C	$\frac{1}{16}$B	$\frac{1}{16}$C	$\frac{1}{16}$C
每月市场需求	1 000	4 000	8 000	1 000	5 000	8 000
价格（加元）	45.00	40.00	33.00	75.00	65.00	50.00
按压时间（小时）	0.25	0.25	0.25	0.45	0.40	0.40

4.3.2 CFPL 模型的决策变量

和以前一样，我们首先得定义决策变量。为方便表示，我们定义如下符号：

$q \triangleq$ 原木品质（$q = G$ 表示高品质，F 表示一般品质）

$v \triangleq$ 原木供应商的编号（$v = 1,2$）

$t \triangleq$ 单板厚度$\left(t = \frac{1}{16}, \frac{1}{8}\right)$

$g \triangleq$ 单板的等级（$g = A, B, C$）

为了构建 CFPL 问题的线性规划模型，我们将定义以下 4 类决策变量：

$w_{q,v,t} \triangleq$ 每月从供应商 v 处购买的品质为 q 的原木加工成厚度为 t 的单板的数量

$x_{t,g} \triangleq$ 每月直接购买的厚度为 t、等级为 g 的单板的数量（单位：平方英尺）

$y_{t,g,g'} \triangleq$ 每月厚度为 t、等级为 g 的单板经过烘干处理后作为 g' 等级单板使用的数量

$z_{t,g,g'} \triangleq$ 面板等级为 g、背板等级为 g' 且厚度为 t 的胶合板的每月数量

注意，我们只定义了图 4-1 中 6 个步骤中的 4 步涉及的决策变量，这样的做法是合理的。因为从优化生产的角度考虑，购买的原木均会被旋切加工，按压胶合得到的粗成品均会被磨砂修整加工成成品。如果模型中需要考虑存货，比如购买的原木不一定立马被旋切加工，则需要设定更多的决策变量。

4.3.3 连续变量表示整数量

线性规划的初学者可能会感到困惑：CFPL 问题中的决策变量都被当作是连续变量来处理，但是 CFPL 中决策的对象都是数量（比如原木的数量和单板的数量），数量不应该是整数吗？为何 CFPL 问题依然可以借助线性规划模型（要求决策变量必须是连续的）来解决呢？

当优化变量的取值相对比较大时，将实际问题中的整数数量当作连续变量是合理的（原理 1.11）。如果某型号胶合板销售量的线性最优解是 953.2，那么通常可以直接四舍五入为 953 张。在这样的近似下，成本、产能等其他一些量只会有小范围的误差。

但是我们知道，误差可以换来计算效率的提升。连续变量优化总是比离散变量优化效率更高。为了实现效率，同时不影响优化结果的可用性，我们选择忽略整数的要求。

原理 4.6 即使决策变量对应实际问题中的整数数量，当决策变量取值相对较大时，为了处理的简便性，可以当作连续变量处理。

注意：当决策变量只能取 0 或 1 时，为了简便近似成连续变量就会出现问题。比如，假设 0 表示不建工厂，1 表示建工厂，四舍五入线性规划的优化解作为决策方案，这样的决策往往是有问题的。

4.3.4 CFPL 的目标函数

CFPL 的目标是获得最大的利润，用上述决策变量可以表示如下：

$$\max \ - 原木成本 - 购买单板成本 + 销售收入$$

具体函数为：

$$
\begin{aligned}
\max \quad & -(340w_{G,1,1/16} + 190w_{F,1,1/16} + 490w_{G,2,1/16} + 140w_{F,2,1/16} \\
& + 340w_{G,1,1/8} + 190w_{F,1,1/8} + 490w_{G,2,1/8} + 140w_{F,2,1/8}) \\
& -(1.00x_{1/16,A} + 0.30x_{1/16,B} + 0.10x_{1/16,C} + 2.20x_{1/8,A} \\
& + 0.60x_{1/8,B} + 0.20x_{1/8,C}) + (45z_{1/4,A,B} + 40z_{1/4,A,C} \\
& + 33z_{1/4,B,C} + 75z_{1/2,A,B} + 65z_{1/2,A,C} + 50z_{1/2,B,C})
\end{aligned}
\tag{4-6}
$$

4.3.5 CFPL 的约束

有些约束条件十分直观。原木的可用量要求：

$$
\begin{aligned}
w_{G,1,1/16} + w_{G,1,1/8} \leqslant 200, \quad & w_{F,1,1/16} + w_{F,1,1/8} \leqslant 300 \\
w_{G,2,1/16} + w_{G,2,1/8} \leqslant 100, \quad & w_{F,2,1/16} + w_{F,2,1/8} \leqslant 1\,000
\end{aligned}
\tag{4-7}
$$

单板的最大可购买量要求：

$$x_{1/16,A} \leqslant 5\,000, \quad x_{1/16,B} \leqslant 25\,000, \quad x_{1/16,C} \leqslant 40\,000$$

$$x_{1/8,A} \leqslant 10\,000, \quad x_{1/8,B} \leqslant 40\,000, \quad x_{1/8,C} \leqslant 50\,000 \tag{4-8}$$

胶合板的市场需求约束：

$$z_{1/4,A,B} \leqslant 1\,000, \quad z_{1/4,A,C} \leqslant 4\,000 \quad z_{1/4,B,C} \leqslant 8\,000$$

$$z_{1/2,A,B} \leqslant 1\,000, \quad z_{1/2,A,C} \leqslant 5\,000 \quad z_{1/2,B,C} \leqslant 8\,000 \tag{4-9}$$

此外，工厂按压胶合的月产能是非常重要的一个约束：

$$0.25(z_{1/4,A,B} + z_{1/4,A,C} + z_{1/4,B,C})$$

$$+0.40(z_{1/2,A,B} + z_{1/2,A,C} + z_{1/2,B,C}) \leqslant 4\,500 \tag{4-10}$$

4.3.6 平衡约束

到目前为止，我们还没有将初始的购买环节和最终的销售环节联系起来。事实上，我们还未使用过程变量 $y_{t,g,g'}$。

多阶段的运营规划的特殊之处就在于需要将各个阶段通过平衡约束关联起来。

定义 4.7 平衡约束保证了每一阶段的流入大于或等于其流出，即某一阶段产出的材料或者产品等于或者大于后一阶段消耗的材料或者产品。

在 CFPL 模型中，第一组平衡约束是关于单板的。假设考虑到磨砂修整过程中单板的损耗，4×8 英尺规格的单板成品需要 35 平方英尺的单板。所有单板都要满足如下约束：

$$旋切加工得到的单板 + 购买的单板 \geqslant 35 \times 单板成品的数量$$

假设某等级的单板修补之后可以作为高一等级的单板使用，任何等级的单板都可以作为低一等级单板的替代品。对不同厚度和等级的单板我们有以下 6 个约束：

$$400w_{G,1,1/16} + 200w_{F,1,1/16} + 400w_{G,2,1/16} + 200w_{F,2,1/16} + x_{1/16,A}$$

$$\geqslant 35y_{1/16,A,A} + 35y_{1/16,A,B}$$

$$700w_{G,1,1/16} + 500w_{F,1,1/16} + 700w_{G,2,1/16} + 500w_{F,2,1/16} + x_{1/16,B}$$

$$\geqslant 35y_{1/16,B,A} + 35y_{1/16,B,B} + 35y_{1/16,B,C}$$

$$900w_{G,1,1/16} + 1\,300w_{F,1,1/16} + 900w_{G,2,1/16} + 1\,300w_{F,2,1/16} + x_{1/16,C}$$

$$\geqslant 35y_{1/16,C,B} + 35y_{1/16,C,C}$$

$$200w_{G,1,1/8} + 100w_{F,1,1/8} + 200w_{G,2,1/8} + 100w_{F,2,1/8} + x_{1/8,A} \tag{4-11}$$

$$\geqslant 35y_{1/8,A,A} + 35y_{1/8,A,B}$$

$$350w_{G,1,1/8} + 250w_{F,1,1/8} + 350w_{G,2,1/8} + 250w_{F,2,1/8} + x_{1/8,B}$$

$$\geqslant 35y_{1/8,B,A} + 35y_{1/8,B,B} + 35y_{1/8,B,C}$$

$$450w_{G,1,1/8} + 650w_{F,1,1/8} + 450w_{G,2,1/8} + 650w_{F,2,1/8} + x_{1/8,C}$$

$$\geqslant 35y_{1/8,C,B} + 35y_{1/8,C,C}$$

另外，6 个类似的约束保证了烘干处理后的单板成品经按压胶合制成胶合板：

$$某等级的单板成品数量 = 被胶合的单板数量$$

由于不存在精加工后却不胶合的单板，我们可以用等式约束。同样，对于 2 种厚度、3 种等级的单板我们可以有如下约束（除了 $\frac{1}{8}$ 英寸的 A 类单板成品在胶合板中并未使用）：

$$y_{1/16,A,A} + y_{1/16,B,A} = z_{1/4,A,B} + z_{1/4,A,C} + z_{1/2,A,B} + z_{1/2,A,C}$$

$$y_{1/16,A,B} + y_{1/16,B,B} + y_{1/16,C,B} = z_{1/4,A,B} + z_{1/4,B,C} + z_{1/2,A,B} + z_{1/2,B,C}$$

$$y_{1/16,B,C} + y_{1/16,C,C} = z_{1/4,A,C} + z_{1/4,B,C} + z_{1/2,A,C} + z_{1/2,B,C} \tag{4-12}$$

$$y_{1/8,A,B} + y_{1/8,B,B} + y_{1/8,C,B} = z_{1/2,A,B} + z_{1/2,A,C} + z_{1/2,B,C}$$

$$y_{1/8,B,C} + y_{1/8,C,C} = z_{1/4,A,B} + z_{14,A,C} + z_{1/4,B,C} + 2z_{1/2,A,B} + 2z_{1/2,A,C} + 2z_{1/2,B,C}$$

例 4-4 构建平衡约束

下图显示了两种产品的组装结构（即物料清单，bill of materials）。

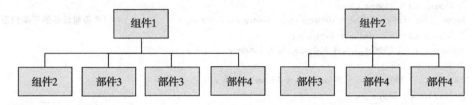

我们使用决策变量：

$$x_j \triangleq 部件或组件 j 的生产量$$

来构建组件或部件 $j = 2，3，4$ 的平衡约束。

解： 组件 1 由 1 个组件 2、2 个部件 3 以及 1 个部件 4 组成。组件 2 由 1 个部件 3 和 2 个部件 4 组成。因此，对于 $j=2$，我们要求组件 2 的数量不少于组件 1 的数量：

$$x_2 \geqslant x_1$$

同样，对于部件 $j=3，4$，我们要求生产至少能满足各组件的需求，体现为：

$$x_3 \geqslant 2x_1 + 1x_2$$

$$x_4 \geqslant 1x_1 + 2x_2$$

4.3.7 CFPL 线性规划模型

将（4-6）至（4-12）汇总起来，并加上变量类型约束，我们即得到 CFPL 问题的完整线性规划模型（参见表 4-5）。该问题一个最优解中的非零变量取值如下：

$$w^*_{G,1,1/16} = 41.3, \qquad w^*_{F,1,1/16} = 300.0, \qquad w^*_{F,1,1/16} = 155.3$$

$$w^*_{F,2,1/8} = 844.7, \qquad x^*_{1/16,C} = 40\,000.0, \qquad x^*_{1/8,C} = 50\,000.0$$

$$y^*_{1/16,A,A} = 3\,073.2, \qquad y^*_{1/16,B,A} = 7\,329.4, \qquad y^*_{1/16,C,B} = 6\,355.8$$

$$y^*_{1/16,C,C} = 12\,758.4, \qquad y^*_{1/8,A,B} = 2\,413.5, \qquad y^*_{1/8,B,C} = 6\,033.8 \tag{4-13}$$

$$y^*_{1/8,C,B} = 2\,989.1, \qquad y^*_{1/8,C,C} = 14\,127.3,$$

$$z^*_{1/4,A,B} = 1\,000.0, \qquad z^*_{1/4,A,C} = 4\,000.0, \qquad z^*_{1/4,A,C} = 4\,355.8$$

$$z^*_{1/2,A,B} = 1\,000.0, \qquad z^*_{1/2,A,C} = 4\,402.6$$

表 4-5 CFPL 线性规划模型

max	$-(340w_{G,1,1/16}+190w_{F,1,1/16}+490w_{G,2,1/16}+140w_{F,2,1/16}$	（原木）
	$+340w_{G,1,1/8}+190w_{F,1,1/8}+490w_{G,2,1/8}+140w_{F,2,1/8}$	
	$-(1.00x_{1/16,A}+0.30x_{1/16,B}+0.10x_{1/16,C}$	（单板）
	$+2.20x_{1/8,A}+0.60x_{1/8,B}+0.20x_{1/8,C}$	
	$+(45z_{1/4,A,B}+40z_{1/4,A,C}+33z_{1/4,B,C}$	（销售）
	$+75z_{1/2,A,B}+65z_{1/2,A,C}+50z_{1/2,B,C}$	
s. t.	$w_{G,1,1/16}+w_{G,1,1/8}\leqslant 200, w_{F,1,1/16}+w_{F,1,1/8}\leqslant 300$	（可用原木）
	$w_{G,2,1/16}+w_{G,2,1/8}\leqslant 100, w_{F,2,1/16}+w_{F,2,1/8}\leqslant 1\,000$	
	$x_{1/16,A}\leqslant 5\,000, x_{1/16,B}\leqslant 25\,000, x_{1/16,C}\leqslant 40\,000$	（可购买的单板）
	$x_{1/8,A}\leqslant 10\,000, x_{1/8,B}\leqslant 40\,000, x_{1/8,C}\leqslant 50\,000$	
	$z_{1/4,A,B}\leqslant 1\,000, z_{1/4,A,C}\leqslant 4\,000, z_{1/4,B,C}\leqslant 8\,000$	（市场需求）
	$z_{1/2,A,B}\leqslant 1\,000, z_{1/2,A,C}\leqslant 5\,000, z_{1/2,B,C}\leqslant 8\,000$	
	$0.25(z_{1/4,A,B}+z_{1/4,A,C}+z_{1/4,B,C})+0.40(z_{1/2,A,B}+z_{1/2,A,C}+z_{1/2,B,C})\leqslant 4\,500$	（按压胶合）
	$400w_{G,1,1/16}+200w_{F,1,1/16}+400w_{G,2,1/16}+200w_{F,2,1/16}+x_{1/16,A}$	
	$\geqslant 35y_{1/16,A,A}+35y_{1/16,A,B}$	
	$700w_{G,1,1/16}+500w_{F,1,1/16}+700w_{G,2,1/16}+500w_{F,2,1/16}+x_{1/16,B}$	（单板粗成品的平衡约束）
	$\geqslant 35y_{1/16,B,A}+35y_{1/16,B,B}+35y_{1/16,B,C}$	
	$900w_{G,1,1/16}+1\,300w_{F,1,1/16}+900w_{G,2,1/16}+1\,300w_{F,2,1/16}+x_{1/16,C}$	
	$\geqslant 35y_{1/16,C,B}+35y_{1/16,C,C}$	
	$200w_{G,1,1/8}+100w_{F,1,1/8}+200w_{G,2,1/8}+100w_{F,2,1/8}+x_{1/8,A}$	
	$\geqslant 35y_{1/8,A,A}+35y_{1/8,A,B}$	
	$350w_{G,1,1/8}+250w_{F,1,1/8}+350w_{G,2,1/8}+250w_{F,2,1/8}+x_{1/8,B}$	
	$\geqslant 35y_{1/8,B,A}+35y_{1/8,B,B}+35y_{1/8,B,C}$	
	$450w_{G,1,1/8}+650w_{F,1,1/8}+450w_{G,2,1/8}+650w_{F,2,1/8}+x_{1/8,C}$	
	$\geqslant 35y_{1/8,C,B}+35y_{1/8,C,C}$	
	$y_{1/16,A,A}+y_{1/16,B,A}=z_{1/4,A,B}+z_{1/4,A,C}+z_{1/2,A,B}+z_{1/2,A,C}$	（单板成品的平衡约束）
	$y_{1/16,A,B}+y_{1/16,B,B}+y_{1/16,C,B}=z_{1/4,A,B}+z_{1/4,B,C}$	
	$+z_{1/2,A,B}+z_{1/2,B,C}$	
	$y_{1/16,B,C}+y_{1/16,C,C}=z_{1/4,A,C}+z_{1/4,B,C}+z_{1/2,A,C}+z_{1/2,B,C}$	
	$y_{1/8,A,B}+y_{1/8,B,B}+y_{1/8,C,B}=z_{1/2,A,B}+z_{1/2,A,C}+z_{1/2,B,C}$	
	$y_{1/8,B,C}+y_{1/8,C,C}=z_{1/4,A,B}+z_{1/4,A,C}+z_{1/4,B,C}+2z_{1/2,A,B}$	
	$+2z_{1/2,A,C}+2z_{1/2,B,C}$	
	$w_{q,v,t}, x_{t,g}, y_{t,g,g'}, z_{t,g,g'}\geqslant 0$	

公司的最优生产计划是生产除了 $\frac{1}{2}$ 英寸 BC 胶合板外的其他所有胶合板产品。相应的总利润为每月 484 878 加元。

在实际应用中，胶合板销售数量之类的变量是不可能出现分数取值的。但是，通过线性规划来解决这样复杂的优化模型，其带来的效率提升优势是远远高于四舍五入线性规划的最优解所带来的误差的。

例 4-5 构建运营规划线性规划模型

一家橙汁公司以每吨 1 500 美元的价格销售给零售商，销量可达 15 000 吨。橙汁的生产可以通过橙子榨汁（200 美元/吨），也可以通过浓缩橙汁勾兑（1 600 美元/吨）得到。橙子的市场供应量约为 10 000 吨，1 吨橙子大约可以榨汁 0.2 吨。浓缩橙汁的供给足够大，每吨浓缩橙汁可以勾兑为 2 吨橙汁。请构建一个线性规划模型帮助公司制定运营规划，以最大化公司的净利润（即销售收益减去成本）。

解： 我们定义 3 个决策变量：

$$x_1 \triangleq 用于榨汁的橙子吨数$$
$$x_2 \triangleq 用于勾兑的浓缩橙汁吨数$$
$$x_3 \triangleq 销售的橙汁吨数$$

相应的模型如下：

$$\max \quad -200x_1 - 1\,600x_2 + 1\,500x_3 \text{（净利润）}$$
$$\text{s.t.} \quad x_1 \leqslant 10\,000 \qquad \text{（可供应的橙子数量）}$$
$$x_3 \leqslant 15\,000 \qquad \text{（销售量限制）}$$
$$0.2x_1 + 2x_2 = x_3 \qquad \text{（平衡约束）}$$
$$x_1, x_2, x_3 \geqslant 0$$

上述线性规划模型中，目标函数是最大化销售收益和采购成本之间的差值。第 1 个约束是可用于榨汁的橙子的数量限制，第 2 个约束限制了销售量最多为 15 000 吨，第 3 个约束是产品销售中的平衡约束。

4.4 排班和人员规划模型

运营规划模型用于决策生产工作的安排以有效地使用可用资源。在排班或人员规划模型中，在工作量给定的前提下，我们需要规划完成这些工作的资源投入。特别地，我们必须决定不同类型的员工人数和排班数量，以保证完成所有工作量。同样，线性规划模型是解决这类问题的一个有效工具。

□ **应用案例 4-5**

俄亥俄国家银行排班规划

俄亥俄国家银行（The Ohio National Bank，ONB）的支票处理中心遇到了人员的工作分配问题。[⊖] 银行收到的支票上已经印有账号和其他经过加密的识别信息。支票处理中心的操作员需要输入支票上的美元金额，然后计算机统一处理支票金额和其他信息。

每个工作日的傍晚时分是支票到账的高峰期。我们虚构的数据假设到账的支票数量（单位：千张）如下表所示。

时间	到账数量	时间	到账数量
11：00(11A. M.)	10	17：00(5P. M)	32
12：00(noon)	11	18：00(6P. M)	50
13：00(1P. M.)	15	19：00(7P. M)	30
14：00(2P. M.)	20	20：00(8P. M)	20
15：00(3P. M.)	25	21：00(9P. M)	8
16：00(4P. M.)	28	—	—

⊖ L. J. Krajewski，L. P. Ritzman and P. McKenzie (1980)，"Shift Scheduling in Banking Operations：A Case Application," *Interfaces*，10：2, 1-8.

未收现的支票会给银行带来利息损失。因此，及时处理所有支票以便于下一个工作日能收现是非常关键的。ONB 决定强制要求所有支票都必须在 22：00 点前处理完毕。此外，任何时刻待处理的支票数量不得超过 20 000 张。

两类职员能够胜任支票处理的工作。全职员工轮班工作 8 小时，中间有 1 个小时午休时间。兼职员工则每天工作 4 小时，中间没有午休时间。两种轮班方式都能在任一整点时刻开始，并且全职员工还可以安排加班 1 小时。表 4-6 列出了所有可能的排班方式。

表 4-6　ONB 例子中的可能排班方式

开始时间	全职排班			兼职排班							
	11	12	13	11	12	13	14	15	16	17	18
11：00	R	—	—	R	—	—	—	—	—	—	—
12：00	R	R	—	R	R	—	—	—	—	—	—
13：00	R	R	R	R	R	R	—	—	—	—	—
14：00	R	R	R	R	R	R	R	—	—	—	—
15：00	—	R	R	—	R	R	R	R	—	—	—
16：00	R	—	R	—	—	R	R	R	R	—	—
17：00	R	R	—	—	—	—	R	R	R	R	—
18：00	RN	RN	RN	—	—	—	—	RN	RN	RN	RN
19：00	RN	—	RN	—	—	—	—	—	RN	RN	RN
20：00	ON	RN	RN	—	—	—	—	—	—	RN	RN
21：00	—	ON	RN	—	—	—	—	—	—	—	RN

注：R 表示正常上班时间，O 表示可加班，N 表示夜勤。

在我们的分析中，假设全职员工的薪酬是每小时 11 美元，晚上 6 点以后可获得额外 1 美元的"夜勤"补贴，加班薪酬是日常的 150%。兼职员工的薪酬每小时 7 美元，晚上 6 点以后同样可获得 1 美元的"夜勤"补贴。同时，为了控制加班时间，我们要求任何班次中最多只有一半的全职员工可以加班，并且每天的总加班时间不得超过 20 小时。

很自然地，全职员工的工作效率比兼职员的高。我们假设全职操作员每小时能够处理 1 000 张支票，但兼职员工每小时只能处理 800 张支票。

支票处理的最后一步是在编码站。可用的机器数量限制了任一时刻可以工作的员工人数。我们的中心一共有 35 台编码机器。

4.4.1　ONB 的决策变量和目标函数

排班模型的主要决策是各个班次的员工数量。在 ONB 例子中，所有可能的排班方式如表 4-6 所示。比如，其中一个全职班次从上午 11 点开始工作 4 个小时，然后午休 1 个小时，接着继续工作 4 个小时。最后 2 个小时在晚上 6 点以后，因此有夜勤补贴。另外还可以加班 1 个小时。

为方便表示，我们记：

$$h \triangleq （24 \text{ 小时制}）班次开始时间$$

我们定义相应的决策变量：

$x_h \triangleq$ 从 h 时开始的班次的全职员工人数($h = 11$，…，13)

$y_h \triangleq$ 从 h 时开始的班次的加班全职员工人数($h = 11$，12)

$z_h \triangleq$ 从 h 时开始的班次的兼职员工人数($h = 11$，…，18)

我们把各个班次需要支付的工资加起来，即可得到一个最低(每日)成本的目标函数：

$$
\begin{aligned}
\min \quad & 90x_{11} + 91x_{12} + 92x_{13} + 18y_{11} + 18y_{12} + 28z_{11} + 28z_{12} \\
& + 28z_{13} + 28z_{14} + 29z_{15} + 30z_{16} + 31z_{17} + 32z_{18}
\end{aligned}
\tag{4-14}
$$

比如，x_{13} 前的系数表示的是时薪 11 美元正常工作 8 小时加上晚上 6 点后工作 4 小时的额外 4 美元成本，即：

$$
8 \times 11 + 4 \times 1 = 92(\text{美元})
$$

4.4.2 ONB 的约束条件

根据表 4-6，也能直观地描述任何时刻工作人数不得超过 35 人这一约束条件。我们对各个时段中的正常工作全职人员、加班人员以及兼职人员的总数进行限制即可。

$$
\begin{aligned}
x_{11} + z_{11} \quad &\leqslant 35(11\text{:}00 \text{ 机器数量限制}) \\
x_{11} + x_{12} + z_{11} + z_{12} \quad &\leqslant 35(12\text{:}00 \text{ 机器数量限制}) \\
\vdots \qquad\qquad\quad \vdots \qquad &\qquad \vdots \\
y_{11} + x_{12} + x_{13} + z_{17} + z_{18} &\leqslant 35(20\text{:}00 \text{ 机器数量限制}) \\
y_{12} + x_{13} + z_{18} &\leqslant 35(21\text{:}00 \text{ 机器数量限制})
\end{aligned}
\tag{4-15}
$$

加班时间也有限制。任一班次加班人数不能超过该班次全职人员的一半，并且每天所有员工的加班总量不得超过 20 小时。这些限制对应的约束如下：

$$
\begin{aligned}
y_{11} \quad &\leqslant \frac{1}{2}x_{11}(11 \text{ 点班次的加班约束}) \\
y_{12} \quad &\leqslant \frac{1}{2}x_{12}(12 \text{ 点班次的加班约束}) \\
y_{11} + y_{12} &\leqslant 20 \quad (\text{总加班时间约束})
\end{aligned}
\tag{4-16}
$$

4.4.3 覆盖约束

人员规划模型中的主要约束往往体现为一系列的**覆盖约束**(covering constraint)。

定义 4.8 在排班模型中，覆盖约束能够保证任何时间区间选择的班次安排能够提供足够大的能力或产出，以满足该时间区间的需求，即：

$$
\sum_{\text{班次}} (\text{产出／工作人员}) \times \text{在班人数} \geqslant \text{该时间区间的需求}
$$

ONB 例子中的覆盖约束略为复杂。工作的到达以小时为计量单位，但是工作的完成只是要求所有支票在晚上 10 点前处理完毕。为了构建此类问题的覆盖约束，我们需要引入新的决策变量来记录延迟处理的工作量。具体来说，定义：

$$
w_h \triangleq h \text{ 时(24 小时制)未完成的积压工作量(单位:千张)}
$$

那么，ONB 中的覆盖约束可表示如下：

$$1x_{11} + 0.8z_{11} \qquad\qquad \geqslant 10 - w_{12} \quad (11{:}00\text{ 覆盖约束})$$
$$1x_{11} + 1x_{12} + 0.8z_{11} + 0.8z_{12} \qquad \geqslant 11 + w_{12} - w_{13}(12{:}00\text{ 覆盖约束})$$
$$\vdots \qquad\qquad\qquad \vdots \qquad\qquad \vdots \qquad\qquad (4\text{-}17)$$
$$1y11 + 1x_{12} + 1x_{13} + 0.8z_{17} + 0.8z_{18} \geqslant 20 + w_{20} - w_{21} \; (20{:}00\text{ 覆盖约束})$$
$$1y12 + 1x_{13} + 0.8z_{18} \qquad\qquad \geqslant 8 + w_{21} \quad (21{:}00\text{ 覆盖约束})$$

比如，20：00点对应的覆盖约束要求20：00～21：00在班人员的总产出大于等于该小时内到达的20 000张支票（见例4-5开始部分的表）加上前一小时遗留的工作量（w_{20}），再减去可以滞留到下一小时完成的工作量（w_{21}）。

4.4.4　ONB 排班模型

综合(4-14)至(4-17)，再考虑变量类型约束以及所有积压工作的上界20，我们得到ONB排班规划的完整线性规划模型，如表4-7所示。模型最优解的非零取值如下：

$$x_{12}^* = 8.57, \quad x_{13}^* = 12.86, \quad y_{12}^* = 4.29, \quad z_{14}^* = 13.57, \quad z_{16}^* = 5.36,$$
$$z_{17}^* = 7.50, \quad z_{18}^* = 0.71, \quad w_{12}^* = 10.00, \quad w_{13}^* = 12.43,$$
$$w_{14}^* = 6.00, \quad w_{18}^* = 2.29, \quad w_{19}^* = 20.00 \quad w_{20}^* = 17.71, \quad w_{21}^* = 9.71$$

简言之，全职人员的上班时间尽量安排在较早的时候，兼职人员的上班时间从14：00开始。模型的最优总成本是每天2 836美元。

表 4-7　ONB 排班应用的线性规划模型

min	$90x_{11} + 91x_{12} + 92x_{13} + 18y_{11} + 18y_{12} + 28z_{11} + 28z_{12}$		（总成本）
	$+ 28z_{13} + 28z_{14} + 29z_{15} + 30z_{16} + 31z_{17} + 32z_{18}$		
s. t.	$x_{11} + z_{11}$	$\leqslant 35$	（11：00 机器数量限制）
	$x_{11} + x_{12} + z_{11} + z_{12}$	$\leqslant 35$	（12：00 机器数量限制）
	$x_{11} + x_{12} + x_{13} + z_{11} + z_{12} + z_{13}$	$\leqslant 35$	（13：00 机器数量限制）
	$x_{11} + x_{12} + x_{13} + z_{11} + z_{12} + z_{13} + z_{14}$	$\leqslant 35$	（14：00 机器数量限制）
	$x_{12} + x_{13} + z_{12} + z_{13} + z_{14} + z_{15}$	$\leqslant 35$	（15：00 机器数量限制）
	$x_{11} + x_{13} + z_{13} + z_{14} + z_{15} + z_{16}$	$\leqslant 35$	（16：00 机器数量限制）
	$x_{11} + x_{12} + z_{14} + z_{15} + z_{16} + z_{17}$	$\leqslant 35$	（17：00 机器数量限制）
	$x_{11} + x_{12} + x_{13} + z_{15} + z_{16} + z_{17} + z_{18}$	$\leqslant 35$	（18：00 机器数量限制）
	$x_{11} + x_{12} + x_{13} + z_{16} + z_{17} + z_{18}$	$\leqslant 35$	（19：00 机器数量限制）
	$y_{11} + x_{12} + x_{13} + z_{17} + z_{18}$	$\leqslant 35$	（20：00 机器数量限制）
	$y_{12} + x_{13} + z_{18}$	$\leqslant 35$	（21：00 机器数量限制）
	y_{11}	$\leqslant \frac{1}{2}x_{11}$	（11：00 班次的加班约束）
	y_{12}	$\leqslant \frac{1}{2}x_{12}$	（12：00 班次的加班约束）
	$y_{11} + y_{12}$	$\leqslant 20$	（总加班时间）
	$1x_{11} + 0.8z_{11}$	$\geqslant 10 - w_{12}$	（11：00 覆盖约束）
	$1x_{11} + 1x_{12} + 0.8z_{11} + 0.8z_{12}$	$\geqslant 11 + w_{12} - w_{13}$	（12：00 覆盖约束）
	$1x_{11} + 1x_{12} + 1x_{13} + 0.8z_{11} + 0.8z_{12} + 0.8z_{13}$	$\geqslant 15 + w_{13} - w_{14}$	（13：00 覆盖约束）
	$1x_{11} + 1x_{12} + 1x_{13} + 0.8z_{11} + 0.8z_{12} + 0.8z_{13} + 0.8z_{14}$	$\geqslant 20 + w_{14} - w_{15}$	（14：00 覆盖约束）
	$1x_{12} + 1x_{13} + 0.8z_{12} + 0.8z_{13} + 0.8z_{14} + 0.8z_{15}$	$\geqslant 25 + w_{15} - w_{16}$	（15：00 覆盖约束）
	$1x_{11} + 1x_{13} + 0.8z_{13} + 0.8z_{14} + 0.8z_{15} + 0.8z_{16}$	$\geqslant 28 + w_{16} - w_{17}$	（16：00 覆盖约束）
	$1x_{11} + 1x_{12} + 0.8z_{14} + 0.8z_{15} + 0.8z_{16} + 0.8z_{17}$	$\geqslant 32 + w_{17} - w_{18}$	（17：00 覆盖约束）
	$1x_{11} + 1x_{12} + 1x_{13} + 0.8z_{15} + 0.8z_{16} + 0.8z_{17} + 0.8z_{18}$	$\geqslant 50 + w_{18} - w_{19}$	（18：00 覆盖约束）
	$1x_{11} + 1x_{12} + 1x_{13} + 0.8z_{16} + 0.8z_{17} + 0.8z_{18}$	$\geqslant 30 + w_{19} - w_{20}$	（19：00 覆盖约束）
	$1y_{11} + 1x_{12} + 1x_{13} + 0.8z_{17} + 0.8z_{18}$	$\geqslant 20 + w_{20} - w_{21}$	（20：00 覆盖约束）
	$1y_{12} + 1x_{13} + 0.8z_{18}$	$\geqslant 8 + w_{21}$	（21：00 覆盖约束）
	所有变量 $w_h \leqslant 20$		
	所有变量 $w_h, x_h, y_h, z_h \geqslant 0$		

我们又一次得到了一个结果包含小数的解决方案，但是员工数量显然必须取整数。管理者需要对上述线性规划的最优解进行四舍五入以得到一个相对满意的方案。虽然如此，但四舍五入造成的优化误差一般都会落在到达的支票数量和其他数据的变动范围之内。除非某个班次的人员数量处于 0～2 这样的小范围内，我们的线性规划模型(4-7)是一个不错的近似，因为它非常方便求解。

例 4-6 构建排班线性规划

政府机构的文职人员每周工作 4 天，每天工作 10 小时，有以下 3 种工作模式：

$j=1$	周一—周三—周四—周五
$j=2$	周一—周二—周四—周五
$j=3$	周一—周二—周三—周五

请构造一个线性规划模型来确定需要的最少职员人数，要求保证周一至少 10 人上班，周五至少 9 人上班，周二至周四至少 7 人上班。

解：我们设定如下决策变量：

$$x_j \triangleq \text{工作模式 } j \text{ 中的职员数}$$

相应的线性规划模型如下：

$$
\begin{aligned}
\min \quad & x_1 + x_2 + x_3 && \text{（总职员数）} \\
\text{s. t.} \quad & x_1 + x_2 + x_3 \geqslant 10 && \text{（周一的覆盖约束）} \\
& x_2 + x_3 \geqslant 7 && \text{（周二的覆盖约束）} \\
& x_1 \quad\quad + x_3 \geqslant 7 && \text{（周三的覆盖约束）} \\
& x_1 + x_2 \quad\quad \geqslant 7 && \text{（周四的覆盖约束）} \\
& x_1 + x_2 + x_3 \geqslant 9 && \text{（周五的覆盖约束）} \\
& x_1, x_2, x_3 \geqslant 0
\end{aligned}
$$

上述线性规划模型中，目标是最小化总职员数，约束条件体现了每个工作日上班人数的需求。

4.5 多阶段模型

到目前为止，本章中我们构建的只是静态模型——所有的规划都只针对单一时间区间。但是大多情况下，线性规划问题是动态的或者是涉及多个时间阶段的，因为它们处理的是随时间变化的情形。在这一节中，我们将介绍**多阶段**(time-phased)模型。

□应用案例 4-6

食品服务机构的现金流管理

几乎任何类型的线性规划模型都可能涉及多阶段的决策，但时间依赖性最强的要属现金流(cash flow)管理。⊖任何企业都需要记录其现金的流入和流出，必要时

⊖ A. A. Robichek，D. Teichroew，and J. M. Jones(1965)，"Optimal Short Term Financing Decision," *Management Science*，12，1-36.

融资，明智时投资。

我们通过一家虚构的食品服务机构(Institutional Food Services，IFS)来说明这类模型中涉及的问题。食品服务机构给饭店、学校和其他类似机构供应食品和其他商品。表 4-8 列出了 IFS 在未来 8 周内的预期账目（单位：千美元）。

$s_t \triangleq$ 第 t 周面向小客户的预期现金销售收入

$r_t \triangleq$ 第 t 周面向大客户的预期应收账款

$p_t \triangleq$ 第 t 周支付给 IFS 供应商的预期应付账款

$e_t \triangleq$ 第 t 周预期支付的工资、水电费和其他开支

表 4-8　IFS 现金流例子的相关数据

项目	每周的预期金额数量（单位：千美元）							
	1	2	3	4	5	6	7	8
现金销售，s_t	600	750	1 200	2 100	2 250	180	330	540
应收账款，r_t	770	1 260	1 400	1 750	2 800	4 900	5 250	420
应付账款，p_t	3 200	5 600	6 000	480	880	1 440	1 600	2 000
费用支出，e_t	350	400	550	940	990	350	350	410

现金销售和应收账款能及时入账到 IFS 的支票账户，费用支出也会及时扣除。数额为 p_t 的应付账款的截止日期是第 $t+3$ 周，但是如果在 t 周立马付清，可以得到 2% 的折扣。

随着假期的到来，表 4-8 中的数值随着时间的推移巨幅波动。除了应付账款可以自由选择何时支付，IFS 的财务总监还有两种方式来解决可能存在的现金流困难。首先，公司可以向银行借款；信用贷款上限为 400 万美元，周利率 0.2%。但是，银行要求 IFS 的支票账户余额至少保持在当前贷款额的 20%（无利息）。此外，公司可以将多余的现金投资在短期货币市场上，其对应的周投资回报率是 0.1%。

财务总监希望在保证支票账户余额至少为 20 000 美元的前提下，最小化净利息成本和折扣损失。我们的任务是帮助其优化现金流的管理。

4.5.1　多阶段模型的决策变量

在多时间阶段模型中时间总是其中一个指标维度，因为常量参数和决策变量在每个阶段都会重复。在我们的 IFS 例子中，时间是唯一的指标维度。3 种现金流管理选项对应的决策变量定义如下（单位：千美元）。

$g_t \triangleq$ 第 t 周的贷款金额

$h_t \triangleq$ 第 t 周偿还的贷款金额

$w_t \triangleq$ 第 t 周推迟到第 $t+3$ 周支付的应付账款金额

$x_t \triangleq$ 第 t 周在短期货币市场的投资金额

为了建模方便，我们同时定义：

$y_t \triangleq$ 第 t 周累计的银行欠款

$z_t \triangleq$ 第 t 周手头的现金

这两组变量可以通过上面定义的其他变量来表示，但引入中间变量可以使约束条件的表达更加简便。

4.5.2 多阶段的平衡约束

虽然多阶段模型中各阶段的决策是分别制定的，但是不同阶段的决策几乎不可能是彼此独立的。一个阶段的决策总是会对后续阶段的决策产生影响。

不同阶段决策变量之间的交互作用往往可以通过类似于定义 4.7 中的平衡约束进行刻画。

原理 4.9 多阶段模型通常可以采用下面形式的平衡约束来连接不同阶段的决策：

周期 t 的初始水平 ＋ 周期 t 内决策的影响 ＝ 周期 $t+1$ 的初始水平

通过上述约束，可以记录从各周期 t 到下一个周期指标的变化。

在 IFS 例子中，主要有两个指标可以采用上述方式进行描述，即现金和负债。为了构建所需平衡约束，我们先列出每周的现金增量和减量。

现金增量	现金减量
第 t 周的借款金额	第 t 周的还款金额
第 $t-1$ 周投资的本金	第 t 周的投资金额
第 $t-1$ 周投资获得的利息回报	第 $t-1$ 周借款的利息费用
第 t 周的现金销售	第 t 周支付的开支
第 t 周的应收账款	第 t 周支付的当期应付账款(有折扣)
	第 t 周支付的第 t-3 周的应付账款(无折扣)

采用上面定义的符号，这些现金增量和减量带来了下列平衡约束：

$$z_{t-1} + g_t - h_t + x_{t-1} - x_t + 0.001x_{t-1} - 0.002y_{t-1}$$
$$+s_t - e_t + r_t - 0.98(p_t - w_t) - w_{t-3} = z_t \quad t = 1,\cdots,8 \quad \text{(现金平衡)}$$

(所有下标不为 1～8 的符号取值都为 0)

类似地，我们可以描述累计负债的变动：新的借款会增加借贷量，还款则减少借贷量。

$$y_{t-1} + g_t - h_t = y_t \quad t = 1,\cdots,8 \quad \text{(负债平衡)}$$

例 4-7 构建不同周期的平衡约束

假设某线性规划模型的决策变量为：

$$x_q \triangleq \text{第 } q \text{ 季度生产的雪铲数量(单位:千)}$$
$$i_q \triangleq \text{第 } q \text{ 季度末雪铲的存货数量(单位:千)}$$

需要满足的第 1～4 季度的市场需求分别为 11 000、48 000、64 000 和 15 000。假设第 1 季度的期初库存为 0，请写出 4 个季度雪铲的平衡约束。

解： 根据原则 4.9，平衡约束的形式为：

期初存货 ＋ 生产量 ＝ 需求 ＋ 期末存货

考虑到第 1 季度的期初存货为 0，我们有：

$$0 + x_1 = 11 + i_1 (第 1 季度)$$
$$i_1 + x_2 = 48 + i_2 (第 2 季度)$$
$$i_2 + x_3 = 64 + i_3 (第 3 季度)$$
$$i_3 + x_4 = 15 + i_4 (第 4 季度)$$

4.5.3 IFS 的现金流模型

IFS 例子的完整线性规划模型如下：

$$\min \quad 0.002 \sum_{t=1}^{8} y_t + 0.02 \sum_{t=1}^{8} w_t - 0.001 \sum_{t=1}^{8} x_t \qquad (净利息)$$

$$\begin{aligned}
\text{s.t.} \quad & z_{t-1} + g_t - h_t + x_{t-1} - x_t + 0.001 x_{t-1} - 0.002 y_{t-1} \\
& \quad + s_t - e_t + r_t - 0.98(p_t - w_t) - w_{t-3} = z_t & t = 1, \cdots, 8 (现金平衡) \\
& y_{t-1} + g_t - h_t = y_t & t = 1, \cdots, 8 (负债平衡) \\
& y_t \leqslant 4\,000 & t = 1, \cdots, 8 (信用额度限制) \\
& z_t \geqslant 0.20 y_t & t = 1, \cdots, 8 (银行规定) \\
& w_t \leqslant p_t & t = 1, \cdots, 8 (支付限制) \\
& z_t \geqslant 20 & t = 1, \cdots, 8 (储备金平衡) \\
& g_t, h_t, w_t, x_t, y_t, z_t \geqslant 0 & t = 1, \cdots, 8 (变量类型)
\end{aligned}$$

$$(4\text{-}18)$$

模型的目标函数是最小化利息费用加上折扣损失，再减去利息收入。除了上面构建的现金和负债两类平衡约束外，其他约束还包括信用额度的上限、银行规定至少应该持有借款金额 20% 的现金、延迟支付的应付账款必须在表 4-8 列出的取值范围内，以及账户的安全余额至少为 20 000 美元。所有下标不在 1～8 范围内的符号取值均为 0。

表 4-9 给出了模型的一个最优方案，8 周的净利息和折扣损失为 158 492 美元。

表 4-9 IFS 现金流问题的最优解

决策变量	每周的最优数量（单位：千美元）							
	1	2	3	4	5	6	7	8
借款，g_t	100.0	505.7	3 394.3	0.0	442.6	0.0	0.0	0.0
还款，h_t	0.0	0.0	0.0	442.5	0.0	2 715.3	1 284.7	0.0
延期应付款，w_t	2 077.6	3 544.5	1 138.5	0.0	0.0	0.0	0.0	0.0
短期投资，x_t	0.0	0.0	0.0	0.0	0.0	0.0	2 611.7	1 204.3
累计负债，y_t	100.0	505.7	4 000.0	3 557.4	4 000.0	1 284.7	0.0	0.0
累计现金，z_t	20.0	121.1	800.0	711.5	800.0	256.9	20.0	20.0

4.5.4 时间区间

时间区间确定了多阶段模型中时间周期的范围。比如，IFS 现金流例子中采用的是固定时间区间 1 至 8，因为我们的模型只考虑了 8 周。

当然，在模型考虑的 8 周时间范围外（之前和之后），IFS 的运营中也需要规划其相应的现金流。因此，我们使用固定时间区间时需要特别注意边界时间点。

具体来说，模型(4-18)中假设所有时间区间外的变量取值均为 0。因此，IFS 第 1 周的现金余额 z_0 为 0、负债 y_0 为 0、短期投资 x_0 为 0。如果这些边界值发生变化，表 4-9 中的最优解可能会发生巨大的变化。为了构建一个更加有效的模型，对这些参数值进行合理估计并包含到第 1 周的平衡方程中是十分必要的。

在时间区间的另一个边界处也有类似的问题。根据表 4-9 中的最优解，虽然最后几周不延期支付，但这个解很可能是不对的。事实上，最后 3 周延期支付的账款根本就不需要支付了，因为其账款截止日期 $(t+3)$ 已经落到了模型所考虑的时间区间之外。

涉及时间区间时，为了得到有效的结果，这些问题都需要格外注意。

原理 4.10　在大多数多阶段模型中，虽然采用固定的时间区间是有必要的，但是在建模和解释期初和期末两个时间点附近的现象时需要多加注意。

一种可以避免固定时间区间边界问题的方法是采用无限时间区间模型。无限时间区间模型往往将最后一周期的输出状态汇总起来作为第一周期的输入条件。这样的好处是，虽然只需对有限几个周期进行明确建模，但是可以无限地运行下去。

原理 4.11　通过将模型中建立的第一个明确的周期当作紧邻最后一个周期来进行处理，无限时间区间模型可以避免有限时间区间模型中存在的边界问题。

在我们的 IFS 例子中，无限时间区间模型认为 $t=1$ 周是紧邻在 $t=8$ 周之后的。因此，对应 $t=1$ 周的负债平衡约束为：

$$y_8 + g_1 - h_1 = y_1$$

例 4-8　构建时间区间模型

回到例 4-7 中的雪铲问题，考虑下列边界库存假设，请分别写出 4 个季度的平衡约束。

(a) 时间区间是固定的 4 个季度，第 1 季度的初始库存为 9 000 个雪铲。

(b) 时间区间是无限的，把第 1 季度当作紧邻第 4 季度处理。

解：

(a) 考虑初始库存=9，所需的平衡约束如下：

$$9 + x_1 = 11 + i_1 \text{（第 1 季度）}$$
$$i_1 + x_2 = 48 + i_2 \text{（第 2 季度）}$$
$$i_2 + x_3 = 64 + i_3 \text{（第 3 季度）}$$
$$i_3 + x_4 = 15 + i_4 \text{（第 4 季度）}$$

(b) 将第 4 季度的存货和第 1 季度关联起来，得到平衡约束如下：

$$i_4 + x_1 = 11 + i_1 \text{（第 1 季度）}$$
$$i_1 + x_2 = 48 + i_2 \text{（第 2 季度）}$$
$$i_2 + x_3 = 64 + i_3 \text{（第 3 季度）}$$
$$i_3 + x_4 = 15 + i_4 \text{（第 4 季度）}$$

4.6 可线性化的非线性目标模型

因为线性规划模型具备第 3 章中所提及的所有便于处理的特征,在可适用性相近时(2.4 节的原理 2.31),线性规划模型总是比非线性模型更受欢迎。非线性通常是无法避免的,但是也有例外。

在这一节中,我们会介绍一些目标函数是**极小化极大**(minimax)、**极大化极小**(maximin),以及**最小化偏差**(min deviation)的模型,这些目标函数初看是非线性的,但通过适当转化依然可以通过线性目标函数和线性约束来构建模型。有兴趣的读者也可以参考17.9 节中对可分割非线性规划的相关讨论。

□ **应用案例 4-7**

高速公路巡逻队

这是南部某州的高速公路巡逻队(Highway Patrol)遇到的一个真实的资源分配问题。[⊖]巡逻队希望把巡逻员(On-Duty Officer)分配到不同的高速公路段上,以最大限度地降低超速。

表 4-10 的前两行列出了可用的数据类型。为方便表示,我们记:

$$j \triangleq 高速公路路段编号(j = 1, \cdots, 8)$$

表 4-10 高速公路巡逻队例子的相关数据和最优解

	高速路段 j 的值							
	1	2	3	4	5	6	7	8
巡逻员人数上限,u_j	4	8	5	7	6	5	6	4
超速降低潜力,r_j	11	3	4	14	2	19	10	13
最大化总和最优解,x_j^*	4.00	0.00	0.00	7.00	0.00	5.00	5.00	4.00
最大化最小最优解,x_j^*	1.09	4.00	3.00	0.86	6.00	4.85	1.20	4.00

假设巡逻队每周需要分配的巡逻员有 25 人。通过分析历史数据,可以估算每个路段的下面两组数据:

$$u_j \triangleq 每周分配到路段 j 的巡逻员的人数上限$$

$$r_j \triangleq 每增加一名巡逻员路段 j 能够降低的超速潜力$$

超速降低潜力(reduction potential)高,说明在该路段安排一名巡逻员是高度有效的。在实际应用中,超速降低潜力值是通过直接比较有巡逻员和无巡逻员情形下的路段交通速度来计算的。

4.6.1 最大化总和的高速公路巡逻模型

很显然,我们的高速公路巡逻队分配模型的决策变量为:

⊖ D. T Phillips and G. L. Hogg(1979),"The Algorithm That Bonverged Too Fast," *Interfaces*,9:5,90-93.

$$x_j \triangleq 每周分配到路段 j 的巡逻人数$$

对应的线性规划模型是：

$$
\begin{aligned}
\max \quad & \sum_{j=1}^{8} r_j x_j && (总超速降低潜力) \\
\text{s.t.} \quad & \sum_{j=1}^{8} x_j \leqslant 25 && (可用的巡逻人员) \\
& x_j \leqslant u_j \quad j=1,\cdots,8 && (上限约束) \\
& x_j \geqslant 0 \quad j=1,\cdots,8 && (非负约束)
\end{aligned}
\tag{4-19}
$$

上述模型的目标函数是**最大化总和**(maxisum)，因为模型要使得不同路段的超速降低总和最大化(类似地，如果目标函数是最小化，那么被叫作**最小化总和**，minisum)。模型的主要约束是可分配的巡逻人数为 25，以及各路段可安排的巡逻人数上限。表 4-10 的第 3 行中给出的是最大化总和模型(4-19)的一个最优解，其对应的总超速降低潜力值为 339。

4.6.2 极小化极大和极大化极小目标函数

注意，在表 4-10 列出的最大化总和的最优解中，除了一个决策变量外，其他所有决策变量的取值不是 0 就是该路段可分配巡逻人员的上限。对此结果略做思考可以发现，如果约束条件类似于模型(4-19)中的简单形式，最大化总和模型求解得到的结果总会是这样的。

为了使分配方案更加均衡，有时我们会倾向于采用极小化极大或者极大化极小的目标函数。

定义 4.12 **极小化极大**(minimize the maximum)或者**极大化极小**(maximize the minimum)的目标函数可以描述通过最差状况(而不是总绩效)来度量表现的情形。

下面我们聚焦于最不满意的结果，而不是考虑整体的最优。

4.6.3 非线性的极大化极小高速公路巡逻队模型

采用极大化极小的方式，高速公路巡逻队分配模型构建如下：

$$\max \quad f(x_1,\cdots,x_8) \triangleq \min\{r_j x_j : j=1,\cdots,8\} \quad (极大化极小超速降低潜力)$$

$$
\begin{aligned}
\text{s.t.} \quad & \sum_{i=1}^{8} x_j \leqslant 25 && (可用的巡逻人员) \\
& x_j \leqslant u_j \quad j=1,\cdots,8 && (上限约束) \\
& x_j \geqslant 0 \quad j=1,\cdots,8 && (非负性)
\end{aligned}
\tag{4-20}
$$

在上述模型中，目标函数是使得所有路段中超速降低潜力最低的路段的超速降低潜力最大化。

注意，(4-20)是一个非线性规划模型(定义 2.14)。这里，约束条件依然是线性的，但目标函数不再是决策变量的加权和。然而，这个非线性模型比追求最大化总和的模型(4-19)更加合理，因为每个路段的超速降低都得到了控制。表 4-10 的最后一行列出了这个极大化极小模型的最优解；可以看出，这里的最优分配方案在不同路段更加均衡。每个路段的超速降低潜力都至少为 12。

4.6.4 线性化极小化极大和极大化极小目标函数

类似(4-20)的简单模型，非线性的目标函数可能不会增加太多的计算复杂度。值得庆幸的是，即使是更加复杂的模型，我们也不会牺牲计算的简便性。通过对模型(4-20)的非线性目标函数进行变形，我们可以构建一个与之等价的线性规划模型。

我们只需引入一个新的连续变量：

$$f \triangleq 目标函数值$$

然后在添加一系列线性约束(f 小于等于 min 中的每一项)的前提下最大化 f 的值。

原理 4.13 极小化极大或者极大化极小的目标函数可以通过引入一个新的决策变量 f 来表示目标函数的值。在极小化极大中，在保证 $f \geqslant$ max 中任一元素的前提下最小化 f；在极大化极小中，在保证 $f \leqslant$ min 中任一元素的前提下最大化 f。

4.6.5 极大化极小高速公路巡逻队模型的线性化变换

应用原理 4.13，可以将追求极大化极小高速公路巡逻队的模型转换为如下线性规划模型：

$$
\begin{aligned}
\max \quad & f && (超速降低潜力最大化) \\
\text{s.t.} \quad & f \leqslant r_j x_j && j = 1, \cdots, 8 (f \leqslant 每一项) \\
& \sum_{j=1}^{8} x_j \leqslant 25 && (可用的巡逻人员) \\
& x_j \leqslant u_j && j = 1, \cdots, 8 (上限约束) \\
& x_j \geqslant 0 && j = 1, \cdots, 8 (非负性)
\end{aligned} \tag{4-21}
$$

无正负号限制的 f 是目标函数中的唯一变量，这使得目标函数呈线性。新加入的线性约束保证 f 不大于所有的 $r_j x_j$。

原理 4.13 的转换是等价的，因为模型(4-21)的任何最优解必定满足：

$$f^* = \min\{r_j x_j^* : j = 1, \cdots, 8\}$$

新的约束条件保证了：

$$f^* \leqslant \min\{r_j x_j^* : j = 1, \cdots, 8\}$$

如果 f 严格小于 $r_j x_j^*$ 的最小值，那么它可以通过提升来进一步改进目标函数值。

例 4-9 极小化极大目标函数

假设某规划问题的决策变量为 x_1，x_2 和 x_3。该公司在两条组装线的生产时间分别为：

$$3x_1 + 2x_2 + 1x_3, 1x_1 + 5x_2$$

不妨设其他所有约束均为线性，请构造一个目标函数并添加必要的线性约束，来最小化两条组装线的最大生产时间。

解： 根据原理 4.13，我们引入一个新的自由变量 f 并建立目标函数：

$$\min f$$

为了使得该最小值是最大值，我们添加下面两个约束：

$$f \geqslant 3x_1 + 2x_2 + 1x_3$$
$$f \geqslant 1x_1 + 5x_2$$

☐**应用案例 4-8**

VP 公司的选址问题

下面介绍另一类常见的可线性化的非线性目标函数。我们考虑 Virginia Pre-stress(简称 VP)公司遇到的选址问题。[⊖]VP 正计划生产一种新的产品：混凝土电杆。该产品的生产需要两块新的场地：一块用于混凝土浇筑，另一块用于储存成品。

图 4-2 给出了我们虚构的选址问题的平面图。实际生产中，这两个新厂房彼此交互，同时它们还需要与现有的三项运作有机协同：混凝土配料设施(用于准备预混料)、钢材区(用于生产高强度的钢)，以及出港口(用于产成品的运输出厂)。3 块已有厂区的位置分布如图中坐标系所示，右边的表中相应列出了厂区间搬运物料所需的成本。比如，仓库和运输出口的距离每增加 1 英尺，其涉及的起重机活动将增加费用 0.40 美元。我们需要为新增的两个厂区选择合适的位置，使得物料处理成本最小化。

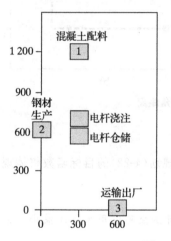

物料运输成本 （美元/英尺）	电杆浇注	电杆仓储
1：电杆浇注	—	—
2：电杆仓储	4.00	—
3：混凝土配料	1.10	—
4：钢材生产	0.70	0.65
5：运输出厂		0.40

图 4-2　VP 公司选址例子

4.6.6　非线性 VP 选址模型

很显然，在 VP 选址问题中的主要决策变量为：

$$x_j \triangleq 新设施 \ j \ 的横坐标$$
$$y_j \triangleq 新设施 \ j \ 的纵坐标$$

我们希望能够找到合适的 x_1，y_1，x_2，y_2，使得各厂区之间的距离乘以单位距离物料处理成本的总和最小。采用图 4-2 中的数据，我们得到模型如下：

⊖　R. F. Love and L. Yerex(1976)，"An Application of a Facilities Location Model in the Prestressed Concrete Industry," *Interfaces*，6：4，45-49.

$$\min \quad 4.00d(x_1, y_1, x_2, y_2) + 1.10d(x_1, y_1, 300, 1\,200)$$
$$+ 0.70d(x_1, y_1, 0, 600) + 0.65d(x_2, y_2, 0, 600) \quad (\text{处理成本}) \quad (4\text{-}22)$$
$$+ 0.40d(x_2, y_2, 600, 0)$$

其中：

$$d(x_j, y_j, x_k, y_k) \triangleq (x_j, y_j) \text{ 到 } (x_k, y_k) \text{ 的距离}$$

上述模型中，没有任何约束条件的限制。

如果我们用图 4-3a 所示的直线或欧几里得（Euclidean）方法来计算点和点之间的距离，模型(4-22)不可避免地是非线性的。$^{\ominus}$然而，在厂区规划问题中采用图 4-3b 所示的折线方式来计算距离通常是更加合理的。物料的移动路径往往是沿着 x 轴或 y 轴的方向进行的。因此，运输距离可以用下面的公式来表示：

$$d(x_j, y_j, x_k, y_k) \triangleq |x_j - x_k| + |y_j - y_k| \quad (4\text{-}23)$$

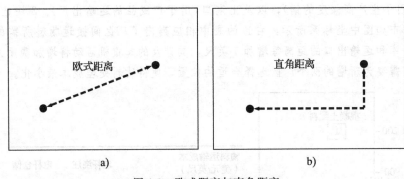

图 4-3　欧式距离与直角距离

4.6.7　最小化偏差式的目标函数

如果采用式(4-23)中的直角距离来度量，数学规划(4-22)的目标函数将体现为最小化偏差的形式。

定义 4.14　**最小偏差**（min deviation）式的目标函数可以用来描述最小化若干变量对之间差的绝对值的加权和（系数为正）。

这个例子中，我们将最小化加权的运输距离（权重为成本）。

4.6.8　最小偏差目标函数的线性化变换

任何一个最小偏差函数，如果是线性函数的差的绝对值的正加权和，则都可以转换为一个线性模型。我们引入一些新的偏差变量来描述相应的差值即可。

原理 4.15　假设最小偏差目标函数中包含 $|p(x) - q(x)|$，其中 $p(x)$ 和 $q(x)$ 为线性函数。我们可以①引入新的非负偏差变量 s^+ 和 s^-，②添加新的约束条件：

$$p(x) - q(x) = s^+ - s^-$$

$\ominus$　相似的例子参见 3.1 节的 Dclub 模型。

③目标函数中的 $|p(x)-q(x)|$ 用 $s^+ + s^-$ 替代，从而将最小偏差目标函数转化为线性函数。

4.6.9 VP 选址模型的线性化变换

采用直角距离来度量，我们 VP 选址模型(4-22)的目标函数为：

$$\min \quad 4.00|x_1-x_2|+4.00|y_1-y_2|+1.10|x_1-300|$$
$$+1.10|y_1-1\,200|+0.70|x_1-0|+0.70|y_1-600|$$
$$+0.65|x_2-0|+0.65|y_2-600|+0.40|x_2-600|$$
$$+0.40|y_2-0|$$

应用原理 4.15，我们为目标函数中的每项 $i=1,\cdots,10$ 引入一对偏差变量：

$$s_i^+ \triangleq 第\,i\,项绝对值中的正偏差$$
$$s_i^- \triangleq 第\,i\,项绝对值中的负偏差$$

我们可以采用下列线性规划来解决 VP 的选址问题：

$$\min \quad 4.00(s_1^+ + s_1^-)+4.00(s_2^+ + s_2^-)+1.10(s_3^+ + s_3^-)$$
$$+1.10(s_4^+ + s_4^-)+0.70(s_5^+ + s_5^-)+0.70(s_6^+ + s_6^-)$$
$$+0.65(s_7^+ + s_7^-)+0.65(s_8^+ + s_8^-)+0.40(s_9^+ + s_9^-)+0.40(s_{10}^+ + s_{10}^-)$$

$$\text{s.t.} \quad
\begin{aligned}
x_1 - x_2 &= s_1^+ - s_1^- \quad (第\,1\,项)\\
y_1 - y_2 &= s_2^+ - s_2^- \quad (第\,2\,项)\\
x_1 - 300 &= s_3^+ - s_3^- \quad (第\,3\,项)\\
y_1 - 1\,200 &= s_4^+ - s_4^- \quad (第\,4\,项)\\
x_1 - 0 &= s_5^+ - s_5^- \quad (第\,5\,项)\\
y_1 - 600 &= s_6^+ - s_6^- \quad (第\,6\,项)\\
x_2 - 0 &= s_7^+ - s_7^- \quad (第\,7\,项)\\
y_2 - 600 &= s_8^+ - s_8^- \quad (第\,8\,项)\\
x_2 - 600 &= s_9^+ - s_9^- \quad (第\,9\,项)\\
y_2 - 0 &= s_{10}^+ - s_{10}^- \quad (第\,10\,项)\\
s_i^+, s_i^- &\geqslant 0 \quad i=1,\cdots,10
\end{aligned}$$

(4-24)

注意：新的(线性)约束将最小偏差中的每个绝对差项都采用相应的非负偏差变量来代替。于是，目标函数是使得这些偏差变量的加权和(而不是差)最小化。

新厂区的最优选址如下：

$$x_1^* = x_2^* = 300$$
$$y_1^* = y_2^* = 600$$

相应地，各个偏差变量的取值为：

$$s_1^{+*}=0, \quad s_2^{+*}=0, \quad s_3^{+*}=0, \quad s_4^{+*}=0, \quad s_5^{+*}=300$$
$$s_1^{-*}=0, \quad s_2^{-*}=0, \quad s_3^{-*}=0, \quad s_4^{-*}=600, \quad s_5^{-*}=0$$
$$s_6^{+*}=0, \quad s_7^{+*}=300, \quad s_8^{+*}=0, \quad s_9^{+*}=0, \quad s_{10}^{+*}=600$$
$$s_6^{-*}=0, \quad s_7^{-*}=0, \quad s_8^{-*}=0, \quad s_9^{-*}=300, \quad s_{10}^{-*}=0$$

那么，为什么原理 4.15 的变形是等价的呢？因为对任何一项而言，如果 $s_i^+ > 0$ 和

$s_i^- > 0$ 同时成立，那么这个解一定不是最优的。比如，VP 模型(4-24)中的第 4 项对应的约束如下：

$$y_1^* - 1\,200 = 600 - 1\,200 = -600 = s_4^+ - s_4^-$$

有很多 s_4^+ 和 s_4^- 都满足这个约束，但是目标函数更倾向于它们之和最小，即：

$$s_4^{+*} = 0, \quad s_4^{-*} = 600$$

由于最优解中每对偏差量最多只有一个为正，它们的差值总是等于其绝对差值。

例 4-10 构建最小偏差目标函数

假设某款车涉及三个设计参数：x_1，x_2，x_3；其相应的速度和重量分别表示为：

$$4x_1 - x_2 + 7x_3 \text{ 和 } 9x_1 - 10x_2 + x_3$$

假设所有其他约束都是线性的。请构建一个线性规划模型来优化车辆的设计，使得车速尽量接近 100，同时车重尽量接近 150。

解： 根据原理 4.15，我们定义速度的偏差变量 s_1^+ 和 s_1^-，车重的偏差变量 s_2^+ 和 s_2^-。于是，目标函数为：

$$\min \quad s_1^+ + s_1^- + s_2^+ + s_2^- \text{（总偏差）}$$

相应的约束为：

$$
\begin{aligned}
4x_1 \quad - x_2 + 7x_3 - 100 &= s_1^+ - s_1^- \text{（速度）} \\
9x_1 - 10x_2 \quad + x_3 - 150 &= s_2^+ - s_2^- \text{（重量）} \\
s_1^+, s_1^-, s_2^+, s_2^- \quad &\geqslant 0
\end{aligned}
$$

4.7 随机规划

1.6 节中我们介绍了确定模型和随机模型的区别。为了简化描述和便于计算，确定模型假设所有的参数值都是已知并且确定的，虽然它们在实际应用中往往需要估计得到。随机模型则包含概率性参数，即随机变量的概率分布是已知的，在优化决策变量时，需要考虑到参数所有可能的取值。

本书讨论的大多数都是确定模型，如果读者对随机模型感兴趣，可以参阅其他资料。尽管如此，有一些随机模型从本质上讲仍然可以描述为确定模型。下面，我们介绍一个随机规划的线性规划版本，即两阶段随机规划问题。

定义 4.16 如果一个优化模型中涉及的决策变量可以划分为两个阶段，那么该优化模型可以称之为两阶段随机规划。第一阶段需要在随机变量的实际取值未知时做决策，第二阶段则在随机变量的取值实现后做决策。

我们采用一个虚构的例子来具体说明。

□**应用案例 4-9**

快 速 救 援

应急管理局（Emergency Management Agency）的快速救援（The Quick Aid,

QA)部门正在建立一个急救物流网,以便及时地为美国海岸遭受飓风袭击的灾民提供内含急救物品和食品的生存包。生存包提前存放在3个租用的仓库中。一旦飓风来袭,生存包会被迅速运送到海岸附近的4个灾民集中安置点。

快速救援中心希望找到能最小化成本的方案,以应对每年可能发生的4次风暴。仓库中一共储备了100万个生存包,以备灾害发生时送往各个灾区安置点。在各个仓库储存生存包的库存费用和运输到各安置点的运输费用如下表所示。

仓库	库存费用	运输费用			
		$j=1$	$j=2$	$j=3$	$j=4$
$i=1$	7.20	2.25	3.45	5.52	5.00
$i=2$	20.00	5.95	2.14	3.64	4.15
$i=3$	8.00	5.90	3.95	4.10	4.00

运送到各安置点的生存包数量与风暴的波及范围有关。通过仔细分析过去20年的历史数据,按照风暴着陆点划分,有8种可能的情形。各种情形发生的概率和相应的安置点需求(单位:千)如下表所示。

情形	概率	安置点需求			
		$j=1$	$j=2$	$j=3$	$j=4$
$s=1$(仅 R1)	0.10	100	10	—	—
$s=2$(仅 R2)	0.02	10	720	20	—
$s=3$(仅 R3)	0.16	—	16	270	11
$s=4$(仅 R4)	0.14	—	—	20	77
$s=5$(R1 & R2)	0.08	90	675	20	—
$s=6$(R2 & R3)	0.20	10	675	220	11
$s=7$(R3 & R4)	0.24	—	10	220	69
$s=8$(所有)	0.06	90	675	220	11
平均值		24.8	249.9	158.0	32.0

例 4-11 识别两阶段随机规划

一个海滨摊贩供应两类饮料的配料罐。每天晚上,摊主必须确定预订多少桶柠檬水和多少桶咖啡,以应对第二天上午的需求。同时,摊贩还要预留一个空的饮料罐,以供第二天上午确定注装何种饮料。除此以外,摊主没有其他订货的机会了。第二天,如果阳光灿烂(发生的概率是70%),顾客需求将是3桶柠檬水和1桶咖啡。如果天气寒冷(发生概率是30%),则顾客需求1桶柠檬水和3桶咖啡。摊贩希望销售的饮料灌数最大化。

(a)请说明,为何摊贩的决策可以被看作是两阶段的随机规划问题。

(b)请识别出第二阶段需要考虑的情形。

解：

（a）这之所以是一个两阶段随机规划问题，是因为在不知道第二天天气情况的前提下，摊贩必须确定前三罐饮料的组合。然后，第二天在观察到实际天气状况时再决定第 4 桶是注装柠檬水还是咖啡。

（b）一共有两种情况，分别是 1＝阳光灿烂，2＝天气寒冷。

4.7.1 QA 例子的确定模型

首先，类似于本章介绍的其他例子，我们来构建 QA 例子的确定模型。定义决策变量为：

$x_i \triangleq$ 仓库 i 中生存包的库存量（单位：千）

$z_{ij} \triangleq$ 当灾害发生的时候，从仓库 i 运往安置点 j 的生存包数量（单位：千）

我们可以构建确定模型如下：

$$\min \quad \sum_{i=1}^{3} c_i x_i + 4 \sum_{i=1}^{3} \sum_{j=1}^{4} d_{ij} z_{ij} \quad \text{（年度总成本）}$$

$$\text{s. t.} \quad \sum_{i=1}^{3} x_i \leqslant 1\,000 \quad \text{（最多 100 万件）}$$

$$\sum_{i=1}^{3} z_{ij} = r_j^{avg} \quad j = 1, \cdots, 4 \text{（平均需求）}$$

$$\sum_{j=1}^{4} z_{ij} \leqslant x_i \quad i = 1, \cdots, 3 \text{（仓库库存）}$$

$$x_i \geqslant 0, \quad i = 1, \cdots, 3$$

$$z_{ij} \geqslant 0, \quad i = 1, \cdots, 3, \quad j = 1, \cdots, 4$$

其中，参数 r_j^{avg} 是各种情况可能出现的概率加权得到的安置点 r 的平均需求。目标函数中的常量 4 表示每年可能出现 4 种情况。

上述模型规划的库存和运输量考虑的是未来可能出现情况的期望值，而并没有分别考虑各种具体的情况。模型的优化解为

$$x_i^* = (274.7, 0.0, 190.0)$$

$$z_{ij}^* = \begin{bmatrix} 24.8 & 249.9 & 0.0 & 0.0 \\ 0.0 & 0.0 & 0.0 & 0.0 \\ 0.0 & 0.0 & 158.0 & 32.0 \end{bmatrix}$$

总成本＝10 271 000 美元

注意：这个解对应的总库存量为 274.7＋190.0＝464.4。当情形 $s=2$，5，6 或 8 时，这一库存水平根本不足以满足安置点 $j=2$ 的生存包需求。这表明，如果应用这个"优化"方案，可能会产生非常严重的危机。

原理 4.17 如果需求的波动性较大，用平均值构建确定模型求得的最优解往往会伴随很高的风险。

4.7.2　带偿付随机规划

带偿付随机规划模型会同时考虑到两个阶段的决策。

定义 4.18　通过考虑，第一阶段不确定量未观察到之前的决策的影响，以及未来可能出现的每种情形下的补偿决定，两阶段随机规划能更好地应对不确定性带来的挑战。

图 4-4 描述了上述思想。

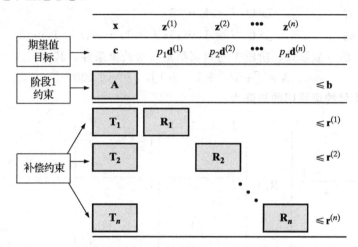

图 4-4　两阶段随机规划的一般形式

在随机变量取值观察到之前，第一组变量 $\mathbf{x}$、目标函数项 $\mathbf{cx}$ 和约束条件 $\mathbf{Ax} \leqslant \mathbf{b}$ 用来对第 1 阶段建模。然后，对于每种可能的情形 s，都引入了对应的补偿变量 $\mathbf{z}^{(s)}$、约束条件：

$$\mathbf{T}_s \mathbf{x} + \mathbf{R}_s \mathbf{z}^{(s)} \leqslant \mathbf{r}^{(s)}$$

以及目标函数项 $p_s \mathbf{d}^{(s)} \mathbf{z}^{(s)}$。这里的 p_s（非负，总和为 1）是各种情形 s 发生的概率，将它们包含在目标函数中可以描述每种可能结果的加权期望值。每个 $\mathbf{T}_s$ 将第一阶段的变量转化为各种情形对应的约束条件，与附加约束 $\mathbf{R}_s \mathbf{z}^{(s)} \leqslant \mathbf{r}^{(s)}$ 结合起来，描述了该情形对应的补偿决策的相应限制。

随机规划的目标函数表达式有多种形式，其中期望值是最常见的。

原理 4.19　虽然有时也会使用其他的目标函数形式，但典型的随机规划模型往往优化的是两个决策阶段决策对应的期望值。具体来说，是利用各种情形发生的概率作为权重，来计算目标函数项的加权平均值。

4.7.3　QA 应用的随机规划模型

应用案例 4-9 中飓风灾害的快速救援（QA）的两阶段随机规划模型如线性规划（4-25）所示。

$$\min \quad \sum_{i=1}^{3} c_i x_i + 4 \cdot \sum_{s=1}^{8} p_s \Big(\sum_{i=1}^{3} \sum_{j=1}^{4} d_{ij} z_{ij}^s \Big) \qquad \text{（每年的预期成本）}$$

$$\text{s. t.} \quad \sum_{i=1}^{3} x_i \qquad \leqslant 1\,000 \qquad \text{（最多 100 万件）}$$

$$-x_i + \sum_{j=1}^{4} z_{ij}^s \leqslant 0 \quad s=1,\cdots,8; \quad i=1,\cdots,3 \text{（供应约束）} \qquad (4\text{-}25)$$

$$\sum_{i=1}^{3} z_{ij}^s \qquad = r_j^s \quad s=1,\cdots,8; \quad j=1,\cdots,4 \text{（需求约束）}$$

$$x_i \qquad \geqslant 0 \quad i=1,\cdots,3$$

$$z_{ij}^s \qquad \geqslant 0 \quad i=1,\cdots,3; \; j=1,\cdots,4; s=1,\cdots,8$$

对照图 4-4 的一般形式，阶段 1 的约束都是 ≤ 型约束条件，其中：

$$\mathbf{A} = [+1 \quad +1 \quad +1], \quad b = 1\,000$$

情形 s 带偿付约束采用的矩阵为：

$$\mathbf{T}_s = \left[\begin{array}{ccc} -1 & & \\ & -1 & \\ \hline & & -1 \end{array} \right] \quad \mathbf{R}_s = \left[\begin{array}{cccc|cccc|cccc} 1 & 1 & 1 & 1 & & & & & & & & \\ & & & & 1 & 1 & 1 & 1 & & & & \\ & & & & & & & & 1 & 1 & 1 & 1 \\ \hline 1 & & & & 1 & & & & 1 & & & \\ & 1 & & & & 1 & & & & 1 & & \\ & & 1 & & & & 1 & & & & 1 & \\ & & & 1 & & & & 1 & & & & 1 \end{array} \right] \quad \mathbf{r}^{(s)} \overline{\left[\begin{array}{c} 0 \\ 0 \\ 0 \\ r_1^s \\ r_2^s \\ r_3^s \\ r_4^s \end{array} \right]}$$

其中前 3 行是小于等于关系的不等式约束，后 4 行是等式约束。

上述模型的优化解中，期望值是 14 192 100 美元。第 1 阶段的决策变量中非 0 的取值为 $\overline{x}_1 = 715$，$\overline{x}_3 = 281$。8 种不同情形下对应的运输方案如下表所示。

| s | 从仓库 $i=1$ 运往区域 | | 从仓库 $i=3$ 运往区域 | | |
	$j=1$	$j=2$	$j=2$	$j=3$	$j=4$
1	100	10	0	0	0
2	10	697	23	20	0
3	0	16	0	270	11
4	0	0	0	20	77
5	90	217	58	20	0
6	10	617	0	220	11
7	0	10	0	220	69
8	90	617	58	220	11

例 4-12 构建例 4-11 海滨摊贩的两阶段模型

回到例 4-11 的海滨摊贩问题，假设饮料桶数可以看作是连续变量而不是整数。

(a) 定义阶段 1 的决策变量。

(b) 定义阶段 2 中两种情形的决策变量。

(c) 采用(a)和(b)中定义的决策变量，构建一个完整的两阶段随机线性规划模型，目标是使期望销售量最大。

(d) 根据观察，找到模型(c)的一个最优解。

解：

(a) 阶段 1 的决策变量定义为：$x_1 \triangleq$ 预订的柠檬水的桶数，$x_2 \triangleq$ 预订的咖啡的桶数。

(b) 阶段 2 中，两种情形(即 $s=1$ 晴天和 $s=2$ 冷天)对应的决策变量为：

$$\mathbf{w}_1^s \triangleq \text{观察到天气实际状况时柠檬水预订的桶数}$$

$$\mathbf{w}_2^s \triangleq \text{观察到天气实际状况时咖啡预订的桶数}$$

为了简化处理，我们引入中间变量：

$$z_1^s \triangleq \text{天气情况为 } s \text{ 时卖出的柠檬水桶数}$$

$$z_2^s \triangleq \text{天气情况为 } s \text{ 时卖出的咖啡桶数}$$

(c) 完整的模型如下：

$$\max \quad 0.70(z_1^1 + z_2^1) + 0.30(z_1^2 + z_2^2)$$

$$
\begin{aligned}
\text{s. t.} \quad & x_1 + x_2 = 3 \\
& x_1 + w_1^1 \geqslant z_1^1 & & x_1 + w_1^2 \geqslant z_1^2 \\
& x_2 + w_2^1 \geqslant z_2^1 & & x_2 + w_2^2 \geqslant z_2^2 \\
& w_1^1 + w_2^1 = 1 & & w_1^2 + w_2^2 = 1 \\
& z_1^1 \leqslant 3 & & z_1^2 \leqslant 1 \\
& z_2^1 \leqslant 1 & & z_2^2 \leqslant 3 \\
& \text{所有变量} \geqslant 0
\end{aligned}
$$

(d) 阶段 1 的最优决策是 $\overline{x}_1 = 2$ 和 $\overline{x}_2 = 1$。如果第二天是晴天，则选择 $\overline{w}_1^1 = 1$ 和 $\overline{w}_2^1 = 0$。对应的最大销量为 $\overline{z}_1^1 = 3$ 和 $\overline{z}_2^1 = 1$。如果第二天是阴天，则选择 $\overline{w}_1^2 = 0$ 和 $\overline{w}_2^2 = 1$。对应的最大销量为 $\overline{z}_1^2 = 1$ 和 $\overline{z}_2^2 = 2$。该方案的期望值为 $= 0.7 \times (3 + 1) + 0.3 \times (1 + 2) = 3.7$。

4.7.4 一般形式和大规模处理技术

图 4-4 中的两阶段随机规划被称为模型的一般形式，因为所有情形以及它们相应的带偿付约束都被明确地考虑到了。很多实际问题包含非常多的可能情形，这就使得这种建模方法不太适用了。而且，很多情形可能对最终的优化解和期望值没有显著的影响。因此，很多这样的应用都会采用第 13 章中介绍的大规模处理技术。

原理 4.20 如果可能出现的情形太多，随机规划问题的一般形式的规模会急剧增长。在这样的情况下，类似第 13 章将介绍的大规模处理技术可以用来构建更容易处理的模型。

练习题

4-1 比斯科(Bisco)新推出的无糖无脂的巧克力十分受欢迎，以致工厂生产无法满足市场需求。每周各地的需求如下表所示，总需求 2 000 箱，但比斯科最多只能生产其中的 60%。

	NE	SE	MW	W
需求	620	490	510	380
利润	1.60	1.40	1.90	1.20

由于市场竞争差异和消费者口味偏好不同，巧克力在各地销售获得的利润不尽相同，如表中所示。比斯科希望制订一个总利润最大的销售计划，要求给各地供应的巧克力满足需求量的 50%～70%。

(a) 请构建一个资源分配线性规划模型来帮助制订最佳的分销计划。

(b) 将模型输入优化软件并求解。

4-2 一个小型工程咨询公司有 3 位高级设计师，负责完成公司未来 2 周内的 4个项目。每位设计师共有 80 小时的工作时间可以分配。下表列出了每位设计师分别投入每个项目对应的能力分值（0 表示无，100 表示完美），以及每个项目所需时间的估计值。

设计师	项目			
	1	2	3	4
1	90	80	10	50
2	60	70	50	65
3	70	40	80	85
时间需求	70	50	85	35

管理者希望能够合理分配 3 位设计师的时间，以最大化总能力值。

(a) 请构建一个资源分配线性规划模型来优化工作的分配。

(b) 将模型输入优化软件并求解。

4-3 牛饲料可以用燕麦、玉米、苜蓿和花生壳混合而成。下表列出了 4 种原材料的市场价格（单位：美元/吨），以及蛋白质、脂肪和纤维素的百分比含量。

	燕麦	玉米	苜蓿	花生壳
蛋白质(%)	60	80	55	40
脂肪(%)	50	70	40	100
纤维素(%)	90	30	60	80
成本	200	150	100	75

我们希望找到一个成本最低的混料配方，要求牛饲料中蛋白质和纤维素的含量至少为 60%，同时脂肪含量不超过 60%。

(a) 请构建一个混料线性规划模型来优化饲料配方。

(b) 模型中的哪些约束属于成分约束？请解释说明。

(c) 将模型输入优化软件并求解。

4-4 原油炼制过程中会产生多种汽油，最后将不同汽油混合起来可以生产出特定品质的产成品汽油。假设有 4 种汽油原料，主要关心它们的两个指标。4 种汽油原料的 2 个指标值分别是 99和 210，70 和 335，78 和 280，91 和265；各自成本分别为每桶 48 美元、43 美元、58 美元和 46 美元。我们想找到一种能够使得成本最小化的产成品汽油配方，要求第一个质量指标值介于 85 至 90 之间，第二个质量指标值介于 270 至 280 之间。

(a) 请构建一个混料线性规划模型来优化产成品汽油的配方。

(b) 模型中的哪些约束属于成分约束？请解释说明。

(c) 将模型输入优化软件并求解。

4-5 罗尼（Ronnie Runner）酿酒厂通过混合 $i=1, \cdots, m$ 种苏格兰威士忌来生产 $j=1, \cdots, n$ 种产成品。混合前的苏格兰威士忌一共有 $k=1, \cdots, p$ 种属性，第 i 种威士忌中属性 k 的含量记为 $a_{i,k}$。假设非负决策变量为 $x_{i,j}$

$\triangleq$ 产品 j 中威士忌 i 的用量,请利用上述参数和决策变量来描述下列约束条件。假设产成品的各属性值可以按照用量加权求和,各产成品的生产总量没有限制。

✅(a) 所有产成品中,属性 $k=11$ 的取值位于 45 和 48 之间。

(b) 产成品 $j=14$ 中,必须保证属性 $k=5,\cdots,9$ 的取值都位于 90 和 95 之间。

✅(c) 产成品 $j=26$ 中,属性 $k=15$ 的取值至少为 116。

(d) 所有产成品中,属性 $k=8$ 的取值不超过 87。

✅(e) 产成品 6 至 11 中,1 号威士忌和其他威士忌的用量比例不超过 3:7。

(f) 所有产成品中,4 号和 7 号威士忌的用量比例必须为 2:3。

✅(g) 所有产成品中,3 至 6 号威士忌所占的用量比例至少为 $\dfrac{1}{3}$。

(h) 所有产成品中,13 号威士忌所占的用量不能超过 5%。

4-6 在实际应用中,虽然某些决策变量代表的量(比如加工产品的数量或者使用的次数)是整数,但是依然采用线性规划模型来求解这类问题。请简要说明这一做法的合理性。

4-7 一个金工作坊需要从标准大小的金属板中至少切割出 37 块大圆盘和 211 块小圆盘。每块金属板有 3 种可行的切割方式:方式 1 能切割出 2 块大圆盘,浪费 34% 的板材;方式 2 能切割出 5 块小圆盘,浪费 22% 的板材;方式 3 能切割出 1 块大圆盘和 3 块小圆盘,浪费 27% 的板材。该作坊希望找到满足上述需求且材料浪费最少的切割方案。

✅(a) 请构建一个运营管理的线性规划模型来帮助优化切割方案。

✅(b) 将模型输入优化软件并求解。

4-8 蜡烛手工作坊能够生产 3 种款式的圣诞蜡烛。圣诞老人形状的蜡烛筑模成型需要 0.10 天,装饰需要 0.35 天,包装需要 0.08 天,单位净利润为 16 美元。圣诞树形状的蜡烛对应的参数分别为 0.10 天、0.15 天、0.03 天,利润 9 美元;姜饼屋形状的蜡烛参数则为 0.25 天、0.40 天、0.05 天,利润 27 美元。作坊主雇用了 1 名成型人员、3 名装饰人员和 1 名包装人员。他想合理安排未来 20 天的蜡烛生产计划,使得生产利润最大化。假设生产的所有蜡烛都能销售出去。

(a) 请构建一个运营管理的线性规划模型来优化生产计划。

✅(b) 将模型输入优化软件并求解。

4-9 沃比利办公器材公司(Wobbly Office Equipment,WOE)为图书馆和大学机构生产两种型号的桌子。两种桌子的桌面板相同,但桌腿不同。A 型桌子是 4 条短桌腿(18 英寸),B 型桌子则是 4 条长桌腿(30 英寸)。切割一条短桌腿需要 0.10 单位劳动工时,切割一条长桌腿则需要 0.15 单位劳动工时,生产一个桌面板需要 0.50 单位劳动工时。对两种型号的桌子,拼装桌腿和面板还需要 0.30 单位劳动工时。初步估计,每张 A 型桌子的利润是 30 美元,每张 B 型桌子的利润是 45 美元。假设面板材料足够多,但桌腿材料只有 500 英尺,总可用劳动工时 80 单位。WOE 希望合理安排生产以实现利润的最大化。假设生产的所有桌子都能销售出去。

✅(a) 定义决策变量:$x_1 \triangleq$ A 型桌子的

生产数量，$x_2 \triangle$ B 型桌子的生产数量，$x_3 \triangle$ 生产的短桌腿数量，$x_4 \triangle$ 生产的长桌腿数量，$x_5 \triangle$ 生产的桌面板数量，请构建一个运营管理的线性规划模型为 WOE 选择优化方案。

☑(b) 你构建的模型中哪些是平衡约束？请解释说明。

☑(c) 将模型输入优化软件并求解。

4-10 完美堆栈（Perfect Stack）为多家生产商供应标准型和超长型木质调色板。每种调色板由 3 块与调色板等长的分隔板组成。标准型调色板在分隔板的上面和下面分别有 5 块跨板，将这些板组合起来一共需要 0.25 小时；超长型调色板上下各有 9 块跨板，组合这些板一共需要 0.30 小时（两种型号的调色板使用的跨板相同）。假设木材供应量足够多，制造 1 块标准型分隔板需要 0.005 小时，超长型分隔板需要 0.007 小时，跨板需要 0.002 小时。1 个标准型调色板的利润为 5 美元，1 个超长型调色板的利润为 7 美元。完美堆栈希望确定生产的组合，以充分利用 200 小时的组装工时和 40 小时的制造工时。

(a) 定义决策变量：$x_1 \triangle$ 标准型调色板的数量，$x_2 \triangle$ 超长型调色板的数量，$x_3 \triangle$ 标准型分隔板生产的数量，$x_4 \triangle$ 超长型分隔板生产的数量，$x_5 \triangle$ 跨板生产的数量，请构建一个运营管理的线性规划模型为完美堆栈优化生产计划。

(b) 你构建的模型中哪些是平衡约束？请解释说明。

☑(c) 将模型输入优化软件并求解。

4-11 Hang Up（HU）公司生产自行车支架，其两种产品的物料清单如下图所示。比如，生产一单位产品 2 需要 1 个组件 3、4 个零件 6。组件 3 则由 2 个零件 5 和 1 个零件 7 组成。所有的产品、组件和零件都由 HU 工厂自行生产。

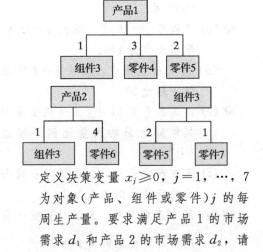

定义决策变量 $x_j \geqslant 0$，$j = 1, \cdots, 7$ 为对象（产品、组件或零件）j 的每周生产量。要求满足产品 1 的市场需求 d_1 和产品 2 的市场需求 d_2，请写出各个零部件的平衡约束。

4-12 缘起发动机（Goings Engine）在其工厂 $p = 1, \cdots, n$ 中生产柴油发动机和组件 $i = 1, \cdots, m$。发动机和组件的终端需求为 $d_{i,p}$，剩余的用于公司的生产。生产每单位的组件 k 需要子组件 i 的数量为 $a_{i,k}$。

☑(a) 定义决策变量 $x_{i,p} \triangle$ 工厂 p 中生产的组件 i 的数量，请利用上述参数写出每种发动机和组件必须满足的平衡约束（不妨设库存为 0）。

(b) 定义决策变量 $x_{i,p,q} \triangle$ 工厂 p 中生产的用于工厂 q 的组件的数量，写出每种发动机和部件必须满足的平衡约束（不妨设库存为 0）。

4-13 河市警局(The River City Police De-partment)采用轮班的方式工作，每个警察每周连续工作 5 天，然后连续休息 2 天。比如在某个轮班中，警察从周日开始工作至周四，周五和周六休息。根据工作安排需要，周一至周四每天至少需要 6 名警察在岗，周五和周六至少 10 名，周日则需要 8 名警察。河市希望配备最少的警察以满足上述人员需求。

(a) 请构建一个排班模型帮助河市警局选择一个最佳的员工安排方案。

(b) 你构建的模型中哪些是覆盖约束？请解释说明。

(c) 将模型输入优化软件并求解。

4-14 妈妈厨房(Mama's Kitchen)的营业时间为早上 5：30 至下午 1：30。清理饭桌的洗碗工可以从早上 5 点至上午 10 点的任一整点时刻开始，每个班次连续工作 4 个小时。大多数洗碗工是兼职大学生，他们不愿意早上太早工作。因此，妈妈厨房给早上 5～7 点班次工作的洗碗工每小时支付工资 7 美元，其他班次的洗碗工则每小时支付 6 美元。餐厅经理希望规划一个人力成本最低的方案，要求早上 5 点至少有 2 名洗碗工在岗，之后的每个整点需要增加的洗碗工分别为 3、5、5、3、2、4、6、3 人。

(a) 请构建一个排班模型，帮助妈妈厨房进行人力规划。

(b) 你构建的模型中哪些是覆盖约束？请解释说明。

(c) 将模型输入优化软件并求解。

4-15 麦肯齐家(The MacKensie's)的女儿 4 年后将要进入大学学习。她的父母计划在接下来的 4 年中，每年年初都投资 10 000 美元作为支付学费的基金。每年他们都可以选择收益率为 5% 的 1 年期储蓄和收益率为 12% 的 2 年期储蓄。今年他们还有一个特殊的投资机会，即 4 年后获得投资收益率 21%。麦肯齐夫妇想要选择一种最优的投资方式，以最大化大学基金。假设投资期末收回的本金和利息都可以用于再投资。

(a) 请构建一个多阶段模型为麦肯齐夫妇选择最优的投资计划。

(b) 你构建的模型中哪些是平衡约束？请解释说明。

(c) 你的模型中涉及的时间区间是什么？

(d) 将模型输入优化软件并求解。

4-16 大齿轮变速器公司(The Big Gear, BG)主要经营可用于大型 18 轮卡车的变速器。公司预计未来 4 个月对变速器的需求分别是 100、130、95 和 300 个。第 1 个月，公司可以从供应商处以 12 000 美元的单位价格购进变速器，但之后的 3 个月中变速器的购进价格将上涨至 14 000 美元。公司可以在每月初下达订单，下单后变速器会立即送达。每月多余的库存可以存放在公司仓库中，但每月的库存成本为每件 1 200 美元。假设公司的初始库存为 0。公司希望以最低成本满足未来 4 个月的变速器需求。

(a) 简要说明为何 BG 线性规划模型的决策变量(非负)应该是每月购买的变速器数量 x_t 和每月的库存量 h_t。

✅（b）显然，BG 的解决方案中变速器的数量必须为整数。请简要解释为何采用连续变量依然是合理的。

✅（c）采用（a）中定义的决策变量，请构建一个有限周期的线性规划模型。假设所有需求都在月底发生。请简要说明目标函数和各个约束条件所代表的含义。

✅（d）将模型输入优化软件并求解。

💻

4-17 节日问候公司（Seasons Greeting，SG）生产用彩灯装饰的人造节日树，主要面向家庭和商店客户。节日树销量的季节波动性很大，第 1 季度需求 1 000 棵，第 2 季度需求 5 000 棵，第 3 季度需求 10 000 棵，第 4 季度需求 7 000 棵。相应地，公司利润也变动很大。在需求较高的 3 季度和 4 季度，每棵树的利润是 50 美元；需求相对较低的 1 季度和 2 季度，每棵树的利润是 35 美元。由于工厂生产能力的限制，每季度最多生产 5 000 棵，因此，并非所有的需求都能得到满足。多余的库存可以储存在仓库中以供未来销售，但是每棵树的库存成本是 12 美元/季度。

（a）为上面提及的常量定义相应的参数名称和索引集。

（b）假设存货永远不会变质，采用（a）中定义的参数构建一个线性规划模型帮助 SG 公司制订销售和库存计划。其中，定义决策变量 s_q＝第 q 季度的销售量，h_q＝第 q 季度的库存量（q＝1，…，4）。请简要说明目标函数和各个约束条件（包括主要约束和变量类型）所代表的含义。

💻（c）将模型输入优化软件并求解。

4-18 山地滑雪公司（Down Hill Ski，DHS）生产面向滑雪爱好者的高速滑雪板。滑雪板的销售量季节性很强，每年第 1 季度的需求是 7 000 对，第 2 季度的需求是 2 000 对，第 3 季度的需求是 1 000 对，第 4 季度的需求是 10 000 对。相应地，公司利润也随季节发生变化：需求较大的 1 季度和 4 季度的单位利润是 500 美元，2 季度和 3 季度的单位利润是 350 美元。由于工厂生产能力的限制，每季度最多生产 4 000 对，因此并非所有需求都能得到满足。多余的库存可以储存在仓库中以供未来销售，但是每对滑雪板的库存成本是 40 美元/季度。

（a）为上面提及的常量定义相应的参数名称和索引集。

（b）假设存货永远不会变质，采用（a）中定义的参数构建一个线性规划模型帮助 DHS 公司制订销售和库存计划。其中，定义决策变量 s_q≜第 q 季度的销售量，h_q≜第 q 季度的库存量（q＝1，…，4）。请简要说明目标函数和各个约束条件（包括主要约束和变量类型）所代表的含义。

💻（c）将模型输入优化软件并求解。

4-19 爱斯环保窗户公司（Ace Green Windows，AGW）生产一种环保型窗户作为对现有家庭使用的窗户的替代品。公司已经签订了未来 6 个月的交付合同，其对应的窗户需求分别为 100、250、190、140、220、110 扇。由于生产中要采用一种特殊材料，窗户的生产成本随着时间会发生变化。AGW 估计未来 6 个月窗户的单位生产成本分别为 250、

450、350、400、520 和 500 美元。为了充分利用成本的变动优势，AGW 可能在某些成本低的月份生产多于合同需求的窗户以用于以后月份的合同交付。但是由于仓库容量的限制，最多库存量为 375 扇。窗户的单位库存成本为 30 美元/月。假设初始库存为 0。

(a) 为上面提及的常量定义相应的参数名称和索引集。

(b) 用(a)中定义的参数，构建一个多阶段线性模型来帮助公司制订未来 6 个月的生产和库存计划。其中，定义决策变量 $x_t \triangleq$ 第 t 月的生产量，$h_t \triangleq$ 第 t 月的库存量，$t = 1, \cdots, 6$。请简要说明目标函数和各个约束条件(包括主要约束和变量类型)所代表的含义。

⌨(c) 将模型输入优化软件并求解。

4-20 全球之最公司(Global Minimum)生产比基尼泳装。他们的业务季节性很强，预计明年 4 个季度的销售量分别为 2 800、500、100 和 850 打。该公司每季度最多可以生产 1 200 打，因此必须库存部分产品才能满足旺季的高峰需求。假设单位库存成本为每打 15 美元/季度。该公司希望在满足市场需求的前提下最小化库存成本。

(a) 考虑无限周期的情形，请构建一个多阶段线性规划模型帮助公司制订生产计划。

(b) 你构建的模型中哪些是平衡约束？请解释说明。

(c) 请解释为何你构建的模型只考虑了 4 个季度的生产计划却属于无限周期模型。

✅⌨(d) 将模型输入优化软件并求解。

4-21 某公司在未来的 $t = 1, \cdots, n$ 周内计划生产 $i = 1, \cdots, m$ 种部件。每单位部件 i 需要消耗 $a_{i,k}$ 单位的资源($k = 1, \cdots, q$)，贡献的价值为 v_i。生产资源 k 的数量最多为 b_k，部件 i 第 t 周的需求 $d_{i,t}$ 必须得到满足。定义非负决策变量为 $x_{i,t} \triangleq$ 第 t 周生产部件 i 的数量，$z_{i,t} \triangleq$ 第 t 周末部件 i 的库存数量。假设各部件的初始库存均为 0，请利用上述参数和决策变量来表示下列线性约束。

✅(a) 不超过最大生产能力。

(b) 库存量的总价值不超过 200。

✅(c) 第 1 周后，每种部件 i 的可用数量可以用来满足相应的市场需求和累积库存。

(d) 第 $2, \cdots, n-1$ 周后，每种部件 i 的可用数量可以用来满足相应的需求和累积库存。

4-22 不同运作水平下，某工厂的电力消耗如下表所示：

水平	2	3	5	7
电力	1	3	3	5

工程师希望对上表的两组数据拟合为下列形式：

$$电力 = \beta_0 + \beta_1 \ 水平$$

即寻找合适的 β_0 和 β_1，使得根据上面关系式计算得到的预期电力消耗值与实际电力消耗值之间的差值绝对值和最小，要求 β_0 和 β_1 非负。

✅(a) 请构建一个线性化的非线性规划模型来选择最优的参数值(提示：β_0 和 β_1 是决策变量)。

✅⌨(b) 将模型输入优化软件并求解。

✅(c) 根据(b)中求解到的最优方案，计算每个观察点所对应的绝对偏差值。

4-23 某新工厂天花板上安装了 3 个传感器，它们的相对位置如下图坐标系所示，其中单位为英尺，原点位于左下方。工厂计划在天花板的长边（即在 x 轴上）安装一个控制箱，控制箱和传感器之间以直角方式用光纤连接。设计者希望选择一个合适的位置安装控制箱，目标是使得使用的光纤长度最短。

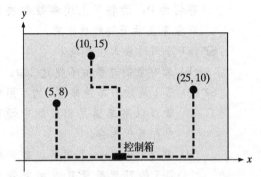

(a) 请构建一个线性化的非线性模型来帮助工厂选择控制箱的安装位置。

(b) 将模型输入优化软件并求解。

(c) 如果采用（b）给出的优化方案，需要多少光纤？

4-24 重新思考练习题 4-22，选择合适的 β_0 和 β_1，使得预测的电力值与观测的电力值之间的最大偏差量最小。

4-25 重新思考练习题 4-23，此次的目标是要求采用的最长光纤的长度最短。

4-26 美国爱德华兹实验室（The American Edwards Laboratories，AEL）采用猪心脏生产人造心瓣膜。[⊖] 这个项目的一大困难是猪心脏的尺寸变化极大，它与猪的品种、屠宰时的年龄、喂养的饲料混合物等多种因素有关。下表（虚构的）列出了供应商 $j = 1$，…，5 可以提供的各种心瓣膜的比例，以及每周可以提供的最大数量及单位成本。

尺寸	供应商 j				
	1	2	3	4	5
1	0.4	0.1	—	—	—
2	0.4	0.2	—	—	—
3	0.2	0.3	0.4	0.2	—
4	—	0.2	0.3	0.2	—
5	—	0.2	—	0.2	0.2
6	—	—	—	0.2	0.3
7	—	—	—	0.2	0.5
可供应量	500	330	150	650	300
成本	2.5	3.2	3.0	2.1	3.9

AEL 每周对 7 种尺寸的猪心脏的需求依次为 20、30、120、200、150、60 和 45。AEL 希望在满足需求的前提下最小化总采购成本。

(a) 采用下面的决策变量（$j = 1$，…，5），构建一个猪心脏采购规划的线性规划模型：

$x_j \triangleq$ 每周从供应商 j 处购买的猪心脏数量

(b) 将模型输入优化软件并求解。

4-27 米德维尔制造厂（Midville Manufacturing）装配重型物料搬运车。已知每年 4 个季度的需求分别为 500、1 200、1 000 和 300。搬运车的基本部件（包括车轮、转向轭和货箱）首先分别单独组装。然后，每个转向轭需要配备 4 个车轮来组成前端子组件。最后，将前端子组件、货箱和 8 个后车轮组装成一辆产成品搬运车。用 $j = 1$ 表示转向轭，$j = 2$ 表

⊖ S. S. Hilal and W. Erikson(1981)，"Matching Supplies to Save Lives：Linear Programming the Production of Heart Valves," *Interfaces*，11：6，48-55.

示车轮，$j=3$ 表示货箱，$j=4$ 表示前端子组件，$j=5$ 表示成品搬运车。下表列出了每个元件的估计价值（单位：美元）以及组装需要的时间。

	元件 j				
	1	2	3	4	5
价值	120	40	75	400	700
时间	0.06	0.07	0.04	0.12	0.32

每季度生产的部件、子组件和产成品搬运车可以直接用于当季使用或交付，也可以库存起来供未来使用或交付备用，库存成本是对应价值的 5%。米德维尔制作厂每个季度的最大生产能力为 1 150 小时，它希望制定一个能够使得库存成本最小化的生产规划方案。

(a) 采用下面的决策变量（$j=1,\cdots,5$；$q=1,\cdots,4$），构建一个线性规划模型来优化生产规划：

$x_{j,q}\triangleq$ 第 q 季度部件 j 的生产数量

$h_{j,q}\triangleq$ 第 q 季度末部件 j 的库存数量

在构建的模型中，需要包括生产能力约束和每个部件 j 的物料平衡约束。

☑️💻(b) 将模型输入优化软件并求解。

4-28 某建筑承包商承包了 1 个工程，该工程包含有 7 项主要任务。有些任务可以随时开工，但有些必须在某些任务完成后才能开工。下表列出了各任务的先行任务、每个任务允许投入的最少和最多的时间（单位：天），以及最少和最多时间完成任务所对应的总成本（投入更长的时

间通常可以节约成本）。

j	最少时间	最多时间	最少时间对应的成本	最多时间对应的成本	先行任务
1	6	12	1 600	1 000	—
2	8	16	2 400	1 800	—
3	16	24	2 900	2 000	2
4	14	20	1 900	1 300	1, 2
5	4	16	3 800	2 000	3
6	12	16	2 900	2 200	3
7	2	12	1 300	800	4

承包商想要找到一个能在 40 天内完工的施工方案，要求总成本最低。假设每项任务的实际成本和投入时间（位于最少时间和最多时间范围内）呈线性关系。

(a) 采用下面两组决策变量，构建该问题的线性规划模型（$j=1,\cdots,7$）。

$s_j\triangleq$ 任务 j 的开工时间（单位：天）

$t_j\triangleq$ 完成任务 j 的天数

注意：该线性规划模型中，目标函数是 7 项任务的成本总和，约束条件要考虑先行任务和时间两方面的限制。

☑️💻(b) 将模型输入优化软件并求解。

4-29 进口图书股份公司（Import Books, Incorporated，IBI）在仓库中储存了数千种图书。⊖这些图书可以按照销售量进行分类，类别 $i=1$ 要求库存量介于 0 和 20 之间，类别 $i=2$ 要求库存量介于 21 和 40 之间，类别 $i=3$ 要求库存量介于 41 和 100 之

⊖ R. J. Paul and R. C. Thomas(1977)，"An Integrated Distribution，Warehousing and Inventory Control System for Imported Books，" *Operational Research Quarterly*，28，629-640.

间，类别 $i=4$ 要求库存量介于 101 和 200 之间。第 i 类中包含的图书有 b_i 种。每种图书都单独存放在一个盒子中，每个盒子最多只能存放一种图书。IBI 仓库中可最多存放 100 本书的箱子有 500 个，可最多存放 200 本书的箱子有 2 000 个。每个容量为 100 本书的箱子也可以分成 2 个容量为 40 本图书的小箱子，或者分为 3 个容量为 20 本图书的小箱子。在容量 j 的盒子中存放类别 i 的图书的单位存储成本为 $c_{i,j}$，其中已经考虑了物料处理成本以及盒子空间未充分利用的空间浪费成本。这里，$j=1，2，3，4$ 分别表示最多能放 20 本、40 本、100 本和 200 本书的箱子。定义决策变量为（其中 $i=1，\cdots，4；j=1，\cdots，4$）：

$x_{i,j} \triangleq$ 类别 i 分配到容量 j 盒子的图书数量构建一个线性规划模型来找到一个成本最小的图书分配方案。

4-30 制定癌症放射治疗方案首先需要分析身体组织的电子图像。通过与周围健康组织对比，可以识别出肿瘤部位。治疗目标是使目标肿瘤 $t=0$ 处接受最多的放射线，同时尽量避免射线照射到周围的组织 $t=1，\cdots，T$。放射线是由一个大型加速器提供的，它能围绕病人身体从多个角度 $j=1，\cdots，J$ 发射出光束。因此，在放射线聚焦在肿瘤上时，也会对周围的健康组织造成危害。加速器发射的束流相对比较大，照射面积一般约 10 cm^2。因此，强度的放射治疗（Intensity Modulated Radiation

Therapy，IMRT）特别强调精准规划，它将每个束流 j 看作是由多个子束波 $k=1，\cdots，K_j$ 组成，每个子束波的强度 $x_{j,k} \geqslant 0$（简单地说就是曝光次数）可以单独控制。

肿瘤和健康组织按照相对体积大小接受放射线均匀照射到是非常重要的。为了放射的精确性，将每个组织 t 分成大量称为体元 $i=1，\cdots，I_t$ 的迷你组织。某子束波 (j,k) 的对体元 (t,i) 的影响可以估计为 $a_{j,k,t,i}$ 每光束强度。体元 (t,i) 接收到的放射总量是从各个角度照射的各个子束波的总和，即 $\sum_{j=1}^{J} \sum_{k=1}^{K_J} a_{j,k,t,i} x_{j,k}$。按照这种计算方法，各健康组织 $t=1，\cdots，T$ 内所有体元接受的放射总量必须控制在给定的最大安全值 b_t 内。

采用上面定义的参数和决策变量 $x_{j,k}$，构建一个线性规划模型来帮助制定最佳的治疗方案。要求在保证健康组织接受的放射量均在安全值以内的前提下，使得肿瘤部位接受的放射量最大。请简要说明目标函数和约束条件的含义。

4-31 大多数国家的奶牛基本上每年都会产牛犊。$\ominus$ 相应地，奶牛的产奶量在不同的季节会发生较大的变化。产奶量在生产牛犊后的几个月抵达峰值，然后开始下降，到第 10 个月的时候产奶量几乎下降到 0。掌握这些常识后，农业合作社的奶农们想要对奶牛的生育月份 $c=1，\cdots，12$ 进行规划，以满足每月 $d=1，\cdots，12$ 的奶量需求 r_d（单位：

$\ominus$ L. Killen and M. Keane(1978)，"A Linear Programming Model of Seasonality in Milk Production," *Journal of the Operational Research Society*，29，625-631.

磅）。超出市场需求的牛奶只能在批发市场以每磅 b 的价格低价出售。如果奶牛在第 c 月产犊，其相应的年度喂养成本为 m_c；该成本随着不同月份波动较大，因为每年只有某些月份放牧的成本较低。科学研究表明，在第 c 月产犊的奶牛在第 d 月能够产奶 $p_{d,c}$ 磅。采用下面两组决策变量（其中 $c, d=1, \cdots, 12$），构建一个线性规划模型来制订成本最低的产犊计划：

$x_c \triangleq$ 第 c 月产牛犊的奶牛数量

$y_d \triangleq$ 第 d 月生产的超出需求的奶量（磅）

4-32 蓝铃（Blue Bell）公司正在制订某款男士牛仔裤的月度生产计划。[一]制成牛仔裤成品的腰身和裤腿所需的部件共有 75 种，第 $i=1, \cdots, 75$ 部件的需求用 d_i 表示。它们是从叠放在切割台（往往 60 至 70 层）上的布匹剪裁得到的。预先画好的标志（剪裁方案）定义了不同部件的剪裁方式，假设共有 m 种（$m=1, \cdots, 350$）剪裁方案。如果采用剪裁方案 m，那么每匹布可以剪裁出 $a_{i,m}$ 个部件 i，同时浪费 w_m 平方码[二]的布匹。采用下面的决策变量（其中 $m=1, \cdots, 350$；$p=60, \cdots, 70$），构建一个线性规划模型来帮助选择浪费最小的剪裁方案。

$x_{m,p} \triangleq p$ 层叠层中按照方案 m 进行剪裁的次数

4-33 为了评估不同污染管控策略对美国煤炭市场的影响，环保局（Environmental Protection Agency，EPA）需要确定对给定的管控政策，不同矿区 $i=1, \cdots, 24$ 的煤炭开采量 s_i，被加工成不同类型的煤 $m=1, \cdots, 8$ 的数量，以及不同煤炭产成品运往不同地区 $j=1, \cdots, 113$ 的数量，以满足顾客需求 $d_{m,j}$。[三]煤炭需求的度量单位是 Btu，在矿区 i 开采的每吨原煤如果加工成类型 m 的产成品煤，对应的产量是 $a_{i,m}$ 单位。考虑到污染管控成本和运输费用，在矿区 i 开采的原煤如果加工成类型 m 并销往地区 j，那么每吨的成本为 $c_{i,m,j}$。采用下面的决策变量（其中 $i=1, \cdots, 24$；$m=1, \cdots, 8$；$j=1, \cdots, 113$），构建一个线性规划模型来决策应该开采、生产并分销的煤炭数量，目标是总成本最小化：

$x_{i,m,j} \triangleq$ 在矿区 i 开采的、加工成类型 m 并销往地区 j 的原煤数量

4-34 澳大利亚航空公司（Quantas Airways Ltd.）需要对公司的数百名销售人员进行排班，以保证 24 小时均能为顾客提供服务。[四]假设公司要求在 t 时刻（$t=0, \cdots, 23$）在班的销售人员数至少为 r_t。从 t 时刻开始上班的人员需要连续工作 9 个小时，其中包含 1 小时的午餐时间，午餐时间可以是轮班的第 4、5 或 6 小时。从 t 时刻开始上班的人员日薪为 c_t，其中包括了正常工

[一] J. R. Edwards, H. M. Wagner, and W. P. Wood(1985), "Blue Bell Trims Its Inventory," *Interfaces*, 15: 1, 34-52.

[二] 1 码=0.914 4 米。

[三] C. Bullard and R. Engelbrecht－Wiggans(1988), "Intelligent Data Compression in a Coal Model," *Operations Research*, 38, 521-531.

[四] A. Gaballa and W. Pearce(1979), "Telephone Sales Manpower Planning at Quantas," *Interfaces*, 9: 3, 1-9.

资和夜勤补贴。采用下面的决策变量(其中 $t=0$，…，23；$i=t+4$，…，$t+6$)，构建一个线性规划模型帮助公司计算成本最低的排班方案：

$x_t \triangleq$ 从 t 时刻开始上班的人员数量

$y_{i,t} \triangleq$ 从 t 时刻开始上班并在第 i 小时吃午餐的人员数量

4-35 某印度灌溉工程需要确定在未来 $t=1$，…，18 个时段(每个时段 4 小时)分别开闸(闸口位于水渠的顶部)泄洪的水量。[一]每个时段水渠的理想出流量 r_t 是已知的，18 个时间段的出流量和不得少于 r_t 的总和。然而，为了避免洪灾，不同时段的泄洪量和出流量可以出现变动。假设水渠的初始储水量是 120 单位，每次泄洪和放水之后，残留的水量不得超过 u 单位。在这些限制条件下，管理者希望找到一种泄洪和放水方案，要求实际放水流量和理想出流量 r_t 之间的总绝对偏差最小化。采用下面的决策变量(其中 $t=1$，…，18)，构建灌溉工程的线性规划模型：

$x_t \triangleq$ 第 t 时段闸口的泄洪量

$s_t \triangleq$ 第 t 时段末运河储水量

$w_t \triangleq$ 第 t 时段水渠的出水量

$d_t^+ \triangleq$ 第 t 时段出水量的正偏差量

$d_t^- \triangleq$ 第 t 时段出水量的负偏差量

4-36 某大型购物中心的开发者霍曼特(Homart)正在筛选入驻新商场的租户。[二]候选的商店共有 20 种不同产品类型($i=1$，…，20)，它们将被安排到商场的 5 个分区中($j=1$，…，5)。每个分区占地面积 150 千平方英尺，如果将某块面积分配给类型 i 的租户，需要预留的相关装修费用为 c_i 每平方英尺。根据以往的经验，分区 j 中的 i 类型的商店预期收入的净值为 $p_{i,j}$，所需的店面空间为 a_i (单位：千平方英尺)。霍曼特希望找到一种能最大化总净值的方案，要求类型 i 的租户数量介于 $\underline{n}_i$ 和 $\overline{n}_i$ 之间，类型 i 的租户总占地面积介于 $\underline{f}_i$ 和 $\overline{f}_i$ (以千平方英尺计)之间，装修的总费用不得超过预算 b。采用下面的决策变量，构建一个租户选择的线性规划模型：

$x_{i,j} \triangleq$ 在分区 j 中包含的 i 类商店的数量

4-37 一旦模具配置确定，铝锭的生产规划只需要确定不同熔炉 $j=1$，…，n 的生产时间如何在合金 $i=1$，…，m 和铝锭尺寸 $s=1$，…，p 之间进行分配。[三]整个生产期间，熔炉 j 能够生产尺寸为 s 的铝锭数量为 $a_{j,s}$。合金 i 中尺寸为 s 的铝锭需求为 $d_{i,s}$。为了满足该需求，可能需要采用一些替代策略(比如，切割比 s 稍大的 s' 铝锭来满足同样合金成分对 s 的需求)。如果将尺寸为 s' 的铝锭切割成尺寸 s，会造成切割损失 $c_{i,s',s}$。管理者希望能够找到一种使得切割损失最小的方案。采用下面的决策变量

⊖ B. J. Boman and R. W. Hill(1989)，"LP Operation Model for On-Demand Canal Systems," *Journal of Irrigation and Drainage Engineering*，115，687-700.

⊜ J. C. Bean，C. E. Noon，S. M. Ryan，and G. J. Salton(1988)，"Selecting Tenants in a Shopping Mall," *Interfaces*，18：2，1-9.

⊜ M. R. Bowers，L. A. Kaplan，and T. L. Hooker(1995)，"A Two-Phase Model for Planning the Production of Aluminum Ingots," *European Journal of Operational Research*，81，105-114.

（其中 $i=1$，…，m；$j=1$，…，n；$s=1$，…，p，$s'>s$），构建铝锭生产计划的线性规划模型：

$x_{i,j,s} \triangleq$ 熔炉 j 中生产合金为 i 尺寸为 s 的铝锭的时间比例

$y_{i,s',s} \triangleq$ 合金 i 中用来满足尺寸为 s 的铝锭需求的 s' 型铝锭的数量

4-38 S&S 经营着 24 小时营业的大型超市，公司雇用的收银员均为兼职员工，他们采用轮班的方式每天工作 2～5 小时。[一] 所有班次都从整点开始。时刻 $h=0$，…，23（24 小时制）需要在岗的收银员数量为 r_h。管理者估算出愿意工作时长 $l=2$，…，5 的员工数量为 b_l。超市想要找到一种轮班调度方案来满足对收银员的需求，要求收银员的总工作时间最短。采用下面的决策变量（其中 $h=0$，…，23；$l=2$，…，5），构建该问题的线性规划模型：

$x_{h,l} \triangleq$ 从 h 时开始轮班的连续工作 l 小时的收银员人数

请不必考虑收银员人数必须为整数这一约束。

4-39 数字空间卫星照片中，像素 $i=1$，…，m；$j=1$，…，n 的灰度值为 $g_{i,j}$。[二] 随机噪音的存在以及摄像机的故障问题，导致像素 (i,j) 的灰度值发生了扭曲，体现为它被乘以了一个模糊因子 $b_{i,j}$。工程师想要通过估计每个像素的正确值来还原图像。采用的方法是最小化预测值（模糊化之后）和观测灰度值之间的绝对偏差量的总和。采用下列决策变量，构建一个还原图像的线性规划模型：

$x_{i,j} \triangleq$ 像素 (i,j) 的正确值

$d_{i,j}^+ \triangleq$ 像素 (i,j) 的预测值与观测值的正偏差量

$d_{i,j}^- \triangleq$ 像素 (i,j) 的预测值与观测值的负偏差量

4-40 阪神高速公路（The Hanshin expressway）是日本大阪到神户之间的高速路段。[三] 为了避免高速公路拥堵，管理系统对每个高速匝道 $j=1$，…，38 进入的车辆进行控制。控制的依据是每隔 5 分钟重新评估每个匝道当前的车辆队伍长度 q_j 以及未来 5 分钟估计会新进入匝道的车辆数 d_j。系统限制每个时间段末车辆排队的长度不得超过 u_j，而且每 500 米分路段 $i=1$，…，23 的总交通能力不得超过 b_i。从匝道 j 进入的车辆只会影响下游路段，一部分车辆可能在到达路段 i 之前就退出高速。已有研究表明，从匝道 j 进入并坚持开到路段 i 的车辆所占比例为 $f_{i,j}$。系统想要制定一个可行的管控策略，使得下一阶段允许进入高速公路的车辆数量最多。采用下面的决策变量（其中 $j=1$，…，38），构建一个交通管制的线性规划模型：

$x_j \triangleq$ 允许从匝道 j 进入的车辆数量

4-41 工业工程师正在规划一个长方形生

⊖ E. Melachrinoudis and M. Olafsson(1992)，"A Schedualing System for Supermarket Cashiers," *Computers and Industrial Engineering*，23，121-124.

⊜ R. V. Digumarthi，P. Payton，and E. Barrett(1991)，"Linear Programming Solutions of Problems in Logical Inference and Space-Varient Image Restoration,"*Image Understanding and the Man-Machine Interface III*，SPIE Vol. 1472，128-136.

⊜ T. Sasaki，and T. Hasegawa(1995)，"The Traffic-Control System on the Hanshin Expressway," *Interfaces*，25：1，94-108.

产工厂中 18 个生产单元的布局。工厂的长 $x=1\,000$ 英尺，宽 $y=200$ 英尺，该平面区域沿着边界 $y=0$ 有 1 个 6 英尺宽的双向传送带系统。[⊖] 每个生产单元将按照它们各自下标 i 的顺序依次沿着传送带排列，但是单元的具体位置需要加以决策。通过对各个单元的负荷量进行分析，确定了每个单元在 x 和 y 方向上的下界分别为 $\underline{x_i}$ 和 $\underline{y_i}$。同时，工程师也设定了各个单元占据的最小周长 $\underline{p_i}$（之所以不采用面积来进行限制，是为了避免可能出现的非线性规划）。传送带的物料都沿着 x 轴上的进出料口流入和流出各个生产单元。从单元 i 至单元 j 预计的单向流量为 $f_{i,j}$。工程师想要找到一种可行的设计方式，使得传送带上总运输成本（流量乘以距离）最小。采用下面的决策变量（$i,\ j=1,\ \cdots,\ 18$），构建该工厂布局问题的线性规划模型：

x_j △生产单元 j 的左 x 坐标

y_j △生产单元 j 的 y 坐标

$d_{i,j}^{+}$ △生产单元 i 和 j 进出料口在 x 方向位置的正偏差量

$d_{i,j}^{-}$ △生产单元 i 和 j 进出料口在 x 方向位置的负偏差量

4-42 斯威夫特化工（Swift Chemical Company）是一家开采磷酸盐岩石的公司。[□] 按照磷酸盐岩石的品质划分为 $i=1,\ \cdots,\ 8$ 种原石，并分别库存。公司向 $k=1,\ \cdots,\ 25$ 家客户供应各

种原石以满足其订单需求。假设将第 i 种原石供应给客户 k 能获得的单位利润为每吨 p_{ik}。度量磷酸盐岩石的一个重要指标是磷酸三钙（即 BPL）含量。第 i 种原石的 BPL 含量为每吨 b_i，其资产价值为每吨 a_i，合同净利润为每吨 $r_{i,k}$，初始库存为 $\underline{h_i}$，开采到的预期数量为 q_i。每份合同规定的交付最低量为 $\underline{s_k}$，交付最高量为 $\bar{s}_k$ 吨；同时规定了平均 BPL 含量的最低值为 $\underline{p_k}$，最高值为 $\overline{p_k}$。管理者想要制定最佳的混合和销售方案，以最大化利润和最终存货价值之和。采用下面的决策变量（其中 $i=1,\ \cdots,\ 8$；$k=1,\ \cdots,\ 25$），构建一个磷酸盐矿石的线性规划模型：

$x_{i,k}$ △用于交付客户 k 的第 i 种原石的数量（吨）

h_i △第 i 种原石的期末库存量（吨）

4-43 任意三维凸面体（凸面体表面任意两点之间连线上的点都在其内部）的平面边界都可以通过满足一系列线性约束的 $(x,\ y,\ z)$ 点来表示。[⊜] 比如，一个从原点出发的 $3m\times 5m\times 9m$ 的立方体可以表示如下：

$$\{(x,y,z):0\leqslant x\leqslant 3,$$
$$0\leqslant y\leqslant 5,0\leqslant z\leqslant 9\}$$

假设某个静态物体可以用以下约束来描述：

$$a_ix+b_iy+c_iz\leqslant d_i \quad i=1,\cdots,19$$

同时，一个机器人手臂在其初始位置处的连接可以用以下约束来描述：

$$p_jx+q_jy+r_jz\leqslant s_j \quad j=1,\cdots,12$$

⊖ A. Langevin, B. Montreuil, and D. Riopel(1994), "Spine Layout Problem," *International Journal of Production Research*, 32, 429-442.

□ J. M. Reddy(1975), "A Model to Schedule Sales Optimally Blended from Scarce Resources," *Interfaces*, 5：1, 97-107.

⊜ R. Gallerini and A. Sciomachen(1993), "On Using LP to Collision Detection between a Manipular Arm and Surrounding Obstacles," *European Journal of Operational Research*, 63, 343-350.

在初始位置上，物体和连接并不相交，但是连接是可以移动的。它的位置可以从初始位置沿着方向(Δx，Δy，Δz)移动 $\alpha > 0$ 的步长。采用决策变量 x，y，z 和 α，构建一个线性规划模型，来找到一个使得机器人手臂能够碰到物体但是移动距离最小的方式(如果存在的话)。请说明如何利用该线性模型来判断机器人臂能否接触到目标。

4-44 冰岛主要出口鱼产品，鱼是高度易变质的，而且每天可以加工的数量完全取决于捕捞量，具有极大的波动性。[一]每天鱼产品的加工从包装厂开始，预计第 $f = 1$，$\cdots$，10 种生鱼的数量为 b_f 千克，它们经过加工后供应到 $m = 1$，$\cdots$，20 个市场。市场 m 每天的最大销售量为 u_m(单位：千克)。面向市场 m 的每千克生鱼 f 能产出成品 $a_{f,m}$ 千克，相应的毛利为 $p_{f,m}$(即销售收入减去除劳动力成本外的所有其他费用)。将生鱼 f 加工为成品 m 需要花费的工时为 $h_{f,m,i}$ 小时，其中 $i = 1$，2，3 分别表示切片、包装和冷冻三个工作站。工作站 i 的可用工时为 q_i 小时，每小时的平均工资是 c_i。生产计划的目标是总毛利扣除劳动成本后最大化。采用下面的决策变量(其中，$f = 1$，$\cdots$，10；$m = 1$，$\cdots$，20；$i = 1$，$\cdots$，3)，构建一个线性规划模型帮助计算最优的生鱼加工方案：

$x_{f,m} \triangleq$ 为市场 m 加工的生鱼 f 的数量(单位：千克)

$y_i \triangleq$ 工作站立的工作时间

4-45 美国空军(The U. S. Air Force, USAF)需要购置不同型号的飞机 $i = 1$，$\cdots$，10 和不同类型的弹药 $j = 1$，$\cdots$，25，以应对在不同天气状况 $l = 1$，$\cdots$，8 下攻击不同类型目标 $k = 1$，$\cdots$，15 的需求。[二]目标 k 对应的价值为 r_k，天气条件 l 下目标 k 的预期数量为 $t_{k,l}$。在每个编队中，天气条件 l 下，i 型飞机发射 j 型弹药射击目标 k 的命中率为 $p_{i,j,k,l}$，需要装载的 j 型弹药数量为 $b_{i,j,k,l}$。在军事演习中，i 型飞机可以飞行的架次为 $s_{i,j,k,l}$。目前，i 型飞机有 a_i 架，采购一架新飞机成本为 c_i(单位：10 亿美元)。同样，j 型弹药的当前存货为 m_j，单位采购成本为 d_j(单位 10 亿美元)。美国空军想要在 1 000 亿美元的预算内，制订飞机和导弹的购买计划，以使得击中目标的总价值最大化。采用下面的决策变量(其中 $i = 1$，$\cdots$，10；$j = 1$，$\cdots$，25；$k = 1$，$\cdots$，15；$l = 1$，$\cdots$，8)，构建一个军事采购的线性规划模型：

$x_{i,j,k,l} \triangleq$ 天气条件 l 下，装备 j 型弹药射击目标 k 的机型 i 的飞行次数

$y_i \triangleq$ 新购买 i 型飞机的数量

$z_j \triangleq$ 新购买 j 型导弹的数量

4-46 北美货车线(North American Van Lines)维护着一个由数千辆货车拖拉机组成的车队，每辆车都归一个签约司机所有。[三]拖拉机的车龄(年)为 $i = 0$，$\cdots$，9。公司的每个

[一] P. Jennson(1988)，"Daily Production Planning in Fish Processing Firms," *European Journal of Operational Research*，36，410-415.

[二] R. J. Might(1987)，"Decision Support for Aircraft and Munitions Procurement," *Interfaces* 17：5，55-63.

[三] D. Avrmovich，T. M. Cook，G. D. Langston，and F. Sutherland(1982)，"A Decision Support System for Fleet Management：A Linear Programming Approach," *Interfaces*，12：3，1-9.

计划周期包含 4 周，每年共有 $t=$ 1，…，13 个计划周期。在每周期，北美货车线可以以价格 p 购买一台全新的拖拉机，以价格 s_i 卖给签约司机，以价格 a_i 卖给制造商，也可以价格 r_i 从签约司机处回购。只有新的拖拉机能够以车龄 $i=0$ 购买或者交易，每周期可以用来交易的其他车龄的拖拉机的总数量不能超过同一周期采购的新拖拉机数量。为了避免能力的浪费，同时满足季节性变动的需求，任一 t 周期车队保有的拖拉机数量必须介于最小值 l_t 和最大值 u_t 之间。管理者制订一个最佳的拖拉机管理计划（包括拖拉机的购买、销售与回购），以最大化其总利润。采用下面的决策变量（其中 $i=0$，…，9；$t=1$，…，13），构建一个车队管理的线性规划模型：

$w_t \triangleq$ 第 t 周期新购买的拖拉机数量

$x_{i,t} \triangleq$ 第 t 周期出售给签约司机的车龄 i 的拖拉机数量

$y_{i,t} \triangleq$ 第 t 周期销售给制造商的车龄 i 的拖拉机数量

$z_{i,t} \triangleq$ 第 t 周期从签约司机回购的车龄 i 的拖拉机数量

$f_{i,t} \triangleq$ 第 t 周期初车队中车龄为 i 的拖拉机数量

假设车队中的拖拉机只能通过销售给签约司机并从签约司机处回购来进入和离开车队。同时，假设拖拉机从第 $t=13$ 周期转移到下一年的 $t=1$ 周期时车龄增加 1 年，车龄满 9 年的拖拉机不能再延续到下一年。

4-47 大学县选举委员会（The College County Election Board，CCEB）正在筹备即将到来的全国选举。该委员会需要对 4 个选区所需的投票机进行规划。在选举日每台投票机可以服务 100 名选民，但问题是每个选区的选民数量是没法预测的。选区 1 和 2 的生活水平和受教育程度较高，选民参与度比较一致；而选区 3 和包含大学的选区 4 选民的参与度波动性较大。基于历史数据的分析，下表列出了在整体投票率为低、中和高三种情况下，每个选区投票的选民数量。

选区编号	选民参与人数（单位：百人）		
	低	中	高
1	5	6	7
2	4	7	8
3	2	6	10
4	2	8	15
概率	0.25	0.35	0.40

表中也给出了即将到来的选举出现 3 种情况的概率。

CCEB 必须确定选举日每个选区应该安置的投票机数量，以及存放在仓库中以备选举当日观察选民数量后临时添加的机器数量。每台机器的采购成本是 5 000 美元，从仓库运送到每个投票站的费用是 500 美元。选举委员会希望能够在总成本控制在 150 000 美元的前提下，尽量让选民的排队最小化。

☑(a) 请说明，为什么 CCEB 的规划问题可以建模为一个两阶段带偿付随机规划模型（定义 4.18）。特别是，请具体指出第 1 阶段需要决定的变量是什么，第 2 阶段需要考虑的情形 s 是什么，可行的补偿决定是什么。

☑(b) 假设将投票机的数量看作是连续变量是合理的，构建一个随机线性规划模型（图 4-4）帮助

CCEB 制定决策。建模时，第 1 阶段的决策变量 $x_p \triangleq$ 选区 $p = 1, \cdots, 4$ 或者仓库 $p = 5$ 中最初安置的投票机器数量（单位：百），第 2 阶段的决策变量 $y_p^{(s)} \triangleq$ 情境 s 下从仓库 p 运往选区 p 的投票机器数量（单位：百），$w_p^{(s)} \triangleq$ 情境 s 下由于投票机短缺导致选区 p 中需要排长队等待的选民数量（单位：百）。

☑🖥 (c) 利用优化软件求解（b）中的模型，并适当解释最优决策。

4-48 尽管现在只是 8 月份，但大视野（Big View，BV）电子公司需要提前采购一批超大屏幕平板电视，以应对节日销售季的需求。订单将从海外生产商运送到公司的 3 个区域性购物商场。由于这是海外订单，这将是 BV 在明年 1 月份以前的唯一一次采购机会。该超大屏幕电视属于新款，不同于市场上已有的电视，因此销售量无法准确估计。下表列出了 3 个购物商场在 5 种可能情形下的预期销售量（如果库存充足）以及 5 种情形出现的概率。

商场	需求情形				
	1	2	3	4	5
1	200	400	500	600	800
2	320	490	600	475	900
3	550	250	400	550	650
概率	0.10	0.20	0.40	0.20	0.10

每台电视的购买和运输费用是 500 美元。购物商场之间的库存可以调配，但是从库存过剩的商场运往库存短缺的商场需要花费额外的 150 美元成本。销售季中，每台电视机的销售收入为 800 美元。销售季末剩余的电视机可以以每台 300 美元的清仓价售出。BV 想要找到一个能够使得期望净利润最大的订货方案。

(a) 请说明，为什么 BV 的规划问题可以建模为一个两阶段带偿付随机规划模型（定义 4.18）。特别是，请具体指出第 1 阶段需要决定的变量是什么，第 2 阶段需要考虑的情形 s 是什么，可行的补偿决定是什么。

(b) 假设将电视的数量看作连续变量是合理的，构建一个随机线性规划模型（图 4-4）帮助 BV 制定决策。建模时，第 1 阶段的决策变量 $x_m \triangleq$ 从购物商场 m 订购的电视机数量。第 2 阶段的阶段决策变量 $w_{m,n}^{(s)} \triangleq$ 情形 s 下从购物商场 m 转运至商场 n 的电视机数量，$y_m^{(s)} \triangleq$ 情形 s 下购物商场 m 销售的电视机数量，$z_m^{(s)} \triangleq$ 情形 s 下购物商场 m 在季末清仓销售的电视机数量。

🖥 (c) 利用优化软件求解（b）中的模型，并适当解释最优决策。

4-49 Zoom 汽车公司正在规划其 3 个工厂的产能和配置。⊖公司拟生产 4 种新的车型，以满足未来的市场需求。决策问题的相关数据如下表所示。在第一部分中给出了每个工厂可以采用的配置方案及其相应的产能（单位：千辆车），以及其固定转换成本（单位：百万美元）。每个工厂的配置方案 1 表示该工厂当前的配置，因此其对应的固定转换成本为 0。

⊖ G. D. Eppen，R. K. Martin and L. Schrage(1989)，"A Scenario Approach to Capacity Planning，" *Operations Research*，37，517-527.

工厂的不同配置决定了不同车型的生产能力。数据表的第二部分列出了给定配置下每生产 1 000 辆车的边际成本。

配置方案	工厂 $j=1$		工厂 $j=2$			工厂 $j=3$		
	$k=1$	$k=2$	$k=1$	$k=2$	$k=3$	$k=1$	$k=2$	$k=3$
产能($\triangle u_{jk}$)	37	45	44	50	60	25	47	59
转换成本($\triangle f_{jk}$)	0	12	0	10	22	0	15	29
产品	生产成本(单位:千美元)$\triangle c_{ijk}$							
$i=1$	20	18	22	20	—	—	—	16
$i=2$	—	—	—	21	18	—	—	19
$i=3$	—	30	—	—	27	33	—	—
$i=4$	—	—	34	—	36	32	31	22

每个工厂必须事先选择一种配置方案,但是市场需求和价格只有在后来才能观察到。下表列出了市场可能出现的 4 种情形下对应的需求与价格。每种情形出现的概率分别是 $p^{(s)}=0.15$、0.30、0.35 和 0.20。

产品	需求量($\triangle d_i^s$,单位:千辆)				市场价格($\triangle r_i^s$,单位:千美元)			
	$s=1$	$s=2$	$s=3$	$s=4$	$s=1$	$s=2$	$s=3$	$s=4$
$i=1$	30	25	20	17	30	25	22	21
$i=2$	24	20	22	35	27	22	23	33
$i=3$	17	16	21	14	33	30	35	27
$i=4$	52	36	30	40	45	30	28	33

(a) 请说明,为什么 Zoom 的产能规划问题可以建模为一个两阶段的混合整数随机规划模型(定义 4.18)。其中第 1 阶段决策工厂的产能,第 2 阶段根据实际出现的情形决策对应的生产和销售量。

(b) 采用上面定义的参数和如下决策变量,构建一个两阶段的混合整数随机规划模型(图 4-4),为 Zoom 公司选择一个期望利润最大化的方案。

$y_{jk} \triangleq 1$,如果工厂 j 的配置为 k;否则为 0

$x_{ijk}^{(s)} \geqslant 0 \triangle$ 情形 s 下配置为 k 的工厂 j 生产并销售产品 i 的数量(单位:千)

□(c) 利用优化软件求解(b)中的模型,并适当解释最优决策。

4-50 区域电力联盟(The Regional Power Alliance,RPA)是一家营利性的供电机构,拥有 G 台发电机。在 $t=1,\cdots,T$ 月中,每台发电机 g 要么被投入使用,要么处于闲置状态。如果投入使用,那么其每次的固定安装成本为 f_g,发电量的范围是 W_g^{min} 和 W_g^{max} 之间[单位:千瓦时(MWh)],每千瓦时的变动成本为 c_g。每个规划周期期初,RPA 要确定哪些发电机被投入使用;决策时需要考虑到其维护成本和其他需求。

RPA 主要面向两类顾客需求。第一类是"基本负荷"用电需求,它们是通过长期合同的方式供应的。在规划期初可供选择的客户共有 K 个。合同规定的价格为 d_k 每千瓦时,客户 k 要求 RPA 在第 t 周期供

应的电力是 $r_{k,t}$ 千瓦时。这些基本负荷合同一旦接受，必须完全满足它们的用电需求。

RPA 的第二类需求是能源市场上的短期高峰需求。这类需求最大的挑战是价格具有极大的不确定性，记第 t 周期的市场价格为 v_t。为了描述电价的不确定性，RPA 确定了可能出现的市场情形 $s=1，\cdots，S$。第 t 周期情形 s 下的电价为 $v_t^{(s)}$ 每千瓦时，情形 s 出现的概率为 $p^{(s)}$。

RPA 想要找到一个有效的生产和销售计划，目标是使得规划周期内的期望利润最大。

(a) 请说明，为什么 RPA 的规划问题可以建模为一个两阶段的混合整数随机规划模型。其中第 1 阶段需要决策使用哪些发电机以及签约哪些基本负荷合同，第 2 阶段根据实际出现的情形决策高峰需求的电力销售量。

(b) 请说明，为什么你构建的模型中需要定义如下决策变量：

$x_{gt} \triangleq 1$，如果 t 周期发电机 g 处于运行状态（否则为 0）

$y_k \triangleq 1$，如果合同 k 被接受（否则为 0）

$w_{gt} \geqslant 0 \triangleq t$ 周期发电机 g 的总发电量（千瓦时）

$z_t^{(s)} \triangleq t$ 周期如果发生情形 s，高峰负荷的销售量（千瓦时）

(c) 采用上面的参数和决策变量，构建以期望值描述的目标函数，其中要考虑到启动发电机的固定成本、基本负荷和高峰负荷的变动成本、长期供电合同的销售收入，以及高峰负荷市场的期望销售收入。

(d) 采用上面的参数和决策变量，写出每个发电机 g 在 t 周期的总发电量（基本负荷和高峰负荷市场）必须介于 W_g^{min} 和 W_g^{max} 之间对应的约束条件，并简要解释。

(e) 采用上面的参数和决策变量，写出每种情形和每个周期发电机的总发电量必须满足"基本负荷"和"高峰负荷"市场需求所对应的约束条件，并简要解释。

(f) 写出模型的完整形式，包括变量类型约束。

参考文献

Bazaraa, Mokhtar, John J. Jarvis, and Hanif D. Sherali (2010), *Linear Programming and Network Flows*, John Wiley, Hoboken, New Jersey.

Birge, John R. and Francois Louveaux (2010), *Introduction to Stochastic Programming*, Springer, New York, New York.

Chvátal, Vašek (1980), *Linear Programming*, W.H. Freeman, San Francisco, California.

Hillier, Fredrick S. and Gerald J. Lieberman (2001), *Introduction to Operations Research*, McGraw-Hill, Boston.

Taha, Hamdy (2011), *Operations Research - An Introduction*, Prentice-Hall, Upper Saddle River, New Jersey.

Winston, Wayne L. (2003), *Operations Research - Applications and Algorithms*, Duxbury Press, Belmont California.

第5章

线性规划的单纯形法

在第4章中，我们已经介绍了线性规划诸多模型中的几种，接下来我们将关注模型的求解算法。本章我们将介绍一种称为**"单纯形法(simplex)"**的搜索算法。虽然第7章将介绍的内点法也非常有效，但单纯形法依然是迄今为止最广泛应用的优化算法。这两种算法都是从线性规划的特点出发来进行设计的，都能有效找到大规模模型的全局最优解。学习本章时，假设读者已经熟悉了第3章的基础搜索理论。

5.1　线性规划的最优解和标准型

介绍线性规划求解算法之前，我们先观察一下线性规划的基本特征，按照惯例做些变换，以简化后续的算法设计。

□**应用案例 5-1**

高级黄铜奖杯

和前文一样，我们从一个小例子出发来展开学习。我们考虑一家虚构的高级黄铜奖杯公司(Top Brass Trophy Company)所面临的问题。该公司为青年运动联盟生产大型奖杯。目前，公司正在为秋季赛事(包括足球和橄榄球)做生产规划。每个橄榄球奖杯都由一个木质底座、一个刻字的名牌和一个黄铜橄榄球组成，每个奖杯给公司创造12美元的利润。足球奖杯与之类似，不同之处在于上面是一个黄铜做的足球，并且每个足球奖杯只能贡献9美元的利润。由于橄榄球形状不对称，它的底座需要4平方英尺的木材，而足球底座只需要2平方英尺。目前公司持有的库存包括1 000个黄铜橄榄球、1 500个黄铜足球、1 750个名牌和4 800平方英尺的木材。假设所有生产出的奖杯都可以销售出去，那么公司应该生产怎样的奖杯组合才能使利润最大化？

上述问题中的决策变量为：

$x_1 \triangleq$ 生产的橄榄球奖杯数量

$x_2 \triangleq$ 生产的足球奖杯数量

使用这些决策变量，此优化问题的模型如下：

$$\max \quad 12x_1 + 9x_2 \qquad (利润)$$

$$\text{s. t.} \quad x_1 \qquad \leqslant 1\,000\,(橄榄球)$$

$$\qquad x_2 \leqslant 1\,500\,(足球)$$

$$\qquad x_1 + x_2 \leqslant 1\,750\,(名牌)$$

$$\qquad 4x_1 + 2x_2 \leqslant 4\,800\,(木材)$$

$$\qquad x_1, x_2 \qquad \geqslant 0$$

$$(5\text{-}1)$$

上述问题的目标是总利润最大化，主要约束包括橄榄球、足球、名牌和木材各自的数量限制。

图 5-1 用图解法进行了求解，可以得到最优解为 $x_1^* = 650$，$x_2^* = 1\,100$，对应的总利润为 17 700 美元。

模型 5-1 是一个线性规划模型（定义 4.1），因为它只有一个目标函数，目标函数和约束条件都是决策变量的线性形式，并且所有决策变量都是连续的。

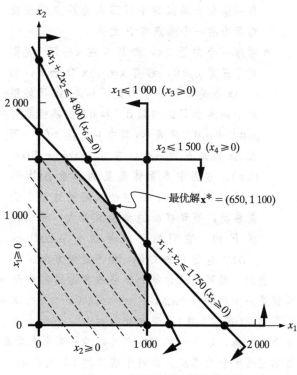

图 5-1　高级黄铜奖杯案例的图解法

5.1.1　线性规划的全局最优解

结合第 3 章，可见定义 4.1（也是 2.29）下的线性规划模型简单而且实用。线性规划具有以下特征：由于连续的决策变量和线性的约束条件，线性规划的可行域是凸集（原理 3.32）；线性规划的目标函数也是线性的。再加上原理 3.33，线性规划的这些特征能够大大简化搜索最优解的算法。

原理 5.1　线性规划的每一个局部最优解都是全局最优解。

线性规划的可行域不仅是凸集，还是**多面体集**（polyhedral）。预备知识 3 中介绍的多面体集的数学特征将有助于我们研究线性规划算法。

▶ **预备知识 3：多面体集的顶点和向量**

根据 3.4 节，线性规划的可行域 F 是凸集。也就是说，对于任意两个点 $\mathbf{x}^{(1)}$，$\mathbf{x}^{(2)} \in F$，其线性组合 $\{(1-\lambda)\mathbf{x}^{(1)} + \lambda\mathbf{x}^{(2)}, 0 \leqslant \lambda \leqslant 1\}$ 都在 F 之中。被线性等式或不等式规划出来的区域都是多面体集，因此线性规划可行域是多面体集。每一个多面体集都是凸集。

下图显示了一个二维多面体集（凸集）可行域。

多面体集具有以下特征：

● 如果点 $\mathbf{x}$ 在多面体集 F 内，却不在任何两个其他同属于 F 的点所连的线段上，那

么 **x** 就是 F 的一个顶点。所有满足以上条件的 $\mathbf{x}^{(1)}$，$\mathbf{x}^{(2)}$，$\mathbf{x}^{(3)}$ 都是顶点。显然，任何一条包含顶点却不以顶点为端点的线段都至少有一个端点在 F 之外。

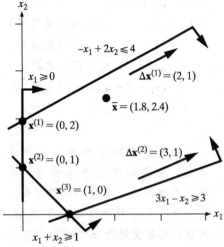

- 考虑一个向量 $\Delta\mathbf{x}$，如果存在 $\mathbf{x}\in F$，使得对于任意 $\mu\geqslant 0$，都有 $\mathbf{x}+\mu\Delta\mathbf{x}$ 属于 F，那么 $\Delta\mathbf{x}$ 就是 F 的一个向量。如果 $\Delta\mathbf{x}$ 不能用两个同属于 F 的向量 $\mathbf{d}^{(1)}$ 和 $\mathbf{d}^{(2)}$ 的线性组合 $\mu_1\mathbf{d}^{(1)}+\mu_2\mathbf{d}^{(2)}$ 来表示（其中 μ_1，$\mu_2>0$），那么 $\Delta\mathbf{x}$ 就是 F 的一个极方向（extreme direction）。右图中多面体集里的向量 $\Delta\mathbf{x}^{(1)}$ 和 $\Delta\mathbf{x}^{(2)}$ 就是极方向。F 中的点沿着这两个向量移动，不管移动的步长有多大，都仍然在 F 内。它们的正线性组合 $\mu_1\Delta\mathbf{x}^{(1)}+\mu_2\Delta\mathbf{x}^{(2)}$ 也是 F 的向量，但不是极方向。

我们一般可以认为每个非空的多面体集都至少有一个顶点。但是也有例外。比如直线就是一个形如 $\{\bar{\mathbf{x}}+\lambda\Delta\mathbf{x}\}$，$-\infty\leqslant\lambda\leqslant+\infty$ 的双向无界集。当且仅当一个非空的线性规划可行域（多面体集）不包含直线时，它才至少有一个顶点。也就是说，除非一个多面体集非常松弛，以至于其中的点可以沿着某个向量及其反方向无限推进而不离开这个集合，否则它必定含有顶点。而对于现实的 LP 问题来说，可行域如此松弛几乎是不可能的。

我们可以用顶点和极方向来描述多面体集的特征。用 P 表示多面体集 F 的顶点集合的索引，D 表示 F 的极方向索引，则任意一点 $\bar{\mathbf{x}}$ 属于 F 的充要条件是它可以表示为：

$$(\,*\,)\qquad \bar{\mathbf{x}}=\sum_{j\in P}\lambda_j\mathbf{x}^{(j)}+\sum_{k\in D}\mu_k\Delta\mathbf{x}^{(k)}$$

其中对于所有的 $j\in P$ 和 $k\in D$，有 $\lambda_j\geqslant 0$，$\mu_k\geqslant 0$，并且 $\sum_j\lambda_j=1$。也就是说，F 中的每一个点都可以用其顶点和极方向的线性组合表示出来，其中所有系数均为非负，且顶点的系数之和为 0。

例如，图中的点 $\bar{\mathbf{x}}=(1.8,2.4)$ 的坐标可以写成：

$$\bar{\mathbf{x}}=0.5\mathbf{x}^{(1)}+0.5\mathbf{x}^{(2)}+0.9\Delta\mathbf{x}^{(1)}=0.5\begin{bmatrix}0\\2\end{bmatrix}+0.5\begin{bmatrix}0\\1\end{bmatrix}+0.9\begin{bmatrix}2\\1\end{bmatrix}=\begin{bmatrix}1.8\\2.4\end{bmatrix}$$

5.1.2　内点、边界点和顶点

鉴于 LP 问题可行域中可行点的重要程度不同，我们可以把它们分类。

首先区分可行域中处于边界的点和处于内部的点。我们要知道，一个 LP 问题可行域的边界是由其不等约束确定的，边界上的点使相应的不等约束成为等式，即紧约束。

定义 5.2　如果线性规划问题的可行解可以使至少一个可能成为严格不等的不等约束成为紧约束，那么它就是可行域的**边界点**（boundary point），反之则为**内点**（interior point）。

线性规划可行域中能使所有可能成为严格不等约束都保持严格不等的点组成的集合叫作可行域的**相对内部**（relative interior）。相对内部中的点可能满足等式约束。

如下图所示，在可行域 F 中所有的点都满足 $x_3 = 2$，它是一个等式约束，永远都不可能成为严格的不等式。因此这个可行域的相对内部就是阴影部分，即图 5-2 中三角形的边界之内。点 $(1，1，2)$ 虽然满足 $x_3 = 2$，但它依然是内点。点 $(0，0，2)$ $(0，3，2)$ 和 $(3，0，2)$ 是 F 的三个顶点，点 $(1，0，2)$ 是一个非顶点的边界点。

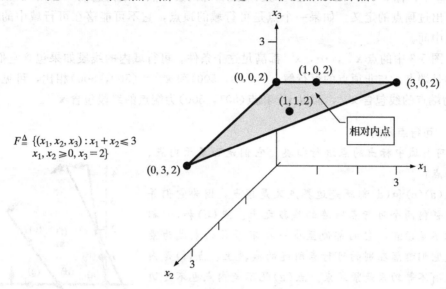

图 5-2 中标出了高级黄铜奖杯问题的可行域中的一些点。这里每一个不等约束都能找到使之成为严格不等式的可行点。解 $\mathbf{x}^{(7)}$ 位于内部，因为此处没有任何一个不等约束是

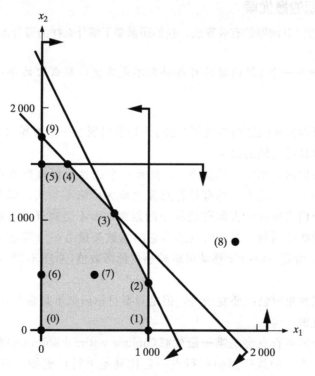

图 5-2 高级黄铜奖杯案例的内点、边界点和顶点

紧约束。$\mathbf{x}^{(0)}$，$\mathbf{x}^{(1)}$，…，$\mathbf{x}^{(6)}$ 都是边界点，因为它们都使至少一个不等约束成为紧约束。例如，$\mathbf{x}^{(1)} = (1\,000, 0)$ 使不等式 $x_1 \leqslant 1\,000$ 和 $x_2 \geqslant 0$ 成为紧约束，$\mathbf{x}^{(6)}$ 处约束 $x_1 \geqslant 0$ 为紧约束。解 $\mathbf{x}^{(8)}$ 和 $\mathbf{x}^{(9)}$ 既不是内点也不是边界点，因为它们都不在可行域之内。

在图 5-2 中，像 $\mathbf{x}^{(0)}$，…，$\mathbf{x}^{(5)}$ 这样的顶点是特殊的边界点，因为它们"外向"。预备知识 3 中给出过顶点的定义。如果一个点是可行域的顶点，它不可能落在可行域中的任何一条线段中间。

显然，图 5-2 中的点 $\mathbf{x}^{(0)}$，…，$\mathbf{x}^{(5)}$ 都满足这个条件。可行域内的线段如果包含它们，那它们必然是端点。与非顶点的可行解 $\mathbf{x}^{(6)} = (0, 500)$ 和 $\mathbf{x}^{(7)} = (500, 500)$ 相比，可见以 $\mathbf{x}^{(0)}$ 和 $\mathbf{x}^{(5)}$ 为端点的线包含 $\mathbf{x}^{(6)}$，而以 $\mathbf{x}^{(6)}$ 和点 $(501, 500)$ 为端点的线段包含 $\mathbf{x}^{(7)}$。

例 5-1　可行点归类

将 LP 可行域中标出的点进行归类。它们是否属于内点、边界点或顶点？

解：点 (a)(c) 和 (d) 都既是边界点又是顶点，因为它们并不位于其他任何两个可行点所连的线段之上。点 (b) 和 (e) 都是边界点但不是顶点，它们都使至少一个不等式约束成为紧约束，但是它们都落在别的可行点所连的线段上。点 (f) 是内点，因为没有不等约束是紧约束。点 (g) 既不是内点也不是边界点，更不是顶点，因为它不可行。

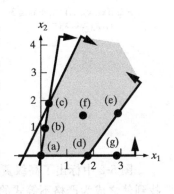

5.1.3　线性规划的最优解

为了设计出解决 LP 问题的有效算法，我们还需要了解什么样的可行点有可能是最优点。

原理 5.3　如果一个 LP 问题的目标函数不是常量，那么它的每一个最优解都在可行域的边界上。

例如，高级黄铜奖杯问题的最优解（见图 5-1）就出现在一个边界点 $\mathbf{x}^* = (650, 1\,100)$ 上，这个点同时也是可行域的顶点。

我们可以分情况讨论来证明原理 5.3。如果一个线性规划模型所有的约束都是不等式约束，而且对于每一个约束，都有可行点使之成为严格不等式，那么我们就可以将该可行域中任意一个内点向任何方向移动极小的距离，而不会离开可行域。而由于目标函数是一个非常量的线性函数，那么内点沿着它的系数矢量 $\Delta \mathbf{x} = \mathbf{c}$ 移动就可以增大目标函数值（原理 3.21），沿着 $\Delta \mathbf{x} = -\mathbf{c}$ 移动可以减小目标函数值（原理 3.22）。因此，内点不会是最优解。

模型中有等式约束时情况要复杂些，但是只要目标函数不是常量，结论就是一致的。内点不可能是最优解。

那么，什么样的可行点会是**唯一最优解**（unique optimal solution）呢？我们通常会觉得，线性规划问题唯一的最优解的可行点一定比其他可行点更加"突出"。事实也的确如此。

原理 5.4 如果一个线性规划问题有唯一最优解，那么它一定在可行域的顶点上。

更严谨一点说，假设一个求最大的 LP 问题的最优解是 $\mathbf{x}^*$，目标函数是 $\mathbf{c} \cdot \mathbf{x}$，如果 $\mathbf{x}^*$ 不是可行域的顶点，那么它一定可以写成其他两个可行点 $\mathbf{x}^{(1)}$ 和 $\mathbf{x}^{(2)}$ 的线性组合，即：

$$\mathbf{x}^* = (1 - \lambda)\mathbf{x}^{(1)} + \lambda\mathbf{x}^{(2)}, \quad 0 < \lambda < 1$$
$$\mathbf{c} \cdot \mathbf{x}^* = (1 - \lambda)\mathbf{c} \cdot \mathbf{x}^{(1)} + \lambda\mathbf{c} \cdot \mathbf{x}^{(2)}, \quad 0 < \lambda < 1$$

如果两个端点对应的目标函数值不同，那么其中一定有一个是高于 $\mathbf{c} \cdot \mathbf{x}^*$ 的，这样 $\mathbf{x}^*$ 就不是最优解。反之，如果两个端点对应的目标函数值相同，那么这条线段上所有的点都对应最优的目标函数值，这样就会有多个最优解，$\mathbf{x}^*$ 就不会是唯一的。综上所述，LP 问题的唯一最优解只可能出现在可行域的顶点上。

当然，LP 问题还可能是不可行或者无界的，此时没有所谓的最优解。但是如果一个 LP 问题确实存在最优解，那么一定有至少一个最优解落在顶点上。

原理 5.5 如果一个 LP 问题有最优解，那么一定有一个最优解落在顶点上。

为了证明这一点，我们考虑一个求目标函数 $\mathbf{c} \cdot \mathbf{x}^*$ 最大化的 LP 问题，并将其所有最优解归为一个集合。其实这只是为原本的 LP 问题增加一个约束 $\mathbf{c} \cdot \mathbf{x} = v^*$，其中 $v^* \triangleq$ 目标函数的最优值。显然，这个集合也是一个多面体集。假设如预备知识 3 中所言，这个 LP 问题可行域中没有直线，则它的最优解子集中同样没有直线，即一定有顶点。而且该子集的顶点在原 LP 问题的可行域中也是顶点，因为如果它在可行域的一条线段中间，则该线段至少有一个端点会落在最优解集之外，那么两端点的线性组合就不可能是最优的。

原理 5.5 对我们设计线性规划求解算法非常重要。由于只要一个 LP 问题存在最优解就一定会有最优解出现在顶点上，所以我们可以把寻找的范围限定在可行域的顶点。本章主要介绍的算法——单纯形法，就是在顶点上搜索最优解。

例 5-2 识别最优点

指出例 5-1 标示的点中有哪些可能成为最优解或唯一最优解。

解：根据原理 5.4，顶点 (a)(c) 和 (d) 可能是最优解或唯一最优解。边界点 (b) 和 (e) 也可能是最优解，但它们不可能是唯一最优解，因为至少还会有一个位于顶点的最优解。只要目标函数不是常量，内点 (f) 就不可能是最优解，因为不论目标函数如何，都有保持可行性的优化空间。点 (g) 不可行。

5.1.4 LP 标准型

线性规划模型中，变量必须是连续的。主要的约束是不等约束和等式约束，约束中可以有不同层次的括号，中间的联系符号可以是 $\geqslant$，$\leqslant$ 和 $=$。将线性规划模型标准化显然会便于我们寻找求解算法。

定义 5.6 线性规划的**标准型**(standard form)满足：①主要约束均为等式约束；②变量均为非负；③目标函数和主要约束中变量位于等号左侧，且每个变量至多出现一次，常量(可能为 0)均位于右侧。

5.1.5 用松弛变量将不等化为非负

现在我们来研究如何将原始的线性规划模型转化为标准型。例如，高级黄铜奖杯模型(5-1)的主要约束中就包括不等式。而标准型(定义 5.6)规定主要约束均为等式，不等式只能出现在变量的非负约束之中。

为了将模型化为标准型，我们要引入松弛变量来将不等约束化为等式约束。

原理 5.7 线性规划模型的主要不等约束可以通过添加非负的、不影响成本的松弛变量来转化成等式约束，$\leqslant$ 的约束就加上这些变量，$\geqslant$ 的约束就减去这些变量。

我们再回到高级黄铜奖杯案例。应用原理 5.7，我们在模型(5-1)的四个主要不等约束中加入松弛变量 x_3，…，x_6。所得到的标准模型为：

$$\begin{aligned}
\max \quad & 12x_1 + 9x_2 \\
\text{s.t.} \quad & x_1 + x_3 && = 1\,000 \\
& x_2 + x_4 && = 1\,500 \\
& x_1 + x_2 + x_5 && = 1\,750 \\
& 4x_1 + 2x_2 + x_6 && = 4\,800 \\
& x_1, x_2, x_3, x_4, x_5, x_6 \geqslant 0
\end{aligned}$$

要注意每个约束都应用了不同的松弛变量，每一个松弛变量均为非负，并且松弛变量并不出现在目标函数里。由于该案例所有不等约束都是 $\leqslant$ 型的，因此每一个约束都加上松弛变量。而接下来的例 5-3 中，我们可以看到减去松弛变量的情况。

虽然原本的模型只有两个变量，而我们的标准型现在含有 6 个变量，但模型本身并没有改变。从图 5-1 中可以看出，原本模型中的每一个不等约束都对应着标准型中一些松弛变量的非负约束。比如最后一个主要约束：

$$4x_1 + 2x_2 \leqslant 4\,800$$

对应着松弛变量 x_6 的非负约束。在标准型中有等式：

$$4x_1 + 2x_2 + x_6 = 4\,800$$

当

$$x_6 = 4\,800 - 4x_1 - 2x_2 \geqslant 0$$

时，就可以满足原本的不等约束。

并且，由于松弛变量在目标函数中的系数为 0，它们并不影响成本。

将模型化为标准型有什么好处呢？回顾一下 3.5 节中可行移动方向的建立。模型中的紧约束会让建立可行方向变得十分棘手。等式约束一直有效，但是不等约束可能在这一刻是紧约束而下一刻就不再是。引入原理 5.7 中这样的松弛变量并没有排除任何一个不等式，但是却把它们都简化为等式约束，同样也简化了分析。

例 5-3　引入松弛变量

引入松弛变量将下面的线性规划模型转化为标准型。

(a)
$$\min \quad 9w_1 + 6w^2$$
$$\begin{aligned}
\text{s. t.} \quad 2w_1 + w_2 \quad &\geqslant 10 \\
w_1 \quad &\leqslant 50 \\
w_1 + w_2 \quad &= 40 \\
100 \geqslant w_1 + 2w_2 &\geqslant 15 \\
w_1, w_2 \quad &\geqslant 0
\end{aligned}$$

(b)
$$\max \quad 15(2x_1 + 8x_2) - 4x_3$$
$$\begin{aligned}
\text{s. t.} \quad 2(10 - x_1) + x_2 + 5(9 - x_3) &\geqslant 10 \\
x_1 + 2x_3 \quad &\leqslant x_3 \\
2x_2 + 18x_3 \quad &= 50 \\
x_1, x_2, x_3 \quad &\geqslant 0
\end{aligned}$$

解：

(a) 用原理 5.7 中的方法，我们引入松弛变量 w_3，w_4，w_5，w_6 来将 4 个主要不等式化为等式。其结果为：

$$\min \quad 9w_1 + 6w_2$$
$$\begin{aligned}
\text{s. t.} \quad 2w_1 + w_2 - w_3 \quad\quad &= 10 \\
w_1 + w_4 \quad\quad &= 50 \\
w_1 + w_2 \quad\quad &= 40 \\
w_1 + 2w_2 + w_5 &= 100 \\
w_1 + 2w_2 - w_6 &= 15 \\
w_1, w_2, w_3, w_4, w_5, w_6 &\geqslant 0
\end{aligned}$$

注意最后两个主要约束，它们在原始模型中是写在一起的，但在标准型中却被分开。在 $\leqslant$ 不等式中加入松弛变量，在 $\geqslant$ 不等式中减掉松弛变量。等式不需要引入松弛变量。

(b) 我们先将变量集中到左边，将常量集中到右边（见定义 5.6 中的③）。

$$\max \quad 30x_1 + 120x_2 - 4x_3$$
$$\begin{aligned}
\text{s. t.} \quad -2x_1 + x_2 - 5x_3 &\geqslant -55 \\
x_1 + x_3 \quad &\leqslant 0 \\
2x_2 + 18x_3 \quad &= 50 \\
x_1, x_2, x_3 \quad &\geqslant 0
\end{aligned}$$

现在引入松弛变量，使用原理 5.7 来构造标准型。

$$\max \quad 30x_1 + 120x_2 - 4x_3$$
$$\begin{aligned}
\text{s. t.} \quad -2x_1 + x_2 - 5x_3 - x_4 &= -55 \\
x_1 + x_3 + x_5 \quad &= 0 \\
2x_2 + 18x_3 \quad &= 50 \\
x_1, x_2, x_3, x_4, x_5 \quad &\geqslant 0
\end{aligned}$$

5.1.6　将非正和无符号要求的变量转化为非负

高级黄铜奖杯案例只使用了非负的决策变量，现实中绝大多数的线性规划模型都是如此。标准要求 5.6 中的第二个条件已经被自动满足了。

但是 LP 问题中有时候也会使用一些可能取得负值的变量，比如净利润和温度等。这些变量可能是非正的(变量类型约束是 $\leqslant 0$ 的)，或者没有符号要求。后者经常被称为 URS，即 unrestricted sign，意为符号不限。

我们可以通过更换变量将非正或无符号要求的变量转化为标准型中的非负变量。对于非正变量，取其负值即可。

原理 5.8　*线性规划模型中的非正变量可以用其负值替换。*

例如，假设一个模型原始的决策变量为 $x_1, \cdots, x_{10}$，并有非正约束：
$$x_7 \leqslant 0$$
我们就可以引入新变量：
$$x_{11} = -x_7$$
并且用 $-x_{11}$ 来替换模型中所有的 x_7。这样，非正约束 $x_7 \leqslant 0$ 就变成了 $-x_{11} \leqslant 0$ 或 $x_{11} \geqslant 0$。

对于无符号要求的变量，我们可以引入两个新的非负变量，然后用它们的差值来替换原变量。

原理 5.9　*线性规划模型中没有符号要求的变量(URS)可以用两个非负变量的差值来表示。*

比如一个模型的变量有 $y_1, \cdots, y_7$，并且 y_1 是 URS。通过引入两个新变量 y_8，$y_9 \geqslant 0$ 将模型中的每一个 y_1 都用 $y_8 - y_9$ 替代，就可以化为标准型。

例 5-4　转化非正和无符号要求的变量

用变量替换的方法将下面的线性规划模型转化成标准型。
$$
\begin{aligned}
\min \quad & -9w_1 + 4w_2 + 16w_3 - 11w_4 \\
\text{s.t.} \quad & w_1 + w_2 + w_3 + w_4 = 100 \\
& 3w_1 - w_2 + 6w_3 - 2w_4 = 200 \\
& w_1 \geqslant 0, w_2 \leqslant 0
\end{aligned}
$$

解：变量 w_1 已经是非负变量，但非正的变量 w_2 和没有符号约束的变量 w_3 及 w_4 都需要替换。利用原理 5.8 和 5.9，有：
$$
\begin{aligned}
w_2 &= -w_5 \\
w_3 &= w_6 - w_7 \\
w_4 &= w_8 - w_9
\end{aligned}
$$
化简后得到的标准型是：
$$\min \quad -9w_1 - 4w_5 + 16w_6 - 16w_7 - 11w_8 + 11w_9$$

$$\text{s.t.}\quad w_1 - w_5 + w_6 - w_7 + w_8 - w_9 = 100$$
$$3w_1 - w_5 + 6w_6 - 6w_7 - 2w_8 + 2w_9 = 200$$
$$w_1, w_5, w_6, w_7, w_8, w_9 \geqslant 0$$

现在，w_2，w_3 和 w_4 已经被完全替出了模型。

5.1.7　线性规划的标准符号表示

由于线性规划标准型中只有等式约束，而且变量均为非负，我们可以用各变量的系数来表示模型，以进一步简化。在此过程中，为避免歧义，我们需要一套标准符号表示。下面我们介绍一套广泛应用的表示法。

定义 5.10　线性规划模型的标准表示符号为：

$$x_j \triangleq 第\ j\ 个决策变量$$
$$c_j \triangleq x_j\ 的成本或在目标函数中的系数$$
$$a_{i,j} \triangleq 第\ i\ 个主要约束中\ x_j\ 的约束系数$$
$$b_i \triangleq 第\ i\ 个主要约束中等式的右端项$$
$$m \triangleq 主要（等式）约束的个数$$
$$n \triangleq 决策变量的个数$$

于是，每一个线性规划问题的标准型都有一个一般型：

$$\min(\max)\quad \sum_{j=1}^{n} c_j x_j$$
$$\text{s.t.}\quad \sum_{j=1}^{n} a_{i,j} x_j = b_i \quad 对所有\ i = 1, 2, \cdots, m$$
$$x_j \geqslant 0 \quad 对所有\ j = 1, 2, \cdots, n$$

利用向量和矩阵，无疑可以将标准型更简洁地表示出来。预备知识 4 中帮助大家复习了一些矩阵计算的知识，需要的同学可以去看看。

定义 5.11　利用矩阵表示法，LP 标准型可以写成：

$$\min(\max)\quad \mathbf{c} \cdot \mathbf{x}$$
$$\text{s.t.}\quad \mathbf{Ax} = \mathbf{b}$$
$$\mathbf{x} \geqslant \mathbf{0}$$

▶ **预备知识 4：矩阵、矩阵计算和矩阵转置**

矩阵（matrice）是一种二维数组，其行数和列数可以用于分类。例如，

$$\mathbf{Q} = \begin{bmatrix} 2 & 0 & -\dfrac{7}{5} \\ 0 & -1.2 & 3 \end{bmatrix} \quad 和 \quad \mathbf{R} \begin{bmatrix} 12 & -2 & \dfrac{7}{5} \\ 1 & 0 & -2 \end{bmatrix}$$

都是 2×3 矩阵（2 行 3 列）。相关的一维向量的概念见预备知识 1。

在本书中矩阵大多以大写黑体符号表示（如 $\mathbf{A}$，$\mathbf{R}$，$\mathbf{\Sigma}$），其内部的元素则用相应的小写符号表示（如 $a_{i,j}$，$r_{2,6}$，$\sigma_{3,9}$），用脚标表示该元素所在的行数和列数。因此，上述矩阵

$\mathbf{Q}$ 中有 $q_{1,2}=0$ 和 $q_{2,3}=3$。

和向量一样，形状相似的矩阵可以进行加、减和乘的运算，其本质是矩阵内部元素的运算。因此对于上述 $\mathbf{Q}$ 和 $\mathbf{R}$，

$$\mathbf{Q}+\mathbf{R}=\begin{bmatrix}14 & -2 & 0 \\ 1 & -1.2 & 1\end{bmatrix} \quad -0.3\mathbf{R}=\begin{bmatrix}-3.6 & 0.6 & -0.42 \\ -0.3 & 0 & 0.6\end{bmatrix}$$

与向量类似，矩阵相乘的定义方式并不那么容易理解，但这样定义却很便于表示线性组合。如果矩阵 $\mathbf{P}$ 的列数和 $\mathbf{A}$ 的行数相等，那么它们就可以相乘得到 $\mathbf{D}=\mathbf{PA}$。$\mathbf{D}$ 中第 i 行 j 列的元素是 $\mathbf{P}$ 中第 i 行的行向量和 $\mathbf{A}$ 中第 j 列的列向量点乘的结果（如 $d_{i,j}=\sum_k p_{i,k} a_{k,j}$）。比如：

$$\mathbf{P}=\begin{bmatrix}1 & 3 \\ -1 & 2\end{bmatrix}, \quad \mathbf{A}=\begin{bmatrix}5 & -1 & 0 \\ 2 & 9 & 4\end{bmatrix}, \quad 则 \quad \mathbf{PA}=\begin{bmatrix}11 & 26 & 12 \\ -1 & 19 & 8\end{bmatrix}$$

要注意矩阵相乘的顺序很重要。对于上述的 $\mathbf{A}$ 和 $\mathbf{P}$，乘积 $\mathbf{AP}$ 是没有意义的，因为 $\mathbf{A}$ 的列数不等于 $\mathbf{P}$ 的行数。即便两个矩阵用两种顺序都可以相乘，结果通常也是不同的。

定义矩阵和向量相乘时，我们把向量看作只有一行或者一列的矩阵，具体要看哪一种方法能使乘积有意义。对于上述的 $\mathbf{A}$，如果有 $\mathbf{v}=(-1, 4)$，$\mathbf{x}=(2, 1, 2)$，则：

$$\mathbf{vA}=(-1,4)\begin{bmatrix}5 & -1 & 0 \\ 2 & 9 & 4\end{bmatrix}=(3,37,16)$$

$$\mathbf{Ax}=\begin{bmatrix}5 & -1 & 0 \\ 2 & 9 & 4\end{bmatrix}\begin{bmatrix}2 \\ 1 \\ 2\end{bmatrix}=\begin{bmatrix}9 \\ 21\end{bmatrix}$$

在第一个式子中 $\mathbf{v}$ 被视为一个行矩阵，因为它是左乘 $\mathbf{A}$ 的。在第二个算式中 $\mathbf{x}$ 则被视为列矩阵，因为它是右乘 $\mathbf{A}$ 的。

有时利用矩阵 $\mathbf{M}$ 的**转置**（transpose）（记为 $\mathbf{M}^T$）可以简化计算。转置就是把矩阵的行和列对换，例如：

$$\mathbf{Q}=\begin{bmatrix}2 & -\frac{1}{3} & 7 \\ 0 & 6 & 13\end{bmatrix} \quad 转置为 \quad \mathbf{Q}^T=\begin{bmatrix}2 & 0 \\ -\frac{1}{3} & 6 \\ 7 & 13\end{bmatrix}$$

如果一个矩阵和它的转置完全相同，我们就说这个矩阵是**对称**（symmetric）的，反之，则该矩阵**不对称**。因此对于：

$$\mathbf{R}=\begin{bmatrix}3 & -1 \\ 6 & 0\end{bmatrix} \quad 和 \quad \mathbf{S}=\begin{bmatrix}3 & 1 & 8 \\ 1 & -11 & 0 \\ 8 & 0 & 25\end{bmatrix}$$

$\mathbf{R}$ 是不对称的，因为 $\mathbf{R}\neq\mathbf{R}^T$，但 $\mathbf{S}$ 是对称的，因为 $\mathbf{S}=\mathbf{S}^T$。

如果两个矩阵可以相乘，那么乘积的转置就是这两个矩阵转置的逆序乘积。如：

$$(\mathbf{RQ})^T=\left(\begin{bmatrix}3 & -1 \\ 6 & 0\end{bmatrix}\begin{bmatrix}2 & -\frac{1}{3} & 7 \\ 0 & 6 & 13\end{bmatrix}\right)^T=\begin{bmatrix}6 & -7 & 8 \\ 12 & -2 & 42\end{bmatrix}^T$$

$$= \begin{bmatrix} 6 & 12 \\ -7 & -2 \\ 8 & 42 \end{bmatrix} = \begin{bmatrix} 2 & 0 \\ -\dfrac{1}{3} & 6 \\ 7 & 13 \end{bmatrix} \begin{bmatrix} 3 & 6 \\ -1 & 0 \end{bmatrix} = \mathbf{Q}^{\mathrm{T}} \mathbf{R}^{\mathrm{T}}$$

成本，或者说**目标函数向量 c**，由所有的目标函数系数 c_j 组成。**约束矩阵 A** 包含所有主要约束的系数 $a_{i,j}$，**右侧向量(RHS) b** 由约束中的常量 b_i 组成。**x** 表示决策变量 x_j 组成的向量。

我们再回到高级黄铜奖杯案例。这里有 4 个主要约束，因此 $m=4$。标准型的决策变量向量为 $\mathbf{x}=(x_1，x_2，\cdots，x_6)$，包含 $n=6$ 个元素。对应的系数矩阵为 n 元素向量 c，$m \times n$ 矩阵 A 和 m 元素向量 b：

$$\mathbf{c}= (12 \quad 9 \quad 0 \quad 0 \quad 0 \quad 0)$$

$$\mathbf{A}= \begin{bmatrix} 1 & 0 & 1 & 0 & 0 & 0 \\ 0 & 1 & 0 & 1 & 0 & 0 \\ 1 & 1 & 0 & 0 & 1 & 0 \\ 4 & 2 & 0 & 0 & 0 & 1 \end{bmatrix} \qquad \mathbf{b}= \begin{bmatrix} 1\,000 \\ 1\,500 \\ 1\,750 \\ 4\,800 \end{bmatrix}$$

例 5-5　标准 LP 矩阵表示法的应用

指出例 5-3(b)中的标准型的矩阵表示形式的 m，n，A，b 和 c。

解：例 5-3(b)中的标准型有 $m=3$ 个主要约束，$n=5$ 个决策变量。相应的系数矩阵为：

$$\mathbf{c}= (30 \quad 120 \quad -4 \quad 0 \quad 0)$$

$$\mathbf{A}= \begin{bmatrix} -2 & 1 & -5 & -1 & 0 \\ 1 & 0 & 1 & 0 & 1 \\ 0 & 2 & 18 & 0 & 0 \end{bmatrix} \qquad \mathbf{b}= \begin{bmatrix} -55 \\ 0 \\ 50 \end{bmatrix}$$

5.2　顶点搜索和基本解

为了找出最优解，我们无疑要在线性规划可行域内部搜索。然而，既然我们已经确定只要线性规划问题有最优解就一定在顶点上(定义 5.6)，那么我们就可以放心大胆地把搜索的范围限定在 LP 可行域的顶点上。

单纯形法就是一个搜索顶点的算法。本节我们先介绍一些基础的概念，下一节中我们再介绍完整的单纯形法。

5.2.1　用紧约束来确定顶点

首先，我们要介绍顶点的另一个特性。顶点是边界点，而一个 LP 可行域的整个边界都是由一个或多个紧约束决定的。要确定顶点，就需要足够多的紧约束。

原理 5.12　如果一个点是线性规划可行域的顶点，那么一定有多个不等约束，只在这个点同时成为紧约束。在标准型中，这些约束都对应着松弛变量的非负约束，它们成为紧约束意味着对应的松弛变量为 0。

例如，在图 5-2 中，顶点解 $\mathbf{x}^{(5)}$ 处约束 $x_1 \geq 0$ 和 $x_2 \leq 1\,500$ 同时成为紧约束。与此相比，点 $\mathbf{x}^{(6)}$ 处只有约束 $x_1 \geq 0$ 是紧约束，因此不是顶点，因为很多点都满足 $x_1 = 0$。

高级黄铜奖杯是一个二维的案例，为了深入了解紧约束和顶点的联系，我们的视线不能局限在二维。图 5-3 就是一个三维案例，其目标是求 x_3 最大化。如图，可行域的边界由不同的面构成，分别标为 $A \sim L$，每一个面都由一个主要不等紧约束确定。利用原理 5.8，我们可以找出所有满足三个紧约束的点，也就是顶点，并把它们归入一个集合。

比如，不等式 I 和 J，再加上非负约束 $x_3 \geq 0$，共同确定了 $\mathbf{x}^{(0)}$。不过，有些顶点的确定方法不唯一。比如，C，D，G 和 J 中任意三个都可以确定顶点 $\mathbf{x}^{(2)}$。

例 5-6 确定顶点

列出图 5-3 中所有确定顶点 $\mathbf{x}^{(3)}$，$\mathbf{x}^{(4)}$ 和 $\mathbf{x}^{(5)}$ 的约束组，每组有三个紧约束。

解：在顶点 $\mathbf{x}^{(3)}$ 处，约束 B，C，G，H 和 I 都是紧约束，所以它们中的任意三个都可以确定该顶点。顶点 $\mathbf{x}^{(4)}$ 只能由约束 A，B 和 C 确定。顶点 $\mathbf{x}^{(5)}$ 只能由约束 A，C 和 $x_2 \geq 0$ 确定。

5.2.2 相邻的顶点和边

我们优化算法的思路是从当前的解出发，研究与它相邻的另一个解。如果相邻解的目标函数值更优，就用该相邻解来替代当前解。我们可以用顶点对应的紧约束组来定义相邻的顶点。

定义 5.13 在一个 LP 问题中，如果决定两个顶点的紧约束集只相差一个元素，那么这两个顶点是**相邻**(adjacent)的。

再看图 5-3。顶点 $\mathbf{x}^{(1)}$ 由紧约束 G，I 和 J 决定，而顶点 $\mathbf{x}^{(2)}$ 由紧约束 D，G 和 J 决定，二者只相差一个元素，所以 $\mathbf{x}^{(1)}$ 和 $\mathbf{x}^{(2)}$ 是相邻的顶点。而决定 $\mathbf{x}^{(4)}$ 的紧约束集为 A，B 和 C，其中只有 C 可以参与决定 $\mathbf{x}^{(2)}$，二者无法找到只相差一个元素的紧约束决定集，所以 $\mathbf{x}^{(2)}$ 和 $\mathbf{x}^{(4)}$ 不是相邻的顶点。

图 5-3 中相邻顶点所连的线段叫作可行域的边。

定义 5.14 线性规划模型的一条**边**(edge)是一个一维可行点集，这些可行点都在由一个紧约束集决定的一条线上。

相邻的顶点由它们共有的紧约束所决定的边相连。比如，紧约束 G，I 和 J 决定了顶点 $\mathbf{x}^{(1)}$，G 和 J 相交

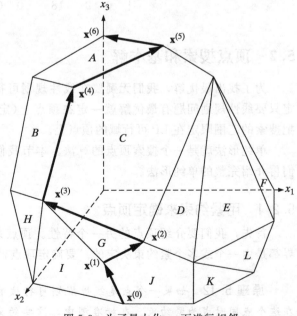

图 5-3 为了最大化 x_3 而进行相邻顶点搜索的三维问题

的边连起了 $\mathbf{x}^{(1)}$ 和 $\mathbf{x}^{(2)}$。类似地，I 和 G 相交的边连起了 $\mathbf{x}^{(1)}$ 和 $\mathbf{x}^{(3)}$。

例 5-7 确定边和相邻顶点

假设一个线性规划模型有如下约束：

$$-2x_1 + 3x_2 \leqslant 6 \tag{5-2}$$
$$-x_1 + x_2 \leqslant 1 \tag{5-3}$$
$$x_1 \geqslant 0 \tag{5-4}$$
$$x_2 \geqslant 0 \tag{5-5}$$

(a) 画出可行域的草图，并标出点 $\mathbf{x}^{(0)} = (0, 0)$，$\mathbf{x}^{(1)} = (0, 1)$，$\mathbf{x}^{(2)} = (3, 4)$ 和 $\mathbf{x}^{(3)} = (4, 0)$。

(b) 指出上述点中哪些是相邻的顶点。

(c) 指出上述点中哪些被边相连。

解：

(a) 可行域如右图所示

(b) 根据原理 5.12，顶点一定由紧约束确定。$\mathbf{x}^{(0)}$，$\mathbf{x}^{(1)}$ 和 $\mathbf{x}^{(2)}$ 是顶点，它们分别由 (5.5)～(5.6)，(5.4)～(5.5) 和 (5.3)～(5.4) 确定。点 $\mathbf{x}^{(3)}$ 不是顶点。

在二维的可行域中，只要两个顶点有一个共同的紧约束，它们就是相邻的。因此，$\mathbf{x}^{(0)}$ 和 $\mathbf{x}^{(1)}$ 相邻，$\mathbf{x}^{(1)}$ 和 $\mathbf{x}^{(2)}$ 相邻，但是 $\mathbf{x}^{(0)}$ 和 $\mathbf{x}^{(2)}$ 不相邻。

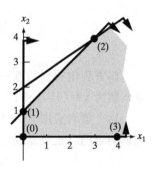

(c) 每对相邻的顶点都由它们共有的紧约束所确定的边相连。比如 $\mathbf{x}^{(1)}$ 和 $\mathbf{x}^{(2)}$ 被直线 $-x_1 + x_2 = 1$ 上的边相连。尽管 $\mathbf{x}^{(3)}$ 不是顶点，但直线 $x_2 = 0$ 上的边将它和 $\mathbf{x}^{(0)}$ 相连。

5.2.3 基本解[⊖]

我们在本章第一节中就介绍过，每一个标准模型都可以写成：

$$\min(\max) \quad \sum_{j=1}^{n} c_j x_j$$
$$\text{s. t.} \quad \sum_{j=1}^{n} a_{i,j} x_j = b_i \quad \text{对所有} j = 1, 2, \cdots, m$$
$$x_j \geqslant 0 \quad \text{对所有} j = 1, 2, \cdots, n$$

标准型的一个作用就是将不等约束全部化为非负约束。

根据原理 5.12，线性规划标准型所有的顶点解都由非负紧约束集所确定。要确定一个顶点解，必须有一些变量的值为 0，使得非负约束成为紧约束，且其他变量的值唯一。

这样的解叫作基本解。

定义 5.15 线性规划标准型的**基本解**(basic solution) 是令某些变量值为 0，使其他变量值可以通过等式约束唯一解出而得到的。被定为 0 的变量叫作**非基变量**，而通过等

⊖ 基本解，简称基解。

式约束解出的变量叫作**基变量**。

以高级黄铜奖杯案例为例：

$$
\begin{aligned}
\max \quad & 12x_1 + 9x_2 \\
\text{s.t.} \quad & + x_1 \quad\ + x_3 \qquad\qquad\qquad = 1\,000 \\
& \qquad + x_2 \quad\ + x_4 \qquad\qquad = 1\,500 \\
& + x_1 + x_2 \qquad\quad + x_5 \qquad = 1\,750 \\
& + 4x_1 + 2x_2 \qquad\qquad\quad + x_6 = 4\,800 \\
& x_1, x_2, x_3, x_4, x_5, x_6 \qquad\qquad \geqslant 0
\end{aligned}
\tag{5-6}
$$

图 5-4 是它的可行域，其中约束为标准型中相应的非负约束。

将 x_1，x_2，x_3，x_4 定为基变量，x_5 和 x_6 定为非基变量，就可以得出一个基本解。令 $x_5 = x_6 = 0$，我们得到下面的方程组：

$$
\begin{aligned}
& + x_1 \quad\ + x_3 \qquad\qquad\qquad = 1\,000 \\
& \qquad + x_2 \quad\ + x_4 \qquad\qquad = 1\,500 \\
& + x_1 + x_2 \qquad\quad + (0) \qquad = 1\,750 \\
& + 4x_1 + 2x_2 \qquad\qquad + (0) = 4\,800
\end{aligned}
\tag{5-7}
$$

解方程组得到的唯一解为 $x_1 = 650$，$x_2 = 1\,100$，$x_3 = 350$，$x_4 = 400$。因此，完整的基本解为 $\mathbf{x} = (650, 1\,100, 350, 400, 0, 0)$。

这个解对应图 5-4 中的顶点 $\mathbf{x}^{(3)}$。这是因为 $\mathbf{x}^{(3)}$ 本身就是由 $x_5 \geqslant 0$ 和 $x_6 \geqslant 0$ 变成紧约束而确定的。也就是说，这个顶点由令 $x_5 = x_6 = 0$ 确定。

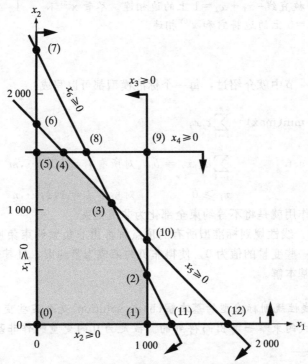

图 5-4 高级黄铜奖杯案例的基本解

例 5-8　计算基本解

假设一个线性规划的标准型有如下约束：

$$4x_1 - x_2 + x_3 = 1$$
$$3x_1 + 2x_2 - 2x_3 = 9$$
$$x_1, x_2, x_3 \geqslant 0$$

计算以 x_1 和 x_2 为基变量的基本解。

解： x_3 是唯一的非基变量。利用定义 5.15，令 $x_3 = 0$，有：

$$4x_1 - x_2 + (0) = 1$$
$$3x_1 + 2x_2 - 2(0) = 9$$

两个方程，两个未知数，可以解出 $x_1 = 1$，$x_2 = 3$。

因此，完整的基本解为 $\mathbf{x} = (1, 3, 0)$。

5.2.4　基本解的存在性

要注意的是，基本解不是任取一组非基变量就可以得到的。比如，在高级黄铜奖杯的标准型中，如果只令 $x_4 = 0$，就会得到下面的方程组：

$$
\begin{aligned}
+ \ x_1 \quad\quad + x_3 \quad\quad\quad\quad &= 1\,000 \\
+ \ x_2 \quad + (0) \quad\quad\quad &= 1\,500 \\
+ \ x_1 + \ x_2 \quad\quad\quad x_5 \quad &= 1\,750 \\
+ 4x_1 + 2x_2 \quad\quad\quad\quad x_6 &= 4\,800
\end{aligned}
$$

这里面有 5 个未知数，却只有 4 个等式。用图形来说明，这就相当于只将图 5-4 中 $x_4 \geqslant 0$ 相关的不等式变为紧约束，并不足以确定一个点。

即便我们令 $x_2 = x_4 = 0$，也得不到基本解。所得的方程组为：

$$
\begin{aligned}
+ \ x_1 \quad\quad + x_3 \quad\quad\quad\quad &= 1\,000 \\
+ \ (0) \quad + (0) \quad\quad\quad &= 1\,500 \\
+ \ x_1 + \ (0) \quad\quad\quad x_5 \quad &= 1\,750 \\
+ 4x_1 + 2(0) \quad\quad\quad\quad x_6 &= 4\,800
\end{aligned}
\tag{5-8}
$$

现在的确有了 4 个未知数和 4 个等式，但是并不能得到解。从代数的角度看，第二个等式不成立。从图 5-4 看，将 $x_2 \geqslant 0$ 和 $x_4 \geqslant 0$ 相关的不等式变成紧约束明显不能确定一个点。

因此我们必须研究，在什么情况下基本解才会存在。为此我们必须应用预备知识 5 中介绍的方程组的知识。

原理 5.16　*当且仅当基变量相关的等式约束来自一个基（模型中存在的最大的线性无关约束集）时，基本解存在。*

以方程组(5-7)和(5-8)为例。我们可以证明(5-7)中 x_1，x_2，x_3 和 x_4 相关的系数矩阵是非奇异矩阵，进一步证明它们的约束构成一个基。即：

$$
\det \begin{bmatrix} 1 & 0 & 1 & 0 \\ 0 & 1 & 0 & 1 \\ 1 & 1 & 0 & 0 \\ 4 & 2 & 0 & 0 \end{bmatrix} = -2 \neq 0
$$

这样，这些等式构成的方程组就有一个唯一解。

相比之下，(5-8)中以 x_1，x_3，x_5 和 x_6 为基变量并不能产生一个唯一解，因为它们的系数列向量是线性相关的。x_1 的系数列向量可以写成：

$$\begin{bmatrix} 1 \\ 0 \\ 1 \\ 4 \end{bmatrix} = 1 \begin{bmatrix} 1 \\ 0 \\ 0 \\ 0 \end{bmatrix} + 1 \begin{bmatrix} 0 \\ 0 \\ 1 \\ 0 \end{bmatrix} + 4 \begin{bmatrix} 0 \\ 0 \\ 0 \\ 1 \end{bmatrix}$$

例 5-9　检验基本解的存在性

下面是一个线性规划标准型的约束：

$$4x_1 - 8x_2 - x_3 = 15$$
$$x_1 - 2x_2 = 10$$
$$x_1, x_2, x_3, \geqslant 0$$

对于下面的每个基变量组合，指出是否存在基本解：(a)x_1，x_2；(b)x_1，x_3；(c) x_1；(d)x_2，x_3；(e)x_1，x_2，x_3。

解：

(a) x_1 和 x_2 的系数列向量是线性相关的，因为：

$$\begin{bmatrix} 4 \\ 1 \end{bmatrix} = -\frac{1}{2} \begin{bmatrix} -8 \\ -2 \end{bmatrix}$$

或者说：

$$\det \begin{bmatrix} 4 & -8 \\ 1 & -2 \end{bmatrix} = 0$$

因此，基本解不存在。

(b) 基本解存在，因为 x_1 和 x_3 的系数列向量可以组成一个基。要证明这一点，只需证明相关的矩阵非奇异即可，即：

$$\det \begin{bmatrix} 4 & -1 \\ 1 & 0 \end{bmatrix} = 1 \neq 0$$

(c) 列向量(4, 1)是线性无关的，因为它非零。然而我们在(b)中已经看到，该模型下可以找出更大的系数列向量组合，因此 x_1 不能确定一个基本解。

(d) 基本解存在，因为 x_2 和 x_3 的系数列向量可以组成一个基。证据为：

$$\det \begin{bmatrix} -8 & -1 \\ -2 & 0 \end{bmatrix} = -2 \neq 0$$

(e) 这组变量的列向量不能构成一个基，因为不可能有两个以上向量线性无关。所以，以这组变量为基变量的基本解也不存在。

▶ **预备知识5：方程组、奇异性和基**

有 m 个未知数和 m 个等式的方程组可能有唯一解、无解或者无穷多解。比如当 $m=3$ 时，以下方程组：

$$3x_1 + x_2 - 7x_3 = 17 \qquad 2y_1 - y_2 - 5y_3 = 3 \qquad 2z_1 - z_2 - 5z_3 = -3$$
$$4x_1 + 5x_2 = 1 \qquad -4y_1 + 8y_3 = 0 \qquad -4z_1 + 8z_3 = 4$$
$$-2x_1 + 11x_3 = -24 \quad -6y_1 - y_2 + 11y_3 = -2 \quad -6z_1 - z_2 + 11z_3 = 11$$

分别有唯一解 $\mathbf{x} = (1, 0, -2)$，无解 $\mathbf{y}$ 和无穷多解 $\mathbf{z}$。

方程组是否有唯一解完全取决于各等式等号左侧变量的系数。对于上面未知数为 x 的方程组，右侧的常量向量$(17，1，24)$换成其他任意三元向量，该方程组都会有唯一解。但另外两个例子不同。实际上以 y 和 z 为未知数的两个方程组等号左侧的系数结构是完全相同的，然而一个无解，另一个却有无穷多解。

如果一个方阵的值为 0，我们就说它是**奇异的**(singular)，反之，则称它为**非奇异**(nonsingular)矩阵。当且仅当方程组左侧变量的系数方阵非奇异时，该方程组有唯一解。这里方阵 $\mathbf{D}$ 的行列式(determinant)是一个标量，计算方法如下：

$$\det(\mathbf{D}) \triangleq \sum_j (-1)^{(j-1)} d_{1,j} \det(\mathbf{D}_j), \quad \det(d_{1,j}) \triangleq d_{1,j}$$

其中 $\mathbf{D}_j$ 指的是从 $\mathbf{D}$ 中去掉第 1 行和第 j 列所得到的矩阵。上述以 x 为未知数的方程组有唯一解而其他两个不是，因为它们的系数矩阵：

$$\mathbf{N} \triangleq \begin{bmatrix} 3 & 1 & -7 \\ 1 & 5 & 0 \\ -2 & 0 & 11 \end{bmatrix} \quad 和 \quad \mathbf{S} \triangleq \begin{bmatrix} 2 & -1 & -5 \\ -4 & 0 & 8 \\ -6 & -1 & 11 \end{bmatrix}$$

分别是非奇异和奇异的。也就是说：

$$\det(\mathbf{N}) = 3\det\begin{bmatrix} 5 & 0 \\ 0 & 11 \end{bmatrix} - 1\det\begin{bmatrix} 1 & 0 \\ -2 & 11 \end{bmatrix} - 7\det\begin{bmatrix} 1 & 5 \\ -2 & 0 \end{bmatrix}$$
$$= 3(55 - 0) - 1(11 - 0) - 7(0 + 10) = 84 \neq 0$$

但是 $\det(\mathbf{S}) = 0$。

我们也可以将左侧变量系数矩阵的不同列看作列向量，来判断一个方程组是否有唯一解。比如将以 y 和 z 为未知数的方程组的系数看作向量：

$$\mathbf{s}^{(1)} \triangleq \begin{bmatrix} 2 \\ -4 \\ -6 \end{bmatrix}, \quad \mathbf{s}^{(2)} \triangleq \begin{bmatrix} -1 \\ 0 \\ -1 \end{bmatrix}, \quad \mathbf{s}^{(3)} \triangleq \begin{bmatrix} -5 \\ 8 \\ 11 \end{bmatrix}$$

向量的线性组合就是一个简单的加权求和。其系数可以为正、为负或为 0。比如用 $1/2$ 和 -3 分别作为系数，就可以得到 $\mathbf{s}^{(1)}$ 和 $\mathbf{s}^{(2)}$ 的一个线性组合：

$$\frac{1}{2}\mathbf{s}^{(1)} - 3\mathbf{s}^{(2)} = \frac{1}{2}(2, -4, -6) - 3(-1, 0, -1) = (4, -2, 0)$$

如果一组非零向量中，任何一个都不能由其他向量线性表出，那么这组向量**线性无关**，反之，则**线性相关**。比如上述非零向量 $\mathbf{s}^{(1)}$ 和 $\mathbf{s}^{(2)}$ 线性无关，因为将其中一个乘以任何倍数都无法得到另一个。然而向量组$\{\mathbf{s}^{(1)}，\mathbf{s}^{(2)}，\mathbf{s}^{(3)}\}$线性相关，因为：

$$-2\mathbf{s}^{(1)} + 1\mathbf{s}^{(2)} = -2(2, -4, -6) + 1(-1, 0, -1) = (-5, 8, 11) = \mathbf{s}^{(3)}$$

一个**基**(basis)就是向量集中最大的线性无关的向量组合，也就是说这个组合可以线性表出其他任何向量，而其他向量的表出方式也是唯一的。$\mathbf{e}^{(1)} = (1, 0)$ 和 $\mathbf{e}^{(2)} = (0, 1)$ 可以作为所有二元向量的基，因为每个形如$(q_1，q_2)$的向量都可以写成：

$$\begin{bmatrix} q_1 \\ q_2 \end{bmatrix} = \begin{bmatrix} 1 \\ 0 \end{bmatrix} q_1 + \begin{bmatrix} 0 \\ 1 \end{bmatrix} q_2 = \mathbf{e}^{(1)} q_1 + \mathbf{e}^{(2)} q_2$$

任何 m 个线性无关的 m 元向量构成一个基，反之亦然。这样我们就可以将方程组和基联系起来，因为求解一个方程组就相当于用未知数的系数向量将右侧常量构成的向量线性表出。准确地说，当且仅当 $m \times m$ 方程组的系数列向量构成一个基(即系数列向量线性无关)时，该方程组有唯一解。比如上述以 x 为未知数的方程组中，左侧的系数列向量构成一个基，因而总会有满足：

$$\begin{bmatrix} 3 \\ 1 \\ -2 \end{bmatrix} x_1 + \begin{bmatrix} 1 \\ 5 \\ 0 \end{bmatrix} x_2 + \begin{bmatrix} -7 \\ 0 \\ 11 \end{bmatrix} x_3 = \begin{bmatrix} b_1 \\ b_2 \\ b_3 \end{bmatrix}$$

的 x_1，x_2 和 x_3，所以它对于任意右侧常量(b_1，b_2，b_3)都有唯一解。然而以 y 和 z 为未知数的方程组的系数列向量组 $\{\mathbf{s}^{(1)}, \mathbf{s}^{(2)}, \mathbf{s}^{(3)}\}$ 是线性相关的，因此它们没有唯一解。

5.2.5 基本可行解和顶点

表 5-1 列举了高级黄铜奖杯案例中标准型的所有有 2 个非基变量和 4 个基变量的解的取法。有两种情况下没有基本解，因为此时基变量的系数列向量线性相关。

表 5-1 高级黄铜奖杯案例的基本解

有效约束	基变量	基解	解的情况	在图 5-4 中对应的点
$x_1 \geq 0$，$x_2 \geq 0$	x_3, x_4, x_5, x_6	$\mathbf{x} = (0, 0, 1\,000, 1\,500, 1\,750, 4\,800)$	可行	$\mathbf{x}^{(0)}$
$x_1 \geq 0$，$x_3 \geq 0$	x_2, x_4, x_5, x_6	无	待定	—
$x_1 \geq 0$，$x_4 \geq 0$	x_2, x_3, x_5, x_6	$\mathbf{x} = (0, 1\,500, 1\,000, 0, 250, 1\,800)$	可行	$\mathbf{x}^{(5)}$
$x_1 \geq 0$，$x_5 \geq 0$	x_2, x_3, x_4, x_6	$\mathbf{x} = (0, 1\,750, 1\,000, -250, 0, 1\,300)$	不可行	$\mathbf{x}^{(6)}$
$x_1 \geq 0$，$x_6 \geq 0$	x_2, x_3, x_4, x_5	$\mathbf{x} = (0, 2\,400, 1\,000, -900, -650, 0)$	不可行	$\mathbf{x}^{(7)}$
$x_2 \geq 0$，$x_3 \geq 0$	x_1, x_4, x_5, x_6	$\mathbf{x} = (1\,000, 0, 0, 1\,500, 750, 800)$	可行	$\mathbf{x}^{(1)}$
$x_2 \geq 0$，$x_4 \geq 0$	x_1, x_3, x_5, x_6	无	待定	—
$x_2 \geq 0$，$x_5 \geq 0$	x_1, x_3, x_4, x_6	$\mathbf{x} = (1\,750, 0, -750, -1\,500, 0, -2\,200)$	不可行	$\mathbf{x}^{(12)}$
$x_2 \geq 0$，$x_6 \geq 0$	x_1, x_3, x_4, x_5	$\mathbf{x} = (1\,200, 0, -200, 1\,500, 550, 0)$	不可行	$\mathbf{x}^{(11)}$
$x_3 \geq 0$，$x_4 \geq 0$	x_1, x_2, x_5, x_6	$\mathbf{x} = (1\,000, 1\,500, 0, 0, -750, -2\,200)$	不可行	$\mathbf{x}^{(9)}$
$x_3 \geq 0$，$x_5 \geq 0$	x_1, x_2, x_4, x_6	$\mathbf{x} = (1\,000, 750, 0, 750, 0, -700)$	不可行	$\mathbf{x}^{(10)}$
$x_3 \geq 0$，$x_6 \geq 0$	x_1, x_2, x_4, x_5	$\mathbf{x} = (1\,000, 400, 0, 1\,100, 350, 0)$	可行	$\mathbf{x}^{(2)}$
$x_4 \geq 0$，$x_5 \geq 0$	x_1, x_2, x_3, x_6	$\mathbf{x} = (250, 1\,500, 750, 0, 0, 800)$	可行	$\mathbf{x}^{(4)}$
$x_4 \geq 0$，$x_6 \geq 0$	x_1, x_2, x_3, x_5	$\mathbf{x} = (450, 1\,500, 550, 0, -200, 0)$	不可行	$\mathbf{x}^{(8)}$
$x_5 \geq 0$，$x_6 \geq 0$	x_1, x_2, x_3, x_4	$\mathbf{x} = (650, 1\,100, 350, 400, 0, 0)$	可行	$\mathbf{x}^{(3)}$

其他所有组合都可以找到基本解，然而基本解未必可行。表 5-1 中的一些解不能满足非负约束，即这些解所对应的点落在可行域之外。比如当 x_3 和 x_4 为非基变量时对应图 5-4 中的解 $\mathbf{x}^{(9)}$，此时有两个松弛变量取到了负值，即有两个非负约束未能满足。

现实中我们只关心可行的基本解。

原理 5.17 一个线性规划标准型的**基本可行解**⊖(basic feasible solution)就是满足所有非负约束的基本解。

⊖ 基本可行解，简称基可行解。

对比表 5-1 和图 5-4，可以发现 6 个基本可行解恰巧是可行域的 6 个顶点。

这并不是巧合。我们已经知道顶点是紧约束确定下来的可行解（原理 5.12）。而标准型中只有非负约束是不等约束，这就意味着顶点一定是基本解。综上所述，顶点是基本可行解。

原理 5.18 线性规划标准型的基本可行解就是其可行域的顶点。

例 5-10 找出基本可行解

假设一个线性规划标准型有如下约束：

$$
\begin{aligned}
-x_1 + x_2 - x_3 &&&&= 0 \\
+x_1 &&+ x_4 &&= 2 \\
+x_2 &&&+ x_5 &= 3 \\
x_1, \cdots, x_5 &&&&\geqslant 0
\end{aligned}
$$

（a）假设变量 x_3，x_4 和 x_5 是为了化为标准型而引入的松弛变量，画出关于变量 x_1 和 x_2 的可行域。

（b）分别以以下变量作为基变量，计算基本解，并指出其中有哪些是基本可行解：$B_1 = \{x_3, x_4, x_5\}$，$B_2 = \{x_2, x_4, x_5\}$，$B_3 = \{x_1, x_2, x_5\}$，$B_4 = \{x_1, x_2, x_4\}$，$B_5 = \{x_1, x_3, x_5\}$。

（c）证明（b）中的每个基本可行解都对应着可行域的顶点，并且不可行的基本解都是紧约束组确定下来的位于可行域外的点。

解：

（a）化为标准型前的约束为：

$$
\begin{aligned}
-x_1 + x_2 &\geqslant 0 \\
x_1 &\leqslant 2 \\
x_2 &\leqslant 3 \\
x_1, x_2 &\geqslant 0
\end{aligned}
$$

因此可行域如右图所示。

（b）对于基 B_1，令非基变量 $x_1 = x_2 = 0$，得到方程组：

$$
\begin{aligned}
-(0) + (0) - x_3 &&&= 0 \\
+(0) &&+ x_4 &= 2 \\
+(0) &&+ x_5 &= 3
\end{aligned}
$$

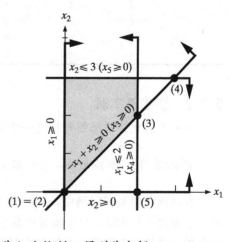

解方程组得到基本解 $\mathbf{x}^{(1)} = (0, 0, 0, 2, 3)$。其他基如法炮制，得到基本解：

$$
\begin{aligned}
B_2 \text{ 得到 } \mathbf{x}^{(2)} &= (0,0,0,2,3) \\
B_3 \text{ 得到 } \mathbf{x}^{(3)} &= (2,2,0,0,1) \\
B_4 \text{ 得到 } \mathbf{x}^{(4)} &= (3,3,0,-1,0) \\
B_5 \text{ 得到 } \mathbf{x}^{(5)} &= (2,0,-2,0,3)
\end{aligned}
$$

可见不同的基可能得到相同的基本解（如 B_1 和 B_2）。

根据原理 5.17，只有 $\mathbf{x}^{(1)}$，$\mathbf{x}^{(2)}$ 和 $\mathbf{x}^{(3)}$ 是基本可行解，其他基本解都不符合非负约束。

（c）（b）中每个基本解对应的点都已经在（a）中的可行域里标出了。正如原理 5.18，基

本可行解 $\mathbf{x}^{(1)}$，$\mathbf{x}^{(2)}$ 和 $\mathbf{x}^{(3)}$ 都对应着可行域的顶点，不可行的基本解对应着可行域外紧约束相交的地方。

5.3 单纯形法

单纯形法（simplex algorithm）是一种利用线性规划标准型的特点进行求解的算法。和其他优化算法一样，它也是在保持可行性的前提下，从一个解搜索到更优的解，直到找到一个局部最优解。而根据原理 5.1，局部最优解也是全局最优解。

不同的是单纯形法的每一步都在顶点上进行。根据原理 5.18，我们只需要考虑基本可行解。

5.3.1 标准表示法

定义 5.11 告诉我们如何利用成本向量 $\mathbf{c}$、约束系数矩阵 $\mathbf{A}$ 和右边项向量 $\mathbf{b}$ 来表示一个线性规划标准型。单纯形法求解的过程就是在现有基本可行解的基础上，找出能够优化目标函数的向量。

本书中我们将这些新加入的向量加入现有的表格中。继续以高级黄铜奖杯标准型 (5-2) 为例，初始的表格里有每个变量的系数列向量和右边项。

	x_1	x_2	x_3	x_4	x_5	x_6	
max $\mathbf{c}$	12	9	0	0	0	0	$\mathbf{b}$
	1	0	1	0	0	0	1 000
$\mathbf{A}$	0	1	0	1	0	0	1 500
	1	1	0	0	1	0	1 750
	4	2	0	0	0	1	4 800

5.3.2 初始基本解

每一个优化算法都要先找到一个可行解，单纯形法更是要求找到可行域的一个顶点。

原理 5.19 单纯形法从可行域的一个顶点（标准型的一个基本可行解）开始搜索。

在高级黄铜奖杯案例中，我们从图 5-4 中随意选取一个顶点 $\mathbf{x}^{(0)} = (0，0)$ 作为起始点。参考表 5-1 可知，这个解是由基变量 $B = \{x_3，x_4，x_5，x_6\}$ 和非基变量 $N = \{x_1，x_2\}$ 求得的。将这个基和相应的解的向量写入表中，有：

	x_1	x_2	x_3	x_4	x_5	x_6	
max $\mathbf{c}$	12	9	0	0	0	0	$\mathbf{b}$
	1	0	1	0	0	0	1 000
$\mathbf{A}$	0	1	0	1	0	0	1 500
	1	1	0	0	1	0	1 750
	4	2	0	0	0	1	4 800
	N	N	B	B	B	B	
$\mathbf{x}^{(0)}$	0	0	1 000	1 500	1 750	4 800	

如果我们没有表 5-1，可以令非基变量 $x_1 = x_2 = 0$，列出方程组，然后求解获得。

5.3.3　单纯形方向

下一个需要知道的就是移动的方向。我们希望单纯形法能够沿着可行域的边，从现有的顶点搜索到相邻的顶点。由于决定相邻顶点的紧约束组只有一个约束不同（定义 5.12），因此连起这两个顶点每一条边都由对应的紧约束组中共同的约束所确定。而且基本可行解这里的紧约束只可能是非基变量的非负约束。

我们通过依次放宽非基变量的非负约束来获得单纯形方向。

原理 5.20　*在其他非基变量不变的情况下，增加一个非基变量的值，并计算为了满足约束，基需要进行什么变化，就可以获得**单纯形方向**（simplex direction）。*

也就是说，需要增加的非基变量处 $\Delta x_j = 1$，其他非基变量处 $\Delta x_j = 0$，而基中的元素要通过解方程组来获得。

每个非基变量都可以求出一个单纯形方向。在高级黄铜奖杯案例中，现有的基本可行解为 $\mathbf{x}^{(0)}$，增加 x_1 和 x_2 中的任意一个，我们都可以获得单纯形方向。

单纯形方向中，增加的非基变量对应元素永远为 $+1$，其他非基变量永远为 0，这些是可以确定的。此外，我们还需要求出基变量相关的元素。

回到原理 3.25，当且仅当一个向量 $\Delta\mathbf{x}$ 满足**净变化为 0**：

$$\sum_j a_j \Delta x_j = 0$$

它才满足以下约束：

$$\sum_j a_j x_j = b$$

因此我们的整个等式约束组合：

$$\mathbf{A}\mathbf{x} = \mathbf{b}$$

所有的可行向量都必须满足：

$$\mathbf{A}\Delta\mathbf{x} = \mathbf{0} \tag{5-9}$$

在高级黄铜奖杯案例现有的解 $\mathbf{x}^{(0)}$ 处，当增加 x_1 使 $\Delta x_1 = 1$ 时，根据条件（5-9）我们可以通过解下面的方程组来计算单纯形方向：

$$+1(1) + 0(0) + 1\Delta x_3 + 0\Delta x_4 + 0\Delta x_5 + 0\Delta x_6 = 0$$
$$+0(1) + 1(0) + 0\Delta x_3 + 1\Delta x_4 + 0\Delta x_5 + 0\Delta x_6 = 0$$
$$+1(1) + 1(0) + 0\Delta x_3 + 0\Delta x_4 + 1\Delta x_5 + 0\Delta x_6 = 0$$
$$+4(1) + 2(0) + 0\Delta x_3 + 0\Delta x_4 + 0\Delta x_5 + 1\Delta x_6 = 0$$

相应地，增加 x_2 时计算单纯形方向的方程组为：

$$+1(0) + 0(1) + 1\Delta x_3 + 0\Delta x_4 + 0\Delta x_5 + 0\Delta x_6 = 0$$
$$+0(0) + 1(1) + 0\Delta x_3 + 1\Delta x_4 + 0\Delta x_5 + 0\Delta x_6 = 0$$
$$+1(0) + 1(1) + 0\Delta x_3 + 0\Delta x_4 + 1\Delta x_5 + 0\Delta x_6 = 0$$
$$+4(0) + 2(1) + 0\Delta x_3 + 0\Delta x_4 + 0\Delta x_5 + 1\Delta x_6 = 0$$

这些方程组一定会有解，因为基中的列向量可以线性表出同一个维度的所有向量，而且未知元素都是基变量对应的元素。(5-9)中的方程组其实是在寻找如何用基变量的列向量线性表出列向量 k 的负值，其乘子记为 Δx_j。这样的乘子一定存在，并且唯一（参见预备知识5）。

计算出高级黄铜奖杯案例中解 $\mathbf{x}^{(0)}$ 处的两个单纯形方向，并将它们写到表里，我们得到：

	x_1	x_2	x_3	x_4	x_5	x_6	
max **c**	12	9	0	0	0	0	**b**
A	1	0	1	0	0	0	1 000
	0	1	0	1	0	0	1 500
	1	1	0	0	1	0	1 750
	4	2	0	0	0	1	4 800
	N	N	B	B	B	B	
$\mathbf{x}^{(0)}$	0	0	1 000	1 500	1 750	4 800	
x_1 的 $\Delta\mathbf{x}$	1	0	−1	0	−1	−4	
x_2 的 $\Delta\mathbf{x}$	0	1	0	−1	−1	−2	

例 5-11 构造单纯形方向

一个求最小化的线性规划标准型的系数如下。

	x_1	x_2	x_3	x_4	
min **c**	2	0	−3	18	**b**
A	1	−1	2	1	4
	1	1	0	3	2

假设 x_1 和 x_3 是基变量，解出现有的基本可行解，并计算所有的单纯形方向。

解：根据定义 5.15，现有的基本解可以通过令非基变量 $x_2 = x_4 = 0$，然后解方程组获得。这里有：

$$+1x_1 - 1(0) + 2x_3 + 1(0) = 4$$
$$+1x_1 + 1(0) + 0x_3 + 3(0) = 2$$

解得 $\mathbf{x} = (2, 0, 1, 0)$。

一共可能有两个单纯形方向，一个是增加 x_2，另一个是增加 x_4。根据原理 5.20，增加 x_2 的向量有 $\Delta x_2 = 1$，而其他所有非基变量（这里只有 x_4）对应元素为 0。利用净变化为 0 的规律(5-10)，我们可以解出 Δx_1 和 Δx_3。相关的方程组为：

$$+1\Delta x_1 - 1(1) + 2\Delta x_3 + 1(0) = 0$$
$$+1\Delta x_1 + 1(1) + 0\Delta x_3 + 3(0) = 0$$

该方程组有唯一解 $\Delta x_1 = -1$, $\Delta x_3 = 1$。因此增加 x_2 的单纯形方向为 $\Delta\mathbf{x} = (-1, 1, 1, 0)$。

对于 x_4，相关的方程组为：

$$+1\Delta x_1 - 1(0) + 2\Delta x_3 + 1(1) = 0$$
$$+1\Delta x_1 + 1(0) + 0\Delta x_3 + 3(1) = 0$$

解方程组得相应的单纯形方向 $\Delta\mathbf{x} = (-3, 0, 1, 1)$。

5.3.4 优化单纯形方向与成本减少

到目前为止，我们已经构造了从现有基本可行解到相邻基本可行解的单纯形方向集合，下一步就是看这些单纯形方向是否优化了目标函数：

$$f(\mathbf{x}) \triangleq \mathbf{c} \cdot \mathbf{x} \triangleq \sum_{j=1}^{n} c_j x_j$$

根据 3.3 节，我们可以通过检验现有解的坡度 $\nabla f(\mathbf{x})$ 来检验目标函数的优化。

对于线性目标函数 $f(\mathbf{x})$，其坡度就是目标函数的系数构成的向量。即对所有 $\mathbf{x}$，

$$\nabla f(\mathbf{x}) = \mathbf{c} \triangleq (c_1, c_2, \cdots, c_n)$$

接下来我们检验一个叫作成本减少的量。

原理 5.21 与非基变量 x_j 相关的成本减少为：

$$\overline{c}_j = \mathbf{c} \cdot \Delta \mathbf{x}$$

其中，$\Delta \mathbf{x}$ 是增加 x_j 得到的单纯形方向。

原理 5.22 如果增加非基变量 x_j 所得的单纯形方向对应的成本减少 $\overline{c}_j > 0$，那么这个单纯形方向将优化一个求最大的线性规划问题；反之，若对应的 $\overline{c}_j < 0$，则优化一个求最小的线性规划问题。

经检验，高级黄铜奖杯案例中 $\mathbf{x}^{(0)}$ 的两个单纯形方向都可以优化目标函数。比如增加 x_1 所得的单纯形方向有：

$$\overline{c}_1 = (12, 9, 0, 0, 0, 0) \cdot (1, 0, -1, 0, 0, -1, -4) = 12 > 0$$

增加 x_2 有：

$$\overline{c}_2 = (12, 9, 0, 0, 0, 0) \cdot (0, 1, 0, -1, -1, -2) = 9 > 0$$

相比而言，更常见的情况是现有基本解上有一些单纯形方向可以优化目标函数，而其他不能（见例 5-12）。

例 5-12 检验单纯形方向的优化作用

指出例 5-11 的单纯形方向中哪些能够优化给定的目标函数。

解：利用原理 5.21 和 5.22。对于 $\Delta \mathbf{x} = (-1, 1, 1, 0)$ 增加 x_2，

$$\overline{c}_2 = (2, 0, -3, 18) \cdot (-1, 1, 1, 0) = -5 < 0$$

可见，该单纯形方向可以优化目标函数。然而对于 $\Delta \mathbf{x} = (-3, 0, 1, 1)$，增加 x_4 不能优化，因为：

$$\overline{c}_4 = (2, 0, -3, 18) \cdot (-3, 0, 1, 1) = 9 \nless 0$$

5.3.5 步长和比值最小法则

找出可以优化目标函数的单纯形方向，就可以用单纯形法从目前的解沿这些单纯形方向的方向移动，从而得到更优的解。显然下一个需要确定的是移动多远，即在给定的方向 $\Delta \mathbf{x}$ 上应该配以多大的步长 λ。

根据 3.2 节中的原理 3.15，在保持可行的前提下，尽可能让步长大一些，才能更大程度地优化目标函数。目标函数的坡度是恒定的，因此如果一个单纯形方向可以优化它，那么沿着这个单纯形方向移动可以一直优化它。并且我们已经找出了符合所有等式约束 $\mathbf{Ax} = \mathbf{b}$ 的单纯形方向。

而且单纯形方向符合所有等式约束 $\mathbf{Ax}=\mathbf{b}$，因此只有非负约束能够限定步长的大小，即如果 λ 过大，移动得到的新解中的某些元素会为负值。由于现有解处所有的元素都是非负，只有当单纯形方向中有些元素为负值时，沿着单纯形方向移动才有可能得到非可行解。沿着单纯形方向移动到新解中出现第一个 0 元素时，就可以确定 λ 了。

原理 5.23　如果在现有基本解 $\mathbf{x}^{(t)}$ 处求出的优化性单纯形方向 $\Delta\mathbf{x}$ 含有负元素，单纯形法可以用**最小比值**（minimum ratio）来计算保持可行性的最大步长 λ。

$$\lambda = \min\left\{\frac{x_j^{(t)}}{-\Delta x_j} : \Delta x_j < 0\right\}$$

原理 5.24　如果在现有基本解 $\mathbf{x}^{(t)}$ 处求出的优化性单纯形方向 $\Delta\mathbf{x}$ 不含有负元素，则沿着该单纯形方向移动可以一直优化目标函数，即该线性规划模型无界。

我们再回到高级黄铜奖杯案例。随机选取顶点 $\mathbf{x}^{(0)}$ 处，增加 x_1，获得单纯形方向 $\Delta\mathbf{x}=(1,0,-1,0,-1,-4)$。该单纯形方向 $\Delta\mathbf{x}^{(1)}$ 中含有负元素，因此它不能证明可行域无界。

现在我们在表格最下面加上一行，记录每个元素减少到 0 时的步长值，从中找出最大的可行的步长。

	x_1	x_2	x_3	x_4	x_5	x_6
	N	N	B	B	B	B
$\mathbf{x}^{(0)}$	0	0	1 000	1 500	1 750	4 800
$\Delta\mathbf{x}$	1	0	-1	0	-1	-4
	—	—	$\boxed{\dfrac{1\,000}{-(-1)}}$		$\dfrac{1\,750}{-(-1)}$	$\dfrac{4\,800}{-(-4)}$

利用原理 5.23，这些比值中最小的就是：

$$\lambda = \min\left\{\frac{1\,000}{1}, \frac{1\,750}{I}, \frac{4\,800}{4}\right\} = 1\,000$$

因此我们的新解为：

$$\begin{aligned}\mathbf{x}^{(1)} &\leftarrow \mathbf{x}^{(0)} + \lambda\Delta\mathbf{x}\\ &= (0,0,1\,000,1\,500,1\,750,4\,800) + 1\,000(1,0,-1,0,-1,-4)\\ &= (1\,000,0,0,1\,500,750,800)\end{aligned}$$

例 5-13　确定最大的单纯形步长

假设一个线性规划标准型现有解 $\mathbf{x}^{(17)}=(13,0,10,2,0,0)$，其中 x_2 和 x_5 为非基变量。若下面都是增加 x_2 的单纯形方向，且都可以优化目标函数，找出此处的最大步长和新解。

(a) $\Delta\mathbf{x}=(12,1,-5,-1,0,8)$

(b) $\Delta\mathbf{x}=(0,1,6,3,0,7/2)$

(c) $\Delta\mathbf{x}=(-1,1,-8,0,0,-5)$

解：

(a) 这个单纯形方向中有负元素，所以我们可以利用原理 5.23。

$$\lambda = \min\left\{\frac{10}{-(-5)}, \frac{2}{-(1)}\right\} = 2$$

注意，x_1 的值不需要参与计算，因为单纯形方向中与 x_1 相关的是一个正数 12，沿着此单纯形方向移动，x_1 会增加，而不会减小到 0。新解为：

$$\mathbf{x}^{(18)} \leftarrow \mathbf{x}^{(17)} + \lambda\Delta\mathbf{x} = (13,0,10,2,0,0) + 2(12,1,-5,-1,0,8)$$
$$= (37,2,0,0,0,16)$$

（b）这个优化性单纯形方向中没有负元素，因此优化的空间是无限的。根据原理 5.24，可行域无界。

（c）这个单纯形方向中有负元素，所以我们可以利用原理 5.23，得到：

$$\lambda = \min\left\{\frac{13}{-(-1)}, \frac{10}{-(-8)}, \frac{0}{-(-5)}\right\} = 0$$

新解为：

$$\mathbf{x}^{(18)} \leftarrow \mathbf{x}^{(17)} + 0\Delta\mathbf{x} = \mathbf{x}^{(17)}$$

步长 λ 的值为 0 是因为基变量 x_6 的值恰巧为 0。这种现象叫作**退化**（degenerate），在大规模的线性规划模型中很常见。在 5.6 节中我们会进一步讨论这种现象。

5.3.6　换基

迄今为止我们所做的工作为：从现有的顶点解出发，增加一个非基变量的值，使解沿着一条边移动，直到到达下一个顶点，另一个非负约束成为紧约束（定义 5.14 和 5.15）。下一步就是要找出这个新解所对应的新基。我们可以借助新的紧约束来寻找。

原理 5.25　单纯形法搜索每完成一步时，确定单纯形方向的非基变量入基，而任意一个确定步长 λ 的基变量（可能有多个）出基。

也就是说，令增加的非基变量对应的非负约束不再是紧约束，而另一个非负约束成为紧约束，我们就获得了一个新基。

在高级黄铜奖杯案例中，我们从顶点 $\mathbf{x}^{(0)}$ 出发，增加非基变量 x_1 的值，而 x_3 是其中第一个减少到 0 的基变量。因此 x_1 入基，x_3 出基，我们就得到了新基 $\{x_1, x_4, x_5, x_6\}$。

该过程可以用图形验证。图 5-5 中，新解 $\mathbf{x}^{(1)}$ 的确是与 $\mathbf{x}^{(0)}$ 相邻的顶点，也的确是我们沿着 x_1 确定的边

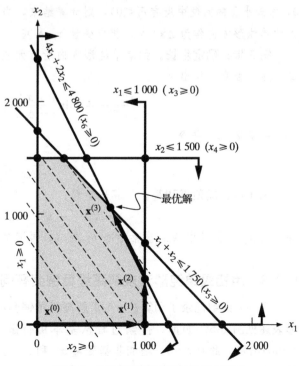

图 5-5　高级黄铜奖杯案例的单纯形法

移动，直到 x_3 值为 0 得到的。新基中 x_1 是基变量，而 x_3 不是。

例 5-14　换基

回到例 5-13，指出有界案例(a)和(c)中哪些变量入基，哪些变量出基。

解：根据原理 5.25，增加的非基变量 x_2 在两个案例中都入基。（a）中 x_3 和 x_4 都可以确定，都可以出基。而（c）中只有 x_6 可以确定，因此必须是 x_6 出基。

5.3.7　初级单纯形法

现在我们已经掌握了单纯形法的所有基础知识。单纯形法是一种顶点搜索法，从一个基本可行解搜索到下一个基本可行解，直到可以证明可行域无界或者当前基本可行解为最优解。在单纯形法的每一步中，当前解的每个单纯形方向都要考虑。如果其中有可以优化目标函数的单纯形方向，就沿着这个向量一直搜索到下一个顶点。如果没有可以优化目标函数的单纯形方向，就证明当前的解已经最优。详见"算法 5A"。

▶ **5A 算法：线性规划的初级单纯形法**

第 0 步：初始化。任选一个初始的可行基，计算相应的基本解 $\mathbf{x}^{(0)}$，并令该基本解序号 $t \leftarrow 0$。

第 1 步：单纯形方向。在当前基本可行解处，找出每个非基变量 x_j 对应的单纯形方向 $\Delta\mathbf{x}$，并计算对应的成本减少 $\bar{c}_j = \mathbf{c} \cdot \Delta\mathbf{x}$。

第 2 步：最优性。如果没有单纯形方向可以优化目标函数（求最大化的问题中没有 $\bar{c}_j > 0$，求最小化的问题中没有 $\bar{c}_j < 0$），则计算结束，当前解 $\mathbf{x}^{(t)}$ 为最优。否则，任选一个优化性的单纯形方向作为 $\Delta\mathbf{x}^{(t+1)}$，相应变量 x_p 入基。

第 3 步：确定步长。如果单纯形方向所有元素均为非负，则计算结束，该模型可行域无界。否则，找出满足：

$$\frac{x_r^{(t)}}{-\Delta x_r^{(t+1)}} = \min\left\{\frac{x_j^{(t)}}{-\Delta x_j^{(t+1)}} \Delta x_j^{(t+1)} < 0\right\}$$

的出基变量 x_r，并令：

$$\lambda \leftarrow \frac{x_r^{(t)}}{-\Delta x_r^{(t+1)}}$$

第 4 步：新顶点和基。计算出新解：

$$\mathbf{x}^{(t+1)} \leftarrow \mathbf{x}^{(t)} + \lambda\Delta\mathbf{x}^{(t+1)}$$

并且用 x_p 替换基中的 x_r。然后令 $t \leftarrow t+1$，再回到第 1 步。

5.3.8　用初级单纯形法求解高级黄铜奖杯问题

表 5-2 详细记录了用算法 5A 求解高级黄铜奖杯问题中线性规划标准型的过程，其图形表述见图 5-5。如前，搜索过程从基本可行解 $\mathbf{x}^{(0)} = (0, 0, 1\,000, 1\,500, 1\,750, 4\,800)$ 出发。此时 $t = 0$，增加非基变量 x_1 和 x_2 计算出的单纯形方向都可以优化目标函数。令 $p = 1$，则最大的可行步长出现在脚标 $r = 3$ 处，步长 $\lambda = 1\,000$。

表 5-2 用初级单纯形法求解高级黄铜奖杯问题

	X_1	X_2	X_3	X_4	X_5	X_6	
max **c**	12	9	0	0	0	0	**b**
A	1	0	1	0	0	0	1 000
	0	1	0	1	0	0	1 500
	1	1	0	0	1	0	1 750
	4	2	0	0	0	1	4 800
$t=0$	N	N	B	B	B	B	
$\mathbf{x}^{(0)}$	0	0	1 000	1 500	1 750	4 800	$\mathbf{c} \cdot \mathbf{x}^{(0)} = 0$
x_1 的 $\Delta\mathbf{x}$	1	0	-1	0	-1	-4	$\bar{c}_1 = \boxed{12}$
x_2 的 $\Delta\mathbf{x}$	0	1	0	-1	-1	-2	$\bar{c}_2 = 9$
			$\boxed{\dfrac{1\,000}{-(1-1)}}$		$\dfrac{1\,750}{-(1-1)}$	$\dfrac{4\,800}{-(1-4)}$	$\lambda = 1\,000$
$t=1$	B	N	N	B	B	B	
$\mathbf{x}^{(1)}$	1 000	0	0	1 500	750	800	$\mathbf{c} \cdot \mathbf{x}^{(0)} = 12\,000$
x_2 的 $\Delta\mathbf{x}$	0	1	0	-1	-1	-2	$\bar{c}_2 = 9$
x_3 的 $\Delta\mathbf{x}$	-1	0	1	0	0	4	$\bar{c}_3 = 12$
				$\dfrac{1\,500}{-(-1)}$	$\dfrac{750}{-(-1)}$	$\boxed{\dfrac{800}{-(-2)}}$	$\lambda = 400$
$t=2$	B	B	N	B	B	N	
$\mathbf{x}^{(2)}$	1 000	400	0	1 100	350	0	$\mathbf{c} \cdot \mathbf{x}^{(2)} = 15\,600$
x_3 的 $\Delta\mathbf{x}$	-1	2	1	-2	-1	0	$\bar{c}_3 = \boxed{6}$
x_6 的 $\Delta\mathbf{x}$	0	-0.5	0	0.5	0.5	1	$\bar{c}_6 = -4.5$
	$\dfrac{1\,000}{-(-1)}$			$\dfrac{1\,100}{-(-2)}$	$\dfrac{350}{-(-1)}$		$\lambda = 350$
$t=3$	B	B	B	B	N	N	
$\mathbf{x}^{(3)}$	650	1 100	350	400	0	0	$\mathbf{c} \cdot \mathbf{x}^{(3)} = 17\,700$
x_5 的 $\Delta\mathbf{x}$	1	-2	-1	2	1	0	$\bar{c}_5 = -6$
x_6 的 $\Delta\mathbf{x}$	-0.5	0.5	0.5	-0.5	0	1	$\bar{c}_6 = -1.5$
							"最优"

此后，我们得到新解 $\mathbf{x}^{(1)} = (1\,000,\ 0,\ 0,\ 1\,500,\ 750,\ 800)$，对应的目标函数值为 12 000 美元。$x_1$ 入基，x_3 出基。现在 $t=1$，再次进行运算。x_2 和 x_3 处都可以求得单纯形方向，然而只有 x_2 处的单纯形方向有优化作用，因为 $\bar{c}_2 = 9$ 而 $\bar{c}_3 = -12$。因此 $p=2$，在 x_2 的单纯形方向上求得最大步长 $\lambda = 400$，此时基变量 x_6 减小到 0。

现在，我们得到解 $\mathbf{x}^{(2)} = (1\,000,\ 400,\ 0,\ 1\,100,\ 350,\ 0)$，对应的目标函数值为 15 600 美元。图 5-5 中可见它也是一个顶点。

现在的基是 $\{x_1,\ x_2,\ x_4,\ x_5\}$。现在依然有两个非基变量，可以求出两个单纯形方向，然而只有 x_3 的单纯形方向有优化作用。当 $\lambda = 350$ 时，基变量 x_5 减小为 0，我们得到新解 $\mathbf{x}^{(3)} = (650,\ 1\,100,\ 350,\ 400,\ 0,\ 0)$。

现在 $t=3$，再次进行循环。然而这一次所有的单纯形方向都没有优化作用。于是我们得到了最优解 $\mathbf{x}^* = (650,\ 1\,100,\ 350,\ 400,\ 0,\ 0)$，其利润为 17 700 美元。

5.3.9 停止搜索与全局最优

如果算法 5A 找到一个可以无限优化的单纯形方向，说明所给的模型可行域无界。但如果它在某一个最优点处停止了呢？

单纯形法想找的是保持可行性的优化方向，它沿着可行域的边界进行搜索。只要还有哪一个单纯形方向有优化作用，算法就可以继续循环。但是如果没有保证可行性且能够优化目标函数的单纯形方向，循环就要终止。

问题是，这时可不可能有一些非单纯形的方向（不沿边）可以优化目标函数呢？答案是否定的。

原理 5.26 当利用算法 5A 来求解线性规划标准型时，我们只在两种情况下停止计算：一是证明该标准型的可行域无界，二是找到了全局最优解。

既然算法 5A 停止的时候不是发现可行域无界就是找到了没有优化性单纯形方向的顶点，那么单纯形方向之外可不可能有优化性的向量呢？为了研究这个问题，我们在现有的基本解处选取一个可行的向量 $\mathbf{d}$。由于一旦非基变量确定下来，基变量也会随之确定，而我们求单纯形方向时已经考虑过只有一个非基变量有变化的情况，因此沿着向量 $\mathbf{d}$ 移动时，一定有两个或以上的非基变量值有所增加。

令 $K \triangleq \{$编号为 k 的非基变量，且 $d_k > 0\}$，$\mathbf{B} \triangleq$ 现有的基变量集。现在每一个 k 值都对应着一个单纯形方向。为了保持可行，对于所有 $k \in \mathbf{K}$，必须有：

$$\mathbf{a}^{(k)} = - \sum_{j \in B} \mathbf{a}^{(j)} \Delta x_j^{(k)}$$

接下来做加法：

$$\sum_{k \in K} \mathbf{a}^{(k)} d_k = - \sum_{k \in K} \left[\sum_{j \in B} \mathbf{a}^{(j)} \Delta x_j^{(k)} \right] d_k$$

也就是说，只有当 $\mathbf{d}$ 对应的基变量的改变量是各个单纯形方向 $\Delta \mathbf{x}^{(k)}$ 对应基变量的改变量的加权平均时，$\mathbf{d}$ 才能保持可行性。即 $\mathbf{d} = \sum_{k \in K} \Delta \mathbf{x}^{(k)} d_k$，且相应的检验目标函数是否优化的式子为 $\mathbf{c} \cdot \mathbf{d} = \sum_{k \in K} \mathbf{c} \cdot \Delta \mathbf{x}^{(k)} d_k$。如果检验结果是优化性的（求最大为 >0，求最小为 <0），那么求和中必须至少一项有同样的符号。综上所述，只有存在优化性单纯形方向时，才会存在优化性的可行非单纯形方向。

5.3.10 顶点或极方向

原理 5.26 中两种结果正对应着多面体集的两种要素——顶点和极方向（见预备知识 3）。

原理 5.27 单纯形法 5A 所得的结果只有两种情况：一是模型可行域的最优顶点解，二是能够无限优化目标函数的极方向。

如果所给的 LP 问题有最优解，那么算法 5A 的结果一定会是一个最优的基本可行解，即模型可行域的一个最优顶点。而当计算过程中出现能够无限优化目标函数的单纯形方向 $\Delta \mathbf{x}^{(t+1)}$ 时，结论是模型无界。由于它是现有顶点解的优化性单纯形方向，它一定沿着一条边（定义 5.14），却不能到达相邻的顶点（定义 5.13），这说明它正是多面体集的极方向。

5.4 字典和单纯形表

上一节中我们已经构建了初级单纯形法，现在我们要构建优化搜索的范例。这也是本书的一个主要议题。它同时反映了线性规划研究者和专家们对单纯形法的理解。

　　然而，读过其他介绍单纯形法的文献的读者可能会觉得我们的方法不太容易理解。本节就是要将我们的方法与传统的形式结合一下。迄今为止尚未对我们这种偏离传统的方法感到困惑的读者可以走马观花，略过本节。

5.4.1　单纯形字典

　　传统的单纯形法将求解的过程看作处理一组由目标函数和主要约束组成的等式：

$$\sum_{j=1}^{n} a_{i,j} x_j = b_i \quad i = 1, \cdots, m$$

在每个环节中，传统方法用非基变量来表示基变量和目标函数值，这种表示法叫作单纯形字典。

　　原理 5.28　**单纯形字典**(simplex dictionary)用非基变量 x_j，$j \in N$，将目标函数值 z 和基变量 x_k，$k \in B$ 表示为：

$$z = \bar{z} + \sum_{j \in N} \bar{c}_j x_j$$

$$x_k = \bar{b}_k - \sum_{j \in N} \bar{a}_{k,j} x_j \quad \text{对所有 } k \in B$$

　　字典是用**高斯消元法**(Gaussian elimination)得到的。所谓的高斯消元法，就是每次解出一个基变量，然后代入其他约束和目标函数。比如表 5-2 中 $t=2$ 时的基，这里基变量和非基变量的脚标集为：

$$B = \{1,2,4,5\}$$
$$N = \{3,6\}$$

我们用最初的目标函数和约束来推导字典：

$$z = 12x_1 + 9x_2$$
$$x_1 + x_3 = 1\,000$$
$$x_2 + x_4 = 1\,500$$
$$x_1 + x_2 + x_5 = 1\,750$$
$$4x_1 + 2x_2 + x_6 = 4\,800$$

根据第一个约束，基变量 x_1 可以写成：

$$x_1 = 1\,000 - (1x_3)$$

将该式代入其他式子得到：

$$x_1 = 1\,000 - (1x_3)$$
$$x_2 + x_4 = 1\,500$$
$$(1\,000 - x_3) + x_2 + x_5 = 1\,750$$
$$4(1\,000 - x_3) + 2x_2 + x_6 = 4\,800$$

现在我们继续消基变量 x_2。解第二个等式并代入得：

$$x_1 = 1\,000 - (1x_3)$$
$$x_2 = 1\,500 - (1x_4)$$
$$(1\,000 - x_3) + (1\,500 - x_4) + x_5 = 1\,750$$
$$+ 4(1\,000 - x_3) + 2(1\,500 - x_4) + x_6 = 4\,800$$

现在我们可以用第三个等式解出基变量 x_4。代入后再求解最后一个基变量 x_5，我们就可以把约束写成：

$$
\begin{aligned}
x_1 &= 1\,000 - (+1x_3 + 0x_6) \\
x_2 &= 400 - (-2x_3 + 0.5x_6) \\
x_4 &= 1\,100 - (+2x_3 - 0.5x_6) \\
x_5 &= 350 - (+1x_3 - 0.5x_6)
\end{aligned} \tag{5-10}
$$

最后，我们将这些表达式代入目标函数中得到：

$$
\begin{aligned}
z &= 12(1\,000 - 1x_3) + 9(400 - 2x_3 - 0.5x_6) \\
&= 15\,600 + 6x_3 - 4.5x_6
\end{aligned} \tag{5-11}
$$

这样字典 $(5\text{-}10) \sim (5\text{-}11)$ 就完成了。利用原理 5.28，我们有 $\bar{z} = 15\,600$，$\bar{c}_3 = 6$，$\bar{b}_2 = 400$，$\bar{a}_{4,6} = -0.5$。

例 5-15　构造单纯形字典

例 5-11 和 5-12 中给出了线性规划标准型：

$$
\begin{aligned}
\min \quad & z = 2x_1 - 3x_3 + 18x_4 \\
\text{s.t.} \quad & x_1 - x_2 + 2x_3 + x_4 = 4 \\
& x_1 + x_2 + 3x_4 = 2 \\
& x_1, x_2, x_3, x_4 \geqslant 0
\end{aligned}
$$

以 x_1 和 x_3 为基变量，用高斯消元法构建对应的单纯形字典。

解：我们希望用非基变量解出基变量 x_1 和 x_3。由第一个约束得：

$$
x_1 = 4 - (-1x_2 + 2x_3 + 1x_4)
$$

代入第二个约束，得：

$$
(4 + x_2 - 2x_3 - 1x_4) + x_2 + 3x_4 = 2
$$

然后解出 x_3，就可以获得单纯形字典：

$$
\begin{aligned}
z &= 1 + \quad -5x_2 + 9x_4 \\
x_1 &= 2 - (+1x_2 + 3x_4) \\
x_3 &= 1 - (-1x_2 - 1x_4)
\end{aligned}
$$

5.4.2　单纯形表

单纯形表列出了单纯形字典的系数，本质上讲二者蕴含的信息是完全相同的。

定义 5.29　基 $\{x_k : k \in B\}$ 对应的**单纯形表**（simplex tableau）将对应的单纯形字典中的变量都移到等号左侧，然后将系数 $\bar{z}$，$\bar{c}_j$，$\bar{b}_i$ 和 $\bar{a}_{i,j}$ 单列出来。

例如，单纯形字典 $(5\text{-}11)$ 对应的单纯形表为：

x_1	x_2	x_3	x_4	x_5	x_6	
0	0	-6	0	0	$+4.5$	15 600
1	0	1	0	0	0	1 000
0	1	-2	0	0	0.5	400
0	0	2	1	0	-0.5	1 100
0	0	1	0	1	-0.5	350

唯一的变化就是将非基变量都移到了等号的左侧，而且系数都被提取到了一个矩阵里。

例 5-16 构造单纯形表

构造例 5-15 中的单纯形字典对应的单纯形表。

解：将所有变量提到等号左侧，就可以得到单纯形表。

x_1	x_2	x_3	x_4	
0	5	0	-9	1
1	1	0	3	2
0	-1	1	-1	1

5.4.3 使用字典或单纯形表的单纯形法

使用字典或单纯形表时，单纯形法依然是从一个基本可行解搜索到另一个基本可行解。其每个环节都从检测目标函数中非基变量的系数 $\bar{c}_j$ 的符号开始。对于一个求最小化的问题，如果所有系数均非负（对于最大化问题就均非正），则现有解为最优。否则，如果有系数为负的非基变量，那么增加它的值就可以优化该问题的目标函数。我们从这种非基变量中选取一个入基，然后通过字典或单纯形表解出基变量的变化。如果增加该非基变量的值时，目标函数可以无限优化而保持可行，那么该问题无界。若有界，入基变量的增加一定会使某个基变量的值下降到 0，如此可得出基变量和新基。之后我们需要根据新基更改字典或单纯形表，然后重复以上过程。

5.4.4 与优化搜索模式的关联

前面关于单纯形字典和单纯形表的简单介绍本质上就是算法 5A，其不同点只在于计算的方法。

首先考虑现有的基本解。当非基变量的值确定为 0 时，利用字典形式可以轻松得到基变量的值。

原理 5.30 单纯形字典和单纯形表中右边常量 b_k 的值就是对应的基变量 x_k 的值。同样，$\bar{z}$ 为目前基本解对应的目标函数值。

比如在字典（5-11）中，当非基变量 $x_3 = x_6 = 0$ 时，现有的基本解为：
$$(\bar{b}_1, \bar{b}_2, 0, \bar{b}_4, \bar{b}_5, 0) = (1\,000, 400, 0, 1\,100, 350, 0)$$
这正是表 5-2 中 $t = 2$ 时的解。它的目标函数值为 $\bar{z} = 15\,600$。

下面考虑单纯形方向。定义 5.21 指定了单纯形方向中与非基变量相关的元素，而与基变量相关的则需要计算。要注意，增加任何一个非基变量的值对基的影响都是方程组 $\mathbf{A}\Delta\mathbf{x} = 0$ 的唯一解。

变化反映在单纯形字典和单纯形表的列中。由于变化是唯一确定的，这些列的变化一定与单纯形方向有关。

原理 5.31 单纯形字典或单纯形表中非基变量 x_j 的系数 $\bar{a}_{k,j}$ 正是增加 x_j 的值所获得的单纯形方向的负值 $-\Delta x_k$。

字典(5-11)可以为证。这里有:

$$\bar{a}_{1,3}=+1, \quad \bar{a}_{1,6}=0$$
$$\bar{a}_{2,3}=-2, \quad \bar{a}_{2,6}=+0.5$$
$$\bar{a}_{4,3}=+2, \quad \bar{a}_{4,6}=-0.5$$
$$\bar{a}_{5,3}=+1, \quad \bar{a}_{5,6}=-0.5$$

表 5-2 中，当 $t=2$ 时，其单纯形方向为:

$$
x_3:\begin{bmatrix} \Delta x_1 \\ \Delta x_2 \\ \Delta x_3 \\ \Delta x_4 \\ \Delta x_5 \\ \Delta x_6 \end{bmatrix} = \begin{bmatrix} -1 \\ +2 \\ +1 \\ -2 \\ -1 \\ 0 \end{bmatrix} \qquad
x_6:\begin{bmatrix} \Delta x_1 \\ \Delta x_2 \\ \Delta x_3 \\ \Delta x_4 \\ \Delta x_5 \\ \Delta x_6 \end{bmatrix} = \begin{bmatrix} 0 \\ -0.5 \\ 0 \\ 0.5 \\ 0.5 \\ 1 \end{bmatrix}
$$

可以看出单纯形表中的系数正好是单纯形方向中对应基变量 x_1，x_2，x_4 和 x_5 的元素的负值。

最后我们来看成本减少。成本减少是用来检验一个非基变量是否可以优化目标函数的量。在原理 5.22 和 5.28 中用了同样的符号 $\bar{c}_j$ 来表示成本减少，因为它们的值是相同的。

原理 5.32 单纯形字典和单纯形表中目标函数的系数 $\bar{c}_j$ 正是定义 5.22 中的成本减少。

这两种表示法都显示出当非基变量 x_j 增加一个单位，并根据主要的等式约束对基进行调整之后，目标函数值 z 会有什么变化。例如，字典(5-11)和表 5-2($t=2$ 时)，x_3 对应的成本减少都是 $\bar{c}_3=6$。

5.4.5 两种形式的比较

比较原理 5.30 和 5.32，可见在原理 5.28 中用字典形式求基变量值的方法正是算法 5A 中求基本解、单纯形方向和成本减少的方法。二者本质相同，区别在于徒手计算的复杂程度。然而这两种方法都没有应用到电脑计算中去。5.7 节和 5.8 节会详细介绍应用于商业线性规划软件核心的修正版单纯形法。

5.5 两阶段法

迄今为止我们的单纯形法默认手上已经有一个基本可行解，然而在绝大多数现实问题中我们需要找出一个起始的基本可行解。

我们在 3.6 节中介绍了解决所有数学问题的普遍两阶段法(算法 3B)：先选出一个至

少满足一部分约束的解，然后加入人工变量去满足所有其他约束。阶段Ⅰ求人工变量和的最小值，阶段Ⅱ在Ⅰ的结果基础上去优化真正的目标函数。

本节将这种算法应用到 LP 问题和其单纯形法上。

□ 应用案例 5-2

机智的克莱德

我们将利用另一个虚构案例——机智的克莱德，来介绍两阶段单纯形法。克莱德是一个胸有城府的企业家，他想经营体育收藏品。他自己只有 5 000 美元的资本，然而生意起步至少需要 100 000 美元。于是克莱德打算说服他人给自己投资。他已经与一个投资人谈妥，只要给出公司平等合伙人的身份，该投资人就会为公司提供 50% 的启动资金。明天克莱德将与另一个有投资意向的人会面。他将以另一个平等合伙人的身份为筹码，来换取该投资人的支持。我们将该投资人的出资比例记为 α。假设克莱德的目标是尽可能增加启动资金。

为了用线性规划模型来描述克莱德目前的境况，我们使用以下决策变量：

$$x_1 \triangleq 现有投资人 1 投资的数量（单位：千美元）$$
$$x_2 \triangleq 新投资人 2 投资的数量（单位：千美元）$$
$$x_3 \triangleq 克莱德自己投资的数量（单位：千美元）$$

目标函数为：

$$\max \; x_1 + x_2 + x_3 \tag{5-12}$$

总投资额必须至少为 100 000 美元，所有的投资数量都非负，而且克莱德自己的投资额不超过 5 000 美元。根据这些条件，我们可以写出一些约束：

$$x_1 + x_2 + x_3 \geqslant 100$$
$$x_1 \geqslant 0, x_2 \geqslant 0, 5 \geqslant x_3 \geqslant 0 \tag{5-13}$$

投资约束有一点复杂。如果投资人 1 承担一半的资本，投资人 2 承担的比例为 α，则：

$$\frac{x_1}{x_1 + x_2 + x_3} = 0.5, \quad \frac{x_2}{x_1 + x_2 + x_3} = \alpha \tag{5-14}$$

乍看来，这种比例约束并不是线性的，但是已知在可行解中 $x_1 + x_2 + x_3$ 一定是正数，我们就可以将(5-14)整理为：

$$-0.5x_1 + 0.5x_2 + 0.5x_3 = 0$$
$$\alpha x_1 + (\alpha - 1)x_2 + \alpha x_3 = 0 \tag{5-15}$$

加入松弛变量 x_4 和 x_5，将该模型化为标准型，则克莱德的境况可以写成：

$$
\begin{array}{llllll}
\max & +1x_1 & +1x_2 & +1x_3 & & \\
\text{s.t.} & +1x_1 & +1x_2 & +1x_3 & -1x_4 & = 100 \\
& & & +1x_3 & +1x_5 & = 5 \\
& -0.5x_1 & +0.5x_2 & +0.5x_3 & & = 0 \\
& +\alpha x_1 & +(\alpha-1)x_2 & +\alpha x_3 & & = 0 \\
& x_1, x_2, x_3, x_4, x_5 & & & & \geqslant 0
\end{array} \tag{5-16}
$$

5.5.1 两阶段单纯形法的初始基

两阶段法的第一步是用人工变量求出模型(5-16)的一个初始可行解。将两阶段法和单纯形法结合时，要注意单纯形法用的是基本解。因此，我们在阶段Ⅰ中用的起始解必须不仅是人工模型的一个可行解，还要是基本可行解。

当每个向量中只有一个非零元素，而且不同向量中非零元素的位置不同时，列向量组一定是可以组成基的线性无关向量。如果约束的系数列向量中存在这样一组向量，那么这就是天然的初始基。但如果标准型中不存在这样的列向量组，我们也可以用人工变量来构造。但不论是哪种情况，为了求得可行的基本解，这组单一非零的列向量必须与右边项的系数同号。

原理 5.33 通过从每个约束行中选取系数在对应列向量中唯一非零，而且系数符号与右边项一致的变量作为基变量，可以构造单纯形法的初始基。如果标准型中没有满足条件的变量，可以引入人工变量。

用机智的克莱德案例中的标准型(5-16)来说明。现在我们要找出(或用人工变量构造出)一个初始的可行基。在第一个约束中，松弛变量 x_4 的系数在列向量中唯一非零。然而 x_4 的系数为负，而右边项 100 为正，所以我们必须引入一个人工变量 x_6。

第二个约束比较简单。这里 x_5 的系数唯一非零，而且符号与右边项相同，因此变量 x_5 可以进入初始基。后面两个约束中都没有系数在列里唯一非零的变量，所以我们加入人工变量 x_7 和 x_8。

总之，单纯形法的阶段Ⅰ所用的初始数据为：

	x_1	x_2	x_3	x_4	x_5	x_6	x_7	x_8	
max **c**	1	1	1	0	0	0	0	0	
min **d**	0	0	0	0	0	1	1	1	**b**
	1	1	1	-1	0	1	0	0	100
	0	0	1	0	1	0	0	0	5
A	-0.5	0.5	0.5	0	0	0	1	0	0
	α	$\alpha-1$	α	0	0	0	0	1	0
	N	N	N	N	B	B	B	B	
$\mathbf{x}^{(0)}$	0	0	0	0	5	100	0	0	

令所有非基变量值为 0，解出基变量值，就可以得到人工初始基本可行解 $\mathbf{x}^{(0)}$。

注意，我们现在有两个目标函数。向量 **d** 表示用于阶段Ⅰ的目标函数(人工变量之和)。我们先求 $\mathbf{d} \cdot \mathbf{x}$ 的最小化，在阶段Ⅱ中再求 $\mathbf{c} \cdot \mathbf{x}$ 的最大化。

例 5-17 构建人工基

为下述标准型构建阶段Ⅰ中的模型，并找出相应的初始可行基。必要时可引入人工变量。

$$\min \quad 14x_1 - 9x_3 + x_4$$

$$
\begin{aligned}
\text{s.t}\quad 8x_1 + x_2 - x_3 &= 74\\
+4x_2 - 7x_3 + x_4 &= -22\\
+ x_2 + x_3 &= 11\\
x_1,x_2,x_3,x_4 &\geqslant 0
\end{aligned}
$$

解：利用原理 5.33，由于变量 x_1 只出现在第一个约束中，而且其系数与右边项 74 的系数相同，所以它可以作为基变量。变量 x_4 虽然只在第二个约束中出现，但它的符号与右边项不同，所以需要引进人工变量 x_5。第三个约束中没有唯一出现的变量，因此需要引进人工变量 x_6。总之，引入人工变量后的模型为：

$$
\begin{aligned}
\min\quad & x_5 + x_6\\
\text{s.t.}\quad & 8x_1 + x_2 - x_3 = 74\\
& +4x_2 - 7x_3 + x_4 - x_5 = -22\\
& + x_2 + x_3 + x_6 = 11\\
& x_1,x_2,x_3,x_4,x_5,x_6 \geqslant 0
\end{aligned}
$$

初始基为 x_1，x_5 和 x_6。

5.5.2　线性规划的三种可能结果

求解一个线性规划模型，可能得到三种结果。

原理 5.34　一个线性规划模型可能是不可行的（无可行解）、无界的（有可行解却没有有限最优解），或者有有限最优解。

我们已经在 3.6 节中讨论过这些情况。算法 5B 介绍了这些情况与单纯形法的关系。如果阶段Ⅰ求出的人工变量之和最小值不为 0，那么该问题无可行解（原理 3.39），否则该问题有可行解（原理 3.38）。阶段Ⅱ的结果则无非是无界（原理 5.25）或找到一个最优解（原理 5.27）。

5.5.3　克莱德案例无可行解的情况

我们可以用克莱德案例来说明 LP 问题结果的三种情况，并验证单纯形法的有效性。首先思考克莱德需要投资人 2 投入多少资金。生意起步至少需要 100 000 美元，他所拥有的 5 000 美元最多只能提供 5%，而投资人 1 可以提供 50%。显然如果 $\alpha < 0.45$，该问题就没有可行解。

令 $\alpha = 0.4$。表 5-3 中记录了阶段Ⅰ的单纯形法计算过程，其结论为无可行解。初始的基变量为 x_5，x_6，x_7 和 x_8，人工变量之和为 $\mathbf{d} \cdot \mathbf{x}^{(0)} = 100$。现在有 4 个单纯形方向，其中 3 个有优化作用（由于我们求最小化，因此 $\bar{d}_j < 0$ 代表优化），所以我们选择增加非基变量 x_3 的值。

表 5-3　克莱德案例无可行解情况的单纯形法

	x_1	x_2	x_3	x_4	x_5	x_6	x_7	x_8	
max **c**	1	1	1	0	0	0	0	0	
min **d**	0	0	0	0	0	1	1	1	**b**

（续）

	x_1	x_2	x_3	x_4	x_5	x_6	x_7	x_8	
A	1	1	−1	−1	0	1	0	0	100
	0	0	1	0	1	0	0	0	5
	−0.5	0.5	0.5	0	0	0	1	0	0
	0.4	−0.6	0.4	0	0	0	0	1	0
$t=0$	N	N	N	N	B	B	B	B	阶段 I
$x^{(0)}$	0	0	0	0	5	100	0	0	$\mathbf{d}\cdot\mathbf{x}^{(0)}=100$
x_1 的 $\Delta\mathbf{x}$	1	0	0	0	0	−1	0.5	−0.4	$\bar{d}_1=-0.9$
x_2 的 $\Delta\mathbf{x}$	0	1	0	0	0	−1	−0.5	0.6	$\bar{d}_2=-0.9$
x_3 的 $\Delta\mathbf{x}$	0	0	1	0	−1	−1	−0.5	−0.4	$\bar{d}_3=\boxed{-1.9}$
x_4 的 $\Delta\mathbf{x}$	0	0	0	1	0	1	0	0	$\bar{d}_4=1.0$
	—	—	—	—	$\frac{5}{1}$	$\frac{100}{1}$	$\frac{0}{0.5}$	$\boxed{\frac{0}{0.4}}$	$\lambda=0.0$
$t=1$	N	N	B	N	B	B	B	N	阶段 I
$\mathbf{x}^{(1)}$	0	0	0	0	5	100	0	0	$\mathbf{d}\cdot\mathbf{x}^{(2)}=100$
x_1 的 $\Delta\mathbf{x}$	1	0	−1	0	1	0	1	0	$\bar{d}_1=1.0$
x_2 的 $\Delta\mathbf{x}$	0	1	1.5	0	−1.5	−2.5	−1.25	0	$\bar{d}_2=\boxed{-3.75}$
x_4 的 $\Delta\mathbf{x}$	0	0	0	1	0	1	0	0	$\bar{d}_4=1.0$
x_8 的 $\Delta\mathbf{x}$	0	0	−2.5	0	2.5	2.5	1.25	1	$\bar{d}_8=4.75$
—	—	—	—	—	$\frac{5}{1.5}$	$\frac{100}{2.5}$	$\boxed{\frac{0}{1.25}}$	—	$\lambda=0.0$
$t=2$	N	B	B	N	B	B	N	N	阶段 I
$\mathbf{x}^{(2)}$	0	0	0	0	5	100	0	0	$\mathbf{d}\cdot\mathbf{x}^{(2)}=100$
x_1 的 $\Delta\mathbf{x}$	1	0.8	0.2	0	−0.2	−2	0	0	$\bar{d}_1=\boxed{-2.0}$
x_4 的 $\Delta\mathbf{x}$	0	0	0	1	0	1	0	0	$\bar{d}_4=1.0$
x_7 的 $\Delta\mathbf{x}$	0	−0.8	−1.2	0	1.2	2	1	0	$\bar{d}_7=3.0$
x_8 的 $\Delta\mathbf{x}$	0	1	−1	0	1	0	0	1	$\bar{d}_8=1.0$
—	—	—	—	—	$\boxed{\frac{5}{0.2}}$	$\frac{100}{2}$	—	—	$\lambda=25$
$t=3$	B	B	B	N	N	B	N	N	阶段 I
$\mathbf{x}^{(3)}$	25	20	5	0	0	50	0	0	$\mathbf{d}\cdot\mathbf{x}^{(3)}=50$
x_4 的 $\Delta\mathbf{x}$	0	0	0	1	0	1	0	0	$\bar{d}_4=1.0$
x_5 的 $\Delta\mathbf{x}$	−5	−4	−1	0	1	10	0	0	$\bar{d}_5=10.0$
x_7 的 $\Delta\mathbf{x}$	6	4	0	0	0	−10	1	0	$\bar{d}_7=\boxed{-9.0}$
x_8 的 $\Delta\mathbf{x}$	5	5	0	0	0	−10	0	1	$\bar{d}_8=-9.0$
	—	—	—	—	—	$\boxed{\frac{50}{10}}$	—	—	$\lambda=5$
$t=4$	B	B	B	N	N	N	B	N	阶段 I
$\mathbf{x}^{(4)}$	55	40	5	0	0	0	5	0	$\mathbf{d}\cdot\mathbf{x}^{(4)}=5$
x_4 的 $\Delta\mathbf{x}$	0.6	0.4	0	1	0	0	0.1	0	$\bar{d}_4=0.1$
x_5 的 $\Delta\mathbf{x}$	1	0	−1	0	1	0	1	0	$\bar{d}_5=1.0$
x_6 的 $\Delta\mathbf{x}$	−0.6	−0.4	0	0	0	1	−0.1	0	$\bar{d}_6=0.9$
x_8 的 $\Delta\mathbf{x}$	−1	1	0	0	0	0	−1	1	$\bar{d}_8=0.0$
									"无可行解"

▶ **5B 算法：单纯形法的两阶段法**

　　第 0 步：人工模型。如果标准型中本身就可以找到初始的可行基，就找出一个，然后直接跳到第 3 步。否则就按照原理 5.33，用加上或减去人工变量的方法构造一个人工模型和人工初始可行基。

　　第 1 步：阶段 I。从第 0 步中找到的初始可行基出发，用单纯形法求解一个约束与原模型相同，目标函数为求人工变量之和最小化的问题。

　　第 2 步：检验可行性。如果阶段 I 中人工变量之和最小值大于 0，则原模型无可行解，计算到此为止。否则，则将阶段 I 中人工模型最后的基作为求解原模型的初始可行基。

　　第 3 步：阶段 II。利用确定好的初始可行基，用单纯形法计算原模型的最优解，或者证明它是无界的。

　　下一步就是确定在保持可行性的前提下，我们可以把 x_3 增加到多少。这里有一种新情况，那就是基变量 x_7 和 x_8 的值在原本的基 $\mathbf{x}^{(0)}$ 中就已经为 0，如果沿着 $\Delta\mathbf{x}$ 移动，它们的值都会减少。因此，最大的步长为 $\lambda=0$。

　　这种现象叫作退化，我们会在下一节中详加介绍。现在我们只需要把 λ 当作很小的正数。变量 x_3 入基，x_7（其中一个可以确定 λ 值的变量）出基。

　　新的基本解 $\mathbf{x}^{(1)}$ 和 $\mathbf{x}^{(0)}$ 完全相同，然而基却不一样。于是我们要找出一组新的单纯形方向。这一次只有 x_2 的 $\Delta\mathbf{x}$ 有优化作用。然而这一步也是退化的，步长 $\lambda=0$，x_2 入基，x_8 出基。

　　$t=2$ 时终于有了实质性的突破。x_1 入基，x_5 出基，对应的步长 $\lambda=25$。目标函数值（人工变量之和）变为 $\mathbf{d}\cdot\mathbf{x}^{(3)}=50$。$t=3$ 的环节与之类似，此时人工变量之和为 $\mathbf{d}\cdot\mathbf{x}^{(4)}=5$。

　　而 $t=4$ 时的四个单纯形方向都无法优化目标函数，因此 $\mathbf{x}^{(4)}$ 是阶段 I 的最优解。但是此时人工变量之和是 5，这意味着 $a=0.4$ 时，原模型无可行解。

　　例 5-18　用单纯形法的阶段 I 判断可行性

　　用两阶段单纯形法 5B 证明下面的线性规划模型无可行解：

$$\begin{aligned} \max \quad & 8x_1 + 11x_2 \\ \text{s. t.} \quad & x_1 + x_2 \leqslant 2 \\ & x_1 + x_2 \geqslant 3 \\ & x_1, x_2 \geqslant 0 \end{aligned}$$

　　解：首先引入松弛变量，将模型化为标准型：

$$\begin{aligned} \max \quad & 8x_1 + 11x_2 \\ \text{s. t.} \quad & x_1 + x_2 + x_3 = 2 \\ & x_1 + x_2 - x_4 = 3 \\ & x_1, x_2, x_3, x_4 \geqslant 0 \end{aligned}$$

　　第一个约束中，x_3 可以作为初始可行基中的变量。而第二个约束中必须加入人工变量 x_5。最终阶段 I 的初始基为 $\{x_3, x_5\}$。

	x_1	x_2	x_3	x_4	x_5	
max **c**	8	11	0	0	0	
max **d**	0	0	0	0	1	**b**
A	1	1	1	0	0	2
	1	1	0	-1	1	3
$t=0$	N	N	B	N	B	阶段 I
$\mathbf{x}^{(0)}$	0	0	2	0	3	$\mathbf{d}\cdot\mathbf{x}=3$
x_1 的 $\Delta\mathbf{x}$	1	0	-1	0	-1	$\bar{d}_1=\boxed{-1}$
x_2 的 $\Delta\mathbf{x}$	0	1	-1	0	-1	$\bar{d}_2=-1$
x_4 的 $\Delta\mathbf{x}$	1	0	0	1	0	$\bar{d}_4=+1$
	—	—	$\boxed{\dfrac{2}{1}}$	—	$\dfrac{3}{1}$	$\lambda=2$
$t=1$	B	N	N	N	N	阶段 I
$\mathbf{x}^{(1)}$	2	0	0	0	1	$\mathbf{d}\cdot\mathbf{x}=1$
x_2 的 $\Delta\mathbf{x}$	-1	1	0	0	0	$\bar{d}_2=0$
x_3 的 $\Delta\mathbf{x}$	-1	0	1	0	1	$\bar{d}_3=+1$
x_4 的 $\Delta\mathbf{x}$	0	0	0	1	1	$\bar{d}_4=+1$
						"无可行解"

可见阶段 I 中人工变量之和的最小值为 1，原模型无可行解。

5.5.4 克莱德案例有最优解的情况

假设现在投资人 2 愿意为克莱德提供 49% 的启动资金，此时模型有有限最优解。当 $\alpha=0.49$ 时，单纯形法阶段 I 的计算过程见表 5-4。前两个环节和表 5-3 中一样，是两次退化的换基，实际上并没有改变基本解。

表 5-4 克莱德案例有最优解情况的单纯形法阶段 I

	x_1	x_2	x_3	x_4	x_5	x_6	x_7	x_8	
min **d**	0	0	0	0	0	1	1	1	**b**
A	1	1	1	-1	0	1	0	0	100
	0	1	0	0	1	0	0	0	5
	-0.50	0.50	0.50	0	0	0	1	0	0
	0.49	-0.51	0.49	0	0	0	0	1	0
$t=0$	N	N	N	N	B	B	B	B	阶段 I
$x^{(0)}$	0	0	0	0	5	100	0	0	$\mathbf{d}\cdot\mathbf{x}^{(0)}=100$
x_1 的 $\Delta\mathbf{x}$	1	0	0	0	0	-1	0.50	-0.49	$\bar{d}_1=-0.99$
x_2 的 $\Delta\mathbf{x}$	0	1	0	0	0	-1	-0.50	0.51	$\bar{d}_2=-0.99$
x_3 的 $\Delta\mathbf{x}$	0	0	1	0	-1	-1	-0.50	-0.49	$\bar{d}_3=\boxed{-1.99}$
x_4 的 $\Delta\mathbf{x}$	0	0	0	1	0	0	0	0	$\bar{d}_4=1.0$
	—	—	—	—	$\dfrac{5}{1}$	$\dfrac{100}{1}$	$\dfrac{0}{0.50}$	$\boxed{\dfrac{0}{0.49}}$	$\lambda=0.0$
$t=1$	N	N	B	N	B	B	B	N	阶段 I
$\mathbf{x}^{(1)}$	0	0	0	0	5	100	0	0	$\mathbf{d}\cdot\mathbf{x}^{(2)}=100$
x_1 的 $\Delta\mathbf{x}$	1	0	-1	0	1	0	1	0	$\bar{d}_1=1.0$
x_2 的 $\Delta\mathbf{x}$	0	1	1.04	0	-1.04	-2.04	-1.02	0	$\bar{d}_2=\boxed{-3.06}$
x_4 的 $\Delta\mathbf{x}$	0	0	0	1	0	0	0	0	$\bar{d}_4=1.0$

(续)

	x_1	x_2	x_3	x_4	x_5	x_6	x_7	x_8	
x_8 的 $\Delta \mathbf{x}$	0	0	-2.04	0	2.04	2.04	1.02	1	$\overline{d}_8 = 4.06$
—					$\dfrac{5}{1.04}$	$\dfrac{100}{2.04}$	$\boxed{\dfrac{0}{1.02}}$		$\lambda = 0.0$
$t = 2$	N	B	B	N	B	B	N	N	阶段 Ⅰ
$\mathbf{x}^{(2)}$	0	0	0	0	5	100	0	0	$\mathbf{d} \cdot \mathbf{x}^{(2)} = 100$
x_1 的 $\Delta \mathbf{x}$	1	0.98	0.02	0	-0.02	-2	0	0	$\overline{d}_1 = \boxed{-2.0}$
x_4 的 $\Delta \mathbf{x}$	0	0	0	1	0	1	0	0	$\overline{d}_4 = 1.0$
x_7 的 $\Delta \mathbf{x}$	0	-0.98	-1.02	0	1.02	2	1	0	$\overline{d}_7 = 3.0$
x_8 的 $\Delta \mathbf{x}$	0	1	-1	0	1	0	0	1	$\overline{d}_8 = 1.0$
—					$\dfrac{5}{0.02}$	$\boxed{\dfrac{100}{2}}$			$\lambda = 50$
$t = 3$	B	B	B	N	N	B	N	N	阶段 Ⅰ
$\mathbf{x}^{(3)}$	50	49	1	0	4	0	0	0	$\mathbf{d} \cdot \mathbf{x}^{(3)} = 0$
x_4 的 $\Delta \mathbf{x}$	0.50	0.49	0.01	1	-0.01	0	0	0	$\overline{d}_4 = 0.0$
x_6 的 $\Delta \mathbf{x}$	-0.50	-0.49	-0.01	0	0.01	1	0	0	$\overline{d}_6 = 1.0$
x_7 的 $\Delta \mathbf{x}$	1	0	-1	0	0	0	1	0	$\overline{d}_7 = 1.0$
x_8 的 $\Delta \mathbf{x}$	0	1	-1	0	0	0	0	1	$\overline{d}_8 = 1.0$
									"可行"

$t = 2$ 时，x_1 入基可以优化目标函数，而且步长 $\lambda = 50$。所得的解 $\mathbf{x}^{(3)}$ 中所有人工变量的值为 0，即原模型有可行解。$t = 3$ 的环节证明了 $\mathbf{x}^{(3)}$ 就是阶段 Ⅰ 的最优解，目标函数值为 0。

有了初始基本可行解，我们就可以进入阶段 Ⅱ 了。阶段 Ⅱ 的计算过程见表 5-5。由于只考虑标准型中的变量，只有一个变量是非基变量。经检验，它的单纯形方向 $\Delta \mathbf{x}$ 可以优化我们求最大化的目标函数，因此它可以入基。

表 5-5 克莱德案例有最优解情况的单纯形法阶段 Ⅱ

	x_1	x_2	x_3	x_4	x_5	
max $\mathbf{c}$	1	1	1	0	0	$\mathbf{b}$
	1	1	1	-1	0	100
$\mathbf{A}$	0	1	0	0	1	5
	-0.50	0.50	0.50	0	0	0
	0.49	-0.51	0.49	0	0	0
$t = 0$	B	B	B	N	B	阶段 Ⅱ
$\mathbf{x}^{(0)}$	50	49	1	0	4	$\mathbf{c} \cdot \mathbf{x}^{(0)} = 100$
x_4 的 $\Delta \mathbf{x}$	0.50	0.49	0.01	1	-0.01	$\overline{c}_4 = \boxed{1.0}$
—					$\boxed{\dfrac{4}{0.01}}$	$\lambda = 400$
$t = 1$	B	B	B	B	N	阶段 Ⅱ
$\mathbf{x}^{(1)}$	250	245	5	400	0	$\mathbf{c} \cdot \mathbf{x}^{(1)} = 500$
x_5 的 $\Delta \mathbf{x}$	-50	-49	-1	-100	1	$\overline{c}_5 = -100$
						"最优"

通过计算比值，步长 $\lambda = 400$，x_5 出基。新解为 $\mathbf{x}^{(1)} = (250, 245, 5, 400, 0)$。现在

只有增加 x_5 才能获得单纯形方向，然而它不能优化目标函数，因此 $\mathbf{x}^{(1)}$ 就是最优解。如果投资人 2 愿意出 49%，那么启动资金最多可以达到 500 000 美元，其中 250 000 美元来自投资人 1，245 000 美元来自投资人 2，余下的 5 000 美元来自克莱德自己。

例 5-19　单纯形法阶段 Ⅱ

假设一个线性规划标准型的变量为 x_1，…，x_5。根据算法 5B，引入人工变量 x_6，…，x_8。如果阶段 Ⅰ 的结果如下，分别说明下一步计算该如何进行。

(a) 阶段 Ⅰ 的最优解为 $\mathbf{x} = (0, 0, 0, 0, 0, 0, 3, 6)$，其中 x_1，x_7 和 x_8 是基变量。

(b) 阶段 Ⅰ 的最优解为 $\mathbf{x} = (0, 2, 0, 0, 9, 0, 0, 0)$，其中 x_1，x_2 和 x_5 是基变量。

解：

(a) 此时人工变量之和的最小值为 $(0+3+6)=9$，根据原理 3.38，该模型无可行解，因此停止计算。

(b) 由于人工变量之和的最小值 $=0$，该模型有可行解（原理 3.37）。下一步我们应该以 $\{x_1, x_2, x_5\}$ 为初始可行基，进行阶段 Ⅱ。

5.5.5　克莱德案例无界的情况

克莱德可能说服投资人 2 出 50% 的启动资金，这样两名投资人可以出全部的资金，此时启动资金的规模显然是无界的。

当 $\alpha = 0.50$ 时，单纯形法阶段 Ⅰ 的计算与表 5-4 几乎相同，只有一些数值上的差异。表 5-6 是该案例的阶段 Ⅱ。阶段 Ⅰ 得出的初始可行基包括 x_1，x_2，x_3 和 x_5，基本可行解 $\mathbf{x}^{(0)} = (50, 50, 0, 0, 5)$。唯一的非基变量 x_4 提供了一个单纯形方向。

表 5-6　克莱德案例无界时的单纯形法阶段 Ⅱ

	x_1	x_2	x_3	x_4	x_5	
max **c**	1	1	1	0	0	**b**
A	1	1	1	−1	0	100
	0	1	0	0	1	5
	−0.50	0.50	0.50	0	0	0
	0.50	−0.50	0.50	0	0	0
$t=0$	B	B	B	N	B	阶段 Ⅱ
$\mathbf{x}^{(0)}$	50	50	0	0	5	$\mathbf{c} \cdot \mathbf{x}^{(0)} = 100$
x_4 的 $\Delta\mathbf{x}$	0.50	0.50	0.1	1	0.0	$\bar{c}_4 = \boxed{1.0}$
						$\lambda = \infty$
						"无界"

可以看出，这个优化性的单纯形方向没有负元素。也就是说，沿着这个方向不会有任何一个非负约束变成紧约束。沿着这个向量移动任意步长（原理 5.25），都可以优化目标函数而保持可行，显然该模型是无界的。

5.6　退化与零步长

迄今为止，我们用单纯形法求解模型时，默认每次从现有的顶点搜索到相邻顶点，都会优化目标函数，更加接近最优解。如果每次都可以找到一个更优的点，毫无疑问，单纯形法最终会找到最优解或者证明模型没有最优解（见 5.7 节）。

然而现实中很多时候会如图 5-6 所示，一连几次换基得到的都是同一个基本解。本节我们就要研究这种退化现象。

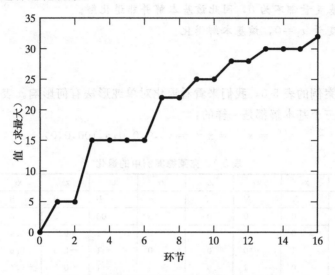

图 5-6　典型的单纯形法目标函数变化曲线

5.6.1　退化解

当一个点处紧约束的数量大于确定一个点所需要的约束数量时，就会发生**退化**（degeneracy）。

原理 5.35　在一个线性规划标准型中，如果一个基本可行解中某些基变量的非负约束是紧约束（即该基变量的值为 0），那么该基本可行解就是退化解。

基本解中非基变量的值必须为 0（定义 5.16），但是如果某些基变量的值也为 0，在同一个顶点上就有可能有不同的基。

原理 5.36　退化发生时，几个基可能解出同一个基本解。

图 5-7 用图形说明了这一点。五个约束 B，C，H，I 和 G 中的任意三个就可以

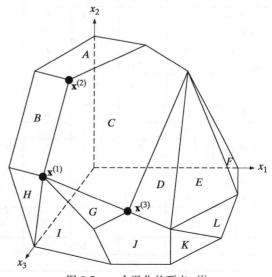

图 5-7　一个退化的顶点 $\mathbf{x}^{(1)}$

确定顶点 $\mathbf{x}^{(1)}$。在标准型下，每一个不等约束都对应着一个松弛变量的非负约束。也就是说，此处将有 $5-3=2$ 个基变量的值为 0，该解为退化解。

例 5-20 找出退化解

以下是一个线性规划标准型的两组基和基本解，指出它们是否退化。

(a) $B=\{x_1, x_3, x_4\}$，$\mathbf{x}=(3, 0, 7, 2, 0, 0)$

(b) $B=\{x_1, x_2, x_5\}$，$\mathbf{x}=(0, 8, 0, 0, 1, 0)$

解：

(a) 所有的基变量都不为 0，因此该基本解并非退化解。

(b) 由于基变量 $x_1=0$，该基本解退化。

5.6.2 零步长

回到克莱德案例的表 5-3，我们来看看退化对单纯形法有何影响。表 5-7 列出了前三个环节，其中的三个基本解都是一样的：

$$\mathbf{x}^{(0)} = \mathbf{x}^{(1)} = \mathbf{x}^{(2)} = (0,0,0,0,5,100,0,0)$$

表 5-7 克莱德案例中的退化

	x_1	x_2	x_3	x_4	x_5	x_6	x_7	x_8	
$t=1$	N	N	N	N	B	B	B	B	阶段 I（求最小）
$\mathbf{x}^{(0)}$	0	0	0	0	5	100	0	0	$\mathbf{d} \cdot \mathbf{x}^{(0)}=100$
x_1 的 $\Delta\mathbf{x}$	1	0	0	0	0	-1	0.5	-0.4	$\bar{d}_1=-0.9$
x_2 的 $\Delta\mathbf{x}$	0	1	0	0	-1	-0.5	0.6	$\bar{d}_2=-0.9$
x_3 的 $\Delta\mathbf{x}$	0	0	1	0	-1	-1	-0.5	-0.4	$\bar{d}_3=\boxed{-1.9}$
x_4 的 $\Delta\mathbf{x}$	0	0	0	1	0	1	0	0	$\bar{d}_4=1.0$
—	—	—	—	—	$\dfrac{5}{1}$	$\dfrac{100}{1}$	$\dfrac{0}{0.5}$	$\boxed{\dfrac{0}{0.4}}$	$\lambda=0.0$
$t=1$	N	N	B	N	B	B	B	N	阶段 I（求最小）
$\mathbf{x}^{(1)}$	0	0	0	0	5	100	0	0	$\mathbf{d} \cdot \mathbf{x}^{(1)}=100$
x_1 的 $\Delta\mathbf{x}$	1	0	-1	0	1	0	1	0	$\bar{d}_1=1.0$
x_2 的 $\Delta\mathbf{x}$	0	1	1.5	0	-1.5	-2.5	-1.25	0	$\bar{d}_2=\boxed{-3.75}$
x_4 的 $\Delta\mathbf{x}$	0	0	1	1	0	1	0	0	$\bar{d}_4=1.0$
x_8 的 $\Delta\mathbf{x}$	0	0	-2.5	0	2.5	2.5	1.25	1	$\bar{d}_8=4.75$
—	—	—	—	—	$\dfrac{5}{1.5}$	$\dfrac{100}{2.5}$	$\boxed{\dfrac{0}{1.25}}$		$\lambda=0.0$
$t=2$	N	B	B	N	B	B	N	N	阶段 I（求最小）
$\mathbf{x}^{(2)}$	0	0	0	0	5	100	0	0	$\mathbf{d} \cdot \mathbf{x}^{(2)}=100$
x_1 的 $\Delta\mathbf{x}$	1	0.8	0.2	0	-0.2	-2	0	0	$\bar{d}_1=\boxed{-2.0}$
x_4 的 $\Delta\mathbf{x}$	0	0	0	1	0	1	0	0	$\bar{d}_4=1.0$
x_7 的 $\Delta\mathbf{x}$	0	-0.8	-1.2	0	1.2	2	1	0	$\bar{d}_7=3.0$
x_8 的 $\Delta\mathbf{x}$	0	1	-1	0	1	0	0	1	$\bar{d}_8=1.0$
—	—	—	—	—	$\boxed{\dfrac{5}{0.2}}$	$\dfrac{100}{2}$	—	—	$\lambda=25$
$t=3$	B	B	B	N	N	B	N	N	阶段 I（求最小）
$\mathbf{x}^{(3)}$	25	20	5	0	0	50	0	0	$\mathbf{d} \cdot \mathbf{x}^{(3)}=50$

但是这个基本解却是用三组不同的基计算出来的：

$$t = 0 \text{ 处 } \{x_5, x_6, x_7, x_8\}$$
$$t = 1 \text{ 处 } \{x_3, x_5, x_6, x_7\}$$
$$t = 2 \text{ 处 } \{x_2, x_3, \mathbf{x_5}, \mathbf{x_6}\}$$

两个正数一直是基变量，而由于其他元素值为 0，任意两个都可以充当基变量，所以基有很多种取法。

构造单纯形方向时要保证同时满足等式约束和非基变量的非负约束。但是单纯形方向中基变量对应元素未必非负，因此沿着单纯形方向移动时，如果有基变量正好是 0，结果就可能是步长 $\lambda = 0$。

原理 5.37　在退化案例中，如果一个值为 0 的基变量在单纯形方向中对应元素为负，那么步长 $\lambda = 0$。

正如表 5-7 所示，第一次换基是要减少 x_8，$\Delta x_8 = -0.4$，用最小比值法求出的步长为 $\lambda = 0$。第二次则是要减少 x_7，$\Delta x_7 = -1.25$。

5.6.3　换基改进

在表 5-7 中，我们无视了 $\lambda = 0$ 这个问题，继续进行计算。这也是退化问题的常规解决办法。

原理 5.38　当单纯形法的计算中出现退化，即步长 $\lambda = 0$ 时，应该像步长为正时一样，根据原理 5.26 换基。

上述原理在表 5-7 中 $t = 2$ 的环节可以得到验证。基本解 $\mathbf{x}^{(2)}$ 和前面的 $\mathbf{x}^{(0)}$ 及 $\mathbf{x}^{(1)}$ 完全相同，但此时计算出的步长 $\lambda = 25$。

这种方法可以解决几乎所有的退化问题，找到最优解（例外见 5.7 节）。原因是我们每次换基，表面上看起来基本解并没有改变，但单纯形方向已然不同。

原理 5.39　单纯形法计算过程中如果遇到退化，经过一系列的换基，最终可以脱离退化得到进展。这是因为换基同时也改变了单纯形方向，最终可以找到一个真正有优化作用的单纯形方向。

以表 5-7 中 x_1 处求得的单纯形方向为例。当 $t = 1$ 时，该单纯形方向并没有优化作用。然而当 $t = 2$ 时，换基之后求得的 x_1 的单纯形方向已经不同了。此时该单纯形方向有优化作用，而且可以找到一个正的步长。

例 5-21　应对零步长

设有一个线性规划标准型：

$$
\begin{aligned}
\max \quad & -x_1 + 2x_2 \\
\text{s. t.} \quad & x_1 - x_2 - x_3 = 0 \\
& x_1, x_2, x_3 \geqslant 0
\end{aligned}
$$

(a) 将 x_3 作为初始基，用算法 5A 证明第一个环节的步长 $\lambda = 0$。

(b) 继续计算，证明下一个环节里步长 λ 的值为正(实际上是无限的)。

(c) 说明第一个环节里的换基对此有何作用。

解： 用算法 5A 的计算过程大致如下。

	x_1	x_2	x_3	
max **c**	-1	2	0	**b**
A	1	-1	-1	0
$t=0$	N	N	B	
$\mathbf{x}^{(0)}$	0	0	0	$\mathbf{c} \cdot \mathbf{x}^{(0)} = 0$
x_1 的 $\Delta\mathbf{x}$	1	0	1	$\bar{c}_1 = -1$
x_2 的 $\Delta\mathbf{x}$	0	1	-1	$\bar{c}_2 = 2$
	—	—	$\boxed{\dfrac{0}{-(-1)}}$	$\lambda = 0$
$t=1$	N	B	N	
$\mathbf{x}^{(1)}$	0	0	0	$\mathbf{c} \cdot \mathbf{x}^{(1)} = 0$
x_1 的 $\Delta\mathbf{x}$	1	1	0	$\bar{c}_1 = 1$
x_3 的 $\Delta\mathbf{x}$	0	-1	1	$\bar{c}_3 = -2$
	—	—	—	"无界"

(a) $t=0$ 时唯一有优化作用的单纯形方向需要减少 x_3 的值，然而 x_3 值为 0。因此发生退化，步长 $\lambda = 0$。

(b) $t=1$ 时，换基之后 x_1 的单纯形方向有了优化作用。由于它并不减小任何一个基变量，步长 $\lambda = +\infty$，模型无界。

(c) 正因为第一步里的换基使 x_1 的单纯形方向发生改变，才能在第二步里取得进展。

5.7 单纯形法的收敛和循环

如果一个求值算法每一个环节都稳定地向解靠拢，我们就说它是**收敛**(converge)的。如果算法可以通过有限步的计算得出最终结果，那么它是**有限收敛**的。

5.7.1 步长为正的有限收敛

单纯形法是收敛的吗？如果每个环节都有或大或小的进展，那么它是的。

原理 5.40 如果单纯形法的每个环节的步长 λ 都是正数，那么在经过有限步的计算之后，一定会找到一个最优解或证明模型无界，从而结束计算。

我们还可以用两阶段法检测模型是否无可行解。

单纯形法中，每一个环节都有一组基，都可以算出一个基本可行解。如果一个标准型的约束矩阵 **A** 有 m 行 n 列，那么其中只能选出有限组基。如果每组基都是从 n 列中随机抽取 m 列，就有：

$$\text{基的最大数量} = \frac{n!}{m!(n-m)!}$$

其中，$k! \triangleq k(k-1)，\cdots，(1)$。这个数字虽大，但它依然是有限的。

如果每一个步长 λ 都是正数，那么所有基都不可能被重复使用。每次我们都找出一个能够优化目标函数的单纯形方向，因此后面的基对应的目标函数值一定优于前面的基，所以不可能与前面的基相同。

例 5-22 限定单纯形法的环节数量

一个线性规划标准型有 10 个变量、7 个主要约束，且每一步都有步长 $\lambda > 0$。求算法 5A 最多有多少环节。

解： 如果每一步都能优化目标函数，那么我们只需要计算最多可能有多少个基。每个基都是从 10 个变量里选出 7 个基变量，因此最多有：

$$\frac{n!}{m!(n-m)!} = \frac{10!}{7!3!} = \frac{3\,628\,800}{5\,040 \times 6} = 120$$

个环节。

5.7.2 退化与循环

退化时步长 $\lambda = 0$，那么存在退化现象（定义 5.35）的单纯形法还会收敛吗？

在退化的环节中目标函数没有得到优化。如果在计算过程中有的基被重复使用，就将出现死循环，单纯形法永远也无法结束。

循环（cycling）是可能出现的。表 5-8 中是一个精心设计的例子。为了简化，表中只显示实际上使用了的，有优化作用的单纯形方向。单纯形法使用过的基依次为：

$$x_1, x_2, x_3$$
$$x_2, x_3, x_4$$
$$x_3, x_4, x_5$$
$$x_3, x_5, x_6$$
$$x_3, x_6, x_7$$
$$x_1, x_3, x_7$$
$$x_1, x_2, x_3$$

显然，它开始和结束于同一组基。

表 5-8　单纯形法循环案例

	x_1	x_2	x_3	x_4	x_5	x_6	x_7	
min **c**	0	0	0	-0.75	20	-0.50	6	**b**
	1	0	0	0.25	-8	-1	9	0
A	0	1	0	0.50	-12	-0.50	3	0
	0	0	1	0	0	1	0	1
$t=0$	B	B	B	N	N	N	N	
$\mathbf{x}^{(0)}$	0	0	1	0	0	0	0	$\mathbf{c} \cdot \mathbf{x}^{(0)} = 0$
x_4 的 $\Delta\mathbf{x}$	-0.25	-0.50	0	1	0	0	0	$\overline{c}_4 = \boxed{-0.75}$
	$\boxed{\dfrac{0}{0.25}}$	$\dfrac{0}{0.50}$	—	—	—	—	—	$\lambda = 0$
$t=1$	N	B	B	B	N	N	N	

（续）

	x_1	x_2	x_3	x_4	x_5	x_6	x_7	
$\mathbf{x}^{(1)}$	0	0	1	0	0	0	0	$\mathbf{c}\cdot\mathbf{x}^{(1)}=0$
x_5 的 $\Delta\mathbf{x}$	0	-4	0	32	1	0	0	$\bar{c}_5=\boxed{-4.0}$
	—	$\dfrac{0}{4}$	—	—	—	—	—	$\lambda=0$
$t=2$	N	N	B	B	B	N	N	
$\mathbf{x}^{(2)}$	0	0	1	0	0	0	0	$\mathbf{c}\cdot\mathbf{x}^{(2)}=0$
x_6 的 $\Delta\mathbf{x}$	0	0	-1	-8	-0.38	1	0	$\bar{c}_6=\boxed{-2.0}$
			$\dfrac{1}{1}$	$\boxed{\dfrac{0}{8}}$	$\dfrac{0}{0.38}$			$\lambda=0$
$t=3$	N	N	B	N	B	B	N	
$\mathbf{x}^{(3)}$	0	0	1	0	0	0	0	$\mathbf{c}\cdot\mathbf{x}^{(3)}=0$
x_7 的 $\Delta\mathbf{x}$	0	0	-10.5	0	-0.19	10.5	1	$\bar{c}_7=\boxed{-2.0}$
	—	—	$\dfrac{1}{10.5}$	—	$\boxed{\dfrac{0}{0.19}}$	—	—	$\lambda=0$
$t=4$	N	N	B	N	N	B	B	
$\mathbf{x}^{(4)}$	0	0	1	0	0	0	0	$\mathbf{c}\cdot\mathbf{x}^{(4)}=0$
x_1 的 $\Delta\mathbf{x}$	1	0	2	0	0	-2	-0.33	$\bar{c}_1=\boxed{-1.0}$
	—					$\boxed{\dfrac{0}{2}}$	$\dfrac{0}{0.33}$	$\lambda=0$
$t=5$	B	N	B	N	N	N	B	
$\mathbf{x}^{(5)}$	0	0	1	0	0	0	0	$\mathbf{c}\cdot\mathbf{x}^{(5)}=0$
x_2 的 $\Delta\mathbf{x}$	3	1	0	0	0	0	-0.33	$\bar{c}_2=\boxed{-2.0}$
	—					$\boxed{\dfrac{0}{0.33}}$		$\lambda=0$
$t=6$	B	B	B	N	N	N	N	
$\mathbf{x}^{(6)}$	0	0	1	0	0	0	0	$\mathbf{c}\cdot\mathbf{x}^{(6)}=0$

该案例是一个著名的循环案例，除此之外，循环是十分罕见的。

在绝大多数 LP 问题中，按照原理 5.38 进行处理就可以顺利解决退化问题。如果步长 $\lambda=0$，就把它当成一个很小的正数继续计算即可。

原理 5.41 我们通常可以认为，在线性规划应用模型中不会出现循环，单纯形法是有限收敛的。

出现循环时，通过小心甄选入基和出基的变量可以跳出循环。然而这种**反循环**（anticycling）算法不在本书范围之内。

5.8 力求高效：修正单纯形法

到目前为止我们的单纯形法强调的一直是其背后的逻辑。然而如果用上一些矩阵数学的知识，计算可以更加高效。本节中我们就要介绍广泛应用于大规模线性规划程序代码中的**修正单纯形法**（revised simplex algorithm）。

5.8.1　用基的逆矩阵计算

算法 5A 需要求解很多方程组。我们必须先求解一个方程组来找到初始基本可行解，之后的每一个环节中的每一个单纯形方向我们都要求解一个方程组。

力求高效的第一步就是要注意到，以上所有方程组的左边都是一样的。所有问题实际上都是用基来线性表出另一个向量。

以高级黄铜奖杯为例，表 5-2 中 $t=2$ 的环节里，所有的非基变量值都为 0（定义 5.16），现有的基本解要通过以下方程组解出：

$$+1x_1+0x_4+0x_5+0x_6=1\,000$$
$$+0x_1+1x_4+0x_5+0x_6=1\,500$$
$$+1x_1+0x_4+1x_5+0x_6=1\,750$$
$$+4x_1+0x_4+0x_5+1x_6=4\,800$$

单纯形方向也类似。我们用定义 5.21 求单纯形方向时，其实是想要表示 x_j 对应系数列的负值。例如高级黄铜奖杯中 $t=1$ 环节，单纯形方向 $\Delta \mathbf{x}$ 中属于基的部分都来自：

$$+1\Delta x_1+0\Delta x_4+0\Delta x_5+0\Delta x_6=-a_{1,j}$$
$$+0\Delta x_1+1\Delta x_4+0\Delta x_5+0\Delta x_6=-a_{2,j}$$
$$+1\Delta x_1+0\Delta x_4+1\Delta x_5+0\Delta x_6=-a_{3,j}$$
$$+4\Delta x_1+0\Delta x_4+0\Delta x_5+1\Delta x_6=-a_{4,j}$$

将基变量对应的系数列向量视为一个**基矩阵**（basis matrix）：

$$\mathbf{B} \triangleq \begin{bmatrix} 1 & 0 & 0 & 0 \\ 0 & 1 & 0 & 0 \\ 1 & 0 & 1 & 0 \\ 4 & 0 & 0 & 1 \end{bmatrix}$$

我们只需要计算一次这个 $\mathbf{B}$ 的逆矩阵，它对应的所有的线性方程组都会迎刃而解。

$$\mathbf{B}^{-1} = \begin{bmatrix} 1 & 0 & 0 & 0 \\ 0 & 1 & 0 & 0 \\ -1 & 0 & 1 & 0 \\ -4 & 0 & 0 & 1 \end{bmatrix}$$

预备知识 6 中是一些逆矩阵的相关知识。其中我们需要知道的是：乘以逆矩阵可以轻松求解对应方程组。

▶预备知识 6：单位矩阵和逆矩阵

预备知识 3 简单介绍了矩阵。**单位矩阵**是一种特殊的方阵，用它不管是左乘还是右乘一个矩阵都不会有改变，我们将它记作 $\mathbf{I}$。换句话说，对于任意矩阵 $\mathbf{A}$ 和向量 $\mathbf{x}$，有：

$$\mathbf{IA} = \mathbf{AI} = \mathbf{A} \quad 和 \quad \mathbf{Ix} = \mathbf{xI} = \mathbf{x}$$

这种特殊的方阵形式如下：

$$\mathbf{I} \triangleq \begin{bmatrix} 1 & 0 & \cdots & 0 \\ 0 & 1 & \cdots & 0 \\ \vdots & & \ddots & \vdots \\ 0 & \cdots & 0 & 1 \end{bmatrix}$$

主对角线上的元素值为1，其他都为0。至于 $\mathbf{I}$ 的维度，就视相乘的矩阵或向量的需要而定。

每一个非奇异方阵 $\mathbf{M}$ 都有一个对应的方阵 $\mathbf{M}^{-1}$，满足：

$$\mathbf{MM}^{-1} = \mathbf{M}^{-1}\mathbf{M} = 1$$

方阵 $\mathbf{M}^{-1}$ 就称为 $\mathbf{M}$ 的 **逆矩阵**。行列数不相等的矩阵和奇异矩阵（见预备知识5）没有逆矩阵。

例如，下面就是矩阵 $\mathbf{M}$ 及其逆矩阵：

$$\mathbf{M} \triangleq \begin{bmatrix} 5 & -1 & 3 \\ 0 & \frac{1}{2} & -\frac{1}{2} \\ 7 & 4 & 0 \end{bmatrix}, \quad \mathbf{M}^{-1} = \begin{bmatrix} -\frac{2}{3} & 4 & -\frac{1}{3} \\ -\frac{7}{6} & -7 & \frac{5}{6} \\ -\frac{7}{6} & -9 & \frac{5}{6} \end{bmatrix}$$

它们满足：

$$\mathbf{MM}^{-1} = \begin{bmatrix} 5 & -1 & 3 \\ 0 & \frac{1}{2} & -\frac{1}{2} \\ 7 & 4 & 0 \end{bmatrix} \begin{bmatrix} -\frac{2}{3} & 4 & -\frac{1}{3} \\ -\frac{7}{6} & -7 & \frac{5}{6} \\ -\frac{7}{6} & -9 & \frac{5}{6} \end{bmatrix} = \begin{bmatrix} 1 & 0 & 0 \\ 0 & 1 & 0 \\ 0 & 0 & 1 \end{bmatrix}$$

二阶方阵的逆矩阵有以下规律：

$$\begin{bmatrix} p & q \\ r & s \end{bmatrix}^{-1} = \frac{1}{ps - qr} \begin{bmatrix} s & -q \\ -r & p \end{bmatrix}$$

所以：

$$\begin{bmatrix} 2 & 3 \\ -4 & 5 \end{bmatrix}^{-1} = \begin{bmatrix} \frac{5}{22} & -\frac{3}{22} \\ \frac{4}{22} & \frac{2}{22} \end{bmatrix}$$

更高维度的矩阵也可以求逆矩阵，不过通常需要借助计算器或电脑。

如果一个矩阵有逆矩阵，那么它转置的逆等于逆的转置。即对于上述的 $\mathbf{M}$，有：

$$(\mathbf{M}^{\mathrm{T}})^{-1} = \begin{bmatrix} 5 & 0 & 7 \\ -1 & \frac{1}{2} & 4 \\ 3 & -\frac{1}{2} & 0 \end{bmatrix}^{-1} = (\mathbf{M}^{-1})^{\mathrm{T}} = \begin{bmatrix} -\frac{2}{3} & -\frac{7}{6} & -\frac{7}{6} \\ 4 & -7 & -9 \\ -\frac{1}{3} & \frac{5}{6} & \frac{5}{6} \end{bmatrix}$$

逆矩阵可以用来解方程组。如果 $\mathbf{Q}$ 是一个非奇异方阵，那么相应方程组为 $\mathbf{Qx} = \mathbf{r}$，其唯一解为 $\mathbf{x} = \mathbf{Q}^{-1}\mathbf{r}$。

这是因为在原有方程组基础上，左乘 $\mathbf{Q}^{-1}$ 得到 $\mathbf{Q}^{-1}\mathbf{Qx} = \mathbf{Q}^{-1}\mathbf{r}$，等号左侧可以化简为 $\mathbf{Ix} = \mathbf{x}$。类似地，形如：

$$\mathbf{vQ} = \mathbf{h}$$

的方程组可以两边同时右乘 $\mathbf{Q}^{-1}$ 得到唯一解：

$$\mathbf{v} = \mathbf{hQ}^{-1}$$

我们以上述 $\mathbf{M}$ 和 $\mathbf{r} \triangleq (2, 1, 2)$ 为例，方程组 $\mathbf{Mx} = \mathbf{r}$，即：

$$-5x_1 - 1x_2 + 3x_3 = 2$$
$$-0x_1 + \frac{1}{2}x_2 - \frac{1}{2}x_3 = 1$$
$$+7x_1 - 4x_2 + 0x3 = 2$$

的唯一解为：

$$\mathbf{x} = \mathbf{M}^{-1}\mathbf{r} = \begin{bmatrix} \dfrac{14}{3} \\ -\dfrac{23}{3} \\ -\dfrac{29}{3} \end{bmatrix}$$

令 $\mathbf{h} = (-1, 1, 1)$，方程组 $\mathbf{vM} = \mathbf{h}$，即：

$$+5v_1 + 0v_2 + 7v_3 = -1$$
$$-1v_1 + \frac{1}{2}v_2 + 4v_3 = 1$$
$$+3v_1 - \frac{1}{2}v_2 + 0v3 = 1$$

的唯一解为：

$$\mathbf{v} = \mathbf{h}\mathbf{M}^{-1} = \begin{bmatrix} -\dfrac{5}{3} \\ -20 \\ 2 \end{bmatrix}$$

原理 5.42　将基的逆矩阵记为 $\mathbf{B}^{-1}$，则相应的基本解为 $\mathbf{B}^{-1}\mathbf{b}$，非基变量 x_j 对应单纯形方向中的基变量相关元素为 $-\mathbf{B}^{-1}\mathbf{a}^{(j)}$，其中 $\mathbf{b}$ 是右边项，$\mathbf{a}^{(j)}$ 是 x_j 的系数列向量。

以前面提到过的基的逆矩阵为例。根据原理 5.42，相关基本解的基变量的值可以如此计算：

$$\begin{bmatrix} x_1 \\ x_4 \\ x_5 \\ x_6 \end{bmatrix} = \mathbf{B}^{-1}\mathbf{b} = \begin{bmatrix} 1 & 0 & 0 & 0 \\ 0 & 1 & 0 & 0 \\ -1 & 0 & 1 & 0 \\ -4 & 0 & 0 & 1 \end{bmatrix} \begin{bmatrix} 1\,000 \\ 1\,500 \\ 1\,750 \\ 4\,800 \end{bmatrix} = \begin{bmatrix} 1\,000 \\ 1\,500 \\ 750 \\ 800 \end{bmatrix}$$

类似地，x_2 的单纯形方向中基变量对应元素的值为：

$$\begin{bmatrix} \Delta x_1 \\ \Delta x_4 \\ \Delta x_5 \\ \Delta x_6 \end{bmatrix} = -\mathbf{B}^{-1}\mathbf{a}^{(2)} = -\begin{bmatrix} 1 & 0 & 0 & 0 \\ 0 & 1 & 0 & 0 \\ -1 & 0 & 1 & 0 \\ -4 & 0 & 0 & 1 \end{bmatrix} \begin{bmatrix} 0 \\ 1 \\ 1 \\ 2 \end{bmatrix} = \begin{bmatrix} 0 \\ -1 \\ -1 \\ -2 \end{bmatrix}$$

例 5-23　用基的逆矩阵计算

考虑以下标准型：

$$\min \quad 9x_1 + 3x_2 + 1x_4$$

$$\text{s. t.} \quad 2x_1 + 1x_2 - 1x_3 = 12$$
$$1x_1 + 9x_3 + 2x_4 = 5$$
$$x_1, x_2, x_3, x_4 \geqslant 0$$

假设 x_1 和 x_2 是基变量。

(a) 写出基的矩阵。

(b) 计算其逆矩阵。

(c) 用基的逆矩阵计算现有基本解。

(d) 用基的逆矩阵计算现有基本解处所有的单纯形方向。

解:

(a) 用变量 x_1 和 x_2 的系数列写出其基矩阵为:

$$\mathbf{B} = \begin{bmatrix} 2 & 1 \\ 1 & 0 \end{bmatrix}$$

(b) 用预备知识 6 中给出的公式得到:

$$\mathbf{B}^{-1} = \frac{1}{2 \times 0 - 1 \times 1} \begin{bmatrix} 0 & -1 \\ -1 & 2 \end{bmatrix} = \begin{bmatrix} 0 & 1 \\ 1 & -2 \end{bmatrix}$$

(c) 利用原理 5.42,基本解中基变量的值为:

$$\begin{bmatrix} x_1 \\ x_2 \end{bmatrix} = \mathbf{B}^{-1}\mathbf{b} = \begin{bmatrix} 0 & 1 \\ 1 & -2 \end{bmatrix}\begin{bmatrix} 12 \\ 5 \end{bmatrix} = \begin{bmatrix} 5 \\ 2 \end{bmatrix}$$

因此,完整的基本解为 $\mathbf{x} = (5, 2, 0, 0)$。

(d) 利用原理 5.42,x_3 处的单纯形方向中基变量对应元素为:

$$\begin{bmatrix} \Delta x_1 \\ \Delta x_2 \end{bmatrix} = \mathbf{B}^{-1}\mathbf{a}^{(3)} = \begin{bmatrix} 0 & 1 \\ 1 & -2 \end{bmatrix}\begin{bmatrix} -1 \\ 9 \end{bmatrix} = \begin{bmatrix} -9 \\ 19 \end{bmatrix}$$

因此,单纯形方向为 $\mathbf{x} = (-9, 19, 1, 0)$。$x_4$ 处的单纯形方向中基变量对应元素为:

$$\begin{bmatrix} \Delta x_1 \\ \Delta x_2 \end{bmatrix} = -\mathbf{B}^{-1}\mathbf{a}^{(4)} = -\begin{bmatrix} 0 & 1 \\ 1 & -2 \end{bmatrix}\begin{bmatrix} 0 \\ 2 \end{bmatrix} = \begin{bmatrix} -2 \\ 4 \end{bmatrix}$$

因此,单纯形方向为 $\mathbf{x} = (-2, 4, 0, 1)$。

5.8.2 更新 $\mathbf{B}^{-1}$

在稍微复杂一点的 LP 问题中,由于基比较大,每次都用整个基的逆矩阵太过烦琐。因此,计算软件会用符号 $\mathbf{B}^{-1}$ 来表示逆矩阵,以加快计算的速度。

单纯形法的每个环节都要换基。如果每次都要计算新基的逆矩阵,虽然可以减少解方程组的步骤,但计算量还是十分大的。

然而我们发现,相邻的环节之间基的变化很小,相应的基矩阵变化也不大。旧 $\mathbf{B}$ 中只有一列(对应出基变量)被另一列(对应入基变量)所取代,而其他列没有变化。

我们可以利用这种相似性进一步简化计算。

原理 5.43 每个环节中,新基的逆矩阵可以通过旧基的逆矩阵变换得来,即:

$$\text{新 } \mathbf{B}^{-1} = \mathbf{E}(\text{旧 } \mathbf{B}^{-1})$$

其中 **E** 是用对应的单纯形方向计算出的更新矩阵。

也就是说，新基的逆矩阵可以通过简单地左乘一个矩阵得来。这个过程称为**枢轴**(pivot)。

更新矩阵 **E** 的计算公式为：

$$
\mathbf{E} = \begin{bmatrix}
1 & 0 & \cdots & 0 & -\dfrac{\Delta x_{1\text{st}}}{\Delta x_{\text{leave}}} & 0 & \cdots & 0 \\
0 & 1 & \cdots & 0 & -\dfrac{\Delta x_{2\text{nd}}}{\Delta x_{\text{leave}}} & 0 & \cdots & 0 \\
\vdots & \vdots & \ddots & \vdots & \vdots & \vdots & & \vdots \\
\vdots & \vdots & & 1 & \vdots & 0 & \cdots & 0 \\
\vdots & \vdots & & & -\dfrac{1}{\Delta x_{\text{leave}}} & & & \vdots \\
0 & 0 & \cdots & 0 & \vdots & 0 & \ddots & \\
0 & 0 & \cdots & 0 & -\dfrac{\Delta x_{m\text{th}}}{\Delta x_{\text{leave}}} & 0 & \cdots & 1
\end{bmatrix}
\tag{5-17}
$$

出基变量的位置 ↘

这里，$\Delta x_{j\text{th}}$ 表示单纯形方向中基变量 j 对应的元素，$\Delta \mathbf{x}_{\text{leave}}$ 表示出基变量对应的元素。这个矩阵很接近单位矩阵，只有出基变量对应的那一列不同。那个特殊列的第 j 行元素为 $-\Delta \mathbf{x}_{j\text{th}}/\Delta x_{\text{leave}}$，在主对角线上的元素为 $-1/\Delta x_{\text{leave}}$。

仍以表 5-2 中 $t=1$ 的环节为例，枢轴将基 $\{x_1，x_4，x_5，x_6\}$ 中第 4 位的 x_6 换成 x_2。对应的矩阵 **E** 为：

$$
\mathbf{E} = \begin{bmatrix}
1 & 0 & 0 & -\dfrac{0}{-2} \\
0 & 1 & 0 & -\dfrac{-1}{-2} \\
0 & 0 & 1 & -\dfrac{-1}{-2} \\
0 & 0 & 0 & -\dfrac{1}{-2}
\end{bmatrix}
$$

该环节之后的基的逆矩阵可以用原理 5.43 求出：

$$
\text{新 } \mathbf{B}^{-1} \triangleq \begin{bmatrix}
1 & 0 & 0 & 0 \\
0 & 1 & 0 & 1 \\
1 & 0 & 1 & 1 \\
4 & 0 & 0 & 2
\end{bmatrix}^{-1} = \mathbf{E}(\text{旧 } \mathbf{B}^{-1})
$$

$$
= \begin{bmatrix}
1 & 0 & 0 & -\dfrac{0}{-2} \\
0 & 1 & 0 & -\dfrac{-1}{-2} \\
0 & 0 & 1 & -\dfrac{-1}{-2} \\
0 & 0 & 0 & -\dfrac{1}{-2}
\end{bmatrix}
\begin{bmatrix}
1 & 0 & 0 & 0 \\
0 & 1 & 0 & 0 \\
-1 & 0 & 1 & 0 \\
-4 & 0 & 0 & 1
\end{bmatrix}
= \begin{bmatrix}
1 & 0 & 0 & 0 \\
2 & 1 & 0 & -0.5 \\
1 & 0 & 1 & -0.5 \\
-2 & 0 & 0 & 0.5
\end{bmatrix}
$$

尽管有些超纲，但这里还是提一下，其实更新公式 5.43 也正是单纯形法软件中表示基的逆矩阵的方法。由于每个逆矩阵都是前一个逆矩阵左乘 E，我们只需要记下初始的逆矩阵和所有的 E 就可以得知现有的逆矩阵了。之后用 B^{-1} 乘一个向量来求单纯形方向的过程，就可以用乘初始逆矩阵和所有的 E 来代替。

例 5-24　更新基的逆矩阵

假设例 5-23 中非基变量 x_3 入基，x_1 出基。用(d)中单纯形方向的计算结果构造更新矩阵 E，并用结果计算新基的逆矩阵。

解：由例 5-23 中的(d)可以得知，x_3 对应的单纯形方向中基变量相关元素为 $\Delta x_1 = -9$，$\Delta x_2 = 19$。x_1 出基，由式(5-17)得：

$$\mathbf{E} = \begin{bmatrix} -\dfrac{1}{\Delta x_1} & \\ -\dfrac{\Delta x_2}{\Delta x_1} & \end{bmatrix} = \begin{bmatrix} \dfrac{1}{9} & 0 \\ \dfrac{19}{9} & 1 \end{bmatrix}$$

用这个 E 和例 5-23(b)中的旧基逆矩阵，可得新的逆矩阵为：

$$新\ \mathbf{B}^{-1} = \mathbf{E}(旧\ \mathbf{B}^{-1}) = \begin{bmatrix} \dfrac{1}{9} & 0 \\ \dfrac{19}{9} & 1 \end{bmatrix} \begin{bmatrix} 0 & 1 \\ 1 & -2 \end{bmatrix} = \begin{bmatrix} 0 & \dfrac{1}{9} \\ 1 & \dfrac{1}{9} \end{bmatrix}$$

5.8.3　修正单纯形法中基变量的顺序

式(5-17)中所用到的基变量的顺序并不是按照脚标。比如高级黄铜奖杯 $t=1$ 环节的枢轴中，入基变量 x_2 代替出基变量 x_6 作为第 4 个基变量。因此新基为：

$$x_{1st} \triangleq x_1, \quad x_{2nd} \triangleq x_4, \quad x_{3rd} \triangleq x_5, \quad x_{4th} \triangleq x_2$$

而且之后的列都是以这个顺序排列的。

原理 5.44　在修正单纯形法中，入基变量在基中的排序与被它换出的出基变量相同。

这种按顺序排列基变量的方法在修正单纯形法中很常见。徒手计算的读者可能会觉得很容易混淆，然而修正单纯形法是为了提高电脑计算的效率而设计的，并不需要考虑是否方便人类理解。

例 5-25　监测基变量的顺序

假设用修正单纯形法解一个标准型，初始基按顺序为 $\{x_1, x_2, x_3\}$。之后的枢轴依次为 x_6 换出 x_1，x_5 换出 x_3，x_4 换出 x_6。写出这三个环节中基变量的顺序。

解：初始基有：

$$x_{1st} \triangleq x_1, \quad x_{2nd} \triangleq x_2, \quad x_{3rd} \triangleq x_3$$

经过变量的出入基，其顺序依次变为：

$$x_{1st} \triangleq x_6, \quad x_{2nd} \triangleq x_2, \quad x_{3rd} \triangleq x_3$$

$$x_{1\mathrm{st}} \triangleq x_6, \quad x_{2\mathrm{nd}} \triangleq x_2, \quad x_{3\mathrm{rd}} \triangleq x_5$$

$$x_{1\mathrm{st}} \triangleq x_4, \quad x_{2\mathrm{nd}} \triangleq x_2, \quad x_{3\mathrm{rd}} \triangleq x_5$$

5.8.4 用定价计算成本减少

单纯形法通过计算非基变量 x_j 的成本减少(定义 5.22)来选择一个移动的方向,或者确定当前解为最优。成本减少为:

$$\overline{c}_j \triangleq \mathbf{c} \cdot \Delta\mathbf{x} \triangleq \sum_{k=1}^{n} c_k \Delta x_k$$

其中,$\Delta\mathbf{x}$ 就是非基变量 x_j 对应的单纯形方向。

计算单纯形方向的目的就是计算成本减少。我们要计算所有非基变量的单纯形方向,但最终只需要一个。显然,如果我们不必求出整个单纯形方向就能得到 $\overline{c}_j$,可以大大简化计算。

非基变量 x_j 的单纯形方向 $\Delta\mathbf{x}$ 的第 j 个元素为 1,其他非基变量处的值都是 0。因此我们可以写出:

$$\overline{c}_j = c_j + \sum_{k \in B} c_k \Delta x_k \tag{5-18}$$

其中,B 表示基变量的脚标。比如高级黄铜奖杯中 $t = 1$ 时,

$$\overline{c}_3 = 0 + [12(-1) + 0(0) + 0(1) + 0(4)] = -12$$

用基的逆矩阵表示(5-18)中基变量对应元素 Δx_k(原理 5.42),即:

$$\begin{bmatrix} \Delta x_{1\mathrm{st}} \\ \Delta x_{2\mathrm{nd}} \\ \vdots \\ \Delta x_{m\mathrm{th}} \end{bmatrix} = \mathbf{B}^{-1} \begin{bmatrix} -a_{1,k} \\ -a_{2,k} \\ \vdots \\ -a_{m,k} \end{bmatrix}$$

其中,$\Delta x_{j\mathrm{th}}$ 表示单纯形方向 $\Delta\mathbf{x}$ 中第 j 个基变量对应的元素。用 $c_{j\mathrm{th}}$ 表示基变量在目标函数中对应的系数,并代入,就可以得到目前环节的定价向量。

定义 5.45 对应现有基 $\{x_{1\mathrm{st}}, x_{2\mathrm{nd}}, \cdots, x_{m\mathrm{th}}\}$ 的**定价向量**(pricing vector)$\mathbf{v}$ 为:

$$\mathbf{v} \triangleq (c_{1\mathrm{st}}, c_{2\mathrm{nd}}, \cdots, c_{m\mathrm{th}}) \mathbf{B}^{-1}$$

接下来利用公式 5.42,(5-18)中的等式就变成了:

$$\overline{c}_j = c_j + (c_{1\mathrm{st}}, c_{2\mathrm{nd}}, \cdots, c_{m\mathrm{th}}) \cdot \begin{bmatrix} \Delta x_{1\mathrm{st}} \\ \Delta x_{2\mathrm{nd}} \\ \vdots \\ \Delta_{m\mathrm{th}} \end{bmatrix} = c_j - (c_{1\mathrm{st}}, c_{2\mathrm{nd}}, \cdots, c_{m\mathrm{th}}) \mathbf{B}^{-1} \begin{bmatrix} a_{1,j} \\ a_{2,j} \\ \vdots \\ a_{m,j} \end{bmatrix}$$

$$= c_j - \mathbf{v} \cdot \begin{bmatrix} a_{1,j} \\ a_{2,j} \\ \vdots \\ a_{m,j} \end{bmatrix}$$

我们发现不需要完全计算出单纯形方向也可以计算出成本减少。

原理 5.46　成本减少可以直接通过现有数据计算获得，其值为 $\bar{c}_j = c_j - \mathbf{v} \cdot \mathbf{a}^{(j)}$，其中 $\mathbf{v}$ 是现有环节的定价向量，$\mathbf{a}^{(j)}$ 是变量 x_k 在初始系数矩阵中的列向量。

我们还是用表 5-2 中 $t=1$ 的环节为例。其定价向量为：

$$\mathbf{v} = (c_{1st}, c_{2nd}, \cdots, c_{mth})\mathbf{B}^{-1} = (12, 0, 0, 0)\begin{bmatrix} 1 & 0 & 0 & 0 \\ 0 & 1 & 0 & 0 \\ -1 & 0 & 1 & 0 \\ -4 & 0 & 0 & 1 \end{bmatrix} = (12, 0, 0, 0)$$

则其成本减少为：

$$\bar{c}_2 = c_2 - \mathbf{v} \cdot \mathbf{a}^{(2)} = 9 - (12, 0, 0, 0) \cdot \begin{bmatrix} 0 \\ 1 \\ 1 \\ 2 \end{bmatrix} = 9$$

$$\bar{c}_3 = c_3 - \mathbf{v} \cdot \mathbf{a}^{(3)} = 0 - (12, 0, 0, 0) \cdot \begin{bmatrix} 1 \\ 0 \\ 0 \\ 0 \end{bmatrix} = -12$$

原理 5.46 中的公式没有改变成本减少的值，却大大降低了计算量。现在我们只需要完整计算出入基变量对应的单纯形方向即可。

例 5-26　用定价计算成本减少

考虑下述 LP 模型：

$$\begin{aligned} \min \quad & 3x_1 + 100x_2 + 12x_3 - 8x_4 \\ \text{s.t.} \quad & 3x_1 + 1x_2 + 1x_3 = 90 \\ & -1x_1 - 1x_2 + 1x_4 = 22 \\ & x_1, x_2, x_3, x_4 \geqslant 0 \end{aligned}$$

假设现有基为 $\{x_3, x_1\}$。

(a) 求基的逆矩阵。

(b) 求相应的定价向量。

(c) 在不计算单纯形方向的前提下，求非基变量的成本减少。

解：

(a) 按照所给的顺序，基的逆矩阵为：

$$\mathbf{B}^{-1} = \begin{bmatrix} -1 & 3 \\ 0 & 1 \end{bmatrix}^{-1} = \begin{bmatrix} -1 & -3 \\ 0 & -1 \end{bmatrix}$$

(b) 根据原理 5.46，相应的定价向量为：

$$\mathbf{v} = (c_{1st}, c_{2nd})\mathbf{B}^{-1} = (12, 3)\begin{bmatrix} -1 & -3 \\ 0 & -1 \end{bmatrix} = (-12, -39)$$

(c) 利用原理 5.46，我们可以求出所有的成本减少：

$$\bar{c}_2 = c_2 - \mathbf{v} \cdot \mathbf{a}^{(2)} = 100 - (-12, -39) \cdot (1, -1) = 73$$

$$\bar{c}_4 = c_4 - \mathbf{v} \cdot \mathbf{a}^{(4)} = -8 - (-12, -39) \cdot (0,1) = 31$$

5.8.5　高级黄铜奖杯的修正单纯形法

修正单纯形法的过程见算法 5C。表 5-9 是继表 5-2 之后，用修正单纯形法求解高级黄铜奖杯案例的整个过程。注意，两个表中求出的基本可行解的顺序是一模一样的，只有中间的计算过程不同。

为了防止混淆，表 5-9 中的基变量都标出了位置。比如环节 $t=3$ 的初始基中，x_1 是第一个基变量，x_2 是第四个，x_3 是第三个，x_4 是第二个。变量 x_5 和 x_6 为非基变量。

在表 5-9 中每个环节我们都记下了更新后的基的逆矩阵。$t=0$ 时它是一个单位矩阵，因为对应的 $\mathbf{B}$ 本身就是一个单位矩阵。单位矩阵的逆还是单位矩阵。

表 5-9　高级黄铜奖杯的修正单纯形法

	x_1	x_2	x_3	x_4	x_5	x_6	
max **c**	12	9	0	0	0	0	**b**
A	1	0	1	0	0	0	1 000
	0	1	0	1	0	0	1 500
	1	1	0	0	1	0	1 750
	4	2	0	0	0	1	4 800
$t=0$	N	N	1st	2nd	3rd	4th	
$\mathbf{x}^{(0)}$	0	0	1 000	1 500	1 750	4 800	$\mathbf{c} \cdot \mathbf{x}^{(0)} = 0$

$$\mathbf{B}^{-1} = \begin{bmatrix} 1 & 0 & 0 & 0 \\ 0 & 1 & 0 & 0 \\ 0 & 0 & 1 & 0 \\ 0 & 0 & 0 & 1 \end{bmatrix} \cdot \mathbf{v} = \begin{bmatrix} 0 \\ 0 \\ 0 \\ 0 \end{bmatrix}$$

	x_1	x_2	x_3	x_4	x_5	x_6	
$\bar{c}_j$	$\boxed{12}$	9	0	0	0	0	
x_1 的 $\Delta\mathbf{x}$	1	0	-1	0	-1	-4	
	—	—	$\boxed{\dfrac{1\,000}{-(-1)}}$	—	$\dfrac{1\,750}{-(-1)}$	$\dfrac{4\,800}{-(-1)}$	$\lambda = 1\,000$
$t=1$	1st	N	N	2nd	3rd	4th	
$\mathbf{x}^{(1)}$	1 000	0	0	1 500	750	800	$\mathbf{c} \cdot \mathbf{x}^{(1)} = 12\,000$

$$\mathbf{B}^{-1} = \begin{bmatrix} 1 & 0 & 0 & 0 \\ 0 & 1 & 0 & 0 \\ -1 & 0 & 1 & 0 \\ -4 & 0 & 0 & 1 \end{bmatrix} \cdot \mathbf{v} = \begin{bmatrix} 12 \\ 0 \\ 0 \\ 0 \end{bmatrix}$$

	x_1	x_2	x_3	x_4	x_5	x_6	
$\bar{c}_j$	0	$\boxed{9}$	-12	0	0	0	
x_2 的 $\Delta\mathbf{x}$	0	1	0	-1	-1	-2	
	—	—	—	$\dfrac{1\,500}{-(-1)}$	$\dfrac{750}{-(-1)}$	$\boxed{\dfrac{800}{-(-2)}}$	$\lambda = 400$
$t=2$	1st	4th	N	2nd	3rd	N	
$\mathbf{x}^2$	1 000	400	0	1 100	350	0	$\mathbf{c} \cdot \mathbf{x}^{(2)} = 15\,600$

（续）

	x_1	x_2	x_3	x_4	x_5	x_6	
			$\mathbf{B}^{-1} = \begin{bmatrix} 1 & 0 & 0 & 0 \\ 2 & 1 & 0 & -0.5 \\ 1 & 0 & 1 & -0.5 \\ -2 & 0 & 0 & 0.5 \end{bmatrix} \cdot \mathbf{v} = \begin{bmatrix} -6 \\ 0 \\ 0 \\ 4.5 \end{bmatrix}$				
$\bar{c}_j$	0	0	$\boxed{6}$	0	0	-4.5	
x_3 的 $\Delta\mathbf{x}$	-1	2	1	-2	-1	0	
	$\dfrac{1\,000}{-(-1)}$	—	—	$\dfrac{1\,100}{-(-2)}$	$\boxed{\dfrac{350}{-(-1)}}$	—	$\lambda=350$
$t=3$	1st	4th	3rd	2nd	N	N	
$\mathbf{x}^{(3)}$	650	1 100	350	400	0	0	$\mathbf{c} \cdot \mathbf{x}^3 = 17\,700$
			$\mathbf{B}^{-1} = \begin{bmatrix} 0 & 0 & -1 & 0.5 \\ 0 & 1 & -2 & 0.5 \\ 1 & 0 & 1 & -0.5 \\ 0 & 0 & 2 & -0.5 \end{bmatrix} \cdot \mathbf{v} = \begin{bmatrix} 0 \\ 0 \\ 6 \\ 1.5 \end{bmatrix}$				
$\bar{c}_j$	0	0	0	0	-6	-1.5	最优

▶ **5C 算法：线性规划的修正单纯形法**

第 0 步：初始化。找出一个初始可行基，然后表示出其系数逆矩阵 $\mathbf{B}^{-1}$。用它解方程组 $\mathbf{B}\mathbf{x}^B = \mathbf{b}$，求出初始基本可行解 $\mathbf{x}^{(0)}$ 的基变量值。之后令所有非基变量 $x_j^{(0)}$ 值为 0，初始解的序号 $t=0$。

第 1 步：定价。用现有的基的逆矩阵 $\mathbf{B}^{-1}$ 解方程组 $\mathbf{v}\mathbf{B} = \mathbf{c}^B$ 以求出定价向量 $\mathbf{v}$，其中 $\mathbf{c}^B$ 是基变量在目标函数中的系数向量。然后求出每个非基变量 x_j 对应的成本减少 $\bar{c} \leftarrow c_j - \mathbf{v} \cdot \mathbf{a}^{(j)}$。

第 2 步：最优解。如果一个求最大化的问题中没有任何一个 $\bar{c}_j > 0$（求最小化问题中没有 $\bar{c}_j < 0$），则计算结束，现有解 $\mathbf{x}^{(t)}$ 是最优解。反之，则选取一个有优化作用的非基变量 x_p 入基。

第 3 步：单纯形方向。用现有的基的逆矩阵 $\mathbf{B}^{-1}$ 解方程组 $\mathbf{B}\Delta\mathbf{x} = -\mathbf{a}^{(p)}$，以求得非基变量 x_p 的单纯形方向 $\Delta\mathbf{x}^{(t+1)}$。

第 4 步：步长。如果单纯形方向 $\Delta\mathbf{x}^{(t+1)}$ 所有元素均为非负，则停止计算，该模型无界。选取一个满足

$$\frac{x_r^{(t)}}{-\Delta x_r^{(t+1)}} = \min\left\{ \frac{x_j^{(t)}}{-\Delta x_j^{(t+1)}} : \Delta x_j^{(t+1)} < 0 \right\}$$

的出基变量 x_r，并令 $\lambda \leftarrow \dfrac{x_r^{(t)}}{-\Delta x_r^{(t+1)}}$。

第 5 步：新基和新顶点。求出新解：

$$\mathbf{x}^{(t+1)} \leftarrow \mathbf{x}^{(t)} + \lambda \Delta\mathbf{x}^{(t+1)}$$

并用 x_p 换出基中的 x_r。构造枢轴矩阵 $\mathbf{E}$ 并将基的逆矩阵更新为 $\mathbf{E}\mathbf{B}^{-1}$。之后令 $t=t+1$，回到第 1 步。

后面的三个环节利用公式 5.43 更新了 $\mathbf{B}^{-1}$，所使用的矩阵 $\mathbf{E}$ 依次为：

$$\begin{bmatrix} -\dfrac{1}{-1} & 0 & 0 & 0 \\ -\dfrac{0}{-1} & 1 & 0 & 0 \\ -\dfrac{1}{-1} & 0 & 1 & 0 \\ -\dfrac{-4}{-1} & 0 & 0 & 1 \end{bmatrix},\ \begin{bmatrix} 1 & 0 & 0 & -\dfrac{0}{-2} \\ 0 & 1 & 0 & -\dfrac{1}{-2} \\ 0 & 0 & 1 & -\dfrac{1}{-2} \\ 0 & 0 & 0 & \dfrac{1}{-2} \end{bmatrix},\ \begin{bmatrix} 1 & 0 & -\dfrac{1}{-1} & 0 \\ 0 & 1 & -\dfrac{2}{-1} & 0 \\ 0 & 0 & -\dfrac{1}{-1} & 0 \\ 0 & 0 & -\dfrac{2}{-1} & 1 \end{bmatrix}$$

在修正单纯形法中，每一个环节的成本减少 $\bar{c}_j$ 都是用定价向量 $\mathbf{v}$ 直接计算出来的。表 5-9 中显示了所有的 $\mathbf{v}$ 和求出的 $\bar{c}_j$，并把每个环节中用来优化基本可行解的成本减少用方框圈了出来。表中只计算和记录了圈出的成本减少所对应的单纯形方向。

找出移动的方向之后，修正单纯形法确定步长 λ 的过程和初级单纯形法相同。找出一个新的基本解 $\mathbf{x}^{(t+1)}$，选出一个出基变量，更新基的逆矩阵，然后再次进入循环。

5.9　有简单上下限的单纯形法

我们在本章第 1 节中就讲了 LP 标准型，即将模型中所有的不等约束转化成非负约束。之后我们发现标准型十分便于构造基本解、单纯形方向等。

同理，如果我们将不等约束转化成**简单下限**（simple lower-bound）的形式：

$$x_j \geqslant \ell_j$$

或有**简单上限**（simple upper-bound）的形式：

$$x_j \leqslant u_j$$

得到的模型应该有类似标准型的优点。这里的 ℓ_j 和 u_j 是模型给定的常量。非负约束其实是有简单下限且 $\ell_j = 0$ 的特殊情况。本节中我们研究如何用 5.8 节中的修正单纯形法处理有简单上下限的模型。

5.9.1　有上下限的标准型

有简单上下限的线性规划标准型可以写成：

$$\min(\max)\quad \sum_{j=1}^{n} c_j x_j$$

$$\text{s. t.}\quad \sum_{j=1}^{n} a_{i,j} x_j = b_i \quad \text{对所有 } i = 1,2,\cdots,m$$

$$u_j \geqslant x_j \geqslant \ell_j \quad \text{对所有 } j = 1,2,\cdots,n$$

将下限和上限分别归入向量 ℓ 和 $\mathbf{u}$，我们就可以得到相应的矩阵表示形式。

定义 5.47 有上下限的标准型的矩阵表示法为：

$$\min(\max)\quad \mathbf{c} \cdot \mathbf{x}$$

$$\text{s. t.}\quad \mathbf{A}\mathbf{x} = \mathbf{b}$$

$$\mathbf{u} \geqslant \mathbf{x} \geqslant \ell$$

原则上要求 $u_j \geqslant \ell_j$。$u_j = \infty$ 或 $\ell_j = -\infty$ 也可。

通常情况下使用上下限可以减少主要约束 $\mathbf{Ax} = \mathbf{b}$ 中的行数 m，从而简化计算。比如求单纯形方向和更新 $\mathbf{B}^{-1}$ 时，m 较小可以省去很多步骤。在高级黄铜奖杯案例中，表 5-2 和 5-9 都需要 $m = 4$ 行，而有上下限之后只需要 $m = 2$ 行。

	x_1	x_2	x_5	x_6	
max $\mathbf{c}$	12	9	0	0	**b**
	1	1	1	0	1 750
	4	2	0	1	4 800
ℓ	0	0	0	0	
u	1 000	1 500	∞	∞	

现在要考虑的就只有两个松弛变量。为了与图 5-5 统一，我们仍然称它们为 x_5 和 x_6。

例 5-27　构造有上下限的标准型

将下面的 LP 模型化为有上下限的标准型。

$$\begin{aligned}
\min \quad & 3x_1 - x_2 + x_3 + 11x_4 \\
\text{s. t.} \quad & x_1 + x_2 + x_3 + x_4 = 50 \\
& x_1 \leqslant 30 \\
& 3x_1 + x_4 \leqslant 90 \\
& 9x_3 + x_4 \geqslant 5 \\
& x_2 \leqslant 10 \\
& x_3 \geqslant -2 \\
& x_1, x_2 \geqslant 0
\end{aligned}$$

解：我们需要在第三个和第四个约束中分别加入 x_5 和 x_6 两个非负松弛变量。但是模型中的其他变量，包括没有符号约束的 x_4 都可以用定义 5.47 中的上下限界定起来。完整的系数表如下所示。

	x_1	x_2	x_3	x_4	x_5	x_6	
max $\mathbf{c}$	3	-1	1	11	0	0	**b**
	1	1	1	1	0	0	50
	3	0	0	1	1	0	90
	0	0	9	1	0	-1	5
ℓ	0	0	-2	$-\infty$	0	0	
u	30	10	∞	∞	∞	∞	

5.9.2　有上下限的基本解

求基本解就是要让所有非基变量的约束成为紧约束，然后求解基变量。有上下限时，非基变量 x_j 的值就可以根据 ℓ_j 和 u_j 是否有限进行选择。

原理 5.48　在有上下限的标准型中，令非基变量的值等于（有限的）下限 ℓ_j 或（有限的)上限 u_j，然后求出基变量，就可以得到基本解。

如果基本解中所有的基变量都满足各自的上下限约束：

$$u_j \geqslant x_j \geqslant \ell_j \quad (j \text{ 为基中下标})$$

则该基本解为**基本可行解**(basic feasible solution)。

求解基变量的值所用的方程组形式如下：

$$\sum_{j \in B} a_{i,j} x_j^{(t)} = b_i - \sum_{j \in L} a_{i,j} \ell_j - \sum_{j \in U} a_{i,j} u_j \quad \text{对所有 } i = 1, \cdots, m \quad (5\text{-}19)$$

其中，L 是有下限的非基变量的脚标索引集，U 是有上限的非基变量的脚标索引集。和一般单纯形法相比，这个方程组只是右边项复杂了些，解起来不会困难太多。

例 5-28 计算有上下限的基本解

考虑如下模型：

$$\begin{aligned}
\min \quad & -2x_1 + 5x_2 + 3x_3 \\
\text{s. t.} \quad & 1x_1 - 1x_2 + 3x_4 \qquad = 13 \\
& 2x_1 + 1x_2 + 2x_3 - 2x_4 = 6 \\
& 6 \geqslant x_1 \geqslant 4, \quad 10 \geqslant x_2 \geqslant -10, \quad 5 \geqslant x_3 \geqslant 1, \quad 3 \geqslant x_4 \geqslant 2
\end{aligned}$$

如果 x_2 和 x_3 是基变量，x_1 是有下限的非基变量，x_4 是有上限的非基变量，求基本解。

解：根据原理 5.48，非基变量的值为：

$$x_1 = \ell_1 = 4 \quad x_4 = u_4 = 3$$

下面解(5-19)中的方程组：

$$\begin{aligned}
-1x_2 + 0x_3 &= 13 - (1)(4) - (-3)(3) = 0 \\
+1x_2 + 2x_3 &= 6 - (2)(4) - (-2)(3) = 4
\end{aligned}$$

得到唯一解 $x_2 = 0$，$x_3 = 2$。因此，所求基本解为 $\mathbf{x} = (4, 0, 2, 3)$。

5.9.3 无上下限且无符号要求的变量

有时候模型中会出现无符号要求的变量，比如温度，再比如允许缺货订购的库存量。此时 $u_j = \infty$，$\ell_j = -\infty$。由于二者都非有限值，这样的变量不可以作为非基变量(原理 5.48)。

原理 5.49 有上下限的基本解中，无符号约束的变量必须是基变量。

5.9.4 非基变量值的增减

为了保证可行性，增加非基变量 x_j 的值求出的单纯形方向 $\Delta \mathbf{x}$ 中第 j 个元素 $\Delta x_j = +1$。

这一点在有下限的非基变量处依然成立，因为增加非基变量值不会使之低于下限。我们依然可以用原理 5.23 检验这种单纯形方向是否有优化作用。

原理 5.50 设有下限的非基变量 x_j 对应的单纯形方向为 $\Delta \mathbf{x}$，如果 $\bar{c}_j > 0$，则它优化一个求最大化的问题，如果 $\bar{c}_j < 0$，则它优化求最小化的问题。

但非基变量 x_j 有上限时，情况有所不同。如果想保持可行性，该非基变量的值只能减少，即单纯形方向的第 j 个元素必须为负。

回想一下 4.3 节中的结论，在保持 $\mathbf{A}\mathbf{x} = \mathbf{b}$，且不改变其他非基变量值的情况下，减少非基变量 x_j 的值求出的单纯形方向正好是增加 x_j 的值所求单纯形方向的负值。因此，检验优化性的方法也跟着反转过来。

原理 5.51 设有上限的非基变量 x_j 求得的负单纯形方向为 $-\Delta\mathbf{x}$。如果 $\bar{c}_j < 0$，则它优化一个求最大化的问题。如果 $\bar{c}_j > 0$，则它优化一个求最小化的问题。

例 5-29 检验有上下限时的单纯形方向

对于例 5-28 中的模型，求出所有非基变量的成本减少，并指出哪些可以优化目标函数。

解：基矩阵为：

$$\mathbf{B} = \begin{bmatrix} -1 & 0 \\ 1 & 2 \end{bmatrix}$$

其逆矩阵为：

$$\mathbf{B}^{-1} = \begin{bmatrix} -1 & 0 \\ \dfrac{1}{2} & \dfrac{1}{2} \end{bmatrix}$$

因此，定价向量为：

$$\mathbf{v} = \mathbf{c}^B \mathbf{B}^{-1} = (5,3) \begin{bmatrix} -1 & 0 \\ \dfrac{1}{2} & \dfrac{1}{2} \end{bmatrix} = \left(-\dfrac{7}{2}, \dfrac{3}{2} \right)$$

然后用原理 5.46 计算：

$$\bar{c}_1 = c_1 - \mathbf{v} \cdot \mathbf{a}^{(1)} = -2 - \left(-\dfrac{7}{2}, \dfrac{3}{2} \right) \cdot (1,2) = -\dfrac{1}{2}$$

$$\bar{c}_4 = c_4 - \mathbf{v} \cdot \mathbf{a}^{(4)} = 0 - \left(-\dfrac{7}{2}, \dfrac{3}{2} \right) \cdot (3,-2) = \dfrac{27}{2}$$

分别用原理 5.50 和 5.51 检验，这两个成本减少都可以优化目标函数。

5.9.5 增减值求步长

原理 5.24 只有在非基变量的值增加，而且基变量的下限都是 0 时才能用来求步长。有上下限时情况会变得复杂得多。如果一个值为 x_k 的基变量要减少，它最多可以减少 $(x_k - \ell_k)$。如果一个值为 x_k 的基变量要增加，它最多可以增加 $(u_k - x_k)$。甚至所用的非基变量本身也可以用来确定 λ，因为它最多只能增加或减少 $(u_k - \ell_k)$。对此，我们有另一个步长公式。

原理 5.52 有上下限时，沿着 $\delta\Delta\mathbf{x}(\delta = \pm 1)$ 可以移动的最大步长 $\lambda = \min\{\lambda^-, \lambda^+\}$，其中：

$$\lambda^- = \min\left\{\frac{x_j^{(t)} - \ell_j}{-\delta\Delta x_j} : \delta\Delta x_j < 0\right\} \quad (\text{如果没有,则值为} +\infty)$$

$$\lambda^+ = \min\left\{\frac{u_j - x_j^{(t)}}{\delta\Delta x_j} : \delta\Delta x_j > 0\right\} \quad (\text{如果没有,则值为} +\infty)$$

如果 $\lambda = \infty$,则模型无界。

例 5-30 求有上下限时的步长

仍考虑例 5-28 中的模型。例 5-29 证明了两个非基变量都可以入基。分别指出其出基变量和步长。

解:根据例 5-29,x_1 对应单纯形方向的基元素为:

$$\begin{bmatrix} \Delta x_2 \\ \Delta x_3 \end{bmatrix} = -\mathbf{B}^{-1}\mathbf{a}^1 = -\begin{bmatrix} -1 & 0 \\ \frac{1}{2} & \frac{1}{2} \end{bmatrix}\begin{bmatrix} 1 \\ 2 \end{bmatrix} = \begin{bmatrix} 1 \\ -\frac{3}{2} \end{bmatrix}$$

因此,单纯形方向为 $\Delta\mathbf{x} = (1, 1, -3/2, 0)$。由于其值增加,$\delta = +1$,根据原理 5.52 有:

$$\lambda^- \leftarrow \min\left\{\frac{2-1}{\frac{3}{2}}\right\} = \frac{2}{3}$$

$$\lambda^+ \leftarrow \min\left\{\frac{6-4}{1}, \frac{10-0}{1}\right\} = 2$$

$$\lambda \leftarrow \min\left\{\frac{2}{3}, 2\right\} = \frac{2}{3}$$

出基变量是 x_3。

x_4 对应单纯形方向的基元素为:

$$\begin{bmatrix} \Delta x_2 \\ \Delta x_3 \end{bmatrix} = -\mathbf{B}^{-1}\mathbf{a}^{(4)} = -\begin{bmatrix} -1 & 0 \\ \frac{1}{2} & \frac{1}{2} \end{bmatrix}\begin{bmatrix} 3 \\ -2 \end{bmatrix} = \begin{bmatrix} 3 \\ -\frac{1}{2} \end{bmatrix}$$

单纯形方向为 $\Delta\mathbf{x} = (0, 3, -1/2, 1)$。由于其值减少,$\delta = -1$,根据原理 5.52 有:

$$\lambda^- \leftarrow \min\left\{\frac{0-(-10)}{3}, \frac{3-2}{1}\right\} = 1$$

$$\lambda^+ \leftarrow \min\left\{\frac{5-2}{\frac{1}{2}}\right\} = 6$$

$$\lambda \leftarrow \min\{1, 6\} = 1$$

这次出基变量是 x_4 本身。

5.9.6 不换基的情况

前面提到的情况中,如果 λ 是由非基变量本身确定的,就没有出基变量。

原理 5.53 如果非基变量本身确定了步长 λ 的值,那么它只是从有下限变成了有上限,或者相反。此时我们不必换基,也不必更新 $\mathbf{B}^{-1}$。

5.9.7 有上下限的单纯形法

有上下限的修正单纯形法详见算法 5D，这也是一个广泛应用于商业软件中的算法。和以前一样，$\mathbf{a}^{(j)}$ 表示（有上下限的）标准型中 x_j 的约束系数列，$\mathbf{c}^B \triangleq (c_{1\text{st}}, c_{2\text{nd}}, \cdots, c_{m\text{th}})$ 表示目标函数中基变量的系数向量。

5.9.8 用有上下限的单纯形法解高级黄铜奖杯问题

表 5-10 中是用有上下限的单纯形法计算高级黄铜奖杯案例的过程。

表 5-10　用有上下限的单纯形法解高级黄铜奖杯案例

	x_1	x_2	x_5	x_6	
max **c**	12	9	0	0	**b**
	1	1	1	0	1 750
	4	2	0	1	4 800
ℓ	0	0	0	0	
u	1 000	1 500	—	—	
$t=0$	L	L	1st	2nd	
$\mathbf{x}^{(0)}$	0	0	1 750	4 800	$\mathbf{c} \cdot \mathbf{x}^{(0)} = 0$
			$\mathbf{B}^{-1} = \begin{bmatrix} 1 & 1 \\ 0 & 1 \end{bmatrix}$, $\mathbf{v} = \begin{bmatrix} 0 \\ 0 \end{bmatrix}$		
$\bar{c}_j$	12	$\boxed{9}$	0	0	
x_1 的 $\Delta\mathbf{x}$	1	0	-1	-4	
	$\boxed{\dfrac{1\,000}{1}}$	—	$\dfrac{1\,750}{1}$	$\dfrac{4\,800}{4}$	$\lambda = 1\,000$
$t=1$	U	L	1st	2nd	
$\mathbf{x}^{(1)}$	1 000	0	750	800	$\mathbf{c} \cdot \mathbf{x}^{(1)} = 12\,000$
			$\mathbf{B}^{-1} = \begin{bmatrix} 1 & 0 \\ 0 & 0 \end{bmatrix}$, $\mathbf{v} = \begin{bmatrix} 0 \\ 0 \end{bmatrix}$		
$\bar{c}_j$	12	$\boxed{9}$	0	0	
x_2 的 $\Delta\mathbf{x}$	0	1	-1	-4	
	—	$\dfrac{1\,500}{1}$	$\dfrac{750}{1}$	$\boxed{\dfrac{800}{2}}$	$\lambda = 400$
$t=2$	U	2nd	1st	L	
$\mathbf{x}^{(2)}$	1 000	400	350	0	$\mathbf{c} \cdot \mathbf{x}^{(2)} = 15\,600$
			$\mathbf{B}^{-1} = \begin{bmatrix} 1 & -0.5 \\ 0 & 0.5 \end{bmatrix}$, $\mathbf{v} = \begin{bmatrix} 0 \\ 4.5 \end{bmatrix}$		
$\bar{c}_j$	$\boxed{-6}$	0	0	-4.5	
x_1 的 $\Delta\mathbf{x}$	-1	2	-1	0	
	$\dfrac{1\,000}{1}$	$\dfrac{1\,100}{2}$	$\boxed{\dfrac{350}{1}}$	—	$\lambda = 350$
$t=3$	1st	2nd	L	L	
$\mathbf{x}^{(3)}$	650	1 100	0	0	$\mathbf{c} \cdot \mathbf{x}^{(3)} = 17\,700$
			$\mathbf{B}^{-1} = \begin{bmatrix} -1 & 0.5 \\ 2 & -0.5 \end{bmatrix}$, $\mathbf{v} = \begin{bmatrix} 6 \\ 1.5 \end{bmatrix}$		
$\bar{c}_j$	0	0	-6	-1.5	"最优"

有了上下限，我们就只需要两个基变量。令两个松弛变量为基变量，x_1 和 x_2 则是有下限的非基变量。如此我们求出初始基本可行解 $\mathbf{x}^{(0)} = (0, 0, 1\,750, 4\,800)$，目标函数值为 0。表 5-10 中也记录了相应的 $\mathbf{B}^{-1}$ 和定价向量 $\mathbf{v}$。

$t=0$ 时，对于定价向量 $\mathbf{v}$，两个非基变量的成本减少都为正。我们选择 x_1，令 $p=1$，判别系数 $\delta=+1$ 来表示增长。

接下来我们用原理 5.52 计算步长 λ。该方向上步长值每增加 1，x_5 就减少 1，x_6 则减少 4。因此：

$$\lambda^- \leftarrow \min\left\{ \frac{1\,750 - 0}{1}, \frac{4\,800 - 0}{4} \right\} = 1\,200$$

步长每增加 1 还会使 x_1 增加 1，故：

$$\lambda^+ \leftarrow \min\left\{ \frac{1\,000 - 0}{1} \right\} = 1\,000$$

所以，最大的可行步长为：

$$\lambda = \min[\lambda^-, \lambda^+] = \min\{1\,200, 1\,000\} = 1\,000$$

此时，$r=1$。

沿着这个方向移动 λ 之后，我们到达新解 $\mathbf{x}^{(1)} = (1\,000, 0, 750, 800)$，目标函数值为 12\,000。由于步长 λ 的值最终是由非基变量 x_1 确定的（$p=r$），基没有变化（原理 5.41）。只是变量 x_1 变成了有上限的非基变量。

$t=1$ 的环节大体相同，不同之处在于此时减少 x_1 和增加 x_2 都能求得单纯形方向，而只有后者有优化作用。沿着 x_2 对应的单纯形方向 $\Delta \mathbf{x}$ 移动解，当 x_6 减小到下限 $\ell_6 = 0$ 时，步长确定下来，$\lambda = 400$。新解为 $\mathbf{x}^{(2)} = (1\,000, 400, 350, 0)$，目标函数值为 15\,600。

当 $t=2$ 时一个非基变量的值要从其上限开始减少。由于 $\bar{c}_1 = -6 < 0$，x_2 的负单纯形方向可以优化我们求最大化的目标函数（原理 5.51）。判别系数 $\delta = -1$。我们求出步长 $\lambda = 350$。沿着 $\delta \Delta \mathbf{x}$ 移动相应的步长就可以找到新解 $\mathbf{x}^{(3)} = (650, 1\,100, 0, 0)$，目标函数值为 17\,700。$t=3$ 时我们发现所有的单纯形方向都不能再优化目标函数，所以计算到此为止，我们已经找到了最优解。

▶ **5D 算法：有上下限的修正单纯形法**

第 0 步：初始化。 令有下限的非基变量（$j \in L$）值为 ℓ_j，有上限的非基变量（$j \in U$）值为 u_j，构造初始可行基，并求出相应的 $\mathbf{B}^{-1}$。然后通过 $\mathbf{B}^{-1}$ 求解方程组：

$$\sum_{j \in B} a_{i,j} x_j^{(t)} = b_i - \sum_{j \in L} a_{i,j} \ell_j - \sum_{j \in U} a_{i,j} u_j \quad i = 1, \cdots, m$$

求出初始解 $\mathbf{x}^{(0)}$ 中基变量（$j \in B$）的值，令该解的序号 $t=0$。

第 1 步：定价。 用现有的基的逆矩阵 $\mathbf{B}^{-1}$ 求解 $\mathbf{vB} = \mathbf{c}^B$，以求出定价向量 $\mathbf{v}$。其中 $\mathbf{c}^B$ 是基变量在目标函数中的系数向量。然后用 $\bar{c}_j \leftarrow c_j - \mathbf{v} \cdot \mathbf{a}^{(j)}$ 求出每个非基变量 x_j 的成本减少。

第 2 步：最优解。 利用原理 5.50 和 5.51 来判断当前解是否最优。如果所有的 $\bar{c}_j$ 都没有优化作用，则停止计算，现有的 $\mathbf{x}^{(t)}$ 已经是最优解。否则就要选出有优化作用的非基变量 x_p 入基。如果该非基变量有下限，则令判别系数 $\delta = +1$，反之则令 $\delta = -1$。

第 3 步：单纯形方向。 我们要求出非基变量 x_p 对应的单纯形方向 $\Delta \mathbf{x}^{(t+1)}$。用现有的

$\mathbf{B}^{-1}$ 求解 $\mathbf{B}\Delta\mathbf{x} = -\delta\mathbf{a}^{(p)}$，以得出其中基变量对应的元素。

第 4 步：步长。用原理 5.52 判断 $\Delta\mathbf{x}^{(t+1)}$ 方向上的最大可行步长 λ。如果步长无限($\lambda = \infty$)，则停止计算，该模型无界。否则就要找出制约 λ 值的变量 x_r 出基。

第 5 步：新基和新顶点。用以下公式计算新解：

$$\mathbf{x}^{(t+1)} \leftarrow \mathbf{x}^{(t)} + \lambda\delta\Delta\mathbf{x}^{(t+1)}$$

如果 $p \neq r$，就用 x_p 从基中换出 x_r，然后构造相应的枢轴矩阵 $\mathbf{E}$，将基的逆矩阵更新为 $\mathbf{E}\mathbf{B}^{-1}$。令 $t = t+1$，再次回到第 1 步。

练习题

5-1 考虑下列线性约束：

$$-w_1 + w_2 \leqslant 1$$
$$w_2 \leqslant 3$$
$$w_1, w_2 \geqslant 0$$

(a) 画出可行域的二维草图。

✅(b) 分别指出下面的点是不是非可行点、边界点、顶点、内点：$\mathbf{w}^{(1)} = (2, 3)$，$\mathbf{w}^{(2)} = (0, 3)$，$\mathbf{w}^{(3)} = (2, 1)$，$\mathbf{w}^{(4)} = (3, 3)$，$\mathbf{w}^{(5)} = (2, 4)$。

✅(c) 用代数方法证明(b)中的可行点是边界点还是内点。

✅(d) 分别指出(b)中的点是否可能成为某个非常量目标函数的最优解或唯一最优解，并解释。

(e) 指出上述点中有哪些可以对应基本解，并指出可以确定它们的紧约束。

5-2 用 LP 约束：

$$3w_1 + 5w_2 \leqslant 15$$
$$5w_1 + 3w_2 \leqslant 15$$
$$w_1, w_2 \geqslant 0$$

和点 $\mathbf{w}^{(1)} = (0, 0)$，$\mathbf{w}^{(2)} = (1, 1)$，$\mathbf{w}^{(3)} = (2, 0)$，$\mathbf{w}^{(4)} = (3, 3)$，$\mathbf{w}^{(5)} = (5, 0)$，重新回答练习题 5-1 中的问题。

5-3 将下列 LP 模型化为标准型，并指出定义 5.4 中对应的 $\mathbf{A}$，$\mathbf{b}$ 和 $\mathbf{c}$。

✅(a) $\quad$ min $\quad 4x_1 + 2x_2 - 33x_3$

s. t. $\qquad x_1 - 4x_2 + x_3 \leqslant 12$
$$9x_1 + \qquad 6x_3 = 15$$
$$-5x_1 + 9x_2 \qquad \geqslant 3$$
$$x_1, x_2, x_3 \qquad\qquad \geqslant 0$$

(b) max $\quad 45x_1 + 15x_3$

s. t. $\qquad 4x_1 - 2x_2 + 9x_3 \geqslant 22$
$$-2x_1 + 5x_2 - x_3 = 1$$
$$x_1 - x_2 \qquad \leqslant 5$$
$$x_1, x_2, x_3 \qquad \geqslant 0$$

✅(c) max $\quad 15(x_1 + 2x_2) + 11(x_2 - x_3)$

s. t. $\qquad 3x_1 \geqslant x_1 + x_2 + x_3$
$$0 \leqslant x_j \leqslant 3 \quad j = 1, \cdots, 3$$

(d) max $\quad -53x_1 + 33(x_1 + 3x_3)$

s. t. $\qquad x_j + 1 \leqslant x_{j+1} \quad j = 1, 2$
$$\sum_{j=1}^{3} x_j = 12$$
$$x_j \geqslant 0 \quad j = 1, \cdots, 3$$

✅(e) min $\quad 2x_1 + x_2 - 4x_3$

s. t. $\qquad x_1 - x_2 - 5x_3 \leqslant 10$
$$3x_2 + 9x_1 \qquad = -6$$
$$x_1 \geqslant 0, x_3 \leqslant 0$$

(f) min $\quad 4x_1 - x_2$

s. t. $\quad -4x_1 - x_2 + 7x_3 = 9$
$$-x_1 - x_2 + 3x_3 \leqslant 14$$
$$x_2 \leqslant 0, \quad x_3 \geqslant 0$$

5-4 考虑下列线性约束：

$$-y_1 + y_2 \leqslant 2$$
$$5y_1 \leqslant 10$$
$$y_1, y_2 \geqslant 0$$

（a）画出可行域的二维草图。

☑（b）加入松弛变量 y_3 和 y_4，将其化为标准型。

☑（c）指出标准型中下列变量集对应的系数列能否构成基：$\{y_1, y_2\}$ $\{y_2, y_3\}\{y_3, y_4\}\{y_1, y_4\}\{y_3\}$ $\{y_1, y_2, y_4\}$。

☑（d）对于（c）中可以构成基的变量集，求出对应的基本解，并指出它们是否可行。

☑（e）在（a）的图里画出（d）中的解，并说明基本可行解与顶点的关系。

5-5　用标准型：

$$y_1 + 2y_2 \leqslant 6$$
$$y_2 \leqslant 2$$
$$y_1, y_2 \geqslant 0$$

和变量集$\{y_1, y_2\}\{y_2, y_3\}\{y_1\}\{y_2, y_4\}\{y_2, y_3, y_4\}\{y_1, y_4\}$重新回答练习题 5-4 中的问题。

5-6　对下面每组标准型和解 $\mathbf{w}$，写出可行的移动方向 $\Delta \mathbf{w}$ 需要满足的所有条件。

☑（a）$5w_1 + 1w_2 - 1w_3 = 9$
其中 $\mathbf{w} = (2, 0, 1)$
$3w_1 - 4w_2 + 8w_3 = 14$
$w_1, w_2, w_3 \geqslant 0$

（b）$4w_1 - 2w_2 + 5w_3 = 34$
其中 $\mathbf{w} = (1, 0, 6)$
$4w_1 + 2w_2 - 3w_3 = -14$
$w_1, w_2, w_3 \geqslant 0$

5-7　下面是一个求最大化的线性规划标准型，并标出了基变量和非基变量。

	x_1	x_2	x_3	x_4	
max $\mathbf{c}$	10	1	0	0	$\mathbf{b}$
	-1	1	4	21	13
	2	6	0	-2	2
	B	N	B	B	

☑（a）求现有的基本解。

☑（b）计算现有基中所有的单纯形方向。

☑（c）证明现有基本解处所有的单纯形方向都可行。

☑（d）有没有哪个单纯形方向有优化作用？

☑（e）不考虑优化性，指出每个单纯形方向的最大步长，以及移动后得到的新基。

5-8　用下面求最小化的标准型重新回答练习题 5-7 中的问题。

	x_1	x_2	x_3	x_4	
min $\mathbf{c}$	8	-5	0	1	$\mathbf{b}$
	13	2	3	1	7
	-4	1	0	-1	-1
	N	N	B	B	

5-9　考虑线性规划模型：

$$\max \quad 3z_1 + z_2$$
$$\text{s. t.} \quad -2z_1 + z_2 \leqslant 2$$
$$z_1 + z_2 \leqslant 6$$
$$z_1 \leqslant 4$$
$$z_1, z_2 \geqslant 0$$

☑（a）用图解法求解。

☑（b）加入松弛变量 z_3, z_4, z_5，将模型化为标准型。

☑（c）用初级单纯形法 5A 计算最优解。

☑（d）在（a）中的图上画出（c）中的求解过程。

5-10　用下列线性规划模型重做练习题 5-9。

$$\max \quad 2z_1 + 5z$$
$$\text{s. t.} \quad 3z_1 + 2z_2 \leqslant 18$$
$$z_1 \leqslant 5$$
$$z_2 \leqslant 3$$
$$z_1, z_2 \geqslant 0$$

5-11　考虑线性规划模型：

$$\max \quad 10y_1 + y_2$$
$$\text{s. t.} \quad 3y_1 + 2y_2 \geqslant 6$$
$$2y_1 + 4y_2 \leqslant 8$$
$$y_1, y_2 \geqslant 0$$

(a) 用图解法求解。注意画出所有的约束和目标函数的轮廓线，画出可行域，并证明一个最优解是 $y_1^* = 4$，$y_2^* = 0$。

(b) 用松弛变量 y_3 和 y_4 将模型化为标准型。

(c) 原模型中某个解处一个主要约束成为紧约束正对应着标准型中相应的解里对应该约束的松弛变量值为 0，解释其原因。

5-12 考虑下列线性规划标准型：

$$\min \quad x_2 + x_4 + x_5$$
$$\text{s. t.} \quad -2x_1 + x_2 + 2x_4 = 7$$
$$x_4 + x_5 = 5$$
$$x_2 + x_3 - x_4 = 3$$
$$x_1, \cdots, x_5 \geqslant 0$$

(a) 以 x_1，x_3，x_4 为基，计算基本解，并说明为什么它可以作为算法 5A 的初始基本解。

(b) 从(a)中的基本解开始，用算法 5A 求出所给 LP 问题的一个最优解。

5-13 用下列标准型重做练习题 5-12，其中 x_3 和 x_4 为基变量。

$$\max \quad 5x_1 - 10x_2$$
$$\text{s. t.} \quad 1x_1 - 1x_2 + 2x_3 + 4x_5 = 2$$
$$1x_1 + 1x_2 + 2x_4 + x_5 = 8$$
$$x_1, \cdots, x_5 \geqslant 0$$

5-14 用下列标准型重做练习题 5-12，其中 x_1 和 x_2 为基变量。

$$\min \quad 2x_1 + 4x_2 + 6x_3 + 10x_4 + 7x$$
$$\text{s. t.} \quad x_1 + x_4 = 6$$
$$x_2 + x_3 - x_4 + 2x_5 = 9$$
$$x_1, \cdots, x_5 \geqslant 0$$

5-15 下面的图中画出了一个线性规划模型的目标函数轮廓线和几个可行点。如果用单纯形法求解，其所经过的点是否可能是下列顺序：

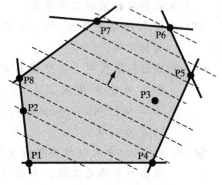

✅(a) P1，P8，P7，P6

(b) P2，P8，P7，P6

✅(c) P1，P3，P6

(d) P1，P4，P5，P6，P7

✅(e) P1，P7，P6

(f) P4，P1，P8，P7，P6

5-16 构建下列模型的单纯形字典(见定义 5.28)。

✅(a) 练习题 5-7 中的模型和基。

(b) 练习题 5-8 中的模型和基。

5-17 用初级单纯形法 5A 求解一个目标函数为：

$$\min \quad 3w_1 + 11w_2 - 8w_3$$

的线性规划问题。指出下列 w_4 的单纯形方向能否证明模型无界。

✅(a) $\Delta \mathbf{w} = (1, 0, -4, 1)$

(b) $\Delta \mathbf{w} = (1, 3, 10, 1)$

✅(c) $\Delta \mathbf{w} = (1, 3, 0, 1)$

(d) $\Delta \mathbf{w} = (0, 1, -2, 1)$

5-18 考虑下列线性规划模型：

$$\max \quad 4y_1 + 5y_2$$
$$\text{s. t.} \quad -y_1 + y_2 \leqslant 4$$
$$y_1 - y_2 \leqslant 10$$
$$y_1, y_2 \geqslant 0$$

(a) 用图形说明该模型无界。

✅(b) 加入松弛变量 y_3 和 y_4，将模型化为标准型。

✅(c) 用松弛变量作为初始基，用初级单纯形法 5A 证明模型确实无界。

5-19 用 LP 问题：

$$\min \quad -10y_1 + y_2$$
$$\text{s. t.} \quad -5y_1 + 3y_2 \leqslant 15$$
$$3y_1 - 5y_2 \leqslant 8$$
$$y_1, y_2 \qquad \geqslant 0$$

重做练习题 5-18。

5-20 将下面的模型化为可以进行两阶段单纯形法 5B 中阶段 I 的形式，并指出阶段 I 的初始基变量。

☑(a)
$$\max \quad 2w_1 + w_2 + 9w_3$$
$$\text{s. t.} \quad w_1 + w_2 \leqslant 18$$
$$-2w_1 + w_3 = -2$$
$$3w_2 + 5w_3 \geqslant 15$$
$$w_1, w_2, w_3 \geqslant 0$$

(b)
$$\max \quad 5w_1 + 18w_2$$
$$\text{s. t.} \quad 2w_1 + 4w_2 = 128$$
$$7w_1 + w_2 \geqslant 11$$
$$6w_1 + 16w_2 \geqslant 39$$
$$w_1 + 3w_2 \leqslant 222$$
$$w_1, w_2 \geqslant 0$$

5-21 将练习题 5-20 里的模型化为可以用大 M 单纯形法 5A 进行搜索的形式。指出初始解的基变量。

5-22 考虑线性规划模型：

$$\max \quad 9y_1 + y_2$$
$$\text{s. t.} \quad -2y_1 + y_2 \geqslant 2$$
$$y_2 \leqslant 1$$
$$y_1, y_2 \geqslant 0$$

(a) 用图形说明该问题无可行解。

☑(b) 加入松弛变量和人工变量 $y_3, \cdots, y_5$，将模型化为算法 5B 阶段 I 要求的形式。

☑(c) 用算法 5A 处理上述阶段 I 的问题，证明原模型无可行解。

5-23 用下列模型重做练习题 5-22。

$$\min \quad 2y_1 + 8y_2$$
$$\text{s. t.} \quad y_1 + y_2 \leqslant 5$$
$$y_2 \geqslant 6$$

$$y_1, y_2 \geqslant 0$$

5-24 假设每一步的步长 $\lambda > 0$，求用算法 5A 来解以下标准型最多可能有多少环节。

☑(a) 练习题 5-7 中的模型。

(b) 练习题 5-8 中的模型。

☑(c) 一个有 1 150 个主要约束和 2 340 个变量的模型。

(d) 一个有 211 个主要约束和 7 200 个变量的模型。

5-25 用算法 5A 求解一个变量为 $x_1, \cdots, x_5$ 的标准型。指出下面的每对基和基本解是否退化。

☑(a) $B = \{x_1, x_2, x_3\}$, $\mathbf{x} = (1, 0, 5, 0, 0)$

(b) $B = \{x_3, x_4, x_5\}$, $\mathbf{x} = (0, 0, 1, 0, 9)$

☑(c) $B = \{x_1, x_3, x_5\}$, $\mathbf{x} = (1, 0, 5, 0, 8)$

(d) $B = \{x_1, x_2, x_4\}$, $\mathbf{x} = (0, 0, 2, 0, 1)$

5-26 在练习题 5-4 的模型中加入约束 $y_2 \leqslant 4$。

(a) 加入新约束之后，再做一次练习题 5-4 的问题 (a)~(c)，其中 (c) 里所有的基都加入新的松弛变量 y_5。

(b) 证明加入新约束的标准型中，顶点 $(y_1, y_2) = (2, 4)$ 处有 3 个可行基。

(c) 说明为什么 (b) 中的情形会导致退化，并找出一个换基步长 $\lambda = 0$ 的可行单纯形方向。

5-27 在练习题 5-5 的模型中加入新约束 $y_1 \leqslant 6$，考虑点 $(y_1, y_2) = (6, 0)$ 处的退化，重做练习题 5-26。

5-28 考虑线性规划模型：

$$\max \quad x_1 + x_2$$
$$\text{s. t.} \quad x_1 + x_2 \leqslant 9$$
$$-2x_1 + x_2 \leqslant 0$$

$$x_1 - 2x_2 \leqslant 0$$
$$x_1, x_2 \qquad \geqslant 0$$

☑(a) 用图解法求解该问题。

☑(b) 加入松弛变量 $x_3, \cdots, x_5$ 将之化为标准型。

☑(c) 用松弛变量作为初始基变量，用算法 5A 找出该模型的一个最优解。

☑(d) 在(a)的图中画出(c)的求解过程。

(e) 当(c)中出现 $\lambda = 0$，即移动并不能改变基本解时，解释说明计算应当如何进行。

5-29 用下列 LP 模型重做练习题 5-28：

$$\max \quad x_1$$
$$\text{s.t.} \quad 6x_1 + 3x_2 \leqslant 18$$
$$12x_1 - 3x_2 \leqslant 0$$
$$x_1, x_2 \qquad \geqslant 0$$

5-30 考虑练习题 5-7 中的模型。

☑(a) 求所给的基对应的逆矩阵。

☑(b) 求对应的定价向量。

☑(c) 先不求单纯形方向，用定价向量判断其中是否有优化性的单纯形方向。

☑(d) 求出(c)中每个优化性单纯形方向对应的枢轴矩阵 $\mathbf{E}$，并计算下一个基的逆矩阵。

5-31 用练习题 5-8 中的模型重做练习题 5-30。

5-32 用修正单纯形法 5C 求解下面单纯形表中的问题，其中 x_1 和 x_2 是基变量。

min **c**	x_1	x_2	x_3	x_4	x_5	**b**
	5	4	3	2	16	
$A=$	2	0	1	0	6	8
	0	1	1	2	3	12

(a) 写出初始的基矩阵及其逆矩阵，以及相应的初始解和定价向量。

(b) 用定价法判断哪些变量可以入基，从中选出负值最大的 $\bar{c}_j$，并计算它的单纯形方向。

(c) 按以下步骤完成一个环节：(i) 找出步长和出基变量。(ii)更新基矩阵。(iii)用合适的枢轴矩阵 $\mathbf{E}$ 更新相应的逆矩阵。(iv)更新初始解和定价向量。

5-33 用修正单纯形法 5C 求解下列模型，写出各自基的逆矩阵、定价向量和每个环节的枢轴矩阵 $\mathbf{E}$。初始基就采用各练习题原本的初始基。

☑(a) 练习题 5-12 中的 LP 模型。

(b) 练习题 5-13 中的 LP 模型。

(c) 练习题 5-14 中的 LP 模型。

5-34 用有上下限的单纯形法 5D 求解一个目标函数为：

$$\max \quad 3x_1 - 4x_2 + x_3 - 4x_4 + 10x_5$$

有 3 个主要约束，且上下限为：

$$0 \leqslant x_j \leqslant 5 \quad j = 1, \cdots, 5$$

的 LP 问题。指出下列基本解 $\mathbf{x}$ 和相应单纯形方向 $\Delta\mathbf{x}$ 中，沿着 $\pm\Delta\mathbf{x}$ 的移动能否优化目标函数。再计算出可行的最大步长 λ，和移动后所得的新基。基变量严格大于下限且小于上限。

☑(a) $\mathbf{x} = (2, 2, 4, 0, 5)$，$x_5$ 的 $\Delta\mathbf{x} = (1, -1, 0, 0, 1)$

(b) $\mathbf{x} = (5, 0, 2, 3, 2)$，$x_2$ 的 $\Delta\mathbf{x} = (0, 1, 1/10, -1/5, 1/3)$

☑(c) $\mathbf{x} = (0, 1, 0, 4, 2)$，$x_3$ 的 $\Delta\mathbf{x} = (0, 0, 1, -2/5, 2/5)$

(d) $\mathbf{x} = (5, 5, 1, 3, 1)$，$x_1$ 的 $\Delta\mathbf{x} = (1, 0, 0, 4, 1)$

5-35 考虑下列线性规划模型：

$$\min \quad 5z_1 + 6z_2$$
$$\text{s.t.} \quad z_1 + z_2 \geqslant 3$$
$$3z_1 + 2z_7 \geqslant 8$$
$$0 \leqslant z_1 \leqslant 6$$
$$0 \leqslant z_2 \leqslant 5$$

☑ (a) 用图解法求解该模型。

☑ (b) 加入松弛变量 z_3 和 z_4，将模型化为有上下限的标准型。

☑ (c) 将松弛变量作为基变量，原有变量作为值为上限的非基变量，用有上下限的单纯形法 5D 求出一个最优解。

☑ (d) 在 (a) 的图中画出 (c) 的求解过程。

5-36 用 LP 模型：

$$\max \quad 6z_1 + 8z_2$$
$$\text{s.t.} \quad z_1 + 3z_2 \leqslant 10$$
$$z_1 + z_2 \leqslant 5$$
$$0 \leqslant z_1 \leqslant 4$$
$$0 \leqslant z_2 \leqslant 3$$

重做练习题 5-35。初始基本解中原有变量 z_1 的值取下限，z_2 的值取上限。

5-37 用有上下限的单纯形法 5D 求解下列标准型，写出基的逆矩阵、定价向量以及每个环节中用到的枢轴矩阵 $\mathbf{E}$。

(a) 练习题 5-12 中的模型，添加上限 $x_j \leqslant 3$，$j = 1, \cdots, 5$，初始基变量为 x_1，x_3，x_5，非基变量 x_2 和 x_4 取上限。

(b) 练习题 5-13 中的模型，添加上限 $x_j \leqslant 2$，$j = 1, \cdots, 5$，初始基变量为 x_4，x_5，非基变量 x_1 和 x_2 取上限。

(c) 练习题 5-14 中的模型，添加上限 $x_j \leqslant 4$，$j = 1, \cdots, 6$，初始基变量为 x_4，x_5，非基变量 x_1，x_2，x_3 取上限。

参考文献

Bazaraa, Mokhtar, John J. Jarvis, and Hanif D. Sherali (2010), *Linear Progmmming and Network Flows*, John Wiley, Hoboken, New Jersey.

Bertsimas, Dimitris and John N. Tsitklis (1997), *Introduction to Linear Optimization*. Athena Scientific, Nashua, New Hampshire.

Chvátal, Vašek (1980), *Linear Progmmming*, W.H. Freeman, San Francisco, California.

Griva, Igor, Stephen G. Nash, and Ariela Sofer (2009). *Linear and Nonlinear Optimization*, SIAM, Philadelphia, Pennsylvania.

Luenberger, David G. and Yinyu Ye (2008), *Linear and Nonlinear Progmmming*, Springer, New York, New York.

第 6 章

线性规划的对偶理论与灵敏度分析

利用第 5、6、7 章学习的单纯形法和内点法，我们可以从数学上计算线性规划模型的最优解了。相对于求解非线性、离散或其他更复杂形式的优化问题而言，这已经是不小的进展。然而，这远远不能满足分析的需要。

数学意义上的最优解是不够的，因为决定最优解的参数（比如成本、利润、产量、供应量和需求）通常在模型求解时并不能确定下来。很多时候，这些参数的取值和真实数值相差十倍之远。

对于参数高度不准确的模型，其数学最优解究竟具有多大的可信度？也许成本或需求参数的一个微小变动会对最优解产生很大影响，又也许完全没有影响。

这正是**灵敏度分析**（sensitivity analysis）要解决的问题。在 1.3 节已经解释过，运筹学模型的常数只是一些输入参数，为了得到一个便于处理的模型，我们认为在系统边界上它们的取值是不变的。线性规划的最优解仅仅提供了给定某组输入参数下决策变量的最优选择。灵敏度分析则在此基础上进一步探讨当参数发生变化时最优结果的相应变化。

既然线性规划是数值搜索方面最容易处理的数学规划，它具备功能强大的灵敏度分析也就不足为奇了。在本章中，我们将在线性规划优化结果的基础上做进一步的分析，探讨输入参数的变化如何影响最优解的变化。特别是，我们将发现，每一个线性规划模型都有一个与之对应的对偶线性规划模型；它的所有参数和原问题相同，而且其最优解能够帮助我们进行相应的灵敏度分析。

6.1   通用的活动视角与资源视角

我们已经学习了从众多实际应用场景提炼出的线性规划模型。那么，面对各种不同的模型情景，如何刻画最优解随相对参数变化的灵敏度呢？

我们需要一个通用的视角，即关于线性规划模型的变量、约束条件和目标函数的标准直觉。这样，即便不同模型在细节上有所差异，但是我们可以用统一的术语来描述灵敏度分析的含义。

6.1.1　以成本和收益度量的目标函数

最优化模型中最易于做一般化解释的部分是目标函数。虽然不同模型目标函数的确切含义各有千秋，但基本上我们遇到的所有模型都可以归结为某种**成本**（cost）或**收益**（benefit）。

原理 6.1　*优化模型的目标函数通常可以理解为最小化某种衡量标准下的成本或者最大化某种收益。*

6.1.2　选择不等式约束条件的方向

现在考虑不等式约束条件。"$\geqslant$"通常意味着什么？"$\leqslant$"与之相比有什么区别？

任何学过初等代数的学生都知道两者在数学中没有差异。例如，在双原油模型（2-3）中，汽油的需求约束可以写为：

$$0.3x_1 + 0.4x_2 \geqslant 2.0 \quad \text{或} \quad -0.3x_1 - 0.4x_2 \leqslant -2.0$$

很显然，第一种表达方式能更清晰地表达"生产量必须满足或超过需求量"这一限制。

大多数约束条件都很自然地有类似的表达形式。没有绝对的原则告诉我们哪种不等号方向更加符合直觉，但是经验法则基本上涵盖了前述以及其他多数情形。

原理 6.2　*通常情况下，约束条件最自然的表达形式是不等号右边常数项是非负的。*

6.1.3　资源供应与需求的不等式约束

直觉上，我们可以发现含"$\leqslant$"的不等式与含"$\geqslant$"的不等式确实是不同的。为便于理解，我们先回顾一下我们已经遇到的含"$\leqslant$"的不等式约束：

- 2.1 节的双原油模型（2-6）中，$x_1 \leqslant 9$ 描述了沙特阿拉伯石油供应量的限制。
- 5.1 节模型（5-1）中 $4x_1 + 2x_2 \leqslant 4\,800$ 描述了黄铜奖杯例子中木质底座的供给。
- 4.3 节表 4-5 的 CFPL 模型中，$0.25(z_{1/4,A,B} + z_{1/4,A,C} + z_{1/4,B,C}) + 0.40(z_{1/2,A,B} + z_{1/2,A,C} + z_{1/2,B,C}) \leqslant 4\,500$ 描述了模压能力的限制。
- 4.4 节表 4-7 的 ONB 模型中，$y_{11} + y_{12} \leqslant 20$ 设定了允许加班的时间上限。

上述例子的共同之处在于，每个约束都对应一种资源在供应上的限制。

原理 6.3　*优化模型中带有"$\leqslant$"形式的约束通常可以理解为某种商品或资源的限量供应。*

相应地，带有"$\geqslant$"的不等式约束可以解释为对产出需求的限制。

- 2.1 节双原油模型（2-6）中，$0.4x_1 + 0.2x_2 \geqslant 1.5$ 描述了喷气燃料产量要满足其需求的约束。
- 4.2 节瑞典钢铁生产模型（4-4）中，$0.120x_1 + 0.011x_2 + 1.0x_6 \geqslant 10$ 描述了产成品

中铬含量的最低要求。

- 4.3 节表 4-5 的 CFPL 模型中，$y_{1/8,A,B}+y_{1/8,B,B}+y_{1/8,C,B}-z_{1/2,A,B}-z_{1/2,A,C}-z_{1/2,B,C}\geqslant 0$ 描述了 1/8 英寸单板生产量必须超过其消耗量的要求。
- 4.4 节表 4-7 的 ONB 模型中，$1y_{12}+1x_{13}+0.8z_{20}-w_{21}\geqslant 8$ 描述了所有指标都必须在晚上 10 点前处理完毕的要求。

与带有"$\leqslant$"形式的约束类似，上述例子的共同之处在于它们描述的是关于商品或资源的约束，但是不等式的方向是相反的。

原理 6.4 优化模型中带有"$\geqslant$"形式的约束通常可以理解为某种商品或资源的需求必须得到满足。

6.1.4 供应与需求的等式约束

等式约束可以看作是 $\leqslant$ 和 $\geqslant$ 约束的合成。比如说，在瑞典钢铁厂的模型 (4-4) 中，约束

$$x_1+x_2+x_3+x_4+x_5+x_6+x_7=1\,000$$

表示熔炉中进料的总重量应刚好等于 1 000 千克。这个等式也可以表述为两个方向相反的不等式：

$$x_1+x_2+x_3+x_4+x_5+x_6+\leqslant 1\,000$$

与

$$x_1+x_2+x_3+x_4+x_5+x_6+x_7\geqslant 1\,000$$

这样看待等式约束能够帮助我们更直观地领会 $\leqslant$ 和 $\geqslant$ 约束合成的内涵。

原理 6.5 优化模型的等式约束通常可以理解为某种商品或资源在供应和需求方面同时存在限制。

这样产生的结果是对需求和供给的混合限制。

6.1.5 变量类型约束

线性规划中，对变量的非负限制等一类约束，称为变量类型约束。尽管我们可以进一步使用原理 6.4，将非负约束视为对"正"的资源的需求约束，但是将变量类型约束视为一种不同的约束种类，更加合理。

原理 6.6 非负约束以及其他形式的符号约束通常被合理地理解为对变量类型的声明，而不是对某种资源的需求或供给限制。

6.1.6 活动视角的变量

现在，我们来看优化模型中的决策变量，首先我们来回顾一些例子：

- 在 2.1 节双原油模型 (2-6) 中，x_1 表示用于提炼的沙特阿拉伯原油的量。
- 在 4.3 节的 TP 模型 (4-5) 中，变量 $x_{p,m}$ 表示工厂 m 生产产品 p 的量。
- 4.4 节表 4-7 中 ONB 模型中的 z_h 表示从第 h 小时开始雇用的兼职职员数。

● 4.2 节的瑞士钢铁生产模型(4-4)中的 x_j 对应成分 j 在混合物中的千克数。

这些例子以及其他情形中有一个共同元素，即活动。

原理 6.7　通常，优化模型中的决策变量可以被理解为选择一定的活动水平。

6.1.7　表示活动投入与产出的不等号左端系数

综上所述，通用的线性规划是在选择合理的变量符号的基础上，根据"≤"对投入量的供给约束、"≥"对产出量的需求约束，以及"＝"同时满足两种情况的约束，选择最优的活动水平以达到成本最小化或收益最大化。接下来，我们很自然地会想到目标函数以及决策变量的系数。

原理 6.8　线性规划中的非零目标函数以及决策变量的系数反映了决策变量的单位变化量对与资源或产量相关的目标和限制条件的影响。

有时，这些影响用如图 6-1 的框图来表示就非常清晰易懂。每一个变量或者活动都可以组成一个框。框的输入以及输出表明单位活动变化量如何影响约束条件和目标函数。例如，双原油模型的例子(2-6)中每单位(千桶)沙特阿拉伯汽油提炼的投入为 1 单位(千桶)的沙特阿拉伯原油与 20 单位(千美元)的成本，得到的产出是 0.3 单位(千桶)的汽油、0.4 单位(千桶)的航空燃油，以及 0.2 单位(千桶)的润滑油。

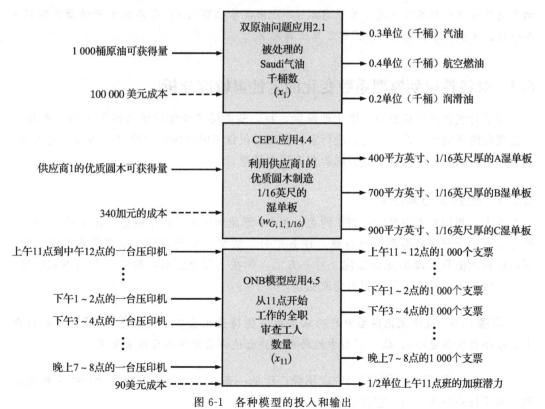

图 6-1　各种模型的投入和输出

图 6-1 的第二个框图来自于表 4-5 中 CFPL 模型。旋切供应商 1 的"高质量"原木来生产 1/16 英寸湿单板，需要消耗可用原木并支付一定费用，最终得到一定数量的不同等级的湿单板。

最后，我们在表 4-7 的 ONB 模型中可以找到这样一种"活跃程度"。在 ONB 例子中雇用一个从上午 11 点开工的全职支票加工工人，需要投入每小时值班所需的成本和设备能耗，同时产出相应数量的支票以及由此产生的加班工时可能性。任何一笔投入与产出在对应的模型中，都对应着非零的系数。

例 6-1　通用意义下的线性规划

给出下述线性规划中目标方程、约束变量以及系数的通用解释。

解：首先我们将上述第二个不等式的方向反转，使得不等号右方为非负（原理 6.2）。

我们现在可以将模型理解为做出对应 4 个决策变量的 4 个生产活动的最优决策（原理 6.7）。目标函数中的系数表明了每单位生产活动产生的利润（原理 6.8），而目标函数将这些生产活动产出的利润最大化（原理 6.1）。

4 个主约束条件对应 4 种商品或资源。前面两个含≥的不等式中，分别表示对第一种商品的需求为 89，而对第二种商品的需求为 60。后面两个含≤的不等式，限制了商品 3 与商品 4 的供给。而非负约束仅仅是限制了变量类型（原理 6.6）。

主约束条件左侧的系数表明每个变量每单位生产活动的投入和产出（原理 6.8）。具体来说，每单位生产活动 1 要消耗 10 单位的商品 3，产出 1 单位商品 1；每单位生产活动 2 消耗 6 单位商品 3 以及 1 单位商品 4，产出 3 单位商品 1；每单位生产活动 3 消耗 8 单位商品 3 和 1 单位商品 4，产出 5 单位商品 2。

6.2　对线性规划模型系数变化的定性灵敏度分析

有了对线性规划模型的一般化理解后，我们就能够考虑优化模型结果对输入参数或常量变动的灵敏度。首先，我们进行定性研究。仅仅考虑线性规划模型的结果变化方向，而暂不考虑结果的变化量，我们就能获取很多信息。

6.2.1　松约束与紧约束

首先，我们来考虑松约束与紧约束。图 6-2 形象地展示了这个概念。在 a 部分，阴影部分表示一个双变量模型的可行域。在 b 部分，放宽一个约束后，出现了新的可行解。对应的最优值只可能不变或变优。另一方面，如在 c 部分所示，如果一个约束被收紧，可行解会更少。最优值只可能不变或变差。

原理 6.9　放宽优化模型中的约束条件会使得最优值不变或者更优（最大化时值更大，最小化时值更小），收紧模型中的约束条件会使得最优值不变或者更差。

原理 6.9 是所有灵敏度分析中应用最广泛的一条。无论优化模型是否是线性规划模型，对于任意约束类型，它都适用。

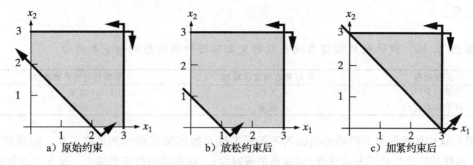

图 6-2　放松和加紧约束后的影响

6.2.2　重读"瑞典钢铁生产"案例

我们再次回到 4.2 节的瑞典钢铁生产案例。与此对应的线性规划模型是：

$$
\begin{aligned}
\min \quad & 16x_1 + 10x_2 + 8x_3 + 9x_4 + 48x_5 + 60x_6 + 53x_7 && \text{(成本)}\\
\text{s. t.} \quad & x_1 + \quad x_2 + \quad x_3 + \quad x_4 + x_5 + x_6 + x_7 = 1\,000 && \text{(重量)}\\
& 0.008\,0x_1 + 0.007\,0x_2 + 0.008\,5x_3 + 0.004\,0x_4 && \geqslant 6.5 \quad \text{(碳)}\\
& 0.008\,0x_1 + 0.007\,0x_2 + 0.008\,5x_3 + 0.004\,0x_4 && \leqslant 7.5\\
& 0.180x_1 + \quad 0.032x_2 + \quad 1.0x_5 && \geqslant 30.0 \quad \text{(镍)}\\
& 0.180x_1 + \quad 0.032x_2 + \quad 1.0x_5 && \leqslant 30.5\\
& 0.120x_1 + \quad 0.011x_2 + \quad 1.0x_6 && \geqslant 10.0 \quad \text{(铬)} \quad \text{(6-1)}\\
& 0.120x_1 + \quad 0.011x_2 + \quad 1.0x_6 && \leqslant 12.0\\
& 0.001x_2 + \quad 1.0x_7 && \geqslant 11.0 \quad \text{(钼)}\\
& 0.001x_2 + \quad 1.0x_7 && \leqslant 13.0\\
& x_1 \leqslant 75 && \text{(可用量)}\\
& x_2 \leqslant 250 && \text{(非负条件)}\\
& x_1, \cdots, x_7 \geqslant 0 &&
\end{aligned}
$$

6.2.3　不等号右端系数(RHS)变化的影响

图 6-3 画出了瑞典钢铁模型(6-1)在两个不同右端系数下的最优值。特别地，a 描绘了碎片 1 供给量限制不等式右方系数的影响。

$$x_1 \leqslant 75 \tag{6-2}$$

假设以上所有其他的参数都保持不变。类似地，b 刻画了目标函数随不等式右端铬含量最低要求的变化：

$$0.120x_1 + 0.011x_2 + 1.0x_6 \geqslant 10.0 \tag{6-3}$$

这个成本最小问题的不可行情景都被刻画为无穷大成本。

在 6.6 节，我们讨论了如何画图。现在，我们只需要观察纵坐标(最优解)随横坐标(约束右方系数)变化的趋势。碎片 1 约束右端限制量的增长有助于减少成本的目标函数值。而若是铬含量约束右端的系数上升，则会产生相反的结果。

这两个明显截然相反的结果源于一种约束是"≤"供给约束而另一种是"≥"需求约束。当不等式右方系数增长时，这两种不同形式的约束对可行域产生的作用恰恰相反。

原理 6.10 线性规划模型右端系数的变化对可行域的影响如下表所示。

约束类型	不等号右端系数增加	不等号右端系数减少
供给约束（≤）	放松	收紧
需求约束（≥）	收紧	放松

图 6-3a 中的折线呈下降趋势是因为不等号右端系数增加使得≤的约束变松。由原理 6.9 可知，最优值将会保持不变或变优（可能增加或减少），在本例中对应为减少。而 b 中不等号右端系数上增大使得≥约束更紧。因此，最优值或者不变，或者增加（变差）。

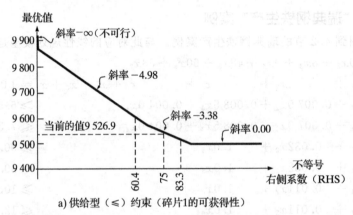

a) 供给型（≤）约束（碎片1的可获得性）

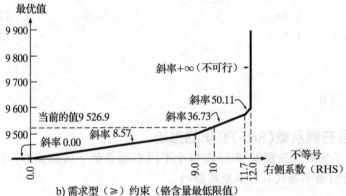

b) 需求型（≥）约束（铬含量最低限值）

图 6-3 "瑞典钢铁生产"最优值对不等号右端系数的灵敏度

例 6-2 定性分析 RHS 的灵敏度

对于以下目标函数中的每一个，分别定性地判定不等号右端系数增加或减少对目标函数以及约束条件组的影响。假定所给的约束条件大于等于 1 个。

(a) $\max\ 13w_1 - 11w_2 + w_3$
   s.t. $9w_1 + w_2 - w_3 \leqslant 50$

(b) $\max\ 13w_1 - 11w_2 + w_3$
   s.t. $9w_1 + w_2 - w_3 \geqslant 50$

(c) $\min\ 8z_1 - 4z_2 + 15z_3$
   s.t. $6z_1 - 3z_2 \leqslant -19$

(d) $\min\ 8z_1 - 4z_2 + 15z_3$
   s.t. $6z_1 - 3z_2 \geqslant -19$

解：这里，我们应用原理 6.9 和 6.10。

（a）RHS 的增加使得≤约束变松，意味着最优值会不变或增加（在最大化目标情况下更优）。RHS 的减少会产生相反的作用。

（b）RHS 增加使得≥约束变紧，意味着最优值不变或者减少（变差）。

（c）RHS 增加使得≤约束变松，意味着最优值不变或者减少（在最小化目标情况下更优）。

（d）RHS 增加使得≥约束变紧，意味着最优函数值不变或者增加（变差）。

6.2.4 不等号左端系数(LHS)变化的影响

线性规划问题中，与如图 6-3 所示的 RHS 变化一样，原理 6.9 对约束条件不等号左方(LHS)系数的变化也是成立的。因为约束条件方程无非是各变量加权求和，如果我们将最低铬含量限值(图 6-3)约束中的系数从 0.120 变到 0.500，那么这个约束将成为松约束；而把系数减少为 -0.400 时，它又会变成紧约束。对于非负变量，≥型约束左端的变量系数越大，约束条件越容易被满足，而变量系数越小，约束则越难以被满足。其他情形与之类似。

原理 6.11 线性规划(LP)模型决策变量非负时，约束条件不等号左端系数(LHS)对可行域的影响如下表所示：

约束类型	系数增加	系数减少
供给型约束(≤)	变紧	变松
需求型约束(≥)	变松	变紧

例 6-3 定性分析 LHS 的灵敏度

回顾例 6-2 中的目标函数和约束，分别对以下系数变化的影响进行定性判断。假设要求所有变量为非负。

（a）例 6-2(a)中 w_2 的系数改为 6。

（b）例 6-2(b)中 w_3 的系数改为 0。

（c）例 6-2(c)中 z_1 的系数改为 2。

（d）例 6-2(d)中 z_3 的系数改为 -1。

解：我们利用原理 6.9 和 6.11。

（a）把系数从 1 变到 6，系数增大，意味着≤约束更紧，最大化最优值不变或变小。

（b）把系数从 -1 变到 0，系数增大，意味着≥约束更松，最大化最优值不变或增加。

（c）把系数从 6 变到 2，系数变小，意味着≤约束更松，最小化最优值不变或减少。

（d）把系数从 0 变到 -1，系数变小，意味着≥约束更紧，最小化最优值不变或增加。

6.2.5 增加或删减约束的影响

原理 6.9 可以推广到增删线性规划模型约束条件的情况。

原理 6.12 在一个优化模型中增加一个约束条件使得可行解集变紧，而删去一个约束条件会使得可行解集变松。

因此，我们可以知道，增加约束条件只会让最优值变差，而删减约束条件只会使得最优值变得更优。

图 6-3a 间接地刻画了减去约束条件的情形。碎片 1 可用量的约束条件等价于使得其不等号右端项非常大。图 a 部分刻画了最小成本问题中 RHS 上升时，最优值如何下降。

例 6-4　定性研究增删约束条件的影响
考虑如下线性规划：

$$
\begin{aligned}
\max \quad & 6y_1 + 4y_2 \\
\text{s.t.} \quad & y_1 + y_2 \leqslant 3 \\
& y_1 \quad\;\; \leqslant 2 \\
& \quad\;\; y_2 \leqslant 2 \\
& y_1, y_2 \geqslant 0
\end{aligned}
$$

分别研究如下约束条件变化对线性规划的定性影响。

(a) 删去第一个主约束条件。

(b) 增加新约束条件。

解：我们应用原理 6.9 和原理 6.12。

(a) 撤去一个约束条件能使得可行集变松。因此，最大化问题的最优值只可能不变或者增加。

(b) 增加一个新的约束条件使得可行集变紧。因此，最大化问题的最优值只可能不变或者减少。

6.2.6　其他约束的影响

在运筹学研究中，有时需要根据实际情况在正式建模前增加约束。例如，对于瑞典钢铁生产模型(6-1)中的 250 千克碎片 2，经理要么使用全部碎片 2，要么根本不使用，而不考虑仅使用其中一部分的情况。

这种限制使得解只有离散的取值。为了使模型简易明了，建模者最好先忽略这种限制。但是，这种难以在模型中描述的约束条件最终会对模型解出的最优解产生怎样的影响呢？

原理 6.13　在一个已建模的线性规划中，添加之前未被加入模型的约束条件后，最优值只可能不变或者变差。

6.2.7　系数约束对结果影响的变化率

图 6-3 除了告诉我们收紧约束将导致最优值保持不变或变差之外，还蕴含了另外一个规律，即约束变得越紧，最优解的下降速率就越大。比如，在 a 中，把约束变紧等价于减少 RHS 系数。这一改变在 RHS 系数大于 83.3 时没有任何影响。但是，当我们进一步压缩可行解集时，最优解受到的影响逐步加大。最终，模型变为无解。

放宽约束条件所带来的结果则恰恰相反。比如，在图 6-3b 中 RHS 减少使得可行集变松。如图所示，随着不等号右端系数的减小，目标函数值递减斜率也逐渐减小。所有的线性规划问题都有类似的性质。

原理 6.14　线性规划中，若通过改变系数使得约束条件变松以使得最优值变优，则随着系数改变量的增加，单位改变量带来的最优值改进减小。反之，若通过改变系数使得约束条件变紧，随着系数改变量的增加，单位改变量对最优值的负面影响就逐渐增大。以上结论如下图所示。

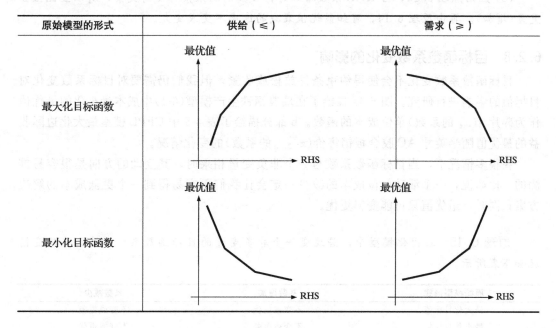

注意，原理 6.14 的有效范围是线性规划情形。在可行域非凸（见 3.4 节）情形下，原理 6.14 可能不适用。

让我们从直观上来理解原理 6.14：假设你正想方设法地求出一个最优解，并使其满足供给和需求的约束。当你逐步收紧一个受你控制的约束，它就逐渐成为所有决策中最主要的主导约束，它对最优解的影响也就较大。相反，当你逐步放宽一个受你控制的约束，其他约束条件会接替这个约束成为主导约束，放宽这一约束对最优解的影响将越来越小。

例 6-5　定性研究约束条件改变程度的影响

当以下 RHS 系数的改变程度发生变化时，判断最优目标函数值的变化趋势将会更陡峭还是更平缓。

（a）在最大化线性规划中增加 $4y_1 - 3y_2 \leqslant 19$ RHS 系数。

（b）在最大化线性规划中减少 $3y_1 + 50y_2 \geqslant 40$ RHS 系数。

（c）在最小化线性规划中减少 $14y_1 + 8y_2 \leqslant 90$ RHS 系数。

（d）在最小化线性规划中增加 $3y_1 - 2y_2 \geqslant 10$ RHS 系数。

解：

（a）应用原理 6.10，当 RHS 系数增加时，带 $\leqslant$ 的约束条件被放松，所以最优值会更优(增加)。再由原理 6.14，可知最优值优化的速率不变或变小。

(b) 应用原理 6.10，当 RHS 系数减少时，带≥的约束条件被放松，所以最优值会更优(增加)。再由原理 6.14，可知最优值衰减的速率不变或变小。

(c) 应用原理 6.10，当 RHS 系数增加时，带≤的约束条件被放松，所以最优值会更差(增加)。再由原理 6.14，可知最优值优化的速率不变或变大。

(d) 应用原理 6.10，当 RHS 系数增加时，带≥的约束条件变得更紧，所以最优值会更差(增加)。再由原理 6.14，可知最优值衰减的速率不变或变大。

6.2.8 目标函数系数变化的影响

目标函数系数变化不会使得约束条件放松或收紧，但我们仍需要对目标系数变化对目标值的影响进行研究。图 6-4a 描绘了在瑞典钢铁生产模型(6-1)中成本最小化的最优值作为碎片 4(x_4 的系数)单位成本的函数。b 部分描绘了表 4-5 中 CFPL 模型最大化边际收益的最优值随半英寸 AC 胶合板销售价($z_{1/2,a,c}$ 的系数)的变化情况。

在很多情况下，当目标函数系数与一个非负变量相乘时，其变动的方向是很容易推测的。比如说，一个活动单位成本的减少一定会让我们更容易得到一个更低成本的解决方案；同时，最优值只可能变得更优。

原理 6.15 在优化模型中，若改变一个非负变量的目标函数系数，最优值改变情况如下表所示。

原始模型形式	系数增加	系数减少
最大化目标值	不变或更优	不变或更差
最小化目标值	不变或更差	不变或更优

例 6-6 定性考查目标值变化

对于以下目标函数，定性地判定所给目标函数系数变化的影响。假定所有变量都为非负。

(a) 在 $\max 12w_1 - w_2$ 中将 w_1 的系数变为 7。

(b) 在 $\max 12w_1 - w_2$ 中将 w_2 的系数变为 9。

(c) 在 $\min 44w_1 + 3w_2$ 中将 w_1 的系数变为 60。

(d) 在 $\min 44w_1 + 3w_2$ 中将 w_2 的系数变为 -9。

解: 我们应用原理 6.15。

(a) 系数从 12 减少到 7，意味着最大化最优值不变或变差(减少)。

(b) 系数从 -1 增加到 9，意味着最大化最优值不变或变优(增加)。

(c) 系数从 44 增加到 60，意味着最小化最优值不变或变差(增加)。

(d) 系数从 3 减少到 -9，意味着最小化最优值不变或变优(减少)。

6.2.9 目标函数系数对结果影响的变化率

在读者理解了上述约束条件系数变化影响最优值变化率的内容后，看见图 6-4 中曲线形状，一定会感到诧异。举个例子，考虑 b 中的最大化情形。就像我们在 6.15 中归纳的那样，当 $z_{1/2,a,c}$ 的系数增加时，即横坐标向右移动时，最优值变优。

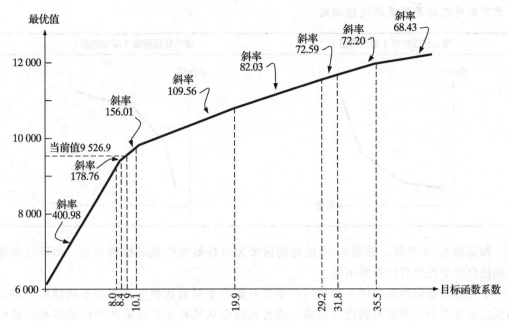

a) 最小化最优值情形（"瑞典钢铁"碎片4成本对最优值影响）

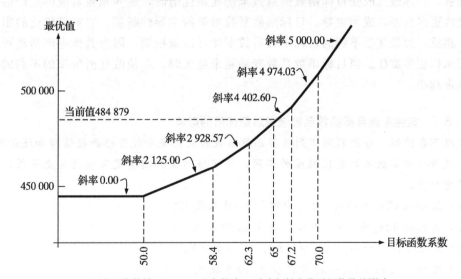

b) 最大化最优值情形（CFPL中半英寸AC胶合板销售价对最优值的影响）

图 6-4　最优值对目标函数系数变动的灵敏度

不同的是，随着目标函数系数变大，最优值优化的速率也变大。与约束条件系数的改变不同，当目标函数系数的改变程度变大时，系数的单位改变程度对最优值的改变幅度也变大。

原理 6.16　线性规划中，若目标函数系数变化能够优化最优值，那么目标函数系数变化越大，单位变化引起的最优值优化的幅度也越大；与之相反，若目标函数系数变化使最优值变差，那么目标函数系数变化越大，最优值变差的趋势越缓和。这一结论可以用下图所示的灵敏度折线图描述。

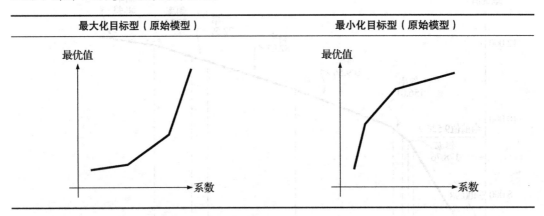

| 最大化目标型（原始模型） | 最小化目标型（原始模型） |

和原理 6.14 类似，原理 6.16 的适用情形为可行集为凸集的线性规划。而可行集非凸的优化模型性质与此有所不同。

要完整地给出约束条件系数和目标函数系数改变对最优值变化率的不同性质，需要用到之后几节会讲到的对偶性。当前，读者只需要从某种生产活动的单位成本和收益角度来理解。当你通过改变目标函数的系数来优化最优值时，这一系数对应的生产活动将会被投放更多资源，成为主导。目标函数系数对解的主导性越强，它对最优值的影响就越大。相反，对最优值不利的目标函数系数变化可以被抵销，因为其他生产活动可以代替之而承担更多责任。当目标函数系数变动越来越大时，单位改变所带来的不利的影响也就越来越小。

例 6-7 定性考查目标函数系数增减对最优值的影响

对以下各情形，分别判断下列目标函数系数的变化将导致目标函数值增加还是减少，并指出随着目标函数系数变化幅度的不同，最优值的变化趋势更陡峭还是更平缓。假设所有变量非负。

(a) 在 $\max 42x_1 + 13x_2 - 9x_3$ 中增加 x_1 的系数 42。

(b) 在 $\max 42x_1 + 13x_2 - 9x_3$ 中减少 x_3 的系数 -9。

(c) 在 $\min 12x_1 - 2x_2 + x_4$ 中增加 x_2 的系数 -2。

(d) 在 $\min 12x_1 - 2x_2 + x_4$ 中减少 x_3 的系数 0。

解：

(a)（原理 6.15）在最大化模型中，随着任意一个目标函数系数增加，最优值变得更优（增加）。因此，原理 6.16 中的上升斜率不变或者变大。

(b) 减少 c_3 的值后变为 $c_3 < -9$。（原理 6.15）在最大化模型中，最优值随着任意一个目标函数系数减少而变差（减少）。因此，原理 6.16 中的上升斜率不变或变小。

(c)（原理 6.15）在最小化模型中，最优值随着任意一个目标函数系数增加而变差（增加）。因此，原理 6.16 中的上升斜率不变或变小。

(d)（原理 6.15）在最小化模型中，最优值随着任意一个目标函数系数减少而变得更优（减少）。因此，原理 6.16 中的上升斜率不变或变大。

6.2.10 增添或删减变量的影响

我们需要考虑的最后一种灵敏度分析问题是增添或删减活动（在数学上的表达就是增添或删减决策变量）。例如，我们在瑞典钢铁生产模型（6-1）中，若考虑增加一种新的碎片原料，会有怎样的影响？如果删减碎片 4 这种原料，又会有怎样的影响？

增加生产活动即提供了新的选择，删减之则减少了一些可能性。因此，最优值变化的方向是显然的。

原理 6.17 在优化模型中添加生产活动（决策变量）会使得最优值不变或变优，而删减生产活动（决策变量）使得最优值不变或变差。

例 6-8 定性分析增删变量的影响
针对以下目标函数，分别判断在以下线性规划中增删变量所带来的影响。

(a) $\max 27y_1 - y_2 + 4y_3$

(b) $\min 33y_1 + 11y_2 + 39y_3$

解：我们应用原理 6.17。

(a) 在这个最大化 LP 问题中，增添一个变量只会让最优值不变或变好（高），而删减一个变量只会让最优值不变或变差。

(b) 在这个最小化 LP 问题中，增添一个变量只会让最优值不变或变低，而删减一个变量只会让最优值不变或变高。

6.3 线性规划模型系数灵敏度的定量分析：对偶模型

6.2 节中的所有 LP 灵敏度分析都只研究了最优值变化的方向，而不是具体的变化幅度大小。当然，了解 RHS 系数变化对最优值结果是有益还是不利具有重要的意义。但是，如果我们能够定量地衡量变化大小，我们就可以更透彻地理解 LP 问题。

我们知道，在运筹学中，计算具体数量的方法是将其表示为变量，建立一个描述它们之间相互联系的模型，之后解这个模型并获得各个变量对应的具体值。在这节以及 6.4 节，我们将沿用这种方法。更进一步而言，我们会定义新的灵敏度变量，并构造模型以满足对灵敏度定量分析的需求。

6.3.1 原始以及对偶模型的定义

如果一个模型是用来分析另一个模型的灵敏度的，那么我们就要先区分这两者哪个是原始模型，哪个是对偶模型。

定义 6.18 原始（primal）模型是最初为了达到研究目的给出的优化模型。

之前章节给出的所有线性规划都是原始模型。

定义 6.19 如果一个模型具有可以定量表示原始模型对系数变化的灵敏度的决策变量与约束条件，那么它就是该原始模型的**对偶**(dual)模型。

值得说明的是：我们需要求的对偶 LP 问题，其系数均来自于原始问题，且形式上与原问题形式"正交"。也就是说，原始问题约束条件对应对偶问题的决策变量，而对偶问题的约束条件对应原始问题的决策变量。在 6.7 节中我们可以看到，原始问题和对偶问题不仅在灵敏度问题上关联，更有一系列的奇妙的联系和对称结构。

6.3.2 对偶变量

在开始进一步探讨对偶模型之前，让我们先回顾图 6-3，它是瑞典钢铁模型中最优值随 RHS 系数变化的折线图。而对偶变量的值定量表示了这些曲线的斜率。

原理 6.20 每个原始问题的主约束都对应一个**对偶变量**(dual variable)。该对偶变量的值对应这一主约束 RHS 系数每增加一个单位，原始问题最优值的变化量。

我们通常将原始问题第 i 个主约束的对偶变量记为 v_i。

原始约束(6-2)的 RHS 是 75。图 6-3a 描绘了最优值的变化率，由此我们可以知道对应这个生产材料可用量的约束的对偶变量值是 -3.38 克朗/千克。

当然，我们更希望知道所有 RHS 系数对最优值影响的斜率，在图 6-3a 中我们有：

$$
\begin{array}{ccccc}
+\infty & 在 & -\infty & 和 & 0 & 之间 \\
-4.98 & 在 & 0 & 和 & 60.42 & 之间 \\
-3.38 & 在 & 60.42 & 和 & 83.33 & 之间 \\
0 & 在 & 83.33 & 和 & +\infty & 之间
\end{array}
$$

但是，为了得到这些折线图，需要解数个 LP 问题。

对偶问题只是对原始问题的附带分析，而原始问题才是我们真正的研究兴趣所在，因此定义 6.20 采用了一个更有可操作性的标准。任何一个 LP 问题对偶变量的最优值，仅等于在原始问题给定的 RHS 系数条件下，该 RHS 系数单位变化对最优值的影响大小。例如，在图 6-3 中，只能得到在 RHS=75 时最优值变化的斜率，为 -3.38。

当 RHS 值恰好落在折线图中两条线段转折点上时，这个定义就变得不那么清晰了。例如，如果在图 6-3a 中给定的 RHS 值为 83.33，那么对应的对偶变量值有可能是 -3.38 或 0.00(或之间的任何一个数)。前者是 83.33 这点左侧的斜率，后者是该点右侧的斜率。在 83.33 这点，斜率的定义是模糊的。

例 6-9 理解对偶变量

参照图 6-3b 最小铬含量约束(6-3)的灵敏度折线图。

(a) 对应的最优对偶变量的值是多少？

(b) 如果约束的 RHS 是 7.0 会怎样？

(c) 如果约束的 RHS 是 9.0 会怎样？

解：

(a) 由定义 6.20，对应最小铬含量约束的对偶变量值应该等于 RHS=10.0 时灵敏度曲线的斜率。也就是说，对偶变量的值为 36.73 克朗/千克。

(b) 在 RHS＝7.0 处，对应的对偶变量和变化率是 8.57 克朗/千克。

(c) 在 RHS＝9.0 处，对应的对偶变量值有歧义。由该算法算出的值可能是该点左侧线段的斜率 8.57 或右侧的 36.73。

6.3.3　对偶变量类型

我们希望给对偶变量加以一定的限制和条件，以使对偶变量能提供有效的灵敏度信息。定性的原理 6.9 和原理 6.10 讨论了约束条件不等式 RHS 变化的方向对最优目标值的影响。例如，最小化模型中带≤约束的 RHS 增大，会使约束放松，因而最优值不变或减小，对应的 $v≤0$。

原理 6.21　在线性规划中第 i 个约束的对偶变量有以下类型：

原始模型	i 的方向是≤	i 的方向是≥	i 的方向是＝
最小化目标	$v_i≤0$	$v_i≥0$	无约束
最大化目标	$v_i≥0$	$v_i≤0$	无约束

注意，原理 6.21 特别说明了含＝的约束所对应的对偶变量是没有符号限制的。因为等号约束可以等价地写为两个分别含≤和≥的约束(原理 6.5)，因此对应的对偶变量值可正可负。

6.3.4　再读双原油模型案例

让我们来看一个容易理解的例子，回到我们熟悉的 2.1 节中的原油提炼模型。原始线性规划是：

$$\begin{aligned}
\min \quad & 100x_1 + 75x_2 \\
\text{s.t.} \quad & 0.3x_1 + 0.4x_2 \geq 2 & :v_1(原油需求) \\
& 0.4x_1 + 0.2x_2 \geq 1.5 & :v_2(燃油需求) \\
& 0.2x_1 + 0.3x_2 \geq 0.5 & :v_3(润滑油需求) \\
& 1x_1 \qquad\quad \leq 9 & :v_4(沙特阿拉伯供给限制) \\
& \qquad\quad 1x_2 \leq 6 & :v_5(委内瑞拉供给限制) \\
& x_1, x_2 \qquad\quad \geq 0
\end{aligned}$$

(6-4)

上式有原始最优解 $x_1^*=2$，$x_2^*=3.5$，最优值是 92.5。

注意到每个主约束中都对应着一个对偶变量。应用原理 6.21，双原油模型的 5 个对偶变量的符号限制约束是：

$$v_1 \geq 0, \quad v_2 \geq 0, \quad v_3 \geq 0, \quad v_4 \leq 0, \quad v_5 \leq 0 \quad (6\text{-}5)$$

在最小化问题中，增加 RHS 只会使最优成本增长或不变。增加的 RHS 只会使最优成本变低或不变。

例 6-10　选择对偶变量类型

对于以下各原始线性规划，判定所求对偶变量是否非负、非正或是 URS 类型。

(a)　min　$+5x_1+1x_2+4x_3+5x_4$

s. t.　$+1x_1+4x_2+2x_3\qquad = 36$　$:v_1$

$\qquad+3x_1+2x_2+8x_3+2x_4\leqslant 250$　$:v_2$

$\qquad-5x_1-2x_2+1x_3+1x_4\leqslant 7$　$:v_3$

$\qquad\qquad\qquad +1x_3+1x_4\geqslant 60$　$:v_4$

$\qquad x_1,x_2,x_3,x_4\qquad\qquad\geqslant 0$

(b)　max　$+13x_1+24x_2+5x_3+50x_4$

s. t.　$+1x_1+3x_2\qquad\qquad\geqslant 89$　$:v_1$

$\qquad\qquad\qquad +1x_3+5x_4\geqslant 60$　$:v_2$

$\qquad +10x_1+6x_2+8x_3+2x_4\leqslant 608$　$:v_3$

$\qquad\qquad +1x_2\qquad +1x_4= 28$　$:v_4$

$\qquad x_1,x_2,x_3,x_4\qquad\qquad\geqslant 0$

解：我们应用原理 6.21。

(a) v_1 URS，$v_2\leqslant 0$，$v_3\leqslant 0$，$v_4\geqslant 0$。

(b) $v_1\leqslant 0$，$v_2\leqslant 0$，$v_3\geqslant 0$，v_4 URS。

6.3.5　对偶变量隐含含义：资源边际价格

由于对偶变量告诉我们最优值随某个 RHS 系数单位变化而变化，因此也提供了一定意义下每个约束模型对应的资源的价格。更精确地说，对偶变量得到的值等于经济学家所称的边际价格。

原理 6.22　紧约束条件下的对偶变量给出了原始模型中对应的资源边际单位的隐含价格。

在双原油模型(6-4)中，第一个约束是汽油需求约束。变量 v_1（单位：千美元/千桶）告诉我们当 RHS=2 000 桶时汽油的边际隐含价格，也等价于在最优的运作方案中，最后这 1 000 桶的成本。类似地，变量 v_4 对应在当前 9 000 桶水平下沙特阿拉伯地区原油供给量边际变动的影响，也就是 1 000 桶额外的沙特原油的隐含价值。

例 6-11　理解对偶变量

回顾 5.1 节黄铜奖杯案例的应用模型(5-1)：

$$\max\quad 12x_1+9x_2\qquad\qquad （利润）$$

s. t.　$x_1\qquad\qquad\leqslant 1\,000$　$:v_1$（橄榄球）

$\qquad\qquad x_2\qquad\leqslant 1\,500$　$:v_2$（足球）

$\qquad x_1+\ x_2\leqslant 1\,750$　$:v_3$（名牌）

$\qquad 4x_1+2x_2\leqslant 4\,800$　$:v_4$（木材）

$\qquad x_1,x_2\qquad\geqslant 0$

给出以下 4 个对应的对偶变量的经济学理解，并判定其符号和单位。

解： 应用原理 6.22，v_1 是在当前 1 000 可获得水平下，橄榄球奖杯的边际价格或边际贡献，等价于我们对增加 1 单位要付出的代价。由原理 6.21，$v_1 \geqslant 0$，且单位是美元/橄榄球奖杯。类似地，$v_2 \geqslant 0$ 是在当前 1 500（单位：美元/足球奖杯）可利用性水平下足球奖杯的边际价值。$v_3 \geqslant 0$ 是在当前 1 750（单位：美元/名牌）可利用性水平下名牌的边际价值。而 $v_4 \geqslant 0$ 是在当前 4 800（单位：美元/平方英尺）可利用性水平下木材的边际价值。

6.3.6 从资源生产和消费视角看生产活动的隐含价格

任何与决策变量直接相关的生产活动，既可能消费对应的资源，同时也可能生产出相应约束条件对应的资源（回顾图 6-1）。我们知道生产活动对应的约束条件的非零系数可以被理解为单位生产活动消费或生产的资源量（原理 6.8）。

系数与对应资源的隐含价格 v_i 乘积之和，就是（最小化问题中的）隐含边际价格，或（最大化问题中）整个生产活动产生的价值。

原理 6.23 （最小化问题的）隐含边际价格或（最大化问题中）由对偶变量表示的单位 LP 活动（原始变量）的价格是 $\sum_i a_{i,j} v_i$，其中 $a_{i,j}$ 代表活动 j 在约束 i 左边的系数。

在双原油案例中，$j = 2$ 对应的是委内瑞拉的生产活动。已知原料价格 $v_1, \cdots, v_5$，每单位委内瑞拉原油生产活动隐含价值为：

$$\sum_{i=1}^{5} a_{i,2} v_i = 0.4 v_1 + 0.2 v_2 + 0.3 v_3 + 1 v_5$$

注意到符号约束（6.5），前三项衡量其对满足需求约束的贡献，而最后一项则是减去可获得资源的消耗量（$v_5 \leqslant 0$）。

例 6-12 隐含价格

在例 6-11 中回顾的黄铜奖杯案例中，写出每一单位各生产活动的价格的表达式，并写出对表达式的理解。

解： 在黄铜奖杯案例中，x_1 对应生产橄榄球奖杯，x_2 对应生产足球奖杯。由原理 6.23，生产一个橄榄球奖杯的隐含价格或边际成本是相关商品的边际价值与 x_1 系数的乘积之和。也等于，

$$\sum_{i=1}^{4} a_{i,1} v_i = 1 v_1 + 1 v_3 + 4 v_4$$

该表达式仅仅是将做成一个橄榄球奖杯所需的一个橄榄球、一个铜片和 4 平方英尺木块的边际成本累加。类似地，生产一个足球奖杯的边际成本是：

$$\sum_{i=1}^{4} a_{i,2} v_i = 1 v_2 + 1 v_3 + 2 v_4$$

6.3.7 主对偶约束：生产活动价格

6.23 节中提到活动的单位隐含价值的概念，很自然地将我们引到了主对偶约束的讨论。如果对偶变量 v_j 真实反映了原始最优值对应的约束资源的隐含价格，那么所指活动

的价值一定与原始目标函数中的单位成本或利润相一致。

更具体地，在最小化成本问题中，如果将一个生产活动的定价高于它真实的系数值 c_j，那么就高估了它的价值。如果一个生产活动的隐含价值超过了最优情况下它的成本，那么应该更多地进行这项生产活动。但这样，最优解会被改进——但这与最优解定义矛盾。同样，在最大化利润情形下，我们不会将 v_i 的净值定为低于它实际利润 c_j。否则，会使得已有最优解被改进，而这是不被允许的。

原理 6.24 对于最小化线性规划中每个非负的活动变量 x_j，存在一个相应的主对偶约束 $\sum_i a_{i,j} v_i \leqslant c_j$，限制一个活动的净边际收益不超过既定的成本。在最大化问题中，在 $x_j \geqslant 0$ 情形下，主对偶约束 $\sum_i a_{i,j} v_i \geqslant c_j$ 限定了每种活动的净边际成本不少于既定利润。

再次用双原油模型来说明，由原理 6.24 我们得到了原始变量 x_1 和 x_2 的约束条件：

$$0.3v_1 + 0.4v_2 + 0.2v_3 + 1v_4 \leqslant 100$$
$$0.4v_1 + 0.2v_2 + 0.3v_3 + 1v_5 \leqslant 75$$

(6-6)

如果没有这些限制条件，加入让第一个不等式左边的值达到 105，那么 v_i 会告诉我们活动 $j=1$ 可以对最优值产生 105 000 美元的影响，却只产生 100 000 美元成本。如果我们要 v_i 蕴含我们假设的最优性，那么这样的交易是不应该有改进最优目标值作用的。

例 6-13 构造主对偶约束

在例 6-10 线性规划中构造主对偶约束并给出相应的解释。

解：我们应用原理 6.24。

（a）对于这个最小化模型，主对偶约束是：

$$+1v_1 + 3v_2 - 5v_3 \qquad \leqslant 5$$
$$+4v_1 + 2v_2 - 2v_3 \qquad \leqslant 1$$
$$+2v_1 + 8v_2 + 1v_3 + 1v_4 \leqslant 4$$
$$+2v_2 + 1v_3 + 1v_4 \leqslant 5$$

可以这样理解以上约束：在选择了最优的对偶变量情况下，任何活动的净边际利润不能高于已给目标函数的成本。

（b）对于这个最大化模型，主对偶约束是：

$$+1v_1 \qquad +10v_3 \qquad \geqslant 13$$
$$+3v_1 \qquad + 6v_3 + 1v_4 \geqslant 24$$
$$+1v_2 + 8v_3 \qquad \geqslant 5$$
$$+5v_2 + 2v_3 + 1v_4 \geqslant 50$$

可以这样理解以上约束：在选择了最优的对偶变量情况下，任何活动的净边际成本不能低于已给目标函数的收益。

6.3.8 原始和对偶问题的最优值相等关系

如果对偶变量对应于约束相关的资源价格，那么这些资源的供给和需求价值应当恰好与原始问题的最优值相等。

原理 6.25　*如果一个原始线性规划问题有最优解，那么它的最优值 $\sum_j c_j x_j^*$ 与其对偶问题在最优情况下所隐含的所有约束资源的总值 $\sum_i b_i v_i^*$ 相等。*

在双原油案例中，由约束条件 6.25 可知：
$$100x_1^* + 75x_2^* = 2v_1^* + 1.5v_2^* + 0.5v_3^* + 9v_4^* + 6v_6^*$$
所有约束的最优定价与当前限制值乘积之和应当等于原始问题最优目标函数值。

例 6-14　写出原始—对偶值等式

利用例 6-10 中的线性规划，分别写出符合原理 6.25 的最优值等式，并给出你的理解。

解：我们希望原始最优值恰恰等于所有约束资源的隐含最优值。

（a）对于最小化模型：
$$5x_1 + 1x_2 + 4x_3 + 5x_4 = 36v_1 + 250v_2 + 7v_3 + 60v_4$$

（b）对于最大化模型：
$$13x_1 + 24x_2 + 5x_3 + 50x_4 = 89v_1 + 60v_2 + 608v_3 + 28v_4$$

6.3.9　原始约束条件与对偶变量值的互补松弛特性

回顾之前学到的知识，如果一个不等式在给定解下，不等号左右两边值相等，那么这个不等式是起作用（积极）约束；反之为不起作用（非积极）约束。如果一个不等式在原始最优解中是不起作用的，那么 RHS 值的细微变动不会对最优值有任何影响；也就是说，这个约束是松的，并没有起到限制作用。因此，我们可以很快推导出对偶变量 v_i 的值。

原理 6.26　*如果在原始最优解情况下，一个约束是非积极约束，那么它对应的对偶变量 $v_i = 0$。*

等式总是起作用（积极）的，所以在等号条件下对应对偶变量的值不一定为 0。

原理 6.26 有一个非常厉害的名字——**互补松弛定理**（ primal complementary slackness）。它说明了在原始问题最优情况下，原始问题的不等式约束和对应的对偶变量符号约束（$v_i \geqslant 0$ 或 $v_i \leqslant 0$）中至多只有一个是不起作用的。为了用双原油案例做一个展示，我们首先把原始最优解代入看一看哪些不等式约束是起作用的。

$$+0.3(2) + 0.4(3.5) \qquad = 2.0(积极)$$
$$+0.4(2) + 0.2(3.5) \qquad = 1.5(积极)$$
$$+0.2(2) + 0.3(3.5) = 1.45 > 0.5(非积极)$$
$$+1(2) \qquad\qquad = 2 \quad < 9 \quad (非积极)$$
$$+1(3.5) \ = 3.5 < 6 \quad (非积极)$$

最后三个不等式是不起作用的。因此，这三个不等式 RHS 发生小的变动时不会影响最优解以及最优值。由原理 6.26 可知，相应的对偶变量值 = 0。

例 6-15 写出互补松弛条件

写出例 6-10 中线性规划的互补松弛条件，并给出你的理解。

解：我们应用原理 6.26。

（a）这个最小化模型的互补松弛条件为：

$$+3x_1 + 2x_2 + 8x_3 + 2x_4 = 250 \quad 或 \quad v_2 = 0$$
$$-5x_1 - 2x_2 + 1x_3 + 1x_4 = 7 \quad 或 \quad v_3 = 0$$
$$+1x_3 + 1x_4 = 60 \quad 或 \quad v_4 = 0$$

以上各式具体说明了仅当约束条件为起作用约束时，RHS 系数才可以影响最优值。对于约束 1，因为它总是起作用约束，因此没有相应的互补松弛条件。

（b）这个最大化模型的互补松弛条件为：

$$+1x_1 + 3x_2 = 89 \quad 或 \quad v_1 = 0$$
$$+1x_3 + 5x_4 = 60 \quad 或 \quad v_2 = 0$$
$$+10x_1 + 6x_2 + 8x_3 + 2x_4 = 608 \quad 或 \quad v_3 = 0$$

以上各式同样说明了仅当约束条件为起作用约束时，RHS 系数才可以影响最优值。对于约束 4，因为它总是起作用约束，因此没有相应的互补松弛条件。

6.3.10 对偶约束条件和原始变量的对偶互补松弛特性

约束 6.24 在最小化问题中使得生产活动的价值低于真实成本，而在最大化问题中高于真实利润。乍一看，貌似在最优情形下取更大的值显得更为合理（例如，让该生产活动的价格恰好等于对应的 c_j）。

但是，当我们遇到更普遍的情形，也就是说我们的原始变量比主约束条件多时，要达到上述要求就会遇到数学上具体操作的困难。也就是说，在 $i < j$ 情况下，相对较少的 v_i 要满足相对过多的 j 个约束：

$$\sum_i a_{i,j} v_i = c_j$$

更重要的是，我们希望对偶变量能反映最优情况下的资源价格。最优解中仅有的非负原始变量满足最优值 $x_j^* > 0$。于是，我们将最优值的搜索限定到一个更小的范围内，而这些限制条件是对偶互补松弛条件。

原理 6.27 如果一个原始变量最优值不为 0，那么对应的对偶价格必须使得对应的对偶约束 6.24 是起作用约束；如果对偶价格 v_i 使得对应的对偶约束 6.24 是不起作用约束，那么对应原始变量最优值为 $0(x_j = 0)$。

这里，原始变量的非负约束 $x_j \geqslant 0$ 和 6.24 中对应的对偶不等式存在对偶性。

例如，在最优情形下，双原油模型的最优解中两个原始变量都取正值。根据原理 6.27，对偶变量值 v_i 一定使得(6-6)中两个约束条件都为积极约束。

例 6-16 写对偶互补松弛表达式

写出例 6-10 中线性规划的对偶互补松弛表达式，并给出你的理解。

解：我们将原理 6.27 应用于例 6-13 中的主对偶约束条件。

（a）在这最小化情形模型中，对偶互补松弛条件为：

$$x_1 = 0 \quad \text{或} \quad 1v_1 + 3v_2 - 5v_3 = 5$$

$$x_2 = 0 \quad \text{或} \quad 4v_1 + 2v_2 - 2v_3 = 1$$

$$x_3 = 0 \quad \text{或} \quad 2v_1 + 8v_2 + 1v_3 + 1v_4 = 4$$

$$x_4 = 0 \quad \text{或} \quad 2v_2 + 1v_3 + 1v_4 = 5$$

可以理解为：边际资源价格必须使得最优解中每种活动的隐含价值等于该活动的成本。

（b）在这最小化情形模型中，对偶互补松弛条件为：

$$x_1 = 0 \quad \text{或} \quad 1v_1 + 10v_3 = 13$$

$$x_2 = 0 \quad \text{或} \quad 3v_1 + 6v_3 + 1v_4 = 24$$

$$x_3 = 0 \quad \text{或} \quad 1v_2 + 8v_3 = 5$$

$$x_4 = 0 \quad \text{或} \quad 5v_2 + 2v_3 + 1v_4 = 50$$

可以理解为：边际资源价格必须使得最优解中每种活动的隐含成本等于该活动的收益。

6.4 构造线性规划的对偶问题

有趣的是，在线性规划中，6.3 节中所有关于灵敏度分析的要求通常都能被满足。不仅如此，作为求原始问题最优解的副产物，对偶问题的求解只需极少的计算量。

这有趣结果背后的原理非常简单：我们认为对偶变量是与原始问题一样的新对偶线性规划的决策变量，解这个对偶问题的过程就是优化对偶问题。在这一节中，我们会展示如何构造对偶问题，在下一节中，我们会验证 6.3 节中原始问题与对偶问题的关系并进一步讨论。和往常一样，x_j 总是作为第 j 个原始变量的符号，而 c_j 是目标函数系数，$a_{i,j}$ 是第 i 个约束条件的系数；v_i 是第 i 个约束条件的对偶变量，b_i 是不等号右端系数。

6.4.1 非负原始变量的对偶形式

为了构造原始变量为非负情况下的对偶形式，我们需要优化对应主对偶约束（6.24）的总资源价值 $\sum_i b_i v_i$ 以及 6.3 节中有所涉及的变量类型约束。

可以用以下简洁的矩阵形式表示（见原理 6.28）。

原理 6.28 当最小化原始 LP 问题的变量满足 $\mathbf{x} \geqslant 0$ 条件时，以 $\mathbf{v}$ 表示其变量的对偶问题如下：

$$\min \quad \mathbf{c} \cdot \mathbf{x} \qquad \min \quad \mathbf{b} \cdot \mathbf{v}$$

$$\text{s.t.} \quad \mathbf{Ax} \begin{Bmatrix} \leqslant \\ \geqslant \\ = \end{Bmatrix} \mathbf{b} \qquad \text{s.t.} \quad \mathbf{A}^{\mathrm{T}}\mathbf{v} \leqslant \mathbf{c}$$

$$\mathbf{x} \geqslant \mathbf{0} \qquad \mathbf{v} \begin{Bmatrix} \leqslant \mathbf{0} \\ \geqslant \mathbf{0} \\ \mathrm{URS} \end{Bmatrix}$$

其中，对偶变量的符号根据原始问题主约束形式确定。

原理 6.29 当最大化原始 LP 问题的变量满足 $\mathbf{x} \geqslant \mathbf{0}$ 条件时，以 $\mathbf{v}$ 表示其变量的对偶问题如下：

$$\max \quad \mathbf{c} \cdot \mathbf{v} \qquad \min \quad \mathbf{b} \cdot \mathbf{v}$$

$$\text{s. t.} \quad \mathbf{Ax} \begin{Bmatrix} \leqslant \\ \geqslant \\ = \end{Bmatrix} \mathbf{b} \qquad \text{s. t.} \quad \mathbf{A}^T \mathbf{v} \geqslant \mathbf{c}$$

$$\mathbf{x} \geqslant \mathbf{0} \qquad\qquad \mathbf{v} \begin{Bmatrix} \geqslant \mathbf{0} \\ \leqslant \mathbf{0} \\ \text{URS} \end{Bmatrix}$$

其中，对偶变量的符号根据原始问题主约束形式确定。

我们熟悉的双原油模型(6-4)就是一个具体的例子。最小化原始模型的对偶问题是：

$$\max \quad 2v_1 + 1.5v_2 + 0.5v_3 + 9v_4 + 6v_5$$

$$\text{s. t.} \quad 0.3v_1 + 0.4v_2 + 0.2v_3 + 1v_4 \leqslant 100$$

$$0.4v_1 + 0.2v_2 + 0.3v_3 + 1v_5 \leqslant 75$$

$$v_1, v_2, v_3 \qquad\qquad\qquad \geqslant 0$$

$$v_4, v_5 \qquad\qquad\qquad\qquad \leqslant 0 \qquad\qquad (6\text{-}7)$$

一个最优解是 $v_1^* = 100$，$v_2^* = 175$，$v_3^* = v_4^* = v_5^* = 0$，相应的对偶目标函数值是 462.5。

例 6-17 写出决策变量非负的原问题对应的对偶问题

写出以下原始线性规划对应的对偶问题。

(a) $\min \quad +30x_1 + 5x_3$

$$\text{s. t.} \quad +1x_1 - 1x_2 + 1x_3 \geqslant 1 \qquad : v_1$$

$$+3x_1 + 1x_2 \qquad = 4 \qquad : v_2$$

$$+4x_1 + 1x_3 \leqslant 10 \qquad : v_3$$

$$x_1, x_2, x_3 \qquad\qquad \leqslant 0$$

(b) $\max \quad +10x_1 + 9x_2 - 6x_3$

$$\text{s. t.} \quad +2x_1 + 1x_2 \qquad \geqslant 3 \qquad : v_1$$

$$+5x_1 + 3x_2 - 1x_3 \leqslant 15 \qquad : v_2$$

$$+1x_2 + 1x_3 = 1 \qquad : v_3$$

$$x_1, x_2, x_3 \qquad\qquad \geqslant 0$$

解：

(a) 由原理 6.28 知，该最小化模型的对偶问题是一个最大化模型，其目标函数

$$\max \quad +1v_1 + 4v_2 + 10v_3$$

根据原始问题 RHS 得到。而约束条件包括每个原始变量对应的主约束(原理 6.24)以及由表 6-21 所示的变量类型约束。具体地有：

$$\text{s.t.} \quad +1v_1 + 3v_2 \qquad \leqslant 30$$
$$-1v_1 + 1v_2 + 4v_3 \leqslant 0$$
$$+1v_1 \qquad + 1v_3 \leqslant 5$$
$$v_1 \geqslant 0, v_2 \text{ URS}, v_3 \leqslant 0$$

（b）由原理 6.29 知，该最大化模型的对偶问题是一个最小化模型，其目标函数
$$\min \quad +3v_1 + 15v_2 + 1v_3$$
根据原始问题 RHS 得到。而约束条件包括每个原始变量对应的主约束（原理 6.24）以及由表 6-21 所示的变量类型约束。具体地有：

$$\text{s.t.} \quad +2v_1 + 5v_2 \qquad \geqslant 10$$
$$+1v_1 + 3v_2 + 1v_3 \geqslant 9$$
$$-1v_2 + 1v_3 \geqslant -6$$
$$v_1 \leqslant 0, v_2 \geqslant 0, v_3 \text{ URS}$$

6.4.2 变量非正以及符号任意的原始 LP 模型对应的对偶问题

到现在，我们得到的对偶结果都基于原始变量非负的假设。至此，原始线性规划模型的对偶问题已经基本上解决了，因为绝大多数 LP 问题都只有非负变量。但是，为了使得原问题和对偶问题符合完整的对称性原则，这两者应该都可以有非正、非负和无约束变量。

表 6-1 是一个完整的概括。我们可以注意到精妙的对称性。

表 6-1 原始和对偶线性规划中相对应的元素

	原始元素	对应对偶元素
	目标函数 $\max \sum_j c_j x_j$	目标函数 $\min \sum_i b_i v_i$
	约束条件 $\sum_j a_{i_j} x_j \geqslant b_i$	变量 $v_i \leqslant 0$
	约束条件 $\sum_j a_{i_j} x_j = b_i$	变量 v_i 无约束
最大化形式	约束条件 $\sum_j a_{i_j} x_j \leqslant b_i$	变量 $v_i \geqslant 0$
	变量 $x_j \geqslant 0$	约束条件 $\sum_i a_{i,j} v_j \geqslant c_j$
	变量 x_j URS	约束条件 $\sum_i a_{i,j} v_j = c_j$
	变量 $x_j \leqslant 0$	约束条件 $\sum_i a_{i,j} v_j \leqslant c_j$
	目标函数 $\min \sum_j c_j x_j$	目标函数 $\max \sum_i b_i v_i$
	约束条件 $\sum_j a_{i,j} x_j \geqslant b_i$	变量 $v_i \geqslant 0$
	约束条件 $\sum_j a_{i,j} x_j = b_i$	变量 v_i 无约束
最小化形式	约束条件 $\sum_j a_{i,j} x_j \leqslant b_i$	变量 $v_i \leqslant 0$
	变量 $x_j \geqslant 0$	约束条件 $\sum_j a_{i,j} v_i \leqslant c_j$
	变量 x_j URS	约束条件 $\sum_j a_{i,j} v_i = c_j$
	变量 $x_j \leqslant 0$	约束条件 $\sum_j a_{i,j} v_i \geqslant c_j$

- 最小化初始问题对应于最大化对偶问题，反之亦然。
- 原始或对偶问题的目标函数系数变成对偶问题或原始问题的 RHS 系数，而原始或对偶问题的 RHS 系数变成对偶问题或原始问题的目标函数系数。
- 对于每一个原始约束都有一个相应的对偶变量，每一个原始变量也对应一个对偶约束。
- 原始或对偶问题的主约束形式决定相应对偶变量的类型约束。

例 6-18 构造任意 LP 问题的对偶问题

构造以下线性规划的对偶问题。

(a) max $+6x_1 - 1x_2 + 13x_3$

　　 s. t. $+3x_1 + 1x_2 + 2x_3 = 7$

　　　　　　$+5x_1 - 1x_2 \qquad \leqslant 6$

　　　　　　$\qquad +1x_2 + 1x_3 \quad \geqslant 2$

　　　　　　$+x_1 \geqslant 0, x_2 \leqslant 0$

(b) min $+7x_1 + 44x_3$

　　 s. t. $-2x_1 - 4x_2 + 1x_3 \leqslant 15$

　　　　　　$+1x_1 + 4x_2 \qquad \geqslant 5$

　　　　　　$+5x_1 - 1x_2 + 3x_3 = -11$

　　　　　　$x_1 \leqslant 0, x_3 \geqslant 0$

解：

(a) 对偶变量 v_1，v_2，v_3 的类型对应于三个主约束条件，我们根据表 6-1 中的"最大化形式"，能得到以下对偶问题：

　　　　　　min $+7v_1 + 6v_2 + 2v_3$

　　　　　　s. t. $+3v_1 + 5v_2 \qquad \geqslant 6$

　　　　　　　　　　$+1v_1 - 1v_2 + 1v_3 \leqslant -1$

　　　　　　　　　　$+2v_1 \qquad + 1v_3 = 13$

　　　　　　　　　$v_1 \text{URS}, v_2 \geqslant 0, v_3 \leqslant 0$

其中，没有约束的变量 x_3 使得对应的对偶约束是等式。

(b) 对偶变量 v_1，v_2，v_3 的类型对应于三个主约束条件，我们根据表 6-1 的"最小化形式"，能得到以下对偶问题：

　　　　　　max $+15v_1 + 5v_2 - 11v_3$

　　　　　　s. t. $-2v_1 + 1v_2 + 5v_3 \geqslant 7$

　　　　　　　　　　$-4v_1 + 4v_2 - 1v_3 = 0$

　　　　　　　　　　$+1v_1 \qquad + 3v_3 \leqslant 44$

　　　　　　　　　$v_1 \leqslant 0, v_2 \geqslant 0, v_3 \text{URS}$

同样，没有约束的变量 x_2 使得对应的对偶约束是等式。

6.4.3 对偶问题的对偶问题是原问题

根据表 6-1 所示的全对称性，我们可以进一步展示原始问题和对偶问题的最终形式。让我们回顾双原油模型的对偶问题(6-7)，并假设这是我们当前所讨论的原始问题：

　　　　　　max $2x_1 + 1.5x_2 + 0.5x_3 + 9x_4 + 6x_5$

　　　　　　s. t. $0.3x_1 + 0.4x_2 + 0.2x_3 + 1x_4 \leqslant 100$

　　　　　　　　　　$0.4x_1 + 0.2x_2 + 0.3x_3 + 1x_5 \leqslant 75$

　　　　　　　　　　$x_1, x_2, x_3 \qquad\qquad\qquad\qquad \geqslant 0$

　　　　　　　　　　$x_4, x_5 \qquad\qquad\qquad\qquad \leqslant 0$

与所有线性规划问题一样，这个原始问题一定对应有一个对偶问题。由表 6-1，我们
得到：

$$
\begin{aligned}
\min \quad & +100v_1 + 75v_2 \\
\text{s. t.} \quad & +0.3v_1 + 0.4v_2 \geqslant 2 \\
& +0.4v_1 + 0.2v_2 \geqslant 1.5 \\
& +0.2v_1 + 0.3v_2 \geqslant 0.5 \\
& +\ 1v_1 \qquad\quad \leqslant 9 \\
& \qquad\quad +\ 1v_2 < 6 \\
& v_1, v_2 \qquad\quad \geqslant 0
\end{aligned}
$$

除去变量名称的差异，这个对偶形式和最初的原始问题(6-4)完全相同。而这样的结
果总是成立的。

原理 6.30　一个 LP 的对偶问题的对偶是 LP 自身。

例 6-19　构造对偶问题的对偶问题

说明在例 6-18 的(a)部分里线性规划对偶问题的对偶是自身。

解：将 w_1，w_2，w_3 设为对应于例 6-18(a)部分中三个主约束条件的对偶变量，题目
中对偶问题的对偶问题是：

$$
\begin{aligned}
\max \quad & +6w_1 - 1w_2 + 13w_3 \\
\text{s. t.} \quad & +3w_1 + 1w_2 + 2w_3 = 7 \\
& +5w_1 - 1w_2 \qquad\quad \leqslant 6 \\
& \qquad\quad +1w_2 + 1w_3 \geqslant 2 \\
& w_1 \geqslant 0, w_2 \leqslant 0
\end{aligned}
$$

与原理 6.30 描述相同，所得结果即为原始问题(仅仅变量符号不同)。

6.5　计算机输出结果与单个参数变化的影响

我们已经学习了所有可以用于灵敏度定量分析的原理机制。现在，我们可以将这些
原理应用到实际的分析当中。

6.5.1　CFPL 案例的原始问题和对偶问题

我们用 4.3 节中胶合板厂家计划生产运营的 CFPL 模型作为例子。表 6-2 展示了原
始问题全部的决策变量。

表 6-2　CFPL 应用问题原始模型

最大化：
(原木成本)
$-340w_{G,1,1/16} - 190w_{F,1,1/16} - 490w_{G,2,1/16} - 140w_{F,2,1>16}$
$-340w_{G,1,1/8} - 190w_{F,1,1/8} - 490w_{G,2,1/8} - 140w_{F,2,1/8}$

（续）

（湿单板成本）

$-1.00x_{1/16,A}-0.30x_{1/16,B}-0.10x_{1/16,C}-2.20x_{1/8,A}-0.60x_{1/8,B}-0.20x_{1/8,C}$（已完成的胶合板销售情况）

$+45z_{1/4,A,B}+40z_{1/4,A,C}+33z_{1/4,B,C}+75z_{1/2,A,B}+65z_{1/2,A,C}+50z_{1/2,B,C}$

以使下列条件满足：

（圆木可获得量）

$w_{G,1,1/16}+w_{G,1,1/8}$	$\leqslant 200$	v_1
$w_{F,1,1/16}+w_{F,1,1/8}$	$\leqslant 300$	v_2
$w_{G,2,1/16}+w_{G,2,1/8}$	$\leqslant 100$	v_3

（湿单板的可购买量）

$w_{F,2,1/16}+w_{F,2,1/8}$	$\leqslant 1\,000$	v_4
$x_{1/16,A}$	$\leqslant 5\,000$	v_5
$x_{1/16,B}$	$\leqslant 25\,000$	v_6
$x_{1/16,C}$	$\leqslant 40\,000$	v_7
$x_{1/8,A}$	$\leqslant 10\,000$	v_8
$x_{1/8,B}$	$\leqslant 40\,000$	v_9
$x_{1/8,C}$	$\leqslant 50\,000$	v_{10}

（胶合板的市场限制）

$z_{1/4,A,B}$	$\leqslant 1\,000$	v_{11}
$z_{1/4,A,C}$	$\leqslant 4\,000$	v_{12}
$z_{1/4,B,C}$	$\leqslant 8\,000$	v_{13}
$z_{1/2,A,B}$	$\leqslant 1\,000$	v_{14}
$z_{1/2,A,C}$	$\leqslant 5\,000$	v_{15}
$z_{1/2,B,C}$	$\leqslant 8\,000$	v_{16}

（胶合板压制能力限制）

$0.25z_{1/4,A,B}+0.25z_{1/4,A,C}+0.25z_{1/4,B,C}+0.40z_{1/2,A,B}+0.40z_{1/2,A,C}$	$\leqslant 4\,500$	v_{17}
$+0.40z_{1/2,B,C}$		

（湿单板平衡条件）

$400w_{G,1,1/16}+200w_{F,1,1/16}+400w_{G,2,1/16}+200w_{F,2,1/16}+x_{1/16,A}$	$\geqslant 0$	v_{18}
$-35y_{1/16,A,A}-35y_{1/16,A,B}$		
$700w_{G,1,1/16}+500w_{F,1,1/16}+700w_{G,2,1/16}+500w_{F,2,1/16}+x_{1/16,B}$	$\geqslant 0$	v_{19}
$-35y_{1/16,B,A}-35y_{1/16,B,B}+35y_{1/16,B,C}$		
$900w_{G,1,1/16}+1300w_{F,1,1/16}+900w_{G,2,1/16}+1300w_{F,2,1/16}+x_{1/16,C}$	$\geqslant 0$	v_{20}
$-35y_{1/16,C,B}-35y_{1/16,C,C}$		
$200w_{G,1,1/8}+100w_{F,1,1/8}+200w_{G,2,1/8}+100w_{F,2,1/8}+x_{1/8,A}$	$\geqslant 0$	v_{21}
$-35y_{1/8,A,A}-35y_{1/8,A,B}$		
$350w_{G,1,1/8}+250w_{F,1,1/8}+350w_{G,2,1/8}+250w_{F,2,1/8}+x_{1/8,B}$	$\geqslant 0$	v_{22}
$-35y_{1/8,B,A}-35y_{1/8,B,B}-35y_{1/8,B,C}$		
$450w_{G,1,1/8}+650w_{F,1,1/8}+450w_{G,2,1/8}+650w_{F,2,1/8}+x_{1/8,C}$	$\geqslant 0$	v_{23}
$-35y_{1/8,C,B}-35y_{1/8,C,C}$		

（已完成的湿单板平衡）

$y_{1/16,A,B}+y_{1/16,B,A}-z_{1/4,A,B}-z_{1/4,A,C}-z_{1/2,A,B}-z_{1/2,A,C}$	$=0$	v_{24}
$y_{1/16,A,B}+y_{1/16,B,B}+z_{1/16,C,B}-z_{1/4,A,B}-z_{1/4,B,C}-z_{1/2,A,B}-z_{1/2,B,C}$	$=0$	v_{25}
$y_{1/16,B,C}+y_{1/16,C,C}-z_{1/4,A,C}-z_{1/4,B,C}-z_{1/2,A,C}-z_{1/2,B,C}$	$=0$	v_{26}
$y_{1/8,A,B}+y_{1/8,B,B}+z_{1/8,C,B}-z_{1/2,A,B}-z_{1/2,A,C}-z_{1/2,B,C}$	$=0$	v_{27}
$y_{1/8,B,C}+y_{1/8,C,C}-z_{1/4,A,B}-z_{1/4,A,C}-z_{1/4,B,C}+2z_{1/2,A,B}$	$=0$	v_{28}
$+2z_{1/2,A,C}+2z_{1/2,B,C}$		

（非负性）

所有变量$\geqslant 0$

$w_{q,v,t} \triangleq$ 每月从卖方 v 购得,质量为 q,被剥成厚度为 t 的绿色木板的数量

$x_{t,g} \triangleq$ 每月等级为 g,厚度为 t 的绿色木板的平方数

$y_{t,g,g'} \triangleq$ 每月原始等级为 g,经木片干燥和处理后压制并销售的等级为 g',厚度为 t 的木板数量

$z_{t,g,g'} \triangleq$ 每月压制并销售的正面等级为 g,背面等级为 g',厚度为 t 的胶合板数量

对于每一个约束条件,都对应有一个变量 v_i。最优解为每月 484 879 美元。

表 6-3 所示为该问题对应的对偶问题。它的推导中有几点需要提出加以重视。

表 6-3 CFPL 对偶问题

最小化:

$200v_1 + 300v_2 + 100v_3 + 1\,000v_4 + 5\,000v_5 + 25\,000v_6$
$+ 40\,000v_7 + 10\,000v_8 + 40\,000v_9 + 50\,000v_{10} + 1\,000v_{11} + 4\,000v_{12}$
$+ 8\,000v_{13} + 1\,000v_{14} + 5\,000v_{15} + 8\,000v_{16} + 4\,500v_{17}$

以使下列条件满足:

(w 变量列)

$v_1 + 400v_{18} + 700v_{19} + 900v_{20}$	$\geqslant -340$
$v_2 + 200v_{18} + 500v_{19} + 1\,300v_{20}$	$\geqslant -190$
$v_3 + 400v_{18} + 700v_{19} + 900v_{20}$	$\geqslant -490$
$v_4 + 200v_{18} + 500v_{19} + 1\,300v_{20}$	$\geqslant -140$
$v_1 + 200v_{21} + 350v_{22} + 450v_{23}$	$\geqslant -340$
$v_2 + 100v_{21} + 250v_{22} + 650v_{23}$	$\geqslant -190$
$v_3 + 200v_{21} + 350v_{22} + 450v_{23}$	$\geqslant -490$
$v_4 + 100v_{21} + 250v_{22} + 650v_{23}$	$\geqslant -140$

(x 变量列)

$v_5 + v_{18}$	$\geqslant -1.00$
$v_6 + v_{19}$	$\geqslant -0.30$
$v_7 + v_{20}$	$\geqslant -0.10$
$v_8 + v_{21}$	$\geqslant -2.2$
$v_9 + v_{22}$	$\geqslant -0.60$
$v_{10} + v_{23}$	$\geqslant -0.20$

(y 变量列)

$v_{24} - 35v_{18}$	$\geqslant 0$
$v_{24} - 35v_{19}$	$\geqslant 0$
$v_{25} - 35v_{18}$	$\geqslant 0$
$v_{25} - 35v_{19}$	$\geqslant 0$
$v_{25} - 35v_{20}$	$\geqslant 0$
$v_{26} - 35v_{19}$	$\geqslant 0$
$v_{26} - 35v_{20}$	$\geqslant 0$
$v_{27} - 35v_{21}$	$\geqslant 0$
$v_{27} - 35v_{22}$	$\geqslant 0$
$v_{27} - 35v_{23}$	$\geqslant 0$
$v_{28} - 35v_{22}$	$\geqslant 0$
$v_{28} - 35v_{23}$	$\geqslant 0$

(z 变量列)

$v_{11} + 0.25v_{17} - v_{24} - v_{25} - v_{28}$	$\geqslant 45$
$v_{12} + 0.25v_{17} - v_{24} - v_{26} - v_{28}$	$\geqslant 40$
$v_{13} + 0.25v_{17} - v_{25} - v_{26} - v_{28}$	$\geqslant 33$
$v_{14} + 0.40v_{17} - v_{24} - v_{25} - v_{27} - 2v_{28}$	$\geqslant 75$
$v_{15} + 0.40v_{17} - v_{24} - v_{26} - v_{27} - 2v_{28}$	$\geqslant 65$
$v_{16} + 0.40v_{17} - v_{25} - v_{26} - v_{27} - 2v_{28}$	$\geqslant 50$

（续）

（符号限制）
v_1，v_2，$\cdots$，$v_{17} \geqslant 0$
v_{18}，v_{19}，$\cdots$，$v_{23} \leqslant 0$
v_{24}，v_{25}，$\cdots$，v_{28}无限制

对偶问题是最小化是因为原问题是最大化。目标函数系数直接由原始问题 RHS 得到。

32 个原始变量各对应有一个主约束条件。因为所有原始变量都非负，所以所有的约束都是≥形式。对偶问题的 RHS 对应于原始目标方程中对应的变量系数。而不等式左侧的对偶变量则对应原始问题中含有非零系数原始变量的约束条件。

最前面的 17 个对偶变量都非负，是因为它们对应最大化原始问题中的≤型约束。紧接着的 6 个对偶变量非正，因为它们对应≥型的约束，而最后的 5 个对偶变量没有约束，因为它们对应＝型约束。

6.5.2　约束灵敏度输出结果

没有两个线性规划的代码完全相同，但它们都能输出原始问题的最优解、对应的对偶解以及相关的灵敏度信息。

Typ	约束条件为 L＝≤还是 G＝≥或是 E＝等式形式
Optimal Dual	约束条件对应的对偶变量的最优值
RHS Coef	约束条件不等式右端系数具体值
Slack	在原始最优情形下约束条件的松弛量
Lower Range	在最优对偶解不变情形下 RHS 的最小值
Upper Range	在最优对偶解不变情形下 RHS 的最大值

如下所示是表 2-3 中用 AMPL 编码的双原油例子模型的优化版本，其展示了在该建模语言下如何运用 CPLEX 进行解算。在 solve 语句参照主约束条件并编好以上 AMPL 后缀后，仅仅需要添加显示结果的命令。

```
var x1 >= 0; # decision variables and types
var x2 >= 0;
minimize tcost: 100*x1+75*x2; # objective function
subject to # main constraints
gas:  0.3*x1+0.4*x2 >= 2.0;
jet:  0.4*x1+0.2*x2 >= 1.5;
lubr: 0.2*x1+0.3*x2 >= 0.5;
saudi: x1 <= 9;
venez: x2 <= 6;
option solver cplex; # choose and call solver
solve;
display cost,x1,x2; # report primal optimum
# added displays for constraint sensitivity
display gas.dual,gas.slack,gas.down,gas.current,gas.up;
display jet.dual,jet.slack,jet.down,jet.current,jet.up;
display lubr.dual,lubr.slack,lubr.down,lubr.current,lubr.up;
display saudi.dual,saudi.slack,saudi.down,saudi.current,saudi.up;
display venez.dual,venez.slack,venez.down,venez.current,venez.up;
```

表 6-4 展示了表 6-2 中更大型的含有 28 个约束条件的 CFPL 例子在 GAMS [①] 建模语言下相应的计算机输出结果。

表　6-4

Name	Typ	Optimal Dual	RHS Coef	Slack	Lower Range	Upper Range
c1	L	−0.000	200.000	158.727	41.273	+infin
c2	L	122.156	300.000	0.000	242.500	331.972
c3	L	−0.000	100.000	100.000	0.000	+infin
c4	L	172.156	1 000.000	0.000	942.500	1 031.972
c5	L	−0.000	5 000.000	5 000.000	0.000	+infin
c6	L	−0.000	25 000.000	25 000.000	0.000	+infin
c7	L	0.032	40 000.000	0.000	0.000	85 858.586
c8	L	−0.000	10 000.000	10 000.000	0.000	+infin
c9	L	−0.000	40 000.000	40 000.000	0.000	+infin
c10	L	0.112	50 000.000	0.000	0.000	81 971.831
c11	L	9.564	1 000.000	0.000	342.857	2 621.429
c12	L	4.564	4 000.000	0.000	3 342.857	5 621.429
c13	L	−0.000	8 000.000	3 644.156	4 355.844	+infin
c14	L	10.000	1 000.000	0.000	402.597	5402.597
c15	L	−0.000	5 000.000	597.403	4402.597	+infin
c16	L	−0.000	8 000.000	8 000.000	0.000	+infin
c17	L	51.418	4 500.000	0.000	4404.622	4 609.524
c18	G	−0.201	0.000	−0.000	−51 111.111	131 759.465
c19	G	−0.201	0.000	−0.000	−51 111.111	194 861.111
c20	G	−0.132	0.000	−0.000	−45 858.586	41 818.182
c21	G	−0.312	0.000	−0.000	−31 971.831	57 500.000
c22	G	−0.312	0.000	−0.000	−31 971.831	57 500.000
c23	G	−0.312	0.000	−0.000	−31 971.831	57 500.000
c24	E	−7.046	0.000	0.000	−1 460.317	5 567.460
c25	E	−4.610	0.000	0.000	−1 310.245	1 194.805
c26	E	−4.610	0.000	0.000	−1 310.245	1 194.805
c27	E	−10.925	0.000	0.000	−913.481	1 642.857
c28	E	−10.925	0.000	0.000	−913.481	1 642.857

从结果可以发现，松弛条件和对应的对偶值与原理 6.26 原始问题的互补松弛性相符合。只有当对应的约束条件不是紧约束时，对偶变量才为正。

6.5.3　不等号右端系数变化范围

接下来关于约束条件的两个话题和我们之前讨论的话题有所不同。为了对它们的含义有所了解，让我们回顾一下图 6-3。我们知道最优情形下的对偶变量值大小等于最优值与对应约束条件 RHS 关系曲线在最优解处的斜率。以 CFPL 输出为例，$v_2^* = 122.156$ 意味着在对应的圆木可利用性约束条件中 RHS=300 时，圆木可利用性每增加一单位，最优值增加 122.156 美元。

[①] A. Brooke，D. Kendrick，and A. Meeraus(1988)*GAMS：A User's Guide*，Scientific Press.

RHS范围问题研究的是，我们能在多大范围里变动RHS系数，而使曲线斜率保持不变。

原理6.31 LP灵敏度分析输出结果中的不等式右端系数范围（RHS范围）指明了一个区间，在该区间内，对偶变量值恰好等于对应约束条件RHS变化1单位时最优值的变化（其他参数不变情况下）。

例如，表6-4的结果告诉我们对于区间[242.5，331.972]中的任意RHS，斜率 v_2^* 不变。在这个范围之外，我们只能根据原理6.14得到定性的结果。

计算区间范围背后的思想是要找到（原始）最优基不变情况下RHS变动的最大范围。在松弛条件中，以表6-4的第一个约束条件为例，直到该约束不再是松弛约束时原始最优解才发生变化。因此，原始问题的第一个约束条件RHS等于200时，若要保持松弛性不变，RHS最多只能减少158.727，即令对偶斜率 $v_1^*=0$ 的RHS最小值为：

$$\text{RHS} - \text{slack} = 200 - 158.727 = 41.273$$

该有效区间上限为 $+\infty$，这是因为增加RHS只会放松本已松弛的约束条件。

当约束条件是起作用约束时，计算会更复杂一些，但是关键点仍然保持原始最优解可行。在此我们不加赘述。

例 6-20 理解 RHS 变动范围

假设线性规划问题：

$$
\begin{aligned}
\min \quad & +5x_1 + 9x_2 \\
\text{s.t.} \quad & +1x_1 + 1x_2 \geqslant 3 \\
& +1x_1 - 1x_2 \leqslant 4 \\
& x_1, x_2 \geqslant 0
\end{aligned}
$$

其解有如下的灵敏度报告：

Name	Typ	Optimal Dual	RHS Coef	Slack	Lower Range	Upper Range
c1	G	5.000	3.000	−0.000	0.000	4.000
c2	L	0.000	4.000	1.000	3.000	+infin

画图说明这个结果可以推导出最优值随RHS变动的哪些信息。

解：根据下图，我们可以得到最优值随RHS变化的信息。

计算得出约束1的RHS范围说明最优值随该RHS变动的斜率在自变量属于0.0至4.0范围内时都是5.0（原理6.30）。由对范围定量说明的原理6.14我们可以知道，该斜率只可能是递增的，因为我们在使得 $\geqslant$ 约束更紧。在这个范围以下，斜率只可能递减。

对于约束2，RHS范围是[3.0，$+\infty$)。在这个范围之内，最优值不变，因为对应的对偶变量的值为0.0。此时，让 $\leqslant$ 约束变紧可能使得变化率变得更陡峭（原理6.14）。

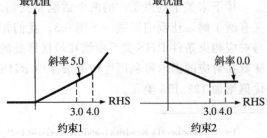

6.5.4　约束条件变动的影响

我们可能会问出很多"如果……会怎样"这类的问题，有了表 6-3 中的结果，我们可以给出相应回答。当我们只考虑变动其中一个系数而保持其他不变时，可以发现不少有意思的结论。我们用以下的几个例子展示。

- 问题：最优值对我们 0.5 英寸 BC 胶合板 8 000 的市场估计的灵敏度如何？

  解：对 0.5 英寸 BC 胶合板的市场约束的最优对偶值是 $v_{16}^*=0$，而 RHS 范围是 [0, $+\infty$)。因此，无论我们对市场的（非负）预期如何，最优值都不变。

- 问题：最优值对我们向供应商 1 购得的质量"好"的圆木的可获得性的 300 的市场估计的灵敏度如何？

  解：向供应商 1 购得的质量"一般"的圆木的可获得性约束对应最优对偶值 $v_2^*=122.156$，而 RHS 变化范围是 [242.5, 331.972]。因此，如果预估的 300 过高，每减少一单位圆木，最优值就至少减少 122.156 美元。如果预估太低，则每增加一单位圆木也会使得最优值增加相同的单位。

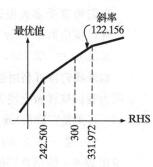

变化率 122.156 美元恰好在 RHS 变化范围里。在该范围以下，斜率会变陡，因为我们使得约束变紧（原理 6.14）。而在该范围以上，变化率会衰减。

- 问题：胶合板压制容量的边际价值是多少？

  解：边际价值等于压制容量约束的最优对偶解，最优值为每片 $v_{17}^*=51.418$ 美元。

- 问题：我们愿意花多大促销成本去将 0.25 英寸的 AB 胶合板销量从每月 1 000 提到每月 2 000？

  解：因为 2 000 属于 0.25 英寸 AB 胶合板市场约束的 RHS 范围，因此对偶最优值 $v_{11}^*=9.564$ 美元即为变化率。从 1 000 增加到 2 000 产生的价值为：

  $$（新值 - 当前 RHS）v_{11}^* = (2\,000 - 1\,000) \times 9.564 = 9\,564 \text{ 美元 / 月}$$

  因此，在该区间内的促销开销都是合理的。

- 问题：我们愿意花多少成本去将设备压制能力从每月 4 500 提到每月 6 000？

  解：题设要求的 6 000 远超过 RHS 压制能力上限 4 609.624，因此我们只能根据已有信息对能力增长定界。

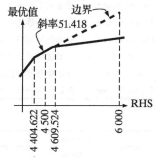

在最小值点处，我们知道最优值会增加：

$$（区间限制 - 当前 RHS）v_{17}^* = (4\,609.624 - 4\,500) \times 51.418$$
$$\approx 5\,736 \text{ 美元 / 月}$$

对偶变量提供了在上边界处的变化率。

在这个边界以上，变化率也许会下降（原理 6.14），因为我们在放松一个约束条件。但是，从增加容量所得的收益不会超过由对偶变量得出的一个估计值：

$$（新值 - 当前 RHS）v_{17}^* = (6\,000 - 4\,500) \times 51.418 = 77\,127 \text{ 美元 / 月}$$

我们可以由此归纳任何不超过 5 637 美元的扩张都是合理的，而超过 77 127 美元则是不合理的。在此之间，我们无法准确判断。

- 问题：如果我们不再采购供应商 2 的"优质"圆木，我们将遭受多大损失？

  解：供应商 2"好"圆木可利用性约束条件的对偶变量满足 $v_3^* = 0.0$，且 RHS 范围是 $[0.0, +\infty)$。如果我们将可获得性一直减到 0，最优值不会改变。

- 问题：如果我们不再采购供应商 2 的"一般"圆木，我们将遭受多大损失？

  解：供应商 2"一般"圆木可利用性约束条件的对偶变量满足 $v_4^* = 172.156$，且 RHS 范围是 $[942.5, 1\,031.972]$。

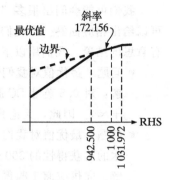

如果我们将可利用性一直减到 0，我们只能给出这些值的大体范围估计。

因为我们这样做会使关于可用量的约束条件变紧，所以，根据原理 6.14，真正的变化率是 v_4^*（其实是它取负）或者更糟。所以，中断与供应商 2 的一般木材供应损失至少为：

$$（新值 - 当前 RHS）v_3^* = (0 - 1\,000) \times 172.156 = -172\,156 \text{ 美元 / 月}$$

应用表 6-4 的信息不能得出损失的外边界（除非是完整最优值 484 878 美元）。

6.5.5 灵敏度变量输出

我们在 6.1 节中看到，灵敏度分析包括的内容远不止 RHS 值的范围。表 6-5 就说明了面向变量或者面向列的灵敏度信息都只是几乎所有 LP 优化处理输出结果中的一部分。以下所示是部分原始变量：

项目	AMPL
Name	原始变量的名称
Optimal Value	变量的最优值
Bas Sts	变量在最优解中是属于 BAS=基，NBL=非基下有界，或 NBU=非基上有界中哪一类（见 5.9 节）
Lower Bound	变量的下确界
Upper Bound	变量的上确界
Object Coef	变量的目标方程系数
Reduced Object	在最优情形下目标函数减少的系数
Lower Range	在最优基不变的情况下目标方程系数的最小值
Upper Range	在最优基不变的情况下目标方程系数的最大值

表 6-5 CFPL 模型的灵敏度分析结果

Name	Optimal Value	Bas Sts	Lower Bound	Upper Bound	Object Coef	Reduced Object	Lower Range	Upper Range
wG1s	41.273	BAS	0.000	+infin	-340.000	0.000	-361.569	-304.762
wF1s	300.000	BAS	0.000	+infin	-190.000	0.000	-190.000	+infin
wG2s	0.000	NBL	0.000	+infin	-490.000	150.000	-infin	-340.000
wF2s	155.273	BAS	0.000	+infin	-140.000	0.000	-185.306	-140.000
wG1e	0.000	NBL	0.000	+infin	-340.000	27.844	-infin	-312.156
wF1e	0.000	NBL	0.000	+infin	-190.000	0.000	-infin	-190.000
wG2e	0.000	NBL	0.000	+infin	-490.000	177.844	-infin	-312.156

（续）

Name	Optimal Value	Bas Sts	Lower Bound	Upper Bound	Object Coef	Reduced Object	Lower Range	Upper Range
wF2e	844.727	BAS	0.000	+infin	−140.000	0.000	−140.000	−94.694
xsA	0.000	NBL	0.000	+infin	−1.000	0.799	−infin	−0.201
xsB	0.000	NBL	0.000	+infin	−0.300	0.099	−infin	−0.201
xsC	40 000.000	BAS	0.000	+infin	−0.100	0.000	−0.132	+infin
xeA	0.000	NBL	0.000	+infin	−2.200	1.888	−infin	−0.312
xeB	0.000	NBL	0.000	+infin	−0.600	0.288	−infin	−0.312
xeC	50 000.000	BAS	0.000	+infin	−0.200	0.000	−0.312	+infin
zqAB	1 000.000	BAS	0.000	+infin	45.000	0.000	35.436	+infin
zqAC	4 000.000	BAS	0.000	+infin	40.000	0.000	35.436	+infin
zqBC	4 355.844	BAS	0.000	+infin	33.000	0.000	31.612	34.675
zhAB	1 000.000	BAS	0.000	+infin	75.000	0.000	65.000	+infin
zhAC	4 402.597	BAS	0.000	+infin	65.000	0.000	62.320	67.220
zhBC	0.000	NBL	0.000	+infin	50.000	12.564	−infin	62.564
yeBB	0.000	NBL	0.000	+infin	−0.000	0.000	−infin	0.000
ysAA	3 073.247	BAS	0.000	+infin	0.000	0.000	−2.351	5.045
ysAB	0.000	NBL	0.000	+infin	0.000	2.436	−infin	2.436
ysBA	7 329.351	BAS	0.000	+infin	0.000	0.000	−2.792	3.964
ysBB	0.000	NBL	0.000	+infin	0.000	2.436	−infin	2.436
ysBC	0.000	NBL	0.000	+infin	0.000	2.436	−infin	2.436
ysCB	6 355.844	BAS	0.000	+infin	0.000	0.000	−1.388	1.675
ysCC	12 758.442	BAS	0.000	+infin	0.000	0.000	−3.700	4.467
yeAB	2 413.506	BAS	0.000	+infin	0.000	0.000	−12.867	15.857

大部分这些项目都在我们之前的讨论中有所涉及。最优值、目标函数系数和简化后的目标函数系数通常用 x_j^*，c_j，$\bar{c}_j$ 分别表示。注意到已给的值满足 6.27 中的对偶互补松弛性。只要 Optimal Value>0，就有对应的对偶约束的松弛性 Reduced Object$=0$。

如以上约束变量灵敏度信息所示，要显示优化结果只需加上一句 AMPL 的命令，建模系统和 CPLEX 解算器能够轻易地计算出新的目标函数系数结果。和这个较简单的情形平行的结果是，模型中的变量名加上以上列表中的 AMPL 后缀之后便可以识别这些项目。对于双原油例子中的两个原始变量，需要以如下语句添加：

```
display x1.current,x1.down,x1.uplx1.rc
displayx2.current,x2.down,x2.uplx1.rc
```

6.5.6 目标系数范围

和约束条件的灵敏度信息一样，这里提及的两个全新的概念也是区间范围，只不过这次是目标函数系数的区间范围。项目 Lower Range 和 Upper Range 划定了在原始最优解不变情形下，目标函数系数值的变化范围。

图 6-5 说明了在最优解不变情形下，最优值不一定保持不变。销售变量 $z_{1/4,A,B}$（计

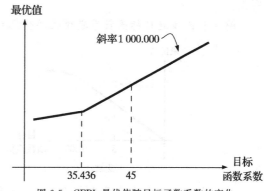

图 6-5 CFPL 最优值随目标函数系数的变化

算机输出结果为：zqAB)的最优水平是 1 000。因此只要最优解不变，$z_{1/4,A,B}$每增加 1 美元，最优目标函数值以 1 000 美元幅度增加。

原理 6.32 原始 LP 问题决策变量的最优值等于对应目标函数系数每增加一单位最优值的变化。

原理 6.33 LP 灵敏度报告中目标系数区间范围是一个使得当前原始问题最优解保持不变，且任何一个决策变量的值仍能表示目标函数最优值随目标函数系数变化的区间（其他条件保持不变）。

图 6-5 中，变化区间是[35.436，$+\infty$)。在该范围之外，我们必须应用定性原理 6.16 来找变化率改变的原因。因为当销售价格低于 35.436 美元时，该产品对目标函数贡献更小，变化率$\leqslant$1 000。

与 RHS 变动范围的计算类似，对目标函数系数变动范围的计算不在本书讨论的范围。但无论如何，计算的目的都是要让对偶解可行，且最优解在当前约束条件下仍为最优。

当对偶松弛变量 $\bar{c}_j$ 不为零时，对应的计算是非常简单的。只要对偶问题的约束仍然为松弛约束，那么该对偶问题的最优解仍然可行。举个例子，销售变量 $z_{1/2,B,C}$(zhBC)原来的系数 50 美元减少到-12.564 美元后，目标系数范围为($-\infty$，62.564]。将 50 美元减少只会使得原本松弛的对偶约束更加宽松，同时增加了目标函数系数值的松弛性。

（当前系数 - 对偶松弛性）= 50 - (-12.564) = 62.564（美元/月）

例 6-21 理解目标函数系数的变化范围

回到例 6-20 的 LP 问题，假设灵敏度报告的变量部分如下：

Name	Optimal Value	Bas Sts	Object Coef	Reduced Object	Lower Range	Upper Range
x1	5.000	BAS	5.000	0.000	0.000	9.000
x2	0.000	NBL	9.000	4.000	5.000	+infin

画图说明从这份报告中我们可以得出的信息，以及最优值如何随两个目标函数系数变化。

解：最优值随目标函数系数变化的信息可总结为以下两张折线图。

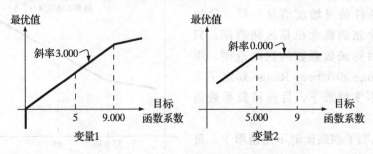

第一个系数的变化范围是[0.0，9.0]，意味着在变化率 $x_1^* = 3.0$ 时，当前原始最优

解对给定范围内任意 c_1 都成立(原理 6.33)。增加系数使得最优值受损,因此对于 $c_1 >$ 9.0,变化率会有所下降(原理 6.16)。在这个范围以下最优值的变化趋势变得更陡峭。

类似地,以上报告输出结果说明 c_2 的区间限制是 $[5.0,+\infty)$。这之间任何成本都会使得最优解 $x_2^* = 0.0$,并且最优值不变。在该范围以下,目标函数值可能减少,因为使得目标函数变优会让最优值的变化趋势更陡峭(原理 6.16)。

6.5.7　变动变量的影响

考虑"如果……会怎样"的问题可以帮助理解表 6-5 的报告输出结果,因为它就在回答这些问题。再次强调,我们假设只有一个参数变动,而其他不变。

- 问题:最优解对我们给 0.25 英寸 BC 胶合板 33 美元的预估的灵敏度如何?

  解:zqBC 的目标系数范围是 $[31.612,34.675]$,意味着在此区间内最优计划方案不变。但是,最优值可能发生变化。

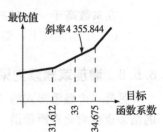

　　　价格每上涨 1 美元,范围内的最优值会增加(每周) $z_{1/4,B,C}^* = 4\,355.844$ 美元,在该范围右侧会增加更多。价格每下降 1 美元而不低于 31.612 美元时,会使得最优值下降相同幅度,超过该幅度后下降幅度会不变或更小。

- 问题:最优解对我们给 1/16 英寸 A 型绿木片(目标系数 −1.00 的)每平方英寸 1.00 美元的预估的灵敏度如何?

  解:xsA 的系数范围 $(-\infty,-0.201]$ 暗指最优解对任意低于 −0.201(成本超过 0.201 美元)每平方英尺的系数保持不变。在该范围内,最优值也保持不变,因为 $x_{1/16,A}^* = 0$。

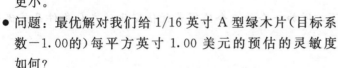

　　　系数高于 −0.201(成本低于 0.201 美元)会使得最优值变优,因为变化率不会减少。

- 问题:如果我们增加或减少 1/2 英寸 AC 胶合板价格(65 美元)的 20%,最优值会发生怎样的变化?

  解:增加 20% 会使得价格上涨为 78(=1.2×65)美元。因为这个值远超过 zhAC 的上边界值,因此我们只能够给最优值一个范围。它可能等于或大于

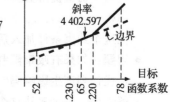

$$(\text{新系数} - \text{原先的系数})z_{1/2,A,C}^* = (78-65) \times 4\,402.597$$
$$\approx 57\,234(\text{美元 / 月})$$

价格减少 20% 同样也超出了不变范围。我们只考虑我们知道确切变化幅度的最低可能影响。

$$(\text{区间限制} - \text{原始系数})z_{1/2,A,C}^* = (62.320-65) \times 4\,402.597$$
$$\approx -11\,799(\text{美元 / 月})$$

（新系数 − 原始系数）$z^*_{1/2,A,C} = (52 − 65) \times 4\ 402.597 \approx − 57\ 234$（美元／月）

- 问题：在当前最优计划中，我们不生产预估的每张销售价格为 50 美元的 1/2 英寸 BC 胶合板。在什么价格情况下，生产这种胶合板有利可图？

  解：价格在 62.564 美元以下时，最优解中 $z^*_{1/2,B,C} = 0$ 保持不变。超过这个值，就可能得到一个正的利润，因为当我们变动一个系数使目标函数变优时，变化率只可能变大（原理 6.16）。

- 问题：当前最优计划是每周购买 $x^*_{1/16,C} = 40\ 000$ 平方英尺成本为 0.10 美元的 C 型绿木片（目标系数−0.10）。在什么价格情况下的购买不利于获利？

  解：$x^*_{1/16,C}$ 的系数范围是 $[−0.132, +\infty)$。因此，我们知道 40 000 平方英尺的值在系数高于 −0.132 时保持最优（例如，成本低于 0.132 美元/平方英尺时）。在 0.132 美元以上，要保持最优就要购买更少。

6.5.8 增加或删减约束条件的影响

另外一个熟悉形式的"如果……会怎样"问题与增删约束条件有关。图 6-4 和图 6-5 的结果也会对此有所帮助。而对此的见解想法又几乎是显然的。

原理 6.34 最优情形下，删减一个约束会使得最优值变化的充分条件是该约束是积极约束。

原理 6.35 最优情形下，增加一个约束会使得最优值变化的充分条件是最优解不满足该约束。

以下是一些例子（假设模型剩余部分都是常数）：

- 问题：删减加压能力约束条件会对最优计划产生影响吗？

  解：会。在最优解下约束条件是紧约束。

- 问题：删除供应商 1 的优等原木供应可获得性约束会改变最优计划吗？

  解：不会。因为在最优解情形下，对应约束还差 158.727 条原木才取等。

- 问题：我们有一个不成文的规定，向供应商 1 采购的原木每月不少于 325。将该约束条件包括进来会使得最优解发生变化吗？

  解：不。这样的约束形式如下：

$$w_{G1,1/16} + w_{G,1,1/8} + w_{F,1,1/16} + w_{F,1,1/8} \geqslant 325$$

代入当前最优解数值：

$$w^*_{G,1,1/16} + w^*_{G,1,1/8} + w^*_{F,1,1/16} + w^*_{F,1,1/8} = 41.273 + 0 + 300 + 0 = 341.273 > 325$$

把这个约束条件加入后也会是非积极约束。

- 问题：如果有政策限制每月采购的绿木片不超过 10 000 美元，这个政策会对当前最优计划产生影响吗？

  解：会。一个表达这个政策约束的条件形式如下：

$$1.00x_{1/16,A} + 0.30x_{1/16,B} + 0.10x_{1/16,C} + 2.20x_{1/8,A} + 0.60x_{1/8,B} + 0.20x_{1/8,C} \leqslant 10\ 000$$

代入当前最优解，结果如下所示：

$$1.00x_{1/16,A}^* + 0.30x_{1/16,B}^* + 0.10x_{11/16,C}^* + 2.20x_{1/8,A}^* + 0.60x_{1/8,B}^* + 0.20x_{1/8,C}^*$$
$$=1.00(0) + 0.30(0) + 0.10(40\,000) + 2.20(0) + 0.60(0) + 0.20(50\,000)$$
$$=14\,000 \not\leqslant 10\,000$$

当前最优解违背了新加的约束条件。

例 6-22　分析增删约束条件的影响

假设线性规划的最优解是 $x_1^* = 3$，$x_2^* = 0$，$x_3^* = 1$。判定以下模型的改动是否会改变最优解。

(a) 删除约束 $6x_1 - x_2 + 2x_3 \geqslant 20$。

(b) 删除约束 $4x_1 - 3x_3 \leqslant 15$。

(c) 增加约束 $x_1 + x_2 + x_3 \leqslant 2$。

(d) 增加约束 $2x_1 + 7x_2 + x_3 \leqslant 7$。

解：将最优解的值代入，有：
$$6(3) - (0) + 2(1) = 20$$
所以该约束是积极约束。由原理 6.34，删掉这个约束条件可能会改变最优解。

(b) 将最优解的值代入，有：
$$4(3) - 3(1) = 9 < 15$$
这个约束是非积极约束。删除约束条件不会使得最优解发生改变（原理 6.34）。

(c) 将最优解的值代入，有：
$$(3) + (0) + (1) = 4 \neq 2$$
因为约束条件被违背，增加这个约束会使得最优解发生变化（原理 6.35）。

(d) 将最优解的值代入，有：
$$2(3) + 7(0) + (1) = 7 \leqslant 7$$
增加约束条件不会对最优值产生影响，因为最优解满足该约束（原理 6.35）。

6.5.9　增删变量的影响

我们可以用图 6-4 和图 6-5 回答的"如果……会怎样"问题的最后一类是增删变量的影响。删除变量的情况很平凡。

原理 6.36　当一个变量在最优解中值为零时，删除它不会对最优解产生影响。

比如，当我们删减 1/2 英寸 BC 生产活动 $z_{1/2,B,C}$ 时，最优计划保持不变。最优值 $z_{1/2,B,C}^* = 0$。

增加变量就稍微复杂一些。我们需要决定添加的变量在最优解处值是否为零，如果为零则添加与不添加无差异。但这取决于当前最优对偶价格 v_i^* 是否会产生适当符号的更小的目标函数系数（换句话说，与新变量对应的主对偶约束条件是否被满足）。

原理 6.37　添加一个新的 LP 变量并改变当前原始最优解的充要条件是当前对偶最优解违背对偶约束条件。

如下所示为具体例子(假设模型中其他条件不变)。

- 问题：考虑引进一种新的 1/4 英寸 AA 胶合板，压制一片需要 0.25 小时工时，两片 1/16 英寸 A 绿木片和一片 1/8 英寸 B 绿木片。这种胶合板的定价为多少时，它会出现在最优生产计划中？

  解：对应的对偶约束是：

  $$0.25v_{17} - 2v_{24} - v_{27} \geqslant c$$

  将当前对偶最优解代入，得到：

  $$0.25v_{17}^* - 2v_{24}^* - v_{27}^* = 0.25(51.418) - 2(-7.046) - (-10.925) \approx 37.87(美元)$$

  当新产品价格在这个价位以上时，都是有利可图的。

- 问题：一个新的供应商提供每平方英尺 0.40 美元的 1/16 英寸 B 绿木片。增加这个新采购方式会对最优解产生影响吗？

  解：不会。因为这种生产活动会出现在 1/16 英寸 B 绿木片的平衡约束条件中。这样，约束条件变为：

  $$v_{19} \geqslant -0.40$$

  当前 $v_{19}^* = -0.201$ 满足这个约束条件，因此在最优解中不采用这个新的采购方式。

例 6-23　分析增删变量的影响

假设非负变量的最小化 LP 问题的原始最优值是 $x_1 = 0$，$x_2 = 4$，$x_3 = 2$，且对应的对偶最优解是 $v_1 = 1$，$v_2 = 0$，$v_3 = 6$。判定以下对模型的修改是否会使最优解发生变化。

(a) 删减变量 x_1。

(b) 删减变量 x_2。

(c) 增加一个在主约束条件里系数为 2，-1，3，成本为 18 的变量。

(d) 增加一个在主约束条件里系数为 1，0，2，成本为 50 的变量。

解：

(a) 由原理 6.36，删减一个变量不会使得最优值发生变化，因为该变量在最优解中值为 0。

(b) 因为 x_2 有非零最优值，所以删除它会使得最优解发生变化(原理 6.36)。

(c) 新原始变量的主对偶约束条件是：

$$2v_1 - 1v_2 + 3v_3 \leqslant 18$$

代入最优对偶解，我们可以得到：

$$2(1) - 1(0) + 3(6) = 20 \neq 18$$

增加该变量会使得原始最优解发生变化，因为当前对偶解违背了新约束条件(原理 6.37)。

(d) 这个新原始变量的主对偶约束条件是：

$$1v_1 + 2v_3 \leqslant 50$$

代入最优对偶解，我们可以得到：

$$1(1) + 2(6) = 13 \leqslant 50$$

因为约束条件被满足，所以增加新变量不会使得原始最优解发生变化(原理 6.37)。

6.6 模型大幅度改动，再优化以及参数规划

尽管标准 LP 灵敏度分析报告已经能够回答很多"如果……会怎样"的问题，然而这一线性规划优化的"副产品"目前不能给我们提供更多信息了。在这一节中，我们简单回顾一下之前所学的方法在实际操作中的困难，并介绍一些涉及再优化但包含更多信息量的方法。

6.6.1 RHS 和目标系数范围限制的模糊性

在 6.5 节中（原理 6.31 和 6.33）我们解释了，仅仅当目标函数系数变化量在 LP 灵敏度报告中给定的范围内时，原始最优解才能提供有效的量化灵敏度信息。同时，仅当 RHS 变化量在报告中的 RHS 变化范围内时，对偶问题的最优解才等于原问题最优解的变化率。在该范围以外，我们只有定性的原理 6.14 和 6.16 提供的变化率的上下限。

图 6-6 展示的是我们早在 6.2 节就遇到的，RHS 变动范围约束引起的变化率改变的模糊性。我们分别取三个不同的汽油要求 RHS $b_1 = 2.0$，2.625，3.25，并求出对应的双原油提炼模型图解结果。

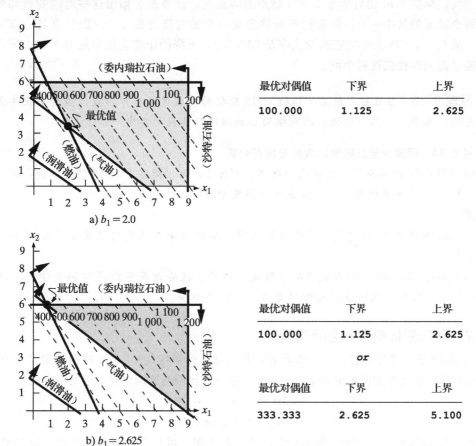

图 6-6 双原油模型在三种不同的需求情况下的灵敏度区域

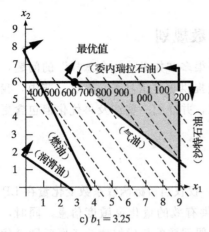

最优对偶值	下界	上界
333.333	**2.625**	**5.100**

c) $b_1 = 3.25$

图 6-6 （续）

根据计算机输出的报告，在 RHS = 2.0 情形中，只要 RHS 在 $1.125 \leqslant b_1 \leqslant 2.625$ 以内变动，最优对偶斜率 $v^* = 20$ 不变。类似地，$b_1 = 3.25$ 的报告显示，当 RHS 满足 $2.625 \leqslant b_1 \leqslant 5.100$ 时，变化率都满足 $v_1^* = 333.333$。

当我们解决了 b_1 恰好等于 2.625 情形的问题时，计算机会输出这些对偶变量和变动范围两个结果的其中一个，但我们不能确定显示出的究竟是哪一个。而任意其一都有误导性。从 $b_1 = 2.625$ 上升的正确变化率是 333.333，下降的正确变化率是 100.00，但没有任何输出能同时提供这两个值。

原理 6.38 在目标函数最优值随 RHS 变化的灵敏度报告中，最优值的变化率是模棱两可的，其中一个高一个低，而电脑输出的报告只能显示其中一个值。

例 6-24 理解变动范围界限内的灵敏度分析

回到图 6-3a 的瑞典钢铁灵敏度折线图。判定 LP 优化模型中 RHS 值分别为(a)75.0，(b)60.4 时，RHS 区域以及对应的最优对偶变量值。

解：

(a) RHS 值为 75.0 时是一片模糊的区域。输出结果可能是对偶变量 −3.38 以及区间[60.4，83.3]。

(b) RHS 值为 60.4 时形成了两个区域的边界。报告结果可能是对偶变量 −3.38 或区间[60.4，83.3]，或可能产生对偶变量 −4.98 和区间[0.0，60.4]。

6.6.2 斜率变化和退化之间的关系

对图 6-6 的三个案例进行进一步研究，我们可以得到在 $b_1 = 2.625$ 时斜率变化的原因。在该值以下，最优解的限定取决于汽油限制和喷气燃料限制这两个起作用的约束条件：

$$0.3x_1 + 0.4x_2 \geqslant b_1$$
$$0.4x_1 + 0.2x_2 \geqslant 1.5$$

对应的对偶斜率为 $v_1^* = 100$。在 2.625 以上，委内瑞拉可用量约束将代替喷气燃料约束，成为新的起作用约束：

$$0.3x_1 + 0.4x_2 \geqslant b_1$$
$$x_2 \leqslant 6$$

变化率 $v_1^* = 333.333$。

原理 6.39　当起作用的原始或对偶约束条件改变时，最优值的变化率以及模型的常数也发生相应改变。

在 $b_1 = 2.625$ 处，所有三个约束恰好都是起作用约束，但是其中任意两个都决定了问题的最优解 $x_1^* = 0.75$，$x_2^* = 6$。这就是退化情形，即约束条件的个数超过了决定在 5.6 节介绍过的原始问题最优解所需要的约束个数。灵敏度报告中的变化率会恰巧反映其中的一对优化搜索。

几乎所有的大型线性规划问题都有退化最优解。除此之外，我们会发现，所给的参数值经常恰恰就在参数区间范围的端点处。有时候，一个基本情形下的参数处在变动区间之内，但可靠的量化灵敏度信息区间却非常窄。

原理 6.40　大型 LP 问题常常出现退化情形，这限制了优化原始问题的副产物——灵敏度结果有用性。因为这导致 RHS 和目标参数的变动区间变窄，而在区间端点处斜率值不能确定。

6.6.3　使灵敏度准确的再优化

补救作为优化原问题副产物的灵敏度分析的缺陷有一种简单的方法：再优化，即使用改变后的模型参数重复优化搜索。例如，如果我们想知道双原油模型中，汽油需求从 2.0 增加到 3.5 之后最优生产计划会怎样变化，我们可以直接用更改后的 RHS 跑一次程序获得对应的最优结果。

原理 6.41　如果更改模型参数的个数不是很多，那么一个最可行的办法就是把改变后的模型参数值直接代入模型进行再优化。

实际的 OR 分析非常依赖不同情形下的优化，而很多 LP 优化代码都允许同时输入几个不同的 RHS 或目标函数求解。但同时，这种方法也有局限性。即使是 10 个参数的变化也至少需要计算 $2^{10} = 1024$ 种不同情形；而如果变化量有 11 种，则需要两倍于此的计算次数。

6.6.4　单个系数的参数变化

为了能对不同情形尝试进行灵敏度分析，我们很自然需要知道应该研究哪些情形。例如，我们也许知道我们关心的是最优值结果对 RHS 或目标系数的灵敏度，但是却不知道究竟需要考虑哪些值。

参量研究试图描绘出最优值作为模型输入值的函数轨迹。在 6.2 节中的定性讨论中使用的图 6-3 和图 6-4 就展现了这样的参量函数。图 6-7 也是一个这样的例子——双原油模型的最优值作为汽油需求的一个函数。

许多 LP 优化代码能够自动完成这样的参量分析，而我们需要学习的是，如何利用我们现有的工具来完成参量分析。我们只需运行四个经过精心挑选的模型，就可以构造出图 6-7 中的曲线。特别地，我们可以研究以下情形和其灵敏度报告结果：

参量分析从研究 $b_1 = 2.000$ 和最优值为 92.5 的基本模型开始。表中第一行值说明了最优值在该点处的变化率（或者说是斜率）是 $v_1^* = 20.000$。区间范围信息告诉我们当 b 在 1.125 到 2.625 变化时，斜率保持不变。结果是图 6-7 中经过 $b_1 = 2.000$，最优值=92.5 的线段部分。

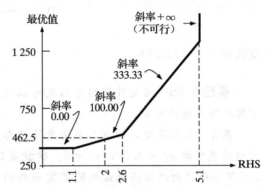

图 6-7　双原油模型的最优值对汽油需求的参量变化

情形	RHS	对偶值	区间下限	区间上限
基本模型	2.000	20.000	1.125	2.625
变化情形 1	$2.625 + \varepsilon$	333.333	2.626	5.100
变化情形 2	$5.100 + \varepsilon$	$+\infty$	5.100	$+\infty$
变化情形 3	$1.125 - \varepsilon$	0.000	$-\infty$	1.125

新的斜率只可能在该区间外产生。我们的第一个改动是把 b_1 改到 $2.65 + \varepsilon$，恰恰高过变化区间的上限。结果是，新的斜率为 66.667 以及这个斜率在上限 $b_1 = 5.100$ 范围内保持不变。重新计算 $b_1 = 5.100 + \varepsilon$ 的情形，可以知道在 5.100 以上时，该模型无解。接下来我们让 b_1 低于基本情形时区间的下端点 1.125。用 $b_1 = 1.125 - \varepsilon$ 进行再优化可以得到，当 b_1 进一步减少时斜率仍为 $v_1^* = 0.000$。

原理 6.42　最优值的参数研究研究的是最优值对模型单个 RHS 或目标函数系数的函数关系，其构建可以通过使用之前已得出的系数区间外的新系数值代入，然后进行再优化而得到。

例 6-25　从参数角度分析单个系数

回到参数折线图 6-3 和 6-4。

（a）将得到 RHS 参数分析图 6-3a 所需的优化情形列成一个表，从基本情形 RHS=75.0 开始。

（b）将得到 RHS 参数分析图 6-4a 所需的优化情形列成一个表，从基本情形成本=9.0 开始。

解：

（a）根据原理 6.42 为作图做前期计算工作，需要考虑以下情形：

情形	RHS	对偶值	区间下限	区间上限
基本模型	75.0	-3.38	60.4	83.3
变化情形 1	$83.3 + \varepsilon$	0.00	83.3	$-\infty$
变化情形 2	$60.4 + \varepsilon$	-4.98	0.0	60.4
变化情形 3	$0.0 - \varepsilon$	$-\infty$	$-\infty$	0.0

（b）由原理 6.42 为作图做前期计算工作，需要考虑以下情形：

情形	RHS	对偶值	区间下限	区间上限
基本模型	9.0	156.1	8.4	10.1
变化情形 1	$10.1 + \varepsilon$	109.56	10.1	19.9
变化情形 2	$19.9 + \varepsilon$	82.03	19.9	29.2
变化情形 3	$29.2 + \varepsilon$	72.59	29.2	31.8
变化情形 4	$31.8 + \varepsilon$	72.21	31.8	35.5
变化情形 5	$35.5 + \varepsilon$	68.43	35.5	$+\infty$
变化情形 6	$8.4 - \varepsilon$	178.76	8.0	8.4
变化情形 7	$8.0 - \varepsilon$	400.98	$-\infty$	8.0

6.6.5　评估多参量变化的影响

目前为止我们讲解的灵敏度分析的最大局限性在于每次都只能改变一个模型的输入变量。这些分析都只能改动单个 RHS 或目标系数，或增删一个单独的变量或约束条件。这里隐含的假设是，所有其他参数都需要保持不变。

像图 6-4 和图 6-5 中的灵敏度输出结果的计算明确依赖于"单变量"假设。

原理 6.43　初始 LP 灵敏度变化率和变化范围仅仅在单变量变动情形下有效，此时其他参数保持不变。

可是很遗憾，只有单变量变化的分析往往不够满足实际需求。许多"如果……会怎样"问题都会在有多变量情形中出现，在这种情形中有数个模型参数同时发生变化。例如，我们也许想知道双原油提炼模型中，由于经济期望上升，汽油需求增加一定百分比的同时燃油需求增加量为前者增加量两倍情况下的最优计划。此时，同时有两个 RHS 系数发生变化。

就像单变量情形一样，我们简单地用新系数进行再优化，就可以处理相当一部分的多变量变化问题。例如，当双原油模型中汽油和燃油需求同时增加 θ 倍时，需要做出以下参数调整以优化模型：

$$b_1 = (1 + \theta)2.0 \quad b_2 = (1 + 2\theta)1.5 \tag{6-8}$$

而其他变量保持不变。

6.6.6　多参量 RHS 变化

为了更清楚看到多参量以不同幅度 θ 变化的影响，我们需要思考以下形式的不等号右端系数：

$$b_i^{\text{new}} = b_i^{\text{base}} + \theta \Delta b_i$$

其中，每个 Δb_i 显示对应的 RHS b_i 的单位变动，而 θ 表示具体变动多少单位。在(6-8)中，对五个 RHS 系数变动：

$$\Delta b_1 = 2.0, \quad \Delta b_2 = 2(1.5) = 3, \quad \Delta b_3 = \Delta b_4 = \Delta b_5 = 0$$

将 θ 视为一个决策变量，在每个约束的右侧添加 $(\theta \Delta b_i)$ 等价于在左边加上 $-(\Delta b_i)\theta$。这里蕴含着一个重要的启示。

原理 6.44　当约束条件右侧以 θ 步发生多变量变化时，可以将 θ 视为一个新的决策变量，而对应的系数为 $-\Delta b_i$。其中 b_i 是 RHS 系数 b_i 的具体变化率，并且由一个新的等式约束固定。

例如，含有不同汽油和燃油需求增长率的优化双原油模型是：

$$
\begin{aligned}
\min \quad & +100x_1+75x_2 \\
\text{s.t.} \quad & +0.3x_1+0.4x_2-2\theta \geqslant 2 \\
& +0.4x_1+0.2x_2-3\theta \geqslant 1.5 \\
& +0.2x_1+0.3x_2 \geqslant 0.5 \\
& +1x_1 \leqslant 9 \\
& +1x_2 \leqslant 6 \\
& +1\theta = b_6 \\
& x_1,x_2 \geqslant 0. \theta\ \text{URS}
\end{aligned}
$$

我们现在能够像之前一样继续去构建图 6-7。新的等式约束：

$$\theta = b_6$$

由此将参量分析的任务化简到研究最优值如何随着单变量 RHS b_6 变化。

利用该约束条件的 RHS 区间输出报告，我们可以得到以下程序的运行结果以及图 6-8 所示的参量变化曲线。

情形	RHS	对偶值	区间下限	区间上限
基本模型	2.000	20.000	1.125	2.625
变化情形 1	2.625+ε	66.667	2.626	5.100
变化情形 2	5.100+ε	+∞	5.100	+∞
变化情形 3	1.125-ε	0.000	-∞	1.125

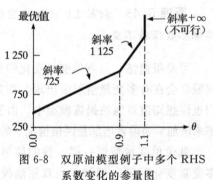

图 6-8 双原油模型例子中多个 RHS 系数变化的参量图

例 6-26 分析多个 RHS 系数变动的影响

考虑线性规划：

$$
\begin{aligned}
\max \quad & +5x_1+2x_2 \\
\text{s.t.} \quad & +1x_1+1x_2 \leqslant 3 \\
& +1x_1 \leqslant 2 \\
& x_1,x_2 \geqslant 0
\end{aligned}
$$

说明如何在以下情形中改动模型，以在此基础上对其影响进行参量分析：增加第一个约束条件 RHS 系数，并以同样幅度减少第二个约束 RHS 系数。

解：隐含的变化量包括 $\Delta b_1=+1$，$\Delta b_2=-1$。因此，由原理 6.44，我们可以仅仅对优化模型中新的 RHS 系数 b_3 进行参量分析。

$$
\begin{aligned}
\max \quad & +5x_1+2x_2 \\
\text{s.t.} \quad & +1x_1+1x_2-1\theta \leqslant 3 \\
& +1x_1+1\theta \leqslant 2 \\
& +1\theta = b_3 \\
& x_1,x_2 \geqslant 0, \theta\ \text{URS}
\end{aligned}
$$

6.6.7 多目标函数系数变化的影响

为了进行多个目标函数系数变动下的多变量参量分析，我们必须回头再想想原始问题和对偶问题的关系。参量重写：

$$c_j^{\text{new}} = c_j^{\text{base}} + \theta\Delta c_j$$

修改了原始目标函数系数，也同时修改了对偶问题约束条件的 RHS 系数。因此，在 RHS 添加新的约束列向量 $-\Delta\mathbf{b}$ 与添加新的行约束向量 $-\Delta\mathbf{c}$ 来改变 c_j 的情形类似。

原理 6.45 目标函数系数发生含 θ 多倍参量变化影响的结果，可以转化为一个右端系数向量为零而无符号限制变量目标系数为 θ 的新变量，且目标函数变化率 $-\Delta c_j$ 为系数的新约束等式情形的参量分析。

我们再次用双原油模型(6-4)来做演示。如果我们希望用参量分析得到当所有原油价格统一上升 θ 倍的影响，

$$c_1^{\text{new}} = 100 + \theta\Delta c_1 = 20 + 20\theta$$
$$c_2^{\text{new}} = 75 + \theta\Delta c_2 = 15 + 15\theta$$

修改后的原始模型如下：

$$
\begin{aligned}
\min \quad & +100x_1 + 75x_2 + \theta x_3 \\
\text{s. t.} \quad & +0.3x_1 + 0.4x_2 && \geqslant 2 \\
& +0.4x_1 + 0.2x_2 && \geqslant 1.5 \\
& +0.2x_1 + 0.3x_2 && \geqslant 0.5 \\
& +1x_1 && \leqslant 9 \\
& +1x_2 && \leqslant 6 \\
& -20x_1 - 15x_2 + 1x_3 && = 0 \\
& x_1, x_2 \geqslant 0, x_3 \text{ URS}
\end{aligned}
$$

变化率 Δc_j 的负数部分构成了 RHS$=0.0$ 的新等式约束的系数，同时在该约束和目标函数中出现了新变量 x_3。

我们现在可以通过分析改变单个目标函数系数 θ，从而确定多变量变化的影响。这个方法有效的原因是新变量 x_3 对应的主对偶约束是：

$$\nu_6 = \theta$$

因此 θ 通过约束条件左方的等价式 $-\Delta c_j v_6 = -\Delta c_j\theta$ 影响了所有其他的主对偶约束，这也等价于在对偶问题约束条件右侧加上相同的量 $\mathbf{c}$。由于强对偶定理原问题和其对偶问题最优值相同，这样处理对偶问题恰好可以得到我们想要的多变量变动对原始问题的影响。

用参数为 θ 的目标函数范围输出报告有以下一系列的运行结果，以及图 6-9 的参数曲线。

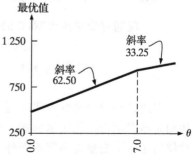

图 6-9　双原油模型中多目标函数系数变动情形

情形	系数	最优值	范围下限	范围上限
基本模型	2.000	100.000	1.125	2.625
变化情形1	$2.625+\varepsilon$	333.333	2.626	5.100
变化情形2	$5.100+\varepsilon$	$+\infty$(不可行)	5.100	$+\infty$
变化情形3	$1.125-\varepsilon$	0.000	$+\infty$	1.125

例 6-27　分析多目标的变动

说明如何改写例 6-26 中的模型，以分析下列情形的影响；使第一个目标系数增加的同时，第二个目标系数减少相同量。

解：由题可知，$\Delta c_1 = +1$，$\Delta c_2 = -2$。因此，利用原理 6.45，我们可以通过在修改后的模型中变动新目标系数 θ 进行参量分析。

$$\max \quad +5x_1+2x_2+\theta x_3$$
$$\text{s.t.} \quad +1x_1+1x_2 \qquad \leqslant 3$$
$$+1x_1 \qquad\qquad \leqslant 2$$
$$-1x_1+2x_2+1x_3 = 0$$
$$x_1,x_2 \geqslant 0, x_3\,\text{URS}$$

6.7　线性规划中的对偶问题和最优解

原始线性规划和其对偶的关系已经在 6.3～6.6 节中引入并做了深入的讲解。在这一节中，我们要研究这些重要的理论关系以及其 LP 算法策略结果。

首先，用一个统一、简洁的形式表示原问题和对偶问题非常重要。我们知道（5.1节）采用以下形式不会失去一般性：

$$\min \; \mathbf{c}\cdot\mathbf{x} \qquad\qquad\qquad \max \; \mathbf{v}\cdot\mathbf{b}$$
$$（原始）\quad \text{s.t}\quad \mathbf{Ax}\geqslant\mathbf{b} \qquad （对偶）\quad \text{s.t}\quad \mathbf{vA}\leqslant\mathbf{c} \qquad\qquad (6\text{-}9)$$
$$\mathbf{x}\geqslant\mathbf{0} \qquad\qquad\qquad\qquad \mathbf{v}\geqslant\mathbf{0}$$

6.7.1　对偶问题的对偶问题

我们从以下最简单的关系入手。

原理 6.46　任何线性规划对偶问题的对偶是原问题。

仅通过简单地改写 (6-9) 中原始—对偶对，我们就可以看到其正确性。

$$\max\;\mathbf{v}\cdot\mathbf{b} \qquad\qquad\qquad \min\;\mathbf{c}\cdot\mathbf{y}$$
$$（对偶）\quad \text{s.t}\quad \mathbf{vA}\leqslant\mathbf{c} \qquad （对偶的对偶）\quad \text{s.t}\quad \mathbf{Ay}\geqslant\mathbf{b}$$
$$\mathbf{v}\geqslant\mathbf{0} \qquad\qquad\qquad\qquad\quad \mathbf{y}\geqslant\mathbf{0}$$

左边是原始问题的对偶问题。现在让它的对偶问题用 $\mathbf{y}$ 表示。对应的目标函数方程和约束即表示为右侧所示形式。但若将其与 (6-9) 原始问题相对比，可以看到对偶问题的对偶问题除了变量的名字不同外，与最开始的原始问题一模一样。

6.7.2　目标值的弱对偶性

接下来需要考察的是弱对偶性——一个问题可行解的目标值如何限定了另一个问题

可行解的目标值。

原理 6.47　在有解的情况下，一个最小化原始问题的目标函数值≥相应的对偶问题的目标函数值。在最大化问题中恰恰相反，结论是≤。

为了理解弱对偶性成立的原因，可以让 $\bar{\mathbf{x}}$ 作为以上原始问题的可行解，而 $\bar{\mathbf{v}}$ 作为对应对偶问题的可行解。然后增删一个相同量，再化简就可以得到：

$$\mathbf{c}\cdot\bar{\mathbf{x}}-\bar{\mathbf{v}}\cdot\mathbf{b}=\mathbf{c}\cdot\bar{\mathbf{x}}-\bar{\mathbf{v}}\mathbf{A}\bar{\mathbf{x}}+\bar{\mathbf{v}}\mathbf{A}\bar{\mathbf{x}}-\bar{\mathbf{v}}\cdot\mathbf{b}=(\mathbf{c}-\bar{\mathbf{v}}\mathbf{A})\cdot\bar{\mathbf{x}}+\bar{\mathbf{v}}\cdot(\mathbf{A}\bar{\mathbf{x}}-\mathbf{b})\quad(6\text{-}10)$$

如果 $\bar{\mathbf{x}}$ 在(6-9)中是原始可行的，而 $\bar{\mathbf{v}}$ 在对应对偶问题中是可行的，那么$(\mathbf{c}-\bar{\mathbf{v}}\mathbf{A})$，$\bar{\mathbf{x}}$，$\bar{\mathbf{v}}$，和$(\mathbf{A}\bar{\mathbf{x}}-\mathbf{b})$都非负。因此(6-10)意味着最优解的差异非负，且原始值 $\mathbf{c}\cdot\bar{\mathbf{x}}$ 确实≥对偶解的值 $\bar{\mathbf{v}}\cdot\mathbf{b}$。

例 6-28　证明弱对偶性

对例 6-17 中的两个线性规划，证实以下的原始和对偶解可行，并且由此说明它们符合弱对偶性质 6.47。

(a) 原始解：$x_1=1$，$x_2=1$，$x_3=1$　　　对偶解：$v_1=2$，$v_2=6$，$v_3=-1$

(b) 原始解：$x_1=2$，$x_2=1$，$x_3=0$　　　对偶解：$v_1=-2$，$v_2=4$，$v_3=-1$

解：

(a) 为了证实原始问题的可行性，我们首先注明所有变量 $x_j\geqslant0$。对于原始主约束：

$$+1x_1-1x_2-1x_3=+1(1)-1(1)+1(1)=1\geqslant1$$
$$+3x_1+1x_2=+3(1)+1(1)\qquad=4$$
$$+4x_2+1x_3=+4(1)+1(1)\qquad=5\leqslant10$$

现在看对偶可行性，主约束满足(见例 6-17)：

$$+1v_1+3v_2=+1(2)+3(6)\qquad=20\leqslant30$$
$$-1v_1+1v_2+4v_3=-1(2)+1(6)+4(-1)=0\ \leqslant0$$
$$+1v_1+1v_3=+1(2)+1(-1)\qquad=1\ \leqslant5$$

给定的解同时满足符号约束，因为：

$$v_1=2\geqslant0$$
$$v_3=-1\leqslant0$$

给定解的目标函数值是：

$$+30x_1+5x_3=+30(1)+5(1)\qquad=35$$
$$+1v_1+4v_2+10v_3=+\ 1(2)+4(6)+10(-1)=16$$

这正符合弱对偶约束原理 6.47，原始最优值≥对偶最优值。

(b) 为检验原始可行性，我们同样一开始就注明所有变量 $x_j\geqslant0$。验证主原始约束：

$$+2x_1+1x_2=+2(2)+1(1)\qquad=5\geqslant3$$
$$+5x_1+3x_2-1x_3=\ 5(2)+3(1)-1(0)=13\leqslant15$$
$$+1x_2+1x_3=+1(1)+1(0)\qquad=1$$

再看对偶的可行性，主约束条件为：

$$+2v_1+5v_2 = 2(-2)+5(4) \qquad\qquad = 16 \geqslant 10$$
$$+1v_1+3v_2+1v_3 = +1(-2)+3(4)+1-1 = \quad 9 \geqslant 9$$
$$-1v_2+1v_3 = -1(4)+1(-1) \qquad\qquad =-5 \geqslant -6$$

所给条件满足符号约束，因为：

$$v_1 = -2 \leqslant 0$$
$$v_2 = 4 \geqslant 0$$

所给解的目标函数值是：

$$+10x_1+9x_2-6x_3 = +10(2)+9(1)-6(0) \qquad = 29$$
$$+3v_1+15v_2+1v_3 = +3(-2)+15(4)+1(-1) = 53$$

符合弱对偶原理 6.47，原始问题最优值≤对偶最优值。

6.7.3 无界及无解情形

强对偶性和互补松弛性都依赖于原始（同样也是对偶问题）问题有最优解。我们很难对没有最优解的问题进行优化后分析。尽管如此，我们仍然对这类问题很感兴趣。

我们很早就知道 LP 问题可能是无解的或无界的。6.47 中的弱对偶条件为我们分析无解和无界情形提供了关键分析工具。举个例子，假设一个原始最小化问题无界。弱对偶性说明任何对偶可行解的最优值都划定了原始目标函数值的下界。但当原始问题的解无界时，没有这样的下界存在。唯一的解释是没有对偶可行解存在。

我们同样可以对无界对偶情形做出相同的论证。任何原始可行解都会限定目标函数值的范围，因此没有这样的原始可行解存在。

原理 6.48 如果原始 LP 模型或其对偶问题无界，那么另一个必然无解。

在领略了原始问题和对偶问题美妙对称性之后，我们很自然会猜想，一个问题的不可行是否也意味着另一个问题的无界性。但这是不对的！在以下情形中原始问题和对偶问题显然都是无解的：

	min	$-x_1$		max	v_1
（原始）	s. t.	$x_1-x_2 \geqslant 1$	（对偶）	s. t	$v_1+v_2 \leqslant -1$
		$x_1-x_2 \leqslant 0$			$-v_1-v_2 \leqslant 0$
		$x_1,x_2 \geqslant 0$			$v_1 \geqslant 0, v_2 \leqslant 0$

原理 6.49 可能的原始—对偶线性规划对的结论总结如下：

原始	对偶		
	最优	无解	无界
最优	可能	不可能	不可能
无解	不可能	可能	可能
无界	不可能	可能	不可能

注意到表 6-49 列出的另一个美妙的情形。当原始问题或对偶问题处于最优时，在表格中都只有一种结果符合对应的条件。这可以通过简单的排除法来推导。如果原始问题

有最优解，那么 6.47 中弱对偶性确保了对应的对偶问题不可能无界。进一步分析，原始问题既非无解亦非无界，对偶问题不可能无解。这就只剩下一种可能性：对偶问题达到最优。这也是一个可以证明对偶的最优性暗含原始问题最优性的论证。

例 6-29 无界与不可行解之间的关系

（a）画图表示以下线性规划无界，并证实该结论隐含的对偶解的性质。

$$\max \quad +1x_1$$
$$\text{s. t.} \quad -1x_1 +1x_2 \geqslant 1$$
$$+1x_2 \quad \geqslant 2$$
$$x_1,x_2 \quad \geqslant 0$$

（b）画图表示以下线性规划的对偶无界，并证实该结论隐含的原始解的性质。

$$\min \quad +1x_1 +1x_2$$
$$\text{s. t.} \quad +2x_1 +1x_2 \geqslant 3$$
$$+5x_1 +1x_2 \leqslant 0$$
$$x_1,x_2 \quad \geqslant 0$$

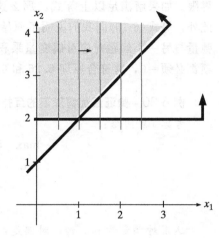

解：

（a）如右图所示，易知模型无界。

它的对偶是：

$$\min \quad +1v_1$$
$$\text{s. t.} \quad -1v_1 \quad \geqslant 1$$
$$+1v_1 +1v_2 \geqslant 0$$
$$v_1,v_2 \quad \leqslant 0$$

由原理 6.48 易知该模型无解。

（b）该线性规划的对偶是：

$$\max \quad +3v_1$$
$$\text{s. t.} \quad +2v_1 +5v_2 \leqslant 1$$
$$+1v_1 +1v_2 \leqslant 1$$
$$v_1 \geqslant 0, v_2 \leqslant 0$$

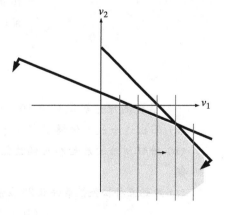

由右图可知解无界。由原理 6.48 可知原始模型无解。

6.7.4 互补松弛性及最优解

回顾 6.3 节中的原理 6.26 和 6.27，**互补松弛性**（complementary slackness）说明了原始不等式中的松弛性和对应对偶变量的非零性之间的对应关系，反之亦然。让我们再看看（6-10）弱对偶性的计算，能够得到更多启示。最终得到的两个表示原始问题可行解和对偶问题可行解之间的非负表达式恰好就等于总体互补松弛性。

$$(\mathbf{c} - \bar{\mathbf{v}}\mathbf{A}) \cdot \bar{\mathbf{x}} = \sum_j \left(c_j - \sum_i \bar{v}_i a_{i,j} \right) \bar{x}_j$$

$$\bar{\mathbf{v}} \cdot (\mathbf{A}\bar{\mathbf{x}} - \mathbf{b}) = \sum_i \bar{v}_i \left(\sum_j a_{i,j}\bar{x}_j - b_i \right) \tag{6-11}$$

原理 6.50　如果 $\bar{\mathbf{x}}$ 是一个原始线性规划的可行解，而 $\bar{\mathbf{v}}$ 是一个对应对偶规划的可行解，那么两者最优值的差恰恰就等于两可行解之间的总互补松弛性。此外，如果目标方程相等，即 $\mathbf{c} \cdot \bar{\mathbf{x}} = \bar{\mathbf{v}} \cdot \mathbf{b}$，那么两个变量 $\bar{\mathbf{x}}$ 和 $\bar{\mathbf{v}}$ 都是各自问题的最优解，且互补松弛条件：

$$(\mathbf{c} - \bar{\mathbf{v}}\mathbf{A}) \cdot \bar{\mathbf{x}} = \mathbf{0} \quad \text{和} \quad \bar{\mathbf{v}} \cdot (\mathbf{A}\bar{\mathbf{x}} - \mathbf{b}) = \mathbf{0}$$

在最优解情形下，原理 6.26 和 6.27 所述内容成立。

我们已经在 6.47 中建立了弱对偶性，即任何一个问题的可行解都是另一个问题解的界限。如果解满足以上等式，那么这两个解分别是对应问题最好的解，也就是最优。此外，等式(6-10)向我们说明了原始解和对偶解的差恰恰就是一个问题的约束条件的松弛量与另一个问题对应对偶变量乘积项的和。如果解的值之差不存在，那么所有这样的项都必须 $=0$，这符合原理 6.26 和 6.27。

例 6-30　验证最优情形下的互补松弛性

考虑 LP 问题：

$$
\begin{aligned}
\max \quad & 5x_1 + 7x_2 + 10x_3 \\
\text{s.t.} \quad & +2x_1 - 1x_2 + 5x_3 \leqslant 10 \\
& +1x_1 + 3x_2 \qquad\quad \leqslant 15 \\
& x_1, x_2, x_3 \qquad\qquad \geqslant 0
\end{aligned}
$$

运用对偶变量 v_1，v_2，对偶是：

$$
\begin{aligned}
\min \quad & 10v_1 + 15v_2 \\
\text{s.t.} \quad & 2v_1 + 1v_2 \geqslant 5 \\
& -1v_1 + 3v_2 \geqslant 7 \\
& 5v_1 \qquad\quad \geqslant 10 \\
& v_1, v_2 \qquad\; \geqslant 0
\end{aligned}
$$

一个最优的原始解是 $\mathbf{x}^* = (0, 5, 3)$，且对应的对偶解是 $\mathbf{v}^* = (2, 3)$。

(a) 写出这个最大化模型中所有的原始和对偶松弛性条件，用乘积形式(6-11)表示。

(b) 验证所给的原始和对偶最优解满足该条件。

解：

(a) 原始互补松弛性条件 6.26 在最大化例子中将原始不等式松弛性与对偶变量值相关联：

$$(10 - 2x_1 + 1x_2 - 5x_3)v_1 = 0$$

$$(15 - 1x_1 - 3x_2)v_2 = 0$$

对偶互补松弛性 6.27 指出了对偶不等式松弛性与原始变量值的相关性。

$$(2v_1 + 1v_2 - 5)x_1 = 0$$

$$(v_1 - 3v_2 - 7)x_2 = 0$$

$$(5v_1 - 10)x_3 = 0$$

(b) 检查原始互补松弛性条件：

$$(10 - 2x_1 + 1x_2 - 5x_3)v_1 = [10 - 2(0) + 1(5) - 5(3)](2) = 0$$
$$(15 - 1x_1 - 3x_2)v_2 = [15 - 1(0) - 3(5)](3) \qquad = 0$$

相似的有对偶互补松弛性条件：

$$(2v_1 + 1v_2 - 5)x_1 = [2(2) + 1(3) - 5](0) = 0$$
$$(v_1 - 3v_2 - 7)x_2 = [1(2) - 3(3) - 7](5) = 0$$
$$(5v_1 - 10)x_3 = [5(2) - 10](3) \qquad = 0$$

6.7.5　线性规划中的强对偶条件与 KKT 最优化条件

我们在 6.47 中说明了原始和对偶可行解的目标函数值如何相互为对方的界。但当两个问题都有可行解时，我们可以建立起更强大的**强对偶性**（strong duality）。

原理 6.51　如果一个线性规划的原始问题或者它的对偶有有限最优解，那么这个线性规划及其对偶问题均有有限最优解，且两者值相等。

强对偶性必然成立的原因可由处理线性规划基本算法的核心，三段式 Karush-Kuhn-Tucker(KKT)最优条件推导而得（参考 17.4 节中这些条件在非线性规划中的推广）。

原理 6.52　如果原始解 $\bar{\mathbf{x}}$ 与对偶解 $\bar{\mathbf{v}}$ 是给定 LP 问题及其对偶问题的可行解，并且它们两者均满足 6.50 中的互补松弛条件，那么两个解在各自的问题中都是最优解，且最优值相等。也就是说，KKT 的条件是(i)原始问题有可行解；(ii)对偶问题有可行解；(iii)互补松弛性是该线性规划问题达到最优的充分必要条件。

这个原理的必要性部分，即对于所有具有有界解的 LP 问题都有互补的原始解和对偶解，将在以下对基本解的讨论中给出（参见原理 6.60）。但是这个"三段论"原理的充分性，即满足条件的解一定是最优解，可以从我们已有的原理 6.50 中立即得到。如果原始解和对偶解都可行，它们的目标函数值之差，同时也是互补松弛条件表达式(6-11)之和，等于 0，那么两个解在对应的问题中都是最优的，且它们的最优函数值相等。

例 6-31　构造 KKT 最优化条件

构造原始线性规划问题的 KKT 最优化条件：

$$\begin{aligned} \min \quad & +5x_1 + 13x_2 + 9x_3 \\ \text{s.t.} \quad & +2x_1 + 4x_2 + x_3 \geqslant 4 \\ & -1x_1 + 3x_2 + x_3 \geqslant 1 \\ & x_1, x_2, x_3 \qquad \geqslant 0 \end{aligned}$$

解：用对偶变量 v_1，v_2 对应两个主约束条件，对应的对偶模型是：

$$\begin{aligned} \max \quad & 4v_1 + v_2 \\ \text{s.t.} \quad & 2v_1 - 1v_2 \leqslant 5 \\ & 4v_1 + 3v_2 \leqslant 13 \\ & v_1 + v_2 \leqslant 9 \\ & v_1, v_2 \qquad \geqslant 0 \end{aligned}$$

再由 6.52，在最优解下所需满足的 KKT 条件 $\overline{x}_1$，$\overline{x}_2$，$\overline{x}_3$ 和 $\overline{v}_1$，v_2 分别为：

[原始问题有可行解]	[对偶问题有可行解]	[互补松弛性]
$2\overline{x}_1 + 4\overline{x}_2 + \overline{x}_3 \geqslant 4$	$2\overline{v}_1 - \overline{v}_2 \leqslant 5$	$(2\overline{x}_1 + 4\overline{x}_2 + \overline{x}_3 - 4)\overline{v}_1 = 0$
$-\overline{x}_1 + 3\overline{x}_2 + \overline{x}_3 \geqslant 1$	$4\overline{v}_1 + 3\overline{v}_2 \leqslant 13$	$(-\overline{x}_1 - 3\overline{x}_2 + \overline{x}_3 - 1)\overline{v}_2 = 0$
$\overline{x}_1, \overline{x}_2, \overline{x}_3 \geqslant 0$	$\overline{v}_1 + \overline{v}_2 \leqslant 9$	$(5 - 2\overline{v}_1 + \overline{v}_2)\overline{x}_1 = 0$
	$\overline{v}_1, \overline{v}_2 \geqslant 0$	$(13 - 4\overline{v}_1 - 3\overline{v}_2)\overline{x}_2 = 0$
		$(9 - \overline{v}_1 - \overline{v}_2)\overline{x}_3 = 0$

6.7.6 标准形式下的模型

回顾我们在定义 5.7 中介绍的由等式主约束和非负决策变量构成的线性规划的标准形式。很容易用矩阵表示标准形式的线性规划，并且构造出其对偶形式。

原理 6.53 假设一个线性规划为最小化目标问题，原始和对偶线性规划模型可以表示为以下标准形式：

$$
\begin{array}{llll}
& \textbf{min} & \textbf{cx} & \textbf{max} \quad \textbf{vb} \\
[原始] & \text{s.t.} & \textbf{Ax} = \textbf{b} \quad [对偶] & \text{s.t.} \quad \textbf{vA} \leqslant \textbf{c} \\
& & \textbf{x} \geqslant \textbf{0} & \textbf{v URS}
\end{array}
$$

注意到所有对偶变量都没有限制，因为原始主约束都是等式约束。

例 6-32 构造原始和对偶条件下的标准形式

回到例 6-31 中的原始线性规划问题。

(a) 减去非负松弛变量 x_4 和 x_5，得到原始问题的标准形式。

(b) 分别表示出 6.53 中标准形式对应的参数矩阵/向量 $\textbf{A}$，$\textbf{b}$ 和 $\textbf{c}$。

(c) 构造出你在(a)中标准形式下的对偶问题。

解：

(a) 添加松弛条件后标准形式变为：

$$
\begin{array}{ll}
\text{min} & 5x_1 + 13x_2 + 9x_3 \\
\text{s.t.} & 2x_1 + 4x_2 + x_3 - x_4 = 4 \\
& -x_1 + 3x_2 + x_3 - x_5 = 1 \\
& x_1, x_2, x_3, x_4, x_5 \geqslant 0
\end{array}
$$

(b) 矩阵形式的参数为：

$$
\textbf{A} = \begin{bmatrix} 2 & 4 & 1 & -1 & 0 \\ -1 & 3 & 1 & 0 & -1 \end{bmatrix}, \quad \textbf{b} = \begin{pmatrix} 4 \\ 1 \end{pmatrix}, \quad \textbf{c} = \begin{bmatrix} 5 & 13 & 9 & 0 & 0 \end{bmatrix}
$$

(c) 使用 v_1 和 v_2 作为变量表示的对偶为：

$$
\begin{array}{ll}
\text{max} & 4v_1 + v_2 \\
\text{s.t.} & 2v_1 - v_2 \leqslant 5 \\
& 4v_1 + 3v_2 \leqslant 13 \\
& v_1 + v_2 \leqslant 9
\end{array}
$$

$$-v_1 \leqslant 0$$
$$-v_2 \leqslant 0$$

在 6.53 中的原始和对偶主约束基础上增加互补松弛条件，就能得到矩阵标准形式的线性规划的 KKT 最优化条件。

定义 6.54　6.53 中线性规划标准形式解 $\bar{\mathbf{x}}$ 和 $\bar{\mathbf{v}}$ 的 KKT 最优条件是：

$$\begin{array}{ccc} [\text{原始问题有可行解}] & [\text{对偶问题的可行解}] & [\text{对偶松弛性}] \\ \mathbf{A}\bar{\mathbf{x}} = \mathbf{b} & \bar{\mathbf{v}}\mathbf{A} \leqslant \mathbf{c} & (\mathbf{c} - \bar{\mathbf{v}}\mathbf{A})\bar{\mathbf{x}} = \mathbf{0} \\ \bar{\mathbf{x}} \geqslant \mathbf{0} & & \end{array}$$

例 6-33　构造标准模型下的 KKT 条件

回到例 6-32 中的标准形式线性规划，构造解 $\bar{x}_1$，$\bar{x}_2$，$\bar{x}_3$，$\bar{x}_4$，$\bar{x}_5$ 和 $\bar{v}_1$，$\bar{v}_2$ 的 KKT 最优化条件。

解：直接用已给条件替换 6.54 中部分可以得到：

$$\begin{array}{ccc} [\text{原始问题有可行解}] & [\text{对偶问题有可行解}] & [\text{互补松弛性}] \\ 2\bar{x}_1 + 4\bar{x}_2 + \bar{x}_3 - \bar{x}_4 = 4 & 2\bar{v}_1 - \bar{v}_2 \leqslant 5 & (5 - 2\bar{v}_1 + \bar{v}_2)\bar{x}_1 = 0 \\ -\bar{x}_1 + 3\bar{x}_2 + \bar{x}_3 - \bar{x}_5 = 1 & 4\bar{v}_1 + 3\bar{v}_2 \leqslant 13 & (13 - 4\bar{v}_1 - 3\bar{v}_2)\bar{x}_2 = 0 \\ \bar{x}_1, \bar{x}_2, \bar{x}_3, \bar{x}_4, \bar{x}_5 \geqslant 0 & \bar{v}_1 + \bar{v}_2 \leqslant 9 & (9 - \bar{v}_1 - \bar{v}_2)\bar{x}_3 = 0 \\ & -\bar{v}_1 \leqslant 0 & (\bar{v}_1)\bar{x}_4 = 0 \\ & -\bar{v}_2 \leqslant 0 & (\bar{v}_2)\bar{x}_5 = 0 \end{array}$$

6.7.7　基于基本分段框架的标准线性规划形式

与第 5 章的单纯形法类似，本章之后的很多分析会涉及将约束条件与参数按照是否对应于当前基变量与非基变量进行重排。

原理 6.55　假定给定 6.53 中标准形式的原始和对偶线性规划，其中 $\mathbf{B}$ 是包含当前基变量对应的约束列的基子矩阵，对应的原始问题和对偶问题的分段形式是：

$$[\text{原始}] \quad \begin{array}{ll} \min & \mathbf{c}^B\mathbf{x}^B + \mathbf{c}^N\mathbf{x}^N \\ \text{s.t.} & \mathbf{B}\mathbf{x}^B + \mathbf{N}\mathbf{x}^N = \mathbf{b} \\ & \mathbf{x}^B \geqslant \mathbf{0}, \mathbf{x}^N \geqslant \mathbf{0} \end{array} \qquad [\text{对偶}] \quad \begin{array}{ll} \max & \mathbf{v}\mathbf{b} \\ \text{s.t.} & \mathbf{v}\mathbf{B} \leqslant \mathbf{c}^B \\ & \mathbf{v}\mathbf{N} \leqslant \mathbf{c}^N \\ & \mathbf{v}\,\text{URS} \end{array}$$

这里 $\mathbf{x}^B$ 和 $\mathbf{x}^N$ 是决策向量 $\mathbf{x}$ 的基与非基部分，而 $\mathbf{B}$ 和 $\mathbf{N}$ 是对应的主约束条件矩阵的子矩阵，$\mathbf{c}^B$ 与 $\mathbf{c}^N$ 是基与非基目标函数系数，而 $\mathbf{b}$ 表示约束条件右端系数。

例 6-34　构造基于标准分段形式的线性规划模型

回到例 6-33 中的原始和对偶 LP，并判定分段形式 6.55 中各基与非基元素，其中基变量给定为 $\{x_1, x_3\}$。

解：对于给定基变量，$\mathbf{x}^B = (x_1, x_3)$ 以及 $\mathbf{x}^N = (x_2, x_4, x_5)$。对应的参数是：

$$c^B = (5,9) \quad c^N = (13,0,0) \quad \mathbf{B} = \begin{bmatrix} 2 & 1 \\ -1 & 1 \end{bmatrix}$$

$$\mathbf{N} = \begin{bmatrix} 4 & -1 & 0 \\ 3 & 0 & -1 \end{bmatrix}, \quad \mathbf{b} = \begin{bmatrix} 4 \\ 1 \end{bmatrix}$$

如上所示，我们可以由 6.55 进一步推导分段标准形式的三部分的 KKT 最优化条件。

原理 6.56 KKT 最优化条件对于原始线性规划解为 $\overline{x}^B$, $\overline{x}^N$, 和对偶解为 $\overline{v}$ 给定分段形式 6.55 可以表示为：

[原始问题有解]	[对偶问题有解]	[互补松弛性]
$\mathbf{B}x^B + \mathbf{N}x^N = \mathbf{b}$	$\overline{v}\mathbf{B} \leqslant c^B$	$(c^B - \overline{v}\mathbf{B})\overline{x}^B = 0$
$\overline{x}^B \geqslant 0, \overline{x}^N \geqslant 0$	$\overline{v}\mathbf{N} \leqslant c^N$	$(c^N - \overline{v}\mathbf{N})\overline{x}^N = 0$

6.7.8 分段形式下的基本解

回顾定义 5.16，线性规划问题标准形式的原始基本解的构造在于将非基变量值固定在它们的下限＝0，并通过解主约束条件来计算出基变量的相应值。

原理 6.57 如果 $\overline{x}^N = 0$, $\overline{x}^B = \mathbf{B}^{-1}\mathbf{b}$, 那么解 $(\overline{x}^B, \overline{x}^N)$ 是 6.55 分段标准形式中的原始基本解。它的目标函数值是 $c^B\mathbf{B}^{-1}\mathbf{b}$。如果 $\overline{x}^B \geqslant 0$，这个解是原始问题的可行解。

能够得到这些结论是因为，当固定非基变量＝0 时，$\mathbf{B}x^B = \mathbf{b}$，或 $\overline{x}^B = \mathbf{B}^{-1}\mathbf{b}$，这必然是非负的，所以是可行的。将 c^B 仅仅用于非负部分的基解可以得到目标函数值 $c\,\overline{x} = c^B\overline{x}^B = c^B\mathbf{B}^{-1}\mathbf{b}$。

例 6-35 计算分段形式的基本解

回到例 6-34 中原始问题的分段标准形式以及基 $\{x_1, x_3\}$。计算对应的原始基解，判定其目标值，并建模说明原始问题是否有可行解。

解： 由之前的例子我们知道：

$$\mathbf{B} = \begin{bmatrix} 2 & 1 \\ -1 & 1 \end{bmatrix}, \quad \mathbf{B}^{-1} = \begin{bmatrix} 1/3 & -1/3 \\ 1/3 & 2/3 \end{bmatrix}, \quad \mathbf{b} = \begin{bmatrix} 4 \\ 1 \end{bmatrix}, \quad c^B = \begin{bmatrix} 5 \\ 9 \end{bmatrix}$$

因此由 6.57：

$$\overline{\mathbf{x}}^N = (\overline{x}_2, \overline{x}_4, \overline{x}_5) = 0, \quad \overline{\mathbf{x}}^B = (\overline{x}_1, \overline{x}_3) = \mathbf{B}^{-1}\mathbf{b} = (1,2)$$

该解可行的原因是两个基本组成部分都非负，非基部分＝0，且满足由约束条件构建的主约束等式。目标值为 $c^B\overline{x}^B = c^B\mathbf{B}^{-1}\mathbf{b} = 23$。

6.7.9 互补对偶基本解

在 5.8 节对修正的单纯形法的讨论中，我们构建了一个用 $\mathbf{v}$ 表示的定价向量 (5.45)。很容易可以看出为它取的名称不是一个偶然巧合。这个定价向量就是分段标准形式的标准对偶基本解。

原理 6.58 一个基矩阵 $\mathbf{B}$ 的互补对偶基本解 (complementary dual basic solution) 可

以由 $\overline{\mathbf{v}}\mathbf{B}=\mathbf{c}^B$ 或 $\overline{\mathbf{v}}=\mathbf{c}^B\mathbf{B}^{-1}$ 给出。如果它满足 $\overline{\mathbf{v}}\mathbf{N}\leqslant\mathbf{c}^N$，那么该解就是对偶可行的。无论可行与否，它的对偶目标值都和 6.57 中的原始解 $(\overline{\mathbf{x}}^B,\ \overline{\mathbf{x}}^N)$ 相等，即 $\overline{\mathbf{v}}\mathbf{b}=\mathbf{c}^B\mathbf{B}^{-1}\mathbf{b}=\mathbf{c}\,\overline{\mathbf{x}}$，且两者均满足 6.56 中 KKT 条件的所有互补松弛性要求。

注意到 6.58 中对偶基本解的构建自动满足 6.56 中第一部分基变量的对偶可行性，因为 $\overline{\mathbf{v}}\mathbf{B}=\mathbf{c}^B$ 的构建基于 $\overline{\mathbf{v}}=\mathbf{c}^B\mathbf{B}^{-1}$。对于剩下的部分，只需要验证非基变量的对偶约束条件，也就是，$\overline{\mathbf{v}}\mathbf{N}\leqslant\mathbf{c}^N$。不管 $\overline{\mathbf{v}}$ 是否为对偶可行的，原始和对偶目标函数值满足 $\overline{\mathbf{v}}\mathbf{b}=\mathbf{c}^B\mathbf{B}^{-1}\mathbf{b}=\overline{\mathbf{c}\mathbf{x}}$。同时，$\overline{\mathbf{v}}\mathbf{B}=\mathbf{c}^B$ 使得 6.56 中对偶松弛性的第一个部分满足。第二部分由于 $\overline{\mathbf{x}}^N=0$ 而自动满足。

例 6-36　计算互补对偶基本解

回到例 6-34 和 6−35 中分段标准形式的原始和对偶线性规划，基变量给定为 $\{x_1,\ x_3\}$。

(a) 计算 6.58 的对偶基本解，并判定其是否为对偶可行。

(b) 验证 (a) 中解的目标函数值与之前计算的原始目标函数值相等。

(c) 验证例 6-35 中的对偶基本解和原始解 $(\overline{\mathbf{x}}^B,\ \overline{x}^N)$ 两者都满足所有要求的互补松弛条件。

解：

(a) 由题可知，$\mathbf{c}^B=(5,\ 9)$，$\mathbf{B}^{-1}=\begin{bmatrix}1/3 & -1/3\\ 1/3 & 2/3\end{bmatrix}$，对偶解 $\overline{\mathbf{v}}=\mathbf{c}^B\mathbf{B}^{-1}=(14/3,\ 13/3)$。为了判定其是否为对偶可行，我们必须检查非基原始变量的对偶约束条件是否满足。其中 x_2 对应的条件不成立，因为 $4v_1+3v_2\leqslant13$。因此，该解 $\mathbf{v}$ 不是对偶问题的可行解。

(b) 尽管解 $\overline{\mathbf{v}}$ 不是可行解，但它的目标函数方程值 $\overline{\mathbf{v}}\mathbf{b}=(14/3,\ 13/3)\cdot(4,\ 1)=23$，满足例 6-35 中原始目标函数值。

(c) 回顾例 6-33，每个原始变量都对应一个互补松弛条件。尽管对偶解不可行，但非基变量的互补松弛约束自动满足，因为 $\overline{\mathbf{x}}^N=(\overline{x}_2,\ \overline{x}_4,\ \overline{x}_5)=0$。而对于基变量有 $(5-2\overline{v}_1+\overline{v}_2)\overline{x}_1=0$ 以及 $(9-\overline{v}_1-\overline{v}_2)\overline{x}_3=0$ 也是自动满足条件，因为 $\mathbf{c}^B-\overline{\mathbf{v}}\mathbf{B}=(5,\ 9)-(14/3,\ 13/3)\begin{bmatrix}2 & 1\\ -1 & 1\end{bmatrix}=(0,\ 0)$。

像 6.58 中一样计算互补对偶解还有另一个好处。因为原始和对偶 LP 问题都定义在 6.3 和 6.4 节中同一套参数下，因此我们很容易能想到需要通过两种搜索方式得到两者的最优解，其中一个是原始最优解，另一个是对偶最优解。但是原理 6.58 指明了事实上仅仅需要一个改进的搜索（在这里是改进原始问题最优解的搜索）。我们由原理 5.6 和 5.19 可以知道，任何 LP 问题在它可行解的一个端点有一个有限最优解，而 LP 问题的基可行解就是这些端点解。因此如果我们能够找到一个最优原始基，那么原始最优和对应的对偶就可以很容易从同样的基变量中计算出来。我们已经熟悉的单纯形法就可以做这项工作。

6.7.10　原始单纯形法最优与 KKT 条件的必要性

运用原始单纯形法进行搜索时，我们可以进一步证明该算法的停止条件，在最小化原始模型中恰好满足最后的对偶可行性条件 $\bar{v}N \leqslant c^N$（相应地，对于最大化原始模型是 $\bar{v}N \geqslant c^N$）。首先，我们回顾一下，单纯形方向的构建需要先选定一个非基变量 x_j，让它的变化步长为 $\Delta x_j = 1$，其他非基变量 x_k 对应变化量 $\Delta x_k = 0$，然后解出步长 Δx^B 的基本部分，使其满足可行性要求 $A\Delta x = 0$。特别地，对于第 j 个约束方程列 a^j，我们需要：

$$B\Delta x^B = -a^j \qquad \text{或两边左乘} \ B^{-1}$$
$$\Delta x^B = -B^{-1}a^j$$

然后，这个搜索方向减少的成本就是 $c \cdot \Delta x$，或：

$$\bar{c}_j = c_j - c^B \Delta x^B \qquad \text{等于}$$
$$c_j - c^B(B^{-1}a^j) \qquad \text{应用乘法交换律}$$
$$c_j - c^B B^{-1}(a^j) \qquad \text{等于}$$
$$c_j - \bar{v}a^j$$

也就是说，原始单纯形法最优性检验 $\bar{c}$ 其实就是建立 KKT 条件中的剩余部分。

$$\text{对于最小化问题，} \bar{c}^N \geqslant 0 \ \text{意味着} \ \bar{v}N \leqslant c^N$$
$$\text{对于最大化问题，} \bar{c}^N \leqslant 0 \ \text{意味着} \ \bar{v}N \geqslant c^N$$

原理 6.59 原始单纯形法可以被理解为，通过一系列基本解而寻求一种优化的原始搜索策略，使得 KKT 最优化条件 6.56 被满足，具体步骤如下：(i)由可行解开始，并且始终保持原始问题解可行性；(ii)直接或间接对应有基对偶解，与原始解满足互补松弛条件，并且易于单纯形法继续朝优化方向进行；(iii)当发现无界或当前基对偶解可行时，停止计算。也就是说，原始单纯形法保持原始可行性和互补松弛性，同时寻求对偶解可行性。

用一个例子来演示，参见表 5-9 中黄铜奖杯模型(5-1)的改进单纯形解。它以全松弛原始解 $\bar{x}^N = (\bar{x}_1, \bar{x}_2) = (0, 0)$ 以及原始可行解 $\bar{x}^B = (\bar{x}_3, \bar{x}_4, \bar{x}_5, \bar{x}_6) = (1\ 000, 1\ 500, 1\ 750, 4\ 800)$ 作为开始。接下来的迭代改进了基本解的目标值，但是总是通过选择步长 λ 使得搜索恰恰卡在一个其变量即将变负而可行性即将丧失的点，从而保持了原始可行性。

对偶(价格)向量 v 在每次迭代中如原理 6.58 所示构造 $\bar{v} = c^B B^{-1}$。这样保证了当前原始解下的互补性。

黄铜奖杯案例中的线性规划问题是一个最大化原始问题，非基变量的对偶约束条件是 $vN \geqslant c^N$，或者在减少成本的方面，$\bar{c}^N = \bar{c}^N - \bar{v}N \leqslant 0$。但这也恰恰是对是否有遗漏改进单纯形法方向的检验。例如，迭代次数 $t = 2$ 时，非基变量 x_3 进基，因为，$\bar{x}_3 = c_3 - \bar{v} \cdot a^3 = 0 - (-6, 0, 0, 4.5) = 6 > 0$，它违背了对偶可行性。另一方面，在迭代至 $t = 3$ 时，当减少后的成本对应的两个非基变量都 $\leqslant 0$ 时，该算法的计算过程结束，并且最后的原始解 $x^{(3)} = (650, 1100, 350, 400, 0, 0)$ 是最优的，满足对偶可行性。原始单纯形法总是保持原始解可行性(原理 5.24)。同时注意到(原理 6.58)原始和对偶问题的目标函数值在每一步总是保持相等，同时也保持了对偶松弛性。因此当该算法终止时，我们找到了满足互补松弛性的原始和对偶可行解，使得两个问题的目标函数值相等并且在两个问题中都是最优(原理 6.50)。

最后注意到这些结果也使得我们可以解决一个很了不起的理论问题。我们以上所讨论的 KKT 最优化条件 6.56 说明了以上条件对于 LP 问题是充分必要的。但是，我们之前只能够证明充分性。意识到每一个有界可行解有与之对应的目标函数值相等的互补最优基本解，从而可以说明 KKT 条件对每一个这样的 LP 都成立。

原理 6.60　如果一个给定的线性规划有原始最优解，那么存在一个基解 $\mathbf{x}^*$ 对应有对偶解 $\mathbf{v}^*$，这两者有同样的目标值且相互满足互补松弛条件。也就是说，KKT 最优化条件 6.56 对于原始或对偶 LP 问题存在最优解是必要条件。

例 6-37　从一个最优原始基解来证明 KKT 最优化条件

考虑以下标准形式的原始线性规划：

$$\min \quad 8x_1 + 10x_2 + 20x_3 + 2x_4$$
$$\text{s.t.} \quad -2x_1 + 2x_2 + 2x_3 - 1x_4 = 8$$
$$7x_1 + 1x_2 + 5x_3 + 3x_4 = 11$$
$$x_1, x_2, x_3, x_4 \geqslant 0$$

(a) 证明原始单纯形法能够在基 $\{x_2, x_4\}$ 下停止迭代。

(b) 构造所给原始模型的对偶模型。

(c) 仅仅使用 (a) 的结果计算 (b) 的对偶最优解。

解：

(a) 对应的基解满足：

$$2\overline{x}_2 - 1\overline{x}_4 = 8$$
$$1\overline{x}_2 + 3\overline{x}_4 = 11$$

给了完整原始基解 $\overline{\mathbf{x}} = (0, 5, 0, 2)$，原始可行。对应的单纯形解步长为 $\Delta\mathbf{x}^{(1)} = (1, 13/7, 0, 12/7)$ 的同时 $\overline{c}_1 = 201/7$，以及 $\Delta\mathbf{x}^{(2)} = (0, 6/5, 1, -7/5)$ 的同时 $\overline{c}_2 = 146/5$。没有哪一个使得最小化问题变优，所以 $\overline{\mathbf{x}}$ 的最优目标函数值为 54。

(b) 用对偶变量 v_1, v_2 表示，对偶为：

$$\max \quad 8v_1 + 11v_2$$
$$\text{s.t.} \quad -2v_1 + 7v_2 \leqslant 8$$
$$2v_1 + 1v_2 \leqslant 10$$
$$2v_1 + 5v_2 \leqslant 20$$
$$-1v_1 + 3v_2 \leqslant 2$$
$$v_1, v_2 \text{ URS}$$

(c) 我们可以通过解基矩阵的列 $\overline{\mathbf{v}}\mathbf{B} = \mathbf{c}^B$ 来计算对应的对偶解，也就是：

$$2\overline{v}_1 + 1\overline{v}_2 = 10$$
$$-1v_1 + 3\overline{v}_2 = 2$$

结果是解为 $\mathbf{v} = (4, 2)$，目标函数值 $= 54$。(a) 中精简后的成本说明对偶解可行，并达到了原始最优值。因此它必然也满足互补松弛性条件 6.50，而且原始和对偶解都一定是最优的。

6.8 对偶单纯形法的搜索

从原理 6.59 中我们得知，原始单纯形法搜索可以理解为在保持原始解可行的前提下，构建满足互补松弛性条件的对偶解，并使这样构造出来的对偶解可行，从而满足 KKT 最优化条件的搜索模式。这不是通向 LP 最优的唯一单纯形法搜索途径。在这一节中，我们将探索另一套优化对偶解的对偶单纯形搜索方法。

原理 6.61 对偶单纯形法可以理解为，通过一系列基解，不断改进对偶搜索策略，并最终满足 KKT 最优化条件 6.56，具体步骤如下：(i)以对偶可行解开始搜索并始终保持对偶解可行性；(ii)每一个对偶解都对应有满足互补松弛性的原始基本解，每一步都朝着搜索方向更进一步优化结果；(iii)当检测到对偶无界(原始问题无解)或者当前原始基解证明为原始可行时终止。也就是说，在搜索原始解可行性时该算法保持对偶可行性与互补松弛性。

这样搜索 LP 问题最优解的一个原因是，对偶问题的变量往往少于原始变量。但是我们现在要来看一个更重要的问题。如果一个原始基解可行，但是却不容易找到，那么我们只能使用第一阶段的方法来寻找它，而这样是一个工作量非常大的多余工作。另一方面，通过从研究如 6.5 节和 6.6 节中讨论的"如果……会怎样"问题出发或进行进一步的计算，对偶问题可行解的寻找会显得简单很多。毕竟，我们知道在标准形式下的 LP 问题(原理 6.56)中主对偶变量 $\mathbf{v}$ 都是无符号限制的。对偶可行性要求只有：对最大化原始模型，$\mathbf{vA} \geqslant \mathbf{c}$；对最小化原始模型，$\mathbf{vA} \leqslant \mathbf{c}$。等价于：

$$\bar{\mathbf{c}} = \mathbf{c} - \mathbf{vA} \leqslant 0 \text{ 对于最大化原始模型}$$
$$\bar{\mathbf{c}} = \mathbf{c} - \mathbf{vA} \geqslant 0 \text{ 对于最小化原始模型} \tag{6-11}$$

例 6-38 对偶单纯形法的便捷性

考虑以下原始线性规划：

$$
\begin{aligned}
\min \quad & 2x_1 + 3x_2 \\
\text{s.t.} \quad & 3x_1 - 2x_2 >= 4 \\
& x_1 + 2x_2 >= 3 \\
& x_1, x_2 \quad \geqslant 0
\end{aligned}
$$

(a) 构造对应的对偶问题。

(b) 通过减去松弛变量 x_3 和 x_4，把原始问题改写为标准形式。

(c) 以 x_3 和 x_4 为基变量，计算原始基本解和对应的对偶基本解。

(d) 解释为什么这个基不可以作为原始单纯形法的起始基而可以作为对偶单纯形法的起始基。

解：

(a)用变量 v_1 和 v_2 表示，对偶问题是：

$$\max \quad 4v_1 + 3v_2$$
$$\text{s. t.} \quad 3v_1 + v_2 <= 2$$
$$-2v_1 + 2v_2 <= 3$$
$$v_1, v_2 \quad \geqslant 0$$

（b）现在用松弛变量 x_3 和 x_4 把原始问题变为标准形式，以松弛变量为基可以有如下单纯形表：

	x_1	x_2	x_3	x_4	
min c	2	3	0	0	b
A	3	−2	−1	0	4
	1	2	0	−1	3
$\bar{c}_j$	2	3	0	0	
Basis:	N	N	1st	2nd	

（c）求解原始和对偶基本解有如下原始可行结果：

$$\mathbf{B} = \begin{bmatrix} -1 & 0 \\ 0 & -1 \end{bmatrix}, \quad \mathbf{B}^{-1} = \begin{bmatrix} -1 & 0 \\ 0 & -1 \end{bmatrix}, \quad \bar{\mathbf{x}}^B = \mathbf{B}^{-1}\mathbf{b} = \begin{bmatrix} -4 \\ -3 \end{bmatrix}$$

（d）互补松弛解 $\bar{\mathbf{v}} = \mathbf{c}^B \mathbf{B}^{-1} = (0,0)\mathbf{B}^{-1} = (0,0)$ 仍然是可行的，因为标准的最小化原始模型的对偶的唯一约束条件等价于 $\bar{\mathbf{c}} \geqslant 0$［等式(6-11)］，以上（b）部分表显示在当前对偶情形下成立。要开始原始单纯形法的计算很可能需要进行第一阶段运算，但是对偶单纯形法可以立即开始进行。

6.8.1　选择优化方向

对偶单纯形法的任何一次迭代都聚焦于当前原始基解的 r 部分，其中 $\bar{x}_r < 0$，因此是不可行解。当前解为 $\bar{\mathbf{v}}$ 时选择的变化量 $\Delta \mathbf{v}$ 的方向一定是能让原始和对偶解更优。这是通过影响基矩阵 $\mathbf{B}^{-1}$ 的第 r 行获得的。

原理 6.62　对偶单纯形法搜索采用的方向 $\Delta \mathbf{v} \leftarrow \pm \mathbf{r}$（+ 对应最大化原始问题，一对应最小化原始问题），其中 $\mathbf{r}$ 是 $\mathbf{B}^{-1}$ 与不可行解值 $\bar{x}_r$ 对应的行。该选择会在优化当前对偶目标函数值的同时，使得相应的原始解进一步贴近其可行解集。

作为演示，在例 6-38 中最小化模型中选择不可行部分 $r = 1$。对应的原理 6.62 的方向变动将是：

$$\Delta \mathbf{v} \leftarrow -\mathbf{r}^{(1)} = -(-1,0) = (1,0)$$

进一步推广，我们知道对偶解是可行的，所以优化对偶目标值会使得原始目标函数值比当前的值差（在最大化模型中更小或在最小化模型中更大）。原理 6.62 中选择的方向恰恰就是这样。一步以 $\lambda \geqslant 0$ 为长度，方向为 $\Delta \mathbf{v} \leftarrow \pm \mathbf{r}$ 的变化，会影响对偶和互补的原始解值，因为：

$$\bar{\mathbf{v}}^{\text{new}} \mathbf{b} \leftarrow (\bar{\mathbf{v}}^{\text{old}} + \lambda \Delta \mathbf{v}) \cdot \mathbf{b} = (\bar{\mathbf{v}}^{\text{old}} \pm \lambda \mathbf{r}) \cdot \mathbf{b} = \mathbf{v}^{\text{old}} \cdot \mathbf{b} \pm \lambda \mathbf{r} \cdot \mathbf{b}$$

当第 r 个原始问题的基解 $\bar{x}_r = \mathbf{r} \cdot \mathbf{b} < 0$，最大化原始问题的目标函数值会减小，对应的最小化对偶问题变得更优。相对应地，当最小化原始问题的目标函数值增加时，对应的最大化对偶问题变得更优。

最大化对偶问题解更优，而相应的原始解朝着可行方向进行了调整。

6.8.2 确定对偶步长以保持对偶解可行性

原理 6.62 移动方向上的步长需保持对偶解的可行性。

原理 6.63 以 $\lambda > 0$ 为步长，Δv 为方向的变化会对当前精简成本产生 $\Delta \bar{c} = -\Delta v A$ 的影响。当非基变量的对偶可行性即将失去时，λ 仅有有限个选择，也就是说：

$$\lambda \leftarrow \frac{-\bar{c}_p}{\Delta \bar{c}_p} = \min\left\{\frac{-\bar{c}}{\Delta \bar{c}_j} : \Delta \bar{c}_j > 0, j \text{ 非基}\right\} \quad \text{对于最大化原始问题}$$

$$\lambda \leftarrow \frac{\bar{c}_p}{-\Delta \bar{c}_p} = \min\left\{\frac{\bar{c}_j}{-\Delta \bar{c}_j} : \Delta \bar{c}_j < 0, j \text{ 非基}\right\} \quad \text{对于最小化原始问题}$$

如果算出来不存在限制，那么对偶问题无界，同时也意味着原始问题不可行。

回到例 6-38 的最小化例子以及等式(6-12)，我们知道：

$$\Delta \bar{c} = -\Delta v A = -(1, 0)\begin{bmatrix} 3 & -2 & -1 & 0 \\ 1 & 2 & 0 & -1 \end{bmatrix} = (-3, 2, 1, 0)$$

因为仅有一个新的非基部分<0，我们有 $\lambda = \bar{c}_1 / -\Delta \bar{c}_1 = 2/3$。

6.8.3 改变原始解以及基的更新

把方向和步长确定之后，我们可以着手于基的更新以及对应的原始和对偶解。

原理 6.64 在更新对偶解 $\bar{v} \leftarrow \bar{v} + \lambda \Delta v$ 后恢复基解是通过更换基变量不可行解 x_r，用经过 6.63 步长选择后确定的 x_p 取而代之。更新后的原始和对偶基本解能够保持对偶可行性和互补松弛性，同时使得之前负的 x_r 变为 0。

首先思考对偶可行性，步长选择 6.63 会保证当前非基变量满足约束条件(6-11)。那对于当前基变量呢？互补性要求使得在迭代开始前就满足 $c^B = \bar{v}B$，或 $\bar{c}^B = 0$。紧接着有 $\Delta \bar{c}^B = -\Delta v B = \mp r B$。但对于 r，基的逆的第 r 行，$\mp r B = (0, 0, \cdots, \mp 1, \cdots, 0, 0)$，也就是说，是一个在 x_r 元素位置上最大化问题中为 -1 而最小化问题中为 $+1$ 的单位向量。仅有 $\bar{c}_r$ 会发生步长 $\lambda > 0$ 的变化，而这个变化不会影响对偶可行性。

至于原始可行性和互补松弛性，6.63 中的步长选择保证了一个非基变量 x_p 在变化后更新的 $\bar{c}_p = 0$，使得在新的基中 $x_p > 0$ 不会违背互补松弛性。更进一步，现在非基变量 $x_r = 0$，这与它对应的变化值 c_r 满足互补性。紧接着有新的对偶解 $\bar{v} \leftarrow \bar{v} + \lambda \Delta v$ 恰恰就是下一个迭代所需的对偶互补基解。

算法 6A 将以上所有步骤进行了汇总，作为对偶单纯形法的完整表述。

▶**6A 算法：线性规划的对偶单纯形搜索**

第 0 步：初始化。任意选择一个起始对偶可行的基，将主约束矩阵列分为基子矩阵 B 和非基子矩阵 N，推导出基子矩阵的逆 B^{-1}。把非基部分的初始化值设为 $x^{N(0)} \leftarrow 0$，同时通过解对偶基解 $Bx^{B(0)} = b$，也就是 $x^{B(0)} \leftarrow B^{-1}b$ 得到 $x^{B(0)}$。最后，通过解 $v^{(0)}B = c^B$ 也

就是 $\mathbf{v}^{(0)} \leftarrow \mathbf{c}^B \mathbf{B}^{-1}$ 推导得到对偶基解 $\mathbf{v}^{(0)}$，其中 $\mathbf{c}^B$ 是当前基目标函数系数向量，并将迭代计数初始化：$t \leftarrow 0$。

第 1 步：最优性。如果当前原始基解满足 $\mathbf{x}^{B(t)} \geqslant 0$，停止计算；原始可行性满足，而且当前原始和对偶解 $\mathbf{x}^{(t)}$ 和 $\mathbf{v}^{(t)}$ 在各自问题中有相同的目标函数值 $\mathbf{c} \cdot \mathbf{x}^{(t)} = \mathbf{v}^{(t)} \cdot \mathbf{b}$。否则选择原始可行基解 r，有 $x_r^{(t)} < 0$。

第 2 步：对偶单纯形变化方向。优化对偶单纯形法的方向 $\Delta \mathbf{v} \leftarrow \pm \mathbf{r}$（对于最大化原始问题是 $+$，对于最小化原始问题是 $-$），其中 $\mathbf{r}$ 是对应于 $\mathbf{B}^{-1}$ 中不可行原始基解 $x_r^{(t)}$ 的行。同时计算非基精简成本对应的变化 $\Delta \mathbf{c}^N \leftarrow -\Delta \mathbf{v} \mathbf{N}$。

第 3 步：步长大小。如果对于一个最小化原始模型有 $\Delta \mathbf{c}^N \geqslant 0$ 或对于最大化原始模型有 $\Delta \mathbf{c}^N \leqslant 0$，停止计算。可以得出结论，单纯形操作如果进行下去，则可以永远继续优化，因此对偶解无界，也就意味着原始问题不可行。另一方面，选择步长 λ 以及非基指标 p 的方法是：

$$\lambda \leftarrow \frac{-\bar{c}_p}{\Delta \bar{c}_p} = \min\left\{\frac{-\bar{c}_p}{\Delta \bar{c}_j} : \Delta \bar{c}_j > 0, j \text{ 非基}\right\} \qquad \text{对于最大化原始模型}$$

$$\lambda \leftarrow \frac{\bar{c}_p}{-\Delta \bar{c}_p} = \min\left\{\frac{\bar{c}_p}{-\Delta \bar{c}_j} : \Delta \bar{c}_j > 0, j \text{ 非基}\right\} \quad \text{对于最小化原始模型}$$

第 4 步：新的解和基。将基 x_r 由 x_p 替换，更新子矩阵 $\mathbf{B}$，$\mathbf{N}$，和 $\mathbf{B}^{-1}$，然后计算新的原始基解 $\mathbf{x}^{(t+1)}$。对应的对偶问题可以类似地被计算或由 $\mathbf{v}^{(t+1)} \leftarrow \mathbf{v}^{(t)} + \lambda \Delta \mathbf{v}$ 获得。接下来使 $t \leftarrow t+1$，并且回到第 1 步。

例 6-39　应用对偶单纯形算法 6A

回到例 6-38 中的例子。

（a）应用算法 6A 计算最优原始和对偶基解，在每一步迭代 t 中写出 $\mathbf{x}^{(t)}$，$\mathbf{v}^{(t)}$，$\mathbf{r}$，$\Delta \mathbf{v}$，$\mathbf{B}$ 和 $\mathbf{B}^{-1}$ 的值。

（b）用原始的两个变量展示算法的推进，并评论原始和对偶解的演进。

解：

（a）以 x_3 和 x_4 为基作为初始化条件，我们有：

	x_1	x_2	x_3	x_4	
min **c**	2	3	0	0	**b**
A	3	-2	-1	0	4
	1	2	0	-1	3
$\bar{c}_j$	2	3	0	0	
Basis：	N	N	1st	2nd	

$$\mathbf{B} = \begin{bmatrix} -1 & 0 \\ 0 & -1 \end{bmatrix}, \quad \mathbf{B}^{-1} = \begin{bmatrix} -1 & 0 \\ 0 & -1 \end{bmatrix}$$

$$\mathbf{v}^{(0)} = \mathbf{c}^B \mathbf{B}^{-1} = \begin{bmatrix} 0 \\ 0 \end{bmatrix}, \quad \mathbf{x}^{B(0)} = \mathbf{B}^{-1} \mathbf{b} = \begin{bmatrix} -4 \\ -3 \end{bmatrix}$$

两个目标函数值都是 $\mathbf{c}\mathbf{x}^{(0)} = \mathbf{v}^{(0)}\mathbf{b} = \mathbf{0}$。

选择不可行元素 $x_r = -4$，优化方向是 $\Delta \mathbf{v} = -\mathbf{r}^{(1)} = (1, 0)$ 以及 $\Delta \bar{\mathbf{c}} = (-3, 2, 1, 0)$。接下来的步长对应于元素 x_1，根据 $\lambda = 2/-(-3) = 2/3$ 建立，令 $p = 1$。

在 $t = 1$，我们将基更新为：

	x_1	x_2	x_3	x_4	
min **c**	2	3	0	0	**b**
A	3	-2	-1	0	4
	1	2	0	-1	3
$\bar{c}_j$	0	13/3	2/3	0	
Basis:	N	N	1st	2nd	

$$\mathbf{B} = \begin{bmatrix} 3 & 0 \\ 1 & -1 \end{bmatrix}, \quad \mathbf{B}^{-1} = \begin{bmatrix} 1/3 & 0 \\ 1/3 & -1 \end{bmatrix}$$

$$\mathbf{v}^{(1)} = \mathbf{c}^B \mathbf{B}^{-1} = \begin{bmatrix} 2/3 \\ 0 \end{bmatrix}, \quad \mathbf{x}^{B(1)} = \mathbf{B}^{-1}\mathbf{b} = \begin{bmatrix} 4/3 \\ -5/3 \end{bmatrix}$$

这两个目标函数值都是 $\mathbf{cx}^{(1)} = \mathbf{v}^{(1)}\mathbf{b} = 8/3$。

此时基解 x_4 不可行，令 $r = 4$，以及 $\Delta\mathbf{v} = -\mathbf{r}^{(2)} = (-1/3, 1)$ 与 $\Delta\bar{\mathbf{c}} = (0, -8/3, -1/3, 1)$。由 6.63 确定步长大小，使得 $\lambda = \min\{(13/3)/(8/3), (2/3)/(1/3)\} = 13/8$ 以及 $p = 2$。

在 $t = 2$ 时，我们再次更新得到：

	x_1	x_2	x_3	x_4	
min **c**	2	3	0	0	**b**
A	3	-2	-1	0	4
	1	2	0	-1	3
$\bar{c}_j$	0	0	1/8	13/8	
Basis:	1st	2nd	N	N	

$$\mathbf{B} = \begin{bmatrix} 3 & -2 \\ 1 & 2 \end{bmatrix}, \quad \mathbf{B}^{-1} = \begin{bmatrix} 1/4 & 1/4 \\ -1/8 & 3/8 \end{bmatrix}$$

$$\mathbf{v}^{(2)} = \mathbf{c}^B \mathbf{B}^{-1} = \begin{bmatrix} 1/8 \\ 13/8 \end{bmatrix}, \quad \mathbf{x}^{B(2)} = \mathbf{B}^{-1}\mathbf{b} = \begin{bmatrix} 7/4 \\ 5/8 \end{bmatrix}$$

现在原始解可行，因此该算法在 $x^* = (7/4, 5/8, 0, 0)$ 以及 $v^* = (1/8, 13/8)$ 处终止，两者的目标函数值都为 43/8。

（b）图解如右所示。

对偶单纯形法从原始非可行基解 $\mathbf{x}^{(0)} = (0, 0)$ 起始，然后在非可行解 $\mathbf{x}^{(1)} = (4/3, 0)$ 处继续进行，最后在第一个原始可行解 $\mathbf{x}^* = \mathbf{x}^{(1)} = (7/4, 5/8)$ 处达到最优并终止。注意，以上都是由积极约束得到的基解，仅最后一个是可行集的端点。

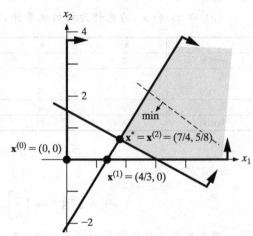

6.9 原始—对偶单纯形法搜索

从原理 6.59 中我们可以看到，原始单纯形法搜索可以被理解为在保持原始基解可行性情况下，构造与之互补的对偶解，并在此基础上寻求满足 KKT 条件的搜索模式。在原理 6.61 我们遇到了对偶单纯形法搜索，它保持对偶基解可行性的同时，更新对应与之互补原始基解，直到原始解可行。现在，我们寻求一个基于以上两者的衍生方法——原始—对偶搜索，即无论是不是基的对偶可行解都保留，增加灵活性，使得在搜索过程中可以转而用与之互补的原始可行解继续搜索。

原理 6.65 原始—对偶单纯形搜索算法可以理解为通过一系列原始—对偶问题解对来使 KKT 优化条件 6.54 得到满足的一种优化原始—对偶搜索策略，具体步骤如下：(i)以对偶可行解起始，并一直保留对偶解的可行性(尽管不需要是基对偶解)；(ii)在符合满足每一个对偶的互补松弛性条件的有限个原始解中寻求原始可行基解，如果找不到这样的基解，找出对偶的优化方向；(iii)当发现对偶无界(原始无解)或当前基解为原始可行时，终止计算。也就是说，该算法保留对偶可行性以及互补松弛性的同时，用一种新的方式寻求原始可行性。

和对偶单纯形法类似，原始对偶单纯形法的一部分吸引力在于起始条件只需要有一个对偶可行解。在原始—对偶情形，因为对偶解不一定要是基解，所以有更多的自由。在标准形式的 LP 问题(原理 6.53)中，主对偶变量 **v** 没有符号限制。对偶可行性要求最大化问题 $\mathbf{vA} \geqslant \mathbf{c}$ 或最小化问题 $\mathbf{vA} \leqslant \mathbf{c}$，分别等价于 $\bar{\mathbf{c}} = \mathbf{c} - \mathbf{vA} \leqslant 0$ 与 $\bar{\mathbf{c}} = \mathbf{c} - \mathbf{vA} \geqslant 0$。

另一个关心的问题是，通过受限制的原始策略来寻求合适原始解的灵活性和有效性。

原理 6.66 任何一个原始—对偶搜索的主要步骤都解决了一个具有如下形式的受限制原始模型：

$$\begin{aligned} \min \quad & \sum_i q_i \\ \text{s. t.} \quad & \sum_{j \in J} \mathbf{a}^j x_j + \mathbf{q} = \mathbf{b} \\ & \mathbf{q} \geqslant \mathbf{0}, \quad x_j \geqslant 0 \ \forall j \in J \end{aligned}$$

这里，$\mathbf{q}$ 是一个人工变量向量，而对于当前对偶可行解 $\bar{\mathbf{v}}$ 有 $J = \{j : c_j - \bar{\mathbf{v}}\boldsymbol{\alpha}^j = \bar{c}_j = 0\}$。

像在原理 6.66 中详细讨论的那样，有限原始策略是将原始单纯形法的第一阶段(第 3.5 节)以一个只需处理更少原始变量的方式展现。每个主要步骤后的原始搜索都在互补的 x_j 同时满足 $\bar{c}_j = 0$ 的子集里，并致力于找到一个原始可行的解($\bar{\mathbf{q}}$，人工变量最优值，$= \mathbf{0}$)。需要考虑 $\bar{c}_j$ 对每一个原始变量有限制，对偶解改变仅仅当限制问题失效时可能间歇性发生。尽管我们在这里将我们的讨论限制在有限制的原始问题的单纯形法上，但事实上特殊的 LP 问题还有别的解法(如第 10 章的匈牙利指派算法)。

例 6-40 初步使用原始—对偶单纯形法进行搜索

考虑以下标准形式的原始线性规划问题：

$$\begin{aligned} \min \quad & 2x_1 + 1x_2 + 4x_3 + 11x_4 \\ \text{s. t.} \quad & 2x_1 + 1x_2 + 2x_3 + 4x_4 = 4 \\ & \quad\quad\ + 1x_2 + 3x_3 + 6x_4 = 5 \\ & x_1, x_2, x_3, x_4 \quad\quad\quad \geqslant 0 \end{aligned}$$

(a) 用变量 v_1 和 v_2 构造对应的对偶问题。

(b) 说明解 $\bar{v} = (1, 0)$ 在对偶问题中是可行解。

(c) 对于所有原始变量计算减少后的成本 $\bar{c}_j$，并找出满足限制的原始集合 J。

(d) 构造对应的原始问题。

解:

(a) 用变量 v_1 和 v_2，对偶问题是:

$$\begin{aligned} \max \quad & 4v_1 + 5v_2 \\ \text{s. t.} \quad & 2v_1 \leqslant 2 \\ & 1v_1 + 1v_2 \leqslant 1 \\ & 2v_1 + 3v_2 \leqslant 4 \\ & 4v_1 + 6v_2 \leqslant 11 \\ & v_1, v_2 \, \text{URS} \end{aligned}$$

(b) 用 $v_1 = 1$ 和 $v_2 = 0$ 替换后所有 4 个主约束条件都得到满足，所以是对偶可行的。

(c) 用 $v_1 = 1$ 和 $v_2 = 0$ 对应主约束条件行，对应的减少后的成本为 $\bar{c}_1 = 0$，$\bar{c}_2 = 0$，$\bar{c}_3 = 2$，$c_5 = 6$。这使得有限集 $J = \{1, 2\}$，且有 $\mathbf{c} = 0$。

(d) 现在把原始变量限制在 J 中，并引入人工变量 q_1 和 q_2，起始受限制的原始模型是:

$$\begin{aligned} \min \quad & q_1 + q_2 \\ \text{s. t.} \quad & 2x_1 + 1x_2 + q_1 = 4 \\ & + 1x_2 + q_2 = 5 \\ & x_1, x_2, q_1, q_2 \geqslant 0 \end{aligned}$$

6.9.1 选择优化对偶的方向

每一轮原始—对偶搜索都涉及解当前受限制的原始问题，且常常是经过一系列原始解之后达到第一阶段的最优性。如果最优解 $\bar{q} = 0$，那么就得到了一个对于原始问题可行的与目前对偶解互补的原始解，而整个搜索也可以停止。另一方面，我们必须找到一个方式去改变主对偶解 $\mathbf{v}$，以改进优化目标函数值，并允许新的变量进入限制集。

原理 6.67 如果限制原始问题已经达到最优，然而对应的原始变量在原始问题中不可行，原始—对偶单纯形搜索采用的方向 $\Delta \mathbf{v} \leftarrow \pm \bar{\mathbf{w}}$(对于一个最小化原始问题为 $+$，对于一个最大化原始问题为 $-$)，其中 $\bar{\mathbf{w}}$ 是当前限制原始模型的最优对偶解。这个方向会在原有的模型中优化对偶解的值，并提供在下一个受限制的原始模型中增加新变量的可能性。

为了看到选择这个 $\Delta \mathbf{v}$ 如何确实使主对偶目标值变优，注意到:

(新对偶目标函数值) $= (\bar{\mathbf{v}} + \lambda \Delta \mathbf{v}) \mathbf{b} = \bar{\mathbf{v}} \cdot \mathbf{b} + \lambda \Delta \cdot \mathbf{b} = $ (旧对偶目标函数值) $\pm \lambda \bar{\mathbf{w}} \cdot \mathbf{b}$

但是 $\bar{\mathbf{w}} \cdot \mathbf{b}$ 恰恰是最后一个受限制的原始问题的最优解值，而且如果非零人工变量仍处在原始最优解的话，它将 > 0。

6.9.2 决定对偶步长

只要优化后的 $\Delta \mathbf{v} = \pm \bar{\mathbf{w}}$ 保持对偶可行，我们就按照原理 6.67 中的优化方向进一步优化。如果这里存在界限，当一个或更多新的原始变量加到限制原始模型时，我们能够观察到恰恰达到这个界限。

6.67 中所定的步长是为了保持对偶可行性需要。

原理 6.68 方向 $\lambda > 0$ 的步长 Δv 会使得在每一个原始变量 x_j 的精简后成本 $\bar{c}_j$ 上叠加一个 $-\Delta \mathbf{v} \cdot \mathbf{a}^j$。$\lambda$ 的有限选择仅仅出现在非限制集内的变量 x_p 对应的对偶可行性即将失去时，也就是：

$$\lambda \leftarrow \frac{-\bar{c}_p}{-\Delta \mathbf{v} \cdot \mathbf{a}^p} = \min\left\{ \frac{-\bar{c}_j}{-\Delta \mathbf{v} \cdot \mathbf{a}^j} : \Delta \mathbf{v} \cdot \mathbf{a}^j < 0, j \notin J \right\} \quad \text{对于最大化原始问题}$$

$$\lambda \leftarrow \frac{\bar{c}_p}{\Delta \mathbf{v} \cdot \mathbf{a}^p} = \min\left\{ \frac{-\bar{c}_j}{-\Delta \mathbf{v} \cdot \mathbf{a}^j} \Delta \mathbf{v} \cdot \mathbf{a}^j > 0, j \notin J \right\} \quad \text{对于最小化原始问题}$$

接下来限制原始模型会在 J 中增加这些变量并保留有限最优中的基变量。不然的话，如果没有遇到界限，那么对偶问题无界，也就意味着原始问题无解。

为了理解原理 6.68 有效的原因，我们考虑最小化原始模型。当前对偶解的可行性保证了所有 $\bar{c}_j \geq 0$。步长限制来源于有正的精简成本的 j，以及该变量 < 0 意味着 $\Delta \mathbf{v} \cdot \mathbf{a}^j > 0$。现在，受限制的原始模型（总是最小化目标）的对偶最优性，在原始变量的所有成本都 $=0$ 的情况下，要求第一阶段中精简成本对于所有 $j \in J$ 都有 $-\mathbf{w} \cdot \mathbf{a}^j = -\Delta \mathbf{v} \cdot \mathbf{a}^j \geq 0$。除此之外，对于最优限制解中的 j，限制问题精简成本必须 $=0$。我们可以概括为在简化后问题中所有属于 J 的变量都有 $\bar{c}_j \geq 0$，且不会在对偶解改变后变小。特别地，在受限制的原始问题的最优解中的变量仍然会有 $\bar{c}_j = 0$，且保持作为下一个简化模型的一部分。仅有 $j \in J$ 会限制这一步。当一个或多个达到 $\bar{c}_j = 0$ 时，新的变量可以被加到下一个有限原始问题中。否则，对偶解的优化没有限制，因而原始问题无解（原理 6.48）。

以上分析都到位之后，现在可以详细分析原始对偶单纯形算法 6B。除非某个限制的原始算法产生了一个原始可行解，达成了一个可行的原始—对偶解对，或者出现原始无解信号（对偶无界）情形，否则该算法会一直继续下去。

▶6B 算法：LP 的原始—对偶单纯形法搜索

第0步：初始化。 将所给模型化为标准形式。然后选择任何可行对偶 $\mathbf{v}^{(0)}$（即对于最大化原始模型 $\bar{c} + \mathbf{c} - \mathbf{v}^{(0)} \mathbf{A} \leq 0$ 以及对于最小化原始模型 $\bar{c} + \mathbf{c} - \mathbf{v}^{(0)} \mathbf{A} \geq 0$），使其同时使得至少一个对应的原始简化成本 $\bar{c}_j = 0$，并令 $\bar{t} \leftarrow 0$。

第1步：限制的原始模型。 从 $j \in J = \{j : \bar{c}_j = 0\}$ 中构建当前对偶解 $\mathbf{v}^{(t)}$ 的限制的原始模型 6.66，并通过使 $\bar{\mathbf{x}}$，$\bar{\mathbf{q}}$ 最优来解之。

第2步：最优性。 在有限制的原始问题中，如果最优人工变量 $\bar{\mathbf{q}} = 0$，停止计算。有限制的人工变量 $\mathbf{x}$（包括 $\bar{x}_j \leftarrow 0$，对于 $j \notin J$）以及当前 $\mathbf{v}^{(t)}$ 都是在初始问题原始和对偶各自情形中达到最优，且有共同的目标函数值 $\mathbf{c} \cdot \bar{\mathbf{x}} = \mathbf{v}^{(t)} \cdot \mathbf{b}$。

第3步：对偶单纯形方向。 构造一个优化对偶单纯形方向 $\Delta \mathbf{v} \leftarrow \pm \bar{\mathbf{w}}$（对于最小化原始问题为 $+$，对于最大化原始问题为 $-$），其中 $\bar{\mathbf{w}}$ 是第1步中有限制的原始模型的最优对偶解。

第4步：步长。 如果在一个最大化原始模型中对于所有 $j \notin J$，有 $\Delta \mathbf{v} \cdot \mathbf{a}^j \geq 0$，或者在最小化模型中有 $\Delta \mathbf{v} \cdot \mathbf{a}^j \leq 0$，那么停止计算；继续进行优化将没有限制，对偶问题无

界，也就意味着原始问题无解。否则，通过以下方式选择步长 $\lambda > 0$：

$$\lambda \leftarrow \frac{-\bar{c}_p}{-\Delta\mathbf{v}\cdot\mathbf{a}^p} = \min\frac{-\bar{c}_j}{-\Delta\mathbf{v}\cdot\mathbf{a}^j}:\Delta\mathbf{v}\cdot\mathbf{a}^j<0, j\in J \quad \text{对于最大化原始模型}$$

$$\lambda \leftarrow \frac{\bar{c}_p}{\Delta\mathbf{v}\cdot\mathbf{a}^p} = \min\frac{\bar{c}_j}{\Delta\mathbf{v}\cdot\mathbf{a}^j}:\Delta\mathbf{v}\cdot\mathbf{a}^j>0, j\in J \qquad \text{对于最小化原始模型}$$

第 5 步：新的解。进一步，$\mathbf{v}^{(t+1)}\leftarrow\mathbf{v}^{(t)}+\lambda\Delta\mathbf{v}$，更新 J 使其包括所有改进后 $\bar{c}_j=0$ 对应的 x_j，增加 $t\leftarrow t+1$ 并回到第 1 步。

例 6-41 分析原始—对偶单纯形算法 6B

回到例 6-40 的线性规划。从同一个对偶解 $\mathbf{v}^{(0)}=(1,0)$ 开始，应用算法 6B 计算原始和对偶最优解，展示 $\mathbf{x}$，$\mathbf{v}$，$\mathbf{J}$，$\Delta\mathbf{v}$，$\mathbf{B}$ 和 $\mathbf{B}^{-1}$ 的变化过程，并展示如何求解每个有限制的原始问题。

解：

(a) 我们用一个表来展示得到解的过程。在某些特别的有限制的原始情形下不能获得的变量用灰色表示。新向量 $\mathbf{d}$ 表示限制问题（第一阶段）的目标函数，以示与原始目标函数 $\mathbf{c}$ 的区别。

$t=0$	x_1	x_2	x_3	x_4	q_1	q_2		
min $\mathbf{c}=$	2	1	4	11	—	—		
min $\mathbf{d}=$	0	0	0	0	1	1	b	$\mathbf{v}^{(0)}$
$\mathbf{A}=$	2	1	2	4	1	0	4	1
	0	1	3	6	0	1	5	0
$\bar{c}=$	0	0	2	7				$J=\{1,2\}$
基	1st	N		N		2nd		
			$\mathbf{B}=\begin{bmatrix}2&0\\0&1\end{bmatrix}$,	$\mathbf{B}^{-1}=\begin{bmatrix}1/2&0\\0&1\end{bmatrix}$				
			$\mathbf{d}^B=\begin{bmatrix}0\\1\end{bmatrix}$,	$\bar{\mathbf{w}}=\begin{bmatrix}0\\1\end{bmatrix}$				
$\bar{x}, \bar{q}=$	2	0	0	0	0	5		
$\mathbf{d}=$	0	−1	−3	−6	1	0		
$\Delta\mathbf{x}, \Delta\mathbf{q}=$	−0.5	1	0	0	0	−1		
步长	2/0.5	—			5/1			
$\bar{x}, \bar{q}=$	0	4	0	0	0	0		
基=	N	1st		—	N	2nd		
			$\mathbf{B}=\begin{bmatrix}1&0\\1&1\end{bmatrix}$,	$\mathbf{B}^{-1}=\begin{bmatrix}1&0\\-1&1\end{bmatrix}$				
			$\mathbf{d}^B=\begin{bmatrix}0\\1\end{bmatrix}$,	$\bar{\mathbf{w}}=\begin{bmatrix}-1\\1\end{bmatrix}$				
$\mathbf{d}=$	2	0	−1	−2	2	0	—	最优

(b) 我们从例 6-41 开始，其中 $\mathbf{v}^{(0)}=(1,0)$ 且目标函数值 $\mathbf{v}^{(0)}\cdot\mathbf{b}=4$。通常的情况是，这个对偶选择允许超过一个原始变量加入限制问题。此处存在两个，即 $J=\{1,2\}$。与人工变量相结合，这为我们提供了在限制问题中提供起始基的许多选择。以上的计算中选择了 x_1 和 q_2。对应的表中的基元素能够引向一个有限制问题的解 $\bar{x}_2=2$，$\bar{x}_2=0$，$\bar{q}_1=$

0 和 $\bar{q}_5=5$，但是价格非基变量列 $\bar{d}_j$ 说明了非基元素 x_2 应当进基。

在对应单纯形方向上迈合适的一步可以得到新的基，限制原始解为 $\bar{x}_1=0$，$\bar{x}_2=4$，$\bar{q}_1=0$，以及 $\bar{q}_2=1$。更新后的基元素显示最后一个解在限制问题中是最优的。所有的 $\bar{d}_j$ 都非负。但是，人工变量 $\bar{q}_2$ 仍然是正的，也就是说仅仅用当前限制问题中已有变量不能够构造出一个互补的 x 解。因此，对偶解 $\mathbf{v}$ 必须改变。

根据原理 6.67，对偶解优化的方向是由最后一个限制问题的最优对偶解推导而来的，也就是说，$\Delta \mathbf{v} \leftarrow \bar{\mathbf{w}} = (-1, 1)$。应用 6.68 中的步长法，现在有两个变量 x_3 和 x_4 不在 J 中，而且两者都有 $\Delta \mathbf{v} \cdot \mathbf{a}^j > 0$。用对应的 $\bar{c}_j$ 检验对应的 λ 有：$\lambda = \min\{2/1, 6/2\} = 2$。结果是 $\mathbf{v}^{(1)} = \mathbf{v}^{(0)} + \lambda \Delta \mathbf{v} = (1, 0) + 2(-1, 1) = (-1, 2)$，且优化的目标值为 $\mathbf{v}^{(1)} \cdot \mathbf{b} = 6$。

(c) 如下表所示，当前更新后的 $\bar{c}_j$ 将 x_3 纳入限制问题中。注意到之前的基 x_2 被保留，因为所选的对偶变化在精简成本上的净影响 $= 0$。但是，非基 x_1 被排除在限制原始模型外，而因为它最后的值 $= 0$，因而理解起来也毫无困难。

$t=1$	x_1	x_2	x_3	x_4	q_1	q_1	$\mathbf{v}^{(1)}$
$\bar{c}=$	4	0	0	3	—	—	-1
基		1st	N		N	2nd	2
$\Delta \mathbf{x}$, $\Delta \mathbf{q}=$	0	-2	1	0	0	-1	$J=\{2, 3\}$
步长		4/2	—		—	1/1	
$\bar{\mathbf{x}}$, $\bar{q}=$	0	2	1	0	0	0	可行

我们现在从最后的有限制的原始基解重新开始计算，加上新增加的非基变量。对偶解 $\bar{\mathbf{w}}$ 以及对应的 $\bar{d}_j$ 都没有发生变化。现在 x_3 已经加入了限制问题，因为 $\bar{d}_3=-1$，所以它符合条件进基。应用一般的单纯形方向以及步长规律可以得到新的限制原始解：$\bar{x}_2=2$，$\bar{x}_3=1$，$\bar{q}_1=0$ 和 $\bar{q}_2=0$。

这一次，限制原始模型的解在所有人工变量 $=0$ 处达到。对应的最优解 $\bar{\mathbf{x}}$ 在初始原始模型中也是最优，因为它可行且与最后的 $\mathbf{v}$ 互补。在非限制问题中的原始变量填入 0s，我们有 $\mathbf{x}^* = (0, 2, 1, 0)$ 以及 $\mathbf{v}^* = (-1, 2)$，两者的目标值都 $=6$。

练习题

6-1 由于超级猎人玩具厂明确将于短期内终止生产玩具枪，工厂已经开始准备将它的生产集中在两个有前途的产品：贝塔电子灭虫剂和冷冻移相器。每个贝塔灭虫剂为公司产生 2.50 美元的利润，每个冷冻移相器产生 1.60 美元的利润。公司签订了合约要在下个月卖出 10 000 个贝塔电子灭虫剂和 15 000 个冷冻移相器，所有生产出来的产品都可以卖出。生产模型中的任何一个都涉及三个关键步骤：挤压、修剪和装配。每 1 000 件贝塔电子灭虫剂需要用 5 小时挤压时间、1 小时修剪时间和 12 小时装配时间。对应的每 1 000 件冷冻移相器需要 9 小时挤压时间、2 小时修剪时间和 15 小时装配时间。下一个月共有 320 小时挤压时间、300 小时修剪时间和 480 小时装配时间（优化输出在表 6-6 中展示）。

(a) 简单解释如何根据上述问题建立以下线性规划。

表 6-6　练习 6-1 中超级猎人的优化输出结果

目标函数值(max) = 77 125. 000

变量灵敏度分析：

变量名	最优值	是否为基	下限	上限	目标函数系数	约束目标	最大减少量	最大增加量
x1	21. 250	BAS	0. 000	+infin	2 500. 00	0. 000	1 280. 000	+infin
x2	15. 000	BAS	0. 000	+infin	1 600. 00	0. 000	−infin	3 125. 000

约束条件灵敏度分析：

变量名	种类	最优对偶值	RHS 系数	松弛量	最大减少量	最大增加量
c1	G	0. 000	10. 000	11. 250	−infin	21. 250
c2	G	−1 525. 000	15. 000	−0. 000	0. 000	24. 000
c3	L	−0. 000	320. 000	78. 750	241. 250	+infin
c4	L	−0. 000	300. 000	248. 750	51. 250	+infin
c5	L	208. 333	480. 000	0. 000	345. 000	669. 000

$$\max \quad 2\,500x_1 + 1\,600x_2$$
$$\text{s. t.} \quad x_1 \qquad\qquad \geqslant 10$$
$$x_2 \qquad \geqslant 15$$
$$5x_1 + 9x_2 \leqslant 320$$
$$1x_1 + 2x_2 \leqslant 300$$
$$12x_1 + 15x_2 \leqslant 480$$
$$x_1, x_2 \qquad \geqslant 0$$

☑（b）识别出（a）中目标函数和每一个主约束条件对应的资源。

☑（c）识别出（a）中与每一个决策变量相关的活动。

☑（d）将（a）中每个约束条件左端系数作为每单位资源的输入和输出作理解。

6-2 Eli Orchid 可以通过以下三种方法中的任意一种来生产它的最新药品。其中一种生产方法每批需要 14 000 美元的成本，需要某种主要原料 3 吨以及另外一种主要原料 1 吨，同时产生 2 吨的成品。第二种方法每批成本为 30 000 美元，分别需要 2 吨和 7 吨主要原料，并生产出 5 吨产品。第三种方法每批需要 11 000 美元的成本，分别需要 9 吨和 2 吨原料，并产生 1 吨成品。Orchid 想要找到成本最低的方法并生产出 50 吨的新产品，已知手头共有 75 吨原料 1 和 60 吨原料 2（表 6-7 上有优化输出）。

（a）简单介绍这个问题如何用以下 LP 模型描述。

表 6-7　练习题 6-2 中 Eli Orchid 的优化输出结果

目标函数值(min) = 311. 111

变量灵敏度分析：

变量名	最优值	是否为基	下限	上限	目标函数系数	约束目标	最大减少量	最大增加量
x1	5. 556	BAS	0. 000	+infin	14. 000	0. 000	12. 000	+infin
x2	7. 778	BAS	0. 000	+infin	30. 000	0. 000	−infin	35. 000
x3	0. 000	NBL	0. 000	+infin	11. 000	5. 667	5. 333	+infin

约束条件灵敏度分析：

变量名	种类	最优对偶值	RHS 系数	松弛量	最大减少量	最大增加量
c1	G	7. 556	50. 000	−0. 000	42. 857	70. 263
c2	L	0. 000	75. 000	42. 778	32. 222	+infin
c3	L	−1. 111	60. 000	0. 000	25. 000	70. 000

$$\min \quad 14x_1 + 30x_2 + 11x_3$$
$$\text{s. t.} \quad 2x_1 + 5x_2 + 1x_3 \geqslant 50$$
$$3x_1 + 2x_2 + 9x_3 \leqslant 75$$
$$1x_1 + 7x_2 + 2x_3 \leqslant 60$$
$$x_1, x_2, x_3 \geqslant 0$$

(b) ～(d) 同练习题 6-1。

6-3 普鲁夫教授打算安装一个应用了他最新的运筹算法的计算机程序。他可以通过与三种资源的任意混合形式寻求帮助：无限制的本科生工时，每小时需要支付 4 美元；上限为 500 小时的研究生工时，每小时需要支付 10 美元；或无限制的专业程序员工时，每小时需要支付 25 美元。一个完整的项目至少需要耗费一个专业人员 1 000 小时的工时，但是研究生只有专业人士工作效率的 0.3 倍，而本科仅有 0.2 倍。普鲁夫教授自己最多在项目中投入 164 小时工时，而且他知道本科生程序员需要比对研究生程序员更多的监督，而研究生也需要比专业程序员更多的监督。具体而言，他估计他需要在每个本科生工时中投入自身 0.2 小时的时间，在研究生工时中投入自身 0.1 小时，在专业程序员工时中投入自身 0.05 小时（表 6-8 为优化输出结果）。

(a) 简单地介绍这个问题如何用以下模型进行描述。

$$\min \quad 4x_1 + 10x_2 + 25x_3$$
$$\text{s. t.} \quad 0.2x_1 + 0.3x_2 + \quad x_3 \geqslant 1\,000$$
$$0.2x_1 + 0.1x_2 + 0.05x_3 \leqslant 164$$
$$x_2 \leqslant 500$$
$$x_1, x_2, x_3 \geqslant 0$$

✅ (b) ～(d) 同练习题 6-1。

6-4 NCAA 正准备即将到来的地区篮球锦标赛。现场的 10 000 个座位将会被分配给媒体、参赛学校和普通观众。媒体人免费入场，而 NCAA 对大学的人员收取每人 45 美元的门票，对普通观众收取每人 100 美元的门票。现在需要预留至少 500 个座位给媒体人，同时，预留给参与比赛的大学的座位至少是预留给普通大众的一半。在这些约束条件下，NCAA 想要找到一种最佳的分配方式，以获得最大的收益。表 6-9 所示为一个优化的输出结果。

(a) 简单介绍这个问题如何用以下 LP 模型描述。

$$\max \quad 45x_2 + 100x_3$$
$$\text{s. t.} \quad x_1 + x_2 + x_3 \leqslant 10\,000$$
$$x_2 - \frac{1}{2}x_3 \geqslant 0$$
$$x_1 \geqslant 500$$
$$x_1, x_2, x_3 \geqslant 0$$

(b) ～(d) 同练习题 6-1。

表 6-8　练习题 6-3 中普鲁夫教授的优化输出结果

目标函数值(min) = 24 917.647
变量灵敏度分析:

变量名	最优值	是否为基	下限	上限	目标函数系数	约束目标	最大减少量	最大增加量
x1	82.353	BAS	0.000	+infin	4.000	0.000	−4.444	5.000
x2	0.000	NBL	0.000	+infin	10.000	2.235	7.765	+infin
x3	983.529	BAS	0.000	+infin	25.000	0.000	20.000	31.333

约束条件灵敏度分析:

变量名	种类	最优对偶值	RHS 系数	松弛量	最大减少量	最大增加量
c1	G	25.882	1 000.000	−0.000	164.000	1 093.333
c2	L	−5.882	164.000	0.000	150.000	1 000.00
c3	L	0.000	500.000	500.000	0.000	+infin

表 6-9　练习题 6-4 中 NCAA 票务的优化输出结果

目标函数值(min) = 775 833. 333

变量灵敏度分析：

变量名	最优值	是否为基	下限	上限	目标函数系数	约束目标	最大减少量	最大增加量
x_1	500.000	BAS	0.000	+infin	0.000	0.000	−infin	81.667
x_2	3 166.667	BAS	0.000	+infin	45.000	0.000	−200.000	100.000
x_3	6 333.333	BAS	0.000	+infin	100.000	0.000	45.000	+infin

约束条件灵敏度分析：

变量名	种类	最优对偶值	RHS 系数	松弛量	最大减少量	最大增加量
c_1	L	81.667	10 000.000	0.000	500.000	+infin
c_2	G	−36.667	0.000	−0.000	−4 750.000	9 500.000
c_3	G	−81.667	500.000	−0.000	0.000	10 000.000

6-5 对于以下各种约束条件的系数变动，判断其是否会使可行集变松或是变紧，是否会间接地增加或减少最优值，以及在不同改变程度下，最优值的改变率是会更陡峭还是更平缓。假设该模型是一个线性规划，所有变量都非负，且约束条件不唯一。

- ✅（a）最大化问题，$3w_1 + w_2 \geqslant 9$ 增加 9。
- （b）最小化问题，$5w_1 - 2w_2 \geqslant 11$ 增加 11。
- ✅（c）最小化问题，$4w_1 - 3w_2 \geqslant 15$ 减少 15。
- （d）最大化问题，$3w_1 + 4w_2 \leqslant 17$ 增加 4。
- ✅（e）最大化问题，$3w_1 + 1w_2 \geqslant 9$ 增加 3。
- （f）最小化问题，$5w_1 - 2w_2 \leqslant 11$ 增加 −2。
- ✅（g）最小化问题，$4w_1 - 3w_2 \geqslant 15$ 减少 −3。
- （h）最大化问题，$3w_1 + 4w_2 \leqslant 17$ 增加 3。

6-6 判断在一个数学规划里增加以下约束条件是否会使得可行集变紧或是变松，以及对最优值的间接影响是使其上升还是下降。假定约束条件不唯一。

- ✅（a）最大化问题，$2w_1 + 4w_2 \geqslant 10$。
- （b）最大化问题，$14w_1 - w_2 \geqslant 20$。
- ✅（c）最小化问题，$45w_1 + 34w_2 \leqslant 77$。
- （d）最小化问题，$32w_1 + 67w_2 \leqslant 49$。

6-7 对于以下目标系数的变化，判断其将导致最优值增加还是减小，以及当系数变化程度不同时，最优值受到的影响会更陡峭还是更平缓。假定该模型是一个线性规划以及所有变量非负。

- ✅（a）$\max 13w_1 + 4w_2$，增加 13。
- （b）$\max 5w_1 - 10w_2$，减少 5。
- ✅（c）$\min -5w_1 + 17w_2$，增加 −5。
- （d）$\min 29w_1 + 14w_2$，减少 14。

6-8 回到练习题 6-1 中的超级猎人案例。

- ✅（a）为（a）中的主约束分配对偶变量，并给出它们的含义以及度量单位。
- ✅（b）写出所有对偶变量对应的合适的变量种类限制，并说明之。
- ✅（c）构造并解释对应于任何一个原始变量的主对偶约束。
- ✅（d）构造并解释一个合理的对偶目标函数。
- （e）使用表 6-6 中的最优解来证明原始最优和对偶最优目标函数值相等。
- ✅（f）构造并解释该模型的所有原始互补松弛条件。
- ✅（g）构造并解释该模型的所有对偶互补松弛性条件。
- （h）证明表 6-6 中原始和对偶最优解满足（f）和（g）部分的互补松弛条件。

6-9 借助表 6-7，以练习题 6-2 为背景回答练习题 6-8 中的问题。

6-10 借助表 6-8，以练习题 6-3 为背景回答练习题 6-8 中的问题。

6-11 借助表 6-9，以练习题 6-4 为背景回答练习题 6-8 中的问题。

6-12 写出以下 LP 问题中的对偶问题。

☑ (a) min $17x_1 + 29x_2 + x_4$

s. t. $2x_1 + 3x_2 + 2x_3 + 3x_4 \leqslant 40$

$4x_1 + 4x_2 + x_4 \geqslant 10$

$3x_3 - x_4 = 0$

$x_1, \cdots, x_4 \geqslant 0$

(b) min $44x_1 - 3x_2 + 15x_3 + 56x_4$

s. t. $x_1 + x_2 + x_3 + x_4 = 20$

$x_1 - x_2 \geqslant 0$

$9x_1 - 3x_2 + x_3 - x_4 \leqslant 25$

$x_1, \cdots, x_4 \geqslant 0$

☑ (c) max $30x_1 - 2x_3 + 10x_4$

s. t. $2x_1 - 3x_2 + 9x_4 \leqslant 10$

$4x_2 - x_3 \geqslant 19$

$x_1 + x_2 + x_3 = 5$

$x_1 \geqslant 0, x_3 \leqslant 0$

(d) max $5x_1 + x_2 - 4x_3$

s. t. $x_1 + x_2 + x_3 + x_4 = 19$

$4x_2 + 8x_4 \geqslant 55$

$x_1 + 6x_2 - x_3 \leqslant 7$

$x_2, x_3 \geqslant 0, x_4 \leqslant 0$

☑ (e) max $2x_1 + 9x_2$

s. t. $3w + 2x_1 - x_2 \geqslant 10$

$w - y \leqslant 0$

$x_1 + 3x_2 + y = 11$

$x_1, x_2 \geqslant 0$

(f) min $19y_1 + 4y_2 - 8z_2$

s. t. $11y_1 + y_2 + z_1 = 15$

$z_1 + 5z_2 \geqslant 0$

$y_1 - y_2 + z_2 \leqslant 4$

$y_1, y_2 \geqslant 0$

☑ (g) min $32x_2 + 50x_3 - 19x_5$

s. t. $\left(15 \sum_{j=1}^{3} x_j\right) + x_5 = 40$

$12x_1 - 90x_2 + 14x_4 \geqslant 18$

$x_4 \leqslant 11$

$x_j \geqslant 0, j = 1, \cdots, 5$

(h) min $10(x_3 + x_4)$

s. t. $\sum_{j=1}^{4} x_j = 400$

$x_j - 2x_{j+1} \geqslant 0 \quad j = 1, \cdots, 3$

$x_1, x_2 \geqslant 0$

6-13 写出练习题 6-12 中每一个 LP 问题的（原始以及对偶）互补松弛性条件。

6-14 以下 LP 都有一个有限最优解。写出对应的对偶问题，画图解对应的原始和对偶问题，并验证两者最优目标函数值相等。

☑ (a) max $14x_1 + 7x_2$

s. t. $2x_1 + 5x_2 \leqslant 14$

$5x_1 + 2x_2 \leqslant 14$

$x_1, x_2 \geqslant 0$

(b) min $4x_1 + 10x_2$

s. t. $2x_1 + x_2 \geqslant 6$

$x_1 \geqslant 1$

$x_1, x_2 \geqslant 0$

☑ (c) min $8x_1 + 11x_2$

s. t. $2x_1 + 9x_2 \geqslant 24$

$3x_1 + x_2 \geqslant 11$

$x_1, x_2 \geqslant 0$

(d) max $7x_1$

s. t. $4x_1 + 2x_2 \leqslant 7$

$3x_1 + 7x_2 \leqslant 14$

$x_1, x_2 \geqslant 0$

6-15 计算以下标准形式 LP 问题的基解集对应的对偶解。

max $6x_1 + 1x_2 + 21x_3$

$- 54x_4 - 8x_5$

s. t.
$$2x_1 + 5x_3 + 7x_5 \qquad = 70$$
$$+ 3x_2 + 3x_3 - 9x_4 + 1x_5 = 1$$
$$x_1, \cdots, x_5 \qquad\qquad \geqslant 0$$

(a) $\{x_1, x_2\}$

(b) $\{x_1, x_4\}$

(c) $\{x_2, x_3\}$

(d) $\{x_3, x_5\}$

6-16 以下 LP 都没有最优解。写出对应的对偶问题，画图解对应的原始和对偶问题，并验证两者中任意一个无界时，另一个无解。

   ✅(a) max $4x_1 + x_2$

     s. t. $2x_1 + x_2 \geqslant 4$
$$3x_2 \leqslant 12$$
$$x_1, x_2 \geqslant 0$$

   (b) max $4x_1 + 8x_2$

     s. t. $3x_2 \geqslant 6$
$$x_1 + x_2 \leqslant 1$$
$$x_1, x_2 \geqslant 0$$

   ✅(c) min $10x_1 + 3x_2$

     s. t. $x_1 + x_2 \geqslant 2$
$$-x_2 \geqslant 5$$
$$x_1, x_2 \geqslant 0$$

   (d) min $x_1 - 5x_2$

     s. t. $-x_1 + x_2 \leqslant 4$
$$x_1 - 5x_2 \leqslant 3$$
$$x_1, x_2 \geqslant 0$$

   ✅(e) min $-3x_1 + 4x_2$

     s. t. $-x_1 + 2x_2 \geqslant 2$
$$x_1 - 2x_2 \geqslant 5$$
$$x_1, x_1 \geqslant 0$$

   (f) max $-20x_1 + 15x_2$

     s. t. $10x_1 - 2x_2 \leqslant 12$
$$-10x_1 + 2x_2 \leqslant -15$$
$$x_1, x_2 \geqslant 0$$

6-17 对于以下任意一个 LP 问题以及解向量，展示说明所给解是可行的，并计算它给对偶问题最优目标函数值划的界限。

   ✅(a) min $30x_1 + 2x_2$ **x** $= (2,5)$

     s. t. $4x_1 + x_2 \leqslant 15$
$$5x_1 - x_2 \geqslant 2$$
$$15x_1 - 4x_2 = 10$$
$$x_1, x_2 \geqslant 0$$

   (b) max $10x_1 - 6x_2$ **x** $= (0,2)$

     s. t. $12x_1 + 4x_2 \leqslant 8$
$$3x_1 - x_2 \geqslant -5$$
$$2x_1 + 8x_2 = 16$$
$$x_1, x_2 \geqslant 0$$

6-18 对于以下线性规划，验证所给的构造是练习题 6-17 中原始问题的对偶，并说明所给解是对偶可行的，同时计算它为对应原始最优解提供的界。

   ✅(a) 原问题为 6-17(a)，给定解 **v** $=$ (0, 0, 2)。

     max $15v_1 + 2v_2 + 10v_3$

     s. t. $4v_1 + 5v_2 + 15v_3 \leqslant 30$
$$v_1 - v_2 - 4v_3 \leqslant 2$$
$$v_1 \leqslant 0, v_2 \geqslant 0, v_3 \text{ URS}$$

   (b) 原问题为 6-17(b)，给定解 **v** $=$ (2, 0, 2)。

     min $8v_1 - 5v_2 + 16v_3$

     s. t. $12v_1 + 3v_2 + 2v_3 \geqslant 10$
$$4v_1 - v_2 + 8v_3 \geqslant -6$$
$$v_1 \geqslant 0, v_2 \leqslant 0, v_3 \text{ URS}$$

6-19 用练习题 6-17 中的线性规划说明原始问题对偶的对偶是自身。

6-20 Razorback Tailgate(RT) 生产足球比赛停车场野餐活动用的帐篷，工厂有两种设备，其中每种设备有两种不同的生产程序。所有设备和程序生产出的产品是一样的。现在 RT 想要在接下来的 80 个商业小时内生产 22 个帐篷。设备 1 使用两种不同生产程序的单位成本分别是

250 美元和 350 美元，与此同时生产每单位产品分别需要 5 小时和 20 小时。类似地，设备 2 生产单位产品使用不同生产程序分别需要 150 美元和 450 美元以及 11 小时和 23 小时。RT 想要在 80 小时内完成生产并付出最小成本。

(a) 简明解释 RT 问题如何可以构造为以下 LP 问题：

$$\min \quad 200x_1 + 350x_2 + 150x_3 + 450x_4$$
$$\text{s. t.} \quad x_1 + x_2 + x_3 + x_4 \geqslant 22$$
$$5x_1 + 20x_2 \leqslant 80$$
$$11x_3 + 23x_4 \leqslant 80$$
$$x_1, x_2, x_3, x_4 \geqslant 0$$

(b) 写出 (a) 中的对偶问题，用 v_1，v_2，v_3 三个变量对应三个主约束条件。

(c) 说明原始解 $\mathbf{x}^* = (14.73, 0.0, 7.27, 0.0)$ 和 $\mathbf{v}^* = (200.0, 0.0, -4.55)$ 为最优解，即说明两者相等且有相同目标函数值。

(d) 仅仅用 (a)~(c) 结论，最优情况下的边际生产成本是多少？

(e) 仅仅用 (a)~(c) 结论，增加 1 小时使用设备 1 的边际节约量是多少？

(f) 仅仅用 (a)~(c) 结论，假定该 LP 问题中的系数 11 减少，并假定该减少会对 LP 问题的解产生影响，目标函数值会相应增加还是减少？减少量不同时，这种改变率会变大还是变小？

(g) 仅仅用 (a)~(c) 结论，假定该 LP 问题中的目标函数系数 150 增加，并假定该增加会对 LP 问题的解产生影响，增加量不同时这种改变率会变大还是变小？

(h) 在当前最优解情况下，设备 2、程序 2（如 x_4）不在其中。仅仅用 (a)~(c) 结论，当单位成本降到多少时它能够进入最优基解？

6-21 随着春天临近，校园地面工作人员准备购买 500 货车的新土，以填补楼房和溪沟在冬天被磨损的地面表层。有三种不同的原料可供考虑，其价格分别为每车 220 美元，270 美元和 280 美元，这些土的含氮量以及黏土量不同。第一种原料含有 50% 的氮和 40% 的黏土；第二种原料含有 65% 的氮和 30% 的黏土；第三种原料含有 80% 的氮和 10% 的黏土。工作人员想要整个混合物含有至少 350 车的氮，以及至少 75 车的黏土。在需求范围之内，他们希望能找到一种成本最小的购买新土的方案。

(a) 定义决策变量并注释目标函数以及约束条件，说明该问题为何可以建模为以下线性规划。

$$\min \quad 220t_1 + 270t_2 + 290t_3$$
$$\text{s. t.} \quad t_1 + t_2 + t_3 \geqslant 500$$
$$0.50t_1 + 0.65t_2 + 0.80t_3 \geqslant 350$$
$$0.40t_1 + 0.30t_2 + 0.10t_3 \leqslant 75$$
$$t_1, t_2, t_3 \geqslant 0$$

提示：该线性规划问题有最优解 $\mathbf{t}^* = (83.33, 0.00, 416.67)$，以及最优情形下第一个约束条件的影子价格是 $v_1^* = 313.333$。

(b) 仅仅使用所给材料，计算 (a) 中 LP 对偶问题的最优解值，并证明你的计算的正确性。

(c) 仅仅使用所给材料，当 (a) 中 LP 问题的系数/参数 500 增加一单位时，最优值会增加还是减少，具体变化量是多少？同时，当增加幅度不同时，变化率会变得更大还是更小？

(d) 假定该 LP 问题中的参数/系数 270 减少，并假定该减少量会对 (a) 中 LP 问题的解产生影响，目标函数值会相应地增加还是减少？当减少量不同时，对目标函数值的改变率会变大还是变小？

(e) 假定该 LP 问题中的参数/系数 0.65 增大，并假定该增加量会对 (a) 中 LP 问题的解产生影响，目标函数值会相应地增加或减少？当减少量不同时，对目标函数值的改变率会变大还是变小？

6-22 回顾练习题 6-1。根据表 6-6 的结果回答以下问题。

✅(a) 最优解值是否对修剪时间的具体值敏感？当时间限值为多少时两者会有相关性？

✅(b) 超级猎人公司会愿意为额外一个小时的挤压时间付多少钱？那额外一小时的集装时间呢？

✅(c) 当把集装时间增加到 580 小时时，这会对结果产生多大的收益？增加到 680 小时呢？

✅(d) 当把贝塔电子灭虫剂的边际收益提升到每千件 1 500 美元时，这对最终利润的影响是多少？减少同样量的话，影响又如何？

✅(e) 尽管每 1 000 件贝塔电子灭虫剂需要 2 小时进行包装，且每 1 000 件冷冻移相器需要 3 小时进行包装，但是由于集装能力难以预估，故假设练习题 6-1 的模型不考虑集装能力。当集装能力限制为多少时，其会对当前最优解产生影响？

✅(f) 假定超级猎人同时还可以生产忍者装订机这一产品，且每 1 000 件该产品需要 2 小时挤压、4 小时修剪、3 小时集装。当它的利润为多少时，生产它是有利可图的？

6-23 回顾练习题 6-2 的 Eli Orchid。根据表 6-7 的结果回答以下问题。

(a) 生产的边际成本是多少（每生产 1 吨成品）？

(b) 生产 70 吨新药的成本是多少？生产 100 吨呢？

(c) Orchid 会愿意为获得额外 20 吨的原料 1 付多少钱？原料 2 呢？

(d) 当第 3 种流程降价为多少时才可能被最优解采用？

(e) 如果实际上，流程 2 生产每批产品的成本是 32 000 美元，那么生产 50 吨产品的成本会提升多少？如果成本是 39 000 美元呢？

(f) 如果实际上，流程 1 生产每批产品的成本是 13 000 美元，那么生产 50 吨产品成本会提升多少？如果成本是 10 000 美元呢？

(g) 如果工程部门在思考一个新的流程，即用两种原始原料各 3 吨，生产 6 吨成品，在成本为多少时，应当使用新的流程？

(h) 假设三种流程分别使用了 0.1、0.2 和 0.3 吨第三种原料，但是我们不知道这种原料的可用量是多少。如果表 6-7 中的最优原始解不改变，该原料供应量至少是多少？

6-24 回顾练习题 6-3。根据表 6-8 的结果，回答以下问题。

✅(a) 在表 6-8 所示的最优解中，每小时聘用专业程序员的边际成本是多少？

- (b) 如果该项目要求专业程序员至少工作 1 050 小时，那么成本会增加多少？至少工作 1 100 小时呢？
- (c) 普鲁夫教授的可用时间是否对最优解产生了限制？如果普鲁夫教授只愿意花 150 小时用于监督，成本会如何变化？如果是 100 小时呢？
- (d) 如果普鲁夫教授想在最优的情形下雇用一些研究生程序员，那么研究生程序员每小时的工钱应当减少多少？
- (e) 如果专业程序员每小时工资变为 30 美元，那么这个项目的成本会增加多少？如果工资上升到 35 美元呢？
- (f) 假设普鲁夫教授决定要让整个项目中至少有一半的工时是由学生完成的，这个要求是否会改变最优解？
- (g) 假定普鲁夫教授决定不限制研究生学生参与编程工作的时间，这个决定是否会改变最优解？
- (h) 普鲁夫教授的一个同事向他表达了想参与他的项目以赚外快的想法。根据普鲁夫教授的估计，同事的效率是专业程序员的 80%，且每小时工时需要 0.1 小时监督，那么他愿意为这位同事提供的每工时工资是多少？

6-25　回顾练习题 6-4 中 NCAA 票务问题。根据表 6-9 的结果回答以下问题。

- (a) NCAA 额外多留一个座位给媒体的边际成本是多少？
- (b) 假设有另外一个可以用于比赛的场地，且该场地可以容纳 15 000 个座位。座位容量的扩张能使收益增加多少？如果场地可以容纳 20 000 个座位呢？
- (c) 因为电视转播为 NCAA 活动带来的收益最多，因此还有一个提议是将普通观众的票价减少到 50 美元。这样的票价改变会对收益造成多大损失？如果票价改到 30 美元呢？
- (d) 痛恨媒体的教练 SobbyDay 想要 NCAA 限制分配给媒体的座位不得多于分配给大学的座位的 20%。这个政策会对最优解产生影响吗？
- (e) 为了满足来自参赛学校想要观赛并到现场加油的学生的巨大需求，NCAA 考虑引入一种占地面积为普通看台座位 80% 的"压缩座位"，但这不利于"学校座位 ≥ 一半普通观众座位"的规定。如果这种座位的票价为 35 美元，根据模型的最优解，建议引入这种座位吗？如果票价为 25 美元呢？

6-26　纸张可以由新木浆、回收的办公纸张或回收的报纸加工制作而成。新木浆每吨成本为 100 美元，回收的办公室纸张每吨 50 美元，回收的报纸每吨 20 美元。第一种可行的加工流程用 3 吨木浆制作 1 吨纸；第二种流程用 1 吨木浆和 4 吨回收的办公室纸张以制作 1 吨纸；第三种流程用 1 吨木浆和 12 吨回收的报纸以制作 1 吨纸；第四种流程用 8 吨回收的办公室纸张来制作 1 吨纸。当前只有 80 吨木浆可以利用。我们希望以最小的成本生产出 100 吨新的纸张。

(a) 解释为什么这个问题可以建模为如下 LP 模型：

$$\min \quad 100x_1 + 50x_2 + 20x_3$$

$$\begin{aligned}
\text{s. t.} \quad x_1 &= 3y_1 + y_2 + y_3 \\
x_2 &= 4y_2 + 8y_4 \\
x_3 &= 12y_3 \\
x_1 &\leqslant 80 \\
\sum_{j=1}^{4} y_j &\geqslant 100 \\
x_1, \cdots, x_3, y_1 \cdots, y_4 &\geqslant 0
\end{aligned}$$

(b) 写出所给原始 LP 模型的对偶问题。

☐ (c) 将所给 LP 输入课堂所用的优化软件，并用软件求解。

☐ (d) 根据计算机的输出结果，确定对应的最优对偶解。

☐ (e) 验证计算机计算的对偶解在所给对偶问题中可行，并且与原始解有相同的最优解值。

☐ (f) 根据计算机的输出结果，确定最优情形下纸张生产的边际成本。

☐ (g) 根据计算机的输出结果，确定我们对额外 1 吨木浆愿意支付的金额。

☐ (h) 假设木浆的价格上升到每吨 150 美元，根据电脑的输出结果，确定最优成本的变化量或变化范围。

☐ (i) 假设回收的办公室纸张价格下降到每吨 20 美元，根据电脑的输出结果，确定最优成本的变化量或变化范围。

☐ (j) 回收的办公室纸张价格上升到每吨 75 美元，根据电脑的输出结果，确定最优成本的变化量或变化范围。

☐ (k) 假设所需生产的纸张量减少到 60 吨，根据电脑的输出结果，确定最优成本的变化量或变化范围。

☐ (l) 假设所需生产的纸张量增加到 200 吨，根据电脑的输出结果，确定最优成本的变化量或变化范围。

☐ (m) 根据电脑输出结果，确定当回收报纸的价格多低时，原始解才会发生变化。

☐ (n) 如果一个试验的新流程需要使用 6 吨报纸和 α 吨办公室废纸，根据计算机输出结果，确定 α 多低时，这个新的流程才会在已有流程中有足够的竞争力。

☐ (o) 根据你的计算结果，判断当回收办公室纸张上限为 400 吨时，是否会对原始最优解产生影响。

☐ (p) 根据你的计算结果，判断当回收报纸上限为 400 吨时，是否会对原始最优解产生影响。

6-27 Silva and Sons Ltd. (SSL)是斯里兰卡最大的椰子加工厂。SSL 以每千个椰子 300 卢比的价格买入，并生产两种等级（上等和颗粒）的干燥（脱水后的）椰子，用于生产糖、塑料填充剂的壳粉或木炭。这些椰子首先被分为质量足够好、可以脱水的椰子(90%)和仅仅是外壳完好的椰子。那些被投放到脱水干燥生产的椰子会被切割并双层压制以分离果肉，然后经过干燥程序。它们的外壳会继续被传送去加工成粉末和木炭。而那 10% 不适合作为干椰子的，会被直接加工成粉末和木炭。SSL 每月有切割 300 000 个椰子和干燥 450 吨脱水椰子的能力。每 1 000 个适合于脱水的椰子，可以产出 0.16 吨脱水椰子，其中 18% 是上等等级，而其他的都做成了颗粒状。壳粉是椰子壳碾压而成，1 000 个壳能生产出 0.22 吨粉末。木炭同样也是壳制成的，1 000 个壳可以生产 0.50 吨木炭。SSL 可以在除去切割和双层压制成本后，将上等干燥椰子的售价定为每吨 3 500 卢比，但是市场每月需求的上限为 40 吨。一个合同要求，SSL 每月至少供给经过切割和双层压制的 30 吨颗粒质量级别的干燥椰子，价格是每月每吨 1 350 卢比，但是即使销量更多也以该价格卖出。壳粉的市场需求上限为每月 50 吨，价格为每吨 450 卢比。而木炭没有市场限制，每吨价格为 250 卢比。

(a) 解释该椰子生产规划问题为什么可以建模为以下 LP 模型：

$$\max \quad 3\,500s_1 + 1\,350s_2 + 450s_3 + 250s_4 - 300p_1 - 300p_2$$

$$\begin{aligned}
\text{s. t.} \quad & 0.10p_1 - 0.90p_2 && = 0 \\
& 0.82s_1 - 0.18s_2 && = 0 \\
& p_1 && \leqslant 300 \\
& s_1 + s_2 && \leqslant 450 \\
& s_1 && \leqslant 40 \\
& s_2 && \geqslant 30 \\
& s_3 && \leqslant 50 \\
& 0.16p_1 - s_1 - s_2 && = 0 \\
& 0.11p_1 + 0.11p_2 - 0.50s_3 - 0.22s_4 = 0 \\
& p_1, p_2, s_1, s_2, s_3, s_4 && \geqslant 0
\end{aligned}$$

(b) 写出原始线性规划的对偶规划。

☐(c) 将所给 LP 输入课堂所用的优化软件，并用软件求解。

☐(d) 根据计算机的输出结果，确定对应的最优对偶解。

☐(e) 验证计算机计算的对偶解在所给对偶问题中可行，并且与原始解有相同的最优解值。

☐(f) 根据计算机输出报告，SSL 愿意

为额外的 1 单位切割能力（每月 1 000 个坚果）付出多少钱？

☐(g) 根据计算机输出报告，SSL 愿意为额外的 1 单位干燥能力（每月 1 吨）付出多少钱？

☐(h) 根据计算机输出报告，假设切割能力（每月 1 000 个坚果）下降到 250，确定最优成本的变化量或变化范围。如果切割能力下降到 200 呢？

☐(i) 根据计算机输出报告，假设切割能力（每月 1 000 个坚果）增加到 1 000，确定最优成本的变化量或变化范围。如果切割能力增加到 2 000 呢？

☐(j) 现在公司的生产已经超出了其干燥能力。以计算机输出报告为基础，确定当干燥能力下降至多少时，会对当前最优解产生影响。

☐(k) 当前的最优解里不生产壳粉。根据计算机输出报告，确定壳粉的每吨售价为多少时，制作壳粉是有利可图的。

☐(l) 在计算机输出报告基础上，假设木炭价格（每月 1 000 个坚果）下降到 250，确定最优成本的变化量或变化范围。如果木炭价格下降到 200 呢？

☐(m) 在你的计算机输出报告基础上，假设木炭的价格增加到 400 卢比，确定最优成本的变化量或变化范围。如果增加到 600 卢比呢？

☐(n) 根据计算机输出报告，如果我们删去干燥能力限制，原始最优解是否会发生变化？

☐(o) 根据计算机输出报告，判断如果引入每月可利用的坚果数不能超过 400 000 个这一新的约束条件，

原始问题的最优解是否发生变
化？如果是 200 000 个呢？

6-28 Tube Steel Incorporated(TSI) 准备
对它的四个热轧机进行生产优化。
TSI 生产实心和空心两类管状产品，
每一类产品又分为直径不同的 4 种
产品，因此 TSI 的产品分为 8 种。
以下两个表表示每个热轧机生产每
种管状产品的生产成本(以美元为单
位)，以及每种允许的组合所需的挤
压时间(以分钟为单位)。没有填数
值的单元格意味着该种产品—热轧
机组合不存在。

产品	单位成本			
	热轧机 1	热轧机 2	热轧机 3	热轧机 4
0.5 英寸长, 实心	0.10	0.10	—	0.15
1 英寸长, 实心	0.15	0.18	—	0.20
2 英寸长, 实心	0.25	0.15	—	0.30
4 英寸长, 实心	0.55	0.50	—	—
0.5 英寸长, 空心	—	0.20	0.13	0.25
1 英寸长, 空心	—	0.30	0.18	0.30
2 英寸长, 空心	—	0.50	0.28	0.55
4 英寸长, 空心	—	1.0	0.60	—

产品	单位成本			
	热轧机 1	热轧机 2	热轧机 3	热轧机 4
0.5 英寸长, 实心	0.50	0.50	—	0.10
1 英寸长, 实心	0.60	0.60	—	0.30
2 英寸长, 实心	0.80	0.50	—	0.60
4 英寸长, 实心	0.10	1.0	—	—
0.5 英寸长, 空心	—	1.0	0.50	0.50
1 英寸长, 空心	—	1.2	0.60	0.60
2 英寸长, 空心	—	1.6	0.80	0.80
4 英寸长, 空心	—	2.0	1.0	—

每年，四种实心管(千件为单位)的
最低产量要求分别为 250，150，
150 和 80。四种空心管(千件为单
位)的最低产量要求分别为 190，
190，160 和 150。热轧机每周最多
工作 3 班，每班最多能运作 40 小

时，每年有 50 周。当前的政策是，
每个热轧机必须至少工作一班。

(a) 构造一个线性规划，使之在成
本尽可能小的情况下，满足需
求和班次要求，可使用以下决
策变量：

$x_{p,m} \triangleq$ 一个热轧机每年生产产品
p 的数量,以千件为单位

主约束条件应当有 4 个最小时
间约束和 4 个最大时间约束，
紧接着还有一系列的 8 个需求
约束。

(b) 写出原始线性规划的对偶规划。

(c) 将所给 LP 输入课堂所用的优化
软件，并用软件求解。

(d) 用你的计算机的输出结果确定
对应的最优对偶解。

(e) 验证计算机计算的对偶解在所给
对偶问题中可行，并且与原始解
有相同的最优解值。

(f) 用得到的计算机报告结果确定生
产八种产品的边际成本。

(g) 用得到的计算机报告结果解释，
为什么使所有热轧机必须运作
一班及以上会浪费公司的钱。

(h) 现在有了两个新的选择可供参
考，热轧机 3 或者热轧机 4 可
以在周末运行(也就是说，在 50
周的时间内三个班次分别增加
16 小时)。在计算机输出报告基
础上，分别考虑每一个选择，
并确定最优成本的变化量或变
化范围。

(i) 另外一个可能选择是，考虑雇用
一个年轻工程师，以找到减少高
成本热轧机 4 的单位成本的办
法。分别考虑热轧机 4 所能生产
的 6 个产品，根据计算机结果，

确定当单位成本降到多少时，会对最优生产计划产生影响。

📱(j) 最后考虑的一对选择是在 4 号热轧机上安装一种设备，以生产 4 英尺的空管和实心管。新的设备可以每分钟生产出两种产品中的一种。分别考虑每一种产品，确定当这些新设备生产单位产品成本为多少时，选择采用这些设备才会对企业的经济收益有利。

6-29 考虑以下原始线性规划：

$$\max \quad 13z_2 - 8z_3$$
$$\text{s. t.} \quad -3z_1 + z_3 \leqslant 19$$
$$\qquad 4z_1 + 2z_2 + 7z_3 = 10$$
$$\qquad 6z_1 + 8z_3 \geqslant 0$$
$$\qquad z_1, z_3 \geqslant 0$$

✅(a) 用对偶变量 v_1，v_2，v_3 构造对应的对偶问题。

✅(b) 构造并且验证原始最优解 $\bar{z}$ 和对偶最优解 $\bar{v}$ 在各自问题中的所有 KKT 条件。

6-30 回到练习题 6-17 中的原始 LP 模型和练习题 6-18 中对应的对偶模型。

(a) 写出并验证每对模型的 KKT 条件。

(b) 计算练习题 6-17 中的原始解值和练习题 6-18 中的对偶解值，并说明它们之差正好违背了 KKT 条件的互补松弛值。

6-31 考虑以下标准形式的线性规划：

$$\max \quad 5x_1 - 10x_2$$
$$\text{s. t.} \quad 1x_1 - 1x_2 + 2x_3 + 4x_5 = 2$$
$$\qquad 1x_1 + 1x_2 + 2x_4 + x_5 = 8$$
$$\qquad x_1, x_2, x_3, x_4, x_5 \geqslant 0$$

✅(a) 以 x_1 和 x_2 为基，确定对应的分段模型的各元素：$\mathbf{B}$，$\mathbf{B}^{-1}$，$\mathbf{N}$，$\mathbf{c}^B$，$\mathbf{c}^N$ 和 $\mathbf{b}$。

✅(b) 运用(a)中分段模型的元素计算

原始基解$(\bar{\mathbf{x}}^B, \bar{\mathbf{x}}^N)$，并确定它的目标函数值，同时证明其为可行。

✅(c) 用(a)中的分段元素和对偶变量 $\mathbf{v}$ 构造以上 LP 问题的对偶问题。

✅(d) 对于(a)中的基计算互补对偶解 $\bar{\mathbf{v}}$，并验证互补对偶问题的目标函数值与原始问题的相同。

✅(e) 简单解释为何互补的原始和对偶解 $\bar{\mathbf{x}}$ 和 $\bar{\mathbf{v}}$ 能够有相同的目标函数值，但是在各自的问题中却非最优。

6-32 回顾练习题 6-31 中的标准形式 LP 问题。做一下练习题 6-31 中(a)～(d)小题，不同的是当前使用的基是 (x_3, x_4)。然后做以下练习。

(e) 陈述(b)中你的原始解以及(d)中对偶解的所有 KKT 条件并证明两者在各自的问题中为最优。

(f) 运用(e)中所展示的(b)和(d)之解满足 KKT 条件来证明其为最优解。

6-33 考虑线性规划：

$$\min \quad 2x_1 + 3x_2$$
$$\text{s. t.} \quad -2x_1 + 3x_2 \geqslant 6$$
$$\qquad 3x_1 + 2x_2 \geqslant 12$$
$$\qquad x_1, x_2 \geqslant 0$$

(a) 建立减去了非负松弛变量 x_3 和 x_4 后的等价标准形式：

$$\min \quad 2x_1 + 3x_2$$
$$\text{s. t.} \quad -2x_1 + 3x_2 - x_3 = 6$$
$$\qquad 3x_1 + 2x_2 - x_4 = 12$$
$$\qquad x_1, x_2, x_3, x_4 \geqslant 0$$

(b) 用 (x_1, x_2) 的图表图解原始 LP 问题，并找出最优解。同时为每个约束条件给出对应的松弛变量的标记。

(c) 证明(a)中标准形式的对偶是：

$$\max \quad 6v_1 + 12v_2$$

$$\text{s.t.} \quad -2v_1 + 3v_2 \leqslant 2$$

$$3v_1 + 2v_2 \leqslant 3$$

$$- v_1 \qquad \leqslant 0$$

$$- v_2 \leqslant 0$$

(d) 陈述所有(a)中标准形式和(c)中对偶模型之间的互补松弛条件。

6-34 考虑线性规划：

$$\min \quad 2x_1 + 3x_2 + 4x_3$$

$$\text{s.t.} \quad x_1 + 2x_2 + x_3 \geqslant 3$$

$$2x_1 - x_2 + 3x_3 \geqslant 4$$

$$x_1, x_2, x_3 \geqslant 0$$

☑(a) 添加非负松弛变量 x_4 和 x_5 标准化模型。

☑(b) 用对偶变量 v_1 和 v_2 陈述你在(a)中写出的标准形式模型的对偶模型。

☑(c) 选择 x_4 和 x_5 作为基，计算对应的原始基解，并证明其不可行。

☑(d) 说明 $v_1 = v_2 = 0$ 在标准形式下对偶可行，且与(c)中的原始解互补。

☑(e) 从(c)中的原始基解和(d)中的对偶解入手，应用对偶单纯形算法 6A 来计算所给 LP 问题的原始最优和对偶最优解。

6-35 考虑标准形式的线性规划：

$$\min \quad 3x_1 + 4x_2 + 6x_3 + 7x_4 + x_5$$

$$\text{s.t.} \quad 2x_1 - x_2 + x_3 + 6x_4 - 5x_5 - x_6 = 6$$

$$x_1 + x_2 + 2x_3 + x_4 + 2x_5 - x_7 = 3$$

$$x_1, \cdots, x_7 \geqslant 0$$

☑(a) 利用变量 v_1 和 v_2，陈述该模型的对偶模型。

☑(b) 证明 $v_1 = v_2 = 0$ 是你在(a)中构造的模型的对偶可行解。

☑(c) 从(b)中的对偶解开始，应用原

始—对偶算法 6B 计算所给 LP 的原始和对偶最优解。

6-36 回到练习题 6-33(a)中的标准形式 LP 问题。

(a) 应用对偶单纯形法 6A，以由松弛变量组成的 (x_3, x_4) 为基。在每一步，确定基矩阵 $\mathbf{B}$，它的逆矩阵 $\mathbf{B}^{-1}$，对应的原始解 $\mathbf{x}$，基成本向量 $\mathbf{c}^B$，对应的对偶解 $\mathbf{v}$，所有原始变量的成本，变化方向 $\Delta\mathbf{v}$ 以及步长 λ。并且验证(i)在 6-33(a)中对偶模型的每一个 $\mathbf{v}$ 都对偶可行；(ii)每一对 $\mathbf{v}$ 和 $\mathbf{x}$ 都相互满足 6-33(d)中的对偶松弛性条件；(iii)每一个对偶解都有所改进。

(b) 记录算法 6A 解原始问题时进行的每一步的 (x_1, x_2) 点，并做出相应评论。

6-37 回到练习题 6-34(a)中标准形式 LP 问题。

(a) 通过应用原始—对偶单纯形法 6B，以对偶解 $\mathbf{v} = (0, 0)$ 开始，求解所给模型。在每一主要步骤上，陈述受限原始解、对偶解 $\mathbf{v}$、所有变量精简成本，以及改变方向 $\Delta\mathbf{v}$。同时验证每一个 $\mathbf{v}$ 和最新的 $\mathbf{x}$ 互补，且 $\Delta\mathbf{v}$ 将是使对偶解改进的方向。

(b) 记录算法 6B 解原始问题时每一步的 (x_1, x_2) 点，并做出相应评论。

6-38 考虑以下线性规划：

$$\max \quad 3z_1 + z_2$$

$$\text{s.t.} \quad -2z_1 + z_2 \leqslant 2$$

$$z_1 + z_2 \leqslant 6$$

$$z_1 \leqslant 4$$

$$z_1, z_2 \geqslant 0$$

在转换成标准形式后，通过基本单纯形算法 5A 解模型的过程经过了以下一系列步骤：

	z_1	z_2	z_3	z_4	z_5	
max **c**	3	1	0	0	0	**b**
A	-2	1	1	0	0	2
	1	1	0	1	0	6
	1	0	0	0	1	4
$t=0$	N	N	B	B	B	
$\mathbf{z}^{(0)}$	0	0	2	6	4	0
$\Delta\mathbf{z},\ z_1$	1	0	2	-1	-1	$\bar{c}_1=3$
$\Delta\mathbf{z},\ z_1$	0	1	-1	-1	0	$\bar{c}_2=1$
	—	—		$\frac{6}{1}$	$\frac{4}{1}$	$\lambda=4$
$t=1$	B	N	B	B	N	
$\mathbf{z}^{(1)}$	4	0	10	2	0	12
$\Delta\mathbf{z},\ z_2$	0	1	-1	-1	0	$\bar{c}_2=1$
$\Delta\mathbf{z},\ z_5$	-1	0	-2	1	1	$\bar{c}_5=-3$
	—	—	$\frac{10}{1}$	$\frac{2}{1}$	—	$\lambda=2$

（续）

	z_1	z_2	z_3	z_4	z_5	
$t=2$	B	B	B	N	N	
$\mathbf{z}^{(2)}$	4	2	8	0	0	14
$\Delta\mathbf{z},\ z_4$	0	-1	1	1	0	$\bar{c}_4=-1$
$\Delta\mathbf{z},\ z_5$	-1	1	-3	0	1	$\bar{c}_5=-2$

（a）陈述该表上部所示的标准形式原始问题的对偶问题，并列举所有原始和对偶问题的互补松弛性要求。

（b）在所给单纯形计算的每一步上计算原始和对偶基解，并检查互补松弛性，以证实算法 5A 采用了保持 KKT 条件中原始可行性和互补松弛性的同时搜索对偶可行性的策略。

参考文献

Bazaraa, Mokhtar, John J. Jarvis, and Hanif D. Sherali (2010), *Linear Programming and Network Flows*, John Wiley, Hoboken, New Jersey.

Bertsimas, Dimitris and John N. Tsitklis (1997), *Introduction to Linear Optimization*. Athena Scientific, Nashua, New Hampshire.

Chvátal, Vašek (1980), *Linear Programming*, W.H. Freeman, San Francisco, California.

Eppen, G.D., F.J. Gould, GP. Schmidt, Jeffrey H. Moore, and Larry R. Weatherford (1993), *Introduction to Management Science*, Prentice-Hall, Upper Saddle River, New Jersey.

Griva, Igor, Stephen G. Nash, and Ariela Sofer (2009), *Linear and Nonlinear Optimization*, SIAM, Philadelphia, Pennsylvania.

Luenberger, David G. and Yinyu Ye (2008), *Linear and Nonlinear Programming*, Springer, New York, New York.

## 第 7 章

线性规划内点法

第 5 章和第 6 章提出了解决线性规划问题的单纯形法，其至今仍然是线性规划中最广泛使用的算法。20 世纪 80 年代末，为了解决运筹学实际操作问题，学者又提出了一种与前者迥异的策略——**内点法**(interior point method)。内点法仍然遵循线性规划的搜索范式，但是它的移动方式有别于单纯形法。不同于单纯形法在可行域边界由一个极点移向另一个极点，内点法直接在可行域内部移动。

虽然内点法的每次移动更加复杂，但是它需要移动的次数大幅减少。在许多大型线性规划问题中，内点法需要的时间比迄今为止任何形式的单纯形法都要短。

线性规划的第一个**商业内点法工具**(commercial interior point)是 N。关于 Karmarkar 提出的**投影变换**(projective transformation)，讨论一直持续到今天。这些方法在数学上相对复杂，有许多细节已经超出了入门书的范围。

本章将对常见的**仿射尺度算法**(affine scaling)、**对数障碍法**(log-barrier)和**原始对偶法**(primal-dual)进行介绍，然后简要说明内点法在线性规划多项式时间解方面的理论重要性(见 14.2 节和 14.3 节)。本章假设读者已经熟悉第 3 章的搜索基础知识、第 5.1 节关于线性规划 LP 的约定以及第 6.7 节的最优性条件。

7.1 在可行域内部搜索

在可行域内部移动的线性规划搜索算法带来了一系列新的挑战。在引入特定算法之前，我们先介绍一些关键问题。

□ **应用案例 7-1**

弗兰妮的木柴

我们将通过一个图形表示的例子——弗兰妮的木柴来说明内点计算。

每年，弗兰妮从她的小树林里卖出 3 根木柴。一位潜在顾客愿意支付每半根 90 美元，另一位愿意支付每根 150 美元。我们的问题是弗兰妮应该卖给每位顾客多少木柴以最大化自己的收益？假设每位顾客可以尽可能多地购买。

针对每位顾客的决策变量定义如下：
$$x_1 \triangleq \text{销售给顾客 1 半根木柴的数量}$$
$$x_2 \triangleq \text{销售给顾客 2 整根木柴的数量}$$
将该问题改写为以下线性规划：

$$\begin{aligned} \max \quad & 90x_1 + 150x_2 \\ \text{s.t.} \quad & \frac{1}{2}x_1 + x_2 \leqslant 3 \\ & x_1, x_2 \geqslant 0 \end{aligned} \tag{7-1}$$

图 7-1 通过画图法解模型(7-1)。唯一解是将 3 根木柴全都卖给第一位顾客，即 $x_1^* = 6$，$x_2^* = 0$。

7.1.1　内点

回顾定义 5.2，若至少有一个满足若干可行解的不等式约束，在给定可行点恰好等式成立，该给定可行点为**边界点**（boundary point）；若不存在这样的约束，该可行点为**内点**（interior point）。例如，图 7-1 中的 $\mathbf{x}^{(0)} = \left(1, \dfrac{1}{2}\right)$ 以严格不等式满足模型中的三条约束，因此是内点。

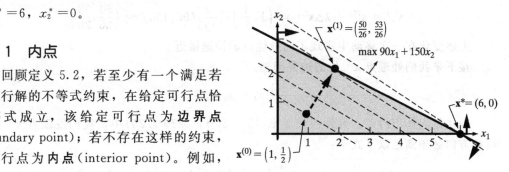

图 7-1　弗兰妮木柴问题的图形解

7.1.2　通过目标函数确定移动方向

例如图 7-1 中的 $\mathbf{x}^{(0)}$，当所有约束都是不等式时，从内点开始搜索具有一个显著的优势：没有约束起作用，所有方向都是**可行的**（feasible），即在任一方向上前进一小步都能保持可行性，见第 3.2 节。因此我们在选择移动方向时主要的考虑是对目标函数的**改进**（improving）。

原理 7.1　线性规划 $\max \mathbf{c} \cdot \mathbf{x} = \sum_j c_j x_j$ 改进最快的移动方向是目标函数向量 $\Delta \mathbf{x} = \mathbf{c}$；对于最小化模型 $\min \mathbf{c} \cdot \mathbf{x}$，改进最快的方向是 $\Delta \mathbf{x} = -\mathbf{c}$。

例如在图 7-1 的弗兰妮模型中，在 $\mathbf{x}^{(0)}$ 点处，我们选择 $\Delta \mathbf{x} = \mathbf{c} = (90, 150)$，该方向严格垂直于目标函数等值线，没有任何其他方向能比该方向更快地改进目标函数。

例 7-1　通过目标函数选择改进方向

以下是具有 3 个决策变量的线性规划目标函数，分别确定其目标函数改进最快的移动方向。

（a）$\min \quad 4x_1 - 19x_2 + x_3$

（b）$\max \quad -2x_1 - x_2 + 79x_3$

解：应用原理 7.1。

（a）该模型有最小化目标函数，因此最快的改进方向是：
$$\Delta \mathbf{x} = - \mathbf{c} = (-4, 90, -1)$$

（b）该模型有最大化目标函数，因此最快的改进方向是：
$$\Delta \mathbf{x} = \mathbf{c} = (-2, -1, 79)$$

7.1.3 内点法的边界策略

图 7-1 展示了在点 $\mathbf{x}^{(0)}$ 选择沿 $\Delta \mathbf{x} = (90, 150)$ 方向改进的结果，最大可行步长是 $\lambda = \frac{2}{195}$，所以有：

$$\mathbf{x}^{(1)} = \mathbf{x}^{(0)} + \lambda \Delta \mathbf{x}^{(1)} = \left(1, \frac{1}{2}\right) + \frac{2}{195}(90, 150) = \left(\frac{50}{26}, \frac{53}{26}\right)$$

上述变化在一次移动中实现了向最优点的快速接近。

接下来我们处理点 $\mathbf{x}^{(1)}$ 处的边界问题。

$$\frac{1}{2}x_1 + x_2 \leqslant 3$$

现在是起作用约束。另外在第 3 章（第 3.3 节，原理 3.25）中，我们发现点 $\mathbf{x}^{(1)}$ 处的可行方向必须满足以下式子：

$$\frac{1}{2}\Delta x_1 + \Delta x_2 \leqslant 0$$

这种新的起作用约束破坏了内部移动的便利性。这就是内点法会在边界停下的原因，就像图 7-2 一样，只有满足原理 7.1 的部分移动在避开边界的同时继续前进。

当然，根据 5.1 节原理 5.4，线性规划的最优解在沿着边界的可行域内。边界不可能永远被避开。因此，内点法的有效性依赖于搜索点是否能一直保持在可行域的"中部"，直到最优解被找到。

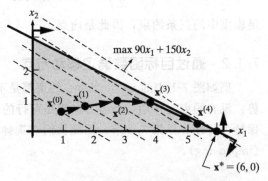

图 7-2 弗兰妮木柴问题中的典型内点搜索

原理 7.2 内点法从一个内部可行点开始，并且在一系列内部点之间进行搜索，直到在最优解处收敛到可行域的边界。

例 7-2 识别内点轨迹
下图描绘了 5.1 节中的高级黄铜奖杯问题。

判断以下解序列是否能够从内点搜索中得到。

（a）$(0, 0)$, $(440, 530)$, $(650, 1\ 100)$

（b）$(100, 300)$, $(440, 530)$, $(650, 1\ 100)$

（c）$(100, 300)$, $(1\ 000, 400)$, $(650, 1\ 100)$

（d）$(0, 0)$, $(1\ 000, 0)$, $(1\ 000, 400)$, $(650, 1\ 100)$

解： 通过内点法得到的一系列解应满足原理 7.2，因此有：

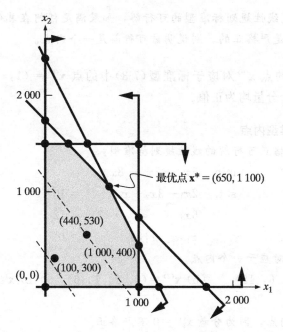

（a）该解序列由边界点(0，0)开始，不能由内点法得到。

（b）该解序列由内点开始，搜索过程经由内点，最后在最优处到达边界点，可以通过内点法得到。

（c）该解序列由内点开始，但是在最优点(1 000，400)以前到达了边界点，因此不能通过内点搜索得到。

（d）这是图 5-5 中单纯形法的顶点序列，该序列中没有内点。

7.1.4　线性规划(LP)标准型的内点

5.1 节中，我们介绍了线性规划的**标准型**（standard form）：

$$\begin{aligned} \min(\max) \quad & \mathbf{c} \cdot \mathbf{x} \\ \text{s. t.} \quad & \mathbf{Ax} = \mathbf{b} \\ & \mathbf{x} \geqslant \mathbf{0} \end{aligned}$$（7-2）

标准型通过添加松弛变量和剩余变量将不等式转换为等式，同时变换原变量使每个变量都满足非负约束。例如，我们在弗兰妮模型(7-1)中添加松弛变量 x_3 可以将其转换为标准型，如下：

$$\begin{aligned} \max \quad & 90x_1 + 150x_2 \\ \text{s. t.} \quad & \frac{1}{2}x_1 + x_2 + x_3 = 3 \\ & x_1, x_2, x_3 \geqslant 0 \end{aligned}$$（7-3）

第 5 章为了便于执行单纯形算法，用(7-2)形式表示线性规划模型，在本章中，标准型对内点法也有同样的作用。当所有的不等式约束都转换为非负约束时，很容易看出给定点是否在可行域的内部。

原理 7.3 给定线性规划标准型的可行解，如果满足任何在其他可行解处可能为正值的分量在给定点也是严格正的，则说明该可行解是一个内点。

例如，图 7-2 中的点 $\mathbf{x}^{(0)}$ 对应于标准型（7-3）中的点 $\mathbf{x}^{(0)} = (1, 1/2, 2)$。满足原理 7.3，向量中的每一个分量均为正值。

例 7-3 识别标准型内点

考虑以下具有严格正可行解的线性规划标准型：

$$\begin{aligned}
\min \quad & 5x_1 - 2x_3 + 8x_4 \\
\text{s.t.} \quad & 2x_1 + 3x_2 - x_3 \qquad\quad = 10 \\
& 6x_1 \qquad\qquad\quad - 2x_4 = 12 \\
& x_1, x_2, x_3, x_4 \qquad\qquad \geqslant 0
\end{aligned}$$

判断下列解是否对应于一个内点。

(a) $\mathbf{x}^{(1)} = (8, 0, 6, 18)$ (b) $\mathbf{x}^{(2)} = (4, 1, 1, 6)$ (c) $\mathbf{x}^{(3)} = (3, 3, 1, 6)$

解：

(a) 解 $\mathbf{x}^{(1)}$ 不是内点，因为分量 $\mathbf{x}_2^{(1)} = 0$ 不严格正。

(b) 解 $\mathbf{x}^{(2)}$ 每个分量都是正值，并且根据以下等式，该解可行，因此解 $\mathbf{x}^{(2)}$ 是一个内点。

$$\begin{aligned}
2x_1^{(2)} + 3x_2^{(2)} - x_3^{(2)} &= 2(4) + 3(1) - (1) = 10 \\
6x_1^{(2)} - 2x_4^{(2)} &= 6(4) - 2(6) \qquad = 12
\end{aligned}$$

(c) 解 $\mathbf{x}^{(3)}$ 每个分量都是正值，并且根据以下等式，该解不可行，因此解 $\mathbf{x}^{(3)}$ 不是一个内点。

$$\begin{aligned}
2x_1^{(3)} + 3x_2^{(3)} - x_3^{(3)} &= 2(3) + 3(3) - (1) = 14 \neq 10 \\
6x_1^{(3)} - 2x_4^{(3)} &= 6(3) - 2(6) \qquad = 6 \neq 12
\end{aligned}$$

7.1.5 投影方法处理等式约束

通过标准型识别内点纵然简便，但是也有代价。不等式约束被转换的同时意味着许多等式约束被加入到系统 $\mathbf{Ax} = \mathbf{b}$ 中，而等式约束对于每一个可行解都是起作用的。一些简单的移动，例如原理 7.1 中目标向量移动方向，需要进行修改以满足等式条件。

第 3 章（第 3.3 节，原理 3.25）建立了一个当且仅当对于每一个约束的净影响为 0 时，满足等式约束 $\mathbf{Ax} = \mathbf{b}$ 的方向 $\Delta\mathbf{x}$。

原理 7.4 倘若满足 $\mathbf{A}\Delta\mathbf{x} = \mathbf{0}$，移动方向 $\Delta\mathbf{x}$ 对于等式约束 $\mathbf{Ax} = \mathbf{b}$ 可行。

如何找到满足原理 7.4 的移动方向 $\Delta\mathbf{x}$，能够尽可能接近我们真正希望得到的方向 $\mathbf{d}$ 呢？内点法通常会用到一些投影形式。

原理 7.5 给定等式系统上移动向量 $\mathbf{d}$ 的**投影**（projection），是一个满足这些约束，同时最小化投影分量和 $\mathbf{d}$ 分量平方差的方向。

熟悉统计的读者可能会看出这个思想来自于**最小二乘法**（least squares）曲线拟合。

图 7-3 说明了弗兰妮木柴问题的最优形式(7-3)。三维图中的阴影三角形表示可行集（x_1，x_2，x_3），搜索过程从点 $\mathbf{x}^{(0)} = (1, 1/2, 2)$ 开始。

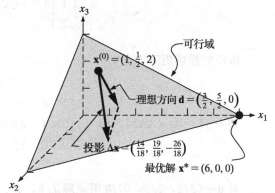

图 7-3　弗兰妮木柴问题的投影

为了尽可能快地改进目标函数，我们平行移动到标准型的成本解向量 $\mathbf{c} = (90, 150, 0)$，令方向 $\mathbf{d} = \frac{1}{60}\mathbf{c} = \left(\frac{3}{2}, \frac{5}{2}, 0\right)$，使其保持在图中。

可行方向 $\Delta\mathbf{x}$ 必须通过满足 7.4 或者下式，使得下一搜索点留在可行平面上：

$$\frac{1}{2}\Delta x_1 + \Delta x_2 + \Delta x_3 = 0 \tag{7-4}$$

但是我们希望它尽可能像 $\mathbf{d}$。图 7-3 说明了最好的选择是 $\mathbf{d}$ 的投影 $\Delta\mathbf{x} = \left(\frac{14}{18}, \frac{19}{18}, -\frac{26}{18}\right)$，从最小化下式的角度出发，该投影最接近 $\mathbf{d}$：

$$(d_1 - \Delta x_1)^2 + (d_2 - \Delta x_2)^2 + (d_3 - \Delta x_3)^2$$

它同时也满足可行性条件(7-4)，因为：

$$\frac{1}{2}\left(\frac{14}{18}\right) + \left(\frac{19}{18}\right) + \left(-\frac{26}{18}\right) = 0$$

移动方向 $\Delta\mathbf{x}$ 的投影计算的推导过程已经超出了本书的范围。但是，所需投影矩阵 $\mathbf{P}$ 的公式是大家所熟知的。

原理 7.6　方向 $\mathbf{d}$ 在条件 $\mathbf{A}\Delta\mathbf{x} = \mathbf{0}$ 上的投影，使得线性条件 $\mathbf{Ax} = \mathbf{b}$ 成立，可以通过下式得到：

$$\Delta\mathbf{x} = \mathbf{Pd}$$

其中，**投影矩阵**（projection matrix）：

$$\mathbf{P} = (\mathbf{I} - \mathbf{A}^{\mathrm{T}}(\mathbf{AA}^{\mathrm{T}})^{-1}\mathbf{A})$$

这里 $\mathbf{I}$ 表示单位矩阵，$\mathbf{A}^{\mathrm{T}}$ 表示 $\mathbf{A}$ 的**转置**（transpose），通过交换矩阵行列得到（预备知识 6 对一些性质进行了回顾）。

对于弗兰妮木柴问题：

$$\mathbf{A} = \left(\frac{1}{2}, 1, 1\right), \quad \mathbf{A}^{\mathrm{T}} = \begin{bmatrix} \frac{1}{2} \\ 1 \\ 1 \end{bmatrix}, \quad \mathbf{AA}^{\mathrm{T}} = \frac{9}{4}$$

因此，$(\mathbf{AA}^{\mathrm{T}})^{-1} = \frac{4}{9}$，并且：

$$\mathbf{A}^{\mathrm{T}}(\mathbf{A}\mathbf{A}^{\mathrm{T}})^{-1}\mathbf{A} = \begin{bmatrix} \dfrac{1}{2} \\ 1 \\ 1 \end{bmatrix}\left(\dfrac{4}{9}\right)\left[\dfrac{1}{2}, \quad 1, \quad 1\right] = \begin{bmatrix} \dfrac{1}{9} & \dfrac{2}{9} & \dfrac{2}{9} \\ \dfrac{2}{9} & \dfrac{4}{9} & \dfrac{4}{9} \\ \dfrac{2}{9} & \dfrac{4}{9} & \dfrac{4}{9} \end{bmatrix}$$

所需的投影矩阵 **P** 是：

$$\mathbf{P} = (\mathbf{I} - \mathbf{A}^{\mathrm{T}}(\mathbf{A}\mathbf{A}^{\mathrm{T}})^{-1}\mathbf{A}) = \begin{bmatrix} 1 & 0 & 0 \\ 0 & 1 & 0 \\ 0 & 0 & 1 \end{bmatrix} - \begin{bmatrix} \dfrac{1}{9} & \dfrac{2}{9} & \dfrac{2}{9} \\ \dfrac{2}{9} & \dfrac{4}{9} & \dfrac{4}{9} \\ \dfrac{2}{9} & \dfrac{4}{9} & \dfrac{4}{9} \end{bmatrix} = \begin{bmatrix} \dfrac{8}{9} & -\dfrac{2}{9} & -\dfrac{2}{9} \\ -\dfrac{2}{9} & \dfrac{5}{9} & -\dfrac{4}{9} \\ -\dfrac{2}{9} & -\dfrac{4}{9} & \dfrac{5}{9} \end{bmatrix}$$

对 **d**=(3/2，5/2，0)应用原理 7.6，有：

$$\Delta \mathbf{x} = \mathbf{P}\mathbf{d} = \begin{bmatrix} \dfrac{8}{9} & -\dfrac{2}{9} & -\dfrac{2}{9} \\ -\dfrac{2}{9} & \dfrac{5}{9} & -\dfrac{4}{9} \\ -\dfrac{2}{9} & -\dfrac{4}{9} & \dfrac{5}{9} \end{bmatrix}\begin{bmatrix} \dfrac{3}{2} \\ \dfrac{5}{2} \\ 0 \end{bmatrix} = \begin{bmatrix} \dfrac{14}{18} \\ \dfrac{19}{18} \\ -\dfrac{26}{18} \end{bmatrix} \tag{7-5}$$

例 7-4 满足等式条件的投影

考虑标准型线性规划：

$$\begin{array}{llll} \max & 5x_1 & +7x_2 & +9x_3 \\ \text{s. t.} & 1x_1 & & -1x_3 & =-1 \\ & & +2x_2 & +1x_3 & =5 \\ & x_1, x_2, x_3 & & & \geqslant 0 \end{array}$$

(a) 找出内点 **x**=(2，1，3)处改进目标函数最快的移动方向 **d**。

(b) 投影法找出最接近向量 **d**，同时满足线性规划 LP 等式约束的方向 Δ**x**。

(c) 证明在点 **x** 处，方向 Δ**x** 满足所有可行移动方向的条件。

解：

(a) 根据原理 7.1，改进最快的方向是：

$$\mathbf{d} = 目标函数向量 = (5,7,9)$$

(b) 根据原理 7.6 计算投影，有：

$$\mathbf{A} = \begin{bmatrix} 1 & 0 & -1 \\ 0 & 2 & 1 \end{bmatrix}, \quad \mathbf{A}^{\mathrm{T}} = \begin{bmatrix} 1 & 0 \\ 0 & 2 \\ -1 & 1 \end{bmatrix}$$

因此：

$$\mathbf{A}\mathbf{A}^{\mathrm{T}} = \begin{bmatrix} 2 & -1 \\ -1 & 5 \end{bmatrix}, \quad (\mathbf{A}\mathbf{A}^{\mathrm{T}})^{-1} = \begin{bmatrix} \dfrac{5}{9} & \dfrac{1}{9} \\ \dfrac{1}{9} & \dfrac{2}{9} \end{bmatrix}$$

进一步得到：

$$\mathbf{A}^{\mathrm{T}}(\mathbf{A}\mathbf{A}^{\mathrm{T}})^{-1}\mathbf{A}=\begin{bmatrix}1&0\\0&2\\-1&1\end{bmatrix}\begin{bmatrix}\frac{5}{9}&\frac{1}{9}\\\frac{1}{9}&\frac{2}{9}\end{bmatrix}\begin{bmatrix}1&0&-1\\0&2&1\end{bmatrix}=\begin{bmatrix}\frac{5}{9}&\frac{2}{9}&-\frac{4}{9}\\\frac{2}{9}&\frac{8}{9}&\frac{2}{9}\\-\frac{4}{9}&\frac{2}{9}&\frac{5}{9}\end{bmatrix}$$

并且有：

$$\mathbf{P}=\left[1-\mathbf{A}^{\mathrm{T}}(\mathbf{A}\mathbf{A}^{\mathrm{T}})^{-1}\mathbf{A}\right]$$

$$=\begin{bmatrix}\begin{bmatrix}1&0&0\\0&1&0\\0&0&1\end{bmatrix}-\begin{bmatrix}\frac{5}{9}&\frac{2}{9}&-\frac{4}{9}\\\frac{2}{9}&\frac{8}{9}&\frac{2}{9}\\-\frac{4}{9}&\frac{2}{9}&\frac{5}{9}\end{bmatrix}\end{bmatrix}=\begin{bmatrix}\frac{4}{9}&-\frac{2}{9}&-\frac{4}{9}\\-\frac{2}{9}&\frac{1}{9}&-\frac{2}{9}\\-\frac{4}{9}&-\frac{2}{9}&\frac{4}{9}\end{bmatrix}$$

最后得到：

$$\Delta\mathbf{x}=\mathbf{P}\mathbf{d}=\begin{bmatrix}\frac{4}{9}&-\frac{2}{9}&-\frac{4}{9}\\-\frac{2}{9}&\frac{1}{9}&-\frac{2}{9}\\-\frac{4}{9}&-\frac{2}{9}&\frac{4}{9}\end{bmatrix}\begin{bmatrix}5\\7\\9\end{bmatrix}=\begin{bmatrix}-\frac{14}{3}\\-\frac{7}{3}\\-\frac{14}{3}\end{bmatrix}$$

(c) 检查原理 7.4，我们有：

$$\mathbf{A}\Delta\mathbf{x}=\begin{bmatrix}1&0&-1\\0&2&1\end{bmatrix}\begin{bmatrix}-\frac{14}{3}\\-\frac{7}{3}\\-\frac{14}{3}\end{bmatrix}=\begin{bmatrix}0\\0\end{bmatrix}$$

同时，没有不等式约束（非负约束）在 $\mathbf{x}$ 处起作用，方向 $\Delta\mathbf{x}$ 满足所有可行移动方向的条件。

7.1.6　沿投影方向改进

投影原理 7.6 可以在标准型的内点处生成可行方向 $\Delta\mathbf{x}$，但是该方向能够持续改进吗？我们知道弗兰妮木柴问题(7-5)中方向 $\mathbf{d}=(3/2,5/2,0)$ 是改进的，因为该方向平行于最大化目标函数向量 $\mathbf{c}=(90,150,0)$。倘若在获得可行方向 $\Delta\mathbf{x}$ 的同时不能实现改进，投影法的意义不大。

幸运的是，我们可以看到目标函数向量的投影总是改进的。

原理 7.7　（非负）目标函数向量在等式约束 $\mathbf{A}\mathbf{x}=\mathbf{b}$ 上的投影 $\Delta\mathbf{x}=\mathbf{P}\mathbf{c}$ 是最大化线性规划模型的一个改进方向，同样，$\Delta\mathbf{x}=-\mathbf{P}\mathbf{c}$ 是最小化模型的改进方向。

例如，(7-5)中的弗兰妮木柴方向 $\Delta\mathbf{x}$ 满足 3.3 节中的梯度改进原理 3.21 和 3.22，因为有：

$$\mathbf{c} \cdot \Delta\mathbf{x} = (90,150,0) \cdot \left(\frac{14}{8}, \frac{19}{18}, -\frac{26}{18}\right) = \frac{685}{3} > 0$$

为了验证上述原理，我们需要对投影法做一个简单的观察。原理 7.6 找到了最接近方向 $\mathbf{d}$，同时满足 $\mathbf{A}\Delta\mathbf{x} = \mathbf{0}$ 的向量 $\Delta\mathbf{x}$。因此，如果 $\mathbf{d}$ 满足 $\mathbf{Ad} = \mathbf{0}$，那么 $\Delta\mathbf{x} = \mathbf{d}$。也就是说，投影 $\Delta\mathbf{x}$ 经过再次投影后，应该仍然得到 $\Delta\mathbf{x}$，或者用符号表示：

$$\text{projection}(\mathbf{d}) = \mathbf{Pd} = \mathbf{PPd} = \text{projection}\big[\text{projection}(\mathbf{d})\big] \tag{7-6}$$

已知投影矩阵都是对称矩阵 $\mathbf{P} = \mathbf{P}^{\mathrm{T}}$，同时将属性(7-6)应用到最大化目标函数向量 $\mathbf{c}$ 中，可以看到与原理 7.6 对应的 $\Delta\mathbf{x}$ 有：

$$\mathbf{c} \cdot \Delta\mathbf{x} = \mathbf{c}^{\mathrm{T}}\mathbf{Pc} = \mathbf{c}^{\mathrm{T}}\mathbf{PPc} = \mathbf{c}^{\mathrm{T}}\mathbf{P}^{\mathrm{T}}\mathbf{Pc} = (\mathbf{Pc})^{\mathrm{T}}(\mathbf{Pc}) = \Delta\mathbf{x}^{\mathrm{T}}\Delta\mathbf{x} > 0$$

以上就是改进方向需要满足的条件。最小化模型同样遵循类似的分析过程。

例 7-5　证明投影方向是改进的

回到例 7-4 的线性规划模型，根据(b)部分得到投影矩阵 $\mathbf{P}$。假设目标函数变为下列多项式，通过投影原理 7.1 的最快改进方向得到 $\Delta\mathbf{x}$，并且证明该移动方向是改进的。

(a) max　$x_1 - x_2 + x_3$

(b) min　$2x_1 + x_3$

解：

(a) 对应的最快改进方向是 $\mathbf{c} = (1, -1, 1)$，因此投影移动方向是：

$$\Delta\mathbf{x} = \mathbf{Pc} = \begin{bmatrix} \frac{4}{9} & -\frac{2}{9} & \frac{4}{9} \\ -\frac{2}{9} & \frac{1}{9} & -\frac{2}{9} \\ \frac{4}{9} & -\frac{2}{9} & \frac{4}{9} \end{bmatrix} \begin{bmatrix} 1 \\ -1 \\ 1 \end{bmatrix} = \begin{bmatrix} \frac{10}{9} \\ -\frac{5}{9} \\ \frac{10}{9} \end{bmatrix}$$

检验是否改进，有：

$$\mathbf{c} \cdot \Delta\mathbf{x} = (1, -1, 1) \cdot \left(\frac{10}{9}, -\frac{5}{9}, \frac{10}{9}\right) = \frac{25}{9} > 0$$

(b) 对于最小化目标，最快改进方向是 $-\mathbf{c} = (-2, 0, -1)$，投影得到：

$$\Delta\mathbf{x} = \begin{bmatrix} \frac{4}{9} & -\frac{2}{9} & \frac{4}{9} \\ -\frac{2}{9} & \frac{1}{9} & -\frac{2}{9} \\ \frac{4}{9} & -\frac{2}{9} & \frac{4}{9} \end{bmatrix} \begin{bmatrix} -2 \\ 0 \\ -1 \end{bmatrix} = \begin{bmatrix} -\frac{4}{3} \\ \frac{2}{3} \\ -\frac{4}{3} \end{bmatrix}$$

检验是否改进，有：

$$\mathbf{c} \cdot \Delta\mathbf{x} = (2, 0, 1) \cdot \left(-\frac{4}{3}, \frac{2}{3}, -\frac{4}{3}\right) = -3 < 0$$

7.2　对当前解进行尺度变换

我们已经看到，内点法最重要的贡献是在找到最优解以前避开了可行集的边界。而

尺度变换(scaling)也是一种避开边界的有效工具，它通过修改决策变量单元让解的所有分量都与边界保持一个合适的距离，使得搜索过程总是发生在可行域"中部"。本节我们将介绍本章算法所涉及的重复尺度变换中最常见的**仿射**(affine)类型。

7.2.1　仿射尺度变换

仿射尺度变换采用最简单的策略远离边界。通过对模型进行重复尺度变换使当前解的变形 $\mathbf{x}^{(t)}$ 与所有不等式约束距离相等。

图 7-4 在弗兰妮木柴问题(7-3)中表达了同样的思想。图 7-4a 描绘了原始可行空间，当前内点解是 $\mathbf{x}^{(t)} = \left(3, \frac{1}{2}, 1\right)$，图 7-4b 经过重复尺度变换得到新变量：

$$y_1 \triangleq \frac{x_1}{x_1^{(t)}} = \frac{x_1}{3}$$

$$y_2 \triangleq \frac{x_2}{x_2^{(t)}} = \frac{x_2}{\frac{1}{2}}$$

$$y_3 \triangleq \frac{x_3}{x_3^{(t)}} = \frac{x_3}{1}$$

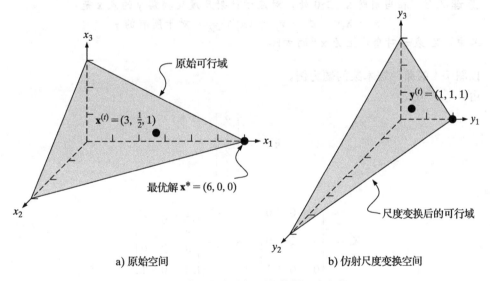

a) 原始空间　　　　　　　　　　　　b) 仿射尺度变换空间

图 7-4　弗兰妮木柴问题的仿射尺度变换

按照以上操作，除以当前的 x 值(因为是内点，所以为正值)以后，得到的 $\mathbf{y}^{(t)} = (1, 1, 1)$ 到所有不等式约束(非负约束)距离相等。

7.2.2　仿射尺度变换的对角矩阵建立

虽然现在提及**对角矩阵**(diagonal matrices)建立有些早，但是对接下来的内容十分有用。我们使用对角矩阵来正式说明仿射尺度变换中用于表示分量除以当前解的符号。具体来讲，首先我们将当前解向量

$$\mathbf{x}^{(t)} = (x_1^{(t)}, x_2^{(t)} \cdots, x_n^{(t)})$$

转换为方阵形式：

$$\mathbf{x}_t = \begin{bmatrix} x_1^{(t)} & 0 & \cdots & 0 \\ 0 & x_2^{(t)} & \ddots & \vdots \\ \vdots & \ddots & \ddots & 0 \\ 0 & \cdots & 0 & x_n^{(t)} \end{bmatrix}, \quad \mathbf{x}_t^{-1} = \begin{bmatrix} \dfrac{1}{x_1^{(t)}} & 0 & \cdots & 0 \\ 0 & \dfrac{1}{x_2^{(t)}} & \ddots & \vdots \\ \vdots & \ddots & \ddots & 0 \\ 0 & \cdots & 0 & \dfrac{1}{x_n^{(t)}} \end{bmatrix}$$

仿射尺度变换和逆仿射尺度变换可以通过以下形式的矩阵乘法表示。

定义 7.8 在当前解 $\mathbf{x}^{(t)} > \mathbf{0}$ 处，**仿射尺度变换**（affine scaling）通过以下定义将 $\mathbf{x}$ 转换为 $\mathbf{y}$：

$$\mathbf{y} = \mathbf{X}_t^{-1}\mathbf{x} \quad \text{或} \quad y_j = \frac{x_j}{x_j^{(t)}} \quad \text{对于所有的 } j$$

其中，$\mathbf{X}_t$ 表示对角线上为 $\mathbf{x}^{(t)}$ 的方阵。

有 $y_j = x_j / x_j^{(t)}$，逆仿射尺度变换同样很容易表达。

原理 7.9 在当前解 $\mathbf{x}^{(t)} > \mathbf{0}$ 处，对应于仿射尺度变换解 $\mathbf{y}$ 的点 $\mathbf{x}$ 是：

$$\mathbf{x} = \mathbf{X}_t\mathbf{y} \quad \text{或} \quad x_j = (x_j^{(t)})y_j \quad \text{对于所有的 } j$$

其中，$\mathbf{X}_t$ 表示对角线上为 $\mathbf{x}^{(t)}$ 的方阵。

以图 7-4 的弗兰妮木柴问题为例。
由：

$$\mathbf{x}^{(t)} = \begin{bmatrix} 3 \\ \dfrac{1}{2} \\ 1 \end{bmatrix}$$

得到：

$$\mathbf{X}_t = \begin{bmatrix} 3 & 0 & 0 \\ 0 & \dfrac{1}{2} & 0 \\ 0 & 0 & 1 \end{bmatrix} \quad \mathbf{X}_t^{-1} = \begin{bmatrix} \dfrac{1}{3} & 0 & 0 \\ 0 & 2 & 0 \\ 0 & 0 & 1 \end{bmatrix}$$

然后根据定义 7.8，有：

$$\mathbf{y} = \mathbf{X}_t^{-1}\mathbf{x}^{(t)} = \begin{bmatrix} \dfrac{1}{3} & 0 & 0 \\ 0 & 2 & 0 \\ 0 & 0 & 1 \end{bmatrix}\begin{bmatrix} 3 \\ \dfrac{1}{2} \\ 1 \end{bmatrix} = \begin{bmatrix} 1 \\ 1 \\ 1 \end{bmatrix}$$

类似地，根据原理 7.9，有：

$$\mathbf{x} = \mathbf{X}_t\mathbf{y} \begin{bmatrix} 3 & 0 & 0 \\ 0 & \dfrac{1}{2} & 0 \\ 0 & 0 & 1 \end{bmatrix}\begin{bmatrix} 1 \\ 1 \\ 1 \end{bmatrix} = \begin{bmatrix} 3 \\ \dfrac{1}{2} \\ 1 \end{bmatrix}$$

例 7-6　包含对角矩阵的仿射尺度变换

假设线性规划搜索算法依次经过的两个解是 $\mathbf{x}^{(0)}=(12,3,2)$ 和 $\mathbf{x}^{(1)}=(1,4,7)$。计算在每个 $\mathbf{x}^{(t)}$ 点处，$\mathbf{x}=(24,12,14)$ 对应的仿射尺度变换解，并证明 $\mathbf{y}$ 的逆尺度变换是 $\mathbf{x}$。

解： 根据公式 7.8，$\mathbf{x}^{(0)}$ 对应的对角矩阵是：

$$\mathbf{X}_0 = \begin{bmatrix} 12 & 0 & 0 \\ 0 & 3 & 0 \\ 0 & 0 & 2 \end{bmatrix}, \quad \mathbf{X}_0^{-1} = \begin{bmatrix} \dfrac{1}{12} & 0 & 0 \\ 0 & \dfrac{1}{3} & 0 \\ 0 & 0 & \dfrac{1}{2} \end{bmatrix}$$

因此：

$$\mathbf{y} = \mathbf{X}_0^{-1}\mathbf{x} \begin{bmatrix} \dfrac{1}{2} & 0 & 0 \\ 0 & \dfrac{1}{3} & 0 \\ 0 & 0 & \dfrac{1}{2} \end{bmatrix} \begin{bmatrix} 24 \\ 12 \\ 14 \end{bmatrix} = \begin{bmatrix} 2 \\ 4 \\ 7 \end{bmatrix}$$

根据原理 7.9 逆尺度变换公式，有：

$$\mathbf{x} = \mathbf{X}_0\mathbf{y} \begin{bmatrix} 12 & 0 & 0 \\ 0 & 3 & 0 \\ 0 & 0 & 2 \end{bmatrix} \begin{bmatrix} 2 \\ 4 \\ 7 \end{bmatrix} = \begin{bmatrix} 24 \\ 12 \\ 14 \end{bmatrix}$$

搜索过程进行到 $\mathbf{x}^{(1)}$ 时，尺度变换发生变化。此时根据原理 7.8，对角矩阵为：

$$\mathbf{X}_1 = \begin{bmatrix} 1 & 0 & 0 \\ 0 & 4 & 0 \\ 0 & 0 & 7 \end{bmatrix}, \quad \mathbf{X}_1^{-1} = \begin{bmatrix} 1 & 0 & 0 \\ 0 & \dfrac{1}{4} & 0 \\ 0 & 0 & \dfrac{1}{7} \end{bmatrix}$$

因此，解 $\mathbf{x}=(24,12,14)$ 尺度变换后得到：

$$\mathbf{y} = \mathbf{X}_1^{-1}\mathbf{x} = \begin{bmatrix} 1 & 0 & 0 \\ 0 & \dfrac{1}{4} & 0 \\ 0 & 0 & \dfrac{1}{7} \end{bmatrix} \begin{bmatrix} 24 \\ 12 \\ 14 \end{bmatrix} = \begin{bmatrix} 24 \\ 3 \\ 2 \end{bmatrix}$$

根据原理 7.9 逆尺度变换公式，有：

$$\mathbf{x} = \mathbf{X}_1\mathbf{y} \begin{bmatrix} 1 & 0 & 0 \\ 0 & 4 & 0 \\ 0 & 0 & 7 \end{bmatrix} \begin{bmatrix} 24 \\ 3 \\ 2 \end{bmatrix} = \begin{bmatrix} 24 \\ 12 \\ 14 \end{bmatrix}$$

7.2.3　仿射尺度变换后的标准型

事实上，仿射尺度变换改变了线性规划标准型的目标函数和约束系数：

$$\min \text{ 或 } \max \quad \mathbf{cx}$$
$$\text{s. t.} \qquad \mathbf{Ax} = \mathbf{b}$$
$$\mathbf{x} \geqslant \mathbf{0}$$

根据原理 7.9 有 $\mathbf{x} = \mathbf{X}_t \mathbf{y}$，进一步得到 $\mathbf{c} \cdot \mathbf{x} = \mathbf{cX}_t \mathbf{y} \triangleq \mathbf{c}^{(t)} \mathbf{y}$ 和 $\mathbf{Ax} = \mathbf{AX}_t \mathbf{x} \triangleq \mathbf{A}_t \mathbf{y}$，代入标准型可以在每一个解 $\mathbf{x}^{(t)}$ 处生成一个新的仿射尺度变换标准形式。

定义 7.10 在当前可行解 $\mathbf{x}^{(t)} > \mathbf{0}$ 处，仿射尺度变换后的线性规划标准型为：

$$\min \text{ 或 } \max \quad \mathbf{c}^{(t)} \cdot \mathbf{y}$$
$$\text{s. t.} \qquad \mathbf{A}_t \mathbf{y} = \mathbf{b}$$
$$\mathbf{y} \geqslant \mathbf{0}$$

其中，$\mathbf{c}^{(t)} = \mathbf{cX}_t$，$\mathbf{A}_t = \mathbf{AX}_t$，并且 $\mathbf{X}_t$ 是一个对角线上为 $\mathbf{x}^{(t)}$ 的方阵。

在弗兰妮木柴问题中有：

$$\mathbf{c} = (90, 150, 0)$$
$$\mathbf{A} = \left(\frac{1}{2}, 1, 1 \right), \quad \mathbf{b} = (3)$$

所以，在图 7-4 $\mathbf{x}^{(t)} = (3, 1/2, 1)$ 处，模型对应的仿射尺度变换形式是：

$$\max \quad 270y_1 + 75y_2$$
$$\text{s. t.} \quad \frac{3}{2}y_1 + \frac{1}{2}y_2 + y_3 = 3$$
$$y_1, y_2, y_3 \qquad \geqslant 0$$

并且有：

$$\mathbf{c}^{(t)} = \mathbf{cX}_t = (90, 150, 0) \begin{bmatrix} 3 & 0 & 0 \\ 0 & \dfrac{1}{2} & 0 \\ 0 & 0 & 1 \end{bmatrix} = (270, 75, 0)$$

$$\mathbf{A}_t = \mathbf{AX}_t = \left(\frac{1}{2}, 1, 1 \right) \begin{bmatrix} 3 & 0 & 0 \\ 0 & \dfrac{1}{2} & 0 \\ 0 & 0 & 1 \end{bmatrix} = \left(\frac{3}{2}, \frac{1}{2}, 1 \right)$$

例 7-7 仿射尺度变换标准形式

以下线性规划模型的当前解是 $\mathbf{x}^{(7)} = (2, 1, 5)$。

$$\min \quad -3x_1 \qquad\qquad + 9x_3$$
$$\text{s. t.} \quad -x_1 \qquad\qquad + x_3 = 3$$
$$x_1 + 2x_2 \qquad\quad = 4$$
$$x_1, x_2, x_3 \qquad\qquad \geqslant 0$$

请写出对应仿射尺度变换后的标准型模型。

解：

$$\mathbf{c} = (-3, 0, 9), \quad \mathbf{A} = \begin{bmatrix} -1 & 0 & 1 \\ 1 & 2 & 0 \end{bmatrix}, \quad \mathbf{b} = \begin{bmatrix} 3 \\ 4 \end{bmatrix}$$

根据定义 7.10 计算仿射尺度变换标准型，有：

$$\mathbf{c}^{(7)} = \mathbf{c}\mathbf{X}_7 = (-3, 0, 9)\begin{bmatrix} 2 & 0 & 0 \\ 0 & 1 & 0 \\ 0 & 0 & 5 \end{bmatrix} = (-6, 0, 45)$$

$$\mathbf{A}_7 = \mathbf{A}\mathbf{X}_7 = \begin{bmatrix} -1 & 0 & 1 \\ 1 & 2 & 0 \end{bmatrix}\begin{bmatrix} 2 & 0 & 0 \\ 0 & 1 & 0 \\ 0 & 0 & 5 \end{bmatrix} = \begin{bmatrix} -2 & 0 & 5 \\ 2 & 2 & 0 \end{bmatrix}$$

因此，尺度变换后的模型是：

$$\begin{aligned} \min \quad & -6y_1 + 45y_3 \\ \text{s. t.} \quad & -2y_1 \qquad\quad + 5y_3 = 3 \\ & 2y_1 + 2y_2 \qquad\quad = 4 \\ & y_1, y_2, y_3 \qquad\qquad\quad \geqslant 0 \end{aligned}$$

7.2.4 向仿射尺度变换后的等式约束投影

在 7.1 节我们可以发现，内点法经常会采用某种投影形式，来找出满足标准型等式约束的方向。我们很快就会看到这些投影中大部分涉及仿射尺度变换后的标准型 7.10 中的尺度变换系数 $\mathbf{c}^{(t)}$ 和 $\mathbf{A}_t$。

原理 7.11 方向 $\mathbf{d}$ 在仿射尺度变换后的条件 $\mathbf{A}_t \Delta \mathbf{y} = \mathbf{0}$ 上满足线性不等式 $\mathbf{A}_t \mathbf{y} = \mathbf{b}$ 的**投影**（projection）是：

$$\Delta \mathbf{y} = \mathbf{P}_t \mathbf{d}$$

其中，**投影矩阵**（projection matrix）：

$$\mathbf{P}_t = (\mathbf{I} - \mathbf{A}_t^{\mathrm{T}}(\mathbf{A}_t \mathbf{A}_t^{\mathrm{T}})^{-1}\mathbf{A}_t)$$

其他符号均与 7.10 相同。

例 7-8 向尺度变换后的 Y 空间投影

回到例 7-7 的线性规划问题，当前解是 $\mathbf{x}^{(7)} = (2, 1, 5)$，计算方向 $\mathbf{d} = (1, 0, -1)$ 在仿射尺度变换后的 y 空间对应的标准形式等式约束上的投影。

解： 应用尺度变换投影原理 7.11，由例 7-7，有：

$$\mathbf{A}_7 = \mathbf{A}\mathbf{X}_7 = \begin{bmatrix} -2 & 0 & 5 \\ 2 & 2 & 0 \end{bmatrix}$$

所以：

$$\mathbf{A}_7 \mathbf{A}_7^{\mathrm{T}} = \begin{bmatrix} 29 & -4 \\ -4 & 8 \end{bmatrix}$$

$$(\mathbf{A}_7 \mathbf{A}_7^{\mathrm{T}})^{-1} = \begin{bmatrix} \dfrac{8}{216} & \dfrac{4}{216} \\ \dfrac{4}{216} & \dfrac{29}{216} \end{bmatrix}$$

所以：

$$P_7 = \left[I - A_7^T (A_7 A_7^T)^{-1} A_7 \right] = \begin{bmatrix} \dfrac{25}{54} & -\dfrac{25}{54} & \dfrac{10}{54} \\[2mm] -\dfrac{25}{54} & \dfrac{25}{54} & -\dfrac{10}{54} \\[2mm] \dfrac{10}{54} & -\dfrac{10}{54} & \dfrac{4}{54} \end{bmatrix}$$

因此，投影方向是：

$$\Delta y = P_7 d = \begin{bmatrix} \dfrac{25}{54} & -\dfrac{25}{54} & \dfrac{10}{54} \\[2mm] -\dfrac{25}{54} & \dfrac{25}{54} & -\dfrac{10}{54} \\[2mm] \dfrac{10}{54} & -\dfrac{10}{54} & \dfrac{4}{54} \end{bmatrix} \begin{bmatrix} 1 \\ 0 \\ -1 \end{bmatrix} = \begin{bmatrix} \dfrac{5}{18} \\[2mm] -\dfrac{5}{18} \\[2mm] \dfrac{1}{9} \end{bmatrix}$$

7.2.5 内点法的计算代价

直观上看，修改后的投影公式 7.11 和没有尺度变换的公式 7.6 很相似，我们只是把 A，x 和 P 变换成了 A_t，y 和 P_t 了吗？

事实上两者的差异非常显著，这一点也占据了内点法主要的计算量。其中的关键是前者模型的约束矩阵 A 不随搜索过程变化，所以投影矩阵 P 同样没有变化。如果算法只在 $Ax = b$ 上投影，一些 P 的表达式只需要计算一次。此后的每次移动都只需选择期望的方向并乘以 P 的表达式。

然而，修改后的算法需要在尺度变换后的约束 $A_t y = b$（或类似的平面）上投影。已知 $A_t = AX_t$，A_t 在每一步、每一个当前点都发生改变，因此每一步都需要重新进行投影计算。虽然智能的数值线性代数技术可以提高计算效率，但是该过程仍然需要耗费大量的时间。

原理 7.12 内点法的计算量大部分用在尺度变换约束矩阵的投影计算上，例如 A_t，该矩阵会随着当前解的变化而变化。

7.3 仿射尺度变换搜索

在 7.2 节中，仿射尺度变换生成了一种新的模型形式，尺度变换后当前解的每个分量 $y^{(t)} = 1$。因此，变换后的点与所有边界约束（非负约束）的距离相等。很自然地想到，我们可以在尺度变换后的解空间中更加简便地进行搜索移动，然后通过逆尺度变换原理 7.9 变换回真实的决策变量 x。本节我们将提出一种采用上述策略的内点搜索仿射尺度变换形式。

7.3.1 仿射尺度变换移动方向

原理 7.1 告诉我们，在尺度变换问题中最好的移动方向是目标函数向量 $c^{(t)}$。同时，投影原理 7.11 计算了满足可行方向要求 $A_t \Delta y = 0$，且最接近方向 d 的 Δy。综合两方面，对于最大化问题，有：

$$\Delta \mathbf{y} = \mathbf{P}_t \mathbf{c}^{(t)} \qquad (7\text{-}7)$$

对于最小化问题，有：

$$\Delta \mathbf{y} = - \mathbf{P}_t \mathbf{c}^{(t)} \qquad (7\text{-}8)$$

为了得到完整的移动方向，我们还需要根据逆尺度变换原理 7.9 变换回原始变量。

原理 7.13　对于当前可行解是 $\mathbf{x}^{(t)} > \mathbf{0}$ 的仿射尺度变换搜索，下一步的移动方向是：

$$\Delta \mathbf{x} = \pm \mathbf{X}_t \mathbf{P}_t \mathbf{c}^{(t)}$$

其中，最大化问题为＋，最小化问题为－。$\mathbf{c}^{(t)}$，$\mathbf{X}_t$ 和 $\mathbf{P}_t$ 与原理 7.10 和 7.11 中定义的相同。

还是通过图 7-4 的弗兰妮木柴问题说明上述原理，初始解是 $\mathbf{x}^{(0)} = (1, 1/2, 2)$。由原理 7.10 的尺度变换标准形式，有：

$$\mathbf{c}^{(0)} = \mathbf{c}\mathbf{X}_0 = (90, 150, 0)\begin{bmatrix} 1 & 0 & 0 \\ 0 & \dfrac{1}{2} & 0 \\ 0 & 0 & 2 \end{bmatrix} = (90, 75, 0)$$

以及

$$\mathbf{A}_0 = \mathbf{A}\mathbf{X}_0 = \left(\frac{1}{2}, 1, 1\right)\begin{bmatrix} 1 & 0 & 0 \\ 0 & \dfrac{1}{2} & 0 \\ 0 & 0 & 2 \end{bmatrix} = \left(\frac{1}{2}, \frac{1}{2}, 2\right)$$

因此：

$$\mathbf{P}_0 = \left[1 - \mathbf{A}_0^{\mathrm{T}}(\mathbf{A}_0\mathbf{A}_0^{\mathrm{T}})^{-1}\mathbf{A}_0 \right] = \begin{bmatrix} \dfrac{17}{18} & -\dfrac{1}{18} & -\dfrac{2}{9} \\ -\dfrac{1}{18} & \dfrac{17}{18} & -\dfrac{2}{9} \\ -\dfrac{2}{9} & -\dfrac{2}{9} & \dfrac{1}{9} \end{bmatrix}$$

由 7.13 可以得到这个最大化问题的移动方向：

$$\Delta \mathbf{x} = \mathbf{X}_0 \mathbf{P}_0 \mathbf{c}^{(0)} = \begin{bmatrix} 1 & 0 & 0 \\ 0 & \dfrac{1}{2} & 0 \\ 0 & 0 & 2 \end{bmatrix}\begin{bmatrix} \dfrac{17}{18} & -\dfrac{1}{18} & -\dfrac{2}{9} \\ -\dfrac{1}{18} & \dfrac{17}{18} & -\dfrac{2}{9} \\ -\dfrac{2}{9} & -\dfrac{2}{9} & \dfrac{1}{9} \end{bmatrix}\begin{bmatrix} 90 \\ 75 \\ 0 \end{bmatrix} = \begin{bmatrix} 80\dfrac{5}{6} \\ 32\dfrac{11}{12} \\ -73\dfrac{1}{3} \end{bmatrix} \qquad (7\text{-}9)$$

例 7-9　计算仿射尺度变换移动方向

回到例 7-7 和 7-8 的线性规划问题，当前解是 $\mathbf{x}^{(7)} = (2, 1, 5)$。请计算下一步的仿射尺度变换移动方向。

解：根据例 7-7，有：

$$\mathbf{c}^{(7)} = (-6, 0, 45), \quad \mathbf{A}_7 = \begin{bmatrix} -2 & 0 & 5 \\ 2 & 2 & 0 \end{bmatrix}$$

根据例 7-8，有：

$$\mathbf{P}_7 = \begin{bmatrix} \dfrac{25}{54} & -\dfrac{25}{54} & \dfrac{10}{54} \\[2mm] -\dfrac{25}{54} & \dfrac{25}{54} & -\dfrac{10}{54} \\[2mm] \dfrac{10}{54} & -\dfrac{10}{54} & \dfrac{5}{54} \end{bmatrix}$$

按照原理 7.13 面向最小化问题的公式可以得到：

$$\Delta \mathbf{x}^{(8)} = -\begin{bmatrix} 2 & 0 & 0 \\ 0 & 1 & 0 \\ 0 & 0 & 5 \end{bmatrix} \begin{bmatrix} \dfrac{25}{54} & -\dfrac{25}{54} & \dfrac{10}{54} \\[2mm] -\dfrac{25}{54} & \dfrac{25}{54} & -\dfrac{10}{54} \\[2mm] \dfrac{10}{54} & -\dfrac{10}{54} & \dfrac{4}{54} \end{bmatrix} \begin{bmatrix} -6 \\ 0 \\ 45 \end{bmatrix} = \begin{bmatrix} -11\dfrac{1}{9} \\[2mm] 5\dfrac{5}{9} \\[2mm] -11\dfrac{1}{9} \end{bmatrix}$$

7.3.2 仿射尺度变换移动方向的可行性与是否改进

敏锐的读者想必发现了我们在 7.13 中移动方向的推导中遵循了一些规则，帮助其产生一个在尺度变换 y 空间中改进并可行的方向。但是，倘若在原始 x 空间中沿这个方向搜索，我们熟悉的一些改进可行方向的性质还会成立吗？

幸运的是，答案是肯定的。

原理 7.14 在决策变量为 $\mathbf{x}$ 的原始模型中，由原理 7.13 得到的仿射尺度变换搜索方向仍然是改进可行的。

可行性方面，原理 7.4 要求的 $\mathbf{A}\Delta\mathbf{x} = \mathbf{0}$ 与 $\mathbf{AX}_t\Delta\mathbf{y} = \mathbf{0}$ 相同，后者在投影到 $\mathbf{A}_t\Delta\mathbf{y} = \mathbf{AX}_t\Delta\mathbf{y}$ 时必须成立。关于是否改进的讨论与 7.1 节中未涉及尺度变换的投影原理 7.7 大致相同。

通过弗兰妮木柴问题说明 7.14，由表达式(7-9)：

$$\Delta \mathbf{x}^{(1)} = \left(80\frac{5}{6}, 32\frac{11}{12}, -73\frac{1}{3}\right)$$

根据原理 7.4，我们在可行域内部，所以可行性只要求 $\frac{1}{2}\Delta x_1 + \Delta x_2 + \Delta x_3 = 0$。验证发现：

$$\frac{1}{2}\left(80\frac{5}{6}\right) + \left(32\frac{11}{12}\right) + \left(-73\frac{1}{3}\right) = 0$$

类似地，最大化问题实现改进要求 $\mathbf{c} \cdot \Delta\mathbf{x} > 0$，这里有：

$$(90, 150, 0) \cdot \left(80\frac{5}{6}, 32\frac{11}{12}, -73\frac{1}{3}\right) \approx 12\,212 > 0$$

7.3.3 仿射尺度变换的步长

根据 7.13 我们得到了移动方向，下一步是找出移动的距离，也就是说，我们要选择一个合适的改进搜索步长 λ。

与前文一样，沿 $\Delta \mathbf{x}$ 方向前进的距离没有限制。对于标准型线性规划，内点 $\mathbf{x}^{(t)} > 0$ 处唯一不起作用的约束是非负约束。如果沿 $\Delta \mathbf{x}$ 方向移动不会减小解的分量，那么可以在避开非负约束的同时，持续改进目标值。

原理 7.15 如果根据仿射尺度变换原理 7.13 可以产生一个方向 $\Delta \mathbf{x} \geqslant 0$，那么对应的标准型线性规划模型无界。

当仿射尺度变换产生的移动方向具有负分量，我们需要限制步长，使得：

$$\mathbf{x}^{(t+1)} = \mathbf{x}^{(t)} + \lambda \Delta \mathbf{x} \geqslant \mathbf{0}$$

除此之外还有第二点考虑。定义 7.2 发现，内点法可以避开边界直到得到最优解，也就是说，我们需要持续移动，直到非负约束起作用，在最后一步产生最优解。

有许多步长规则满足这两个要求。我们将采用在仿射尺度变换空间中对 y 变量最好理解的那一个。尺度变换使当前解的所有分量都变为 1。例如，图 7-5 展示了当前的尺度变换解 $\mathbf{y}^{(0)} = (1, 1, 1)$。$\mathbf{y}^{(0)}$ 周围的高亮单位圆说明了由 $\mathbf{y}^{(0)}$ 出发沿任何方向进行步长为 1 的移动都满足非负约束。我们可以通过找出这种球形的极限来实现仿射尺度变换。

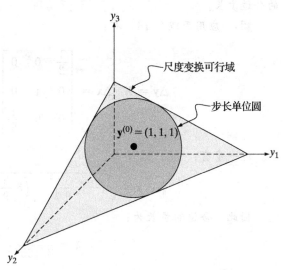

图 7-5 弗兰妮木柴问题的可行单位圆

原理 7.16 标准型线性规划中，当前可行解 $\mathbf{x}^{(t)} > 0$，如果根据原理 7.13 得到的 $\Delta \mathbf{x}$ 具有负分量，那么仿射尺度变换搜索的步长是：

$$\lambda = \frac{1}{\| \Delta \mathbf{x} \mathbf{X}_t^{-1} \|} = \frac{1}{\| \Delta \mathbf{y} \|}$$

其中，$\| d \|$ 表示 $\sqrt{\sum_j (d_j)^2}$，是向量 $\mathbf{d}$ 的长度，或称**模**(norm)。

图 7-5 展示了沿等式(7-9)的方向向单位圆边界的移动。由等式(7-9)，尺度变换方向是：

$$\Delta \mathbf{y} = \mathbf{X}_0^{-1} \Delta \mathbf{x} = \begin{bmatrix} 1 & 0 & 0 \\ 0 & 2 & 0 \\ 0 & 0 & \dfrac{1}{2} \end{bmatrix} \begin{bmatrix} 80\,\dfrac{5}{6} \\ 32\,\dfrac{11}{12} \\ -73\,\dfrac{1}{3} \end{bmatrix} = \begin{bmatrix} 80\,\dfrac{5}{6} \\ 65\,\dfrac{5}{6} \\ -36\,\dfrac{2}{3} \end{bmatrix}$$

长度(模)是：

$$\|\Delta\mathbf{y}\| = \sqrt{\left(80\,\frac{5}{6}\right)^2 + \left(65\,\frac{5}{6}\right)^2 + \left(-36\,\frac{2}{3}\right)^2} \approx 110.5$$

因此，根据原理 7.16 可以得到步长：

$$\lambda = \frac{1}{\|\Delta\mathbf{y}\|} = \frac{1}{110.5} \approx 0.009\,05 \tag{7-10}$$

按照以上步长移动，恰好可以到达单位圆的边界。

例 7-10 计算仿射尺度变换的步长

计算出例 7-9 中在点 $\mathbf{x}^{(7)} = (2,1,5)$ 处沿 $\Delta\mathbf{x} = \left(-11\,\frac{1}{9}, 5\,\frac{5}{9}, -11\,\frac{1}{9}\right)$ 方向移动的合适步长。

解： 应用原理 7.16，有：

$$\Delta\mathbf{y} = \mathbf{X}_7^{-1}\Delta\mathbf{x} = \begin{bmatrix} \frac{1}{2} & 0 & 0 \\ 0 & 1 & 0 \\ 0 & 0 & \frac{1}{5} \end{bmatrix} \begin{bmatrix} -11\,\frac{1}{9} \\ 5\,\frac{5}{9} \\ -11\,\frac{1}{9} \end{bmatrix} = \begin{bmatrix} -5\,\frac{5}{9} \\ 5\,\frac{5}{9} \\ -2\,\frac{2}{9} \end{bmatrix}$$

进一步有：

$$\|\Delta\mathbf{y}\| = \sqrt{\left(-5\,\frac{5}{9}\right)^2 + \left(5\,\frac{5}{9}\right)^2 + \left(2\,\frac{2}{9}\right)^2} \approx 8.165$$

因此，合适的步长为：

$$\lambda = \frac{1}{8.165} = 0.122\,5$$

7.3.4 仿射尺度变换搜索停止

将表达式(6-10)得到的结果应用于弗兰妮木柴问题，得到：

$$\mathbf{x}^{(1)} = \mathbf{x}^{(0)} + \lambda\Delta\mathbf{x} = (0.5,1,1) + 0.009\,05(80.83, 32.92, -73.33)$$
$$\approx (1.73, 0.80, 1.34) \tag{7-11}$$

注意，新得到的搜索点每一个分量均为正值，所有该点在可行域内部。

使用原理 7.16 在 $\mathbf{y}$ 可行域单位圆内构建新的搜索点，搜索点将始终保持在可行域内部，直到搜索过程移动到单位圆与非负约束相切的位置。这种移动非常少见，如果它们发生了，那么就意味着当前解也是最优解。

更典型地，仿射尺度变换搜索过程将保持在可行域内部，一步步地越来越接近边界上的最优解。在当前解足够接近最优解时满足停止规则，停止搜索。

但是，怎样判断当前解足够接近最优解呢？原油问题中是在当前解不再发生大的变化时停止搜索(7A 算法)。更加精确的规则是求出每一步最优值的边界，让我们得知当前解还有多少改进空间。我们将在 7.5 节中简要分析后者。

▶**7A 算法：线性规划的仿射尺度变换搜索**

第 0 步：初始化。 选择初始内部可行解 $\mathbf{x}^{(0)} > \mathbf{0}$，令 $t \leftarrow 0$。

第 1 步：最优化。 如果 $\mathbf{x}^{(t)}$ 的任何一个分量为 0，或者最近一次搜索中最优值没有发生显著的改变，停止搜索。在给定的线性规划问题中，当前解 $\mathbf{x}^{(t)}$ 是最优解，或者非常接近最优解。

第 2 步：移动方向。 通过向仿射尺度变换空间投影，构建下一步的移动方向：

$$\Delta \mathbf{x}^{(t+1)} \leftarrow \pm \mathbf{X}_t \mathbf{P}_t \mathbf{c}^{(t)}$$

最大化问题为 $+$，最小化问题为 $-$，$\mathbf{X}_t$，$\mathbf{P}_t$ 和 $\mathbf{c}^{(t)}$ 是 7.2 节中的尺度变换值。

第 3 步：步长。 如果沿 $\Delta \mathbf{x}^{(t+1)}$ 方向的可行移动没有限制（所有的分量非负），意味着给定模型无界，停止搜索。否则，构建步长：

$$\lambda \leftarrow \frac{1}{\| \Delta \mathbf{x}^{(t+1)} \mathbf{X}_t^{-1} \|}$$

第 4 步：前进。 构建新解：

$$\mathbf{x}^{(t+1)} \leftarrow \mathbf{x}^{(t)} + \lambda \Delta \mathbf{x}^{(t+1)}$$

令 $t \leftarrow t+1$，然后回到第 1 步。

7.3.5 仿射尺度变换搜索在弗兰妮木柴问题中的应用

7A 算法集合了本节中仿射尺度变换算法应用于标准型线性规划问题的关键点。表 7-1 和图 7-6 包含了仿射搜索算法应用于弗兰妮木柴问题的一些细节。

表 7-1 仿射尺度变换搜索在弗兰妮木柴问题中的应用

	x_1	x_2	x_3	
max c	90	150	0	**b**
A	0.5	1	1	3
$\mathbf{x}^{(0)}$	1.00	0.50	2.00	$\mathbf{c} \cdot \mathbf{x}^{(0)} = 165.00$
$\Delta \mathbf{x}^{(1)}$	80.83	32.92	-73.33	$\lambda = 0.009\,05$
$\mathbf{x}^{(1)}$	1.73	0.80	1.34	$\mathbf{c} \cdot \mathbf{x}^{(1)} = 275.51$
$\Delta \mathbf{x}^{(2)}$	160.94	49.25	-129.72	$\lambda = 0.006\,76$
$\mathbf{x}^{(2)}$	2.82	1.13	0.46	$\mathbf{c} \cdot \mathbf{x}^{(2)} = 423.40$
$\Delta \mathbf{x}^{(3)}$	87.26	-10.29	-33.34	$\lambda = 0.012\,6$
$\mathbf{x}^{(3)}$	3.92	1.00	0.04	$\mathbf{c} \cdot \mathbf{x}^{(3)} = 502.84$
$\Delta \mathbf{x}^{(4)}$	48.13	-23.79	-0.27	$\lambda = 0.036\,2$
$\mathbf{x}^{(4)}$	5.66	0.14	0.03	$\mathbf{c} \cdot \mathbf{x}^{(4)} = 530.45$
$\Delta \mathbf{x}^{(5)}$	1.49	-0.58	-0.16	$\lambda = 0.147\,2$
$\mathbf{x}^{(5)}$	5.88	0.05	0.01	$\mathbf{c} \cdot \mathbf{x}^{(5)} = 537.25$
$\Delta \mathbf{x}^{(6)}$	0.19	-0.09	-0.01	$\lambda = 0.506\,6$
$\mathbf{x}^{(6)}$	5.98	0.01	0.003	$\mathbf{c} \cdot \mathbf{x}^{(6)} = 539.22$
$\Delta \mathbf{x}^{(7)}$	0.008	-0.003	-0.001	$\lambda = 1.768\,9$
$\mathbf{x}^{(7)}$	5.99	0.005	$+0.000$	$\mathbf{c} \cdot \mathbf{x}^{(7)} = 539.79$
$\Delta \mathbf{x}^{(8)}$	0.001	-0.001	-0.000	$\lambda = 6.330\,5$
$\mathbf{x}^{(8)}$	6.00	0.001	$+0.000$	$\mathbf{c} \cdot \mathbf{x}^{(8)} = 539.95$
$\Delta \mathbf{x}^{(9)}$	$+0.000$	-0.000	-0.000	$\lambda = 23.854$
$\mathbf{x}^{(9)}$	6.00	$+0.000$	$+0.000$	$\mathbf{c} \cdot \mathbf{x}^{(9)} = 539.99$

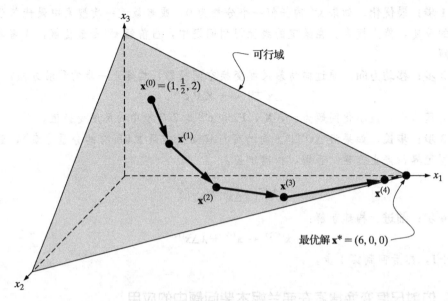

图 7-6

注意到，在靠近可行域"中部"时，搜索过程进行得非常快。后来迭代过程逐渐接近边界，但没有真正到达边界。在 9 次迭代以后我们停止了搜索，此时迭代中目标函数值的变化小于 0.1。

7.4 内点搜索的对数障碍法

仿射尺度变换只是一种使算法远离边界的方法。在本节中我们将提出另一种同样可以达到该目的的方法。

7.4.1 障碍目标函数

牢记标准型线性规划的边界是由非负约束定义的，在对数障碍法中，$x_j \rightarrow 0$ 时，有 $\ln(x_j) \rightarrow -\infty$。修改后的障碍目标函数包含 $\ln(x_j)$，目的是使得 x_j 远离边界。

原理 7.17 标准型线性规划的最大化目标 $\sum_j c_j x_j$ 经过对数障碍法调整后得到：

$$\max \sum_j c_j x_j + \mu \sum_j \ln(x_j)$$

其中，$\mu > 0$ 是一个特定的加权常数。对应的最小化问题有：

$$\min \sum_j c_j x_j - \mu \sum_j \ln(x_j)$$

通过弗兰妮问题进行说明：

$$\max \quad 90x_1 + 150x_2$$
$$\text{s.t.} \quad \frac{1}{2}x_1 + x_2 + x_3 = 3$$
$$x_1, x_2, x_3 \quad \geq 0$$

添加障碍项得到调整后的模型：

$$\max \quad 90x_1 + 150x_2 + \mu[\ln(x_1) + \ln(x_2) + \ln(x_3)]$$
$$\text{s. t.} \quad \frac{1}{2}x_1 + x_2 + x_3 = 3 \tag{7-12}$$
$$x_1, x_2, x_3 \geqslant 0$$

假设障碍因子 $\mu = 64$。在远离边界的可行点 $\mathbf{x} = (2, 1, 1)$ 处，目标值是：

$$90(2) + 150(1) + 0(1) + 64[\ln(2) + \ln(1) + \ln(1)] \approx 374.36$$

可以看出对数障碍项确实有影响，因为 $\mathbf{x}$ 点当前真实的目标值是 $90(2) + 150(1) = 330$。但是，该影响不明显。

与接近边界的可行点 $\mathbf{x} = (0.010, 2.99, 0.005)$ 进行比较。后者的障碍目标函数值是：

$$90(0.010) + 150(2.99) + 0(0.005) + 64[\ln(0.010) + \ln(2.99) + \ln(0.005)]$$
$$= 449.4 + 64(-4.605 + 1.095 - 5.298)$$
$$\approx -114.31$$

与之对应的真实目标值是 $90(0.010) + 150(2.99) = 449.4$。可以看出，接近 0.0 的 x_j 的负对数对目标函数的障碍作用非常显著。

从障碍的角度来看，通过原理 7.17 构建的新目标函数对接近边界的解具有"阻碍"作用。当分量 x_j 接近边界值 0.0 时，阻碍作用越来越显著，使得搜索算法在迭代中始终不会触及可行域边界。

例 7-11 构建对数障碍目标

线性规划问题：

$$\min \quad 5x_1 + 3x_2$$
$$\text{s. t.} \quad x_1 + x_2 \geqslant 1$$
$$0 \leqslant x_1 \leqslant 2$$
$$0 \leqslant x_2 \leqslant 2$$

可行域见如下阴影部分：

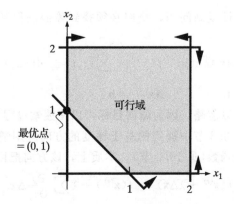

（a）写出模型的标准型。

（b）为模型构建对数障碍函数，阻碍搜索过程接近可行域边界。

(c) 选择一个可行域中部的解，以及在该点比较真实的目标值和对数障碍目标值，$\mu=10$。

(d) 选择一个靠近可行域边界的可行解，以及在该点比较真实的目标值和对数障碍目标值，$\mu=10$。

解：

(a) 引入松弛变量 x_3，x_4，x_5，标准型为：

$$\begin{aligned}
\min \quad & 5x_1 + 3x_2 \\
\text{s. t.} \quad & x_1 + x_2 - x_3 = 1 \\
& x_1 + x_4 = 2 \\
& x_2 + x_5 = 2 \\
& x_1, \cdots, x_5 \geqslant 0
\end{aligned}$$

(b) 根据原理 7.17，障碍目标函数为：

$$\min \quad 5x_1 + 3x_2 - \mu[\ln(x_1) + \ln(x_2) + \ln(x_3) + \ln(x_4) + \ln(x_5)]$$

(c) 由图可知，$x_1=x_2=5/4$ 在可行域中部。真实的目标函数值是 $5(5/4)+3(5/4)=10$。对应的松弛变量为 $x_3=5/4+5/4-1=3/2$ 和 $x_4=2-5/4=3/4$，所以对数障碍目标值为：

$$5\left(\frac{5}{4}\right)+3\left(\frac{5}{4}\right)-10\left[\ln\left(\frac{5}{4}\right)+\ln\left(\frac{5}{4}\right)+\ln\left(\frac{3}{2}\right)+\ln\left(\frac{3}{4}\right)+\ln\left(\frac{3}{4}\right)\right]\approx 7.237$$

后者比前者略小。

(d) 选择靠近边界的点 $x_1=1.999$，$x_2=0.001$。真实的目标函数值为：$5(1.999)+3(0.001)=9.998$。对应的松弛变量为 $x_3=1.999+0.001-1=1.000$，$x_4=2-1.999=0.001$ 以及 $x_5=2-0.001=1.999$。所以对数障碍目标值为：

$$5(1.999)+3(0.001)-10[\ln(1.999)+\ln(0.001)+\ln(1.000)$$
$$+\ln(1.999)+\ln(0.001)]\approx 134.3$$

靠近边界的点阻碍作用显著。

7.4.2 梯度方向问题

要使用障碍法解决线性规划问题，我们必须找到障碍法得到的非线性标准模型的可行改进方向。

$$\max \text{ 或 } \min \quad f(\mathbf{x}) \triangleq \sum_j [c_j x_j \pm \mu\ln(x_j)] \tag{7-13}$$
$$\text{s. t.} \quad \mathbf{Ax} = \mathbf{b}$$

其中，非线性约束可以忽略，因为障碍目标可以使搜索过程远离边界。

到目前为止，我们在 3.3 节中提到的基于梯度的方向应用情况良好，但是该方向通常不适合处理非线性目标函数（见 16.5 节）。本质上，该方向把目标近似看作：

$$f(\mathbf{x}^{(t)} + \lambda\Delta\mathbf{x}) \approx f(\mathbf{x}^{(t)}) + \lambda\sum_j \frac{\partial f}{\partial x_j}\Delta x_j \tag{7-14}$$

其中，$\mathbf{x}^{(t)}$ 是当前解，而 $\Delta\mathbf{x}$ 是移动方向。这种近似被称为一阶**泰勒级数**（Taylor series），见 16.3 节，它将左式近似为当前值加上偏导数乘以移动方向分量的净效应。在这个近似中，基于梯度的方向 $\Delta\mathbf{x} = \pm\nabla f(\mathbf{x}^{(t)})$ 对每单位 λ 目标值变化最快。

在线性目标函数中，偏导数是常数，所以近似(7-14)是精确的。但是在非线性情境中，随着我们从 $\mathbf{x}^{(t)}$ 点开始移动，偏导数可能发生急剧的变化。最终导致基于(7-14)简单近似的移动方向对于真实的非线性目标无效。

7.4.3 障碍法中的牛顿步

对微积分熟悉的读者很自然会想到对在近似(7-14)中加入二阶偏导，增加近似的精确度。如果需要可以回顾预备知识 2 和 7。对应的二阶泰勒形式如下：

$$f(\mathbf{x}^{(t)} + \lambda\Delta\mathbf{x}) \approx f(\mathbf{x}^{(t)}) + \lambda\sum_j \frac{\partial f}{\partial x_j}\Delta x_j + \frac{\lambda^2}{2}\sum_j\sum_k\frac{\partial^2 f}{\partial x_j\partial x_k}\Delta x_j\Delta x_k \qquad (7\text{-}15)$$

由于我们从 $\mathbf{x}^{(t)}$ 点开始移动，新添加项包含了 $\partial f/\partial x_j$ 的变化率。

近似方法(7-15)中的偏导数在对数障碍目标 7.17 中有简便形式(最大化目标对应＋，最小化目标对应－)：

$$\frac{\partial f}{\partial x_j} = c_j \pm \frac{\mu}{x_j}$$

$$\frac{\partial^2 f}{\partial x_j\partial x_k} = \begin{cases} \mp\dfrac{\mu}{(x_j)^2} & \text{如果 } j = k \\ 0 & \text{否则} \end{cases} \qquad (7\text{-}16)$$

因此，给定 $\lambda = 1$，并且将二阶近似看作准确近似时，我们可以通过求解以下线性规划找出 $\mathbf{x}^{(t)}$ 点移动方向 $\Delta\mathbf{x}$：

$$\max \text{ 或 } \min \quad f(\mathbf{x}^{(t)} + \Delta\mathbf{x}) \approx \sum_j\left[c_j \pm \frac{\mu}{x_j^{(t)}} \mp \frac{1}{2}\frac{\mu}{(x_j^{(t)})^2}(\Delta x_j)^2\right] \qquad (7\text{-}17)$$

$$\text{s. t.} \qquad\qquad \mathbf{A}\Delta\mathbf{x} \qquad = \mathbf{0}$$

即我们选择的是对障碍目标函数改进最大的方向 $\Delta\mathbf{x}$，目标函数经过(7-15)近似处理，同时根据原理 7.4，约束条件的含义是使移动方向满足模型(7-13)所有的等式约束。

拉格朗日乘子法的使用在 17.3 节中有详细介绍，通过该方法可以看出(7-17)得到的移动方向 $\Delta\mathbf{x}$ 与 7.3 节中的仿射尺度变换法非常相似。该方向可以表示为：

$$\Delta\mathbf{x} = \pm\frac{1}{\mu}\mathbf{X}_t\mathbf{P}_t\begin{bmatrix} c_1^{(t)} & \pm & \mu \\ & \vdots & \\ c_n^{(t)} & \pm & \mu \end{bmatrix} \qquad (7\text{-}18)$$

其中，$\mathbf{X}_t$，$\mathbf{P}_t$ 和 $\mathbf{c}^{(t)}$ 与 7.2 节尺度变换问题中 7.10 和 7.11 定义相同。

上述移动方向与 7.13 仿射尺度变换方向唯一的不同是在构建仿射尺度变换方向中引入了障碍因子 μ。

这类移动通常被称为**牛顿步**(Newton step)，因为它的基础二阶泰勒近似(7-15)源自于著名的牛顿法，该方法常用于方程求解和无约束最优化问题，16.6 节可以看到详细的介绍。步长 λ 的存在让我们在计算包含障碍项的线性规划内点搜索的移动方向时可以不考虑重要常数 $1/\mu$。

原理 7.18 牛顿步障碍法到达可行解 $\mathbf{x}^{(t)} > 0$ 后，下一步的移动方向是：

$$\Delta \mathbf{x} = \pm \mathbf{X}_t \mathbf{p}_t \begin{bmatrix} c_1^{(t)} & \pm & \mu \\ & \vdots & \\ c_n^{(t)} & \pm & \mu \end{bmatrix}$$

最大化问题对应＋，最小化问题对应－。μ 是障碍因子，$\mathbf{X}_t$，$\mathbf{P}_t$ 和 $\mathbf{c}^{(t)}$ 与仿射尺度变换问题中 7.10 和 7.11 定义相同。

为了说明原理 7.18，我们回到弗兰妮木柴问题，当前解是 $\mathbf{x}^{(0)} = (1, 1/2, 2)$，障碍因子 $\mu = 16$。根据 7.2 节，有：

$$\mathbf{c}^{(0)} = \mathbf{c}\mathbf{X}_0 = (90, 150, 0) \begin{bmatrix} 1 & 0 & 0 \\ 0 & \frac{1}{2} & 0 \\ 0 & 0 & 2 \end{bmatrix} = (90, 75, 0)$$

以及

$$\mathbf{A}_0 = \mathbf{A}\mathbf{X}_0 = \left(\frac{1}{2}, 1, 1\right)$$

因此：

$$\mathbf{P}_0 = (\mathbf{1} - \mathbf{A}_0^{\mathrm{T}} (\mathbf{A}_0 \mathbf{A}_0^{\mathrm{T}})^{-1} \mathbf{A}_0) = \begin{bmatrix} \frac{17}{18} & -\frac{1}{18} & -\frac{2}{9} \\ -\frac{1}{18} & \frac{17}{18} & -\frac{2}{9} \\ -\frac{2}{9} & -\frac{2}{9} & \frac{1}{9} \end{bmatrix}$$

现在通过投影得到移动方向：

$$\Delta \mathbf{x}^{(1)} = \mathbf{X}_0 \mathbf{P}_0 \begin{bmatrix} c_1^{(0)} & + & \mu \\ & \vdots & \\ c_n^{(0)} & + & \mu \end{bmatrix} = \begin{bmatrix} 1 & 0 & 0 \\ 0 & \frac{1}{2} & 0 \\ 0 & 0 & 5 \end{bmatrix} \begin{bmatrix} \frac{17}{18} & -\frac{1}{18} & -\frac{2}{9} \\ -\frac{1}{18} & \frac{17}{18} & -\frac{2}{9} \\ -\frac{2}{9} & -\frac{2}{9} & \frac{1}{9} \end{bmatrix} \begin{bmatrix} 90 + 16 \\ 75 + 16 \\ 0 + 16 \end{bmatrix}$$

$$= \left(91\frac{1}{2}, 38\frac{1}{4}, -84\right)$$

例 7-12 计算牛顿步障碍法的搜索方向

回顾例 7-7 和例 7-8 中的模型：

$$\begin{aligned} \min \quad & -3x_1 && + 9x_3 \\ \text{s. t.} \quad & -x_1 && + x_3 = 3 \\ & x_1 + 2x_2 && = 4 \\ & x_1, x_2, x_3 && \geqslant 0 \end{aligned}$$

当前解是 $\mathbf{x}^{(7)} = (2, 1, 5)$。假设障碍因子 $\mu = 120$，计算牛顿步障碍法的搜索方向。

解： 根据之前的例子，我们知道点 $\mathbf{x}^{(7)}$ 处：

$$\mathbf{c}^{(7)} = \mathbf{c}\mathbf{X}_7 = (-6, 0, 45)$$

$$\mathbf{A}_7 = \mathbf{A}\mathbf{X}_7 = \begin{bmatrix} -2 & 0 & 5 \\ 2 & 2 & 0 \end{bmatrix}$$

以及

$$\mathbf{P}_7 = (\mathbf{I} - \mathbf{A}_7^{\mathrm{T}}(\mathbf{A}_7\mathbf{A}_7^{\mathrm{T}})^{-1}\mathbf{A}_7) = \begin{bmatrix} \dfrac{25}{54} & -\dfrac{25}{54} & \dfrac{10}{54} \\[2mm] -\dfrac{25}{54} & \dfrac{25}{54} & -\dfrac{10}{54} \\[2mm] \dfrac{10}{54} & -\dfrac{10}{54} & \dfrac{4}{54} \end{bmatrix}$$

因此，根据原理 7.18，有：

$$\Delta\mathbf{x}^{(8)} = -\mathbf{X}_7\mathbf{P}_7\begin{bmatrix} c_1^{(7)}-\mu \\ \vdots \\ c_n^{(7)}-\mu \end{bmatrix} = -\begin{bmatrix} 2 & 0 & 0 \\ 0 & 1 & 0 \\ 0 & 0 & 5 \end{bmatrix}\begin{bmatrix} \dfrac{25}{54} & -\dfrac{25}{54} & \dfrac{10}{54} \\[2mm] -\dfrac{25}{54} & \dfrac{25}{54} & -\dfrac{10}{54} \\[2mm] \dfrac{10}{54} & -\dfrac{10}{54} & \dfrac{4}{54} \end{bmatrix}\begin{bmatrix} -6 & -120 \\ 0 & -120 \\ 45 & -120 \end{bmatrix} = \begin{bmatrix} 33\,\dfrac{1}{3} \\[2mm] -16\,\dfrac{2}{3} \\[2mm] 33\,\dfrac{1}{3} \end{bmatrix}$$

7.4.4 牛顿步障碍法的步长

与以往思路一样，我们的下一步是考虑沿原理 7.18 障碍算法搜索方向前进的步长。首先必须满足：

$$\mathbf{x}^{(t+1)} = \mathbf{x}^{(t)} + \lambda\Delta\mathbf{x}^{(t+1)} > \mathbf{0}$$

使下一搜索点始终在可行域内部。

这个条件可以通过最小化比例实现。我们使 λ 小于或等于最大可行步长的 90%，即：

$$\lambda \leqslant 0.9\lambda_{\max} \tag{7-19}$$

其中，

$$\lambda_{\max} = \min\left\{\frac{x_j^{(t)}}{-\Delta x_j^{(t+1)}} : \Delta x_j^{(t+1)} < 0\right\}$$

由于障碍目标原理 7.17 非线性，搜索过程可能在接近 $\lambda_{\max}$ 以前就停止改进，或者是当前解 $\mathbf{x}^{(t)}$ 附近改进的方向可能在更大的步长之后开始降低障碍目标函数值。

图 7-7 对两者情况都进行了说明。弗兰妮问题中，当前解 $\mathbf{x}^{(0)} = (1, 1/2, 2)$，搜索方向 $\Delta\mathbf{x}^{(1)} = (91.5, 38.25, -84)$ 只会减少 x_3。所以表达式(7-19)得到：

$$0.9\lambda_{\max} = 0.9\left(\frac{2}{84}\right) = 0.021\,4$$

通过图 7-7a 部分可以看出，障碍函数在范围 $0 \leqslant \lambda \leqslant 0.021\,4$ 中持续改进。

接下来与点 $\mathbf{x}^{(t)} = (5.205, 1.273, 0.278)$ 处更典型的移动进行对比。移动方向是 $\Delta\mathbf{x}^{(t+1)} = (-3.100, 1.273, 0.278)$，移动中只有 x_1 减小，并且通过表达式(7-19)有：

$$0.9\left(\frac{x_1^{(t)}}{-\Delta x_1^{(t+1)}}\right) = 0.9\left(\frac{5.205}{3.100}\right) = 1.511$$

与 7-7a 不同，图 7-7b 说明了障碍目标在远没有到达极限的地方取得了最大值。

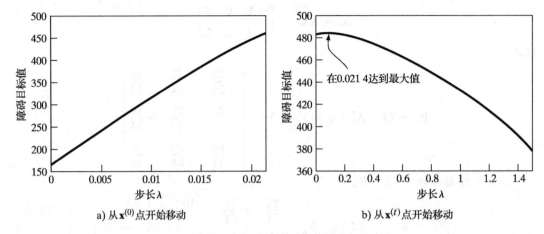

a) 从 $\mathbf{x}^{(0)}$ 点开始移动   b) 从 $\mathbf{x}^{(t)}$ 点开始移动

图 7-7 弗兰妮问题中障碍目标值随步长的变化

根据最小比例步长规则可能会出现搜索初期改进，但后期恶化障碍目标这种情景。因此仅仅有该规则不足以得到合适步长。注意到，根据表达式(7-18)牛顿步的计算，二阶泰勒近似中最好的移动是 $1/\mu$ 乘以原理 7.18 的障碍搜索方向。

将上述思想与最小比例结合可以得到同时保持在可行域内部并且近似最优化障碍目标的步长。

原理 7.19 在当前可行解处 $\mathbf{x}^{(t)} > \mathbf{0}$，障碍项 $\mu > 0$，牛顿步搜索算法沿原理 7.18 方向移动的步长是：

$$\lambda = \min\left\{\frac{1}{\mu}, 0.9\lambda_{\max}\right\}$$

其中，

$$\lambda_{\max} = \min\left\{\frac{x_j^{(t)}}{-\Delta x_j^{(t+1)}} : \Delta x_j^{(t+1)} < 0\right\}$$

例 7-13 计算障碍搜索算法的步长

回到例 7-12 的最小化问题。

(a) 确定沿方向 $\mathbf{x}^{(8)}$ 前进而不达到边界的最大步长。

(b) 画出模型的障碍目标函数值沿 $\Delta \mathbf{x}^{(8)}$ 方向前进步长 λ 的变化趋势。

(c) 计算出牛顿步障碍算法的步长。

解:

(a) 例 7-12 得到了以下移动方向：

$$\Delta \mathbf{x}^{(8)} = \left(33\frac{1}{3}, -16\frac{2}{3}, 33\frac{1}{3}\right)$$

应用(7-19)的最小比例，在

$$\lambda_{\max} = \min\left\{\frac{x_j^{(7)}}{-\Delta x_j^{(8)}} : \Delta x_j^{(t+1)} < 0\right\} = \min\left\{\frac{1}{16\frac{2}{3}}\right\} = 0.060$$

处达到边界，我们应该选择 90% 或者 $\lambda = 0.9(0.060) = 0.054$ 使得下一搜索点保持在可行域内部。

（b）障碍目标函数是：

$$\min -3x_1 + 9x_3 - \mu[\ln(x_1) + \ln(x_2) + \ln(x_3)]$$

画图表示目标函数随步长的变化。

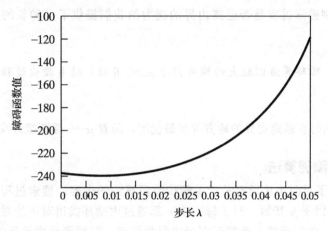

可以看出存在步长 λ 使得障碍目标值在可行域内部达到最小。

（c）应用原理 7.19，牛顿步障碍搜索算法的步长是：

$$\lambda = \min\left\{\frac{1}{\mu}, 0.9\lambda_{\max}\right\} = \min\left\{\frac{1}{120}, 0.054\right\} = \frac{1}{120} = 0.008\,33$$

7.4.5　障碍因子 λ 的影响

我们已经讨论了步长对原理 7.17 障碍目标函数的影响，接下来我们考虑障碍因子 μ。参数 μ 控制了在目标函数中分配多少权重使搜索远离边界。表 7-2 详细记录了障碍因子在弗兰妮问题(7-12)中的作用，给出了给定障碍因子 μ 时，最优惩罚问题 x_1，x_2，x_3 的对应值。例如，给定对数障碍目标中高权重 $\mu = 2^{16} = 65\,536$ 时，模型(7-12)最优解近似为(2，1，1)。给定低权重 $\mu = 2^{-5} = 1/32$，真实目标的最优解（没有障碍因子）为 $\mathbf{x}^* = (6，0，0)$。

表 7-2　弗兰妮问题中障碍因子 μ 的影响

μ	x_1	x_2	x_3	μ	x_1	x_2	x_3
$2^{16}=65\,536$	2.002	1.001	0.998	$2^5=32$	4.250	0.711	0.164
$2^{15}=32\,768$	2.004	1.001	0.997	$2^4=16$	4.951	0.439	0.086
$2^{14}=16\,384$	2.009	1.002	0.993	$2^3=8$	5.426	0.243	0.044
$2^{13}=8\,192$	2.017	1.005	0.987	$2^2=4$	5.702	0.127	0.022
$2^{12}=4\,096$	2.034	1.009	0.974	$2^1=2$	5.847	0.065	0.011
$2^{11}=2\,048$	2.068	1.018	0.948	$2^0=1$	5.923	0.033	0.006
$2^{10}=1\,024$	2.134	1.035	0.898	$2^{-1}=\dfrac{1}{2}$	5.961	0.017	0.003
$2^9=512$	2.261	1.060	0.809	$2^{-2}=\dfrac{1}{4}$	5.980	0.009	0.001
$2^8=256$	2.494	1.088	0.665	$2^{-3}=\dfrac{1}{8}$	5.990	0.004	0.001
$2^7=128$	2.889	1.079	0.477	$2^{-4}=\dfrac{1}{16}$	5.995	0.002	0.000
$2^6=64$	3.489	0.960	0.295	$2^{-5}=\dfrac{1}{32}$	5.997	0.001	0.000

原理 7.20 障碍因子 $\mu > 0$ 较大时对接近边界的内点阻碍作用显著，较小时鼓励搜索过程接近边界。

7.4.6 障碍因子策略

障碍因子控制搜索过程是否远离边界的能力给我们提供了一种新的解决线性规划的策略。

原理 7.21 障碍算法以较大的障碍因子 $\mu > 0$ 开始，随着搜索过程的进行缓慢地将其减小到 0。

搜索算法开始时在远离边界的地方寻找最优解，随着 $\mu \to 0$ 逐渐接近线性规划的边界。

7.4.7 牛顿步障碍算法

7B 算法整合了目前为止所有关于牛顿步障碍算法的内容。搜索过程从一个可行内点 $\mathbf{x}^{(0)}$ 和较大的障碍因子 μ 开始。对于每一个 μ 都通过内循环找出对应的对数障碍函数的最优值，也就是说，我们会花一步甚至多步来寻找给定 μ 时障碍模型的最优值。

一旦改进速度变慢意味着障碍模型的当前解已经足够接近最优值，此时通过外循环减小 μ，再次重复内循环。这个过程持续进行至 μ 趋近于 0，此时的当前解非常接近线性规划的最优值。

▶**7B 算法：线性规划的牛顿步障碍搜索**

第 0 步：初始化。选择初始可行内点 $\mathbf{x}^{(0)} > \mathbf{0}$，和一个相对较大的初始障碍因子 μ，令 $t \leftarrow 0$。

第 1 步：移动方向。向仿射尺度变换空间投影，构建下一步的移动方向：

$$\Delta \mathbf{x}^{(t+1)} \leftarrow \pm \mathbf{X}_t \mathbf{P}_t \begin{bmatrix} c_1^{(t)} \pm \mu \\ \vdots \\ c_n^{(t)} \pm \mu \end{bmatrix}$$

最大化问题为 +，最小化问题为 −，$\mathbf{X}_t$，$\mathbf{P}_t$ 和 $\mathbf{c}^{(t)}$ 与 7.2 节尺度变换问题的定义相同。

第 2 步：步长。选择步长：

$$\lambda \leftarrow \min\left\{ \frac{1}{\mu}, 0.9\lambda_{\max} \right\}$$

其中，

$$\lambda_{\max} \leftarrow \min\left\{ \frac{x_j^{(t)}}{-\Delta x_j^{(t+1)}} : \Delta x_j^{(t+1)} < 0 \right\}$$

第 3 步：前进。得到下一搜索点：

$$\mathbf{x}^{(t+1)} \leftarrow \mathbf{x}^{(t)} + \lambda \Delta \mathbf{x}^{(t+1)}$$

第 4 步：内循环。若改进较大，可以看出障碍因子为 μ 的情况下，$\mathbf{x}^{(t+1)}$ 距离最优值较远，令 $t \leftarrow t+1$，返回第 1 步。

第 5 步：外循环。若障碍因子 μ 趋近于 0，停止搜索。当前解是给定线性规划的最优解或近似最优。否则减小障碍因子 μ，令 $t \leftarrow t+1$，返回第 1 步。

和 7A 仿射尺度变换算法一样，7B 算法中所给出的许多关于算法停止和收敛的细节很模糊，因为它们涉及的数学内容超出了本章的范围。但是，在 7.5 节中我们将进一步展开在商业质量算法中如何处理这些问题。

7.4.8 弗兰妮木柴问题的牛顿障碍解

表 7-3 说明了 7B 算法在弗兰妮问题中的应用。该表给出了每一点真实的目标值和添加对数障碍项调整后的目标值，后者用括号表示。图 7-8 绘制了搜索过程。

表 7-3 弗兰妮问题的牛顿障碍搜索

	x_1	x_2	x_3	
max c	90	150	0	b
A	0.5	1	1	3
$\mathbf{x}^{(0)}$	1.000	0.500	2.000	目标值＝165.00(165.00)
$\Delta\mathbf{x}^{(1)}$	91.500	38.250	−84.000	μ＝16.0, λ＝0.021 4
$\mathbf{x}^{(1)}$	2.961	1.320	0.200	目标值＝464.41(460.46)
$\Delta\mathbf{x}^{(2)}$	59.996	−26.113	−3.885	μ＝16.0, λ＝0.045 5
$\mathbf{x}^{(2)}$	5.689	0.132	0.023	目标值＝531.84(467.12)
$\Delta\mathbf{x}^{(3)}$	−3.519	1.487	0.272	μ＝16.0, λ＝0.062 5
$\mathbf{x}^{(3)}$	5.470	0.225	0.040	目标值＝526.00(477.932)
$\Delta\mathbf{x}^{(4)}$	−4.227	1.771	0.343	μ＝16.0, λ＝0.062 5
$\mathbf{x}^{(4)}$	5.205	0.336	0.062	目标值＝518.82(483.19)
$\Delta\mathbf{x}^{(5)}$	−3.100	1.273	0.278	μ＝16.0, λ＝0.062 5
$\mathbf{x}^{(5)}$	5.012	0.415	0.079	目标值＝513.31(484.44)
$\Delta\mathbf{x}^{(6)}$	−0.917	0.359	0.099	μ＝16.0, λ＝0.062 5
$\mathbf{x}^{(6)}$	4.954	0.438	0.085	目标值＝511.52(484.51)
$\Delta\mathbf{x}^{(7)}$	6.804	−2.756	−0.646	μ＝8.0, λ＝0.118 8
$\mathbf{x}^{(7)}$	5.762	0.110	0.009	目标值＝535.16(493.42)
$\Delta\mathbf{x}^{(8)}$	−1.076	0.483	0.055	μ＝8.0, λ＝0.125 0
$\mathbf{x}^{(8)}$	5.628	0.171	0.015	目标值＝532.11(498.40)
$\Delta\mathbf{x}^{(9)}$	0.426	−0.232	0.019	μ＝4.0, λ＝0.250 0
$\mathbf{x}^{(9)}$	5.734	0.113	0.020	目标值＝533.01(515.63)
$\Delta\mathbf{x}^{(10)}$	−0.118	0.052	0.007	μ＝4.0, λ＝0.250 0
$\mathbf{x}^{(10)}$	5.705	0.126	0.022	目标值＝532.29(515.67)
$\Delta\mathbf{x}^{(11)}$	0.552	−0.233	−0.043	μ＝2.0, λ＝0.461 4
$\mathbf{x}^{(11)}$	5.959	0.018	0.002	目标值＝539.06(522.36)
$\Delta\mathbf{x}^{(12)}$	−0.059	0.026	0.004	μ＝2.0, λ＝0.500 0
$\mathbf{x}^{(12)}$	5.930	0.031	0.004	目标值＝538.35(523.91)
$\Delta\mathbf{x}^{(13)}$	−0.006	0.002	0.001	μ＝1.0, λ＝1.000 0
$\mathbf{x}^{(13)}$	5.924	0.033	0.005	目标值＝538.10(531.18)
$\Delta\mathbf{x}^{(14)}$	−0.001	0.000	0.000	μ＝1.0, λ＝1.000 0
$\mathbf{x}^{(14)}$	5.923	0.033	0.006	目标值＝538.02(531.18)
$\Delta\mathbf{x}^{(15)}$	0.038	−0.016	−0.003	μ＝0.50, λ＝1.8
$\mathbf{x}^{(15)}$	5.992	0.003	0.001	目标值＝539.80(534.10)
$\Delta\mathbf{x}^{(16)}$	−0.003	0.001	0.000	μ＝0.50, λ＝2.0
$\mathbf{x}^{(16)}$	5.986	0.006	0.001	目标值＝539.64(534.53)

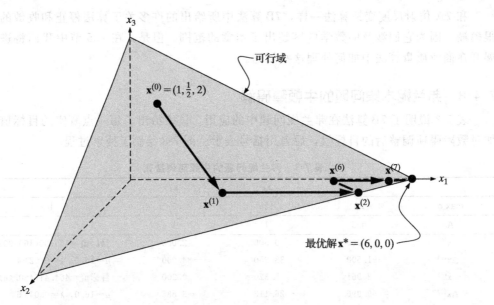

图 7-8 弗兰妮问题的障碍搜索

初始点 $\mathbf{x}^{(0)}$ 是内点且满足唯一的等式约束 $1/2x_1 + x_2 + x_3 = 3$。我们从障碍因子 $\mu = 16$ 开始，经过 6 次搜索到达 $\mathbf{x}^{(6)}$，此时已经足够接近障碍目标函数最优值：

$$\max \quad 90x_1 + 150x_2 + 0x_3 + 16[\ln(x_1) + \ln(x_2) + \ln(x_3)]$$

于是开始减小 μ 值。表 7-3 中通过令 $\mu \leftarrow 1/2\mu$ 减小障碍因子。注意，通常情况下 μ 不会减小得这么快。重复操作，经过两次搜索后到达当前 μ 对应的模型最优解附近。

7B 算法当 μ 接近 0 时停止搜索。在这个例子中，$\mu = 1/2$，$\mathbf{x}^{(16)} = (5.986, 0.006, 0.001)$ 时停止搜索，非常接近线性规划的真实解 $\mathbf{x}^* = (6, 0, 0)$。

7.5 原始对偶内点法

本节讨论内点法家族中的最后一种方法——原始对偶内点法，该方法主要建立在 6.7 节的最优理论之上。

7.5.1 KKT 最优性条件

假设线性规划原问题标准型如下：

$$\begin{aligned} \min \quad & \mathbf{cx} \\ \text{s. t.} \quad & \mathbf{Ax} = \mathbf{b} \\ & \mathbf{x} \geqslant 0 \end{aligned} \tag{7-20}$$

对应的对偶问题是：

$$\begin{aligned} \max \quad & \mathbf{vb} \\ \text{s. t.} \quad & \mathbf{A}^T\mathbf{v} + \mathbf{w} = \mathbf{c} \\ & \mathbf{v}\text{URS}, \mathbf{w} \geqslant \mathbf{0} \end{aligned} \tag{7-21}$$

这里的 $\mathbf{v}$ 是原问题主要约束的对偶因子向量，$\mathbf{w}$ 是由将对偶约束转换为等式的非负松弛变量组成的向量。

结合以上模型形式和互补松弛定理可以得到最优化给定原始、对偶问题的 Karush-Kukn-Tucker 条件，见原理 6.61。

原理 7.22　$\bar{\mathbf{x}}$ 和 $(\bar{\mathbf{v}}, \bar{\mathbf{w}})$ 分别是原始问题和对偶问题的最优解，当且仅当：

$$\mathbf{A}\bar{\mathbf{x}} = \mathbf{b} \qquad \text{（原始问题可行）}$$

$$\bar{\mathbf{x}} \geqslant \mathbf{0}$$

$$\mathbf{A}^\tau \bar{\mathbf{v}} + \bar{\mathbf{w}} = \mathbf{c} \qquad \text{（对偶问题可行）}$$

$$\bar{\mathbf{w}} \geqslant 0$$

$$\bar{\mathbf{x}}_j \bar{\mathbf{w}}_j = \mathbf{0} \quad \text{对于所有的 } j \text{（互补松弛条件）}$$

7.5.2　原始对偶内点法策略

6.9 节提出了单纯形法（6B 算法）的"原始对偶"形式，它的策略是在保持对偶解可行的前提下，找出与当前对偶解满足互补松弛定理的原始可行解。虽然一部分名称相同，但是**原始对偶内点法**（primal-dual interior-point search）是一种完全不同的算法。

原理 7.23　原始对偶内点法始终保持原始问题和对偶问题的解在每次迭代中严格可行，并在搜索过程中系统性地减小互补松弛性的违背程度。

7.5.3　可行移动方向

与本章其他方法一样，原始对偶内点法同样在可行域内部进行搜索，只经过 $\bar{\mathbf{x}} > 0$ 的原问题和 $\bar{\mathbf{w}} > 0$ 的对偶问题可行解。然而不同的是，原始对偶内点法直接表示主要的原始约束和对偶约束，也就是说，它不是通过选定移动方向，然后将方向投影到主要等式约束上来保持可行性，该方法保持可行性的操作与前几章很相似。

原理 7.24　对于原问题（7-20）和对偶问题（7-21）中严格可行的当前解，其可行移动方向 $(\Delta\mathbf{x}, \Delta\mathbf{v}, \Delta\mathbf{w})$ 需要满足：

$$\mathbf{A}\Delta\mathbf{x} = \mathbf{0}$$

$$\mathbf{A}^\tau \Delta\mathbf{v} + \Delta\mathbf{w} = \mathbf{0}$$

注意，在选择可行移动方向时可以忽略非负性约束 $\mathbf{x} \geqslant 0$ 和 $\mathbf{w} \geqslant 0$。在严格可行的当前解 $\bar{\mathbf{x}} > 0$ 和 $\bar{\mathbf{w}} > 0$ 中，这些约束不起作用。

7.5.4　互补松弛性的管理

原始对偶内点法中的难点在于原理 7.22 最优性条件中的互补松弛约束。除非当前解最优，否则会存在**对偶间隙**（duality gap）。

$$\mathbf{c}\bar{\mathbf{x}} - \mathbf{b}\bar{\mathbf{v}} = \text{总互补松弛违背程度} = \sum_j \bar{x}_j \bar{w}_j \qquad (7\text{-}22)$$

进一步来讲，由于 $\bar{\mathbf{x}}$ 和 $\bar{\mathbf{w}}$ 严格可行，（7-22）中每一项都有 $\bar{x}_j \bar{w}_j > 0$。

原始对偶内点法在搜索中给每个违背程度设定目标 $\mu > 0$，寻找能够减小当前的互补松弛结果与目标差异的可行移动方向，并且逐渐减小 μ 至 0，实现互补松弛。这需要在原理 7.24 中添加条件：

$$(\overline{x}_j + \Delta x_j)(\overline{w}_j + \Delta w_j) = \mu \quad \text{or}$$
$$\overline{x}_j\overline{w}_j + \overline{x}_j\Delta w_j + \Delta x_j\overline{w}_j + \Delta x_j\Delta w_j = \mu \quad \text{for all } j \tag{7-23}$$

现在的难点在于(7-23)中的二次项 $\Delta x_j\Delta w_j$。原始对偶内点法为了让求解下一步移动方向的近似条件是线性的，在操作中没有考虑二次项。

原理 7.25 在当前严格可行解 $(\overline{\mathbf{x}}, \overline{\mathbf{v}}, \overline{\mathbf{w}})$ 处，原始对偶可行方向 $(\Delta\mathbf{x}, \Delta\mathbf{v}, \Delta\mathbf{w})$ 满足 7.24 的可行性要求和 $\overline{x}_j\overline{w}_j + \overline{x}_j\Delta w_j + \Delta x_j\overline{w}_j = \mu$（对于所有的 j），其中 μ 是用于表示互补违背程度缓慢趋于 0 的目标值。

7.5.5 步长

接下来需要讨论的是算法中的移动步长 λ。我们通过 $\mathbf{x}$ 和 $\mathbf{w}$ 上的非负约束设置外部限制，通过调整一个正的**障碍因子**（boundary prevention）——常数 δ 使得搜索过程保持在可行域内部。

原理 7.26 在当前严格可行解 $(\overline{\mathbf{x}}, \overline{\mathbf{v}}, \overline{\mathbf{w}})$ 处，移动方向 $(\Delta\mathbf{x}, \Delta\mathbf{v}, \Delta\mathbf{w})$ 满足原理 7.25，原始对偶内点法的步长是 $\lambda \leftarrow \delta\min\{\lambda_P, \lambda_D\}$，其中：

$$\lambda_P = \min\{-\overline{x}_j/\Delta x_j : \overline{x}_j < 0\}$$
$$\lambda_D = \min\{-\overline{w}_j/\Delta\overline{w}_j : \overline{w}_j < 0\}$$

7C 算法整合了目前为止所有关于原始对偶内点法解线性规划的内容。

▶**7C 算法：原始对偶内点法**

第 0 步：初始化。选择一个严格可行的原问题解 $\mathbf{x}^{(0)}$，和一个严格可行的对偶问题解 $(\mathbf{v}^{(0)}, \mathbf{w}^{(0)})$。然后选择一个目标减小因子 $0 < \rho < 1$，并通过计算对偶间隙 $g_0 \leftarrow \mathbf{c}\mathbf{x}^{(0)} - \mathbf{b}\mathbf{v}^{(0)}$ 初始化平均互补目标，让 $\mu_0 \leftarrow g_0/n$，其中 n 是 $\mathbf{x}$ 的维度。最后，令 $t \leftarrow 0$。

第 1 步：最优化。若对偶间隙足够接近 0，停止搜索。当前解 $\mathbf{x}^{(t)}$，$\mathbf{v}^{(t)}$，$\mathbf{w}^{(t)}$ 在各自的模型中已经达到最优或近似最优。否则，让 $\mu_{t+1} \leftarrow \rho \cdot \mu_t$，继续进行第 2 步。

第 2 步：移动方向。通过求解以下方程组得到移动方向 $\Delta\mathbf{x}^{(t+1)}$，$\Delta\mathbf{v}^{(t+1)}$ 和 $\Delta\mathbf{w}^{(t+1)}$：

$$\mathbf{A}\Delta\mathbf{x}^{(t+1)} = \mathbf{0}$$
$$\mathbf{A}^\tau\mathbf{v}^{(t+1)} + \Delta\mathbf{w}^{(t+1)} = \mathbf{0}$$
$$x_j^{(t)}\Delta w_j^{(t+1)} + w_j^{(t)}\Delta x_j^{(t+1)} = \mu_{t+1} - x_j^{(t)}w_j^{(t)} \quad \text{对于所有的 } j$$

第 3 步：步长。计算步长 $\lambda \leftarrow \delta\min\{\lambda_P, \lambda_D\}$，其中，

$$\lambda_P = \min\{-x_j^{(t)}/\Delta x_j^{(t+1)} : \Delta x_j^{(t+1)} < 0\}$$
$$\lambda_D = \min\{-w_j^{(t)}/\Delta w_j^{(t+1)} : \Delta w_j^{(t+1)} < 0\}$$

并且 $0 < \delta < 1$ 是标准的正障碍因子。

第 4 步：前进。更新当前解：

$$\mathbf{x}^{(t+1)} \leftarrow \mathbf{x}^{(t)} + \lambda \Delta \mathbf{x}^{(t+1)}$$
$$\mathbf{w}^{(t+1)} \leftarrow \mathbf{v}^{(t)} + \lambda \Delta \mathbf{v}^{(t+1)}$$
$$\mathbf{w}^{(t+1)} \leftarrow \mathbf{w}^{(t)} + \lambda \Delta \mathbf{w}^{(t+1)}$$

令 $t \leftarrow t+1$，返回第 1 步。

7.5.6　求解移动方向条件

在任一迭代 t 处给定当前解 $\mathbf{x}^{(t)}$，$\mathbf{v}^{(t)}$ 和 $\mathbf{w}^{(t)}$，让 $\mathbf{X}_t$，$\mathbf{V}_t$，$\mathbf{W}_t$ 表示对应解向量沿对角线排列的方阵，$\mathbf{1}$ 是由 1 组成的向量。此时 7C 算法第 2 步可以重写为以下全矩阵形式：

(a) $\mathbf{A} \Delta \mathbf{x}^{(t+1)} = \mathbf{0}$

(b) $\mathbf{A}^\tau \Delta \mathbf{v}^{(t+1)} = \Delta \mathbf{w}^{(t+1)} = \mathbf{0}$

(c) $\mathbf{X}_t \Delta \mathbf{w}^{(t+1)} + \mathbf{W}_t \Delta \mathbf{x}^{(t+1)} = \mu_{t+1} \mathbf{1} - \mathbf{X}_t \mathbf{W}_t \mathbf{1}$　　　　　(7-24)

求解时，首先在(7-24)(c)中用 $\Delta \mathbf{w}^{(t+1)}$ 表示 $\Delta \mathbf{x}^{(t+1)}$：

$$\Delta \mathbf{x}^{(t+1)} \leftarrow -\mathbf{W}_t^{-1} \mathbf{X}_t \Delta \mathbf{w}^{(t+1)} + \mathbf{W}_t^{-1}(\mu_{t+1} \mathbf{1} - \mathbf{X}_t \mathbf{W}_t \mathbf{1}) \qquad (7-25)$$

然后在(7-24)(b)中用 $\Delta \mathbf{v}^{(t+1)}$ 表示 $\Delta \mathbf{w}^{(t+1)}$：

$$\Delta \mathbf{w}^{(t+1)} \leftarrow -\mathbf{A}^\tau \Delta \mathbf{v}^{(t+1)} \qquad (7-26)$$

再把(7-24)(c)代入条件(7-26)，乘以 $\mathbf{A} \mathbf{W}_t^{-1}$，有：

$$-\mathbf{A} \mathbf{W}_t^{-1} \mathbf{X}_t \mathbf{A}^\tau \Delta \mathbf{v}^{(t+1)} + \mathbf{A} \mathbf{W}_t^{-1} \mathbf{W}_t \Delta \mathbf{x}^{(t+1)} = \mathbf{A} \mathbf{W}_t^{-1}(\mu_{t+1} \mathbf{1} - \mathbf{X}_t \mathbf{W}_t \mathbf{1}) \qquad (7-27)$$

根据(7-24)(a)：

$$\mathbf{A} \mathbf{W}_t^{-1} \mathbf{W}_t \Delta \mathbf{x}^{(t+1)} = \mathbf{A} \Delta \mathbf{x}^{(t+1)} = 0$$

简化表达式(7-27)有：

$$-\mathbf{A} \mathbf{W}_t^{-1} \mathbf{X}_t \mathbf{A}^\tau \Delta \mathbf{v}^{(t+1)} = \mathbf{A} \mathbf{W}_t^{-1}(\mu_{t+1} \mathbf{1} - \mathbf{X}_t \mathbf{W}_t \mathbf{1})$$

求解 $\Delta \mathbf{v}^{(t+1)}$ 得到最后一个表达式：

$$\Delta \mathbf{v}^{(t+1)} \leftarrow -[\mathbf{A} \mathbf{W}_t^{-1} \mathbf{X}_t \mathbf{A}^\tau]^{-1} \mathbf{A} \mathbf{W}_t^{-1}(\mu_{t+1} \mathbf{1} - \mathbf{X}_t \mathbf{W}_t \mathbf{1}) \qquad (7-28)$$

原理 7.27　给定互补目标 $\mu > 0$ 以及 7C 算法中第 t 次迭代的当前解 $\mathbf{x}^{(t)}$，$\mathbf{v}^{(t)}$ 和 $\mathbf{w}^{(t)}$，对应于对角矩阵形式的 $\mathbf{X}_t$，$\mathbf{V}_t$ 和 $\mathbf{W}_t$，计算下一步的移动方向时，首先通过(7-28)计算 $\Delta \mathbf{v}^{(t+1)}$，然后将其代入(7-26)得到对应的 $\Delta \mathbf{w}^{(t+1)}$，最后代入(7-25)得到 $\Delta \mathbf{x}^{(t+1)}$。

例 7-14　原始对偶内点法

为了说明 7C 算法，考虑以下标准型线性规划：

$$
\begin{aligned}
\min \quad & 11x_1 + 5x_2 + 8x_3 + 16x_4 \\
\text{s. t.} \quad & -1x_2 + 2x_3 + 1x_4 = 1 \\
& 2x_1 + 1x_2 + 3x_4 = 7 \\
& x_1, x_2, x_3, x_4 \geqslant 0
\end{aligned}
$$

很容易发现严格正值解 $\mathbf{x}^{(0)} = (1, 2, 1, 1)$ 是以上原问题的一个可行解。

对偶问题如下，包含对应于原问题两个主要约束的变量 v_1，v_2 和松弛变量 w_1，…，w_4。

$$\begin{aligned}
\max \quad & 1v_1 + 7v_2 \\
\text{s. t.} \quad & \quad\quad 2v_2 + w_1 \quad\quad\quad\quad\quad\quad\quad = 1 \\
& -1v_1 + 2v_2 \quad\quad + w_2 \quad\quad\quad\quad = 5 \\
& \ 2v_1 \quad\quad\quad\quad\quad\quad + w_3 \quad\quad = 8 \\
& \ 1v_1 + 3v_2 \quad\quad\quad\quad\quad\quad + w_4 = 16 \\
& v_1, v_2 \, \text{URS}, w_1, w_2, w_3, w_4 \quad\quad\quad\geqslant 0
\end{aligned}$$

一个严格正的可行对偶解是 $\mathbf{v}^{(0)} = (3, 4)$，$\mathbf{w}^{(0)} = (3, 4, 2, 1)$。

原问题有 $\mathbf{cx}^{(0)} = 45$，其中 $\mathbf{c}$ 是目标函数系数向量。对偶问题有 $\mathbf{bv}^{(0)} = 31$，$\mathbf{b}$ 是右端项。此时互补间隙是 $g_0 \leftarrow 45 - 31 = 14$，算法开始搜索时 4 个原变量的平均互补目标 $\mu_0 \leftarrow 14/4 = 3.5$，在每次迭代中以 $\rho = 0.6$ 减小。

构建第一步的移动方向，首先有：

$$\mathbf{X}_0 = \begin{bmatrix} 1 & & & \\ & 2 & & \\ & & 1 & \\ & & & 1 \end{bmatrix} \quad \mathbf{V}_0 = \begin{bmatrix} 3 & \\ & 4 \end{bmatrix} \quad \mathbf{W}_0 = \begin{bmatrix} 3 & & & \\ & 4 & & \\ & & 2 & \\ & & & 1 \end{bmatrix}$$

所以：

$$\mathbf{A}\mathbf{W}_0^{-1}\mathbf{X}_0\mathbf{A}^{\tau} = \begin{bmatrix} 0 & -1 & 2 & 1 \\ 2 & 1 & 0 & 3 \end{bmatrix} \begin{bmatrix} 1/3 & & & \\ & 1/4 & & \\ & & 1/2 & \\ & & & 1 \end{bmatrix} \begin{bmatrix} 1 & & & \\ & 2 & & \\ & & 1 & \\ & & & 1 \end{bmatrix} \begin{bmatrix} 0 & 2 \\ -1 & 1 \\ 2 & 0 \\ 1 & 3 \end{bmatrix}$$

$$= \begin{bmatrix} 3.5 & 2.5 \\ 2.5 & 1.833\,3 \end{bmatrix}$$

$$(\mathbf{A}\mathbf{W}_0^{-1}\mathbf{X}_0\mathbf{A}^{\tau})^{-1} = \begin{bmatrix} 3.5 & 2.5 \\ 2.5 & 1.833\,3 \end{bmatrix}^{-1}$$

$$= \begin{bmatrix} 0.342\,1 & 0.078\,9 \\ -0.078\,9 & 0.110\,5 \end{bmatrix}$$

$$\mu_1 \mathbf{1} - \mathbf{X}_0\mathbf{W}_0\mathbf{1} = \begin{bmatrix} 3.5 \cdot 0.6 \\ 3.5 \cdot 0.6 \\ 3.5 \cdot 0.6 \\ 3.5 \cdot 0.6 \end{bmatrix} - \begin{bmatrix} 1 & & & \\ & 2 & & \\ & & 1 & \\ & & & 2 \end{bmatrix} \begin{bmatrix} 3 & & & \\ & 4 & & \\ & & 2 & \\ & & & 1 \end{bmatrix} \begin{bmatrix} 1 \\ 1 \\ 1 \\ 1 \end{bmatrix} = \begin{bmatrix} -0.9 \\ -5.9 \\ 0.1 \\ 1.1 \end{bmatrix}$$

然后有：

$$\Delta\mathbf{v}^{(1)} = -\left[\mathbf{A}\mathbf{W}_0^{-1}\mathbf{X}_0\mathbf{A}^{\tau}\right]^{-1}\mathbf{A}\mathbf{W}_0^{-1}(\mu_1\mathbf{1} - \mathbf{X}_0\mathbf{W}_0\mathbf{1})$$

$$= \begin{bmatrix} 0.342\,1 & -0.078\,9 \\ -0.078\,9 & 0.110\,5 \end{bmatrix} \begin{bmatrix} 0 & -1 & 2 & 1 \\ 2 & 1 & 0 & 3 \end{bmatrix} \begin{bmatrix} 1/3 & & & \\ & 1/4 & & \\ & & 1/2 & \\ & & & 1 \end{bmatrix} \begin{bmatrix} -0.9 \\ -5.9 \\ 0.1 \\ 1.1 \end{bmatrix}$$

$$= \begin{bmatrix} -0.818\,4 \\ 0.075\,8 \end{bmatrix}$$

$$\Delta \mathbf{w}^{(1)} = -\mathbf{A}^{\tau} \Delta \mathbf{v}^{(1)} = \begin{bmatrix} 0 & 2 \\ -1 & 1 \\ 2 & 0 \\ 1 & 3 \end{bmatrix} \begin{bmatrix} -0.8184 \\ -0.0758 \end{bmatrix} = \begin{bmatrix} -0.1516 \\ -0.8942 \\ 1.6368 \\ 0.5911 \end{bmatrix}$$

$$\Delta \mathbf{x}^{(1)} = -\mathbf{W}_0^{-1} \mathbf{X}_0 \Delta \mathbf{w}^{(1)} + \mathbf{W}_0^{-1}(\mu_1 \mathbf{1} - \mathbf{X}_0 \mathbf{W}_0 \mathbf{1})$$

$$= - \begin{bmatrix} 1/3 & & & \\ & 1/4 & & \\ & & 1/2 & \\ & & & 1 \end{bmatrix} \begin{bmatrix} 1 & & & \\ & 2 & & \\ & & 1 & \\ & & & 1 \end{bmatrix} \begin{bmatrix} -0.1516 \\ -0.8942 \\ 1.6368 \\ 0.5911 \end{bmatrix}$$

$$+ \begin{bmatrix} 1/3 & & & \\ & 1/4 & & \\ & & 1/2 & \\ & & & 1 \end{bmatrix} \begin{bmatrix} -0.9 \\ -5.9 \\ 0.1 \\ 1.1 \end{bmatrix} \begin{bmatrix} -0.2495 \\ -1.0279 \\ -0.7684 \\ 0.5089 \end{bmatrix}$$

计算步长：

$$\lambda_P = \min\{-x_j^{(t)}/\Delta x_j^{(t+1)}: \Delta x_j^{(t+1)} < 0\} = \min\left\{\frac{1}{0.2495}, \frac{2}{1.0279}, \frac{1}{0.7684}\right\} = 1.3014$$

$$\lambda_D = \min\{-w_j^{(t)}/\Delta w_j^{(t+1)}: \Delta w_j^{(t+1)} < 0\} = \min\left\{\frac{3}{0.1516}, \frac{4}{0.8942}\right\} = 4.4732$$

$$\lambda = \delta \min\{\lambda_P, \lambda_D\} = 0.999 \times 1.3014 = 1.3001$$

其中 $\delta = 0.999$，是障碍因子。

更新后的解为：

$$\mathbf{x}^{(1)} = \mathbf{x}^{(0)} + \lambda \Delta \mathbf{x}^{(1)} = (0.6757, 0.6637, 0.0010, 1.6617)$$

$$\mathbf{v}^{(1)} = \mathbf{v}^{(0)} + \lambda \Delta \mathbf{v}^{(1)} = (1.9360, 4.0985)$$

$$\mathbf{w}^{(1)} = \mathbf{w}^{(0)} + \lambda \Delta \mathbf{w}^{(1)} = (2.8029, 2.8375, 4.1280, 1.7684)$$

注意到更新后的解仍然可行。原问题 $\mathbf{cx}^{(1)} = 37.3453$，对偶问题有 $\mathbf{bv}^{(1)} = 30.6257$，互补间隙是 $g_1 \leftarrow 37.3453 - 30.6257 = 6.7196 < 14$。

此时互补间隙尚未趋近于 0，需要进行下一轮迭代。表 7-4 给出了接下来几次迭代的数据。当互补间隙小于 1.0 时停止迭代。

表 7-4　7C 算法原始对偶内点法在例 7-14 中的应用

$t=0$	$\mathbf{x}^{(0)} \leftarrow (1.0000, 2.0000, 1.0000, 1.0000)$	原始目标值 $=45.00$
	$\mathbf{v}^{(0)} \leftarrow (3.0000, 4.0000)$，$\mathbf{w}^{(0)} \leftarrow (3.0000, 4.0000, 2.0000, 1.0000)$	对偶目标值 $=31.00$
	$\Delta \mathbf{x}^{(1)} \leftarrow (-0.2495, -1.0279, -0.7684, 0.5089)$	$g_0 = 14.00$，$\mu_0 = 3.5$
	$\Delta \mathbf{v}^{(1)} \leftarrow (-0.8184, 0.0758)$，$\Delta \mathbf{w}^{(1)} \leftarrow (-0.2495, -0.8942, 1.6368, 0.5911)$	$\lambda \leftarrow 1.3001$
$t=1$	$\mathbf{x}^{(1)} \leftarrow (0.6757, 0.6637, 0.0010, 1.6617)$	原始目标值 $=37.3453$
	$\mathbf{v}^{(1)} \leftarrow (1.9360, 4.0985)$，$\mathbf{w}^{(1)} \leftarrow (2.8029, 2.8375, 4.1280, 1.7684)$	对偶目标值 $=30.6257$
	$\Delta \mathbf{x}^{(2)} \leftarrow (0.1693, 0.3704, 0.3034, -0.2364)$	$g_1 = 6.7196$，$\mu_1 = 2.1000$
	$\Delta \mathbf{v}^{(2)} \leftarrow (-1.7024, 0.8203)$，$\Delta \mathbf{w}^{(2)} \leftarrow (-1.6406, -2.5227, 3.4048, -0.7568)$	$\lambda \leftarrow 1.1236$
$t=2$	$\mathbf{x}^{(2)} \leftarrow (0.8660, 1.0799, 0.3419, 1.3961)$	原始目标值 $=39.9974$
	$\mathbf{v}^{(2)} \leftarrow (0.0231, 5.0203)$，$\mathbf{w}^{(2)} \leftarrow (0.9594, 0.0028, 7.9538, 0.9160)$	对偶目标值 $=35.1651$
	$\Delta \mathbf{x}^{(3)} \leftarrow (-0.1703, -0.2018, -0.1913, 0.1808)$	$g_2 = 4.8323$，$\mu_2 = 1.2600$
	$\Delta \mathbf{v}^{(3)} \leftarrow (0.6466, -0.0511)$，$\Delta \mathbf{w}^{(3)} \leftarrow (0.1023, 0.6978, -1.2932, -0.4932)$	$\lambda \leftarrow 1.7858$

（续）

$t=3$	$\mathbf{x}^{(3)} \leftarrow (0.561\ 8,\ 0.719\ 6,\ 0.000\ 3,\ 1.718\ 9)$ $\mathbf{v}^{(3)} \leftarrow (1.177\ 8,\ 4.928\ 9),\ \mathbf{w}^{(3)} \leftarrow (1.142\ 1,\ 1.248\ 9,\ 5.644\ 4,\ 0.035\ 4)$ $\Delta\mathbf{x}^{(4)} \leftarrow (-0.014\ 6,\ 0.127\ 2,\ 0.079\ 9,\ -0.032\ 7)$ $\Delta\mathbf{v}^{(4)} \leftarrow (-0.686\ 7,\ 0.152\ 5),\ \Delta\mathbf{w}^{(4)} \leftarrow (-0.305\ 1,\ -0.839\ 3,\ 1.373\ 5,\ 0.229\ 2)$	原始目标值＝37.283 5 对偶目标值＝35.680 4 $g_3 = 1.603\ 1,\ \mu_3 = 0.756\ 0$ $\lambda \leftarrow -1.486\ 5$
$t=4$	$\mathbf{x}^{(4)} \leftarrow (0.504\ 1,\ 0.908\ 7,\ 0.119\ 2,\ 1.670\ 4)$ $\mathbf{v}^{(4)} \leftarrow (0.156\ 9,\ 5.155\ 7),\ \mathbf{w}^{(4)} \leftarrow (0.688\ 7,\ 0.001\ 2,\ 7.686\ 2,\ 0.376\ 1)$ $\Delta\mathbf{x}^{(5)} \leftarrow (-0.167\ 6,\ -0.028\ 6,\ -0.075\ 0,\ 0.121\ 3)$ $\Delta\mathbf{v}^{(5)} \leftarrow (0.283\ 8,\ -0.014\ 5),\ \Delta\mathbf{w}^{(5)} \leftarrow (0.028\ 9,\ 0.298\ 3,\ -0.567\ 7,\ 0.240\ 4)$	原始目标值＝38.163 8 对偶目标值＝36.246 6 $g_4 = 1.917\ 2,\ \mu_4 = 0.453\ 6$ $\lambda \leftarrow -1.562\ 5$
$t=5$	$\mathbf{x}^{(5)} \leftarrow (0.278\ 2,\ 0.863\ 9,\ 0.002\ 0,\ 1.859\ 9)$ $\mathbf{v}^{(5)} \leftarrow (0.600\ 4,\ 5.133\ 1),\ \mathbf{w}^{(5)} \leftarrow (0.733\ 9,\ 0.467\ 4,\ 6.799\ 2,\ 0.000\ 4)$	原始目标值＝37.154 4 对偶目标值＝36.531 9 $g_5 = 0.622\ 5,\ \mu_5 = 0.272\ 2$ $\lambda \leftarrow -1.555\ 2$

7.6　线性规划搜索算法的复杂性

介绍复杂性理论的 14.1 节和 14.2 节详细列出了各种算法所需的计算代价并进行了对比。一个**问题**（problem）或者模型形式可以看作是**实例**（instance）——特定数据集的无限集合。任何算法的**计算顺序**（computational order），用 $O(\cdot)$ 表示，是输入实例长度的函数，该长度限制了求解的计算步骤数。尽管很奇怪，但这个限制对于任何实例都应该是"最糟的情况"。

本节简单回顾了长期以来关于怎样从以上角度分析线性规划问题算法效率的研究。

7.6.1　线性规划实例的输入长度

一个最优化模型的任何实例的输入长度可以用全局参数 $n \triangleq$ 变量数量，和 $m \triangleq$ 主要约束的数量，加上输入所有常参数所需的总位数来描述。因此可以得到关于线性规划标准型(7-20)的如下结果。

原理 7.28　对于一个有 n 个变量，m 个主要约束，整数成本 $\mathbf{c}$，整数约束矩阵 $\mathbf{A}$ 和整数右端项 $\mathbf{b}$ 的线性规划，其标准型实例的长度是：

$$L \triangleq n \cdot m + \sum_j \lceil \log(|c_j| + 1) \rceil + \sum_{ij} \lceil \log(|a_{ij}| + 1) \rceil + \sum_i \lceil \log(|b_i| + 1) \rceil$$

注意，$\lceil \log(参数) \rceil + 1$ 计算了不同模型参数的位数。

7.6.2　线性规划单纯形法的复杂性

虽然每个算法有所不同，但是第 5 章和第 6 章中任一单纯形法每次迭代所需的计算代价都可以由原理 7.28 中实例长度 L 的低阶多项式界定。此外，几十年以来单纯形法已被证明在解决大型线性规划实例中非常有效，因为其所需的迭代次数通常与主要约束数 m 中的低阶多项式成比例。

考虑 Klee 和 Minty(1972)第一次提出的模型：

$$\max \quad x_n$$
$$\text{s. t.} \quad \alpha \leqslant x_1 \leqslant 1 \qquad\qquad (7\text{-}29)$$
$$\alpha \cdot x_{j-1} \leqslant x_j \leqslant 1 - \alpha \cdot x_{j-1} \quad j = 1, \cdots, n$$

其中，常数 $\alpha \in (0, 1/2)$。

图 7-9 说明了 $n=2$，$\alpha=1/4$ 的情景。约束条件在 n 维空间中形成了一个超立方体，有 2^n 个顶点。从初始解 $\mathbf{x}^{(0)}$ 开始，在超立方体中与当前解 $\mathbf{x}^{(t)}$ 相邻的顶点中寻找更优的解 $\mathbf{x}^{(t+1)}$，有 $x_n^{(t+1)} > x_n^{(t)}$。单纯形法不断在相邻的顶点间移动，改进目标值，直到遍历 2^n 个顶点为止，这是单纯形法所能得到的最糟糕的结果。

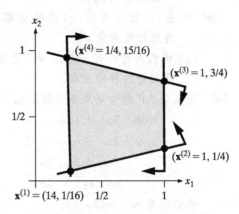

图 7-9　单纯形法的 Klee-Minty 实例

原理 7.29　单纯形法的线性规划实例需要指数次迭代，并且是原理 7.28 输入长度的函数。

7.6.3　线性规划内点法的复杂性

虽然单纯形法的典型操作接受度较高，但原理 7.29 的异常仍然给许多认为原理 14.5 易于建立模型的研究者带来困扰。学者认为肯定存在一种对于有 n 个变量且输入长度为 L 的问题，即使是最糟糕的情况下也能在多项式时间内完成的算法。而内点法的研究实际上正是起源于寄希望找出一种可以满足多项式时间标准的单纯形思想的替代方法。

1979 年，苏联数学家 Leonid Khachiyan 用他的椭圆技术提供了第一个答案，证明了边界为 $O((mn^3+n^4)L)$ 的正式多项式，但该方法很快被证明对于大型线性规划问题并不现实。更实用的算法的开发开始于 20 世纪 80 年代 N. Karmarkar 的**投影变换**（projective transformation）方法，该方法与 7.4 节的对数障碍法具有一些相似性。这些年陆续取得了一些进展，迭代次数已达到 $O(\sqrt{n}L)$ 次。7.5 节的原始对偶法也已经达到该水平。

原理 7.30　一些用于解决线性规划的内点法，包括 7.5 节涉及投影的原始对偶 7C 算法，可以通过要求至多 $O(\sqrt{n}L)$ 次迭代且输入长度为多项式实现描述正式效率的多项式标准。

以上这些方法的细节，包括计算顺序的证明都超出了本书的范围。感兴趣的读者可以参考本章结尾处列出的参考文献。

练习题

7-1　考虑以下线性规划：
$$\max \quad 2w_1 + 3w_2$$
$$\text{s. t.} \quad 4w_1 + 3w_2 \leqslant 12$$
$$w_2 \leqslant 2$$
$$w_1, w_2 \geqslant 0$$

☑（a）画图求解该模型。

☑（b）确定对目标函数改进最快的移动方向 $\Delta\mathbf{w}$，当前解是 $\mathbf{w}$。

（c）说明为什么（b）得到的方向在模型的任一内点处都可行。

☑(d) 说明 $\mathbf{w}^{(0)}=(1,1)$ 是模型的一个内点。

☑(e) 求出解 $\mathbf{w}^{(0)}$ 处沿(b)方向保持可行的最大步长 $\lambda_{\max}$。

☑(f) 在(a)图中画出(e)的移动路径，并标记搜索点 $\mathbf{w}^{(1)}$。

(g) 说明为什么在 $\mathbf{w}^{(1)}$ 比 $\mathbf{w}^{(0)}$ 更容易找到好的移动方向。

7-2 就以下 LP 模型完成练习题 7-1。

$$\min \quad 9w_1+1w_2$$
$$\text{s. t.} \quad 3w_1+6w_2 \geq 12$$
$$6w_1+3w_2 \geq 12$$
$$w_1,w_2 \quad \geq 0$$

当前解是 $\mathbf{w}^{(0)}=(3,1)$。

7-3 下图是线性规划的若干个可行点和目标函数等值线。

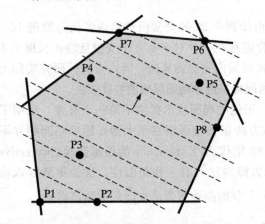

确定以下解序列是否可以通过应用于对应标准型线性规划的内点法得到。

☑(a) P1，P5，P6

(b) P3，P4，P6

☑(c) P3，P8，P6

(d) P4，P3，P6

☑(e) P3，P4，P5，P6

(f) P5，P4，P6

7-4 说明下列解是否是标准型 LP 的内点。

$$4x_1+1x_3=13$$
$$5x_1+5x_2=15$$
$$x_1,x_2,x_3 \geq 0$$

☑(a) $\mathbf{x}=(3,0,1)$

(b) $\mathbf{x}=(2,1,5)$

☑(c) $\mathbf{x}=(1,2,9)$

(d) $\mathbf{x}=(5,1,1)$

☑(e) $\mathbf{x}=(2,2,1)$

(f) $\mathbf{x}=(0,3,13)$

7-5 写出以下标准型 LP 内点处的可行方向必须满足的所有条件。

☑(a) $2w_1+3w_2-3w_3=5$
$$4w_1-1w_2+1w_3=3$$
$$w_1,w_2,w_3 \geq 0$$

(b) $11w_1+2w_2-1w_3=8$
$$2w_1-7w_2+4w_3=-7$$
$$w_1,w_2,w_3 \geq 0$$

7-6 表 7-5 给出了标准型 LP 的若干约束矩阵 $\mathbf{A}$（或 $\mathbf{A}_t$）和对应的投影矩阵 $\mathbf{P}$（或 $\mathbf{P}_t$）。利用这些数据求出特定等式约束下与给定方向 $\mathbf{d}$ 最接近的可行方向，并证明其满足任一内点处的可行方向条件。

表 7-5 投影矩阵

A 或 $\mathbf{A}_t$			P 或 $\mathbf{P}_t$		
1	−1	2	0.333 3	−0.333 3	−0.333 3
0	1	−1	−0.333 3	0.333 3	0.333 3
			−0.333 3	0.333 3	0.333 3
1	10	3	0.254 0	0.101 6	−0.423 2
−2	5	0	0.101 6	0.040 6	−0.169 3
			−0.423 2	−0.169 3	0.705 4
1	2	1	0.033 3	0.066 7	−0.166 7
−2	1	0	0.066 7	0.133 3	−0.333 3
			−0.166 7	−0.333 3	0.833 3
3	1	4	0.081 6	−0.244 9	−0.122 4
0	1	−2	−0.244 9	0.734 7	0.367 3
			−0.122 4	0.367 3	0.183 7
12	−3	4	0.081 9	−0.075 5	−0.113 2
0	3	−2	−0.075 5	0.301 9	0.452 8
			−0.113 2	0.452 8	0.679 3
4	−3	2	0.053 3	−0.071 0	−0.213 0
0	3	−1	−0.071 0	0.094 7	0.284 0
			−0.213 0	0.284 0	0.852 1
−1	2	0	0.666 7	0.333 3	0.333 3
1	−1	−1	0.333 3	0.166 7	0.166 7
			0.333 3	0.166 7	0.166 7

☑(a) $x_1 + 2x_2 + x_3 = 4$

　　$-2x_1 + x_2 = -1$

　　$\mathbf{d} = (3, -6, 3)$

(b) $3x_1 + x_2 + 4x_3 = 4$

　　$x_2 - 2x_3 = 1$

　　$\mathbf{d} = (2, 1, -7)$

7-7 考虑以下标准型 LP：

$$\min \quad 14z_1 + 3z_2 + 5z_3$$
$$\text{s.t.} \quad 2z_1 - z_3 = 1$$
$$z_1 + z_2 = 1$$
$$z_1, z_2, z_3 \geqslant 0$$

☑(a) 求出任一解 $\mathbf{z}$ 处对目标值改进最快的方向。

☑(b) 计算面向主要等式约束的投影矩阵 $\mathbf{P}$。

☑(c) 应用 $\mathbf{P}$ 矩阵投影 (a) 中的方向。

☑(d) 证明 (c) 中的结果在任一内点处都是改进可行的。

(e) 在任一内点解处说明 (c) 在哪方面有利于改进搜索。

7-8 就以下 LP 模型完成练习题 7-7。

$$\max \quad 5z_1 - 2z_2 + 3z_3$$
$$\text{s.t.} \quad z_1 \quad + z_3 = 4$$
$$2z_2 = 12$$
$$z_1, z_2, z_3 \geqslant 0$$

7-9 涉及尺度变换的内点法的当前解是 $\mathbf{x}^{(7)} = (2, 5, 1, 9)$，计算对应于以下 $\mathbf{x}$ 的仿射尺度变换 $\mathbf{y}$。

☑(a) $(1, 1, 1, 1)$

(b) $(2, 1, 4, 3)$

☑(c) $(3, 5, 1, 6)$

(d) $(3, 5, 1, 7)$

7-10 将练习题 7-9 中列出的向量作为 $\mathbf{y}$，计算对应的 $\mathbf{x}$。

7-11 考虑以下标准型 LP：

$$\min \quad 2x_1 + 3x_2 + 5x_3$$
$$\text{s.t.} \quad 2x_1 + 5x_2 + 3x_3 = 12$$
$$x_1, x_2, x_3 \geqslant 0$$

当前内点解是 $\mathbf{x}^{(3)} = (2, 1, 1)$。

☑(a) 绘制如图 7-4a 的可行空间，并标记当前解和一个最优顶点。

☑(b) 绘制对应的仿射尺度变换空间，并标记处 (a) 部分的对应尺度变换点。

☑(c) 按照原理 7.10，写出仿射尺度变换后的标准型模型。

7-12 就以下 LP 模型完成练习题 7-11。

$$\max \quad 6x_1 + 1x_2 + 2x_3$$
$$\text{s.t.} \quad x_1 + x_2 + 5x_3 = 18$$
$$x_1, x_2, x_3 \geqslant 0$$

当前解是 $\mathbf{x}^{(3)} = (6, 7, 1)$。

7-13 回到练习题 7-11 的模型。

☑(a) 通过 7A 算法在 $\mathbf{x}$ 和 $\mathbf{y}$ 空间中计算下一步的移动方向。

☑(b) 验证 (a) 部分得到的方向 $\Delta\mathbf{x}$ 是改进可行的。

☑(c) 通过 7A 算法计算对应于 (a) 部分移动方向的步长 λ。

☑(d) 分别在原始 $\mathbf{x}$ 空间和尺度变换后的 $\mathbf{y}$ 空间画出 (a) (c) 部分的移动。

7-14 就练习题 7-12 的 LP 模型完成练习题 7-13。

7-15 考虑以下标准型 LP：

$$\min \quad 10x_1 + 1x_2$$
$$\text{s.t.} \quad x_1 - x_2 + 2x_3 = 3$$
$$x_2 - x_3 = 2$$
$$x_1, x_2, x_3 \geqslant 0$$

☑(a) 说明 $\mathbf{x}^{(0)} = (4, 3, 1)$ 是一个合适的 7A 算法初始点。

☑(b) 写出当前解 $\mathbf{x}^{(0)}$ 处尺度变换后的标准型模型。

☑(c) 通过 7A 算法求出当前解 $\mathbf{x}^{(0)}$ 处的移动方向 $\Delta\mathbf{x}$（投影矩阵参见表 7-4）。

☑(d) 说明 (c) 部分得到的方向是改进可行的。

☑(e) 通过 7A 算法计算对应步长 λ，并得到新的搜索点。

7-16 就以下 LP 模型完成练习题 7-15。

$$\max \quad 6x_1 + 8x_2 + 10x_3$$
$$\text{s. t.} \quad 9x_1 - 2x_2 + 4x_3 = 6$$
$$2x_2 - 2x_3 = -1$$
$$x_1, x_2, x_3 \geq 0$$

初始解是 $\mathbf{x}^{(0)} = (2/9, 1, 3/2)$。

7-17 假设 7A 算法到达当前解 $\mathbf{x}^{(11)} = (3, 1, 9)$。说明此时算法是否停止搜索，若没有，计算 $\mathbf{x}^{(12)}$。

☑(a) $\Delta\mathbf{x} = (6, 2, 2)$

(b) $\Delta\mathbf{x} = (0, 4, -9)$

☑(c) $\Delta\mathbf{x} = (6, -6, 0)$

(d) $\Delta\mathbf{x} = (0, -2, 0)$

7-18 应用 7A 算法解以下标准型原始 LP 问题，初始点是 $\mathbf{x} = (2, 3, 2, 3, 1/3)$。

	x_1	x_2	x_3	x_4	x_5	
min $\mathbf{c}$	5	4	3	2	16	$\mathbf{b}$
s.t.	2	0	1	0	6	8
	0	1	1	2	3	12

(a) 验证给定点是一个合适的 7A 算法初始解。

(b) 求出给定初始点 $\mathbf{x}$ 的尺度变换变量 $\mathbf{y}$ 和仿射尺度变换后的标准型模型，并说明为什么尺度变换后的模型比原始模型更易于处理。

(c) 写出算法下一步移动方向的表达式。不需要直接投影，用符号表示即可。例如，如果想将方向 $\mathbf{d} = (1, 2)$ 投影到矩阵 $\mathbf{A} = \begin{bmatrix} 3 & 7 & 5 \\ 6 & 7 & 8 \end{bmatrix}$ 上，可以表示为 $\Delta\mathbf{x} \, proj = \begin{bmatrix} 3 & 4 & 5 \\ 6 & 7 & 8 \end{bmatrix} \begin{bmatrix} 1 \\ 2 \end{bmatrix}$。同

时简单说明以下问题：(i) 表达式从哪一点开始？(ii) 它是怎样利用结果的？(iii) 为什么最终形式是这样？

7-19 考虑以下标准型 LP 模型：

$$\max \quad 13w_1 - 2w_2 + w_3$$
$$\text{s. t.} \quad 3w_1 + 6w_2 + 4w_3 = 12$$
$$w_1, w_2, w_3 \geq 0$$

☑(a) 画出模型的可行空间，如图 7-6，找出一个最优顶点并标记 $\mathbf{w}^{(1)} = (1.4, 0.7, 0.9)$ 和 $\mathbf{w}^{(2)} = (0.01, 0.01, 2.9775)$。

☑(b) 构建对应的对数障碍问题，障碍因子是 $\mu > 0$。

☑(c) 在点 $\mathbf{w}^{(1)}$ 和 $\mathbf{w}^{(2)}$ 处评价原目标和对数障碍目标的函数值，$\mu = 10$，并说明障碍项分别对可行域中部和边界附近的点有什么影响。

☑(d) 利用课堂所学的最优化软件求解 (b) 部分得到的对数障碍问题，障碍因子 $\mu = 100, 10, 1$。

(e) 说明当 $\mu \to 0$ 时，(b) 部分最优解的轨迹是如何变化的。

7-20 就以下 LP 模型完成练习题 7-19：

$$\min \quad 2w_1 + 5w_2 - w_3$$
$$\text{s. t.} \quad w_1 + 6w_2 + 2w_3 = 18$$
$$w_1, w_2, w_3 \geq 0$$

$\mathbf{w}^{(1)} = (8, 1, 2)$, $\mathbf{w}^{(2)} = (0.01, 0.02, 8.935)$。

7-21 说明以下数值能否用作 7B 算法外循环过程的前四个障碍因子 μ。

☑(a) 100, 80, 64, 51.2

(b) 100, 200, 100, 800

☑(c) 100, 500, 1 000, 2 000

(d) 600, 300, 150, 75

7-22 假设由 7B 算法得到标准型 LP 模型的移动方向 $\Delta\mathbf{x}$ 和最大可行步长

$\lambda_{\max}$。对于下列原始目标函数，判断哪一个曲线能够更好地描绘出对应的障碍目标函数随 $\lambda \in [0, \lambda_{\max}]$ 的变化。

步长为 λ 时的障碍目标函数值

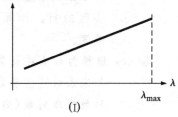

(Ⅰ)

步长为 λ 时的障碍目标函数值

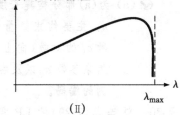

(Ⅱ)

步长为 λ 时的障碍目标函数值

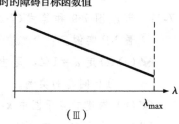

(Ⅲ)

步长为 λ 时的障碍目标函数值

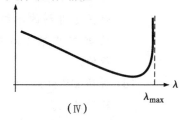

(Ⅳ)

✅ (a) max $\quad 34x_1 - 19x_2 - 23x_3 + 4x_4$

(b) min $\quad 44x_1 + 15x_2 + 1x_3 + 9x_4$

7-23 考虑以下 LP 模型：

$$\begin{aligned} \min \quad & 4x_1 - x_2 + 2x_3 \\ \text{s.t.} \quad & 4x_1 - 3x_2 + 2x_3 = 13 \\ & 3x_2 - x_3 = 1 \\ & x_1, x_2, x_3 \geqslant 0 \end{aligned}$$

✅ (a) 说明 $\mathbf{x}^{(0)} = (3, 1, 2)$ 是一个合适的 7B 算法初始点。

✅ (b) 构建对应的对数障碍问题，障碍因子 $\mu = 10$。

✅ (c) 计算 7B 算法在 $\mathbf{x}^{(0)}$ 处的移动方向 $\Delta\mathbf{x}$（投影矩阵见表 7-4）。

✅ (d) 验证对于 (b) 部分的障碍模型，(c) 部分的移动方向在 $\mathbf{x}^{(0)}$ 处是改进可行的。

✅ (e) 求出 $\mathbf{x}^{(0)}$ 沿 (c) 部分移动方向前进的最大可行步长 $\lambda_{\max}$。

✅ (f) 沿 (c) 部分移动方向的前进步长由 0 变化到 $\lambda_{\max}$ 时，障碍目标函数是先增后减还是先减后增？请解释原因。

(g) 当 μ 变化时，障碍目标函数如何变化？请解释原因。

7-24 就以下 LP 模型完成练习题 7-23。

$$\begin{aligned} \max \quad & -x_1 + 3x_2 + 8x_3 \\ \text{s.t.} \quad & x_1 + 2x_2 + x_3 = 14 \\ & 2x_1 + x_2 = 11 \\ & x_1, x_2, x_3 \geqslant 0 \end{aligned}$$

$\mathbf{x}^{(0)} = (5, 1, 7)$。

7-25 回到练习题 7-15 的 LP 问题和 $\mathbf{x}^{(0)}$。

✅ (a) 证明 $\mathbf{x}^{(0)} = (4, 3, 1)$ 是 7B 算法的一个合适的初始点。

✅ (b) 通过 7B 算法求出 $\mathbf{x}^{(0)}$ 处的移动方向 $\Delta\mathbf{x}$，$\mu = 10$，投影矩阵见表 7-4。

✅ (c) 证明 (b) 方向在 $\mathbf{x}^{(0)}$ 是改进可行的。

✅ (d) 求出 $\mathbf{x}^{(0)}$ 处沿 (b) 方向不失可行性的最大步长 $\lambda_{\max}$。

✅ (e) 通过 7B 算法计算步长并写出下一搜索点 $\mathbf{x}^{(1)}$。

7-26 就练习题 7-16 的 LP 模型和 $\mathbf{x}^{(0)}$ 完成练习题 7-25。

7-27 回到练习题 7-18 的 LP 问题，利用

7C 算法原始对偶内点法求解。

- (a) 写出对偶变量 **v**,并通过添加松弛变量 **s** 构建标准型对偶模型。

- (b) 说明 **x**=(2,3,2,3,1/3),**v**=(1/2,1/2)和与之对应的 **s** 是 7C 算法的一个合适的初始点。

- (c) 写出原问题和对偶问题所有相关的互补松弛条件。

- (d) 说明原问题解和对偶问题解之间存在对偶间隙。

- (e) 假设我们希望使原问题解和对偶问题解的互补松弛性的违背程度接近 $\mu=5$。写出计算 $\Delta\mathbf{x}$,$\Delta\mathbf{v}$ 和 $\Delta\mathbf{s}$ 的方程组,不必求解。这三个方向用符号表示,其他部分需要代入给定模型和初始点的具体数据。

- (f) 根据(e)的分析,利用原始对偶内点法经过至多 3 次迭代达到最优解。写出每次迭代的参数 μ,方向 $\Delta\mathbf{x}$,$\Delta\mathbf{v}$ 和 $\Delta\mathbf{s}$,步长 λ,以及搜索点和对偶间隙。

7-28 就以下 LP 问题完成练习题 7-27。

	x_1	x_2	x_3	x_4	x_5	
min	14	30	11	9	10	RHS
s. t.	2	−1	0	3	−2	10
	1	5	2	−1	1	15

初始解是 **x**=(2,1,5,3,1)和 **v**=(2,5)。

7-29 回到练习题 7-18 的标准型 LP 实例。

- (a) 说明为什么该 LP 模型是一个有如下定义的问题实例:

$$\min \quad \sum_{j=1}^{n} c_j x_j$$

$$\text{s. t.} \quad \sum_{j=1}^{n} a_{ij} x_j = b_i \quad i=1,\cdots,m$$

$$x_j \geqslant 0, \quad j=1,\cdots,n$$

- (b) 依据 7.6 节和 14.1 节,导出使用字母表符号{0,1,…,9,−,/,$}的二进制编码,其中"−"表示减号,"$"用于分割常量,"/"用于分割实例的行。计算输入实例的长度。

- (c) 解释为什么在计算例如成本和约束系数这些参数的编码长度时最好取对数(向上舍入),而不是直接计算其本身。

- (d) 为(a)部分构建长度与变量数量 n,主要约束数量 m 和目标系数 c_j 的对数(向上舍入),主要约束参数 a_{ij} 以及右端项 b_i 成比例的编码。

7-30 就等式(7-29)的 LP 实例完成练习题 7-29。

7-31 考虑图 7-9 和等式(7-29)中的双变量 LP 实例。

- (a) 给定 $\alpha=1/4$,写出以上标准型 LP 问题的实例。

- (b) 构建对应于图中 $\mathbf{x}^{(1)}$ 的基本解。

- (c) 说明向图中 $\mathbf{x}^{(2)}$ 的移动可以理解为给约束条件 $x_1 \leqslant 1$ 引入松弛变量得到的单纯形方向,并且该方向在(a)中是改进可行的。

- (d) 说明 $\mathbf{x}^{(3)}$ 和 $\mathbf{x}^{(4)}$ 处类似的单纯形移动过程。

- (e) 解释这如何表明对于简单的实例(7-29),单纯形法可以通过指数级迭代求得最优解。

- (f) 以上这种特定实例的指数行为是如何与单纯形法在解决大多数 LP 问题时的一般化表现并存的?

参考文献

Bazaraa, Mokhtar, John J. Jarvis, and Hanif D. Sherali (2010), *Linear Programming and Network Flows*, John Wiley, Hoboken, New Jersey.

Bertsimas, Dimitris and John N. Tsitklis (1997), *Introduction to Linear Optimization.* Athena Scientific, Nashua, New Hampshire.

Griva, Igor, Stephen G. Nash, and Ariela Sofer (2009), *Linear and Nonlinear Optimization*, SIAM, Philadelphia, Pennsylvania.

Martin, R. Kipp (1999), *Large Scale Linear and Integer Optimization*, Kluwer Academic, Boston, Massachusetts.

senasnb 2011. Danaus, Augustus and Hull D ... Guiod qua, Svjan D.C. ses sasd Mork, Said
snnnsb 2011. Danaus, Augustus and Vos S ... (1000), Latere ... and M abonce Optimiza-
Phlve John Wind Ubdunian ... Nv ... Jlen.L ... Niatal 21 radjeliad is pvwsh etb.

Bartimus, Donald, and Jolin ... V. Indes. 3 ... and sa ... R ... Upp ... 2l,sla ... sosoh soch Deesy
Ircowdlacew ip Urnost Osnanmatizn Kinma,tot ... and Buague Oqnad stuut, Glow er Acadanic
onmbl Nov Jva S. O. Hansplisdse.

第8章

目 标 规 划

本书的大多数方法都是用来解决只有单一目标的优化模型的,优化问题唯一的准则是最大化或者最小化目标函数。虽然实际问题中用来度量解决方案的总是涉及一个以上的指标,但许多问题可以通过优化单一的成本或利润目标来找到一个相对满意的解。其他指标要么可以表现为一个约束的形式,要么可以通过加权平均形成一个综合目标函数从而便于模型的求解。

其他一些问题(尤其是在公共部门的应用)则必须当作**多目标**(multi-objective)加以处理。当多个目标不能简化为用成本或者收益衡量的综合指标时,就必须在多个目标之间进行权衡了。对于这类问题,唯有带有多个目标函数的模型才是令人满意的,虽然其分析往往会具有更大的挑战性。

本章将介绍涉及多目标分析的相关概念和方法。学习的重点包括多目标意义下最优的**有效解**(efficient solution)以及解决多目标问题的常见方法——**目标规划**(goal programming)

8.1 多目标优化模型

和上文一样,我们首先列举几个关于多目标优化的例子。本节中,我们将通过 3 个例子来介绍涉及多目标分析的广泛应用。所有例子均是在公开出版文档的基础上改编的。

□**应用案例 8-1**

银 行 投 资

每个投资者在决定如何分配可用资本时都需要权衡其收益和风险。一般来说,能承诺最高回报的投资机会总是伴随着极大的风险。

商业银行在平衡收益和风险方面尤其要慎重,因为法律和伦理道德要求它们必须规避不可撤销的冒险行为。然而,商业机构的目标是追求利润的最大化。这一两难困境很自然会使得商业银行面临着投资的多目标优化问题,即它们需要同时优化利润和风险指标。

我们的资本投资例子将采用多目标方法来帮助一家名为 Bank Three [⊖] 的虚构银行进行投资决策。该银行拥有 20 百万美元的资本，其拥有的活期存款（支票账户）150 百万美元，定期存款（储蓄账户和存款证明）80 百万美元。

表 8-1 列出了银行可分配资本和存款的投资方式。表中也列出了不同方式的收益率和与风险相关的信息。

表 8-1　银行投资机会的相关数据

投资分类，j	收益率（%）	流动性（%）	所需资本（%）	是否有风险
1：现金	0.0	100.0	0.0	无
2：短期	4.0	99.5	0.5	无
3：1～5 年政府债券	4.5	96.0	4.0	无
4：5～10 年政府债券	5.5	90.0	5.0	无
5：10 年以上政府债券	7.0	85.0	7.5	无
6：分期贷款	10.5	0.0	10.0	有
7：按揭贷款	8.5	0.0	10.0	有
8：商业贷款	9.2	0.0	10.0	有

我们将表 8-1 中的投资方式作为银行投资决策模型的决策变量：

$$x_j \triangleq 分类 j 的投资数量（单位：百万美元）j = 1, \cdots, 8$$

8.1.1　银行投资目标

任何私营企业的第一目标都是最大化利润。目标函数可以用表 8-1 中的收益率表示如下：

$$\max \quad 0.040x_2 + 0.045x_3 + 0.055x_4 + 0.070x_5 \quad （利润）$$
$$+ 0.105x_6 + 0.085x_7 + 0.092x_8$$

投资风险的量化就不那么显然了。我们用两种常见的比率度量法。

一种是**资本充足率**（capital-adequacy ratio），即银行偿付能力所需资本和实际资本的比值。比值越小说明风险越小。表 8-1 中的"所需资本"（required capital）比率是按照美国政府计算该比率的公式估算得到的，该银行现有资本是 200 万美元。第二个目标可以表示如下：

$$\min \quad \frac{1}{20}(0.005x_2 + 0.040x_3 + 0.050x_4 + 0.075x_5 \quad （资本充足率）$$
$$+ 0.100x_6 + 0.100x_7 + 0.100x_8)$$

另一种度量风险的方式是关注流动性弱的风险性资产。风险性资产与总资本的比值小说明财务安全性高。在我们的例子中，第三种评估投资决策的指标可以表示如下：

$$\min \quad \frac{1}{20}(x_6 + x_7 + x_8) \quad （风险资产）$$

⊖　J. L. Eatman and C. W. Sealey, Jr. (1979), "A Multiobjective Linear Programming Model for Commercial Bank Balance Sheet Management," *Journal of Bank Research*, 9, 227-236.

8.1.2 银行投资模型

为了完善银行投资规划模型，我们必须考虑相关的约束条件。我们的例子涉及以下5 个方面的约束：

(1) 投资总额不能超过可用资本和存款资金。

(2) 现金储备不能少于 14％的活期存款加上 4％的定期存款。

(3) 流动性投资(见表 8-1)不能少于活期存款的 47％加上定期存款的 36％。

(4) 为了投资的多样性，每种投资方式的投资金额不能少于总资本的 5％。

(5) 为了保证银行的社会地位，商业贷款不能少于总资本的 30％。

结合 3 个目标函数和上述 5 个方面的约束条件，完整的银行投资规划的多目标线性规划模型如下：

$$\max \quad 0.040x_2 + 0.045x_3 + 0.055x_4 + 0.070x_5 \qquad \text{(利润)}$$
$$+ 0.105x_6 + 0.085x_7 + 0.092x_8$$

$$\min \quad \frac{1}{20}(0.005x_2 + 0.040x_3 + 0.050x_4 + 0.075x_5 \qquad \text{(资本充足率)}$$
$$+ 0.100x_6 + 0.100x_7 + 0.100x_8)$$

$$\min \quad \frac{1}{20}(x_6 + x_7 + x_8) \qquad \text{(风险资产)}$$

$$\text{s. t.} \quad x_1 + \cdots + x_8 = (20 + 150 + 80) \qquad \text{(总投资)} \qquad (8\text{-}1)$$
$$x_1 \qquad \geqslant 0.14(150) + 0.04(80) \qquad \text{(现金储备)}$$
$$1.00x_1 + 0.995x_2 + 0.960x_3 + 0.900x_4 \qquad \text{(流动性)}$$
$$+ 0.850x_5 \geqslant 0.47(150) + 0.36(80)$$
$$x_j \qquad \geqslant 0.05(20 + 150 + 80) \quad \text{对所有的 } j = 1, \cdots, 8 \text{(多样性)}$$
$$x_8 \qquad \geqslant 0.30(20 + 150 + 80) \qquad \text{(商业性)}$$
$$x_1, \cdots, x_8 \qquad \geqslant 0$$

□应用案例 8-2

测功机环设计

几乎所有产品或服务的工程设计都涉及多目标优化。为了选择最优的设计方案，需要兼顾多个指标。

我们将用测功机环中一个简单的机械部分——八角环的设计作为例子说明。[⊖]

图 8-1 描述了关键的设计变量：

$w \triangleq$ 环的宽度(单位:厘米)

$t \triangleq$ 外表面的厚度(单位:厘米)

$r \triangleq 2$ 个开孔的半径(单位:厘米)

[⊖] N. Singh and S. K. Agarwal(1983)， "Optimum Design of an Extended Octagonal Ring by Goal Programming," *International Journal of Production Research*，21，891-898.

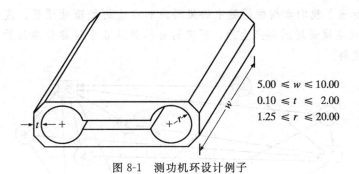

$$5.00 \leqslant w \leqslant 10.00$$
$$0.10 \leqslant t \leqslant 2.00$$
$$1.25 \leqslant r \leqslant 20.00$$

图 8-1 测功机环设计例子

图中也列出了 3 个指标的上界和下界。

8.1.3 测功机环设计模型

为了构造机器部件的优化模型，我们必须用决策变量 w，t 和 r 来表征性能。灵敏度是其中一个方面。灵敏度越高，机器性能越好。相关的应变(strain)和挠度(deflection)分析表明，灵敏度可以表示为：

$$\max \quad \frac{0.7r}{Ewt^2} \text{(灵敏度)}$$

其中，$E = 2.1 \times 10^6$，是弹性环材料的杨氏模量(Young's modulus)。

另一个性能度量指标是刚度。刚度越强，则生产精度越高。同样，考虑应变和挠度，刚度可以表示为：

$$\max \quad \frac{Ewt^3}{r^3} \text{(刚度)}$$

综合考虑这两个目标以及决策变量的上下界，测功机环设计问题的多目标优化模型如下：

$$\max \quad \frac{0.7r}{Ewt^2} \text{(灵敏度)}$$

$$\max \quad \frac{Ewt^3}{r^3} \text{(刚度)}$$

$$5.0 \leqslant w \leqslant 10.0$$
$$0.1 \leqslant t \leqslant 2.0$$
$$1.25 \leqslant r \leqslant 20.0$$

(8-2)

注意，这个模型是多目标非线性规划。但是，如果我们可以将决策变量转化为$\ln(w)$，$\ln(t)$ 和 $\ln(r)$，最大化 2 个目标函数的对数函数，那么就可以用线性规划处理(详见 17.10 节)。

□**应用案例 8-3**

危险废料处理

政府规划大多为多目标优化，因为涉及很多难以用价值量化的竞争性利益和目标。我们通过核废料处理站的规划问题来说明。[⊖]

⊖ C. ReVelle, J. Cohon, and D. Shobrys(1991)，"Simultaneous Siting and Routing in the Disposal of Hazardous Wastes," *Transportation Science*，25，138-145.

图 8-2 标出了我们虚构的问题中的废料源和可选的处理站位置。废料是由 7 个核电站和核反应堆使用燃料产生的。研究的目标是从 3 个可建处理站的位置中选择 2 个来接收废料。

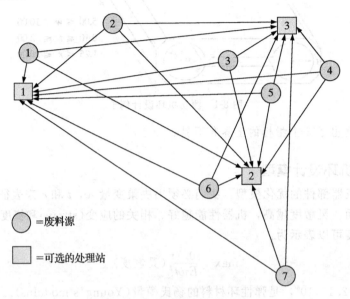

图 8-2　危险废料源和处理站

当系统开始运作时，废料由卡车经过公共高速公路，从核电站运送到处理站。将废料运输到处理站就会遇到冲突的目标。如果沿着最短路线运输，成本和运输中废料损失可以降到最低。但是也必须考虑人口密度。途经人口密集区域会影响更多人，增加交通事故的发生率。

表 8-2 列出了下列符号的具体取值。

表 8-2　废料处理例子的相关数据

废料源 i		站点 j=1		站点 j=2		站点 j=3		供应量
		k=1	k=2	k=1	k=2	k=1	k=2	
1	距离	200	280	850	1 090	900	1 100	1.2
	人口	50	15	300	80	400	190	
2	距离	400	530	730	860	450	600	0.5
	人口	105	60	380	210	350	160	
3	距离	600	735	550	600	210	240	0.3
	人口	300	130	520	220	270	140	
4	距离	900	1 060	450	570	180	360	0.7
	人口	620	410	700	430	800	280	
5	距离	600	640	390	440	360	510	0.6
	人口	205	180	440	370	680	330	
6	距离	900	1 240	100	120	640	800	0.1
	人口	390	125	80	30	800	410	
7	距离	1 230	1 410	400	460	1 305	1 500	0.2
	人口	465	310	180	105	1 245	790	

$$s_i \triangleq 源点\ i\ 预期产生的废料数量$$

$$d_{i,j,k} \triangleq 沿路线\ k\ 从源点\ i\ 到处理站\ j\ 的距离$$

$$p_{i,j,k} \triangleq 沿路线\ k\ 从源点\ i\ 到处理站\ j\ 的人口数量$$

每个源点 i 到处理站 j 都有 2 条路线。我们希望最小化运输距离和人口数量来选择最佳的处理站位置和运输路线。

8.1.4 危险废料处理模型

为了构建运输路线和处理站选择问题的模型，我们需要定义 2 组典型的选址模型的决策变量。

$$y_i \triangleq \begin{cases} 1 & 建立处理站 \\ 0 & 不建立处理站 \end{cases}$$

$$x_{i,j,k} \triangleq 沿路线\ k\ 从源点\ i\ 到处理站\ j\ 的废料运输量$$

多目标整数线性规划模型如下：

$$
\begin{aligned}
\min \quad & \sum_{i=1}^{7}\sum_{j=1}^{3}\sum_{k=1}^{2} d_{i,j,k} x_{i,j,k} \qquad （距离） \\
\min \quad & \sum_{i=1}^{7}\sum_{j=1}^{3}\sum_{k=1}^{2} p_{i,j,k} x_{i,j,k} \qquad （人口） \\
\text{s.t.} \quad & \sum_{j=1}^{3}\sum_{k=1}^{2} x_{i,j,k} = s_i \quad i=1,\cdots,7（废料源） \\
& \sum_{j=1}^{3} y_j = 2 \qquad\qquad （2\ 个处理站） \\
& x_{i,j,k} \leqslant s_i y_j \quad i=1,\cdots,7; \quad j=1,\cdots,3; \quad k=1,2 \\
& x_{i,j,k} \geqslant 0 \quad i=1,\cdots,7; \quad j=1,\cdots,3; \quad k=1,2 \\
& y_j = 0\ 或\ 1 \quad j=1,\cdots,3
\end{aligned}
\tag{8-3}
$$

第 1 个主要约束条件保证了每个废料源的所有废料都会被运走，第 2 个约束条件表示选择 2 个处理站。开关约束（switching constraint）保证了只有在处理站建立后，废料才能被运送到该站点。

8.2 有效点和有效边界

当优化模型有 1 个以上的目标函数时，我们熟悉的"最优解"概念会有些模糊。某个目标函数的最优解可能对于另一个目标函数而言是最不合意的解。本节我们会介绍**有效点**（efficient point）和**有效边界**（efficient frontier）的概念，也被称作**帕累托最优点**（Pareto optima）和**非支配点**（nondominated point），能够帮助更好地表征多目标模型中的"最优"可行解。

8.2.1 有效点

如果存在一个可行解，其每个指标都比当前可行解更优或一样好，那么当前可行解不是优化模型的最优解。有效点不能被其他可行解完全占优。

定义 8.1 如果不存在其他可行解能够至少使 1 个目标函数值严格更好且其他目标函数值不劣于当前可行解的目标值，那么该可行解是这个多目标优化模型的**有效点**（efficient point）。

有效点也被称为帕累托最优点和非支配点。

我们可以通过 8.1 节测功机环的例子来说明这个概念。

$$\max \quad \frac{0.7r}{(2.1 \times 10^6)(wt^2)} （灵敏度）$$

$$\max \quad \frac{(2.1 \times 10^6)(wt^3)}{r^3} （刚度）$$

$$5.0 \leqslant w \leqslant 10.0 \tag{8-4}$$

$$0.1 \leqslant t \leqslant 2.0$$

$$1.25 \leqslant r \leqslant 20.0$$

考虑解 $(w^{(1)}, t^{(1)}, r^{(1)}) = (5, 0.1, 20)$。没有其他可行解有更高的灵敏度，因为灵敏度目标函数分子中的变量 r 已经取了最大值，分母中变量 w 和 t 取了最小值。但是存在使得刚度更强的可行解，我们只需要减小半径 r。即使 1 个目标函数能够被进一步优化，这个点也是有效点。任何增强刚度的改变都必然会降低灵敏度。

相比之下，解 $(w^{(2)}, t^{(2)}, r^{(2)}) = (7, 1, 3)$。2 个目标函数值分别为：

$$灵敏度 = \frac{0.7(3)}{(2.1 \times 10^6)(7)(1)^2} = 1.429 \times 10^{-7}$$

$$刚度 = \frac{(2.1 \times 10^6)(7)(1)^3}{(3)^3} = 5.444 \times 10^5$$

该可行解不是有效点，因为它被点 $(w^{(3)}, t^{(3)}, r^{(3)}) = (7, 0.9, 2.7)$ 占优。后者刚度相同，但是有更高的灵敏度 1.587×10^{-7}。

8.2.2 图像法确定有效点

当多目标优化模型只有 2 个决策变量时，我们可以用图像法来判断可行解是否是有效点。比如，考虑下面这个简单的多目标线性规划：

$$\max \quad + 3x_1 + 1x_2$$

$$\max \quad - 1x_1 + 2x_2$$

$$\text{s. t.} \quad x_1 + x_2 \leqslant 4 \tag{8-5}$$

$$0 \leqslant x_1 \leqslant 3$$

$$0 \leqslant x_2 \leqslant 3$$

如图 8-3 所示，图 a 中的可行解 $\mathbf{x} = (2, 2)$ 是有效点，图 b 中的可行解 $\mathbf{x} = (3, 0)$ 不是有效点。

我们是如何确定的呢？两种情况下，我们均画出了经过可行解的 2 个目标函数的等值线。等值线围成的深色部分是使得 2 个目标函数均更优的解。图 a 中深色部分无可行解，图 b 中存在满足所有约束条件的支配点，如 $\mathbf{x}' = (3, 1)$。

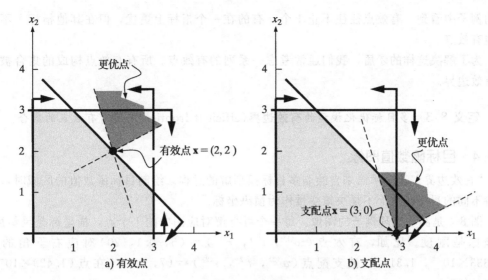

图 8-3 有效点图像

原理 8.2 如果经过某可行解的目标函数等值线围成的、保证每个目标函数值都更优的区域中无其他可行解，则该可行解是有效点。

例 8-1 确定有效点

判断下面 2 个点是否是模型(8-5)和图 8-3 的有效点。

(a) $\mathbf{x} = (1, 3)$

(b) $\mathbf{x} = (1, 1)$

解： 我们在下图中应用原理 8.2。

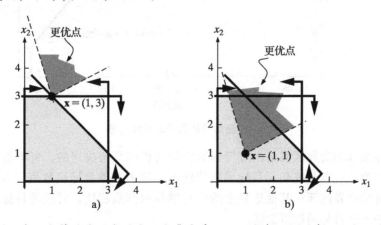

（a）在图 a 中，由等值线围成的支配点集合中，无可行解，因此解 $\mathbf{x} = (1, 3)$ 是有效点。

（b）在图 b 中，由等值线围成的支配点集合中，有无穷多个可行解，因此解 $\mathbf{x} = (1, 1)$ 不是有效点。

8.2.3 有效边界

对于多目标优化模型，显然我们需要寻找一个有效的解决方案。但是我们已经从简单的例子中看到，有效点往往不止 1 个。有的在一个指标上更优，但在其他指标上不如其他有效点。

为了解决这样的矛盾，我们通常考虑一系列的有效点。所有有效点构成的集合被称为有效边界。

定义 8.3 多目标优化模型的**有效边界**（efficient frontier）是所有有效点的集合。

8.2.4 目标函数值图像

"有效边界"这个术语来自绘制多目标模型解的过程。绘制目标函数值的区域时，我们将不同的目标函数而不是决策变量作为横纵坐标。

图 8-4 是测功机环例子的图像。每一个可行解对应图中的 1 个点，横坐标是灵敏度，纵坐标是刚度。比如，有效点 $(w^{(1)}, t^{(1)}, r^{(1)}) = (5, 0.1, 20)$ 对应右下角的点 $(1.333 \times 10^{-4}, 1.312)$。被支配点 $(w^{(2)}, t^{(2)}, r^{(2)}) = (7, 1, 3)$ 在点 $(1.429 \times 10^{-7}, 5.444 \times 10^{5})$。

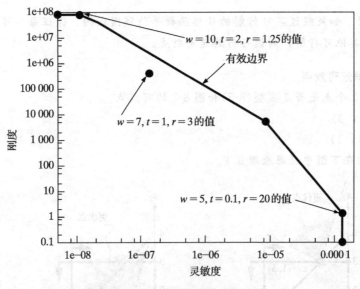

图 8-4　测功机环例子的有效边界

有效边界形成的边界区域是由可行解对应的目标函数值决定的。每个有效点都在有效边界上，因为不可能改进某一目标函数值同时不损失其他目标函数值。另一方面，被支配点位于有效边界内部；其他边界上的可行解与内部点相比，对应的目标函数取值相等且至少其中 1 个目标函数值更优。

8.2.5 构造有效边界

当多目标优化模型只有较少的目标函数时，构造如图 8-4 的有效边界曲线是可行的。当优化一个目标函数时，我们只能参数化地调整其他目标的水平。

原理 8.4 有效边界的点集可以通过反复优化得到。将其中一个目标函数作为单一目标，用新的约束表示其他目标函数需要满足的水平。

这个过程和 6.7 节中的参数敏感性分析是一致的。

表 8-3 列出了构造图 8-4 所示的测功机环例子有效边界的具体计算过程。我们先分别最大化 2 个目标函数值。不考虑刚度，最大化灵敏度得到第一个点 $(1.333 \times 10^{-4}$，$1.312)$；不考虑灵敏度，最大化刚度得到最后一个点 $(1.042 \times 10^{-8}$，$8.6 \times 10^{7})$。

表 8-3　测功机环的有效边界的相关数据

灵敏度目标 函数值	刚度目标 函数值	有效点		
		w	t	r
1.333×10^{-4}	1.312	5.00	0.100	20.00
6.776×10^{-5}	10^{1}	5.00	0.100	10.16
3.145×10^{-5}	10^{2}	5.00	0.100	4.72
1.460×10^{-5}	10^{3}	5.00	0.100	2.19
5.510×10^{-6}	10^{4}	5.00	0.123	1.25
1.187×10^{-6}	10^{5}	5.00	0.265	1.25
2.557×10^{-7}	10^{6}	5.00	0.571	1.25
5.510×10^{-8}	10^{7}	5.00	1.230	1.25
1.042×10^{-8}	8.6×10^{7}	10.00	2.000	1.25

我们现在知道了相关的刚度值的范围。表 8-3 中其他的点是将刚度值作为约束条件，最大化灵敏度得到的。比如，当刚度为 10^{3} 时，下式的目标值就是对应的灵敏度：

$$\max \quad \frac{0.7r}{(2.1 \times 10^{6})(wt^{2})} \qquad （灵敏度）$$

$$\text{s. t.} \quad \frac{(2.1 \times 10^{6})(wt^{3})}{r^{3}} \geqslant 10^{3} \quad （刚度）$$

$$5.0 \leqslant w \leqslant 10.0$$

$$0.1 \leqslant t \leqslant 2.0$$

$$1.25 \leqslant r \leqslant 20.0$$

例 8-2　构造有效边界

回到图 8-3 所示的模型 (8-5)，请构造如图 8-4 的目标函数值有效边界。

解： 我们先分别最大化 2 个目标函数，得到目标函数值为 $(10，-1)$ 和 $(3，6)$。然后求解下面的线性规划模型：

$$\max \quad +3x_{1} + 1x_{2}$$

$$\text{s. t.} \quad -1x_{1} + 2x_{2} \geqslant \theta$$

$$x_{1} + x_{2} \leqslant 4$$

$$0 \leqslant x_{1} \leqslant 3$$

$$0 \leqslant x_{2} \leqslant 3$$

其中，$\theta \in [-1，6]$，取其中的若干值，得到如下图所示的有效边界：

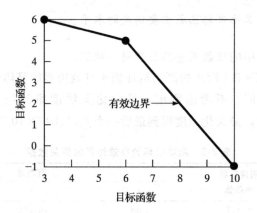

8.3 抢占式优化和加权目标

在典型实际问题的多目标模型中，特别是目标函数多于 2 个时，有效解集合会非常庞大。不可能构造像图 8-4 这样的有效边界。

为了获得可行的解决方案，我们必须将多目标模型降维成一系列的单一目标进行优化。在本节中，我们将探究 2 种最直接的方式：**抢占式优化**（preemptive）（或**字典序优化**）（lexicographic）和**加权求和**（weighted sums）。

8.3.1 抢占式优化

虽然 1 个模型可能有多重目标，但是它们的重要程度总是不同的。抢占式优化就是按照优先次序依次优化目标。

定义 8.5 抢占式优化或字典序优化解决多目标优化时，一次只优化一个目标函数。优先优化最主要目标，保证第一目标达到最优值时进一步优化第二目标，以此类推。

8.3.2 抢占式优化银行投资

我们可以用银行投资问题［模型 (8-1)］来说明抢占式优化的应用。该模型有 3 个目标：利润、资本充足率和风险资产率。

假设我们认为风险资产率是唯一最重要的目标。抢占式优化就会先把最小化风险资产率作为唯一的目标进行优化。

$$
\begin{aligned}
\min \quad & \frac{1}{20}(x_6 + x_7 + x_8) && \text{（风险资产）} \\
\text{s.t.} \quad & x_1 + \cdots + x_8 = 20 + 150 + 80 && \text{（总投资）} \\
& x_1 \geqslant 0.14(150) + 0.04(80) && \text{（现金储备）} \\
& 1.00x_1 + 0.995x_2 + 0.960x_3 + 0.900x_4 && \text{（流动性）} \\
& \qquad + 0.850x_5 \geqslant 0.47(150) + 0.36(80) \\
& x_j \geqslant 0.05(20 + 150 + 80) \quad \text{对所有的 } j = 1, \cdots, 8 \text{（多样性）} \\
& x_8 \geqslant 0.30(20 + 150 + 80) && \text{（商业性）} \\
& x_1, \cdots, x_8 \geqslant 0
\end{aligned}
$$

投资资本的最优分配方案如下（单位：百万美元）：

$$x_1^* = 100.0, \quad x_2^* = 12.5, \quad x_3^* = 12.5, \quad x_4^* = 12.5$$
$$x_5^* = 12.5, \quad x_6^* = 12.5, \quad x_7^* = 12.5, \quad x_8^* = 75.0 \tag{8-6}$$

对应的风险资产率为 5.0，利润为 11.9 百万美元，资本充足率为 0.606。

下一步，我们将风险资产率 5.0 作为约束条件，优化第二目标，最大化利润。

$$\max \quad 0.040x_2 + 0.045x_3 + 0.055x_4 + 0.070x_5 \qquad \text{（利润）}$$
$$+ 0.105x_6 + 0.085x_7 + 0.092x_8$$

$$\text{s. t.} \quad \frac{1}{20}(x_6 + x_7 + x_8) \leqslant 5.0 \qquad \text{（风险资产）}$$
$$x_1 + \cdots + x_8 = 20 + 150 + 80 \qquad \text{（总投资）}$$
$$x_1 \geqslant 0.14(150) + 0.04(80) \qquad \text{（现金储备）}$$
$$1.00x_1 + 0.995x_2 + 0.960x_3 + 0.900x_4 \qquad \text{（流动性）}$$
$$+ 0.850x_5 \geqslant 0.47(150) + 0.36(80)$$
$$x_j \geqslant 0.05(20 + 150 + 80) \quad \text{对所有的 } j = 1, \cdots, 8 \text{（多样性）}$$
$$x_8 \geqslant 0.30(20 + 150 + 80) \qquad \text{（商业性）}$$
$$x_1, \cdots, x_8 \geqslant 0$$

结果如下（单位：百万美元）：

$$x_1^* = 24.2, \quad x_2^* = 12.5, \quad x_3^* = 12.5, \quad x_4^* = 12.5$$
$$x_5^* = 88.3, \quad x_6^* = 12.5, \quad x_7^* = 12.5, \quad x_8^* = 75.0 \tag{8-7}$$

对应的风险资产率为 5.0，但是利润增加为 17.2 百万美元，资本充足率为 0.890。

注意到和解(8-6)相比，最优解的取值有很大的变化。为了增加利润，一大笔资本从 $x_1 =$ 现金转移到了 $x_5 =$ 长期政府债券。

最后一步，我们优化资本充足率这一目标函数。引入 1 个新的对利润的约束。

$$\min \quad \frac{1}{20}(0.005x_2 + 0.040x_3 + 0.050x_4 + 0.075x_5) \qquad \text{（资本充足率）}$$
$$+ 0.100x_6 + 0.100x_7 + 0.100x_8$$

$$\text{s. t.} \quad \frac{1}{20}(x_6 + x_7 + x_8) \leqslant 5.0 \qquad \text{（风险资产）}$$
$$0.040x_2 + 0.045x_3 + 0.055x_4 + 0.070x_5 \qquad \text{（利润）}$$
$$+ 0.105x_6 + 0.085x_7 + 0.092x_8 \geqslant 17.2$$
$$x_1 + \cdots + x_8 = 20 + 150 + 80 \qquad \text{（总投资）}$$
$$x_1 \geqslant 0.14(150) + 0.04(80) \qquad \text{（现金储备）}$$
$$1.00x_1 + 0.995x_2 + 0.960x_3 + 0.900x_4 \qquad \text{（流动性）}$$
$$+ 0.850x_5 \geqslant 0.47(150) + 0.36(80)$$
$$x_j \geqslant 0.05(20 + 150 + 80) \quad \text{对所有的 } j = 1, \cdots, 8 \text{（多样性）}$$
$$x_8 \geqslant 0.30(20 + 150 + 80) \qquad \text{（商业性）}$$
$$x_1, \cdots, x_8 \geqslant 0$$

解(8-7)仍然是最优解，在不损害其他 2 个目标的前提下，资本充足率不能进一步降低。

例 8-3 抢占式求解多目标模型

考虑下面的多目标数学模型：

$$\begin{aligned} \max \quad & w_1 \\ \max \quad & 2w_1 + 3w_2 \\ \text{s. t.} \quad & w_1 \leqslant 3 \\ & w_1 + w_2 \leqslant 5 \\ & w_1, w_2 \geqslant 0 \end{aligned}$$

按照给出的顺序，请用抢占式优化方法作图求解该模型。

解： 图像法得到结果如下图所示。

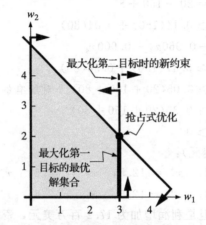

在给定约束条件下，优化第一目标函数，即最大化 w_1。点(3, 0)与点(3, 2)连线上的点均为最优解。

下一步，我们引入新的约束条件：

$$w_1 \geqslant 3$$

最大化第二目标函数。最终的抢占式优化解是 $\mathbf{w} = (3, 2)$。

8.3.3 抢占式优化和有效点

抢占式方法解决多目标优化的一大优势，是求解结果一定满足在不损害其他目标时无法进一步优化某一目标。

原理 8.6 如果抢占式优化每一阶段都能产生单一目标最优解，则最终解是整个多目标模型的一个有效点。

抢占式优化过程要求我们依次优化每个目标函数，保证在不损害已优化的目标的前提下，进一步优化当前目标。当结束整个优化求解过程时，解不可被进一步优化。通常，无可行解和无界问题会使求解过程复杂化，但典型最优解是有效点。

8.3.4 抢占式优化和可替代最优解

虽然用抢占式优化方式通常能够得到 1 个有效点，但进一步思考会发现这种方法有一大局限。

原理 8.7 多目标模型的某一目标函数按照抢占式优化方式被优化后，后续优化得到的解一定是先前的可替代最优解。

简言之，抢占式优化十分重视第一个目标，后续步骤的最优解一定是先前步骤的可替代最优解。

上文的银行投资问题中，解从开始的(8-6)到最终的(8-7)发生了很大的变化，因为第一目标，最小化风险资产：

$$\min \quad \frac{1}{20}(x_6 + x_7 + x_8)$$

由于目标函数中不包含 x_1，…，x_5，有无穷多个可替代最优解。但是可替代最优解并不常见，很多时候，当忽略其他目标时，抢占式优化方式本质上变成了优化单一目标。

8.3.5 加权目标

处理目标重要程度较为均衡的多目标模型时，常见的方式是按照权重（weighted sum）组合多个目标函数。

原理 8.8 多目标函数可以组合成一个目标函数。如果最大化组合目标函数，则原多目标模型中的最大化目标函数用正系数加权，最小化目标函数用负系数加权。如果最小化组合目标函数，则原多目标模型中的最大化目标函数用负系数加权，最小化目标函数用正系数加权。

加权系数的正负性是为了保证最大化或者最小化的一致性，权重反映了各个目标的相对重要程度。

例 8-4 构造加权目标函数

请用下面的多目标函数，构造一个加权组合目标函数。说明权重系数的正负性以及应最大化还是最小化组合目标函数。

(a) min $\quad +2w_1 + 3w_2 - 1w_3$

　　 max $\quad +4w_1 - 2w_2$

　　 max $\quad \qquad +1w_2 + 1w_3$

(b) min $\quad +3w_1 - 1w_2$

　　 min $\quad +4w_1 + 2w_2 + 9w_3$

解： 我们应用原理 8.8。

(a) 设权重系数分别为 γ_1，…γ_3，则加权目标函数为：

$$\max \quad (2\gamma_1 + 4\gamma_2)w_1 + (3\gamma_1 - 2\gamma_2 + 1\gamma_3)w_2 + (-1\gamma_1 + 1\gamma_3)w_3$$

最大化组合目标函数要求 $\gamma_1 < 0$，$\gamma_2 > 0$，$\gamma_3 > 0$。

(b) 设权重系数分别为 γ_1，γ_2，则加权目标函数为：

$$\min \quad (3\gamma_1 + 4\gamma_2)w_1 + (-1\gamma_1 + 2\gamma_2)w_2 + (9\gamma_2)w_3$$

最小化组合目标函数要求 $\gamma_1 > 0$，$\gamma_2 > 0$。

8.3.6 危险废料处理的加权优化

危险废料处理的规划模型(8-3)为：

$$\min \sum_{i=1}^{7}\sum_{j=1}^{3}\sum_{k=1}^{2} d_{i,j,k} x_{i,j,k} \qquad \text{(距离)}$$

$$\min \sum_{i=1}^{7}\sum_{j=1}^{3}\sum_{k=1}^{2} p_{i,j,k} x_{i,j,k} \qquad \text{(人口)}$$

$$\text{s.t.} \quad \sum_{j=1}^{3}\sum_{k=1}^{2} x_{i,j,k} = s_i \qquad i=1,\cdots,7 \text{(废料源)}$$

$$\sum_{j=1}^{3} y_j = 2 \qquad \text{(2 个站点)}$$

$$x_{i,j,k} \leqslant s_i y_j \qquad i=1,\cdots,7; \quad j=1,\cdots,3; \quad k=1,2$$

$$x_{i,j,k} \geqslant 0 \qquad i=1,\cdots,7; \quad j=1,\cdots,3; \quad k=1,2$$

$$y_i = 0 \text{ 或 } 1 \qquad j=1,\cdots,3$$

这个例子很好地说明了用加权法分析多目标模型的实用性。第 1 个目标函数最小化运输距离来选择合适的处理站点。第 2 个目标函数最小化运输中受到影响的人口数量。每个废料源到处理站点有 2 种可行的路线，$k=1$ 路线短，$k=2$ 避免影响居民。

由于 2 个都是最小化目标函数，我们可以用 γ_1，$\gamma_2 > 0$ 作为权重系数构造组合目标函数，并且最小化结果(原理 8.8)。

$$\min \sum_{i=1}^{7}\sum_{j=1}^{3}\sum_{k=1}^{2} (\gamma_1 d_{i,j,k} + \gamma_2 p_{i,j,k}) x_{i,j,k} \qquad \text{(组合)}$$

表 8-4 列出了不同权重组合对结果的影响。当距离的权重 γ_1 相对较大时，最优路径几乎是沿着短路线 $k=1$。随着人口因素的权重增加，优化结果转向长路线但能够降低对人的影响，除了 $\gamma_1=\gamma_2=10$ 是例外。最终，所有的运输都沿着安全路线。面对多种可行方案，决策者可以权衡两种因素做出决策。

表 8-4 危险废料处理的加权目标函数

权重		运输距离		总距离	总人口	站点选择
γ_1	γ_2	$k=1$	$k=2$			
10	1	1 155	0	1 155	1 334.5	1.3
10	5	754	591	1 345	782.5	1.3
10	10	1 046	404	1 450	607.5	1.2
5	10	440	1 114	1 554	533.0	1.3
1	10	0	1 715	1 715	468.5	1.3

8.3.7 加权优化和有效点

加权目标函数虽然有更高的目标权衡的灵活性，但仍然能够保证解是有效点。

原理 8.9 如果按照原理 8.8 将多目标优化转化为单一加权目标模型，则得到的优化解是原多目标模型的一个有效点。

为了证明该原理的正确性，我们需要考虑加权目标函数的本质：

(权重 1)(目标函数 1 的值)＋(权重 2)(目标函数 2 的值)＋…＋(权重 p)(目标函数 p)

按照原理 8.8 构造组合目标函数时，权重系数的正负性保证了在不牺牲其他目标函数的情况下，优化某一目标函数得到的解，也是使得加权目标函数更合意的解。因此，只有有效点才是优化解。

8.4 目标规划

在复杂问题的多目标模型中，假设我们总是希望解决方案能够同时满足多个目标——最小化目标函数值尽可能小，同时最大化目标函数值尽可能大。注意，这和我们已经优化的一个或若干个目标函数是独立的。比如，无论我们是否已经获得了一个成本极低的解决方案，多目标模型依然会给予最小化成本的目标函数相同的优先权或者权重。

在本节中，我们探讨**目标规划**（goal programming）。目标规划强调目标的实现程度而不是数量上的最大或者最小化。更现实的一种假设是当某个标准达到目标水平时，该标准的重要性会下降。我们可以发现这样的求解思路很容易实现。这也是目标规划是目前为止最受欢迎的用来求解多目标优化的方法的原因。

8.4.1 目标或目标水平

多目标优化的目标规划模型首先需要决策者明确：评估解决方案的每个标准的目标或者目标水平。

定义 8.10 **目标**（goal）或**目标水平**（target level）是优化模型中决策者认为充足或者合意的各个标准的具体值。

8.4.2 银行投资的目标形式

重新思考 8.1 节中的银行投资规划：

$$\max \quad 0.040x_2 + 0.045x_3 + 0.055x_4 + 0.070x_5 \qquad \text{（利润）}$$
$$+ 0.105x_6 + 0.085x_7 + 0.092x_8$$

$$\min \quad \frac{1}{20}(0.05x_2 + 0.040x_3 + 0.050x_4 + 0.075x_5) \qquad \text{（资本充足率）}$$
$$+ 0.100x_6 + 0.100x_7 + 0.100x_8$$

$$\min \quad \frac{1}{20}(x_6 + x_7 + x_8) \qquad \text{（风险资产）}$$

$$\text{s.t.} \quad x_1 + \cdots + x_8 = (20 + 150 + 80) \qquad \text{（总投资）}$$

$$x_1 \geqslant 0.14(150) + 0.04(80) \qquad \text{（现金储备）}$$

$$1.00x_1 + 0.995x_2 + 0.960x_3 + 0.900x_4 \qquad \text{（流动性）}$$
$$+ 0.85x_5 \geqslant 0.47(150) + 0.36(80)$$

$$x_j \geqslant 0.05(20 + 150 + 80) \qquad \text{对所有的 } j = 1, \cdots, 8 \text{（多样性）}$$

$$x_8 \geqslant 0.30(20 + 150 + 80) \qquad \text{（商业性）}$$

$$x_1, \cdots, x_8 \geqslant 0$$

该模型中解决方案有 3 个度量指标：利润、资本充足率和风险资产率。假设我们不是寻求利润尽可能高和后两个指标尽可能小，而是设定了以下目标：

$$利润 \geqslant 18.5$$
$$资本充足率 \leqslant 0.8$$
$$风险资本 \leqslant 7.0 \tag{8-8}$$

那么，问题可以用目标形式具体表示如下：

$$目标 \quad 0.040x_2 + 0.045x_3 + 0.055x_4 + 0.070x_5 \qquad (利润)$$
$$+ 0.105x_6 + 0.085x_7 + 0.092x_8 \geqslant 18.5$$

$$目标 \quad \frac{1}{20}(0.05x_2 + 0.040x_3 + 0.050x_4 + 0.075x_5) \qquad (资本充足率)$$
$$+ 0.100x_6 + 0.100x_7 + 0.100x_8 \leqslant 0.8$$

$$目标 \quad \frac{1}{20}(x_6 + x_7 + x_8) \geqslant 7.0 \qquad (风险资产)$$

$$\text{s. t.} \quad x_1 + \cdots + x_8 = (20 + 150 + 80) \qquad (总投资) \tag{8-9}$$

$$x_1 \qquad \geqslant 0.14(150) + 0.04(80) \qquad (现金储备)$$

$$1.00x_1 + 0.995x_2 + 0.960x_3 + 0.900x_4 \qquad (流动性)$$
$$+ 0.85x_5 \geqslant 0.47(150) + 0.36(80)$$

$$x_j \qquad \geqslant 0.05(20 + 150 + 80) \quad 对所有的 \ j = 1, \cdots, 8 (多样性)$$

$$x_8 \qquad \geqslant 0.30(20 + 150 + 80) \qquad (商业性)$$

$$x_1, \cdots, x_8 \qquad \geqslant 0$$

8.4.3 软约束

(8-9)中的目标形式可以被视作软约束。

定义 8.11 **软约束**(soft constraint)规定了可行解应该尽量满足但允许违背的要求，如目标规划中的目标水平。

更为常见的**硬约束**(hard constraint)决定了方案的可行性，而软约束则决定了首选方案。

8.4.4 偏差变量

一旦目标水平被具体化为软约束，我们可以通过添加与目标水平相关的约束条件得到更加熟悉的数学规划形式。但是，我们不能要求每个目标都必须达到目标水平。否则，可能不存在可行解能够同时满足所有软约束的理想水平。因此，我们引入新的偏差变量。

定义 8.12 引入**非负偏差变量**(deficiency variable)是为了对目标或者其他不需要强制满足的软约束的违背程度建模。当约束形式为 $a \geqslant$ 目标水平，偏差变量表示不足的量；当 $a \leqslant$ 目标水平，偏差变量表示超出目标水平的量；当 $a =$ 目标值，偏差变量可以表示不足量或者偏高量。

在(8-9)银行投资例子中，我们用下面的偏差变量来表示(8-8)目标水平的实现程度：

$$d_1 \triangle \text{ 低于目标利润的数量}$$
$$d_2 \triangle \text{ 超出目标资本充足率的数量}$$
$$d_3 \triangle \text{ 超出目标风险资本率的数量}$$

8.4.5 用一般数学形式表示软约束

目标约束和其他软约束通过引入偏差变量允许目标不完全满足的情况，可以用一般的数学形式表示。

原理 8.13 用非负偏差变量表示目标或者软约束 $a \geqslant$ 目标值：

$$（目标函数）＋（偏差变量）\geqslant 目标水平$$

和 $a \leqslant$ 目标值：

$$（目标函数）－（偏差变量）\leqslant 目标水平$$

软约束的等式形式为：

$$（目标函数）－（正偏差量）＋（负偏差量）＝ 目标水平$$

比如，银行投资例子(8-9)中 3 个目标函数有以下主要（和变量类型）约束：

$$0.040x_2 + 0.045x_3 + 0.055x_4 + 0.070x_5 \qquad （利润）$$
$$+ 0.105x_6 + 0.085x_7 + 0.092x_8 + d_1 \geqslant 18.5$$
$$\frac{1}{20}(0.005x_2 + 0.040x_3 + 0.050x_4 + 0.075x_5 \qquad （资本充足率）$$
$$+ 0.100x_6 + 0.100x_7 + 0.100x_8) - d_2 \leqslant 0.8$$
$$\frac{1}{20}(x_6 + x_7 + x_8) - d_3 \leqslant 7.0 \qquad （风险资产）$$
$$d_1, d_2, d_3 \qquad\qquad \geqslant 0$$

第 1 个约束保证利润至少为 18.5，不足部分用偏差变量 d_1 来弥补。另两个主要约束保证了资本充足率和风险资产率低于目标值，如果高于，则相应的偏差量非负。

注意，偏差变量必须满足非负约束。如果达到目标水平，那么偏差变量应为 0。

例 8-5 构造目标约束

重新思考例 8-3 的多目标模型：

$$\begin{aligned}
\max \quad & w_1 \\
\max \quad & 2w_1 + 3w_2 \\
\text{s.t.} \quad & w_1 \leqslant 3 \\
& w_1 + w_2 \leqslant 5 \\
& w_1, w_2 \geqslant 0
\end{aligned}$$

并且假设我们期望达到第 1 个目标水平 2.0，第 2 个目标水平 14.0，而不是最大化两个目标函数。请引入偏差变量并构造新的目标约束表示这些软约束的线性规划模型。

解： 我们应用 8.13 的构造方法，引入偏差变量：

$$d_1 \triangleq 第 1 目标偏差量$$
$$d_2 \triangleq 第 2 目标偏差量$$

那么，新的线性约束为：

$$w_1 \qquad\quad + d_1 \geqslant 2.0$$
$$2w_1 + 3w_2 + d_2 \geqslant 14.0$$
$$d_1, d_2 \geqslant 0$$

8.4.6 目标规划的目标函数：最小化(加权)偏差量

引入偏差变量来表示与目标水平的偏差后，我们通过最小化偏差量来完善模型。

原理 8.14 在目标规划模型中，目标函数通过最小化偏差量的加权和来保证目标尽可能接近合意水平。

通常，所有偏差量的权重相同。

8.4.7 银行投资的线性目标规划

用相同的目标权重构造银行投资(8-9)的线性目标规划模型：

$$\min \quad d_1 + d_2 + d_3 \qquad\qquad\qquad\qquad\qquad\qquad (总偏差量)$$

s. t. $\quad 0.040x_2 + 0.045x_3 + 0.055x_4 + 0.070x_5 \qquad\qquad (利润)$

$$+ 0.105x_6 + 0.085x_7 + 0.092x_8 + d_1 \geqslant 18.5$$

$$\frac{1}{20}(0.005x_2 + 0.040x_3 + 0.050x_4 + 0.075x_5 \qquad\qquad (资本充足率)$$

$$+ 0.100x_6 + 0.100x_7 + 0.100x_8) - d_2 \leqslant 0.8$$

$$\frac{1}{20}(x_6 + x_7 + x_8) - d_3 \leqslant 7.0 \qquad\qquad\qquad\qquad (风险资产)$$

$$x_1 + \cdots + x_8 = 20 + 150 + 80 \qquad\qquad\qquad\qquad (总投资)$$

$$x_1 \qquad\qquad\qquad \geqslant 0.14(150) + 0.04(80) \qquad\qquad (现金储备)$$

$$1.00x_1 + 0.995x_2 + 0.960x_3 + 0.900x_4 \qquad\qquad\qquad (流动性)$$

$$+ 0.850x_5 \qquad \geqslant 0.47(150) + 0.36(80)$$

$$x_j \qquad\qquad\qquad \geqslant 0.05(20 + 150 + 80) \qquad 对所有的 j = 1, \cdots, 8 (多样性)$$

$$x_8 \qquad\qquad\qquad \geqslant 0.30(20 + 150 + 80) \qquad\qquad\qquad (商业性)$$

$$x_1, \cdots, x_8 \qquad\qquad \geqslant 0$$

$$d_1, d_2, d_3 \qquad\qquad \geqslant 0$$

目标水平用包含偏差变量的新约束来表示。所有原有约束保持不变。

8.4.8 目标函数的可选偏差权重

表 8-5 的列(1)是目标权重相同时的优化解。注意，该优化解只满足 18.5 百万美元的利润目标和 7.0 的风险资产率目标。一旦相应的偏差变量 d_1 和 d_2 均为 0.0，可以针对性地优化剩下的资本充足率目标。

表 8-5 银行投资例子的目标规划解

	(1) 相同权重	(2) 不同权重	(3) 利润优先	(4) 利润优先，优化 资本充足率	(5) 依次优化 3 个目标
利润权重	1	1	1	0	10 000
资本充足率权重	1	10	0	1	100
风险资产率权重	1	1	0	0	1
其他约束	—	—	—	$d_1 = 0$	—
利润	18.50	17.53	18.50	18.50	18.50
偏差变量，d_1^+	0.00	0.97	0.00	0.00	0.00
资本充足率	0.928	0.815	0.943	0.919	0.919
偏差变量，d_2^+	0.128	0.015	0.143	0.119	0.119
风险资产率	7.000	7.000	7.097	7.158	7.158
偏差变量，d_3^+	0.000	0.000	0.097	0.158	0.158
现金，x_1^*	24.20	24.20	24.20	24.20	24.20
短期，x_2^*	16.03	48.30	12.50	19.73	19.73
1~5 年政府债券，x_3^*	12.50	12.50	12.50	12.50	12.50
5~10 年政府债券，x_4^*	12.50	12.50	12.50	12.50	12.50
10 年以上政府债券，x_5^*	44.77	12.50	46.37	37.91	37.91
分期贷款，x_6^*	52.50	52.50	41.08	55.67	55.67
按揭贷款，x_7^*	12.50	12.50	12.50	12.50	12.50
商业贷款，x_8^*	75.00	75.00	88.36	75.00	75.00

各个目标函数的权重系数不一定必须相等。在我们的银行投资例子中，资本充足率的值域比另两个目标小得多。因此，采用不同权重系数可能能够更平等地度量偏差量。

表 8-5 的列 (2) 是资本充足率的权重系数为 10 时的优化解。利润下降到了目标水平 18.5 百万美元以下（至 17.53 百万美元），但是同时资本充足率的偏差量减少了。

例 8-6 构造目标规划

设 2 个目标函数偏差量的权重相同，请构造例 8-5 相应的约束和目标值的目标规划模型。

解：包含例 8-5 中的目标约束以及按照 8.14 构造最小化总偏差量的目标函数，线性目标规划为：

$$
\begin{aligned}
\min \quad & d_1 + d_2 \\
\text{s.t.} \quad & w_1 \qquad\quad + d_1 \geqslant 2.0 \\
& 2w_1 + 3w_2 + d_2 \geqslant 14.0 \\
& w_1 \qquad\qquad\quad \leqslant 3 \\
& w_1 + w_2 \qquad\quad \leqslant 5 \\
& w_1, w_2 \qquad\qquad \geqslant 0 \\
& d_1, d_2 \qquad\qquad\quad \geqslant 0
\end{aligned}
$$

注意，所有的原约束条件均保持不变。

8.4.9 抢占式目标规划

8.4 节中的抢占式优化（定义 8.5）依次优化各个目标函数：首先优化第一目标，接着保证第一目标达到最优值，优化第二目标，以此类推。当指标被模型化为目标时，通常采用类似的抢占式目标规划方法。

定义 8.15 抢占式(preemptive)或者字典序目标规划(lexicographic goal programming)一次只考虑一个目标。首先最小化最重要目标的偏差量；接着在保证最重要目标偏差量最小的前提下，最小化次要目标的偏差量；以此类推。

8.4.10　银行投资的抢占式目标规划

表 8-5 中的列(3)和列(4)是目标规划的抢占式变型。第一个只关注利润目标。目标函数如下：

$$\min \quad d_1$$

我们只关心达到 18.5 百万美元的目标利润水平。列(3)是达到这一目标水平的投资分配方案，以违背另两个目标为代价。

现在我们来考虑资本充足率目标。在添加约束条件 $d_1 = 0$ 后，保证了始终满足利润目标水平，我们用下面的目标函数优化资本充足率：

$$\min \quad d_2$$

优化结果[表 8-5 的列(4)]在保证利润为 18.5 百万美元的前提下，进一步优化了资本充足率。

为了完善本例的抢占式目标规划方案，我们应该优化最后一个目标——风险资产率：

$$\min \quad d_3$$

满足其他约束条件：

$$d_1 = 0.0, \quad d_2 = 0.119$$

这两个约束的作用是不牺牲前两个目标的前提下，寻找一个使得风险资本率尽可能接近目标水平的方案。在这个例子中，优化的结果和列(4)的相同。

例 8-7　依次进行抢占式目标规划

重新思考例 8-6 中的加权目标规划。

(a) 当第一目标的优先级最高时，构造相应的第一个规划模型。

(b) 假设(a)中构建的模型能达到第一目标，在满足第一目标的前提下，请构造第二个规划模型优化第二目标。

解： 我们依次优化 8.15。

(a) 第一个模型强调目标 1 的偏差量：

$$
\begin{aligned}
\min \quad & d_1 \\
\text{s.t.} \quad & w_1 \qquad\qquad + d_1 \geqslant 2.0 \\
& 2w_1 + 3w_2 + d_2 \geqslant 14.0 \\
& w_1 \qquad\qquad \leqslant 3 \\
& w_1 + w_2 \qquad \leqslant 5 \\
& w_1, w_2 \qquad\qquad \geqslant 0 \\
& d_1, d_2 \qquad\qquad \geqslant 0
\end{aligned}
$$

（b）假设第一目标的偏差量能够被完全消除，第二级优化为：

$$\min \quad d_2$$

$$\text{s. t.} \quad w_1 \qquad + d_1 \geqslant 2.0$$

$$2w_1 + 3w_2 + d_2 \geqslant 14.0$$

$$w_1 \qquad\qquad \leqslant 3$$

$$w_1 + w_2 \qquad \leqslant 5$$

$$w_1, w_2 \qquad\qquad \geqslant 0$$

$$d_2 \qquad\qquad \geqslant 0$$

$$d_1 \qquad\qquad = 0$$

新的约束 $d_1 = 0$ 要求第一目标必须被完全满足。在这个限制条件下，我们最小化第二目标的偏差量。

8.4.11 抢占式目标规划的加权法

如果给定的模型有多个目标函数（或目标），按照原理 8.15 依次优化抢占式目标规划的过程会十分繁杂。幸运的是，通过选择合适的权重系数，我们可以用单一目标函数达到相同的优化效果。

原理 8.16 抢占式目标规划可以通过给最重要的目标足够大的权重，给次要目标稍小的权重，以此类推，从而用一个目标函数一步求解。

在（8-10）银行投资的目标规划中，我们可以通过下面的目标函数，首先实现利润目标，接着实现资本充足率目标，最后实现风险资产率目标。

$$\min \quad 10\,000d_1 + 100d_2 + 1d_3 \quad （抢占式加权偏差量）$$

表 8-5 中的列（5）是加权法得到的结果，和依次优化得到的优化解列（4）相同。

8.4.12 多目标问题中目标规划的实用性

任何软约束都可以用相同的方法处理，从银行投资的例子中我们可以看到用目标规划处理此类问题的优势。如果决策者能够确定不同目标对应的目标水平，当然这对于决策者来说并不容易，就可以用线性目标规划（goal LP）或者整数线性目标规划（goal ILP）或者非线性目标规划（goal NLP）将多目标规划问题转换到标准的数学规划形式。

例 8-8 加权抢占式目标规划

请按照例 8-7 中不同目标的优先次序，用合适的权重构造一个单一目标规划。

解： 我们运用 8.16 的构造方法。设偏差变量 d_1 的权重为 100，偏差变量 d_2 的权重为 1，这保证了在考虑第二目标前优先考虑满足第一目标。目标规划模型如下：

$$\min \quad 100d_1 + d_2$$

$$\text{s. t.} \quad w_1 \qquad + d_1 \geqslant 2.0$$

$$2w_1 + 3w_2 + d_2 \geqslant 14.0$$

$$w_1 \qquad\qquad \leqslant 3$$

$$w_1 + w_2 \leqslant 5$$
$$w_1, w_2 \geqslant 0$$
$$d_1, d_2 \geqslant 0$$

原理 8.17 目标规划是处理多目标优化问题最常用的方法，因为它将复杂的多目标权衡简化为了决策者认为比较直观的标准的单一目标数学规划。

8.4.13 目标规划和有效点

我们可以看到 8.2 节中的有效点(定义 8.1)和多目标问题的优化方案十分接近，因为有效点满足在不损失其他目标的前提下，任一目标无法得到进一步优化。但是，当多目标问题变形为目标规划后，优化解不一定总满足这一性质。

原理 8.18 如果一个目标规划有多个最优解，某些最优解可能不是相应的多目标问题的有效点。

为了证明这种情况发生的可能性。我们对银行投资目标规划(8-10)稍做修改，忽略资本充足率目标。该问题转化为只需考虑两个目标。

min $d_1 + d_3$ (总偏差量)

s. t. $0.04x_2 + 0.045x_3 + 0.055x_4 + 0.070x_5$ (利润)

$$+ 0.105x_6 + 0.085x_7 + 0.092x_8 + d_1 \geqslant 18.5$$
$$+ (0.100x_6 + 0.100x_7 + 0.100x_8) - d_2 \leqslant 0.8$$

$$\frac{1}{20}(x_6 + x_7 + x_8) - d_3 \leqslant 7.0 \qquad (风险资产)$$

$$x_1 + \cdots + x_8 = (20 + 150 + 80) \qquad (总投资) \quad (8\text{-}10)$$

$$x_1 \geqslant 0.14(150) + 0.04(80) \qquad (现金储备)$$

$$1.00x_1 + 0.995x_2 + 0.960x_3 + 0.900x_4 \qquad (流动性)$$
$$+ 0.850x_5 \geqslant 0.47(150) + 0.36(80)$$

$$x_j \geqslant 0.05(20 + 150 + 80) \qquad 对所有的 \ j = 1, \cdots, 8 (多样性)$$

$$x_8 \geqslant 0.30(20 + 150 + 80) \qquad (商业性)$$

$$x_1, \cdots, x_8 \geqslant 0$$

$$d_1, d_3 \geqslant 0$$

                                                       (8-11)

求解得到该目标规划的最优解如下：

$$x_1^* = 24.2, \quad x_2^* = 12.5, \quad x_3^* = 12.5, \quad x_4^* = 12.5,$$
$$x_5^* = 48.3, \quad x_6^* = 44.35, \quad x_7^* = 12.5, \quad x_8^* = 83.15 \qquad (8\text{-}12)$$

相应的利润为 18.5 百万美元，风险资本率为 7.00。

两个目标均达到了合意水平。但是，解(8-12)仍然不是有效点，因为在不损害另一目标的前提下，任意一个目标都可以被进一步优化。比如，有效解(目标规划的其中一个最优解)：

$$x_1^* = 24.2, \quad x_2^* = 12.5, \quad x_3^* = 12.5, \quad x_4^* = 12.5$$
$$x_5^* = 51.33, \quad x_6^* = 49.47, \quad x_7^* = 12.5, \quad x_8^* = 75.0$$

(8-13)

该解对应的利润仍然达到了 18.5 百万美元，但是风险资本率下降到了 6.849。

为什么在目标规划中会出现这样的非有效解？稍做思考我们可以发现问题在于目标都达到了 (8-12) 中要求的目标值。一旦存在一个解使得总偏差量等于 0，目标规划就没有了进一步优化的激励。优化过程在没有达到有效点的时候就停止了。

例 8-9 目标规划解中的非有效点

考虑简单的多目标模型：

$$\min \quad w_1$$
$$\max \quad w_2$$
$$\text{s.t.} \quad 0 \leqslant w_1 \leqslant 2$$
$$0 \leqslant w_2 \leqslant 1$$

（a）引入偏差变量构造使得第一个目标函数的目标值为 1，第二个目标函数的目标值为 2 的目标规划。

（b）说明 $(w_1, w_2) = (1, 1)$ 是（a）中目标规划的最优解，但不是原多目标问题的有效点。

（c）说明 $(w_1, w_2) = (0, 1)$ 是（a）中目标规划的最优解，同时也是原多目标问题的有效点。

解：

（a）第一个目标函数中引入偏差变量 d_1，第二个目标函数中引入偏差变量 d_2，对应的目标规划如下：

$$\min \quad d_1 + d_2$$
$$\text{s.t.} \quad w_1 - d_1 \leqslant 1$$
$$w_2 + d_2 \geqslant 2$$
$$0 \leqslant w_1 \leqslant 2$$
$$0 \leqslant w_2 \leqslant 1$$
$$d_1, d_2 \quad \geqslant 0$$

（b）解 $(w_1, w_2) = (1, 1)$，满足第一个目标 $(d_1 = 0)$，第二个目标相差 $d_2 = 2 - 1 = 1$。但是，不存在能够使得 $w_2 > 1$ 的可行解，因此这个解是目标规划的最优解。虽然该解是目标规划的最优解，但不是有效点。在保持第二个目标函数值为 1.0 的条件下，我们可以使第一个目标值小于 1.0。

（c）解 $(w_1, w_2) = (0, 1)$ 是可行解并且偏差量总和和（b）中的解一样小。但是这个最优解是有效点。

8.4.14 优化目标规划模型以保证有效点

在很多实际应用中，为了保证最优解是有效点，模型的约束和目标会十分复杂。有一种简单的优化方法可以解决这种情况。

原理 8.19 为了保证用目标规划优化多目标问题的结果是有效点，我们只需要在目标规划的目标函数上，加上较小倍数的原模型中的最小化目标函数，减去同样倍数的原模型中的最大化目标函数。

我们可以以(8-11)银行投资规划为例来说明。当我们将目标规划的目标函数修改为如下形式，结果就是(8-13)的有效解。

$$\min \quad d_1 + d_3 - 0.001(0.040x_2 + 0.045x_3 + 0.055x_4 + 0.070x_5 + 0.105x_6$$
$$+ 0.085x_7 + 0.092x_8) + \frac{0.001}{20}(x_6 + x_7 + x_8)$$

在偏差量目标函数中减去 0.001 倍的最大化利润目标，并加上相同倍数的风险资本率。

加权法得到的最优解一定是有效点，同理，这个改进的目标规划只有当没有 1 个原始的目标函数能够在不损害其他目标的情况下被进一步优化时，该模型的解才是最优解。同时，只要保证加权系数足够小，修正后的目标规划模型不会影响目标规划部分。

例 8-10 构造最优解为有效点的目标规划

修改例 8-9(a)中的目标规划模型，使得最优解是原多目标问题的有效解。

解： 根据原理 8.19，我们引入足够小倍数的原目标函数。乘以 0.001，结果如下：

$$\min \quad d_1 + d_2 + 0.001(w_1) - 0.001(w_2)$$
$$\text{s.t.} \quad w_1 - d_1 \leqslant 1$$
$$w_2 + d_2 \geqslant 2$$
$$0 \leqslant w_1 \leqslant 2$$
$$0 \leqslant w_2 \leqslant 1$$
$$d_1, d_2 \quad \geqslant 0$$

第一个目标函数前的加权系数为正，因为是最小化目标函数，最大化目标函数前的系数为负。新目标函数中最小化偏差变量仍然占据主体地位，但新增项保证了最优解一定是有效解。

练习题

8-1 下图是美国西南部 88 区的河道系统。水源来自山区水库 R1。水流量预计是 294 百万英亩。

其中从 R1 直接到附近社区的水量至少是 24 百万英亩，社区用水量没有上限。剩下的水流经沙漠地区到第 2 水库 R2，过程中因蒸发会有 20% 的损失。R2 中的一部分水可以用于灌溉附近农场。R2 中的剩余水量流经水电站，流向下游。为了维护设备，流经水电站的水流量至少为 50 百万英亩。88 区给社区供水定价每英亩 0.50 美元，农场灌溉每英亩 0.20 美元。流经水电站的水每英亩获利 0.80 美元。88 区希望最大化灌溉的供水量和销售收入。

(a) 简要说明为什么上述问题可以构
造如下多目标线性模型：

max $\quad x_2$

max $\quad 0.50x_1 + 0.20x_2 + 0.80x_3$

s. t. $\quad x_1 + 1.25x_2 + 1.25x_3 = 294$

$\qquad x_1 \geqslant 24, x_2 \geqslant 0, x_3 \geqslant 50$

☑ (b) 用优化软件绘制 (a) 中模型的目
标值有效边界图。

☑ (c) 用优化软件说明分别对 2 个目标
函数优化求解得到的最优解不同。

8-2 某半导体生产商用 3 种不同类型的硅片
作为原材料生产 3 种不同的电脑芯片。
有些硅片不能用于生产有些芯片，但每
种芯片都有 2 种可以选择的硅片。下表
列出了每种硅片的成本和现有供应量、
每种芯片的需求量，以及硅片用于生产
对应芯片的匹配评分（0～10）。

| 硅片 | 芯片匹配度 | | | 单位 | 供应量 |
类型	1	2	3	成本	
1	7	8	—	15	500
2	10	—	6	25	630
3	—	10	10	30	710
需求	440	520	380		

公司想要最小化用于生产的硅片总成
本，同时最大化总匹配得分。

(a) 简要说明为什么上述问题可以构
造如下多目标线性模型：

min $\quad 15x_{1,1} + 15x_{1,2} + 25x_{2,1} +$
$\qquad 25x_{2,3} + 30x_{3,2} + 30x_{3,3}$

max $\quad 7x_{1,1} + 8x_{1,2} + 10x_{2,1} +$
$\qquad 6x_{2,3} + 10x_{3,2} + 10x_{3,3}$

s. t. $\quad x_{1,1} + x_{1,2} \leqslant 500$

$\qquad x_{2,1} + x_{2,3} \leqslant 630$

$\qquad x_{3,2} + x_{3,3} \leqslant 710$

$\qquad x_{1,1} + x_{2,1} = 440$

$\qquad x_{1,2} + x_{3,2} = 520$

$\qquad x_{2,3} + x_{3,3} = 380$

$\qquad x_{i,j} \qquad \geqslant 0$

(b) 和 (c) 同练习题 8-1。

8-3 为了每年至少节约 85 百万美元军用
支出，国家军事委员会正在考虑关闭
某个军事基地。下表列出了 5 个军事
基地如果关闭预计分别可以节约的成
本（单位：百万美元）、军事水平下降
比例和失业人数（单位：千）。

| | 基地 | | | | |
	1	2	3	4	5
节约成本	24	29	45	34	80
军事水平	1.0	0.4	1.4	1.8	2.0
失业工人	2.5	5.4	4.6	4.2	14.4

每个军事基地只能完全保留或者完全
关闭，军事委员会希望能够达到节约
支出的目标，同时最小化损失的军事
水平和失业人数。

(a) 简要说明为什么上述问题可以构
造如下多目标线性模型：

min $\quad 1.0x_1 + 0.4x_2 + 1.4x_3 +$
$\qquad 1.8x_4 + 2.0x_5$

min $\quad 2.5x_1 + 5.4x_2 + 4.6x_3 +$
$\qquad 4.2x_4 + 14.4x_5$

s. t. $\quad 24x_1 + 29x_2 + 45x_3 -$
$\qquad 34x_4 + 80x_5 \geqslant 85$

$\qquad x_t = 0$ 或 $1, \quad j = 1, \cdots, 5$

(b) 和 ☑ (c) 同练习题 8-1。

8-4 一个花园超市销售 4 种肥料，肥料依
次放在沿着篱笆放置的 20 个货架上。
4 种肥料每周的需求分别为 20，14，
9，5 个货架，每个货架能够放置 10
包肥料。销售柜台在篱笆入口，销售
的每一包肥料都要从货架搬运到柜
台。当某种肥料的所有货架都空了
后，将用卡车从第二仓库调货，把所
有安排放该种肥料的货架都填满。商
店管理者需要决定每种肥料应该分别
安排多少货架，使得每周需要重新加
货的次数最少，同时销售的肥料的搬

运距离最短。要求每种肥料至少有 1 个货架。

(a) 假设货架数量允许为小数,简要说明为什么这个货架分配问题可以构造下面的非线性多目标模型:

$$\min \quad 20/x_1 + 14/x_2 + 9/x_3 + 5/x_4$$

$$\min \quad 200(x_1/2) + 140(x_1 + x_2/2) + 90(x_1 + x_2 + x_3/2) + 50(x_1 + x_2 + x_3 + x_4/2)$$

$$\text{s.t.} \quad \sum_{i=1}^{4} x_j = 20$$

$$x_{j \geqslant 1}, \quad j = 1, \cdots, 4$$

(b) 和 (c) 同练习题 8-1。

8-5 考虑下面的多目标线性模型:

$$\max \quad x_1 + 5x_2$$

$$\max \quad x_1$$

$$\text{s.t.} \quad x_1 - 2x_2 \leqslant 2$$

$$x_1 + 2x_2 \leqslant 12$$

$$2x_1 + x_2 \leqslant 9$$

$$x_1, x_2 \geqslant 0$$

(a) 用图像法说明 2 个目标对应的最优解不同。

(b) 用图像法判断点 (2, 0)(4, 7)(3, 3)(2, 5)(2, 2)(0, 6)是否是有效点。

(c) 请仿照图 8-4 简要绘制该模型的目标值有效边界草图。

8-6 考虑下面的多目标线性模型,完成练习题 8-5。

$$\min \quad 5x_1 - x_2$$

$$\min \quad x_1 + 4x_2$$

$$\text{s.t.} \quad -5x_1 + 2x_2 \leqslant 10$$

$$x_1 + x_2 \geqslant 3$$

$$x_1 + 2x_2 \geqslant 4$$

$$x_1, x_2 \geqslant 0$$

其中(b)问判断点(4, 0)(2, 1)(4, 4)(1, 2)(5, 0)(0, 2)。

8-7 考虑多目标线性规划:

$$\max \quad 6x_1 + 4x_2$$

$$\max \quad x_2$$

$$\text{s.t.} \quad 3x_1 + 2x_2 \leqslant 12$$

$$x_1 + 2x_2 \leqslant 10$$

$$x_1 \leqslant 3$$

$$x_1, x_2 \geqslant 0$$

(a) 当第一个目标为占优目标时,用图像法按照优先顺序求解上述模型,并证明解是有效点。

(b) 当第二个目标为占优目标时,用图像法按照优先顺序求解上述模型,并证明解是有效点。

8-8 考虑下面的多目标线性模型,完成练习题 8-7。

$$\min \quad x_1 + x_2$$

$$\min \quad x_1$$

$$\text{s.t.} \quad 2x_1 + x_2 \geqslant 4$$

$$2x_1 + 2x_2 \geqslant 6$$

$$x_1 \leqslant 4$$

$$x_1, x_2 \geqslant 0$$

8-9 请按照题目对组合目标函数最大化或者最小化以及权重的要求,将多个目标函数组合成单个加权目标函数。

(a) $\min \quad 3x_1 + 5x_2 - 2x_3 + 19x_4$

$\max \quad 17x_2 - 28x_4$

$\min \quad 34x_2 + 34x_3$

最小化组合目标函数,权重 5:1:3。

(b) $\max \quad 20x_1 - 4x_2 + 10x_4$

$\min \quad 7x_2 + 9x_3 + 11x_4$

$\max \quad 23x_1$

最大化组合目标函数,权重 3:1:1。

8-10 重新思考练习题 8-7 的多目标线性规划模型。

(a) 按照 2:1 加权 2 个目标函数,用图像法求解该组合目标函数,并证明结果是有效点。

☑(b) 按照 1：2 加权 2 个目标函数，
用图像法求解该组合目标函数，
并证明结果是有效点。

8-11 按照 1：2 加权练习题 8-8 中 2 个目
标函数，用图像法求解该组合目标
函数，并证明结果是有效点。

8-12 根据每个目标对应的期望目标水平，
将下面的多目标优化模型转化为目
标规划，最小化与各个偏差量的
总和。

☑(a) min $3x_1 + 5x_2 - x_3$

   max $11x_2 + 23x_3$

   s.t. $8x_1 + 5x_2 + 3x_3 \leqslant 40$

   $x_2 - x_3 \qquad \leqslant 0$

   $x_1, x_2, x_3 \qquad \geqslant 0$

   目标值 20，100。

(b) min $17x_1 - 27x_2$

   max $90x_2 + 97x_3$

   s.t. $x_1 + x_2 + x_3 \qquad = 100$

   $40x_1 + 40x_2 - 20x_3 \geqslant 8$

   $x_1, x_2, x_3 \qquad \geqslant 0$

   目标值 500，5 000。

☑(c) max $40x_1 + 23x_2$

   min $20x_1 - 20x_2$

   min $5x_2 + x_3$

   s.t. $x_1 + x_2 + 5x_3 \qquad \geqslant 17$

   $40x_1 + 4x_2 + 33x_3 \leqslant 300$

   $x_1, x_2, x_3 \qquad \geqslant 0$

   目标值 700，25，65。

(d) max $12x_1 + 34x_2 + 7x_3$

   min $x_2 - x_3$

   min $10x_1 + 7x_3$

   s.t. $5x_1 + 5x_2 + 15x_3 \leqslant 90$

   $x_2 \qquad \leqslant 19$

   $x_1, x_2, x_3 \qquad \geqslant 0$

   目标值 600，20，180。

☑(e) min $22x_1 + 8x_2 + 13x_3$

   max $3x_1 + 6x_2 + 4x_3$

   s.t. $5x_1 + 4x_2 + 2x_3 \leqslant 6$

   $x_1 + x_2 + x_3 \qquad \geqslant 1$

   $x_1, x_2, x_3 \qquad = 0 \text{ or } 1$

   目标值 20，12。

(f) min $4x_2 + \ln(x_2) + x_3 + \ln(x_3)$

   max $(x_1)^2 + 9(x_2)^2 - x_1 x_2$

   s.t. $x_1 + x_2 + x_3 \leqslant 10$

   $4x_2 + x_3 \qquad \geqslant 6$

   $x_1, x_2, x_3 \geqslant 0$

   目标值 20，40。

8-13 考虑下面的多目标线性模型：

   max x_1

   max $2x_1 + 2x_2$

   s.t. $2x_1 + x_2 \leqslant 9$

   $x_1 \qquad \leqslant 4$

   $x_2 \leqslant 7$

   $x_1, x_2 \qquad \geqslant 0$

(a) 当第一个目标函数等于 3，第二
   个目标函数等于 14 时，画出可
   行域。

☑(b) 当两个目标的目标水平分别为 3
   和 14 时，构造相应的最小化总
   偏差量的目标规划。

☑(c) 参考（a）中的图，解释为什么
   $\mathbf{x} = (2, 5)$ 是（b）中目标规划的
   最优解。

8-14 考虑下面的多目标线性规划，完成
   练习题 8-13。

   min x_2

   max $5x_1 + 3x_2$

   s.t. $2x_1 + 3x_2 \geqslant 6$

   $x_1 \qquad \leqslant 5$

   $-x_1 + x_2 \leqslant 2$

   $x_1, x_2 \qquad \geqslant 0$

   目标水平分别为 1 和 30，解 $\mathbf{x} = (5, 5/3)$。

8-15 重新思考练习题 8-13 的多目标线性

规划，两个目标函数的目标水平分别为 3 和 14。

(a) 按照给定的目标函数的顺序和目标水平，用图像法（以 x_1，x_2 为坐标）优化线性规划获得抢占式目标规划最优解。

(b) 引入合适的偏差变量，按照(a)中的优先顺序，加权偏差量构造单一目标规划，用图像法说明得到的解和(a)中相同。

(c) 说明(a)中的解是否是原多目标规划问题的有效点。如果第一个目标函数的目标水平变为 1，结果是否会有不同？请解释。

8-16 重新思考练习题 8-14 的多目标线性规划，以 3 和 30 作为目标水平，完成练习题 8-15。

8-17 重新思考练习题 8-1 的 88 区水流量分配的多目标规划。

(a) 用优化软件求解模型(a)中的多目标规划模型，按照给定的目标函数顺序作为优先次序。

(b) 用 2∶1 的权重加权目标函数并用优化软件求解。

(c) 假设区域管理者规划灌溉用水至少 100 万英亩，收入目标为 144 百万美元。以这 2 个目标水平，将 8-1(a)中的模型转化为最小化总偏差量的目标规划。

(d) 用优化软件求解(c)中的模型，并说明任何可行解都不可能同时满足两个目标水平。

(e) 比较(c)中模型的解与前面方法的解。

(f) 以给定的优先次序，用优化软件求解(c)中的抢占式目标规划的优化解。

(g) 构造(c)问目标规划的目标函数，能够通过一步完成(f)中的抢占式目标规划。

8-18 重新思考练习题 8-2 硅片生产问题，成本和匹配度的目标水平分别为 30 000 和 13 000，完成练习题 8-17 中的练习。

8-19 重新思考练习题 8-3 军事基地关闭问题，军事水平损失、失业人数的目标水平分别为 3% 和 12 000，完成练习题 8-17 中的练习。

8-20 重新思考练习题 8-4 货架分配问题，补货和运输距离的目标水平分别为 10 和 2 500，完成练习题 8-17 中的练习。

8-21 普卢福教授（Professor Proof）正在考虑退休账户中剩余的 50 000 美元的投资规划。一种可投资的债券基金每年的预期回报率是 5%，风险等级是 20。另一种对冲基金每年的预期回报率是 15%，但风险等级是 80（可能是庞氏骗局，ponzi scheme）。普卢福希望将自己的退休金全部投资到这两种方式，任何一种投资不超过 40 000 美元。在这些限制条件下，教授希望能最大化总回报率并最小化加权风险等级（按投资数量加权）。

(a) 用 1 个主要约束、2 个上界约束和 2 个非负约束，构造普卢福教授投资决策的多目标线性规划。请明确定义所有决策变量并注释目标函数和约束代表的含义。

(b) 将年收益 6 000 美元和加权风险水平 50 作为目标水平，说明如何改进(a)中的模型为目标规划。将与目标水平的偏差量按照相同权重加权。定义新的决策变量并注释新的目标函数和约束条件代表的含义。

(c) 用优化软件求解(b)中的目标规划。

8-22 某汽车制造商正在规划为新的混合车型斑比(Bambi)制定市场策略。斑比宣传的广告预算总计 200 百万美元。下表列出了 3 种广告方案,包括每 30 秒(30 秒为一广告单位)商业广告的成本和不同类型的广告受众数量。任意一种广告的费用不能超过 50%。在上述约束下,公司设定了 30 岁以下受众 3 000 百万,30～55 岁男性受众 5 000 百万,30～55 岁女性受众 3 400 百万的目标。

项目类型	单位成本(百万美元)	每单位受众(百万)		
		30以下	30～55男性	30～55女性
绝望的主妇	2.2	24	12	37
法律和秩序	2.5	27	42	11
喜剧中心	0.5	19	16	6

(a) 请构造线性目标规划模型来帮助制造商决定如何合理地投放广告。

按照相同权重加权各个目标。明确定义所有的决策变量并注释目标函数和约束代表的含义。

(b) 从实际应用角度,商业广告的数量必须是整数,解释说明当作连续变量处理的好处和可行性。

(c) 用优化软件求解(a)中的模型。

8-23 国家公路巡逻(The State Highway Patrol,SHP)只有 60 名巡逻人员在农村和周边地区的主要高速路段 $j=1,\cdots,10$ 巡逻。巡逻人员按照 $i=1,\cdots,7$ 不同班次,每周 7 天,每天 24 小时换班。除了晚上班次 $i=1,2$,其他班次每个高速路段至少有 1 个巡逻人员,并且不多于 3 个。国家公路巡逻的目标是合理安排巡逻人员班次满足巡逻需求。一个衡量标准是 $c_{i,j} \triangleq$ 班次 i 路段 j 的交通密度,另一个是 $a_{i,j} \triangleq$ 班次 i 路段 j 的事故发生率。下表列出了各个路段和班次的相关数据。

班次 i		高速路段 j									
		1	2	3	4	5	6	7	8	9	10
1	拥挤度	0.22	0.26	1.11	1.06	1.80	2.16	1.93	0.98	0.66	0.45
	事故率	0.92	2.16	1.18	1.49	0.90	4.11	1.10	1.15	2.18	0.77
2	拥挤度	0.32	0.36	1.31	1.26	1.90	2.26	2.03	1.05	0.86	0.55
	事故率	0.98	2.66	1.48	1.69	1.10	3.91	1.12	1.17	2.48	0.77
3	拥挤度	0.55	0.66	1.81	1.86	2.20	2.86	2.43	1.95	1.06	0.85
	事故率	0.88	3.16	1.88	1.89	1.80	4.11	1.62	1.67	2.88	1.07
4	拥挤度	0.65	0.76	1.91	1.96	2.30	2.96	2.53	2.05	1.26	0.95
	事故率	0.77	2.01	1.03	1.31	1.10	3.11	1.00	0.00	2.00	0.67
5	拥挤度	0.60	0.70	1.83	1.82	2.22	2.79	2.45	2.00	1.16	0.90
	事故率	0.90	2.76	1.38	1.52	0.98	3.81	1.40	1.45	2.48	0.87
6	拥挤度	0.62	0.68	1.85	1.82	2.25	2.74	2.02	2.02	1.18	0.94
	事故率	1.18	4.16	2.48	2.59	2.80	4.61	2.62	1.87	3.28	1.09
7	拥挤度	0.42	0.48	1.55	1.52	1.95	2.14	2.10	1.92	1.08	0.64
	事故率	1.08	5.16	2.28	2.19	2.20	4.11	3.22	1.67	3.58	1.19

国家公路巡逻想要合理分配工作人员班次和路段来最大化拥挤班次的巡逻人员总覆盖率和高速事故区的总覆盖率。

(a) 用非负决策变量 $x_{i,j} \triangleq$ 班次 i 路段 j 的巡逻人员数量,构造多目标整数线性规划。

(b) 说明如何修改(a)中的模型转化为目标规划,以总拥挤 = 120 和总事故水平 = 150 作为目标水平。用相同权重加权偏差量,定义所有的决策变量并注释目标函数和约束代表的含义。

☐(c) 用软件求解(b)中的整数线性目标规划。

8-24 建筑师计划为酒店设计单人房、双人房和贵宾房三种房型。该项目可用资金是 10 百万美元。每间单人房成本 40 000 美元,双人房 60 000 美元,贵宾房 120 000 美元。70% 的单人房、40% 的双人房、90% 的贵宾房入住商务旅客(一般多于 1 人)。除商务旅客外,其余的由家庭旅客租住。建筑师计划为商务旅客配备 100 个房间,家庭旅客 120 个房间。

☑(a) 构造加权目标线性规划来决定每种房间应该设计多少。用 2:1 加权商务旅客和家庭旅客目标。

☑(b) 用优化软件求解目标规划。
☐

8-25 大学的主管人正在考虑对 4 种全日制学生明年应该收取的学费[⊖],州内本科生,州内研究生,州外本科生,州外研究生。下表列出了现在每类学生的学费水平(单位:千美元)、明年预期的学生数(单位:千)和大学教育的真实成本估计值。

	本科生	研究生
州内学费	4	10
州外学费	12	15
州内学生数	20	1.5
州外学生数	10	4
真实成本	20	36

新学费至少为 292 百万美元,但主管也希望州内学生的学费能够至少覆盖 25% 的真实成本,州外学生覆盖 50%。学费至少不低于现在的水平,但主管人也希望各个类别的学费上涨均不超过 10%。

(a) 构造目标线性规划模型来设定合适的学费,优先考虑上涨幅度不超过 10%。

☑(b) 用优化模型求解上述模型。
☐

8-26 学校图书馆[⊖]必须削减部分科学期刊的订阅费用 s_j,$j = 1, \cdots, 40$ 来保证每年节约 5 000 美元经费。衡量期刊重要程度的一个指标是其他期刊对期刊 j 的引用量 c_j,另一个指标是大学教职工对期刊的有用程度评级 r_j(1 表示低,10 表示高)。最终,图书馆也要考虑附近图书馆的期刊可借阅度 a_j(1 表示低,8 表示高),保证图书馆不再订阅的期刊可以从其他图书馆借到。

(a) 构建多目标整数规划模型来选

⊖ A. G. Greenwood and L. J. Moore(1987),"An Inter-temporal Multi-goal Linear Programming Model for Optimizing University Tuition and Fee Structures," *Journal of the Operational Research Society*,38, 599-613.

⊖ M. J. Schniederjans and R. Santhanam(1989),"A Zero-One Goal Programming Approach for the Journal Selection and Cancellation Problem," *Computers and Operations Research*,16, 557-565.

择不再订阅的期刊。

(b) 将多目标规划模型转化为目标规划，总引用不超过目标水平 C，教职工评分总和不超过 R，附近图书馆可借阅度至少为 A。用相同权重加权各目标。

8-27 家庭是印度能源消费最多的部分[一]，像马德拉斯这样的大型城市每天至少需要 10^8 千瓦时能源。这些能源来自 7 种资源，$j=1$ 煤，$j=2$ 沼气，$j=3$ 光伏，$j=4$ 燃料木发电，$j=5$ 沼气发电，$j=6$ 柴油发电，$j=7$ 国家电网发电。η_j 表示每单位原料能够产生的能源（单位：千瓦时）。沼气最多有 1.3×10^9 单位。面对一系列冲突的目标，能源规划者希望合理组合这些原料以满足 10^8 千瓦时的能源需求。一个目标是最小化总成本，每单位原料 j 的成本为 p_j。另一个目标是最大化当地就业，预计每单位原料 j 带来的就业增长是 e_j。最终，需要最小化 3 种污染：每单位原料产生碳氧化物 c_j，硫化物 s_j，氮氧化物 n_j。

(a) 构造多目标模型，选择最好的原料混合方案。

(b) 将 P，C，S，N 分别作为成本、碳氧化物、硫化物、氮氧化物的上限，E 作为就业增长的下限，重新修改模型为目标规划。

8-28 下表列出了美国食品药品管理局（U. S. Food and Drug Administration，FDA）为了规范药品实验需要完成的各个项目，包括每个项目的重要程度和完成预计需要投入的最短时间。

j	项目	重要程度	时间
1	实验室质量控制项目	10	1 500
2	分析协议	1	100
3	药品分析	2	50
4	质量保证指南	5	55
5	安全项目	10	135
6	测试稳定性	5	490
7	仪器校准	4	2 000
总计			4 330

总共只有 3 600 小时能够用于执行各项任务。FDA 管理者想要合理分配 3 600 小时来完成这些任务，并且使得未能完成的任务的重要程度最低。构造目标线性规划来决定最佳分配方案。

8-29 幸运湖大坝（The Lake Lucky dam）[二]在水库中储水来防止洪涝灾害，同时保证每年对野生动物和附近城市的供水。未来 120 天，$t=1$，$\cdots$，120，水库的最佳流入量是 i_t（以立方米水量计）。每天大坝的泄洪量至少为 $\underline{r}$ 来保证下游水质，但每天最高泄洪量为 $\bar{r}$。现在水库储水量是 s_0 立方米，在 120 天内水库储水量必须保证在 $\underline{s}$ 和 $\bar{s}$ 之间。水库管理者想要寻找一个合理的 120 天的开闸放水方案，尽可能地满足每天泄洪量 R 立方米、水库储水量 S 的目标。超出或不足目

———————————

[一] R. Ramanathan and L. S. Ganesh(1995)，"Energy Alternatives for Lighting in Households：An Evaluation Using and Integrated Goal Programming-AHP Model，" *Energy*，20，66-72.

[二] K. K. Reznicek，S. P. Simonovic，and C. R. Bector(1991)，"Optimization of Short-Term Operations of a Single Multipurpose Reservoir—A Goal Programming Approach，" *Canadian Journal of Civil Engineering*，18，397-406.

标值被认为一样不好，开闸放水的偏差量和储水偏差量用相同权重加权。构建线性目标规划模型来制订水库运作计划。假设过程中水没有损失（即所有流入水库的水最终都会流出大坝）。

8-30 零售店雇用了 1 名市场咨询师帮助决定如何评估服务质量。[一]商店想要从多个角度来评估消费者满意度，$i=1$，员工态度；$i=2$，员工才干；$i=3$，产品质量；$i=4$，商店外观吸引力。为了完成该任务，咨询师考虑了 6 种调查方式：$j=1$，员工配送服务评分卡；$j=2$，产品质量评分卡；$j=3$，开放式评论卡；$j=4$，重点客户群；$j=5$，老客服电话调查。不同方案用于度量不同角度的有效程度并不相同，因此咨询师设定了 $r_{i,j}$（取值 1～10，1 表示不佳，10 表示出色）评估方案 j 度量指标 i 的有效程度。方案 j 的成本是 c_j 美元，需要花费员工 h_j 小时。理想的情况是，选择采取的方案每个评估角度的总分至少为 30 分，但是总成本不超过 10 000 美元，耗费员工的总时间不超过 500 小时。构造一个整数线性目标规划来选择合适的调查组合方案。

8-31 钢制工件需要在车床切削至目标深度 0.04 英寸。[二]实证研究结果表明工件的这个特性对于成品的作用为：

$$完成差异 \triangleq 0.41 v^{3.97} f^{3.46} d^{0.91}$$
$$功率 \triangleq v f^{0.75} d^{0.90}$$
$$时间 \triangleq v f$$

其中，v 是每分钟转轮切割速度，f 是每转进给速度，d 是切削深度。完成差异必须控制在 150 以内，所需功率不超过 4.0，切削速度在 285 和 680 之间，进给速度在 0.007 5 和 0.010 4 之间。在这些限制条件下，优先目标是切削深度尽可能接近 0.04 英寸，次要目标是在 1.5 分钟内完成切削。

(a) 构造一个抢占式非线性目标规划模型来选择合适的切削参数。

(b) 用优化软件求解目标规划。

8-32 野生林树[三]$j=1$，…，300 的品质用特质 $i=1$，…，12，比如生长率、抗病率和木材密度等来度量。计算各个特质的平均值和标准差得到 $z_{i,j}$，表示野生林 j 特质 i 高于或者低于平均水平的标准偏差。假设计划育种项目的后代的相应指标可以直接线性组合（即结果是用于种植的各个野生林特质的加总，按照每个林地种植的树木占总种植量的比例加权）。

(a) 构造一个多目标线性规划模型来选择一个使得后代的每种特质的标准差最大的种植方案。

(b) 所有特质以标准差高于平均值 2 作为目标水平，将(a)中的模型转化为目标规划。对偏差量等比例加权。

8-33 腾飞（Soar），一个面向高端消费者

[一] M. J. Schniederjans and C. M. Karuppan(1995)，"Designing a Quality Control System in a Service Organization：A Goal Programming Case Study," *European Journal of Operational Research* 81，249-258.

[二] R. M. Sundaram(1978)，"An Application of Goal Programming Technique in Metal Cutting," *International Journal of Production Research*，16，375-382.

[三] T. H. Mattheiss and S. B. Land(1984)，"A Tree Breeding Strategy Based on Multiple Objective Linear Programming," *Interfaces*，14：5，96-104.

的餐饮企业[1]，计划进驻亚特兰大的 5 个主要商场 $j=1$，$\cdots$，5。但是，腾飞想要按照商场受欢迎程度的比例来投放资金，商场受欢迎程度可以从 3 个方面反映：每周顾客流量 p_j，顾客年平均收入 a_j，大型主力店数量 s_j。他们想要投资商场 j 的资金和 p_j 的比值相同，同样，希望对 a_j 和 s_j 比例也相同。请构造一个偏差量权重相同的线性目标规划模型来选择合适的资金分配方式。

8-34 西普力公司（Shipley Company）[2]正在设计一种新型光刻胶，是用在硅芯片的照相制版的化工涂料。光刻胶重要特征有 $i=1$，流动（液化）温度高；$i=2$，最小线空间分辨率低；$i=3$，未曝光的保留区域接触电路开发至少 $\underline{b_3}$；$i=4$，感光时间在 $\underline{b_4}$ 和 $\overline{b_4}$ 之间；$i=5$，曝光能量要求在 $\underline{b_5}$ 和 $\overline{b_5}$ 之间。原料 $j=1$，$\cdots$，24 对这 5 个特征的作用是高度非线性的，但是设计实验表明当原料用量控制在 $[l_j，u_j]$ 时，作用可以近似等效为线性。在这些限制条件下，每单位原料 j 对光刻胶特征 i 的作用为 $a_{i,j}$。

(a) 构造一个双目标线性模型，为液化温度和线空间分辨率目标选择合适的原料配比方案。

(b) 解释（a）中模型的有效点的含义，并描述有效点的计算方法。

8-35 南非野生动物管理局[3]需要确定在好望角开普省西部海域对沙丁鱼、凤尾鱼和其他丰富水域中的远洋鱼的年度捕捞配额（单位：千吨）。考虑的一个目标是最大化捕鱼的收入，沙丁鱼利润是每吨 110 兰特，凤尾鱼利润是每吨 30 兰特，其他远洋鱼利润是每吨 100 兰特。但是，需要保证捕捞季后年末 3 种鱼的数量尽可能多。科学家估计 3 种鱼的初始生物量分别为 140 000 吨、1 750 000 吨、500 000 吨。因为不同鱼种的繁殖能力不同，每千吨沙丁鱼捕捞会使总量减少 0.75 千吨，每千吨凤尾鱼捕捞会使总量减少 1.2 千吨，每千吨其他鱼种捕捞会使总量减少 1.5 千吨。另一个需要考虑的是海洋生态系统平衡，一个重要指标是海豚繁殖对数量（单位：千），估计为 70＋0.60（捕捞后沙丁鱼数量），以及鸬鹚数量（单位：千），估计为 5＋0.20（捕捞后沙丁鱼数量）＋0.20（捕捞后凤尾鱼数量）。

(a) 用下面的决策变量（$i=1$，沙丁鱼；$i=2$，凤尾鱼；$i=3$，其他鱼种），构造一个多目标线性规划模型来最大化各个指标。

$x_i \triangleq i$ 种鱼的配额（以千吨计）

$y_i \triangleq i$ 种鱼捕捞后的生物量（以千吨计）

[1] R. Khorramshahgol and A. A. Okoruwa(1994)，"A Goal Programming Approach to Investment Decisions: A Case Study of Fund Allocation Among Different Shopping Malls," *European Journal of Operational Research*，73，17-22.

[2] J. S. Schmidt and L. C. Meile(1989)，"Taguchi Designs and Linear Programming Speed New Product Formulation," *Interfaces*，19：5，49-56.

[3] T. J. Stewart (1988)，"Experience with Prototype Multicriteria Decision Support Systems for Pelagic Fish Quota Determination," *Naval Research Logistics*，35，719-731.

(b) 修改(a)中的模型为目标规划，6个目标的最小目标水平分别为收入 38 百万兰特，捕捞后的生物量分别为 100，1 150 000 和 250 000 吨，海豚和鸬鹚的繁殖对数量为 13 000，25 000。优先考虑保持 3 种鱼的最低生物量水平。

☑🖳(c) 用规划软件求解目标规划模型。

8-36 Calizona 州计划在 $i=1$，…，100 中的 12 个县城开放中心来推进固体废弃物回收计划。[⊖] 每个被选为建设中心的县城将为附近县城提供回收服务。该州希望最小化县城 i 的居民 p_i 必须到位于县城 j 中心的距离总和。为了使总的距离差尽可能小，计划在 4 个环境局管辖区中各建 3 个中心。县城 $i=1$，…，12 组成了区域 1，县城 $i=13$，…，47 组成了区域 2，县城 $i=48$，…，89 组成了区域 3，县城 $i=90$，…，100 组成了区域 4。

(a) 用下面的决策变量(i，$j=1$，…，100)构造一个双目标整数线性规划模型。

$$x_{i,j} \triangleq \begin{cases} 1 & \text{若县城 } i \text{ 接受在 } j \text{ 的} \\ & \text{中心的服务} \\ 0 & \text{其他} \end{cases}$$

$$x_i \triangleq \begin{cases} 1 & \text{若县城 } j \text{ 建了中心} \\ 0 & \text{其他} \end{cases}$$

(b) 解释(a)中模型有效点的含义，并解释有效点的计算方式。

8-37 每年美国海军(U. S. Navy)必须规划千名海员的重新调配，海员完成某一专项 $i=1$，…，300 的航行职责并为下一个专项 k 做准备。重新调配涉及海员自己以及他的家属从现在的基地 $j=1$，…25 搬到新的基地 ℓ。为了规划搬迁，估计在基地 j 专项 i 准备被调配的海员数量为 $s_{i,j}$，基地 ℓ 的专项 k 需要的海员数量为 $d_{k,\ell}$，从基地 j 到 ℓ 搬迁成本为 $c_{j,\ell}$。如果调配中专业发生了变动，那么就需要接受新岗位的培训，培训学校专项 k 的容量上限是 u_k，限制了每年可接受培训的海员的数量。海军的一个目标是使调配成本尽可能低。但是，考虑到海员需求 $d_{k,\ell}$ 几乎总是不能达到，因此还有其他目标。通常，大西洋舰队(基地 j，$\ell=1$，…，15)希望最大化岗位填充的比例，太平洋舰队(基地 j，$\ell=16$，…，25)希望最大化满足需求的比例。用下面的决策变量构造一个 3 个目标的线性规划模型来帮助美国海军规划调配。

$x_{i,j,k,l} \triangleq$ 基地 j 专项 i 的海员被调配到基地 ℓ 专业 k 的海员数量

8-38 办公系统分销商[⊖] 的销售经理安排销售代表 $i=1$，…，18 管理经常账户 $j=1$，…，250 和发展新账户。每个经常账户最多被分配一个销售代表。根据以前的经验，管理者估计销售代表的投入带来账户的价值是单调增加的非线性函数。

$r_{i,j}(w_{i,j}) \triangleq i$ 投入 $w_{i,j}$ 小时在账户 j 上的当期销售收入

$a_i(x_i) \triangleq i$ 投入 x_i 小时在新开账户上的未来销售收入的当期价值

⊖ R. A. Gerrard and R. L. Church(1994)，"Analyzing Tradeoffs between Zonal Constraints and Accessibility in Facility Location," *Computers and Operations Research*，21，79-99.

⊖ A. Stam，E. A. Joachimsthaler，and L. A. Gardiner(1992)，"Interactive Multiple Objective Decision Support for Sales Force Sizing and Deployment," *Decision Sciences*，23，445-466.

每个销售代表有 200 小时的工作时间可分配，但是管理者希望最大化总当期收入和总新账户价值。

(a) 用下面的决策变量（$i=1$，$\cdots$，18；$j=1$，$\cdots$，250）构造一个双目标整数非线性规划模型来确定分配计划。

$w_{i,j} \triangleq i$ 花费在账户 j 上的时间

$x_i \triangleq i$ 花费在发展新账户上的时间

$$y_{i,j} \triangleq \begin{cases} 1 & \text{若代表 } i \text{ 被分配任务 } j \\ 0 & \text{其他} \end{cases}$$

(b) 解释（a）中模型有效点的含义，并解释有效点的计算方式。

参考文献

Collette, Yann and Patrick Siarry (2004), *Multiobjective Optimization: Principles and Case Studies (Decision Engineering)*, Springer-Verlag, Berlin, Germany.

Goichoechea, Ambrose, Don R. Hansen, and Lucien Duckstein (1982), *Multiobjective Decision Analysis with Engineering and Business Applications*, Wiley, New York, New York.

Winston, Wayne L. (2003), *Operations Research - Applications and Algorithms*, Duxbury Press, Belmont, California.

## 第 9 章

最短路与离散动态规划

在第 1 章和第 2 章的讨论中，我们已经发现在运筹学的研究中需要权衡模型的普适性和复杂性。一般来说，一个模型针对性越强，包含的假设越多，对该模型的分析也就越丰富有效。

本章我们将介绍一类针对性极强的优化模型：**最短路**（shortest path）与**离散动态规划**（discrete dynamic programming）。由于这类问题具有极强的针对性，这类问题是所有优化问题中最能被有效求解的。动态规划算法将我们关注的问题分解成一系列与其紧密相关的优化子问题予以解决。当模型的结构满足一些特定条件时，我们就可能找到子问题的最优解与母问题的最优解之间存在的关系，进而利用这种关系去找到一个能有效率解决母问题的算法。

9.1 最短路模型

无论是城市交通、大学走廊、卫星通信，还是芯片的表面设计，找到**最短路径**都具有现实意义，所以我们首先将目光聚焦在最短路问题上。

□ **应用案例 9-1**

利特尔维尔案例

和之前一样，从实际应用的角度出发有利于我们对问题的理解。假设你是利特尔维尔的城市交通工程师，图 9-1a 是利特尔维尔的市区街道规划图，图中标注了道路是单行道还是双向道，也标注了汽车通过每条街区所需要的平均时间（单位：秒）。

从调查报告和其他数据中我们可以估计出出行居民的数量、出行的起点和终点，但是他们具体选择怎样的路径则不得而知。城市交通工程师的一项任务就是估计出行居民所选择的路径，从而使得城市管理者能够估计出是否有某条道路会产生拥堵。

为了得到一个不错的初步估计，我们可以首先假设所有的出行居民都会做出理性的决策——也就是选择连接起点和终点的最短路径。因此，我们首先需要找到图中任意两点间所有的最短路径。

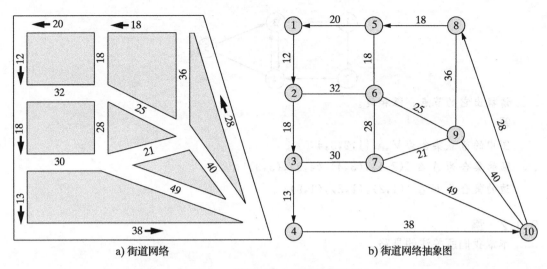

图 9-1 利特尔维尔最短路径案例

9.1.1 节点、弧、边、图

图 9-1b 展示了第一步，我们将给定的街区系统抽象成了**图**(graph)或者说是**网络**(network)。这里的图并不同于新闻报纸上的那种柱状、曲线，或者散点图。

定义 9.1 数学中的图是在网络中对运动、流和相邻元素所建立的模型。

这种图一般是经由一些节点出发绘制而成的。

定义 9.2 节点表示网络中的实体、交点和转移点。

节点之间可能被**弧**或者**边**相连。

定义 9.3 弧指的是节点之间的有向连线（两个节点之间的流只能按所指方向流通），边指的是节点之间的无向（两个方向都可以）连线。

在图 9-1b 中，节点代表着交点，方便起见，我们将这些节点从 1 到 10 进行了标号。利特尔维尔的单向街道在图中用弧来表示，而双向街道则用边来表示。

我们使用弧和边的端点来对它们进行命名，比如(5，1)和(3，4)是图 9-1b 的弧，而(7，9)和(5，6)则是边。对于弧来说，我们要注意括号中的顺序，比如从节点 10 到节点 8 的弧就只能被表示为(10，8)，而不能是(8，10)。对于边来说，就要更灵活一些，两个节点 i 和 j 之间的边可以表示为 $(i，j)$，也可以表示为 $(j，i)$，但我们习惯上会将小的节点数字放在前面。比如说图 9-1b 中节点 2 和 6 之间的连线可以被表示为(2，6)或者(6，2)，但是(2，6)更规范一些。

例 9-1 找出图中的元素
考虑以下的图。

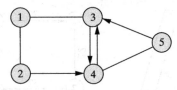

请找出它的节点、弧和边。

解：

图中的节点集合为 $V \triangleq \{1,2,3,4,5\}$。

弧的集合为 $A \triangleq \{(2,4),(3,4),(4,3),(5,3)\}$。

边的集合为 $E \triangleq \{(1,2),(1,3),(4,5)\}$。

9.1.2 路

本章我们所关注的是路。

定义 9.4 路(path)是图中连接两个特定节点的一序列的弧或者边。在这个序列中，每条弧或者边与其前方的弧或者边有且只有一个共同点。在经过弧时，只能按照该条弧所标注的方向通过。同时，没有节点会被一条路重复经过。

回到利特尔维尔的例子，从节点 3 到节点 8 有很多路径可以选择，其中的两条路如图 9-2a 所示，一条是 3-7-10-8，途径了两条边(3，7)和(7，10)和一条弧(10, 8)。另一

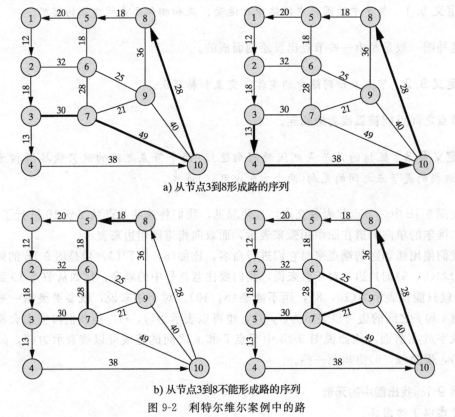

a) 从节点3到8形成路的序列

b) 从节点3到8不能形成路的序列

图 9-2　利特尔维尔案例中的路

条是 3-4-10-8，沿着一系列弧(3，4)(4，10)和(10，8)进行。图 9-2b 中的 3-7-6-5-8 不是一条路，因为它没有沿着弧(8，5)的方向前进。3-7-6-9-7-10-8 也不能满足路的定义，因为它重复使用了节点 7。

例 9-2　识别路

参见例 9-1 中的图，请找出从节点 1 到节点 5 的所有路。

解：只有两条可行的路 1-2-4-5 和 1-3-4-5。序列 1-3-5 不是一条路，因为它没有沿着弧(3，5)的方向。

9.1.3　最短路问题

当一个实际问题的抽象图中的弧和边涉及成本或者长度时，我们就面临一个优化问题了。

定义 9.5　最短路问题就是寻找图中两节点之间总长度最短的路的问题。

在图 9-1 的利特尔维尔案例中，长度指的是旅行时间(单位：秒)。图 9-2b 中展示的从节点 3 到节点 8 的第一条路的长度是 30＋49＋28＝107 秒，而从节点 3 到节点 8 的最短路应该是 3-4-10-8，该路的长度为 13＋38＋28＝79 秒。

9.1.4　最短路模型的分类

最短路问题不仅应用于决策问题，同时也是一些计算中的重要步骤。根据不同网络和成本，以及我们需要求最短路的节点数量等，最短路问题分为很多不同的类别。

在接下来的部分中，我们可以看到不同的最短路算法在特定的模型环境下才能发挥作用，所以准确地判断最短路问题的类型十分重要。

我们之前提过的利特尔维尔案例代表了其中一种类型。图中既包含弧也包含边，所有的连线的长度都是非负的，我们的交通工程师的目标是求出任意两个节点间的最短路。总的来说，利特尔维尔的工程师面临的问题有如下基本假设。

- **名称**：利特尔维尔。
- **图**：弧和边。
- **成本**：非负。
- **输出**：最短路。
- **配对方式**：所有节点与其他节点。

在介绍具体算法之前，我们先介绍一些其他的案例来说明其他类型的最短路问题情况。

□**应用案例 9-2**

得克萨斯运输公司

图 9-3 展示了得克萨斯州内几个重要城市的高速公路连接图，图中边上标记的数字代表着标准驾驶距离(单位：英里)。

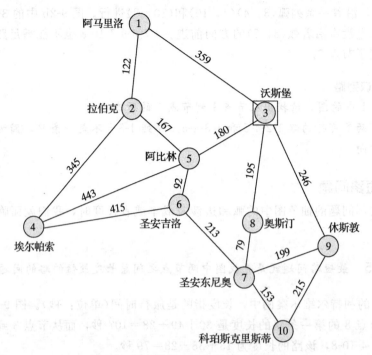

图 9-3　得克萨斯运输公司的运输网络

得克萨斯运输公司是一家西南部的运输公司，这家公司需要将货物从位于沃斯堡的中心仓库运送到图中其他所有城市去。卡车从仓库出发并直接开往目的地，在中途不会进行货物的装卸。

得克萨斯运输公司的司机们可以自主选择从沃斯堡到目的地的路径。但是，最近管理层经过磋商拟定要根据从起点到终点的最短路径来给司机们发工资。为了明确这个提案对公司的影响，我们需要计算出仓库到所有城市的最短路的长度。

可以发现这个案例中的最短路问题与之前的利特尔维尔案例中的问题差别迥异。这里我们只需要计算出最优的路径长度而不需要找到具体的路，另外，这个案例中沃斯堡仓库作为唯一的起点。

- **名称**：得克萨斯运输公司。
- **图**：只有边。
- **成本**：非负。
- **输出**：最短路。
- **配对方式**：一个起点到其他节点。

□ 应用案例 9-3

"双环"马戏团

"双环"马戏团的表演临近演出季尾声。他们计划回到位于佛罗里达州塔拉哈希的冬季总部。按照目前的安排，他们最后一场演出将在内布拉斯加州林肯县结束，但是如果返程途经的城市有提前预定的话，仍然有可能在当地加演。

图 9-4a 中画出了可能的返程路径以及估计出的费用(单位：千美元)。图上还标注了那些预约演出的城市，并给出了在该城市演出预计可以得到的收益(单位：千美元)。

我们希望能求出"双环"马戏团最优的返程路线。在这个问题上，我们需要综合考虑路径的成本和途经城市带来的收益，这里的收益是在图的节点上发生的，而不是像之前的最短路问题那样全部发生在边(或者弧)上。

9.1.5 无向图和有向图

图 9-4a 所示的"双环"马戏团旅行网是一个**无向图**(undirected graph)，因为图中只用边(没有方向的连线)，要想处理节点上的收益，首先要将无向图转化为等价的**有向图**(digraph)，也就是只由弧(有方向的连线)连接的图。我们可以根据如下的原理十分便捷地把无向图转化为有向图。

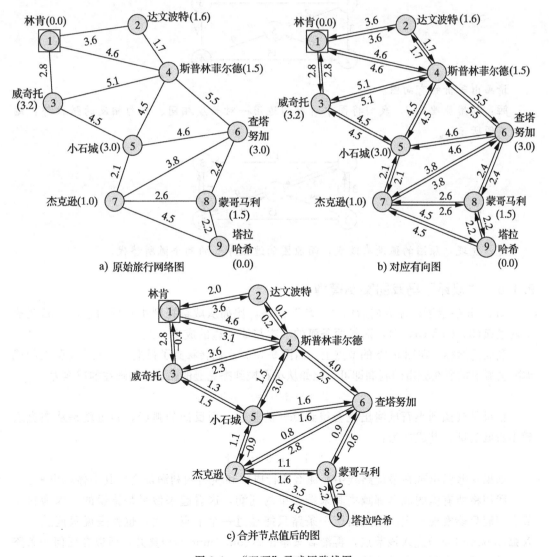

a) 原始旅行网络图

b) 对应有向图

c) 合并节点值后的图

图 9-4 "双环"马戏团路线图

原理 9.6　一个包含边(i, j)以及成本$c_{i,j}$的最短路问题可以转换成一个等价的有向图问题，将每一个边都替换为指向相反方向的两个弧即可。

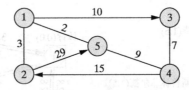

使用两个平行的弧来代替边仅仅是让路中的边的方向更加明确地展示出来。需要注意的是，无论是否在图上标注方向，一条路都只能使用一次任意两点间的连线，因为形成路的节点序列中不能包含重复的节点。

例 9-3　在图上标记方向

考虑下面的图。

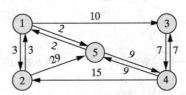

请画出等价的有向图。

解：利用原理 9.6，我们将图中所有的边用一对长度相同、方向相反的弧代替，结果如下图所示。

可以发现，原图的弧没有改变，而原图的边被等长的两个弧所替代。

9.1.6　"双环"马戏团案例模型

图 9-4b 展示了标注方向后的"双环"网络，比如从威奇托到小石城的边$(3, 5)$变成了两条弧$(3, 5)$和$(5, 3)$，而且两条弧的成本与原始边的成本一致。

利润仍然标注在图 9-4b 的节点上，而图 9-4c 将它们转移到了弧上——只要将弧上的成本减去弧末端所在城市的利润即可。比如从小石城到杰克逊的弧$(5, 7)$现在的成本为：

$$2.1 - 3.0 = -0.9$$

如果马戏团到小石城演出就会得到 0.9 的收益，而反向的弧$(7, 5)$也就是从杰克逊到小石城的话，其成本为：

$$2.1 - 1.0 = 1.1$$

如果这些弧出现在最优路线中，那么旅行成本和演出的利润都会在其中体现出来。

我们将所有弧的成本都减去其末端城市的利润，这看起来似乎是错误的，因为每个节点利润只能实现一次。但是由于一条路只能经过一个节点一次，也就是说只能从一个**入弧**(inbound arc)进入该节点，再沿着某条**出弧**(outbound arc)离开，所以在任何一条路中，城市的利润都只会被计算一遍。

图 9-4c 中的图也为我们展示了一种新的最短路模型。这里的成本的符号可正可负，而且我们只需要求一条最短路，也就是从林肯到塔拉哈希的最短路。

- **名称**："双环"马戏团。
- **图**：有向图。
- **成本**：可正可负。
- **输出**：最短路。
- **配对方式**：一个起点到一个终点。

9.2　利用动态规划解决最短路问题

在使用**动态规划**(dynamic programming)方法来解决问题的过程中，我们实际上是在通过解决一族问题来间接解决一个优化问题。如果我们能够找到这一族问题的最优解与需要考虑的问题的最优解的关系，就可以通过这一族问题来有效地解决我们关心的那个问题。

9.2.1　最短路模型族

我们在这章接下来的部分介绍我们如何通过动态规划解决一族问题来解决特定的问题。对于最短路问题，我们很容易找到那一族问题。我们发现最短路问题大多是为两个点或者多个点求出其最短路或者最短路长度。

原理 9.7　*最短路算法是找到不同对(pair)节点之间的最短路径或者最短路径的长度的关系。*

9.1 节中的利特尔维尔和得克萨斯运输公司的案例需要找到不同对节点的最短路，其中利特尔维尔案例中需要找到任意两对节点间的最短路，而得克萨斯运输公司的案例需要找到一个节点到其他节点的最短路。

即使我们只需要一条最短路，我们的最短算法也会包含不同节点对间的最短路结果。比如我们要解决"双环"马戏团问题，虽然该问题只需要一条从起点到终点的最短路，但是我们的算法仍然会找到从起点到所有其他定点的最短路。

9.2.2　函数符号

我们要同时进行许多优化，所以我们需要定义一些辅助符号来方便建模分析。我们将最优解和最优解的值视为这一组模型的函数，并用方括号[…]来表示函数符号的参数。

得克萨斯运输公司的案例以及"双环"马戏团的案例都需要求从一个起点到其他所有节点的最短路，对应的函数符号如下所示：

$$v[k] \triangleq \text{从起点到节点 } k \text{ 的最短路长度}(=+\infty, \text{如果没有可行的路})$$

$$x_{i,j}[k] \triangleq \begin{cases} 1 & \text{如果弧 / 边}(i,j) \text{ 是从起点到终点 } k \text{ 最短路的一部分} \\ 0 & \text{否则} \end{cases}$$

如果没有能够到达 k 的路径，那么我们按照惯例记作 $v[k]=+\infty$。

而在类似于利特尔维尔的案例中，我们需要求得任意两个节点的最优路径，因此我们的记号中就需要两个参数。

$$v[k,\ell] \triangleq \text{从节点 } k \text{ 到节点 } l \text{ 的最短路长度} (=+\infty, \text{如果没有可行的路})$$

$$x_{i,j}[k,\ell] \triangleq \begin{cases} 1 & \text{如果弧/边} (i,j) \text{ 是从节点 } k \text{ 到节点 } l \text{ 最短路的一部分} \\ 0 & \text{否则} \end{cases}$$

类似之前的标记习惯，当不存在从节点 k 到 l 的路径的时候，记作 $v[k,\ell]=+\infty$。

例 9-4 理解函数符号

考虑右图中从起点 1 到达其他所有节点的
最短路问题。

(a) 使用穷举的方法找到所有要求的最
短路。

(b) 使用函数符号来记录所有的最短路。

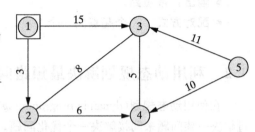

解：

(a) 从图中很容易能找到到达节点 2、3、4 的最短路分别是 1-2，1-2-3，1-2-4，而不
存在从起点 1 到节点 5 的路径。

(b) 使用函数符号进行标记可得：

$$v[1]=0 \qquad x_{1,2}[1]=x_{1,3}[1]=x_{2,3}[1]=x_{2,4}[1]=x_{3,4}[1]=0$$

$$v[2]=3 \qquad x_{1,2}[2]=1, x_{1,3}[2]=x_{2,3}[2]=x_{2,4}[2]=x_{3,4}[2]=0$$

$$v[3]=11 \qquad x_{1,2}[3]=x_{2,3}[3]=1, x_{1,3}[3]=x_{2,4}[3]=x_{3,4}[3]=0$$

$$v[4]=9 \qquad x_{1,2}[4]=x_{2,4}[4]=1, x_{1,3}[4]=x_{2,3}[4]=x_{3,4}[4]=0$$

$$v[5]=+\infty \quad \text{（没有可行路）}$$

9.2.3 最优路径和子路

我们希望通过动态规划的方式来解决我们的最短路模型，因此我们必须要找到不同
对节点间最短路之间的关系。一对节点间的最短路是如何与另一对节点间的最短路产生
关联的呢？

首先，参见图 9-5，图中加粗的路径就是从沃斯堡到科珀斯克里斯蒂的最短路，这
条路途经奥斯汀和圣安东尼奥。现在考虑从沃斯堡到圣安东尼奥的最短路，图中从沃
斯堡到奥斯汀再到圣安东尼奥的路径只是其中一条能到圣安东尼奥的路，还有其他的
路能够更短一些吗？显然是不存在这样的路的，如果有一条路能够比图 9-5 中展示的
路更短，我们只需要沿着这条路先到圣安东尼奥，再从圣安东尼奥到达科珀斯克里斯
蒂，这样的一条路就要比从沃斯堡到科珀斯克里斯蒂的最优路径更短，也就带来了
矛盾。

9.2.4 反例：负权环路

从上述例子中，我们似乎可以总结出来：最优的路径一定包含着最优的子路径（sub-
path）。但不幸的是，这样的结论是有问题的。

考虑图 9-6 中的例子，从起点 $s=1$ 到节点 3 的最短路是 1-2-3，其长度为 $v[3]=5$。但
是其子路径 1-2 却不是最优路径，因为 1-3-4-2 这条序列的长度更短，其长度为 $v[2]=-3$。

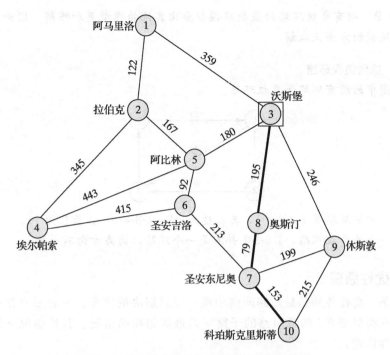

图 9-5 得克萨斯运输公司案例中的最优路径

但是按照上一小节的逻辑，这样的现象应该会造成矛盾，如果我们从到节点 2 的最优路径开始，将这条路末尾再加上弧(2，3)应该就能够缩短从起点 1 到节点 3 的总长度。实际上，这样的添加会产生 1-3-4-2-3 这条序列，这并不是一条路，因为节点 3 重复了两次。如果我们去掉重复的话，就会剩下一条子路 1-3，但是其长度为 10，要比 1-2-3 这条路更长。

造成这种现象的原因就在于这是一个**负权有向环路**（negative dicycle）。由于本章中我们处理的最短路问题都是基于有向图的，在不引起混淆的前提下，我们会省略"有向环路"中的"有向"两字，来避免烦琐的叙述。

定义 9.8 环路指的是起点和终点重合的路，**负权环路**指的是总长度为负的环路。

图 9-6 中包含一个负权环路 3-4-2-3，其长度为：

$$12+(-25)+3=-10$$

这条负权环路的出现使得子路 1-2 不再是最优的路径，因为在 1-2 的最短路 1-3-4-2 末尾添加弧(2，3)的时候会形成一个环，如果将这个环删掉的话，路径总长度会增长而不会缩短。

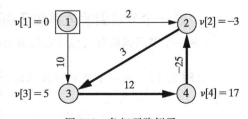

图 9-6 负权环路例子

负权环路在实际的最短路模型中并不常见，因为这种现象类似于一种经济上的永动运动。每一次我们沿着负权环路运动一周，我们都会离我们的起点更近一些。如果图中出现了负权环路，那么最短路问题可能会变得十分难解，不能按照之前的方法进行求解。

原理 9.9 拥有负权环路的最短路模型要比其他的模型更加难解，因为我们往往不能使用动态规划的方法来求解。

例 9-5 找到负权环路

找到下图中的所有环路和负权环路。

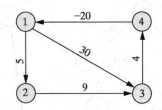

解： 例子中的环路有 1-2-3-4-1，其长度为 −2；1-3-4-1，其长度为 14。

其中第一个为负权环路。1-2-3-1 并不是一个环路，因为方向不一致。

9.2.5 最优性原理

幸运的是，负权环路是最短路问题中唯一难以解决的情况。只有图中存在负权环路时，才会出现类似图 9-6 的最短路的子路不是最优路径的情况。其他情况下的最短路模型满足最优性原理。

原理 9.10 在一个没有负权环路的图中，最优路径一定包含着最优子路径。

9.2.6 函数方程

为了利用原理 9.10 来求最优路径，我们首先聚焦于从一个节点到其他所有节点的这类模型，之前提到的得克萨斯运输公司和"双环"马戏团的案例都属于此类。如果最优路径一定包含最优的子路径，那么我们可以通过从已知的最优子路进行延伸得到最优路径。

利用函数方程能够方便地描述出这种递归关系。

定义 9.11 **动态规划的函数方程**（functional equation）揭示了最优性原理所阐释的最优解之间的递归关系。

9.2.7 从一个节点到所有其他节点的函数方程

在从一个节点到所有其他节点的最短路模型下，函数方程涉及了最短路的长度 $v[k]$。

原理 9.12 在一个没有负权环路的图中，从起点 s 到所有其他节点的最短路函数方程为：

$$v[s] = 0$$
$$v[k] = \min\{v[i] + c_{i,k} : 存在弧 (i,k)\} \ \forall \, k \neq s$$

第二个表达式中，我们需要考虑图中与 k 直接相连的所有点 i。如果不存在这样的点，那么我们记作 $\min\{\varnothing\} \triangleq +\infty$。

原理 9.12 中函数方程的第一部分说明了从 s 出发到达自己本身的最短路长度为 0。剩下的部分则表明了原理 9.10 中的递归关系。换句话说，要想求从起点到节点 j 的最短路，我们就要找到与 j 直接相连的所有从起点到节点 i 的最短路，再加上弧 (i, j) 的长度后进行比较，其中最短的那条就是从起点到节点 j 的最短路。

举个例子，考虑图 9-5 中得克萨斯运输公司的案例，想要求到达圣安东尼奥也就是节点 $j = 7$ 的最短路时，对应的方程如下所示：

$$v[7] = \min\{v[6] + c_{6,7}, v[8] + c_{8,7}, v[9] + c_{9,7}, v[10] + c_{10,7}\}$$
$$= \min\{v[6] + 213, v[8] + 79, v[9] + 199, v[10] + 153\}$$

也就是说，到达节点 7 圣安东尼奥的最短路长度一定是到达其相邻节点 $i = 6$（圣安东尼奥），8（奥斯汀），9（休斯敦），10（科珀斯克里斯蒂）的最短路长度再加上连接的那条弧/边中最短的一个。这些最短路中必有一条是从沃斯堡到圣安东尼奥的最短路的子路。

例 9-6　理解函数方程

参见例 9-4，写出所有对应的函数方程，并验证利用函数方程得到的结果与例 9-4(b) 计算得到的结果一致。

解：函数方程如下所示：

$$v[1] = 0$$
$$v[2] = \min\{v[1] + c_{1,2}, v[3] + c_{3,2}\}$$
$$v[3] = \min\{v[1] + c_{1,3}, v[2] + c_{2,3}, v[4] + c_{4,3}\}$$
$$v[4] = \min\{v[2] + c_{2,4}, v[3] + c_{3,4}\}$$
$$v[5] = \min\{\}$$

将具体的数值代入可得：

$$v[1] = 0$$
$$v[2] = \min\{0 + 3, 11 + 8\} = 3$$
$$v[3] = \min\{0 + 15, 3 + 8, 9 + 5\} = 11$$
$$v[4] = \min\{3 + 6, 11 + 5\} = 9$$
$$v[5] = \min\{\} = +\infty$$

9.2.8　一个起点到其他节点(一对多)的函数方程的充分性

在一个没有负权环路的图中，最短路一定会满足原理 9.12 中的函数方程，因为最短路一定满足原理 9.10 中的最优性原理。最优路径一定是一条最优子路的延伸。

本章的大部分算法都依赖于上述结论的充要性。

原理 9.13　在没有负权环路的图中，$v[k]$ 表示从给定起点 s 到节点 k 的最短路长度，当且仅当 $v[k]$ 满足原理 9.12 中的函数方程。

也就是说，我们可以通过函数方程来计算最短路长度 $v[k]$。

我们利用图 9-7 来解释其中的原因。首先，我们很容易知道在沃斯堡也就是起点 $s = 3$ 的地方，标记 $v[3]$ 一定为 0。

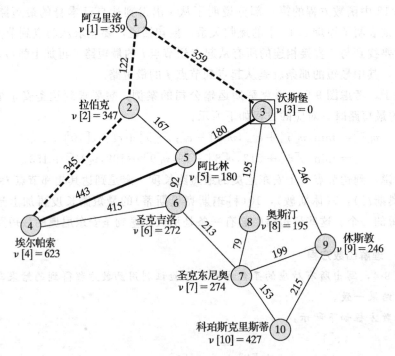

图 9-7　函数方程的充分性

对于其他的节点，比如节点 4 埃尔帕索，我们可以做如下两个判断。首先，原理 9.12 的函数方程保证了 $v[4]$ 是某条从起点 s 到达节点 4 的路的长度，节点 4 至少存在一个与其直接相连的邻居节点 i，且有：

$$v[4] = v[i] + c_{i,4}$$

在这里，$i=5$（阿比林）是最优解，因为它在原理 9.12 的函数方程中取到了最小值。但是节点 5 阿比林也有其对应的节点 j：

$$v[5] = v[j] + c_{j,5}$$

这里的最优解会取到 $j=3$。我们可以按照这样的方法一直进行下去，直到最终达到起点 s。把这些关系式加起来并化简，代入 $v[s]=0$，我们就可以得到：

$$v[4] + v[5] = v[5] + v[s] + c_{s,5} + c_{5,4}$$
$$v[4] = v[s] + c_{s,5} + c_{5,4}$$
$$v[4] = c_{s,5} + c_{5,4}$$

通过这样的方法我们就能找到 $v[4]$ 应该是路径 s-5-4 的长度。

我们还需要证明没有其他的路比 $v[4]$ 所表示的路径更短。考虑图 9-7 中的虚线表示的路径 s-1-2-4，所有的值都满足下面的函数方程：

$$v[1] \leqslant v[s] + c_{s,1}$$
$$v[2] \leqslant v[1] + c_{1,2}$$
$$v[4] \leqslant v[2] + c_{2,4}$$

同样，利用之前的方法，将关系式相加化简并代入 $v[s]=0$，就可以得到：

$$v[1] + v[2] + v[4] \leqslant v[s] + v[1] + v[2] + c_{s,1} + c_{1,2} + c_{2,4}$$

$$v[4] \leqslant v[s] + c_{s,1} + c_{1,2} + c_{2,4}$$
$$v[4] \leqslant c_{s,1} + c_{1,2} + c_{2,4}$$

上面的表达式说明了这条路不可能比 $v[4]$ 的长度更短。

例 9-7 验证函数方程的充分性

考虑右图以及图上的节点值 $v[k]$。

（a）请验证给定的 $v[k]$ 满足原理 9.12 中的函数方程。

（b）找到每个节点 $v[k]$ 涉及的路径。

（c）利用函数方程说明 1-3-2-4 这条路径的长度一定大于等于 $v[4]$。

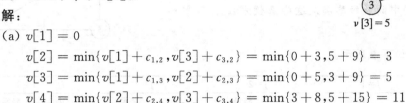

解：

（a）$v[1] = 0$

$v[2] = \min\{v[1] + c_{1,2}, v[3] + c_{3,2}\} = \min\{0+3, 5+9\} = 3$

$v[3] = \min\{v[1] + c_{1,3}, v[2] + c_{2,3}\} = \min\{0+5, 3+9\} = 5$

$v[4] = \min\{v[2] + c_{2,4}, v[3] + c_{3,4}\} = \min\{3+8, 5+15\} = 11$

（b）$v[1] = 0$ 是从起点到其自身的距离。$k = 2$ 时，我们通过寻找节点 2 周围的邻居并使其函数方程达到最小值即可，经过查找可以发现 1-2 这条路恰好有 $v[2] = 3$。对于 $k = 3$，我们可以类似地找到路径 1-3 恰好有 $v[3] = 5$。对于节点 $k = 4$，我们需要分为两步，使得节点 4 的路程最短的相邻节点为 $i = 2$，而使到达节点 2 最短路径的相邻节点为 $i' = 1$，因此，$v[4] = 11$ 代表的路径为 1-2-4。

（c）从节点 4，2，3 的函数方程可以得知：

$$v[4] \leqslant v[2] + c_{2,4}$$
$$v[2] \leqslant v[3] + c_{3,2}$$
$$v[3] \leqslant v[1] + c_{3,1}$$

将这些式子加和化简并代入 $v[1] = 0$，可得：

$$v[4] + v[2] + v[3] \leqslant v[1] + v[2] + v[3] + c_{1,3} + c_{3,2} + c_{2,4}$$
$$v[4] \leqslant v[1] + c_{1,3} + c_{3,2} + c_{2,4}$$
$$v[4] \leqslant c_{1,3} + c_{3,2} + c_{2,4}$$

9.2.9 从所有节点到所有其他节点（多对多）的函数方程

对于从所有节点到所有其他节点的最短路问题，我们只需要稍微修改一下函数方程，就可以使用原方法解决。

原理 9.14 在没有负权环路的途中，从所有节点到其他节点的最短路问题的函数方程如下所示：

$$v[k,k] = 0, \forall k$$
$$v[k,\ell] = \min\{c_{k,l}, \{v[k,i] + v[i,\ell] : i \neq k, \ell\}\} \forall k \neq \ell$$

与单一起点的函数方程类似，原理 9.14 也在阐述最优性原理 9.10——最优路径必包含最优子路径。也就是说，从 k 到 l 的最短路中要么包含了弧/边 (k, l)，要么就存在一个中介点 i，最优路径包含从 k 到 i 的最短路加上从 i 到 l 的最短路。这种算法的充分性与之前阐述的类似。

原理 9.15 在没有负权环路的图中，$[k, l]$ 代表着从 k 到 l 的最短路，当且仅当其满足原理 9.14 中的函数方程。

例 9-8 验证多对多的最短路情况下的函数方程
试找出右图中任意两点之间的最短路。
(a) 利用暴力搜索的方法找到所有最短路。
(b) 写出 $(i, j) = (1, 4)$ 和 $(2, 3)$ 情况下的函数方程。
(c) 验证 (a) 中的最短路满足这些函数方程。

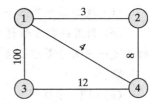

解：
(a) 最短路如下表所示。

i	$j = 1$		$j = 2$		$j = 3$		$j = 4$	
	v	路径	v	路径	v	路径	v	路径
1	0	—	3	1-2	16	1-4-3	4	1-4
2	3	2-1	0	—	19	2-1-4-3	7	2-1-4
3	16	3-4-1	19	3-4-1-2	0	—	12	3-4
4	4	1-4	7	4-1-2	12	4-3	0	—

(b) 根据原理 9.14，$(i, j) = (1, 4)$ 和 $(2, 3)$ 情况下的函数方程为：
$$v[1,4] = \min\{c_{1,4}, v[1,2] + v[2,4], v[1,3] + v[3,4]\}$$
$$v[2,3] = \min\{c_{2,3}, v[2,1] + v[1,3], v[2,4] + v[4,3]\}$$

(c) 将表格中的最优值代入上式可得：
$$v[1,4] = \min\{4, 3 + 7, 16 + 12\} = 4$$
$$v[2,3] = \min\{+\infty, 3 + 16, 7 + 12\} = 19$$

9.2.10 利用线性规划解决最短路问题

在不涉及负权环路的前提下，本章中提到的所有最短路问题都可以通过建立线性规划模型来求解。具体方法参见第 10 章。尽管如此，我们还要学习动态规划算法来解决此类问题，因为动态规划算法针对这类问题的效率更高。

原理 9.16 对于没有负权环路的图，使用线性规划的方法也可以求解最短路问题，但是相比之下，使用最优性原理的动态规划算法效率更高。

9.3 一对多的最短路问题：贝尔曼—福特算法

通过前面的例子，我们知道要想计算一对多的最短路问题，实际就是来求满足原理9.12 函数方程的 $v[k]$。原理 9.13 保证了在没有负权环路的图中，$v[k]$ 所代表的路就是

从起点到节点 k 的最短路径。

9.3.1　函数方程的求解

最短路算法的核心就在于如何有效地求出函数方程的解。容易发现，求函数方程并不能像线性方程那样直接求出，其中的求最小值的操作使得函数方程不是线性的。

原理 9.12 中的等式的形式给我们另一种解决方式，每个等式都是一个 $v[k]$ 的表达式，为什么不直接去找这些表达式的值呢？

我们常常可以沿着路的方向逐步求解（one-pass evaluation）（见 9.6 节和 9.7 节），但是如果图中包含类似右下图中的环路，就会给我们带来一些麻烦。

右图的环路的总长度是正的，所以不存在负权环路，问题在于以下三个函数方程：

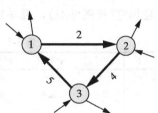

$$v[1] = \min\{v[3] + 5, \cdots\}$$
$$v[2] = \min\{v[1] + 2, \cdots\}$$
$$v[3] = \min\{v[2] + 4, \cdots\}$$

要想求出 $v[2]$ 就需要 $v[1]$ 的值，而求 $v[1]$ 的值需要 $v[3]$ 的值，求 $v[3]$ 又反而需要 $v[2]$ 的值。

原理 9.17　*即使所有的环路长度都非负，环路的存在仍会使得函数方程造成循环依赖的状况无法求解。*

9.3.2　重复评价算法：贝尔曼—福特算法

贝尔曼（R. E. Bellman）和福特（L. R. Ford）从函数方程中受到启发，设计了一个能够应用在所有不含负权环路的图的最短路算法。其核心在于重复评价。每轮搜索都要利用上一轮的结果来计算函数方程的 $v[k]$，直到结果不再发生变化再停止计算。

正如本书的其他搜索算法一样，算法 9A 使用脚标来标记每一轮的结果，也就是说：

$$v^{(t)}[k] \triangleq 第\ t\ 次循环得到的\ v[k]\ 值$$

当算法终止时，我们可能不仅希望能得到最短路的长度 $v[k]$，也希望能找到具体的路径，所以我们使用 $d[k]$ 来记录，以便我们可以找到最优路径。

$$d[k] \triangleq 从\ s\ 到\ k\ 的已知最优路径上的\ k\ 的前向节点$$

▶ **算法 9A：一对多（无负权环路）：贝尔曼—福特最短路算法**

步骤 0：初始化。 如果节点 s 是起点，初始化最优路径长度：

$$v^{(0)}[k] = \begin{cases} 0 & 如果\ k = s \\ +\infty & 否则 \end{cases}$$

并把循环计数设置为 $t \leftarrow 1$。

步骤 1：评价。 对于每个 k 计算：

$$v^{(t)}[k] \leftarrow \min\{v^{(t-1)}[i] + c_{i,k} : 如果存在弧或边\ (i, k)\}$$

如果 $v^{(t)}[k] < v^{(t-1)}[k]$，那么同时设定：

$$d[k] \leftarrow \text{使得 } v^{(t)}[k] \text{ 达到最小值的相邻节点 } i$$

步骤 2：停止。 如果对于所有的 k 都有 $v^{(t)}[k] = v^{(t-1)}[k]$，或者 t 达到了图中的节点数量，就停止继续计算。此时得到的 $v^{(t)}[k]$ 就是最短路的长度。除非图中包含了负权环路，此时最后的 $v^{(t)}[k]$ 仍然随着 t 变化。

步骤 3：跳转。 如果 $v^{(t)}[k]$ 仍在变化，而且 t 小于节点数，那么赋值 $t \leftarrow t+1$ 并跳转回步骤 1。

9.3.3 使用贝尔曼—福特算法解决"双环"马戏团的案例

在深入理解贝尔曼—福特算法 9A 之前，我们首先尝试在"双环"马戏团的案例中使用它（见图 9-4c），表 9-1 为我们提供了计算的细节。

表 9-1 使用贝尔曼—福特算法解决"双环"马戏团案例

t	$v^{(t)}[1]$	$v^{(t)}[2]$	$v^{(t)}[3]$	$v^{(t)}[4]$	$v^{(t)}[5]$	$v^{(t)}[6]$	$v^{(t)}[7]$	$v^{(t)}[8]$	$v^{(t)}[9]$
0	0	$+\infty$	$+\infty$	$+\infty$	$+\infty$	$+\infty$	$+\infty$	$+\infty$	$+\infty$
1		3.6	2.8	4.6					
2				3.7	4.1				
3						5.7	3.2		
4								4.8	6.7
5									5.5
6									

t	$d[1]$	$d[2]$	$d[3]$	$d[4]$	$d[5]$	$d[6]$	$d[7]$	$d[8]$	$d[9]$
1		1	1	1					
2				2					
3						5	5		
4								7	7
5									8
6									

算法的第一步是初始化 $v[k]$，由于我们没有其他的信息，所以在初始化的时候，我们只将起点 $v[s]$ 初始化为零。而其他的点都做最坏的打算，也就是初始化为 $+\infty$。

算法循环的第一步就是利用 $v^{(0)}[k]$ 来计算 $v^{(1)}[k]$，例如：

$$v^{(1)}[2] = \min\{v^{(0)}[1] + c_{1,2}, v^{(0)}[4] + c_{4,2}\} = \min\{0 + 3.6, \infty + 0.2\} = 3.6$$

经过一次循环，一些值发生了改变，$v^{(1)}[2] = 3.6$，$v^{(1)}[3] = 2.8$，$v^{(1)}[4] = 4.6$。

每当 $v[k]$ 发生变化的时候，我们希望能记录使其发生变化的新节点。比如 $d[2] \leftarrow 1$，因为使得 $v^{(1)}[2]$ 达到最小值的路径就是通过其邻居节点 $i = 1$。类似地，我们有 $d[3] \leftarrow 1$，$d[4] \leftarrow 1$。

继续考虑第二次循环 $t = 2$，重复以上操作，这一次节点 4 和 5 的值发生了变化。节点 4 的变化可以揭示贝尔曼—福特算法的本质，在第一次循环中，我们得到 $v^{(1)}[4] = 4.6$，因为：

$$v^{(1)}[4] = \min\{v^{(0)}[1] + c_{1,4}, v^{(0)}[2] + c_{2,4}, v^{(0)}[3] + c_{3,4}, v^{(0)}[5] + c_{5,4}, v^{(0)}[6] + c_{6,4}\}$$
$$= \min\{0 + 4.6, \infty + 0.1, \infty + 2.3, \infty + 1.5, \infty + 2.5\}$$
$$= 4.6$$

在第二次循环后，得到了更新后的值：

$$v^{(2)}[4] = \min\{v^{(1)}[1] + c_{1,4}, v^{(1)}[2] + c_{2,4}, v^{(1)}[3] + c_{3,4}, v^{(1)}[5] + c_{5,4}, v^{(1)}[6] + c_{6,4}\}$$
$$= \min\{0 + 4.6, 3.6 + 0.1, 2.8 + 2.3, \infty + 1.5, \infty + 2.5\}$$
$$= 3.7$$

我们利用这种方式不断地进行循环($t = 3，4，5$)，得到更好的 $v[k]$ 值，但是当我们在做 $t = 6$ 这次循环的时候，就可以发现没有节点的值会被更新，也就是满足了我们的停止准则。图 9-8 阐释了对应的最优路径。

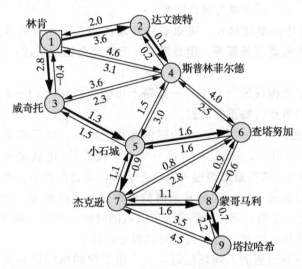

图 9-8 "双环" 马戏团案例的最优路径

例 9-9 应用贝尔曼—福特算法

应用贝尔曼—福特算法 9A 计算右图从节点 $s = 1$ 到其他节点的最短路长度。

解：初始化的步骤 0 中，设定：

$$v^{(0)}[1] = 0, v^{(0)}[2] = v^{(0)}[3] = v^{(0)}[4] = \infty$$

在循环 $t = 1$ 时，利用函数方程可得：

$v^{(1)}[1] = 0$

$v^{(1)}[2] = \min\{v^{(0)}[1] + c_{1,2}, v^{(0)}[4] + c_{4,2}\}$
$\qquad = \min\{0 + 5, \infty + 2\}$
$\qquad = 5$(更新使得 $d[2] = 1$)

$v^{(1)}[3] = \min\{v^{(0)}[1] + c_{1,3}, v^{(0)}[2] + c_{2,3}, v^{(0)}[4] + c_{4,3}\}$
$\qquad = \min\{0 + 8, \infty - 10, \infty + 3\}$
$\qquad = 8$(更新使得 $d[3] = 1$)

$v^{(1)}[4] = \min\{\} = \infty$

继续进行循环，并以表格的形式书写如右所示。

t	$v^{(t)}[1]$	$v^{(t)}[2]$	$v^{(t)}[3]$	$v^{(t)}[4]$
0	0	$+\infty$	$+\infty$	$+\infty$
1		5	8	
2			-5	
3				

t	$d[1]$	$d[2]$	$d[3]$	$d[4]$
1		1	1	
2			2	
3				

第二次循环 $t=2$，更新 $v^{(2)}[3]=-5$，同时带来了 $d[3]=2$。在 $t=3$ 的时候，值不再发生变化，算法终止。

从表格中我们可以找到最短路的长度值，其中 $v[2]=5$，$v[3]=-5$，$v[4]=\infty$，这说明了没有能到节点 4 的路径。

9.3.4 贝尔曼—福特算法的原理

在体会了算法 9A 的流程之后，我们要开始搞明白算法背后的原理，是什么能保证在终止条件达到时，$v^{(t)}[k]$ 会成为最优解呢？

再次观察图 9-8 中的最优路径，可以看到在最优路径下，有的节点与起点相距一条弧，有的相距两条弧或者三条弧等，但是没有一个节点会相距超过：

$$图中节点数 - 1 = 8$$

条弧。在一个 9 个节点构成的网络中，一条路不可能包括 $(9-1)=8$ 条以上的弧，因为更多的弧意味着有的节点会被重复路过。

从初始化 $t=0$ 的时候，$v^{(t)}[1]=0$ 的赋值就是正确的，以后都不会发生变化，在第一次循环 $t=1$ 时，得到的最短路都是直接与节点 1 相连的（也就是说，$v^{(1)}[k]$ 所代表的最短路只包含一条弧），这些最短路也一定是正确的，不会再更新。类似地，$t=2$ 时，那些最优路径包含两条弧的 $v^{(2)}[k]$ 也就是最终的最短路。总的来说，$v^{(t)}[k]$ 反映了到 k 的最短路含有小于等于 t 条弧。当 t 恰好等于节点数的时候，算法一定会终止。如果我们进行循环后没有改变任何一个值，这时候也可以停止计算了。

当我们比较最短路问题的不同算法时，一个很重要的指标就是当涉及的图复杂程度上升时所带来的计算复杂度上升的速度，我们用 **时间复杂度** $O(\cdot)$ 来描述这种指标。$O(\cdot)$ 表示在最差的情况下计算一定规模的问题所需要的计算时间（详情见 14.2 节）。在一个拥有 n 个节点的图中，采用贝尔曼—福特算法最多需要 $O(n)$ 次循环。每次循环要计算所有 n 个节点的相邻流入节点，在最坏的情况下每个节点都要考虑所有其他节点。因此，每次循环的计算最多需要 $O(n^2)$，总的计算复杂度为 $O(n^3)$。

9.3.5 找到最优路径

有的最短路模型要求求出最短路的长度，但是还有很多情况下需要找到具体路径。

为了推出最优路径，我们使用最优原理 9.10 的结论，最短路一定包含最优子路，到任何一个节点的最短路都是其相邻节点最短路的一个延伸。从这个性质中，我们就可以发现只需要最优路径的最后一个节点就可以逆向恢复出整条最短路。

在计算过程中所记录的 $d[k]$ 就包括了所有我们需要的信息。因为它记录了达到最短路长度 $v[k]$ 时的最后一个节点。

原理 9.18 从起点 s 到其他节点 k 的最短路可以通过从 k 出发，回溯其邻居节点 $d[k]$，并以此类推直到到达起点 s。

我们结合图 9-8 中"双环"马戏团中的从林肯到塔拉哈希求最短路的例子进行说明。从塔拉哈希节点 9 开始，$d[9]=8$ 告诉我们最优路径的倒数第二个节点为 8。接下来查看到达节点 8 的最短路，$d[8]=7$，说明接下来的节点为节点 7。

以此类推可知，$d[7]=5$，$d[5]=3$，$d[3]=1$，最后达到了起点。因此最优路径为 1-3-5-7-8-9，也就是从林肯到威奇托到小石城到杰克逊到蒙哥马利，最后到达塔拉哈希。

例 9-10　复原贝尔曼—福特算法下的最优路径

考虑例 9-9 中的图，利用例 9-9 中的表格和 $d[k]$ 值来复原到达节点 3 的最短路。

解： 利用原理 9.18，我们从终点 3 开始恢复，$d[3]=2$，$d[2]=1$，到达了起点。因此，最短路应为 1-2-3。

9.3.6　负权环路下的贝尔曼—福特算法

我们知道拥有负权环路的最短路问题通常不能通过类似 9A 的动态规划的算法求解，但是当我们遇到一个非常大型的模型的时候，我们可能很难去验证图中是否存在负权环路。

为了找到负权环路对我们的算法的影响，我们试着套用贝尔曼—福特算法来解决图 9-6 这种带有负权环路的问题。

t	$v^{(t)}[1]$	$v^{(t)}[2]$	$v^{(t)}[3]$	$v^{(t)}[4]$	$d[1]$	$d[2]$	$d[3]$	$d[4]$
0	0	$+\infty$	$+\infty$	$+\infty$				
1		2	10			1	1	
2			5	22			2	3
3		-3		17	4			
4		-8	0					

类似其他例子，首先将 $v^{(0)}[k]$ 初始化，然后每次循环都要更新 $v[k]$ 和 $d[k]$。但问题是在这样一个仅有 4 个节点的图中，这些值在循环达到了 $t=4$ 之后仍在变化。随着循环的进行，沿着负权环路的运行会使得 $v^{(t)}$ 越来越小。

$$v^{(t)}[2] \leftarrow v^{(t-1)}[4] - 25$$
$$v^{(t)}[3] \leftarrow v^{(t-1)}[2] + 3$$
$$v^{(t)}[4] \leftarrow v^{(t-1)}[3] + 12$$

这就解释了为什么当 $t=$ 节点数后，贝尔曼—福特算法本应该停止但是其值仍在不断变化。

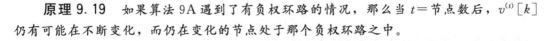

原理 9.19　如果算法 9A 遇到了有负权环路的情况，那么当 $t=$ 节点数后，$v^{(t)}[k]$ 仍有可能在不断变化，而仍在变化的节点处于那个负权环路之中。

对于那些在最后一次循环 $v^{(t)}[k]$ 仍在变化的节点，我们可以沿着其中任意一个 $d[k]$ 的指引找到图中的负权环路。比如我们可以从 $k=2$ 开始，因为 $v^{(4)}[2]=-8 \neq v^{(3)}[2]=-3$，按照 $d[k]$ 回溯可得：

$$d[2] = 4$$
$$d[4] = 3$$
$$d[3] = 2$$

节点 2 重复了两次，此时我们就已经找到了这个负权环路 2-3-4-2。

9.4 多对多最短路问题：弗洛伊德—瓦尔肖算法

在一个没有负权环路的图中，当需要知道任意两个节点对之间的最短路的时候（比如图 9-1 中的利特尔维尔案例），我们需要有效地计算满足原理 9.14 函数方程的 $v[k, \ell]$。

9.4.1 弗洛伊德—瓦尔肖算法

弗洛伊德(R. W. Floyd)和瓦尔肖(S. Warshall)设计的算法 9B 就是一种有效的计算任意两节点最短路的算法。

$$v^{(t)}[k, \ell] \triangleq 中介节点数量小于等于 t 时的从 k 到 \ell 的最短路长度$$

随着循环次数 t 的增长，$v^{(t)}[k, \ell]$ 会收敛到要求的最短路长度 $v[k, \ell]$，与之对应的标记为：

$$d[k, \ell] \triangleq 目前从 k 到 \ell 的最短路中 \ell 的前一个节点$$

可以通过 $d[k, \ell]$ 来记录相对应的最短路。

算法 9B 的有效性的关键在于聪明地选择计算 v 的顺序。在初始化的时候，要设置 $v^{(0)}[k, \ell] = c_{k, \ell}$。因为没有中介节点的唯一一条从 k 到 ℓ 的路就是弧/边(k, ℓ)，其成本为 $c_{k, \ell}$。

接下来的循环需要考虑下面草图中展示的与前面结果的联系。

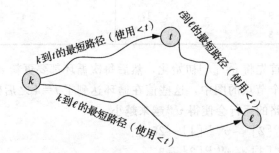

▶**算法 9B：多对多(无负权环路)；弗洛伊德—瓦尔肖最短路算法**

步骤 0：初始化。首先图中确保所有节点的标号都是从 1 开始的连续的正整数。对于图中所有的弧和边(k, ℓ)，初始化：

$$v^{(0)}[k, \ell] \leftarrow c_{k, \ell}$$
$$d[k, \ell] \leftarrow k$$

如果节点 k, ℓ 之间不存在弧/边(k, ℓ)，赋值：

$$v^{(0)}[k, \ell] = \begin{cases} 0 & 如果 k = \ell \\ +\infty & 否则 \end{cases}$$

并把循环计数设置为 $t \leftarrow 1$。

步骤 1：评价。对于每个 $k, \ell \neq t$ 更新：

$$v^{(t)}[k, \ell] \leftarrow \min\{v^{(t-1)}[k, \ell], v^{(t-1)}[k, t] + v^{(t-1)}[t, \ell]\}$$

如果 $v^{(t)}[k, \ell] < v^{(t-1)}[k, \ell]$，那么同时设定 $d[k, \ell] \leftarrow d[t, \ell]$。

步骤 2：停止。 如果对于某个节点 k 有 $v^{(t)}[k, k] < 0$，或者 t 达到了图中的节点数量，就停止继续计算。此时得到的 $v^{(t)}[k, \ell]$ 就是最短路的长度。当存在某个节点的 $v^{(t)}[k, k]$ 是负值时，图中包含了负权环路。

步骤 3：跳转。 如果对于所有节点 $v^{(t)}[k, k] \geqslant 0$，而且 t 小于节点数，那么赋值 $t \leftarrow t + 1$ 并跳转回步骤 1。

在第 t 次循环中，我们已经知道了最优路径使用的节点标号小于 t 的节点作为中介节点，因此目前路径中包含的节点数 $\leqslant t$。$v^{(t)}[k, \ell]$ 的值要么与之前的值相同，要么就会以 t 为新的中介点，途经从 k 到 t 的最短路和从 t 到 ℓ 的最短路。后面的这种情况就要利用之前计算过的子路径 $v^{(t-1)}[k, t]$ 和 $v^{(t-1)}[t, \ell]$。到算法终止的时候，原理 9.14 函数方程中的所有可能的最小值都会被遍历一遍，因此我们得到的 $v[k, \ell]$ 将是最优的。

接下来简要说明该算法应用在拥有 n 个节点的图时的时间复杂度（详见 14.2 节），算法要经过 $O(n)$ 次循环，每次需要检查 $O(n^2)$ 对节点，所以总的时间复杂度为 $O(n^3)$。

但是在算法中有一点值得我们注意，我们如何保证将图中从 k 到 t 的最短路与从 t 到 ℓ 的最短路拼起来恰好能形成一条从 k 到 ℓ 的路呢？这么做一定会形成一条从 k 到 ℓ 的弧的序列，而且只要我们采用了这条序列，就意味着其长度要小于上一次循环的最优值 $v^{(t-1)}[k, \ell]$。但是下图展示了一种例外情况，两条子路可能包含了一个甚至多个共同的节点，这样拼接起来的序列将不是一条路。

但是实际上，这种情况并不会发生，首先我们注意到从 i 到 t 的这条环路一定不是负权环路，因为我们已经在一开始的假设中排除了这种情况。所以，如果我们将这个环去除，整条路的长度会更短，而且只需要中介节点的标号

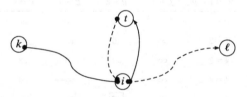

$< t$。在之前的循环中，我们已经计算过标号 $< t$ 时的最优解为 $v^{(t-1)}[k, \ell]$，但是这条去除了环路的新路线长度要 $< v^{(t-1)}[k, \ell]$，这与最优解的性质发生了矛盾，因此两个子路合并出的新序列也应该是一条路。

9.4.2　利用弗洛伊德—瓦尔肖算法解决利特尔维尔案例

为了进一步解释弗洛伊德—瓦尔肖案例，我们将其应用在图 9-1 所示的利特尔维尔案例中，表 9-2 展示了初始值的赋值，以及 $t = 1, 9, 10$ 这几次循环的结果。

表 9-2　使用弗洛伊德—瓦尔肖算法解决利特尔维尔案例

初始化

$v^{(0)}[k, \ell]$	$\ell = 1$	$\ell = 2$	$\ell = 3$	$\ell = 4$	$\ell = 5$	$\ell = 6$	$\ell = 7$	$\ell = 8$	$\ell = 9$	$\ell = 10$
$k = 1$	0	12	∞	∞	∞	∞	∞	∞	∞	∞
$k = 2$	∞	0	18	∞	∞	32	∞	∞	∞	∞
$k = 3$	∞	∞	0	13	∞	∞	30	∞	∞	∞
$k = 4$	∞	∞	∞	0	∞	∞	∞	∞	∞	38
$k = 5$	20	∞	∞	∞	0	18	∞	∞	∞	∞
$k = 6$	∞	32	∞	∞	18	0	28	∞	25	∞

（续）

$v^{(0)}[k,\ell]$	$\ell=1$	$\ell=2$	$\ell=3$	$\ell=4$	$\ell=5$	$\ell=6$	$\ell=7$	$\ell=8$	$\ell=9$	$\ell=10$
$k=7$	∞	∞	30	∞	∞	28	0	∞	21	49
$k=8$	∞	∞	∞	∞	18	∞	∞	0	36	∞
$k=9$	∞	∞	∞	∞	∞	25	21	36	0	40
$k=10$	∞	∞	∞	∞	∞	∞	49	28	40	0

$d[k,\ell]$	$\ell=1$	$\ell=2$	$\ell=3$	$\ell=4$	$\ell=5$	$\ell=6$	$\ell=7$	$\ell=8$	$\ell=9$	$\ell=10$
$k=1$	—	1	—	—	—	—	—	—	—	—
$k=2$	—	—	2	—	—	2	—	—	—	—
$k=3$	—	—	—	3	—	—	3	—	—	—
$k=4$	—	—	—	—	—	—	—	—	—	4
$k=5$	5	—	—	—	—	5	—	—	—	—
$k=6$	—	6	—	—	6	—	6	—	6	—
$k=7$	—	—	7	—	—	7	—	—	7	7
$k=8$	—	—	—	—	8	—	—	—	8	—
$k=9$	—	—	—	—	—	9	9	9	—	9
$k=10$	—	—	—	—	—	—	10	10	10	—

迭代后 $t=1$

$v^{(1)}[k,\ell]$	$\ell=1$	$\ell=2$	$\ell=3$	$\ell=4$	$\ell=5$	$\ell=6$	$\ell=7$	$\ell=8$	$\ell=9$	$\ell=10$
$k=1$	0	12	∞	∞	∞	∞	∞	∞	∞	∞
$k=2$	∞	0	18	∞	∞	32	∞	∞	∞	∞
$k=3$	∞	∞	0	13	∞	∞	30	∞	∞	∞
$k=4$	∞	∞	∞	0	∞	∞	∞	∞	∞	38
$k=5$	20	$\boxed{32}$	∞	∞	0	18	∞	∞	∞	∞
$k=6$	∞	32	∞	∞	18	0	28	∞	25	∞
$k=7$	∞	∞	30	∞	∞	28	0	∞	21	49
$k=8$	∞	∞	∞	∞	18	∞	∞	0	36	∞
$k=9$	∞	∞	∞	∞	∞	25	21	36	0	40
$k=10$	∞	∞	∞	∞	∞	∞	49	28	40	0

$d[k,\ell]$	$\ell=1$	$\ell=2$	$\ell=3$	$\ell=4$	$\ell=5$	$\ell=6$	$\ell=7$	$\ell=8$	$\ell=9$	$\ell=10$
$k=1$	—	1	—	—	—	—	—	—	—	—
$k=2$	—	—	2	—	—	2	—	—	—	—
$k=3$	—	—	—	3	—	—	3	—	—	—
$k=4$	—	—	—	—	—	—	—	—	—	4
$k=5$	5	$\boxed{1}$	—	—	—	5	—	—	—	—
$k=6$	—	6	—	—	6	—	6	—	6	—
$k=7$	—	—	7	—	—	7	—	—	7	7
$k=8$	—	—	—	—	8	—	—	—	8	—
$k=9$	—	—	—	—	—	9	9	9	—	9
$k=10$	—	—	—	—	—	—	10	10	10	—

（续）

迭代后 $t=9$

$v^{(9)}[k, \ell]$

	$\ell=1$	$\ell=2$	$\ell=3$	$\ell=4$	$\ell=5$	$\ell=6$	$\ell=7$	$\ell=8$	$\ell=9$	$\ell=10$
$k=1$	0	12	30	43	62	44	60	105	69	81
$k=2$	70	0	18	31	50	32	48	93	57	69
$k=3$	96	90	0	13	76	58	30	87	51	51
$k=4$	∞	∞	∞	0	∞	∞	∞	∞	∞	38
$k=5$	20	32	50	63	0	18	46	79	43	83
$k=6$	38	32	50	63	18	0	28	61	25	65
$k=7$	66	60	30	43	46	28	0	57	21	49
$k=8$	38	50	68	81	18	36	57	0	36	76
$k=9$	63	57	51	64	43	25	21	36	0	40
$k=10$	66	78	79	92	46	64	49	28	40	0

$d[k, \ell]$

	$\ell=1$	$\ell=2$	$\ell=3$	$\ell=4$	$\ell=5$	$\ell=6$	$\ell=7$	$\ell=8$	$\ell=9$	$\ell=10$
$k=1$	—	1	2	3	6	2	3	9	6	4
$k=2$	5	—	2	3	6	2	3	9	6	4
$k=3$	5	6	—	3	6	7	3	9	7	4
$k=4$	—	—	—	—	—	—	—	—	—	4
$k=5$	5	1	2	3	—	5	6	9	6	9
$k=6$	5	6	2	3	6	—	6	9	6	9
$k=7$	5	6	7	3	6	7	—	9	7	7
$k=8$	5	1	2	3	8	5	9	—	8	9
$k=9$	5	6	7	3	6	9	9	9	—	9
$k=10$	5	1	7	3	8	5	10	10	10	—

迭代后 $t=10$

$v^{(10)}[k, \ell]$

	$\ell=1$	$\ell=2$	$\ell=3$	$\ell=4$	$\ell=5$	$\ell=6$	$\ell=7$	$\ell=8$	$\ell=9$	$\ell=10$
$k=1$	0	12	30	43	62	44	60	105	69	81
$k=2$	70	0	18	31	50	32	48	93	57	69
$k=3$	96	90	0	13	76	58	30	79	51	51
$k=4$	104	116	117	0	84	102	87	66	78	38
$k=5$	20	32	50	63	0	18	46	79	43	83
$k=6$	38	32	50	63	18	0	28	61	25	65
$k=7$	66	60	30	43	46	28	0	57	21	49
$k=8$	38	50	68	81	18	36	57	0	36	76
$k=9$	63	57	51	64	43	25	21	36	0	40
$k=10$	66	78	79	92	46	64	49	28	40	0

$d[k, \ell]$

	$\ell=1$	$\ell=2$	$\ell=3$	$\ell=4$	$\ell=5$	$\ell=6$	$\ell=7$	$\ell=8$	$\ell=9$	$\ell=10$
$k=1$	—	1	2	3	6	2	3	9	6	4
$k=2$	5	—	2	3	6	2	3	9	6	4
$k=3$	5	6	—	3	6	7	3	10	7	4
$k=4$	5	1	7	—	8	5	10	10	10	4
$k=5$	5	1	2	3	—	5	6	9	6	9
$k=6$	5	6	2	3	6	—	6	9	6	9
$k=7$	5	6	7	3	6	7	—	9	7	7
$k=8$	5	1	2	3	8	5	9	—	8	9
$k=9$	5	6	7	3	6	9	9	9	—	9
$k=10$	5	1	7	3	8	5	10	10	10	—

首先算法要为所有的弧/边(k,ℓ)初始化$v^{(0)}[k,\ell]$为$c_{k,\ell}$，并将$d[k,\ell]$也进行赋值。比如$v^{(0)}[6,7]\leftarrow c_{6,7}=28$，$d[6,7]\leftarrow6$。

如果两个不同节点之间不存在弧/边，那么初始的$v^{(0)}[k,\ell]$设为$+\infty$，对于k到k的路径长度$v^{(0)}[k,k]$则应该初始化为0，因此在表9-2中的$v^{(0)}[1,10]\leftarrow\infty$，因为在利特尔维尔的网络中不存在从节点1到节点10直接相连的弧/边。而$v^{(0)}[9,9]\leftarrow0$意味着从节点9到其本身的最短路长度为0。

第一次循环将跳转到算法9B中的第一步，对于所有的不含$t=1$的节点对，我们将比较之前的路径长度与k到t加上t到ℓ的路径和并选取较小的那个作为新的$v[k,\ell]$值。

从表9-2中可以发现，只有$k=5$，$\ell=2$这一对节点的值发生了变化，原来没有直接从节点5到节点2的路径(参见图9-1b)，所以$v^{(0)}[5,2]=+\infty$，但是当在第一次循环时，我们将节点1作为中介节点，此时可以利用对应的函数方程来计算5-1-2的路径长度。

$$v^{(1)}[5,2]\leftarrow\min\{v^{(0)}[5,2],v^{(0)}[5,1]+v^{(0)}[1,2]\}=\min\{\infty,20+12\}=32$$

同时，$d[5,2]$表示目前从节点5到节点2的最短路的前一个节点，所以$d[5,2]=1$。

跳过中间的一些类似的步骤，表9-2也为我们展示了当$t=9$和10作为中介节点时的最短路变化。比如：

$$v^{(10)}[3,8]\leftarrow\min\{v^{(9)}[3,8],v^{(9)}[3,10]+v^{(9)}[10,8]\}=\min\{87,51+28\}=79$$

还有：

$$v^{(10)}[4,1]\leftarrow v^{(9)}[4,10]+v^{(9)}[10,1]\}=38+66=104$$

但是我们需要慎重地计算对应的$d[4,1]$，我们应该将其设为5而不是10。因为我们希望$d[4,1]$表示更新后的路的倒数第二个节点，应该从上一次循环中的$d[10,1]$中得到，所以很可能不是中介节点的节点标号t。

利特尔维尔网络中只有10个节点，在第10次循环后，每个节点都被尝试成为过中介节点，所以这时算法就可以终止了，所得到的$v^{(10)}[k,\ell]$就应该是要求的最短路长度。

例9-11 应用弗洛伊德—瓦尔肖算法

考虑下图：

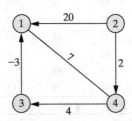

应用弗洛伊德—瓦尔肖算法9B计算出图中任意两点的最短路长度。

解： 类似表9-2的做法，我们计算出$v^{(t)}[k,\ell]$和$d[k,\ell]$，并用方框圈出改变的值。

	$v^{(0)}[k,\ell]$				$d[k,\ell]$			
k	$\ell=1$	$\ell=2$	$\ell=3$	$\ell=4$	$\ell=1$	$\ell=2$	$\ell=3$	$\ell=4$
1	0	∞	∞	7	—			1
2	20	0	∞	2	2	—		2
3	−3	∞	0	∞	3		—	
4	7	∞	4	0	4		4	—

（续）

	$v^{(1)}[k,\ell]=v^{(2)}[k,\ell]$				$d[k,\ell]$			
k	$\ell=1$	$\ell=2$	$\ell=3$	$\ell=4$	$\ell=1$	$\ell=2$	$\ell=3$	$\ell=4$
1	0	∞	∞	7	—	—	—	1
2	20	0	∞	2	2	—	—	2
3	-3	∞	0	$\boxed{4}$	3	—	—	$\boxed{1}$
4	7	∞	4	0	4	—	4	—

	$v^{(3)}[k,\ell]$				$d[k,\ell]$			
k	$\ell=1$	$\ell=2$	$\ell=3$	$\ell=4$	$\ell=1$	$\ell=2$	$\ell=3$	$\ell=4$
1	0	∞	∞	7	—	—	—	1
2	20	0	∞	2	2	—	—	2
3	-3	∞	0	4	3	—	—	1
4	$\boxed{1}$	∞	4	0	$\boxed{3}$	—	4	—

	$v^{(4)}[k,\ell]$				$d[k,\ell]$			
k	$\ell=1$	$\ell=2$	$\ell=3$	$\ell=4$	$\ell=1$	$\ell=2$	$\ell=3$	$\ell=4$
1	0	∞	$\boxed{11}$	7	—	—	$\boxed{4}$	1
2	3	0	$\boxed{6}$	2	$\boxed{3}$	—	$\boxed{4}$	2
3	-3	∞	0	4	3	—	—	1
4	1	∞	4	0	3	—	4	—

表中 $t=1$ 和 $t=2$ 的值是相通的，因为没有一条路可以以节点 2 作为中介节点。由于图中只有 4 个节点，所以经过 4 次循环，算法就可以终止。其中 $v^{(4)}[1,2]=\infty$，这就说明不存在从节点 1 到节点 2 的路。

9.4.3　找到最优路径

类似之前的方法（原理 9.18），我们可以利用 $d[k,\ell]$ 来复原出任意两点的最优路径。

原理 9.20　在算法 9B 结束之后，求出从节点 k 到其他节点 ℓ 的最短路，可以通过从 ℓ 出发，回溯其邻居地节点 $d[k,\ell]$，以此类推直到到达起点 k。

为了进一步对上述原理进行解释，我们回到利特尔维尔案例的表 9-2，并试图还原从节点 $k=3$ 到节点 $\ell=8$ 的最短路径。在最后一次循环中，$d[3,8]=10$，也就是说最短路径的倒数第二个节点是 10，接着从节点 10 开始，利用最优性原理 9.10，找到从 3 到 10 的最短路。而 $d[3,10]=4$ 告诉我们接下来的节点是 4，以此类推可知，$d[3,4]=3$，回到了起点 3，所以可以得到最优路径 3-4-10-8。

例 9-12　复原弗洛伊德—瓦尔肖算法得到的路径

利用例 9-11 中的表格复原从 $k=2$ 到 $\ell=1$ 的最优路径。

解：利用原理 9.20，我们从终点 $\ell=1$ 回溯，$d[2,1]=3$，说明倒数第二个节点为 3，继续可发现 $d[2,3]=4$，$d[2,4]=2$ 回到了起点，因此最优路径为 2-4-3-1。

9.4.4 负权环路下的弗洛伊德—瓦尔肖算法

类似贝尔曼—福特算法，弗洛伊德—瓦尔肖算法也是只有在图中不包含负权环路的情况下才能保证最优解。算法所依据的原理 9.14 函数方程在负权环路下将会失效。

在一个有负权环路的图中使用算法 9B 会发生什么呢？步骤 2 中的停止准则会起作用，当有负权环路的时候计算就会停止。在弗洛伊德—瓦尔肖算法中，如果出现了 $v^{(t)}[k,k]<0$（也就是说，到自己本身的最短路长度小于零），那么就说明图中有负权环路。

原理 9.21　如果将算法 9B 应用到含有负权环路的图中，算法过程中将会出现 $v^{(t)}[k,k]<0$ 并至此终止，这样的情况说明了节点 k 在负权环路中。

为了理解这一现象，考虑图 9-6 中负权环路的例子，应用算法 9B 得到下表。

	$v^{(0)}[k,\ell]=v^{(1)}[k,\ell]$				$d[k,\ell]$			
k	$\ell=1$	$\ell=2$	$\ell=3$	$\ell=4$	$\ell=1$	$\ell=2$	$\ell=3$	$\ell=4$
1	0	2	10	∞	—	1	1	—
2	∞	0	3	∞	—	—	2	—
3	∞	∞	0	12	—	—	—	3
4	∞	-25	∞	0	—	4	—	—

	$v^{(2)}[k,\ell]$				$d[k,\ell]$			
k	$\ell=1$	$\ell=2$	$\ell=3$	$\ell=4$	$\ell=1$	$\ell=2$	$\ell=3$	$\ell=4$
1	0	2	5	∞	—	1	1	—
2	∞	0	3	∞	—	—	2	—
3	∞	∞	0	12	—	—	—	3
4	∞	-25	-22	0	—	4	2	—

	$v^{(3)}[k,\ell]$				$d[k,\ell]$			
k	$\ell=1$	$\ell=2$	$\ell=3$	$\ell=4$	$\ell=1$	$\ell=2$	$\ell=3$	$\ell=4$
1	0	2	5	17	—	1	1	3
2	∞	0	3	15	—	—	2	3
3	∞	∞	0	12	—	—	—	3
4	∞	-25	-22	-10	—	4	2	3

在第三次循环 $t=3$ 的时候，
$$v^{(3)}[4,4] \leftarrow \min\{0,v^{(2)}[4,3]+v^{(2)}[3,4]\} = \min\{0,-22+12\} = -10$$

这样算法将在这次循环后终止，并且告诉我们节点 4 在一个负权环路中。最后一次循环的 $d[k,l]$ 可以帮助我们复原找到整条负权环路，从表格 $t=3$ 的节点 4 开始可得：

$$d[4,4]=3$$
$$d[4,3]=2$$
$$d[4,2]=4$$

所以，可知负权环路为 4-2-3-4。

9.5　无负权一对多最短路问题：迪杰斯特拉算法

前两节介绍的贝尔曼—福特算法和弗洛伊德—瓦尔肖算法可以解决 9.1 节以及即将学习的 9.6 节和 9.7 节中的所有最短路问题。这两个算法只需要给定的图中没有负权环路即可。然而当图满足进一步的一些条件时，这两个算法就不再是效率最高的算法了。这一节我们关注迪杰斯特拉（E. W. Dijkstra）算法，这个算法只适用于一对多并且每条路上的成本都非负（$c_{i,j} \geqslant 0$）的最短路问题。下面的算法 9C 详细地阐述了迪杰斯特拉算法。

▶ **算法 9C：一对多（无负权路）；迪杰斯特拉最短路算法**

步骤 0：初始化。如果节点 s 是起点，初始化最优路径长度：

$$v[i] = \begin{cases} 0 & \text{如果 } i = s \\ +\infty & \text{否则} \end{cases}$$

并把所有的点记作临时标签节点，选择 $p \leftarrow s$ 作为下一步永久标签的节点。

步骤 1：处理。将节点 p 记作永久标签，对所有从 p 出发到一个永久标签节点的弧/边 (p, i)，更新：

$$v[i] \leftarrow \min\{v[i], v[p] + c_{p,i}\}$$

如果 $v[i]$ 发生了变化，那么同时设定 $d[k] \leftarrow p$。

步骤 2：停止。如果对于不存在临时标签的节点，那么算法终止，此时的 $v[i]$ 就是求得的最短路长度。

步骤 3：跳转。选择当前 $v[i]$ 最小的临时标签节点 p 作为下一次的永久标签，

$$v[p] = \min\{v[i]：节点 i 为临时标签\}$$

并跳转回步骤 1。

9.5.1　临时和永久标签的节点

在一个没有负权的弧/边的图中，一定也不会含有负权环路，所以我们可以应用原理 9.12 的函数方程。

迪杰斯特拉算法 9C 与之前算法的不同之处在于其计算函数方程的方法。在贝尔曼—福特算法 9A 中，我们在所有循环中对每个节点都加以计算，所以在利用原理 9.12 的函数方程求最小值的时候就需要多次处理一个节点的所有入弧和边。

但是迪杰斯特拉算法主要处理的是出弧和边，更重要的是，对于每一条弧/边，算法只会处理一次。在算法每次循环中，都会将一个新的节点 p 进行永久标签。

定义 9.22　*如果在迪杰斯特拉算法 9C 中某个节点被标记为**永久标签**，那么它的 $v[p]$ 和 $d[p]$ 将不再发生变化。而那些没有被永久标记的节点则拥有**临时标签**。*

当我们选定新的节点 p 并赋予其永久标签时，我们对所有 p 的有临时标签的邻居节点 i 做如下更新：

$$v[i] \leftarrow \min\{v[i], v[p] + c_{p,i}\}$$

从算法中我们知道，拥有永久标签的节点值不会再发生变动，所以在搜索 $v[i]$ 的时候，我们不用再考虑弧/边 (p, i)。当所有标签都是永久标签后，算法就可以停止了，这时得到的最短路长度则为最优解。

原理 9.23 迪杰斯特拉算法 9C 是计算一对多无负权的图（或有向图）最有效的方法。

如果对图有除了无负权之外的进一步的假设，也可能存在更有效的算法（参见 9.6 节）。

9.5.2 永久标签节点的选取

我们可以看到，迪杰斯特拉算法的核心在于在临时标签的节点中选取合适的一个作为永久标签，算法中的选取规则十分简洁。

原理 9.24 迪杰斯特拉算法 9C 的每次循环中，将临时标签中拥有最小 $v[i]$ 的在下一次的循环中标记为永久标签。

所有的临时标签的节点的 $v[i]$ 都会参与比较，并选取 p 满足：
$$v[p] = \min\{v[i]：节点 i 为临时标签\}$$

9.5.3 利用迪杰斯特拉算法解决得克萨斯运输公司问题

在讨论原理 9.24 的机理之前，首先将迪杰斯特拉算法应用在图 9-9 得克萨斯运输公司案例中，表 9-3 展示了具体的计算过程。

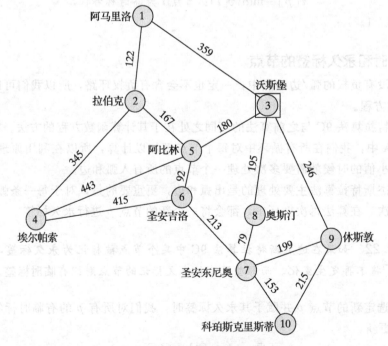

图 9-9　得克萨斯运输公司的运输网络

表 9-3 迪杰斯特拉算法解决得克萨斯运输公司问题

p	v[1]	v[2]	v[3]	v[4]	v[5]	v[6]	v[7]	v[8]	v[9]	v[10]
(初始化)	∞	∞	0	∞	∞	∞	∞	∞	∞	∞
3	359		(永久标签)		180			195	246	
5		347		623	(永久标签)	272				
8							274	(永久标签)		
9									(永久标签)	461
6						(永久标签)				
7							(永久标签)			427
1	(永久标签)									
2		(永久标签)								
10										(永久标签)
4				(永久标签)						
(终止)	359	347	0	623	180	272	274	195	246	427
p	d[1]	d[2]	d[3]	d[4]	d[5]	d[6]	d[7]	d[8]	d[9]	d[10]
3	3				3			3	3	
5		5		5		5				
8							8			
9										9
6										7
7										
1										
2										
10										
4										
(终止)	3	5	—	5	3	5	8	3	3	7

解法与之前的方法基本一致，首先对 $v[i]$ 进行初始化，除了起点 $v[3] \leftarrow 0$ 之外，其余的节点 $v[i] \leftarrow \infty$。所有的节点一开始都记作临时标签，起点 3 在下一次循环时将成为第一个拥有永久标签的节点。

处理新的永久标签节点意味着检查所有从 p 一步可达的临时标签节点 i 的 $v[i]$。对于 $p=3$，我们要考虑节点 1，5，8，9，因此：

$$v[1] \leftarrow \min\{v[1], v[3] + c_{3,1}\} = \min\{\infty, 0 + 359\} = 359$$
$$v[5] \leftarrow \min\{v[5], v[3] + c_{3,5}\} = \min\{\infty, 0 + 180\} = 180$$
$$v[8] \leftarrow \min\{v[8], v[3] + c_{3,8}\} = \min\{\infty, 0 + 195\} = 195$$
$$v[9] \leftarrow \min\{v[9], v[3] + c_{3,9}\} = \min\{\infty, 0 + 246\} = 246$$

对应的 $d[1] \leftarrow d[5] \leftarrow d[8] \leftarrow d[9] \leftarrow 3$，因为所有的 4 个 $v[i]$ 都是以 3 为中介节点发生了变化。

接下来要应用原理 9.24 的准则，下一轮的永久标签 p 应该是目前临时标签节点中拥有最小 $v[i]$ 的那个 i，当前除了节点 3 之外的所有节点都有临时标签。

$$\min\{v[1], v[2], v[4], v[5], v[6], v[7], v[8], v[9], v[10]\}$$
$$= \min\{359, \infty, \infty, 180, \infty, \infty, 195, 246, \infty\} = 180$$

最小值取在节点 5 上，也就是说 $p=5$。

接下来，更新从节点 5 出发一步到达的其他临时标签节点的值。

$$v[2] \leftarrow \min\{v[2], v[5]+c_{5,2}\} = \min\{\infty, 180+167\} = 347$$

$$v[4] \leftarrow \min\{v[4], v[5]+c_{5,4}\} = \min\{\infty, 180+443\} = 623$$

$$v[6] \leftarrow \min\{v[6], v[5]+c_{5,6}\} = \min\{\infty, 180+92\} = 272$$

对应的 $d[2] \leftarrow d[4] \leftarrow d[6] \leftarrow 5$。

计算下一轮的 p，需要比较剩下的临时标签节点：

$$\min\{v[1], v[2], v[4], v[6], v[7], v[8], v[9], v[10]\}$$
$$= \min\{359, 347, 623, 272, \infty, 195, 246, \infty\} = 195$$

$p=8$，接下来，$v[7] \leftarrow 195+79 = 274$，$d[7] \leftarrow 8$。

下一次的永久标签节点为 $p=9$，因为：

$$\min\{v[1], v[2], v[4], v[6], v[7], v[9], v[10]\}$$
$$= \min\{359, 347, 623, 272, 274, 246, \infty\} = 246$$

继续处理有：

$$v[7] \leftarrow \min\{v[7], v[9]+c_{9,7}\} = \min\{274, 246+199\} = 274$$

$$v[10] \leftarrow \min\{v[10], v[9]+c_{9,10}\} = \min\{\infty, 246+215\} = 461$$

这里，$v[7]$ 没有发生变化，因此只记 $d[10] \leftarrow 9$。

继续类似的计算可以得到表 9-3，继续循环可以得到永久标签的节点 6，7，1，2，10，4。当所有的节点都被标记为永久标签的时候，算法终止，最后得到的 $v[i]$ 就是我们要求的从起点 3 到 i 的最短路长度。

例 9-13 应用迪杰斯特拉算法

利用迪杰斯特拉算法 9C 计算下图中以 $s=1$ 为起点到其他节点的最短路长度。

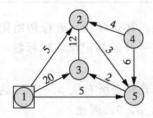

解： 类似表 9-3，我们可以将 $v[i]$ 和 $d[i]$ 总结如下表所示。

p	$v[1]$	$v[2]$	$v[3]$	$v[4]$	$v[5]$
（初始化）	0	∞	∞	∞	∞
1	（永久标签）	5	20		
2		（永久标签）	17		
5			7		（永久标签）
3			（永久标签）		
4				（永久标签）	
（终止）	0	5	7	∞	5

（续）

p	d[1]	d[2]	d[3]	d[4]	d[5]
1		1	1		1
2			2		
5			5		
3					
4					
（终止）	—	1	5	—	1

这里，例子中出现了一些新的情况，在选择第二个永久标签节点 $p=2$ 的时候，原理 9.24 要求我们找到临时标签节点中 $v[i]$ 最小的那个，但是这里出现了相等的情况，其中 $v[2]=v[5]=5$。我们可以选择任意一个作为永久标签，这里是随机选择了 2 作为永久标签的节点。

另外一个不同之处在于节点 $i=4$，不存在一条从起点到节点 4 的路。所以与其他算法一致，在此类情况下有 $v[i]=\infty$。

9.5.4　复原最短路径

得克萨斯运输公司的案例只需要我们求出最短路的长度，而不是路径本身。然而 $d[i]$ 的记录让我们可以利用原理 9.18 复原整条最短路。例如，从起点 $s=3$ 到节点 10 的最短路径可以从节点 10 开始回溯：

$$d[10]=7$$
$$d[7]=8$$
$$d[8]=3$$

所以，其最短路径应为 3-8-7-10。

9.5.5　迪杰斯特拉算法原理

可以看到迪杰斯特拉算法中通过引入永久标签大大提高了计算速度，那么为什么在没有非负权的图中原理 9.24 能够有效地起作用呢？

其主要原因在于计算过程中对 $v[i]$ 的解释。

原理 9.25　每次循环中，迪杰斯特拉算法 9C 只使用永久标签的节点来计算从起点 s 到 i 的最短路长度 $v[i]$。

也就是说，目前的最短路都只经过已经拥有永久标签的节点。

举个例子，考虑表 9-3 中的 $v[10]$，在图 9-9 的得克萨斯运输公司网络中没有仅使用节点 3，5，8 就能从起点 $s=3$ 到终点 10 的路，所以 $v[10]=\infty$。但是当第 4 次循环节点 9 拥有永久标签后，就存在一条全为永久标签的路了。此时的 $v[10]=461$ 表示着路径 3-9-10 的长度。虽然在前 4 次循环里，这是一条最短路，却不一定是最终的最短路，最终的最短路 3-8-7-10（长度 $v[10]=427$）在接下来的两次循环，当节点 7 成为永久标签时才能得到。

通过原理 9.25 的解释，我们就能明白为什么通过判断 9.24 的节点就可以标记为永久标签。

$v[p]$ 表示只经过永久标签节点的到达 p 的最短路长度。在第一轮循环中起点 s 会变为永久标签。所有到达 p 的路都可以被认为是从永久标签节点出发，沿着永久标签节点到第一个临时标签节点 i，然后再经过从 i 到 p 的子路所形成的路径，长度为：

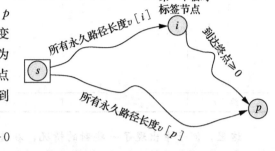

$(s-i\ 子路长度)+(i-p\ 子路长度)\geqslant v[i]+0$

上式中的不等号是因为 $v[i]$ 是只经过永久标签节点的到 i 的最短路长度，从 i 到 p 的子路长度是非负的。由于 p 是按照原理 9.24 选取的拥有最小 v 的节点，因此：

$$v[i]+0 = v[i] \geqslant v[p]$$

也就是说，在所有的路中，没有比 $v[p]$ 更短的路了，我们就可以将其标记为永久标签。

在计算一个有 n 个节点的图中，我们需要进行 $O(n)$ 次循环，每次循环将选取一个节点进行永久标签的标记。接下来，算法将检查所有永久标签的后继临时标签节点，在最坏的情况下也就是包括了所有其他节点，因此每次循环的计算时间会在 $O(n)$ 以内，综上所述，迪杰斯特拉算法的计算复杂度为 $O(n^2)$。

9.6 一对多无环图最短路问题

迪杰斯特拉算法 9C 的关键在于永久标签的选择，从而使得每条弧只需要被处理一遍，如果我们可以在开始前就确定一系列的永久标签，那么我们将能更有效地处理这个问题。

9.6.1 无环图

如果我们要求的最短路问题是在一个无环图中的话，我们就有可能提前确定一些永久标签。所谓无环图，是指一个无有向环路的有向图（digraph）。图 9-10 直观地解释了这个定义，a 部分的图是无环图，因为图中只有弧（没有边），而且没有环路（dicycle）。b 和 c 部分的图则不是无环图，b 图不是一个有向图，比如 (2, 3) 就是一条边。而 c 虽然是有向图，但是存在着环路，比如 2-3-4-5-2 就是一条环路。

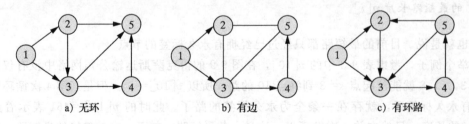

图 9-10 无环图定义

对于像图 9-10 这种规模比较小的图，我们通过观察就很容易确定图是否是无环图，但是对于一个规模大一些的图，我们需要一个好的判断方法。

原理 9.26　一个有向图（只由弧构成的图）是无环的，当且仅当它的所有节点在标号后可以保证每条弧 (i, j) 都有 $i<j$。

图 9-10a 就是按照这种方式进行的标号，每条弧都是由数字比较小的节点指向比较大的那个节点。为什么这就能保证一个有向图不包含环路呢？因为存在环路意味着沿着弧的方向会重复访问某个节点，如果每条弧都指向数字更大的节点，这就带来了矛盾。

对于一个无环的有向图来说，找到这样合适的标号实际上并不困难。

原理 9.27　对于一个无环有向图，我们可以采用以下方法来进行标号使其满足原理 9.26。将图按照深度优先的方法重画，如果某节点的出弧指向的节点已经被标记，那么按照从大到小的顺序给该节点标号。

这里，深度优先指的是我们前进到新的节点，然后回溯到已经访问过的节点。可以通过图 9-10a 的数字标记对此进行解释，为了避免混淆，我们将原图中的节点边的数字用字母代替，如右图所示。

从任意的节点比如 a 出发，我们首先可以沿着弧到达 b，由于 b 没有任何出弧，所以我们给予它最大的标号，也就是 $b=5$，然后回溯到 a。a 的另一条出弧指向 d，d 的一条出弧指向 e，此时 e 的唯一一条出弧指向已经被标记的节点 b，所以 e 此时也可以被标记为 $e=4$。然后回溯到 d，d 的两条出弧指向的节点已经被标记，

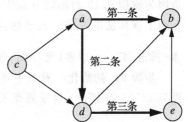

所以可以标记 $d=3$。类似的方法，我们可以得到节点 a，应被标记为 $a=2$。至此，我们已经标记完了所有从节点 a 出发可以到达的节点。我们必须从剩余的未标记节点重新进行以上操作，这里我们只剩下节点 c，所以标记 c 为 $c=1$。

例 9-14　判断一个有向图是否无环

试判断下面两个有向图是否是无环的。

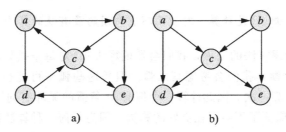

a)　　　　　　　b)

解：

a) 图不是无环图，其中一条环路为 a-b-c-a。

b) 图是无环图，我们可以使用原理 9.27 对此进行证明，从节点 a 出发，进行深度优先搜索得到下图。

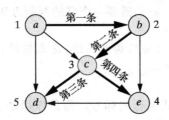

首先我们到达 b，然后到达 c，接着到 d，d 不存在出弧，所以标记 $d=5$，然后进行回溯。回溯到 c 后我们可以到达 e，e 只有一条指向 d 的出弧，所以标记 $e=4$ 并回溯到 c。从 c 指出的弧全部被标号，所以标记 $c=3$。继续回溯可以得到 $b=2$，$a=1$。标号完成后可以发现，标记是满足原理 9.26 的，所以这是一个无环图。

9.6.2　无环有向图的最短路算法

一个无环的有向图一定不会包含负权环路，因为图中根本不包含任何环路，因此我们可以应用原理 9.12 的函数方程。

无环有向图的最短路算法的有效性来源于使用原理 9.26 的标号。如果我们按照无环图的标号顺序来计算函数方程，那么被计算的节点 $v[k]$ 马上就可以标记为永久标签。这是因为原理 9.12 的函数方程中只涉及从标号数比较小的永久标签节点的入弧。算法 9D 介绍了该算法的细节，很显然这是该情况下最有效的算法。

▶**算法 9D：一对多（无环图）最短路算法**

步骤 0：初始化。对图中所有节点进行数字标记，并保证有向图中的每条弧 (i,j) 都满足 $i<j$。将起点 s 的最短路长度设为：
$$v[s]\leftarrow 0$$

步骤 1：停止。当所有的 $v[k]$ 都不再发生变化时，停止计算。否则令 p 为未处理节点中数字标号最小的那个。

步骤 2：处理。如果节点 p 不存在入弧，那么 $v[p]\leftarrow\infty$，否则计算：
$$v[p]\leftarrow\min\{v[i]+c_{i,p}：存在弧 (i,p)\}$$
然后设置 $d[p]\leftarrow$ 达到最小值的节点 i 的数字，并跳转回步骤 1。

原理 9.28　算法 9D 是计算一对多无环有向图的最有效的算法。

如果我们仔细考虑算法的流程，我们会发现算法 9D 对每条弧只计算了一次。当处理一个新的节点 p 的时候，我们会考虑其入弧。但是这些弧不可能也是其他节点的入弧，所以每条弧至多被计算一次。因此计算一个拥有 m 条弧的无环有向图，该算法的时间复杂度为 $O(m)$，这也保证了不会存在更好的算法，因为任何一种算法都至少要考虑一次每一条弧。

9.6.3　无环最短路例子

9.1 节中没有无环有向图的例子，所以我们将构造有向图 9-11 来解释算法 9D。表 9-4 展示了计算的结果。

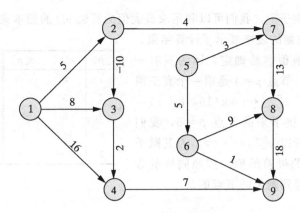

图 9-11　无环最短路例子

表 9-4　无环最短路例子的解

p	$v[p]$	$d[p]$	p	$v[p]$	$d[p]$
1	0	—	6	∞	—
2	5	1	7	9	2
3	-5	2	8	22	7
4	7	3	9	14	4
5	∞	—			

有向图 9-11 已经按照原理 9.26 进行了数字标记，我们假设想要求的最短路的起点为 $s=1$。首先初始化设定 $v[1]\leftarrow 0$。

接下来，按照数字标记的顺序来处理节点。节点 $p=2$ 时，值将被更新如下：
$$v[2]\leftarrow \min\{v[1]+c_{1,2}\} = \min\{0+5\} = 5$$

此时 $d[2]\leftarrow 1$。接下来计算节点 $p=3$：
$$v[3]\leftarrow \min\{v[1]+c_{1,3}, v[2]+c_{2,3}\} = \min\{0+8, 5-10\} = -5$$

此时 $d[3]\leftarrow 2$。接下来计算 $p=4$，$p=5$，等等，以此类推直到我们到达 $p=9$。如果需要的话，我们也可以通过 $d[k]$，利用原理 9.18 恢复出最短路径。

9.6.4　最长路问题与无环有向图

最长路问题与最短路问题类似，要找到图中从起点到终点距离最长的路径，也可以通过算法 9A～9D 有效地解决。9.2 节～9.7 节涉及的所有函数方程和算法技术都可以稍做改变应用到最长路问题中，把 min 替代为 max，$+\infty$ 替换为 $-\infty$ 即可。

但是，之前利用动态规划方法去解决最短路问题时造成困难的负权环路问题（原理 9.9），在最长路问题下则变为了**正权环路**问题——总长度为正的环路。然而这种情况是十分常见的，因此在很多时候最长路问题不能被有效地解决。

然而无环图中不包含任何的环路，所以就不会受到这样的限制，我们可以对算法 9D 稍做改动，将步骤 1 中的 min 更改为 max，步骤 2 中的 $+\infty$ 替换为 $-\infty$ 即可。

原理 9.29　在路径优化问题中，对于无环图最长路的求解与最短路求解一样容易。

回到图 9-11 的例子中，我们可以利用求最大值的算法 9D 的版本来计算从节点 1 到其他节点的最长路，右面的表格展示了计算结果。

前三个节点的值很容易确定，因为只有一条到达该节点的路，节点 $p=4$ 是第一个真正需要进行判断的节点，$v[4] \leftarrow \max\{16, 8+2\} = 16$，并且 $d[4] \leftarrow 1$。接下来的节点 $p=5$，我们发现它没有入弧，所以 $v[5] \leftarrow -\infty$，为其赋予了对于最大值问题的最差的值。按照同样的方法继续计算，可以得到剩余的节点值。

p	$v[p]$	$d[p]$	p	$v[p]$	$d[p]$
1	0	—	6	$-\infty$	—
2	5	1	7	9	2
3	8	1	8	22	7
4	16	1	9	40	8
5	$-\infty$	—			

9.7 CPM 项目计划和最长路

9.1 节介绍了一些常见的最短路模型的形式。但是还有很多模型与其紧密相关，虽然其中有一些模型在我们第一次接触的时候会觉得这个问题与路径计算毫无关系。

9.7.1 项目管理

上述模型中最常见之一就是大型的项目管理问题。为了对项目进行有效的计划和控制，我们一般会将项目分割成一些活动（activity），只有完成了这些活动才能完成整个项目，每个活动都有一个估计的工期（duration）：

$$a_k \triangleq 完成活动 k 需要的时间$$

还有一系列的前导活动。如果活动 k 必须在活动 j 完成后才可以进行，那么活动 j 是活动 k 的前导活动。

首要问题是我们需要为这个项目安排出最早开始的计划表，也就是说我们希望知道在满足前导活动都完成的约束下，每个活动能够开始的最早时间。

□应用案例 9-4

WeBuild 建筑公司

我们考虑一个虚构的很有启示性的案例，考虑 WeBuild 建筑公司最近的一个项目。WeBuild 建筑公司要在一个医院附近建设一个一层高的医务室。

表 9-5 详细标明了完成该项目需要的 9 个活动。比如表中供暖和空调系统建设活动 7 的估计工期为 $a_7 = 13$ 天。活动 7 必须在前导活动 2 管道铺设和 4 结构件活动完成后才能进行。

表 9-5　WeBuild 建筑公司任务

k	活动	工期 a_k（天数）	前导活动	k	活动	工期 a_k（天数）	前导活动
1	地基	15	—	6	电缆布线	10	4
2	管道铺设	5	—	7	供暖和空调系统	13	2，4
3	混凝土底板	4	1，2	8	墙壁	18	4，6，7
4	结构件	3	3	9	内部装饰	20	5，8
5	房顶	7	4				

为了计划原料的供应以及安排不同施工单位完成不同活动，WeBuild 建筑公司需要一个计划表，也就是说，他们希望知道每个活动最早可以施工的时间。

9.7.2　CPM 项目网络

为了使用最短路的算法解决项目计划问题，我们需要一个网络或者图。**关键路径方法**(critical path method，CPM)能够通过前导关系形成项目网络。

定义 9.30　CPM 项目网络拥有特殊的起点和终点节点，其余的每个节点代表一个活动。对于那些没有前导活动的活动，它们与起点用一条长度为 0 的弧连接。其他节点与其前导活动节点 k 用长度为 a_k 的弧连接，若某节点不能作为其他任何一个节点的前导活动，则到达终点。

图 9-12 是 WeBuild 案例的项目网络。首先将 9 个活动化成 9 个对应节点，并加上特殊节点——起点(start)和终点(finish)来表示项目的开始和结束。每一个前导关系都对应着一条长度等于前导活动工期的弧。比如弧(8，9)表示了活动 8 是活动 9 的前导活动。其长度为活动 8 的工期 $a_8=8$ 天。

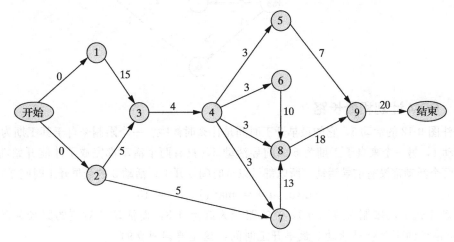

图 9-12　WeBuild 案例的项目网络

从起点和终点出发的特殊弧完成了整个图。从起点出发的长度为零的弧所连接的节点没有前导活动。在 WeBuild 案例中，活动 1 地基和活动 2 管道铺设就是这样的活动。不能作为其他节点的前导活动的节点 k 沿着长度为 a_k 的弧指向终点，在案例中，只有活动 9 内部装饰满足条件。

例 9-15　构筑一个 CPM 网络

下表列出了一个参加竞选的政治队伍所需要的活动，试构建出对应的 CPM 项目网络。

k	活动	工期 a_k(天数)	前导活动
1	联系当地政党	2	—
2	寻找地点	1.5	1

（续）

k	活动	工期 a_k（天数）	前导活动
3	安排日期时间	1	1, 2
4	通知新闻媒体	1	3
5	设置音响系统	3	3
6	联系警卫安保	1	3
7	安装演讲平台	1.5	3, 5
8	装饰平台及场所	1	7

解： 按照定义 9.30 的方法，我们可以得到下面的 CPM 项目网络。

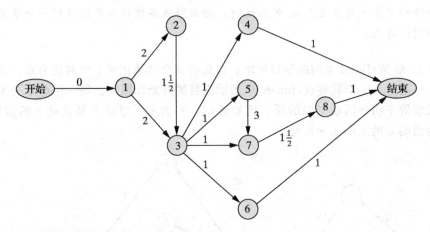

9.7.3　CPM 计划和最长路

关注图 9-12 的活动 3，它的最早开工时间是什么时候呢？一个限制来自于其工期为 15 的前导活动 1，另一个来自于工期为 5 的前导活动 5，只有两个活动都完成了才能开始活动 3。由于这两个活动都没有前导活动，所以都可以从时间 0 开工。活动 3 的最早开工时间是：

$$\max\{a_1, a_2\} = \max\{15, 5\} = 15$$

活动 1 造成的限制对应图 9-12 中的路径为起点-1-3，而活动 2 对应的路径为起点-2-3。最长路径的距离就是活动 3 最早开工时间，这是普遍成立的。

原理 9.31　项目中任何一个活动 k 的最早开工时间等同于对应项目网络中从起点到节点 k 的最长路长度。

换句话说，到达节点 k 的最长路径就是活动 k 开始前必须完成的耗时最长的一系列活动。

9.7.4　关键路径

这样的最长路径也被称为关键路径，也是关键路径法（CPM）的来源。如果到达节点 k 的关键路径上某个活动被延误了，那么活动 k 的开工时间就会被延误。更重要的是从起点到终点的关键路径，路径中的任何一个活动延误都会导致整个项目的延期。WeBuild 项目中每个活动的最早开工时间以及关键路径如下表所示。

k	活动	最早开工时间	关键路径
1	地基	0	起点-1
2	管道铺设	0	起点-2
3	混凝土底板	15	起点-1-3
4	结构件	19	起点-1-3-4
5	房顶	22	起点-1-3-4-5
6	电缆布线	22	起点-1-3-4-6
7	供暖和空调系统	22	起点-1-3-4-7
8	墙壁	35	起点-1-3-4-7-8
9	内部装饰	53	起点-1-3-4-7-8-9

类似地，一个项目的最快完工时间等于对应的从起点到终点的最长路长度。

原理 9.32　完成一个项目最短时间等于对应项目网络中从起点到终点的关键路径（最长路）长度。

WeBuild 案例，整个项目的关键路径为起点-1-3-4-7-8-9-终点，总长度为 73。因此，完成表 9-5 中的建筑项目最少需要 73 天。

例 9-16　找出关键路径

利用观察法找到例 9-15 中的政治宣传项目所有活动的最早开工时间以及关键路径。并且找出整个项目的最早完工时间以及会影响整个项目延误与否的那些活动。

解：通过观察例 9-15 的网络中的最长路，最早开工时间和关键路径如下表所示。

k	活动	最早开工时间	关键路径
1	联系当地政党	0	起点-1
2	寻找地点	2	起点-1-2
3	安排日期时间	3.5	起点-1-2-3
4	通知新闻媒体	4.5	起点-1-2-3-4
5	设置音响系统	4.5	起点-1-2-3-5
6	联系警卫安保	4.5	起点-1-2-3-6
7	安装演讲平台	7.5	起点-1-2-3-5-7
9	装饰平台及场所	9	起点-1-2-3-5-7-8

整个项目的最短耗时为从起点到终点的最长路径，也就是：

$$起点\text{-}1\text{-}2\text{-}3\text{-}5\text{-}7\text{-}8\text{-}终点$$

共需要 10 天。因此必须按期完工，否则整个项目就要延期的活动是 1，2，3，5，7 和 8。

9.7.5　计算 WeBuild 建筑公司的最早开工时间计划表

算法 9E 介绍了计算最早开工时间的最长路径方法，表 9-6 展示了利用算法 9E 计算 WeBuild 案例的结果。为了方便描述，定义如下符号：

$$v[k] \triangleq 从起点到达节点 k 的最长路径长度$$

$$d[k] \triangleq 最长路中节点 k 的直接前导节点$$

与之前类似，首先初始化起点的时间 $v[start] \leftarrow 0$，然后按照数字从小到大的顺序来计算节点的值 $v[k]$。首先：

$$v[1] \leftarrow \max\{v[start] + a_{start}\}$$
$$= \max\{0+0\} = 0$$

此时，$d[1] \leftarrow$ 起点，类似地，$v[2] \leftarrow 0$，$d[2] \leftarrow$ 起点。接下来，考虑 $p=3$ 时，

$$v[3] \leftarrow \max\{v[1]+a_1, v[2]+a_2\}$$
$$= \max\{0+15, 0+5\} = 15$$

此时，$d[3] \leftarrow 1$。表 9-6 中的最终结果与上述计算过程保持一致。

表 9-6　WeBuild 案例最早开工时间表

p	$v[p]$	$d[p]$	p	$v[p]$	$d[p]$
开始	0	—	6	22	4
1	0	开始	7	22	4
2	0	开始	8	35	7
3	15	1	9	53	8
4	19	3	结束	73	0
5	22	4			

▶ **算法 9E：CPM 最早开工时间计划法**

步骤 0：初始化。对图中所有节点进行数字标记，并保证 CPM 项目网络中的每条弧 (i, j) 都有 $i < j$。将起点 s 的最短路长度初始化为：

$$v[start] \leftarrow 0$$

步骤 1：停止。如果终点节点的最早完工时间不再发生变化，则停止计算。否则令 p 为未处理节点中数字标号最小的那个。

步骤 2：处理。计算活动 p 的最早开工时间：

$$v[p] \leftarrow \max\{v[i]+a_i : i \text{ 是 } p \text{ 的前导节点}\}$$

然后设置 $d[p] \leftarrow$ 达到最大值的节点 i 的数字，并跳转回步骤 1。

关键路径可以通过 $d[k]$ 恢复出来，比如整个项目的关键路径：

$$\text{起点-1-3-4-7-8-9-终点}$$

可以通过从终点回溯得到（原理 9.18）：

$$d[\text{开始}] = 9$$
$$d[9] = 8$$
$$d[8] = 7$$
$$d[7] = 4$$
$$d[4] = 3$$
$$d[3] = 1$$
$$d[1] = \text{结束}$$

例 9-17　计算 CPM 最早开工时间表

回到例 9-15 的政治宣传活动项目，应用算法 9E 来计算最早开工时间表并找出整个项目到终点的关键路径。

解：应用算法 9E，我们按照节点数字从小到大的顺序计算 $v[p]$, $d[p]$。计算结果如右表所示。

从起点到终点的关键路径可以通过 $d[p]$ 回溯，$d[\text{结束}]=8$，$d[8]=7$，$d[7]=5$，$d[5]=3$，$d[3]=2$，$d[2]=1$，$d[1]=$开始。因此关键路径为：

p	$v[p]$	$d[p]$	p	$v[p]$	$d[p]$
开始	0	—	5	$4\frac{1}{2}$	3
1	0	开始	6	$4\frac{1}{2}$	3
2	2	1	7	$7\frac{1}{2}$	5
3	$3\frac{1}{2}$	2	8	9	7
4	$4\frac{1}{2}$	3	结束	10	8

起点-1-2-3-5-7-8-终点

9.7.6 最晚开始时间表和计划时差

算法 9E 计算最早开工时间隐含着所有的活动都可以从时间 0 开始的假设。最早开工时间也就可以通过寻找前导活动工期之和的最长路计算得到。

假设现在我们的项目有一个**截止日期**(due date),也就是所有活动必须完成的时间节点。比如,我们的 WeBuild 案例中可能会要求整个项目在第 80 天必须完工。我们可以应用最长路的计算反过来求出保证项目在截止日期前完成的每个活动的**最迟开工时间**(late start time)。

定义 9.33 项目中某活动 k 的最迟开工时间等于截止日期减去 CPM 网络中从 k 到终点的最长路距离。

我们按照算法 9E 倒序计算就能找到最迟开工时间表。表 9-7 展示了截止日期为 80 天的 WeBuild 案例计算结果。

首先初始化终点的时间为截止日期 80 天,然后考虑标号最大的活动 9。它的最迟开工时间是它后面的活动中最早的那个减去自己的工期,也就是 $80-20=60$。继续这样的计算,活动 4 的最迟开工时间为:

表 9-7 WeBuild 案例的最迟开工时间表

p	$v[p]$	$d[p]$	p	$v[p]$	$d[p]$
结束	80	—	4	26	7
9	60	结束	3	22	4
8	42	9	2	17	3
7	29	8	1	7	3
6	32	8	开始	7	1
5	53	9			

$$v[4]=\min\{v[5],v[6],v[7],v[8]\}-a_4=\min\{53,32,29,42\}-3=26$$

我们一直如此计算,直到到达起点。

当我们得到了最早开工时间和最迟开工时间,我们就可以相减得到每个活动的时差。

定义 9.34 计划时差(schedule slack)就是每个活动的最迟开工时间和最早开工时间的差值。

也就是说,计划时差告诉了我们在保证完工时间的情况下,我们对于每个活动最多有多少的自由时间。表 9-8 通过表 9-6 和表 9-7 计算了 WeBuild 案例下的时差。

表 9-8 WeBuild 案例的计划时差表

k	活动	最早开工时间	最迟开工时间	时差
1	地基	0	7	7
2	管道铺设	0	17	17
3	混凝土底板	15	22	7
4	结构件	19	26	7
5	房顶	22	53	31
6	电缆布线	22	32	10
7	供暖和空调系统	22	29	7
8	墙壁	35	42	7
9	内部装饰	53	60	7

例 9-18 计算最迟开工时间表和计划时差

回到例 9-15 和例 9-17 的政治宣传项目，假设所有工作必须在第 10 天前完成，计算对应的每个活动的最迟开工时间及其计划时差。

解： 如上所述，最迟开工时间是按照活动标号降序的顺序进行的，并且通过计算最迟开工时间和最早开工时间的差值来计算时差。计算结果如下表所示。

k	活动	最早开工时间	最迟开工时间	时差
1	联系当地政党	0	0	0
2	寻找地点	2	2	0
3	安排日期时间	3.5	3.5	0
4	通知新闻媒体	4.5	9	4.5
5	设置音响系统	4.5	4.5	0
6	联系警卫安保	4.5	9	4.5
7	安装演讲平台	7.5	7.5	0
9	装饰平台及场所	9	9	0

9.7.7 项目网络的无环特征

在无环有向图中不可能出现正权环路，因为图中不含有环路。我们之所以可以进行 CPM 计划以及求解对应的最长路径，就是因为 CPM 网络满足无环的假设。

原理 9.35 任何一个结构良好的项目网络都是无环的。

其原因如下所述，在原理 9.30 中，起点只有出弧，终点只有入弧，因此如果含有环路，则必然出现在其他节点上（也就是在活动上）。但是连接活动节点的弧代表着活动的有限关系，任何一个环路，比如 $i-j-k-i$：

意味着活动 i 必须在活动 j 前完成，活动 j 需要在活动 k 前完成，而活动 k 需要在活动 i 前完成，这在实际中是不可能出现的。一个拥有环路的项目网络不可能有可行的计划（如果工期 $a_k > 0$）。

我们在 9.6 节（原理 9.29）中已经知道了在一个拥有 m 个节点的无环图中，最短路或者最长路算法只需要 $O(m)$ 的计算时间。对于 CPM 的例子，每条弧都有优先关系，因此从原理 9.35 中我们知道在一个拥有 p 个优先关系的 CPM 网络中，计算复杂度为 $O(p)$。

9.8 离散动态规划模型

离散动态规划（discrete dynamic programming）不仅可以用于最短路问题，还可以应用在其他问题上。这些问题可能看上去跟路线、距离没有直接关系，但是可以在一个合适的有向图中表示成最短或者最长路问题，本节将着重考虑此类问题。

9.8.1 序贯决策问题

其中一种可以应用动态规划的问题就是**序贯决策问题**（sequential decision making）——一系列按照一定顺序排列的决策。这样一来，我们就会按照顺序一个接着一个地进行决策。从这些决策的顺序中我们可以画出有向无环图，可以在其中求解最短或者最长路问题。

□应用案例 9-5

华格纳—怀丁批量计划

华格纳（H. Wagner）和怀丁（T. Whitin）考虑了一个经典的应用——**批量计划**（lot-sizing plan）**问题**。在生产环境中，如果每次启动生产都需要大量地**启动成本**，则需要考虑每次生产的批量。表 9-9 详细介绍了一个例子，每个时间段 $k=1，\cdots，n$ 内，我们知道：

$$r_k = 在时间 k 需要的产品数量$$
$$s_k = 在时间 k 开始生产的启动成本$$
$$p_k = 在时间 k 生产产品的单位成本$$
$$h_k = 在阶段 k 内的单位库存（持有）成本$$

表 9-9 华格纳—怀丁批量计划数据

	时间，k					
	1	2	3	4	5	6
需求 r_k	10	40	20	5	5	15
启动成本 s_k	50	50	50	50	50	50
生产成本 p_k	1	3	3	1	1	1
库存成本 h_k	2	2	2	2	2	2

最优解需要平衡生产和库存成本，有时候当我们需要产品时就要支付启动费用开始生产，而生产一段时间后，接下来几段时间就需要支付库存费用，以及由不能被立即使用的产品生产成本所带来的资金占用损失。

9.8.2 动态规划中的状态

在华格纳—怀丁案例中，我们需要决策的是在某个时间段内是否要进行生产。为了将其建立成动态规划模型，我们需要找到新一轮决策与之前的历史决策之间的关系。

定义 9.36 动态规划中的状态（state）描述了进行决策时中间过程的状态。

如果我们知道了动态规划中任意一个状态下的最优解，那么接下来的状态就可以从当前状态推出来。

我们可以从一个简单的直觉构造华格纳—怀丁案例的状态，在最优方案中，只有当库存为零的时候才会接下来进行生产。也就是说在某个时间段 k 内，我们要么生产，要么持有库存，不会两件事情同时发生。因为如果在某段时间内我们既生产又持有库存，那么我们可以在上一阶段少生产一些，整个需求都由这次生产来满足。这样持有成本和生产成本都会降低。

状态的定义可以从上面的结论中得到，若时间 $l < k$ 的需求都被满足而且当前没有库

存，那么我们就到达了状态 k。

9.8.3 动态规划的有向图

状态的定义与动态规划背后的有向图建立紧密相关。

原理 9.37 和动态规划对应的有向图的每个节点都是一个中间过程的状态。

动态规划中还有一个重要的元素就是决策，在到达一个给定状态后，我们会有哪些选择呢？在进行选择后会到达什么新的状态呢？

原理 9.38 动态规划有向图的弧对应着决策，每条弧都连接着当前的状态节点和该决策引发的新的状态节点。

图 9-13 展示了华格纳—怀丁案例对应的有向图，这里决策指的是某些时间点生产决策，这些生产决策可能会满足接下来一个或者几个阶段的需求。比如从状态 $k=3$ 到 $\ell=6$ 的弧代表着阶段 3 的生产满足了阶段 3，4，5 的需求 $r_3=20$，$r_4=5$，$r_5=5$，到阶段 6 的时候库中则剩余零库存。其成本为：

$$c_{3,6} = 启动成本 + 生产成本 + 库存成本$$
$$= s_3 + (r_3 + r_4 + r_5)p_3 + [(r_4 + r_5)h_3 + (r_5)h_4]$$
$$= 50 + (20 + 5 + 5) \times 3 + (5 + 5) \times 2 + 5 \times 2 = 170$$

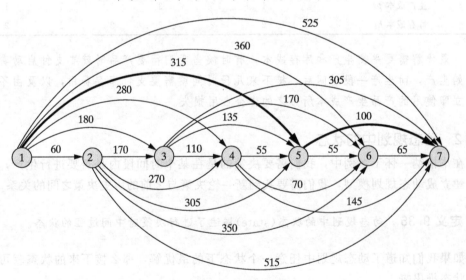

图 9-13　华格纳—怀丁案例的有向图

9.8.4 最优路径的动态规划解法

图 9-13 中每一条从节点 1 到节点 $(n+1)=7$ 的路都形成了一个批量计划。比如，路 1-3-6-7 对应着在阶段 1 生产并满足需求 r_1 和 r_2，然后在阶段 3 生产并满足需求 r_3，r_4，r_5，最后在阶段 6 生产 r_6。最短路也就对应着最优的批量计划。

原理 9.39　动态规划最优解对应着其有向图表达中从起点状态到终点状态的最短路或最长路。

我们可以用最优路径的算法来解决这类问题。

与大多数动态规划问题类似，我们的批量计划问题可以转化为有向无环图，因为每个状态的决策弧都指向后面的状态。应用无环图最短路算法 9D 可以得到图 9-13 中突出显示的最优解。对应的计划为在第 1 阶段和第 5 阶段生产，带来的总成本为 415。

动态规划的解的计算复杂度(参见 14.2 节)依赖于时间段 t 的数量，在这个案例中是 7，在每个节点都需要做一次最优决策 $O(t)$，而每次做决策的时候都要考虑其他每个 t，因此华格纳—怀丁算法总时间复杂度为 $O(t^2)$。

例 9-19　构建动态规划

一个五年的研究项目管理小组要制订一份个人电脑的更新计划。新的电脑每台需要 3 000 美元，如果一年后将电脑出售，可以得到残值 1 200 美元。如果两年后出售，可得到残值 500 美元，3 年后，所有的零件都会报废，也就没有了价值。维护成本也会随着电脑寿命增长。他们估计第一年维护成本为 300 美元，第二年 400 美元，第三年 500 美元。建立一个动态规划模型，并画出对应的有向图来找出对应的总成本最小的更换计划。

解： 本问题中的状态指的是度过的年数，决策指的是要将电脑保留 1 年、2 年或者 3 年。一个决策的成本可以表示为：

购买成本－残值＋维护成本

对应的有向图为：

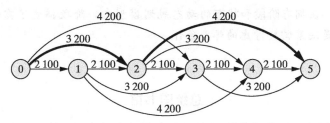

最优解对应着从时间 0 到第 5 年的最短路，最优解在上图中已经被突出显示了，其总成本为 7 400 美元。

9.8.5　动态规划函数方程

虽然一般来说画出动态规划问题对应的有向图有助于解决该问题，但很多时候我们也会直接处理动态规划隐含的递归函数方程。

原理 9.40　动态规划递归函数方程揭示了中间过程不同状态下的最优值间的关系。

首先我们需要解释不同状态的最优值，比如在我们的华格纳—怀丁案例中：

$$v[k] \triangleq 满足所有 \ell < k 时期的需求并且在 k 时间没有库存的最小成本$$

因此，该问题的动态规划的解可以用下面的递归函数方程描述：

$$v[1] = 0$$
$$v[k] = \min\{v[\ell] + c_{\ell,k} : 1 \leqslant \ell < k\} \quad k = 2, \cdots, n+1$$

其中:

$$c_{\ell,k} \triangleq s_\ell + (r_\ell + \cdots + r_{k-1})p_\ell + (r_{\ell+1} + \cdots + r_{k-1})h_\ell + \cdots + (r_{k-1})h_{k-2}$$

比如:

$$v[4] = \min\{v[1] + c_{1,4}, v[2] + c_{2,4}, v[3] + c_{3,4}\}$$
$$= \min\{v[1] + 280, v[2] + 270, v[3] + 110\}$$

这些与定义 9.11 中的最短路函数方程是一致的。

例 9-20 建立动态规划递归函数方程

为例 9-19 中的动态规划问题建立递归函数方程。

解:在这个模型中:

$$v[k] = 前\ k\ 年保持有可用电脑的成本$$

因此函数方程为:

$$v[0] = 0$$
$$v[k] = \min\{v[k-3] + c_3, v[k-2] + c_2, v[k-1] + c_1\} \quad k = 1, \cdots, 5$$

其中,c_j 指的是保持一台电脑 j 年所需要的总成本。

9.8.6 拥有阶段(stage)和状态(state)的动态规划模型

基于中间过程状态进行的一系列决策是离散动态规划的核心。然而,我们常常需要区分决策的阶段与状态。

定义 9.41 在拥有**阶段**和**状态**的动态规划模型中,阶段描述了需要做的决策的序列,而状态指的是决策需要考虑的那些条件。

□应用案例 9-6

总统图书馆

我们可以通过总统图书馆的排架问题解释这两个概念(阶段和状态)。[⊖]快退休的总统需要对他的文件进行整理并存放到新的总统图书馆中。档案都存放在硬纸板盒子中,这些盒子都是 1.25 英尺宽,但是高度不同。表 9-10 展示了估计出来的不同高度的盒子的数量。

表 9-10 总统图书馆的储存需求

i	1	2	3	4	5	6	7
高度(英尺),h_i	0.25	0.40	0.80	1.00	1.50	2.00	3.0
盒子(千),b_i	10	2	12	30	8	6	4

⊖ F. F. Leimkuhler and J. G. Cox (1964), "Compact Book Storage in Libraries," *Operations Research*, 12, 419-427.

档案盒要被放在铁制书架上，而且不允许盒子摞起来存放，我们要处理的问题是需要多少书架空间。图 9-14 展示了如果使用两种不同的隔板间距，书架需要的总面积：

$$\underset{\text{高度小于隔板间距}}{\text{的所有盒子的总宽度}} \times 小隔板间距 + \underset{\text{高度大于隔板间距}}{\text{的所有盒子的总宽度}} \times 大隔板间距$$

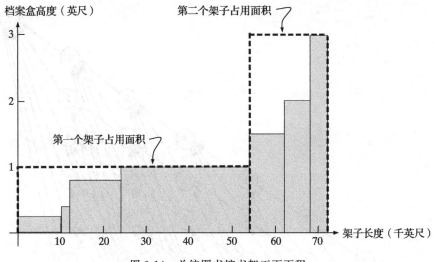

图 9-14　总统图书馆书架正面面积

占用面积最小的排布方式很显然，只要我们针对 7 种不同高度设计 7 种隔板间距即可。但是设计者希望尽可能使得储存空间更加规整，即使选择了 7 种间距，也要尽可能有效利用空间。

9.8.7　总统图书馆案例的动态规划建模

为了找出总统图书馆案例的动态规划模型中的阶段，我们需要考虑决策的序列。这里决策指的是对搁板间距的选择，因此每个不同的隔板间距都有一个对应的阶段，也就是说：

$$阶段 \, k \triangleq 从第 \, k \, 个到最后一个隔板间距的选择$$

接下来考虑状态。决策需要基于什么样的历史条件呢？状态往往是形成动态规划模型中最难以依靠直觉想出来的部分。在我们的总统图书馆案例中，在决定新的隔板间距的时候，我们考虑之前已经使用了什么样的隔板间距，因此我们可以将状态定义为：

$$状态 \, i \triangleq 已经为第 \, 0,1,\cdots,i \, 种大小的盒子提供了书架安排$$

这里，决策构成了动态规划的第三个要素，在这里很容易描述。在前 i 种大小的盒子已经安排好的情况下，对第 j 种大小的盒子选择一个隔板间距，也就是说对隔板空间的选择为：

$$c_{i,j} \triangleq 1.25\Big(\sum_{i < s \leqslant j} b_s\Big) h_j$$

例如，在安排 $j=6$ 的盒子时，如果 $i=3$ 的盒子已经安排好，那么需要的面积为：
$$C_{3,6} = 1.25(b_4 + b_5 + b_6)h_6 = 1.25 \times (30 + 8 + 6) \times 2.0 = 110(千平方英尺)$$

图 9-15 展示了这个动态规划的有向图，每一个阶段都对应着一组弧。从原理 9.37 可知每个节点代表着一个状态，有向图中的弧代表着决策（原理 9.38）。例如从第 2 阶段的节点 3 到第 1 阶段的节点 6 的弧指的是为大小为 4 到 6 的盒子制定从第二次到最后的隔板间距决策。最后阶段的所有弧都指向了一个人造终点，这意味着我们已经为所有大小的盒子都安排好了书架隔板间距。

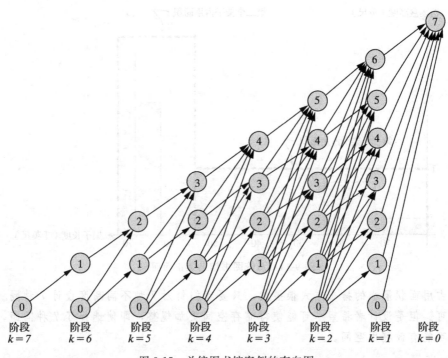

图 9-15　总统图书馆案例的有向图

9.8.8　动态规划的逆推解法

读者们可能好奇我们为何要将总统图书馆案例的阶段标号按照**逆序**排列，实际上这有利于我们使用逆推解法。

原理 9.42　对于动态规划问题，通常进行逆序建模更加容易，也就是从结束到初始条件进行建模。

最优的安排方案对应着有向图中到达最终状态的最短路或者最长路。

总统图书馆案例也同样适用原理 9.42，其函数方程的形式如下所示：

$$最优成本 = \min\{决策成本 + 从当前状态到结束的最优成本\} \qquad (9-1)$$

这里，求最小值需要考虑所有可以选择的决策。也就是说：

$$v_k[i] \triangleq 从阶段\ k\ 以状态\ i\ 开始，到结束的最优成本$$

因此：

$$v_7[7] = 0$$
$$v_k[i] = \min\{c_{i,j} + v_{k-1}[j] : j > i\} \quad k = 1, \cdots, 6; i \leqslant (7-k)$$

该问题的最优解不再是从一个起点到其他节点的最短路，而是要找一条从某节点到达终点的最短路。然而我们很容易利用算法 9D 来解决这个问题，我们按照有向弧的反方向依次计算 $v_k[\ell]$ 即可。

表 9-11 从结尾成本 $v_{\text{finish}} \leftarrow 0$ 开始计算，我们可以解出所有阶段 $k=1$ 的状态的值，因为它们与终点只有一条弧相连。

表 9-11　总统图书馆案例的逆推解

阶段，k	状态，i	最优面积，$v_k[i]$	下一状态，$d_k[i]$
结束	—	0.000	0
1	0	270.000	7
	1	232.500	7
	2	225.000	7
	3	180.000	7
	4	67.500	7
	5	37.500	7
	6	15.000	7
2	0	135.000	4
	1	122.500	4
	2	120.000	4
	3	105.000	4
	4	50.000	6
	5	30.000	6
3	0	117.500	4
	1	105.000	4
	2	102.500	4
	3	87.500	4
	4	45.000	5
4	0	108.125	1
	1	100.000	4
	2	97.500	4
	3	82.500	4
5	0	103.125	1
	1	96.500	3
	2	94.500	3
6	0	99.625	1
	1	95.500	2
7	0	98.625	1

更加具有代表性的计算比如 $v_2[3]$，也就是考虑前 3 个大小的盒子已经安排完毕，为后两个隔板间距进行决策，这次决策可以为 4 号或者 4 号和 5 号或者 4，5，6 号盒子提供空间，因此：

$$v_2[3] \leftarrow \min\{c_{3,4} + v_1[4], c_{3,5} + v_1[5], c_{3,6} + v_1[6]\}$$
$$= \min\{37.5 + 67.5, 71.25 + 37.5, 110.0 + 15.0\}$$

$$= \min\{105.0, 108.75, 125.0\} = 105.0(千平方英尺)$$

也就是说，最优的决策指向状态 4。

为了确定类似总统图书馆案例的动态规划算法的计算复杂度，我们需要综合考虑阶段和状态。假定 $n \triangleq$ 阶段数量，$m \triangleq$ 每个阶段最大的状态数量。从图 9-15 中，可以看见最后一个阶段 1 的时间复杂度为 $O(m)$，每个接下来的阶段 k 要考虑 $O(m-k)$ 个状态与下一阶段 $O(m-k-1)$ 个状态之间的关系，因此总的计算需要：

$$O(m) + \sum_{k \geqslant 2} O(m-k)O(m-k-1) = O(nm^2)$$

9.8.9　同时获得多个问题的解

表 9-11 中的最优解是什么呢？实际上有多少可接受的隔板间距数量，就有多少个最优解，最优的书架面积为（k 表示隔板间距数量）：

$$v_1[0] = 270.0 \qquad k = 1$$
$$v_2[0] = 135.0 \qquad k = 2$$
$$v_3[0] = 117.5 \qquad k = 3$$
$$v_4[0] = 108.125 \qquad k = 4$$
$$v_5[0] = 103.125 \qquad k = 5$$
$$v_6[0] = 99.625 \qquad k = 6$$
$$v_7[0] = 98.625 \qquad k = 7$$

每个最优解都可以通过对应的 $d_k[i]$ 回溯得到。通过解决这个动态规划问题，可以得到一系列不同假设的最优解。

原理 9.43　*使用动态规划的方法，我们能发现最优解与其他相关问题的关系，也就意味着我们可以通过解决一个最短路或者最长路问题得到不同问题场景下的最优解。*

9.9　利用动态规划解决整数规划问题

这一章的前几节展示了如何利用动态规划的方法解决一系列最短路及相关问题，然后在 9.8 节中进一步将动态规划应用在了决策制定的场景中。本节我们将考虑**整数规划**（integer programming）和**组合优化**（combinatorial optimization）问题，这些问题从表面上看与动态规划毫无关系，但是也能够使用动态规划的思路进行求解。具体的问题可能需要进行特殊的处理才能使用动态规划计算，但是我们可以用 11.2 节中的二元背包问题来解释其核心思想。

□**应用案例 9-7**

电子选票背包问题

动态规划可以应用的一个经典的组合优化问题是**二元背包问题**（binary knapsack problem），这是一个一行的 0—1 整数规划问题。比如一个竞选管理者需要在剩余两个星期的总统选举中分配资金。如果某个候选人得到了多数的电子选票，那么此人就会被选为总统。表 9-12 展示了 $n = 7$ 个目标州的电子选票数量,我们的顾问认为这 7 个州在 2 周后选举将接近尾声。表中也展示了顾问估计的选举花销 a_j(单位:百万美元),这些花销包括了在每个州内做广告以及类似于竞选演讲等活动的费用。总的预算约束为 $b = 10$(百万美元),顾问希望能够在预算约束内为竞选人争取更多的电子选票。

表 9-12　电子选票背包问题数据

目标州 j	1	2	3	4	5	6	7
选票 v_j	9	29	6	10	4	18	13
选举花销 a_j	2	5	1	2	1	4	3

使用决策变量:

$$x_j \triangleq \begin{cases} 1 & \text{若选择了 } j \\ 0 & \text{反之} \end{cases}$$

可以很容易将问题描述为整数线性规划问题:

$$\max \quad \sum_{j=1}^{n} v_j x_j$$

$$\text{s. t.} \quad \sum_{j=1}^{n} a_j x_j \leqslant b$$

$$x_j \text{ 为 } 0\text{——}1 \text{ 变量}$$

我们希望能通过动态规划的方法解决这个问题。

电子选票背包问题的动态规划模型

动态规划中的阶段指的是需要做的一系列决策,在这个背包问题中,阶段指的是是否要消耗资金赢得选票的一系列目标州。动态规划中的状态需要描述部分阶段完成后的部分决策情况。我们将给定的整数线性规问题转化成动态规划问题需要一些创造力。经过一些思考,可以发现某个给定阶段的状态与背包问题剩余容量有关,在这个问题中指的是预算约束 b。将这样的状态记作 i,每个阶段 j 要么有相同的 $i(x_j = 0)$,要么会减少 a_j,如果 $x_j = 1$。当然,如果 $i < a_j$ 的话,那么就无法选择目标 j。表 9-12 包括我们需要的数据。

图 9-16 中的有向图描述了计算最优解所需要考虑的决策,阶段(目标州)按照水平排列,剩余预算(状态)纵向排列。最后一个阶段记录了每个状态的最终解。从一个节点 (i, j) 出发的弧意味着状态发生了变化,也就意味着在状态 i 是否要投资目标 j 的决策。比如在节点 $(i, j) = (10, 2)$,有一条弧指向 $(10, 3)$ 也就意味着选择不投资目标 2。另外一条指向了 $(5, 3)$,因为如果选择投资 2,那么会带来 $v_2 = 29$ 电子选票,同时消耗预算 $a_2 = 5$。

计算要从阶段 $j = 1$ 开始,此时拥有预算 $i = 10$ 百万美元,接下来进行决策前进到其他节点 (i, j)。我们寻找一条从阶段 1 状态 10 到最终阶段的最长路径就应该是我们要求的最优解方案。最优解在图 9-16 中已经用加粗的线描出。定义:

$$v_j[i] \triangleq \text{在阶段 } j \text{ 状态 } i \text{ 时的最优部分解}$$

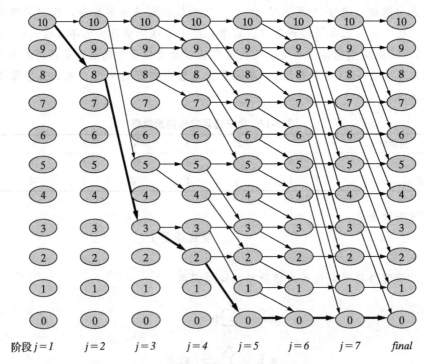

图 9-16 电子选票背包问题动态规划模型

我们可以在每个 $i \geqslant 1$，$j > 1$ 的节点上应用函数方程寻找最优子路：

$$v_1[i] \leftarrow 0 \quad \forall i$$

$$v_j[i] \leftarrow \max\{v_{j-1}[i], \ v_{j-1}[i+a_{j-1}]+v_{j-1}\} \quad \forall i, \ j > 1$$

比如，在阶段 $j=5$，状态 $i=5$ 的值来源于阶段 $j-1=4$，相同状态下最优值和阶段 4 状态 $5+a_4=5+2=7$ 下的值加上阶段 4 的选票数 $v_4=10$。之前的计算中可以得到 $v_4[5]=29$，$v_4[7]=15$。因此，$v_5[5]=\max\{29, 15+10\}=29$。

从图 9-16 的有向图中很容易看出来，二元背包问题的计算复杂度需要考虑 n 个阶段 b 个状态，复杂度为 $O(nb)$。需要注意的是，复杂度中不仅涉及事例的个数，比如这里的阶段数 n，而且涉及另外一个常数 b，这里指的是状态的数量。14.2 节中会解释计算常数 b 的标准方法，应该是 $\log b$，也就是输入时需要的数位数量。因此我们的动态规划算法的时间复杂度应该更准确地写成 $O(n \cdot 2^{\log b})$（假设按照二进制储存 b）。与很多其他动态规划算法类似，这个问题的计算压力随着事例数增多会快速上升，两种复杂度表示的差异很大，我们将在 14 章详细介绍计算复杂度。

例 9-21 动态规划解决二元背包问题

一个拥有 8 百万美元的企业家想要收购 4 家公司，其估计了购买这 4 家公司需要的金额分别为 5，1，2，7 百万美元，而目前拥有这几家公司的价值分别为 8，3，4，10 百万美元。这里假设投资只能按照"全或无"（all or nothing，也就是必须收购完整公司才能获得收益）。试将该问题建模成动态规划问题并为其找到最优决策方案。

（a）将此企业家的问题建模成二元背包问题。

（b）为对应的离散动态规划问题定义状态和阶段。

（c）画出（b）中模型对应的有向图。

（d）通过解决图（c）的最优路线问题找到原问题最优方案。

解：

（a）定义决策变量 x_j。如果收购公司 j，$x_j = 1$，否则，$x_j = 0$。对应的二元背包问题方程式如下：

$$\max \quad 8x_1 + 3x_2 + 4x_3 + 10x_4$$
$$\text{s.t.} \quad 5x_1 + 1x_2 + 2x_3 + 7x_4 \leqslant 8$$
$$x_1, \cdots, x_4 = 0 \text{ 或 } 1$$

（b）状态 i 为剩余的投资金额 $= 0, 1, \cdots, 8$ 百万美元，阶段 j 指的是决策序列 $1, \cdots, 4$。

（c）对应的动态规划有向图如下所示。从每个阶段 j 指出的到下一阶段同状态的弧意味着 $x_j = 0$，另一条指向当前状态 i 减去投资金额的状态的弧意味着 $x_j = 1$。

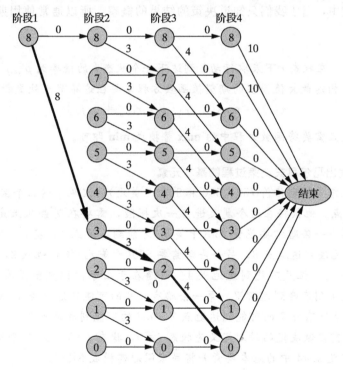

（d）我们从阶段 4 开始求解，逐步递推并更新每个状态和阶段的值，最优解在图中用加粗的线表示。最优解为 $x_1^* = x_2^* = x_3^* = 1$，$x_4^* = 0$。

9.10 马尔科夫决策过程

迄今为止考虑的所有动态规划模型与本书几乎所有其他模型一样都是确定性的模型，所有的参数都是在做决策前就完全确定的。但实际上还有很多序贯决策问题涉及不确定性，我们不能忽视这类问题。在这类随机问题中，有一些参数我们只能知道其概率分布，

马尔科夫决策过程(Markov Decision Processes ，MDP)就是关注此类问题的一种应用广泛的模型。

MDP 命名自著名数学家马尔科夫(A. A. Markov，1856—1922)，他也是很多概率理论的先驱。本书对 MDP 仅做有限的介绍，更多内容详见其他参考资料。

9.10.1 MDP 模型的基本要素

我们首先定义 MDP 模型的基本要素。

定义 9.44 MDP 在离散动态规划基础上增加了一些特点，一些决策和行动带来的影响不能被完全预测。在某个状态 i 上，选定的决策 $k \in K_i$ 可能带来一系列可能的后果使其转移到下个状态 $j \in J_{i,k}$，转移概率为 $p_{i,k,j} \geqslant 0$，$\sum_i p_{i,k,j} = \sum_k p_{i,k,j} = 1$。参数 $r_{i,k,j}$ 是从状态 i 选择决策 k 并到达新的状态 j 的转移报酬/成本。

在函数方程中，由于我们只知道决策的结果的概率，所以通常使用期望值构建函数方程。

原理 9.45 在状态 i 下采取行动 k 到达下一个状态 j 的概率为 $p_{i,k,j}$，状态转移得到的回报为 $r_{i,k,j}$。构建最大值模型的期望值函数方程需要在边界节点处更新 $\{v(i)\}$：

$$v(i) \leftarrow \max_{k \in K_i}\{\Sigma_{j \in J_{i,k}}[p_{i,k,j}r_{i,k,j} + v(j)]\}$$

最小值模型只需要将函数方程中的 **max** 替换成 **min** 即可。

例 9-22 找出马尔科夫决策过程的基本元素

一些寻宝人想要找到估价 750、550 和 900(千美元)的宝藏，这三个宝藏分别藏在 $i=$ 1，2，3 三个地点。他们将在这个夏天进行一次探险，需要在两条从未走过的丛林小路中选择一条。其中一条路需要花费 250(千美元)才能到达地点 1，花费 400(千美元)能到达地点 2，但是无法到达地点 3。另一条路需要 500(千美元)到达地点 2，需要 350(千美元)才能到达地点 3，但是不能到达地点 1。问题在于由于他们之前没有走过这两条路，所以他们不能确定到底会到达哪里。第一条路有 0.6 的可能到达地点 1，0.4 的可能到达地点 2，而第二条路有 0.7 的可能到达地点 2，0.3 的可能到达地点 3。

(a) 将现在需要做决定的时刻定义为状态 $i=0$，状态 $i=1$，2，3 分别代表那几个藏宝地点，找出定义 9.44 中的基本要素并将寻宝问题建模成 MDP。

(b) 根据(a)中的结果，将状态作为节点，将可能的转移作为弧，画出对应的有向图。用实线表示选择第一条路后的情况，虚线表示选择第二条路后的情况。在每条弧上都标注其成本和概率，并计算出每个宝藏的边界值。

(c) 构建并解出状态 $i=0$ 的函数方程，找出最优的行动决策。

解：

(a) 状态 $i=1$，2，3 是边界节点，我们在这些节点处不需要进行决策，它们的值分别为 $v(1)=750$，$v(2)=550$，$v(3)=900$。在状态 $i=0$，决策集合为 $K_0 = [1, 2：1$ 代表选择路线 1，2 表示路线 2]。决策 $k=1$ 下的可能结果集合为 $J_{0,1}$，其中 $j=1$ 的概率为

$p_{0,1,1} = 0.6$，成本（报酬的相反数）$r_{0,1,1} = -400$，而 $j = 2$ 的概率为 $p_{0,1,2} = 0.4$，成本 $r_{0,1,2} = -250$。决策 $k = 2$ 下的可能结果集合为 $J_{0,2}$，其中 $j = 2$ 的概率为 $p_{0,2,2} = 0.7$，成本 $r_{0,2,2} = -500$，而 $j = 3$ 的概率为 $p_{0,2,3} = 0.3$，成本 $r_{0,2,2} = -350$。

（b）要求的有向图如右所示。

（c）利用三个宝藏地点的边界值，应用原理 9.45，状态 $i = 0$ 的函数方程为：

$$v_0 = \max\{0.6(750 - 250) + 0.4(550 - 400),$$
$$0.7(550 - 500) + 0.3(900 - 350)\}$$
$$= \max\{360, 200\} = 360$$

因此，第 1 条路是最优方案。

我们现在可以用一个更加现实的例子解释 MDP 问题。

□ **应用案例 9-8**

乳腺癌的检测与风险

医师在病人乳腺癌预防和检测方面的主要挑战是考虑到病人的不同年龄和身体状况，如何使用最少的检测保证尽早发现乳腺癌症状。实际中问题的 MDP 模型十分复杂，这里我们用一些虚构的参数构建一个简化的模型。

我们的模型将病人的年龄分为了 4 个决策阶段，$t = 1, \cdots, 4$ 代表着 40，50，60，70 这几个年龄段，并将 80 岁作为结束状态。每个决策阶段包括了状态、决策方案和转移概率，如下图所示。

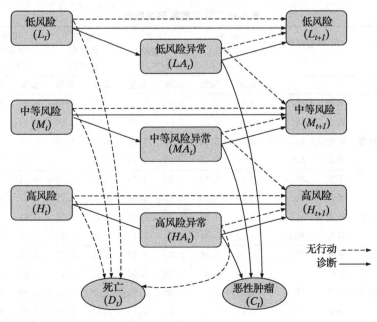

● **状态。** 病人的潜在风险来源于家族病史、共病等，我们可以在阶段 t 时将其

风险分为三类：低风险状态 L_t，中等风险状态 M_t，高风险状态 H_t。如果某个状态下发生了一些异常情况，比如乳房 X 光检查后发现肿块或者其他有问题结构，那么就有可能转移到对应的异常状态 LA_t，MA_t，HA_t。最后，对于每个时刻 t 还有两个边界状态：死亡 D_t 和恶性肿瘤 C_t，此后病危病人将不再进行风险检测。

- **决策方案。** 每个决策状态下都有两个决策，一个是不进行任何操作（图中虚线），另一个是进行诊断（图中实线）。对于基础的状态 L_t，M_t，H_t 下的病人，进行检查可能使其状态转移到 LA_t，MA_t，HA_t，或者检测后并无异常，在下一阶段 $t+1$ 仍维持之前的风险状态。如果病人处于 LA_t，MA_t，HA_t 这些异常状态，我们可以对异常组织进行活体组织检查，如果检查后发现是阴性的，那么在下一阶段 $t+1$ 将维持之前的风险水平，如果检查为阳性的，那么在下一阶段 $t+1$ 将转移到恶性肿瘤的状态 C_t。

- **回报。** 模型中的状态及转移的回报是预期的病人质量校正寿命（Quality Adjusted Life Years，QALYs）。一般来说，早一点检查癌症情况将增加 QALYs，然而，尤其在晚年的时候，活体组织检查这类诊断会带来一些并发症从而带来一些负作用，有可能为回报带来一些意外的减少。

表 9-13 中提供了 5 个年龄段的状态、决策方案、转移概率、回报的虚构数据。比如一个 40 岁年龄段（$t=1$）的低风险（L_1）的病人可能会选择什么都不做或者进行一次乳房 X 光检查。前一种行为会有极低的死亡概率（0.05），大部分情况下会转移到状态 L_2，此时平均质量校正寿命为 7.50。如果进行了 X 光检查，那么有 0.05 的可能转移到 LA_1，否则就会继续维持到状态 L_2，但此时的回报降为 6.50。处于风险水平 M_1 的同一个病人的风险概率要高一些，回报低一些。

表 9-13 乳腺癌案例的数据

状态 i	行为 k	转移概率 j		40 岁年龄段 ($t=1$)		50 岁年龄段 ($t=2$)		60 岁年龄段 ($t=3$)		70 岁年龄段 ($t=4$)		80 岁年龄段 ($t=5$)
				概率	回报	概率	回报	概率	回报	概率	回报	回报
L_t	无	不变	L_{t+1}	0.95	7.50	0.92	6.00	0.89	4.80	0.86	3.84	3.33
		死亡	D_t	0.05	2.50	0.08	2.00	0.11	1.60	0.14	1.28	
	乳房 X 光检查	不变	L_{t+1}	0.95	6.50	0.92	5.20	0.89	4.16	0.86	3.33	
		异常	LA_t	0.05	2.17	0.08	0.72	0.11	0.65	0.14	0.59	
M_t	无	不变	M_{t+1}	0.93	5.50	0.90	4.13	0.87	3.09	0.14	2.32	3.16
		死亡	D_t	0.07	5.20	0.10	1.03	0.13	0.77	0.16	0.58	
	乳房 X 光检查	不变	M_{t+1}	0.93	4.88	0.90	4.39	0.87	3.95	0.84	3.16	
		异常	MA_t	0.07	2.44	0.10	2.19	0.13	1.97	0.16	1.58	
H_t	无	不变	H_{t+1}	0.91	3.50	0.87	2.63	0.83	1.97	0.79	1.48	1.87
		死亡	D_t	0.09	0.88	0.13	0.66	0.17	0.49	0.21	0.37	
	乳房 X 光检查	不变	H_{t+1}	0.91	3.66	0.87	2.93	0.83	2.34	0.79	1.87	
		异常	HA_t	0.09	1.83	0.13	1.46	0.17	1.17	0.21	0.94	

（续）

状态 i	行为 k	转移概率 j		40 岁年龄段 ($t=1$)		50 岁年龄段 ($t=2$)		60 岁年龄段 ($t=3$)		70 岁年龄段 ($t=4$)		80 岁年龄段 ($t=5$)
				概率	回报	概率	回报	概率	回报	概率	回报	回报
LA_t	无	不变	L_{t+1}	0.70	3.47	0.60	3.58	0.50	2.81	0.40	2.19	
		恶化	M_{t+1}	0.30	1.73	0.40	1.79	0.50	1.40	0.60	1.10	
	活体组织检查	良性	L_{t+1}	0.80	4.44	0.70	3.36	0.60	2.54	0.50	1.91	
		恶性	C_t	0.20	1.65	0.30	1.61	0.40	1.19	0.50	0.88	
MA_t	无	不变	M_{t+1}	0.60	1.71	0.50	1.54	0.40	1.38	0.30	1.11	
		恶化	H_{t+1}	0.40	1.28	0.50	1.15	0.60	1.04	0.70	0.83	
	活体组织检查	良性	M_{t+1}	0.60	3.07	0.50	2.50	0.40	2.34	0.30	1.82	
		恶性	C_t	0.40	1.22	0.50	1.04	0.60	0.88	0.70	0.66	
HA_t	无	不变	H_{t+1}	0.50	1.28	0.40	1.02	0.30	0.82	0.20	0.66	
		恶化	D_t	0.50	0.96	0.60	0.77	0.70	0.61	0.80	0.49	
	活体组织检查	良性	H_{t+1}	0.60	2.32	0.50	1.70	0.40	1.24	0.30	0.97	
		恶性	C_t	0.40	0.91	0.50	0.69	0.60	0.52	0.70	0.39	
C_t	吸收态			1.00	22.00	1.00	15.00	1.00	8.00	1.00	1.00	
D_t	吸收态			1.00	11.00	1.00	7.50	1.00	4.00	1.00	0.50	

9.10.2 乳腺癌 MDP 的解

为了计算模型中每个状态的最优值和策略，我们要从阶段 $t=5$ 逆向计算。三个风险状态分别以 3.33，3.16，1.87QALYs 的值到达最后阶段。

接下来考虑 70 岁年龄段 $t=4$。我们首先考虑异常状态 LA_4。函数方程需要考虑不进行临床干预和进行活体组织检查的回报：

$$v(LA_4) \leftarrow \max\{0.40(2.19+3.33)+0.60(1.10+3.16), 0.50(2.19+3.33) + 0.50(0.88+1.00)\} = \max\{4.76, 3.56\}$$

最优决策为不进行干预，此时 $v(LA_4)=4.76$。接下来计算 L_4 的函数方程：

$$v(L_4) \leftarrow \max\{0.86(3.84+3.33)+0.14(1.28+0.50), 0.86(3.33+3.33) + 0.14(0.59+4.76)\} = \max\{6.41, 6.47\}$$

我们应该选择第二个行动，也就是 X 光检查，此时的 $v(L_4)=6.47$。

表 9-14 展示了模型中每个状态的最优决策和最优值。

表 9-14　乳腺癌案例的解

状态	40 岁年龄段 ($t=1$) 期望值	最优决策	50 岁年龄段 ($t=2$) 期望值	最优决策	60 岁年龄段 ($t=3$) 期望值	最优决策	70 岁年龄段 ($t=4$) 期望值	最优决策	80 岁年龄段 ($t=5$) 期望值	最优决策
L_t	23.07	无	16.08	无	10.65	无	6.47	乳房 X 光检查	3.33	吸收态
M_t	19.46	无	14.21	乳房 X 光检查	9.95	乳房 X 光检查	6.07	乳房 X 光检查	3.16	吸收态
H_t	13.05	乳房 X 光检查	9.34	乳房 X 光检查	6.16	乳房 X 光检查	3.54	乳房 X 光检查	1.87	吸收态

（续）

状态	40 岁 年龄段 ($t=1$)		50 岁 年龄段 ($t=2$)		60 岁 年龄段 ($t=3$)		70 岁 年龄段 ($t=4$)		80 岁 年龄段 ($t=5$)	
	期望值	最优决策	期望值	最优决策	期望值	最优决策	期望值	最优决策	期望值	最优决策
LA_t	21.14	活体组 织检查	14.79	活体组 织检查	9.09	活体组 织检查	4.76	无		
MA_t	13.02	活体组 织检查	10.85	活体组 织检查	7.73	活体组 织检查	3.17	无		
HA_t	11.68	活体组 织检查	9.63	活体组 织检查	6.36	活体组 织检查	1.83	活体组 织检查		
C_t	22.00	吸收态	15.00	吸收态	8.00	吸收态	1.00	吸收态		
D_t	11.00	吸收态	7.50	吸收态	4.00	吸收态	0.50	吸收态		

像表 9-14 那样列出 MDP 问题的解是希望我们对检查策略有更深的理解。从我们虚构的数据中就能发现一些规律。首先，我们并不是对所有的年龄和风险状态的病人都推荐乳房 X 光检查，低风险的病人 L_t 在 70 岁之前没有必要进行这种检查。

而与之相对的，所有年龄超过 40 岁的高风险病人都应该进行乳房 X 光检查。类似地，几乎所有年龄阶段的处于异常状态的病人都被推荐进行活体组织检查，但是当 $t=4$ 时也就是 70 岁年龄段的低风险和中等风险病人则不推荐进行这种检查。因为做这种检查带来的风险比较复杂，可能带来意想不到的回报降低。

虽然这些规律不能在实际医学中应用，但是这个案例给我们以启示，MDP 在医疗领域有巨大的潜力待挖掘。

练习题

9-1 考虑下图，弧和边上的数字代表着长度。

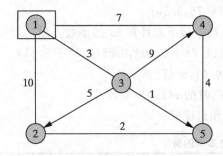

（a）找出图中的节点、弧和边。

（b）试判断下面的节点序列是否为路：
1-3-4-5，2-5-3-4，1-3-2-5-4，1-3-4-1-2。

（c）将原图转化成为有向图（构建一个与原图有相同路的有向图）。

9-2 考虑下图，同样回答练习题 9-1 中的几个问题，并考虑序列 3-2-4-5，3-2-1-4，1-3-5-2-4，1-3-2-5。

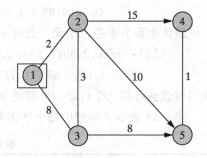

9-3 考虑练习题 9-1 中的图。

（a）利用视察法找到从节点 1 到其他节点的最短路。

（b）验证（a）中从节点 1 到节点 2 的最优路径的所有子路也是最优的。

（c）利用标记 $v[k]$，$x_{i,j}[k]$ 表示出（a）中的最优解。

（d）写出（a）中最短路问题的函数方程。

☑（e）验证（c）中的 $v[k]$ 满足（d）中的函数方程。

☑（f）试解释该练习题中函数方程能够满足最优解 $v[k]$ 的原因。

9-4 对练习题 9-2 同样回答 9-3 中的问题，其中（b）中验证从节点 1 到节点 3 的最优路径。

9-5 考虑下面的图：

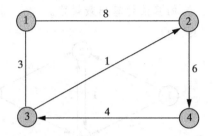

☑（a）使用视察法找到任意两点间的最短路。

☑（b）验证（a）中从节点 1 到节点 4 的最优路径的所有子路也是最优的。

☑（c）利用标记 $v[k][\ell]$，$x_{i,j}[k][\ell]$ 表示出（a）中的最优解。

☑（d）写出（a）中最短路问题的函数方程。

（e）验证（c）中的 $v[k][\ell]$ 满足（d）中的函数方程。

☑（f）试解释该练习中函数方程能够满足最优解 $v[k][\ell]$ 的原因。

9-6 考虑下图，同样回答练习题 9-5 中的问题，其中（b）中验证从节点 4 到节点 2 的最优路径。

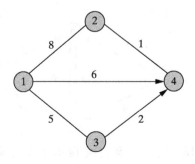

9-7 考虑下面的有向图，弧上的数字表示成本。

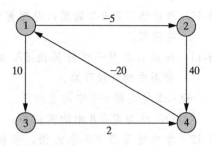

☑（a）利用视察法找到从节点 1 到其他节点的最短路。

☑（b）列举出途中所有环路。

☑（c）判断图中的环路是否为负权环路。

☑（d）试说明本例中出现的负权环路为计算最短路带来困难的原因。

9-8 考虑下图，并回答练习题 9-7 的问题。

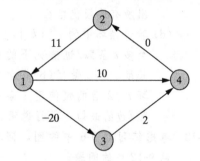

9-9 考虑练习题 9-1 中的图，假设我们要寻找从节点 1 到其他节点的最短路。

☑（a）试说明贝尔曼—福特算法 9A 可以应用在此图的最短路计算中的原因。

☑（b）利用算法 9A 计算从节点 1 到其他节点的最短路长度。

☑（c）利用（b）中计算的 $d[k]$ 恢复出所有的最优路径。

☑（d）验证循环中的 $v^{(t)}[k]$ 是使用至多 t 条弧/边情况下的最短路长度。可以使用（b）中第二次循环 $t=2$ 后的仅使用 1 条或 2 条弧/边的最短路进行说明。

☑（e）找出图中任何一条路所用弧/边数量的最大值，并说明其如何限制了算法 9A 的循环次数。

9-10 考虑练习题 9-2 的图，并回答 9-9 中的问题。

9-11 使用贝尔曼—福特算法 9A 找到下面图中的负权环路。

    ☑（a）练习题 9-7 中的有向图。

    （b）练习题 9-8 中的有向图。

9-12 考虑练习题 9-5 中的图，假设我们要找到任意两点间的最短路。

    ☑（a）试说明弗洛伊德—瓦尔肖算法 9B 可以应用在此图的最短路计算中的原因。

    ☑（b）应用算法 9B 计算任意两节点间的最短路长度。

    ☑（c）利用（b）中计算的 $d[k][\ell]$ 恢复出所有的最优路径。

    ☑（d）验证循环中的 $v^{(t)}[k][\ell]$ 是使用至多 t 条弧/边情况下的最短路长度。可以使用（b）中第二次循环 $t=2$ 后的仅使用 1 条或 2 条弧/边的最短路进行说明。

9-13 考虑练习题 9-6 中的图，回答练习题 9-12 中的问题。

9-14 利用弗洛伊德—瓦尔肖算法 9B 找出下面图中的负权环路。

    ☑（a）练习题 9-7 中的有向图。

    （b）练习题 9-8 中的有向图。

9-15 考虑练习题 9-1 中的图，假设我们要寻找从节点 1 到其他所有节点的最短路。

    ☑（a）试说明迪杰斯特拉算法 9C 可以应用在此图的最短路计算中的原因。

    ☑（b）应用算法 9C 计算任意两节点间的最短路长度。

    ☑（c）利用（b）中计算的 $d[k]$ 恢复出所有的最优路径。

    ☑（d）验证循环中的 $v[k]$ 是仅途经永久标签节点的最短路长度。可以使用（b）中确定两个永久标签节点后最短长度的计算进行说明。

9-16 考虑练习题 9-2 中的图，并回答练习题 9-15 中的问题。

9-17 考虑下面的图，当我们要计算从节点 1 到其他节点的最短路问题时，判断其是否可以采用贝尔曼—福特算法 9A、弗洛伊德—瓦尔肖算法 9B、迪杰斯特拉算法 9C。如果可以应用一种或几种，请选择效率最高的算法计算出最短路。

☑（a）

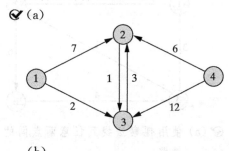

（b）

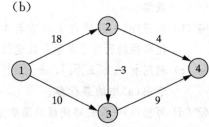

☑（c）

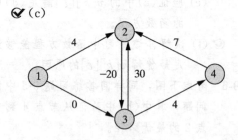

（d）

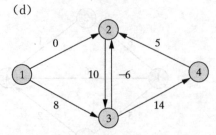

9-18 判断下面的有向图是否是无环的，如果不是，请指出环路，如果是，请将节点进行标号，并保证每条弧

(i, j) 有 $i < j$。

☑（a）

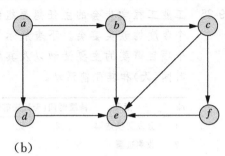

（b）

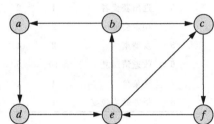

☑（c）

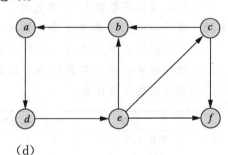

（d）

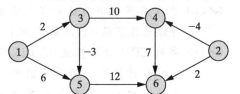

9-19　考虑下面的有向图，弧上的数字代表着成本，我们希望找到从节点 1 到达其他节点的总成本最小的路径。

☑（a）试说明无环最短路算法 9D 可以应用在此问题中。

☑（b）利用算法 9D 计算从节点 1 到其他节点的最短路长度。

☑（c）利用（b）中计算的 $d[k]$ 恢复出所有最短路径。

9-20　考虑下图，并回答 9-19 的问题。

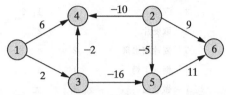

9-21　判断无环最短路算法 9D 能否应用在练习题 9-17 的图中，寻找从节点 1 到其他所有节点的最短路。如果可以，试判断无环最短路算法是否会比贝尔曼—福特算法、弗洛伊德—瓦尔肖算法、迪杰斯特拉算法效率更高，并说明其中原因。

9-22　下面的有向图是一个最短路问题的例子，弧上的数字代表长度。我们希望计算从节点 s 到节点 t 的最短路。

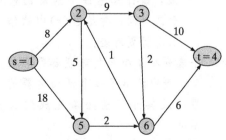

（a）本章介绍的 4 种最短路算法 9A～9D（贝尔曼—福特算法、弗洛伊德—瓦尔肖算法、迪杰斯特拉算法、无环最短路算法）中，哪一种更适合该问题？请说明理由。

（b）使用（a）中选择的算法计算从节点 s 到其他节点的最短路长度。请保留计算过程中的更新细节，并利用算法的回溯标签 d，恢

复出从 s 到 t 的最短路径。

9-23 下表展示了准备早餐需要的工作。表中记录了每个工序需要的时间以及其之前必须完成的其他任务。

k	任务	时间	先前任务
1	烧水	5	无
2	取餐具	1	无
3	沏茶	3	1, 2
4	取麦片	1	2
5	麦片加水果	2	4
6	倒入牛奶	1	4
7	做吐司	4	无
8	放黄油	3	7

- ✅(a) 构建对应的 CPM 项目网络 9.30。
- ✅(b) 利用项目的序号验证项目网络是无环的。
- ✅(c) 使用 CPM 计划算法 9E 计算每个活动的最早开工时间和整个项目的最早完工时间。
- ✅(d) 利用计算出的 $d[k]$ 找到从项目开始到结束关键路径中的活动。
- ✅(e) 如果早餐必须在 10 分钟内完成，请计算出每个活动的最迟开工时间，并结合(c)中的结果计算计划时差。

9-24 下表列举了组织足球联赛需要的活动。表中给出了每个活动需要的天数以及其开工前必须完成的其他活动。

k	活动	时间	先前活动
1	选日期	1	无
2	选赞助	4	1
3	制定价格	1	2
4	买纪念品	5	1, 2
5	寄出邀请	1	2, 3
6	等待回复	4	5
7	计划赛程	1	6
8	准备材料	1	4, 7

回答练习题 9-23 中的问题，并假设整个联赛的组织需要在 13 天内完成。

9-25 工业工程学生会的主任想要组织一个年度的颁奖宴会。下表展示了整个项目需要的主要活动以及其持续时间(天)和其先前活动。

No.	活动	持续时间(无)	先前活动
1	分发奖项选票	2	无
2	收集选票	7	1
3	选出获奖者	1	2
4	预定会场	2	无
5	发请柬	2	4
6	收邀请回复	10	5
7	选菜单	4	4
8	举办颁奖晚宴	1	3, 6, 7

回答练习题 9-23 中的问题，并假设整个项目需要在 17 天内完成。

9-26 建设一个两层的房子涉及的任务如下表所示。表中还展示了每个任务估计需要的时间以及任务开始前需要完成的其他任务。

任务	时间	先前任务
地基(FD)	8	无
混凝土板(CS)	5	FD
1 承重墙(1B)	3	CS
1 内墙(1I)	4	CS
1 封装(1F)	12	1B, 1I, FL
2 层(FL)	3	1B
2 承重墙(2B)	4	2FL
2 内墙(2I)	5	2FL
2 封装(2F)	10	2B, 2I, R
房顶(RF)	2	2B

- ✅(a) 构建对应的 CPM 项目网络 9.30。
- ✅(b) 在项目网络中为活动节点标号并保证每条弧 (i, j) 都有 $i < j$。
- ✅(c) 利用 CPM 计划算法 9E 以及活动标号计算每个活动的最早开工时间和整个项目的最早完工

时间。

☑ (d) 利用计算中的 $d[k]$ 找到从项目开始到结束的关键路径上的活动。

(e) 假设建筑需要在 35 天内完成，请计算出每个活动的最迟开工时间，并结合 (c) 中的结果计算计划时差。

9-27 下表列举了建设计算机实验室需要的活动并给出了相应的活动估计时间（周）和其先前活动。

活动	时间	紧前活动
订家具（OF）	1	无
订电脑（OC）	1	无
订软件（OS）	1	OC
家具配送（FD）	6	OF，P
电脑配送（CD）	3	OC，AF
软件配送（SD）	2	OS
家具组装（AF）	1	FD
电脑安装（IC）	1	CD
软件安装（IS）	1	IC，SD
布线（W）	2	无
粉刷（P）	1	W

请回答练习题 9-26 中的问题，并假设实验室需要在 17 周内完成。

9-28 下图展示了一个计算机外设的半成品电路板。图中的线是可以通过导线的通道，并标注了通道长度（单位：厘米）。在同一条通道上可以在不同层上铺设多条导线。

电路设计的最后一步是找到从点 1 到点 8，10，11，12 的导线铺设位置。

(a) 请说明此问题可以被建模成最短路问题。

(b) 试说明计算本问题的最优导线铺设的算法是迪杰斯特拉算法 9C。

☑ (c) 应用算法 9C 计算到达这 4 个指定点的最优导线铺设方式。

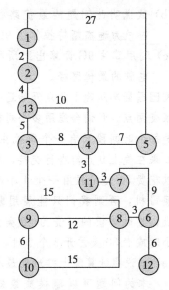

9-29 下图展示了某大学计算机网络的联系，每个节点代表电脑，连线代表光纤电缆。

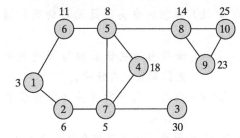

设计者想知道被分包成标准长度数据包的电子邮件应如何从互联网节点 1 发送到其他所有节点中去。比如要发往节点 4 的邮件可能首先从 1 发往 6，然后从 6 转发到 5，再转发到 4。节点上的数字表示转发或者接收数据需要的最短时间（单位：纳秒）。在连线内传播的数据所需要的时间是发送和接收数据包的对应的两台电脑中耗时最长的时间。

(a) 请说明此问题可以被建模成最

短路问题，并画出用以计算最优路径的图，在图的边上标注出权重。

(b) 试说明此问题的最优路径算法应该为迪杰斯特拉算法 9C。

☑(c) 利用算法 9C 计算出到所有其他电脑的最优路径。

9-30 校园通勤车从晚上 7 点开始运营直到深夜两点。我们会雇用多个司机，但是每个时间段只有一个司机在开车。如果在晚上 9 点前进行交接，那么可以花费 50 美元雇用一个 4 小时的常规司机，否则我们只能雇用临时司机，临时司机的工资为 40 美元开 3 小时或者 30 美元开 2 个小时。

(a) 试说明计算晚上排班的最小总成本的问题可以建模成最短路问题。其中图中的节点为从晚上 7 点到凌晨 2 点的整点数。请画出对应的有向图并标注弧的长度。

☑(b) 画出的有向图是无环的吗？请证明。

(c) 请找出解决该最短路问题最有效的算法，并证明。

☑(d) 应用你选择的算法计算最优排班计划。

9-31 下图展示了一个机械车间的平面图，从热处理工作站节点 1 出发，在节点 2 和 3 进行锻造，节点 4，5，6 为加工制造中心，节点 7 为磨床。每个方格的大小是相同的。

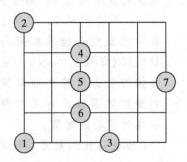

当我们要制造凸轮轴的时候，需要首先进行热处理，然后进行锻压，再通过任意一个加工中心加工，最后使用磨床进行打磨。在不同加工工序间，工件的移动是沿网格线的（也就是南/北和东/西的方向）

(a) 请说明计算制造凸轮轴的运动路径可以建模为最短路问题，并画出对应的有向图，标注出弧的长度。

(b) 画出的有向图是无环的吗？请证明。

(c) 请找出解决该最短路问题最有效的算法，并证明。

☑(d) 应用你选择的算法计算最优运动路径。

9-32 下图展示了利特尔维尔的纪念公园的小路。

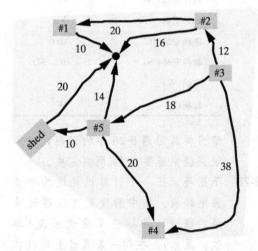

每当有大型活动的时候，小屋（shed）中贩卖热狗和饮料的商贩就会沿着小路去那五家市场的位置销售商品。小路上的数字代表着其长度，箭头指出了上坡方向。上坡需要的付出与路径长度成正比，而下坡的付出是上坡的一半。

(a) 请说明计算商贩运动路径可以

建模为最短路问题，并画出对应的有向图，标注出弧的长度。

(b) 画出的有向图是无环的吗？请证明。

(c) 请找出解决该最短路问题最有效的算法，并证明。

(d) 应用你选择的算法计算最优运动路径。

9-33 一个制药厂商需要在接下来一个季度供应 30 个批次新药，接下来的 3 个季度分别生产 25，10，35 个批次。每个进行生产的季度厂商需要 100 000 美元的启动成本，每批次生产需要 3 000 美元。每次可生产的批次量没有上限，可以储存在仓库中，但是每批次每季度需要 5 000 美元的库存成本。公司希望找到一个总成本最低的生产计划。

(a) 试说明此问题可以建模为离散动态规划问题，其中状态 $k = 1$，$\cdots$，5 表示第 k 个季度时其之前需求都被满足而且没有剩余库存。

(b) 画出(a)中对应的有向图，并在弧上标出成本。

(c) 试解释从图中节点 $k = 1$ 到节点 $k = 5$ 的路径恰为可行的生产计划。

(d) 请解决图中的最短路问题并说明其对应的最优生产计划。

(e) 利用(d)的结果计算出前两个季度的最优生产计划。

9-34 如果库存持有成本为 1 000 美元，请再次考虑并回答练习题 9-33 中的所有问题。

9-35 一个复印机维修员有 4 种检测工具，他估计接下来使用这几个工具的概率分别为 25%，30%，55% 和 15%。然而这些设备的重量分别为 20，30，40，20 磅，他一次最多可

以携带 60 磅的物品。维修员希望找到一个效用最大的可行携带方案。

(a) 试说明此问题可以建模为离散动态规划问题，其中阶段 $k = 1$，$\cdots$，4 表示 4 个设备，每个阶段下的状态 $w = 0$，10，20，30，40，50，60 表示在某个阶段时剩余的 w 磅可容纳重量。

(b) 画出(a)中对应的有向图，并在弧上标出目标函数值贡献值。

(c) 试解释从图中阶段 $k = 1$，状态 $w = 60$ 到达最终阶段的路径恰为可行的携带方案。

(d) 请解决图中的最长路问题并说明其对应的最优携带方案。

9-36 如果总的重量限制为 40 磅，请重新计算练习题 9-35 的所有问题。

9-37 考虑下面的背包整数规划问题，并使用离散动态规划解决该问题：

min $\quad 18x_1 + 13x_2 + 20x_3 + 12x_4$

s. t. $\quad 2x_1 + 6x_2 + 4x_3 + 3x_4 \geqslant 14$

$\quad x_1, x_2, x_3, x_4 \in [0, 2]$ 且为整数

(a) 请定义离散动态规划问题中的状态与阶段。

(b) 根据状态与阶段画出对应的有向图。本图与图 9-16 中的简单 0—1 背包问题有何不同？

(c) 请解决(b)中的离散动态规划问题。可以从终点开始逆推，更新每个状态和阶段的值，并找出最优的解。

9-38 将背包的约束条件，也就是第一个约束的不等号右边放大为 19，重复练习题 9-37。

9-39 有两种可能有效的药物 X14Alpha 和 X14Beta 被用来测试针对危险病毒 X14 的效用。如果其中一种药物很有效的话，那么在接下来的冬天里能

够拯救500条生命，但是如果药物的效用为中等的话，只能拯救200条生命。不仅如此，测试也能发现药物没什么效用，也就无法发布药物。

目前做测试只有10个病人，研究员可以将10个人全部用来检查X14Alpha，或者全部检查X14Beta，或者两种药物各检查5人，更有效的药物将被发布。下表展示了不同测试可能带来的结果。

检测设计	有效的可能性		
	高效	中等	无效
全部 X14Alpha	0.30	0.40	0.30
全部 X14Beta	0.40	0.20	0.40
分两组	0.15	0.60	0.25

(a) 用状态 $i=1$，2，3表示高效、中等、无效这几种检测结果。找出定义9.44中的所有要素并将此问题建模成MDP问题，目标为最大化期望拯救生命数。

(b) 画出(a)中描述的有向图，其中节点为3种状态，弧为可能的转移。将所有的弧上标明其决策、可能性以及带来的回报。

(c) 为每个状态建立函数方程。

(d) 解决(c)中的方程，并给出最优的检测计划。

9-40 明迪在玩一个3轮的赌博游戏，她开始时拥有4个筹码，每轮她都可以押上她手头拥有的任意数量筹码。她有0.45的可能性赢得赌注，此时她将获得与押注数量相同的筹码。有0.55的可能性输掉赌注，也就损失了押注的筹码。当她手中没有筹码的时候，游戏结束。明迪希望找到进行4轮游戏时期望筹码数最多的赌注策略。

(a) 将明迪的问题建模成拥有多个阶段和状态的MDP问题。同时找出定义9.44中所有基本要素。

(b) 画出(a)中对应的有向图。你不需要标注出所有弧上的参数，但是请选择一部分典例进行标注，其中需要包括做的决策、转移概率和回报。为所有的阶段和状态建立函数方程。

(c) 试说明最优的策略是每个状态下都只押注1个筹码，最终的期望值为3.70个筹码。

9-41 SawKing(SK)是当地首屈一指的电锯销售商。他们现在面临着这样一个问题，他们现在的店面只能够放置18个大电锯。SK打算在这个限制条件下规划出一个库存更新计划。他们在一周的结尾下订单，在第二周的开始订单就能得到满足。他们希望自己的计划能够应对未来五周剧烈变化的需求。订货成本为500美元，每个电锯的采购成本为900美元，每个电锯每周的库存持有成本为95美元。如果有库存的话，销售一个电锯将会带来2 000美元的利润。需求是不确定的，但是下表估计了每周的需求量及其概率。如果手头没有库存，那么需求将被损失掉。

需求	概率	需求	概率	需求	概率	需求	概率	需求	概率
0	0.020	4	0.033	8	0.046	12	0.100	16	0.041
1	0.023	5	0.036	9	0.060	13	0.060	17	0.038
2	0.027	6	0.039	10	0.100	14	0.045	18	0.036
3	0.030	7	0.043	11	0.130	15	0.042	over 18	0.051

(a) 将每周开始时的库存水平记作状态 $k=0$，…，18，并找出定义 9.44 中的所有基本元素，将库存管理问题建模成 MDP 问题，目标为最大化总期望净利润，也就是总收入减掉订货和库存成本。假设第一周的初始库存为 18，第五周末将订货时库存维持在满库存状态。

(b) 画出 (a) 对应的有向图。节点由 5 个阶段 18 个状态构成，弧代表了不同状态间的转移。你不需要标注出所有弧上的参数，但是请选择一部分典例进行标注，其中需要包括做的决策、转移概率和回报。

(c) 为 (a) 中的所有状态和阶段建立函数方程。

(d) 解出 (c) 中的函数方程，并找出 SK 的最优库存策略。

9-42 Mini Job(MJ) 是一家小车间制造商，其与一家汽车制造商签署了协议，在未来 5 天内要每天为 200 个金属门板进行冲压操作。如果机器是完好状态，$i=1$，MJ 可以花费 40 小时正常工作时间，每天支付工人 3 000 美元完成任务。如果机器有些小毛病，处于状态 $i=2$，那么在正常工作时间内，每天只能生产 160 个门板，剩余的 40 个需要加班完成，会带来每天 4 500 美元的额外费用。如果机器存在较大问题（状态 $i=3$），那么常规时间只能生产 75 件，其余的有 25 件加班生产，而余下 100 件需要从竞争对手那里以 10 000 美元每天的价格购买。如果机器完全坏掉了（状态 $i=4$），这时 MJ 只能以总价 20 000 美元每天的价格从别处购买。

MJ 的计划需要考虑什么时候维修机器。每天 MJ 都可以选择维持当前机器状态或者前去维修。如果当前处于 $i=1$，那么机器在第二天仍处于当前状态的概率为 0.6，处于状态 $i=2$ 的概率为 0.4。如果当前处于状态 $i=2$，那么第二天维持本状态的概率为 0.5，掉落到状态 $i=3$，$i=4$ 的概率分别为 0.3，0.2。同样的状态 $i=3$ 的机器保持状态概率为 0.4，彻底坏掉概率为 0.6。假设一旦做出决策，机器马上就被维修。

如果从状态 $i=2$ 进行维修，花费 9 000 美元，有 0.9 的概率返回完好状态，0.1 的可能仍然有小瑕疵。类似地，如果从 $i=3$ 进行维修，花费 14 000 元，有 0.7 的可能回到完好状态，0.2 的可能回到小瑕疵状态，0.1 的可能维持现状。当机器完全坏掉的时候再做维修，需要花费 17 000 美元，但是只有 0.6 的可能恢复完好，0.2 的可能有小瑕疵，0.15 的可能有大问题，0.05 的可能仍然不能使用。

MJ 试图寻找最优的维修策略使得这 5 天的总期望成本最低。

(a) 将 MJ 的问题建立成拥有多个状态和阶段的 MDP 问题，并找出定义 9.44 涉及的所有基本元素。

(b) 为 (a) 中问题画出对应的有向图。节点表示状态和阶段，弧表示可能的转移。你不需要标注出所有弧上的参数，但是请选择一部分典例进行标注，其中需要包括做的决策、转移概率和回报。

(c) 为 (a) 中的所有状态和阶段建立函数方程。

(d) 解出(c)中的函数方程,并找出 MJ 的最优维修策略。

9-43 Elite Air(EA)[一]是一家仅有商务舱的航空公司,为所有的乘客提供套餐。EA 必须在时段 $e=4$,…,0 确定和更新套餐的需求量 q_e。初始值设为预定套餐的顾客数 b_4,这在当时是已知的。q_e 和 b_e 的值可以是 0,1,…,$B \triangleq$ 飞机的总容量中的任何一个。在飞机起飞前,每隔 4 小时将重新估计套餐的需求量和乘客数。

随着预定座位量的变化,每阶段对乘客数的估计都会随机变化。但是其变化与套餐准备的数量无关。$p[b_e, b_{e-1}] \triangleq$ 在时间段 $e=4$,…,1,从估计值 b_e 更新到 b_{e-1} 的概率。套餐预定量 q_e 在每个时间段 e 都会被检查,在时间段 $e=4$ 和 3 的时候,套餐的成本是每套 c 美元,这之后的加餐成本增长到每套 $1.8c$ 美

元。已经预定的也可以取消,但 EA 只能回收 $0.4c$ 美元。

EA 希望制定一套套餐预定策略,保证在出发的时候 $q_0=b_0$,并且总的期望套餐购买退回成本最小。

(a) 将 EA 的问题建立成拥有多个状态和阶段的 MDP 问题,并找出定义 9.44 涉及的所有基本元素。请使用二元状态 (q_e, b_e),其中 $q_e \triangleq$ 目前预定的套餐数量,$b_e \triangleq$ 对应的期望乘客数的估计。计算中的分数请四舍五入取整。

(b) 为(a)中问题画出对应的有向图。节点表示状态和阶段,弧表示可能的转移。你不需要标注出所有弧上的参数,但是请选择一部分典例进行标注,其中需要包括做的决策、转移概率和回报。

(c) 为(a)中的所有状态和阶段建立函数方程。

参考文献

Ahuja, Ravindra K., Thomas L. Magnanti, and James B. Orlin (1993), *Network Flows*, Prentice-Hall, Upper Saddle River, New Jersey.

Bazaraa, Mokhtar, John J. Jarvis, and Hanif D. Sherali (2010), *Linear Programming and Network Flows*, John Wiley, Hoboken, New Jersey.

Bertsekas, Dimitri P. (1987), *Dyanmic Programming: Deterministic and Stochastic Models*, Prentice-Hall, Englewood Cliffs, New Jersey.

Denardo, Eric V. (2003), *Dynamic Programming: Models and Applications*, Prentice-Hall, Englewood Cliffs, New Jersey.

Lawler, Eugene (1976), *Combinatorial Optimization: Networks and Matroids*, Holt, Rinehardt and Winston, New York, New York.

Puterman, Martin L. (2005), *Markov Decision Processes-Discrete Stochastic Dynamic Programming*, Wiley, Hoboken, New Jersey.

[一] 参见 J. H. Goto, M. E. Lewis, and M. L. Puterman (2002), "Coffee, Tea, or …?: A Markov Decision Process Model for Airline Meal Provisioning," ORIE, Cornell University.

第 10 章

网络流与图

从第 4~7 章我们已经了解到，线性规划模型可用于完成一些非常简洁的分析。利用线性规划可以高效地计算出全局最优解，我们也可以基于其结果进行各种假设性的灵敏度分析。

网络流问题（network flow problem）是一类特殊但广泛适用的线性规划问题，它甚至比一般的线性规划更易处理。我们可以通过利用特定的算法来求解更大的模型。更重要的是，它可以处理通常较为复杂的离散问题，且一般不需要额外的工作。

10.1 图、网络与流

网络流模型非常易处理的原因之一在于，决策和约束呈现某种形式，使得我们可以很容易地将其表示在一个有向图中。更确切地说，网络流模型是从被称为**带有方向的图**（directed graphs）或**有向图**（digraphs）的结构上抽象产生的。

10.1.1 有向图、节点与弧

我们在 9.1 节中遇到过有向图。有向图始于一组**节点**（或**顶点**），我们在本章中将其表示为：

$$V \triangleq \{ 网络中的节点或顶点 \}$$

它们表示网络中的设施、交叉点或传输点。节点由一系列**弧**连入有向图中，我们在本章中将其表示为：

$$A \triangleq \{ 网络中的弧 \}$$

弧表示从一个节点到另一个节点可行的流或移动。通过列出所连接的节点对，我们可以简单表示出特定的弧。例如，弧(4，7)即从节点 4 通向节点 7。

有向图被称为**带有方向**，即因为流的方向是有影响的。例如，一个弧从节点 7 通向节点 4，即会被表示为(7，4)，它与(4，7)是不同的，二者表示了不同方向的流通。

□ **应用案例 10-1**

最优炉（OOI）

脑海中有一个小的模型会在很大程度上帮助我们吸收核心概念。现在让我们考虑（完全虚构的）最优炉股份有限公司（OOI）的案例。

OOI 在位于威斯康星州和亚拉巴马州的工厂制造家用烤面包炉。制成的炉子会由火车运输到 OOI 位于孟菲斯和匹兹堡的两个仓库之一，而后被分销到位于弗雷斯诺、皮奥里亚和纽瓦克的顾客站点。两个仓库间也可以用公司的货车转运少量的炉子。

我们的任务是做新型 E27 炉子下个月的分销方案。每个工厂在此期间至多可以装运 1 000 个炉子，且目前仓库中没有存货。弗雷斯诺、皮奥里亚和纽瓦克的顾客分别需要 450、500 和 610 个炉子。仓库间的转运数量限制在 25 个炉子以内，但不产生费用。其他可行流的单位成本（以美元计）详见下表。

从/到	3：孟菲斯	4：匹兹堡
1：威斯康星	7	8
2：阿拉巴马	4	7

从/到	5：弗雷斯诺	6：皮奥里亚	7：纽瓦克
3：孟菲斯	25	5	17
4：匹兹堡	29	8	5

10.1.2 OOI 应用网络

图 10-1 描述了 OOI 的网络。2 个工厂、2 个仓库和 3 个顾客站点组成了该有向图的 7 个节点。弧表示炉子的可行流，并用箭头指示方向。例如，弧（3，7）表示从孟菲斯仓库被运到纽瓦克顾客站点的炉子。弧（7，3）的缺失则意味着不允许炉子从纽瓦克到孟菲斯进行反向移动。两个相反的弧连接了仓库节点，表明它们间的炉子流通可以按任一方向进行。

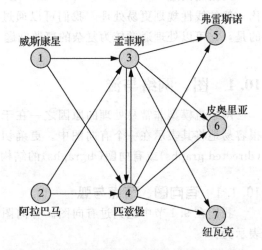

图 10-1　最优炉股份有限公司（OOI）应用的网络

10.1.3 最小费用流模型

一个图 10-1 那样的有向图表示了怎样的线性问题呢？我们希望用它去描述流，这里炉子的流即起始于工厂，途经仓库，最终到达顾客。

我们仍从决策变量开始。

原理 10.1 网络流模型中的决策变量 $x_{i,j}$ 表示弧（i，j）中的流量。

令 $c_{i,j}$ 表示弧（i，j）上流的单位成本，需要最小化的总费用则可简单表示为：

$$\sum_{(i,j) \in A} c_{i,j} x_{i,j}$$

一些约束也同样简单。流量必须为非负才有意义，有时也可能会存在**容量**（capacity）或上界 $u_{i,j}$。这些要求形成了约束：

$$0 \leqslant x_{i,j} \leqslant u_{i,j} \quad \forall (i,j) \in A \tag{10-1}$$

网络流问题数学规划模型的主要约束的形式决定了它们的重要特征。

原理 10.2 网络流问题的主要约束保证了节点上**流的平衡**（balance of flow）（或**守恒**，conservation）。

更确切地说，我们希望在每个节点上均满足：

$$总流入 - 总流出 = 指定的净需求$$

用符号表示，即：

$$\sum_{(i,k)\in A} x_{i,k} - \sum_{(k,j)\in A} x_{k,j} = b_k \quad \forall\, k \in V \tag{10-2}$$

其中，b_k 表示节点 k 上指定的净需求（所要求的流不平衡度）。

我们现在可以提出完整的最小费用网络流模型形式。

定义 10.3 一个有向图中，若节点 $k \in V$ 上的净需求为 b_k，弧 $(i, j) \in A$ 上的容量为 $u_{i,j}$，单位成本为 $c_{i,j}$，则其**最小费用网络流模型**（minimum cost network flow model）为：

$$\min \quad \sum_{(i,j)\in A} c_{i,j} x_{i,j}$$
$$\text{s. t.} \quad \sum_{(i,k)\in A} x_{i,k} - \sum_{(k,j)\in A} x_{k,j} = b_k \quad \forall\, k \in V$$
$$0 \leqslant x_{i,j} \leqslant u_{i,j} \qquad\qquad\qquad \forall\, (i,j) \in A$$

10.1.4 源、汇及转运节点

节点有三种类型。**汇**（sink）或**需求**（demand）节点消费流，如 OOI 应用中的顾客站点。**源**（source）或**供给**（supply）节点产生流，如 OOI 工厂。**转运**（transshipment）节点仅传递流，如 OOI 仓库。各类节点对应的净需求 b_k 则有不同的符号。

原理 10.4 **净需求**（net demand）b_k 在汇（需求）节点上为正，在源（供给）节点上为负，在转运节点上为 0。

10.1.5 OOI 应用模型

图 10-2 包含了 OOI 应用有向图中的净需求、费用和容量（附加一个额外的节点 8，解释见后）。对应的最小费用网络流模型为：

$$\min \quad 7x_{1,3} + 8x_{1,4} + 4x_{2,3} + 7x_{2,4} + 25x_{3,5} + 5x_{3,6}$$
$$+ 17x_{3,7} + 29x_{4,5} + 8x_{4,6} + 5x_{4,7} \qquad\qquad (总费用)$$
$$\text{s. t.} \quad -x_{1,3} - x_{1,4} - x_{1,8} \qquad\qquad\qquad\qquad = -1\,000 \quad (节点\ 1)$$
$$-x_{2,3} - x_{2,4} - x_{2,8} \qquad\qquad\qquad\qquad = -1\,000 \quad (节点\ 2)$$
$$+x_{1,3} + x_{2,3} + x_{4,3} - x_{3,4} - x_{3,5} - x_{3,6} - x_{3,7} = 0 \quad (节点\ 3)$$
$$+x_{1,4} + x_{2,4} + x_{3,4} - x_{4,3} - x_{4,5} - x_{4,6} - x_{4,7} = 0 \quad (节点\ 4)$$
$$+x_{3,5} + x_{4,5} \qquad\qquad\qquad\qquad\qquad\quad = 450 \quad (节点\ 5)$$
$$+x_{3,6} + x_{4,6} \qquad\qquad\qquad\qquad\qquad\quad = 500 \quad (节点\ 6)$$
$$+x_{3,7} + x_{4,7} \qquad\qquad\qquad\qquad\qquad\quad = 610 \quad (节点\ 7)$$

$$+x_{1,8}+x_{2,8} \qquad\qquad\qquad = \quad 440 \quad (\text{节点 8})$$
$$x_{3,4} \leqslant 25, \; x_{4,3} \leqslant 25 \qquad\qquad\qquad (\text{容量}) \qquad (10\text{-}3)$$
$$x_{i,j} \geqslant 0 \quad \forall \; (i,j) \in A$$

图 10-3 中的粗实线表示了一个最优解。

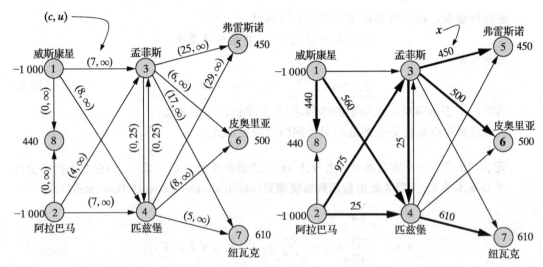

图 10-2　OOI 应用的最小费用网络流问题　　　　图 10-3　OOI 应用的最优流

工厂是 OOI 网络的源节点，因此它们在模型（10-3）中的流平衡约束（前两条）对应负的净需求。仓库节点仅传递流，所以净需求为 0。模型（10-3）中最后四个平衡约束描述了汇节点对流的消费，则等式右边相应为正。

OOI 应用中，只有连接两个仓库的弧上有容量限制。沿任一方向转运的炉子数量不能超过 25 个。模型（10-3）中的有界约束反映了这两个容量限制以及所有弧上流量非负的性质。

例 10-1　用公式表示最小费用网络流模型

右图表示了一个四节点网络。节点旁边的数字为净需求 b_k，弧上的数字为费用和容量（$c_{i,j}$，$u_{i,j}$）。

（a）用公式表示对应的最小费用网络流问题。

（b）将问题中的节点按源、汇和转运分类。

解：
$$V = \{1,2,3,4\}$$
$$A = \{(1,2),(1,4),(2,3),(2,4),(4,2),(4,3)\}$$

（a）用变量 $x_{1,2}$、$x_{1,4}$、$x_{2,3}$、$x_{2,4}$、$x_{4,2}$ 和 $x_{4,3}$ 表示 A 中六个成员上的流，原理 10.3 对应的公式即为：

$$
\begin{aligned}
\min \quad & 2x_{1,2}+3x_{1,4}+5x_{2,3}-1x_{4,2}+11x_{4,3} \\
\text{s. t.} \quad & -x_{1,2}-x_{1,4} && = && -100 \\
& x_{1,2}+x_{4,2}-x_{2,3}-x_{2,4} && = && 0 \\
& x_{2,3}+x_{4,3} && = && 60 \\
& x_{1,4}+x_{2,4}-x_{4,2}-x_{4,3} && = && 40
\end{aligned}
$$

$$x_{1,2} \leqslant 90, x_{1,4} \leqslant 75, x_{2,3} \leqslant 50$$
$$x_{i,j} \geqslant 0 \quad \forall (i,j) \in A$$

（b）只有节点 1 上的净需求或净供给为负，因此它是唯一的源节点。节点 3 和 4 上的净需求为正，即它们是汇节点。剩下的节点 2 上既没有需求，也没有供给，是一个转运节点。

10.1.6　总供给＝总需求

图 10-2 和模型（10-3）中有一个要素没有出现在原始的图 10-1 中，即一个额外的汇节点 8。

回顾 10.3 的流平衡约束可以发现其原因。流只在源节点上产生，又只在汇节点上被消费。因此，形成可行流的必要条件为：

$$总供给 = 总需求$$

即意味着 $\sum_k b_k = 0$。

若在给定的最小费用网络流问题的网络中，总供给不等于总需求，则我们必须在处理前做一些调整。

原理 10.5　若在给定的网络流问题中，总供给小于总需求，则该问题不可行。若总供给超过总需求，则应该添加一个新的汇节点，通过从所有源节点出发的零费用弧来消费多余的供给。

在图 10-2 中添加节点 8 是因为，在 OOI 应用中：

$$总供给 = 1\,000 + 1\,000 > 450 + 500 + 610 = 总需求$$

多余的 440 决定了节点 8 的需求。从两个源节点出发的零费用弧使得这些多余的供给能够到达节点 8，且不影响该优化问题的任何其他部分。

例 10-2　平衡总供给和总需求

下面的有向图在每个节点旁边标注了净需求 b_k，在弧上标注了费用 $c_{i,j}$。

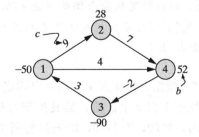

按要求修改网络，从而生成一个总供给等于总需求的等价图。

解：这里总供给为 $50 + 90 = 140$，总需求为 $28 + 52 = 80$。因此总供给超过总需求：

$$140 - 80 = 60$$

为了生成一个总供给等于总需求的等价模型，我们应用原理 10.5，添加一个"伪"汇节点 5 来消费多余的部分。

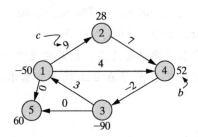

从两个源节点出发的零费用弧(1，5)和(3，5)确保了额外的供给可以到达节点5，且不影响其他费用。

10.1.7　初始可行解

针对网络流的所有搜索方法都需假定已有一个初始可行解才能进行，而后系统地优化它，直到获得一个最优解或确定问题的无界性。当初始可行解未知或不确定其是否存在时，标准的网络流模型可以改用3.5节中的两阶段法或大M法进行研究。

两种方法的核心均是构建一个能作为计算起点的人工模型。通过引入新的人工变量可以实现问题的可行性，且人工变量的总和会被最小化。若新引入的人工变量总和可以取到0，则余下的即为原始模型的一个可行流。否则，原始模型即为不可行的。

10.1.8　人工网络流模型

网络流情境下唯一的新要素是，我们希望创造出本身即为一个最小费用网络流问题的人工模型，使得常见算法能够适用。具体而言，我们希望能够将人工变量解释为弧中的流。

为获得一个这样的网络流人工模型，我们只需在原始模型的所有弧上放置一个零流量的流，并添加一个人工节点。用人工弧将这一特殊节点和其他所有净需求$b_k \neq 0$的节点连接起来，可以实现对供给和需求的要求。

原理 10.6　用于计算最小费用网络流问题初始可行解的**人工网络模型**（artificial network model）和起始点可以通过以下方法构建：(i)为原始模型中的所有弧分配零流量的流；(ii)引入一个人工节点；(iii)创建从每个供给节点$k(b_k < 0)$到人工节点的人工弧，并使其流量等于给定的供给$|b_k|$；(iv)添加从人工节点到每个需求节点$k(b_k > 0)$的人工弧，并使其流量等于给定的需求$|b_k|$。

图10-4说明了我们的OOI模型。添加人工节点0以固定人工弧。而后，通过人工弧(1，0)和(2，0)来平衡供给节点1和2上的流，因其携带与相应节点上给定供给等量的流。类似地，人工弧(0，5)(0，6)(0，7)和(0，8)通过将所需的流带到每个需求节点来满足对需求的要求。所有原始弧的流量均为0。

原始弧上所有零流量的流都满足它们的上界和下界约束，且所有给定的人工流均是非负的。此外，将人工弧的流量设置为恰好等于所需的供给或需求，保证了所有原始节点上的流平衡。最后，由于满足总供给等于总需求的要求10.5，故人工节点上也会实现流平衡。

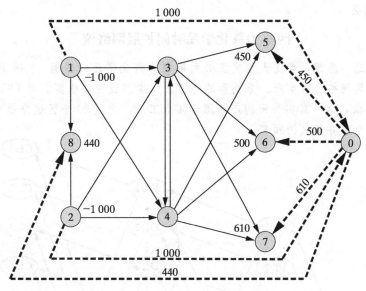

图 10-4　OOI 应用初始阶段 I 的流

例 10-3　构建人工网络模型

考虑一个网络流问题，其中净需求如下图所示。

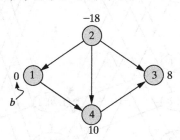

构建阶段 I 或大 M 计算初始可行解所需的人工网络模型和相应的人工解。

解： 根据构建方法 10.6，我们引入一个人工
节点 0，并添加相应从供给节点 2 出发，以及去
往需求节点 3 和 4 的人工弧。原始弧上的流量均
为 0，人工弧上的流量等于给定的供给或需求。
得到结果如右所示的人工模型和人工初始解。

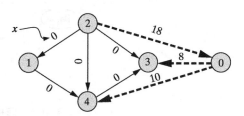

10.1.9　时间扩展流模型及网络

正如 4.5 节中更一般的线性规划，很多网络流的应用都涉及时间扩展，以考虑流随
时间的变化，尤其是涉及库存管理的问题。

在结构特殊的网络流实例中，由这些问题形成了时间扩展网络。

定义 10.7　时间扩展网络（time-expanded network）将一个流系统中的每个节点都
建模转化为一系列节点，每个节点即对应一个时间区间。弧则反映某个特定时间内各点
间的流，或某个特定位置上跨时间的流。

□ **应用案例 10-2**

阿格力科化学品时间扩展网络流

为理解这一思想，考虑大型化肥公司阿格力科化学品的案例。⊖图 10-5 简单给出了用于规划阿格力科生产、分销和库存方案的虚拟版网络模型。与 OOI 应用案例 10-1 非常类似，这一真实公司的产品源于 4 个工厂，通过 20 个区域分销中心转运之后到达 500 个服务地区的顾客。

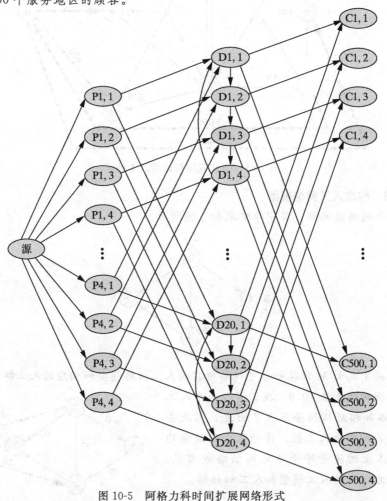

图 10-5 阿格力科时间扩展网络形式

高度季节性的需求使得阿格力科的案例比 OOI 更为复杂。阿格力科全年生产化肥，但很多需求都产生于春季，单季度的生产容量无法适应春季的需求。因此，公司淡季时在分销点建立库存以待春季运送。当然，储存并不是没有限制的，且库存会产生一定的持有成本。

阿格力科的决策问题包括确定一年中每个季度的生产量、选择分销点的运输和

⊖ F. Glover，G. Jones，D. Karney，D. Klingman，and J. Mote (1979)，"An IntegratedProduction，Distribution，and Inventory Planning System," *Interfaces*，9：5，21-35.

储存模式，以及制订将产品运送给顾客的计划。我们希望以最小的总费用来完成以上所有工作。

10.1.10 对阿格力科应用的时间扩展建模

图 10-5 的阿格力科有向图描述了一个时间扩展网络。总的年度流量始于源节点，但分别由表示生产的弧将其与 8 个节点 (Pi, t) 连接起来，这些节点在模型中分别表示处于季度 $t=1$，2，3，4 的工厂 $P1$ 到 $P4$。弧上的容量代表对应工厂的季度性容量，而费用则反映生产的单位成本。

处于任一季度 t 的工厂都被运输弧连接到处于相同季度的分销中心节点 (Dj, t)，分销中心又转而连接到对应季度的顾客需求。这些弧上的费用反映了运输的单位成本，它可能会因运输发生的季度不同而有所差别。

相同分销中心节点间的**持有弧**（holding arcs）蕴含了时间扩展建模中具有代表性的主要新特征。例如，从 $(D1, 2)$ 到 $(D1, 3)$ 的弧在模型中表示分销点 1 从第二季度到第三季度持有产品。其费用为分销点 1 的单位持有成本，而其容量即为可用储存空间的大小。若不区分节点的地点和时间，则不可能同时对时间流和设施间的流进行建模。

例 10-4 在时间扩展网络中建模

某公司在任一季度内至多可以制造 1.5 万个单位的产品，每千个单位的费用为 35 美元。下表显示了将每千个单位的产品分别运送给公司两位顾客的费用，以及每位顾客在不同季度所需的产品单位数（以千计）。

假设库存可以每千个单位每季度 8 美元的费用储存在工厂，请构建一个时间扩展网络流模型来确定公司的最优生产、分销和库存计划。

顾客	运送费用	各季度需求			
		1	2	3	4
1	11	5	9	2	1
2	17	3	14	6	4

解：根据 10.7，我们用 4 个节点表示处于不同季度的工厂，另分别用 4 个节点表示处于不同季度的 2 位顾客。所有季度、所有顾客的商品都产生于一个普通的源节点。生产弧按季度将商品连接至工厂节点，持有弧连接不同的工厂节点，运输弧则将每个季度的工厂连接至该季度的顾客需求。结果得到如下的时间扩展最小费用网络流模型：

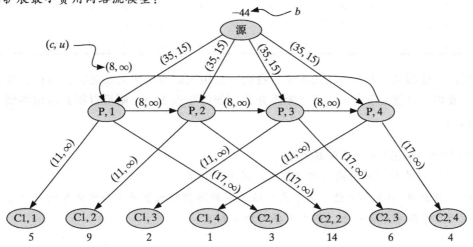

10.1.11 节点—弧关联矩阵及矩阵标准形式

正如对线性规划问题的处理方式，我们常用矩阵形式来考虑最小费用网络流模型 10.3。其中，我们用标记法将流量变量 $x_{i,j}$ 处理为一个向量 $\mathbf{x}$，尽管该变量有两个下标。然后，将费用 $c_{i,j}$ 和容量 $u_{i,j}$ 集合到对应的向量 $\mathbf{c}$ 和 $\mathbf{u}$，并将净需求 b_k 列入向量 $\mathbf{b}$，从而将最小费用网络流模型 10.3 简化为熟悉的线性规划标准形式：

$$\min \quad \mathbf{c} \cdot \mathbf{x}$$
$$\text{s.t.} \quad \mathbf{Ax} = \mathbf{b}$$
$$\mathbf{0} \leqslant \mathbf{x} \leqslant \mathbf{u}$$

其中，主要约束矩阵 $\mathbf{A}$ 具有一种非常特殊的结构。这样的矩阵被称为节点—弧关联矩阵，因为它们既表示了流平衡要求，也为潜在的有向图提供了一个代数描述。

定义 10.8 节点—弧关联矩阵既表示流平衡要求，也表示一个网络流模型的图结构，即每个节点对应一行、每个弧对应一列。每列中仅有两个非零项，一个为 -1，位于对应弧离开的节点的所在行，另一个为 $+1$，位于弧进入的节点的所在行。

表 10-1 对 OOI 应用进行了说明。8 行对应图 10-2 中有向图的 8 个节点，每一列则分别代表 14 个弧中的一个。弧 $(3, 6)$ 对应的列在第 3 行有一个 -1，在第 6 行有一个 $+1$，因为弧 $(3, 6)$ 离开节点 3 并进入节点 6。

表 10-1　OOI 应用的节点—弧关联矩阵

节点	弧													
	(1, 3)	(1, 4)	(1, 8)	(2, 3)	(2, 4)	(2, 8)	(3, 4)	(3, 5)	(3, 6)	(3, 7)	(4, 3)	(4, 5)	(4, 6)	(4, 7)
1	-1	-1	-1	0	0	0	0	0	0	0	0	0	0	0
2	0	0	0	-1	-1	-1	0	0	0	0	0	0	0	0
3	$+1$	0	0	$+1$	0	0	-1	-1	-1	-1	$+1$	0	0	0
4	0	$+1$	0	0	$+1$	0	$+1$	0	0	0	-1	-1	-1	-1
5	0	0	0	0	0	0	0	$+1$	0	0	0	$+1$	0	0
6	0	0	0	0	0	0	0	0	$+1$	0	0	0	$+1$	0
7	0	0	0	0	0	0	0	0	0	$+1$	0	0	0	$+1$
8	0	0	$+1$	0	0	$+1$	0	0	0	0	0	0	0	0

网络流模型的一个方便之处在于，我们可以用网络有向图来描述它。然而需要注意的是，我们也只能由节点—弧关联矩阵开始。若已知表 10-1，则可以很容易地得到对应的有向图。

例 10-5　构建节点—弧关联矩阵

为例 10-2 中的原始有向图构建节点—弧关联矩阵。

解：与原理 10.8 一致，该节点—弧关联矩阵用行来表示 4 个节点中的每一个，用列来表示 5 个弧中的每一个。得到完整的矩阵如下：

节点	弧				
	(1, 2)	(1, 4)	(2, 4)	(3, 1)	(4, 3)
1	−1	−1	0	+1	0
2	+1	0	−1	0	0
3	0	0	0	−1	+1
4	0	+1	+1	0	−1

例 10-6 解释节点—弧关联矩阵

考虑如下矩阵：

$$\begin{bmatrix} -1 & +1 & 0 & +1 & 0 & 0 \\ 0 & -1 & -1 & 0 & 0 & +1 \\ 0 & 0 & +1 & -1 & -1 & 0 \\ +1 & 0 & 0 & 0 & +1 & -1 \end{bmatrix}$$

（a）解释它为什么是一个节点—弧关联矩阵。

（b）画出对应的有向图。

解：我们再次应用原理 10.8。

（a）这是一个节点—弧关联矩阵，因为每列都只有两个非零项，即一个 −1 和一个 +1。

（b）令节点 1 到 4 对应矩阵的 4 行，通过为矩阵的每一列插入一个对应的弧来构建有向图。弧离开各列中 −1 所在行对应的节点，并进入该列中 +1 所在行对应的节点。

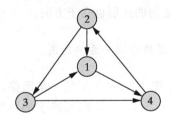

10.2 用于网络流搜索的圈方向

第 5 至 7 章介绍的线性规划算法的重点在于构建改进可行方向（improving feasible direction），即保持可行性的同时能够适当地小步优化目标函数的解的变化方向。已知网络流问题是具有特殊性质的线性规划，那么找到非常简单的改进可行方向自然是处理网络流问题的关键。

10.2.1 链、路、圈与回路

9.1 节引入了图中路（path）和回路（dicycle）的概念。为得到网络流问题的改进可行方向，我们还需要链和圈的概念。

定义 10.9 链（chain）是连接两个节点的一个弧序列。在序列中，每个弧和它前一个弧恰有一个共同节点，且没有节点会被重复访问。

定义 10.10   圈（cycle）是起始和终止节点相同的一条链。

在描述一条链或一个圈时，我们仅需按顺序列出其中的弧。在不会造成混淆的情况下，也可以用对应的节点序列来描述。

图 10-6a 对图 10-2 中的 OOI 有向图进行了说明。第一个例子展示了连接节点 1 和 2 的一条链(1，3)，(3，6)，(4，6)，(2，4)。它也可以仅由节点序列 1-3-6-4-2 表示，因为每个隐含的节点间连接都仅能由一个弧实现。图 10-6a 中的第二个例子为链(1，3)，(3，4)，(4，7)。这里节点序列就不够有说明性了，因为该链和(1，3)，(4，3)，(4，7)都对应节点序列 1-3-4-7。

图 10-6 的 b 部分展示了一些不是链的序列。第一个不连通，第二个则重复访问了节点 3。

注意，链不需要考虑弧上的方向，这正是链与路的不同之处。

定义 10.11   路是沿前进方向连接所有弧的链。

因此，图 10-6a 中显示的序列 1-3-6-4-2 是一条链，但不是一条路，因为它在弧 (4，6)和(2，4)上打破了前进方向。第二个序列 1-3-4-7 则既是一条链，也是一条路。

圈的唯一一个额外元素即起始并终止于同一节点。例如，图 10-6c 中包含了起始并终止于节点 1 的圈 1-3-6-4-1，以及起始并终止于节点 3 的圈(3，4)，(4，3)。图中的 d 部分证明，不连通或重复访问某一节点的弧序列均不能构成圈。

与链和路相同，圈和回路之间的区别也在于方向。

定义 10.12   回路是所有弧均沿同一方向的圈。

因此，图 10-6c 中的第一个圈 1-3-6-4-1 不是一条回路，因为它在弧(4，6)和(1，4) 上打破了前进方向。第二个圈(3，4)，(4，3)则确实满足回路的定义，因为它的两个弧都是沿前进方向连接的。

10.2.2   圈方向

圈可以用**前进**（正方向）或**后退**（反方向）的方式来连接弧。圈方向即定义自这种连接模式。

定义 10.13   一个最小费用网络流模型的**圈方向**（cycle direction）在给定有向图中某个圈的前向弧上增加流，在后向弧上减少流，即：

$$\Delta x_{i,j} \triangleq \begin{cases} +1 & \text{如果弧}(i,j)\text{在圈中是前向的} \\ -1 & \text{如果弧}(i,j)\text{在圈中是后向的} \\ 0 & \text{如果弧}(i,j)\text{不是圈的一部分} \end{cases}$$

例如，考虑图 10-6c 中的第一个圈 1-3-6-4-1。鉴于前两个弧在圈中是前向的，后两个弧是后向的，我们得到圈方向表示如下。

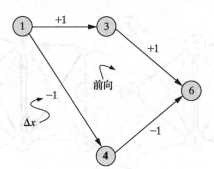

圈中的前向弧上 $\triangle x = +1$，后向弧上 $\triangle x = -1$，而其他所有弧上 $\triangle x = 0$。

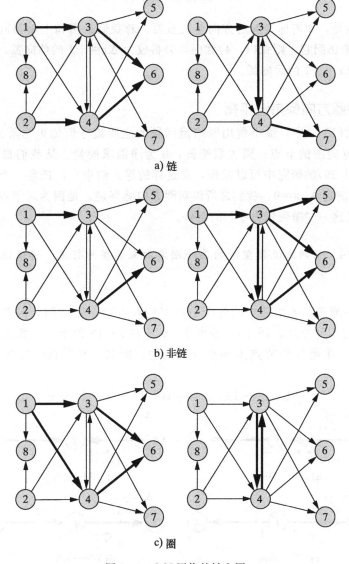

a) 链

b) 非链

c) 圈

图 10-6 OOI 网络的链和圈

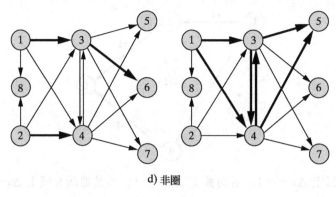

d) 非圈

图 10-6 （续）

需要注意的是，如何标定圈的方向至关重要。若我们采用和上面相同的圈，但按照序列 1-4-6-3-1 来访问它，则弧(1，4)和(4，6)将成为 $\Delta x = +1$ 的前向弧，而弧(3，6)和(1，3)将成为 $\Delta x = -1$ 的后向弧。

10.2.3 利用圈方向保持流平衡

在矩阵形式(10-4)中，最小费用网络流问题的主要流守恒约束为等式约束 $\mathbf{Ax} = \mathbf{b}$，其中 $\mathbf{A}$ 为给定有向图的节点—弧关联矩阵，$\mathbf{b}$ 为净需求向量。从我们最早对改进搜索（3.3 节的原理 3.29）的研究中可以发现，在这样的等式约束中，任意一个保持可行性的方向 Δx 都必须满足 $\mathbf{A}\Delta\mathbf{x} = \mathbf{0}$。我们之所以对圈方向感兴趣，是因为对节点—弧关联矩阵 $\mathbf{A}$ 而言，其满足这一"净变化为零"的条件。

原理 10.14 沿网络流模型中的某一圈方向来调整可行流，可使流平衡约束得以满足。

为证实这一原理，考虑圈中的每个节点都恰好由两个弧访问，再考虑两个弧能够访问一个节点的四种方式。图 10-7 说明了 10.8 和 10.13 的节点—弧关联矩阵符号是如何结合起来，并使每个节点上净变化＝0 的。例如，在前向—后向情境下，我们得到：

$$+1\Delta x_{i,j} + 1\Delta x_{k,j} = +1(+1) + 1(-1) = 0$$

a) 前向—前向

b) 前向—后向

c) 后向—前向

d) 后向—后向

图 10-7 圈访问节点的可能方式

例 10-7 构建圈方向

考虑如下有向图：

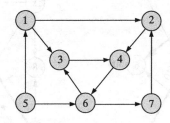

为下列各圈构建圈方向，并证明它们均保证了节点 6 上的流平衡。

(a) 1-2-7-6-5-1

(b) 3-4-6-3

解：

(a) 应用定义 10.13，圈方向满足：

$$\Delta x_{1,2} = \Delta x_{5,1} = +1$$
$$\Delta x_{7,2} = \Delta x_{6,7} = \Delta x_{5,6} = -1$$
$$\Delta x_{1,3} = \Delta x_{3,4} = \Delta x_{4,2} = \Delta x_{6,3} = \Delta x_{4,6} = 0$$

在节点 6 上检验原理 10.14，得到：

$$-1\Delta x_{6,7} + 1\Delta x_{5,6} = -1(-1) + 1(-1) = 0$$

(b) 再次应用定义 10.13，圈方向满足：

$$\Delta x_{3,4} = \Delta x_{4,6} = \Delta x_{6,3} = 1$$
$$\Delta x_{1,2} = \Delta x_{1,3} = \Delta x_{2,4} = \Delta x_{7,2} = \Delta x_{6,7} = \Delta x_{5,6} = \Delta x_{5,1} = 0$$

在节点 6 上得到：

$$+1\Delta x_{4,6} - 1\Delta x_{6,3} = +1(+1) - 1(+1) = 0$$

10.2.4 可行圈方向

流平衡方程不是最小费用网络流模型 10.3 的唯一约束，我们也必须考虑非负约束和容量 $u_{i,j}$。3.3 节的原理 3.27 和 3.28 告诉我们，必须为上界和下界添加相应的要求。零流量的弧不能再减少流量，且若从当前可行解 $\mathbf{x}$ 出发的某次移动仍需保持有界约束，则已达到容量的弧不能再增加流量。

原理 10.15 一个圈方向 $\Delta \mathbf{x}$ 在当前解 $\mathbf{x}$ 下是可行的，当且仅当圈的所有后向弧上均满足 $x_{i,j} > 0$，所有前向弧上均满足 $x_{i,j} < u_{i,j}$。

为了辅助说明，我们需要一个可行流。考虑图 10-8 中描绘的 OOI 的流 $\mathbf{x}^{(0)}$。$\mathbf{x}^{(0)}$ 在所有节点上均满足净需求的要求，也符合所有的有界约束。

图 10-9 展示了一个满足情境 10.15 的圈 2-4-7-3-2。两个后向弧上均满足 $x_{i,j}^{(0)} > 0$，且所有前向弧上均没有容量限制。

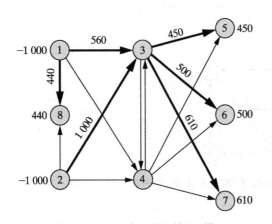

图 10-8　OOI 应用的初始流 $\mathbf{x}^{(0)}$

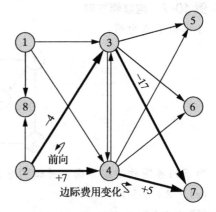

图 10-9　图 10-8 中 $\mathbf{x}^{(0)}$ 的一个改进可行圈方向

例 10-8　确定可行圈方向

右下图展示了一个网络流问题，其加粗的弧对应着一可行流 $\mathbf{x}$。弧上的标签表示容量和流量 $(u_{i,j}, x_{i,j})$。

确定下列各个圈的方向是否为一个可行圈方向。

(a) 1-2-7-6-5-1

(b) 3-4-6-3

(c) 1-3-6-5-1

解：我们应用原理 10.15。

(a) 该圈方向可行，因为所有后向弧上的当前流量均为正，且所有前向弧上的流量均未达到容量。

(b) 该圈方向不可行。前向弧 $(3,4)$ 上的流量已经达到容量，不能再增加。

(c) 该圈方向不可行。后向弧 $(3,6)$ 上的当前流量为 0，不能再减少。

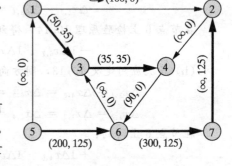

10.2.5　改进圈方向

可行圈方向仅在其优化目标函数的情况下才能为搜索最优流提供帮助。我们由原理 3.18 可知，若最小化模型满足 $\bar{c} \triangleq \mathbf{c} \cdot \Delta\mathbf{x} < 0$，则以上说法成立。圈方向简单的 $+1$、-1、0 系数结构（原理 10.13）使该检验变得尤其容易。

$$\bar{c} \triangleq \mathbf{c} \cdot \Delta\mathbf{x} = \sum_{\text{环中的}(i,j)} c_{i,j}\Delta x_{i,j} = \sum_{\text{前向}(i,j)} c_{i,j}(+1) + \sum_{\text{后向}(i,j)} c_{i,j}(-1)$$

$$= \text{前向弧总费用} - \text{后向弧总费用}$$

原理 10.16　若前向弧总费用与后向弧总费用之差小于 0，则圈方向可以改进最小费用网络流模型。

图 10-9 中的圈 2-4-7-3-2 展示了一个既可行又可改进的方向。应用 10.16 来检验后者，得到：

$$总前向-总后向=(7+5)-(17+4)=-9<0$$

例 10-9　确定改进圈方向

右图在例 10-8 网络的基础上添加了费用。
弧上的标签表示费用、容量和当前流量（$c_{i,j}$，
$u_{i,j}$，$x_{i,j}$）。

确认下列各圈是否可形成改进圈方向。

(a) 1-2-7-6-5-1

(b) 2-4-6-7-2

(c) 6-3-1-2-4-6

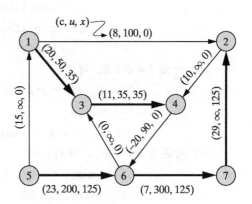

解：我们应用原理 10.16。

(a) 该圈方向可改进，因为：

$$总前向-总后向=(8+15)-(29+7+23)=-36$$

(b) 该圈方向不可改进，因为：

$$总前向-总后向=(10-20+7+29)-(0)=26$$

(c) 该圈方向可改进，因为：

$$总前向-总后向=(0+8+10-20)-(20)=-22$$

10.2.6　沿圈方向的步长

若我们能沿可行改进方向 $\Delta\mathbf{x}$ 走任意的步长 λ，则可知我们的模型是无界的，即可以在不损失可行性的前提下不断优化目标。

而在更普遍的情况下，弧上的流会有上界和下界的限制。沿圈方向每走一个单位都会使前向弧上增加一单位流量、后向弧上减少一单位流量。当这些变化使流量达到非负或容量约束时，继续改进解将会使得方向 $\Delta\mathbf{x}$ 不再可行。

原理 10.17　从可行流 $\mathbf{x}$ 出发，沿圈方向 $\Delta\mathbf{x}$ 的可行步伐需满足步长不大于 $\lambda=\min\{\lambda^+,\ \lambda^-\}$，其中：

$$\lambda^+ \triangleq \min\{(u_{i,j}-x_{i,j}):\ (i,\ j)前向\}(=+\infty,\ 若无前向弧)$$

$$\lambda^- \triangleq \min\{x_{i,j}:\ (i,\ j)后向\}(=+\infty,\ 若无后向弧)$$

回到图 10-9 中的圈方向 2-4-7-3-7 和图 10-8 中的流 $\mathbf{x}^{(0)}$。该例中，

$$\lambda^+=\min\{(\infty-0),\ (\infty-0)\}=\infty$$

$$\lambda^-=\min\{610,\ 1\ 000\}=610$$

因此在不损失可行性的前提下，$\lambda=\min\{\infty,\ 610\}=610$ 即为我们沿该圈方向所能采用的最大步长。

例 10-10　计算沿圈方向的步长

回到例 10-9。无论三个给定的圈对应的方向能否优化目标函数，请确定在保持可行性的前提下，沿每个方向所能采用的最大步长 λ。

解：我们应用原理 10.17。

（a）对圈 1-2-7-6-5-1，得到：
$$\lambda^+ = \min\{(100-0), (\infty-0)\} = 100$$
$$\lambda^- = \min\{125, 125, 125\} = 125$$
$$\lambda = \min\{\lambda^+, \lambda^-\} = \min\{100, 125\} = 100$$

（b）对圈 2-4-6-7-2，得到：
$$\lambda^+ = \min\{(\infty-0), (90-0), (300-125), (\infty-125)\} = 90$$
$$\lambda^- = +\infty$$
$$\lambda = \min\{\lambda^+, \lambda^-\} = \min\{90, \infty\} = 90$$

（c）对圈 6-3-1-2-4-6，得到：
$$\lambda^+ = \min\{(\infty-0), (100-0), (\infty-0), (90-0)\} = 90$$
$$\lambda^- = \min\{35\} = 35$$
$$\lambda = \min\{\lambda^+, \lambda^-\} = \min\{90, 35\} = 35$$

10.2.7 圈方向的充分性

我们很久之前遇到过一条任何形式的线性规划，包括目前感兴趣的网络流模型都具有的性质，即一个解为全局最优，当且仅当它不再有可行改进方向（原理 5.1）。我们已经知道圈方向既可改进又可行所需的条件，但假如不存在同时满足两个要求的圈方向呢？当然，网络流模型中还存在更为复杂的可行改进方向。那么，当圈方向均不能再继续改进解时，这些更复杂的方向还有可能继续改进解吗？答案是，不会。

原理 10.18 最小费用网络流问题中的一个可行流为（全局）最优，当且仅当它不再有可行改进圈方向。

为证明原理 10.18，我们将说明如何将更复杂的可行改进方向进行分解。

原理 10.19 在最小费用网络流模型中，满足 $A\Delta x = 0$（其中 A 为节点—弧关联矩阵）的每个方向 Δx 都可以被分解为一些圈方向的加权和。此外，若 Δx 可行改进，则这些圈方向中至少有一个也是可行改进的。

考虑图 10-10 中显示的方向。它看起来显然不是一个圈方向，但我们可以验证其既可行又可改进，且每走一个单位都能使目标改变 $\bar{c} = -15.9$ 美元。

为生成 10.19 的分解，我们找出任意一个由该复杂方向中的非零弧所组成的圈，并令 α 等于组成它的各个弧上流量的最小绝对值。图 10-10 中符合条件的几个圈之一为 3-4-7-3，其 $\alpha = 4.0$。现在将该复杂方向表示为 α 乘以所选圈（严格可行）的圈方向，加上该复杂方向在沿圈的前向弧上减少流量 α、后向弧上增加流量 α 之后的残留部分。例如，对图 10-10 中的例子即：

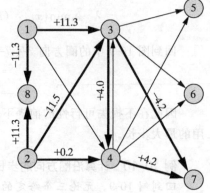

图 10-10　图 10-8 中 $x^{(0)}$ 的一个
非圈可行改进方向

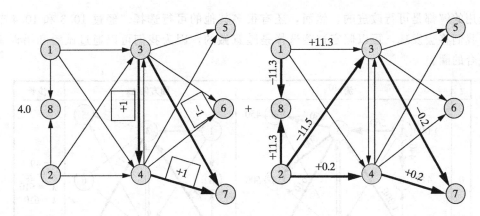

这里需要注意几个问题。首先，余下的方向一定是可行，因为若它在每个节点上的和不等于 0，则加权和（即原始方向）不会是可行的。此外，我们选择的 α 保证了原始方向中各弧上的流量符号在残留部分中不会发生改变。然而重要的是，至少会有一个弧上的流量掉到 0。因此我们可以重复这一过程，在每个残留部分中找到一个圈，并赋予权重 α_1……直到不再留有流量非零的成分。分解结果是圈方向的一个正权重加权和，因此它的边际减少费用（reduced cost）一定等于其所含圈方向的边际减少费用的相应加权和。若该加权和具有能够优化目标的正确符号，则至少其中一个圈方向的边际减少费用也一定有此种符号。

10.2.8 网络流的退化圈方向搜索

对于最小费用网络流问题的多数已知处理都可以被视为利用圈方向进行改进搜索的特殊形式。已知圈方向的所有性质，我们即可以给出下面的退化算法 10A。更多的细节将在随后的 10.3 和 10.4 节中给出。

10.2.9 OOI 应用的退化圈方向搜索

图 10-11 汇总了 OOI 应用中的费用和容量，以及图 10-8 中的初始可行流，其费用为 32 540 美元。而后，图 10-12 则详细说明了应用算法 10A 来计算最优流的过程。

我们首先采用图 10-9 中的可行改进圈方向。对于该圈，得到 $\lambda^+ = \infty$，$\lambda^- = \min\{610, 1\,000\} = 610$。则沿该方向的最大可行步长为 $\lambda = 610$，由此得到流 $\mathbf{x}^{(1)}$，其费用为 27 050 美元。

接下来我们采用圈 2-3-1-4-2（$\bar{c} = -2$ 且 $\lambda = 560$）来生成流 $\mathbf{x}^{(2)}$，其费用为 25 930 美元。沿给定圈 2-3-4-2 方向的最后一步则复原了图 10-3 中的最优流，其费用为 25 855 美元。

可以证明，以上采用的三个方向对其

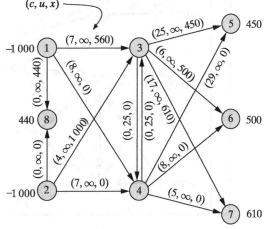

图 10-11 OOI 应用的数据和初始流

所应用的解都是可行改进的。然而，还有很多其他的可行选择。经过 10.3 和 10.4 节的学习我们将会发现，可以假定这些选择是随意做的，因为我们可以通过试验和错误来发现适合的圈。

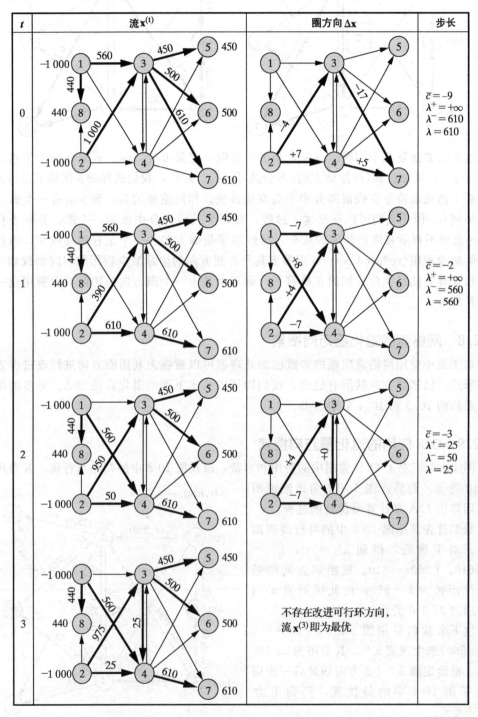

图 10-12 OOI 应用的退化圈方向解

▶**算法 10A：退化圈方向搜索**

　　步骤 0：初始化。 选择任一初始可行流 $\mathbf{x}^{(0)}$，并设置解索引 $t \leftarrow 0$。

　　步骤 1：最优。 若在当前解 $\mathbf{x}^{(t)}$ 下不存在可行改进圈方向 $\Delta \mathbf{x}$（原理 10.15 和 10.16），则停止。流 $\mathbf{x}^{(t)}$ 即为全局最优。

　　步骤 2：圈方向。 在 $\mathbf{x}^{(t)}$ 下选择一个可行改进圈方向 $\Delta \mathbf{x}$。

　　步骤 3：步长。 计算沿方向 $\Delta \mathbf{x}$ 的最大可行步长 λ（原理 10.17）：

$$\lambda^+ \leftarrow \min\{(u_{i,j} - x_{i,j}^{(t)}) : (i,j) \text{ 前向}\} (= +\infty, \text{若无})$$

$$\lambda^- \leftarrow \min\{x_{i,j}^{(t)} : (i,j) \text{ 后向}\} (= +\infty, \text{若无})$$

$$\lambda \leftarrow \min\{\lambda^+, \lambda^-\}$$

若 $\lambda = \infty$，则停止；模型无界。

　　步骤 4：前进。 通过在圈方向的前向弧上增加流量 λ、在后向弧上减少流量 λ 来更新：

$$\mathbf{x}^{(t+1)} \leftarrow \mathbf{x}^{(t)} + \lambda \Delta \mathbf{x}$$

然后增加 $t \leftarrow t+1$，并返回步骤 1。

　　很多圈方向都保留在最优流 $\mathbf{x}^{(3)}$ 中，其中一些是可改进或可行的。但仍能发现，没有既可改进又可行的圈方向。算法 10A 终止于一个最优解。

10.3　消圈算法求最优流

　　10.2 节中的算法 10A 概括了很多网络流算法的常见计算逻辑。而一个亟待解决的大问题是：我们如何在每次循环中确认可行改进圈方向，或证明其不存在呢？本节即给出了通常被认为最有效率的**消圈**（cycle cancelling）方法。

10.3.1　残留有向图

　　消圈方法（和其他很多网络流处理过程）是通过构建一个残留有向图来开始每次循环，该残留有向图详细展示了可供选择的可行改进圈方向。原始有向图中的每个弧在残留图中至多生成两个弧，这取决于其当前流量是否可以增加、减少或是二者都可以。

　　定义 10.20　与当前可行流 $\mathbf{x}^{(t)}$ 相关的**残留有向图**（residual digraph）和给定的网络具有相同的节点。给定网络中每个可增加的弧流量 $x_{i,j}^{(t)} < u_{i,j}$ 都对应残留有向图中的一个"增加弧" (i, j)，其费用为 $c_{i,j}$；而每个可减少的弧流量 $x_{i,j}^{(t)} > 0$ 都对应一个（后向）"减少弧" (j, i)，其费用为 $-c_{i,j}$。

　　图 10-13 对图 10-11 中描述的 OOI 初始情境进行了说明。每个既可以增加又可以减少的流都在残留有

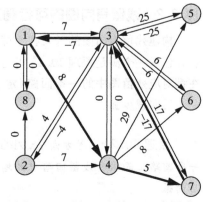

图 10-13　图 10-12 中 OOI 应用流的残留有向图

向图中生成了两个相反的弧。例如，当前流量$x_{2,3}^{(0)}=1\,000$的弧$(2，3)$同时生成了残留图中的弧$(2，3)$和弧$(3，2)$。首先，增加弧表明$x_{2,3}$可以变得更大，其费用$c_{2,3}=4$，即流量增加所带来的单位成本。而减少弧$(3，2)$则表明，在不损失可行性的前提下，该流的流量也可以变得更小，其费用$-c_{2,3}=-4$，即流量减少所带来的单位收益。

若流并非既能增加又能减少，则其在残留有向图中只生成一个弧。例如，流量$x_{1,4}^{(0)}=0$，它只能增加，因此残留有向图中只有弧$(1，4)$，其费用$c_{1,4}=8$。

例 10-11　构建残留有向图

考虑下图所示的网络流问题。节点上的数字表示净需求b_k，弧上的数字表示费用、容量和当前流量$(c_{i,j}，u_{i,j}，x_{i,j})$。

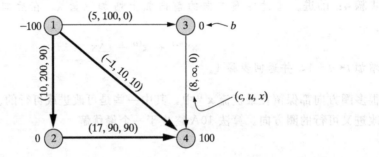

构建对应的残留有向图。

解： 应用原理10.20，得到的残留有向图为：

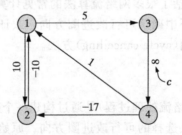

10.3.2　残留有向图的可行圈方向及回路

构建残留有向图的意义在于能更容易地确认原始图中的可行改进圈方向。首先要注意，任意一个满足原理10.15可行性要求（即前向流低于容量、后向流为正）的圈方向现在都对应残留图中的一条回路（定义10.12）。且圈中的每个后向弧也都对应残留图中的一个后向减少弧。

原理 10.21　圈方向$\Delta\mathbf{x}$对当前流$\mathbf{x}^{(t)}$是可行的，当且仅当$\mathbf{x}^{(t)}$的残留有向图中包含一条回路，而该条残留回路中的增加弧对应着$\Delta\mathbf{x}$圈中的前向弧，减少弧则对应着圈中的后向弧。

原始有向图中的圈7-3-1-4-7即为一个例子。

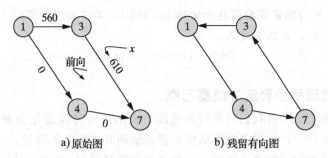

a) 原始图   b) 残留有向图

对应的圈方向是可行的,因为前向弧(1,4)和(4,7)的流量均在容量以下,且后向弧(3,7)和(1,3)的流量均为正。由此可以得到,a 中的每个前向弧都对应 b 中的一个增加弧,而 a 中的每个后向弧都在 b 中生成了一个(后向)减少弧。

10.3.3 残留有向图的可行改进圈方向及负回路

接下来,我们要查找那些边际减少费用为负的可行改进圈方向:

$$\bar{c} = 前向弧总费用 - 后向弧总费用$$

但在构建方法 10.20 下,前向弧在残留有向图中以费用相同的增加弧的形式出现,而后向弧则以减少弧的形式出现,并改变其费用的符号。由此可知,一个可行圈方向的 $\bar{c}$ 恰好等于残留有向图中对应回路的长度。长度为负的回路即为所求。

原理 10.22 可行圈方向 $\Delta \mathbf{x}$ 是可改进的,当且仅当其对应的残留有向图回路是一条负回路。

我们可以再次利用 OOI 应用中圈 7-3-1-4-7 的方向进行说明。

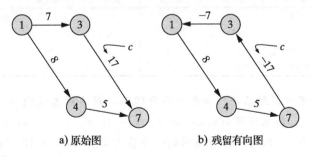

a) 原始图   b) 残留有向图

原始圈是可改进的,因为其对应的回路总长度为负。

例 10-12 连接原始和残留有向图

回到例 10-11。

(a) 证明圈 1-3-4-2-1 的方向既可行又可改进。

(b) 确认其在残留有向图中对应的回路,并证明它是一条负回路。

解:

(a) 圈 1-3-4-2-1 的方向是可行的,因为前向流(1,3)和(3,4)的流量均在容量以下,且后向流(2,4)和(1,2)的流量均为正。它也是可改进的,因为:

$$\bar{c} = (5+8) - (17+10) = -14$$

(b) 例 10-11 中的残留有向图包含回路 1-3-4-2-1，其中有增加弧 $(1，3)$ 和 $(3，4)$、减少弧 $(4，2)$ 和 $(2，1)$。其总长度为：

$$5+8-17-10=-14=\bar{c}$$

10.3.4 利用最短路径算法寻找圈方向

原理 10.21 和 10.22 将我们对可行改进圈方向的搜索过程简化为查找残留有向图中的负回路。其优势在于，我们已知确认负回路或证明其不存在的算法。

我们在 9.4 节中学到的弗洛伊德—瓦尔肖最短路径算法 9B 即为其中之一。前人最初设计这一过程是用其计算从图中所有节点到其他所有节点的最短路径。若给定的图中包含负回路，则最短路径计算失败，但可以返回一条负回路。而将负回路转变为正常输出、完成最短路径计算转变为例外，则恰好可以得到我们所需的可行改进圈方向子程序。

原理 10.23 将弗洛伊德—瓦尔肖算法 9B 应用于当前可行流对应的残留有向图：可能会得到一条负回路，即说明原始图中对应圈的方向可行改进；也可能会完成一次最短路径的计算，即证明可行改进圈方向不存在。

例 10-13 利用弗洛伊德—瓦尔肖寻找方向

将弗洛伊德—瓦尔肖算法 9B 应用于例 10-11 中的残留有向图，从而得到一个可行改进圈方向，或证明其不存在。

解： 在第三次主循环之后，弗洛伊德—瓦尔肖计算得到了如下最短路径到达节点结果：

	$v^{(0)}[k，\ell]$				$d[k，\ell]$			
k	$\ell=1$	$\ell=2$	$\ell=3$	$\ell=4$	$\ell=1$	$\ell=2$	$\ell=3$	$\ell=4$
1	0	10	5	13	—	1	1	3
2	-10	0	-5	3	2		1	3
3	∞	∞	0	8	—			3
4	-27	-17	-22	-14	2	4	1	3

计算停止后即可以得到结论：存在一条负回路，因为对角线距离 $v^{(3)}[4，4]=-14$，为负。利用 $d[k，\ell]$ 标签来还原该回路，$d[4，4]=3$，$d[4，3]=1$，$d[4，1]=2$，$d[4，2]=4$。因此，4-2-1-3-4 为该残留有向图的一条负回路。由例 10-12 可知，其对应的圈方向的确是改进可行的。

10.3.5 OOI 应用的消圈解

算法 10B 是对网络流优化消圈方法中原理 10.23 的形式化表达。图 10-14 详细给出了将其应用于图 10-11 中 OOI 应用的过程。

▶**算法 10B：网络流消圈**

步骤 0：初始化。选择任一初始可行流 $\mathbf{x}^{(0)}$，并设置解索引 $t \leftarrow 0$。

步骤 1：残留有向图。构建当前流 $\mathbf{x}^{(t)}$ 对应的残留有向图（原理 10.20）。

步骤 2：弗洛伊德—瓦尔肖。在当前残留有向图上运行算法 9B。若弗洛伊德—瓦尔肖计算停止且没有指示负回路，则结束。即可行改进圈方向不存在，当前流 $\mathbf{x}^{(t)}$ 为全局最优。

步骤 3：圈方向。 利用弗洛伊德—瓦尔肖决策标签 $d[k, \ell]$ 来追踪残留有向图中的负回路，并构建原始图中对应圈的圈方向 $\Delta\mathbf{x}$。

步骤 4：步长。 计算沿方向 $\Delta\mathbf{x}$ 的最大可行步长 λ（规则 10.17）：

$$\lambda^+ \leftarrow \min\{(u_{i,j} - x_{i,j}^{(t)}) : (i,j)\ 前向\}\ (=+\infty,若无)$$

$$\lambda^- \leftarrow \min\{x_{i,j}^{(t)} : (i,j)\ 后向\}\ (=+\infty,若无)$$

$$\lambda \leftarrow \min\{\lambda^+, \lambda^-\}$$

若 $\lambda = \infty$，则停止；模型无界。

步骤 5：前进。 通过在环方向的前向弧上增加流量 λ、在后向弧上减少流量 λ 来更新：

$$\mathbf{x}^{(t+1)} \leftarrow \mathbf{x}^{(t)} + \lambda\Delta\mathbf{x}$$

然后增加 $t \leftarrow t+1$，并返回步骤 1。

如之前一样，图 10-14 中左侧的图展示了真实网络中的流。注意其解序列与图 10-12 中的不同，因其采用了不同的可行改进圈方向，但二者最终仍得到相同的最优流。

图 10-14 中右侧的图给出了遇到的每个流的残留有向图。图中省略了弗洛伊德—瓦尔肖的计算细节，但指出了所得到的负回路。例如，首次应用算法 9B 即确认了初始流 $\mathbf{x}^{(0)}$ 残留有向图中的负回路 7-3-1-4-7，其总长度为 $-17-7+8+5=-11$。将规则 10.17 应用于真实 OOI 网络中的对应圈，得到 $\lambda=560$，而后在前向弧 $(1,4)$ 和 $(4,7)$ 上增加流量 560，在后向弧 $(3,7)$ 和 $(1,3)$ 上减少流量 560，即生成如图所示的流 $\mathbf{x}^{(1)}$。

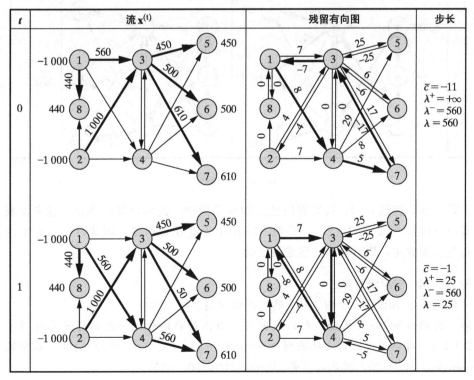

图 10-14　OOI 应用的消圈解

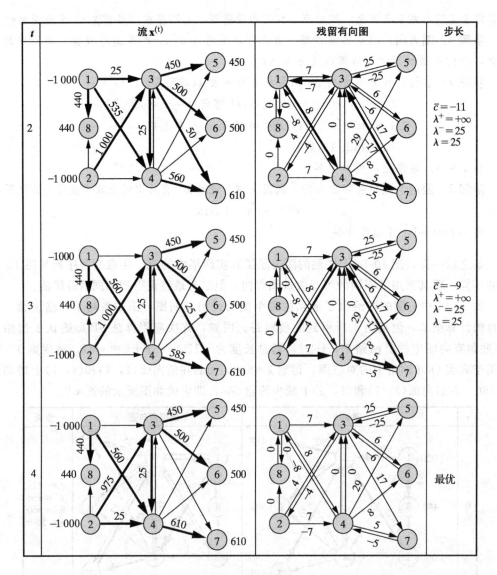

图 10-14 （续）

计算继续，直到 $t=4$。残留有向图上的弗洛伊德—瓦尔肖过程终止，且未发现负回路。我们可以推断（原理 10.23），残留有向图中不存在负回路，因此对当前流来说不存在可行改进圈方向，即当前流一定是最优的。

例 10-14 应用消圈算法

将消圈算法 10B 应用于例 10-11 的网络流问题。

解：我们由例 10-13 已知，初始残留有向图上的弗洛伊德—瓦尔肖计算得到了负回路 4-2-1-3-4。对应圈中的前向弧表明 $\lambda^+ = \min\{(100-0)，(\infty-0)\} = 100$，后向弧表明 $\lambda^- = \min\{90，90\} = 90$。因此，步长 $\lambda = \min\{100，90\} = 90$。

对图 4-2-1-3-4 中弧上的流量做相应的调整，得到下面的新流和残留有向图：

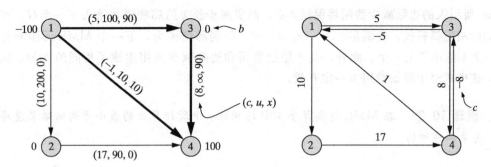

新残留有向图上的弗洛伊德——瓦尔肖计算表明，负回路不存在，故该改进后的流即为最优。

10.3.6 消圈的多项式计算规则

很多相关细节都超出了本书的范围（更多内容可以参见 Ahuja，Magnanti，Orlin，*Network Flows：Theory，Algorithms and Applications*，1993）。但我们仍会略述算法 10B 一般方法的严密性，即应用其解决网络流问题实例（如 14.2 节中所述）所需的步数能够限制在一定范围内。

给定有向图 $G(V，A)$ 上的网络流问题、当前流 **x** 和费用 **c**，算法 10B 首先构造一个有向图 $\overline{G}$ 来表示当前解下可行的流变化选择，残留前向/增加弧 $(i，j)$ 上的费用为 $c_{i,j}$，相反的后向/减少弧 $(j，i)$ 上的费用为 $-c_{i,j}$。算法 10B 在每次循环 t 中应用最短路径算法，以查找 $\overline{G}$ 中一个总长度为负的圈。若能找到，则它将成为查找下一个可行改进圈方向的起点；若 $\overline{G}$ 中不存在负回路，则当前流即为最优。

令 D^t 表示循环 t 中用到的负回路所包含的一系列弧。消圈方法计算界限的首要核心在于，不是仅仅利用每次循环 t 中的任意一条负回路，而是利用具有**最小平均长度**（minimum mean length，MML）$\mu^t \triangleq \sum_{(i,j) \in D^t} c_{i,j} / |D^t|$ 的那一条。即我们希望利用 $\overline{G}$ 中平均弧长度最小（即最"负"）的那条回路的方向。而很好的一点的是，存在一些可行方法能够高效地找到 MML 回路。

原理 10.24 如第 9 章中所述的那些最短路径式离散动态规划方法能够在 $O(|V\|A|)$ 时间内找出给定 $G(V，A)$ 的任一残留有向图 $\overline{G}$ 中的一条最小平均长度回路 D。

接下来我们需要利用一系列（成对的）节点乘子 **w** 来对查找 MML 回路的过程进行标准化处理，令成分 w_i 对应所有的 $i \in V$，从而获得减少的 $\overline{A}$ 费用 $\overline{c}_{ij} \triangleq c_{i,j} - w_i + w_j$。换用 $\overline{c}_{ij}$ 的有趣之处在于，$\overline{G}$ 中任一回路 D 的长度不变；在回路的一个弧上减去的每个 w_i 都被加回到下一个弧上，使得减少的总费用及其平均值保持不变。可以发现，节点乘子：(i) 令 $\overline{G}$ 中的所有弧都满足 $\overline{c}_{ij} \geqslant \mu^t |D^t|$；(ii) 令 D 中的成员都满足 $\overline{c}_{ij} = \mu^t |D^t|$。

现在考虑在循环 t 中，沿 $\overline{G}$ 的一条 MML 回路 D^t 的方向迈出最大一步 λ 后，事情将发生怎样的变化。除了 D^t 以外的部分，下一个 $\overline{G}$ 中将包含全部相同的弧及边际减少费用。除非已经达到最优，否则除了实现步长 λ 的一个或多个弧 $(i，j)$ 以外，我们谨慎选出

的 w_i 所引入的边际减少费用将保持 $\geqslant \mu^t$。而实现步长 λ 的那些弧将落入下一个 $\bar{G}$，并由它们的相反弧替代，且满足 $\bar{c}_{j,i} = -\bar{c}_{ij} \geqslant -\mu^t$。得到的结果为，下一个 MML 回路的长度在 $\bar{c}$ 上不能小于上一个。此外，鉴于原始费用和边际减少费用生成了相同的 MML 圈长度，该模式对于原始费用也一定有效。

原理 10.25 在 MML 消圈算法 10B 的循环 t 中所计算出的最小平均回路长度序列 $\{\mu^t\}$ 是单调递增的。

这一结论能延续多久呢？首先考虑一系列循环，其中所有用到的 MML 回路在每个成员弧上都满足 $\bar{c}_{ij} < 0$。每次循环至少从 $\bar{G}$ 中去掉一个这样的 "负" 弧，并用一个 $\bar{c}_{ij} > 0$ 的弧来代替它，故这样 "全负" 的步伐在一行中至多发生 $O(|A|)$ 次。

现在考虑满足选定的 MML 回路 D^t 中至少有一个边际减少费用非负的成员弧的第一个 t，但由于仍未实现最优，因此 $\mu^t < 0$。则：

$$\sum_{(i,j) \in D^t} c_{ij} = |D^t| \mu^t \geqslant (|D^t| - 1) \mu^t \geqslant (|D^t| - 1) \mu^{t-1}$$

从费用总和中去掉非负成员后可得到第一个不等式，由性质 10.25 则可得到第二个不等式。不等式整体除以 $|D^t|$，得到：

$$\mu^t \geqslant (1 - 1/|D^t|) \mu^{t-1} \text{ 或在最差情况下 } \mu^t \geqslant (1 - 1/|V|) \mu^{t-1}$$

由等比级数的结果可知，若某级数的值在每个时段内减小 $(1 - 1/|V|)$，则该级数的值将在 $|V|$ 个时段之内减少一半。因此我们可以推断，在至多 $O(|A|)$ 条全负 MML 回路、至多 $O(|V|)$ 个时段之后，μ^t 会减小 $1/2$。最差情况下，这一过程开始于 $\mu^0 \geqslant -c^{max}$，其中 c^{max} 为实例中的最大费用。此外，若在一费用为整数的实例中达到 $\mu^t > -1/|V|$，则回路 D^t 的总费用不会是任何一个负整数，$\mu^t \geqslant 0$ 且当前流为最优。故最终的结果为，在 μ^t 减小 $1/2$ 至多 $\log(|V|c^{max})$ 次后，一定会得到最优流。将这些发现与原理 10.24 相结合，即可得到针对整数数据进行整体计算的界限，这些整数数据在实例大小下即为多项式（见第 14 章）。

原理 10.26 给定 $G(V, A)$ 上的一个网络流问题，以及包含 $c_{i,j} \leqslant c^{max}$ 在内的整数数据，消圈算法 10B 的最小平均长度运算能在至多 $O(|V||A|\log(|V|c^{max}))$ 次循环之内计算出一个最优解，且至多需要时间 $O(|V|^2|A|^2\log(|V|c^{max}))$。

10.4 网络单纯形法求最优流

10.1 至 10.6 节中的所有最小费用网络流模型都是线性规划问题，因此可以对其应用第 5 章和第 7 章中的线性规划算法。在 10.3 节中我们已经看到，圈方向的简单结构能使网络情境下的计算变得高效得多。

本节中我们将补充退化圈方向算法 10A 的细节，以得到一个规范化程序。该程序被称为**网络单纯圈形法**（network simplex），因为它利用了单纯形方向在网络流情境中变为圈方向的事实，从而将第 5 章中的普通单纯形法计算进行了特殊化处理。

10.4.1 节点—弧矩阵及圈中的线性相关性

单纯搜索的核心在于**基**(base),即从主要(标准形式)约束 $\mathbf{Ax}=\mathbf{b}$ 的约束矩阵中得到的最大线性独立列集。网络流模型中主要约束的列即为节点—弧关联矩阵 10.8 的列,它们对应着弧。因此,为了理解网络流情境下的单纯形法,我们必须首先理解线性独立列集所对应的是怎样的弧集。

首先,从圈开始。例如,考虑图 10-15 中所表示的 OOI 圈 (2,3),(1,3),(1,4),(2,4)。图中包含该圈及其在表 10-1 节点—弧关联矩阵中所对应的列。

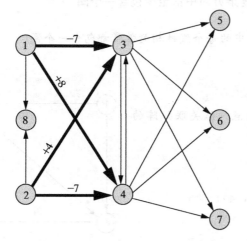

图 10-15　OOI 应用的圈及对应的节点—弧关联列

假设我们对圈中所有前向弧对应的列向量赋予权重 $+1$,对后向弧的对应列赋予权重 -1,则:

$$+1\begin{bmatrix}0\\-1\\+1\\0\\0\\0\\0\\0\end{bmatrix}-1\begin{bmatrix}-1\\0\\+1\\0\\0\\0\\0\\0\end{bmatrix}+1\begin{bmatrix}-1\\0\\0\\+1\\0\\0\\0\\0\end{bmatrix}-1\begin{bmatrix}0\\-1\\0\\+1\\0\\0\\0\\0\end{bmatrix}=\begin{bmatrix}0\\0\\0\\0\\0\\0\\0\\0\end{bmatrix}$$

经过对各列进行 ±1 的加权求和,会得到一个零向量。这意味着这些列是线性相关的,因为任意一个向量都能(通过移项)被表示为其他向量的一个非零线性组合。

我们选择的权重 ±1 正是对应的圈方向 10.13 中的权重。因此基于相同的(图 10-7)原因(即圈方向满足 $\mathbf{A}\Delta\mathbf{x}=\mathbf{0}$)可以推断,将表示圈中弧的节点—弧关联列按此种方式进行 ±1 线性组合总会得到零向量。

原理 10.27　表示圈中弧的节点—弧关联列会形成一个线性相关集合。

鉴于基的列向量必须是线性独立的，我们可以很快得到一个结论。

原理 10.28 在最小费用网络流模型中，基弧集合不能包含圈。

在网络流模型中，圈不是生成线性相关集合的唯一途径。例如，回到图 10-10 中的复杂方向。对那些节点—弧关联列进行加权求和也会生成零向量，因为该方向满足 $A\triangle x = 0$。因此，带有非零权重的弧集是线性相关的。

我们仍然可以由原理 10.19 得到，如图 10-10 中那样的复杂方向可以被分解为一些圈方向的加权和，即意味着每个这样的复杂方向中都至少包含一个圈。

原理 10.29 最小费用网络流模型中的每个线性相关弧集都包含一个圈。

例 10-15 检验弧的线性相关性

考虑如右所示的有向图。

确认下列哪个弧集能够作为对应节点—弧关联矩阵的基的一部分。

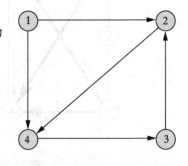

(a) $\{(1, 2), (4, 3)\}$

(b) $\{(2, 4), (4, 3), (3, 2)\}$

(c) $\{(1, 2), (1, 4), (4, 3), (2, 4)\}$

(d) $\{(1, 2), (2, 4), (3, 2)\}$

解：

(a) 该集合在原理 10.29 下是线性独立的，因为它不包含圈。它可以作为基的一部分。

(b) 这些弧形成了一个圈。因此，在原理 10.28 下，它们不能作为基的一部分。

(c) 该集合是线性相关的，因为它包含圈 1-2-4-1。在原理 10.28 下，它不能作为基的一部分。

(d) 该集合在原理 10.29 下是线性独立的，因为它不包含圈。它可以作为基的一部分。

10.4.2 网络的生成树

若一个图的每对节点间都存在一条链，则我们称该图是**连通的**(connected)。若一个图是连通的，且不包含圈，则它是一个**树**(tree)。若一个树连接了图中的每个节点，则它是一个**生成树**(spanning tree)。

图 10-16 对这些定义进行了说明。a 部分表示了一个生成树。它是连通的，不包含圈，且连接了 OOI 网络中的所有节点。b 到 d 部分则说明了一个图无法满足生成树定义的几种不同可能。

树连通但无圈的天然特性使其拥有一条重要的性质。

原理 10.30 树上的每对节点都由唯一的一条链相连。若树生成了一个图，则该图中的每对节点都由树上唯一的一条链相连。

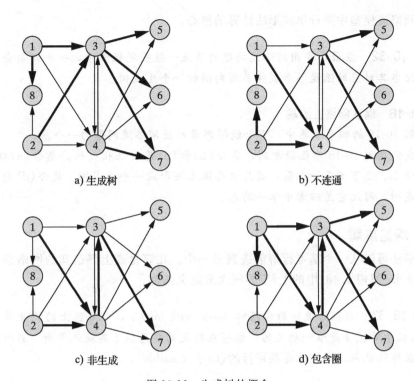

a) 生成树　　　　　　　　　　　b) 不连通

c) 非生成　　　　　　　　　　　d) 包含圈

图 10-16　生成树的概念

例如，图 10-16a 生成树上的节点 8 和 4 由链 8-1-3-7-4 相连，且没有其他链将二者相连。若存在两条这样的链，则它们将形成一个圈；若树是连通的，则一定会存在一条这样的链。

10.4.3　网络流模型的生成树基

回到节点—弧关联矩阵基的问题，图 10-16d 中的例子不可能是一个基，因为它包含一个圈，即节点—弧关联矩阵中对应的列会是线性相关的（原理 10.27）。而 a 到 c 部分的图中没有这样的圈。因此原理 10.29 告诉我们，它们对应的列是线性独立的。但它们是一个基吗？

基必须是一个最大线性独立集，即其在不产生相关性的前提下不可能再被进一步扩大。注意，图 10-16b 和 c 中的例子不满足这一条件。由原理 10.29 可知，相关性仅在形成圈时产生。因此，当我们在原本不相连的节点间插入一个弧时，不会产生相关性。例如，在图 10-16b 中添加弧(4，3)会保持线性独立性，在图 10-16c 中添加弧(3，5)也是一样。

但图 10-16a 中的生成树是不同的。因为每对节点间均已存在一条唯一的链（原理 10.30），故再插入任意一个其他的弧都会形成一个圈。例如，添加弧(2，4)会形成圈 2-4-7-3-2。

原理 10.31　在生成树中添加一个弧会形成唯一一个圈。

接着很快就能得到，生成树对应着最大线性独立集和基。至此，我们已经理解了在最小费用网络流模型中进行单纯形法计算的核心。

原理 10.32 在最小费用网络流问题的节点—弧关联矩阵中，一个列集会形成一个基，当且仅当其对应的弧能够形成相关有向图的一个生成树。

例 10-16 确认网络流的基

确定例 10-15 的四个弧集中，哪个能够形成对应网络流问题的一个基。

解：我们在例 10-15 中已经看到，集合(b)和(c)是线性相关的。集合(a)线性独立，但它在原理 10.32 下不是一个基，因为这些弧无法形成一个生成树。集合(d)则确实能形成一个生成树，因此它是四者中唯一的基。

10.4.4 网络基解

单纯形法可以从一个基可行解前进到另一个。在容量或上界已知的网络情境下，我们基于5.9节(原理5.48)中的上/下界概念来定义基解。

原理 10.33 在网络流问题的**基解**(basic solution)下，非基弧上的流量等于0或容量 $u_{i,j}$。基弧上的流量是唯一确定的，能够在特定的非基值下实现流平衡。若所有基弧上的流量都在界限之内，则该流是**基可行的**(basic feasible)。

图 10-17 对图 10-2 中的 OOI 应用进行了说明，并标出了对应的基。非基弧(4, 3)上的流量为正，但其等于容量 $u_{4,3}=25$。只有基弧的流量 $x_{i,j}$ 可以不为 0 或 $u_{i,j}$。

为计算这一基解，我们首先令除(4, 3)以外的所有非基弧上的流量为0，再令 $x_{4,3}$ 为25。从而，只有一种基弧流量的选择能够满足每个节点上对净需求的要求。例如，非基弧上的流量 $x_{3,7}=0$，则满足流平衡条件的唯一基弧流量选择即为 $x_{4,7}=610$。图 10-17 中的解是基可行的，因为所有这样的基弧流量都在界限之内。

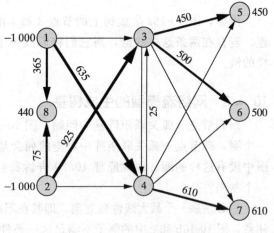

图 10-17　OOI 应用的初始基解

例 10-17 计算网络基解

在右面的网络中，节点上的数字表示净需求 b_k，弧上的数字表示容量 $u_{i,j}$。

针对下列各非基弧的选择，计算对应的基解，并确认它是否是基可行的。

(a)(1, 4)非基，流量达下界；(2, 4)非基，流量达上界。

(b)(3, 4)非基，流量达下界；(1,

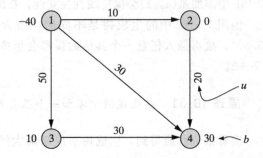

2)非基，流量达上界。

解：我们应用原理 10.33。

（a）这里的基为 $\{(1,2), (1,3), (3,4)\}$。$x_{1,4}=0$，$x_{2,4}=20$，则在所有节点上满足净需求要求的唯一基弧流量选择即 $x_{1,2}=x_{1,3}=20$，$x_{3,4}=10$。这一基解不是基可行的，因为流量 $x_{1,2}$ 超过了容量 $u_{1,2}=10$。

（b）这里的基为 $\{(1,3), (1,4), (2,4)\}$。$x_{3,4}=0$，$x_{1,2}=10$，则在所有节点上满足净需求要求的唯一基弧流量选择即 $x_{1,3}=x_{2,4}=10$，$x_{1,4}=20$。鉴于所有基流上的流量都在界限之内，故该基解是基可行的。

10.4.5 单纯圈方向

线性规划中单纯形方向（5.3 节的原理 5.20）的形成方式为，在下界的基础上增大一个非基变量（或在上界的基础上减小一个非基变量），并采用能保证主要约束满足的唯一方式来改变基变量。对于网络流情境，每个基列（弧）集合都会形成一个生成树（原理 10.32）。因此，引入任一非基弧都会生成唯一的一个圈（原理 10.31），而其对应的圈方向则一定为单纯形方向。

定义 10.34 增加零流量非基弧上流量的**网络单纯形方向**（network simplex direction）即为对应非基弧引入当前基树时所形成的唯一圈的圈方向，且其正方向与那个非基弧相同。减少流量等于容量 $u_{i,j}$ 的非基弧上流量的单纯形方向也为对应非基弧引入时所获得的圈方向，但其正方向与那个非基弧相反。

单纯圈方向不需要是可行的，因为其减少的一些基弧流量可能已经等于零，或其增加的一些基弧流量可能已经达到容量。然而正如其他的单纯形法，我们可以忽略这种**退化**（degeneracy）且不会造成很多实际影响，但需要令步长 $\lambda=0$（定义 5.39）。

例 10-18 构建网络单纯形方向

考虑如下网络。节点旁边的数字为净需求 b_k，弧上的数字为费用、容量和当前流量（$c_{i,j}$，$u_{i,j}$，$x_{i,j}$）。

将加粗的弧作为基，构建所有非基弧的单纯形方向。

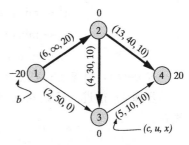

解：我们应用原理 10.34。引入非基弧 (1，3)，生成唯一的圈 1-3-2-1。鉴于非基弧 (1，3) 上的当前流量为 0，则对应的单纯形方向为 1-3-2-1 的圈方向，且其中 (1，3) 为前向弧。即 $\Delta x_{1,3}=+1$，$\Delta x_{2,3}=\Delta x_{1,2}=-1$。

非基弧 (3，4) 的当前流量已经达到容量。为找到其圈/单纯形方向，我们利用它在基础图中所形成的唯一的圈，并令 (3，4) 为后向弧。即采用圈方向 4-3-2-4，得到 $\Delta x_{3,4}=\Delta x_{2,3}=-1$，$\Delta x_{2,4}=+1$。

10.4.6 网络单纯形法

算法 10C 用一种特殊的、基于圈方向的单纯网络搜索（算法 10A）将这些内容结合起来。我们只检验由增加或减少非基弧生成的唯一圈所引入的单纯形方向，而不再考虑每次循环中所有可行的圈方向。所有线性规划的单纯理论（5.3 节的原理 5.26）告诉我们，利用这些方向足以找到一个最优解。

比较这一算法和第 5 章中一般的单纯计算，即可发现特殊的网络流结构所带来的便利。我们追踪通过基树的路径，即可找到单纯形方向并确定它们能否优化目标函数。

10.4.7　OOI 应用的网络单纯解

图 10-18 详细展示了用算法 10C 求解 OOI 应用的过程，由图 10-17 中的初始基可行解开始。在第一次循环中，7 个非基弧所对应的单纯形方向如下所示：

非基	圈	$\bar{c}$
增加(1, 3)	1-3-2-8-1	3
增加(2, 4)	2-4-1-8-2	−1
增加(3, 4)	3-4-1-8-2-3 通过(3, 4)	−4
增加(3, 7)	3-7-4-1-8-2-3	8
增加(4, 3)	3-4-1-8-2-3 通过(4, 3)	−4
增加(4, 5)	4-5-3-2-8-1-4	8
增加(4, 6)	4-6-3-2-8-1-4	6

▶算法 10C：网络单纯搜索

步骤 0：初始化。选择任一初始基可行流 $\mathbf{x}^{(0)}$，确认其对应的基生成树，并设置解索引 $t \leftarrow 0$。

步骤 1：单纯形方向。对每个非基弧，考察与其在基生成树中生成的唯一圈相关的单纯形方向，并应用 10.16 来确定该方向是否可改进。

步骤 2：最优。若无单纯圈方向可改进，则停止；流 $\mathbf{x}^{(t)}$ 为全局最优。否则，选择某个改进单纯圈方向作为 $\Delta\mathbf{x}$，并用 (p, q) 表示对应的非基弧。

步骤 3：步长。计算沿方向 $\Delta\mathbf{x}$ 的最大可行步长 λ（原理 10.17）：

$$\lambda^+ \leftarrow \min\{(u_{i,j} - x_{i,j}^{(t)}) : (i,j) \text{ 前向}\} (=+\infty, \text{若无})$$
$$\lambda^- \leftarrow \min\{x_{i,j}^{(t)} : (i,j) \text{ 后向}\} (=+\infty, \text{若无})$$
$$\lambda \leftarrow \min\{\lambda^+, \lambda^-\}$$

若 $\lambda = \infty$，则停止；模型无界。

步骤 4：前进。通过在圈方向的前向弧上增加流量 λ，在后向弧上减少流量 λ 来更新：

$$\mathbf{x}^{(t+1)} \leftarrow \mathbf{x}^{(t)} + \lambda\Delta\mathbf{x}$$

步骤 5：新基。若除 (p, q) 外的某个弧在步骤 3 中实现了最小的 λ，则用 (p, q) 代替基生成树中任意一个这样的弧。增加 $t \leftarrow t+1$，并返回步骤 1。

任一 $\bar{c} < 0$ 的单纯形方向都能提供一种改进流 $\mathbf{x}^{(0)}$ 的方式。图 10-18 采用了增加流量达下界的非基弧 $(2, 4)$ 上流量的单纯形方向，通过基树中所形成的唯一圈即可立刻确认相关圈方向的剩余部分。弧 $(2, 4)$ 和 $(1, 8)$ 上的流量增加，$(1, 4)$ 和 $(2, 8)$ 上的流量减少。因此，$\lambda^+ = \infty$，$\lambda^- = \min\{75, 635\}$，$\lambda = 75$。弧 $(2, 8)$ 实现了 λ 限制，因此在基中

用(2，4)来代替(2，8)。更新产生了图 10-18 中的流 $\mathbf{x}^{(1)}$。需要注意的是，新基也是一个生成树。

与图 10-3 对比可以看出，新流 $\mathbf{x}^{(3)}$ 现在是最优的，7 个单纯圈方向均不再可改进。

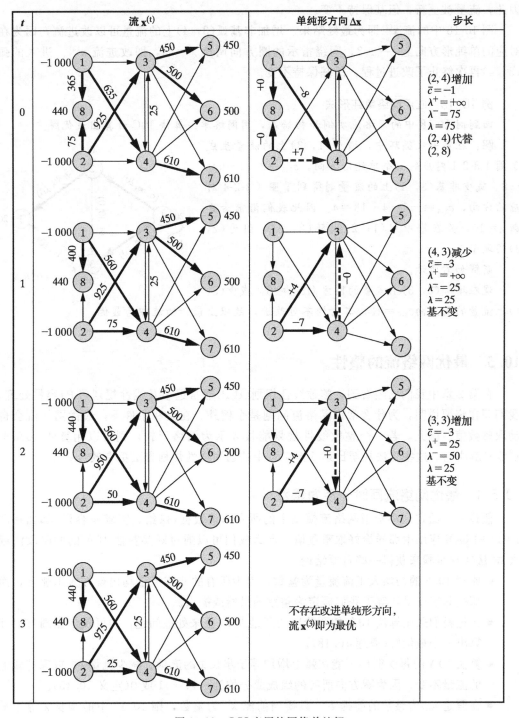

图 10-18　OOI 应用的网络单纯解

现在则采用减少流量达上界的非基弧$(4,3)$上流量的单纯形方向来改进$\mathbf{x}^{(1)}$。$(4,3)$在当前基中形成的唯一圈生成了一个减少$(4,3)$和$(2,4)$上流量，而增加$(2,3)$上流量的圈方向。当非基弧$(4,3)$上的流量达到其下界0时，即出现沿这一方向的移动限制λ。因此，流虽被更新，但基保持不变。

图10-18中的流$\mathbf{x}^{(2)}$即为最终结果。增加非基弧$(3,4)$上的流量可以改进流，因为在对应的单纯形方向上$\bar{c}=-3$。围绕指示的圈方向调整$\lambda=25$，即改进流$\mathbf{x}^{(3)}$。进入的弧$(3,4)$再次终止了改进过程，故基保持不变。

例 10-19　应用网络单纯形法

回到例10-18中的网络流实例和初始基，用网络单纯算法10C计算出最优解。

解： 在第一次循环中，增加$(1,3)$上的流量生成了圈1-3-2-1对应的一个单纯形方向，$\bar{c}_{1,3}=2-4-6=-8$。减少非基$(3,4)$上的流量则得到了圈4-3-2-4对应的方向，$\bar{c}_{3,4}=-5-4+13=4$。因此我们沿前者更新$\lambda=10$，并在基中用$(1,2)$代替$(2,3)$，因为$(2,3)$实现了λ。

新解如右所示。

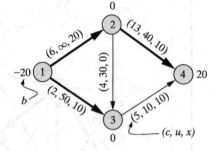

现在增加$(2,3)$上流量的圈方向$\bar{c}_{2,3}=8$，减少$(3,4)$上流量的圈方向$\bar{c}_{3,4}=12$。二者均不可改进，故以上最新的流即为最优。

10.5　最优网络流的整性

在第2章中我们已经看到，整数线性规划(ILP)通常远不及线性规划(LP)容易处理。我们现在将要说明，为什么常说网络流问题是个例外。在温和条件下，最优网络流会自动取整数值。因此，若一个整数线性规划能被表示为网络形式，则可以用算法10A至10C来解决它，这些算法甚至比第5至7章中的通用线性规划方法更有效。

10.5.1　最优网络流何时一定为整数

假设一个给定最小费用网络流模型中的所有约束数据(供给、需求及容量)都如在图10-11的OOI应用中那样恰好取整数值，那么我们可以通过观察算法10A的两阶段法或大M法实现步骤来获得一些重要结论。

- 原理10.6的初始人工流流量为整数，因为所有的非零流量均出现在人工弧上，而那些非零流量均等于我们假定为整数的供给或需求。
- 无论我们采用算法10A的两阶段法还是大M法来处理问题，均可仅依靠圈方向计算出一个最优解(原理10.18)。
- 算法10A的每次循环可能在弧上增加等于步长λ的流量、减少流量λ，或保持弧上的流量不变，因为圈方向所有的组成成分均为$+1$、-1或0(定义10.13)。
- 在假定$u_{i,j}$为整数的前提下，只要当前流$\mathbf{x}^{(t)}$为整数，则10.17中的步长λ等于某个$x_{i,j}^{(t)}$或$(u_{i,j}-x_{i,j}^{(t)})$，也一定为整数。

以上结论满足基本**整性**(integrality property)。当一个网络流模型中的约束数据为整数时,我们可以从一个整数流开始,通过对当前流量增加或减少整数值 λ 来完成两阶段法或大 M 法的每一步。若结果为一个最优解(即不是非可行或无界的),则该解在所有弧上的流量一定为整数。

原理 10.35 若一个约束数据(供给、需求及容量)为整数的最小费用网络流模型存在最优解,则它一定有一个整数最优解。

需要注意的是,有一个假设在原理 10.35 中没有要求,即没有关于弧费用 $c_{i,j}$ 的说明。整性 10.35 仅依赖于约束数据,其关键在于流量最初即为整数,且在每一步中的变化量也为整数。费用不会对此产生影响,因为流量调整只涉及供给、需求及容量。

例 10-20 识别网络最优解是否为整数

下列每条约束数据都对应一个最小费用网络流问题。假设模型不是非可行或无界的,请确定它们是否一定有整数最优解。

(a) $\mathbf{b}=(100, 200, 0, -300)$,$\mathbf{u}=(90, 20, \infty, 220, 180)$,$\mathbf{c}=(8, 9, -4, 0, 6)$

(b) $\mathbf{b}=(-30, 40, -10, 0)$,$\mathbf{u}=(20, 12\frac{1}{2}, 23, 15, 92)$,$\mathbf{c}=(11, 0, 3, 81, 6)$

(c) $\mathbf{b}=(-13\frac{1}{3}, -20, 23\frac{1}{3}, 10)$,$\mathbf{u}=(10, 20, \infty, \infty, 40)$,$\mathbf{c}=(-4, 8, 0, 19, 31)$

(d) $\mathbf{b}=(25, 15, 0, -40)$,$\mathbf{u}=(20, \infty, 30, 45, 10)$,$\mathbf{c}=(3.5, 9.6, -2.1, 11.77, \sqrt{2})$

解: 我们应用原理 10.35。

(a) 该模型中的供给、需求和容量均为整数,故存在整数最优解。

(b) 该模型中有一个容量为分数,故不保证存在整数最优解。

(c) 该模型中有一个供给和一个需求为分数,故不保证存在整数最优解。

(d) 尽管费用数据完全不是整数,但该模型的约束数据均为整数,故存在整数最优解。

10.5.2 节点—弧关联矩阵的全幺模性

"开始于整数并保持整数"的陈述只是说明以下结论的一种方式:当所有约束数据均为整数时,网络流最优解即为整数。鉴于我们已知最优解,至少是一些独特的最优解一定是对应线性规划可行域的极点(5.1 节的原理 5.4),因此最小费用网络流模型中极点的基解计算(5.2 节)也一定有其特殊之处。

该性质被称为全幺模性。

定义 10.36 若一个线性规划约束矩阵 $\mathbf{A}$ 的每个子方阵的行列式均为 +1、0 或 -1,则它是**全幺模的**(totally unimodular)。

网络流模型的主要约束矩阵即它们的节点—弧关联矩阵，故具有这样一条非常特殊的性质。

原理 10.37 网络流模型的节点—弧关联矩阵是全幺模的。

全幺模性的用途体现在求网络线性规划的基解（即极点）。用于求解线性方程组的著名的克莱姆法则表明，结果的最大分母即为对应基矩阵的行列式。在全幺模性下，分母总为±1，则意味着不会引入分数。

表 10-1 中 OOI 节点—弧矩阵的例子能够说明这一问题。提取节点 2、3、4 对应的行，以及弧(2，3)，(2，4)，(3，4)对应的列，得到：

$$\begin{bmatrix} & (2,3) & (2,4) & (3,4) \\ 2 & -1 & -1 & 0 \\ 3 & +1 & 0 & -1 \\ 4 & 0 & -1 & +1 \end{bmatrix}$$

所有 1×1 的子矩阵显然均为+1、0 或−1。整个的 3×3 矩阵行列式为 0，其左下角满足：

$$\det \begin{bmatrix} +1 & 0 \\ 0 & -1 \end{bmatrix} = -1$$

而其他所有 2×2 的子矩阵也与之类似。

为证明原理 10.37，需要对所考虑的子矩阵大小采用一个简单的归纳法。对于 1×1 的大小，因节点—弧关联矩阵中的每一项均为 0、1 或−1，故其 1×1 的行列式也是相同的。现在假设全幺模性对所有 $k \times k$ 大小或更小的子矩阵均成立，则考虑一个大小为($k+1$)×($k+1$)的子矩阵。若该子矩阵有一列全为 0，则其行列式=0。否则，若其所有的列都恰有一个+1 和一个−1（这是节点—弧关联矩阵中有最多非零项的情况），则此时行之和=0，且行列式=0。最后一种可能即矩阵的某一列只有一个非零项±1，但整个矩阵的行列式等于±1 乘以不包括其所在行和所在列在内的 $k \times k$ 矩阵的行列式，故由归纳性假设可知，其值=0、1 或−1。

10.6 运输及分配模型

10.1 节中的 OOI 应用包含了网络流模型的所有主要元素，但仍有很多其他种类的问题也都能被视为网络。本节中，我们将提出传统运输及分配问题的特殊情境，其中最简单的则是呈现在**二分图**（bipartite graphs）上的那些问题。二分图即为建立在两个不重叠节点集 S 和 T 上的图，且每个弧或边都有一端在 S 中，另一端在 T 中。

10.6.1 运输问题

定义 10.38 **运输问题**是特殊的最小费用网络流模型，其中每个节点都是一个（所有弧都指出的）纯供给节点或一个（所有弧都指入的）纯需求节点。

即所有流都从供给它的某个源节点出发，而后直接到达一个需要它的汇节点，过程中不存在中间步骤或转运节点。一个运输问题中的商品流可能是人、水、油、钱或几乎任何其他东西，唯一的必要条件是流需要直接从源流向汇。

例 10-21 确认运输问题
下列各有向图都表示了一个最小费用网络流问题。顶点上的数字为净需求 b_k，弧上的数字为费用。

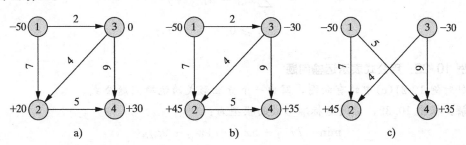

请确认其中哪些是运输问题。

解：
（a）该网络流问题不是一个运输问题，因为节点 3 是一个纯转运节点，既没有供给，也没有需求。

（b）该网络流问题也不是一个运输问题，因为节点 2 和 3 既有入弧，也有出弧。

（c）该网络流问题是一个运输问题。节点 1 和 3 为纯源节点，节点 2 和 4 则为纯需求节点。

10.6.2 运输问题的标准形式

利用常数：

$$s_i \triangleq \text{节点 } i \text{ 上的供给}$$
$$d_j \triangleq \text{节点 } j \text{ 上的需求}$$
$$c_{i,j} \triangleq \text{从 } i \text{ 到 } j \text{ 的流的单位成本}$$

和决策变量：

$$x_{i,j} \triangleq \text{从 } i \text{ 到 } j \text{ 的流量}$$

可以将运输问题的网络流公式 10.3 简化为：

$$
\begin{aligned}
\min \quad & \sum_i \sum_j c_{i,j} x_{i,j} \\
\text{s.t.} \quad & -\sum_j x_{i,j} = -s_i \quad \forall i \\
& \sum_i x_{i,j} = d_j \quad \forall j \\
& x_{i,j} \geq 0 \quad \forall i,j
\end{aligned}
$$

其中，从供给节点离开的流量带有负号，而进入需求节点的流量带有正号。

改变第一个约束集合的符号后所得到的标准形式，即为运筹学中对于运输问题的更常见表述。

定义 10. 39　对供给 s_i、需求 d_j 和费用 $c_{i,j}$，**运输问题**（transportation problem）的**标准形式**（standard form）为：

$$\min \quad \sum_i \sum_j c_{i,j} x_{i,j}$$

$$\text{s.t.} \quad \sum_j x_{i,j} = s_i \qquad \forall\, i$$

$$\sum_i x_{i,j} = d_j \qquad \forall\, j$$

$$x_{i,j} \geqslant 0 \qquad\qquad \forall\, i,j$$

例 10-22　用公式表示运输问题

针对例 10-21(c)中的有向图，写出一个标准形式的运输问题公式。

解：根据 10.39，该问题标准形式的模型为：

$$\min \quad 7x_{1,2} + 5x_{1,4} + 4x_{3,2} + 9x_{3,4}$$

$$\text{s.t.} \quad x_{1,2} + x_{1,4} \qquad\qquad = 50$$

$$x_{3,1} + x_{3,4} = 30$$

$$x_{1,2} + x_{3,2} \qquad\qquad = 45$$

$$x_{1,4} + x_{3,4} = 35$$

$$x_{1,2}, x_{1,4}, x_{3,1}, x_{3,4} \geqslant 0$$

□**应用案例 10-3**

海军调动运输问题

美国海军兵团[⊖]的军官调动计划是一个真实的大规模运输问题。在国际突发事件期间，会有上千名军官需要从他们的日常岗位被调走或留在原有位置，以适应非常时期的工作职位需求。然而，不是每名军官在职级、经验或所接受的训练上都能满足分配要求。利用本章提出的非常高效的网络流方法，海军规划者可以通过求解一个超过 100 000 个弧的运输问题而在几分钟内即得到一种调动计划。

调动选择可以表示在一个如图 10-19 那样的虚拟有向图中。供给节点代表目前位于同一位置，且可能满足分配要求的一组军官。例如，图 10-19 中的一个供给节点即代表目前位于第一师，且被训练为情报官的上尉，而另一个供给节点则代表位于海军兵团保护区佐治亚州分区，且接受过民政事务培训的军官。

需求节点表示非常时期内活跃地区对具有特定资格的军官的需求。例如，图 10-19 表明，前方部署地区需要一个或多个服务于当地政府的联络军官。

当一个供给节点所表示的军官具有填充一个需求节点所对应职位的资格时，两个节点间就会存在一个弧。因此，佐治亚州的民政事务官会连接到当地政府联络员的职位，但没有连接到对应野战炮兵或情报员的需求。对于处在任意一个源节点的

⊖ D. O. Bausch, G. G. Brown, D. R. Hundley, S. H. Rapp, and R. E. Rosenthal (1991)，"Mobilizing Marine Corps Officers," *Interfaces*，21：4，26-38.

军官，都可能有多种可行的分配。例如，图 10-19 表明，民政事务官也可以作为第一部队的通信员。

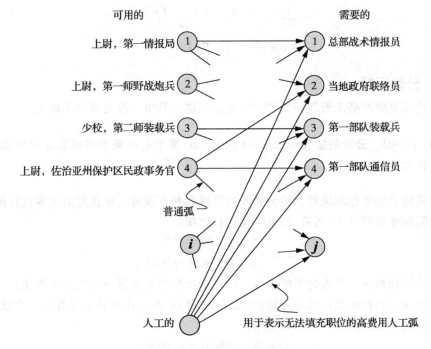

图 10-19　海军调动运输问题

　　海军需要首先考虑的是填充所有所需的职位，但事实上总会留下一些职位无法被填充。在图 10-19 的运输问题中，我们用一个与所有需求相连的人工供给节点来表示无法填充职位的可能性，其弧上的高费用在目标函数中即作为无法填充职位的惩罚。

　　一旦尽可能多的需求得以满足，第二个要考虑的则是令变动最小化。即尽量将军官分配到与调动前相同的单位，或至少通过最小化总路费而将他们分配到邻近的单位。

　　利用下列概念：

$s_i \triangleq$ 源节点 i 上可用军官的供给

$d_j \triangleq$ 需求节点 j 上对军官的需求

$c_{i,j} \triangleq$ 供给节点 i 上的军官到职位 j 报到所需的路程（若 i 为人工节点，则该值为一个很大的正数）

$I_j \triangleq$ 适合职位 j 的军官供给节点 i 的集合

$J_i \triangleq$ 适合供给节点 i 上军官的职位需求节点 j 的集合

$x_{i,j} \triangleq$ 从节点 i 调动到 j 上职位的军官数

　　可以将该海军调动问题简化为标准形式的运输问题：

$$\min \quad \sum_i \sum_j c_{i,j} x_{i,j}$$

$$\text{s. t.} \quad \sum_{j \in J_i} x_{i,j} = s_i \quad \forall\, i \quad\quad (i\text{ 的供给})$$

$$\sum_{i \in I_j} x_{i,j} = d_j \quad \forall\, j \quad\quad (j\text{ 的需求})$$

$$x_{i,j} \geqslant 0 \quad\quad \forall\, i,j$$

10.6.3　分配问题

另一类重要的网络流模型即为(线性)分配问题，其乍一看与流并不相关。

定义 10.40　**分配问题**(assignment problem)用于获取两个不同集合中对象间的最优配对或匹配。

我们可能会将工作和机器、约会服务的男顾客和女顾客、职位和员工等进行配对。

分配问题要用到以下(离散)决策变量进行建模：

$$x_{i,j} \triangleq \begin{cases} 1 & \text{若 } i \text{ 被分配给 } j \\ 0 & \text{若 } i \text{ 未被分配给 } j \end{cases}$$

第一个下标对应一个集合里的项目，第二个下标则表示另一个集合里的项目。

分配问题的目标函数可能非常复杂(见 11.4 节)，我们在这只关注具有一个线性目标的最普通形式。在此情境下，已知费用：

$$c_{i,j} \triangleq \text{将 } i \text{ 分配给 } j \text{ 的费用}$$

最优解则能够最小化(或最大化)总费用(或总利润)。

用 A 表示可行的分配 (i,j) 的集合，我们即可以将线性分配模型表示为双向流问题：

$$\min \text{ 或 } \max \sum_{(i,j)\in A} c_{i,j} x_{i,j} \quad\quad (\text{最小或最大化总费用})$$

$$\text{s. t.} \quad \sum_{(i,j)\in A\text{中的}j} x_{i,j} = 1 \quad \forall\, i \quad\quad (\text{分配每个 } i)$$

$$\sum_{(i,j)\in A\text{中的}i} x_{i,j} = 1 \quad \forall\, j \quad\quad (\text{分配每个 } j) \quad\quad (10\text{-}4)$$

$$x_{i,j} \geqslant 0 \quad\quad \forall\, (i,j) \in A$$

第一组约束方程通过对所有可能的分配 j 求和，保证了每个 i 都恰好被分配一次；第二组方程则用同样的方式来确保每个 j 也恰好被分配一次。

需要注意的是，该公式为一个整数线性规划(ILP)。决策变量仅允许取离散值 0 或 1。但我们仍会很快发现，计算最优解时可以忽略离散性。

例 10-23　用公式表示线性分配模型

右表展示了一个在线约会服务系统中，男顾客 $i=1,\cdots,3$ 和女顾客 $j=1,\cdots,3$ 之间的匹配度。

用公式建立一个分配模型，以找到最高匹配度的分配方案，并保证为每位顾客都提供唯一一位异性约会对象。

i	j		
	1	2	3
1	90	30	12
2	40	80	75
3	60	65	80

解：若男性 i 与女性 j 配对，则令变量 $x_{i,j}=1$，从而得到方程(10-4)对应的模型为：

$$\max \quad 90x_{1,1}+30x_{1,2}+12x_{1,3}+40x_{2,1}+80x_{2,2}+75x_{2,3}+60x_{3,1}+65x_{3,2}+80x_{3,3}$$

$$\text{s. t.} \quad x_{1,1}+x_{1,2}+x_{1,3}=1$$
$$x_{2,1}+x_{2,2}+x_{2,3}=1$$
$$x_{3,1}+x_{3,2}+x_{3,3}=1$$
$$x_{1,1}+x_{2,1}+x_{3,1}=1$$
$$x_{1,2}+x_{2,2}+x_{3,2}=1$$
$$x_{1,3}+x_{2,3}+x_{3,3}=1$$
$$x_{i,j}=0 \text{ 或 } 1$$

□**应用案例 10-4**

CAM 分配

下面考虑一个更真实的分配问题。某计算机辅助制造(CAM)系统可以通过一个由电脑控制的工厂的工作站来自动运行工作，而每项工作由所要求的一系列加工和装配操作构成。

通常情况下，相同的操作可以在几个不同的工作站中完成。因此，电脑控制系统必须做出相应的运行决策。每当一项工作的某步操作已被完成，系统即必须从可实现其下步操作的几个工作站中选择一个来承接该项工作。

完成这种控制决策的一种接近最优的方法即周期性地求解分配模型。⊖为了对此进行说明，我们假设表 10-2 中的 8 项虚拟工作 i 要么正在等待被移动到下一个工作站，要么会在接下来的 5 分钟内完成当前的操作。

表 10-2 CAM 分配应用的运输和处理时间

工作，i	下一个工作站，j									
	1	2	3	4	5	6	7	8	9	10
1	8	—	23	—	—	—	—	5	—	—
2	—	4	—	12	15	—	—	—	—	—
3	—	—	20	—	13	6	—	8	—	—
4	—	—	—	19	10	—	—	—	—	—
5	—	—	—	8	—	—	12	—	—	16
6	14	—	—	—	—	—	8	—	3	—
7	—	6	—	—	—	—	—	27	—	12
8	—	5	15	—	—	—	—	32	—	—

同时，表中也列出了可能承接工作的 10 个工作站 j。表中的项表示：

运往站的时间 + 等待站变空的时间 + 在站中的操作处理时间

即它们表示将工作 i 分配给站 j 所需的短期时间。表中缺失的数据则表示不可行的分配，因为所要求的下步操作不能在某些工作站中实现。

⊖ J. Chandra and J. Talavage (1991)，*Optimization-Based Opportunistic Part Dispatching in Flexible Manu-facturing Systems*，School of Industrial Engineering，Purdue University，July.

10.6.4 用伪元素平衡不等集合

令 $A \triangleq \{$可行的(i, j)对$\}$，$c_{i,j} \triangleq$ 表 10-2 中的时间，则最优的短期控制决策即用一种最小化总时间的方法将工作分配给工作站，这正是分配模型(10-5)所要计算的。

由于工作站的数量多于工作，因而问题变得有一点复杂。模型(10-4)假定，需要匹配的不同集合中的对象数目相等。

利用伪成员则很容易解决这一问题。

原理 10.41 若分配问题中需要配对的两个集合大小不同，则小的一个可以利用**伪成员**(dummy member)进行扩张。这些伪对象可以被分配给另一集合里的所有成员，且相应的费用为零。

在 CAM 应用中，我们根据原理 10.41 生成伪工作 $i = 9, 10$。

10.6.5 分配问题的整数网络流解

本章中的任意一种一般网络流方法(算法 10A、10B 和 10C)甚至线性规划方法均可[在将(10-5)中的第一组约束乘以 -1 后]用于解决分配问题。此外，我们由整性 10.35 可知，最优解将是一个二进制数。所有的供给和需求均为 1，且不采用容量，使得分配模型(10-5)成为一个可以用线性规划连续方法求解的二进制整数线性规划。下一节将提出求解分配问题的一种原始—对偶线性规划算法，它甚至可以更高效地计算出一个二进制最优解。

10.6.6 CAM 分配应用模型

我们现在可以写出 CAM 应用在(10-4)标准形式下的一个完整公式：

$$
\begin{aligned}
\min \quad & 8x_{1,1} + 23x_{1,3} + 5x_{1,9} + 4x_{2,2} + 12x_{2,4} + 15x_{2,5} + 20x_{3,3} + 13x_{3,5} + 6x_{3,6} \\
& + 8x_{3,8} + 19x_{4,5} + 10x_{4,6} + 8x_{5,4} + 12x_{5,7} + 16x_{5,10} + 14x_{6,1} + 8x_{6,7} \\
& + 3x_{6,9} + 6x_{7,2} + 27x_{7,8} + 12x_{7,10} + 5x_{8,2} + 15x_{8,3} + 32x_{8,8}
\end{aligned}
$$

$$
\begin{aligned}
\text{s. t.} \quad & x_{1,1} + x_{1,3} + x_{1,9} && = 1 \quad (\text{工作 1}) \\
& x_{2,2} + x_{2,4} + x_{2,5} && = 1 \quad (\text{工作 2}) \\
& x_{3,3} + x_{3,5} + x_{3,6} + x_{3,8} && = 1 \quad (\text{工作 3}) \\
& x_{4,5} + x_{4,6} && = 1 \quad (\text{工作 4}) \\
& x_{5,4} + x_{5,7} + x_{5,10} && = 1 \quad (\text{工作 5}) \\
& x_{6,1} + x_{6,7} + x_{6,9} && = 1 \quad (\text{工作 6}) \\
& x_{7,2} + x_{7,8} + x_{7,10} && = 1 \quad (\text{工作 7}) \\
& x_{8,2} + x_{8,3} + x_{8,8} && = 1 \quad (\text{工作 8}) \\
& x_{9,1} + x_{9,2} + x_{9,3} + x_{9,4} + x_{9,5} && \\
& \quad + x_{9,6} + x_{9,7} + x_{9,8} + x_{9,9} + x_{9,10} && = 1 \quad (\text{工作 9}) \\
& x_{10,1} + x_{10,2} + x_{10,3} + x_{10,4} + x_{10,5} && \\
& \quad + x_{10,6} + x_{10,7} + x_{10,8} + x_{10,9} + x_{10,10} && = 1 \quad (\text{工作 10})
\end{aligned}
$$

$$(10\text{-}5)$$

$$
\begin{aligned}
x_{1,1} + x_{6,1} + x_{9,1} + x_{10,1} &= 1 \quad (站\ 1) \\
x_{2,2} + x_{7,2} + x_{8,2} + x_{9,2} + x_{10,2} &= 1 \quad (站\ 2) \\
x_{1,3} + x_{3,3} + x_{8,3} + x_{9,3} + x_{10,3} &= 1 \quad (站\ 3) \\
x_{2,4} + x_{5,4} + x_{9,4} + x_{10,4} &= 1 \quad (站\ 4) \\
x_{2,5} + x_{3,5} + x_{4,5} + x_{9,5} + x_{10,5} &= 1 \quad (站\ 5) \\
x_{3,6} + x_{4,6} + x_{9,6} + x_{10,6} &= 1 \quad (站\ 6) \\
x_{5,7} + x_{6,7} + x_{9,7} + x_{10,7} &= 1 \quad (站\ 7) \\
x_{3,8} + x_{7,8} + x_{8,8} + x_{9,8} + x_{10,8} &= 1 \quad (站\ 8) \\
x_{1,9} + x_{6,9} + x_{9,9} + x_{10,9} &= 1 \quad (站\ 9) \\
x_{5,10} + x_{7,10} + x_{9,10} + x_{10,10} &= 1 \quad (站\ 10) \\
x_{i,j} = 0\ 或\ 1 \quad &\forall i = 1,\cdots,10; j = 1,\cdots,10
\end{aligned}
$$

工作到工作站的一种最优短期分配为:

$$
x_{1,1}^{*} = x_{2,2}^{*} = x_{3,8}^{*} = x_{4,6}^{*} = x_{5,4}^{*} = x_{6,9}^{*} = x_{7,10}^{*} = x_{8,3}^{*} = 1
$$

且其他所有 $x_{i,j}^{*} = 0$。

10.7 用匈牙利算法求解分配问题

10.6 节(定义 10.40)中介绍的分配问题可以用一般的网络流算法 10A、10B 和 10C 求解,也可以用第 5 至 7 章中的任意一种线性规划方法求解。本节中我们将介绍为分配问题量身定做的、高效率的**匈牙利算法**(Hungarian Algorithm),尽管比大多数更一般的方法出现得更早,但它用到了网络及线性规划中的概念。算法 10D 是匈牙利算法的一个完整表述,其细节将在接下来的小节中予以说明。

10.7.1 原始—对偶策略与初始对偶解

将分配问题视为一个线性规划,可以得到匈牙利算法的第一组基础原理。回顾(线性)分配问题的线性规划公式,它产生于一个二分图,其中有源集 I、汇集 J 以及将 I 中的节点连接到 J 中可行分配的集合 A 中的连接 (i, j)。对于最大化情境,其形式为:

$$
\begin{aligned}
\max \quad & \sum_{(i,j) \in A} c_{ij} x_{ij} \\
\text{s.t.} \quad & \sum_{(i,j) \in A} x_{ij} = 1 \ \forall i \in I \\
& \sum_{(i,j) \in A} x_{ij} = 1 \ \forall j \in J \\
& x_{ij} \geqslant 0 \ \forall (i,j) \in A
\end{aligned}
\tag{10-6}
$$

其中,$c_{ij} \triangleq$ 将 i 分配给 j 的费用/权重。若 i 被分配给 j,则决策变量 $x_{ij} = 1$,否则 $x_{ij} = 0$。实际上我们要求得到一个二进制解,但由 10.5 节和性质 10.35 可知,线性规划 (10-6) 的一个最优解必然为整数。

按照原始—对偶线性规划算法 6B 的步骤，由构建公式(10-6)的一个可行对偶解开始进行计算。

▶ **算法 10D：用匈牙利算法求解线性分配**

步骤 0：初始化。通过设置 $\overline{u}_i \leftarrow \max\{c_{i,j} : (i, j) \in A\}$、$\overline{v}_j \leftarrow \max\{c_{i,j} - \overline{u}_i : (i, j) \in A\}$ 来选择初始对偶解。然后构建相等子图 $A^=$，$A^=$ 即为 $\overline{c}_{i,j} = w_{i,j} - \overline{u}_i - \overline{v}_j = 0$ 的连接所组成的集合。将初始解集 $\overline{A}$ 设置为空。以所有 $i \in I$ 为根构建一个解树。将所有根节点标记为"偶"，其他所有节点则不予标记。

步骤 1：解扩张。若 $|\overline{A}| = |I|$，则停止，$\overline{A}$ 中的分配即为最优。否则，尝试寻找一个从"偶"节点到未分配、未标记节点的 $(i, j) \in A^=$，由此来扩张 $\overline{A}$。若存在这样的弧，则确认从 j 回到其树根的变换路径 P。通过 $\overline{A} \leftarrow \overline{A} \cup P \setminus (\overline{A} \cap P)$ 来沿 P 改变分配，并消除包含 P 的树上的标记。重复步骤 1。

步骤 2：树生长。尝试寻找一个从"偶"节点到未标记，但其中 j 已分配的节点的 $(i, j) \in A^=$，由此来使树生长。若存在这样的弧，则把 (i, j) 和分配给 j 的 $(i, j) \in \overline{A}$ 都插入树，进而使树生长。将节点 j 标记为"奇"、节点 k 标记为"偶"，然后返回步骤 1。

步骤 3：对偶变化。定义 $D \leftarrow \{(i, j) \in A : i$ 为"偶"，j 未标记$\}$。若 D 为空，则停止，即给定的分配实例不可行。否则，根据：

$$\lambda \leftarrow \min\{|\overline{c}_{ij}| : (i, j) \in D\}$$

来选择一个对偶变化步长。

然后用：

$$\overline{u}_i \leftarrow \overline{u}_i - \lambda$$

来更新每个标记为"偶"的 $i \in I$，用：

$$\overline{v}_j \leftarrow \overline{v}_j + \lambda$$

来更新每个标记为"奇"的 $j \in J$。

最后根据 $A^= \leftarrow \{(i, j) \in A : 新 \overline{c}_{ij} = 0\}$ 来更新相等子图 $A^=$，并返回步骤 1。

原理 10.42 在点 $i \in I$ 和 $j \in J$ 的约束方程中分别存在无限制的对偶变量 $\overline{u}_i$ 和 $\overline{v}_j$，它们在线性规划(10-6)的对偶问题中是可行的，当且仅当边际减少费用满足：

$$\overline{c}_{ij} \triangleq c_{ij} - \overline{u}_i - \overline{v}_j \leqslant 0 \quad \forall (i, j) \in A$$

边际减少费用的符号能够完全反映对偶可行性的要求。

分配模型简单的线性规划结构也使得在算法 10D 的步骤 0 中找到一个初始对偶可行解变得非常容易。

原理 10.43 通过设置 $\overline{u}_i = \max\{c_{ij} : (i, j) \in A\}$，$\overline{v}_j = \max\{c_{ij} - \overline{u}_i : (i, j) \in A\}$，可以得到原始公式(10-6)对应的一个初始对偶可行解 $\overline{u}$、$\overline{v}$。

选择每个 $\overline{u}_i$ 为行 i 的最大权重，使过渡值 $\overline{c}_{ij} \leqslant 0$。然后选择 $\overline{v}_j$ 为列 j 最大(负最少)的过渡值，则会如 10.42 中所要求的那样，保持最终的 $\overline{c}_{ij} \leqslant 0$。

我们将用表 10-3 中的简单实例来说明这些，以及匈牙利算法 10D 的其他计算。源集

$I \triangleq \{1, 2, 3, 4\}$ 中的对象需要配对给汇集 $J \triangleq \{5, 6, 7, 8\}$ 中的对象。图 10-20a 给出了从 10.43 得到的初始对偶值，以及对应的边际减少费用。例如，对偶值 $\overline{u}_1$ 为对应节点 1 的最大权重值，即 $\max\{9, 6, 4, 7\} = 9$。接下来为 $\overline{v}_j \leftarrow \max\{c_{i,j} - \overline{u}_i : (i, j) \in A\}$。对于 $\overline{v}_7$，$\max\{4-9, 0-3, -1-6, 2-5\} = -3$。然后由 $c_{ij} - \overline{u}_i - \overline{v}_j$ 计算出每个 $\overline{c}_{ij}$。

表 10-3　最大化数值应用的费用/权重

c_{ij}	$j=5$	$j=6$	$j=7$	$j=8$
$i=1$	9	6	4	7
$i=2$	1	3	0	1
$i=3$	6	5	-1	3
$i=4$	2	3	2	5

10.7.2　相等子图

算法 10D 原始—对偶策略中的下一项工作即定义一个**设限原问题**（restricted primal），其中只包含在当前对偶解的互补松弛性下允许为正的变量 $x_{i,j}$，而后只在这些变量的范围内搜索一个原始可行解。为完成这些工作，匈牙利算法 10D 脱离了线性规划情境，并构造了潜在二分图上的分配问题。

具体而言，由互补松弛性下允许为正值的连接所定义的**相等子图**（equality subgraph）在这里充当了设限原问题的角色。

> **定义 10.44**　任一对偶可行分配解对应的相等子图即为基于集合
> $$A^= \triangleq \{(i, j) \in A : \overline{c}_{ij} = 0\}$$
> 中连接的设限原问题。

图 10-20b 展示了由 a 部分中初始对偶值及边际减少费用所得到的 $A^=$。10.43 中的计算保证了至少存在一些连接属于 $A^=$，且 $\overline{c}_{i,j} = 0$，本例中其实有很多这样的连接。其中包括连接 $(3, 5)$，因为 $\overline{c}_{35} = 0$；但不包括 $(3, 7)$，因为 $\overline{c}_{37} = -4$。

10.7.3　利用标记在相等子图中搜索原始解

算法 10D 的步骤 1 和 2 尝试通过标记树来在连续相等子图的范围内生成一个原始可行分配。若发现一个完整的原始解，则算法止于最优。

> **原理 10.45**　若能在任一相等子图的连接集合 $A^=$ 范围内生成一个原始可行分配，而其中相等子图对应模型（10-6）的对偶问题的一个可行解，则该分配在整个分配模型中为最优。

模型（10-6）及其对偶问题满足卡罗需—库恩—塔克条件 6.54，因为原始解及对偶解均可行，且对 $A^=$ 的限制性搜索也保证了互补松弛性。

若尚未达到最优，则当前树的标记可以在算法步骤 3 中用于修正对偶值，同时保持对偶可行性。更新后的对偶值会生成一个修正后的相等子图，此后则继续搜索互补原始解。

以每个尚未分配的 $i \in I$ 为根来生成树，并将其标记为"偶"，这是标记过程的开始。如图 10-20b 所示，这使得所有的 $i \in I$ 均被标记为"偶"，因为初始的已分配连接集合 $\overline{A}$ 为空。

随着标记过程进行，算法 10D 的步骤 1 试图查找 $A^=$ 中的一个连接，它从某个标记为"偶"的根节点 i 出发，到达一个未标记、未分配的节点 j。若能找到，则将 (i, j) 添加进 M，从而得到有效解。

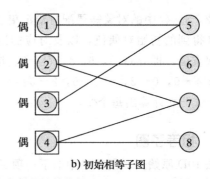

$\bar{c}_j$	$j=5$	$j=6$	$j=7$	$j=8$	$\bar{u}_i$
$i=1$	0	−3	−2	−2	9
$i=2$	−2	0	0	−2	3
$i=3$	0	−1	−4	−3	6
$i=4$	−3	−2	0	0	5
$\bar{v}_j$	0	0	−3	0	

a) 初始对偶值及边际减少费用   b) 初始相等子图

图 10-20 表 10-3 中实例的初始数据

图 10-21a 展示了对图 10-20b 中相等子图连续进行三次**解扩张**(solution growth)后所得到的结果。首先，标记为"偶"的根 $i=1$ 被分配给之前未标记、未分配的 $j=5$，并将 $(1,5)$ 加入 $\bar{A}$。然后标记为"偶"的根 $i=2$ 被分配给 $j=6$，$i=4$ 被分配给 $j=7$。消除那些树上的所有标记，得到：

$$\bar{A}=\{(1,2),(2,6),(4,7)\}$$

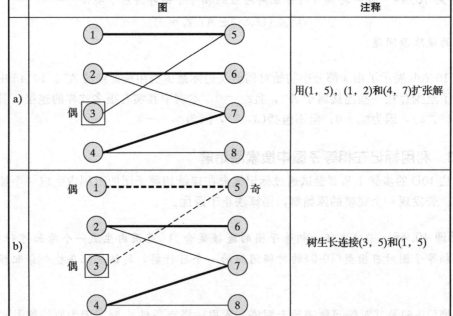

	图	注释
a)		用(1，5)，(1，2)和(4，7)扩张解
b)		树生长连接(3，5)和(1，5)

(加粗的连接表示已分配，虚线则表示被包含在树中)

图 10-21 初始相等子图上的标记过程

现在只剩 $i=3$ 待分配，且它唯一突出的 A^- 连接指向已经被分配的 $j=5$。分配不能再立刻继续，但以 $i=3$ 为根的树可以生长，即有希望最终找到一个更复杂的方法来分配该节点。这里，算法 10D 步骤 2 中的**树生长**(tree growth)一次性添加了两个连接，一条从一个未分配、标记为"偶"的节点连接到一个已分配但未标记的节点 j，另一条即为当前被分配给 j 的连接。节点 j 被标记为"奇"，以表示其已经被添加到一个树上，而其目前被分配给的 i 则被标记为"偶"。

图 10-21 的 b 部分可以对此进行说明。尽管节点 $j=5$ 已经被分配，但仍将连接 $(3，5)$ 添加到树上。而后节点 5 被标记为"奇"，它当前的分配 $(1，3)$ 被添加到树上，而节点 $i=1$ 则变为"偶"。

现在不能再进行进一步标记，此时没有任何一个标记为"偶"的节点 i 连接到未标记的节点 j。我们必须更新对偶解，以改变相等子图并为后续过程做准备。

10.7.4 对偶值更新与修正后的相等子图

对偶变化的开始即确认：

$$D \leftarrow \{(i,j) \in A : i \text{ 为"偶"}, j \text{ 未标记}\}$$

这些是不在当前 $A^=$ 中的 A 成员，即允许用算法 10D 的步骤 1 和 2 进一步求解或进行树生长。若 D 为空，则无法做进一步处理，原始分配模型不可行。否则，我们按照以下方法来更新对偶解。

原理 10.46 设置步长，$\lambda \leftarrow \min\{|\bar{c}_{i,j}| : (i,j) \in D\}$。而后将标记为"偶"的节点 $i \in I$ 的对偶值更新为 $\bar{u}_i \leftarrow \bar{u}_i - \lambda$，将标记为"奇"的节点 $j \in J$ 的对偶值更新为 $\bar{v}_j \leftarrow \bar{v}_j + \lambda$。其他所有对偶值保持不变。

在图 10-21b 的例子中，i 节点 1 和 3 被标记为"偶"，且在 J 中只有节点 5 已被标记。鉴于 A 为一个完整图，则该标记使得：

$$D \leftarrow \{(1,6),(1,7),(1,8),(3,6),(3,7),(3,8)\}$$
$$\lambda \leftarrow \min\{|-3|,|-2|,|-2|,|-1|,|-4|,|-3|\} = 1$$

图 10-22 展示了更新的完整结果。标记为"偶"的对偶值 $\bar{u}_1$ 和 $\bar{u}_3$ 减小了 $\lambda=1$，而标记为"奇"的 $\bar{v}_1$ 增大了 $\lambda=1$。边际减少费用的更新使得 D 边 $(3，6)$ 加进了相等子图。

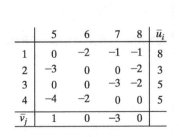

	5	6	7	8	$\bar{u}_i$
1	0	-2	-1	-1	8
2	-3	0	0	-2	3
3	0	0	-3	-2	5
4	-4	-2	0	0	5
$\bar{v}_j$	1	0	-3	0	

a) 更新后的对偶值及 $\bar{c}$ 矩阵

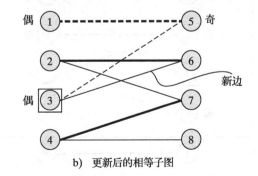

b) 更新后的相等子图

图 10-22 数值应用的对偶更新结果

我们需要意识到，除了保持对偶可行性，10.46 的对偶更新也保留了已经完成的标记过程，并为新的标记开辟了道路。

原理 10.47 对偶变化 10.46 添加了至少一条不在之前相等子图中的边，这为解扩张或树生长开辟了道路。同时，它保留了之前所有的解和树边，并维持了对偶可行性。

为证明这些观点，我们枚举出不同标记对 $\bar{c}_{ij}$ 的影响。

已分配的连接或树边都是从"偶"到"奇"或从未标记到未标记，都满足边际减少费用仍等于 0。只有（集合 D 中）从"偶"到未标记的情境会增加 $\bar{c}_{ij}$，且 λ 的选择确保了至少有一个 $\bar{c}_{ij}$ 变为 0，但没有 $\bar{c}_{ij}$ 变为正。此外，从"偶"到未标记的连接正是解扩张或标记树生长所需要的。

边状态	$\bar{u}_i$ 变化	$\bar{v}_j$ 变化	净 $\bar{c}_{ij}$
从"偶"到"奇"	$-\lambda$	$+\lambda$	0
从"偶"到未标记	$-\lambda$	0	$+\lambda$
从未标记到"奇"	0	$+\lambda$	$-\lambda$
从未标记到未标记	0	0	0

10.7.5 沿交错路的解扩张

图 10-22 展示了在新相等子图中的后续处理过程。新边 $(3,6)$ 使树生长，包括令节点 $i=2$ 成为"偶"的分配连接 $(2,6)$。而后的树生长添加了边 $(2,7)$ 和 $(7,4)$，并将 $i=4$ 标记为"偶"。这为沿添加新分配边 $(4,8)$ 的**交错路**（alternating path）的解扩张开辟了道路。

$$P \leftarrow \{(3,6),(2,6),(2,7),(4,7),(4,8)\} \tag{10-7}$$

原理 10.48 匈牙利算法 10D 通过标记相等子图中的一条奇基数交错路来实现解扩张。该交错路从 I 中某个未分配的根节点开始，而后随着树生长依次经过未分配和已分配的连接对，直到最终连接到 J 中的某个未分配节点。交换 $\bar{A} \leftarrow \bar{A} \cup P \setminus (\bar{A} \cap P)$，使得当前分配的大小增加 1。

(10-7) 中的路径可以对此进行说明。交换它的解边和非解边，即生成图 10-23d 部分中的最优分配。

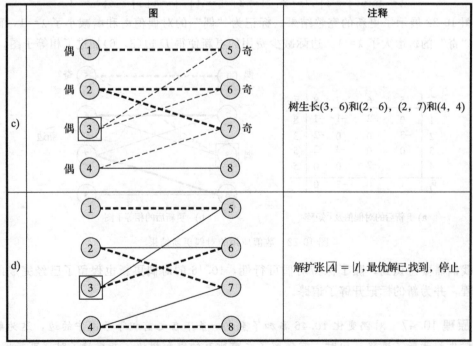

（加粗的连接表示已分配，虚线则表示被包含在树中）

图 10-23　更新后相等子图上的标记过程

10.7.6　匈牙利算法的计算规则

为限制算法 10D 在求解最优分配或证明其不存在时所需的计算量(见 14.2 节)，我们需要注意的是，除非事先发现非可行性，否则构建一种分配即需要 $O(|I|)$ 轮解扩张。在所有 I 节点都有标记之前，每轮解扩张都可能涉及 $O(|I|)$ 轮树生长。树生长转而被分解为 $O(|I|)$ 次对偶变化。最后，通过至多 $O(|I|)$ 次沿交错路径的交换来完成解扩张。

原理 10.49　对于有 $|I|$ 个供给和需求的分配问题，匈牙利算法 10D 的运行步数至多为：

$$O(|I|) \cdot (O(|I|^2)+O(|I|))=O(|I|^3)$$

10.8　最大流与最小割

最大流与最小割问题是网络流的另一个简单特殊情境。福特和富克尔森(1956)在该问题上所做的初期工作是形成本章中所有工具和模型的建设性成就之一。本节将对此做一个简要的回顾。

定义 10.50　一个给定有向图 $G(V，A)$ 上的**最大流**(max flow)问题即找到一个特定源节点 s 和一个特定汇节点 t 之间的最大可行流，要求满足其他所有弧上的流守恒条件，以及给定弧容量 $u_{i,j}$ 的限制。

最小割问题与最大流的输入数据相同，但关注的是其互补问题，即确认最限制 s 到 t 流量的弧和容量。

定义 10.51　有向图 $G(V，A)$ 中的 **s-t 割集**(s-t cut set)$(S，T)$ 是删掉后能将图分为两个不重叠部分的弧的集合，其中一部分基于包含源节点 s 在内的节点 $S \subset V$，另一部分则基于包含汇节点 t 在内的 $T=V \setminus S$。而**最小割**(min cut)问题则是在前向弧 $(i，j)$ 中寻找一个总容量最小的 s-t 割集，其中 $i \in S$，$j \in T$。

我们仍通过一个简单的应用来说明这些定义。

□**应用案例 10-5**

建筑疏散最大流

最大流问题最常作为更复杂运算研究的子问题出现。然而，它们也非常自然地出现在建筑设计提案的安全性评价环节。[⊖] 合适的设计要求建筑在紧急事件中有足够的容量用于疏散。

图 10-24 展示了一个小例子，涉及一个运动竞技场的提案。在紧急情况下，竞

⊖　L. G. Chalmet. R. L. Frances. and P. B. Saunders (1982). "Network Models forBuilding Evacuation," *Management Science*，28，86-105. 所有的量化数据及有向图都由本书作者虚构。

技场中的人员可以由位于四侧的门离开，门每分钟可以容纳 600 人。这些门通向一个外部大厅，大厅每个方向、每分钟允许移动 350 人。出大厅需要通过 4 个消防楼梯，消防楼梯每分钟能容纳 400 人；或通过一个通往停车场的隧道，隧道每分钟能容纳 800 人。我们要关注的即为该设计下可能的最大疏散量。

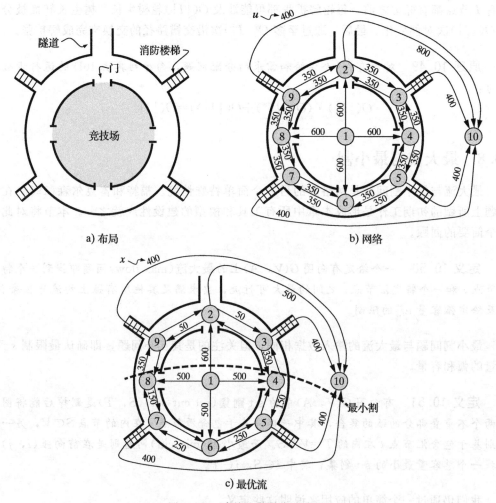

图 10-24　建筑疏散最大流应用

图 10-24 的 b 部分将安全性分析简化为一个最大流模型。人员流始于源节点 1，从该节点流出的弧即表示去往 4 个门的路，而环绕外部大厅的流则通向 4 个消防楼梯和 1 条隧道。人员可以通过任意一条路离开，最终到达汇节点 10。其中，容量限制了不同设施的流量。

我们希望求出在所给的容量限制下，从 1 到 10 的最大流。b 部分的弧标签提供了一个最优解，该情况下人员可以每分钟总流量 2 100 的速度逃离。

在实际应用中，一个最大流问题对应的最小割可能意义最大，因为它能确认限制流量的瓶颈。图 10-24 的 c 部分给出了与最优流相对应的最小割。割中的弧将图分为基于节点子集 $S=\{1, 4, 5, 6, 7, 8\}$ 和 $T=\{2, 3, 10\}$ 的两部分，其中源 1 在 S 中，汇 10 在 T 中。穿过割的前向弧为$(1, 2)$，$(4, 3)$，$(8, 9)$，$(5, 10)$和$(7, 10)$，它们的流量在最优流中均达到了容量。将它们的容量相加，可以得到割容量：

$$600+350+350+400+400=2\,100$$

这恰好与最大总流量相等。若设计者希望提高该设计的疏散量，则需要使以上容量中的一个或多个有所增大。

10.8.1 可行改进圈方向与流增广路

网络流算法 10A、10B 和 10C 中的核心元素即为用于优化当前可行解的可行改进圈方向。为发现最大流，我们考虑图 10-25a 中的例子，其中容量标在每个（实线）弧上。可以想象通过以下方法将该最大流应用转换为一个标准的网络流问题：(i)令现存所有弧上的费用为 0；(ii)将所有供给和需求固定为 0；(iii)添加一个从汇节点 6 到源节点 1 的人工返回弧$(6, 1)$，其费用为-1且没有容量限制。则每个可行改进圈方向均包括该返回弧，它是优化目标函数的唯一机会；也包括原始图中一条从源到汇的路，它会保证净流量增加。其中后者即为求最大流/最小割的一种改进搜索算法的搜索目标。

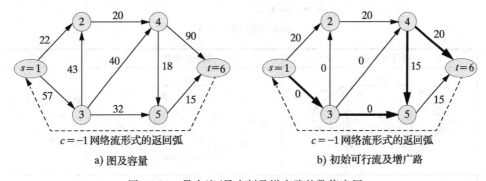

图 10-25　最大流/最小割及增广路的数值应用

定义 10.52 在图 $G(V, A)$上的最大流问题中，有源节点 s、汇节点 t、弧容量 u_{ij}及当前可行流$\overline{x}_{ij}$。**流增广路**（flow augmenting path）即为一条从 s 到 t 的路，路中所有的前向弧上均满足$\overline{x}_{ij} < u_{ij}$，后向弧上均满足$\overline{x}_{ij} > 0$。

图 10-25b 对 a 部分中的实例进行了说明。弧上的数字为一个初始可行流，共有 20 个单位从 s 流到 t。粗线指示了一条流增广路 1-3-5-4-6，其中所有前向弧上的流量均在容量以下，且唯一的后向弧$(4, 5)$上流量为正 15。需要注意的是，虚构出的返回弧在对应的最小费用网络流模型中形成了一个可行改进圈方向。

10.8.2 最大流最小割算法

正如消圈算法 10B，找到流增广路的一种常规方法即利用一个**残留有向图**（residual diagraph），其中有吸引力的选择都是显而易见的。

定义 10.53 图 $G(V, A)$中有容量 $u_{i,j}$和当前可行流$\overline{x}_{ij}$，则其**最大流残留有向图**（max flow residual diagraph）与给定网络具有相同的节点 $i \in V$。每个$\overline{x}_{ij} < u_{ij}$的弧$(i, j)$

均对应一个容量为 $u_{ij}-\bar{x}_{ij}$ 的前向/增加弧，而每个 $\bar{x}_{ij}>0$ 的弧 (i,j) 均对应一个容量为 $\bar{x}_{ij}$ 的后向/减少弧。

该残留有向图中的一条有向 $s-t$ 路即对应原始网络中的一条增广路。

所有元素现在均已准备就绪，即可以提出最大流最小割算法。

10.8.3 用算法 10E 求解图 10-25a 的最大流应用

图 10-26 展示了将算法 10E 用于图 10-25a 中实例的过程。由图 10-25b 的初始可行解出发，循环 $k=1$ 的计算从步骤 1 开始，即构建对应的残留有向图。需要注意的是，对 $(2,4)$ 这样流量已经达到容量的弧只能减少其上流量，对 $(1,3)$ 这样流量为零的弧只能增加其上流量，而对 $(4,5)$ 等其他弧上的流量则可以有增加和减少两种选择。观察残留有向图，可以发现一条（用粗弧标出的）从 s 到 t 的有向路 1-3-5-4-6，它是一个增加流量的机会。由残留有向图中沿该路的容量可以计算出步长 λ：

$$\lambda^+ \leftarrow \min\{57,32,85\} = 32$$
$$\lambda^- \leftarrow \min\{15\} = 15$$
$$\lambda \leftarrow \min\{32,15\} = 15$$

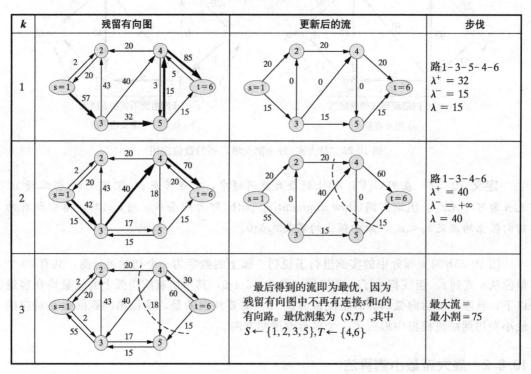

k	残留有向图	更新后的流	步伐
1			路 $1-3-5-4-6$ $\lambda^+ = 32$ $\lambda^- = 15$ $\lambda = 15$
2			路 $1-3-4-6$ $\lambda^+ = 40$ $\lambda^- = +\infty$ $\lambda = 40$
3		最后得到的流即为最优，因为残留有向图中不再有连接 s 和 t 的有向路。最优割集为 (S,T)，其中 $S \leftarrow \{1,2,3,5\}, T \leftarrow \{4,6\}$	最大流 = 最小割 = 75

图 10-26 将算法 10E 用于图 10-25a 的过程

▶ **算法 10E：最大流—最小割搜索**

步骤 0：初始化。选择任一初始可行流 $\bar{x}_{ij}^{(0)}$，并设置解索引 $k \leftarrow 1$。

步骤 1：残留有向图。构建当前流对应的残留有向图，并尝试从中找到一条从 s 到 t

的有向路。

步骤 2：最优性与最小割。若当前残留有向图中不存在 $s\text{-}t$ 有向路，则停止。当前流即为最大流，其对应的最小割 $(S，T)$ 满足：

$$S \leftarrow \{残留有向图中从源\ s\ 可到达的\ i \in V\}$$
$$T \leftarrow V \setminus S$$

步骤 3：步长。确认残留有向图中找到的有向路在原始图中所对应的流增广路，并通过以下公式选择最大可行增广步长 λ：

$$\lambda \leftarrow \min\{\lambda^+, \lambda^-\} \ 其中$$
$$\lambda^+ \leftarrow \min\{(u_{ij} - \overline{x}_{ij}^{(k)}) : (i, j) \ 在增广路中为前向弧\}$$
$$\lambda^- \leftarrow \min\{\overline{x}_{ij}^{(k)} : (i, j) \ 在增广路中为后向弧\}$$

步骤 4：新解。通过以下公式更新当前流的解：

$$\overline{x}_{ij}^{(k+1)} \leftarrow \begin{cases} \overline{x}_{ij}^{(k)} + \lambda & 若 (i, j) \ 在增广路中为前向弧 \\ \overline{x}_{ij}^{(k)} - \lambda & 若 (i, j) \ 在增广路中为后向弧 \\ \overline{x}_{ij}^{(k)} & 若 (i, j) \ 不在增广路中 \end{cases}$$

然后增加 $k \leftarrow k+1$，并返回步骤 1。

在原始图中对应的前向弧上增加流量 15，并在那个后向弧上减少流量 15，可以得到 $k=1$ 中所示的更新后的流，其总流量为 35。

现在重复该过程，即 $k=2$。由所示残留有向图可以得到有向路 1-3-4-6 和步长 $\lambda=40$。而后将流更新为 $k=2$ 中所示的值，其总流量为 75。

在循环 $k=3$ 中，再次构建一个残留有向图。然而，这次它不再包含从 s 到 t 的有向路。因此我们可以推断，($k=2$ 中)最后得到的流即为最大流，其总流量为 75。

将节点分为从 s 可到达和不可到达两部分，则该残留有向图也可以定义一个最小割，即 $S \leftarrow \{1，2，3，5\}$，$T \leftarrow V \setminus S = \{4，6\}$。图 10-25a 中穿过该割的前向容量总计 $20+40+15=75$，恰好与最大流相等。

例 10-24 确认流、割和增广路

考虑右面的最大流实例，其中弧上的标签表示 $(u_{ij}，\overline{x}_{ij})$。

(a) 通过观察，确认一个最大 s，t 流和一个最小割。

(b) 确认可用于当前流的所有流增广路，指出其成员弧是前向的还是后向的，并计算可以采用的最大步长 λ。

(c) 构建对应的残留有向图，并指出 (b) 部分中的每条增广路如何成为残留有向图中的有向路。

解：

(a) 最大流可以为 $\overline{x}_{1,2}=20$、$\overline{x}_{1,3}=10$、$\overline{x}_{2,3}=8$、$\overline{x}_{2,4}=12$、$\overline{x}_{3,4}=18$，其总流量为 30。最小割则将节点 $\{1，2\}$ 和 $\{3，4\}$ 分开，其总前向容量为 $10+8+22=30$。

(b) 可用的增广路有：

1-2-4　　　(1，2)和(3，4)均为前向弧　　　　　　　　$\lambda \leftarrow \min\{5，2\}=2$

1-2-3-4　　(1，2)前向，(3，2)后向，(3，4)前向　$\lambda \leftarrow \min\{5，3，7\}=3$

（c）残留有向图如下：

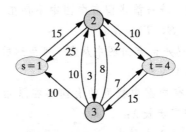

前向弧表示增加容量以下的流量，后向弧则表示减少当前为正的流量，从而使原始图中的每条增广路均成为残留有向图中的一条有向路。

10.8.4 最大流及最小割值的等价关系

以上例子中无一例外地满足：最大流及最小割容量在达到最优时相等。

原理 10.54 给定一个有向图 $G(V, A)$，其中有弧容量 $u_{i,j}$ 以及特定的源 s 和汇 t，则从 s 到 t 的最大总可行流等于分离 s 和 t 的割集的最小总前向容量。

为说明该原理一定正确，则需要注意：

$$任一可行 \, s\text{-}t \, 流的值 \leqslant 一个最大 \, s\text{-}t \, 流的值$$
$$\leqslant 一个最小 \, s\text{-}t \, 割的容量$$
$$\leqslant 任一 \, s\text{-}t \, 割的容量$$

从 s 到 t 的每一单位可行流都必须穿过每个 s-t 割集，所以其总流量受到每个割前向容量的限制。因此，若任一可行 s-t 流的值恰好等于任一 s-t 割的前向容量，则二者在它们各自的问题中均一定为最优。

这即为算法 10E 停止时会出现的情况。穿过所找出的最小割的流一定恰好等于其前向容量，因为穿过割的所有前向弧上的流量均已达到容量，而穿过割的所有后向弧上的流量均为零。否则残留有向图中即会存在一个前向弧，但实际上并不存在。

10.8.5 算法 10E 的计算规则

为限制图 $G(V, A)$ 上任一最大流—最小割问题的计算步数（见 14.2 节），我们首先观察到，最差情况下每次循环 k 都需要 $O(|A|)$ 次计算。在构建残留子图并从中选择一条从 s 到 t 的有向路时，可能需要考虑所有的弧。而得到一条有向路之后，需要 $O(|V|)$ 步来计算步长 λ 并更新原始图中的流。由 $O(|V|) \leqslant O(|A|)$，我们推断每次循环至多需要的时间为 $O(|A|)$。

那么一共会有多少次增广循环呢？假设我们用算法 10E 在每次循环中查找基数最小的增广路。通过对残留有向图的广度优先处理可以很容易地找到所有一步可达的节点，然后找到那些从已处理节点出发、两步内可到达的节点，以此类推，直至遇到汇节点 t。而后算法将首先寻找基数为 1 的路，直至所有的都被遍历，再前进到基数 2 等。

需要注意的是，除了在限制流增广过程的弧上以外，沿这样一条最小基数路的增广将使残留有向图保持不变。用其反向弧来替换那个弧，在从 s 到 t 的相同弧序列的基数上加 2，则该限制弧此后只能用于基数更大的路的增广。

因而，每个路基数下至多会有 $O(|A|)$ 次不同的更新。此外，只可能存在 $O(|V|)$ 个路基数。将之与每次增广中的工作结合起来，即可得到一个计算界限。

原理 10.55　*在图 $G(V, A)$ 上，实现最大流—最小割算法 10E 以在每次循环中选择基数最小的增广路，则计算一个最大流和一个最小割至多需要 $O(|V\|A|)$ 次增广和 $O(|V|\,|A|^2)$ 的总工作量。*

10.9　多商品及增益/损耗流

实际问题中，我们经常需要在运算研究模型的易处理性及其适用广度之间做一个权衡取舍，网络问题也不例外。本节中我们将简单探究一些适用范围更广的网络形式，它们仅能将最小费用网络流问题的易处理性保留一部分。

10.9.1　多商品流

我们之前提到的流模型均隐含一个假设，即所有流都对应一种**单一商品**（single commodity）。在 10.1 节的 OOI 应用中，单一商品是面包炉。在其他应用中，单一商品则是人、化肥或制造任务。在每个情境下，我们均假设汇节点上的需求可以由任意一个供给节点来满足，只要供给节点有通往该汇节点的路。即，我们假设流是可互换或可替代的。

当通过一个普通网络传递的一些流必须保持分离时，则会产生多商品流问题。此时，流是不可替代的。

原理 10.56　**多商品流模型**（multicommodity flow model）*即寻找一个最小费用流，其中彼此分离的商品通过一个普通网络进行传递。*

□ **应用案例 10-6**

海港渡船多商品流

为帮助理解，我们仍考虑一个简单的（虚拟）应用。图 10-27 给出了一个海港周边社区的交通流。每天早上，三个住宅区的人们会去往该区域的两个工业中心和两个商业中心。表 10-4 按出发地和目的地详细列出了各流。例如，每天源于住宅节点 4 的 6 000 次总出行中有 1 250 次是将工业区节点 7 作为目的地。

目前由于地理因素限制，每种出行都仅有一条单一的路。图 10-27 网络中弧上的数字表示不同点间的距离（以千米计）。例如，

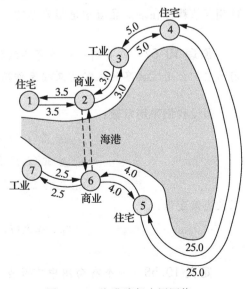

图 10-27　海港渡船应用网络

从节点 1 出发、去往节点 7 的人必须全程绕海港行驶，途中经过节点 2 到 6。三个住宅区每天共产生 21 100 次出行，而人们沿这些路线行驶的总距离则为 399 250 千米/天。

区域规划者考虑采用多种改进办法，通过减少驾车行驶的千米数来减少空气污染。其中一个想法即为在图 10-27 中用虚线弧 $(2, 6)$ 和 $(6, 2)$ 表示渡船。若引入一艘渡船，则它可以在早高峰时段沿每个方向携带 2 000 辆车。我们想知道这样做能够节省多少千米的行驶距离。

表 10-4 海港渡船应用中的每日出行情况

出行开始节点	总出行次数	去往不同目的地的出行次数						
		1	2	3	4	5	6	7
1	2 850	—	900	750	40	10	600	550
4	6 000	100	2 000	1 100	—	150	1 400	1 250
5	12 250	110	4 000	2 200	200	—	3 300	2 440

10.9.2 多商品流模型

显然，图 10-27 描述了一个流网络。但其中流动的是什么呢？若我们将所有出行视为相同，则问题中只有一种单一商品。然而，像这样用从任一源节点出发的出行来满足汇节点 7 上的需求，将无法使节点 7 得到 1 250 次从源节点 4 出发的出行，因最小距离解会自然地为其选择从临近的源节点 5 出发的出行。而位置 2 和 3 所需的、从节点 5 出发的出行则被留给更近的源节点 1 来满足。这样一个解对于该应用是没有意义的，因为该应用中的出行是不可替换的。

我们必须分别为从三个源出发的出行构建分离的商品网络，即我们必须在多商品情境下建模。但商品仍然不是独立的，因为所有人都可以共享渡船的 2 000 个出行容量。这种相互依赖性在多商品流中是很典型的。

原理 10.57 在分析一个多商品流模型中的各种商品时，不能将它们完全独立开，因为它们会通过共享的弧容量来相互作用。

假设我们采用常数：

$$c_{q,i,j} \triangleq 弧(i, j) 中商品 q 流的单位成本$$
$$u_{i,j} \triangleq 弧(i, j) 的共享容量$$
$$b_{q,k} \triangleq 节点 k 上对商品 q 的净需求$$

以及决策变量：

$$x_{q,i,j} \triangleq 弧(i, j) 中商品 q 的流量$$

定义 10.58 一个有向图中有节点 $k \in V$ 和弧 $(i, j) \in A$，则其对应的多商品流模型为：

$$\min \sum_q \sum_{(i,j) \in A} c_{q,i,j} x_{q,i,j}$$

$$\text{s. t.} \quad \sum_{(i,k) \in A} x_{q,i,k} - \sum_{(k,j) \in A} x_{q,k,j} = b_{q,k} \quad \forall q, k \in V$$

$$\sum_q x_{q,i,j} \leqslant u_{i,j} \quad \forall (i,j) \in A$$

$$x_{q,i,j} \geqslant 0 \quad \forall q, (i,j) \in A$$

表 10-5 列出了海港渡船应用所对应的公式。这里商品 1 对应从源节点 1 出发的流，商品 2 表示从住宅节点 4 出发的流，而商品 3 则表示从住宅节点 5 出发的流。需要注意的是，每种商品都对应一个独立的流守恒方程组，还另有一组共有的容量约束来表示两个弧上的流量限制。

表 10-5　海港渡船应用模型

min	$3.5x_{1,1,2} + 3.5x_{1,2,1} + 3x_{1,2,3} + 3x_{1,3,2} + 5x_{1,3,4} + 5x_{1,4,3}$		（最小化行驶距离）
	$+15x_{1,4,5} + 15x_{1,5,4} + 4x_{1,5,6} + 4x_{1,6,5} + 2.5x_{1,6,7} + 2.5x_{1,7,6}$		
	$+3.5x_{2,1,2} + 3.5x_{2,2,1} + 3x_{2,2,3} + 3x_{2,3,2} + 5x_{2,3,4} + 5x_{2,4,3}$		
	$+15x_{2,4,5} + 15x_{2,5,4} + 4x_{2,5,6} + 4x_{2,6,5} + 2.5x_{2,6,7} + 2.5x_{2,7,6}$		
	$+3.5x_{3,1,2} + 3.5x_{3,2,1} + 3x_{3,2,3} + 3x_{3,3,2} + 5x_{3,3,4} + 5x_{3,4,3}$		
	$+15x_{3,4,5} + 15x_{3,5,4} + 4x_{3,5,6} + 4x_{3,6,5} + 2.5x_{3,6,7} + 2.5x_{3,7,6}$		
s. t.	$x_{1,2,1} - x_{1,1,2}$	$=$	$-2\ 850$ （商品 1）
	$x_{1,1,2} + x_{1,3,2} + x_{1,6,2} - x_{1,2,1} - x_{1,2,3} - x_{1,2,6}$	$=$	900
	$x_{1,2,3} + x_{1,4,3} - x_{1,3,2} - x_{1,3,4}$	$=$	750
	$x_{1,3,4} + x_{1,5,4} - x_{1,4,3} - x_{1,4,5}$	$=$	40
	$x_{1,4,5} + x_{1,6,5} - x_{1,5,4} - x_{1,5,6}$	$=$	10
	$x_{1,2,6} + x_{1,5,6} + x_{1,7,6} + x_{1,6,2} - x_{1,6,5} - x_{1,6,7}$	$=$	600
	$x_{1,6,7} - x_{1,7,6}$	$=$	550
	$x_{2,2,1} - x_{2,1,2}$	$=$	100 （商品 2）
	$x_{2,1,2} + x_{2,3,2} + x_{2,6,2} - x_{2,2,1} - x_{2,2,3} - x_{2,2,6}$	$=$	$2\ 000$
	$x_{2,2,3} + x_{2,4,3} - x_{2,3,2} - x_{2,3,4}$	$=$	$1\ 100$
	$x_{2,3,4} + x_{2,5,4} - x_{2,4,3} - x_{2,4,5}$	$=$	$-6\ 000$
	$x_{2,4,5} + x_{2,6,5} - x_{2,5,4} - x_{2,5,6}$	$=$	150
	$x_{2,2,6} + x_{2,5,6} + x_{2,7,6} + x_{2,6,2} - x_{2,6,5} - x_{2,6,7}$	$=$	$1\ 400$
	$x_{2,6,7} - x_{2,7,6}$	$=$	$1\ 250$
	$x_{3,2,1} - x_{3,1,2}$	$=$	110 （商品 3）
	$x_{3,1,2} + x_{3,3,2} + x_{3,6,2} - x_{3,2,1} - x_{3,2,3} - x_{3,2,6}$	$=$	$4\ 000$
	$x_{3,2,3} + x_{3,4,3} - x_{3,3,2} - x_{3,3,4}$	$=$	$2\ 200$
	$x_{3,3,4} + x_{3,5,4} - x_{3,4,3} - x_{3,4,5}$	$=$	200
	$x_{3,4,5} + x_{3,6,5} - x_{3,5,4} - x_{3,5,6}$	$=$	$-12\ 250$
	$x_{3,2,6} + x_{3,5,6} + x_{3,7,6} - x_{3,6,2} - x_{3,6,5} - x_{3,6,7}$	$=$	$3\ 300$
	$x_{3,6,7} - x_{3,7,6}$	$=$	$2\ 440$
	$x_{1,2,6} + x_{2,2,6} + x_{3,2,6}$	$\leqslant$	$2\ 000$ （容量）
	$x_{1,6,2} + x_{2,6,2} + x_{3,6,2}$	$\leqslant$	$2\ 000$
	$x_{q,i,j} \geqslant 0$		

最优解将总行驶距离减少到 280 770 千米，节省了 29.7%。将 $x_{1,2,6}=1\,160$ 的商品 1 出行和 $x_{2,2,6}=840$ 的商品 2 出行安排在从 2 到 6 的渡船上，即可以实现最优解。而在相反方向，渡船携带 $x_{3,6,2}=2\,000$ 的商品 3 出行。

例 10-25　用公式表示多商品流

考虑右面的多商品流问题。

弧上的标签表示三种商品的费用和共用容量 $(c_{1,i,j}, c_{2,i,j}, c_{3,i,j}, u_{i,j})$，节点上的标签则表示净需求 $(b_{1,k}, b_{2,k}, b_{3,k})$。请用公式表示对应的多商品网络流模型。

解：根据定义 10.58，得到模型为：

$$\min\quad x_{1,1,3}+x_{1,3,2}+x_{1,2,1}+x_{2,1,3}+x_{2,3,2}+x_{2,2,1}+x_{3,1,3}+x_{3,3,2}+x_{3,2,1}$$

$$\begin{aligned}
\text{s.t.}\quad & x_{1,2,1}+x_{1,3,1}-x_{1,1,2}-x_{1,1,3}=-1\\
& x_{1,1,2}+x_{1,3,2}-x_{1,2,1}-x_{1,2,3}=0\\
& x_{1,1,3}+x_{1,2,3}-x_{1,3,1}-x_{1,3,2}=1\\
& x_{2,2,1}+x_{2,3,1}-x_{2,1,2}-x_{2,1,3}=1\\
& x_{2,1,2}+x_{2,3,2}-x_{2,2,1}-x_{2,2,3}=-1\\
& x_{2,1,3}+x_{2,2,3}-x_{2,3,1}-x_{2,3,2}=0\\
& x_{3,2,1}+x_{3,3,1}-x_{3,1,2}-x_{3,1,3}=0\\
& x_{3,1,2}+x_{3,3,2}-x_{3,2,1}-x_{3,2,3}=1\\
& x_{3,1,3}+x_{3,2,3}-x_{3,3,1}-x_{3,3,2}=-1\\
& x_{1,1,2}+x_{2,1,2}+x_{3,1,2}\leqslant 1\\
& x_{1,2,3}+x_{2,2,3}+x_{3,2,3}\leqslant 1\\
& x_{1,3,1}+x_{2,3,1}+x_{3,3,1}\leqslant 1\\
& x_{q,i,j}\geqslant 0
\end{aligned}$$

10.9.3　多商品流模型的易处理性

多商品流公式 10.58 显然是一类线性规划。事实上，它们是能够发展出非常高效算法的特殊线性规划。我们同样继续考虑流的方面，并用简单的有向图来表示复杂模型。

10.2~10.5 节中单一商品案例所呈现的简洁结构只有很小一部分被保留在多商品情境中，其中最重要的即是损失了整性 10.35。

原理 10.59　即使所有的问题数据均为整数，多商品流问题的最优解也仍有可能为分数。

例 10-25 可以对此进行说明。每种商品都由一个节点供给，被另一个节点需求。鉴于内部回路 1-2-3-1 上的费用为 0，因此所有商品都会争夺那些弧上的容量单位。很容易证明，该问题唯一的最优解为：

$$x_{1,1,2}=x_{1,2,3}=x_{1,1,3}=\frac{1}{2}$$

$$x_{2,2,3} = x_{2,3,1} = x_{2,2,1} = \frac{1}{2}$$

$$x_{3,3,1} = x_{3,1,2} = x_{3,3,2} = \frac{1}{2}$$

该分数解的总费用为 $\frac{3}{2}$，而任一全整数流的费用均为 2。

10.9.4 带增益及损耗的流

迄今遇到的网络模型的另一隐含假设为，进入任意一个弧一端的流单位数均等于离开其另一端的流单位数。但很多实际的建模情境都不符合这一假设：配电网络会沿着配电线路损失电力，地下水在流动过程中会渗入和渗出下水道，投资的基金也会随着时间流逝而获得利息。所有这些情境均会产生**带增益及损耗的流**。

定义 10.60 带增益及损耗的网络流问题对以下情境进行建模：对于从 i 进入的每一单位流，都有给定常数 $a_{i,j}$ 个单位的流在节点 j 离开弧 (i, j)。值 $a_{i,j} > 1$ 即说明有增益，$a_{i,j} < 1$ 即说明有损耗，而 $a_{i,j} = 1$ 则会形成普通的网络流。

□**应用案例 10-7**

带增益及损耗的泰尼克现金流

带增益及损耗的流最常出现的情境之一即为金融交易。一个简单的案例即为现金流建模。⊖

现金流管理针对的是现金及诸如短期债券的类似等价物。其目标为，当需要支付债务时有可获得的现金，同时用非立即需要的基金来获取尽可能多的利息。在一些情境下，也有可能借用现金以谋求未来的收入。

图 10-28 展示了一个虚拟公司的具体实例，我们称之为泰尼克公司。节点 1 至 5 代表一段时间内的现金，每个节点旁边的数字 b_k 表示各月的现金净需求（以千美元计）。节点 6 和 7 表示从初始持有的 200 000 美元开始，投资于短期债券的基金。

我们假设投资的现金每月回报 0.5%，债券每月回报 0.9%，这使得显示在图 10-26 中弧上方框内的增益乘子 $a_{i,i+1}$ 能够跑在时间前面。例如，弧 (3, 4) 上的乘子 $a_{3,4} = 1.005$，因为在月利率 0.5% 下，第 3 个月投资的每一美元在一个月后都会变成 1.005 美元。

通过对现金借用进行建模，可以用沿图 10-28 中现金部分的后向弧来表示损耗弧。我们假设公司至多可以获得 100 000 美元现金，且每月利息为 1%。因此，为满足当前需求所借的下个月的每一美元都对应现在的 $\frac{1}{1.01} \approx 0.990\,1$ 美元。

在图 10-28 中，也用类似的损耗弧来连接现金和债券节点。例如，弧 (2, 7) 代

⊖ B. Golden and M. Liberatore (1979)，"Models and Solution Techniques for Cash Flow Management," *Computers and Operations Research*，6，13-20.

表第 2 周投资到债券的现金，损耗乘子 $a_{2,7}=0.998$ 对应着 0.2％的投资税。弧(7，2)上相似的损失则表明，将债券换为现金也需要按相同的税率付税。

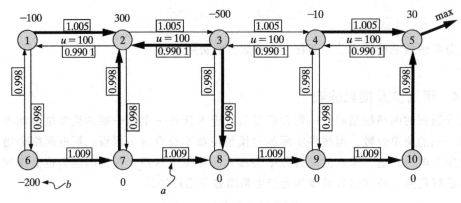

图 10-28　泰尼克应用网络

图 10-28 中管理问题的目标即在计划周期末持有尽可能多的钱。因此，目标函数中唯一的非零系数出现在节点 5 的流出流上。

10.9.5　增益及损耗网络流模型

为了将诸如现金管理问题的增益/损耗流应用简化为标准的网络流形式，我们只需将乘子 $a_{i,j}$ 纳入最小费用网络流形式 10.3。

定义 10.61　对于一个有向图 $G(V, A)$，V 中节点的净需求为 b_k，弧$(i, j)\in A$ 的容量为 $u_{i,j}$，乘子为 $a_{i,j}$，则其对应的增益/损耗流问题为：

$$\min \quad \sum_{(i,j)\in A} c_{i,j}x_{i,j}$$
$$\text{s.t.} \quad \sum_{(i,k)\in A} a_{i,k}x_{i,k} - \sum_{(k,j)\in A} x_{k,j} = b_k \quad \forall k \in V$$
$$0 \leqslant x_{i,j} \leqslant u_{i,j} \qquad\qquad \forall (i,j) \in A$$

表 10-6 对我们的现金流应用进行了说明。在最优解下，计划周期末的回报为 489 311 美元，且在图 10-28 中突出表示的弧上流量非零。

例 10-26　用公式表示带增益的流

将节点旁边的数字作为净需求 b_k，弧上方框内的数字作为增益乘子 $a_{i,j}$，弧上不在方框内的数字作为费用 $c_{i,j}$，用公式表示下图对应的带增益的流模型：

解： 根据定义 10.61，得到的模型为：

$$\min \quad 3x_{1,2} + 14x_{2,3} + 12x_{3,1}$$
$$\text{s.t.} \quad 2x_{3,1} - x_{1,2} = 0$$
$$2x_{1,2} - x_{2,3} = 0$$
$$2x_{2,3} - x_{3,1} = 0$$
$$x_{1,2}, x_{2,3}, x_{3,1} \geqslant 0$$

表 10-6　泰尼克应用模型

max r		(最大化回报)
s.t. $\quad 0.990\,1x_{2,1}+0.998\,0x_{6,1}-x_{1,2}-x_{1,6}$	$=\ -100$	(节点 1)
$1.005x_{1,2}+0.990\,1x_{3,2}+0.998\,0x_{7,2}-x_{2,1}-x_{2,3}-x_{2,7}$	$=\ \ \ 300$	(节点 2)
$1.005x_{1,3}+0.990\,1x_{4,3}+0.998\,0x_{7,3}-x_{3,2}-x_{3,4}-x_{3,8}$	$=\ -500$	(节点 3)
$1.005x_{3,4}+0.990\,1x_{5,4}+0.998\,0x_{9,4}-x_{4,3}-x_{4,5}-x_{4,9}$	$=\ \ \ -10$	(节点 4)
$1.005x_{4,5}+0.998\,0x_{10,5}-x_{5,4}-r$	$=\ \ \ \ 30$	(节点 5)
$0.998\,0x_{1,6}-x_{6,1}-x_{6,7}$	$=\ -200$	(节点 6)
$0.998\,0x_{2,7}+1.009x_{6,7}-x_{7,2}-x_{7,8}$	$=\ \ \ \ \ \ 0$	(节点 7)
$0.998\,0x_{3,8}+1.009x_{7,8}-x_{8,9}-x_{8,9}$	$=\ \ \ \ \ \ 0$	(节点 8)
$0.998\,0x_{4,9}+1.009x_{8,9}-x_{9,4}-x_{9,10}$	$=\ \ \ \ \ \ 0$	(节点 9)
$1.009x_{9,10}-x_{10,5}$	$=\ \ \ \ \ \ 0$	(节点 10)
$x_{2,1}\leqslant100$		(现金限制)
$x_{3,2}\leqslant100$		
$x_{4,3}\leqslant100$		
$x_{5,4}\leqslant100$		
$x_{i,j}\geqslant0$		

10.9.6　带增益及损耗的网络流的易处理性

正如多商品流模型，带增益及损耗的流模型也是具有某种可开发结构的线性规划。考虑流的方面，并用简单有向图来表示模型仍然是非常方便的。

当允许增益及损耗时，也会损失很多普通流所具有的简洁性质。具体而言，整性 10.35 不复存在了。

原理 10.62　即使所有的问题数据均为整数，带增益及损耗的流问题的最优解也仍有可能为分数。

例 10-26 中的简单实例可以对此进行说明。所有的数据均为整数，但唯一的可行解为：

$$x_{12}=\frac{6}{7},\ x_{2,3}=\frac{12}{7},\ x_{3,1}=\frac{3}{7}$$

10.10　最小/最大生成树

本节提出了另一个有简单解法的特殊网络/图模型，即**最小/最大生成树问题**（min/max spanning tree）。我们仍从一个虚拟应用开始。

□**应用案例 10-8**

荒地能源（WE）

荒地能源（WE）是一家天然气钻井公司，钻井位置位于其控制的一块荒地，公

司目前想要修建去往/源于钻井位置，及钻井位置之间的道路。图 10-29 展示了相应
的区域（即阴影部分），以及由航空和卫星
分析选出的 7 个钻井位置。图中也给出了
已经确认的、两个位置间可能的道路线
形，包括构建它们的预期费用（以千美元
计）。只有位置 1 能够将其他位置与外界
相连。WE 希望选择一个总费用最小的道
路集合，以生成一个每对位置间都存在一
条路的网络。该问题的一个最优解由粗线
表示，其总费用为 80 000 美元。

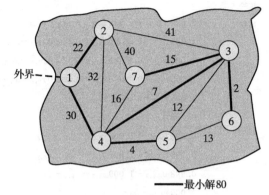

图 10-29　荒地能源钻井位置和可行道路

10.10.1 最小/最大生成树与贪心算法

荒地能源需要的是一个如图 10-29 中粗边那样的子图，它可以连接所有的钻井位置，
且不存在增加费用的额外道路连接。

回顾 10.7 节，一个给定图的**生成树**（spanning tree）是一个连通子图，它不包含环，
且能够覆盖所有节点。**最小/最大生成树**（min/max spanning tree）即分别为总权重最小和
最大的生成树。应用案例 10-8 即在寻找图 10-29 所示道路网络的一个最小生成树。

尽管计算最优生成树可能看起来很有挑战性，但存在一个非常简单的**贪心算法**
（greedy algorithm），它可以用相对少的工作量找到一个最小或最大总权重解。算法 10F
给出了其细节。

10.10.2 用贪心算法 10F 求解应用案例 10-8

贪心搜索首先将图 10-29 中的所有边按构建费用递增来排序，从费用为 2 000 美元的
$(3，6)$ 到费用为 41 000 美元的 $(2，3)$，并初始化解集 $T \leftarrow \varnothing$。

▶**算法 10F：贪心搜索求最小/最大生成树**

　　步骤 0：初始化。给定无向图 $G(V，E)$，在最小化问题下将集合 E 中的边按费用递
增的顺序排成一个列表（在最大化问题下则按费用递减顺序），并初始化解集 $T \leftarrow \varnothing$。

　　步骤 1：边处理。若 $|T| = |V| - 1$，则停止，T 即为一个最优生成树。否则，考虑
有序列表中的下一条边 e。若 e 和解集 T 中已有的边共同形成一个圈，则将 e 跳过。否
则，更新 $T \leftarrow T \cup e$。两种情况下都要重复步骤 1。

首先，将最短边 $(3，6)$ 放进 T。次短边 $(4，5)$ 和 $(3，4)$ 也可以依次加进去，不形成
圈即得到 $T = \{(3，6)，(4，5)，(3，4)\}$。序列中的下一条边为 $(3，5)$，但将其添加进
解集 T 将会形成圈 3-4-5，因此将其跳过。类似地，边 $(5，6)$ 和 $(4，7)$ 也被跳过，因为它
们都会和 T 共同形成圈。继续处理边 $(3，7)$，$(1，2)$ 和 $(1，4)$，因它们都不形成圈，故
得到解集：

$$T^* = \{(3，6)，(4，5)，(3，4)，(3，7)，(1，2)，(1，4)\}$$

即 $|T^*| = |V| - 1 = 6$，这是在不形成圈的前提下可能存在的最大边数。算法 10F 终止于

一个最优生成树。

算法 10F 叫作"贪心"是因为，它在每一步都选择立即可获得的"最佳费用"边，而不考虑其为之后选择所带来的结果。只有立即形成圈的边会被跳过，因为它们无助于优化当前解。若添加任一被跳过的边，我们则必须从它形成的圈中放弃另一条已经选择的边。而这样一个圈中所有边上的费用都不会比跳过的那条边更差，因为这些边是被更早选出的。由此，添加被跳过的边并不能优化解。

例 10-27 最大生成树的贪心计算

考虑右图，边上的数字表示权重。

应用算法 10F 计算最大权重生成树。

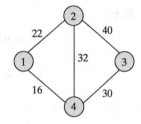

解：先选择权重最大的边，得到边 $(2，3)$ 和 $(2，4)$。下一条边 $(3，4)$ 形成圈，所以处理过程移动至 $(1，2)$。由此，得到最优生成树 $T^* = \{(1，2)，(2，3)，(2，4)\}$。

10.10.3 用组合树表示贪心结果

为了更严格地证明贪心算法为何能够生成最优树并细化其实现过程，在一个节点集组合树中追踪解的进化过程对我们是很有帮助的。

定义 10.63 算法 10F 贪心搜索所对应的**组合树**（composition tree）表示了从每个节点自身构成的集合开始，选择新的树边（tree edges）以将图中节点加入到越来越大的连通部分中的过程。

图 10-30 对图 10-29 的 WE 应用进行了说明。每个节点都在树的底部形成了一个只有它自己的子集。通过将每一步新选择的边加入到连通部分中，可以形成更大的节点集合。首先选择边 $(3，6)$，纳入其对应的端节点即可形成子集 $S_1 = \{3，6\}$。下一条最便宜的边 $(4，5)$ 合并了子集 $\{4\}$ 和 $\{5\}$，进而形成 $S_2 = \{4，5\}$。然后，边 $(3，4)$ 连接了子集 S_1 和 S_2，形成 $S_3 = \{3，4，5，6\}$，它对应着包含这 4 个节点的那部分图。下一个最便宜的、费用为 12 的边 $(3，5)$ 被跳过，因为它的两个端点都在同一个已经生成的子集 $\{3，4，5，6\}$ 中，它会和其中已有的边共同形成一个圈。边 $(5，6)$ 因为相同的原因被跳过，但边 $(4，7)$ 可以将节点 7 与其他节点相连，得到 $S_4 = \{3，4，5，6，7\}$。类似地，

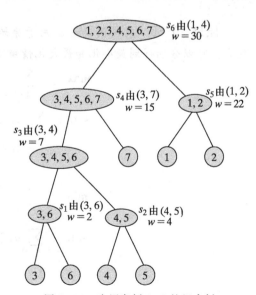

图 10-30 应用案例 10-8 的组合树

节点 1 和 2 先由 S_5 中的贪心边 $(1，2)$ 合并起来，而后再通过边 $(1，4)$ 与余下节点相结合。结果即为全顶点集 $V \triangleq S_6 = \{1，2，3，4，5，6，7\}$。

10.10.4 生成树问题的整数线性规划公式

为给出无向图 $G(V, E)$ 上算法 10F 的一个正式说明，我们用公式将其表示为一个整数线性问题，其中边费用为 $c_{i,j}$，边决策变量为 $x_{i,j}$。若边 (i, j) 在解中，则 $x_{i,j} = 1$；否则，$x_{i,j} = 0$。

原理 10.64 图 $G(V, E)$ 上的最小（或最大）生成树问题可以用公式表示为整数线性规划：

$$\min(\max) \quad \sum_{(i,j) \in E} c_{ij} x_{ij}$$

$$\text{s.t.} \quad \sum_{(i,j) \in E} x_{ij} = |V| - 1$$

$$\sum_{(i,j) \in S} x_{ij} \leqslant |S| - 1 \quad \forall S \subset V, |S| > 1$$

$$x_{ij} = 0 \text{ 或 } 1 \quad \forall (i,j) \in E$$

10.64 中公式的第一个约束即要求恰好选择 $|V| - 1$ 条边，这与生成树的要求相一致。通过限制连接任一节点集 S 中元素的所选边数不能超过 $|S| - 1$，公式中的所有不等式约束即可避免圈的出现。显然，每个生成树解都满足所有这些条件。鉴于每个基数大于 1 的合适节点子集都对应一个这样的约束，则整个约束列表中会存在指数个约束。

为理解贪心算法如何隐性地生成一个在整数线性规划中同样为最优的线性规划松弛最优解，而无须显性地处理所有这些约束，我们也需要考虑其线性规划松弛对偶问题。

原理 10.65 将对偶变量 u_S 用于原始生成树公式 10.64 线性规划松弛问题中的主要约束，可以分别得到最小化和最大化情境下所对应的对偶公式：

$$\max \quad \sum_{S \subseteq V, |S| > 1} (|S| - 1) u_S$$

$$\text{s.t.} \quad \sum_{S \supset (i,j)} u_S \leqslant c_{i,j} \quad \forall (i,j) \in E$$

$$u_S \leqslant 0 \, \forall \quad S \subset V, u_v \text{ URS}$$

和

$$\min \quad \sum_{S \subseteq V, |S| > 1} (|S| - 1) u_S$$

$$\text{s.t.} \quad \sum_{S \supset (i,j)} u_S \geqslant c_{ij} \quad \forall (i,j) \in E$$

$$u_S \geqslant 0 \quad \forall S \subset V, u_v \text{ URS}$$

算法 10F 得到的最优贪心解为 10.64 的整数线性规划及其线性规划松弛问题均提供了一个原始可行解。

原理 10.66 利用贪心算法 10F 所构建的解，令贪心选择的边上满足 $\bar{x}_j = 1$，其他边

上满足 $\overline{x}_j = 0$，即可获得整数线性规划 10.64 及其线性规划松弛问题的一个原始可行解。

由于恰好选择 $|V|-1$ 条边且不含圈，因而保证了所有子集基数不等式能够成立。贪心搜索的组合树展示了构建线性规划松弛对偶问题 10.65 的一个对应可行解的过程。

原理 10.67 除了在对应组合树上满足 $|S_k|>1$ 的子集 S_k 外，令所有 $\overline{u}_S \leftarrow 0$，即可构建出 10.64 线性规划松弛问题任一给定实例的对偶可行解。而后，$\overline{u}_V \leftarrow$ 最后一条被选边上的费用。对于其他不是由单一元素构成的树集 S_k，令 $\overline{u}_{S_k} \leftarrow$ 生成子集 S_k 的边上的费用－生成其"树父"的边上的费用。

通过计算图 10-30 组合树中隐含的对偶解，我们可以对 10.67 的构建方法进行说明。首先，$\overline{u}_{S_1} \leftarrow 2-7=-5$，因为生成 S_1 的边上权重为 $c_{3,6}=2$，且生成其树父 S_4 的边(3，4)上权重为 $c_{3,4}=7$。接下来，$\overline{u}_{S_2} \leftarrow 4-7=-3$、$\overline{u}_{S_3} \leftarrow 7-15=-8$、$\overline{u}_{S_4} \leftarrow 15-30=-15$、$\overline{u}_{S_5} \leftarrow 22-30=-8$。因没有父节点，$\overline{u}_V \triangleq \overline{u}_{S_6}=30$，即为最后一条被选边的权重。加总非零对偶值，得到目标函数值为 $-5\times1-3\times1-8\times3-15\times4-8\times1+30\times6=80$，与原始解的值相等。这不是个例外。

原理 10.68 在应用算法 10F 之后，10.66 的原始解和 10.67 的对偶解在它们各自的问题中均可行，且二者目标函数值相同，因此均为最优。此外，鉴于松弛原问题生成了一个整数最优解，因而该解在整个整数线性规划 10.64 中也为最优。

首先，来看 10.67 中的对偶计算为何总会使原问题和对偶问题的解值相等。需要注意，新边 (i,j) 在组合树中生成的每个新集合 S_k 都会令对偶和增加 $|S_k|-1$ 个 c_{ij}。但其子节点(称为 S_i 和 S_j)已将这些全部减去，仅保留了其中一个，因为 $|S|=|S_i|+|S_j|$。这使得对偶和即等于贪心解中边上的总费用，也就是原始值。

为证明所构建的对偶解也是可行的，我们来关注最小化情境。$S_k \subset V$ 上构建的所有 $\overline{u}_{S_k}$ 对偶值均为非正的，满足"对应的原始值≤约束"的要求。不在组合树中的对偶值固定为 0，而在树中的对偶值则至少要减去和其子边费用一样大的父边费用。

主要对偶不等式要求 $c_{ij} \geq$ 从同时包含 i 和 j 的第一个树集(称为(k,l))到 V 的根的路上的 $\overline{u}_S$ 之和。该和由 c_{kl} 开始，然后同时减去并加上组合树中较高处被选边上的费用，结果即为第一个集合费用 c_{kl}。现在考虑三种情况。对于任意一条在组合中生成集合并参与原始最优解的边 (i,j)，它的集合恰好为 i 和 j 共享的第一个成分。因此，当符合互补松弛性的方程满足 $\overline{x}_{ij}>0$ 时，(i,j) 的不等式能够得以满足。对于一条未被贪心算法选择，但其两个端点仍同时在某个组合集中的边 (i,j)，选择的费用(称为 c_{kl})将如对偶可行性所要求的那样，满足 $c_{kl} \leq c_{ij}$，因为算法选择的是 (k,l)，而不是 (i,j)。最后，若组合树中除了最后一个集合外，没有其他集合同时包含边 (i,j) 的两端，则在其对偶约束中所包含的所有变量的值都将为 0，且(由 $c_{ij} \geq 0$)可以再次保持对偶可行性。

例 10-28 构建组合树和对偶解
回到例 10-27 的最大生成树。

(a) 构建其贪心解对应的组合树。

(b) 构建对应整数线性规划 10.64 的相关原始解。

(c) 构建对应的线性规划松弛对偶解 10.67，并证明其解值与原问题的相等。

(d) 证明你的对偶解是对偶可行的。

解：

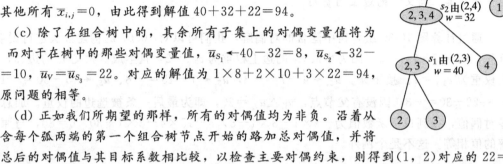

(a) 组合树如右所示。通过贪心选择的边，将节点 2 和 3，而后 4，最终 1 加入到由节点集定义的图成分中。

(b) 原始最优解中，贪心选择的边满足 $\overline{x}_{1,2}=\overline{x}_{2,3}=\overline{x}_{2,4}=1$，且其他所有 $\overline{x}_{i,j}=0$，由此得到解值 $40+32+22=94$。

(c) 除了在组合树中的，其余所有子集上的对偶变量值将为 0。而对于在树中的那些对偶变量值，$\overline{u}_{S_1}\leftarrow40-32=8$，$\overline{u}_{S_2}\leftarrow32-22=10$，$\overline{u}_V=\overline{u}_{S_3}=22$。对应的解值为 $1\times8+2\times10+3\times22=94$，与原问题的相等。

(d) 正如我们所期望的那样，所有的对偶值均为非负。沿着从包含每个弧两端的第一个组合树节点开始的路加总对偶值，并将加总后的对偶值与其目标系数相比较，以检查主要对偶约束，则得到 $(1,2)$ 对应的 $22=c_{1,2}$，$(1,4)$ 对应的 $22>16=c_{1,4}$，$8+10+22=40=c_{2,3}$，$10+22=32=c_{2,4}$ 和 $10+22=32>30=c_{3,4}$。故对偶解的确可行。

10.10.5 贪心算法的计算规则

图 $G(V，E)$ 上贪心算法的核心即按费用对边进行排序，这部分需要 $O(|E|\log|E|)$ 的工作量（见 14.2 节）。随后要逐一检查边，直到完成一个树，这部分工作量在最差情况下可能达到 $O(|E|)$。而更微妙的问题是，如何追踪新边是否会和已经被选的边共同形成圈。为完成这项工作，我们可以在计算进行的过程中持续记录每个节点所属的成分/子集号。定义 $t_k\triangleq$ 包含顶点 k 的成分号。算法开始时，每个节点都有由其自身所组成的成分，即 $t_k\leftarrow k(\forall k\in V)$。而后，若候选边 $(i，j)$ 的两个端点满足 $t_i=t_j$，则它连接了同一个成分中的两个节点，形成了一个圈，即它应该被跳过。若 $t_i\neq t_j$，则 $(i，j)$ 连接了不同的成分。算法允许这条边入解，并对选择前即存在于成分 j 中的所有节点进行 $t_j\leftarrow t_i$ 替换，由此将 i 和 j 对应的成分结合起来。在选择边时，这样的 t 标签更新需要进行 $O(O(|V|))$ 次，且每次更新需要 $O(|V|)$ 的工作量。

原理 10.69 在给定实例 $G(V，E)$ 上，算法 10F 的运行时间在 $O(|E|\log|E|)+O(|E|)+O(|V|^2)=O(|E|\log|E|+|V|^2)$ 以内。

练习题

10-1 下图描述了一个最小费用网络流问题。节点上的数字表示净需求，弧上的数字表示单位成本及容量。

☑ (a) 确认该网络的节点集 V 及弧集 A。

☑ (b) 将所有节点按源、汇或转运分类。

(c) 证明总供给等于总需求。

☑ (d) 用公式将对应的最小费用网络流问题表示为一个线性规划。

☑ (e) 指出该网络的节点—弧关联矩阵。

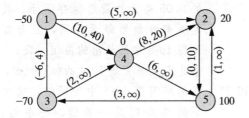

10-2 根据该网络完成练习题 10-1。

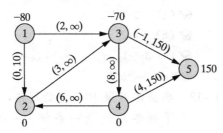

10-3 考虑矩阵：

$$\begin{bmatrix} -1 & 0 & 0 & 1 & 0 \\ 1 & -1 & -1 & 0 & 0 \\ 0 & 1 & 0 & -1 & -1 \\ 0 & 0 & 1 & 0 & 1 \end{bmatrix}$$

☑ (a) 解释它为什么是一个节点—弧关联矩阵。

☑ (b) 画出对应的有向图。

10-4 根据该矩阵完成练习题 10-3。

$$\begin{bmatrix} -1 & -1 & 0 & 0 & 0 \\ 1 & 0 & 1 & 1 & 0 \\ 0 & 1 & -1 & 0 & 1 \\ 0 & 0 & 0 & -1 & -1 \end{bmatrix}$$

10-5 下面的有向图描述了一个网络流问题，节点上的值表示净需求。

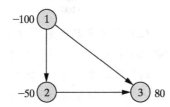

☑ (a) 证明总供给大于总需求。

☑ (b) 添加一个新的汇节点，从而生成一个总供给等于总需求的等价网络。

10-6 根据该网络完成练习题 10-5。

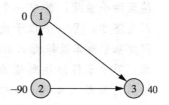

10-7 "超级睡眠"是一个专为特大号床制造床垫的公司。其生产的床垫可以由任一工厂直接装运至零售店顾客，也可以通过公司唯一一个仓库进行转运。下表展示了将"超级睡眠"床垫从工厂和仓库装运至 2 位顾客所需的单位成本。将一个床垫从任一工厂装运到仓库需要花费 15 美元。该表也展示了下面一周内每个工厂所能生产的床垫数，以及每位顾客的需求数。

	装运费用		容量
	$j=1$	$j=2$	
工厂 1	25	30	400
工厂 2	45	23	600
仓库	11	14	—
需求	160	700	—

"超级睡眠"需要寻找一个总装运费用最小的方式来供应其顾客。

☑ (a) 用线性规划公式来表示该问题，从而确定最优装运计划。

☑ (b) 运用优化软件来计算该线性规划的一个最优解。

☑ (c) 草拟对应的有向图，并按照练习题 10-1 那样做标记，从而证明该线性规划可以被表示为一个（总供给＝总需求）最小费用流模型。

☑ (d) 将有向图中的节点按源、汇或转运分类。

10-8 "疯狂原油"公司每天可以从油田1产出1 500桶油，从油田2产出1 210桶油。原油从油田出发，经管道运输至两个油库，其中一个油库位于阿克塞尔，另一个位于比尔。而后阿克塞尔油库以每桶0.40美元的成本，用卡车将油运到炼油厂，以帮助满足其每天2 000桶的需求。比尔油库用卡车将油运到炼油厂的成本为每桶0.33美元。"疯狂原油"将每桶油从油田1管道运输至阿克塞尔需花费0.10美元，运输至比尔则需花费0.35美元。而油田2对应的这两个成本值则为0.25美元和0.56美元。此外，油库间也可以用卡车来运油，其费用为每桶0.12美元。据此完成练习题10-7的(a)~(d)。

10-9 回到练习题10-7的"超级睡眠"问题，假设我们现在需要做一个为期2周的计划。这里第一周的顾客需求仍为160和700，但第二周的需求预计为300和810。期初没有初始库存，但床垫可以每周10美元的费用储存在仓库中。其他所有参数则每周相同，且与练习题10-7中所给出的值相一致。

☑(a) 用时间扩展线性规划公式来表示该问题，从而确定最优的装运和储存计划。

☑(b) 运用优化软件来计算该线性规划的一个最优解。

☑(c) 草拟对应的有向图，并按照练习题10-1那样做标记，以此证明该线性规划可以被表示为一个(总供给＝总需求)最小费用流模型。

10-10 回到练习题10-8的"疯狂原油"问题，假设我们现在需要做一个为期2天的计划。这里第一天的炼油厂需求仍为2 000，但第二天的需求将变为3 000。期初没有初始库存，但任一油库都可以每天每桶0.05美元的费用储存石油。其他所有参数则每天相同，且与练习题10-8中所给出的值相一致。据此完成练习题10-9的(a)~(c)。

10-11 根据练习题10-1中的网络，确定下列各序列是一条链、一条路、一个圈，还是一条回路。

☑(a) 1-2-4-1

☑(b) 3-4-2

☑(c) 3-4-1

☑(d) 3-4-5-3

10-12 根据练习题10-2中的网络，确定下列各序列是一条链、一条路、一个圈，还是一条回路。

(a) 2-3-4-2

(b) 1-3-5-4

(c) 3-4-2

(d) 2-3-4-5

10-13 下面的有向图展示了一个被部分解决的最小费用网络流问题，其中节点标签表示净需求，弧标签表示单位成本、容量和当前流量。

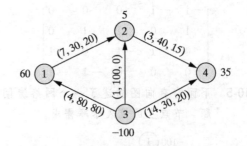

(a) 证明当前流是可行的。

☑(b) 找出流变化的6个可行圈方向。

(c) 针对第一个(或其中一个)圈方向，证明沿该方向的步伐 λ 能保持所有节点上的流平衡。

☑(d) 确认每个圈方向是否可改进。

☑ (e) 确认每个圈方向是否可行。

☑ (f) 针对那些可行方向,计算在不损失可行性的前提下能够采用的最大步长 λ。

10-14 根据该网络完成练习题 10-13。

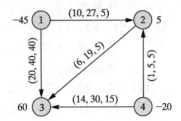

10-15 从图中所给出的解开始,用退化圈方向算法 10A 来求解下列各个问题,并通过观察找到所需的圈方向。

☑ (a) 练习题 10-13 中的网络。

(b) 练习题 10-14 中的网络。

10-16 下面的有向图展示了最小费用网络流问题的一个实例。弧上的标签为(费用,容量,当前流量),节点上的标签则为净需求。

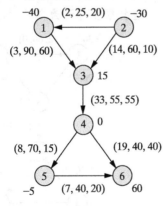

(a) 给出对应的节点—弧关联矩阵。

(b) 从图中所给出的解开始,用退化圈方向算法 10A 来求解实例,以得到最优解。通过观察选择所用的圈方向,证实其中每个都是可行改进的,并指出每次循环后所得到的后向流。此外,确认最终的最优解。

10-17 针对下列各网络,添加一个人工节点和一些人工弧来为两阶段法或大 M 法求解做准备。求解过程开始时,所有原始弧上的流量均为零。请指出初始流,并证明其在人工节点上是平衡的。

☑ (a) 练习题 10-1 中的网络。

(b) 练习题 10-2 中的网络。

10-18 参考练习题 10-25 中被部分解决的最小费用网络流问题。

☑ (a) 证明图中所给出的流是可行的。

☑ (b) 构建当前流所对应的残留有向图。

☑ (c) 在残留有向图上应用弗洛伊德—瓦肖尔算法 9B,从而确定所给出流对应的一个可行改进圈方向。

☑ (d) 计算沿该圈方向能够采用的最大可行步长 λ。

10-19 根据练习题 10-26 中的网络完成练习题 10-18。

10-20 下面的有向图展示了一个最小费用网络流实例。弧上的标签为(费用,容量,当前流量),节点上的标签则表示净需求。

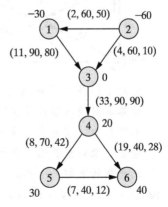

☑ (a) 证明图中所给出的流是可行的。

☑ (b) 从所给出的解开始,用消圈算法 10B 来求解实例,从而得到最优解。指出每一步中的残留有向图,并通过观察,从中选择可行改进圈方向。

(c) 计算该实例中算法 10B 的工作量界限 10.26，并将其与(b)部分中的求解步数做比较。

10-21 针对下列各网络，完成练习题10-20(b)。

(a) 练习题 10-13 中的网络。

(b) 练习题 10-14 中的网络。

(c) 练习题 10-25 中的网络。

(d) 练习题 10-26 中的网络。

10-22 论证：在练习题 10-1 的有向图中，下列各圈中的弧在节点—弧关联矩阵中所对应的列能够形成一个线性独立集合。

☑(a) (2，5)，(5，2)

(b) (4，2)，(5，2)，(4，5)

☑(c) (1，2)，(4，2)，(1，4)

(d) (1，4)，(4，5)，(5，3)，(3，1)

10-23 下图描述了一个网络流问题，其中节点上的标签表示净需求，弧上的标签则表示容量。

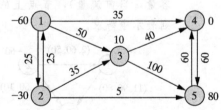

针对下列各个可能的非基弧列表，计算其对应的基解并指明它是否为基可行的，或者应用原理 10.33 来论证：未列出的弧不会形成隐含的流平衡约束的一个基。

☑(a) (1，2)，(2，1)，(3，4)，(5，4)流量达下界，(1，3)，(2，5)流量达上界。

(b) (1，2)，(1，4)，(3，4)，(4，5)，(5，4)流量达下界，(1，3)，(3，5)流量达上界。

☑(c) (1，3)，(2，1)，(2，5)，(3，4)，(5，4)流量达下界，(1，4)流量达上界。

(d) (1，2)，(1，4)，(2，3)，(3，4)流量达下界，(2，5)流量达上界。

☑(e) (1，2)，(1，4)，(4，5)流量达下界，(2，5)，(3，4)流量达上界。

(f) (1，2)，(2，1)，(2，5)，(3，4)，(5，4)流量达下界，(1，4)流量达上界。

☑(g) (1，2)，(1，4)，(3，4)，(5，4)流量达下界，(1，3)，(2，5)，(3，5)流量达上界。

(h) (1，2)，(1，4)，(3，4)，(4，5)流量达下界，(1，3)，(2，5)流量达上界。

10-24 回到练习题 10-20 中的最小费用网络流实例。下图描述了同一个实例，但当前流量值有所不同，其中包括很多标记为"?"的未知量。

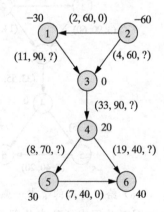

☑(a) 论证：流量标记为"?"的弧可以形成对应线性规划的一个基。

☑(b) 计算对应的基解，并证明它是可行的。

☑(c) 解释(b)中的基解为什么是退化的。

☑ (d) 从(b)中的解开始，应用网络
单纯形法 10C 来计算最优解，
并给出边际减少费用、步长计
算、基更新等细节。

10-25 下面的有向图描述了一个被部分解
决的最小费用网络流问题，其中节
点上的标签表示净需求，弧上的标
签则表示单位成本、容量和当前
流量。

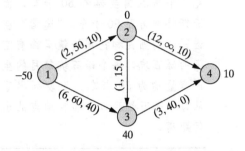

☑ (a) 证明所给出的解为基{(1，2)，
(1，3)，(2，4)}的一个基可
行解。

☑ (b) 计算这一基上可获得的所有单
纯形方向。

☑ (c) 确认每个单纯形方向是否可
改进。

☑ (d) 无论它们是否可改进，确认沿
每个单纯形方向能够采用的最
大可行步长 λ。

10-26 根据该问题和基{(1，2)，(3，1)，
(3，4)}完成练习题 10-25。

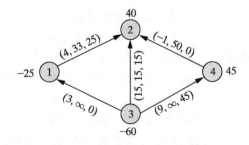

10-27 针对下列各网络，应用网络单纯形
法 10C 来计算最优流。请从图中
所给出的流开始计算，并采用下面

指定的基。

☑ (a) 练习题 10-13 中的网络，基
{(1，2)，(2，4)，(3，4)}。

(b) 练习题 10-14 中的网络，基
{(1，2)，(2，3)，(4，3)}。

☑ (c) 练习题 10-25 中的网络，基
{(1，2)，(1，3)，(2，4)}。

(d) 练习题 10-26 中的网络，基
{(1，2)，(3，1)，(3，4)}。

10-28 下面的有向图描述了一个被部分解
决的最小费用网络流问题，其中节
点上的标签表示净需求，弧上的标
签则表示单位成本、容量和当前
流量。

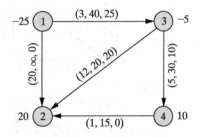

☑ (a) 证明所给出的解为基{(1，2)，
(1，3)，(3，4)}的一个基可
行解。

☑ (b) 确认一个满足条件的圈，其对
应的圈方向可以由消圈算法
10B 得到，但不可以由采用(a)
部分基的网络单纯算法 10C
得到。

☑ (c) 确认一个满足条件的圈，其对
应的圈方向可以由采用(a)部
分基的网络单纯算法 10C 得
到，但不可以由消圈算法 10B
得到。

10-29 下列各图都描述了一个最小费用网
络流问题，其中节点上的标签表示
净需求，弧上的标签则表示单位成
本和容量。针对每个图，确定其任
一唯一最优流的流量是否均一定为

整数（无须对最优流求解）。

(a)

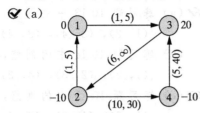

(b)

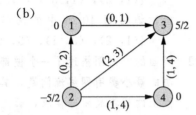

(c)

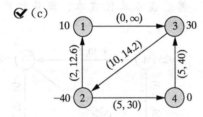

(d)

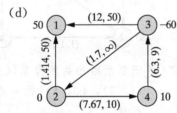

10-30 考虑下面的有向图。

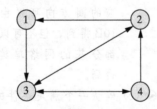

(a) 指出该有向图的节点—弧关联矩阵（NAIM）。

(b) 选出 NAIM 的一个列子矩阵，该子矩阵需含有最大可能数目的线性独立列。

(c) 论证：在删掉一行，即令子矩阵行满秩之后，(b) 中子矩阵

―
○ 1 蒲式耳≈35.238 升。

的行列式为+1 或−1。

(d) 选择 2 个 2×2、2 个 3×3 和 2 个 4×4 的子矩阵，并说明它们的行列式均为 0、+1 或 −1，从而证明该 NAIM 是全幺模的。

10-31 "速凿"砾石公司收到了一份合同，合同要求其供应位于布罗克和沃斯特镇里的两个新的基建项目。布罗克下个月共需要砾石 60 卡车，而沃斯特则需要 90 卡车。"速凿"在诺瓦、斯固瓦和托瓦的镇里都有空闲的砾石坑，每个砾石坑每月的生产容量均为 50 卡车。下表列出了从每个砾石坑到每个项目地点的出行距离。

坑	到布罗克	到沃斯特
诺瓦	23	77
斯固瓦	8	94
托瓦	53	41

公司想要以最小的卡车出行总距离来完成合同。

(a) 用线性规划公式来表示该问题，从而选出最优装运计划。

(b) 运用优化软件来计算该线性规划的一个最优解。

(c) 草拟对应的二部有向图，并按照练习题 10-1 那样做标记，从而证明该线性规划可以被表示为一个最小费用运输问题。

10-32 "玉米磨坊"在其三个乡下谷仓分别储存了 800 000、740 000 和 460 000 蒲式耳○玉米。而其三个处理工厂分别需要 220 000、1 060 000 和 720 000 蒲式耳玉米来做玉米淀粉。下表列出了将每千蒲式耳玉米从各谷仓装运到各工厂所需的费用。

谷仓	工厂		
	1	2	3
1	10	13	22
2	15	12	11
3	17	14	19

"玉米磨坊"想要以最小的总装运费用将玉米移动到工厂。

据此完成练习题 10-31 的(a)～(c)。

10-33 下表列出了在最近一次恐怖袭击中受伤的 7 个人的诊断结果。根据他/她的需求与 4 个可用医院性能的相容性,我们对每名患者进行了打分(从 1=最低到 5=最高)。向任一医院输送的患者不能超过 3 名。

患者	医院			
	1	2	3	4
1	2	1	5	3
2	3	3	1	2
3	1	1	5	2
4	4	2	3	2
5	3	1	3	2
6	4	2	4	1
7	2	3	3	5

(a) 为表中的变量设置一个符号参数名,并详细说明所需的下标。

(b) 结合合适的决策变量和(a)部分中的参数,用运输问题公式来表示该问题。

(c) 画出对应的二部网络,包括节点上的供给/需求及弧上的费用/分数。

(d) 解释(b)部分公式中的流量要求为什么不是平衡的(即总供给≠总需求)。然后简要说明如何修正该模型,从而获得一个平衡的等价模型。

10-34 四个高年级设计生要组队完成四项工程任务,他们正在协商每项任务要由队里哪名成员来主要负责。下表列出了他们为估计每名成员完成每项任务的能力所准备的综合等级(从 0 到 100)。

成员	任务等级			
	1	2	3	4
1	90	78	45	69
2	11	71	50	89
3	88	90	85	93
4	40	80	65	39

该队伍希望找出一种总分数最高的计划,并为队中的每名成员均恰好安排一项任务。

(a) 用线性分配问题(LP)公式来表示该问题,从而选出最优计划。

(b) 运用优化软件计算出一个最优分配。

(c) 草拟对应的二部有向图,并按照练习题 10-1 那样做标记,从而证明该分配问题可以被表示为一个最小总费用流模型。

(d) 可行分配在(a)部分中一定满足决策变量=0 或 1,而该模型可以被作为线性规划求解。用该问题隐含的网络性质来解释以上论断。

10-35 "珀尔彻房地产"刚刚得到了 4 间出租屋。珀尔彻希望在下周内完成房子的粉刷,以使所有房子均可用于最旺的出租季。这意味着每间房子要由不同的承包商来粉刷。下表列出了 4 个承包商对粉刷 4 间房子的报价(以千美元计)。

房子	粉刷报价			
	1	2	3	4
1	2.5	1.3	3.6	1.8
2	2.9	1.4	5.0	2.2
3	2.2	1.6	3.2	2.4
4	3.1	1.8	4.0	2.5

珀尔彻需决定要接受哪些报价,从而使粉刷所有房子的总费用最小。据此完成练习题 10-34 的(a)~(d)。

10-36 下表列出了在一个最大化总权重的分配问题中,将行 i 分配给列 j 的权重。

	$j=4$	5	6
$i=1$	25	13	22
2	21	14	19
3	20	25	29

(a) 用线性分配模型公式来表示该问题模型。

(b) 针对所给出的权重,构建匈牙利算法 10D 的初始对偶解和相等子图。

(c) 令初始分配为(2, 4)和(3, 6)。解释这个解和(a)部分的对偶值为什么是互补的。

(d) 从(c)中的解开始,完成匈牙利算法 10D,从而确定一种最优分配。详细说明每步中扩张分配的标记过程和/或相关的标签树,以及改变对偶值的计算过程。此外,证明在每次对偶变化中,当对偶值更新时,"树标签"边的分配不会落入相等子图中。

(e) 指出最优的原始解和对偶解,并论证它们是互补的。

(f) 计算该实例中算法 10D 的工作量界限 10.49,并将其与(c)部分中的求解步数做比较。

10-37 根据下列各分配模型完成练习题 10-36。

(a) 练习题 10-34(c)中的有向图。

(b) 练习题 10-35(c)中的有向图。

10-38 一家救援物资代理商正迫切地想从它在阿尔托的基地获得尽可能多的供给,再送往埃皮岛上被火山毁坏的城市。两地间有一条经过比利的可行道路。代理商估计,从阿尔托到比利的那部分路段每天能运送 500 吨物资,而从比利到埃皮岛的路段则能运送 320 吨。第二条路线则经过池奥和多莫,其中从阿尔托到池奥路段的道路容量为 650 吨,从池奥到多莫路段的容量为 470 吨,而从多莫到埃皮岛路段的容量为 800 吨。另外,也有一条小山路连接了比利和多莫,其容量为 80 吨。

(a) 草拟相关的有向图,并用最大流模型公式来表示该问题。指明源、汇节点及所有容量。

(b) 通过观察求解该最大流问题。

(c) 指出如何将(a)部分中的有向图修正为如图 10-25 的样子,从而将该模型表示为一个最小费用网络流问题。

10-39 新型"蒂缇娃娃"的制造商正迫切地想要将尽可能多的货物投入市场,因为最近的一阵热潮产生了几乎无限多的市场需求。一个工厂每周最多可为其分销中心供给 8 000 件货物,但该中心每周只能为东区顾客提供 3 000 件货物,为西区提供 1 000 件货物。另一个工厂则每周最多为其(另一个)分销中心供给 3 000 件货物,该中心每周可以分别装运 2 000 件货物至东区和西区。据此完成练习题 10-38 的(a)~(c)。

10-40 针对下列各网络,找出其中从特定源到特定汇的最大流。要求分别用最小费用网络流公式来表示问题,并通过观察来求解。注意使用原始有向图中给出的容量。

(a) 练习题 10-13 网络中的源 3、汇 2。

（b）练习题 10-14 网络中的源 1、汇 3。

✅（c）练习题 10-25 网络中的源 1、汇 4。

（d）练习题 10-26 网络中的源 3、汇 2。

10-41 遥远的迪莫克罗克共和国（ROD）的首都城市卡普利亚正在遭受恐怖势力的不断袭击。为了自我防御，卡普利亚的 ROD 势力迫切需要他们在近距离作战中所使用的火箭前进榴弹（RPG）。在 ROD 的城市布特易有 400 枚 RPG 的供给，但将它们装运到卡普利亚的唯一方式即一条能够支撑卡车的山区公路，卡车每天共可以运送 250 枚 RPG。在一个欧洲补给站也有 1 200 枚可获得的 RPG，在北美则有 10 000 枚。大荷重的飞机每天可以从欧洲航运 500 枚 RPG，并/或从北美航运 800 枚到摩德纳，它是 ROD 唯一未被占领的机场。从那里到卡普利亚，武器必须经一条窄轨铁路穿山运输，每天可以装运 1 600 个单位。ROD 领导人和他们的支持者希望做出一个计划，从而使卡普利亚在接下来的 3 天内得到最大数量的 RPG。

据此完成练习题 10-38 的（a）～（c）。

10-42 考虑下面的有向图。

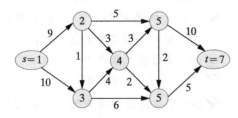

（a）从全部零流量开始，应用贝尔曼福特算法 10E 来计算从节点 s 到节点 t 的最大流。指出每

次循环中的残留有向图，并通过观察选出增广路。

（b）处理（a）中最终的残留有向图，从而确定一个最小割，并证明在该实例中满足最大流＝最小割。

（c）沿残留有向图中的最短基数路增广，重复（a）和（b）部分。

（d）若两次计算的结果有所不同，则说明二者如何不同，以及为什么不同。

（e）计算界限 10.55，并将其与（a）和（c）部分中的实际工作量做比较。

10-43 考虑下面的有向图。弧上的数字为容量。

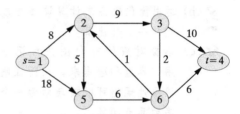

完成练习题 10-42 的（a）和（e）。

10-44 根据下列各个最大流模型，完成练习题 10-42 的（a）和（b）。

（a）最大流练习题 10-38。

（b）最大流练习题 10-39。

（c）最大流练习题 10-41。

10-45 尽管第 9 章中的动态规划方法通常更为高效，但在一个无负回路的图中，找到从给定出发点 s 到目的地 t 的最短路的问题也可以被简单地表示为一个最小费用流问题。将弧长作为费用，只需令节点 s 上供给＝1、节点 t 上需求＝1，并将其他所有节点均视为转运节点即可。

（a）在练习题 10-1 的有向图中找出一条从 $s=3$ 到 $t=5$ 的最短路。要求用公式表示该问题，并说明最优路的生成过程。

(b) 在练习题 10-2 的有向图中找出一条从 $s=1$ 到 $t=5$ 的最短路，完成 (a) 部分要求。

10-46 在一个制造厂的环形输送线上有三个工作站。它们之间的大部分流都是从一个站移动到其在输送线上的下一个站。然而，每分钟必须有 7 个单位产品从各站移动到下个站。这种 "2 步流" 应该尽可能多地在输送线每条链每分钟 11 单位的容量范围内运输，剩下的则将被手动运输。

✅(a) 用线性规划公式来表示该问题，从而确定运输流的最优方式。

✅(b) 运用优化软件来计算该线性规划的一个最优解。

✅(c) 草拟对应的有向图并标记费用、容量和净需求，从而证明该线性规划可以被表示为一个多商品流问题。

✅(d) 若将所有流合并为一种单一商品，则解释该多商品流模型为什么会得到无意义的结果。

✅(e) 该问题中的最优解为分数。解释这一结果为何与多商品流模型的网络性质相一致。

10-47 "万德" 废品处理公司有 5 卡车核废品和 5 卡车危险化学废品，现必须将它们从当前的清理地点分别移动至核处理设备和化学处理设备所在地。下表显示，很多可用道路都对其中一类废品有所限制。

此外，万德废品为了分散风险，规定任意一条路上的运送量不允许超过总量 10 卡车的一半。有一条从中转站到核处理设备的特定道路非常适合危险品转移，因为它途径非常遥远的区域。万德废品试图找到一种能够最大程度利用该道路的可行装运方案。

道路		可运核	可运化学品
从	到		
Site	NDisp	Yes	No
Site	CDisp	Yes	Yes
Site	Inter	No	Yes
NDisp	CDisp	No	Yes
CDisp	Inter	Yes	No
Inter	NDisp	Yes	Yes

据此完成练习题 10-44 的 (a)~(e)。

10-48 "缅因奇迹" 的两家饭店销售从 3 个渔民处获得的龙虾。第一家饭店每天供应 350 只龙虾，第二家饭店每天供应 275 只。每个渔民每天最多装运 300 只龙虾，但不是所有的都适合供应。下表列出了每对渔民—饭店组合所对应的费用（包括装运费用在内）和可供应龙虾的产量。

渔民	饭店			
	费用（美元）		产量（%）	
	1	2	1	2
1	7	7	70	60
2	8	8	80	80
3	5	5	60	70

"缅因奇迹" 试图找到一个总费用最小的方式来满足其饭店需求。

✅(a) 用线性规划公式来表示该问题，从而确定最优计划。

✅(b) 运用优化软件来计算该线性规划的一个最优解。

✅(c) 草拟对应的有向图，并按照例 10-30 那样做标记，从而证明该线性规划可以被表示为一个带增益或损耗的最小费用流模型。

(d) 该问题中的最优解为分数。解释这一结果为何与带增益或损耗的流模型的网络性质相一致。

10-49 一家新的食品杂货店有 3 周时间来培训其所有 39 名员工。现在已有 5 名员工。下周必须至少有 2 名员工去做存货准备工作，再下一周至少需要 5 名，而开张前的最后一周则至少需要 10 名。被安排这些工作的员工每周能挣 300 美元。其他所有可用员工，包括刚在之前一周被培训过的那些，都可以被安排去培训新员工。若一名员工仅培训另外一名员工，则他们两个每周花费 500 美元；若培训另外两名，则这三名员工每周花费 800 美元，其中包括培训师的加班费。管理者试图找到一个总费用最小的计划，以满足所有要求。

据此完成练习题 10-48 的 (a) ～ (d)。这里可能会用到一些变量的非零下界。

10-50 考虑下面的无向图，将边上的数字视为费用/权重。

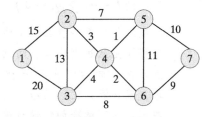

(a) 应用标准贪心算法 10F 来计算该图的一个最大生成树。

(b) 草拟一个如图 10-30 的树，追踪将边添加到解中时所形成的子树，以及为生成每个子树所添加的边的权重。

(c) 列出与 (b) 中每个树相对应的

原问题活跃约束。

(d) 利用 (b) 的结构来确认那些活跃约束对应的对偶变量值。

(e) 将 (a) 到 (d) 相结合，论证：得到的贪心解在该问题的线性规划松弛问题中是原始可行的，(d) 中的对偶解是对偶可行的，且它们互相满足互补松弛性。

(f) 计算界限 10.69，并将其与 (a) 部分中的实际工作量做比较。

10-51 下图展示了最大生成树问题的一个实例。

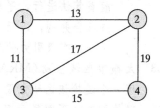

完成练习题 10-50 的 (a) ～ (f)。

10-52 "山顶大学"（HU）正在其家乡的一座最高的山上修建一个新校区。下表详细列出了正在新地点修建的 6 个主要建筑。

序号	名字	坐标		海拔
		x	y	
1	行政楼	100	100	300
2	图书馆	52	55	210
3	学生会	151	125	204
4	工程学院	50	208	150
5	管理学院	147	25	142
6	宿舍	210	202	100

HU 想要构建一个总长度最小的人行道系统，其中从每个建筑到其他各个建筑之间均存在一条路，这需要同时考虑它们地点间的距离以及海拔变化所造成的陡度。具体而言，连接建筑 i 和 j 的一条链应该被视为拥有加权长度。

$d_{ij} \triangleq$ 从 i 到 j 的欧几里得距离

$\times (1 + i$ 和 j 海拔的绝对差$)$

(a) 为每对建筑 i 和 j 计算以上定义的长度 d_{ij}。

(b) 解释 HU 新校区的最优人行道网络为何会对应完整图的一个最小总权重生成树[图中的节点位于 6 个建筑处、边上的权重即为 (a) 部分中计算出的值]。

(c) 应用贪心算法 10F 来计算这样一个最小权重生成树,并说明随着算法进行,子树是如何形成及合并的,以及为什么跳过了一些有吸引力的边。

10-53 大都市区域当局(MRA)正计划构建一个连接该区域主要活动中心的轻轨网络。下图展示了所涉及的 9 个中心,以及连接它们的可能路段。预估的构建费用也显示在这些连接上(以百万美元计)。

所选背景网络上最终的交通线路将被组织为有中间站的多条路线。然而目前来说,MRA 只想找到总费用最小的背景网络,且保证 9 个中心两两之间都存在一条路。

(a) 解释 MRA 轻轨的最优背景网络为何会对应下图的一个最小总权重生成树。

(b) 应用贪心算法 10F 来计算这样一个最小权重生成树,并说明随着算法进行,子树是如何形成及合并的,以及为什么跳过了一些有吸引力的边。

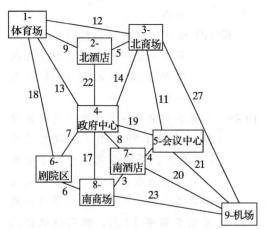

10-54 加拿大的森林火情控制组织每天必须调整位于站 $i = 1, \cdots, 11$ 的可用观察机数量,以适应变化的火情威胁。[注] 已知所有站所需的观察机数量 r_i 和当前数量 p_i,以及将一架飞机从站 i 移动到站 j 的费用 $c_{i,j}$。确认源、汇、供给、需求及弧费用,从而解释如何通过建模将选择总费用最小的飞机调整计划的问题转化为一个运输问题。

10-55 一条正在建造的新公路穿过地势点 $i = 1, \cdots, 40$。[注] 从 i 到 $i+1$ 的距离为 d_i。为了铺平路线,需要修正所有节点上的净泥土赤字 b_i $\left($若过剩,则 $b_i < 0, \sum_i b_i = 0\right)$。为完成这项工作,需沿着公路路线,用卡车将泥土从过剩的点移动到赤字的点,但相同的泥土不能被多次处理。确认源、汇、供给、需求及弧费用,从而解释如何通过建模将选择卡车总行驶距离最小的铺平计划的问题转化为一个运输问题。

⊖ P. Kourtz (1984), "A Network Approach to Least-Cost Daily Transfers of Forest Fire Control Resources," *INFOR*, 22, 283-290.

⊖ A. M. Farley (1980), "Levelling Terrain Trees: A Transshipment Problem," *Information Procession Letters*, 10, 189-192.

10-56 为预估税务变化提案所产生的影响，美国财政部维护着两个记录纳税人口统计特征的数据文件。[一]第一个文件中，$i=1, \cdots, 10\,000$ 的每一条记录都代表了一类已知数量为 a_i 的家庭，并描述了其对应的特征，如家庭大小和年龄分布。第二个文件中的记录 $j=1, \cdots, 40\,000$ 也代表了一类已知数量为 b_j 的家庭，并包含了一些与第一个文件相同的特征 $\left(\sum_i a_i = \sum_j b_j\right)$。然而，第二个文件中的大部分项都与第 j 类家庭的收入来源相关。为了更好地分析提案，财政部想要将这些文件合并为一个，并令其新记录同时包含从两个输入中所得到的信息。每条新记录将代表一类家庭，通过将人口 a_i 中的一些或全部与 b_j 中的一些或全部相匹配，即可形成新的家庭类。第一个文件中类别 i 与第二个文件中类别 j 之间的相似程度可以用一个距离量 $d_{i,j}$ 来描述，财政部则试图找到一个总距离最小的合并方案。确认源、汇、供给、需求及费用，从而解释如何通过建模将该问题转化为一个运输问题。此外，解释如何将最优流理解为一个合并方案。

10-57 货运列车按照每周规定的时刻表，沿穿过分区边界点 $i=1, \cdots, 22$ 的铁路主线的前向和后向行驶。[二]按小时将一周分为时间区间 $t=1, \cdots, 168$（$t=1$ 在 $t=168$ 之后），当一辆从 i 边界驶往 $j>i$ 的火车通过分区 $(i, i+1)$，$(i+1, i+2)$ …… 时，它是同时穿过时间和空间前进的。通过汇总所有时刻列车在分区中的预期拉货要求，可以预估每个前向分区 $(i, i+1)$，在每个时间区间 t 到 $t+p_i$ 内的列车需求量 $f_{i,t}$，其中 p_i 为列车通过该分区所需的小时数。后向需求 $r_{i,t}$ 也提供了相同的信息，列车在 t 时从 i 出发，在 $t+q_i$ 时移动到 $i-1$，其中 q_i 为其通过分区 $(i, i-1)$ 的时间。假设所有的列车都是相同的。处于任意地点和时间的列车若不被立即需要，则可以就地停留，转而走相反方向，或作为附加物添加到另一辆路过的列车上。费用 c_i、d_i 和 h 分别反映了一辆列车通过分区 $(i, i+1)$，通过分区 $(i, i-1)$ 以及在任一地点停留一个小时所需的费用。草拟一个代表性节点并指出所有相邻节点、弧、费用、界限（一些弧会具有非零下界）和节点净需求，从而说明：通过建模可以将计算总费用最小的列车时刻表的问题转化为一个合适的时间扩展网络上的网络流问题。

10-58 "联合包裹服务"（UPS）的很大一部分货物交通都是由平板车上的拖车（即卡车拖车移动的大部分路程都在铁路平板车上）来完成的。[三]已知该路上点 $i, j=1, \cdots, n$ 间

[一] F. Glover and D. Klingman (1977)，"Network Application in Industry and Government," *AIIE Transactions*，9，363-376.

[二] M. Florian，G. Bushell，J. Ferland，G. Guerin，and L. Nastanshy (1976)，"The Engine Scheduling Problem in a Railway Network," *INFOR*，14，121-138.

[三] R. B. Dial (1994)，"Minimizing Trailer-on-Flat-Car Costs: A Network Optimization Model," *Transportation Science*，28，24-35.

要求的卡车装运量为 $d_{i,j}$，但 UPS 可以 $c_{i,j}$ 的单位成本用它自己的拖车或以 $r_{i,j}$ 的单位成本从铁路租用拖车。租来的拖车可以被留在任何地方，但 UPS 希望能平衡每点上它自己的可用拖车数量。即，在任一点上驶入的公司拖车数应等于驶出数。若有必要，则拖车可以 $e_{i,j}$ 的单位成本从 i 空载返回 j，从而满足这一要求。详细指出将每个节点 i 连接到另一个节点 j 的弧，包括其费用及可用容量，从而说明：通过建模可以将找出总费用最小的装运计划的问题转化为一个（单商品）网络流问题。同时，请指出每个节点上的净需求（提示：由容量为 $d_{i,j}$ 的、载重的公司拖车流来间接表示租用拖车流）。

10-59 KS 品牌轮胎[⊖]按照可变的模子类型 $i=1, \cdots, m$ 来塑形，模子被安装在公司的 40 台印刷机内。生产计划指明了在时间区间 $t=1, \cdots, n$ 内需要保证即时可用的、模子 i 的最小数量 $r_{i,j}$ 和最大数量 $d_{i,j}$。计划区间开始于 $t=0$，且已安装的模子数为 $b_i\left(\sum_i b_i = 40\right)$。模子有足够多的供给，但从一种模子更换为另一种的代价是很昂贵的，其费用 c_i 取决于已经安装的模子类型。在每个时间区间中，都应将所有 40 个印刷机投入使用。草拟 $m=2$、$n=3$ 情境下的图并指明所有节点、弧、费用、界限（一些弧会具有非零下界）和节点净需

求，从而论证：通过建模可以将找出总更换费用最小的模子安排的问题转化为一个合适的时间扩展网络上的网络流问题（提示：图中也包括在每个时间区间内，平衡去除和插入的模子总数的超级节点）。

10-60 美国职业棒球联盟裁判员[⊖]的工作需要在联盟城市之间移动，并主持由 2~4 场比赛组成的系列赛。每个系列赛结束后，所有裁判员需移动至必须涉及不同队伍的另一个系列赛。为提供足够的出行时间，若一名裁判完成了一个以夜场比赛结束的系列赛，则他不能直接去参加一个以日间比赛开始的系列赛。基于这些限制，联盟管理者希望计划裁判员的轮换方案，从而令从城市 i 到城市 j 的出行费用 $c_{i,j}$ 的总和最小。经验表明，独立决定每次裁判员移动（即不考虑裁判员在最近一个系列赛之前，或在下一个系列赛之后位于何处）可以得到较好的结果。描述待匹配的两个集合、可行配对的集合、相应的线性费用以及总费用需要被最小化还是最大化，从而解释如何通过建模将计划一次移动的问题转化为一个线性分配问题。

10-61 对于穿过主要枢纽运行的航线，一种能够改善其服务的方式即允许尽可能多的、在某个到达—出发高峰时段降落的换乘乘客在同一架飞机

⊖ R. R. Love and R. R. Vemuganti (1978)，"The Single-Plant Mold Allocation Problem with Capacity and Changeover Restrictions," *Operations Research*，26，159-165.

⊜ J. R. Evans，(1988)，"A Microcomputer-Based Decision Support System for Scheduling Umpires in the American Baseball League," *Interfaces*，18：6，42-51.

上继续他们的下一段飞行。[一]这种直达航班的连接必须保证航班的规定飞机类型相同，且在飞机到达和出发之间有足够多的时间来完成所需的服务。在任一高峰时段，乘坐航班 i 到达，并乘坐航班 j 继续飞行的乘客数 $p_{i,j}$ 可以被事先估计。描述待匹配的两个集合、可行配对的集合、相应的线性费用以及总费用需要被最小化还是最大化，从而解释如何通过建模将优化直达航班的问题转化为一个线性分配问题。

10-62 当商业客机[二]在其日常路线上的站 $j=1,\cdots,n$ 停留，或回到其出发的地方时，它会带上下一段路程所需的燃料。在站 j 添加燃料，可以保证飞机燃料在到达站 $j+1$ 时至少有所要求的安全储量 r_{j+1}。燃料的单位成本 c_j（美元每磅）从站到站会有明显变化，所以携带多于最低要求的燃料有时是经济的，这样可以减少在高费用站的购买量。然而，在任一 j 起飞时的燃料负荷不能超过安全限制 t_j。起飞时的燃料量也会影响飞机的重量，进而影响其飞行过程中的燃料消耗。对于从站 j 到站 $j+1$ 的每段路程，飞机所需的燃料均可被估计为一个常数 α_j 加上一个斜率 β_j 乘以从 j 起飞时携带的燃料量。

(a) 用线性规划公式来表示该燃料管理问题，其中决策变量（$j=1,\cdots,n$）：

$x_j \triangleq$ 在站 j 添加的燃料量

$y_j \triangleq$ 从 j 起飞时携带的燃料量

假设站 1 接在站 n 之后，并在需要时使用非零下界。

(b) 指出如何将该模型视为一个带增益的流，其中 x_j 对应 1-端弧，而 y_j 对应的弧则既有上界，又有（非零）下界。草拟 $n=3$ 情境下的图，并指出所有节点、弧、费用、界限和节点净需求。

10-63 "美国奥利安"[三]在工厂 $p=1,\cdots,4$ 生产类型为 $i=1,\cdots,10$ 的瓷砖产品，以满足在销售分布点（SDP）$k=1,\cdots,120$ 的需求 $d_{i,k}$（单位：平方英尺）。在工厂 p 生产类型 i 的瓷砖，并将其装运至 SDP k 的生产及运输可变费用总计为每平方英尺 $c_{i,p,k}$。每个工厂至多生产容量的 100%，若工厂 p 只生产类型 i，则容量为 $u_{i,p}$。管理者希望找到一种总费用最小的方式来满足需求。

(a) 用线性规划模型公式来表示该问题，从而计算出基于决策变量 $x_{i,p,k}$（$i=1,\cdots,10$；$p=1,\cdots,4$；$k=1,\cdots,120$）的最优计划。

$x_{i,p,k} \triangleq$ 工厂 p 用于生产瓷砖类型 i，并装运至 SDP k 的容量比例

(b) 确认源、汇、供给、需求、弧增益乘子和弧费用，从而证明该模型可以被视为流带增益的一类运输问题。

[一] J. F. Bard and I. G. Cunningham (1987), "Improving Through-Flight Schedules," *IIE Transactions*, 19, 242-250.

[二] J. S. Stroup and R. D. Wollmer (1992), "A Fuel Management Model for the Airline Industry," *Operations Research*, 40, 229-237.

[三] M. J. Liberatore and T. Miller (1985), "A Hierarchial Production Planning System," *Interfaces* 15：4, 1-11.

10-64 下图展示了一个分销网络的一部分，"壳牌石油公司"[⊖]据此来为中西部供给其三种主要产品：汽油、煤油/喷气燃料和燃油。

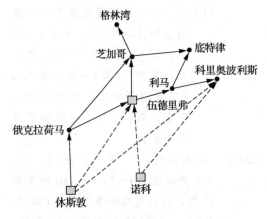

图中实线表示可用的输油管道，但产品也可以用驳船，从位于休斯敦和诺科的炼油厂装运至位于伍德里弗和/或科里奥波利斯的仓库。伍德里弗同样也是一个炼油厂。流必须满足所有节点 i 上对不同产品 p 的已知需求 $d_{i,p}$。已知在炼油厂 i 中生产产品 p 的生产容量为 $b_{i,p}$，且从点 i 到点 j 的一条输油管道最多可以运输共 $u_{i,j}$ 桶混合产品。驳船容量基本上是无限的。假设炼油费用是固定的，且将每桶产品沿从 i 到 j 的管道运输的费用 $c_{i,j}$ 对所有产品来说是相同的。

(a) 用线性规划模型公式来表示该问题，从而确定总费用最小的分配计划。

(b) 草拟对应的网络并标记弧上的费用、容量和节点上的净需求，从而证明该模型可以被视为一个多商品流问题。

参考文献

Ahuja, Ravindra K., Thomas L. Magnanti, and James B. Orlin (1993), *Network Flows*, Prentice Hall, Upper Saddle River, New Jersey.

Bazaraa, Mokhtar, John J. Jarvis, and Hanif D. Sherali (2010), *Linear Programming and Network Flows*, John Wiley, Hoboken, New Jersey.

Lawler, Eugene (1976), *Combinatorial Optimization: Networks and Matroids*, Holt, Rinehardt and Winston, New York, New York.

⊖ T. K. Zierer，W. A. Mitchell，and T. R. White (1976)，"Practical Applications of Linear Programming to Shell's Distribution Problems," *Interfaces*，6：4，13-26.

第 11 章

离散优化模型

虽然第 9 章及第 10 章的大部分网络流模型、最短路模型及动态规划模型的决策变量被建模为离散变量，但我们仍可以优雅地解决这些问题。好消息是，在运筹学实践中这样特殊的离散模型确实会出现；但坏消息是，通常的问题不能写成这些特殊的离散模型。绝大多数的整数及组合优化模型实际上是更有挑战性的。

在学习困难的离散模型之前，我们需要对它们的范围之广有一个基本的概念。在这一章中，我们研究一些经典的离散模型。这些模型研究的实例来源于公开的报告。在第 12 章我们会着重研究整数规划方法。

11.1 块状/批量线性规划及固定成本

一大类离散优化问题是在线性规划问题的基础上加上非此即彼的边际约束或目标函数。我们为这类问题起了一个更好的名字，叫作**块状/批量线性规划**(lumpy linear program)。

11.1.1 全或无约束下的瑞典钢铁实例

我们用 4.2 节的瑞典钢铁冶炼实例来对块状/批量线性规划加以说明。以下部分是 4.2 节推导过的，选择最小成本下生产一份钢铁使用的金属原料和纯添加剂的量的过程。约束条件限制了一份钢铁中的化学成分。

$$\min \quad 16x_1 + 10x_2 + 8x_3 + 9x_4 + 48x_5 + 60x_6 + 53x_7 \qquad \text{(成本)}$$

$$\text{s. t.} \quad x_1 + x_2 + x_3 + x_4 + x_5 + x_6 + x_7 = 1\,000 \text{(重量)}$$

$$0.008\,0x_1 + 0.007\,0x_2 + 0.008\,5x_3 + 0.004\,0x_4 \geqslant 6.5 \quad \text{(木炭)}$$

$$0.008\,0x_1 + 0.007\,0x_2 + 0.008\,5x_3 + 0.004\,0x_4 \leqslant 7.5$$

$$0.180x_1 + 0.032x_2 + 1.0x_5 \geqslant 30 \quad \text{(镍)}$$

$$0.180x_1 + 0.032x_2 + 1.0x_5 \leqslant 35$$

$$0.120x_1 + 0.011x_2 + 1.0x_6 \geqslant 10 \quad \text{(铬)}$$

$$0.120x_1 + 0.011x_2 + 1.0x_6 \leqslant 12$$

$$0.001x_2 + 1.0x_7 \geqslant 11 \quad \text{(钼)}$$

$$0.001x_2 + 1.0x_7 \leqslant 13$$

$$x_1 \leqslant 75 \qquad\qquad\qquad\qquad \text{(可用量)}$$
$$x_2 \leqslant 250$$
$$x_1, \cdots, x_7 \geqslant 0$$

$$(11\text{-}1)$$

在实际应用中，钢铁冶炼常常更加复杂。在混合物中的一些金属原料成分可能是大块的回收材料，这些金属材料无法被分割成更小的碎块。因此，这些材料要么整块被使用，要么整块不被使用。

11.1.2 全或无条件下的整数线性规划模型

这些看不见的生产要素阐明了对**全或无**（all-or-nothing）现象建模的必要性。对于这种现象，通常的解决方法是引入新的离散变量。

原理 11.1 如下形式的全或无变量条件：
$$x_j = 0 \text{ 或 } u_j$$
可以用引入新变量的方式来建模。令 $x_j = u_j y_j$，新引入的变量为 y_j，其取值为 0 或 1。

新变量 y_j 可以被看作被使用的 x_j 占上界 u_j 的比例。

11.1.3 全或无约束下的瑞典钢铁模型

假设我们模型（11-1）中的前两个原料有这样的块状/批量特性。也就是说，我们只能使用 0 或 75 千克原料 1，以及 0 或 250 千克原料 2。我们不再用连续决策变量 x_1 和 x_2 来表示每一种原料被使用的量，而是用如下简单的离散变量来表示：
$$y_j \triangleq \begin{cases} 1 & \text{如果原料 } j \text{ 被用于混合物中} \\ 0 & \text{其他情况} \end{cases}$$

混合物中的原料 1 和原料 2 的量可以用这些新的变量以 $75y_1$ 和 $250y_2$ 来表示。变量代换后，产生了如下整数线性规划（见定义 2.37）问题：

$$\min \quad 16(75)y_1 + 10(250)y_2 + 8x_3 + 9x_4 + 48x_5 + 60x_6 + 53x_7$$

$$\begin{aligned}
\text{s. t.} \quad & 75y_1 + & 250y_2 + & x_3 + & x_4 + x_5 + x_6 + x_7 = 1\,000 \\
& 0.008\,0(75)y_1 + 0.007\,0(250)y_2 + 0.008\,5x_3 + 0.004\,0x_4 & & \geqslant 6.5 \\
& 0.008\,0(75)y_1 + 0.007\,0(250)y_2 + 0.008\,5x_3 + 0.004\,0x_4 & & \leqslant 7.5 \\
& 0.180(75)y_1 + 0.032(250)y_2 + 1.0x_5 & & \leqslant 30 \\
& 0.180(75)y_1 + 0.032(250)y_2 + 1.0x_5 & & \leqslant 35 \\
& 0.120(75)y_1 + 0.011(250)y_2 + 1.0x_6 & & \geqslant 10 \\
& 0.120(75)y_1 + 0.011(250)y_2 + 1.0x_6 & & \leqslant 12 \\
& 0.001(250)y_2 + 1.0x_7 & & \geqslant 11 \\
& 0.001(250)y_2 + 1.0x_7 & & \leqslant 13 \\
& x_3, \cdots, x_7 \geqslant 0 \\
& y_1, y_2 = 0 \text{ 或 } 1
\end{aligned}$$

$$(11\text{-}2)$$

此问题的一个最优解为：
$$y_1^* = 1, y_2^* = 0, x_3^* = 736.44, x_4^* = 160.06$$
$$x_5^* = 16.50, x_6^* = 1.00, x_7^* = 11.00$$

相比于线性规划所得到的 9 953.7 克朗，由于存在全或无要求，总成本上升到了 9 967.1 克朗。

例 11-1　全或无变量建模

考虑如下线性规划问题：
$$
\begin{aligned}
\max \quad & 18x_1 + 3x_2 + 9x_3 \\
\text{s.t.} \quad & 2x_1 + x_2 + 7x_3 \leqslant 150 \\
& 0 \leqslant x_1 \leqslant 60 \\
& 0 \leqslant x_2 \leqslant 30 \\
& 0 \leqslant x_3 \leqslant 20
\end{aligned}
$$

改写此模型，使得每个变量只能取 0 或其最大值。

解：由原理 11.1，我们引入新的 0—1 变量：
$$y_j \triangleq \text{被使用的 } x_j \text{ 占上界 } u_j \text{ 的比例}$$

接着做变量代换，模型变为了：
$$
\begin{aligned}
\max \quad & 18(60y_1) + 3(30y_2) + 9(20y_3) \\
\text{s.t.} \quad & 2(60y_1) + (30y_2) + 7(20y_3) \leqslant 150 \\
& y_1, y_2, y_3 = 0 \text{ 或 } 1
\end{aligned}
$$

或：
$$
\begin{aligned}
\max \quad & 1\,080y_1 + 90y_2 + 180y_3 \\
\text{s.t.} \quad & 120y_1 + 30y_2 + 140y_3 \leqslant 150 \\
& y_1, y_2, y_3 = 0 \text{ 或 } 1
\end{aligned}
$$

11.1.4　固定成本的整数线性规划建模

目标函数中存在**固定成本**（fixed charge），也可以让一个线性规划问题转变为块状/批量线性规划问题。例如，一个非负的决策变量 x 可能具有如下成本：
$$
\theta(x) \triangleq \begin{cases} f + cx & \text{如果 } x > 0 \\ 0 & \text{其他情况} \end{cases}
$$

其中，f 是初始的生产启动成本，需要在生产之前支付。而后的生产过程中，线性规划的单位**可变成本**为 c。

通常情况下，固定成本是非负的。解决这样的问题，可以将固定成本作为新的变量来建立一个混合整数线性规划模型。

原理 11.2　求解带有非负固定成本的最小化目标函数，可以将固定成本作为新的变量来建模。对于决策变量 x_j，其对应的固定成本变量 y_j 为：
$$
y_j \triangleq \begin{cases} 1 & \text{如果 } x_j > 0 \\ 0 & \text{其他情况} \end{cases}
$$

目标函数中 y_j 的系数为 x_j 的固定成本，而 x_j 的系数为 x_j 的单位可变成本。

在转换后的模型中，y_j 与对应的 x_j 之间也存在新的约束条件。

定义 11.3 转换后的模型中形成了**开关约束**，即连续变量 $x_j \geq 0$ 只有在对应的二元变量 $y_j = 1$ 时才成立，且满足：

$$x_j \leq u_j y_j$$

其中，u_j 是给定的可行解下 x_j 的上界。

如果 $y_j = 1$，x_j 可以取任何满足线性规划条件的值。如果 $y_j = 0$，那么一定也有 $x_j = 0$。

11.1.5 含有固定成本的瑞典钢铁实例

为了更好地阐释固定成本建模，我们来回顾一下最初的瑞典钢铁模型(11-1)。现在，我们假设存在生产前的启动成本。特别地，我们假设，在四种原料被加入熔炉之前，需要先建立几次原料添加机制，启动成本为每次 350 克朗。

为了给固定成本建模，我们引入新的离散变量(对于 $j = 1, \cdots, 4$)：

$$y_j \triangleq \begin{cases} 1 & \text{如果原料 } j \text{ 存在启动成本} \\ 0 & \text{其他情况} \end{cases}$$

我们给出前四个决策变量 x_j 可行值的上界。$u_1 = 75$ 和 $u_2 = 250$ 已经在模型描述(11-2)中给出了。在这些约束下的变量取值都是可行的，不过我们会在 12.3 节中看到，使用最小的上界是最好的。为了简化问题，我们在这里只关心模型(11-1)中的第一个主要约束条件。由于总重量是 1 000，因此原料 3 和原料 4 的重量不能超过 1 000，所以 $u_3 = u_4 = 1 000$ 是合理的上界。

引入这些新的变量，和定义 11.3 中转变后模型的约束条件，我们就得到了带有固定成本的瑞典钢铁模型：

$$
\begin{aligned}
\min \quad & 16x_1 + 10x_2 + 8x_3 + 9x_4 + 48x_5 + 60x_6 + 53x_7 \\
& + 350y_1 + 350y_2 + 350y_3 + 350y_4
\end{aligned}
$$

$$
\begin{aligned}
\text{s. t.} \quad & x_1 + x_2 + x_3 + x_4 + x_5 + x_6 + x_7 = 1\,000 \\
& 0.008\,0x_1 + 0.007\,0x_2 + 0.008\,5x_3 + 0.004\,0x_4 \geq 6.5 \\
& 0.008\,0x_1 + 0.007\,0x_2 + 0.008\,5x_3 + 0.004\,0x_4 \leq 7.5 \\
& 0.180x_1 + 0.032x_2 + 1.0x_5 \geq 30 \\
& 0.180x_1 + 0.032x_2 + 1.0x_5 \leq 35 \\
& 0.120x_1 + 0.011x_2 + 1.0x_6 \geq 10 \\
& 0.120x_1 + 0.011x_2 + 1.0x_6 \leq 12 \\
& 0.001x_2 + 1.0x_7 \geq 11 \\
& 0.001x_2 + 1.0x_7 \leq 13 \\
& x_1 \leq 75y_1 \\
& x_2 \leq 250y_2 \\
& x_3 \leq 1\,000y_3 \\
& x_4 \leq 1\,000y_4 \\
& x_1, \cdots, x_7 \geq 0 \\
& y_1, \cdots, y_4 = 0 \text{ 或 } 1
\end{aligned}
$$

一个最优解为：

$$x_1^* = 75, \quad x_2^* = 0, \quad x_3^* = 736.44, x_4^* = 160.06$$

$$x_5^* = 16.5, x_6^* = 1.00, x_7^* = 11.00$$

$$y_1^* = 1, \quad y_2^* = 0, \quad y_3^* = 1, \quad y_4^* = 1$$

也就是说，原料 1，3 和 4 的生产需要启动成本。总成本为 11 017.1 克朗，而对应的线性模型(11-1)的总成本为 9 953.7 克朗。

例 11-2 固定成本建模

考虑一个固定成本目标函数：

$$\min \quad \theta_1(x_1) + \theta_2(x_2)$$

其中，

$$\theta_1(x_1) \triangleq \begin{cases} 150 + 7x_1 & \text{如果 } x_1 > 0 \\ 0 & \text{其他情况} \end{cases}$$

$$\theta_2(x_2) \triangleq \begin{cases} 110 + 9x_2 & \text{如果 } x_2 > 0 \\ 0 & \text{其他情况} \end{cases}$$

对于下面给出的每种 x_1 和 x_2 的约束条件，建立对应的混合整数线性规划模型：

(a) $x_1 + x_2 \geqslant 8$

$\quad 0 \leqslant x_1 \leqslant 3$

$\quad 0 \leqslant x_2 \leqslant 8$

(b) $x_1 + x_2 \geqslant 8$

$\quad 2x_1 + x_1 \leqslant 10$

$\quad x_1, x_2 \geqslant 0$

解：我们引入 y_1 代表 11.2 中的固定成本存在，同时引入 11.3 中转变后模型的约束条件。

(a) x_1，x_2 的上界 3 和 8 已经在题目中给出了，因此，混合整数方程为：

$$\min \quad 7x_1 + 9x_2 + 150y_1 + 110y_2$$

$$\text{s. t.} \quad x_1 + x_2 \geqslant 8$$

$$\qquad x_1 \leqslant 3y_1$$

$$\qquad x_2 \leqslant 8y_2$$

$$\qquad x_1, x_2 \geqslant 0$$

$$\qquad y_1, y_2 = 0 \text{ 或 } 1$$

(b) x_1，x_2 的上界在这种约束下并不能直接观察出来。但我们仍然可以从第二个约束条件中推出，$x_1 \leqslant 5$ 且 $x_2 \leqslant 10$。因此，混合整数方程为：

$$\min \quad 7x_1 + 9x_2 + 150y_1 + 110y_2$$

$$\text{s. t.} \quad x_1 + x_2 \geqslant 8$$

$$\qquad 2x_1 + x_2 \leqslant 10$$

$$\qquad x_1 \leqslant 5y_1$$

$$\qquad x_2 \leqslant 10y_2$$

$$\qquad x_1, x_2 \geqslant 0$$

$$\qquad y_1, y_2 = 0 \text{ 或 } 1$$

11.2 背包模型与资本预算模型

与 11.1 节中将线性规划加上离散边界条件的做法不同，**背包问题**（knapsack problem）和**资本预算问题**（capital budgeting problem）是完全离散的。我们必须在预算约束下选择一组最优的物品、特性、项目或投资主体。每一个元素要么全部被选，要么全部不被选，不允许出现部分被选的情况。

11.2.1 背包问题

背包问题是最简单的离散物品选择问题。实际上，背包问题也是最简单的整数线性规划问题。

定义 11.4 **背包模型**（knapsack model）是只有一个主约束的纯整数线性规划模型。

大多数情况下，所有背包决策变量都是 0—1 变量。

背包问题的这一名称是由一个徒步旅行者填装自己背包时遇到的问题而来的。在背包的大小限制了所带物品的重量或体积时，他必须选择出要携带的最有价值的一组物品。

□**应用案例 11-1**

印地赛车背包问题

为了阐述实际应用中更常见的背包问题，我们考虑印地赛车队面临的一个（虚构的）技术改进的难题。赛车队可以给今年的赛车添加 6 种特性中的几种来提高其最高时速。表 11-1 列出了预估的引入这些特性的花销及对速度的提高。

表 11-1 提高印地赛车性能的各特性

	可能的特性，j					
	1	2	3	4	5	6
成本（千美元）	10.2	6.0	23.0	11.1	9.8	31.6
提速（英里/小时）	8	3	15	7	10	12

首先假设印地赛车队想在不超过 35 000 美元预算的情况下最大化赛车的表现。使用决策变量：

$$x_j \triangleq \begin{cases} 1 & \text{如果特征 } j \text{ 被添加} \\ 0 & \text{其他情况} \end{cases} \tag{11-3}$$

我们可以将原问题化为如下的背包模型：

$$\min \quad 8x_1 + 3x_2 + 15x_3 + 7x_4 + 10x_5 + 12x_6 \, [\text{速度提升（英里 / 小时）}]$$

$$\text{s. t.} \quad 10.2x_1 + 6.0x_2 + 23.0x_3 + 11.1x_4$$

$$+ 9.8x_5 + 31.6x_6 \leqslant 35 \qquad \text{（预算）} \tag{11-4}$$

$$x_1, \cdots, x_6 = 0 \text{ 或 } 1$$

我们在预算约束下最大化赛车的表现。一个最优的解是选择特性 1、4、5，此时赛车时速增加 25 英里/小时。

假设印地赛车队决定他们必须让时速增加至少 30 英里/小时，否则他们没有机会赢下下一场比赛。他们希望抛弃预算约束，寻找让赛车的时速至少增加 30 英里/小时的情况下的最小花销。在这种情况下，我们得到了另一种背包模型，即其最小化形式。使用(11-3)中的决策变量，我们将此问题化为：

$$\min\ 10.2x_1 + 6.0x_2 + 23.0x_3 + 11.1x_4 + 9.8x_5 + 31.6x_6 \quad (成本)$$
$$\text{s.t.}\ 8x_1 + 3x_2 + 15x_3 + 7x_4 + 10x_5 + 12x_6 \leqslant 30 \qquad [获得的提速(英里 / 小时)]$$
$$x_1, \cdots, x_6 = 0\ 或\ 1$$

$$(11\text{-}5)$$

此模型在表现约束下最小化了花销。这个模型的一个最优解为选择特性 1、3、5，此时花销为 43 000 美元。

例 11-3　建立背包模型

常见的美国硬币面值为 1、5、10、25 美分。建立一个背包模型，求找零 q 美分时使用硬币数量最少的方法。

解：我们用 x_1，x_5，x_{10} 和 x_{25} 对应面值硬币的使用数目，则可建立如下背包模型：

$$\min\quad x_1 + x_5 + x_{10} + x_{25} \quad (总硬币数)$$
$$\text{s.t.}\quad x_1 + 5x_5 + 10x_{10} + 25x_{25} = q\ (正确的找零方式)$$
$$x_1, x_5, x_{10}, x_{25} \geqslant 0\ 且为整数$$

需要注意的是，这里的离散变量取值不止 0、1。

11.2.2　资产预算模型

背包模型的典型形式(即最大化形式)有一个主约束表示预算约束。当在不同时间段都有预算约束时，或有多种受限资源时，我们得到了更普遍的资产预算模型，或称之为多维背包模型。

定义 11.5　资产预算模型(capital budgeting model)或**多维背包模型**(multidimensional knapsack)，是在多个预算约束或所消耗的资源限制下，选择一组最优价值的项目、投资品等的模型。

□应用案例 11-2

NASA 资产预算问题

美国宇航局(NASA)必须持续应对在许多互相竞争的航天任务中分配预算的问题。表 11-2 展示了一些虚构的航天任务。

表 11-2　NASA 实例中被提议的 14 个航天项目

j	任务	预算要求(单位：十万美元)					价值	互斥任务	依赖任务
		阶段 1	阶段 2	阶段 3	阶段 4	阶段 5			
1	通信卫星	6	—	—	—	—	200	—	—
2	轨道微波	2	3	—	—	—	3	—	—
3	木卫一登陆器	3	5	—	—	—	20	—	—

（续）

j	任务	预算要求（单位：十万美元）					价值	互斥任务	依赖任务
		阶段 1	阶段 2	阶段 3	阶段 4	阶段 5			
4	2020 天王星轨道卫星	—	—	—	—	10	50	5	3
5	2010 天王星轨道卫星	—	5	8	—	—	70	4	3
6	水星探测器	—	—	1	8	4	20	—	3
7	土星探测器	1	8	—	—	—	5	—	3
8	红外成像	—	—	—	5	—	10	11	—
9	陆基外星智能探测计划	4	5	—	—	—	200	14	—
10	大型轨道结构	—	8	4	—	—	150	—	—
11	彩色成像	—	—	2	7	—	18	8	2
12	医疗技术	5	7	—	—	—	8	—	—
13	极轨道平台	—	1	4	1	1	300	—	—
14	对地同步的外形智能探测计划	—	4	5	3	3	185	9	—
	预算约束	10	12	14	14	14			

我们必须在长达 25 年的时间内的 5 个阶段中，对表 11-2 中的项目进行选择。因此，容易看出，决策变量应选为：

$$x_j \triangleq \begin{cases} 1 & \text{如果任务 } j \text{ 被选中} \\ 0 & \text{其他情况} \end{cases} \tag{11-6}$$

11.2.3 预算约束

资产预算模型这一名称来自于预算约束。预算约束限制了特定时间段的项目花销。

定义 11.6 预算约束（budget constraint）在每个时间段限制了选定的项目、投资品等的总资金或消费的资源，使其不超过可以得到资金或资源。

表 11-2 中的预算约束是在每个长为 5 年的阶段上的。在每一阶段，将项目决策变量与其所需资源数量相乘后求和，即可得到如下预算约束：

$$6x_1 + 2x_2 + 3x_3 + 1x_7 + 4x_9 + 5x_{12} \leqslant 10 \text{（阶段 1）}$$
$$3x_2 + 5x_3 + 5x_5 + 8x_7 + 5x_9 + 8x_{10} \quad \text{（阶段 2）}$$
$$+ 7x_{12} + 1x_{13} + 4x_{14} \quad\quad \leqslant 12$$
$$8x_5 + 1x_6 + 4x_{10} + 2x_{11} + 4x_{13} + 5x_{14} \leqslant 14 \text{（阶段 3）}$$
$$8x_6 + 5x_8 + 7x_{11} + 1x_{13} + 3x_{14} \leqslant 14 \text{（阶段 4）}$$
$$10x_4 + 4x_6 + 1x_{13} + 3x_{14} \leqslant 14 \text{（阶段 5）}$$

例 11-4 预算约束建模

一个百货商店正考虑在目前商场中的空闲区域进行扩建。下表显示了每种扩建方式在接下来的 2 个财政年度中的成本（单位：百万美元），以及所需的占地面积（单位：千平方英尺）。

	扩建方式，j			
	1	2	3	4
第 1 年	1.5	5.0	7.3	1.9
第 2 年	3.5	1.8	6.0	4.2
扩大的空间	2.2	9.1	5.3	8.6

设决策变量为：

$$x_j \triangleq \begin{cases} 1 & \text{扩建方式 } j \text{ 被选中} \\ 0 & \text{其他情况} \end{cases}$$

假设每年的投资金额不超过 1 000 万美元，且扩建的总占地面积不能超过 17 000 平方英尺。写出投资金额和占地面积产生的约束条件。

解：三个约束条件为：

$$1.5x_1 + 5.0x_2 + 7.3x_3 + 1.9x_4 \leqslant 10 \quad \text{（第 1 年的预算约束）}$$
$$3.5x_1 + 1.8x_2 + 6.0x_3 + 4.2x_4 \leqslant 10 \quad \text{（第 2 年的预算约束）}$$
$$2.2x_1 + 9.1x_2 + 5.3x_3 + 8.6x_4 \leqslant 17 \quad \text{（扩建面积约束）}$$

11.2.4 互斥选择建模

资本预算问题除了受到预算的约束，还通常具有其他约束条件。比如，两个或多个计划项目可能是无法同时进行的。也就是说，可行的方案中最多只能有一个项目。

表 11-2 显示了 3 种类似的冲突。例如，任务 4 和任务 5 是不能同时发生的，因为它们可以互相替代。任务 8 和任务 11 是不能同时成立的。任务 9 和任务 14 是完成 SETI 项目的两种方法。

定义 11.7 互斥条件决定了我们最多可以从选择集合中选出一个选项，这种约束条件可以用每个选择集合中变量求和，即 $\sum x_j \leqslant 1$ 的形式来表示。

对于我们的 NASA 实例，结果为：

$$x_4 + x_5 \leqslant 1$$
$$x_8 + x_{11} \leqslant 1$$
$$x_9 + x_{14} \leqslant 1$$

例 11-5 互斥约束条件

假设一个房地产发展公司正在考虑 5 个投资决策。前 3 个投资选择中只能选择 1 个，因为它们都要使用同一块土地。投资选择 4 是一个新的办公楼，投资选择 5 是推迟 1 年开发同一个办公楼。给定如下决策变量，请写出合适的互斥约束条件。

$$x_j \triangleq \begin{cases} 1 & \text{如果投资选择 } j \text{ 被选中} \\ 0 & \text{其他情况} \end{cases}$$

解：由于前 3 个投资选择中只能选择 1 个，

$$x_1 + x_2 + x_3 \leqslant 1$$

x_4 和 x_5 代表了同一个投资项目，所以我们得到：

$$x_4 + x_5 \leq 1$$

11.2.5 项目间依赖关系建模

不同项目之间的另一个关系特征来自于一个项目对另一个项目的依赖。在选择一个项目之前，我们必须先选择它所依赖的项目。

与互斥关系相类似，我们也可以很简单地对项目间的依赖关系建模。

原理 11.8 选择 i 对选择 j 的**依赖**关系可以用对应二元变量给出的约束条件 $x_j \leq x_i$ 来表示。

如果 x_i 不为 1，那么 x_j 也不能为 1。

表 11-2 显示了，在 NASA 实例中，任务 11 是依赖于任务 2 的。而且，如果选择了任务 4 到任务 7 中任何一个，也就必须选择任务 3。这些约束条件可表示为：

$$x_{11} \leq x_2$$
$$x_4 \leq x_3$$
$$x_5 \leq x_3$$
$$x_6 \leq x_3$$
$$x_7 \leq x_3$$

例 11-6 项目间依赖关系

一个新的市政厅工程项目，第一阶段需要完成一楼的建设，第二阶段完成二楼的建设，第三阶段完成三楼的建设。给出如下决策变量，请写出对应的依赖关系约束条件。

$$x_j \triangleq \begin{cases} 1 & \text{如果第 } j \text{ 层被建设} \\ 0 & \text{其他情况} \end{cases}$$

解：显然，需要先完成一楼的工程，才能进行二楼的工程，然后才是三楼的工程。因此，我们有如下的依赖关系约束条件：

$$x_2 \leq x_1$$
$$x_3 \leq x_2$$

11.2.6 NASA 实例模型

为了完成 NASA 决策问题，我们需要一个目标函数。几乎所有公共机构都有很多目标，NASA 也不例外。我们可以尝试最大化被选任务能获得的知识，最大化其对地球生命的直接利益，等等。

我们用这些目标方程的加权和来估计每个任务的价值。最后得到的价值如表 11-2 所示。结合之前的分析，我们可以得到 NASA 实例模型：

$$\max \quad 200x_1 + 3x_2 + 20x_3 + 50x_4 + 70x_5 \qquad （总价值）$$
$$+ 20x_6 + 5x_7 + 10x_8 + 200x_9 + 150x_{10}$$
$$+ 18x_{11} + 8x_{12} + 300x_{13} + 185x_{14}$$

$$
\begin{aligned}
\text{s. t.} \quad & 6x_1 + 2x_2 + 3x_3 + 1x_7 + 4x_9 + 5x_{12} \leqslant 10 \ (\text{阶段 1}) \\
& 3x_2 + 5x_3 + 5x_5 + 8x_7 + 5x_9 + 8x_{10} \quad\quad (\text{阶段 2}) \\
& \quad + 7x_{12} + 1x_{13} + 4x_{14} \quad\quad\quad\quad \leqslant 12 \\
& 8x_5 + 1x_6 + 4x_{10} + 2x_{11} + 4x_{13} + 5x_{14} \leqslant 14 \ (\text{阶段 3}) \\
& 8x_6 + 5x_8 + 7x_{11} + 1x_{13} + 3x_{14} \quad\quad \leqslant 14 \ (\text{阶段 4}) \\
& 10x_4 + 4x_6 + 1x_{13} + 3x_{14} \quad\quad\quad\quad \leqslant 14 \ (\text{阶段 5}) \\
& x_4 + x_5 \leqslant 1 \quad\quad\quad\quad\quad\quad\quad (\text{互斥条件}) \\
& x_8 + x_{11} \leqslant 1 \quad\quad\quad\quad\quad\quad (\text{互斥条件}) \quad\quad (11\text{-}7) \\
& x_9 + x_{14} \leqslant 1 \\
& x_{11} \leqslant x_2 \quad\quad\quad\quad\quad\quad (\text{相互依赖的任务}) \\
& x_4 \leqslant x_3 \quad\quad\quad\quad\quad\quad (\text{相互依赖的任务}) \\
& x_5 \leqslant x_3 \\
& x_6 \leqslant x_3 \\
& x_7 \leqslant x_3 \\
& x_j = 0 \text{ 或 } 1 \quad \forall j = 1, \cdots, 14
\end{aligned}
$$

11.3　集合包装、覆盖和划分模型

11.2 节中的资本预算模型包含了互斥约束条件，使得决策变量形成了多个子集，每个子集中最多只有一个可以在可行解中出现。**集合包装模型**(set packing model)、**覆盖模型**(covering model)和**划分模型**(partitioning model)具有这种约束条件。如果一个事物出现在解中，则其决策变量等于 1，否则决策变量取 0。构建这些模型要解决的核心问题是如何确定这些子集。

□**应用案例 11-3**

EMS 地点规划

引入一个具体的例子可能会有助于理解。一个经典的实例是得克萨斯州的奥斯汀承担的一项救护车(EMS)地点规划的研究。奥斯汀市可以分为不同的救护车服务区，每个救护车站的地点是从很多选项中选出的，使得该区域中的人口可以尽可能多地享受到呼叫救护车后的迅速应答。

图 11-1 是本题使用的虚拟地图。我们的城市可以被分为 20 个服务区，我们希望在图中所示的 10 个可能的地点中选择某些建立救护车站。每个车站可以服务所有相邻的区域。例如，车站 2 可以服务区域 1，2，6 和 7。主要的决策变量是：

$$
x_j \triangleq \begin{cases} 1 & \text{如果地点 } j \text{ 被选中} \\ 0 & \text{其他情况} \end{cases}
$$

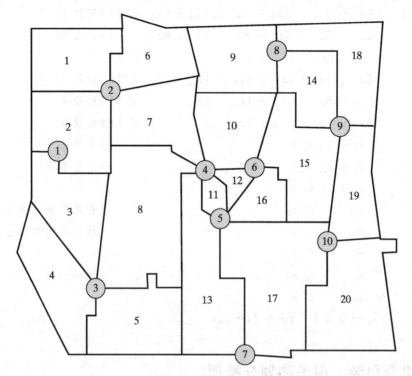

图 11-1　服务区及救护车站候选位置

11. 3. 1　集合包装、覆盖和划分约束条件

定义集合包装、覆盖和划分模型的约束条件，可以通过寻找子集来解决。在我们的 EMS 实例中，这样的子集是可以为一个服务区提供及时应答的所有地点。例如，图 11-1 中地点 4，5 和 6 都可以服务区域 12。

覆盖约束条件要求每个子集的一个元素必须出现在解中，包装约束条件则要求每个子集中最多只用一个元素出现在解中，而划分约束条件要求有且只有一个元素。使用 0—1 变量来表示问题的决策。

定义 11. 9　**集合覆盖约束条件**(set covering constraint)要求每个子集 J 中至少有一个元素出现在解中，可以表示为：

$$\sum_{j \in J} x_j \geqslant 1$$

定义 11. 10　**集合包装约束条件**(set packing constraint)要求每个子集 J 中最多有一个元素出现在解中，可以表示为：

$$\sum_{j \in J} x_j \leqslant 1$$

定义 11. 11　**集合划分约束条件**(set partitioning constraint)要求每个子集 J 中有且仅有一个元素出现在解中，可以表示为：

$$\sum_{j \in J} x_j = 1$$

在我们的 EMS 实例中，我们要求解的是集合覆盖问题，因为每个区域都至少需要有一个车站可以到达，而且车站越多越好。在另一种背景设定下，比如广播站的选址，我们需要考虑集合包装问题，因为在某个特定频率下，至多应该有一个广播站的信号到达某个服务区（见练习题 11-7）。资本预算问题的互斥约束条件也具有这种"装配"的形式。集合划分问题常见于一个可选决策能且只能服务一个区域的情况。例如，决策变量与可能的选举区相关，且约束条件要求每个地理区域只能属于一个选举区（见练习题 11~12）。

例 11-7 集合包装、覆盖和划分

一个大学正打算引入数学编程软件用于运筹学课程。一共有四种代码可供选择，每种代码可以提供若干算法，在右下方所示的表中由"×"符号表示。

（a）将目标函数的系数取为代码的成本，建立一个集合覆盖模型，计算能提供 LP、IP 和 NLP 算法的代码集合，使得总成本最小。

（b）将目标函数的系数取为代码的成本，建立一个集合划分模型，计算能提供 LP、IP 和 NLP 算法各一种的代码集合，使得总成本最小。

算法类型	代码, j			
	1	2	3	4
LP	×	×	×	×
IP	—	×	—	×
NLP	—	—	×	×
目标函数系数	3	4	6	14

（c）将目标函数的系数取为代码的质量，建立一个集合包装模型，计算能提供最多一种 LP 算法、最多一种 IP 算法和最多一种 NLP 算法的代码集合，使得其质量最高。

解：我们在每种情况下都定义如下决策变量：

$$x_j \triangleq \begin{cases} 1 & \text{如果代码 } j \text{ 被选中} \\ 0 & \text{其他情况} \end{cases}$$

（a）根据定义 11.9 的形式，所求模型为：

$$\begin{aligned}
\min \quad & 3x_1 + 4x_2 + 6x_3 + 14x_4 \\
\text{s. t.} \quad & x_1 + x_2 + x_3 + x_4 \geqslant 1 \text{(LP)} \\
& x_2 + x_4 \geqslant 1 \text{(IP)} \\
& x_3 + x_4 \geqslant 1 \text{(NLP)} \\
& x_1, \cdots, x_4 = 0 \text{ 或 } 1
\end{aligned}$$

（b）根据定义 11.11 的形式，所求模型为：

$$\begin{aligned}
\min \quad & 3x_1 + 4x_2 + 6x_3 + 14x_4 \\
\text{s. t.} \quad & x_1 + x_2 + x_3 + x_4 = 1 \text{(LP)} \\
& x_2 + x_4 = 1 \text{(IP)} \\
& x_3 + x_4 = 1 \text{(NLP)} \\
& x_1, \cdots, x_4 = 0 \text{ 或 } 1
\end{aligned}$$

（c）根据定义 11.10 的形式，所求模型为：

$$\min \quad 3x_1 + 4x_2 + 6x_3 + 14x_4$$

$$
\begin{aligned}
\text{s.t.} \quad & x_1 + x_2 + x_3 + x_4 \leqslant 1 \text{(LP)} \\
& x_2 + x_4 \qquad\qquad \leqslant 1 \text{(IP)} \\
& x_3 + x_4 \qquad\qquad \leqslant 1 \text{(NLP)} \\
& x_1, \cdots, x_4 = 0 \text{ 或 } 1
\end{aligned}
$$

11.3.2　EMS 模型的最小覆盖

对图 11-1 中的 EMS 实例建模的最显然的方法，是最小化覆盖所有区域所需的站点数目。下面是集合覆盖模型的建模结果。

$$
\begin{aligned}
\min \quad & \sum_{j=1}^{10} x_j && （站点数目） \\
\text{s.t.} \quad & x_2 && \geqslant 1 （区域 1） \\
& x_1 + x_2 && \geqslant 1 （区域 2） \\
& x_1 + x_3 && \geqslant 1 （区域 3） \\
& x_3 && \geqslant 1 （区域 4） \\
& x_3 && \geqslant 1 （区域 5） \\
& x_2 && \geqslant 1 （区域 6） \\
& x_2 + x_4 && \geqslant 1 （区域 7） \\
& x_3 + x_4 && \geqslant 1 （区域 8） \\
& x_8 && \geqslant 1 （区域 9） \\
& x_4 + x_6 && \geqslant 1 （区域 10） \\
& x_4 + x_5 && \geqslant 1 （区域 11） \\
& x_4 + x_5 + x_6 && \geqslant 1 （区域 12） \\
& x_4 + x_5 + x_7 && \geqslant 1 （区域 13） \\
& x_8 + x_9 && \geqslant 1 （区域 14） \\
& x_6 + x_9 && \geqslant 1 （区域 15） \\
& x_5 + x_6 && \geqslant 1 （区域 16） \\
& x_5 + x_7 + x_{10} && \geqslant 1 （区域 17） \\
& x_8 + x_9 && \geqslant 1 （区域 18） \\
& x_9 + x_{10} && \geqslant 1 （区域 19） \\
& x_{10} && \geqslant 1 （区域 20） \\
& x_1, \cdots, x_{10} = 0 \text{ 或 } 1 && \text{(11-8)}
\end{aligned}
$$

其中一个最优解选取了其中的 6 个地点，分别为 2、3、4、6、8 和 10。也就是，

$$
x_2^* = x_3^* = x_4^* = x_6^* = x_8^* = x_{10}^* = 1
$$
$$
x_1^* = x_5^* = x_7^* = x_9^* = 0
$$

11.3.3　EMS 模型的最大覆盖

跟很多其他真实案例一样，在这个奥斯汀案例中，最直接的覆盖模型(11-8)对问题

的描述并不充分，因为它得到的解中包含了太多的站点。假设我们只有足够设立 4 个
EMS 站点的经费，我们该如何找到一个 4 个站点的子集来最小化无法充分覆盖的问题？

在这种情况下，我们需要估计覆盖每个服务区的需求和重要性。我们假设这些数据
的估计已经由 EMS 工作人员完成了，如下表所示。

区域 i	价值	区域 i	价值	区域 i	价值
1	5.2	8	12.2	15	15.5
2	4.4	9	7.6	16	25.6
3	7.1	10	20.3	17	11.0
4	9.0	11	30.4	18	5.3
5	6.1	12	30.9	19	7.9
6	5.7	13	12.0	20	9.9
7	10.0	14	9.3		

接下来，我们为未覆盖区域 i 引入额外的决策变量。

原理 11.12　集合包装、覆盖和划分模型可以通过对未覆盖元素进行"惩罚"来改
进，对每个约束条件 i 引入的新变量为：

$$y_i \triangleq \begin{cases} 1 & \text{如果项目 } i \text{ 没有包含在解中} \\ 0 & \text{其他情况} \end{cases}$$

引入这样的变量，EMS 模型就变为了：

$$
\begin{aligned}
\min \quad & 5.2y_1 + 4.4y_2 + 7.1y_3 + 9.0y_4 + 6.1y_5 && \text{（未覆盖区域的重要程度总和）} \\
& + 5.7y_6 + 10.0y_7 + 12.2y_8 + 7.6y_9 + 20.3y_{10} \\
& + 30.4y_{11} + 30.9y_{12} + 12.0y_{13} + 9.3y_{14} + 15.5y_{15} \\
& + 25.6y_{16} + 11.0y_{17} + 5.3y_{18} + 7.9y_{19} + 9.9y_{20}
\end{aligned}
$$

$$
\begin{aligned}
\text{s.t.} \quad & x_2 + y_1 && \geqslant 1 \text{（区域 1）} \\
& x_1 + x_2 + y_2 && \geqslant 1 \text{（区域 2）} \\
& x_1 + x_3 + y_3 && \geqslant 1 \text{（区域 3）} \\
& x_3 + y_4 && \geqslant 1 \text{（区域 4）} \\
& x_3 + y_5 && \geqslant 1 \text{（区域 5）} \\
& x_2 + y_6 && \geqslant 1 \text{（区域 6）} \\
& x_2 + x_4 + y_7 && \geqslant 1 \text{（区域 7）} \\
& x_3 + x_4 + y_8 && \geqslant 1 \text{（区域 8）} \\
& x_8 + y_9 && \geqslant 1 \text{（区域 9）} && \text{(11-9)} \\
& x_4 + x_6 + y_{10} && \geqslant 1 \text{（区域 10）} \\
& x_4 + x_5 + y_{11} && \geqslant 1 \text{（区域 11）} \\
& x_4 + x_5 + x_6 + y_{12} && \geqslant 1 \text{（区域 12）} \\
& x_4 + x_5 + x_7 + y_{13} && \geqslant 1 \text{（区域 13）} \\
& x_8 + x_9 + y_{14} && \geqslant 1 \text{（区域 14）}
\end{aligned}
$$

$$x_6 + x_9 + y_{15} \geqslant 1 \text{（区域 15）}$$
$$x_5 + x_6 + y_{16} \geqslant 1 \text{（区域 16）}$$
$$x_5 + x_7 + x_{10} + y_{17} \geqslant 1 \text{（区域 17）}$$
$$x_8 + x_9 + y_{18} \geqslant 1 \text{（区域 18）}$$
$$x_9 + x_{10} + y_{19} \geqslant 1 \text{（区域 19）}$$
$$x_{10} + y_{20} \geqslant 1 \text{（区域 20）}$$
$$\sum_{j=1}^{10} x_j \leqslant 4 \text{（最多选择 4 个区域）}$$
$$x_1, \cdots, x_{10} = 0 \text{ 或 } 1$$
$$y_1, \cdots, y_{20} = 0 \text{ 或 } 1$$

这里，目标函数最小化的是未覆盖区域的重要程度总和。最后一个主要（未覆盖）约束条件限制了解中最多只能有 4 个 EMS 站点。

对于这个更符合实际的模型，最优解包括如下决策变量：
$$x_3^* = x_4^* = x_5^* = x_9^* = 1$$
$$y_1^* = y_2^* = y_6^* = y_9^* = y_{20}^* = 1$$

其他的决策变量为 0。也就是说，选取站点 3、4、5 和 9 进行建设，区域 1、2、6、9 和 20 是未被覆盖的。所有区域的总重要程度为 32.8，也就是目标函数的最优值。

例 11-8 最大覆盖建模

回顾例 11-7(a)中的集合覆盖模型实例。将模型修改为：在预算约束为 12 的条件下，最大化可用算法的数量。

解：我们引入新变量 y_{LP}，y_{IP} 和 y_{NLP}，这些变量取 1 时表示算法不可用，取 0 表示可用。那么，所求模型为：

$$
\begin{aligned}
\min \quad & y_{LP} + y_{IP} + y_{NLP} \\
\text{s. t.} \quad & x_1 + x_2 + x_3 + x_4 + y_{LP} \geqslant 1 && \text{(LP)} \\
& x_2 + x_4 + y_{IP} \geqslant 1 && \text{(IP)} \\
& x_3 + x_4 + y_{NLP} \geqslant 1 && \text{(NLP)} \\
& 3x_1 + 4x_2 + 6x_3 + 14x_4 \leqslant 12 && \text{（预算约束）} \\
& x_1, \cdots, x_4 = 0 \text{ 或 } 1 \\
& y_{LP}, y_{IP}, y_{NLP} = 0 \text{ 或 } 1
\end{aligned}
$$

11.3.4 列生成模型

另一类常见的集合包装、覆盖和划分模型更为复杂。这些模型中包含了多种组合的可能性，过于复杂，以至于不可能对其精确地建模。列生成模型针对这类问题采取了一个二部策略（two-part strategy）。

定义 11.13 列生成（column generation）方法解决了复杂的组合问题。首先枚举一个列的序列来表示每部分问题可行的解决方案，然后求解一个集合划分模型（或覆盖，或包装）并选择这些可能性中满足要求的一个最优组合（也可见 13.1 节）。

这个方案的便捷性来源于它非常灵活。任何合适但特定的方案都可以被用于生成多种列,满足复杂且难以建模的约束条件。优化被留在这一策略中的第二部分来处理,这时列模型已经被建好,可以通过标准整数线性规划技术来处理。

□应用案例 11-4

美国航空公司(AA)机组安排

列生成模型的一个经典实例是航班机组安排的大规模复杂问题。例如,美国航空公司每年在航班机组的工资、福利和旅费上的花销超过 13 亿美元。合理的排班和**机组匹配**(crew pairing)可以节省大量的开销。

图 11-2 描述了一个假想的小型航班机组排班序列。例如,航班 101 从迈阿密起飞,几小时后到达芝加哥。

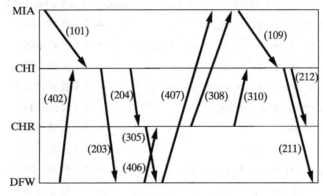

图 11-2　AA 实例的航班安排

每一个"配对"是一个机组在 2~3 天内走过的航班序列。这一序列必须从机组居住的城市开始和结束。

表 11-3 枚举了图 11-2 中可能的航班配对方式。例如,配对 $j=1$ 从迈阿密出发,航班为 101。在芝加哥进行降落后,机组又乘坐航班 203 前往达拉斯—沃思堡,然后乘坐航班 406 前往夏洛特。最后,乘坐航班 308 返回迈阿密。

表 11-3　AA 实例的可能配对

j	航班序列	成本	j	航班序列	成本
1	101-203-406-308	2 900	9	305-407-109-212	2 600
2	101-203-407	2 700	10	308-109-212	2 050
3	101-204-305-407	2 600	11	402-204-305	2 400
4	101-204-308	3 000	12	402-204-310-211	3 600
5	203-406-310	2 600	13	406-308-109-211	2 550
6	203-407-109	3 150	14	406-310-211	2 650
7	204-305-407-109	2550	15	407-109-211	2 350
8	204-308-109	2 500			

在实际应用中,政府和航空公司联盟都有相关的复杂规定,规定了哪些特定的

航班序列是合理的配对。可以用复杂的软件生成如表 11-3 的列表。在这里，我们选取了图 11-2 中包含了 3~4 个航班的闭合序列。

11.3.5 AA 实例的列生成模型

在枚举了表 11-3 中的"配对"列表后，我们接下来的任务就是找到一个使成本最小的且使每个航班上恰有一组机组成员的"配对"的集合。决策变量定义如下：

$$x_j \triangleq \begin{cases} 1 & \text{如果配对 } j \text{ 被选中} \\ 0 & \text{其他情况} \end{cases}$$

之后，如下的集合划分模型可以得到我们想要的结果：

$$\begin{aligned} \min \quad & 2\,900x_1 + 2\,700x_2 + 2\,600x_3 + 3\,000x_4 + 2\,600x_5 \\ & + 3\,150x_6 + 2\,550x_7 + 2\,500x_8 + 2\,600x_9 + 2\,050x_{10} \quad (11\text{-}10) \\ & + 2\,400x_{11} + 3\,600x_{12} + 2\,550x_{13} + 2\,650x_{14} + 2\,350x_{15} \end{aligned}$$

$$\begin{aligned} \text{s. t.} \quad & x_1 + x_2 + x_3 + x_4 && = 1\,(\text{航班 } 101) \\ & x_6 + x_7 + x_8 + x_9 + x_{10} + x_{13} + x_{15} && = 1\,(\text{航班 } 109) \\ & x_1 + x_2 + x_5 + x_6 && = 1\,(\text{航班 } 203) \\ & x_3 + x_4 + x_7 + x_8 + x_{11} + x_{12} && = 1\,(\text{航班 } 204) \\ & x_{12} + x_{13} + x_{14} + x_{15} && = 1\,(\text{航班 } 211) \\ & x_9 + x_{10} && = 1\,(\text{航班 } 212) \\ & x_3 + x_7 + x_9 + x_{11} && = 1\,(\text{航班 } 305) \\ & x_1 + x_4 + x_8 + x_{10} + x_{13} && = 1\,(\text{航班 } 308) \\ & x_5 + x_{12} + x_{14} && = 1\,(\text{航班 } 310) \\ & x_{11} + x_{12} && = 1\,(\text{航班 } 402) \\ & x_1 + x_5 + x_{13} + x_{14} && = 1\,(\text{航班 } 406) \\ & x_2 + x_3 + x_6 + x_7 + x_9 + x_{15} && = 1\,(\text{航班 } 407) \\ & x_1, \cdots, x_{15} = 0 \text{ 或 } 1 \end{aligned}$$

一个最优解为：

$$x_1^* = x_9^* = x_{12}^* = 1$$

其余 $x_j^* = 0$。最小成本为 9\,100 美元。

"配对"的成本同样很复杂。无论实际飞行时间多长，值班机组的工资被保证按照不少于"最短工作时间"所得的工资支付。如果一个配对需要机组在他们居住的城市以外的其他城市过夜，住酒店以及其他活动的费用也需要被考虑在内。我们最终得到的每一个配对的成本如表 11-3 所示。

例 11-9 建立列生成模型

一家货运公司在将 5 份长距离运输货物装载到卡车上。可行的路线组合如下。路线 1：运输货物 1、3，距离为 4\,525 英里；路线 2：运输货物 2、3、4，距离为 2\,960 英里；路线 3：运输货物 2、4、5，距离为 3\,170 英里；路线 4：运输货物 1、4、5，距离为 5\,230 英里。建立一个集合划分模型来选出一个使得每一份货物恰被装载一次且运输距离最短的方案。

解：使用如下决策变量：

$$x_j \triangleq \begin{cases} 1 & \text{如果路线 } j \text{ 被选中} \\ 0 & \text{其他情况} \end{cases}$$

则模型被建立为：

$$\begin{aligned}
\min \quad & 4\,525x_1 + 2\,960x_2 + 3\,170x_3 + 5\,230x_4 && \text{（总里程）} \\
\text{s. t.} \quad & x_1 + x_4 && = 1 && \text{（运载量 1）} \\
& x_2 + x_3 && = 1 && \text{（运载量 2）} \\
& x_1 + x_2 && = 1 && \text{（运载量 3）} \\
& x_2 + x_3 + x_4 && = 1 && \text{（运载量 4）} \\
& x_3 + x_4 && = 1 && \text{（运载量 5）} \\
& x_1, \cdots, x_4 = 0 \text{ 或 } 1
\end{aligned}$$

11.4 分配模型及匹配模型

我们已经在 10.6 节的网络流问题中遇到了**分配问题**（assignment problem）。这类问题研究两类不同事物之间的最优配对问题，例如工作和机器的配对、销售人员和消费者的配对等。在这一小节，我们对这一问题进行拓展。拓展的问题无法用网络流方法解决。

11.4.1 分配约束

标准的做法是将所有分配形式用如下决策变量表示：

$$x_{i,j} \triangleq \begin{cases} 1 & \text{如果第一个集合中的 } i \text{ 与第二个集合中的 } j \text{ 匹配} \\ 0 & \text{其他情况} \end{cases}$$

与其对应的分配约束仅仅要求每一类中的每一个事物恰好被配对一次。

定义 11.14 当只有 i 被与 j 配对时决策变量 $x_{i,j} = 1$，否则 $x_{i,j} = 0$ 时，**分配约束**（assignment constraint）有如下形式：

$$\begin{aligned}
& \sum_j x_{i,j} = 1 \quad \forall i \\
& \sum_i x_{i,j} = 1 \quad \forall j \\
& x_{i,j} = 0 \text{ 或 } 1 \quad \forall i,j
\end{aligned}$$

上式中的求和限于实例中允许的 (i, j) 组合。

第一组求和式保证每一个 i 都被分配，而第二组求和式保证每一个 j 被分配。

11.4.2 计算机辅助制造(CAM)的线性分配实例回顾

10.6 节的计算机辅助制造模型是一个分配模型的例子。表 11-4 重新展示了 8 个待处理的作业分配在 10 个可能下一步处理它们的工作站时所需的交通、等待及处理的总时间。每个工作站一次只能处理一个作业。我们想要找到最小化总时间的规划方法。

表 11-4　计算机辅助制造实例的交通及处理总时间

作业，i	下一个工作站，j									
	1	2	3	4	5	6	7	8	9	10
1	8	—	23	—	—	—	—	—	5	—
2	—	4	—	12	15	—	—	—	—	—
3	—	—	20	—	13	6	—	8	—	—
4	—	—	—	—	19	10	—	—	—	—
5	—	—	—	8	—	12	—	—	16	—
6	14	—	—	—	—	—	8	—	3	—
7	—	6	—	—	—	—	—	27	—	12
8	—	5	15	—	—	—	—	32	—	—

在引入虚拟作业 9 和 10 后，作业数与工作站数相同，这个问题有了一个很清晰的分配问题的形式。完整的模型在 10.6 节的式（10-5）中，我们感兴趣的是模型中的目标函数：

$$\begin{aligned}
\min \quad & 8x_{1,1} + 23x_{1,3} + 5x_{1,9} + 4x_{2,2} + 12x_{2,4} + 15x_{2,5} \\
& + 20x_{3,3} + 13x_{3,5} + 6x_{3,6} + 8x_{3,8} + 19x_{4,5} + 10x_{4,6} \\
& + 8x_{5,4} + 12x_{5,7} + 16x_{5,10} + 14x_{6,1} + 8x_{6,7} + 3x_{6,9} \\
& + 6x_{7,2} + 27x_{7,8} + 12x_{7,10} + 5x_{8,2} + 15x_{8,3} + 32x_{8,8}
\end{aligned} \tag{11-11}$$

11.4.3　线性分配模型

由于目标函数是线性的，式（10-5）的计算机辅助制造模型是一个线性分配模型。

定义 11.15　线性分配模型（linear assignment model）在定义 11.4 中的分配约束下，最小化或最大化如下形式的目标函数：

$$\sum_i \sum_j c_{i,j} x_{i,j}$$

其中，$c_{i,j}$ 是将 i 分配到 j 的成本（或收益）。

总花销是所有单一分配决定引起的花销总和。

例 11-10　建立线性分配模型

一个游泳教练在为混合泳接力比赛挑选队员。接力比赛需要 4 名队员：1 名仰泳队员（对应 $j=1$），1 名蛙泳队员（对应 $j=2$），1 名蝶泳队员（对应 $j=3$）和 1 名自由泳队员（对应 $j=4$）。基于之前的经验，教练可以估计游泳运动员 i 游 j 泳姿的时间 $t_{i,j}$。请建立一个线性分配模型来挑选出最快的接力团队。

解：用如下的决策变量：

$$x_{i,j} \triangleq \begin{cases} 1 & \text{如果游泳运动员 } i \text{ 使用泳姿 } j \\ 0 & \text{其他情况} \end{cases}$$

则建立的模型为：

$$\min \sum_{i=1}^{4} \sum_{j=1}^{4} t_{i,j} x_{i,j} \qquad （团队总时间）$$

$$\text{s. t.} \quad \sum_{j=1}^{4} x_{i,j} = 1 \quad i = 1, \cdots, 4 \text{（每个游泳运动员只选择一种泳姿）}$$

$$\sum_{i=1}^{4} x_{i,j} = 1 \quad j = 1, \cdots, 4 \text{（每种泳姿只有一个游泳运动员使用）}$$

$$x_{i,j} = 0 \text{ 或 } 1 \quad i = 1, \cdots, 4; j = 1, \cdots, 4$$

每个游泳运动员被分配一个泳姿，目标是最小化全队的接力时间。

11.4.4　二次分配模型

定义 11.15 中，目标函数只将 i 与 j 的配对视为一个单独的决策，这造成了其线性性。例如，式(11-11)的目标函数中，无论其他的决策如何，将作业 4 分配给工作站 5 总是会使得总耗时增加 19。

许多分配问题并不符合线性，因为它们的目标函数与决策的组合相关。也就是说，只有在知道其他决策后，一个决策的影响才能被确定。这种特性通常导致模型变为二次分配模型。

定义 11.16　二次分配模型（quadratic assignment model）在定义 11.4 的分配约束下，最小化或最大化如下形式的二次目标函数：

$$\sum_{i} \sum_{j} \sum_{k>i} \sum_{\ell \neq j} c_{i,j,k,\ell} x_{i,j} x_{k,\ell}$$

其中，$c_{i,j,k,\ell}$ 是将 i 分配给 j 且 k 分配给 ℓ 的成本(或收益)。

注意到，目标函数的每一项包含两个分配决策：

$$c_{i,j,k,\ell} \cdot x_{i,j} \cdot x_{k,\ell}$$

只有 $x_{i,j} = 1$ 且 $x_{k,\ell} = 1$ 时，才会有 $c_{i,j,k,\ell}$ 的成本。这意味着，只有将 i 分配给 j 且 k 分配给 ℓ，才需付出 $c_{i,j,k,\ell}$ 的成本。

□应用案例 11-5

购物商城布局的二次分配模型

最常见的二次分配模型出现在**装修布局**(facility layout)中。我们需要将一些机器、办公室、部门、商店等布置在一个建筑中一些固定的位置上。我们遇到的问题是怎样决定单元位置的分配方式。

图 11-3 显示的是一个购物商城中 4 个可以安置商店的位置。图右侧的表格展示的是商店位置的间距(以英尺为单位)。4 个可能租借商店的商户在表 11-5 中列出。表格中还提供了每周愿意逛某两家商店的顾客数目(以千人为单位)。例如，每周约 5 000 名顾客会愿意同时逛商店 1 和商店 2。

商城的管理人员想找到最小化顾客不便的商店布局方式。很常见的做法是使用**流量—距离**(flow-distance)来做决策，即各商店的客流量与分配给他们的地点间距的乘积。例如，如果商店 1 被安置在地点 1，商店 4 被安置在地点 2，则每周逛这两个商店的 7 000 名顾客每人需要走 80 英尺，两家商店之间的距离。此时这两家商店的流量—距离＝7×80＝560(千人·英尺)。

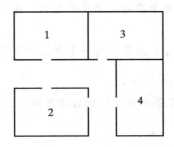

	距离（英尺）			
$j \backslash l$	**1**	**2**	**3**	**4**
1	—	80	150	170
2	80	—	130	100
3	150	130	—	120
4	150	100	120	—

图 11-3 购物商城布局实例中各商店位置

表 11-5 购物商城布局实例中的各店主

商店，i	愿同时逛两家店的人数 k（千人）			
	1	2	3	4
1：Clothes Are	—	5	2	7
2：Computers Aye	5	—	3	8
3：Toy Parade	2	3	—	3
4：Book Bazaar	7	8	3	—

11.4.5 购物商城布局实例的模型

注意到，知道各商店的位置后才能计算每一对商店的流量—距离。这种分配组合特性使得我们可以使用二次分配模型。

使用如下的决策变量：

$$x_{i,j} \triangleq \begin{cases} 1 & \text{如果商店 } i \text{ 被分配到地点 } j \\ 0 & \text{其他情况} \end{cases}$$

则可以导出二次模型为：

$$
\begin{aligned}
\min \quad & 5(80x_{1,1}x_{2,2} + 150x_{1,1}x_{2,3} + 170x_{1,1}x_{2,4} && \text{（商店 1 和 2）} \\
& + 80x_{1,2}x_{2,1} + 130x_{1,2}x_{2,3} + 100x_{1,2}x_{2,4} \\
& + 150x_{1,3}x_{2,1} + 130x_{1,3}x_{2,2} + 120x_{1,3}x_{2,4} \\
& + 170x_{1,4}x_{2,1} + 100x_{1,4}x_{2,2} + 120x_{1,4}x_{2,3}) \\
& 2(80x_{1,1}x_{3,2} + 150x_{1,1}x_{3,3} + 170x_{1,1}x_{3,4} && \text{（商店 1 和 3）} \\
& + 80x_{1,2}x_{3,1} + 130x_{1,2}x_{3,3} + 100x_{1,2}x_{3,4} \\
& + 150x_{1,3}x_{3,1} + 130x_{1,3}x_{3,2} + 120x_{1,3}x_{3,4} \\
& + 170x_{1,4}x_{3,1} + 100x_{1,4}x_{3,2} + 120x_{1,4}x_{3,3}) \\
& 7(80x_{1,1}x_{4,2} + 150x_{1,1}x_{4,3} + 170x_{1,1}x_{4,4} && \text{（商店 1 和 4）} \\
& + 80x_{1,2}x_{4,1} + 130x_{1,2}x_{4,3} + 100x_{1,2}x_{4,4} \\
& + 150x_{1,3}x_{4,1} + 130x_{1,3}x_{4,2} + 120x_{1,3}x_{4,4} \\
& + 170x_{1,4}x_{4,1} + 100x_{1,4}x_{4,2} + 120x_{1,4}x_{4,3}) && (11\text{-}12) \\
& 3(80x_{2,1}x_{3,2} + 150x_{2,1}x_{3,3} + 170x_{2,1}x_{3,4} && \text{（商店 2 和 3）} \\
& + 80x_{2,2}x_{3,1} + 130x_{2,2}x_{3,3} + 100x_{2,2}x_{3,4}
\end{aligned}
$$

$$+150x_{2,3}x_{3,1}+130x_{2,3}x_{3,2}+120x_{2,3}x_{3,4}$$
$$+170x_{2,4}x_{3,1}+100x_{2,4}x_{3,2}+120x_{2,4}x_{3,3})$$
$$8(80x_{2,1}x_{4,2}+150x_{2,1}x_{4,3}+170x_{2,1}x_{4,4} \qquad （商店 2 和 4）$$
$$+80x_{2,2}x_{4,1}+130x_{2,2}x_{4,3}+100x_{2,2}x_{4,4}$$
$$+150x_{2,3}x_{4,1}+130x_{2,3}x_{4,2}+120x_{2,3}x_{4,4}$$
$$+170x_{2,4}x_{4,1}+100x_{2,4}x_{4,2}+120x_{2,4}x_{4,3})$$
$$3(80x_{3,1}x_{4,2}+150x_{3,1}x_{4,3}+170x_{3,1}x_{4,4} \qquad （商店 3 和 4）$$
$$+80x_{3,2}x_{4,1}+130x_{3,2}x_{4,3}+100x_{3,2}x_{4,4}$$
$$+150x_{3,3}x_{4,1}+130x_{3,3}x_{4,2}+120x_{3,3}x_{4,4}$$
$$+170x_{3,4}x_{4,1}+100x_{3,4}x_{4,2}+120x_{3,4}x_{4,3})$$

$$\text{s. t.} \quad x_{1,1}+x_{1,2}+x_{1,3}+x_{1,4}=1 \qquad （1,\ \text{Clothes Are}）$$
$$x_{2,1}+x_{2,2}+x_{2,3}+x_{2,4}=1 \qquad （2,\ \text{Computers Aye}）$$
$$x_{3,1}+x_{3,2}+x_{3,3}+x_{3,4}=1 \qquad （3,\ \text{Toy Parade}）$$
$$x_{4,1}+x_{4,2}+x_{4,3}+x_{4,4}=1 \qquad （4,\ \text{Book Bazaar}）$$
$$x_{1,1}+x_{2,1}+x_{3,1}+x_{4,1}=1 \qquad （地点 1）$$
$$x_{1,2}+x_{2,2}+x_{3,2}+x_{4,2}=1 \qquad （地点 2）$$
$$x_{1,3}+x_{2,3}+x_{3,3}+x_{4,3}=1 \qquad （地点 3）$$
$$x_{1,4}+x_{2,4}+x_{3,4}+x_{4,4}=1 \qquad （地点 4）$$
$$x_{i,j}=0 \text{ 或 } 1 \quad i=1,\cdots,4; j=1,\cdots,4$$

计算目标函数时考虑了所有可能的位置分配下成对商店的流量—距离值。分配约束保证每家商店被安置在一个地点，且每一个地点都安置一家商店。一个最优分配方案为：将商店 1 分配到地点 1，商店 2 分配到地点 4，商店 3 分配到地点 3，商店 4 分配到地点 2，总流量—距离值为 3 260（千人·英尺）。

例 11-11　建立二次分配模型

一位工业工程师将一个未来需要使用机器的店铺的地面区域划分成了 12 个网格 g，每个网格上单独放置一台机器 m。他还估计了每两个网格的间距 $d_{g,g'}$ 以及每周经营所需的每两个机器间需要运送的装置数目 $f_{m,m'}$（双向）。建立一个二次分配模型，找到最小化材料运送成本（即每两个机器间装置流量与距离的乘积之和）的机器布局方式。假设 $d_{g,g'}=d_{g',g}$。

解：使用如下决策变量：

$$x_{m,g} \triangleq \begin{cases} 1 & \text{如果机器 } m \text{ 被放置在了网格 } g \\ 0 & \text{其他情况} \end{cases}$$

建立的模型为：

$$\min \quad \sum_{m=1}^{12}\sum_{g=1}^{12}\sum_{\substack{m'>m}}^{12}\sum_{\substack{g'=1 \\ g'\neq g}}^{12} f_{m,m'}d_{g,g'}x_{m,g}x_{m',g'} \qquad （流量—距离）$$

$$\text{s. t} \quad \sum_{g=1}^{12} x_{m,g}=1 \quad m=1,\cdots,12 \qquad （每台机器只占用一个网格）$$

$$\sum_{m=1}^{12} x_{m,g}=1 \quad g=1,\cdots,12 \qquad （每个网格中都有一台机器）$$

$$x_{i,j} = 0 \text{ 或 } 1 \quad m = 1, \cdots, 12; \quad g = 1, \cdots, 12$$

机器被分配到各个网格来最小化总流量—距离值。一个布局的流量—距离值是其导致的材料运送成本的一种度量。目标函数中的变量下标的范围保证了机器与其分配地点的一一对应。

11.4.6 广义分配模型

定义 11.4 的主要分配约束要求每一个集合中的事物 i 恰好被分配给另一个集合中的一个事物 j，反之亦然。然而，现在假设每一个事物 i 必须被分配给一些事物 j，但是每一个事物 j 可以与多个 i 配对。具体来说，定义如下变量：

$b_j \triangleq j$ 的容量

$s_{i,j} \triangleq$ 如果 i 被分配给 j，那么 j 需要消耗的容量大小、空间或类似的量

$c_{i,j} \triangleq$ 将 i 分配给 j 的成本（或收益）

这时，用来找到在不超过容量限制的情况下最佳地分配所有事物 i 的方案的模型即广义分配模型。

定义 11.17 在 j 的容量为 b_j 且将 i 分配给 j 会消耗其 $s_{i,j}$ 的空间或容量时，**广义分配模型**（generalized assignment model）有如下形式：

$$\min \text{ 或 } \max \quad \sum_i \sum_j c_{i,j} x_{i,j}$$
$$\text{s. t.} \quad \sum_j x_{i,j} = 1 \quad \forall i$$
$$\sum_j s_{i,j} x_{i,j} \leqslant b_j \quad \forall j$$
$$x_{i,j} = 0 \text{ 或 } 1 \quad \forall i, j$$

其中，$c_{i,j}$ 是将 i 分配给 j 的成本（或收益）。所有的求和范围都限于实例中允许的 (i, j) 的组合。

□ **应用案例 11-6**

CDOT 广义分配模型

加拿大运输部（CDOT）在检查加拿大太平洋海岸上的海岸警卫船的分配时遇到了一个有广义分配模型形式的问题。这些船只用来维护航标（如灯塔和浮标）。海岸边的每一区域被分配给一小部分海岸警卫船。由于这些船只属于不同的区域，配备着不同的设备，使用成本也不同，给任何一个区域分配船只的时间和成本随着船只的不同而产生很大的变化。我们的任务是找到一个最小化成本的分配方案。

表 11-6 中是我们这个虚构的问题的数据。有 3 艘船（Estevan，Mackenzie 和 Skidegate）可以在 6 个区域内服务。表中的数字提供了每一艘船在每一个区域提供维护服务所需的时间（以周为单位）和成本（以千加元为单位）。每艘船每年可以服务 50 个星期。

表 11-6　CDOT 实例中船只的成本与服务时间

船，j		区域，i					
		1	2	3	4	5	6
1：Estevan	成本	130	30	510	30	340	20
	时间	30	50	10	11	13	9
2：Mackenzie	成本	460	150	20	40	30	450
	时间	10	20	60	10	10	17
3：Skidegate	成本	40	370	120	390	40	30
	时间	70	10	10	15	8	12

11.4.7　CDOT 实例模型

使用如下决策变量：

$$x_{i,j} \triangleq \begin{cases} 1 & \text{如果区域 } i \text{ 被分配给船 } j \\ 0 & \text{其他情况} \end{cases}$$

则 CDOT 实例的模型建立如下：

$$\begin{aligned}
\min \quad & 130x_{1,1} + 460x_{1,2} + 40x_{1,3} + 30x_{2,1} + 150x_{2,2} + 370x_{2,3} \\
& + 510x_{3,1} + 20x_{3,2} + 120x_{3,3} + 30x_{4,1} + 40x_{4,2} + 390x_{4,3} \\
& + 340x_{5,1} + 30x_{5,2} + 40x_{5,2} + 20x_{6,1} + 450x_{6,2} + 30x_{6,3}
\end{aligned}$$

$$\begin{aligned}
\text{s. t.} \quad & x_{1,1} + x_{1,2} + x_{1,3} = 1 \quad (\text{区域 } 1) \\
& x_{2,1} + x_{2,2} + x_{2,3} = 1 \quad (\text{区域 } 2) \\
& x_{3,1} + x_{3,2} + x_{3,3} = 1 \quad (\text{区域 } 3) \\
& x_{4,1} + x_{4,2} + x_{4,3} = 1 \quad (\text{区域 } 4) \qquad (11\text{-}13) \\
& x_{5,1} + x_{5,2} + x_{5,3} = 1 \quad (\text{区域 } 5) \\
& x_{6,1} + x_{6,2} + x_{6,3} = 1 \quad (\text{区域 } 6) \\
& 30x_{1,1} + 50x_{2,1} + 10x_{3,1} \quad (\text{Estevan}) \\
& \quad + 11x_{4,1} + 13x_{5,1} + 9x_{6,1} \leqslant 50 \\
& 10x_{1,2} + 20x_{2,2} + 60x_{3,2} \quad (\text{Mackenzie}) \\
& \quad + 10x_{4,2} + 10x_{5,2} + 17x_{6,2} \leqslant 50 \\
& 70x_{1,3} + 10x_{2,3} + 10x_{3,3} \quad (\text{Skidegate}) \\
& \quad + 15x_{4,3} + 8x_{5,3} + 12x_{6,3} \leqslant 50 \\
& x_{i,j} = 0 \text{ 或 } 1 \quad i = 1, \cdots, 6; j = 1, \cdots, 3
\end{aligned}$$

目标函数最小化总成本。前 6 个约束条件保证每一个区域被分配给一艘船，而后 3 个约束使得每艘船被分配的总工作时长不超过 50 周。一个最优解为将区域 1、4、6 分配给 Estevan，区域 2、5 分配给 Mackenzie，区域 3 分配给 Skidegate，总成本为 480 000 加元。

例 11-12　建立广义分配模型

在一个自动化仓库中储存着体积为 $c_i(i=1, \cdots, 100)$ 立方米的 100 个物品。储藏地 $j(j=1, \cdots, 20)$ 与这个系统的入仓出仓地点的距离为 d_j，且其容量均为 b 立方米。假设只要容量允许的情况下每一个储藏地可以储藏任意个物品，建立一个求运输距离最小时储藏方案的广义分配模型。

解：使用如下决策变量：

$$x_{i,j} \triangleq \begin{cases} 1 & \text{如果物品 } i \text{ 被存放在地点 } j \\ 0 & \text{其他情况} \end{cases}$$

由此建立的广义分配模型为：

$$\min \quad \sum_{i=1}^{100}\sum_{j=1}^{20} d_j x_{i,j} \qquad (\text{总距离})$$

$$\sum_{j=1}^{20} x_{i,j} = 1 \quad i=1,\cdots,100 \,(\text{每个物品都被存放在某个地点})$$

$$\sum_{j=1}^{100} c_i x_{i,j} \leqslant b \quad j=1,\cdots,20 \quad (j \text{ 的容量})$$

$$x_{i,j} = 0 \text{ 或 } 1 \quad i=1,\cdots,100; j=1,\cdots,20$$

目标函数将到分配的各储藏地的距离求和。主约束条件的第一组式子保证每一个物品都被储藏起来，而第二组式子保证储存量不超过容量。

11.4.8 匹配模型

目前为止，我们遇到的分配模型都是将两个不同集合的事物配对。分配模型的最后一种变化是消除集合之间的区别。这样的匹配模型的决策变量如下所示：

$$x_{i,i'} \triangleq \begin{cases} 1 & \text{如果 } i \text{ 与 } i' \text{ 配对} \\ 0 & \text{其他情况} \end{cases}$$

一般来说，可以令下标 $i'>i$，以避免重复计数。

定义 11.18 匹配模型（matching model）寻找同一类事物间最佳的配对方式。匹配模型有如下形式：

$$\min \text{ 或 } \max \quad \sum_i \sum_{i'>i} c_{i,i'} x_{i,i'}$$

$$\text{s. t.} \quad \sum_{i'<i} x_{i',i} + \sum_{i'>i} x_{i,i'} = 1 \quad \forall i$$

$$x_{i,i'} = 0 \text{ 或 } 1 \qquad \forall i, i' > i$$

其中，$c_{i,i'}$ 是将 i 与 i' 配对的成本（或收益）。所有的求和范围都限于实例中允许的 (i, i') 组合。

定义 11.8 的主约束中，两个求和符号是必需的，因为每一个 i 都在某一些配对中为下标较大的事物，而在另一些配对中为下标较小的事物。

如果允许的配对方式被限制为一类中的一个事物与另一类中的一个事物配对，匹配模型是包含线性分配模型（见定义 11.15）的。然而，在更普遍情况下，所有事物都来自同一类，如上的匹配写法经常被保留下来。

□**应用案例 11-7**

Superfi 的扬声器匹配模型

我们用一个虚构的高精度扬声器生产者 Superfi 面临的任务来阐述匹配模型。

Superfi 成对售卖它的扬声器。尽管生产过程保持着很严格的质量标准，但当被连接到同一个立体声系统中时，任意两个生产处的扬声器还是会互相有微弱的干扰。

为了进一步提高生产质量，Superfi 测量了当前这一批扬声器中每一对扬声器互相的干扰失真为 $d_{i,i'}$。他们希望选择一种配对方式，使得总失真最小。

需要注意的是，任意两个扬声器都可能被配对。扬声器没有大小、左右等区别。

11.4.9　Superfi 实例模型

我们可以用如下决策变量对此问题进行建模：

$$x_{i,i'} \triangleq \begin{cases} 1 & \text{如果扬声器 } i \text{ 与 } i' \text{ 被配对} \\ 0 & \text{其他情况} \end{cases}$$

每一对扬声器(i, i')，$i < i'$对应一个决策变量。根据定义 11.18，此问题转化为匹配模型：

$$
\begin{aligned}
\min \quad & \sum_i \sum_{i'>i} d_{i,i'} x_{i,i'} && \text{（失真）} \\
\text{s.t.} \quad & \sum_{i'<i} x_{i',i} + \sum_{i'>i} x_{i',i} = 1 \quad \forall i && \text{（每个扬声器都被配对）} \\
& x_{i,i'} = 0 \text{ 或 } 1 \quad \forall i, i' > i
\end{aligned}
\tag{11-14}
$$

目标函数将所有配对的扬声器造成的失真求和，而主约束保证每个扬声器恰好属于一个配对。

例 11-13　建立匹配模型

运筹学课程的一位教师将他的学生分配到每 2 人一组的小组来完成课程大作业。每一位学生 s 给出他与另一位学生 s' 一队的偏好 $p_{s,s'}$。建立一个求总偏好最大化时组队方式的匹配模型。

解：使用如下决策变量：

$$x_{i,i'} \triangleq \begin{cases} 1 & \text{如果 } i \text{ 与 } i' \text{ 组队} \\ 0 & \text{其他情况} \end{cases}$$

则建立的匹配模型为：

$$
\begin{aligned}
\max \quad & \sum_i \sum_{i'>i} (p_{i,i'} + p_{i',i}) x_{i,i'} && \text{（偏好）} \\
\text{s.t.} \quad & \sum_{i'<i} x_{i',i} + \sum_{i'>i} x_{i,i'} = 1 \quad \forall i && \text{（每个学生都被配对）} \\
& x_{i,i'} = 0 \text{ 或 } 1 \quad \forall i, i' > i
\end{aligned}
$$

目标函数中的每一项表示 i 与 i' 一队时双方的偏好之和。主约束保证每个学生在一个队伍中。

11.4.10　分配模型和匹配模型的可处理性

这一小节介绍的分配模型衍生的大量模型为不同离散优化模型的可处理性的巨大不同做出了很好的阐释。

原理 11.19　线性分配模型很容易处理，因为它们可以被视为网络流问题，即线性规划的特殊情况。甚至有更有效率的算法存在(见 10.7 小节)。

原理 11.20　计算二次分配模型的全局最优点是很困难的。这是因为目标函数的非线性甚至使得第 12 章的整数线性规划方法完全无效。解决这类问题常使用的方法是如第 15 章介绍的对启发式搜索方法的改进。

原理 11.21　广义分配模型是整数线性规划模型，在其规模适中时可以用第 12 章的方法解决。不过，广义分配模型仍然远不如线性分配模型容易处理。

原理 11.22　匹配模型比线性分配模型更不容易解决，但可以解决很大规模的实际问题的，并有着特殊目的的高效算法还是存在的。

11.5　旅行商和路径模型

最常见的离散优化问题是将客户位置、工作、城市、点等的集合组织成序列或路径的问题。有时，这种**路径模型**(routing model)将所有点组成为单个序列，也有时需要组成几条路线。

11.5.1　旅行商问题

最简单和最著名的路线问题被研究人员称为旅行商问题。

定义 11.23　**旅行商问题**(traveling salesman problem，TSP)是要求一个最小总长度的路线，使得通过该路线可以访问给定集合中的每个点恰好一次。

这个名字来自一个虚构的旅行商，他必须在他的领土上游览城市，使得走过的距离尽可能少。旅行商问题实际上有着更广泛的应用，任何求解以最小总成本、长度或时间对对象排序的问题都可以被视为旅行商问题。

□应用案例 11-8

NCB 电路板旅行商问题

一种考虑旅行商问题的实际情景发生在印刷电路板的制造中。电路板具有许多小孔、芯片和其他部件通过这些小孔布线。在典型的例子中，可能需要钻出多达 10 个不同尺寸的几百个孔。有效的制造过程需要通过移动钻头尽可能快地钻完这些孔。因此，对于任何单个尺寸，找到最有效的钻孔顺序的问题是一个旅行商路径问题。

图 11-4 显示了一个虚构的电路板制造商 NCB 的小例子，我们将用这个例子进行研究。我们寻求一个最佳路线，使其通过如图所示的 10 个孔的位置。表 11-7 报告了孔位置 i 和 j 之间的直线距离 $d_{i,j}$。图 11-4 中的线段显示了总长为 92.8 英寸的

中等品质的解决方案。而最佳路线要比这一方案还短 11 英寸(见 15. 2 节)。

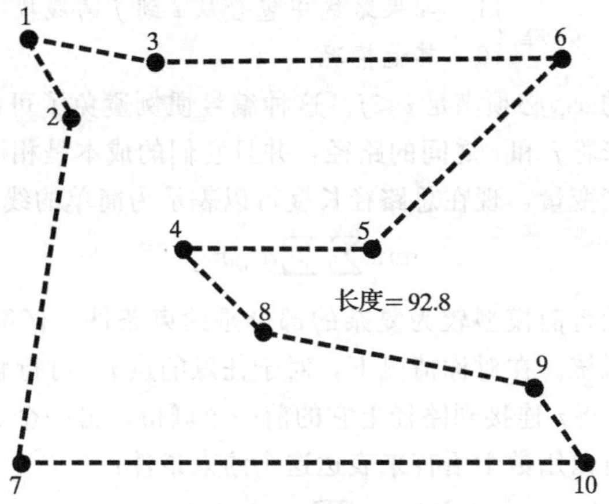

图 11-4　NCB 实例的电路板钻孔位置

表 11-7　NCB 实例中孔之间的距离

i \ j	1	2	3	4	5	6	7	8	9	10
1	—	3.6	5.1	10.0	15.3	20.0	16.0	14.2	23.0	26.4
2	3.6	—	3.6	6.4	12.1	18.1	13.2	10.6	19.7	23.0
3	5.1	3.6	—	7.1	10.6	15.0	15.8	10.8	18.4	21.9
4	10.0	6.4	7.1	—	7.0	15.7	10.0	4.2	13.9	17.0
5	15.3	12.1	10.6	7.0	—	9.9	15.3	5.0	7.8	11.3
6	20.0	18.1	15.0	15.7	9.9	—	25.0	14.9	12.0	15.0
7	16.0	13.2	15.8	10.0	15.3	25.0	—	10.3	19.2	21.0
8	14.2	10.6	10.8	4.2	5.0	14.9	10.3	—	10.2	13.0
9	23.0	19.7	18.4	13.9	7.8	12.0	19.2	10.2	—	3.6
10	26.4	23.0	21.9	17.0	11.3	15.0	21.0	13.0	3.6	—

11. 5. 2　旅行商问题的对称与不对称形式

旅行商问题的一个重要分类依据是点之间的距离是对称还是不对称。

定义 11. 24　*如果从任何点 i 到任何其他点 j 的距离或成本与从 j 到 i 的距离或成本相同，则称旅行商问题是**对称**(symmetric)的。否则，问题是**不对称**(asymmetric)的。*

我们的 NCB 实例是对称的，因为在表 11-7 中，$d_{i,j} = d_{j,i}$。在其他情况下，距离不是这样对称的，可能因为从 i 到 j 的路程很顺畅，而从 j 到 i 的路程比较拥堵，或者由于大量类似的不对称情况。

11. 5. 3　对称旅行商问题的建模

研究人员关注旅行商问题的其中一点是，存在许多不同的建模方式，但没有一个是

直接的。在对称情况下，大多数整数线性规划模型采用决策变量，$i<j$，

$$x_{i,j} \triangleq \begin{cases} 1 & \text{如果路线中包含从 } i \text{ 到 } j \text{ 的线段} \\ 0 & \text{其他情况} \end{cases}$$

注意，我们定义的 $x_{i,j}$ 必须满足 $i<j$。这种编号惯例避免了可能产生的重复，因为 i 和 j 之间的路径就意味着 j 和 i 之间的路径，并且它们的成本是相同的。

根据这些新的决策变量，现在总路径长度可以表示为简单的线性形式：

$$\min \sum_i \sum_{j>i} d_{i,j} x_{i,j} \tag{11-15}$$

整数线性规划中旅行商模型较为复杂的部分是约束条件，仔细思考这一点可以让我们更清楚地理解这个系统。在对称情况下，对于任意的点 i，可行解中恰好存在两个 x 变量可以等于 1。一个 x 将 i 连接到路径上它的前一个城市，另一个 x 将 i 连接到路径上它的下一个城市。我们可以用数学语言来表达这个约束条件：

$$\sum_{j<i} x_{j,i} + \sum_{j>i} x_{i,j} = 2 \quad \forall i \tag{11-16}$$

图 11-4 的 NCB 应用中，$i=5$ 的特定实例是：

$$x_{1,5} + x_{2,5} + x_{3,5} + x_{4,5} + x_{5,6} + x_{5,7} + x_{5,8} + x_{5,9} + x_{5,10} = 2$$

例 11-14　整数线性规划中的旅行商问题(TSP)建模

下图显示了 6 个点之间的可能连接，边上的数字表示通行时间。

我们希望找到可以访问每个点恰好一次，且用时最短的路径，仅能使用图中所示的连接。

(a) 解释为什么该问题可被视为一个对称的旅行商问题。

(b) 为这个实例建立整数线性规划的目标函数(11-15)。

(c) 为这个实例建立约束条件(11-16)。

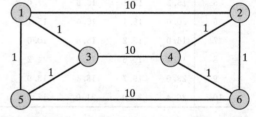

解：

(a) 这是一个旅行商(TSP)问题，因为它需要求解一个访问每个点的封闭路径。它是对称的，因为无论路径是在从 i 到 j 还是从 j 到 i 方向上传递，时间都是相同的。

(b) 所求的线性目标函数是：

min　$10x_{1,2} + 1x_{1,3} + 1x_{1,5} + 1x_{2,4} + 1x_{2,6} + 10x_{3,4} + 1x_{3,5} + 1x_{4,6} + 10x_{5,6}$

该函数最小化旅行的总时长。

(c) 所求的约束条件(11-16)为：

$$x_{1,2} + x_{1,3} + x_{1,5} = 2(\text{节点 1})$$
$$x_{1,2} + x_{2,4} + x_{2,6} = 2(\text{节点 2})$$
$$x_{1,3} + x_{3,4} + x_{3,5} = 2(\text{节点 3})$$
$$x_{2,4} + x_{3,4} + x_{4,6} = 2(\text{节点 4})$$
$$x_{1,5} + x_{3,5} + x_{5,6} = 2(\text{节点 5})$$
$$x_{2,6} + x_{4,6} + x_{5,6} = 2(\text{节点 6})$$

11.5.4　子路径问题

图 11-5 说明了为什么约束条件(11-16)通常是不够用的。所示的解决方案在每个点处的确具有两个连接，但它划分了三个子路径（或微型路线）中的 10 个孔位置，而我们要求的是通过所有点的单一路线。

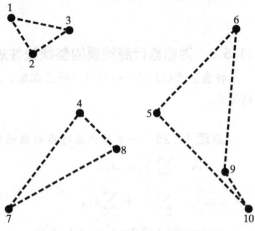

子路径问题并不难理解，但想要找到充足的约束条件却并不那么明显。一种能够消除子路径问题的约束条件可以通过如下方式获得：

$S \triangle$ 规定的路线中，合适的节点 / 城市子集

每种路径必须在 S 集合内外穿过两次（如从 S 内的点到达 S 外的点，或者从 S 外的点到 S 内的点，算作一次）。这导致了约束条件满足以下形式：

图 11-5　NCB 实例中具有子路径的解

$$(S\ 中的点与\ S\ 外的点之间的连线数) = \sum_{i \in S} \sum_{j \notin S} x_{i,j} = \sum_{i \notin S} \sum_{j \in S} x_{i,j} \geqslant 2 \quad (11\text{-}17)$$

现在，该问题存在一个这样的约束条件，满足每个合适的子集 S 中都至少有 3 个城市。

图 11-5 的子路径解决方案违反了这些约束条件中的几个。例如，选择 $S \triangle \{5, 6, 9, 10\}$。相应的子路径消除约束列出了所有可能的路径连接，从 S 外连入 S 中，或者从 S 中连到 S 外：

$$x_{1,5} + x_{1,6} + x_{1,9} + x_{1,10} + x_{2,5}$$
$$+ x_{2,6} + x_{2,9} + x_{2,10} + x_{3,5} + x_{3,6}$$
$$+ x_{3,9} + x_{3,10} + x_{4,5} + x_{4,6} + x_{4,9}$$
$$+ x_{4,10} + x_{5,7} + x_{6,7} + x_{7,9} + x_{7,10}$$
$$+ x_{5,8} + x_{6,8} + x_{8,9} + x_{8,10}$$
$$\geqslant 2$$

例 11-15　建立子路径消除约束

回顾例 11-14 的旅行商问题(TSP)。

(a) 通过检查说明，在例 11-14(b)的那些"=2"的约束条件下，使得成本最小的二值解是具有子路径的。

(b) 写出(a)中具有子路径的解所不满足的一个子路径消除约束(11-17)。

解：

(a) 显然，最小的二值解中，每个节点恰好两次出现在两个连接中。

$$x_{1,3} = x_{1,5} = x_{3,5} = 1$$
$$x_{2,4} = x_{2,6} = x_{4,6} = 1$$
$$x_{1,2} = x_{3,4} = x_{5,6} = 0$$

解中包含了子路径 1-3-5-1 和 2-4-6-2。

（b）一个违背了子路径消除约束(11-17)的 S 集合为：

$$S \triangleq \{1,3,5\}$$

将所有穿过 S 内外的边相加，得到：

$$x_{1,2} + x_{3,4} + x_{5,6} \geqslant 2$$

11.5.5 对称旅行商问题的整数线性规划模型

将表达式(11-15)~(11-17)整理起来，就可以得到对称旅行商问题完整的整数线性规划公式。

原理 11.25 一个对称旅行商问题的整数线性规划模型是：

$$\min \quad \sum_i \sum_{j>i} d_{i,j} x_{i,j}$$

$$\text{s.t.} \quad \sum_{j<i} x_{j,i} + \sum_{j>i} x_{i,j} = 2 \quad \forall i$$

$$\sum_{i \in S} \sum_{j \in S, j>i} x_{i,j} + \sum_{i \notin S} \sum_{j \in S, j>i} x_{i,j} \geqslant 2 \quad \text{对于所有合适的子集} S, |S| \geqslant 3$$

$$x_{i,j} = 0 \text{ 或 } 1 \quad \forall i; j > i$$

其中，如果解中包含连接(i, j)，那么 $x_{i,j} = 1$，$d_{i,j}$ 是从点 i 到点 j 的距离。

11.5.6 不对称旅行商问题的整数线性规划模型

如何修改公式 11.25 以解决不对称的情况？我们需要知道以下几点想法。

- 在不对称情况下，我们定义决策变量为：

$$x_{i,j} \triangleq \begin{cases} 1 & \text{如果路径从 } i \text{ 到 } j \\ 0 & \text{其他情况} \end{cases}$$

$x_{i,j}$ 对于任意 i 和 j 的组合都成立。由于成本的不对称性，路线从 i 到 j 或者从 j 到 i 是不同的。

- 对于约束条件而言，不能只满足每个点出现两次，任何不对称旅行商问题（TSP）的路径必须到达每个点一次并离开每个点一次。因此，对称公式的约束条件被转换为下列非对称情况下的约束条件(定义 11.14)：

$$\sum_j x_{j,i} = 1 \quad \forall i(进入 i)$$

$$\sum_j x_{i,j} = 1 \quad \forall i(离开 i)$$

- 每条路径必须进入和离开每个子集 S 的点。因此，我们可以通过要求路径至少离开每个 S 一次，来建立子路径消除约束条件：

$$\sum_{i \in S} \sum_{i \notin S} x_{i,j} \geqslant 1 \quad 所有的合适的子集 S$$

将这些想法组合整理一下，我们就得到了完整的不对称情况下的模型。

原理 11.26 不对称的旅行商问题可以建立以下整数线性规划模型：

$$\min \quad \sum_i \sum_{j \neq i} d_{i,j} x_{i,j}$$

$$\text{s. t.} \quad \sum_j x_{j,i} \quad = 1 \quad \forall i$$

$$\sum_j x_{i,j} \quad = 1 \quad \forall i$$

$$\sum_{j \in S} \sum_{j \notin S} x_{i,j} \quad \geqslant 1 \quad \text{对于所有的合适的子集} S, |S| \geqslant 2$$

$$x_{i,j} = 0 \ \text{或} \ 1 \quad \forall i,j$$

其中，如果存在从 i 到 j 的路径，则 $x_{i,j} = 1$，且 $d_{i,j}$ 为从 i 到 j 的距离。

例 11-16　不对称旅行商问题建模

回顾例 11-14 和例 11-15 的旅行商问题（TSP），并假设当路径从编号较大的节点到达编号较小的节点时，需要多消耗 2 单位成本。也就是说，$d_{1,2} = 10$，但是 $d_{2,1} = 10 + 2 = 12$；$d_{1,3} = 1$，而 $d_{3,1} = 1 + 2 = 3$，等等。

（a）解释为什么现在的问题是一个不对称的旅行商问题（TSP）。

（b）为相应的模型 11.26 建立目标函数。

（c）建立满足路径到达和离开每个节点恰好各一次的约束条件。

（d）建立一个子路径消除约束条件，使得路径满足离开节点子集合 $S = \{1, 3, 5\}$ 至少 1 次。

解：

（a）额外的 2 单位成本使得 $d_{i,j} \neq d_{j,i}$，这也就使得问题变成了不对称的旅行商问题。

（b）规定所有变量都满足路径是单向通过的，则如 11.26 形式的目标函数是：

$$\min \quad 10x_{1,2} + 1x_{1,3} + 1x_{1,5} + 12x_{2,1} + 1x_{2,4} + 1x_{2,6}$$
$$+ 3x_{3,1} + 10x_{3,4} + 1x_{3,5} + 3x_{4,2} + 12x_{4,3} + 1x_{4,6}$$
$$+ 3x_{5,1} + 3x_{5,3} + 10x_{5,6} + 3x_{6,2} + 3x_{6,4} + 10x_{6,5}$$

（c）这些约束条件有如下取值形式：

$$x_{2,1} + x_{3,1} + x_{5,1} = 1$$
$$x_{1,2} + x_{4,2} + x_{6,2} = 1$$
$$x_{1,3} + x_{4,3} + x_{5,3} = 1$$
$$x_{2,4} + x_{3,4} + x_{6,4} = 1$$
$$x_{1,5} + x_{3,5} + x_{6,5} = 1$$
$$x_{2,6} + x_{4,6} + x_{5,6} = 1$$

以及，

$$x_{1,2} + x_{1,3} + x_{1,5} = 1$$
$$x_{2,1} + x_{2,4} + x_{2,6} = 1$$
$$x_{3,1} + x_{3,4} + x_{3,5} = 1$$
$$x_{4,2} + x_{4,3} + x_{4,6} = 1$$
$$x_{5,1} + x_{5,3} + x_{5,6} = 1$$
$$x_{6,2} + x_{6,4} + x_{6,5} = 1$$

(d) 为了避免 $S=\{1, 3, 5\}$ 中节点的子路径问题，我们加入子路径消除约束条件：

$$x_{1,2} + x_{3,4} + x_{5,6} \geqslant 1$$

11.5.7 旅行商问题中的二次分配建模

对于一个旅行商问题来说，即使点的数量适中，也会存在大量的子路径消除约束条件。这就是为什么处理约束条件更简单的旅行商模型往往更容易，特别是在第 15 章的启发式过程中。我们可以将旅行商问题建模为二次分配（QAP）模型 11.16 来简化约束条件，但代价是目标函数会变为非线性函数。

游览路径是要访问的点的序列或排列。QAP 形式的决策变量将序列位置 k 分配给点 i，也就是说，

$$y_{k,i} \triangleq \begin{cases} 1 & \text{如果第 } k \text{ 个访问的是点 } i \\ 0 & \text{其他情况} \end{cases}$$

例如，图 11-4 的路径可以表示为：

$$y_{1,1} = y_{2,3} = y_{3,6} = y_{4,5} = y_{5,4} = y_{6,8}$$
$$= y_{7,9} = y_{8,10} = y_{9,7} = y_{10,2} = 1$$

以上路径是以孔 1 为起点的。对于其他变量来说，无论是对称或不对称的情况，都可以被建模为一个整数非线性规划模型。

原理 11.27 旅行商问题可以描述为二次分配模型：

$$\min \quad \sum_i \sum_j d_{i,j} \sum_k y_{k,i} y_{k+1,j} \quad \text{（总距离）}$$
$$\sum_i y_{k,i} = 1 \quad \forall k \quad \text{（每个位置都被占据）}$$
$$\sum_k y_{k,i} = 1 \quad \forall i \quad \text{（每个节点都被访问）}$$
$$y_{k,i} = 0 \text{ 或 } 1 \quad \forall k, i$$

其中，如果第 k 个访问的点是 i，则 $y_{k,i}=1$，且 $d_{i,j}$ 是从点 i 到点 j 的距离。

11.27 中的约束条件具有通常的分配形式 11.14，但是目标函数的含义不是很明显。目标函数中的某一项为：

$$d_{i,j} \sum_k y_{k,i} y_{k+1,j}$$

在被选择的旅行序列中，如果存在某个位置，j 是 i 的下一个节点，那么就添加一个距离 $d_{i,j}$（这里，当 k 是最高编号点时，我们令 $k+1$ 表示 1）。例如，在图 11-4 中，非零项之一将是：

$$d_{3,6} \cdot y_{2,3} \cdot y_{3,6}$$

因为孔 3 和孔 6 可以是序列中的第二个和第三个点。用这种方式遍历所有的 i 和 j，就可以得到总距离。

11.5.8 需要求解多个路径的问题

对于许多货运和其他分销组织，通常面临的问题是设计多种路线，而不只是一个。

最开始的任务是决定有哪些服务站点。首先决定将站点细分为几个路径，然后为每个路径选择访问的顺序。

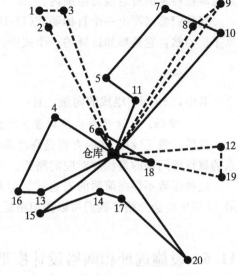

图 11-6 KI 案例中的仓库和货运地点

□ **应用案例 11-9**

KI 货运路径

卡夫公司（Kraft Incorporated，KI）希望设计多个货运路线，向北美超过 10 万个商业、工业和军用客户运输食品。已知客户要求必须根据货运负载和路线规划来分组。

KI 案例的一个小型虚构版本如图 11-6 所示。图中的 20 个站点都由同一个仓库提供服务。表 11-8 显示了每个站点的要求，以货运负载的分数形式 f_i 来表示。图 11-6 中描述的 7 个路径给出了一个可行的解决方案。

表 11-8 KI 案例中的货运负载

站点，i	货运负载，f_i	站点，i	货运负载，f_i	站点，i	货运负载，f_i	站点，i	货运负载，f_i
1	0.25	6	0.70	11	0.21	16	0.38
2	0.33	7	0.28	12	0.68	17	0.26
3	0.39	8	0.43	13	0.16	18	0.29
4	0.40	9	0.50	14	0.19	19	0.17
5	0.27	10	0.22	15	0.22	20	0.31

11.5.9 KI 货运路径应用模型

像 KI 货运路径规划这种复杂的问题，不太容易看出来从哪里下手来建立一个模型。

原理 11.28 优化模型中的路径问题难以简洁地表示。

我们先将站点分配给不同的路径。设决策变量为：

$$z_{i,j} \triangleq \begin{cases} 1 & \text{如果站点 } i \text{ 被分配给路线 } j \\ 0 & \text{其他情况} \end{cases}$$

然后，广义分配约束（定义 11.17）将 20 个站点分配到 7 个路径之中：

$$\sum_{j=1}^{7} z_{i,j} = 1 \qquad \forall i = 1, \cdots, 20 \text{（每个 } i \text{ 都对应了一些 } j\text{）}$$

$$\sum_{j=1}^{20} f_i z_{i,j} \leqslant 1 \qquad \forall j = 1, \cdots, 7 \text{（卡车货运能力）} \tag{11-18}$$

$$z_{i,j} = 0 \text{ 或 } 1 \qquad \forall i = 1, \cdots, 20; j = 1, \cdots, 7$$

第一组约束条件确保了每个站点都可以由某个路线到达，第二组约束条件保证了货运负载在指定的货运能力范围内。

当我们尝试写出一个目标函数(11-18)时，简洁准确地表示路径问题的困难就显而易见了。当然，它是形如这样的一个式子：

$$\sum_{j=1}^{7} \theta_j(\mathbf{z}) \tag{11-19}$$

其中，z 是 $z_{i,j}$ 组成的向量，且

$\theta_j(\mathbf{z}) \triangleq$ 途径由决策向量 $\mathbf{z}$ 所分配的卡车 j 的站点的最佳路线的长度

然后，像 $\theta_j(\mathbf{z})$ 这样的方程是高度非线性的。事实上，$\theta_j(\mathbf{z})$ 是一个只包含路径 j 中站点的旅行商问题的最优解对应的路长。

这种函数不存在简明的表达式。但是，我们知道它们在具体的问题中意味着什么。第 15 章中将会介绍，我们可以用粗略近似的方法得到较好的启发式解。

11.6 设施选址和网络设计模型

第 11.1 节的原理 11.2 和第 11.1 节的定义 11.3 说明了如何使用新的二元变量和**开关约束**(switching constraint)条件来对**固定费用**(fixed charge)建模。实际上，任何具有固定费用的线性规划问题都可以用这种方式建模，但某些形式是特别常见的。在本节中，我们将介绍经典的**设施选址**(facility location)和**网络设计**案例。

11.6.1 设施选址模型

设施选址模型，也称为仓库选址模型和工厂选址模型，可能是涉及固定费用的问题中最常见的一种。

定义 11.29 设施/工厂/仓库选址模型从一个计划好的位置列表中选择某些作为建立设施的地点，使得满足特定客户需求的总成本最小。

成本包括选定设施服务客户的可变成本和设置设施的固定成本。

□**应用案例 11-10**

Tmark 设施选址

AT&T 计划为其电话销售客户的免费呼叫中心进行选址。这些呼叫中心会处理许多地理区域发生的电话预订和订单，由于电话费会根据呼叫人的区域和接收中心的位置而显著变化，因此站点选择是非常重要的。一个设计良好的系统应尽量减少通话费和呼叫中心设置费用的总和。

我们考虑一个虚构的 Tmark 公司，图 11-7 是一个具有 14 个呼叫区域的地图，其中有 8 个可能建立呼叫中心的地点。表 11-9 显示了从任意区域 j 到任意中心 i 对应的单位呼叫费用 $r_{i,j}$，以及每个区域的预期呼叫需求 d_j。

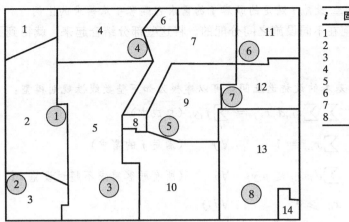

图 11-7　Tmark 实例中的顾客区域和可能的设施选址

表 11-9　Tmark 实例中的电话费用和呼叫需求

区域，j	可能的中心地点，i								呼叫需求量
	1	2	3	4	5	6	7	8	
1	1.25	1.40	1.10	0.90	1.50	1.90	2.00	2.10	250
2	0.80	0.90	0.90	1.30	1.40	2.20	2.10	1.80	150
3	0.70	0.40	0.80	1.70	1.60	2.50	2.05	1.60	1 000
4	0.90	1.20	1.40	0.50	1.55	1.70	1.80	1.40	80
5	0.80	0.70	0.60	0.70	1.45	1.80	1.70	1.30	50
6	1.10	1.70	1.10	0.60	0.90	1.30	1.30	1.40	800
7	1.40	1.40	1.25	0.80	0.80	1.00	1.00	1.10	325
8	1.30	1.50	1.00	1.10	0.70	1.50	1.50	1.00	100
9	1.50	1.90	1.70	1.30	0.40	0.80	0.70	0.80	475
10	1.35	1.60	1.30	1.50	1.00	1.20	1.10	0.70	220
11	2.10	2.90	2.40	1.90	1.10	2.00	0.80	1.20	900
12	1.80	2.60	2.20	0.95	0.50	2.00	1.00	1 500
13	1.60	2.00	1.90	1.90	1.40	1.00	0.90	0.80	430
14	2.00	2.40	2.00	2.20	1.50	1.20	1.10	0.80	200

　　每个被选中的 Tmark 中心每天可以处理 1 500 到 5 000 个呼叫。然而，由于劳动力和房地产价格的差异，不同的呼叫中心固定运营成本差异很大。图 11-7 中显示了 8 个呼叫中心的每日预期固定成本 f_i。

11.6.2　设施选址的整数线性规划模型

　　显然，设施选址问题包含两个决定：一是开设哪些设施，二是被选中的设施应该如何满足客户需求。我们选取决策变量：

$$y_i \triangleq \begin{cases} 1 & \text{如果设施 } i \text{ 被开设} \\ 0 & \text{其他情况} \end{cases}$$

这组决策变量描述了哪些地点是被选中的。另一组决策变量：

$$x_{i,j} \triangleq 设施\ i\ 满足的顾客\ j\ 的需求占顾客\ j\ 总需求的比例$$

描述了服务量是如何在不同设施之间分配的。将这些部分结合起来，就得到了设施选址的标准模型。

原理 11.30 基本的设施选址问题可以建模为如下整数线性规划模型：

$$\min \quad \sum_i \sum_j c_{i,j} d_j x_{i,j} = \sum_i f_i y_i \quad （总成本）$$

$$\text{s.t.} \quad \sum_i x_{i,j} = 1 \qquad \forall j \qquad （满足\ j\ 的需求）$$

$$\sum_j d_j x_{i,j} \leqslant u_i y_j \quad \forall i \qquad （所有顾客需求不超过设施\ i\ 的容量）$$

$$x_{i,j} \geqslant 0 \qquad \forall i,j$$

$$y_1 = 0\ 或\ 1 \qquad \forall i$$

其中，$x_{i,j}$ 是顾客 j 从设施 i 中获得的服务量，$y_i = 1$ 表明设施 i 被开设，d_j 是顾客 j 的服务量需求，$c_{i,j}$ 是顾客 j 从设施 i 中获得服务产生的单位成本，f_i 是开设设施 i 的非负固定费用，而 u_i 是设施 i 可满足的最大服务量。

该目标函数将所有可变成本和固定成本相加。第一组约束条件确保了每个客户的需求百分百得到满足。当相应的 $y_i = 1$ 时，第二组约束条件开启了对设施 i 最大可能服务量的控制。如果问题中的设施没有具体的服务量上限，u_i 可以设为任何足够大的值，比如总需求。

有时客户必须从单一设施获得所有的服务，所以存在如下约束：

$$x_{i,j} = 0\ 或\ 1 \quad \forall i,j$$

在其他的情况下，服务需求可以在不同设施之间进行分配，这使得 $x_{i,j}$ 是连续的。

11.6.3 Tmark 设施选址实例模型

按照 11.30 中的形式，我们可以用混合整数线性规划模型来描述 Tmark 的设施选址问题：

$$\min \quad \sum_{i=1}^8 \sum_{j=1}^{14} (r_{i,j} d_j) x_{i,j} + \sum_{i=1}^8 f_i y_i \quad （总成本）$$

$$\text{s.t.} \quad \sum_{i=1}^8 x_{i,j} = 1 \qquad \forall j = 1, \cdots 14 \quad （顾客\ j\ 从各设施中得到服务的比例）$$

$$1\,500 y_i \leqslant \sum_{j=1}^{14} d_i x_{i,j} \qquad \forall i = 1, \cdots, 8 \quad （设施\ i\ 最少服务量）$$

$$\sum_{j=1}^{14} d_j x_{i,j} \leqslant 5\,000 y_i \qquad \forall i = 1, \cdots, 8 \quad （设施\ i\ 最大服务量）$$

$$x_{x,j} \geqslant 0 \qquad \forall i = 1, \cdots, 8;\ j = 1, \cdots, 14$$

$$y_i = 0\ 或\ 1 \qquad \forall i = 1, \cdots, 8$$

$$(11\text{-}20)$$

这里的目标函数是处理呼叫的成本和中心设置成本的综合。呼叫中心 i 为区域 j 的服

务产生的总成本为:

$$服务需求_j \cdot 电话费_{i,j} \cdot 服务量占比_{i,j} = d_j r_{i,j} x_{i,j}$$

模型(11-20)中大多数的约束条件都与 11.30 中的形式相同。变量 $x_{i,j}$ 是连续的,因为假设来自某个区域的服务需求可以在几个呼叫中心之间分配。

一组新的约束条件规定了每个呼叫中心的最小服务量。

$$1\,500 y_i \leqslant \sum_{j=1}^{14} d_j x_{i,j}$$

这一约束条件保证了每个被开设的中心 i 每天都至少要处理 1 500 个呼叫电话。

模型(11-20)的解为,

$$y_4^* = y_8^* = 1$$

$$y_1^* = y_2^* = y_3^* = y_5^* = y_6^* = y_7^* = 0$$

总费用为 10 153 美元/天,区域 1、2、4、5、6 和 7 被中心 4 服务,其余区域被中心 8 服务。

例 11-17　设施选址模型

环境保护部门已在全国各地挑选了 14 个可能的办事处,检查员将每年视察 111 个高度可能发生漏油事故的场所。他们还测量了从位置 i 到每个潜在漏油地点 j 的交通成本 $c_{i,j}$。每个漏油场所都应受到某个办事处的管理。

(a)设计设施选址模型,选择合理的办事处,并对视察任务进行分配,使得总成本最小。假定设置办事处每年的固定费用为 f。

(b)设计设施选址模型,选择合理的办事处,并对视察任务进行分配,使得总成本最小。假定设置办事处每年的固定费用是未知的,但已决定最多开放 9 个办事处。

解:我们根据 11.30 的整数线性规划模型的形式来建模。

(a)在这种情况下,所求模型为:

$$\min \quad \sum_{i=1}^{14} \sum_{j=1}^{111} c_{i,j} x_{i,j} + f \sum_{i=1}^{14} y_i \qquad （总成本）$$

$$\text{s. t.} \quad \sum_{i=1}^{14} x_{i,j} = 1 \qquad j = 1,\cdots,111 \quad （每个地点恰被一个办事处视察）$$

$$\sum_{j=1}^{111} x_{i,j} \leqslant 111 y_i \quad i = 1,\cdots,14 \quad （对每个办事处需求不超过其视察上限）$$

$$x_{i,j} = 0 \text{ 或 } 1 \qquad i = 1,\cdots,14; \ j = 1,\cdots,111$$

$$y_i = 0 \text{ 或 } 1 \qquad i = 1,\cdots,14$$

由于办事处没有具体的视察任务数上限,所以取 $u_i = 111$ 即可。

每个可能的漏油地点都能被某个开设的办事处视察到。$x_{i,j}$ 是二值变量,因为漏油地点只能被一个办事处视察。

(b)在这种情况下,所求模型为:

$$\min \quad \sum_{i=1}^{14} \sum_{j=1}^{111} c_{i,j} x_{i,j} \qquad （旅行成本）$$

$$\text{s. t.} \quad \sum_{j=1}^{14} x_{i,j} = 1 \qquad j = 1,\cdots,111 （每个地点恰被一个办事处视察）$$

$$\sum_{j=1}^{111} x_{i,j} \leqslant 111 y_i \quad i = 1,\cdots,14 \quad (\text{对每个处事处需求不超过其视察上限})$$

$$\sum_{i=1}^{14} y_i \leqslant 9 \qquad\qquad (\text{最多建立 9 个视察办事处})$$

$$x_{i,j} = 0 \text{ 或 } 1 \qquad i = 1,\cdots,14; j = 1,\cdots,111$$

$$y_i = 0 \text{ 或 } 1 \qquad i = 1,\cdots,14$$

固定成本可以被忽略，且需要添加一个新的约束条件来限制办事处数量不超过 9 个。

11.6.4 网络设计模型

设施选址模型研究要在网络中的哪些节点开设设施。而网络设计或固定费用网络流模型研究要选取网络中的哪些线段（或弧）。变量 $x_{i,j}$ 表示连续的网络流量，而离散变量 $y_{i,j}$ 表示两点之间是否建立通路，用 $x_{i,j}$ 和 $y_{i,j}$ 共同来表示网络流量对应的可变成本和建立通路花费的固定成本。

定义 11.31　固定费用网络流或**网络设计模型**可以建模为如下形式。有向图中，结点 $k \in V$ 具有网络流量需求 b_k，且弧 $(i, j) \in A$ 的最大流量限制为 $u_{i,j}$，单位成本为 $c_{i,j}$，非负固定成本为 $f_{i,j}$。

$$\min \quad \sum_{(i,j) \in A} c_{i,j} x_{i,j} + \sum_{(i,j) \in A} f_{i,j} y_{i,j}$$
$$\text{s. t.} \quad \sum_{(i,k) \in A} x_{i,k} - \sum_{(k,j) \in A} x_{k,j} = b_k \quad \forall k \in V$$
$$0 \leqslant x_{i,j} \leqslant u_{i,j} y_{i,j} \qquad \forall (i,j) \in A$$
$$y_{i,j} = 0 \text{ 或 } 1 \qquad\qquad \forall (i,j) \in A$$

$x_{i,j}$ 的主要约束保证每个节点流量平衡，这与网络流模型（见 10.1 节）相一致。如果固定费用被支付，那么转换后的约束条件（定义 11.3）就给出了网络通路流量的上限。通常，如果不明确给出流量上限，则必须从其他约束条件导出上限，比如可以取 $u_{i,j}$ 为弧 (i, j) 上的最大可行流量。

□ 应用案例 11-11

废水网络设计

网络设计应用可以涉及电信、电、水、气体、煤浆或其他包含网络流动的领域。我们用区域废水（下水道）网络的实例进行说明。

随着主城区附近新城区的发展，必须建设下水道和处理厂的整个网络，以服务不断增长的人口。图 11-8 展示了我们的特定实例。

网络中节点 1 至 8 表示人口中心以及可建造污水处理厂的位置，在每个人口中心，较小的下水道被连接到主区域网络中。污水量与人口大致成比例，因此节点处的污水流入量用人口数来表示（单位：千）。

连接节点 1 至 8 的弧显示了主下水道的可能路线。大多数流动方向遵循从高到低流动的重力原则，但其中有一条是安装有水泵的抽水管道 (4, 3)。每种类型线路的大部分建设成本是固定的：路权获取、挖沟等。然而，线路的成本也随着人口数量的增加而增长，因为更大的流量需要更大直径的管道。图 11-8 中的表格显示了每个弧的固定和可变成本(单位：千美元)。

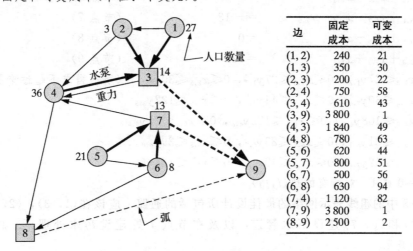

边	固定成本	可变成本
(1, 2)	240	21
(1, 3)	350	30
(2, 3)	200	22
(2, 4)	750	58
(3, 4)	610	43
(3, 9)	3 800	1
(4, 3)	1 840	49
(4, 8)	780	63
(5, 6)	620	44
(5, 7)	800	51
(6, 7)	500	56
(6, 8)	630	94
(7, 4)	1 120	82
(7, 9)	3 800	1
(8, 9)	2 500	2

图 11-8　废水网络设计实例

　　污水处理厂的成本实际上发生在节点处，在这里是节点 3、7 和 8。然而，图 11-8 显示了这种成本可以通过引入一个人工"超级蓄水池"节点 9，而转变为在弧上建模。弧(3，9)，(7，9)和(8，9)可以被理解成流出整个网络的水流，从而计算污水处理厂的固定成本和可变成本。

11.6.5　废水网络设计实例模型

　　为了将我们的废水网络设计问题写成 11.31 的形式，我们需要确定每个弧的流量上限 $u_{i,j}$。虽然这些上限都没有被明确提供，但是我们不难确定每个弧上的最大可能流量。例如，我们可以取：

$$u_{2,3} = 27 + 3 = 30$$

因为节点 1 最多会有 27 000 单位流向节点 3，而节点 2 最多会有 3 000 单位流向节点 3。

　　根据这样的流量上限，我们可以将图 11-8 的废水系统设计问题建模为以下固定费用网络流问题：

$$
\begin{aligned}
\min \quad & 21x_{1,2}+ \quad 30x_{1,3}+ \quad 22x_{2,3}+ \quad 58x_{2,4}+ \quad 43x_{3,4} && \text{（总成本）}\\
& + \quad 1x_{3,9}+ \quad 49x_{4,3}+ \quad 63x_{4,8}+ \quad 44x_{5,6}+ \quad 51x_{5,7}\\
& + \quad 56x_{6,7}+ \quad 94x_{6,8}+ \quad 82x_{7,4}+ \quad 1x_{7,9}+ \quad 2x_{8,9}\\
& + \quad 240y_{1,2}+ \quad 350y_{1,3}+ \quad 200y_{2,3}+ \quad 750y_{2,4}+ \quad 610y_{3,4}\\
& +3\,800y_{3,9}+1\,840y_{4,3}+ \quad 780y_{4,8}+ \quad 620y_{5,6}+ \quad 800y_{5,7}\\
& + \quad 500y_{6,7}+ \quad 630y_{6,8}+1\,120y_{7,4}+3\,800y_{7,9}+2\,500y_{8,9}
\end{aligned}
$$

$$
\begin{aligned}
\text{s. t.} \quad & -x_{1,2}-x_{1,3} && =-27 && \text{（节点 1）}\\
& x_{1,2}-x_{2,3}-x_{2,4} && =-3 && \text{（节点 2）}\\
& x_{1,3}+x_{2,3}+x_{4,3}-x_{3,4}-x_{3,9} && =-14 && \text{（节点 3）} && (11\text{-}21)
\end{aligned}
$$

$$x_{2,4}+x_{3,4}+x_{7,4}-x_{4,3}-x_{4,8}=-36 \qquad \text{（节点 4）}$$
$$-x_{5,6}-x_{5,7}=-21 \qquad \text{（节点 5）}$$
$$x_{5,6}-x_{6,7}-x_{6,8}=-8 \qquad \text{（节点 6）}$$
$$x_{5,7}+x_{6,7}-x_{7,4}-x_{7,9}=-13 \qquad \text{（节点 7）}$$
$$x_{4,8}+x_{6,8}-x_{8,9}=0 \qquad \text{（节点 8）}$$
$$x_{3,9}+x_{7,9}+x_{8,9}=122 \qquad \text{（节点 9）}$$

$0\leqslant x_{1,2}\leqslant 27y_{1,2},\ 0\leqslant x_{1,3}\leqslant 27y_{1,3},\ 0\leqslant x_{2,3}\leqslant 30y_{2,3}$ （所有需求不超过流量限制）

$0\leqslant x_{2,4}\leqslant 30y_{2,4},\ 0\leqslant x_{3,4}\leqslant 44y_{3,4},\ 0\leqslant x_{3,9}\leqslant 122y_{3,9}$

$0\leqslant x_{4,3}\leqslant 108y_{4,3},\ 0\leqslant x_{4,8}\leqslant 122y_{4,8},\ 0\leqslant x_{5,6}\leqslant 21y_{5,6}$

$0\leqslant x_{5,7}\leqslant 21y_{5,7},\ 0\leqslant x_{6,7}\leqslant 29y_{6,7},\ 0\leqslant x_{6,8}\leqslant 29y_{6,8}$

$0\leqslant x_{7,4}\leqslant 42y_{7,4},\ 0\leqslant x_{7,9}\leqslant 42y_{7,9},\ 0\leqslant x_{8,9}\leqslant 122y_{8,9}$

$y_{i,j}=0$ 或 1　对所有的边 (i,j)

图 11-8 中的粗线表示网络的最佳设计所包括的通路。应该在(1，3)，(2，3)，(4，3)，(5，7)和(6，7)建设下水管道，以及在节点 7 处建设污水处理厂。总成本为 15 571 000 美元。

例 11-18　网络设计模型

下面的有向图显示了从广播中心（节点1）到城镇（节点 3 和节点 4）的有线电视线的可能路线。节点 2 是连接盒，可以包含在最终的系统中，也可以不包含。连线上的数字是电缆线的固定成本。

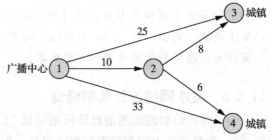

建立固定成本网络流量模型，设计以最低成本为两个城镇提供服务的网络。

解：该问题没有明确提供电线的流量上限，并且没有可变成本。因此，我们可以假设这两个城镇的流量需求都为 1，且节点 1 提供 2 单位的流量。弧(1，2)上的流量上限为2，而其他弧上的流量上限为 1。

将这些值以 11.31 的形式表示出来，就生成了整数线性规划模型：

$$\min \quad 10y_{1,2}+25y_{1,3}+33y_{1,4}+8y_{2,3}+6y_{2,4} \qquad \text{（成本）}$$
$$\text{s.t.} \quad -x_{1,2}-x_{1,3}-x_{1,4}=-2 \qquad \text{（节点 1）}$$
$$x_{1,2}-x_{2,3}-x_{2,4}=0 \qquad \text{（节点 2）}$$
$$x_{1,3}+x_{2,3}=1 \qquad \text{（节点 3）}$$
$$x_{1,4}+x_{2,4}=1 \qquad \text{（节点 4）}$$

$0\leqslant x_{1,2}\leqslant 2y_{1,2},0\leqslant x_{1,3}\leqslant y_{1,3},0\leqslant x_{1,4}\leqslant y_{1,4}$（所有需求不超过流量限制）

$0\leqslant x_{2,3}\leqslant y_{2,3},0\leqslant x_{2,4}\leqslant y_{2,4}$

$y_{1,2},y_{1,3},y_{1,4},y_{2,3},y_{2,4}=0$ 或 1

11.7　处理机调度及排序模型

调度（scheduling）是资源随时间的分配。调度应用很广泛，包括人员配置，如 5.4 节中的 ONB 班次计划，11.3 节中的 AA 机组调度，2.4 节中的 Purdue 期末考试时间表安排以及 9.7 节中的建设项目管理。在本节中，我们介绍另一个应用很广的调度模型：**处理机调度**（processor scheduling）模型。它在给定一组处理设备时对作业集在这些处理设备上的处理进行**排序**（sequence）。

□ 应用案例 11-12

精美笔记复印店的单机调度

我们从一个虚拟的"精美笔记"复印店的装订机调度问题开始介绍处理机调度模型。在每个学期开始之前，附近大学的教授提供给精美笔记一套原版课程讲义，告知复印店班级的预计人数，以及来复印店取讲义复印件的截止日期。接下来，精美笔记的员工必须赶快在每个课程开始之前打印并装订需要的所有复印件。

在每个学期的忙碌期间，精美笔记唯一的装订站每天 24 小时运作。表 11-10 展示了现在在装订站等待处理的作业 $j=1,\cdots,6$ 的**处理时间**（process time）、**发布时间**（release time）和**截止日期**（due date）。

表 11-10 相关数据

	装订工作，j					
	1	2	3	4	5	6
处理时间，p_j	12	8	3	10	4	18
发布时间，r_j	-20	-15	-12	-10	-3	2
截止日期，d_j	10	2	72	-8	-6	60

$p_j \triangleq$ 装订作业 j 需要的处理时间的估计值（以小时为单位）

$r_j \triangleq$ 作业 j 已经等待处理的时间／为了可以被处理还需等待的时间（以小时为单位）（与现在，即时间 ＝ 0 相比）

$d_j \triangleq$ 到截止日期的时间（以小时为单位）（与现在，即时间 ＝ 0 相比）

需要注意的是，有两项作业已经超过了截止日期。

我们希望选择一个最佳的顺序来完成这些工作。一次只有一个作业可以被处理，且一旦当前作业开始，当前作业必须在另一个作业开始之前完成。

11.7.1 单处理机调度问题

我们的精美笔记实例是一个很简单的单处理机（或单机）调度的例子。

定义 11.32 **单处理机**（single-processor）/**单机**（single-machine）调度问题寻求在单个处理机上完成给定作业集合的最佳序列，且该处理机一次只能进行一项作业。

如同在精美笔记的实例中看到的一样，通常我们还假定不允许**抢占**（preemption）行为，即一个作业不能中断正在进行的另一个作业。

11.7.2 时间决策变量

由于调度意味着资源随时间的分配，大多数模型中建立的一组决策变量是作业的**开**

始时间(start time)或**完成时间**(completion time)是很自然的事情。

原理 11.33 处理机调度模型中的一组(连续)决策变量通常决定其所需的处理机上每个作业的开始或完成时间。

在我们的精美笔记实例中，我们定义决策变量为：

$$x_j \triangleq 作业 j 开始装订的时间(与现在，即时间 = 0 相比)$$

接下来，对这些变量的一组约束即为作业的开始时间必须在到达时间之后：

$$x_j \geqslant \max\{0, r_j\} \quad j = 1, \cdots, 6(作业开始时间在到达时间之后) \tag{11-22}$$

我们同样也可以用完成时间进行建模。但是，开始和完成时间不需要同时被作为决策变量，因为一个可以通过另一个计算(注意到处理时间是给定的常数)：

$$开始时间 + 处理事件 = 完成时间$$

11.7.3 冲突约束和分离变量

处理机调度问题的重点在于任何时间任何处理机上只能有一个作业正在进行。如果我们知道开始(或完成)时间，则不难检查违规或**冲突**(conflict)。然而，防止冲突的标准数学规划约束并不容易写出。

对于任意一对可能在处理机上冲突的作业 j 和 j'，合适的**冲突约束**(conflict constraint)为：

$$\begin{gathered} j\ 的开始时间 + j\ 的处理时间 \leqslant j'\ 的开始时间 \\ 或 \\ j'\ 的开始时间 + j'\ 的处理时间 \leqslant j\ 的开始时间 \end{gathered} \tag{11-23}$$

即要么 j' 在 j 开始前结束，要么 j 在 j' 开始前结束。但是这两种可能只有一种会发生，我们必须知道 j 还是 j' 先在处理机上开始处理来决定发生的是哪一种情况。

运筹分析师不使用通常的数学规划格式来处理冲突预防(11-23)。尽管如此，在附加的分离变量的帮助下，冲突避免可以被显式建模。

原理 11.34 处理机调度模型中的一组(离散)**分离变量**(disjunctive variable)通常通过指定每个作业 j 是在可能冲突的每个其他 j' 之前还是之后被调度来确定作业在处理器上启动的顺序。

接着，我们可以用一对一对的线性约束实现(11-23)中的冲突预防。

原理 11.35 具有作业开始时间 x_j 和处理时间 p_j 的处理器调度模型可以用如下的**分离变量约束对**(disjunctive constraint pair)防止作业 j 和 j' 之间的冲突：

$$x_j + p_j \leqslant x_{j'} + M(1 - y_{j,j'})$$
$$x_{j'} + p_{j'} \leqslant x_j + M y_{j,j'}$$

其中 M 是大的正常数，并且当 j 在处理器上在 j' 之前被调度时，二值分离变量 $y_{j,j'} = 1$，反之，则 $y_{j,j'} = 0$。

在精美笔记实例中，具体的表述如下：

$$y_{j,j'} \triangleq \begin{cases} 1 & \text{如果作业 } j \text{ 比 } j' \text{ 早装订} \\ 0 & \text{如果作业 } j' \text{ 比 } j \text{ 早装订} \end{cases}$$

根据原理 11.35 构建的约束为：

$$\left. \begin{array}{l} x_j + p_j \leqslant x_{j'} + M(1 - y_{j,j'}) \\ x_{j'} + p_{j'} \leqslant x_j + My_{j,j'} \end{array} \right\} j = 1, \cdots, 6; j' > j \tag{11-24}$$

与其他很多种情况下相同，我们只考虑 $j' > j$ 的情况，以避免重复列出同一对变量。

为了了解约束如何防止冲突，我们考虑 $j = 2$，$j' = 6$ 的情况。参考表 11-10 中的处理时间后，用式(11-24)所描述的一对变量的约束为：

$$x_2 + 8 \leqslant x_6 + M(1 - y_{2,6})$$
$$x_6 + 18 \leqslant x_2 + My_{2,6}$$

如作业 2 在作业 6 之前开始，则 $y_{2,6} = 1$，并且第一个约束保证作业 6 的开始时间在作业 2 之后。此时第二个约束也必须被满足，然而，包含大正数 M 的 $My_{2,6}$ 项使得此约束对任意 x_2 和 x_6 都成立。另一方面，如果作业 6 在作业 2 之前开始，则 $y_{2,6} = 0$，则第一个约束无论怎样都会成立，第二个约束保证作业 2 在作业 6 完成之后开始。

例 11-19　建立冲突约束

在分别具有处理时间 14，3 和 7 的作业 $j = 1, \cdots, 3$ 的单个处理机上，为可行调度建立整数线性规划约束。

解：我们采用如下决策变量。

$$x_j \triangleq \text{作业 } j \text{ 开始的时间}$$
$$y_{j,j'} \triangleq \begin{cases} 1 & \text{如果调度 } j \text{ 比 } j' \text{ 早开始} \\ 0 & \text{其他情况} \end{cases}$$

则原理 11.35 中的保证每一时刻只有一个在制品的冲突约束为：

$$x_1 + 14 \leqslant x_2 + M(1 - y_{1,2})$$
$$x_2 + 3 \leqslant x_1 + My_{1,2}$$
$$x_1 + 14 \leqslant x_3 + M(1 - y_{1,3})$$
$$x_3 + 7 \leqslant x_1 + My_{1,3}$$
$$x_2 + 3 \leqslant x_3 + M(1 - y_{2,3})$$
$$x_3 + 7 \leqslant x_2 + My_{2,3}$$

对变量类型的限制为：

$$x_1, x_2, x_3 \geqslant 0$$
$$y_{1,2}, y_{1,3}, y_{2,3} = 0 \text{ 或 } 1$$

以上即完成了所需的约束条件。

11.7.4　对截止日期的处理

读者应该已经注意到，我们还没有对各种工作的截止日期建立任何约束。这可以很容易地通过添加如下形式的条件来完成：

$$x_j + p_j \leqslant d_j$$

然而，强制执行此类要求并不标准，因为可能没有满足所有截止日期的可行时间表。例如，在表 11-10 的精美笔记复印店数据中，一些截止日期已经过去；通常人们习惯于在目标函数中反映截止日期，正如下一部分所解释的。

原理 11.36 处理机调度模型中的**截止日期**（due date）通常被作为目标来处理，反映在目标函数中，而不是以显式约束的方式来处理。必须满足的截止日期被称为**最后期限**（deadline）来加以区分。

11.7.5 处理机调度问题的目标函数

调度模型的一个有趣的特征是其合适的目标函数的多样性。

原理 11.37 作业 $j=1, \cdots, n$ 的开始时间由 x_j 表示，处理时间由 p_j 表示，到达时间由 r_j 表示，截止日期由 d_j 表示。处理器调度目标函数通常最小化以下函数之一：

最长完成时间	$\max_j\{x_j + p_j\}$
平均完成时间	$\frac{1}{n}\sum_j (x_j + p_j)$
最长流动时间	$\max_j\{x_j + p_j - r_j\}$
平均流动时间	$\frac{1}{n}\sum_j (x_j + p_j - r_j)$
最大迟到时间	$\max_j\{x_j + p_j - r_j\}$
平均迟到时间	$\frac{1}{n}\sum_j (x_j + p_j - d_j)$
最大延迟时间	$\max_j\{\max(0, x_j + p_j - d_j)\}$
平均延迟时间	$\frac{1}{n}\sum_j (\max\{0, x_j + p_j - d_j\})$

其中，最大完成时间又被称为**完工时间**（makespan）。

总完成时间、总流动时间、总迟到时间或总延迟时间也是我们感兴趣的，但是对于这些总量的优化等同于相应的平均量的优化，因为总量为 n 倍平均量，而 n 为常数。

原理 11.37 中的完成时间形式的目标函数强调尽快完成所有工作。例如，我们的精美笔记实例的平均完成时间形式的目标函数为：

$$\min \quad \frac{1}{6}\big[(x_1 + 12) + (x_2 + 8) + (x_3 + 3) + (x_4 + 10) + (x_5 + 4) + (x_6 + 18)\big]$$

相应的最佳调度以 3-5-2-4-1-6 的顺序进行精美笔记的装订作业，开始时间分别为：

$$x_1^* = 25, x_2^* = 7, x_3^* = 0, x_4^* = 15, x_5^* = 3, x_6^* = 37 \tag{11-25}$$

平均完成时间为 23.67。

完成时间度量方式特别适合于有固定数量的工作要完成的情况，即没有其他的预期工作。当模型涉及更连续的操作时，流动时间形式可能更合适。流动时间记录作业处在系统中的时间长度：

$$\text{流动时间} \triangleq \text{完成时间} - \text{到达时间}$$

这个想法的目标是最大程度地减少**在制品数量**（work in process），以便减少部分完成品的库存成本。

在截止日期很关键时，第三种形式的目标函数很重要。迟到时间的计算既包含提前完成的时间，又包含推迟完成的工作：

$$\text{迟到时间} \triangleq \text{完成时间} - \text{截止日期}$$

延迟时间则只考虑推迟完成的工作（即只考虑正的迟到时间）：

$$\text{延迟时间} \triangleq \max\{0, \text{迟到时间}\}$$

例如，在精美笔记的例子中，最小化最大迟到时间即建立如下目标函数：

$$\min \quad \max\{(x_1 + 12 - 10), (x_2 + 8 - 2), (x_3 + 3 - 72),$$
$$(x_4 + 10 + 8), (x_5 + 4 + 6), (x_6 + 18 - 60)\} \tag{11-26}$$

对应的精美笔记最佳调度顺序为 4-2-5-3-1-6，开始时间分别为：

$$x_1^* = 22, x_2^* = 14, x_3^* = 52, x_4^* = 0, x_5^* = 10, x_6^* = 34 \tag{11-27}$$

最大迟到时间为工作 1 的迟到时间：$(22+12-10)=24$。注意到这个调度顺序与用平均调度时间得到的调度顺序(11-25)有很大的不同。在这种调度情况下，为了减小迟到时间，平均调度时间由最优的 23.67 提高到了 31.17。

例 11-20　理解处理机调度目标

右表展示了三个作业的处理时间、到达时间、截止日期和调度的开始时间。

计算原理 11.37 中对应的 8 个目标函数的值。

	作业 1	作业 2	作业 3
处理时间	15	6	9
到达时间	5	10	0
截止日期	20	25	36
调度的开始时间	9	24	0

解：完成时间（即开始时间＋处理时间）为：
$9+15=24$，　$24+6=30$，　以及 $0+9=9$。
因此最大完成时间为：$\max\{24, 30, 9\}=30$，
平均完成时间为：$\frac{1}{3}(24+30+9)=21$。

流动时间（完成时间－到达时间）为：

$$24-5=19, \quad 30-10=20, \quad \text{以及 } 9-0=9$$

因此，最大流动时间为：$\max\{19, 20, 9\}=20$，平均流动时间为：$\frac{1}{3}(19+20+9)=16$。

三个作业的迟到时间（完成时间－截止日期）为：

$$24-20=4, \quad 30-25=5, \quad \text{以及 } 9-36=-27$$

因此，最大迟到时间为 $\max\{4, 5, -27\}=5$，平均迟到时间为 $\frac{1}{3}(4+5-27)=-6$。

最后，延迟时间（$\max\{0, \text{迟到时间}\}$）分别为：

$$\max\{0,4\}=4, \quad \max\{0,5\}=5, \quad \max\{0,-27\}=0$$

因此，最大延迟时间为 $\max\{4, 5, 0\}=5$，平均延迟时间为 $\frac{1}{3}(4+5+0)=3$。

11.7.6　建立最小最大值调度目标下的整数线性规划

公式 11.35 的分离约束(disjunctive constraint)可以与原理 11.37 中的列表中除了延迟时

间的任意平均形式的目标函数结合，为处理机调度问题建立整数线性规划公式。然而，当延迟或任何最小最大值形式的目标函数被优化时，问题变为整数非线性规划(INLP)。

我们可以使用第 4.6 节的技巧(原理 4.13)将这些 INLP 形式的任何一个问题转换为更易处理的 ILP 问题。

原理 11.38 原理 11.37 列表中的最小最大值目标中的任何一个目标可以通过引入新的决策变量 f 以表示目标函数值，然后在新约束下最小化 f 的方式来线性化。这些新约束的形式为：$f \geqslant$ 最大化符号所作用的每一个元素。类似的结构也可以对延迟进行建模。具体方式为：为每个作业引入新的非负延迟变量，并且添加保持每个延迟变量 $\geqslant$ 相应迟到变量的约束。

为了解释如上原理，我们回到如下形式的精美笔记迟到目标函数：
$$\min \quad \max\{(x_1 + 12 - 10), (x_2 + 8 - 2), (x_3 + 3 - 72),$$
$$(x_4 + 10 + 8), (x_5 + 4 + 6), (x_6 + 18 - 60)\}$$

引入新变量 f，解如下的问题，即可将此问题转化为整数线性规划问题：
$$\min \quad f$$
$$\text{s. t.} \quad f \geqslant x_1 + 2$$
$$f \geqslant x_2 + 6$$
$$f \geqslant x_3 - 69$$
$$f \geqslant x_4 + 18$$
$$f \geqslant x_5 + 10$$
$$f \geqslant x_6 - 42$$
$$\text{(均为原始约束条件)}$$

例 11-21 线性化调度目标函数

用 x_j 表示例 11-20 中每个作业 j 调度的开始时间，展示如何以整数线性规划形式表示以下每个目标函数：

(a) 最大完成时间。

(b) 平均延迟时间。

解：我们使用原理 11.38 中的方法。

(a) 为了线性化最大完成时间，我们引入了一个新的决策变量 f 并引入新的约束，以保持其至少与任何一个完成时间一样大。具体来说，形式为：
$$\min \quad f$$
$$\text{s. t.} \quad f \geqslant x_1 + 15$$
$$f \geqslant x_2 + 6$$
$$f \geqslant x_3 + 9$$
$$\text{(均为原始约束条件)}$$

(b) 为了对延迟进行建模，我们为每个作业 j 引入新的决策变量 x_j，并强制其 $\geqslant$ 迟到时间。则平均延迟时间模型是：

$$\min \quad \frac{1}{3}(t_1 + t_2 + t_3)$$

$$\text{s. t.} \quad t_1 \geqslant x_1 + 15 - 20$$

$$t_2 \geqslant x_2 + 6 - 25$$

$$t_3 \geqslant x_3 + 9 - 36$$

$$t_1, t_2, t_3 \geqslant 0$$

（均为原始约束条件）

如果作业 j 延迟完成，则新的主约束（main constraint）保证 t_j＝迟到时间；否则，非负约束 $t_j \geqslant 0$ 迫使延迟＝0。

11.7.7　调度目标函数之间的等价

原理 11.37 列表中的不同目标函数并不经常意味着不同的最优调度。

原理 11.39　平均完成时间、平均流动时间和平均迟到时间形式的调度目标函数在某种意义上是等效的，即一种形式的最佳调度也是其他形式的最佳调度。

原理 11.40　最大迟到时间形式的调度目标函数的一个最优调度也是最大延迟时间形式的目标函数的最优调度。

例如，我们的精美笔记实例中的最佳平均完成时间下的调度（11-25）对于平均流动时间和平均迟到时间的目标函数来说也是最佳的（原理 11.39）。使最大迟到时间最小化的调度（11-27）也使最大延迟时间最小化（原理 11.40）。

为了了解为什么平均完成时间形式和平均流动时间形式是等价的，我们只需要对它们定义中的求和进行一些变换：

$$\text{平均流动时间} = \frac{1}{n}\sum_{j=1}^{n}(x_j + p_j - r_j) = \frac{1}{n}\sum_{j=1}^{n}(x_j + p_j) - \frac{1}{n}\sum_{j=1}^{n}r_j$$

$$= （\text{平均完成时间}） - \frac{1}{n}\sum_{j=1}^{n}r_j$$

在这种表示方式下，很明显，两种目标函数仅仅相差最后一个常数项。对目标函数加上或减去这样的常数不能改变最优解。对于平均完成时间和平均迟到时间，同样可以用这种方式说明它们是等价的。

最大迟到时间和最大延迟时间之间的联系（原理 11.40）也可以很直接地得出。如果每种调度方式中都至少一个作业必须延迟完成，则最大迟到时间＝最大延迟时间。如果没有作业一定要延迟完成，则所有调度对于最大延迟时间函数来说都是最优的，当然也包括最大迟到函数的任何最优调度。

11.7.8　作业车间调度问题

与定义 11.32 的单处理机情况不同，作业车间调度涉及必须在几个不同机器上处理的作业。

定义 11.41 作业车间调度(job shop scheduling problem)问题为给定的作业集合寻找最佳调度,每个作业要求一个已知的处理机的序列,这些处理机每次只能容纳一个作业。

□**应用案例 11-13**

定制金属作业车间调度

我们用一家虚构的定制金属加工公司说明作业车间调度问题,该公司为附近的发动机制造商生产原型金属零件。图 11-9 提供了有关等待调度的 3 个作业的详细信息。首先是需要在 5 个工作站顺序处理的模具:先是 1(锻造),然后是 2(加工),然后是 3(磨削),然后是 4(抛光),最后是 6(放电切割)。作业 2 是需要在 4 个站顺序处理的凸轮轴,作业 3 是需要 5 个步骤的燃料喷射器。框中的数字表示处理时间:

$$p_{j,k} \triangleq 作业\ j\ 在车间\ k\ 上的处理时间(以分钟为单位)$$

例如,作业 1 需要在工作站 4(抛光)处理 45 分钟。

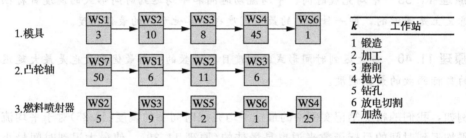

图 11-9 定制金属加工实例的作业

原理 11.37 的列表中的任何目标函数形式都可以适用于定制金属加工的调度。我们假定公司希望尽快完成所有 3 个工作(尽量减少最大完成时间),以便工人可以离开度假。

11.7.9 定制金属加工实例的决策变量和目标函数

作业车间调度涉及决定何时在其处理机上开始每个作业的每个步骤。因此,11.33 中的开始时间决策变量现在由作业和处理机共同标定(indexed):

$$x_{j,k} \triangleq 作业\ j\ 在车间\ k\ 上开始处理的时间$$

我们假定的完工时间形式的调度目标可以表示为:

$$\min \quad \max\{x_{1,6} + 1, x_{2,3} + 6, x_{3,4} + 25\}$$

注意,上式中只包含每个作业的最后一步。完成多处理机任务意味着完成所有步骤。

11.7.10 优先约束

在作业车间问题中,安排的各种作业的步骤必须按照给定的顺序进行。也就是说,开始时间受到**优先约束**(precedence constraint)的限制。

定义 11.42 在作业 j 在处理机 k' 上的作业活动之前,作业 j 必须在处理机 k 上完成的优先要求可以表示为：

$$x_{j,k} + p_{j,k} \leqslant x_{j,k'}$$

其中，$x_{j,k}$ 表示处理器 k 上作业 j 的开始时间，$p_{j,k}$ 是 j 在 k 上的处理时间，$x_{j,k'}$ 表示处理器 k' 上作业 j 的开始时间。

工作车间模型在每个工作的每个步骤与其之后的步骤之间存在优先约束 (11.42)。例如，图 11-9 中的作业 1 隐含着优先约束：

$$x_{1,1} + 3 \leqslant x_{1,2}$$
$$x_{1,2} + 10 \leqslant x_{1,3}$$
$$x_{1,3} + 8 \leqslant x_{1,4}$$
$$x_{1,4} + 45 \leqslant x_{1,6}$$

作业 1 需要这些约束来维持处理顺序。

例 11-22　建立作业车间调度问题的优先约束

工作车间必须调度产品 1 和产品 2 的生产。产品 1 需要在机器 1 上作业 12 分钟，然后在机器 2 上作业 30 分钟；而产品 2 需要在机器 1 上作业 17 分钟，然后在机器 3 上作业 29 分钟。用如下的决策变量建立隐含的优先约束决策：

$$x_{j,k} \triangleq 作业 j 在机器 k 上开始处理的时间$$

解：每个作业有一个优先约束，因为每个作业只有两步。根据定义 11.42，这些约束为：

$$x_{1,1} + 12 \leqslant x_{1,2}$$
$$x_{2,1} + 17 \leqslant x_{2,3}$$

11.7.11　作业车间调度的冲突约束

在一个机器的例子中，如精美笔记的例子，作业车间模型还必须面对冲突的可能性，即在同一处理器上同时安排两个及以上作业的冲突。例如，在图 11-9 的定制金属加工实例中，作业 1 和作业 2 可能在两者都需要进行作业的工作站 1 处冲突。一个作业必须在另一个作业可以开始之前完成。

参考原理 11.34 和 11.35，我们可以通过引入新的离散决策变量来建模冲突：

$$y_{j,j',k} \triangleq \begin{cases} 1 & 如果在机器 k 上调度 j 在 j' 之前处理 \\ 0 & 其他情况 \end{cases}$$

原理 11.43　对于每对都需处理器 k 的作业对 j，j'，作业车间模型可以通过引入新的分离变量 $y_{j,j',k}$ 和约束对来防止作业之间的冲突：

$$x_{j,k} + p_{j,k} \leqslant x_{j',k} + M(1 - y_{j,j',k})$$
$$x_{j',k} + p_{j',k} \leqslant x_{j,k} + M y_{j,j',k}$$

这里，$x_{j,k}$ 表示处理器 k 上的作业 j 的开始时间，$p_{j,k}$ 是其处理时间，M 是大的正常数，并且当 j 被调度在 j' 之前在 k 上作业时，二值变量 $y_{j,j',k}=1$，否则 $y_{j,j',k}=0$。

例如，工作站 1 中的定制金属加工作业 1 和 2 之间可能发生的冲突产生了约束对：

$$x_{1,1} + 6 \leqslant x_{2,1} + M(1 - y_{1,2,1})$$
$$x_{2,1} + 3 \leqslant x_{1,1} + My_{1,2,1}$$

如果作业 1 首先使用处理机，则 $y_{1,2,1} = 1$，第一条约束起作用；如果作业 2 先使用处理机，则 $y_{1,2,1} = 0$，第二条约束起作用。

例 11-23 建立作业车间调度的冲突约束

回到例 11-22 中的作业车间，并建立防止冲突所需的所有约束。

冲突只可能发生在机器 1 上，这是两种产品都需要进行作业的机器。因此，我们只需要一个二值变量：

$$y_{1,2,1} \triangleq \begin{cases} 1 & \text{如果产品 1 先在机器 1 上开始处理} \\ 0 & \text{如果产品 2 先在机器 1 上开始处理} \end{cases}$$

按照原理 11.43，其所需的约束为：

$$x_{1,1} + 12 \leqslant x_{2,1} + M(1 - y_{1,2,1})$$
$$x_{2,1} + 17 \leqslant x_{1,1} + My_{1,2,1}$$

在这里，$M = 12 + 17 = 29$ 就足够大了，可以使得任一种情况下不应该起作用的约束不起作用。

11.7.12 定制金属加工的实例模型

将我们最大完成时间形式的目标函数与所有所需的优先约束和冲突约束相结合，组成图 11-9 中的定制金属加工实例的以下完整模型：

$$\begin{aligned}
\min \quad & \max\{x_{1,6} + 1, x_{2,3} + 6, x_{3,4} + 25\} && \text{（最大完成时间）} \\
\text{s.t.} \quad & x_{1,1} + 3 \leqslant x_{1,2} && \text{（作业 1 的优先条件）} \\
& x_{1,2} + 10 \leqslant x_{1,3} \\
& x_{1,3} + 8 \leqslant x_{1,4} \\
& x_{1,4} + 45 \leqslant x_{1,6} \\
& x_{2,7} + 50 \leqslant x_{2,1} && \text{（作业 2 的优先条件）} \\
& x_{2,1} + 6 \leqslant_{2,2} \\
& x_{2,2} + 11 \leqslant x_{2,3} \\
& x_{3,2} + 5 \leqslant x_{3,3} && \text{（作业 3 的优先条件）} \\
& x_{3,3} + 9 \leqslant x_{3,5} \\
& x_{3,5} + 2 \leqslant x_{3,6} \\
& x_{3,6} + 1 \leqslant x_{3,4} \\
& x_{1,1} + 6 \leqslant x_{2,1} + M(1 - y_{1,2,1}) && \text{（工作站 1 冲突条件）} \\
& x_{2,1} + 3 \leqslant x_{1,1} + My_{1,2,1} \\
& x_{1,2} + 10 \leqslant x_{2,2} + M(1 - y_{1,2,2}) && \text{（工作站 2 冲突条件）} \\
& x_{2,2} + 11 \leqslant x_{1,2} + My_{1,2,2} \\
& x_{1,2} + 10 \leqslant x_{3,2} + M(1 - y_{1,3,2}) \\
& x_{3,2} + 5 \leqslant x_{1,2} + My_{1,3,2} \\
& x_{2,2} + 11 \leqslant x_{3,2} + M(1 - y_{2,3,2}) \\
& x_{3,2} + 5 \leqslant x_{2,2} + My_{2,3,2}
\end{aligned}$$

$$(11\text{-}28)$$

$$x_{1,3} + 8 \leqslant x_{2,3} + M(1 - y_{1,2,3}) \quad \text{(工作站 3 冲突条件)}$$
$$x_{2,3} + 6 \leqslant x_{1,3} + My_{1,2,3}$$
$$x_{1,3} + 8 \leqslant x_{3,3} + M(1 - y_{1,3,3})$$
$$x_{3,3} + 9 \leqslant x_{1,3} + My_{1,3,3}$$
$$x_{2,3} + 6 \leqslant x_{3,3} + M(1 - y_{2,3,3})$$
$$x_{3,3} + 9 \leqslant x_{2,3} + My_{2,3,3}$$
$$x_{1,4} + 45 \leqslant x_{3,4} + M(1 - y_{1,3,4}) \quad \text{(工作站 4 冲突条件)}$$
$$x_{3,4} + 25 \leqslant x_{1,4} + My_{1,3,4}$$
$$x_{1,6} + 1 \leqslant x_{3,6} + M(1 - y_{1,3,6}) \quad \text{(工作站 6 冲突条件)}$$
$$x_{3,6} + 1 \leqslant x_{1,6} + My_{1,3,6}$$
$$\text{all } x_{j,k} \geqslant 0$$
$$\text{all } y_{j,j',k} = 0 \text{ 或 } 1$$

一个最优解的开始时间为：

$$x_{1,1}^* = 2, x_{1,2}^* = 5, \ x_{1,3}^* = 15, x_{1,4}^* = 42, x_{1,6}^* = 87$$
$$x_{2,7}^* = 0, x_{2,1}^* = 50, x_{2,2}^* = 56, x_{2,3}^* = 67$$
$$x_{3,2}^* = 0, x_{3,3}^* = 5, \ x_{3,5}^* = 14, x_{3,6}^* = 16, x_{3,4}^* = 17$$

这时，完成所有作业需要 88 分钟。

练习题

11-1　一个化肥厂可以通过三种生产方案中的任意一种生产化肥产品。假设决策变量 x_j 定义为第 j 种生产方案生产的产品的单位数量，通过如下线性规划模型，可以计算利用当前资源生产 150 单位产品的最小成本方案。

$$\min \quad 15x_1 + 11x_2 + 18x_3$$
$$\text{s. t.} \quad x_1 + x_2 + x_3 = 150$$
$$2x_1 + 4x_2 + 2x_3 \leqslant 310$$
$$4x_1 + 3x_2 + x_3 \leqslant 450$$
$$x_1, x_2, x_3 \geqslant 0$$

(a) 解释为什么这个线性规划模型隐含地假设了目标函数的系数是单位可变成本。

(b) 使用优化软件求解给定的线性规划问题。

(c) 重新建立整数线性规划模型，来描述三种方案中只有一种可以被采纳的要求。

(d) 使用优化软件求解(c)中的整数线性规划模型。

(e) 重新建立整数线性规划模型，来描述每个方案开展前都会产生一个 400 元的固定启动成本这一要求。

(f) 使用优化软件求解(e)中的整数线性规划模型。

(g) 重新建立整数线性规划模型，来描述每个方案都需要至少 50 件产品的订单才可以开始生产这一要求。

(h) 使用优化软件求解(g)中的整数线性规划模型。

11-2　一个计算机分销商可以从 3 个供销商那里购买工作站。假设决策变量 x_j 定义为从供销商 j 那里购买的工作站数目。如下的线性规划模型可以用于求解：在购买数目有限制的条件下，该分销商购买 300 个工作站花费最小的方案。

$$\min \quad 5x_1 + 7x_2 + 6.5x_3$$
$$\text{s. t.} \quad x_1 + x_2 + x_3 = 300$$
$$3x_1 + 5x_2 + 4x_3 \leqslant 1500$$
$$0 \leqslant x_1 \leqslant 200$$
$$0 \leqslant x_2 \leqslant 300$$
$$0 \leqslant x_3 \leqslant 200$$

求解与练习题 11-1(a)~(h)相同的问题，其中，启动成本为 100，最小购买数目为 125。

11-3 一个退休的高管想要用最多 800 万美元投资公寓建筑。下表显示了四栋建筑的购买价格和 10 年预期回报（单位：百万美元）。

	建筑			
	1	2	3	4
价格	4.0	3.8	6.0	7.2
回报	4.5	4.1	8.0	7.0

这个高管希望找到使得总回报最高的投资方案。假设每个选择都只在全或无情况下可选。

☑(a) 建立一个整数线性规划的背包问题并选择一个最佳投资方案。

☑(b) 通过检查求解你的背包问题。

11-4 River City 重建管理局想要在市中心区域修建至少 1 000 个公园绿地。下表显示了 4 个提案的预计成本（单位：百万美元）和对应的绿地树木（单位：千）。

	提案			
	1	2	3	4
成本	16	9	11	13
绿地树木	8	3	6	6

当局希望用最小的成本达到预期目标。假设每个选择都只在全或无情况下可选。

(a) 建立一个整数线性规划的背包问题并选择一个最佳投资方案。

(b) 通过检查求解你的背包问题。

11-5 Silo 州工程学院正在准备一个新建及扩建的 5 年计划，以建立新办公室、实验室及教室。电气工程的教工们对全部 3 块可用的土地的使用提出建议：在西北空地以 4 800 万美元的成本建立数字电路实验室，在东南空地以 2 080 万美元的成本再建立一个教工办公室，以及在东北空地以 3 200 万美元的成本建立一个计算机视觉实验室。机械工程的教工们提出西北空地的另 3 种使用方式：以 2 800 万美元的成本建立一个大报告厅，以 4 400 万美元的成本建立一个传热实验室，或以 1 720 万美元的成本扩建一个计算机辅助设计实验室。工业工程的教工们只有两条建议：在东南空地以 3 680 万美元的成本建立一个制造研究中心，以及以 120 万美元的成本建立一个从他们现在的系馆到这个新中心的一条隧道。工程学院的院长对这些建议所提到的工程的影响力进行打分。对电气工程教工的建议，他分别打 9 分、2 分和 10 分；对机械工程教工的建议，他分别打 2 分、5 分和 8 分；对工业工程教工的建议，他分别打 10 分和 1 分。他希望找到一种将手中的 1 亿美元分配给各项目的方案，使得总影响力最大。他选择项目的方式基于全或无的方式，且每块空地最多可以实行一个项目。

☑(a) 用语言描述这个资本预算问题的预算约束、互斥约束，以及项目依赖要求。

☑(b) 建立一个资本预算整数线性规划模型，选择一个最优的建议组合。

☑💻(c) 用优化软件解出你的整数线性规划模型。

11-6 一个小型的药物研究实验室在接下来的两个 5 年期间每年可获得 2 500 万美元。它必须决定用这些资金进行哪些产品的研究活动。产品"最优药"和"可行药"已经研发到了实际试验的阶段。这两种药可于前 5 年研发，费用分别为 1 300 万美元和 1 400 万美元。"离散药"和"零药"处于更早的研发阶段。按计划，"离散药"的早期研发活动如安排在前 5 年需要 400 万美元，如安排在后 5 年则需要 300 万美元。"零药"的早期研发活动如安排在前 5 年需要 200 万美元，如安排在后 5 年需要 600 万美元。如果前 5 年完成了早期研发工作，则在后 5 年"离散药"和"零药"对应的实际实验分别需要花费 1 000 万美元和 1 500 万美元。实验室所在的公司想最大化实际实验改进后的产品的总利润。按照公司估计，进行实际实验改进后，"最优药"的利润为 5.1 亿美元，"可行药"的利润为 6.4 亿美元，"离散药"的利润为 5.8 亿美元，而"零药"的利润为 4.69 亿美元。所有项目的选择符合全或无条件，且两个处于早期研发的项目最多只可以选一个。

求解与练习题 11-5(a)～(c) 相同的问题。

11-7 下面的地图显示了 8 个低功率无线电台许可认证的申请位置及其信号的大致范围。

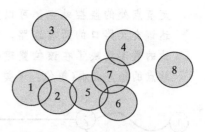

协调员们已经用 0 至 100 的分数分别对每个电台申请的质量进行评定，结果为：45，30，84，73，80，70，61 和 91。他们希望选择信号范围没有重叠的应用程序的最高质量组合。

☑(a) 将问题建模为集合包装整数线性规划模型。

☑💻(b) 用优化软件求解你的整数线性规划模型。

11-8 Time Sink 公司想要开始对中西部地区的大学生出售电子游戏软件。下表显示了以 4 个可能的位置为基地，对应的销售人员可以到达的州的情况，以及这些州被某个基地覆盖而获得的预期年销售额（单位：千美元）。

	基地			
	艾姆斯	贝洛伊特	通常基地	埃尔文
明尼苏达州	×	×	—	—
爱荷华州	×	×	×	—
密苏里州	×	—	×	—
威斯康星州	—	×	×	—
印第安纳州	—	—	×	×
肯塔基州	—	—	—	×
销售额	115	90	150	126

Time Sink 公司想要选出一个基地的组合，使得在每个州都只被覆盖一次的情况下，最大化销售额。

求解与练习题 11-7(a) 和 (b) 相同的问题。

11-9 下图显示了可能安装自动车流量监控设备的 8 个交叉路口。在任何特定节点处的监控站点，可以监控到达该交叉路口的所有道路。节点旁边的数字反映了在该位置建立监控站点的每月成本（单位：千美元）。

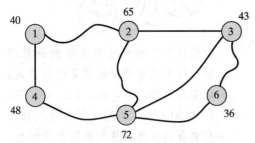

(a) 建立集合覆盖整数线性规划模型，描述以最低总成本监控所有道路的问题。

(b) 使用优化软件来解决(a)中的整数线性规划问题。

(c) 对(a)的问题进行修改，建立整数线性规划模型，使得在最多设置 2 个监控站点的情况下，最小化为监控道路的数量。

(d) 使用优化软件来解决(c)中的整数线性规划问题。

11-10 Top Tool 公司希望在即将到来的贸易展览上聘请兼职模特讲解其机器工具。6 个模特中，每个人可以在 5 天的展览中工作如下 2 天：星期一和星期二，星期一和星期三，星期一和星期五，星期二和星期三，星期二和星期五，以及星期四和星期五。如果他们的工作日间隔不超过 1 天，该模特将被支付 300 美元，但如果间隔 2 天或更多，费用是 500 美元。Top Tool 公司希望制定一个最低成本的聘请方案，使得 5 天中每天都至少有 1 个模特在工作。求解与练习题 11-9(a)~(d)相同的问题。

11-11 Anton 航空公司是一个小型客运航空公司，每天有 6 次航班从纽约市飞往周围的度假区。飞行机组的基地都在纽约，工作人员先飞往各个地点，然后搭乘返程航班飞回家。考虑到复杂的工作规则和薪酬激励，Anton 航空的调度员已经在下表中详细列出了 8 种可能的工作模式。表中的每一行都标记了被某种工作模式所包含的航班和每个乘务员的每日工作成本（单位：千美元）。

工作模式	航班						成本
	1	2	3	4	5	6	
1	—	×	—	×	—	—	1.40
2	×	—	—	—	—	×	0.96
3	—	×	—	×	×	—	1.52
4	×	—	—	—	×	×	1.60
5	—	×	×	×	—	—	1.32
6	×	—	—	—	—	×	1.12
7	—	—	×	—	—	×	0.84
8	—	×	—	×	×	×	1.54

Anton 公司想要寻找总成本最小的工作模式集合，使得每趟航班恰好被覆盖一次。

(a) 将这个问题建模为集合划分整数线性规划问题。

(b) 使用优化软件来求解你的整数线性规划问题。

11-12 一个特别法庭委员会被任命来解决对立法重组问题的激烈争论，他们对 5 个可能形成新政区的富有争议的县提出了 6 种可能的组合。下表显示了每个县可能形成的新政区，并给出了该区人口与平均人口的偏差。

县	区域划分					
	1	2	3	4	5	6
1	×	—	—	—	×	×
2	×	—	×	—	—	×
3	—	×	×	—	—	—
4	—	×	—	×	—	—
5	—	×	—	×	—	×
人口偏差	0.5	0.5	0.6	1.3	0.7	1.2

法院希望找到总偏差最小的集合，使得包含每个县恰好一次。

求解与练习题 11-11(a)和(b)相同的问题。

11-13 Mogul Motors 计划对其汽车装配厂进行一次重大改革，因为它引进了 4 个新车型，必须对现有的工厂进行改造，使得一个工厂恰好可以组装一种新模型。下表显示了如果某个模型在某个工厂生产，对该工厂的改造所需要的成本（单位：百万美元）。符号"—"表示工厂不够大，无法改造以生产所需的模型。

模型	工厂			
	1	2	3	4
1	18	26	—	31
2	—	50	22	—
3	40	29	52	39
4	—	—	43	46

Mogul 希望找到使得总成本最小的方案进行工厂改造。

☑ (a) 将此问题建模为线性分配线性规划问题。

☑ (b) 为什么即使你的模型是一个线性规划，也能够保证最优解是二值的？

☑ (c) 使用优化软件来求解你的分配线性规划问题。

11-14 "姐妹社区计划"将俄罗斯的城市与美国具有类似规模和经济基础的城市进行配对，然后"姐妹社区"之间会组织交流访问，以提高国际知名度。下表显示了 4 个美国城市和 4 个俄罗斯城市之间的匹配度评分（0 到 100）。

"姐妹社区计划"希望找到使得总配对度评分最高的匹配方式。

美国城市	俄罗斯城市			
	1	2	3	4
1	80	65	83	77
2	54	87	61	66
3	92	45	53	59
4	70	61	81	76

求解与练习题 11-13(a)~(c)相同的问题。

11-15 下表显示了供应商 $j=1, \cdots, 5$ 需要向州立大学提供办公桌椅的单价和最低数量。州立大学希望找到总成本最低的组合，使得能够满足每个供应商最低购买数量的要求，并且至少购买 400 把椅子。

供应商	1	2	3	4	5
单价	200	400	325	295	260
最低销售数量	500	50	100	100	250

(a) 虽然州立大学显然必须从每个供应商那里购买整数把椅子，但是为什么将从每个供应商那里购买的椅子数量建模为非负的连续变量是有意义的呢？指出怎样能够保证该问题得到离散的解。

(b) 用非负连续变量 x_j 表示从供应商 j 购买的椅子数量，以及任何其他需要的决策变量，将州立大学的问题建模为混合整数线性规划模型。给出任何额外决策变量的定义，并对每个目标函数和约束条件进行含义的注释和说明。

11-16 Focus 公司希望保留目前 4 家工厂中的 2 家，以加强其相机制造业务。同时，每个被保留的工厂将开始全周 3 班制，每周运行 168 小时。下表显示了把生产任务从某个工厂移动到另一个工厂的估计成本

（单位：百万美元），以及移动生产任务会让新工厂每周预计增加的生产时间。例如，关闭工厂1的生产任务并将其移动到工厂3将花费3.2亿美元，并且让工厂3每周增加70小时生产时间。

从此工厂将任务移出	将任务移入此工厂			
	1=奥马哈	2=丹佛	3=曼西	4=肯特
1=奥马哈　成本	0	450	320	550
增加的生产时间	56	56	70	56
2=丹佛　　成本	770	0	640	690
增加的生产时间	82	82	70	70
3=曼西　　成本	810	770	0	660
增加的生产时间	40	40	60	60
4=肯特　　成本	580	610	490	0
增加的生产时间	56	56	56	56

将 Focus 公司的问题建模为整数线性规划问题，帮助公司选择保留哪两个工厂，以及如何移动其他工厂的生产任务使得总移动成本最小。使用决策变量 $x_{ij}=1$ 表示工厂 i 的生产任务被移动到了工厂 j，用 $x_{ii}=1$ 表示工厂 i 将被保留。注意，要对每个目标函数和约束条件进行含义的注释和说明。

11-17 频道999电视台的工作人员本周五将对最多4场高中足球比赛提供现场报道。下表显示，其中3场比赛是在城镇内的，这3场中至少2场需要报道，城镇外的比赛也至少要报道1场。该表还显示了，其中有一个可能竞争国家冠军的队伍参与了其中的4场比赛，这4场比赛中至少需要报道2场。一场比赛要么被完全报道，要么就不被报道。根据这些要

求，频道999希望制定报道方案，根据表中所示的比赛受欢迎程度的评分，使得观看报道的观众最多。

比赛编号	1	2	3	4	5	6	7	8
是否在城镇内	是		是		是			
可能竞争国家冠军的队伍是否参赛		是		是	是			是
评分	3.0	1.7	2.6	1.8	1.5	5.3	1.6	2.0

(a) 建立一个纯整数线性规划模型来计算比赛报道的最佳选择。要提供你的决策变量的定义，以及对目标函数和约束条件的简要注释。

☐(b) 使用优化软件来求解这一最佳选择模型。

11-18 Erika Entrepreneur 在家组装笔记本电脑以赚得自己的研究生学费。她制造并销售两种类型的计算单元，两者使用相同的框架，豪华模式的有1024M字节的RAM内存、16 000M字节的硬盘驱动器和通信卡，每单位售价1 400美元。而更便宜的基本模型，售价1 000美元，只有512M字节的RAM内存、4 000M字节的硬盘驱动器，没有通信卡。这两种型号的RAM都是通过安装一定数量的256M字节的芯片构建的。

组件	框架	256MB芯片	16GB硬盘驱动器	4GB硬盘驱动器	通信卡
已有	18	72	7	11	3
最少购买量	5	48	10	8	3
最大购买量	40	182	30	64	25
单价（美元）	700	75	300	110	250

该表显示了 Erika 使用的每个组件当前月份开始时的数量，以及她购买新产品时最少和最多的数量以及单价。请注意，供应商不允许 Erika 购买数量少于最小值或超过最大值的组件，并且每月只允许购买一次。在这些限制下，Erika 想制订一个生产和采购计划，让下一个月的毛利润(销售－成本)最大。

(a) 虽然使用和购买组件的数量显然必须是整数，但为什么用非负连续决策变量来表示仍是一个比较好的运筹学模型呢？指出怎样能够保证该问题得到离散的解。

(b) 将 Erika 的问题建模为混合整数线性规划模型，定义所有的决策变量，并注明目标函数和约束条件的含义。

11-19 沙箱州立大学正在重新安排 3 个相等规模的学术部门的位置，为教工提供更好的沟通。以下表格显示各个院系成员之间每月私人联系的估计次数以及可用办公地点之间的距离(以千英尺为单位)。

	联系次数	
	英语系	数学系
历史系	20	12
英语系	—	14

	距离	
	2	3
1	3	6
2	—	1

沙箱州立大学希望以最小化教师为互动而需行走总距离为目的，在每个位置安排一个部门。

✅(a) 将此问题表示为二次分配整数非线性规划问题。

✅(b) 解释此问题中的目标函数为何必须为二次的，不能为线性的。

✅(c) 通过仔细观察，计算最优分配方案。

11-20 河边城运筹学研究会计划举行一次会议，将在上午和下午分别同时举行 2 个会议。这 4 个会议的主题分别为 LP、NLP、ILP 和 INLP，但具体时间尚未确定。下表显示了预计希望能够同时参加每个会话组合的人数。

	NLP	ILP	INLP
LP	10	30	14
NLP	—	5	8
ILP	—	—	18

研究会希望以最小化由于所期望的一对会议同时发生而无法同时参加这一对会议的人数为目标安排会议。求解与练习题 11-19(a)～(c)相同的问题。

11-21 一个仓库设施在其前面和后面的入口处都有包装站。下表显示了将 6 个待处理作业中的每一个移至 2 个包装站中的任何一个所需的吨—英尺的量(以千为单位)，以及在任何一个包装站所需的工作时间(以小时为单位)。

	作业					
	1	2	3	4	5	6
仓库前包装站	21	17	10	30	40	22
仓库后包装站	13	18	29	24	33	29
工作时间	44	60	51	80	73	67

仓库前面的包装站最多可以工作 200 小时，而仓库后面的包装站最多可以工作 190 小时。调度员想找出满足这一条件，且处理量最小的计划。假定每一项工作必须完全由单个包装站完成。

(a) 将此问题表示为广义分配整数线性规划问题。

(b) 解释为何此问题是广义分配问题，而非普通分配问题。

(c) 使用优化软件来求解这一整数线性规划问题。

11-22 三个职业棒球队正试图将 6 个可用的球员安排到合适的球队。他们的剩余工资限额分别为 3 500 万美元、2 000 万美元和 2 600 万美元。下表显示了每个球员对于每个球队的价值，以及球员当前的年薪（以百万美元计）。

球员	价值			年薪
	1	2	3	
1	8	7	10	10
2	7	8	6	13
3	5	4	6	8
4	6	3	4	6
5	8	7	6	15
6	10	9	10	22

3 个球队希望在不超过薪水限制的情况下，找到最大化球员总价值的分配方案。

求解与练习题 11-21(a)～(c) 相同的问题。

11-23 一家小公司，酷家具（CRF），在其唯一的商店和仓库周边销售全套家具。公司每天必须决定如何以最小的总成本将递送任务 $i=1, \cdots, m$ 分配给可用卡车 $j=1, \cdots, n$ 以履行及时将家具交付给客户的承诺。每个递送任务 i 需要一整辆卡车的空间，且卡车需要从仓库到客户之间进行一次往返工作，耗时 t_i 小时，成本 $c_{j,i}$ 美元。但是同一辆卡车 j 可以进行多次交货，只要卡车的工作时间的总和不超过其常规的工作时间 a_j 即可。任何卡车都可以以每小时 q_j 的加班费额外加班 4 小时。

下表显示了递送任务数目 $m=9$ 且有 $n=5$ 辆卡车时，在平常的一天内上述这些参数的值。

(a) 将 CRF 的问题描述为进行了允许加班工作这一拓展的广义分配类型的整数线性规划问题。

(b) 使用优化软件来计算一个最优方案。

11-24 军事指挥官正在为 6 个新的雷达站设计指挥部署。3 个指挥官将各自负责 2 个车站。下表显示了联合指挥其中两个雷达站所需要的通信成本（单位：百万美元）。

耗时 t_i	递送任务 i									常规工作时间 a_j	加班费 q_j
	$i=1$	$i=2$	$i=3$	$i=4$	$i=5$	$i=6$	$i=7$	$i=8$	$i=9$		
	4	6	2	3	7	1	4	3	9		
卡车 j	运输成本 $c_{j,i}$										
$j=1$	210	50	89	115	151	77	40	160	145	8	50
$j=2$	150	40	69	95	131	57	30	120	125	6	70
$j=3$	210	50	89	115	151	77	40	160	145	8	50
$j=4$	150	40	69	95	131	57	30	120	125	6	70
$j=5$	190	45	79	105	141	67	35	140	135		60

	2	3	4	5	6
1	42	65	29	31	55
2	—	20	39	40	21
3	—	—	68	55	22
4	—	—	—	30	39
5	—	—	—	—	47

求解一种成本最低的指挥部部署方式。

- ☑(a) 将此问题建模为匹配整数线性规划模型。
- ☑(b) 解释为什么这不是一个分配问题。
- ☑(c) 使用优化软件来求解你的整数线性规划模型。

11-25 "真棒"广告公司管理着各种产品的电视宣传。在接下来的几个月，他们计划交叉宣传6个产品，通过连锁广告的方式，即每个广告提及两种产品。下表显示了"真棒"广告关于对每对产品共同感兴趣的观众人数（单位：百万）的估计。

	2	3	4	5	6
1	7	8	6	14	15
2	—	18	20	5	8
3	—	—	19	9	10
4	—	—	—	6	11
5	—	—	—	—	16

"真棒"广告想找到一个产品配对方式，以最大化广告的吸引力，每个产品恰好配对一次。

求解与练习题 11-24(a)～(c)相同的问题。

11-26 工程师们正在设计一个在一个大型制造工厂中自动导向车辆行驶的固定的路线。下表展示了由在同一路线上连续行驶的车辆服务的6个车站的东西和南北坐标。

	1	2	3	4	5	6
东西坐标	20	40	180	130	160	50
南北坐标	90	70	20	40	10	80

由于车辆必须沿东西或南北通道移动，设计者在寻找一条由南北和东西向线段构成的总长度最短的路线（见第 4.6 节）。

- ☑(a) 解释为什么这个问题可以被视为旅行商问题。
- ☑(b) 解释为什么这个问题中的距离是对称的，并计算记录所有点对之间南北与东西距离之和的矩阵。
- ☑(c) 将此问题描述为一个不完整的整数规划问题，其主要约束仅要求每个点上连接着设计的路线的两条边。
- ☑(d) 使用优化软件来说明在(c)中推导出的整数线性规划问题将得出一个子路径 1-2-6-1。
- ☑(e) 建立一个可以排除(d)中得到的解的子路径消除约束。
- ☑(f) 使用优化软件来说明，当你的子路径消除约束被添加到(c)中得到的问题中后，可以得到一个最佳路线。
- ☑(g) 将此问题描述为一个二次分配整数非线性规划问题。

11-27 一家石油公司目前在美国墨西哥湾沿岸有5个钻井平台。下表显示了这些钻井平台以岸边基地为零点，以西—东、北—南为坐标轴的坐标位置。

	0	1	2	3	4	5
东西坐标	80	10	60	30	85	15
南北坐标	95	15	70	10	75	30

每天，一架直升机从岸边基地飞往

所有平台，提供物资，然后返回基地。项目主管希望找到一条总长度最短的飞行路线。

求解与练习题 11-26(a)～(g)相同的问题，使用直线（欧几里得）距离，和子路径 0-2-4-0。

11-28 每周强力莫制造公司都会为其 4 种不同类型的金属炊具进行一次生产。制作任何特定产品所需的准备时间随最近生产的产品的变化而变化。下表展示了从任何产品转换到任何其他产品所需的准备时间（单位：小时）。

	1	2	3	4
1	—	4.2	1.5	6.5
2	5.0	—	8.5	1.0
3	1.2	7.7	—	8.0
4	5.5	1.8	6.0	—

- ✅(a) 解释为什么这个问题可以被看作是一个不对称的旅行商问题。
- ✅(b) 将此问题描述为一个不完整的线性分配问题，此问题的目的是为每个产品选择其之后生产的产品。
- ✅(c) 使用优化软件来说明在(b)中推导出的整数线性规划问题将得出一个子路径 1-3-1。
- ✅(d) 建立一个可以排除(d)中得到的解的子路径消除约束。
- ✅(e) 使用优化软件来说明，当你的子路径消除约束被添加到(b)中得到的问题中后，可以得到一个最佳路线。
- ✅(f) 将此问题描述为一个二次分配整数非线性规划问题。

11-29 每个工作日下午，在高峰时间，一个银行信使从一家银行的总行办公室开车到其 3 个分行，返回时带回一天活动的非现金记录。下图显示了不会被当时的交通堵得水泄不通的高速公路路线，以及估计的这些路线的行车时间（以分钟为单位）。

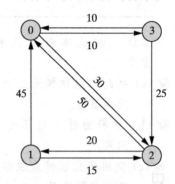

银行想要找到最小化总旅行时间的路线。

求解与练习题 11-28(a)～(f)相同的问题，使用子路径 0-3-0。

11-30 Gotit 杂货公司正在考虑为附近 4 个城市的客户服务的 3 个新的配送中心的地点。下表显示了在每个可能的地点建立中心的固定成本（单位：百万美元），预计在未来 5 年每个城市需要的货物数量（单位：千辆卡车）和每一千辆卡车从每个中心移动到每个城市的运输成本（单位：百万美元）。

中心	固定成本	城市			
		1	2	3	4
1	200	6	5	9	3
2	400	4	3	5	6
3	225	5	8	2	4
需求	—	11	18	15	25

Gotit 寻求最低成本分配系统。

- ✅(a) 将此问题建模为设施选址整数线性规划问题。
- ✅(b) 使用优化软件来解决你的整数线性规划问题。

11-31 Basic Box 公司正在考虑 5 种不同尺寸的新包装箱的设计，用来包装 4 种计算机显示器。下表显示了每种包装箱包装每种显示器会浪费的空间。"—"表示某种包装箱无法用来包装特定的显示器。

包装箱	显示器			
	1	2	3	4
1	5		10	—
2	20			25
3	40		40	30
4	—	10	70	—
5		40	80	—

Basic Box 公司希望采用数量最少的包装箱设计来包装所有产品，并且决定某种显示器采用哪种包装箱设计，以尽量减少空间的浪费。

求解与练习题 11-30(a)和(b)相同的问题(提示：将固定费用设为一个很大的正的常数)。

11-32 下图显示了一个天然气公司正在考虑建设的 5 条天然气管道，这些管道将天然气从 2 个油气田运送到 2 个存储区。弧线上的数字表示需要建造的管道长度(单位：英里)，且建造成本为 100 000 美元每英里。

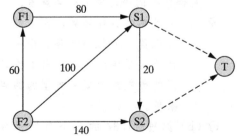

该图还表明两个存储区都已通过现有的线路连接到公司的主要终端。每年预计需要从油气田 1 运输 8 亿立方英尺的天然气到终端，并且从油气田 2 运输 6 亿立方英尺的天然气到终端。网络的每个管道上运输的可变成本是 2 000 美元每百万立方英尺，并且每年最大运输量为 10 亿立方英尺。该公司希望建立一个总成本最低的系统。

☑(a) 将这个问题建模为网络设计整数线性规划模型。

☑(b) 使用优化软件来解决你的整数线性规划问题。

11-33 Dandy Diesel 制造公司为重型建筑设备组装柴油发动机。在接下来的 4 个季度中，公司预计分别组装并运输 40、20、60 和 15 个发动机，但在任何季度都不能组装超过 50 个。每次生产线启动时都需要 2 000 美元的固定成本，每个发动机的装配成本为 200 美元。发动机可以存放在工厂的库存中，每个的库存成本为 100 美元每月。公司希望找到让总成本最低的 4 个季度的生产计划。假设开始和结束时没有库存。

求解与练习题 11-32(a)和(b)相同的问题(提示：创建 4 个节点分别代表每个季度，并创建一些弧代表生产，这些弧都连向一个公共的源节点)。

11-34 Top-T 是一家 T 恤衫公司，希望制造一批印有卡通和名人照片的 T 恤。下表给出了 4 个可能的订单合同，及其所需的生产天数、订单可开始的最早日期和订单截止日期。

	1	2	3	4
生产天数	10	3	16	8
最早开始日期	0	20	1	12
截止日期	12	30	20	21

公司希望设计一个最佳的生产计

划,假设订单合同可以按任何顺序进行生产,但一旦某个订单开始生产就不能中断。

- (a) 暂时忽略目标函数,为了给每个订单合同选择最佳的开始时间,写出单个机器的整数线性规划的约束条件。
- (b) 对于4个订单合同的开始时间分别为2、20、23和12的生产计划,计算在此生产计划下原理11.37中列出的8个目标函数。
- (c) 扩展(a)中的约束条件,以建立整数线性规划模型来求解一个平均完成时间最短的生产计划。
- (d) 使用优化软件来求解(c)中的整数线性规划问题。
- (e) 不需要实际求解,列出11.37的其他一定以(d)中的生产计划为最佳方案的目标函数。
- (f) 扩展(a)中的约束条件,以建立整数线性规划模型来计算最小化最大延迟的生产计划。
- (g) 使用优化软件来解决(f)中的整数线性规划问题。
- (h) 不需要实际求解,列出11.37的其他一定以(g)中的生产计划为最佳方案的目标函数。

11-35 Sarah是一个研究生,她必须在自己的个人电脑上运行4次大型实验作为她的毕业论文研究的一部分。这些实验几乎需要使用计算机的所有内存资源,因此每次只能处理一个,并且一旦开始某一个就不能中断。下表显示每个实验所需的计算天数、所有实验所需数据最早可用的日期,以及Sarah向她的论文导师承诺提交结果的日期。

	1	2	3	4
实验时间	15	8	20	6
最早开始时间	0	0	10	10
承诺提交时间	20	20	30	20

在开始任何工作之前,Sarah想要计算得到一个最佳时间安排计划。假设承诺的完成时间是唯一的目标。

求解与练习题11-34(a)~(h)相同的问题,使用开始时间分别为8、0、23和43的时间安排计划。

11-36 Fancy Finishing家具修复店刚刚接到了3个工作任务。下表显示了每个任务必须遵循的3个修复流程的顺序,以及每个流程所需的时间。

作业	作业顺序	处理时间		
		1	2	3
1	1-2-3	10	3	14
2	1-3-2	2	4	1
3	2-1-3	12	6	8

一旦某个流程开始,就不能被中断。虽然商店在接到新任务时没有其他的任务,但预计在接下来的几天里任务会更多。为了保证效率,他们希望找到一个时间安排计划,使得任务的平均完成时间最短。

- (a) 暂时忽略目标函数,为了给每台机器上的每个任务选择一个最佳的开始时间,写出工作车间的整数线性规划模型的约束条件。
- (b) 原理11.37的8个目标函数中,哪一个适用于这个问题?
- (c) 引入目标函数,完成整数线性规划模型的建模。
- (d) 使用优化软件来求解整数线性规划模型,得到一个最佳的时

11-37　一个审计团队分为了 3 组，每组审查一类记录。每个小组将审查被审计对象的所有 3 个子公司的属于他们负责的那一类记录，但不同小组所需的检查顺序和时间不同，如下表所示。

子公司	检查顺序	小组检查时间		
		1	2	3
1	1-3-2	4	5	12
2	2-1-3	6	18	3
3	3-2-1	5	7	3

一旦一个小组开始审计某个子公司，它应该在开始审计另一家子公司或另一小组开始审计他们当前在审计的这家子公司之前完成这家子公司的审计工作。审计团队想找到一个审计的安排方式，使得所有的工作最快被全部完成。

求解与练习题 11-36(a)～(d)相同的问题。

11-38　由于新添置了一个工厂，孟山都公司现在拥有比制造其主要化工产品所需的更多的生产能力。许多反应器 $i=1, \cdots, m$ 可以在进料速率、反应器速率和反应器压力的不同离散组合的设置 $j=1, \cdots, n$ 下运作。生产产率 $p_{i,j}$ 和操作成本 $c_{i,j}$ 随反应器和设置的变化而变化。用决策变量来表示建立一个整数线性规划模型，目标为找出实现总生产目标 b 的成本最低的方案。

$$x_{i,j} \triangleq \begin{cases} 1 & \text{如果反应器 } i \text{ 在设置 } j \\ & \text{下工作} \\ 0 & \text{其他情况} \end{cases}$$

11-39　W. R. 格雷斯在从最顶部的层 $i=1$ 到最底部的层 $i=n$ 的地层中开采磷酸盐。每一层都必须在开采下一层之前完全去除，但只有一些层含有足够的合适的矿物质，而这些矿物质可以加工成公司的三种产品：卵石、精矿和浮选矿（对应 $j=1$, 2, 3）。公司可以利用钻出的样本估计每个层 i 中可用的产品 j 的量 $a_{i,j}$、i 中适合用于生产 j 的 BPL（一种磷酸盐含量的度量方式）的比例 $b_{i,j}$，以及相应的污染物比例 $p_{i,j}$。他们希望找到最大化产品产量的采矿计划，同时保持生产每个产品 j 所需材料的平均 BPL 成分比例至少为 b_j，平均污染物成分比例至多为 p_j。用如下决策变量建立此采矿问题的整数线性规划模型：

$$x_i \triangleq \begin{cases} 1 & \text{如果地层 } i \text{ 被去除} \\ 0 & \text{其他情况} \end{cases}$$

$$y_i \triangleq \begin{cases} 1 & \text{如果地层 } i \text{ 被开采} \\ 0 & \text{其他情况} \end{cases}$$

11-40　奥尔特食品有限公司正在规划其新的一系列产品的生产和分销系统。工厂可以设在位置 $i=1, \cdots, 7$ 的任何位置，仓库可以设在 $j=1, \cdots, 13$ 的任何位置，且工厂和仓库的安置要满足区域 $k=1, \cdots, 219$ 的消费者需求 d_j。建造每个工厂花费 5 000 万美元，每个工厂每年最多生产 3 万箱食品。建造每个仓库花费 1 200 万美元，每个仓库每年可以储存最多 10 箱食品。从工厂 i 到仓库 j 的铁路运输的运输成本是每箱 $r_{i,j}$，从仓库 j 到消费者 k 处卡车的运输成本为每箱 $t_{j,k}$。从工厂到消费者的直接运输是不被允许的。用如下决策变量，建立一个整数线性规划模型，以决定建造哪些工厂和仓库，以及如何为消费者提供服务：

$$x_{i,j,k} \triangleq \text{由工厂 } i \text{ 生产的,经过仓库}$$
$$j \text{ 运送到消费者 } k \text{ 手中的}$$
$$\text{箱数(以千为单位)}$$

$$y_i \triangleq \begin{cases} 1 & \text{如果开设工厂 } i \\ 0 & \text{其他情况} \end{cases}$$

$$w_i \triangleq \begin{cases} 1 & \text{如果开设仓库 } j \\ 0 & \text{其他情况} \end{cases}$$

11-41 为零重力设计的太空结构没有需要支撑的结构重量,也没有什么根基可以依附。该结构仅需要承受太空中的振动。这可以通过在整个结构中的 $j = 1, \cdots, n$ 个候选位置中的 p 个位置处用减震器代替桁架结构来实现。工程分析可以识别主应变模式 $i(i = 1, \cdots, m)$ 及其应变能量中作用于桁架 j 上的比例 $d_{i,j}$。最好的设计是将减震器放置到可以吸收尽可能多的能量的位置上的设计。具体来说,我们要最大化所有模式 i 到达被选定防止减震器的位置的 $d_{i,j}$ 的最小值的总和。用 p,$d_{i,j}$ 和如下的决策变量建立一个选择最佳设计的整数线性规划模型:

$$x_j \triangleq \begin{cases} 1 & \text{如果一个减震器被放在 } j \text{ 处} \\ 0 & \text{其他情况} \end{cases}$$

$$z \triangleq \text{模型最小的总 } d \text{ 值}$$

(提示:最大化 z)

11-42 国家癌症研究所已经收到来自 22 个参与其最新的吸烟干预研究的州的提案。前 5 个州($j = 1, \cdots, 5$)来自东北地区,接下来 6 个州($j = 6, \cdots, 11$)来自东南地区,接下来 6 个州($j = 12, \cdots, 17$)来自中西部地区,最后 5 个州($j = 18, \cdots, 22$)来自西部地区。每个区域至少有 3 个州要被选出来参与该项研究。每个州的提案已经根据专家小组给出的排名进行评估及评分,得分表示为 r_j。选定的每个州的预算为 b_j(单位:百万美元),且所有被选中州的预算之和必须不超过可用于研究的 1 500 万美元。居住在选定州的吸烟者数量 s_j(单位:百万人)必须至少达到 1 100 万。提案 $j = 2, 7, 11, 19$ 来自国家中吸烟人口比例处于最高的四分位数以上的州;提案 $j = 1, 4, 13, 14, 17$ 则来自吸烟人口比例处于最低四分位数以下的州。在这两类比较极端的州中,必须在每一类中至少选择两个州。建立一个整数线性规划模型,目标为在预算范围内找出最大化得分之和的提案集合。使用如下决策变量:

$$x_j \triangleq \begin{cases} 1 & \text{如果提案 } j \text{ 被采纳} \\ 0 & \text{其他情况} \end{cases}$$

11-43 每年蒙特利尔市必须从城市的 $i = 1, \cdots, 60$ 这些区域中清除大量的雪。每个区域被分配给站点 $j = 1, \cdots, 20$ 中的一个作为其主要的积雪处理点。从上一年的情况来看,规划者已经能够估计每个区域的预期降雪量 f_i(以立方米计)和每个站点的容量 u_j(以立方米计)。他们还知道从每个区域到每个站点的距离 $d_{i,j}$。同时,每个区域的积雪清除速度也必须考虑在内。分配给任何站点的所有区域的每小时积雪清除速度 r_i(以立方米/小时计)之和不得超过站点的接收速度 b_j(以立方米/小时计)。建立一个整数线性规划模型,目标为找出最小化每个区域与其对应站点的距离与转移雪量的乘积之和的方案。使用如下决策变量:

$$x_{i,j} \triangleq \begin{cases} 1 & \text{如果区域 } i \text{ 被分配给站点 } j \\ 0 & \text{其他情况} \end{cases}$$

11-44 澳大利亚的公路维修由在维修站外的人员执行。维多利亚地区正计划对其维修站进行重大调整，以为该地区的 $i=1, \cdots, 276$ 高速路段提供更有效的服务。必须从可能的安置维修站的位置 $j=1, \cdots, 36$ 中选择总共 14 个站点。进一步检查确定了如下指示变量：

$$a_{i,j} \triangleq \begin{cases} 1 & \text{如果修理站 } j \text{ 离路段 } i \text{ 足够} \\ & \text{近，可以提供好的服务} \\ 0 & \text{其他情况} \end{cases}$$

不是所有的路段都能够接受这种良好的服务，因此规划者希望选择 14 个站点，以最小化服务不充足的路段的服务需求 s_i 的总和。制定一个整数线性规划模型，使用如下的决策变量选择最优维修站集合（$i=1, \cdots, 276; j=1, \cdots, 36$）：

$$x_i \triangleq \begin{cases} 1 & \text{如果在 } j \text{ 处建立了修理站} \\ 0 & \text{其他情况} \end{cases}$$

$$y_i \triangleq \begin{cases} 1 & \text{如果路段 } i \text{ 未被充足地服务} \\ 0 & \text{其他情况} \end{cases}$$

11-45 美孚石油公司为 60 万客户提供服务，共有 430 辆罐车在 120 个散装码头中进行运输。如下图所示，油罐车有几个容量不同的舱室 $c=1, \cdots, n$，每个舱室的容积为 u_c。

分配方案的最后阶段是将得到的汽油产品 $p=1, \cdots, m$ 分配到各舱室。订购的各种产品放置在一个或多个舱室中，但每个舱室只能包含一种产品。为了避免过载，加载的

任何产品的总加仑可以比预订体积 v_p 最多少 b_p 加仑。加载步骤旨在最小化这些欠载的总和，同时满足其他所有要求。使用如下决策变量（$p=1, \cdots, m; c=1, \cdots, n$），制定这个加载问题的整数线性规划模型：

$x_{p,c} \triangleq$ 舱室 c 中装载的产品 p 的量（以加仑为单位）

$$y_{p,c} \triangleq \begin{cases} 1 & \text{如果舱室 } c \text{ 中装载有} \\ & \text{产品 } p \\ 0 & \text{其他情况} \end{cases}$$

$z_p \triangleq$ 产品 p 的欠载量（以加仑为单位）

11-46 罗斯退休养老中心的 11 名护士中的每位护士在每 2 周内共工作 10 天，从下表所示的每周工作调度中选择一对可以兼容的班次，交替按此两种班次工作（1＝工作，0＝休息）。

每周工作日	班次					
	1	2	3	4	5	6
1	1	1	0	1	1	0
2	1	0	1	1	1	1
3	1	1	1	1	0	1
4	1	1	1	0	1	0
5	0	1	1	0	1	1
6	0	0	0	1	1	1
7	0	0	0	1	1	1

兼容的周调度对为：$C=\{(1, 4), (1, 5), (1, 6), (2, 4), (2, 5), (2, 6), (3, 4), (3, 5), (3, 6), (4, 1), (4, 2), (5, 2), (5, 3), (6, 3)\}$，并且每周工作每个班次的人数是不变的。至少 r_d 位护士必须在第 $d=1, \cdots, 7$ 天值班，但在换班方案的要求下，允许超额。罗斯的目标是最

小化任何此类超额的总和。制定一个整数线性规划模型，使用如下决策变量来确定 11 位护士的最优循环排班表 $[(i, j) \in C, d=1, \cdots, 7]$：

$x_{i,j} \triangleq$ 先按班次 i 工作，再按班次 j 工作的护士人数

$z_d \triangleq$ 每周第 d 天规划工作的超额护士人数

11-47 区域性贝尔电话运营公司从相对来说很少的供应商处购买许多产品，常常根据授予特定供应商的产品的总金额向其请求一定的折扣。例如，供应商 $i=1, \cdots, 25$ 可能需要上报产品 $j=1, \cdots, 200$ 的基本价格 $p_{i,j}$，以及对于总美元量的范围的上限 $u_{i,k}$，$(k=1, \cdots, 5)$ 以及随 k 增加而增大的相应折扣比例 $d_{i,k}$。如果供应商 i 供应商品的总美元值落入间隔 $[u_{i,0}, u_{i,1}]$ 内，则电话公司的实际成本将是这些货物的总基本价格的 $(1-d_{i,1})$ 倍；如果供应商 i 供应商品的总美元值落入间隔 $[u_{i,1}, u_{i,2}]$ 内，则电话公司的实际成本将是这些货物的总基本价格的 $(1-d_{i,2})$ 倍，以此类推（假设 $u_{i,0}=0$，$u_{i,5} \geqslant$ 任何可能的总美元量）。公司希望选择打折后总价格最低，且所有产品数量等于或超过所需产品数量 r_j 的方案。使用如下决策变量来制定此批量折扣问题的整数线性规划模型（$i=1, \cdots, 25$；$j=1, \cdots, 200$；$k=1, \cdots, 5$）：

$x_{i,j} \triangleq$ 从供应商 i 处买入的产品 j 的数量

$w_{i,k} \triangleq$ 折扣程度为 k 时，供应商 j 的商品的美元值

$$y_{i,k} \triangleq \begin{cases} 1 & \text{如果供应商 } j \text{ 的折扣} \\ & \quad \text{程度为 } k \\ 0 & \text{其他情况} \end{cases}$$

11-48 小阿德勒纺织公司在各种机器（$m=1, \cdots, 48$）上编织产品 $p=1, \cdots, 79$，以满足已知的下周输出配额 q_p 磅。已知在机器 m 上制造产品 p 的可变成本为每磅 $c_{m,p}$。机器使用具有不同织针组合的可更换滚筒（$j=1, \cdots, 14$），因此在机器 m 上生产产品 p 的数量也不同，为每小时 $a_{m,j,p}$ 磅。下一周每个机器上总共可以运转 100 个小时，但是在每个机器 m 上使用一种滚筒类型 j 时必须扣除安置初始化时间 $s_{m,j}$。阿德勒希望找到一个符合所有约束的最小总可变成本规划。使用如下决策变量制定此生产调度问题的整数线性规划模型（$m=1, \cdots, 48$；$j=1, \cdots, 14$；$p=1, \cdots, 79$）：

$x_{m,j,p} \triangleq$ 在机器 m 上使用滚筒 j 制造的产品 p 的磅数

$$y_{m,j} \triangleq \begin{cases} 1 & \text{如果机器 } m \text{ 使用了} \\ & \quad \text{滚筒 } j \\ 0 & \text{其他情况} \end{cases}$$

11-49 邮寄公司（MOM）将在下周将 q_j 磅的小批量新产品运送到美国的 $j=1, \cdots, 27$ 区域。MOM 的配送机构位于新英格兰地区（$j=1$）。订单可以直接从配送中心由小包裹运输公司运送，成本为每磅 $p_{1,j}$。通常更廉价的替代方案是将在区域 j 每星期的订单加总为可由公共运输商以每磅 c_i 的价格运送至区域 i 的中转站的数量，运送至中转站后再从中转站以每磅 $p_{i,j}$ 的价格运送至区域 j。然而，公共运输商每次最少

装运 1 000 磅。MOM 想要确定满足本周的运输需求的总成本最小的规划方式。使用如下决策变量来建立该运输问题的整数线性规划模型（i, j＝1，…，27）：

$$x_{i,j} \triangleq \begin{cases} 1 & \text{如果送往区域 } j \text{ 的产品} \\ & \text{途径区域 } i \text{ 的中转站} \\ 0 & \text{其他情况} \end{cases}$$

（$x_{1,j}$＝1 意味着直接将产品送往 j）

11-50 燃气涡轮发动机具有如下图的位于每个转子之前的辐射状装置，此装置上安置着喷嘴导向器。叶片的目的是让气体在转子上均匀地扩散流动，这极大地提高了其效率。在发动机维护期间，55 个旧叶片被移除并且由被完善的新叶片代替（i＝1，…，55）。先前评估得到每个叶片的两面的性能测量值 a_i 和 b_i。每个喷嘴槽的效果受到安置在一侧的叶片的 a 值和安置在另一侧的叶片的 b 值的总和的极大影响。维护人员想要选择围绕装置的叶片的一种布置方式（用逆时针表示），以通过最小化每个产生的 $a＋b$ 这样的和与已知目标值 t 之间的平方偏差的总和来平衡其性能。请推导出，该叶片布置任务可以被视为旅行商问题，并且写出用于表示对应点 i 到点 j 的成本的表达式。

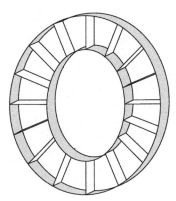

11-51 一家新的货运航空公司正在为其运营设计一个中心辐射系统。从所有的 34 个机场中，有 3 个将被选为中心。之后，从某机场到另一机场（单程）的运输量 $f_{i,j}$ 将通过中心进行转运（$f_{i,i}$＝0）。也就是说，从 i 到 j 的运输将从 i 开始，到其唯一对应的中心 k，然后被运送到 j 唯一对应的（可能与之前的 k 相同）中心 ℓ，最后运到目的地 j。航空公司的目标是将所有流动时间单位运输成本 $c_{i,j}$ 的总和最小化，且需考虑到规模经济导致的中心之间运输流动节省了 30%（对于所有的 i，$c_{i,i}$＝0）。

(a) 解释为什么由此航空中心设计问题建立的整数规划模型的合适的决策变量为如下变量（i, k＝1，…，34）：

$$x_{i,k} \triangleq \begin{cases} 1 & \text{如果机场 } i \text{ 被分配给建} \\ & \text{在 } k \text{ 的中心} \\ 0 & \text{其他情况} \end{cases}$$

$$y_k \triangleq \begin{cases} 1 & \text{如果在 } k \text{ 处开设一个中心} \\ 0 & \text{其他情况} \end{cases}$$

(b) 仅使用 $x_{i,k}$（即不考虑 k 处是否开设了中心），对每一对结点，将从出发地到第一个中心，第一个中心到第二个中心，以及第二个中心到目的地的成本相加，推导二次目标函数。

(c) 通过添加线性主约束和适当的变量类型约束来完成针对此问题的整数非线性规划模型。

11-52 在具有许多郊区社区的区域中，电话列表通常被分成几个不同的组，编写入不同的电话簿中。每个社区（i＝1，…，n）中居民的电话恰好被一个电话簿（k＝1，…，m）所包含。每个社区居民的数目 p_i 是已知的，社区之间的单向呼叫业务水平 $t_{i,j}$ 也是已知的。工程师们在寻找一种设计电话簿的方式，使每个电话簿中共有的居民间的呼叫业务水平之和最大化，同时在任何电话簿中包含的居民数量不超过 q。建

立一个整数非线性规划模型，根据如下决策变量选择最佳的电话簿建立方式（$i=1, \cdots, n$；$k=1, \cdots, m$）：

$$x_{i,k} \triangleq \begin{cases} 1 & \text{如果社区 } i \text{ 被包含在} \\ & \text{电话簿 } k \text{ 中} \\ 0 & \text{其他情况} \end{cases}$$

参考资料

Chen, Der-San, Robert G. Batson, and Yu Dang (2010), *Applied Integer Programming - Modeling and Solution*. Wiley, Hoboken, New Jersey.

Hillier, Fredrick S. and Gerald J. Lieberman (2001), *Introduction to Operations Research*. McGraw-Hill, Boston, Massachusetts.

Parker, R. Gary and Ronald L. Rardin (1988), *Discrete Optimization*. Academic Press, San Diego, California.

Taha, Hamdy (2011), *Operations Research - An Introduction*. Prentice-Hall, Upper Saddle River, New Jersey.

Winston, Wayne L. (2003), *Operations Research - Applications and Algorithms*. Duxbury Press, Belmont, California.

Wolsey, Laurence (1998), *Integer Programming*. John Wiley, New York, New York.

## 第 12 章

离散优化求解方法

在第 11 章，我们举例说明了运筹学实际应用中会遇到的各种各样的整数与组合规划模型。一些是含离散约束的线性规划，一些是含整数变量的线性规划，还有一些是连续与整数组合的非线性规划。从逻辑上看，这其中的每一个规划都不能被连续模型有效表示，因此大部分都无法用前面章节所讨论过的线性规划或网络流模型来简单地进行处理。

不易处理显然不意味着重要性的降低。例如，第 11 章所展示的那些离散优化模型，都代表着工程和管理中将会遇到的关键决策问题。即便只做一部分分析，也具有巨大的价值。

离散优化模型的求解方法也极为丰富。相比于线性规划，离散优化经常需要特定的方法来求解不同的问题；而在线性规划中，绝大部分的模型都可以用少数重要的算法来求解。但是，我们仍有一些适用范围广泛的解决思路。在这一章中，我们将介绍最著名的**精确优化**（exact optimal）求解方法。第 15 章特别介绍了满足近似最优的**启发式方法**（heuristic method）。

12.1 全枚举法求解

刚起步的学生经常很难理解为什么离散优化问题比连续优化要难。第 5 章与第 6 章线性规划算法的运算已经很令人却步了。相比之下，一个只有有限取值选择的决策变量的离散模型，看起来非常简单。为什么不把这些有限取值都试一遍，然后保留最好的可行结果作为最优？

尽管这个想法听起来幼稚，实际上却充满智慧。

原理 12.1 *如果一个模型只有少数离散决策变量，最有效的求解方法往往也是最直接的：列举出所有的可能。*

12.1.1 全枚举法

更明确地说，**全枚举法**（total enumeration）要求将离散变量的所有取值都检查一遍。

定义 12.2 全枚举法通过尝试离散变量取值的所有组合，计算出任何连续变量在每种情形下的最佳对应取值来解决离散优化问题。在得出可行解的组合中，具有最优目标函数值的组合即为最优解。

12.1.2 瑞士钢铁"全或无"案例应用

我们可以用离散模型来刻画模型(11-2)(见 11.1 节)所展示的瑞士钢铁案例。

$$
\begin{aligned}
\min \quad & 16(75)y_1 + 10(250)y_2 + 8x_3 + 9x_4 + 48x_5 + 60x_6 + 53x_7 \\
\text{s. t.} \quad & 75y_1 + 250y_2 + x_3 + x_4 + x_5 + x_6 + x_7 \\
& \qquad\qquad\qquad\qquad\qquad\qquad = 1000 \\
& 0.008\,0(75)y_1 + 0.007\,0(250)y_2 + 0.008\,5x_3 + 0.004\,0x_4 \geqslant 0.006\,5(1\,000) \\
& 0.008\,0(75)y_1 + 0.007\,0(250)y_2 + 0.008\,5x_3 + 0.004\,0x_4 \leqslant 0.007\,5(1\,000) \\
& 0.180(75)y_1 + 0.032(250)y_2 + 1.0x_5 \geqslant 0.030(1\,000) \\
& 0.180(75)y_1 + 0.032(250)y_2 + 1.0x_5 \leqslant 0.035(1\,000) \\
& 0.120(75)y_1 + 0.011(250)y_2 + 1.0x_6 \geqslant 0.010(1\,000) \\
& 0.120(75)y_1 + 0.011(250)y_2 + 1.0x_6 \leqslant 0.012(1\,000) \\
& 0.001(250)y_2 + 1.0x_7 \geqslant 0.011(1\,000) \\
& 0.001(250)y_2 + 1.0x_7 \leqslant 0.013(1\,000) \\
& x_3, \cdots, x_7 \geqslant 0 \\
& y_1, y_2 = 0 \text{ 或 } 1
\end{aligned}
$$

$$(12\text{-}1)$$

在这个模型中，前两种铁屑资源要么要，要么不要，其用离散变量表示。其他五种资源可用量为任何非负值。

y_1 和 y_2 都有 2 种取值的可能，一共是 4 种不同的枚举组合。表 12-1 提供了更为细致的说明。第三种选择 $y_1 = 1$，$y_2 = 0$ 可得到最优解，目标函数值为 9 540.3。

表 12-1　瑞士钢铁案例模型的情况枚举

离散变量取值组合	相应的连续变量取值结果	目标函数值
$y_1 = 0$，$y_2 = 0$	$x_3 = 814.3$，$x_4 = 114.6$，$x_5 = 30.0$，$x_6 = 10.0$，$x_7 = 1.1$	9 914.1
$y_1 = 0$，$y_2 = 1$	$x_3 = 637.9$，$x_4 = 82.0$，$x_5 = 22.0$，$x_6 = 7.3$，$x_7 = 0.9$	9 877.3
$y_1 = 1$，$y_2 = 0$	$x_3 = 727.6$，$x_4 = 178.8$，$x_5 = 16.5$，$x_6 = 1.0$，$x_7 = 1.1$	9 540.3
$y_1 = 1$，$y_2 = 1$	$x_3 = 552.8$，$x_4 = 112.9$，$x_5 = 8.5$，$x_6 = 0.0$，$x_7 = 0.9$	9 591.1

既然这个模型既有离散变量，又有连续变量，那么每一种枚举出来的情况(离散变量取值组合)都需要计算出 x_3 到 x_7 这些连续变量的优化值。例如，在模型(12-1)中，确定了 $y_1 = y_2 = 0$，便有线性规划：

$$
\begin{aligned}
\min \quad & 16(75)(0) + 10(250)(0) + 8x_3 + 9x_4 + 48x_5 + 60x_6 + 53x_7 \\
\text{s. t.} \quad & 75(0) + 250(0) + x_3 + x_4 + x_5 + x_6 + x_7 \\
& \qquad\qquad\qquad\qquad\qquad\qquad = 1000 \\
& 0.008\,0(75)(0) + 0.007\,0(250)(0) + 0.008\,5x_3 + 0.004\,0x_4 \geqslant 0.006\,5(1\,000)
\end{aligned}
$$

$$0.008\ 0(75)(0)+0.007\ 0(250)(0)+0.008\ 5x_3+0.004\ 0x_4\leqslant0.007\ 5(1\ 000)$$

$$0.180(75)(0)+\quad0.032(250)(0)+\quad1.0x_5\qquad\qquad\geqslant0.030(1\ 000)$$

$$0.180(75)(0)+\quad0.032(250)(0)+\quad1.0x_5\qquad\qquad\leqslant0.035(1\ 000)$$

$$0.120(75)(0)+\quad0.011(250)(0)+\quad1.0x_6\qquad\qquad\geqslant0.010(1\ 000)$$

$$0.120(75)(0)+\quad0.011(250)(0)+\quad1.0x_6\qquad\qquad\leqslant0.012(1\ 000)$$

$$0.001(250)(0)+\qquad\qquad\qquad1.0x_7\qquad\qquad\geqslant0.011(1\ 000)$$

$$0.001(250)(0)+\qquad\qquad\qquad1.0x_7\qquad\qquad\leqslant0.013(1\ 000)$$

$$x_3,\cdots,x_7\geqslant0$$

最优解 $x_3=814.3$，$x_4=144.6$，$x_5=30.0$，$x_6=10.0$，$x_7=1.1$，这就完成了表 12-1 中的第一种情况。

例 12-1　全枚举法求解

请用全枚举法求解下列离散优化模型 12.2。

$$\begin{aligned}\max\quad&7x_1+4x_2+19x_3\\\text{s. t.}\quad&x_1+x_3\leqslant1\\&x_2+x_3\leqslant1\\&x_1,x_2,x_3=0\ \text{或}\ 1\end{aligned}$$

解：分别列举 $2^3=8$ 种组合情况并求解，结果见下表：

情况	目标值	情况	目标值
$\mathbf{x}=(0,\ 0,\ 0)$	0	$\mathbf{x}=(1,\ 0,\ 0)$	7
$\mathbf{x}=(0,\ 0,\ 1)$	19	$\mathbf{x}=(1,\ 0,\ 1)$	不可行
$\mathbf{x}=(0,\ 1,\ 0)$	4	$\mathbf{x}=(1,\ 1,\ 0)$	11
$\mathbf{x}=(0,\ 1,\ 1)$	不可行	$\mathbf{x}=(1,\ 1,\ 1)$	不可行

解 $\mathbf{x}=(0,0,1)$ 是可行解，且有最优目标函数值 19，所以是最优解。

12.1.3　枚举情况的指数增长

我们的瑞士钢铁案例中有两个离散的决策变量，每一个都有 0 和 1 两个可能的取值，因此一共有 $2\times2=2^2=4$ 种组合结果。

类似地，一个有 k 个二元决策变量的模型会有 2^k 个需要枚举的情况。我们把这种复杂度上的增长称为**指数增长**（exponential growth），因为每一个新增的 0—1 型整数变量都将使得组合数目翻倍。以此类推，$k=100$，我们面对的需要枚举的情况多达 10^{10}。

原理 12.3　复杂度的指数增长使得全枚举法对于有较多离散变量的模型并不适用。

12.2　离散优化模型的松弛模型及其应用

因为离散优化模型的分析往往很难，所以我们很自然会寻找相关但更简单的建模来帮助我们进行分析。**松弛模型**（relaxation）就是为了解决这个问题而建立的一种辅助优化模型，在给定的离散模型中，松弛模型要么削弱约束，要么削弱目标函数，或者同时削弱二者。

☐ 应用案例 12-1

野牛助力者

若在第 11 章的更符合实际情况的模型中考虑到松弛模型，那么我们就将得到一个更简洁（虽然很人为化）的例子。考虑一下野牛助力者俱乐部支持当地运动队的困境。

助力者正决定在下一个地区展会时采用什么样的方式进行筹款。一个选择是个性定制 T 恤衫，每件卖 20 美元；另一个选择是卖运动衫，每件 30 美元。历史数据表明，展销品都将在展会结束前卖光。

制作衬衫的材料都是当地商人捐赠的，但是助力者必须租借定制用的设备。用来制作 T 恤衫的设备在展会期间的租用价格为 550 美元，制作运动衫的设备租价为 720 美元。展示空间也是需要考虑的另外一点。在展会上，助力者只有面积为 300 平方英尺的墙作为展示空间。每件 T 恤衫会占用 1.5 平方英尺，而每件运动衫会占用 4 平方英尺。那么，哪个计划将产生最大的净利润呢？

决策变量为：

$$x_1 \triangleq \text{T 恤衫制造和卖出的数量}$$

$$x_2 \triangleq \text{运动衫制造和卖出的数量}$$

助力者也面临要不要租用设备的离散型决策：

$$y_1 \triangleq 1，如果制造 T 恤衫的设备被租用，否则 = 0$$

$$y_2 \triangleq 1，如果制造运动衫的设备被租用，否则 = 0$$

利用这些决策变量，助力者困境可以用以下模型刻画出来：

$$
\begin{aligned}
\max \quad & 20x_1 + 30x_2 - 550y_1 - 720y_2 && \text{（净利润）}\\
\text{s. t.} \quad & 1.5x_1 + 4x_2 \leqslant 300 && \text{（展示空间）}\\
& x_1 \leqslant 200y_1 && \text{（T 恤衫量，如果租用了相应设备）}\\
& x_2 \leqslant 75y_2 && \text{（运动衫量，如果租用了相应设备）}\\
& x_1, x_2 \geqslant 0 \\
& y_1, y_2 = 0 \text{ 或 } 1
\end{aligned}
$$

$$(12\text{-}2)$$

目标函数使得净利润最大化，第一个约束表示展示空间的限制，之后的两个约束体现了做哪种衬衫的转换。在这些约束中，任何足够大的正数 M 都可以用作 y_i 的系数。(12-2) 中的值是在 300 平方英尺的展示空间限制下得到的最大可能产量。如果相应的 $y_i = 1$，那么 T 恤衫的系数 $300/1.5 = 20$ 和运动衫的系数 $300/4 = 75$ 将起到不到任何限制作用。但是当 $y_i = 0$ 的时候，将不会进行生产。

将 y_1 和 y_2 的 4 种取值组合进行枚举，我们容易得出助力者应该只生产 T 恤衫。唯一最优解是 $x_1^* = 200$，$x_2^* = 0$，$y_1^* = 1$，$y_2^* = 0$，净利润 3 450 美元。

12.2.1 约束条件的松弛

松弛模型要么弱化目标函数，要么弱化约束条件。但在这本书中，我们主要讨论的是针对约束条件的松弛。我们通过扔掉或放松某些约束条件，来得到一个更为简单的模型。

定义 12.4 如果 (P) 的每一个可行解都是 $(\overline{P})$ 的可行解，并且两个模型具有同样的目标函数，则我们称模型 $(\overline{P})$ 是模型 (P) 的**约束条件松弛**（constraint relaxation）。

新的可行解允许存在，但每一个可行解都不能被丢掉。

表 12-2 展示了野牛助力者模型（12-2）中一些约束条件松弛。第一个简单地将展示空间的限制容量翻倍。得到的结果是一个松弛模型，因为每一个满足实际 300 平方英尺容量的解也都满足两倍的面积容量。然而，这个松弛并没什么作用。

表 12-2 野牛助力者模型中的约束条件松弛

修改过的约束条件	讨论
$1.5x_1 + 4x_2 \leqslant 600$ $x_1 \leqslant 400y_1$ $x_2 \leqslant 150y_2$ $x_1,\ x_2 \geqslant 0$ $y_1,\ y_2 = 0$ 或 1	容量翻倍。松弛最优解：$\overline{x}_1 = 400$，$\overline{x}_2 = 0$，$\overline{y}_1 = 1$，$\overline{y}_2 = 0$，净利润 7 450 美元
$x_1 \leqslant 200y_1$ $x_2 \leqslant 75y_2$ $x_1,\ x_2 \geqslant 0$ $y_1,\ y_2 = 0$ 或 1	丢掉第一个约束。松弛最优解：$\overline{x}_1 = 200$，$\overline{x}_2 = 75$，$\overline{y}_1 = 1$，$\overline{y}_2 = 1$，净利润 4 980 美元
$1.5x_1 + 4x_2 \leqslant 300$ $x_1 \leqslant 200y_1$ $x_2 \leqslant 75y_2$ $x_1,\ x_2 \geqslant 0$ $0 \leqslant y_1 \leqslant 1$ $0 \leqslant y_2 \leqslant 1$	将离散变量视为连续变量的线性规划松弛。松弛最优解：$\overline{x}_1 = 200$，$\overline{x}_2 = 0$，$\overline{y}_1 = 1$，$\overline{y}_2 = 0$，净利润 3 450 美元

原理 12.5 松弛模型应明显比原模型更容易处理，从而让更加深入的分析变得可行。

容量翻倍不满足上面这个要求，因为模型的特征并没有改变。

表 12-2 的第二个松弛更有效一点。将第一个约束扔掉，就解除了两种衬衫生产决策之间的联系。这样，计算起来（松弛）最优解就变得容易很多了。我们只需要依次决定，对于最大产量所得到的每个 x_j，当其 $y_j = 1$ 时，是否有租用相关设备的固定成本发生。

例 12-2 识别出约束条件的松弛
判断 a、b、c、d 四个混合整数规划是否为以下模型约束条件的松弛。

$$\min \quad 3x_1 + 6x_2 + 7x_3 + x_4$$
$$\text{s. t.} \quad 2x_1 + x_2 + x_3 + 10x_4 \geqslant 100$$
$$x_1 + x_2 + x_3 \leqslant 1$$
$$x_1, x_2, x_3 = 0 \text{ 或 } 1$$
$$x_4 \geqslant 0$$

(a) $\min \quad 3x_1 + 6x_2 + 7x_3 + x_4$
$\quad$ s. t. $\quad 2x_1 + x_2 + x_3 + 10x_4 \geqslant 100$
$\qquad x_1, x_2, x_3 = 0 \text{ 或 } 1$
$\qquad x_4 \geqslant 0$

(b) $\min \quad 3x_1 + 6x_2 + 7x_3 + x_4$
$\quad$ s. t. $\quad 2x_1 + x_2 + x_3 + 10x_4 \geqslant 200$
$\qquad x_1 + x_2 + x_3 \leqslant 1$
$\qquad x_1, x_2, x_3 = 0 \text{ 或 } 1$
$\qquad x_4 \geqslant 0$

(c) $\min \quad 3x_1 + 6x_2 + 7x_3 + x_4$
$\quad$ s. t. $\quad 2x_1 + x_2 + x_3 + 10x_4 \geqslant 100$
$\qquad x_1 + x_2 + x_3 \leqslant 1$
$\qquad x_1, x_2, x_3, x_4 \geqslant 0$

(d) $\min \quad 3x_1 + 6x_2 + 7x_3 + x_4$
$\quad$ s. t. $\quad 2x_1 + x_2 + x_3 + 10x_4 \geqslant 100$
$\qquad x_1 + x_2 + x_3 \leqslant 1$
$\qquad 1 \geqslant x_1 \geqslant 0, 1 \geqslant x_2 \geqslant 0,$
$\qquad 1 \geqslant x_3 \geqslant 0, x_4 \geqslant 0$

解：利用定义 12.4。

（a）是。因为它松弛掉了第二个主约束。当然，原模型的每个可行解也都是松弛掉了约束后的模型的可行解。

（b）不是。唯一的改变是将式子右边的 100 增加至 200，使得之前的某些可行解变得不再可行。一个例子是 $\mathbf{x} = (0, 0, 0, 10)$。

（c）是。允许 x_1，x_2，x_3 取任何非负值而不只是 0 或 1，不会消除之前的任意可行解。

（d）是。允许 x_1，$\mathrm{x}x_2$，x_3 取 $[0, 1]$ 中任何值，不会消除之前的任意可行解。

12.2.2　线性规划松弛

表 12-2 的第三个情况刻画了在所有约束条件的松弛中最著名并且最常用的一种：**线性规划松弛**（linear programming relaxation），或者更一般地说，**连续松弛**（continuous relaxation）。

定义 12.6　连续松弛（如果给定模型是整数线性规划，则也称线性规划松弛）是一种约束条件的松弛：保留所有其他约束，但将任何离散变量都看成连续变量。

在实际的野牛助力者模型中，每一个 y_j 必须等于 0 或 1。在连续松弛中我们也允许小数，将每一个 $y_j = 0$ 或 1 替换成 $1 \geqslant y_j \geqslant 0$。

当然，任何可行解在这个替换过程中都没有被丢失，因此这个过程产生的是一个有效的松弛。更重要的是，松弛的模型常常更容易处理。

我们的野牛助力者模型是一个整数线性规划，除了离散变量 y_1 与 y_2，其他方面都是线性的。因此，把离散变量松弛成连续的，将会带来一个待解决的线性规划，即线性规划松弛。在这本书中，我们已经在许多章节中展示了线性规划在分析中是多么有效。

原理 12.7　整数线性规划的线性规划松弛是目前使用最多的方法，因为它将线性规划在分析中的强大作用都带给了给定的离散模型。

例 12-3　建立线性规划松弛模型
为下面的整数混合规划建立线性规划松弛：

$$\min \quad 15x_1 + 2x_2 - 4x_3 + 10x_4$$
$$\text{s.t.} \quad x_3 - x_4 \leqslant 0$$
$$x_1 + 2x_2 + 4x_3 + 8x_4 = 20$$
$$x_2 + x_4 \leqslant 1$$
$$x_1 \geqslant 0$$
$$x_2, x_3, x_4 = 0 \text{ 或 } 1$$

解：利用定义 12.6，我们将 0—1 约束 $x_j = 0$ 或 1 替换成 $x_j \in [0, 1]$ 来得到线性规划松弛：

$$\min \quad 15x_1 + 2x_2 - 4x_3 + 10x_4$$
$$\text{s.t.} \quad x_3 - x_4 \leqslant 0$$
$$x_1 + 2x_2 + 4x_3 + 8x_4 = 20$$
$$x_2 + x_4 \leqslant 1$$
$$x_1 \geqslant 0$$
$$1 \geqslant x_2 \geqslant 0, 1 \geqslant x_3 \geqslant 0, 1 \geqslant x_4 \geqslant 0$$

12.2.3　修改目标函数的松弛模型

不是所有松弛都是对约束条件的放松。有时候目标函数也会被弱化。一个完整的松弛模型定义包含这两种可能性。

定义 12.8　对于优化问题 (R) 和优化问题 (P)，如果 (i) 每一个 (P) 的可行解在 (R) 中也都可行，并且 (ii) (P) 中的每个可行解在 (R) 中的目标值与其在 (P) 中的目标相比都相等或更好 (对求最小值问题有 $\leqslant$，对求最大值问题有 $\geqslant$)，那么优化问题 (R) 是优化问题 (P) 的松弛。

例 12-4　改变目标的松弛
回到例 12-3 中的整数线性规划，并决定下列对模型的改变是否会得到一个有效的松弛。

(a) 将给定的目标函数换成：

$$\min \quad 3x_1 - 6x_2 + 2x_3 + x_4$$

(b) 丢掉例 12-3(a) 中的第二个主约束，并将给定的目标函数替换成：

$$\min \quad 3x_1 + 6x_2 + 19x_3 + 5x_4$$

(c) 丢掉例 12-3(a) 中的第二个主约束，并将给定的目标函数替换成：

$$\min \quad 3x_1 + 6x_2 + 7x_3 + x_4 - 5(1 - x_1 - x_2 - x_3)$$

解：

(a) 这个变化没有修改原始的约束，但它松弛掉了两个目标函数系数。因为该规划的所有变量都是非负的，松弛掉它们的系数只会产生一个更小的目标值，这和 12.8(ii) 对一个求最小值问题的要求是一致的。因此，这个新模型是一个有效的松弛模型。

(b) 这个变化通过松弛掉一个约束将可行解集扩大了，这与 12.8(i) 是一致的，但它也增加了目标函数中的两个系数。对于非负变量来讲，这可能会违反 12.8(ii) 对一个求最小值问题的要求。因此，这个新模型不是一个有效的松弛模型。

(c) 这个变化又一次通过松弛掉一个约束扩大了可行解集，与 12.8(i) 一致。另外，目标函数的变化已经减去了松弛约束中许多松弛的部分。原模型中的可行解在约束中会有非负松弛部分，因此这样的效果是降低了实际目标值的界限，这满足 12.8(ii) 对一个求最小值问题的要求。因此，这个模型是一个有效的松弛模型。

12.2.4 用松弛模型证明不可行性

确切地讲，松弛为我们分析离散优化模型带来了什么呢？

它的一个作用就是可以被用来证明原问题的不可行性。

假设一个松弛结果是不可行，无解。因为原模型中的每个解在松弛模型中均可行，因此可以得出原模型也是不可行的。通过分析松弛模型，我们得到了一个我们所关心的、关于模型的关键事实。

原理 12.9 如果一个松弛是不可行的，那么它的原模型也是不可行的。

例 12-5 用松弛证明不可行性

利用线性规划松弛来证明以下离散优化模型是不可行的：

$$\min \quad 8x_1 + 2x_2$$
$$\text{s.t.} \quad x_1 - x_2 \geqslant 2$$
$$-x_1 + x_2 \geqslant -1$$
$$x_1, x_2 \geqslant 0 \text{ 且为整数}$$

解： 原模型的线性规划松弛如下：

$$\min \quad 8x_1 + 2x_2$$
$$\text{s.t.} \quad x_1 - x_2 \geqslant 2$$
$$-x_1 + x_2 \geqslant -1$$
$$x_1, x_2 \geqslant 0$$

很明显这是不可行的，因为两个主约束可以被写成：

$$x_1 - x_2 \geqslant 2$$
$$x_1 - x_2 \leqslant 1$$

因此根据原理 12.9，给定的整数规划也不可行。任何满足所有约束的解都必须在松弛模型中可行。

值得注意的是，原理 12.9 只在一个方向上是成立的。一个不可行的松弛确实可以得出原模型无解，但一个可行的松弛却并不意味着原模型是可行的。例如，考虑以下整数线性规划：

$$\min \quad 5x$$
$$\text{s. t.} \quad \frac{1}{4} \leqslant x \leqslant \frac{1}{2}$$
$$x \text{ 为整数}$$

其线性规划松弛在区间 $[1/4，1/2]$ 有解，但其中没有一个是整数。原规划不可行。

12.2.5　松弛给出的最优目标值界限

图 12-1 描述了松弛如何告诉我们最优目标值的界限。约束的松弛扩大了可行解集，允许更多的**候选解**（candidate solution）。松弛模型最优目标值，也就是在扩大的解集中最好的解，一定与原模型最好的可行解目标值比起来相等或更好。

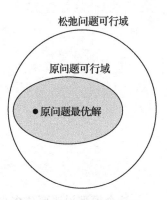

图 12-1　松弛和最优值

原理 12.10　对于求最大值的模型，其任何松弛模型的最优值都是原模型的最优值上界；类似的对于求最小值的模型，其任何松弛模型的最优值都为原模型提供了最优值下界。

表 12-2 中所有的三个约束的松弛刻画了最大值的情况。野牛助力者模型（12-2）的最优目标值是 3 450 美元。表 12-2 中的一种情况恰好得出了这个结果。其他的情况得出净利润的更高估计值，所以提供了原理 12.10 中所保证的上界。

对于改变了目标函数的松弛，情况会复杂些，但最优目标值的界限还是会被得出。以一个求最小值的问题 (P) 及其有效松弛 (R) 为例。根据 12.8，任何 (P) 的可行解在 (R) 中均可行，并且 (P) 的每一个目标值都被 (R) 的目标值设定了下界 $[12.8(\text{ii})]$。具体地说，(P) 中最优的目标值 $\geqslant$ 其在 (R) 中的目标值 $\geqslant (R)$ 中最优的目标值。这保证了松弛最优目标值为 (P) 的最优值提供了一个有效的界限，就像原理 12.10 所阐述的那样。

通过野牛助力者模型，一个小的以至于很容易求得精确最优解的模型，松弛界限不能给我们提供新视角。考虑 11.3 节中一个更大的 EMS 模型（11-8）将会给我们关于松弛界限更好的认知。EMS 模型要用最少的物流站数量来覆盖 20 个大城市市区。

$$\min \quad \sum_{j=1}^{10} x_j \qquad （车站的数量）$$

$$
\begin{aligned}
\text{s. t.} \quad & x_2 && \geqslant 1 \ (\text{市区 }1) \\
& x_1 + x_2 && \geqslant 1 \ (\text{市区 }2) \\
& x_1 + x_3 && \geqslant 1 \ (\text{市区 }3) \\
& x_3 && \geqslant 1 \ (\text{市区 }4) \\
& x_3 && \geqslant 1 \ (\text{市区 }5) \\
& x_2 && \geqslant 1 \ (\text{市区 }6) \\
& x_2 + x_4 && \geqslant 1 \ (\text{市区 }7) \\
& x_3 + x_4 && \geqslant 1 \ (\text{市区 }8) \\
& x_8 && \geqslant 1 \ (\text{市区 }9) \\
& x_4 + x_6 && \geqslant 1 \ (\text{市区 }10) \\
& x_4 + x_5 && \geqslant 1 \ (\text{市区 }11) \\
& x_4 + x_5 + x_6 && \geqslant 1 \ (\text{市区 }12) \\
& x_4 + x_5 + x_7 && \geqslant 1 \ (\text{市区 }13) \\
& x_8 + x_9 && \geqslant 1 \ (\text{市区 }14) \\
& x_6 + x_9 && \geqslant 1 \ (\text{市区 }15) \\
& x_5 + x_6 && \geqslant 1 \ (\text{市区 }16) \\
& x_5 + x_7 + x_{10} && \geqslant 1 \ (\text{市区 }17) \\
& x_8 + x_9 && \geqslant 1 \ (\text{市区 }18) \\
& x_9 + x_{10} && \geqslant 1 \ (\text{市区 }19) \\
& x_{10} && \geqslant 1 \ (\text{市区 }20) \\
& x_1, \cdots, x_{10} = 0 \ \text{或} \ 1
\end{aligned}
\tag{12-3}
$$

这个模型说明要建多少个物流站。即使只有 10 个离散变量，答案都是很难求得的。但如果我们将每个 $x_j = 0$ 或 1 约束替换成 $0 \leqslant x_j \leqslant 1$，得到的线性规划松弛模型可以用单纯形法快速求解。一个最优解如下：

$$
\begin{aligned}
& \tilde{x}_1 = \tilde{x}_7 = 0 \\
& \tilde{x}_2 = \tilde{x}_3 = \tilde{x}_8 = \tilde{x}_{10} = 1 \\
& \tilde{x}_4 = \tilde{x}_5 = \tilde{x}_6 = \tilde{x}_9 = \frac{1}{2}
\end{aligned}
\tag{12-4}
$$

其最优目标值为 6.0。如果不进一步去看离散模型的话，我们可以得出，至少需要 6 个 EMS 物流站，因为这个线性规划松弛模型的目标值提供了一个下界（原理 12.10）

例 12-6 利用松弛计算界限

计算以下每个整数规划的最优目标值和线性规划松弛界限：

(a) max $x_1 + x_2 + x_3$

s. t. $x_1 + x_2 \leqslant 1$

$x_1 + x_3 \leqslant 1$

$x_2 + x_3 \leqslant 1$

$x_1, x_2, x_3 = 0$ 或 1

(b) min $20x_1 + 9x_2 + 7x_3$

$$\text{s. t.}\quad 10x_1 + 4x_2 + 3x_3 \geqslant 7$$
$$x_1, x_2, x_3 = 0 \text{ 或 } 1$$

解：

（a）显然，这个模型中只有一个变量可以等于 1，因此最优目标值是 1。相应的线性规划松弛为：

$$\max\quad x_1 + x_2 + x_3$$
$$\text{s. t.}\quad x_1 + x_2 \leqslant 1$$
$$x_1 + x_3 \leqslant 1$$
$$x_2 + x_3 \leqslant 1$$
$$1 \geqslant x_1, x_2, x_3 \geqslant 0$$

其最优解是 $\widetilde{\mathbf{x}} = \left(\dfrac{1}{2}, \dfrac{1}{2}, \dfrac{1}{2}\right)$，目标值 3/2。根据原理 12.10，在这个求最大值的模型中，松弛值 3/2 是最优值 1 的一个上界。

（b）全枚举法表明这个最小值问题的整数线性规划的最优解是 $\mathbf{x} = (0, 1, 1)$，目标值 16。其线性规划松弛为：

$$\min\quad 20x_1 + 9x_2 + 7x_3$$
$$\text{s. t.}\quad 10x_1 + 4x_2 + 3x_3 \geqslant 7$$
$$1 \geqslant x_1, x_2, x_3 \geqslant 0$$

其最优解是 $\widetilde{\mathbf{x}} = \left(\dfrac{7}{10}, 0, 0\right)$，目标值 14。根据原理 12.10，松弛值 14 是最优值 16 的一个下界。

12.2.6　利用松弛模型得到最优解

有时松弛模型不止能给出对应离散模型最优值的界限，甚至能给出最优解。

原理 12.11　如果一个约束条件松弛模型的最优解在原模型中也可行，那么这个解就是原模型的最优解。

我们再来看图 12-1。所有原离散模型的可行解（阴影部分）都必须属于更大的松弛可行解集。如果松弛的最优解正好是原模型可行解其中之一，那么这个最优解对应的目标函数值不比任一松弛的可行解的目标函数值差。而且，这个解对应的目标函数值也不比原模型中的可行解差。它是完整模型中的最优情况。

第三个野牛助力者线性规划的松弛模型如表 12-2 中所示。虽然 y 分量的整数性约束并没有作为必要条件，不过最优解

$$\widetilde{x}_1 = 200, \widetilde{x}_2 = 0, \widetilde{y}_1 = 1, \widetilde{y}_2 = 0$$

仍然满足条件。这个松弛后的最优解是整个完整离散模型中的最优化可行解。

很容易对上述结论进行证明，对于约束的松弛，在处理需要修改目标函数的宽松问题时需要一些细化。

原理 12.12　如果一个松弛最优解满足 12.10 中所需要的条件，并且它在松弛问题

中的目标值与在完整模型中的目标值相同，则这个松弛问题的最优解是原问题的最优解。

为了说明为什么需要这个额外的条件，在图 12-1 中的灰色区域加了一个新的点，这个点就是松弛后的最优解。随着所使用的目标函数的不同，我们没有理由认为松弛后的最优解与完整模型一致。

举一个最小化的例子，松弛模型的最优解所对应的完整模型的目标值为完整模型最优值提供了上界，因为松弛模型的最优解是可行的。通过 12.10，我们又知道松弛模型的目标值给出了完整模型最优值的下界。这样就可以确定上界和下界相同的条件是否满足。如果松弛最优解将作为基本问题的最优解，那么完整模型和松弛模型中的解值必须相等。

例 12-7 通过松弛获得最优解

（通过检验的方式）计算下列松弛的最优解，并决定我们是否能得到松弛模型的最优解就是原问题中最优解的结论。

（a）给出下列问题的线性规划松弛模型：

$$\begin{aligned}
\max \quad & 20x_1 + 8x_2 + 2x_3 \\
\text{s. t.} \quad & x_1 + x_2 + x_3 \leqslant 1 \\
& x_1, x_2, x_3 = 0 \text{ 或 } 1
\end{aligned}$$

（b）给出下列问题的线性规划松弛模型：

$$\begin{aligned}
\max \quad & x_1 + x_2 + x_3 \\
\text{s. t.} \quad & x_1 + x_2 \leqslant 1 \\
& x_1 + x_3 \leqslant 1 \\
& x_2 + x_3 \leqslant 1 \\
& x_1, x_2, x_3 = 0 \text{ 或 } 1
\end{aligned}$$

（c）给出下列问题通过松弛掉第一个主约束，并将目标函数系数从 8 变成 5 的松弛模型：

$$\begin{aligned}
\min \quad & 2x_1 + 4x_2 + 8x_3 \\
\text{s. t.} \quad & x_1 + x_2 + x_3 \leqslant 2 \\
& 10x_1 + 3x_2 + x_3 \geqslant 8 \\
& x_1, x_2, x_3 = 0 \text{ 或 } 1
\end{aligned}$$

（d）给出下列问题将目标函数系数从 2 增加为 40 的线性规划松弛模型：

$$\begin{aligned}
\max \quad & 20x_1 + 8x_2 + 2x_3 \\
\text{s. t.} \quad & x_1 + x_2 + x_3 \leqslant 1 \\
& x_1, x_2, x_3 = 0 \text{ 或 } 1
\end{aligned}$$

解：

（a）该模型的线性规划松弛为：

$$\begin{aligned}
\max \quad & 20x_1 + 8x_2 + 2x_3 \\
\text{s. t.} \quad & x_1 + x_2 + x_3 \leqslant 1 \\
& 1 \geqslant x_1, x_2, x_3 \geqslant 0
\end{aligned}$$

很显然，最优解为 $\tilde{\mathbf{x}} = (1, 0, 0)$。因为这个解在原模型中同样是可行的，因此根据原理 12.11，它是最优解。

(b) 该模型的线性规划松弛为：

$$\begin{aligned} \max \quad & x_1 + x_2 + x_3 \\ \text{s. t.} \quad & x_1 + x_2 \leqslant 1 \\ & x_2 + x_3 \leqslant 1 \\ & x_1 + x_3 \leqslant 1 \\ & 1 \geqslant x_1, x_2, x_3 \geqslant 0 \end{aligned}$$

其具有最优解 $\tilde{\mathbf{x}} = \left(\dfrac{1}{2}, \dfrac{1}{2}, \dfrac{1}{2} \right)$。因为这个解不符合原问题的整数要求，因此在这里不可行，不是最优解。

(c) 其暗示的线性规划松弛为：

$$\begin{aligned} \min \quad & 2x_1 + 4x_2 + 5x_3 \\ \text{s. t.} \quad & 10x_1 + 3x_2 + x_3 \geqslant 8 \\ & x_1, x_2, x_3 = 0 \text{ 或 } 1 \end{aligned}$$

它具有明显的最优解 $\tilde{\mathbf{x}} = (1, 0, 0)$。这个松弛模型的最优解满足松弛约束：

$$x_1 + x_2 + x_3 \leqslant 2$$

并在原模型中同样可行。另外，松弛和完整问题的目标值一致。这符合原理 12.12 中提到的松弛的最优解也是完整模型的最优解。

(d) 该模型的线性规划松弛为：

$$\begin{aligned} \max \quad & 20x_1 + 8x_2 + 40x_3 \\ \text{s. t.} \quad & x_1 + x_2 + x_3 \leqslant 1 \\ & 1 \geqslant x_1, x_2, x_3 \geqslant 0 \end{aligned}$$

具有明显的最优解 $\tilde{\mathbf{x}} = (0, 0, 1)$，并且目标值为 40。这个解在原模型中确实可行，并且目标值 40 是完整模型的最优解 $\mathbf{x}^* = (1, 0, 0)$ 对应最优目标值为 20 [详见 (a) 部分] 的一个有效上界。但是这两个解值并不相同，原理 12.12 并不满足，我们不能把松弛的最优解当作完整模型的最优解。

12.2.7　松弛模型的取整解

应用原理 12.12 时，松弛模型完整地解决了一个比较困难的离散优化模型。然而事情通常并不总是那么简单。就像 EMS 问题的解 (12-4)，松弛最优解常常违反实际模型中的一些约束。

但我们并不是一无所获。首先，我们得到了原理 12.10 中的界。我们也拥有了一个起始点来建立一个针对完整离散模型的很好的启发式解。

原理 12.13　许多松弛模型得到的最优解都可以通过简单的取整，成为完整模型的很好的可行解。

举个例子，我们考虑 EMS 问题的解 (12-4)。模型中约束条件 (12-3) 是大于等于形式且左边由非负系数组成，这意味着当我们把某一分量增大时，解的可行性将得到保持。
于是，从线性规划的松弛最优解出发，对其向上取整，得到近似的最优解：

$$\hat{x}_1 = \lceil \widetilde{x}_1 \rceil = \lceil 0 \rceil = 0$$
$$\hat{x}_2 = \lceil \widetilde{x}_2 \rceil = \lceil 1 \rceil = 1$$
$$\hat{x}_3 = \lceil \widetilde{x}_3 \rceil = \lceil 1 \rceil = 1$$
$$\hat{x}_4 = \lceil \widetilde{x}_4 \rceil = \left\lceil \frac{1}{2} \right\rceil = 1$$
$$\hat{x}_5 = \lceil \widetilde{x}_7 \rceil = \left\lceil \frac{1}{2} \right\rceil = 1$$
$$\hat{x}_6 = \lceil \widetilde{x}_6 \rceil = \left\lceil \frac{1}{2} \right\rceil = 1 \tag{12-5}$$
$$\hat{x}_7 = \lceil \widetilde{x}_7 \rceil = \lceil 0 \rceil = 0$$
$$\hat{x}_8 = \lceil \widetilde{x}_8 \rceil = \lceil 1 \rceil = 1$$
$$\hat{x}_9 = \lceil \widetilde{x}_9 \rceil = \left\lceil \frac{1}{2} \right\rceil = 1$$
$$\hat{x}_{10} = \lceil \widetilde{x}_{10} \rceil = \lceil 1 \rceil = 1$$

其对应目标函数值为 $\sum_{j=1}^{10} \hat{x}_j = 8$。这里**上界**(ceiling)记号：

$$\lceil x \rceil \triangleq \text{不小于 } x \text{ 的最小整数}$$

相应的**下界**(floor)记号：

$$\lfloor x \rfloor \triangleq \text{不大于 } x \text{ 的最大整数}$$

启发式最优解 $\hat{x}$ 并不一定真是最优解，但是它一定满足所有的约束。当没有足够时间进行更深入的分析时，这个取整后的松弛解有时已经可以很好地满足要求。同时，可行解能够提供界，来补充那些从松弛最优解值得到的界（原理 12.10）。

原理 12.14 一个最大化离散优化问题任一（整数）可行解的目标函数值，给出了整数最优值的下界。一个最小化离散优化问题的任一（整数）可行解给出了整数最优值的上界。

因为其约束具有不同寻常的简单形式，像式(12-4)那样的集合覆盖松弛最优解尤其容易取整。许多其他形式也允许相似的取整。有些将松弛问题的非可行解向上取整，有些向下取整，有些则对其进行其他的直接修补。具体细节随着模型形式的不同而不同。

不幸的是，一些离散模型并不能进行取整。举个例子，回到我们 AA 航空公司人员调度模型[第 11.3 节中的(11-10)]。其集合分割形式很像我们刚刚轻易取整了的集合覆盖案例。但是集合分割包含了等式约束。每次我们对一些不可行的 $\widetilde{x}_j$ 向上取整到 1 或者向下取整到 0 时，其他与 x_j 包含在相同约束条件中的变量为了保证可行性也需要随之调整。这将需要更加复杂的取整方法，并且这样做是否能成功也难以得到保证。

例 12-8 对松弛最优解取整
对下列的每个整数线性规划问题，通过对提示给出的线性规划松弛最优解进行取整，来估计出完整模型的最优解。同时，给出松弛和取整后得出的整数最优解值的最佳上下界。

(a) min $\quad 10x_1 + 8x_2 + 18x_3$ 其线性规划松弛最优解 $\widetilde{\mathbf{x}} = \left(0, 1, \dfrac{1}{7}\right)$

     s.t. $\quad 2x_1 + 4x_2 + 7x_3 \geqslant 5$

            $x_1 + x_2 + x_3 \geqslant 1$

            $x_1, x_2, x_3 = 0$ 或 1

(b) max $\quad 40x_1 + 2x_2 + 18x_3$ 其线性规划松弛最优解 $\widetilde{\mathbf{x}} = \left(1, 0, \dfrac{3}{7}\right)$

     s.t. $\quad 2x_1 + 11x_2 + 7x_3 \leqslant 5$

            $x_1 + x_2 + x_3 \leqslant 2$

            $x_1, x_2, x_3 = 0$ 或 1

(c) min $\quad 3x_1 + 5x_2 + 20x_3 + 14x_4$ 其线性规划松弛最优解 $\widetilde{\mathbf{x}} = \left(\dfrac{16}{3}, \dfrac{17}{3}, \dfrac{16}{33}, \dfrac{17}{33}\right)$

     s.t. $\quad x_1 + x_2 = 11$

            $3x_1 + 6x_2 = 50$

            $x_1 \leqslant 11x_3$

            $x_2 \leqslant 11x_4$

            $x_1, x_2 \geqslant 0$

            $x_3, x_4 = 0$ 或 1

解：

(a) 模型中的所有主约束条件都是 $\geqslant$ 形式，约束左边的系数全为非负。因此，增加可行解变量值将不会破坏约束。我们可以通过向上取整得到整数可行解：

$$\lceil \widetilde{\mathbf{x}} \rceil = \left(\lceil 0 \rceil, \lceil 1 \rceil, \left\lceil \dfrac{1}{7} \right\rceil\right) = (0, 1, 1)$$

在目标函数中替换上这个解可以得到最优值的上界为 26（原理 12.14）。通过替换上松弛最优解（原理 12.10），我们可以得到相应的下界为 10.57。

(b) 所有的主约束条件都是 $\leqslant$ 形式，约束左边的系数均非负。因此，减小可行解变量值将不会破坏约束。我们可以通过向下取整得到整数可行解：

$$\lfloor \widetilde{\mathbf{x}} \rfloor = \left(\lfloor 1 \rfloor, \lfloor 0 \rfloor, \left\lfloor \dfrac{3}{7} \right\rfloor\right) = (1, 0, 0)$$

在目标函数中替换上这个解可以得到最优值的下界为 40（原理 12.14）。通过替换上松弛最优解（原理 12.10），我们可以得到相应的上界为 47.71。

(c) 每个离散变量在这个混合整数线性规划问题中只出现在一个 $\leqslant$ 约束条件的右边，因此从其松弛值来增加 x_3 和 x_4 不会改变解的可行性。我们可以向上取整得到：

$$\left(\dfrac{16}{3}, \dfrac{17}{3}, \left\lceil \dfrac{16}{33} \right\rceil, \left\lceil \dfrac{17}{33} \right\rceil\right) = \left(\dfrac{16}{3}, \dfrac{17}{3}, 1, 1\right)$$

注意到连续变量值并未改变。

在目标函数中替换上这个解可以得到最优值的上界为 78.33（原理 12.14）。通过替换上松弛最优解（原理 12.10），我们可以得到相应的下界为 61.24。

12.2.8 更强的线性规划松弛模型

很明显,在松弛模型与完整模型更加接近的时候,我们可以更快地探测到不可行性(原理 12.9),获得更精准的可行解上下界(原理 12.10 和 12.14),更有机会发现最优解(原理 12.11 和 12.12),以及更简单地找到取整结果(原理 12.13)。这些正是强松弛模型(strong relaxation)所能做到的。

11.6 节中的泰勒马克工厂选址模型描述了一个经典的例子。模型的数学描述如下:

$$\min \quad \sum_{i=1}^{8}\sum_{j=1}^{14}(d_j r_{i,j})x_{i,j} + \sum_{i=1}^{8}f_i y_i \qquad (总固定成本)$$

$$\text{s. t.} \quad \sum_{i=1}^{8}x_{i,j} = 1 \qquad \forall j = 1,\cdots,14 \quad (j \text{ 地区负荷})$$

$$1\,500 y_i \leqslant \sum_{j=1}^{14}d_j x_{i,j} \qquad \forall i = 1,\cdots,8 \quad (i \text{ 中心最小工作量}) \quad (12\text{-}6)$$

$$\sum_{j=1}^{14}d_j x_{i,j} \leqslant 5\,000 y_i \qquad \forall i = 1,\cdots,8 \quad (i \text{ 中心最大工作量})$$

$$x_{i,j} \geqslant 0 \qquad \forall i = 1,\cdots,8; \quad j = 1,\cdots,14$$

$$y_i = 0 \text{ 或 } 1 \qquad \forall i = 1,\cdots,8$$

$x_{i,j}$ 表示 j 区域的部分是否需要 i 中心来的流量,y_i 决定 i 中心是否开业,d_j 是预期的来自 j 区域的需求,$r_{i,j}$ 表示从 j 区域到 i 中心单位成本,f_i 是 i 中心开业的固定成本。

我们先来看第三个限制了最大容量的一组约束条件。其中每个约束条件限制了离散变量 y_i 取值满足下面的条件:

$$y_i \geqslant \frac{\sum_{j=1}^{14}d_j x_{i,j}}{5\,000} \triangleq \frac{\text{使用的容量}}{\text{可用的容量}}$$

对于离散模型,这些约束条件可以正常起作用。如果对应的 x 变量因为任何原因不为 0,那么每个 y_i 必须取 1。然而,在线性规划松弛模型中,如果 x 变量只使用容量的一小部分,那么相应的 y_i 也会对应较小的小数值。

11.6 节中的数值解服从上述情况,线性规划松弛模型的数值解为:

$$\widetilde{y}_1 = 0.230, \widetilde{y}_2 = 0.000, \widetilde{y}_3 = 0.000, \widetilde{y}_4 = 0.301$$
$$\widetilde{y}_5 = 0.115, \widetilde{y}_6 = 0.000, \widetilde{y}_7 = 0.000, \widetilde{y}_8 = 0.650 \qquad (12\text{-}7)$$
$$总成本 = 8\,036.60(美元)$$

可见,许多 y_i 都是很小的值。

相比于混合整数模型的最优解:

$$y_1^* = 0, y_2^* = 0, y_3^* = 0, y_4^* = 1$$
$$y_5^* = 0, y_6^* = 0, y_7^* = 0, y_8^* = 1 \qquad (12\text{-}8)$$
$$总成本 = 10\,153(美元)$$

得到 8 036 美元的界限只是实际最优解 10 153 美元的 79%。另外,(12-7)中给出的建议是需要 4 个中心,而实际最优解中则是只有 2 个。

虽然一个中心只是在使用部分资源，但是它需要满足全部的单一区域的需求。这要求有如下不等式：

$$x_{i,j} \leqslant y_i \quad \forall i = 1,\cdots,8; j = 1,\cdots,14 \tag{12-9}$$

这需要一个中心的供给大于与这个中心相关的任何地区的需求。

加入这些不等式有效地改进了线性松弛模型。更强的模型的优化结果为：

$$\tilde{y}_1 = 0.000, \tilde{y}_2 = 0.000, \tilde{y}_3 = 0.000, \tilde{y}_4 = 0.537$$
$$\tilde{y}_5 = 0.000, \tilde{y}_6 = 0.000, \tilde{y}_7 = 0.000, \tilde{y}_8 = 1.000$$
$$总成本 = 10\,033.68\ 美元$$

这个界限 10 033 美元几乎达到了最优解 10 153 美元的 99%，而且只有一个离散变量没有取整。加入不等式(12-9)产生了一个更强的松弛模型，这个条件为得到离散最优解提供了更多的信息。

原理 12.15　同样是正确的整数线性规划建模，却可能带来完全不同的线性规划松弛最优解。

例 12-9　理解更强的线性规划松弛模型

证明(通过检验)即使下面的两个整数线性规划模型有着相同的可行解，第二个将产生更强的线性规划松弛模型。

$$
\begin{array}{ll}
\max & x_1 + x_2 + x_3 \\
\text{s.t.} & x_1 + x_2 \leqslant 1 \\
& x_1 + x_3 \leqslant 1 \\
& x_2 + x_3 \leqslant 1 \\
& x_1, x_2, x_3 = 0\ 或\ 1
\end{array}
\qquad
\begin{array}{ll}
\max & x_1 + x_2 + x_3 \\
\text{s.t.} & x_1 + x_2 \leqslant 1 \\
& x_1 + x_3 \leqslant 1 \\
& x_2 + x_3 \leqslant 1 \\
& x_1 + x_2 + x_3 \leqslant 1 \\
& x_1, x_2, x_3 = 0\ 或\ 1
\end{array}
$$

解：这两个整数线性规划模型有着相同的可行解：

$$\mathbf{x}^{(1)} = (1,0,0)$$
$$\mathbf{x}^{(2)} = (0,1,0)$$
$$\mathbf{x}^{(3)} = (0,0,1)$$

因此它们都是同一个问题的有效模型。但是，第一个模型的线性规划松弛最优解为 $\tilde{\mathbf{x}} = \left(\dfrac{1}{2}, \dfrac{1}{2}, \dfrac{1}{2}\right)$，第二个模型的松弛最优解为 $\tilde{\mathbf{x}} = (1,0,0)$（在其他解之间）。相应的松弛界限为 3/2 和 1，可以看出第二个松弛模型更强一些。实际上，在这个简单的例子中，更强的松弛模型得到了离散最优解（通过原理 12.12）。

12.2.9　选择大 M 常量

在许多模型中，使用足够大的大 M 常量可以提供一个简单的族群，其中整数线性规划建模的细节影响着其线性规划松弛建模。举例来说，回到(12-2)和表 12-2 所示的野牛助力者模型，在建立开关约束 $x_1 \leqslant 400y_1$ 和 $x_2 \leqslant 75y_2$ 的时候，我们选择了 400 和 75 进行一种粗略计算。任何足够大的大 M 都将产生一个正确的整数线性规划模型。

假设，我们这两个数值都选择 10 000 的话，那么新的模型将是：

$$\max \quad 20x_1 + 30x_2 - 550y_1 - 720y_2 \quad \text{（净利润）}$$

$$\text{s. t.} \quad 1.5x_1 + 4x_2 \leqslant 300 \quad \text{（展示空间）}$$

$$x_1 \leqslant 10\,000y_1 \quad \text{（T 恤衫量，如果租用了相应设备）}$$

$$x_2 \leqslant 10\,000y_2 \quad \text{（运动衫量，如果租用了相应设备）} \quad (12\text{-}10)$$

$$x_1, x_2 \geqslant 0$$

$$y_1, y_2 = 0 \text{ 或 } 1$$

回忆原模型(12-2)，我们有松弛最优解：

$$\tilde{x}_1 = 200, \tilde{x}_2 = 0, \tilde{y}_1 = 1, \tilde{y}_2 = 0$$

这个解完美地匹配了离散最优解，且有最优值 3 450 美元。这个线性规划松弛模型的确很强。

再看(12-10)也得到了一样的离散可行解集，这与(12-2)是完全一样正确的。然而，(12-10)中线性规划松弛模型的最优解是：

$$\tilde{x}_1 = 200, \tilde{x}_2 = 0, \tilde{y}_1 = 0.02, \tilde{y}_2 = 0 \quad (12\text{-}11)$$

得到的目标函数值是 3 989 美元，现在这个值界限与实际的最优值 3 450 美元相差就比较大了。并且，松弛最优解具有一个具有很小取值的部分 $\tilde{y}_1$。如果只有(12-11)式子这一个结果，我们将很难讲是否要租借做 T 恤衫的设备。

通过上述两个线性规划松弛模型(12-2)和(12-10)的对比，我们可以得到一个关于强化松弛模型的重要且易于实施的原理。

原理 12.16 当一个离散模型中需要足够大的大 M 时，最强的松弛模型中，常数取最小有效值。

例 12-10 选择最小的大 M

我们要决定采用两个制药厂的哪种组合来制造 80 个单位的所需产品。其中一家花费 5 000 美元来建厂，其变动成本（每制造一件产品的成本）是 20 美元每单位。另一家花费 7 000 美元来建厂，其变动成本为 15 美元每单位。两家工厂的生产容量都为 200 个单位。

(a) 建立一个混合整数线性规划模型，并用生产容量作为所需要的大 M 常数。

(b) 通过减少大 M 的值直至其最小有效值，来增强这个线性规划松弛模型。

解：

(a) 使用决策变量 x_1 和 x_2 作为两个工厂的产量，并且使用开关变量 x_3 和 x_4 来描述是否建立工厂。一个有效的建模是：

$$\min \quad 20x_1 + 15x_2 + 5\,000x_3 + 7\,000x_4$$

$$\text{s. t.} \quad x_1 + x_2 = 80$$

$$x_1 \leqslant 200x_3$$

$$x_2 \leqslant 200x_4$$

$$x_1, x_2 \leqslant 0$$

$$x_3, x_4 = 0 \text{ 或 } 1$$

无论建立的成本有多高，整体的容量都是可以满足条件的。

（b）虽然容量是 200，但是在这里我们只需要制造 80 个单位。因此在最优解中，无论 x_1 还是 x_2 都将不会超过 80。我们可以通过将大 M 常量从 200 减到 80 来加强这个模型，得到：

$$\begin{aligned} \min \quad & 20x_1 + 15x_2 + 5\,000x_3 + 7\,000x_4 \\ \text{s.t.} \quad & x_1 + x_2 = 80 \\ & x_1 \leqslant 80x_3 \\ & x_2 \leqslant 80x_4 \\ & x_1, x_2 \geqslant 0 \\ & x_3, x_4 = 0 \text{ 或 } 1 \end{aligned}$$

读者可以自行验证新的规划中的松弛最优解为 $\tilde{x} = (80, 0, 1, 0)$，对应的目标函数值为 6 600 美元，相对原问题的最优解 $\tilde{x} = (80, 0, 4, 0)$，对应的目标函数值为 3 600 美元。

12.3　分支定界搜索

除了求解一些极为简单的模型，12.1 节中的穷举法对于绝大多数模型都是不太可行的解法，因为对于数量呈爆炸性增长的离散解而言，每一个都必须被明确地考虑。如果我们能把这些解分成大类来处理，决定对于每个大类是否可能包含最优解，并且不是通过明确列举出其中每一个解来做到这些的，那么这个过程就会变得更加可行。只有最可能包含可行解的大类会被继续更为细致地搜索。

分支定界算法（branch and bound algorithm）把部分或枚举策略子集与 12.2 节中提出的松弛模型结合起来。其系统地将解进行了分类，并且通过分析相关的松弛模型可以考查分类中是否会存在最优解。更多更细的枚举将只会在松弛模型无法确定时产生。

□**应用案例 12-2**

河流能源公司

像其他很多话题一样，一个人造的小例子可以帮助我们理解分支定界法的思想。这里我们考虑一个河流能源公司的运作问题。

河流能源有 4 个发电机目前可用于生产，并且希望决定运行哪些发电机来满足未来几小时预期的 700 兆瓦的尖峰需求。下面的表格中显示了运行每个发电机需要的成本（单位：千美元/时）和它们的输出能力（单位：兆瓦）。

我们可以将河流能源公司的问题视为一个背包问题来建模，像 11.2 节中的一样。决策变量：

	发电机 j			
	1	2	3	4
运作成本	7	12	5	14
输出能源	300	600	500	1 600

$$x_j \triangleq \begin{cases} 1 & \text{如果发电机 } j \text{ 开启} \\ 0 & \text{否则} \end{cases}$$

于是得到模型：

$$\min \quad 7x_1 + 12x_2 + 5x_3 + 14x_4 \qquad \text{（总成本）}$$

$$\text{s. t.} \quad 300x_1 + 600x_2 + 500x_3 + 1\,600x_4 \geqslant 700 \quad \text{（需求）} \qquad (12\text{-}12)$$

$$x_1, x_2, x_3, x_4 = 0 \text{ 或 } 1$$

目标函数使得总运行成本最小化，主约束条件保证了所选的发电机组合将满足需求。通过全枚举法可以得出，最优解为开启 1 和 3 发电机，其相应成本为 12 000 美元。

12.3.1 部分解

像这本书中提升搜索性能的其他方法一样，分支定界搜索通过迭代的方法对一个解序列进行搜索，直到我们确认得到最优解，或停下以目前为止得到的最佳完整模型的可行解近似作为最优解。不一样的是，分支定界法通过**部分解**（partial solution）搜索。

原理 12.17 一个部分解具有一些固定不变的决策变量，和其他自由的（free）或不确定的决策变量。我们使用 ♯ 来表示部分解中那些自由变量。

例如，在河流能源公司模型（12-12）中，$\mathbf{x} = (1, ♯, 0, ♯)$ 描述了一个部分解，其中 $x_1 = 1$，$x_3 = 0$，而 x_2 和 x_4 是自由变量。

12.3.2 部分解的完全形式

每个部分解都隐含定义了一类完全解，这些解叫作部分解的**完全形式**（completion）。

原理 12.18 一个给定模型的部分解的完全形式，是符合部分解中全部固定分量要求的可能的完整解。

举例来说，部分解 $\mathbf{x} = (1, ♯, ♯, 0)$ 在河流能源公司模型中的完全形式如下：

$$(1,0,0,0), (1,0,1,0), (1,1,0,0), \text{ 以及 } (1,1,1,0)$$

其中每个解都满足 $x_1 = 1$ 和 $x_4 = 0$。最后三个都是**可行的完全形式**（feasible completion），因为它们满足模型（12-12）的全部约束。

例 12-11 理解部分解及其完全形式

假设一个整数规划中决策变量为 x_1，x_2，$x_3 = 0$ 或 1，列出以下部分解的所有完全形式。

(a) $(1, ♯, ♯)$

(b) $(1, ♯, 0)$

解：我们应用原理 12.17 和原理 12.18。

(a) 部分解的完全形式包括所有具有 $x_1 = 1$ 的完整解，包括：$(1, 0, 0)$，$(1, 0, 1)$，$(1, 1, 0)$ 和 $(1, 1, 1)$。

(b) 部分解的完全形式包括所有具有 $x_1 = 1$ 和 $x_3 = 0$ 的完整解，包括：$(1, 0, 0)$ 和 $(1, 1, 0)$。

12.3.3 树搜索

分支定界法通过部分解的完全形式来考察不同类别的解，并且通过树的形式将其组织起来，这是分支定界法中"分支"一词的来源。图 12-2 中给出了一个完整的河流能源模型的例子。分支定界树上面的节点代表了部分解。节点上的数字标识了树中节点的考察顺序。边和连线说明了部分解中的固定变量。举例来说，对于部分解 $\mathbf{x}^{(6)}$ 来说，它要求 $x_4 = 0$ 以及 $x_2 = 0$。

执行的顺序从最根本的节点 0 开始。

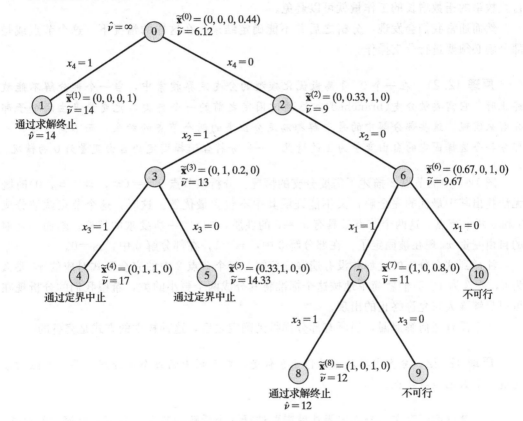

图 12-2 河流能源公司应用案例的分支定界树

原理 12.19 分支定界搜索从初始的或称**根本的**（root）部分解 $\mathbf{x}^{(0)} = (\sharp, \cdots, \sharp)$ 出发，其中所有分量都是自由变量。

这个解提供了第一个**活跃的**（active）或称还未被分析的部分解。

在搜索的任何阶段，在树中总有一个或者多个活跃节点（区别于尚未标明数字的节点）。对于每个节点或者部分解的分析，都试图决定哪一个（如果有）部分解的完全形式保证包含全局最优解。有时我们可以找到一个最优的完全形式，或得出没有任何解有继续深入考察下去的必要。这时我们**终止**（terminate）或者**彻底了解**（fathom）了这个节点所代表的全部（完全形式解的）解集。也就是说，我们不需要对节点做进一步的考虑了。

原理 12.20 当其要么找到一个最优的完全形式，要么证明出不包含任何比已知的最佳可行解对应目标函数值更好的可行解，我们称分支定界搜索终止或彻底了解了一个部分解。

图 12-2 中的节点 1 处刻画了终止。其没有更小一级的节点存在，因为对部分解 $\mathbf{x}^{(1)}=(\sharp，\sharp，\sharp，1)$ 的分析发现，该部分解包含最佳可行解 $\mathbf{x}=(0，0，0，1)$。这样我们就不需要再去考虑其他任何满足 $x_4=1$ 的解了。

通过观察这个终止，在这一步，处理了河流能源公司模型所有可能解的一半。也就是说，我们通过一个大类的形式对所有满足 $x_4=1$ 的解进行了枚举。这样，对每个解进行全枚举的指数增长的工作量就可以避免。

然而通常我们会发现，分析之后并不能确定结果。在这样的情况下，这个节点或是部分解必须要进行分支操作。

原理 12.21 在一个 0—1 离散优化模型的分支定界搜索中，当一个部分解不能被终止时，它需要被分支(branched)，这通过固定之前的一个自由二元变量产生两个子部分解来实现。这些部分解中的每个解都满足分出来的两个节点的约束，而不同的是，一部分符合选择固定的自由变量为 1 的情况，一部分符合选择固定的自由变量为 0 的情况。

图 12-2 中的节点 2 描述了需要分支的情况。分析该节点 $\mathbf{x}^{(2)}=(\sharp，\sharp，\sharp，0)$ 时既无法找出其中最优的完全解，又不能证明其中不包含最优解。这时，这个节点就被分成 3 和 6 两个节点。这两个节点都具有 $x_4=0$ 的性质，如 $\mathbf{x}^{(2)}$ 中所要求的那样。然而，之前的自由变量 x_2 现在被固定了。在部分解 3 中，$x_2=1$；在部分解 6 中，$x_2=0$。

注意到这个分支的过程并没有遗漏任何解。每个节点 2 中的完全形式对应的 x_2 要么为 0，要么为 1。我们就简单地按这个标准将其分成两个更小的类，希望我们的分析现在可以足够强大来允许终止的出现。

由于没有任何解遗漏，当所有部分都得到确定之后，这种枚举的方式是完备的。

原理 12.22 分支定界搜索的停止条件是，对于树中的每个部分解，要么已经被分支过，要么已经被终止。

只要部分解还存在，分支定界法就需要选择一个活跃的节点作为下一个探索的对象。这种方法的最简单情况就是**深度优先**(depth first)。

定义 12.23 深度优先搜索在每个循环处选择一个具有最多部分固定的活跃部分解(例如，搜索树中最深的节点)。

图 12-2 中河流能源公司的枚举就采用了深度优先原则。例如，在节点 3 被考查之后，相应的部分解 4，5，6 都变成了树中活跃的部分解。为了满足深度优先原则 12.23，其中较深的节点 4 和 5 将作为下一个被考查的对象。

例 12-12 理解分支定界树

下图是用于一个离散优化模型的分支定界树，其决策变量是 x_1，x_2，$x_3=0$ 或 1。

（a）列出部分解的考查序列。

（b）找出（a）中哪些部分解被终止了，哪些被分支了。

（c）找出哪些节点在处理完节点 1 后变得
活跃，并解释在深度优先枚举原则下，哪个可
能是下一个被考查的节点。

（d）说明通过对每个被终止节点的详细考
查，所有可行解都被暗中枚举了。

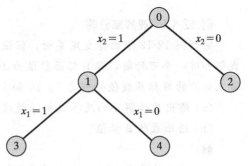

解：

（a）根据原理 12.19，分支定界搜索的第
一个部分解 $\mathbf{x}^{(0)}$ 是一个全任意部分解（♯，♯，
♯）。从分支的变量约束条件中我们可以看出，接下来分析的子部分解为 $\mathbf{x}^{(1)} = (♯，1，♯)$，$\mathbf{x}^{(2)} = (♯，0，♯)$，$\mathbf{x}^{(3)} = (1，1，♯)$ 和 $\mathbf{x}^{(4)} = (0，1，♯)$。

（b）子节点的缺少说明了部分解 2，3，4 出现了终止，其余的节点 0，1 出现了
分支。

（c）处理完节点 1 后，树中出现了 3 个活跃的部分解。没有哪个节点立刻有了编号，
但最终 0 节点分出了 2 节点，1 节点分出了 3 和 4。对于深度优先枚举，3 或 4 节点将作
为下一个考查的对象。不过，这张图给出的例子中则是考查了节点 2。

（d）当其完全形式的解的类别被终止的时候，属于这个类别的完整解被暗中枚举。
下面的表列出了 8 个解和它们相关的终止节点。

解	节点	解	节点	解	节点	解	节点
(0, 0, 0)	2	(0, 1, 0)	4	(1, 0, 0)	2	(1, 1, 0)	3
(0, 0, 1)	2	(0, 1, 1)	4	(1, 0, 1)	2	(1, 1, 1)	3

12.3.4　最佳解

无论是显式地还是隐式地，任何枚举的目标都是为某个优化模型找到一个最优（或者
非常可行）的解。为了终止这个过程，我们很有必要来追踪已知的最优解，或称最佳解
（incumbent solution）。

定义 12.24　在搜索离散模型解的过程中的任何时候，最佳解是到目前为止已知
的最优（就目标值而言）可行解。我们用 $\hat{\mathbf{x}}$ 来表示最佳解，并用 $\hat{v}$ 来表示与之对应的目标
函数值。

最佳解可来源于在搜索之前得到的经验，或者可以随着搜索的深入而被发现。

当搜索停止的时候，最后的最佳解就是输出。假设给定的模型有一个最优解，那么
最终的最佳解至少会提供一个近似的最优解 $\hat{\mathbf{x}}$，和相应的最佳解目标函数值 $\hat{v}$。当搜索完
全结束的时候，这个最优解就是精确的了。

原理 12.25　当一个分支定界搜索中的每个部分解都已经要么被分支，要么被终

止，并最终停下时(如 12.22 中所述)，若该模型存在全局最优解，那么最终的最佳解就是全局最优解。否则，该模型无可行解。

例 12-13 理解部分解

回到例 12-12 中的分支定界树，假设(i)我们在求解最大化问题，(ii)从之前的经验中我们知道一个可行解，其目标函数值为 10，(iii)在节点 2，3，4 发生终止的时候，三个节点对应的目标函数值分别为 8，14 和 12。

(a) 给出最佳解序列及其目标函数值。

(b) 给出最优目标值。

解：

(a) 通过假设(ii)可知，初始的最佳解值为 $\hat{v}=10$。这个值一直保持到节点 3，因为节点 1 进行了分支并且节点 2 中最优完整解并不比 10 更好。在节点 3，搜索发现了一个可行解，其具有更好的目标值 14。因此，最佳解值就变成了 $\hat{v}=14$。节点 4 没有产生任何改变。

(b) 搜索暗中枚举了所有可能的解。这样，根据原理 12.25 可知，最终的最佳解值 $\hat{v}=14$ 是最优的。

12.3.5 候选问题

介绍完了分支定界方法背后的搜索树，我们现在可以开始考虑如何使 12.2 节中的松弛变得更有效率(并且证明如何定界)。**候选**问题(candidate problem)为此提供了途径。

定义 12.26 在一个优化模型中，与任一部分解相关的候选问题，是部分解中某些变量固定时对应的受限模型。

我们可以用图 12-2 刻画的河流能源公司应用中的部分解 $\mathbf{x}^{(3)}=(\sharp, 1, \sharp, 0)$ 来描述。相应的候选问题为：

$$
\begin{aligned}
\min \quad & 7x_1 + 12x_2 + 5x_3 + 14x_4 \\
\text{s. t.} \quad & 300x_1 + 600x_2 + 500x_2 + 1\,600x_4 \geqslant 700 \\
& x_1, x_3 = 0 \text{ 或 } 1 \\
& x_2 = 1, x_4 = 0
\end{aligned}
$$

它由原始模型(12-12)通过增加对 x_2 和 x_4 在部分解中取值的约束得到。

由于其与相应部分解的完全形式联系密切，考虑用候选问题来辅助分支定界搜索。

原理 12.27 任一部分解可行的完全形式，就是其相应的候选问题的可行解。因此，最优可行完全解的目标值，就是候选问题的最优目标值。

也就是说，我们可以找到任何部分解的最优完全形式，或至少通过优化相应的候选问题来对解的目标值产生一些了解。

例 12-14 理解候选问题

考虑如下整数线性规划：

$$\max \quad 10w_1 + 3w_2 + 9w_3$$
$$\text{s.t.} \quad 6w_1 + 4w_2 + 3w_3 \leqslant 10$$
$$w_1 \quad - \quad w_3 \quad \geqslant 0$$
$$w_1, w_2, w_3 = 0 \text{ 或 } 1$$

（a）给出部分解 $\mathbf{w} = (1, \#, 0)$ 所对应的候选问题。

（b）给出部分解 $\mathbf{w} = (1, \#, 0)$ 所对应的候选问题的线性规划松弛模型。

解：

（a）根据定义 12.26，所需的候选问题是增加约束 $w_1 = 1$，$w_3 = 0$ 后的受限模型：

$$\max \quad 10w_1 + 3w_2 + 9w_3$$
$$\text{s.t.} \quad 6w_1 + 4w_2 + 3w_3 \leqslant 10$$
$$w_2 \quad - \quad w_3 \quad \geqslant 0$$
$$w_1 = 1, w_3 = 0$$
$$w_2 = 0 \text{ 或 } 1$$

一个最优解提供了部分解 $\mathbf{w} = (1, \#, 0)$ 的一个最优完全形式（原理 12.27）。

（b）应用定义 12.6，（a）中候选问题的线性规划松弛模型为：

$$\max \quad 10w_1 + 3w_2 + 9w_3$$
$$\text{s.t.} \quad 6w_1 + 4w_2 + 3w_3 \leqslant 10$$
$$w_2 \quad - \quad w_3 \quad \geqslant 0$$
$$w_1 = 1, w_3 = 0$$
$$0 \leqslant w_2 \leqslant 1$$

注意，这是（a）中候选问题的松弛模型，而非完整模型的松弛模型。

12.3.6　通过松弛模型终止部分解

现在，我们可以利用 12.2 节介绍的松弛原理来解决问题了。我们通过求解候选问题的松弛模型来分析一个分支定界树上的节点。例如，在图 12-2 所描述的河流能源公司应用中，松弛解及其对应的目标值在节点的左边给出（记作 $\tilde{\mathbf{x}}$），其来源于对应候选问题的松弛线性模型。

从不可行解原理 12.9 开始，如果任何候选问题的松弛模型没有可行解，那么其完整的候选问题也没有可行解。

原理 12.28　如果一个候选问题的松弛模型被证明不可行，那么其相关的部分解就可以被终止了，因为它没有可行的完全形式。

如图 12-2 中节点 10 所示，相应候选问题的线性规划松弛模型是不可行的。进而，部分解 $\mathbf{x}^{(10)} = (0, 0, \#, 0)$ 也没有可行的完全形式，这样我们就可以通过不可行终止。

现在，考虑松弛界限原理 12.10。松弛模型的最优值给出了这些被松弛的模型的界限。因此，在候选问题的背景下，松弛最优解值给出了最优可行的完全形式所对应的目标值的界限。与最佳解值（定义 12.24）比较之后，可以导致终止对其的考查。

原理 12.29 如果候选问题的任何松弛模型有不优于当前最佳解值的最优目标值，则与其对应的部分解可以被终止，因为其没有可行的完全形式可以使最佳解更优。

图 12-2 中的节点 5 通过定界描述了这一终止过程。当搜索达到了部分解 $\mathbf{x}^{(5)} = (\sharp, 1, 0, 0)$ 的时候，其具有目标值 $\hat{v} = 14$ 的最佳解 $\hat{\mathbf{x}} = (0, 0, 0, 1)$ 已经得到了（在节点 1）。节点 5 对应的候选问题的线性规划松弛模型有最优解 14.33，这说明没有可行的完全形式能够比这个值更优。也就是说，对于这个最小化问题，该分支不存在任何可以将最佳解优化的情况，于是我们通过定界将其终止。

第三种通过松弛模型进行终止的方式来源于最优化原理 12.12。

原理 12.30 如果一个最优解对一个候选问题的任何约束条件的松弛模型都是可行的，那么这个最优的可行解就是相应部分解的最优完全形式。在检查是否还有新的最佳解被发现之后，我们便可以对这个部分解进行终止。

考虑河流能源图 12-2 中的节点 1，相应的线性规划松弛模型固定了 $x_4 = 1$，但却允许自由变量取 0 到 1 之间的任何值。然而，松弛最优解 $\tilde{\mathbf{x}} = (0, 0, 0, 1)$ 的所有分量都满足整数性要求。它是相应候选问题的最优解，并且是部分解 $\mathbf{x}^{(1)} = (\sharp, \sharp, \sharp, 1)$ 的最优可行的完全形式。它也是搜索中遇到的第一个完全可行的解，因此这个解提供了第一个最佳解。当把它作为最佳解存储后，节点 1 就通过求解而被终止了。

例 12-15 通过松弛模型终止部分解

假设对 $y_1, \cdots, y_4 = 0$ 或 1 进行最大化分支定界搜索，得到部分解 $\mathbf{y}^{(3)} = (\sharp, 0, \sharp, \sharp,)$，其最佳解值 $\hat{v} = 100$。假设下面每一个结果都是在尝试求解候选问题的线性优化松弛问题，解释搜索将如何进行。

(a) 松弛最优解 $\tilde{\mathbf{y}} = (1/3, 0, 1, 0)$，其目标值 $\hat{v} = 85$。

(b) 松弛最优解 $\tilde{\mathbf{y}} = (1, 0, 1/2, 0)$，其目标值 $\hat{v} = 100$。

(c) 松弛最优解 $\tilde{\mathbf{y}} = (0, 0, 1, 1)$，其目标值 $\hat{v} = 120$。

(d) 松弛不可行。

(e) 松弛最优解 $\tilde{\mathbf{y}} = (0, 1/4, 1, 0)$，其目标值 $\hat{v} = 111$。

解：

(a) 松弛模型产生的界限说明，没有可行的完全形式的解其目标值能比 85 更好，也就是说这比已知的最佳解还差。因此根据原理 12.29，该部分解应该被终止。

(b) 松弛模型产生的界限说明，没有可行的完全形式的解其目标值能比 100 更好，也就是说这比已知的最佳解还差。因此根据原理 12.29，该部分解应该被终止（除非对其他最优解也感兴趣）。

(c) 松弛的最优解在完整的候选问题中是可行的，因此是最优的。找到了这个最优的完全形式后，我们根据原理 12.30，在将最佳解值更新到 120 之后，将其终止。

(d) 没有可行的完全形式的解，根据原理 12.28，该部分解应被终止。

(e) 这种情况下，原理 12.28 到 12.30 均无法导致终止，因为松弛最优解的目标值比最佳解更优，但解中仍含有分数部分，不满足整数性要求。根据原理 12.21，该部分解必须继续进行分支。

12.3.7 基于线性规划的分支定界法

最常见的通过分支定界法进行求解的离散模型是具有 0—1 变量的整数线性规划。候选问题的线性规划松弛模型通常可以提供分析的基础。

算法 12A 细化描述了这种基于线性规划的分支定界法的算法。为了简化说明，我们假设模型是没有限制界限的。

根据原理 12.19，我们初始化所有 0—1 变量为自由状态。如果当前没有已知的最佳解 $\hat{\mathbf{x}}$，则最差的目标函数值假设为 $\hat{v} \leftarrow \pm\infty$。

每个主要的循环始于选择一些活跃的部分解来跟踪。每个部分解都可以被选中，虽然考查顺序的确会对解法造成影响（见 12.4 节）。

处理从尝试求解线性规划松弛模型开始，然后根据原理 12.28 到 12.30 检查是否能终止。如果可以，那么当前的部分解就被终止，如此反复下去。不能被终止的部分解则必须被分支（原理 12.21）。

▶ **算法 12A：基于线性规划的分支定界法（对于 0—1 整数规划）**

步骤 0：求初始解。让唯一的活跃部分解所有离散变量均自由，并初始化解索引 $t \leftarrow 0$。若模型的任一可行解已知，同样选择最优的作为最佳解 $\hat{\mathbf{x}}$，并记录其目标值 $\hat{v}$。否则，若是求最大化的模型，令 $\hat{v} \leftarrow -\infty$；若是求最小化的模型，令 $\hat{v} \leftarrow +\infty$。

步骤 1：停止。如果活跃的部分解存在，选择一个作为 $\mathbf{x}^{(t)}$，并且执行步骤 2。否则，停止。如果已经存在最佳解 $\hat{\mathbf{x}}$，则它是最优的，如果不存在最佳解，则模型是不可行的。

步骤 2：松弛。尝试求解一个与 $\mathbf{x}^{(t)}$ 对应的候选问题的线性规划松弛模型。

步骤 3：通过不可行终止。若线性规划松弛模型被证明不可行，部分解 $\mathbf{x}^{(t)}$ 没有任何可行的完全形式。终止 $\mathbf{x}^{(t)}$，增加 $t \leftarrow t+1$，然后回到步骤 1。

步骤 4：通过定界终止。当模型为最大化模型且线性规划松弛模型最优值 $\tilde{v}$ 满足 $\tilde{v} \leqslant \hat{v}$，或模型为最小化模型且有 $\tilde{v} \geqslant \hat{v}$，部分解 $\mathbf{x}^{(t)}$ 最优可行的完全形式不能使最佳解更优。终止 $\mathbf{x}^{(t)}$，增加 $t \leftarrow t+1$，然后回到步骤 1。

步骤 5：通过求解终止。当线性规划松弛模型的最优解 $\tilde{\mathbf{x}}^{(t)}$ 满足模型中所有的二元约束，这个最优就是部分解 $\mathbf{x}^{(t)}$ 的最优可行的完全形式。保存这个最佳解为最新的最佳解：

$$\hat{\mathbf{x}} \leftarrow \tilde{\mathbf{x}}^{(t)}$$

$$\hat{v} \leftarrow \tilde{v}$$

之后，终止 $\mathbf{x}^{(t)}$，增加 $t \leftarrow t+1$，然后回到步骤 1。

步骤 6：分支。选择线性规划松弛最优解中某些为分数的自由二元约束分量 x_p，并且通过分支 $\mathbf{x}^{(t)}$ 的方法产生两个新的活跃解。一个是将 x_p 分量固定为 0，其余分量均与 $\mathbf{x}^{(t)}$ 保持相同；另一个是将 x_p 分量固定为 1，其余分量均与 $\mathbf{x}^{(t)}$ 保持相同。之后，增加 $t \leftarrow t+1$，然后回到步骤 1。

12.3.8 基于线性规划的分支定界法的分支规则

基于线性规划的分支定界法的一个特性，就是这些操作都是对一个取值为分数的自由变量来进行的。

原理 12.31 基于线性规划的分支定界算法总是通过对候选问题的松弛模型中非整数的分量施加一个整数约束来完成分支。

举个例子，在图 12-2 中的节点 0，分支发生在固定 x_4，这个分量在线性松弛模型中取值为分数 $\tilde{x}_4 = 0.44$。

从这个分量出发的分支规则的动机是避免重复计算。如果是用分支的方法分解另一个已经是整数的分量，那么候选问题的线性规划松弛模型的解将与刚求解出的完全相同。例如，将图 12-2 的节点 0 的 x_1 进行分支，将产生新的部分解：

$$\mathbf{x}^{(1)} = (1, \sharp, \sharp, \sharp) \text{ 和 } \mathbf{x}^{(2)} = (0, \sharp, \sharp, \sharp)$$

但是第二个模型的松弛模型最优解将依然是 $\tilde{\mathbf{x}}^{(0)} = (0, 0, 0, 0.438)$，因为只有当先前的最优解不再满足模型条件的时候，加入了约束条件 $x_1 = 0$ 才会影响解值。我们更希望分解出的两个支都能给我们带来新的信息。

类似的思想应用在松弛最优解中不止有一个整数变量取值为分数的情况下。

原理 12.32 当松弛最优解中有不止一个整数变量取值为分数的时候，基于线性规划的分支定界算法通常通过固定一个最接近整数值的分量来进行分支。

例如，当松弛最优解是 $\tilde{\mathbf{x}} = (0.3, 1, 0.5, 0.9)$，其他部分全都是二元变量时，根据原理 12.32，接下来会选择固定 x_4，因为它是取值最接近整数的分数变量。

原理 12.32 背后的动机是做出最明显的决定，希望得到的两个相差最远的部分解能在其被考查之前终止。然而，其他许多方法也是可行的。商务法典经常为建模人员提供机会来明确地指定分支变量的优先级。

12.3.9 用基于线性规划的分支定界法求解河流能源公司应用

我们现在已经准备好完全跟踪图 12-2 中解决河流能源公司模型(12-12)的分支定界法。

处理过程从一个完全自由的部分解 $\mathbf{x}^{(0)} = (\sharp, \sharp, \sharp, \sharp)$ 出发，此时 $\hat{v} = +\infty$。相应的线性规划松弛最优解在 x_4 分量上是分数，因此在这个节点进行了如右下分支(根据原理 12.31)：

现在有了两个活跃的部分解，我们必须选择其中一个作为下一个处理的节点。任何的活跃部分解都可以被选择，但是图 12-2 中的所有计算都是按照深度优先原则 12.23。也就是说，我们选择树中最深的活跃部分解。

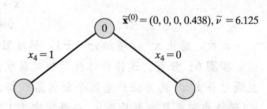

此时两个活跃的候选解具有相同的深度，因为它们都只有一个固定的变量。图 12-2 采用了一个简单的处理平等节点的方法，那就是永远选择固定变量为 1 的那一个(另一种可能详见 12.4 节中的定义 12.40)。

这个平等节点处理规则使我们先关注 $\mathbf{x}^{(1)} = (\sharp, \sharp, \sharp, 1)$。这里松弛解的所有分量都是二元变量。因此，我们找到了部分解的最优完全形式，并在保存最佳解 $\hat{\mathbf{x}} \leftarrow (0, 0,$ 0, 1)及 $\hat{v} \leftarrow 14$ 之后进行终止(原理 12.30)。

现在唯一剩下的活跃部分解就是 $\mathbf{x}^{(2)} = (\sharp, \sharp, \sharp, 0)$。松弛最优解 $\mathbf{x}^{(2)} = (0,$ 0.333, 1, 0)并未满足任何 12.28 到 12.30 的终止规则，因为它既是可行的，又取值为分数，并且其对应目标值 9 严格好于 $\hat{v} = 14$。我们必须对取值为分数的 x_2 进行分支。

继续用这种方法进行处理，直到我们达到 $\mathbf{x}^{(4)} = (\sharp, 1, 1, 0)$。松弛界限 $\tilde{v} = 17 \geqslant \hat{v} = 14$，因此我们对其进行终止(原理 12.29)。类似的情况也发生在节点 5。

在更多步骤之后，我们在节点 8 得到了一个新的最佳解 $\hat{\mathbf{x}} \leftarrow (1, 0, 1, 0)$ 及 $\hat{v} \leftarrow 12$。通过不可行终止节点 9 和节点 10 之后(原理 12.28)，我们就完成了整个搜索过程。这个最终最佳解就是最优的(原理 12.25)。

例 12-16　执行基于线性规划的分支定界法

下面的表格展示了最大化混合整数线性规划中，对于所有固定变量和自由变量可能组合的候选问题，其线性规划松弛模型最优解。其中，x_1，x_2，$x_3 = 0$ 或 1，$x_4 \geqslant 0$。

x_1	x_2	x_3	$\tilde{x}$	$\hat{v}$	x_1	x_2	x_3	$\tilde{x}$	$\hat{v}$
$\sharp$	$\sharp$	$\sharp$	(0.2, 1, 0, 0)	82.80	0	0	1	不可行	—
$\sharp$	$\sharp$	0	(0.2, 1, 0, 0)	82.80	0	1	$\sharp$	(0, 1, 0.67, 0)	80.67
$\sharp$	$\sharp$	1	(0, 0.8, 1, 0)	79.40	0	1	0	(0, 1, 0, 2)	28.00
$\sharp$	0	$\sharp$	(0.7, 0, 0, 0)	81.80	0	1	1	(0, 1, 1, 0.5)	77.00
$\sharp$	0	0	(0.7, 0, 0, 0)	81.80	1	$\sharp$	$\sharp$	(1, 0, 0, 0)	74.00
$\sharp$	0	1	(0.4, 0, 1, 0)	78.60	1	$\sharp$	0	(1, 0, 0, 0)	74.00
$\sharp$	1	$\sharp$	(0.2, 1, 0, 0)	82.80	1	$\sharp$	1	(1, 0, 1, 0)	63.00
$\sharp$	1	0	(0.2, 1, 0, 0)	82.80	1	0	$\sharp$	(1, 0, 0, 0)	74.00
$\sharp$	1	1	(0, 1, 1, 0.5)	77.00	1	0	0	(1, 0, 0, 0)	74.00
0	$\sharp$	$\sharp$	(0, 1, 0.67, 0)	80.67	1	0	1	(1, 0, 1, 0)	63.00
0	$\sharp$	0	(0, 1, 0, 2)	28.00	1	1	$\sharp$	(1, 1, 0, 0)	62.00
0	$\sharp$	1	(0, 0.8, 1, 0)	79.40	1	1	0	(1, 1, 0, 0)	62.00
0	0	$\sharp$	不可行	—	1	1	1	(1, 1, 1, 0)	51.00
0	0	0	不可行	—					

通过基于线性规划的分支定界算法 12A 来求解该模型，并应用相同的深度优先原则来在活跃解中做出选择(平等的时候选 $x_j = 1$ 的分量)，就像在图 12-2 中的河流能源公司应用中所实施的一样。

解： 应用算法 12A 产生以下分支定界树。

处理过程在得到最优解 $x^* = (0, 1, 1, 0.5)$ 及目标值 77 之后停止。

大多数的处理过程类似于我们的河流能源公司应用。一个例外就是这个模型是最大化模型。例如，我们在结点 6 通过定界来终止：

$$28 = \tilde{v} \leqslant \hat{v} = 77$$

其他的新的元素就是，这个模型具有连续变量 x_4，以及另外三个二元变量。这使得松弛最优解 $\tilde{\mathbf{x}}^{(4)} = (0, 1, 1, 0.5)$ 在完整模型中可行(并且是最优)，即使其最后一个分量仍然是分数。我们在解完其候选问题之后将其终止。

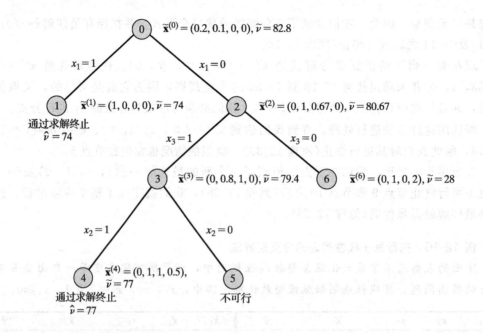

12.4 分支定界法的改良

算法 12A 包含了基于线性规划的分支定界法中的所有主要元素，但它忽略了很多其他的细节。在这一节里我们简要地介绍一些改良。

12.4.1 应用分支定界法求解 NASA 资本预算案例

用一个实际的例子来说明如何使用这个方法会很有帮助。我们应用 11.2 节中构造的 NASA 选择任务模型。其中，决策变量为：

$$x_j \triangleq \begin{cases} 1 & \text{选择任务 } j \\ 0 & \text{否则} \end{cases}$$

完整的规划模型为：

$$\begin{array}{lll}
\max & 200x_1 + 3x_2 + 20x_3 + 50x_4 + 70x_5 & \text{（总价值）} \\
& + 20x_6 + 5x_7 + 10x_8 + 200x_9 + 150x_{10} & \\
& + 18x_{11} + 8x_{12} + 300x_{13} + 185x_{14} & \\
\text{s. t.} & 6x_1 + 2x_2 + 3x_3 + 1x_7 + 4x_9 + 5x_{12} & \leqslant 10\text{（阶段 1）} \\
& 3x_2 + 5x_3 + 5x_5 + 8x_7 + 5x_9 + 8x_{10} & \\
& \quad + 7x_{12} + 1x_{13} + 4x_{14} & \leqslant 12 \\
& 8x_5 + 1x_6 + 4x_{10} + 2x_{11} + 4x_{13} + 5x_{14} & \leqslant 14\text{（阶段 3）} \\
& 8x_6 + 5x_8 + 7x_{11} + 1x_{13} + 3x_{14} & \leqslant 14\text{（阶段 4）} \\
& 10x_4 + 4x_6 + 1x_{13} + 3x_{14} & \leqslant 14\text{（阶段 5）} \\
& x_4 + x_5 & \leqslant 1 \text{ （互斥）} \\
& x_8 + x_{11} & \leqslant 1 \\
& x_9 + x_{14} & \leqslant 1
\end{array}$$

$$x_{11} \leqslant x_2 \qquad \qquad （任务依赖关系）$$
$$x_4 \leqslant x_3$$
$$x_5 \leqslant x_3 \qquad \qquad \qquad \qquad \qquad \qquad \qquad (12\text{-}13)$$
$$x_6 \leqslant x_3$$
$$x_7 \leqslant x_3$$
$$x_j = 0 \text{ 或 } 1 \quad 对于所有 j = 1, \cdots, 14$$

图 12-3 展示了基于线性规划的分支定界搜索树形图，表 12-3 详细说明了各步计算。

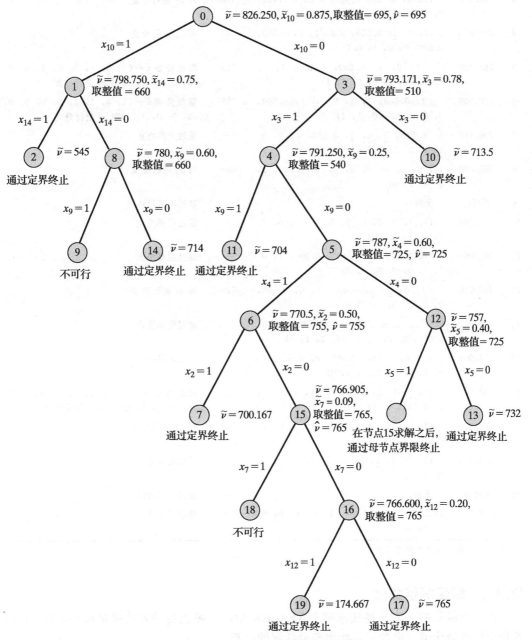

图 12-3　NASA 案例中的分支定界搜索

表 12-3　NASA 案例中的分支定界搜索

t	松弛值	松弛解	取整值	做法
0	826.250	(1, 0, 0, 0, 0, 0, 0, 1, 0, 0.875, 0, 0, 1, 1)	695	第一个最佳解 $\hat{x} \leftarrow$ (1, 0, 0, 0, 0, 0, 0, 1, 0, 0, 0, 0, 1, 1) 对 x_{10} 进行分支
1	798.750	(1, 0, 0, 0, 0, 0, 0, 1, 0, 1, 0, 1, 0, 0, 1, 0.750)	660	对 x_{14} 进行分支
2	545.000	(1, 0, 0, 0, 0, 0, 0, 1, 0, 1, 0, 0, 0, 1)	—	通过定界终止
3	793.171	(1, 0, 0.780, 0.463, 0.537, 0.780, 0, 1, 0.415, 0, 0, 0, 1, 0.585)	510	对 x_3 进行分支
4	791.250	(1, 0, 1, 0.650, 350, 1, 0, 0.550, 0.250, 0, 0, 1, 0.750)	540	对 x_9 进行分支
5	787.000	(1, 0, 1, 0.600, 0.400, 1, 0, 0.400, 0, 0, 0, 0, 1, 1)	725	新最佳解 $\hat{x} \leftarrow$ (1, 0, 1, 0, 0, 1, 0, 0, 0, 0, 0, 0, 1, 1) 对 x_4 进行分支
6	770.500	(1, 0.500, 1, 1, 0, 0, 0, 0.500, 0, 0, 0.500, 0, 1, 1)	755	新最佳解 $\hat{x} \leftarrow$ (1, 0, 1, 1, 0, 0, 0, 0, 0, 0, 0, 0, 1, 1) 对 x_2 进行分支
7	700.167	(0.833, 1, 1, 1, 0.188, 0, 0, 0, 0, 1, 0, 1, 0.750)	—	通过定界终止
8	780.000	(1, 0, 0, 0, 0, 0, 0, 1, 0.600, 1, 0, 0, 1, 0)	660	对 x_9 进行分支
9	不可行	无解	—	通过不可行终止
10	713.500	(1, 1, 0, 0, 0, 0, 0, 0, 0.500, 0, 1, 0, 1, 0.500)	—	通过定界终止
11	704.000	(0.500, 0, 1, 0.800, 0.200, 1, 0, 1, 1, 0, 0, 0, 1, 0)	—	通过定界终止
12	757.000	(1, 0, 1, 0, 0.400, 1, 0, 0.400, 0, 0, 0, 0, 1, 1)	725	对 x_5 进行分支
13	732.000	(1, 0.462, 1, 0, 0, 0.846, 0, 0.077, 0, 0, 0, 0.462, 0, 1, 1)	—	通过定界终止
14	714.000	(1, 0, 0.600, 0.600, 0, 0.600, 0, 0, 1, 0, 1, 0, 0, 1, 0)	—	通过定界终止
15	766.909	(1, 0, 1, 1, 0, 0, 0.091, 1, 0, 0, 0, 0.182, 1, 1)	765	新最佳解 $\hat{x} \leftarrow$ (1, 0, 1, 1, 0, 0, 0, 0, 1, 0, 0, 0, 1, 1) 对 x_7 进行分支
16	766.600	(1, 0, 1, 1, 0, 0, 0, 1, 0, 0, 0, 0.200, 1, 1)	765	对 x_{12} 进行分支
17	765.000	(1, 0, 1, 1, 0, 0, 0, 1, 0, 0, 0, 0, 1, 1)	—	通过定界终止
18	不可行	无解	—	通过不可行终止
19	174.667	(0.333, 0, 1, 1, 0, 1, 0, 1, 0, 0, 0, 1, 0, 0)	—	通过定界终止

注：下划线值在部分解中不变。

12.4.2　最佳解整数化

在以上展示的分支定界法求解 NASA 案例中，一种改良的方式就是按照原理 12.11 整数化松弛最优解，来加速寻找理想最佳解的过程。

原理 12.33 如果方便取整, 分支定界搜索中每个不能被终止的部分解的松弛最优解, 通常在进行分支前取整, 形成完整模型的可行解。如果这个可行解比其他已知解更好, 那么它就提供了一个新的最佳解。

表 12-3 中 NASA 案例的计算向下取整, 即松弛最优解中的小数取值分量取 0。每一个不能被终止的部分解在分支前都被取整, 得到的可行解成为一个最佳解。例如, 在节点 5 的时候, 候选的松弛最优解是:

$$\widetilde{\mathbf{x}}^{(5)} = (1,0,1,0.6,0.4,1,0,0.4,0,0,0,0,0,1,1), \widetilde{v} = 787$$

这个解是有小数的, 而且界限 787 不足以被终止。但我们并没有马上进行下一步的分支, 而是首先将松弛问题取整, 设 $\hat{x}_j = [\widetilde{x}_j]$, 得到一个新的最佳解:

$$\hat{\mathbf{x}} = (1,0,1,0,0,1,0,0,0,0,0,0,0,1,1), \hat{v} = 725$$

取整并不总会产生新的最佳解。例如, 在 NASA 案例中的节点 1 处, 取整得到的解对应目标值 660, 并没有原最佳解得到的 695 更优。

在分支定界搜索的早期能得到很好的最佳解是很有价值的。时间可能不允许搜索一直运行直到每一个节点都被终止或继续分支下去。这样得到的这个最终最佳解就会提供一个近似的最优解。显然, 我们希望这个解尽可能好。

另外一个好处来源于通过定界终止 (原理 12.29)。例如, 在求最大值的情况下, 我们终止的条件是:

$$\text{松弛界限} \triangle \widetilde{v} \leqslant \hat{v} \triangle \text{最佳解值}$$

如果一个很有效的最佳解值被快速找到, 我们就可以用一样的定界值终止更多的节点。

例 12-17 最佳解整数化

下面的树形图展示了算法 12A 关于一个最小化的整数规划计算。其中, $x_1, \cdots, x_3 = 0$ 或 1 (取整后的解的目标值显示在图中, 但没有用于计算)。

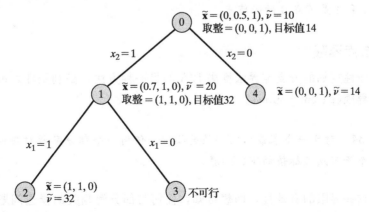

(a) 求出搜索中找到最终最优值 14 的最早时间。

(b) 用取整的方法来重复这个搜索, 更早得到这个最佳解。

(c) 描述 (b) 中使用取整方法求解而带来的步骤和时间方面的节省。

解:

(a) 最终被证明是最优解的最佳解, 在部分解 4 处作为候选问题的松弛最优解被计算出来。

(b) 在节点 0 的时候，松弛最优解对应的目标值为 10，通过取整可得到一个可行解，其值为 14。这成了最早的最佳解值。之后我们将 x_2 像之前一样进行分支。在节点 1 的时候，松弛界限为 20，因为没有最佳解值更好，所以终止（原理 12.29）。然后节点 4 处的松弛问题验证了最佳解的最优性。

(c) 在(b)的搜索中，最佳解在节点 0 处就被找出来了，比在树形图中刻画的计算直到节点 4 才找出来要早很多。如果我们不得不在所有节点都被终止或者分支下去之前停止搜索，那么(b)中的搜索具有很大的优势。并且较早的最佳解避免了在节点 2 和 3 处对候选问题进行的一些计算，节点 1 处的界限现在已经足以终止。

12.4.3 分支定界系谱图中的术语

为了讨论有关整理和管理分支定界树形图的问题，我们需要一些术语。我们用系谱图中的一些概念来对应。

任何一个直接从另一个节点通过分支得到的节点被称为**子节点**（child），被分支的节点则是其**母节点**（parent）。例如，在图 12-3 中，节点 11 和 5 是节点 4 的子节点，而节点 4 的母节点是节点 3。

> **例 12-18 理解树形图术语**
> 在例 12-17 的分支定界树形图中找出：
> (1) 节点 3 的母节点。
> (2) 节点 0 的子节点。
> **解：**
> (1) 节点 1 是节点 3 的母节点。
> (2) 节点 1 和 4 是节点 0 的子节点。

12.4.4 母节点界限

改良基于线性规划的分支定界法算法 12A 的另一种方法，是利用在之前计算中就已得出的**母节点界限**（parent bound）。

> **原理 12.34** 对于一个求最小（大）值的模型，任何一个部分解所对应的母节点的松弛最优值是这个子节点目标值的下（上）界。

为了证明这些界限的有效性，回想可知，任何与部分解相关的候选问题就是原问题增加了对部分解中变量的约束（定义 12.26）。在子节点的部分解里继续固定一个新的自由变量只会让最优目标值变得更差。例如，在图 12-3 中，节点 0 的松弛界限 826.250 对于其子节点 1 和 3 同样有效。1 和 3 都有一个额外的约束，因此解值只能变得更差。实际上，当松弛约束 $\tilde{v}^{(1)} = 798.750$ 和 $\tilde{v}^{(3)} = 793.171$ 之后被计算出来，对于这个最大化模型来讲，的确都变得更差了。

例 12-19　理解母节点界限

在不去求解候选松弛问题的情况下，找出 NASA 分支定界法图 12-3 里节点 5 候选问题的最优值上界。

解：在解节点 5 的候选问题的线性规划松弛模型之前，其最优值可找到的最佳上界来自其母节点对应的结果。母节点界限 $\tilde{v}=791.250$ 对于子节点 5 有效，因为除了子节点多了一个 $x_9=0$ 的约束外，两个候选问题是一样的。

12.4.5　利用母节点界限终止

当一个新的最佳解被求出来的时候，一个复杂的分支定界算法可以利用母节点界限来简化计算。

原理 12.35　当一个分支定界搜索找出了一个新的最佳解的时候，对于任何一个还没有被终止的部分解，如果其母节点界限没有比新最佳解的值更优，那么这个部分解就可以被马上终止。

我们以处理表 12-3 中的部分解 15 为例详细说明一下原理 12.35。一个新的最佳解被找了出来，其目标值为 $\tilde{v}=765$。在这之前，部分解 12 已经被继续分支下去，因为其界限 $\tilde{v}=757$ 相对于当时的最佳解值不足以被终止。现在我们可以终止这个仍旧活跃的 $x_5=1$ 的子节点，因为母节点处得到的 757 界限没有节点 15 得到的最佳解值更优。

例 12-20　利用母节点界限终止

下列树形图展示了一个最小化的分支定界搜索。如图所示，该搜索已经处理了 4 个部分解，并且刚刚在节点 3 处找到其第一个最佳解。标记为 α，β 和 γ 的节点是活跃的，但还没有进行之后的处理。

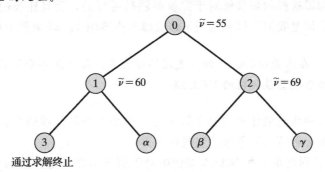

如果在节点 3 处找到的最佳解值分别为 (a) $\hat{v}=80$ 和 (b) $\hat{v}=63$，找出哪些活跃的部分解可以被终止。

解：我们利用原理 12.35，来与节点 α 的母节点界限 60，和节点 β 和 γ 的母节点界限 69 做比较。

（a）对于这个最小化模型来说，最佳解值 $\hat{v}=80$ 跟两个母节点界限比起来都更不好，因此没有任何活跃解可以被终止。

（b）最佳解值 $\hat{v}=63$ 没有比 60 更好，但是比 69 更好，因此有活跃部分解的节点 β 和 γ 应该被终止。

12.4.6 提前停止：分支定界作为一种启发式算法

表 12-4 提供了图 12-3 和表 12-3 描述的 NASA 案例的历史数据概览。第一列最佳解描绘了一个典型的模样。好的最佳解在搜索的早期就被发现了，剩下的 50%～80% 的精力都用来做最后的优化和证明全局最优性。例如，在 19 个被分析的部分解中，很接近最优值的 $\hat{v}=755$ 在仅有其中 7 个部分解被分析之后就找到了。

表 12-4　最佳解值和最优母节点界限历史数据

子节点	最佳解值	最优母节点界限	子节点	最佳解值	最优母节点界限
0	695	826.250	10	755	791.250
1	695	826.250	11	755	780.000
2	695	826.250	12	755	780.000
3	695	798.750	13	755	780.000
4	695	798.750	14	755	770.500
5	725	798.750	15	765	766.909
6	755	798.750	16	765	766.909
7	755	798.750	17	765	766.909
8	755	793.171	18	765	765.000
9	755	793.171			

我们常愿意在得到比全局最优解稍差的解时就停止，进而避免冗长的计算。即，我们想提前停止(stop early)，接受最后得到的最佳解作为一个启发式的最优解。

12.4.7　用最佳解停止搜索所产生的误差界限

当然，我们知道这样的最佳解对于完整问题是可行的，而且比我们所求出的任何其他可行解都更优。但是我们可以利用当下最优母节点界限 12.34 来得出更多的结论。

原理 12.36　*在求最小(大)值的分支定界搜索中，母节点部分解的最小(大)松弛最优值往往会提供整个模型最优值的下(上)界。*

既然每个仍可能改进最佳解的完全解都是一些活跃的部分解的完全形式，我们可以通过找到相应的最优母节点界限来给这些解定界。

表 12-4 的第二列展示了在 NASA 案例中对于剩下活跃的部分解的全局界限。例如，当部分解 $\mathbf{x}^{(6)}$ 被分支下去的时候，树形图就包含了活跃的子节点 1，3，4，5 和 6。它们的最佳松弛界限是：

$$\max\{798.750, 793.171, 791.250, 787.000, 770.500\} = 798.750$$

这是之后任一最佳解值所能达到的最大限度。任何未继续处理过的解，必须是这些活跃部分解其中一个的可行的完全解。

假设现在我们决定在节点 6 之后终止搜索。表 12-4 显示这一点的最佳解值是 755，我们刚刚计算出来最优母节点界限是 798.750。因此我们可以计算出近似最优解(最佳解)目标值最多比最优值低：

$$\frac{可能的最优值-知道的最优值}{知道的最优值} = \frac{798.750-755}{755} = 5.8\%$$

这样，我们可以给我们近似所带来的误差定界。

原理 12.37 在分支定界搜索中的任何一个阶段，任何活跃部分解的最佳解值和最优母节点界限之间的差，代表着我们接受最佳解作为一个近似最优解的最大误差。

我们利用下界作为百分比计算中的分母，是因为最优解目标值可以达到那么小的值。

例 12-21 提前停止分支定界

回到例 12-20 中最小化问题的分支定界树形图。假设在节点 3 处得到最佳解值为 $\hat{v}=71$。计算出在这一点停止搜索的最大误差和误差百分比。

解：节点 3 之后，最优母节点界限 12.36 是：

$$\min\{60, 69\} = 60$$

因此这个求最小值模型的最大误差是：

$$已知最优值-可能最优值 = 71-60 = 11$$

最大误差百分比是：

$$\frac{可能的最优值-知道的最优值}{知道的最优值} = \frac{71-60}{60} = 18.3\%$$

12.4.8 深度优先顺序，最优优先顺序，深度向前最优回溯顺序

应用分支定界法时另一个重要的问题就是，如何在众多活跃的部分解中筛选出一个来进行探索。我们已经介绍了简单的**深度优先**（depth first）原则 12.23。深度优先原则在每一个循环的阶段选择具有最多固定分量的活跃部分解（例如，树搜索中最深的节点）。

母节点界限 12.34 提供了更多的方法。

定义 12.38 最优优先（best first）搜索在每一个循环的阶段，选择具有最优母节点界限的活跃部分解。

定义 12.39 深度向前最优回溯（depth forward best back）搜索在一个节点分支后选择最深的活跃部分解，但在终止了一个节点后选择具有最优母节点界限的活跃部分解。

当具有最大深度或最优母节点界限的部分解不止一个的时候，所有这些原则都需要改良以处理这个情况。一种建立在小数取值变量原则 12.31 之上的方法，便是采用最近的子节点所得结果。

定义 12.40 当最深或者具有最优母节点界限的部分解不唯一时，**最近子节点**（nearest child）原则选择具有最后固定的变量值，且离母节点线性规划松弛的相应分量取值最接近的子节点部分解。

假设母节点松弛最优解告诉了我们一些关于被分支变量的很好的取值，那么这个最近的子节点部分解更有可能使得好的最佳解被提早发现。

图 12-4 阐释了 12.23、12.38 和 12.39 这三个原则在 NAS 模型(12-13)上的应用。分支定界树形图展示了前 10 个部分解。每一个都利用了最近子节点原则 12.40。

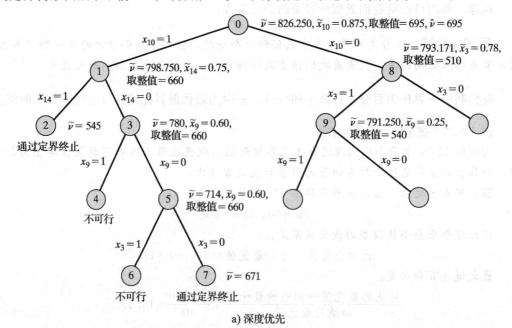

a) 深度优先

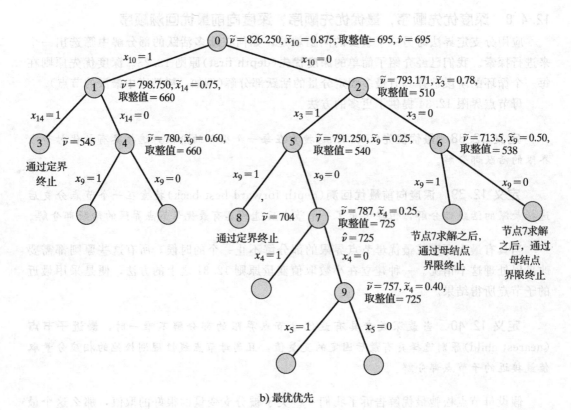

b) 最优优先

图 12-4　NASA 案例中不同的部分解选择方案

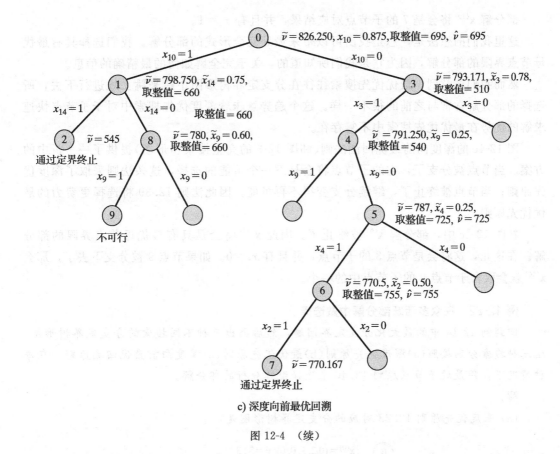

c) 深度向前最优回溯

图 12-4　（续）

　　图中 a 部分应用了深度优先搜索，总是选择具有最多确定变量的活跃部分解。当前树形图中最深的活跃部分解是节点 9 的子节点中的结果。最近子节点原则 12.40 将选择具有 $x_4 = 1$ 的活跃部分解作为 $\mathbf{x}^{(10)}$，因为母节点的线性规划松弛问题得出结果 $\tilde{x}_4 = 0.6$，而 0.6 距离 1 比距离 0 更近。

　　我们注意到，如果最后一个被分析的部分解仍旧被分支了的话，深度优先搜索会自动选择其子节点的活跃部分解。在分支前它找到了一个最深的部分解，而其子节点又进一步增加了一个固定变量。这意味着深度优先搜索往往会快速移动，来固定在完整模型的可行解中已揭示出来的足够多的变量。当取整并不容易的时候，这或许是尽早得到最佳解的最好方法。选择最后一个被分析的节点的子节点还可以节省大量计算。例如，在图 12-4a 的节点 3 处，相关的候选问题仅比起母节点 1 处的问题增加了一个 $x_{14} = 0$ 的约束。往往，这种相似性可以让我们通过利用母节点线性规划松弛模型的最优解作为初始解，来快速求解子节点处的松弛模型。

　　图 12-4b 展示了最优优先搜索，往往选择具有最优母节点界限的活跃部分解。在图形所刻画的这一时刻，活跃的节点有 4，7 和 9。接下来我们将会选择节点 7 的子节点，因为其母节点界限是最大化模型中最优的：

$$787 = \max\{780, 787, 757\}$$

部分解 $\mathbf{x}^{(10)}$ 将会是 7 的子节点对应结果，并且有 $x_4 = 1$。

这里我们的想法是，总是找出可以带来最好完全形式的部分解。我们选择具有最优母节点界限的部分解，因为它是我们所知道的，关于完全解如何的最精确的信息。

然而我们注意到，最优优先搜索往往在分支定界树形图中跳来跳去地进行下去，所选择的部分解常常与之前的很不一样。这个趋势意味着深度优先搜索中对于子节点快速求解的优势在最优优先搜索中不复存在。

图 12-4c 的深度向前最优回溯法则（和图 12-3 的完全搜索树形图）提供了一个折中的方案。当节点被分支了，它的子节点将会是下一个可能的选择，这条法则采取了深度优先原则；当节点被终止了，继续分支变得不再可能，因此法则 12.39 将选择更费力的最优优先原则。

在图 12-4c 中，部分解 $\mathbf{x}^{(9)}$ 被终止了。因此 $\mathbf{x}^{(10)}$ 将会是具有最优母节点界限的部分解。在这儿，这将会是节点 3 的子节点，并且有 $x_3 = 0$。如果节点 9 被分支下去了，那么 $\mathbf{x}^{(10)}$ 就会取自于节点 9 的子节点中的一个。

例 12-22　在众多活跃部分解中做选择

回到例 12-14 中的最大化分支定界问题，然后画出三种不同搜索的分支定界树形图。这三种搜索分别按照(a)深度优先原则(b)最优优先原则(c)深度向前最优回溯原则。在每种情况下，用最近子节点原则 12.40 来选择继续分析的部分解。

解：

(a) 深度优先原则 12.23 对应的分支定界树形图是：

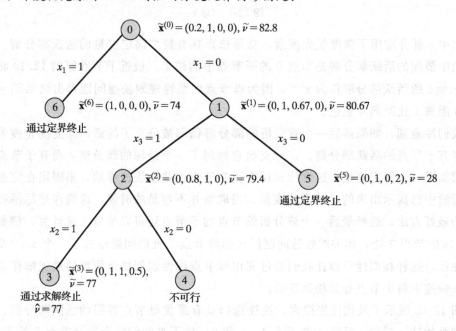

(b) 最优优先原则 12.38 对应的分支定界树形图是：

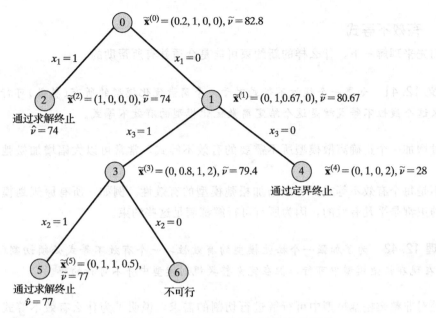

（c）深度向前最优回溯原则 12.39 对应的分支定界树形图是：

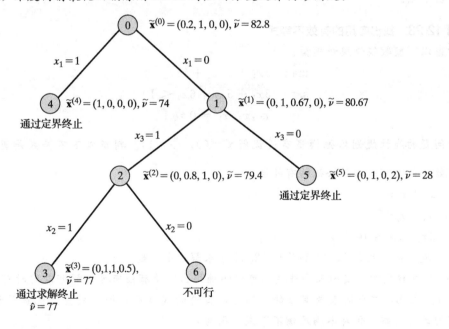

12.5　分支切割法

12.2 节刻画了泰勒马克工厂选址模型。在那个模型中，我们发现，新增或加强整数规划模型的约束条件有时可以大幅加强其线性规划松弛问题的有效性。以求解一个尽可能有效的松弛问题作为解决离散优化问题的开端，往往是非常有价值的。这一节我们将讨论，通过增加新约束，分支定界搜索能得到怎样更好的结果。之后的小节（12.6 节和 12.7 节）将提供更多细节。

12.5.1 有效不等式

我们先来理解一下，什么样的新约束可能是合适并有所帮助的。

定义 12.41 如果一个线性不等式对于一个离散优化模型的所有(整数)可行解都成立，那么这个线性不等式就是这个给定离散优化模型的有效不等式。

通过增加一个正确离散模型所不需要的有效不等式，常常可以大幅增加松弛模型的有效性。

并不是每个有效不等式都可以增加松弛模型的有效性。例如，所有原规划模型中的不等式约束都是平凡有效的，因为所有可行解都满足这些约束。

原理 12.42 为了加强一个松弛模型的有效性，一个有效不等式必须切割(使不可行)一些在现在松弛模型中可行，但在完全整数规划模型中并不可行的解。

此处对非整数松弛模型中可行解进行切割的需求，说明了为什么有效不等式有时也被称为切平面。

例 12-23 找出有用的有效不等式

考虑以下整数线性规划模型：

$$\begin{aligned} \max \quad & 3x_1 + 14x_2 + 18x_3 \\ \text{s.t.} \quad & 3x_1 + 5x_2 + 6x_3 \leqslant 10 \\ & x_1, x_2, x_3 = 0 \text{ 或 } 1 \end{aligned}$$

此问题的线性规划松弛模型有最优解 $\tilde{\mathbf{x}} = (0, \frac{4}{5}, 1)$。判断以下不等式是否有效。如果有效，是否可以增强松弛的有效性。

(a) $x_2 + x_3 \leqslant 1$

(b) $x_1 + x_2 + x_3 \leqslant 1$

(c) $3x_1 + 5x_2 \leqslant 10$

解：我们应用定义 12.41 和原理 12.42 来求解这个问题。

(a) 从原模型的主要约束条件我们可以明确得出，没有任何可行解可以同时有 $x_2 = 1$ 和 $x_3 = 1$。因此，这个约束是有效的。同时，目前的线性规划松弛模型最优解是该线性规划问题的可行解，但却不满足该不等式，因为：

$$\tilde{x}_2 + \tilde{x}_3 = \frac{4}{5} + 1 \neq 1$$

因此这个约束可以增强松弛问题的有效性。

(b) 这个约束是无效的。例如，$\mathbf{x} = (1, 0, 1)$ 不满足这个约束，但却是所给模型的整数可行解。

(c) 这个约束是有效的，因为任何满足主要约束 $3x_1 + 5x_2 + 6x_3 \leqslant 10$ 的整数可行解都一定满足 $3x_1 + 5x_2 \leqslant 10$。然而，对于线性松弛问题的所有可行解，以上关系也都是成立的。因此，增加这个不等式并不能加强松弛模型的有效性。

12.5.2　分支切割搜索

分支切割算法在枚举过程进行下去的时候，动态整合了有效不等式和分支定界搜索。

定义 12.43　分支切割算法通过在分支一个部分解之前，尝试用新的有效不等式来加强松弛模型的有效性，进而加强了算法 12A 所代表的基础分支定界策略。新增的约束应该切割掉（使不可行）最新得出的松弛模型的最优解。

12.5.3　用分支切割法求解河流能源公司应用

算法 12B 提供了分支切割过程的正式说明。为了更好地理解这些步骤，我们回到之前 12.3 节的河流能源公司应用。我们要做出的决定是启用哪些发电机，问题模型如下：

$$\min \quad 7x_1 + 12x_2 + 5x_3 + 14x_4 \qquad （总成本）$$
$$\text{s.t.} \quad 300x_1 + 600x_2 + 500x_3 + 1\,600x_4 \geqslant 700 \quad （需求） \qquad (12\text{-}14)$$
$$x_1, x_2, x_3, x_4 = 0 \text{ 或 } 1$$

忽略整数约束的线性规划松弛问题最优解为：

$$\tilde{\mathbf{x}}^{(0)} = (0,0,0,0.438), \tilde{v} = 6.125$$

在正常的分支定界图 12-2 中，我们马上就将小数取值的变量 x_4 继续分支下去了。

▶**算法 12B：分支切割法（0—1 整数规划）**

步骤 0：求初始解。去除对于所有变量的整数约束，得到初始解，让 $t \leftarrow 0$。如果已知模型的任何可行解，选择其中最好的作为最佳解 $\hat{\mathbf{x}}$，其目标值 $\hat{v}$。否则，若为最大化模型，令 $\hat{v} \leftarrow -\infty$；若为最小化模型，令 $\hat{v} \leftarrow +\infty$。

步骤 1：停止。如果活跃的部分解存在，选择一个作为 $\mathbf{x}^{(t)}$，然后进行步骤 2。否则便停止。如果有最佳解 $\hat{\mathbf{x}}$，则此为最优解；如果没有，则该模型无解。

步骤 2：松弛。尝试求解与 $\mathbf{x}^{(t)}$ 相关的候选问题的线性规划松弛模型。

步骤 3：通过不可行终止。如果线性规划松弛模型是不可行的，那么部分解 $\mathbf{x}^{(t)}$ 就不存在可行的完全形式。终止 $\mathbf{x}^{(t)}$，增加 $t \leftarrow t+1$，返回步骤 1。

步骤 4：通过定界终止。如果是最大化模型，且其线性规划松弛最优值 $\tilde{v}$ 满足 $\tilde{v} \leqslant \hat{v}$；或者是最小化模型，其线性规划松弛最优值 $\tilde{v}$ 满足 $\tilde{v} \geqslant \hat{v}$，那么部分解 $\mathbf{x}^{(t)}$ 的最优可行完全形式不能使最佳解变得更好。这时，终止 $\mathbf{x}^{(t)}$，增加 $t \leftarrow t+1$，返回步骤 1。

步骤 5：通过求解终止。如果线性规划松弛最优解 $\tilde{\mathbf{x}}^{(t)}$ 满足模型中的所有二元约束，那么它就会提供部分解 $\mathbf{x}^{(t)}$ 的最优可行完全形式。将其保存为最新的最佳解使得 $\hat{\mathbf{x}} \leftarrow \tilde{\mathbf{x}}^{(t)}$ 和 $\hat{v} \leftarrow \tilde{v}$ 之后，终止 $\mathbf{x}^{(t)}$，增加 $t \leftarrow t+1$，返回步骤 1。

步骤 6：有效不等式。试着找出一个完全整数规划模型的有效不等式，使得当前的松弛最优解 $\tilde{\mathbf{x}}^{(t)}$ 不满足这个不等式。如果成功找出了这样的不等式，将其作为一个新约束添加至完整模型，增加 $t \leftarrow t+1$，返回步骤 2。

步骤 7：分支。选择一些在最后一个线性松弛最优解中没有二元约束的小数取值变量 x_p，然后通过创造出两个新的活跃部分解来继续分支 $\mathbf{x}^{(t)}$。一个除了 $x_p = 0$ 之外和 $\mathbf{x}^{(t)}$

一模一样，另一个除了 $x_p = 1$ 之外和 $\mathbf{x}^{(t)}$ 一模一样。然后增加 $t \leftarrow t + 1$，返回步骤 1。

在将当前的部分解分解成两个分支之前，分支切割算法 12B 会先尝试改进松弛模型。思路是，试着找出一个不等式，使得所有满足完整模型的二元解都同样满足该不等式，但是 $\tilde{\mathbf{x}}^{(0)}$ 却不满足这个不等式。

找寻这样的切割不等式方法很多。在这个例子中，我们通过观察便能得出，(12-14) 的任何一个可行解中都一定至少有一个变量值为 1。因此，

$$x_1 + x_2 + x_3 + x_4 \geqslant 1 \tag{12-15}$$

是有效的。同时，约束 (12-15) 切割了之前的松弛最优解 $\tilde{\mathbf{x}}^{(0)}$，因为：

$$0 + 0 + 0 + 0.438 \not\geqslant 1$$

图 12-5 展示了通过增加不等式 (12-15) 来改善松弛模型而带来的分支切割法的改进。在拥有同样全自由变量的部分解的情况下，现在我们得到了更强有力的结果：

$$\tilde{\mathbf{x}}^{(1)} = (0, 0, 0.818, 0.182), \quad \tilde{v} = 6.636$$

假设现在我们没有找到进一步的切割不等式。搜索像往常一样继续分支小数取值变量 x_3。深度优先原则 12.23 加上最近子节点原则 12.32 可以得出下一个部分解 $\mathbf{x}^{(2)} = (\sharp, \sharp, 1, \sharp)$。

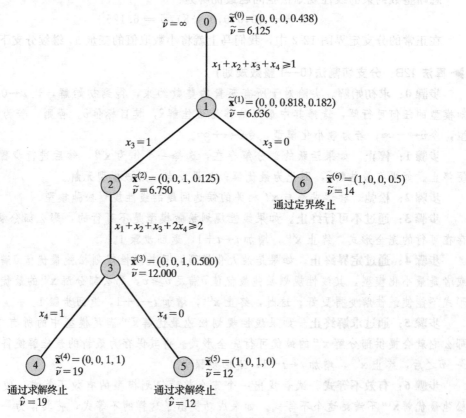

图 12-5　河流能源公司应用的分支切割搜索

在节点 2 处，松弛模型再一次证明不足以被终止。这次在对可能的切割不等式的分析中，我们找出了一个使其不成立的不等式：

$$x_1 + x_2 + x_3 + 2x_4 \geqslant 2 \qquad (12\text{-}16)$$

这个不等式说明了，要么启动发电机 4，要么启动其他两个发电机来满足 700 兆瓦的生产要求。改进过的松弛问题在节点 3 处有 $\tilde{v} = 12$，然后搜索继续。

我们注意到，不等式 (12-15) 和 (12-16) 对于原模型 (12-14) 都是有效的。也就是说，它们并不依赖于部分解中所固定的那些变量。因此，它们能继续在候选问题的松弛模型求解过后的节点 4 和 6 中存在。每一个新找出的切割不等式都加强了之后所有的松弛模型。

例 12-24　理解分支切割法

以下是一个分支切割树形图。它详细展示了算法 12B 在一个最大化整数规划的应用，其中 x_1，x_2，$x_3 = 0$ 或 1，$x_4 \geqslant 0$。这里我们应用了最优优先原则 12.38 和最近子节点原则。

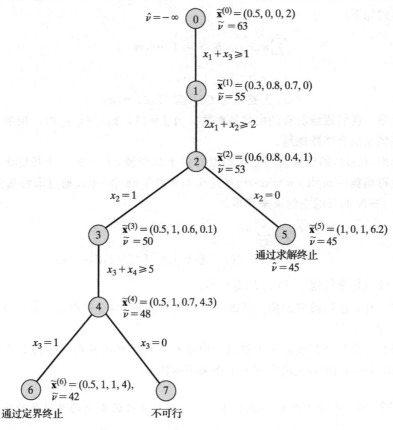

假设所有显示出的切割不等式都是有效的，跟踪其计算过程，并验证每一步。

解：这里没有初始最佳解。节点 0 处的第一个松弛模型是可行的并且其可行解取值为小数，但我们可以得出切割不等式 $x_1 + x_3 \geqslant 1$。我们可以添加它作为新约束，因为：

$$x_1^{(0)} + x_3^{(0)} = 0.5 + 0 = 0.5 \ngeqslant 1$$

这个在节点 1 改进过的松弛模型仍不能被终止，但是有效不等式 $2x_1 + x_2 \geqslant 2$ 可以被添加，因为：

$$2x_1^{(1)} + x_2^{(1)} = 2(0.3) + 0.8 = 1.4 \ngeqslant 2$$

12.6 有效不等式组

在过去的几十年里，很多可合并在分支切割搜索算法 12B 中以加速搜索的有效不等式组都被发现了。这一节中我们将介绍一些最广为人知的有效不等式组。

12.6.1 高莫利割平面（纯整数模型）

在整数规划研究早期，R. E. Gomory 是系统性发展有效不等式组方法的先锋。如同在 12.5 节中展开的概念一样，高莫利割平面可看作是用一个新的有效不等式来切割松弛最优解，进而反复改进给定情况下最新得到的线性规划松弛模型。

高莫利割平面可以处理纯整数线性规划，也可以处理混合整数线性规划。其约束的通用标准形式如下：

$$\sum_{j=1}^{n} a_{ij}x_j = b_i, j = 1, \cdots, m$$
$$x_j \geqslant 0 \quad j = 1, \cdots, n \tag{12-17}$$
$$x_j \text{ 为整数}, j \in J \subseteq \{1, 2, \cdots, n\}$$

为了简便，我们假设所有约束都是整数。当 $J = \{1, 2, \cdots, n\}$ 时，模型是纯整数规划，否则模型是混合整数规划。

给定模型（12-17）的线性规划松弛模型的关于基变量 $k \in B$ 的一个最优组合，其约束对应的**单纯形词典**（simplex dictionary）（见 5.4 节和 5.28 节）可以通过求解基变量 x_k 就非基变量 x_j，$j \in N$ 而言的主约束来获得：

$$x_k = \bar{b}_k - \sum_{j \in N} \bar{a}_{kj} \quad \forall k \in B$$
$$x_j \geqslant 0 \quad \forall j \in N_{x_j} \quad \text{整数 } j \in J \subseteq \{1, 2, \cdots, n\} \tag{12-18}$$

常数 $\bar{b}_k$ 和 $\bar{a}_{kj}$ 分别是原数据 b_k 和 a_{kj} 的更新形式。

像往常一样，松弛模型的相关基础解中，对于基变量 $k \in B$ 有 $\bar{x}_k = \bar{b}_k$，对于非基变量 $j \in N$ 有 $\bar{x}_j = 0$。

尽管所有原始数据都被假定为整数，但这些更新的词典常数却可能是小数的。这些**小数部分**（fractional part）是高莫利割平面来历的核心。

定义 12.44 小数部分 $\phi(q) \triangleq q - \lfloor q \rfloor$，也就是与临近更小的整数值的距离。

举一些例子：$\phi(3.25) = 0.25$，$\phi(-3.25) = 0.75$，以及 $\phi(3) = 0$。

高莫利割平面的第一个不等式组用来处理在任何可行解中，所有变量都要求是整数的纯整数模型，即所有 $j \in J$。

定义 12.45 在关于小数取值 $\tilde{x}_k$ 的一个纯整数线性规划模型中，对于其单纯形词典（12-18）中任意行 k，令 f_{k0} 表示 $\phi(\bar{b}_k)$，f_{kj} 表示 $\phi(\bar{a}_{kj})$。然后，我们得出经典的**高莫利小数割平面方程**（gomory fractional cut）：

$$\sum_j f_{kj} x_j \geqslant f_{k0}$$

也可以有以下加强形式：

$$\sum_{f_{kj} \leqslant f_{k0}} f_{kj} x_j + \sum_{f_{k0} > f_0} \frac{f_{k0}}{1 - f_{k0}} (1 - f_{kj}) x_j \geqslant f_{k0}$$

在验证这些有效不等式之前，考虑图 12-6a 的例子。

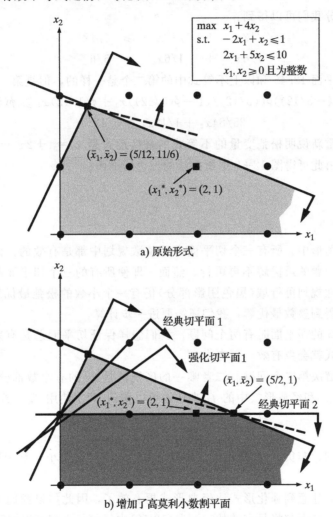

图 12-6　高莫利小数割平面的量化举例

　　图形的 a 部分描绘出了例子中的线性松弛模型的可行解域，展示出了两个变量都是小数的松弛最优解。为了建立高莫利小数割平面方程 12.45 来继续寻找整数最优解，我们需要首先将模型标准化(12-17)。因此我们需要增加松弛变量 $x_3 \geqslant 0$ 和 $x_4 \geqslant 0$。我们注意到模型中所有系数都是整数，因此这些松弛变量也可以被考虑成为整数变量。这是因为 LHS 和 RHS 的数量差异要求是整数。

　　容易看出，图 12-6a 的最优基解是 $B = \{1, 2\}$，剩下 $N = \{3, 4\}$。这里暗示的单纯形词典是：

$$x_1 = 5/12 \quad - \quad (-5/12 \quad x_3 \quad +1/2 \quad x_4)$$
$$x_2 = 11/6 \quad - \quad (1/6 \quad x_3 \quad +1/6 \quad x_4)$$

每一个基变量取值都是小数，因此可以得到两个经典切平面 12.45：

$$\phi(-5/12)x_3 \quad + \quad \phi(1/12)x_4 \quad \geqslant \quad \phi(5/12)$$
$$\phi(1/6)x_3 \quad + \quad \phi(1/6)x_4 \quad \geqslant \quad \phi(5/6)$$

分析小数部分我们可以得到：

$$7/12x_3 \quad + \quad 1/12x_4 \quad \geqslant \quad 5/12$$
$$1/6x_3 \quad + \quad 1/6x_4 \quad \geqslant \quad 5/6$$

强化了的切平面 12.45 和以上不等式中的第二个是一样的，但是第一个改进为：

$$(1-\phi(-5/12))\phi((5/12)/(1-\phi(5/12)))x_3 + \phi(1/12)x_4 \geqslant \phi(5/12)$$

或

$$25/84x_3 + 1/12x_4 \geqslant 5/12$$

用原变量来重新说明松弛变量的不等式的替换形式是 $x_3 = 1 + 2x_1 - x_2$ 和 $x_4 = 10 - 2x_1 - 5x_2$，我们由此可得图 12-6b 中所描绘的三个切平面：

$$-x_1 \quad + \quad x_2 \quad \leqslant \quad 1$$
$$x_2 \quad \leqslant \quad 1$$
$$-3/7x_1 \quad + \quad 5/7x_2 \quad \leqslant \quad 5/7$$

注意到，在图形中，所有三个切平面在原整数规划中都是有效的，而且所有都使得原线性规划松弛问题的最优解不再可行。然而，即便所有的三个切平面都添加到规划模型中，更新的线性规划可行域（黑色阴影部分）仍有一个小数的松弛最优解。$(\bar{x}_1, \bar{x}_2) = (5/2, 1)$。为了得到整数最优解，我们还需要进一步计算。

在验证 12.45 的切平面时有两个问题。我们怎样保证切平面总是有效的？以及我们怎么知道强化形式就会更有效、更有力？

首先我们来解决第二个问题。二者唯一的区别就是 x_j 的有小数部分 f_{kj} 的系数，比右手边的 f_{k0} 要大。和经典形式中的 f_{kj} 来比较可以得到（两次使用 $f_{kj} > f_0$）：

$$\frac{f_{k0}}{1-f_{k0}}(1-f_{kj}) < f_{kj}\frac{1-f_{kj}}{1-f_{k0}} < f_{kj}$$

我们可以看到，非负 x_j 在强化形式中改变后的系数严格变小，意味着切平面确实更有力、更有效了。

至于有效性，注意到强化形式比经典形式更有效了，因此如果我们能证明强化形式是有效的，那么这二者都将是有效的。词典 (12-18) 中任何行 k 都可以被重新写为：

$$x_k + \sum_{f_{kj} \leqslant f_{k0}} (\lfloor \bar{a}_{kj} \rfloor + f_{kj})x_j + \sum_{f_{kj} > f_{k0}} (\lceil \bar{a}_{kj} \rceil - (1-f_{kj}))x_j = \lfloor \bar{b}_k \rfloor + f_{k0}$$

其中，$\lfloor q \rfloor$ 是下一个 $\leqslant q$ 的整数，$\lceil q \rceil$ 是下一个 $\geqslant q$ 的整数。重新改写结果有：

$$x_k + \sum_{f_{kj} \leqslant f_{k0}} \lfloor \bar{a}_{kj} \rfloor x_j + \sum_{f_{kj} > f_{k0}} \lceil \bar{a}_{kj} \rceil x_j - \lfloor \bar{b}_k \rfloor$$
$$= f_{k0} - \sum_{f_{kj} \leqslant f_{k0}} f_{kj}x_j + \sum_{f_{kj} > f_{k0}} (1-f_{kj})x_j \tag{12-19}$$

现在，所有 x_j 都被限制为非负整数，那么 (12-19) 的左手边也是整数，这意味着右手边也必须是整数。

我们考虑两种情况：要么它≤0，要么≥1。第一种情况使(12-19)的右边有：

$$\sum_{f_{kj} \leqslant f_{k0}} f_{kj} x_j - \sum_{f_{kj} > f_{k0}} (1 - f_{kj}) x_j \geqslant f_{k0} \tag{12-20}$$

第二种情况有：

$$- \sum_{f_{kj} \leqslant f_{k0}} f_{kj} x_j + \sum_{f_{kj} > f_{k0}} (1 - f_{kj}) x_j \geqslant 1 - f_{k0}$$

在用 $f_{k0}/(1-f_{k0})$ 重新调整后变成：

$$- \sum_{f_{kj} \leqslant f_{k0}} f_{kj} \frac{f_{k0}}{1 - f_{k0}} x_j + \sum_{f_{kj} > f_{k0}} (1 - f_{kj}) \frac{f_{k0}}{1 - f_{k0}} x_{kj} \geqslant f_{k0} \tag{12-21}$$

注意到，所有 $x_j \geqslant 0$，且两个约束都≥同样的右手边 f_{k0}。我们可以通过选择(12-20)和(12-21)两者中每一个变量更大的系数来进行组合，得到一个有效的不等式。当 $f_{kj} \leqslant f_{k0}$ 时，我们取(12-20)中的正系数；对于有 $f_{kj} > f_{k0}$ 的 j 来说，我们取(12-21)中的正系数。得到的结果是：

$$\sum_{f_{kj} \leqslant f_{k0}} f_{kj} x_j + \sum_{f_{kj} > f_{k0}} \frac{f_{k0}}{1 - f_{k0}} (1 - f_{kj}) x_j \geqslant f_{k0}$$

这个结果正是定义 12.45 中的强化形式，确认了其有效性。

12.6.2　高莫利混合整数割平面

现在考虑混合整数规划(MILP)的情形。强化形式 12.45 的一个延伸可以同样处理这个情况。

定义 12.46　在关于一个小数取值变量 $k \in J$(整数约束) $\bar{x}_k$ 的一个混合整数线性规划模型中，对于其单纯形词典(12-18)中任意行 k，令 f_{k0} 表示 $\phi(\bar{b}_k)$，f_{kj} 表示 $\phi(\bar{a}_{kj})$，对于 $j \in J$。然后，我们得出高莫利混合整数割平面方程：

$$\sum_{j \in J, f_{kj} \leqslant f_{k0}} f_{kj} x_j + \sum_{j \in J, f_{kj} > f_{k0}} \frac{f_{k0}}{1 - f_{k0}} (1 - f_{kj}) x_j + \sum_{j \notin J, \bar{a}_{kj} > 0} \bar{a}_{kj} x_j - \sum_{j \in J, \bar{a}_{kj} < 0} \frac{f_{k0}}{1 - f_{k0}} \bar{a}_{kj} x_j \geqslant f_{k0}$$

新元素是连续变量 j 不属于 J 的 $\bar{a}_{kj}$ 系数的保留。

为了更好地刻画，我们考虑表 12-5 中的混合整数规划词典。所有 3 个基变量都是有整数约束的，但是 x_2 已经有了整数的取值。对于 x_1 和 x_5，我们得到割平面 12.46：

$$0.3x_3 + 0.1x_4 - (0.6/0.4)2.3x_6 + 13.4x_7 \geqslant 0.6$$

$$0.6x_3 + 13.6x_6 - (0.4/0.6)5.9x_7 \geqslant 0.4$$

表 12-5　混合整数高莫利割平面的应用

x_1	=	1.6	−	($-2.7x_3$	+	$1.1x_4$	+	$-2.3x_6$	+	$13.4x_7$)
x_2	=	3.0	−	($3.9x_3$	−	$4.7x_4$	+	$2.8x_6$	+	$2.2x_7$)
x_5	=	2.4	−	($0.6x_3$			+	$13.6x_6$	−	$5.9x_7$)

所有 $x_j \geqslant 0$，对于 $j \in J \triangleq \{1, 2, 3, 4, 5\}$，有 x_j 是整数

割平面 12.46 有效性的讨论和之前纯整数规划情况下的讨论很相似。首先，我们用

其整数和小数部分来表示 $j \in J$ 的系数 $\bar{a}_{kj}$，之后将整数元素同所有其他部分分离，来得到以下和(12-19)相似的式子：

$$x_k + \sum_{f_{kj} \leqslant f_{k0}} \lfloor \bar{a}_{kj} \rfloor x_j + \sum_{f_{kj} > f_{k0}} \lceil \bar{a}_{kj} \rceil x_j - \lfloor \bar{b}_k \rfloor$$

$$= f_{k0} - \sum_{f_{kj} \leqslant f_{k0}} f_{kj} x_j + \sum_{f_{kj} > f_{k0}} (1 - f_{kj}) x_j - \sum_{j \notin J, a_{kj} > 0} \bar{a}_{kj} x_j - \sum_{j \notin J, a_{kj} < 0} \bar{a}_{kj} x_j \qquad (12\text{-}22)$$

注意到连续变量的部分和小数部分一起在等式的右边。为了之后步骤的简便，它们被按照 $\bar{a}_{kj}$ 的正负分成了两组。像之前一样，我们注意到左边一定是整数，所以右边也一定要是整数。我们考虑它 $\leqslant 0$ 或 $\geqslant 1$ 的情况。前者可以得到：

$$\sum_{f_{kj} \leqslant f_{k0}} f_{kj} x_j - \sum_{f_{kj} > f_{k0}} (1 - f_{kj}) x_j + \sum_{j \notin J, \bar{a}_{kj} > 0} a_{kj} x_j + \sum_{j \notin J, \bar{a}_{kj} < 0} \bar{a}_{kj} x_j \geqslant f_{k0} \qquad (12\text{-}23)$$

后者可以得出：

$$- \sum_{f_{kj} \leqslant f_{k0}} f_{kj} x_j + \sum_{f_{kj} > f_{k0}} (1 - f_{kj}) x_j - \sum_{j \notin J, \bar{a}_{kj} > 0} \bar{a}_{kj} x_j - \sum_{i \notin J, \bar{a}_{kj} < 0} \bar{a}_{kj} x_j \geqslant 1 - f_{k0}$$

在用 $f_{k0}/(1 - f_{k0})$ 重新调整后，第二个变成：

$$- \sum_{f_{kj} \leqslant f_{k0}} f_{kj} \frac{f_{k0}}{1 - f_{k0}} x_j + \sum_{f_{kj} > f_{k0}} (1 - f_{kj}) \frac{f_{k0}}{1 - f_{k0}} x_j$$

$$- \sum_{i \notin J, \bar{a}_{kj} > 0} \bar{a}_{kj} \frac{f_{k0}}{1 - f_{k0}} x_j - \sum_{j \notin J, \bar{a}_{kj} < 0} \bar{a}_{kj} \frac{f_{k0}}{1 - f_{k0}} x_j \geqslant f_{k0} \qquad (12\text{-}24)$$

然后，像之前一样，我们选择每一个变量在(12-23)和(12-24)中的两个系数中最大(或正数)的那一个进行组合，恰好得到 12.46 中的混合整数切平面方程。

12.6.3 特定模型的有效不等式组

虽然完全的整数规划建模可能会很复杂，拥有很多组的约束，但是一些有特征的约束常常重复发生。例如，某些资源可用性的预算约束(11.3 节，定义 11.6)，以及在一组东西中做选择时要求的 $\geqslant 1$ 或 $\leqslant 1$ 的覆盖/打包约束(11.3 节，定义 11.9 和 11.10)。

以上有效不等式理论完成的很多成功案例，都包含了对约束组的多面结构研究，然后在更一般的背景下应用强化形式。

原理 12.47 对于整数规划模型中特定约束组的强化有效不等式，在完整模型中仍保持有效。

将完整模型中不在特定约束组中的约束去掉之后，我们可以得到一个约束松弛(定义 12.4)。既然完整模型中的每一个可行解在松弛中都必须可行，那么约束松弛的有效割平面也要对完整模型的所有解保持有效。

为了更好地进行刻画，我们回到应用案例 9-7 和 11-1 中的二元背包问题。主约束和变量约束为：

$$\sum_{j=1}^{n} a_j x_j \leqslant b \qquad (12\text{-}25)$$

$$x_j \text{ 是二元变量}, j = 1, \cdots, n$$

系数 a_j 代表关于每个选择 j 的消费情况，b 是可用容量。我们可以假设所有 $a_j \leqslant b$，因为不然的话 x_j 就永远等于 0 了。

定义 12.48 最小覆盖(minimal cover)不等式：
$$\sum_{j \in C} x_j \leqslant |C| - 1$$

对于二元背包问题(12-25)是有效的，其中集合 $C \subset \{1, \cdots, n\}$ 并满足：
$$\sum_{j \in C} a_j > b$$
$$\sum_{j \in C \setminus k} a_j \leqslant b \quad \forall k \in C$$

也就是说，不等式被最小不可行指数集合 C 的成员所定义，这些成员(i)不能是可行解的一部分，但是(ii)当集合中的任意一个成员被去掉的时候变得可行。这些关于任何二元背包问题的例子的不等式有效性直接来自于这两个定义的属性。

对于一个具体的例子，考虑以下二元背包问题数据。

a_1	a_2	a_3	a_4	a_5	a_6	b
2	3	3	5	7	11	15

(12-26)

一个最小有效不等式 12.48 利用 $C = \{1, 2, 4, 5\}$ 来得到：
$$x_1 + x_2 + x_4 + x_5 \leqslant 3 \tag{12-27}$$

根据要求，相关系数和是 $2+3+5+7=17>15$，去掉最小的 2 将产生一个和满足 $b=15$ 的限制。

例 12-25 找出最小覆盖不等式

回到二元背包问题的例子(12-26)。

对于这个例子，判断下列不等式是否是一个合适的最小覆盖不等式。
$$x_2 + x_4 + x_5 \leqslant 2$$
$$x_3 + x_4 + x_6 \leqslant 2$$
$$x_2 + x_3 + x_4 + x_5 \leqslant 3$$

解： 对于第一个不等式，相关系数和为 $3+5+7=15$，没有超过 $b=15$。因此它没能满足定义 12.48。第二个不等式有系数和为 $3+5+11=19>15$，满足要求，但是去掉最小的 3 留下和为 $16>15$，因此也同样不满足定义 12.48。第三个不等式的系数和为 $3+3+5+7=18>15$，满足要求，并且去掉最小的一个，留下可行的和 $3+5+7=15$。因此，这个割平面方程是一个合适的最小覆盖不等式。

12.7 割平面理论

为了理解哪些不等式(或割平面，像 12.6 节中介绍的那些)可能是非常强大的，我们需要一个理论来将提出的割平面方程和可能的最优解结合起来。这一节我们将介绍**割平面理论**(cutting plane theory)，也被称为**多面体组合学**(polyhedral combinatorics)，因为它关注于给定整数规划的一组整数可行解的最好的多面体表示。

12.7.1 整数可行解的凸包

定义 12.49 一个给定混合整数线性规划的整数可行解的**凸包**(convex hull),是所有包含每一个这样解的凸集的交集,通俗来讲就是最小的包含这些解的凸集。

任何线性规划问题的可行解集都是一个凸集(原理 3.32)。因此,凸包是整数规划问题中包含每一个整数可行解的最紧的松弛。

$$\max \quad -3x_1 + x_2$$
$$\text{s.t.} \quad -x_1 + x_2 \leqslant 1$$
$$2x_1 - 2x_2 \leqslant 3 \tag{12-28}$$
$$4x_1 + x_2 \geqslant 2$$
$$0 \leqslant x_1, x_1 \leqslant 2 \text{ 且为整数}$$

图 12-7a 刻画了这个纯整数规划模型的可行域。其中深色点代表整数点,浅色阴影代表线性松弛可行域,深色阴影代表凸包。一个线性松弛问题的最优解出现在 $\bar{x} = (1/5, 6/5)$,并不是整数可行解。唯一的整数最优解是 $x^* = (1, 2)$。

为了与一个混合整数规划情况做比较,考虑(12-28)去掉 x_1 为整数约束的混合整数规划,也就是只要求 x_2 是整数。图 12-7b 描绘了这个例子。黑线上的整数可行点有 $x_2 = 0$,1 或 2,最优解为 $x^* = (1/4, 1)$。凸包现在变得刚好够包含以上这些解。

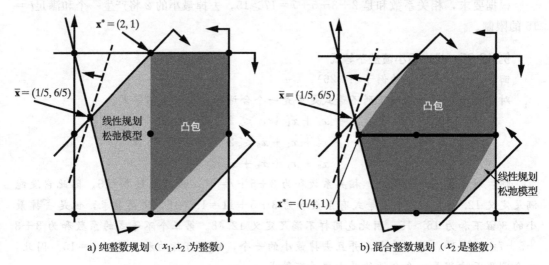

a) 纯整数规划(x_1, x_2 为整数)　　　　　　b) 混合整数规划(x_2 是整数)

图 12-7 凸包例子

例 12-26 找出凸包

考虑以下整数规划:

$$\max \quad 2z_1 + z_2$$
$$\text{s.t.} \quad 2z_1 - z_2 \geqslant 1$$

$$2z_1 + 2z_2 \leqslant 5$$
$$0 \leqslant z_1 \leqslant 2$$
$$0 \leqslant z_2 \leqslant 1$$
$$z_1, z_2 \text{ 为整数}$$

（a）画出该模型的线性规划松弛模型的可行域，以及整数可行解的凸包。

（b）利用你的图形，找出线性规划松弛模型和完全整数规划模型的最优解。

（c）现在考虑一个相应的混合整数规划，其中只有 z_2 要求为整数。画出相应线性规划松弛的可行域，以及整数可行解的凸包。

（d）线性松弛最优解和整数最优解在这个改变后的模型中变化了吗？

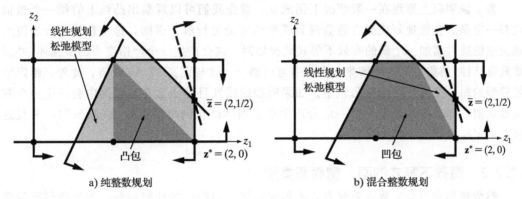

a) 纯整数规划 　　　　　b) 混合整数规划

解：

（a）图 a 展示了线性规划松弛和凸包的可行解集。

（b）松弛和整数最优解分别是 $\bar{\mathbf{z}} = (2, 1/2)$ 和 $\mathbf{z}^* = (2, 0)$。

（c）图 b 展示了混合整数规划情况的相应结果。

（d）两个最优解均未发生改变。

12.7.2 线性规划与凸包

我们很少能够完整地将任何具有现实规模和复杂度的整数规划解的凸包表示出来。然而，凸包给了我们一个描述出最强有效不等式的理想参考点。

图 12-7 中的两个例子都刻画出了凸包的一个基本特征。

原理 12.50 假设系数数据为有理数，那么整数规划和混合整数规划的解的凸包都是多面体集合，也就是说，集合满足所有线性约束。

这个重要命题的证明是很冗长并且技术性的，因此在这里我们不做展开。命题中对于原模型中系数为有理数的假设对于一些纯数学问题是必需的，但是应用层面的整数规划没有限制，因为数字电脑的输入原生就是有理数。

对于应用层面的情况，我们可以得出，凸包在原则上能够被完整定义为，经过足够有效不等式补充过后的整数和混合整数线性规划的可行解集。例如，在图 12-7a 中，其凸包可以通过在线性规划松弛中增加有效不等式 $x_1 \geqslant 1$ 和 $x_1 - x_2 \leqslant 1$ 来获得。在 b 的混合整数规划中，所需的额外不等式为 $2x_1 - x_2 \leqslant 3$ 和 $-4x_1 + 3x_2 \leqslant 2$。

原理 5.5 说明，如果任何线性规划具有有限最优解，其中一个就是其可行域的极值点。整数规划的凸包的相应属性与此类似。

原理 12.51 如果一个整数规划或混合整数规划具有有限最优解，那么其中一个就是其整数可行解的凸包的极值点。

也就是说，如果我们完全知道一个给定整数规划的凸包的多面体表述，那么我们就能通过求解凸包约束下的线性规划，来计算出一个最优整数解。图 12-7 中两部分的最优解 x^* 都验证了这个事实。

为了说明以上原理在一般情况下仍成立，首先我们可以观察出凸包上的每一个极值点都一定是原整数规划或混合整数规划模型的完全可行解。否则，这个整数可行极值点就应该能通过增加一个新的有效不等式而被切割。这会产生一个严格变小的多面体（并因此具有凸性）解集，而这个解集包含所有可行解——这与定义 12.49 矛盾。此外，给定整数模型的每一个可行解都在凸包中。如果模型的线性目标函数在这些解中会产生一个有限最优值，那么至少其中一个一定会产生在多面体凸包的极值点处（原理 5.5），并且这些在给定整数模型中都是可行的。

12.7.3 有效不等式的面、侧面和类别

整数规划和混合整数规划的有效不等式不能切割凸包的任何部分，因为凸包已经是包含所有整数可行解的最紧的多面体集合。在更典型的情况下，也就是当前的线性松弛模型还能够被改进的情况下，我们可以根据距离凸包的远近来对有效不等式进行分类。图 12-8 将提供一个有用的参考。它刻画了一个全整数规划的凸包，其中 x_1，x_2，$x_3 \geqslant 0$ 且为整数。当前的线性规划松弛必须包括这个凸包，但是它可能也包括很多整数不可行解。

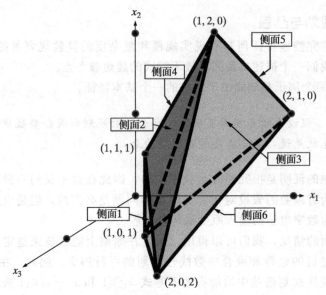

图 12-8　面和侧面的例子

定义 12.52 凸包的面(face)是任何满足一些有效不等式中等号的点构成的子集。

面的维度越高，相应的有效不等式就越有力，越有效。

定义 12.53 侧面(facet)是具有最大维度的面，即其维度比凸包的维度少。

图 12-8 中的多面体是关于其 $n=3$ 决策变量的一个全维度图形。它保证了没有三维子集可以满足一个有效割平面的等号部分所代表的所有点。这个例子中最高可能的维度是图中列举的 $n-1=2$ 维侧面。表 12-6 详细说明了每个侧面对应的有效不等式。

表 12-6 中的所有侧面都是凸包的面，因为它们都是严格满足的有效不等式。的确，它们是最理想的割平面，因为它们与凸包具有最大维度的交面。然而，凸包更低维度的子集也同样是它的面。例如，图 12-8 所显示的每一个极值点都是维度为 0 的面。这些点处任何支撑有效不等式都满足定义 12.52。同样，所有连接这些极值点

表 12-6　图 12-8 中侧面对应的有效不等式

侧面编号	对应的有效不等式
1	$x_1 - x_3 \geqslant 0$
2	$x_2 + x_3 \leqslant 2$
3	$2x_1 + 2x_2 + x_3 \leqslant 6$
4	$x_1 \geqslant 1$
5	$x_1 + x_2 + 2x_3 \geqslant 3$
6	$x_1 - 2x_2 - x_3 \leqslant 0$

的边界线都是维度为 1 的面，其支撑有效不等式也满足定义 12.52。尽管没有侧面对应的有效不等式那样强、那样有效，但这些支撑有效不等式至少接触到了凸包。

例 12-27　找出面和侧面对应的不等式

回到例 12-26 中的整数规划问题。

(a) 找出图 a 中纯整数规划凸包的所有面，说明它们的维度，决定哪些是侧面。

(b) 对于(a)中找出的每个面，找出一个诱导面的有效不等式，与凸包相交于哪个面。

(c) 证明最优解 $\mathbf{z}^*$ 是凸包的一个极值点，找出勾画出它的侧面对应的不等式。

(d) 对图 b 中的混合整数凸包重复(a)。

(e) 对图 b 中的混合整数凸包重复(b)。

(f) 对图 b 中的混合整数凸包重复(c)。

解：

(a) 三个侧面是维度为 1 的线，分别连接点(1, 0)到(1, 1)，(1, 0)到(2, 0)，(1, 1)到(2, 0)。这三个顶点(1, 0)，(1, 1)，(2, 0)都是维度为 1 的面，但不是侧面。

(b) 三个侧面对应的不等式为 $z_2 \geqslant 0$，$z_1 \geqslant 1$，$z_1 + z_2 \leqslant 2$。极值点处维度为 1 的面所对应的不等式为 $z_1 + z_2 \geqslant 1$，$z_1 \leqslant 2$ 和 $z_2 \leqslant 1$。

(c) 整数最优解 $\mathbf{z}^* = (2, 0)$ 确实是 $z_2 \geqslant 0$ 和 $z_1 + z_2 \leqslant 2$ 相交的极值点。

(d) 四个侧面是维度为 1 的线，分别连接(1/2, 0)到(2, 0)，(1/2, 0)到(1, 1)，(1, 1)到(3/2, 1)，以及(3/2, 1)到(2, 0)。所有的四个顶点(1/2, 0)，(2, 0)，(1, 1)和(3/2, 1)，都是维度为 1 的面，但不是侧面。

(e) 四个侧面对应的不等式为 $z_2 \geqslant 0$，$z_2 \leqslant 1$，$2z_1 - z_2 \geqslant 1$，$2z_1 + z_2 \leqslant 4$。极值点处维度为 1 的面所对应的不等式为 $z_1 \geqslant 1/2$，$z_1 \leqslant 2$，$z_1 - z_2 \geqslant 0$ 和 $2z_1 + 2z_2 \leqslant 5$。

(f) 整数最优解 $\mathbf{z}^* = (2, 0)$ 确实是 $z_2 \geqslant 0$ 和 $2z_1 + z_2 < 5$ 相交的极值点。

12.7.4 侧面对应的有效不等式的仿射独立特征

和这本书中很多其他的部分一样，像图 12-8 那样的图形例子对于建立直觉和理解很有帮助，但是现实规模的例子需要更严密的数学特征表述。我们所需要的核心在于相互独立的解个数比正在考虑的面的维度多 1，也就是说，点为 1，线为 2，平面为 3，等等。

然而，在定义互相独立的点的时候，我们需要关注一下。首先，它们不能都落在一个更低维度的集合中，例如一个平面内的 3 点共线。另一方面，要求所定义的点都是线性独立也太多了。例如，图 12-8 中侧面 2 的 3 个顶点就足够定义其侧面对应的有效不等式，但是它们不是线性独立的。$\mathbf{x}^{(2)} = (2, 0, 2)$ 就是 $\mathbf{x}^{(1)} = (1, 0, 1)$ 的倍数。

我们需要的是一个更为精确的独立性定义。

定义 12.54 对于 n 个向量 $\mathbf{x}^{(1)}, \cdots, \mathbf{x}^{(k)}$，如果选择其中一个做差 $(\mathbf{x}^{(2)} - \mathbf{x}^{(1)})$，$\cdots, (\mathbf{x}^{(k)} - \mathbf{x}^{(1)})$ 满足线性独立，那么这些向量是**仿射独立的**(affinely independent)。

线性独立的向量集合一定是仿射独立的，但是有些线性独立集合，例如侧面 1 的顶点，在用原向量来表述其中一个之后同样也是满足条件的。也就是说，我们仅要求差值 $(\mathbf{x}^{(2)} - \mathbf{x}^{(1)}) = (2, 0, 2) - (1, 0, 1) = (1, 0, 1)$ 和 $(\mathbf{x}^{(3)} - \mathbf{x}^{(1)}) = (1, 1, 1) - (1, 0, 1) = (0, 1, 0)$ 是线性独立的，显然它们满足条件。

这为我们带来了所需要的特征。

原理 12.55 对于给定的整数规划或混合整数规划，当且仅当存在 $k+1$ 个仿射独立的、满足不等式等号部分的整数可行解时，模型的一个有效不等式会在相应的凸包中对应一个维度为 k 的面。特别地，当且仅当存在 n 个满足不等式等号部分的仿射独立解时，这个有效不等式是侧面对应的有效不等式。这里，n 是凸包的维度。

例 12-28 找出诱导面和侧面对应的不等式

回到例 12-26 中的整数规划问题。

(a) 求出需要的满足每个侧面等号部分的仿射独立可行点个数，并展示出其对于图 a 纯整数规划凸包的仿射独立性。

(b) 对图 b 中的混合整数情形重复(a)。

解：

(a) 对于每一个(维度为 1 的)侧面，我们需要两个仿射独立点。对于 $z_2 \geqslant 0$，$(1, 0)$ 和 $(2, 0)$ 可以满足，但是它们不是线性独立的。然而差值 $(2, 0) - (1, 0) = (1, 0)$ 是线性独立的，正如原理 12.55 所要求的那样。对于 $z_1 \geqslant 1$，线性独立的点 $(1, 0)$ 和 $(1, 2)$ 可以满足。对于 $z_1 + z_2 \leqslant 2$，线性独立的点 $(2, 0)$ 和 $(1, 1)$ 满足要求。

(b) 同样，对于每一个(维度为 1 的)侧面，我们需要两个仿射独立点。对于 $z_2 \geqslant 0$，$(1, 0)$ 和 $(2, 0)$ 可以满足，尽管它们不是线性独立的。很多其他对的点也可以满足。对于 $z_2 \leqslant 1$，线性独立的点 $(1, 1)$ 和 $(3/2, 1)$ 满足要求。对于 $2z_1 - z_2 \geqslant 1$，线性独立的点

$(1/2，0)$和$(1，1)$可以满足。对于$2z_1+z_2 \leqslant 4$，线性独立的点$(3/2，1)$和$(2，0)$可以满足要求。

12.7.5 非满维的凸包和有效等式

为了简便，到现在为止，我们只列举了凸包满维的例子，但是很多情况并不满足这个要求。为了探索这样的可能性，我们需要更多严谨的定义。

定义 12.56 任何 n 元向量多面体集合的**维度**(dimension)，都比属于这个集合的仿射独立点最大数量少 1。如果其维度$=n$，则是**满维**的(full dimension)，否则就是**非满维**的(partial dimension)$(<n)$。

我们可以用图 12-8 中的任何侧面，加上一个独立点，来证明它是满维的。就侧面 1 来说，我们用：

$$\mathbf{x}^{(1)} = (1,0,1)$$
$$\mathbf{x}^{(2)} = (1,1,1) \quad \mathbf{x}^{(2)} - \mathbf{x}^{(1)} = (0,1,0)$$
$$\mathbf{x}^{(3)} = (2,2,1) \quad \mathbf{x}^{(3)} - \mathbf{x}^{(1)} = (1,2,0)$$
$$\mathbf{x}^{(4)} = (2,0,2) \quad \mathbf{x}^{(4)} - \mathbf{x}^{(1)} = (1,0,1)$$

对于 $\mathbf{x}^{(1)}$ 的差值是线性独立的，证明了 4 个点是仿射独立的(定义 12.54)，并且该集合的维度是 $4-1=3$。这是 3 元向量的满维。

图 12-9 中的凸包是一个非满维的例子。尽管其被包含在三元空间中，但其 3 个极值点形成了仿射独立解的最大集合，因此维度为 $3-1=2$(定义 12.56)。(原理 12.55)凸包的三个连一对对接极值点的一维边缘是其侧面。任何与这些边缘有交集的支撑有效不等式都是可以产生侧面的，例如对于从点$(0，1，1)$到$(1，0，1)$的边缘有 $x_1 \leqslant 1$。

然而，这些侧面，或者相应的诱导侧面的不等式，并没有完全描述出图 12-9 中的多面体集合。我们显然需要在整个集合中包含有效等式 $x_1+x_2+x_3=2$。

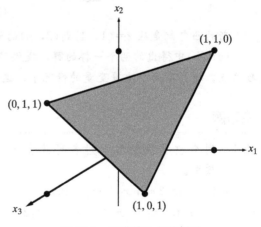

图 12-9 非满维凸包的例子

定义 12.57 给定多面体集合的有效等式，是集合中所有成员都满足的线性不等式。

这样的有效等式的存在导致一个多面体集合会是部分完全的。它们常常在整数规划和混合整数规划的原线性规划松弛中很明显，因此发现它们来描述凸包的重要性要比决定其维度低，也因此我们需要找出诱导侧面的有效不等式的维度。

例 12-29 找出非满维和有效等式

回到例 12-26 中的两个整数规划问题。

(a) 证明两个凸包都是满维的。

(b) 假设现在原线性规划松弛约束增加了有效等式 $z_1+z_2=2$。描绘出在两种情况下，改变后的线性规划松弛和新的凸包，就是从 $\mathbf{z}=(1，1)$ 到 $(2，0)$ 的线段。

(c) 证明这个改变后的凸包是非满维的。

解：

(a) 每个例子中都有两个决策变量，满维会是 $n=2$。在(a)和(b)两个部分中，解 $\mathbf{z}=(1，0)$，$(2，0)$ 和 $(1，1)$ 提供了建立维度为 2 的 3 个仿射独立解。

(b) 增加有效等式之后，两个例子的图形变成下图的样子。

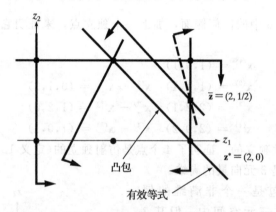

新的凸包就是从 $\mathbf{z}=(1，1)$ 到 $(2，0)$ 的线段。

(c) (b)中得出的两个一样的解，提供了说明新凸包的维度是 $2-1=1$ 所需的仿射独立点。在具有两个决策变量的情况下，这说明了新凸包是非满维的($1<2$)。

练习题

12-1 用全枚举法求解下列各离散优化模型。

  (a) min $2x_1+x_2+4x_3+10x_4$

     s. t. $x_1+ x_2+ x_3 \leqslant 2$

          $3x_1+7x_2+19x_3+x_4 \geqslant 20$

          $x_1，x_2，x_3 = 0$ 或 1

          $x_4 \geqslant 0$

  (b) max $30x_1+12x_2+24x_3+55x_4$

     s. t. $30x_1+20x_2+40x_3$

          $+35x_4 \leqslant 60$

          $x_2+2x_3+ x_4 \geqslant 2$

          $x_1 \geqslant 0$

          $x_2，x_3，x_4 = 0$ 或 1

12-2 假设让你来求解一个有 10 000 个连续决策变量和 n 个二元决策变量的混合整数规划问题。判断以下计算环境中，一天 24 小时和一月 30 天(一天 24 小时)能枚举出来的最大数量 n。

  (a) 一个工程工作站，每秒能列举出二元变量的一种情况，包括求解相应的线性规划。

  (b) 一个相似的计算处理器，每秒能同时评估 8 192 种选择，包括求解相应的线性规划。

12-3 考虑整数规划：

    max $14x_1+2x_2-11x_3+17x_4$

$$\text{s. t.}\quad 2x_1 + x_2 + 4x_3 + 5x_4 \leqslant 12$$
$$x_1 - 3x_2 - 3x_3 - 3x_4 \leqslant 0$$
$$x_1 \qquad\qquad\qquad \geqslant 0$$
$$x_2,\ x_3,\ x_4 = 0\ \text{或}\ 1$$

判断下列是否为约束条件松弛模型。

☑(a) $\max\quad 14x_1 + 2x_2 - 11x_3 + 17x_4$

$$\text{s. t.}\quad 2x_1 + x_2 + 4x_3 + 5x_4 \leqslant 12$$
$$x_1 - 3x_2 - 3x_3 - 3x_4 \leqslant 0$$
$$x_j \geqslant 0,\ j = 1,\ \cdots,\ 4$$

(b) $\max\quad 14x_1 + 2x_2 - 11x_3 + 17x_4$

$$\text{s. t.}\quad 2x_1 + x_2 + 4x_3 + 5x_4 \leqslant 12$$
$$x_1 - 3x_2 - 3x_3 - 3x_4 \leqslant 0$$
$$x_1,\ x_2,\ x_3,\ x_4 = 0\ \text{或}\ 1$$

☑(c) $\max\quad 14x_1 + 2x_2 - 11x_3 + 17x_4$

$$\text{s. t.}\quad 2x_1 + x_2 + 4x_3 + 5x_4 \leqslant 5$$
$$x_1 - 3x_2 - 3x_3 - 3x_4 \leqslant 0$$
$$x_1 \qquad\qquad\qquad \geqslant 0$$
$$x_2,\ x_3,\ x_4 = 0\ \text{或}\ 1$$

(d) $\max\quad 14x_1 + 2x_2 - 11x_3 + 17x_4$

$$\text{s. t.}\quad x_1 - 3x_2 - 3x_3 - 3x_4 \leqslant 10$$
$$x_1 \qquad\qquad\qquad \geqslant 0$$
$$x_2,\ x_3,\ x_4 = 0\ \text{或}\ 1$$

12-4 写出下列整数规划的线性规划松弛模型。

☑(a) $\min\quad 12x_1 + 45x_2 + 67x_3 + 1x_4$

$$\text{s. t.}\quad 4x_1 + 2x_2 - x_4 \leqslant 10$$
$$6x_1 + 19x_3 \qquad\quad \geqslant 5$$
$$x_2,\ x_3,\ x_4 \qquad \geqslant 0$$
$$x_1 = 0\ \text{或}\ 1$$
$$x_3\ \text{为整数}$$

(b) $\max\quad 3x_1 + 8x_2 + 9x_3 + 4x_4$

$$\text{s. t.}\quad 2x_1 + 2x_2 + 2x_3$$
$$+\ 3x_4 \leqslant 20$$
$$29x_1 + 14x_2 + 78x_3$$
$$+ 20x_4 \leqslant 100$$
$$x_1,\ x_2,\ x_3 = 0\ \text{或}\ 1$$
$$x_4 \qquad\qquad\qquad \geqslant 0$$

12-5 下列每个整数规划都无可行解。用图像求解相应的线性规划松弛模

型，并说明松弛结果是否足够证明整数规划不可行。

☑(a) $\min\quad 10x_1 + 15x_2$

$$\text{s. t.}\quad x_1 + x_2 \geqslant 2$$
$$-2x_1 + 2x_2 \geqslant 1$$
$$x_1,\ x_2 = 0\ \text{或}\ 1$$

(b) $\max\quad 40x_1 + 17x_2$

$$\text{s. t.}\quad 2x_1 + x_2 \geqslant 2$$
$$2x_1 - x_2 \leqslant 0$$
$$x_1,\ x_2 = 0\ \text{或}\ 1$$

☑(c) $\min\quad 2x_1 + x_2$

$$\text{s. t.}\quad x_1 + 4x_2 \leqslant 2$$
$$-4x_1 + 4x_2 \geqslant 1$$
$$x_1 \geqslant 0,\ x_2 = 0\ \text{或}\ 1$$

(d) $\max\quad 57x_1 + 20x_2$

$$\text{s. t.}\quad x_1 + x_2 \geqslant 4$$
$$x_1 = 0\ \text{或}\ 1$$
$$0 \leqslant x_2 \leqslant 2$$

12-6 利用下列各目标函数及相应的线性规划松弛模型最优解，来判断整数规划最优目标函数值的最优界限。

☑(a) $\max\quad 24x_1 + 13x_2 + 3x_3$

$$\tilde{\mathbf{x}} = \left(2,\ \frac{1}{2},\ 0\right)$$

(b) $\min\quad x_1 - 6x_2 + 49x_3$

$$\tilde{\mathbf{x}} = \left(1,\ 0,\ \frac{2}{7}\right)$$

☑(c) $\min\quad 60x_1 - 16x_2 + 10x_3$

$$\tilde{\mathbf{x}} = \left(\frac{1}{2},\ 1,\ \frac{1}{2}\right)$$

(d) $\max\quad 90x_1 + 11x_2 + 30x_3$

$$\tilde{\mathbf{x}} = \left(0,\ \frac{1}{2},\ 3\right)$$

12-7 判断下列各线性规划松弛最优解 $\tilde{\mathbf{x}}$ 在特定变量类型的约束条件下，是否为相应的整数规划最优解。

☑(a) $x_j = 0\ \text{或}\ 1, j = 1, \cdots, 4$

$$\tilde{\mathbf{x}} = \left(1,\ 0,\ \frac{1}{3},\ \frac{2}{3}\right)$$

(b) $x_1, x_2 = 0\ \text{或}\ 1, x_3, x_4 \geqslant 0$

$$\widetilde{\mathbf{x}} = \left(0, \quad 1, \quad \frac{3}{2}, \quad \frac{1}{2}\right)$$

☑ (c) $x_1, x_2, x_3 = 0$ 或 $1, x_4 \geqslant 0$

$$\widetilde{\mathbf{x}} = \left(1, \quad 0, \quad 1, \quad \frac{23}{7}\right)$$

(d) $x_j \geqslant 0$ 且为整数，$j = 1, \cdots, 4$

$$\widetilde{\mathbf{x}} = \left(0, \quad 3, \quad \frac{3}{2}, \quad 1\right)$$

12-8 整数规划：

max $3x_1 + 6x_2 + 4x_3 + 10x_4 + 3x_5$

s. t. $2x_1 + 4x_2 + x_3 + 3x_4 + 7x_5 \leqslant 10$

$\quad\quad x_1 + x_3 + x_4 \quad\quad \leqslant 2$

$\quad\quad 4x_2 + 4x_4 + 4x_5 \quad \leqslant 7$

$\quad\quad x_1, \cdots, x_5 = 0$ 或 1

有线性松弛最优解 $\widetilde{\mathbf{x}} = (0, 0.75, 1, 1, 0)$。

☑ (a) 从松弛结果来判断整数规划最优目标函数值的最优界限。

☑ (b) 判断松弛最优解是否能够求解完全整数规划。如果不能，要么把松弛最优解中所有含小数的二元变量都近似为 1，要么把松弛最优解中所有含小数的二元变量都近似为 0，来将其近似为整数规划可行解。

☑ (c) 结合 (a) 和 (b) 来决定，可从松弛和近似中得出的整数规划最优目标值的最优上下界。

☑ (d) 利用最优化软件求解完全整数规划，来验证在 (c) 中得到的界限。

12-9 用下列整数规划重复练习题 12-8：

min $12x_1 + 5x_2 + 4x_3 + 6x_4 + 7x_5$

s. t. $6x_1 + 8x_2 + 21x_3 + 6x_4$

$\quad\quad\quad + 5x_5 \quad\quad \geqslant 11$

$\quad\quad x_1 + x_2 + 2x_3 + x_4 \geqslant 1$

$\quad\quad 2x_2 + 5x_3 + x_5 \quad\quad \geqslant 2$

$\quad\quad x_1, \cdots, x_5 = 0$ 或 1

其线性规划松弛最优解 $\widetilde{\mathbf{x}} = (0, 0,$

$0.524, 0, 0)$。

12-10 用下列整数规划重复练习题 12-8：

min $17x_1 + 12x_2 + 24x_3 + 2x_4 + 8x_5$

s. t. $3x_1 + 5x_3 + 7x_4 + 9x_5 \geqslant 13$

$\quad\quad 7x_2 + 4x_4 + 11x_5 \quad\quad \geqslant 5$

$\quad\quad 2x_1 + 3x_2 + 2x_3 + 3x_4 \geqslant 7$

$\quad\quad x_2, x_3, x_4 = 0$ 或 1

$\quad\quad x_1, x_5 \geqslant 0$

其线性规划松弛最优解 $\widetilde{\mathbf{x}} = (0.5, 1, 0, 1, 0.5)$。

12-11 用下列整数规划重复练习题 12-8：

min $50x_1 + 25x_2 + 100x_3 + 300x_4$

$\quad\quad\quad\quad + 200x_5 + 500x_6$

s. t. $10x_1 + 6x_2 + 2x_3 = 45$

$\quad\quad 2x_1 + 3x_2 + x_3 \geqslant 12$

$\quad\quad 0 \leqslant x_1 \leqslant 5x_4$

$\quad\quad 0 \leqslant x_2 \leqslant 5x_5$

$\quad\quad 0 \leqslant x_3 \leqslant 5x_6$

$\quad\quad x_4, x_5, x_6 = 0$ 或 1

其线性规划松弛最优解 $\widetilde{\mathbf{x}} = (1.5, 5, 0, 0.3, 1, 0)$。

12-12 考虑下列整数规划：

min $10x_1 + 20x_2 + 40x_3 + 80x_4$

$\quad\quad - 144y$

s. t. $x_1 + x_2 + x_3 + x_4 \geqslant 4y$

$\quad\quad x_1, \cdots, x_4, y = 0$ 或 1

☑ (a) 通过观察求解完全整数规划。

(b) 通过观察验证其线性规划松弛最优解为 $\widetilde{\mathbf{x}} = (1, 1, 0, 0)$，最优目标函数值 $\widetilde{y} = 1/2$。

☑ (c) 说明如果主约束被 $x_j \geqslant y$，$j = 1, \cdots, 4$ 替代，将得到一个等价的整数规划。

☑ (d) 验证 (c) 中改变后模型的线性规划松弛比 (b) 中的原松弛更强。

12-13 用下列整数规划重复练习题 12-12：

min $16x_1 + 14x_2 + 15x_3$

s. t.　$x_1 + x_2 \geqslant 1$

$\qquad x_2 + x_3 \geqslant 1$

$\qquad x_1 + x_3 \geqslant 1$

$\qquad x_1, \cdots, x_3 = 0$ 或 1

其线性规划松弛最优解为 $\tilde{\mathbf{x}} = (1/2, 1/2, 1/2)$。改变后的主约束为：

$$x_1 + x_2 + x_3 \geqslant 2$$

12-14 考虑下图所示的固定成本运输网络（见 11.6 节）：

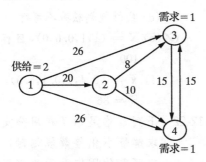

向量上的数字代表固定成本 f_{ij}。所有变化成本 $c_{ij} = 0$。

(a) 用决策变量 $x_{ij} \triangleq$ 向量 (i, j) 上的运输量，并且如果 $x_{ij} > 0$，则 $y_{ij} = 1$，否则 $y_{ij} = 0$。

(b) 通过观察找出 (a) 中完全整数规划模型中的一个最优解。

(c) 通过观察找出 (a) 中模型对应的线性规划松弛模型的一个最优解。

(d) 现在将例子中的规划模型扩充，人为地将运输分成两个独立的运输网。决策变量中的第一个 $x_{ij}^{(1)}$ 应该定义从产地 1 运输到第一个需求地 3 的运输量约束。其他在 $x_{ij}^{(2)}$ 中的决策变量应该定义从产地 1 运输到第二个需求地 4 的运输量约束。一个同样的固定成本 y 变量组应该从属于成对的对于每个向量 (i, j) 的开关约束，有

$x_{ij}^{(1)} \leqslant (3 \text{ 处需求}) y_{ij}$，$x_{ij}^{(2)} \leqslant (4 \text{ 处需求}) y_{ij}$。

(e) 解释为什么 (d) 中的新规划模型是给定固定成本例子的一个正确表述。

☐ (f) 利用最优化软件求解 (d) 中新模型的线性规划松弛。将 (b) 和 (c) 中的结果进行对比并给出评论。

12-15 一个固定成本整数规划如下：

min　$60x_1 + 78x_2 + 200y_1 + 400y_2$

s. t.　$12x_1 + 20x_2 \geqslant 64$

$\qquad 15x_1 + 10x_2 \leqslant 60$

$\qquad x_1 + \quad x_2 \leqslant 10$

$\qquad 0 \leqslant x_1 \leqslant 100y_1$

$\qquad 0 \leqslant x_2 \leqslant 100y_2$

$\qquad y_1, y_2 = 0$ 或 1

其线性规划松弛最优解为 $\tilde{\mathbf{x}} = (0, 3.2)$，$\tilde{\mathbf{y}} = (0, 0.032)$。

✓ (a) 仅通过观察模型的约束，计算该模型中大 M 值 100 的最小替代。

✓ (b) 说明如果 (a) 中更小的大 M 值被应用了，线性规划松弛的最优解会改变。

✓ (c) 利用最优化软件求解有更小大 ☐　M 的模型来验证 (b)。

12-16 用下列平均完成时间、单一机器安排的整数规划重复练习题 12-15。

min　$0.5(x_1 + 12 + x_2 + 8)$

s. t.　$x_1 + 12 \leqslant x_2 + 75(1 - y)$

$\qquad x_2 + 8 \leqslant x_1 + 75y$

$\qquad x_1, x_2 \geqslant 0$

$\qquad y = 0$ 或 1

其线性规划松弛最优解为 $\tilde{\mathbf{x}} = (0, 0)$，最优值 $\tilde{y} = 0.08$ [提示：考虑 (a) 中处理时间之和]。

12-17 假设一个整数线性规划有决策变量

x_1，x_2，x_3＝0 或 1。列出以下部分解的所有完全形式。

- ✅(a) （♯，0，♯）
- (b) （1，0，♯）

12-18 下图是一个整数规划问题完整的分支定界树形图，其中决策变量是 x_1，…，x_4＝0 或 1。

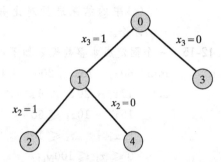

- ✅(a) 列出树形图中每个节点处的部分解。
- ✅(b) 哪些节点是被分支的？哪些是被终止的？
- ✅(c) 找出树形图中有 $\mathbf{x}$＝(0，1，0，1)作为可行解的节点。

12-19 用下列分支定界树形图重复练习题 12-18。

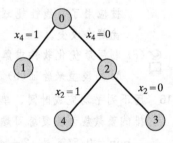

12-20 假设练习题 12-8 的整数规划是通过分支定界法求解的。求出拥有下列各部分解的节点的候选问题。

- ✅(a) （♯，1，♯，♯，0）
- (b) （♯，1，0，1，♯）

12-21 假设用线性规划为基础的分支定界算法 12A 来求解一个最小化整数规划，其中决策变量 x_1，x_2，x_3＝0 或 1，$x_4 \geqslant 0$。说明当相应的线性规划松弛有下列各个结果时，搜索在节点 x_2＝1 且其他变量无整数约束处是如何处理的。假设最佳解的目标值是 100。

- ✅(a) $\tilde{\mathbf{x}}$＝(0.9，1，0，6)，目标值 $\tilde{v}$＝97
- (b) $\tilde{\mathbf{x}} = (0.2, 1, 0.77, 4.5)$，目标值 $\tilde{v} = 102$
- ✅(c) $\tilde{\mathbf{x}}$＝(1，1，0，4.2)，目标值 $\tilde{v}$＝75
- (d) 线性规划松弛不可行
- ✅(e) $\tilde{\mathbf{x}} = (1,1,0.6,0)$，目标值 $\tilde{v} = 100$
- (f) $\tilde{\mathbf{x}} = (0.4,1,0.1,5.9)$，目标值 $\tilde{v} = 86$

✅ **12-22** 下列表格展示了在用分支定界法求解最小化整数规划时，对于所有可能的固定及无约束变量组合的线性规划松弛结果，其中决策变量 x_1，x_2，x_3＝0 或 1，$x_4 \geqslant 0$。用线性规划为基础的算法 12A 求解这个问题，并用分支定界树形图来记录你的结果。在选择活跃节点时，应用深度优先原则；在节点的深度相同时，选择 0 和 1 之间离上一个松弛值最接近的一个。对离整数最近的、具有小数松弛值的整数约束变量进行分支。

x_1	x_2	x_3	$\tilde{x}$	$\tilde{v}$
♯	♯	♯	(0, 0.60, 0.14, 0)	60.9
♯	♯	0	(0.20, 0.60, 0, 0)	61.0
♯	♯	1	(0.60, 0, 1, 0)	69.0
♯	0	♯	(0.60, 0, 1, 0)	69.0
♯	0	0	不可行	—
♯	0	1	(0.60, 0, 1, 0)	69.0
♯	1	♯	(0, 1, 0, 400)	4 090.0
♯	1	0	(0, 1, 0, 400)	4 090.0
♯	1	1	不可行	—
0	♯	♯	(0, 0.60, 0.14, 0)	60.9

（续）

x_1 x_2 x_3	$\tilde{x}$	$\tilde{v}$
0 # 0	(0, 0.60, 0, 1.9)	73.6
0 # 1	(0, 0, 1, 6)	108.0
0 0 #	(0, 0, 1, 6)	108.0
0 0 0	不可行	—
0 0 1	(0, 0, 1, 6)	108.0
0 1 #	(0, 1, 0, 400)	4 090.0
0 1 0	(0, 1, 0, 400)	4 090.0
0 1 1	不可行	—
1 # #	(1, 0.33, 0, 0)	65.0
1 # 0	(1, 0.33, 0, 0)	65.0
1 # 1	(1, 0, 1, 0)	83.0
1 0 #	(1, 0, 0.71, 0)	69.3
1 0 0	不可行	—
1 0 1	(1, 0, 1, 0)	83.0
1 1 #	(1, 1, 0, 400)	4 125.0
1 1 0	(1, 1, 0, 400)	4 125.0
1 1 1	不可行	—

12-23 用一个最小化混合整数线性规划重复练习题 12-22，其中二元变量 w_1，w_2，w_3，$w_4 \geqslant 0$。

w_1 w_2 w_3	线性规划最优解	线性规划目标值
# # #	(0.2, 0.0, 0.0, 0.0)	24.6
# # 0	(0.2, 0.0, 0.0, 0.0)	24.6
# # 1	(0.0, 0.0, 1.0, 0.0)	83.0
# 0 #	(0.2, 0.0, 0.0, 0.0)	24.6
# 0 0	(0.2, 0.0, 0.0, 0.0)	24.6
# 0 1	(0.0, 0.0, 1.0, 0.0)	83.0
# 1 #	(0.06, 1.0, 0.0, 0.0)	58.4
# 1 0	(0.06, 1.0, 0.0, 0.0)	58.4
# 1 1	(0.0, 1.0, 1.0, 0.0)	134.0
0 # #	(0.0, 0.0, 0.833, 0.0)	69.2
0 # 0	(0.0, 0.368, 0.0, 0.147)	72.3
0 # 1	(0.0, 0.0, 1.0, 0.0)	83.0
0 0 #	(0.0, 0.0, 0.833, 0.0)	69.2
0 0 0	不可行	—
0 0 1	(0.0, 0.0, 1.0, 0.0)	83.0
0 1 #	(0.0, 1.0, 0.25, 0.0)	71.8
0 1 0	(0.0, 1.0, 0.0, 0.059)	72.6
0 1 1	(0.0, 1.0, 1.0, 0.0)	134.0

（续）

w_1 w_2 w_3	线性规划最优解	线性规划目标值
1 # #	(1.0, 0.0, 0.0, 0.0)	123.0
1 # 0	(1.0, 0.0, 0.0, 0.0)	123.0
1 # 1	(1.0, 0.0, 1.0, 0.0)	206.0
1 0 #	(1.0, 0.0, 0.0, 0.0)	123.0
1 0 0	(1.0, 0.0, 0.0, 0.0)	123.0
1 0 1	(1.0, 0.0, 1.0, 0.0)	206.0
1 1 #	(1.0, 1.0, 0.0, 0.0)	174.0
1 1 0	(1.0, 1.0, 0.0, 0.0)	174.0
1 1 1	(1.0, 1.0, 1.0, 0.0)	257.0

12-24 考虑一个最大化混合整数规划，其中 $x_1 \geqslant 0$，x_2，x_3，$x_4 = 0$ 或 1。

x_2 x_3 x_4	线性规划最优解	线性规划目标值
# # #	(0, 1, .17, 0)	232.67
# # 0	(0, 1, .17, 0)	232.67
# # 1	(0, .67, 0, 1)	220.00
# 0 #	(0, 1, 0, .25)	230.00
# 0 0	(1.25, 1, 0, 0)	211.25
# 0 1	(0, .67, 0, 1)	220.00
# 1 #	(0, .44, 1, 0)	229.33
# 1 0	(0, .44, 1, 0)	229.33
# 1 1	(0, 0, 1, 1)	216.00
0 # #	(0, 0, 1, 1)	216.00
0 # 0	(5, 0, 1, 0)	141.00
0 # 1	(0, 0, 1, 1)	216.00
0 0 #	(7.5, 0, 0, 1)	87.50
0 0 0	(12.5, 0, 0, 1)	12.50
0 0 1	(7.5, 0, 0, 1)	87.50
0 1 #	(0, 0, 1, 1)	216.00
0 1 0	(5, 0, 1, 0)	141.00
0 1 1	(0, 0, 1, 1)	216.00
1 # #	(0, 1, .17, 0)	232.67
1 # 0	(0, 1, .17, 0)	232.67
1 # 1	不可行	—
1 0 #	(0, 1, 0, .25)	230.00
1 0 0	(1.25, 1, 0, 0)	211.25
1 0 1	不可行	—
1 1 #	不可行	—
1 1 0	不可行	—
1 1 1	不可行	—

(a) 利用表格中候选问题的结算，来用线性规划为基础的分支定界算法 12A 求解这个问题，并用分支定界树形图来记录计算过程。当活跃节点不唯一时，选择树形图中最深的那个，并选择其新固定的变量值与母节点中松弛最优解最接近的子节点。如果需要，选择最近线性规划松弛中离整数值最接近的小数变量进行分支。

(b) 简要解释为什么分支定界法的逻辑可以保证你的最终解是最优的。

(c) (a)中所用的表格为求解过程提供了便利，但是真正用分支定界法求解给定整数规划时，会要求实际解决一系列候选问题的线性规划松弛。(a)中的计算需要求解多少个候选问题？

12-25 考虑一个最小化混合整数规划，其 x_1，x_2，x_3 为二元变量，$x_1 \geqslant 0$。

x_1 x_2 x_3	线性规划 最优解	线性规划 目标值
# # #	(1.0, 0.143, 0.0, 0.0)	2.429
# # 0	(1.0, 0.143, 0.0, 0.0)	2.429
# # 1	(0.7, 0.0, 1.0, 0.0)	5.400
# 0 #	(1.0, 0.0, 0.25, 0.0)	3.000
# 0 0	(1.0, 0.0, 0.0, 0.067)	5.333
# 0 1	(0.7, 0.0, 1.0, 0.0)	5.400
# 1 #	(0.4, 1.0, 0.0, 0.0)	3.800
# 1 0	(0.4, 1.0, 0.0, 0.0)	3.800
# 1 1	(0.3, 1.0, 1.0, 0.0)	7.600
0 # #	不可行	—
0 # 0	不可行	—
0 # 1	不可行	—
0 0 #	不可行	—
0 0 0	不可行	—

（续）

x_1 x_2 x_3	线性规划 最优解	线性规划 目标值
0 0 1	不可行	—
0 1 #	不可行	—
0 1 0	不可行	—
0 1 1	不可行	—
1 # #	(1.0, 0.143, 0.0, 0.0)	2.429
1 # 0	(1.0, 0.143, 0.0, 0.0)	2.429
1 # 1	(1.0, 0.0, 1.0, 0.0)	6.000
1 0 #	(1.0, 0.0, 0.25, 0.0)	3.000
1 0 0	(1.0, 0.0, 0.0, 0.067)	5.333
1 0 1	(1.0, 0.0, 1.0, 0.0)	6.000
1 1 #	(1.0, 1.0, 0.0, 0.0)	5.000
1 1 0	(1.0, 1.0, 0.0, 0.0)	5.000
1 1 1	(1.0, 1.0, 1.0, 0.0)	9.000

(a) 利用表格中候选问题的结算，来用线性规划为基础的分支定界算法 12A 求解这个问题，并用分支定界树形图来记录计算过程。当活跃的节点不唯一时，应用深度优先原则，并选择其新固定的变量值与母节点中松弛最优解最接近的子节点。如果需要，选择最近线性规划松弛中离整数值最接近的小数变量进行分支。开始求解时没有最佳解，并且不要通过近似去创造早期最佳解。

(b) 简要解释为什么分支定界法的逻辑可以保证你的最终解是最优的。

(c) 假设你在(a)中枚举是以深度向前最优回溯为基础的搜索，而不是原本的深度优先顺序，指出二者在何时会第一次产生不同的候选问题并加以解释。

12-26 考虑一个最大化混合整数线性规划，其中 $x_1 \geqslant 0$，x_2，x_3，$x_4 = 0$ 或 1。

x_2 x_3 x_4			线性规划 松弛模型 最优解	线性规划 目标值
#	#	#	(0.0, 0.58, 1.00, 0.00)	135.0
#	#	0	(0.0, 0.58, 1.00, 0.00)	135.0
#	#	1	(0.0, 0.00, 0.75, 1.00)	125.0
#	0	#	(0.0, 1.00, 0.00, 1.00)	110.0
#	0	0	(0.9, 1.00, 0.00, 0.00)	87.5
#	0	1	(0.0, 1.00, 0.00, 1.00)	110.0
#	1	#	(0.0, 0.58, 1.00, 0.00)	135.0
#	1	0	(0.0, 0.58, 1.00, 0.00)	135.0
#	1	1	不可行	—
0	#	#	(0.0, 0.00, 1.00, 0.64)	131.8
0	#	0	(0.6, 0.00, 1.00, 0.00)	117.5
0	#	1	(0.0, 0.00, 0.75, 1.00)	125.0
0	0	#	(1.0, 0.00, 0.00, 1.00)	80.0
0	0	0	(1.9, 0.00, 0.00, 0.00)	57.5
0	0	1	(1.0, 0.00, 0.00, 1.00)	80.0
0	1	#	(0.0, 0.00, 1.00, 0.64)	131.8
0	1	0	(0.6, 0.00, 1.00, 0.00)	117.5
0	1	1	不可行	—
1	#	#	(0.0, 1.00, 0.69, 0.00)	128.8
1	#	0	(0.0, 1.00, 0.69, 0.00)	128.8
1	#	1	(0.0, 1.00, 0.00, 1.00)	110.0
1	0	#	(0.0, 1.00, 0.00, 1.00)	110.0
1	0	0	(0.9, 1.00, 0.00, 0.00)	87.5
1	0	1	(0.0, 1.00, 0.00, 1.00)	110.0
1	1	#	不可行	—
1	1	0	不可行	—
1	1	1	不可行	—

(a) 利用表格中候选问题的结算，来用线性规划为基础的分支定界算法 12A 求解这个问题，并用分支定界树形图来记录计算过程。当活跃的节点不唯一时，应用深度优先原则，并选择其新固定的变量值与母节点中松弛最优解最接近的子节点。如果需要，选择最近线性规划松弛中离整数值最接近的小数变量进行分支。开始求解时没有最佳解，并且不要通过近似去创造早期最佳解。

(b) 简要解释为什么分支定界法的逻辑可以保证你的最终解是最优的。

(c) 假设你在(a)中枚举是以最优优先为基础的搜索，而不是原本的深度优先顺序，指出二者在何时会第一次产生不同的候选问题并加以解释。

12-27 学生们经常错误地认为整数规划比线性规划更容易处理，因为算法 12A 中明确的规则看起来没有 5~7 章中的单纯形和内部点方法那么复杂。

(a) 解释为什么通过以线性规划为基础的分支定界法求解任何整数规划，其工作量总是至少跟具有可比较大小和系数的线性规划一样多。

(b) 证明在用分支定界法求解具有 n 个二元变量的整数规划问题时，需要求解的线性规划松弛的数量为 $2^{n+1}-1$。

(c) 用(b)来计算，在用分支定界法求解分别具有 100，300 和 500 个二元变量的整数规划模型时，需要求解的线性规划的数量。并计算如果每秒能解决一个线性规划问题，那么每个这样的搜索要花多长时间。

(d) 在合理的时间内，求解具有 100，300 和 500 个变量的线性规划的可行性分别如何。

(e) 通过你在(a)到(d)中的分析，对规模可比的线性规划和整数规划的易处理性进行评价。

12-28 在大多数应用中，基于线性规划的分支定界算法 12A 实际上只调查了可行部分解一个很微小的部分。然而，事情并不总是这样。考虑如下整数规划组：

min y

s.t. $2\sum_{j=1}^{n} x_j + y = n$

$x_j = 0$ 或 1 $j = 1, \cdots, n$

$y = 0$ 或 1

n 为奇数。

(a) 用分支定界求解软件分别求解 $n=7$，$n=11$ 和 $n=15$ 时的情况，并记录分析过的节点的数量（警告：规划限制必须设置足够大，以允许到 20 000 个分支定界节点）。

(b) 以占可能需要调查的总节点数比例来表述你在 (a) 中的结果〔提示：利用练习题 12-27 (b) 中的公式〕。

(c) 如果 (b) 中的比例很典型，那么请对用分支定界法求解整数规划的易处理性进行评价。

12-29 图 12-10 中的分支定界树形图记录了用基于线性规划的算法 12A 并运用练习题 12-22 的原则来求解下列背包模型的过程：

min $90x_1 + 50x_2 + 54x_3$

s.t. $60x_1 + 110x_2 + 150x_3 \geqslant 50$

$x_1, x_2, x_3 = 0$ 或 1

简要地描述这个过程，包括节点为何被分支或终止、如何被分支或终止、最佳解何时被找到、什么是最优解。假设没有初始最佳解。

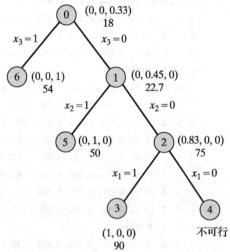

图 12-10 练习题 12-29 的分支定界树形图

12-30 用以下模型和图 12-11 来重复练习题 12-29。

max $51x_1 + 72x_2 + 41x_3$

s.t. $17x_1 + 10x_2 + 14x_3 \leqslant 19$

$x_1, x_2, x_3 = 0$ 或 1

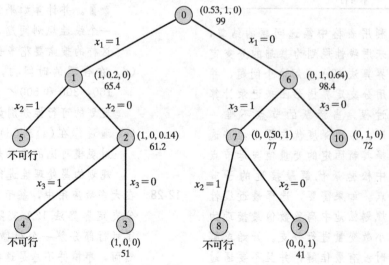

图 12-11 练习题 12-30 的分支定界树形图

12-31 回到练习题 12-29 中的背包问题。

　　(a) 解释为何线性规划松弛最优解可以通过令 $\hat{x}_j \leftarrow \lceil \tilde{x}_j \rceil$ 而被近似为整数可行解。

　　✅(b) 重复练习题 12-29 中的分支定界计算，这一次用以上方法将每个松弛解近似，以得到早期的最佳解。

　　(c) 对近似计算过程进行评价。

12-32 用练习题 12-30 的背包模型重复练习题 12-31，这一次令 $\hat{x}_j \leftarrow \lfloor \tilde{x}_j \rfloor$ 来近似解。

12-33 对下列各个分支定界树形图，在处理每个节点之后，通过已知的母节点界限和最佳解来判断最优目标值的最优上下界。同时展示出如果在终止这个节点之后就将当前的最佳解作为近似最优解而得出结果，其可能结果的最大错误百分比是多少。

　　✅(a) 练习题 12-29 的树形图。

　　(b) 练习题 12-30 的树形图。

12-34 下列分支定界树形图展示了通过基于线性规划的算法 12A 求解一个最大化整数规划的不完整过程。其中，节点旁边的数字是线性松弛解的目标值。

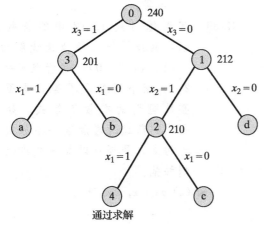

通过求解

节点 4 刚刚产生了第一个最佳盖解，节点 a 到 b 仍未被分析。

　　✅(a) 如果节点 4 处产生的最佳解其目标函数值为 205，说出哪个还未被分析的节点可以马上通过母节点界限被终止。如果其目标函数值是 210 呢？

　　✅(b) 利用处理节点 4 后可用的结果，来判断最终整数规划最优值的最优上界。

　　✅(c) 假设节点 4 处的最佳解对应目标值为 195，计算接受最佳解为近似最优解而产生的目标值最大误差的绝对值和百分比。

12-35 下图中的分支定界树形图展示了用基于线性规划的算法 12A 求解一个最小化整数规划的不完整过程。其中，节点旁边的数字是线性松弛解的目标值。

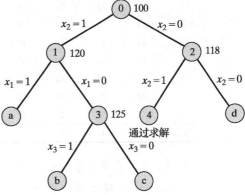

通过求解

　　(a) 如果节点 4 处产生的最佳解其目标函数值为 120，说出哪个还未被分析的节点可以马上通过母节点界限被终止。如果其目标函数值是 118 呢？

　　(b) 利用处理节点 4 后可用的结果，来判断最终整数规划最优值的最优下界。

　　(c) 假设节点 4 处的最佳解对应目

标值为 125，计算接受最佳解
为近似最优解而产生的目标值
最大误差的绝对值和百分比。

12-36 重复练习题 12-22，遵循相同的原
则，但以下各条除外：

(a) 利用最优优先枚举顺序，允许
通过母节点界限终止。

(b) 利用深度向前最优回溯枚举顺
序，允许通过母节点界限终止。

12-37 利用练习题 12-26 重复练习题
12-36。

12-38 公司的三辆卡车需要被分配在各自
送货回来的路上去接 7 个杂物箱。
下表展示了卡车的容量和集装箱体
积(立方码)，以及每辆卡车去接任
何集装箱时需要行驶的额外距离
(英里)。

集装箱	卡车需行驶的额外距离			集装箱体积
	1	2	3	
1	23	45	50	4
2	25	72	23	8
3	29	13	41	13
4	12	23	40	31
5	49	7	42	11
6	37	39	59	9
7	2	9	20	21
容量	30	40	50	

(a) 利用如下决策变量($i=1\cdots7$; $j=1\cdots3$)来建立这个问题一般
形式的整数规划模型。

$$x_{i,j} \triangleq \begin{cases} 1 & \text{如果卡车 } j \text{ 装载集装箱 } i \\ 0 & \text{否则} \end{cases}$$

(b) 通过最优化求解软件计算一个
最优解。

(c) 通过最优化求解软件求解相应
的线性规划松弛，并验证松弛
最优值提供了一个下界。

(d) 通过最优化求解软件来求解松
弛，验证你通过基于线性规划
的分支定界算法 12A 和母节点
界限得到的整数规划最优解。
利用最深优先原则来在众多活
跃节点处进行选择，当多个节
点具有同样深度的时候，选择
离上一个松弛解值最近的 0 或
1 来赋值。如果有平局点出现，
选择有最小下标的、有整数约
束的、离整数最近的小数值变
量进行分支。只有当线性规划
松弛得出整数结果时才记录最
佳解(例如，不近似)。

(e) 如果我们想接受一个对最优
解的误差不超过 25% 的最佳
解，判断(d)中的搜索何时会
停止。

(f) 重复(d)中的分支定界计算，这
次利用最优优先枚举原则并用
线性规划松弛值作为母节点
界限。

(g) 重复(d)中的分支定界计算，
这次利用最深向前最优回溯枚
举原则并用线性规划松弛值作
为母节点界限。

(h) 对比你在(d)(f)(g)中得到的
结果。

12-39 回到练习题 12-12 中的整数规
划，其线性规划松弛最优解为 $\tilde{\mathbf{x}}$
$=(1, 1, 0, 0)$，目标值 $\tilde{y}=1/$
2。判断下列各个不等式是否为
整数规划的有效不等式。如果
是，判断通过增加这个不等式作
为约束，是否可以加强原线性规
划松弛。

(a) $x_2 + x_3 + x_4 \geqslant 3y$

☑(b) $x_1+x_2+x_3+x_4 \geqslant 4y$

☑(c) $x_1+x_2 \geqslant 1$

☑(d) $x_3 \geqslant y$

12-40 回到练习题 12-13 中的整数规划，其线性规划松弛最优解为 $\tilde{\mathbf{x}} = (1/2, 1/2, 1/2)$。判断下列各个不等式是否为整数规划的有效不等式。如果是，判断通过增加这个不等式作为约束，是否可以加强原线性规划松弛。

(a) $10x_1+10x_2+10x_3 \geqslant 25$

(b) $x_1+x_2+x_3 \geqslant 1$

(c) $x_1+x_2+x_3 \geqslant 2$

(d) $14x_1+20x_2+16x_3 \geqslant 30$

12-41 一个整数线性规划如下：

max $40x_1+5x_2+60x_3+8x_4$

s. t. $18x_1+3x_2+20x_3+5x_4 \leqslant 25$

     $x_1, \cdots, x_4 = 0$ 或 1

该整数规划的线性规划松弛有最优解 $\tilde{\mathbf{x}} = (5/18, 0, 1, 0)$。判断以下不等式是否为该整数规划的有效不等式；若是，判断将其增加为新约束后是否能增强线性规划松弛。

☑(a) $x_1+x_3 \leqslant 1$

(b) $x_1+x_2+x_3+x_4 \leqslant 3$

☑(c) $x_2+x_4 \geqslant 1$

(d) $18x_1+20x_3 \leqslant 25$

☑ 12-42 下图中的树形图记录了用分支切割算法 12B 来求解一个最大化整数规划的过程，其中 x_1, x_2, x_3 = 0 或 1。

简要描述这个过程，包括：为什么节点会被分支收紧或终止，以及每一步如何进行；最佳解何时被发现；哪个解是最优。假设所有增加的不等式对原整数规划模型都是有效的。

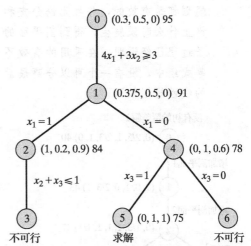

12-43 用以下最小化整数规划问题的树形图重复练习题 12-42，其中 x_1, x_2, x_3 = 0 或 1。

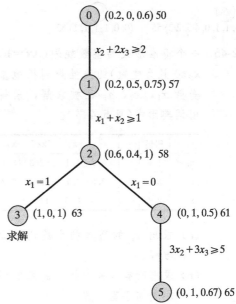

12-44 下图中的树形图展示了用分支切割算法 12B 求解一个给定的最小化 0—1 整数规划问题的过程。松弛最优解分别列在节点的旁边，固定的变量和新割平面都体现在分支上。

依次简要描述每个节点处发生的事情和原因，并展示出最终的最优解。假设得出的割平面对于原整规划都是有效的，并且无论分支和终止什么时候发生，得到割平面的子过程已经说明，在采用的有效不等式组中，没有一个可以分离最后的线性规划松弛。

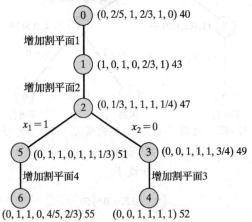

（没有初始覆盖解）

12-45 一个标准形式的整数规划（$\mathbf{Ax}=\mathbf{b}$，$\mathbf{x}\geq 0$ 且为整数）的线性规划松弛基变量 x_1，x_2，x_5 已被求解，来得出词典形式（见 5.4 节）。

	RHS		x_3	x_4	x_6	x_7
$x_1=$	1.6	=	-2.7	1.1	-2.3	13.4
$x_2=$	3.0	=	3.9	-4.7	2.8	2.2
$x_3=$	2.4	=	0.6	0.0	13.6	-5.9

（a）求出 x_1 的高莫利小数切平面方程。

（b）求出所有其他能找到的高莫利小数切平面方程。

12-46 考虑以下二元背包问题：
$$18x_1 + 3x_2 + 20x_3 + 17x_4 + 6x_5$$
$$+ 10x_6 + 5x_7 + 12x_8 \leq 25$$
$$x_1,\cdots,x_8 = 0 \text{ 或 } 1$$

（a）找出 5 个关于这个背包问题的最小覆盖有效不等式，包括含有最后三个变量的不等式，并简要证明每一个不等式是如何满足定义 12.48 的。

（b）如果以上背包约束只是一个拥有许多约束的更大模型的一部分，解释为什么（a）中的有效不等式仍旧有效，并且可以缩紧线性规划松弛。

12-47 空军国民警卫队的规划者正在给一个运输飞机装载东北地区洪灾受难者所需要的成箱的补给和设备。下面表格展示了每一个货箱的临界要求、重量（吨），以及体积（百立方英尺）。飞机的货箱容量限制是 38 吨、2 600 立方英尺。

货箱 $j=$	1	2	3	4	5	6	7	8
临界	9	3	22	19	21	14	16	23
重量	5	11	15	12	20	7	10	18
体积	7	4	13	9	4	18	9	6

（a）给问题建立纯 0—1 整数模型，选择最大化放入飞机货箱的总临界值，模型有两个主约束。如果货箱 j 被选择运上飞机，那么决策变量 $x_j=1$，否则 $x_j=0$。确保为目标函数和每一个约束进行标注，以注明其意义。

（b）从（a）中所得模型的两个主约束的每一个都得出一个最小覆盖不等式。证明对于这些约束，每个不等式都满足定义 12.28 的要求，并解释为什么两者都必须对于（a）中的完全模型有效。

（c）假设现在我们用分支切割算法 12B 来解决（a）中的模型，并且有第一个线性规划松弛问题的解是 $\mathbf{x}=(0.5, 0, 0, 1, 0, 0, 1, 0.75)$。那么，（b）中得到的两个割平面中，哪个可以有效地添加到下一步计算中？

给出理由。

12-48 考虑二元整数规划：

$$\max\ 21x_1 + 21x_2 + 48x_3 + 33x_4 + 18x_5$$
$$+\ 17x_6 + 39x_7$$
$$\text{s. t.}\ \ 5x_1 + 14x_2 + 12x_3 + 21x_4 + 1x_5$$
$$+\ 6x_6 + 13x_7 \leqslant 30 \qquad [\,\mathrm{i}\,]$$
$$x_1 +\ x_2 +\ x_3 \leqslant 1 \qquad [\,\mathrm{ii}\,]$$

对于所有 j，x_j 都是二元变量。　　[iii]

💻 (a) 利用优化求解软件来求解完全
整数规划和其对应的线性松弛
规划。

(b) 解释为什么从约束[i]和[iii]得
出的最小覆盖约束 12.48 对于
完全模型是有效的。

💻 (c) 现在考虑用分支切割算法 12B
来求解该整数规划。从(a)中的
线性规划松弛开始，利用优化
求解软件分析每一个节点。在
增加合适割平面的时候，利用
(b) 中得到的最小覆盖不等式，
并对具有最大角标的小数变量
进行分支。对于任意部分解，
在最多 3 个割平面已经被得出
之后进行分支，并继续下去，
直到一共有 5 个节点被分析过。

12-49 下图刻画了一个纯二元整数模型的
解空间。

$$\min\ \ 3x_1 + 4x_2$$
$$\text{s. t.}\ \ \ 4x_1 +\ 2x_2 \geqslant 1$$
$$5x_1 + 10x_2 \geqslant 4$$
$$x_1, x_2 = 0 \text{ 或 } 1$$

重要点的坐标和解值已经被提前算
出来了。

☑ (a) 在图中画出整数解的凸包，并
简要证明你的选择。

☑ (b) 判断凸包的维度，并用适当的
仿射独立点来证明你的答案。

☑ (c) 仅从图中判断下列三个不等式
中每一个是否有效。然后，判
断每一个不等式和凸包的交集
是否为侧面，还是一个具有更
低维度的面，还是根本没有交
集，并写出在侧面和面中满足
割平面等号部分的仿射独立点。

$$4x_1 + 2x_2 \geqslant 1$$
$$5x_1 + 2x_2 \geqslant 2$$
$$x_1 + x_2 \geqslant 1$$

12-50 考虑一个具有以下约束的纯整数
规划：

$$-1x_1 + 2x_2 \leqslant 4$$
$$5x_1 + 1x_2 \leqslant 20$$

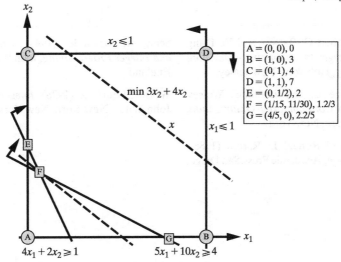

A = (0, 0), 0
B = (1, 0), 3
C = (0, 1), 4
D = (1, 1), 7
E = (0, 1/2), 2
F = (1/15, 11/30), 1.2/3
G = (4/5, 0), 2.2/5

$$-2x_1 - 2x_2 \leqslant -7$$
$$x_1, x_2 \geqslant 0 \text{ 且为整数}$$

(a) 画出线性规划松弛可行解集的二维图形。

(b) 找出所有整数可行解和它们的凸包。

(c) 判断该凸包的维度。

(d) 找出凸包所有侧面对应的不等式，以及能证明每一个不等式所要求的仿射独立解。

(e) 找出另一个与凸包有交集，但不对应侧面的不等式。

(f) 找出另一个有效不等式，能切割部分线性规划可行解集，且与凸包没有交集。

12-51 回到练习题 12-13 和 12-40 的整数规划。

(a) 画出这个模型可行解凸包的三维图形。

(b) 判断凸包的维度。

(c) 对于练习题 12-40 中(a)~(d)所得到的每一个有效不等式，（通过求出所需仿射独立解的个数）判断其是否对应侧面，还是与凸包的交集是更低维度的面，还是与凸包根本没有交集。

12-52 下图展示了一个整数规划的可行域，其中整数变量 x_1 和 x_2 均非负。

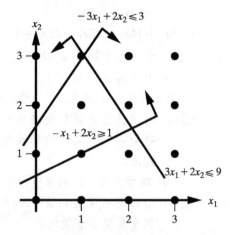

(a) 找出整数可行解的凸包。

(b) 判断凸包的维度，并用合适的仿射独立点的个数来证明你的答案。

(c) 得出(a)中凸包所有侧面对应不等式的方程。

(d) 找出另一个对应非侧面的不等式方程。

(e) 找出另一个能切割部分线性规划可行域，但不对应任何维度的面的有效不等式。

参考资料

Chen, Der-San, Robert G. Batson, and Yu Dang (2010), *Applied Integer Programming - Modeling and Solution*, Wiley, Hoboken, New Jersey.

Nemhauser, George L. and Laurence Wolsey (1988), *Integer and Combinatorial Optimization*, John Wiley, New York, New York.

Parker, R. Gary and Ronald L. Rardin (1988), *Discrete Optimization*, Academic Press, San Diego, California.

Schrijver, Alexander (1998), *Theory of Linear and Integer Programming*, John Wiley, Chichester, England.

Wolsey, Laurence (1998), *Integer Programming*, John Wiley, New York, New York.

## 第 13 章

大规模优化方法

本书前几章讨论的优化方法几乎都是直接求解一个实际问题对应的整体数学模型。基本思路是从一个可行解出发，按照一定规则搜索更优的解，直到找到符合一定条件的满意解才终止算法。虽然有些方法在搜索过程中会暂时松弛部分约束，比如整数约束，或者将局部枚举搜索算法中解的部分变量固定为特定值，但算法始终是直接求解整体的数学模型。

本章将介绍的一类间接求解的大规模问题的优化（或分解）方法，针对因为算例的规模过大或者结构过于复杂而无法直接整体求解的数学模型，将原问题分解成多个足够简单、可以单独迭代直接求解的**子问题**（subproblem），伴随的**主问题**（master problem）结合所有子问题的结果给出模型的精确或近似精确的最优解，并将最优解相关的信息传递给子问题用于更新模型中相应的参数。

13.1　列生成算法和分支定价算法

列生成算法适用于求解一类每个决策方案对应整体规划模型中约束矩阵的一列的组合优化问题。该算法并不是直接同时处理所有的候选方案，而是只基于当前生成的列的子集，通过限制主问题进行优化求解；其余的候选方案只有当列生成子问题判别为可以改善限制主问题当前的最优解时，才会被选择进入该子集，否则，将一直会被延迟。所以，列生成算法只会考虑能够改进限制主问题最优解的列而不是所有可能的列。下面，结合一个实际例子进行说明。[⊖]

□应用案例 13-1

适型调强放射治疗(IMRT)的计划优化

用于治疗癌症的放疗从如下所示的人体内部横截面图开始，图中显示出被识别的肿瘤目标(此处位于前列腺)，周围还包括一些健康的人体组织。因此，放射治疗

⊖　F. Preciado-Wlaters, M. Langer, R. Rardin, and V. Thai (2006)，"Column Generation for IMRT Cancer Therapy Optimization with Implementable Segments," *Annals of Operations Research*，148，55-63.

的目标是以最强的辐射消除肿瘤，但还需要尽量减小对周围正常组织的辐射以避免对它们的损伤。

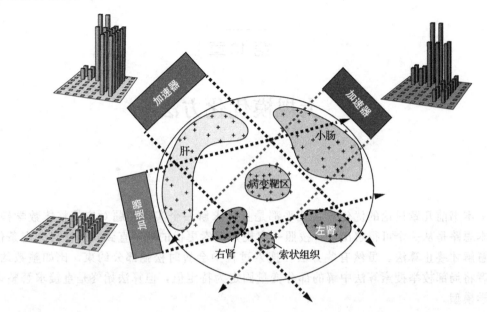

放疗采用的设备是一个大型加速器（accelerator），它能够从人体周围的不同角度输出射线束（beam）（图中的例子包括 3 个射线束），从而不仅可以对肿瘤病变靶区施加较高的辐射剂量，还可以使周围正常组织尽量少受照射。由于加速器输出的射线束一般较大，通常接近 10 平方厘米，因此，适型调强放射治疗（intensity modulated radiation therapy，IMRT）会结合许多不同照射强度（即大致的曝光时间）的子束（通常有几百个）组成一个射线束，以提高治疗计划的精度。

子束是虚拟的，并不是物理真实存在的，它们是通过借助一台带有移动叶片的多叶光栅（multileaf collimator）将辐射剂量限制在一个开放的孔隙（aperture）中（如下图所示），聚焦产生辐射作用。不同子束的汇聚辐射作用如同条形图一样叠加，最后在不同角度射出。

并不是每一种子束的组合都能形成一个有效的孔隙。在一些限制条件下，只能通过移动两个边界之间的叶片才能产生有效缝隙；若在关闭"开口"或在类似图 b 第 2 行的中间区域，则不可能产生子束。若出现类似图 c 中第 2 行和第 3 行的叶片重叠，则会引发"碰撞风险"，也不能形成有效的缝隙。

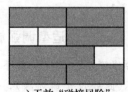

| a) 有效的孔隙 | b) 无效的"开口" | c) 无效"碰撞风险" |

每一个器官组织由一个离散的点集表示，放疗计划优化的目标是最大化病变靶区的总辐射剂量（或者每个点的平均辐射剂量），约束条件是健康组织每个点接收到

的总辐射剂量不得超过安全水平。输入参数估计了每单位强度下组织上每个点受到的子束的辐射剂量：

$t_{i,q,k} \triangleq$ 从角度 k 通过子束 q 辐射肿瘤点 i 处时，每单位强度下的辐射剂量

$d_{i,h,q,k} \triangleq$ 从角度 k 通过子束 q 辐射健康组织 h 中肿瘤点 i 处时，每单位强度下的辐射剂量

表 13-1 给出了一个含有 2 个射线束、18 个子束、18 个点的实例。3 个健康组织处最高辐射剂量的安全水平分别是 $b_1 = 50$，$b_2 = 65$ 和 $b_3 = 70$。

表 13-1 小规模适型调强放射治疗计划的剂量数据集

	点数尺寸 (Pt)	射线束 1								
		1	2	3	4	5	6	7	8	9
病变靶区	1	0.100	0.250	0.100	0.080	0.150	0.080	0.050	0.100	0.050
	2	0.090	0.070	0.050	0.050	0.070	0.090	0.150	0.120	0.100
	3	0.090	0.070	0.050	0.050	0.070	0.090	0.090	0.080	0.070
	4	0.100	0.120	0.150	0.090	0.120	0.150	0.090	0.070	0.050
	5	0.090	0.080	0.110	0.080	0.070	0.130	0.090	0.070	0.050
	6	0.050	0.100	0.050	0.070	0.120	0.090	0.100	0.250	0.100
健康组织 1	1	0.150	0.375	0.150	0.120	0.225	0.120	0.075	0.150	0.075
	2	0.135	0.105	0.075	0.075	0.105	0.135	0.225	0.180	0.150
	3	0.135	0.105	0.075	0.075	0.105	0.135	0.135	0.120	0.105
	4	0.150	0.180	0.225	0.135	0.180	0.225	0.135	0.105	0.075
	5	0.135	0.120	0.165	0.120	0.105	0.195	0.135	0.105	0.075
	6	0.075	0.150	0.075	0.105	0.180	0.135	0.150	0.375	0.150
健康组织 2	1	0.070	0.100	0.075	0.042	0.060	0.042	0.060	0.040	0.028
	2	0.020	0.028	0.068	0.020	0.028	0.020	0.038	0.048	0.034
	3	0.020	0.028	0.068	0.020	0.028	0.020	0.038	0.032	0.022
	4	0.034	0.048	0.075	0.034	0.048	0.034	0.068	0.028	0.020
	5	0.022	0.032	0.068	0.020	0.028	0.020	0.060	0.028	0.020
	6	0.028	0.040	0.038	0.034	0.048	0.034	0.053	0.100	0.070
健康组织 3	1	0.090	0.225	0.090	0.072	0.135	0.072	0.045	0.090	0.045
	2	0.081	0.063	0.045	0.045	0.063	0.081	0.135	0.108	0.090
	3	0.081	0.063	0.045	0.045	0.063	0.081	0.081	0.072	0.063
	4	0.090	0.108	0.135	0.081	0.108	0.135	0.081	0.063	0.045
	5	0.081	0.072	0.099	0.072	0.063	0.117	0.081	0.063	0.045
	6	0.045	0.090	0.045	0.063	0.108	0.081	0.090	0.225	0.090
	点数尺寸 (Pt)	射线束 2								
		1	2	3	4	5	6	7	8	9
病变靶区	1	0.100	0.250	0.100	0.080	0.150	0.080	0.050	0.100	0.050
	2	0.100	0.120	0.150	0.090	0.120	0.150	0.090	0.070	0.050
	3	0.090	0.080	0.110	0.080	0.070	0.130	0.090	0.070	0.050
	4	0.090	0.070	0.050	0.050	0.070	0.090	0.150	0.120	0.100
	5	0.090	0.070	0.050	0.050	0.070	0.090	0.090	0.080	0.070
	6	0.050	0.100	0.050	0.070	0.120	0.090	0.100	0.250	0.100
健康组织 1	1	0.075	0.100	0.070	0.060	0.060	0.042	0.038	0.040	0.028
	2	0.068	0.028	0.020	0.038	0.028	0.020	0.113	0.048	0.034
	3	0.068	0.028	0.020	0.038	0.028	0.020	0.068	0.032	0.022
	4	0.075	0.048	0.034	0.068	0.048	0.034	0.068	0.028	0.020
	5	0.068	0.032	0.022	0.060	0.028	0.020	0.068	0.028	0.020
	6	0.038	0.040	0.028	0.053	0.048	0.034	0.075	0.100	0.070

（续）

点数尺寸 (Pt)	射线束2								
	1	2	3	4	5	6	7	8	9
健康组织2　1	0.150	0.375	0.150	0.120	0.225	0.120	0.075	0.150	0.075
2	0.150	0.180	0.225	0.135	0.180	0.225	0.135	0.105	0.075
3	0.135	0.120	0.165	0.120	0.105	0.195	0.135	0.105	0.075
4	0.135	0.105	0.075	0.075	0.105	0.135	0.225	0.180	0.150
5	0.135	0.105	0.075	0.075	0.105	0.135	0.135	0.120	0.105
6	0.075	0.150	0.075	0.105	0.180	0.135	0.150	0.375	0.150
健康组织3　1	0.090	0.225	0.090	0.072	0.135	0.072	0.045	0.090	0.045
2	0.090	0.108	0.135	0.081	0.108	0.135	0.081	0.063	0.045
3	0.081	0.072	0.099	0.072	0.063	0.117	0.081	0.063	0.045
4	0.081	0.063	0.045	0.045	0.063	0.081	0.135	0.108	0.090
5	0.081	0.063	0.045	0.045	0.063	0.081	0.081	0.072	0.063
6	0.045	0.090	0.045	0.063	0.108	0.081	0.090	0.225	0.090

一旦选择来自射线束 k 处的孔隙 m 的子束集合 $Q_{m,k}$，那么，根据表 13-1 的数据可得：

$t_{m,k}\triangleq$ 射线束 k 处孔隙 m 中的子束辐射所有肿瘤处的点集时，每单位强度下的辐射剂量，即 $\displaystyle\sum_{q\in Q_{m,k}}\sum_i t_{i,q,k}$

$d_h^{m,k}\triangleq$ 射线束 k 处孔隙 m 中的子束辐射健康组织 h 中的点 i 时，每单位强度的辐射剂量向量（即每个元素是 $\displaystyle\sum_{q\in Q_{m,k}} d_{i,h,q,k}$）

由上述定义可得适型调强放射治疗计划问题的线性规划模型：

$$\max \quad \sum_{m,k} t_{m,k} x_{m,k}$$

$$(IMRT) \quad \text{s. t.} \quad \sum_{m,k} d_h^{m,k} x_{m,k} \leqslant b \quad \forall h$$

$$x_{m,k} \geqslant 0 \quad \forall m,k$$

其中，决策变量 $x_{m,k}\triangleq$ 来自射线束 k 孔隙 m 处的辐射强度，$b_h\triangleq$ 在健康组织 h 处所有点的安全辐射强度向量。

13.1.1　适合使用列生成算法的问题

应用案例 13-1 中适型调强放射治疗计划的优化问题是一个适用于列生成算法的例子，因为该模型使得能简单地使用每一个可能的列或变量来表示每一个可能的孔隙选择（见模型 IMRT）。反之，如果在构建模型时选择子束相关的变量和约束条件，然后将它们相加形成孔隙，那么所有可行的子束组合（包括列举的"开口"和"碰撞风险"）都需要列举出来，这将使问题变得相当复杂。

虽然列生成算法能有效地把"生成列使得其满足所有约束条件"从大规模优化问题中分离出来，但是，现实问题的实例可能包含成千上万个组织的点和子束，使得可能的孔隙数量会增加得相当庞大，因此，我们需要一个合理的方法只生成最有可能成为最优解或近似解中的那些列。

原理 13.1　列生成算法适用于满足以下特点的优化问题：该问题对应的数学模型能够简单地使用约束矩阵中每一个可能的列来表示决策变量的选择，这些可行的列是通过一个独立的子问题构造生成，同时能够满足即便是那些难以用模型表达的复杂约束条件。

13.1.2　限制主问题

列生成分解算法的思想是基于给定生成的列，通过迭代求解**限制主问题**（partial master problem）实现全局的优化。

定义 13.2　列生成分解算法的主问题是受限原始问题（restricted version），只包含了取值非零的决策变量对应的列。如果原始问题的模型是一个整数线性规划问题，则可以求解受限问题的线性松弛问题。

13.1.3　列生成算法的一般步骤

针对以下受限问题的线性松弛，算法 13A 给出了列生成算法的一般步骤：

$$
\begin{aligned}
\max\,(\min) \quad & \sum_{j \in J} c_j x_j \\
ELP(J) \quad \text{s.t.} \quad & \sum_{j \in J} \mathbf{a}^{(j)} x_j \leqslant \mathbf{b} \\
& x_j \geqslant 0 \quad \forall\, j \in J
\end{aligned}
\tag{13-1}
$$

J_{all} 表示所有可能的列构成的集合，$J \subseteq J_{all}$ 表示当前限制主问题中包含的列的子集。x_j，c_j 和 $\mathbf{a}^{(j)}$ 分别表示决策变量、目标函数系数、约束条件系数向量，$\mathbf{b}$ 是约束条件右端项向量。

▶算法 13A：延迟列生成算法

第 0 步：初始化。 设迭代次数 ℓ 为 0，选择一个子集 $J_0 \subseteq J_{all}$ 使得对应的限制主问题 $ELP(J_0)$ 存在可行解。

第 1 步：求解主问题。 求解限制主问题 $ELP(J_\ell)$，得到相应的最优解 $\mathbf{x}^{(\ell)}$ 和对偶问题的最优解 $\mathbf{v}^{(\ell)}$。

第 2 步：列生成子问题。 考虑一个新的决策变量对应的列 $\mathbf{a}^{(g)}$，如果该列满足所有列相关的复杂约束条件 $g \in J_{all}$，并且对于目标函数最大化问题，检验数（reduced cost）$\bar{c}_g \triangleq c_g - \mathbf{a}^{(g)} \mathbf{v}^{(\ell)} > 0$（或者对于目标函数最小化问题，检验数 $\bar{c}_g < 0$），则将选择将该列添加到当前限制主问题 $ELP(J_\ell)$ 的约束矩阵中。

第 3 步：判断算法终止条件。 如果在第 2 步中没有生成满足条件的列 g，则终止算法；此时 $\mathbf{x}^{(\ell)}$ 是原始模型 $ELP(J_{all})$ 的最优或近似最优解。否则，更新限制主问题约束矩阵的列集合 $J_{\ell+1} \leftarrow J_\ell \cup g$，令 $\ell \leftarrow \ell + 1$，返回第 1 步。

13.1.4　算法 13A 在应用案例 13-1 中的应用

表 13-2 给出了利用算法 13A 求解 IMRT 模型时的三次迭代结果。其中，每一步新生

成两个和空隙相关的列，并求解限制主问题，得到最优解和对偶解。

表 13-2 IMRT 应用

空隙子束		$Q_{1,1}$ 所有列	$Q_{2,1}$ 所有列	对偶解 $\mathbf{v}^{(0)}$	$Q_{1,2}$ 7, 8	$Q_{2,2}$ 1, 4, 7, 8	对偶解 $\mathbf{v}^{(1)}$	$Q_{1,3}$ 2, 3	$Q_{2,3}$ 8
肿瘤疤区		5.050	5.050	—	3.615	4.987	—	3.546	1.932
正常组织 No. 1	1	1.440	0.513	0.000	0.225	0.200	0.000	0.525	0.040
	2	1.185	0.394	0.000	0.405	0.245	0.000	0.180	0.048
	3	0.990	0.322	0.000	0.255	0.115	0.000	0.180	0.028
	4	1.410	0.421	0.000	0.240	0.115	0.000	0.180	0.028
	5	1.155	0.345	0.000	0.240	0.157	0.000	0.285	0.028
	6	1.395	0.485	0.000	0.525	0.122	4.840	0.225	0.100
正常组织 No. 2	1	0.517	1.440	0.000	0.100	0.106	0.000	0.175	0.150
	2	0.301	1.410	0.000	0.086	0.675	0.000	0.096	0.105
	3	0.274	1.155	0.000	0.070	0.555	0.000	0.096	0.105
	4	0.387	1.185	0.000	0.096	0.420	0.000	0.123	0.180
	5	0.297	0.990	0.000	0.088	0.315	0.000	0.100	0.120
	6	0.443	1.395	0.000	0.153	0.315	0.000	0.078	0.375
正常组织 No. 3	1	0.864	0.864	0.000	0.135	0.300	7.957	0.315	0.090
	2	0.711	0.846	5.845	0.243	0.405	0.000	0.108	0.063
	3	0.594	0.693	0.000	0.153	0.333	0.000	0.108	0.063
	4	0.846	0.711	0.000	0.144	0.252	0.000	0.243	0.108
	5	0.693	0.594	0.000	0.144	0.189	0.000	0.171	0.072
	6	0.837	0.837	0.000	0.315	0.189	0.000	0.135	0.225
$v=292.20$, $\mathbf{x}^{(0)}=$		43.49	14.38	—	—	—	—	—	—
$v=736.63$, $\mathbf{x}^{(1)}=$		0.000	0.000	—	112.3	49.41	—	—	—
$v=737.20$, $\mathbf{x}^{(2)}=$		0.000	0.000	—	85.54	13.15	—	82.09	36.91

算法必须从一个初始解开始。在本例中，初始化时设两个射线束的所有子束均打开，以下根据表 13-1 中空隙 $A_{1,1}$ 的数据说明如何构造初始解。

$$t_{1,1} = 5.050 \leftarrow \sum_{i,q} t_{i,q,k} = 0.100 + 0.250 + \cdots + 0.250 + 0.100$$

$$d_{6,2}^{1,1} = 0.443 \leftarrow \sum_q d_{6,2,q,k} = 0.028 + 0.040 + \cdots + 0.070$$

然后，只有当子束被选择时才打开对应的空隙。例如，对于射线束 2 处使用子束 1，4，7 和 8 的空隙 $A_{2,2}$，得到的目标函数系数和约束条件系数分别为：

$$t_{2,2} = 4.987 \leftarrow \sum_i (t_{i,q,2} + t_{i,4,2} + t_{i,7,2} + t_{i,8,2})$$

$$= 0.100 + 0.080 + 0.050 + 0.050 + \cdots + 0.050 + 0.070 + 0.100 + 0.100$$

$$d_{6,2}^{2,2} = 0.315 \leftarrow d_{6,2,1,2} + d_{6,2,4,2} + d_{6,2,7,2} + d_{6,2,8,2} = 0.075 + 0.105 + 0.150 + 0.150$$

13.1.5 生成满足条件的列

通常来讲，列生成算法 13A 最难实现的部分在于，如何根据上一次迭代得到的对偶解 $\mathbf{v}^{(\ell)}$ 和检验数 $\bar{c}_p \triangleq c_p - \mathbf{a}^{(g)} \mathbf{v}^{(\ell)}$，生成一个新列 p 添加到限制主问题中。注意到对于最大化问题，若候选列对应的检验数 $\bar{c}_p > 0$（对于目标函数最小化问题，$\bar{c}_p < 0$），则该列将会

进入限制主问题中；否则，若对所有的列 $j \in J_t$，检验数 $\bar{c}_j \leqslant 0$（对最小化问题是 $\geqslant 0$），则当前主问题的解 $ELPJ_t$ 达到最优。

所以，列生成算法有时会对所有可能的列 p，选择检验数 $\bar{c}_p$ 最小（对目标函数最小化问题，选择检验数 $\bar{c}_p$ 最大）的列。例 13-1 对此进行了具体描述。这种方法的好处在于它能够根据列生成算法 13A 第 3 步结果，得到明确的终止条件，即如果最优的列 p 对应的检验数都不满足相应的正负符号规则，则当前限制主问题已经找到了最优解，所以终止算法。

在大多数实际应用中，由于复杂约束和其他的约束条件给列生成算法带来的困难，算法 13A 的第 2 步还可能会选择启发式算法实现，只要由该算法生成的列能够满足检验数的正负符号规则，并且有较好的效率即可。

例如在 IMRT 模型的求解中，孔隙的生成过程就是采用启发式算法的思路。我们可以看到，对射线束 k 处的孔隙 m，它的检验数是该孔隙处所有子束对应的检验数之和，$\bar{c}_{m,k} = \sum\limits_{q \in A_{m,l}} \bar{c}_{q,m,k}$。因此，我们可以通过比较检验数 $\bar{c}_{q,m,k}$ 选择该孔隙处的子束。表 13-3 给出了表 13-2 中各个孔隙相应的列，其中的每一个分块是每个射线束在每次迭代时子束的检验数 $\bar{c}_{q,m,k}$。

表 13-3　IMRT 空隙选择

角度 1 $\ell=0$			角度 1 $\ell=1$			角度 1 $\ell=2$		
1.441	1.932	1.614	0.915	0.617	1.088	0.374	0.976	0.975
1.176	1.680	1.680	0.755	0.891	1.259	0.496	0.682	0.530
1.683	1.932	1.201	1.420	1.406	0.938	−0.130	0.130	−0.076
角度 2 $\ell=0$			角度 2 $\ell=1$			角度 2 $\ell=2$		
1.638	1.932	1.417	1.112	0.617	0.891	0.515	0.592	−0.228
1.323	1.680	1.680	0.902	0.891	1.259	0.287	0.329	0.027
1.796	1.932	1.201	1.532	1.406	0.938	0.728	1.045	0.569

表中加粗的数表示被选择的空隙中的子束集合。初始迭代时 $\ell=0$，选择所有的细束。在第一次迭代 $\ell=1$ 和第二次迭代 $\ell=2$ 时，选择检验数 $\bar{c}_{q,m,k}$ 最高的子束所构成的可行的组合。在这个小算例中，虽然存在许多可能生成更好结果的方案，但是这种启发式方法也避免了大规模的枚举和复杂计算，所以也不失为一种合理的方法。最后，由于上一对空隙选择决策对应的目标函数值改进幅度已经达到最小，所以算法终止。

例 13-1　应用列生成算法求解下料问题

家具制造所需要的型材都是从长度为 $b \triangleq 11$ 米的进料中切割下来的，现需要如下表所示的不同长度的型材，制造商应该如何下料使得在满足需求的同时用料最省？

i	长度 h_i	需求 d_i	i	长度 h_i	需求 d_i
1	2	22	3	6	13
2	3	17	4	7	9

（a）定义切割方案 k 为一个总长度不超过 b 米，带有不同长度（p_i）型材的切割数量

(a_{ik}) 的组合。设 K 表示所有可能的切割方案构成的集合，x_k 表示切割方案 k 的使用次数，说明下料问题可描述为如下的整数规划问题：

$$\min \quad \sum_{k \in K} x_k$$

$$\text{s. t.} \quad \sum_{k \in K} a_{i,k} x_k \geqslant d_i \quad \forall i$$

$$x_k \quad \geqslant 0 \quad \text{且为整数} \quad \forall k \in K$$

（b）对于模型（a）的当前限制主问题 ℓ，设求解其线性松弛问题得到的最优对偶解为 $\{\bar{v}_i\}$，说明下一个生成的列 p 可以通过求解如下的背包问题得到：

$$\min \quad 1 - \sum_i \bar{v}_i a_{i,g}$$

$$\text{s. t.} \quad \sum_j a_{i,g} \leqslant b$$

$$a_{i,g} \quad \geqslant 0 \quad \text{且为整数} \quad \forall i$$

（c）请解释列生成算法的优点，例如，列生成算法可以通过易处理的模型生成最佳的列或证明不存在最优的新进入的列。

（d）若采用算法 13A 求解该问题，在构造初始的限制主问题时，可以选择 4 种只切割单一长度型材的方案（如表所示），请解释这样构造初始的列集合的好处。

（e）求解问题（d）中限制主问题的线性规划松弛问题，得到最优解 $\bar{\mathbf{x}} = (4.4, 5.67, 6.5, 9)$ 和对偶解 $\bar{\mathbf{v}} = (0.2, 0.33, 0.5, 1)$。利用该结果和问题（b）中的观察法，选择下一个应该进入的列。

解：

（a）下料问题的目标函数是最小化使用的型材数量，在最优的切割方案组合中，需要满足的约束条件是生产的每种型材数量需要大于或等于对应的需求。

（b）检验数 $\bar{c}_g$ 最小的列对应着下一个最优的列。在给出的背包问题中，目标函数是每种可能切割方案的检验数 $\bar{c}_g$，约束条件要求总长度不得超过型材的长度 b。

（c）一个用于构造新生成的列的易处理的模型，有利于快速找到限制主问题对应的线性规划松弛模型的最优解。同时，如果不能找到一个满足 $\bar{c}_g < 0$ 的列，则表示所有需要的列都已经进入到上一个限制主问题中。

（d）选择初始的列集合最好可以使得主问题较容易地得到初始解，而选择只切割单一长度型材的方案比较符合该要求。

（e）将解 $\bar{\mathbf{x}}$ 和 $\bar{\mathbf{v}}$ 代入背包问题中，可得：

$$\min \quad 1 - 0.2a_1 - 0.33a_2 - 0.5a_3 - a_4$$

$$\text{s. t.} \quad 2a_1 + 3a_2 + 6a_3 + 7a_4 \leqslant 11$$

$$a_i \quad \geqslant 0 \quad \text{且为整数} \quad \forall i$$

由上式可得最优解是 $a = (0, 1, 0, 1)$，目标函数等于 -0.33。

13.1.6 分支定价算法

当使用列生成算法解决包括上例的一些实际问题时，常常将整数和小数解都保留在列生成子问题中，从而可以采用线性规划的方法求解包含生成列的主问题。例如，在应用案例 13-1 中，因为和每个孔隙对应列相关的决策变量是非负连续变量，所以限制主问题是一个线性规划问题。在例 13-1 的下料问题中，下料方案的使用次数是决策变量，它们虽然名义上是整数，但如果对限制主问题对应线性松弛问题的最优解向上取整，就可以很容易地得到主问题的近似最优解。

但是，在许多其他的实际问题中，由于决策变量是 0—1 整数变量，限制主问题的求解将会变得非常复杂。此时，即便采用向上取整的方法也不能保证得到近似最优解，所以需要采用第 12 章介绍的枚举方法。

分支定价算法(branch and price)正是解决上述问题的一种方法。与第 12.5 节介绍的结合割生成和分支定界方法得到的分支割平面方法相似，分支定价算法通过根据检验数不断生成新的列的方法提高分支定界方法求解线性松弛问题的效率。算法 13B 详细介绍了分支定价算法的步骤。

▶算法 13B：分支定价算法(0—1 整数线性规划问题)

第 0 步：初始化。求解原问题对应的定义在初始列集合并且不含整数约束的子问题，将该子问题的解作为分支定界树的根节点，放入当前**需要分支的节点列表**(active partial solution)。当前迭代次数初始化为 $\ell \leftarrow 0$。如果求得该子问题的整数可行解，则选择其中最优的解作为原问题当前最优 $\hat{\mathbf{x}}$，对应目标函数值作为原问题当前最优目标函数值 $\hat{v}$。否则，对目标函数最大化(最小化)问题，令 $\hat{v} \leftarrow -\infty(+\infty)$。

第 1 步：算法停止。如果当前需要分支的节点列表还包含节点元素，则按照一定策略选择一个节点，记作 $\mathbf{x}^{(\ell)}$，进入第 2 步。如果当前需要分支的节点列表为空，则算法停止。若存在一个当前最优 $\hat{\mathbf{x}}$，则它就是最优解；否则，该模型是不可行的。

第 2 步：线性松弛。求解 $\mathbf{x}^{(\ell)}$ 对应节点子问题的线性规划松弛问题。

第 3 步：更新当前最优解。如果线性松弛问题最优解 $\tilde{\mathbf{x}}^{(\ell)}$ 满足 0—1 整数约束，并且对应目标函数值 $\tilde{v}$ 比原问题当前最优解 $\hat{\mathbf{x}}$ 得到的更优，则更新原问题当前最优解和当前最优目标函数值，令 $\hat{\mathbf{x}} \leftarrow \tilde{\mathbf{x}}^{(\ell)}$，$\hat{v} \leftarrow \tilde{v}$。

第 4 步：列生成。将第 2 步中限制主问题得到的最优对偶变量 $\tilde{\mathbf{v}}^{(\ell)}$ 代入到相应的列生成子问题中，对于目标函数最大化(最小化)的问题，按照一定策略选择一个新的检验数 $\bar{c}_j$ 为正(负)的列。如果存在满足条件的新列 j，则将它添加到当前节点子问题的限制主问题中，令 $\ell \leftarrow \ell + 1$，返回到第 2 步；否则，当前线性松弛问题的解就是该节点子问题的最优解。

第 5 步：基于最优解可行性的分支终止条件判断。如果当前节点子问题的线性松弛问题最优解不可能满足该分支下的**整数约束**(integer infeasible)，则不可能根据 $\mathbf{x}^{(\ell)}$ 继续分支得到的原问题整数解。因此，终止这个分支，令 $\ell \leftarrow \ell + 1$，返回到第 1 步。

第 6 步：基于目标函数值上下界的分支终止条件判断。对于目标函数最大化(最小化)的问题，如果该线性松弛问题的当前最优目标函数值 $\hat{v}$ 的上界(下界)为 $\tilde{v}$，则不可能根据 $\mathbf{x}^{(\ell)}$ 继续分支改进原问题当前最优解。因此，终止这个分支，令 $\ell \leftarrow \ell + 1$，返回到第 1 步。

第 7 步：基于线性松弛问题整数解的分支终止条件判断。如果该线性松弛问题的最优解 $\tilde{\mathbf{x}}^{(\ell)}$ 满足原问题中的所有 0—1 整数约束，则解 $\mathbf{x}^{(\ell)}$ 是该分支下的最优整数解。所以，终止这个分支，令 $\ell \leftarrow \ell + 1$，返回到第 1 步。

第8步：分支。 在最后的线性松弛问题的最优解中，按照一定策略选择一个不符合 0—1 整数条件的变量 x_p，构造两个约束条件 $x_p=0$ 和 $x_p=1$，分别加入到当前节点子问题中，得到两个规划问题，将它们添加到需要分支的节点列表中。然后，令 $\ell \leftarrow \ell+1$，返回到第 1 步。

图 13-1 给出了一个实例说明利用分支定价算法求解最小化的 0—1 整数规划问题。在初始化时，在根节点处，从可能大量的列中选择四个列构成规划问题的约束，对应的线性松弛问题的最优解是 $\tilde{\mathbf{x}}^{(0)}=(0，1，1，0)$，目标函数值为 136。因为各个元素刚好是 0—1 变量，根据分支定价算法 13B 中的第 3 步，$\tilde{\mathbf{x}}^{(0)}$ 是第一个原问题当前的最优解。

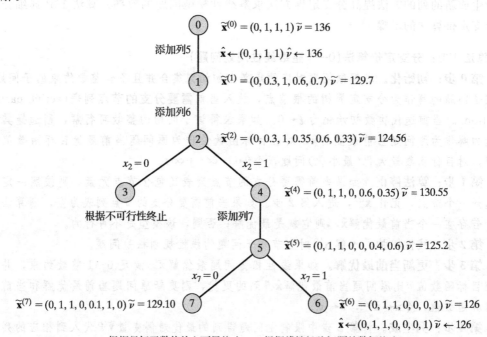

图 13-1　分支定价算法举例

尽管算法当前找到了一个整数解，但是，由于可能通过生成新的列而找到更优的解，所以，并不能类似分支定界算法马上停止。例如，在节点 1 处，新加入的第 5 列使得线性松弛问题的最优目标函数值减小到 129.7；在节点 2 处，新加入的第 6 列将目标函数值进一步减小到 124.56。

假设在节点 2 处不能再生成可以改进相应线性松弛问题目标函数值的列，那么，$\tilde{\mathbf{x}}^{(2)}$ 就是该节点子问题的线性松弛最优解。然而，由于 $\tilde{\mathbf{x}}^{(2)}$ 是可行解，并且目标函数的上界仍比原问题当前最优目标函数值小，所以，并不能马上停止该分支。下面，选择第 2 个元素 $\tilde{x}_2=0.3$ 进行分支。

对于 $x_2=0$ 的分支节点 3，线性松弛问题是不可行的，并且，不可能生成新的列，因此，基于最优解可行性的条件，终止这个分支。

对于 $x_2=1$ 的分支节点 4，得到一个线性松弛问题的最优解，其目标函数值是

130.55，最优解中仍然含有不满足整数约束的元素。但是，第 7 列由于对应的检验数满足条件可以进入到限制主问题中，得到节点 5 处的新问题。其线性松弛问题的最优目标函数值为 125.2，最优解中仍含有不满足整数约束的元素，并且不存在可以继续添加的新列。

虽然 $\tilde{\mathbf{x}}^5$ 可能是线性松弛问题的最优解，其中 $x_2=1$，但是，算法还需要对其中不符合整数条件的元素进行分支，选择的是 $x_7=0.6$。对于 $x_7=1$ 对应的分支节点 6，得到的线性松弛问题最优解为 $\tilde{\mathbf{x}}^{(6)}=(0,1,1,0,0,0,1)$，目标函数值为 126。由于 $\tilde{\mathbf{x}}^{(6)}$ 满足所有整数约束，而且比原问题的当前最优解更好，因此更新原问题的当前最优解。又因为不可能生成改进该最优解的列，所以基于线性松弛问题整数解的判断条件终止这个分支。

最后，对于 $x_7=0$ 对应的分支节点 7，得到的线性松弛问题最优目标函数值为 129.10，最优解中仍含有不满足整数约束的元素。由于不可能生成改进该最优解的列，并且 $129.10 > \hat{v}=126$，所以基于目标函数值上下界的条件，终止这个分支。最后，原问题的当前最优解 $\hat{\mathbf{x}}$ 就是原问题的最优解。

13.2　拉格朗日松弛算法

对于大规模优化模型，拉格朗日松弛算法并不是采用直接搜索最优解的策略，而是希望通过对模型进行分解，计算模型最优目标函数值的较强的上下界。有时该分解算法可以用于求解大规模离散优化模型的线性松弛问题（见定义 12.6）。另外还有些时候，利用拉格朗日松弛甚至还可以得到比线性松弛更好的上下界。因此，该算法可以用于提高分支定界算法（见算法 12A）或分支割平面算法（见算法 12B）的求解效率，还可以结合取整运算为原模型得到近似最优解。

13.2.1　拉格朗日松弛

对于一个给定的整数规划问题，线性松弛是去掉模型中的整数约束，而拉格朗日松弛则是放松模型中的部分线性约束，保留整数约束和其他的线性约束。这些被松弛的约束并不是被完全去掉，而是在利用拉格朗日乘子在目标函数上增加相应的惩罚项，对不满足这些约束条件的解进行较大的惩罚。

定义 13.3　拉格朗日松弛是一种通过放松模型中的部分线性约束并利用拉格朗日乘子在目标函数中添加相应惩罚项的松弛方法，这些添加的惩罚项是：

$$\cdots + v_i\Big(b_i - \sum_j a_{i,j}x_j\Big) + \cdots$$

其中，v_i 是约束条件 i 对应的拉格朗日乘子。

- 如果被松弛约束的表达式符合形式 $\sum_j a_{ij}x_j \geqslant b_i$，则对目标函数最大化（最小化）问题，乘子 $v_i \leqslant 0 (\geqslant 0)$。
- 如果被松弛约束的表达式符合形式 $\sum_j a_{ij}x_j \leqslant b_i$，则对目标函数最大化（最小化）

问题，乘子 $v_i \geqslant 0 (\leqslant 0)$。

● 如果被松弛约束是等式 $\sum_j a_{ij} x_j = b_i$，则乘子 v_i 的符号不受限制。

□应用案例 13-2

CDOT 广义分配问题的拉格朗日松弛问题

这里以如下的 CDOT 广义分配问题（见 11.4 节）为例，具体介绍拉格朗日松弛：

$$\min \quad 130x_{1,1} + 460x_{1,2} + 40x_{1,3} + 30x_{2,1} + 150x_{2,2} + 370x_{2,3}$$
$$510x_{3,1} + 20x_{3,2} + 120x_{3,3} + 30x_{4,1} + 40x_{4,2} + 390x_{4,3}$$
$$340x_{5,1} + 30x_{5,2} + 40x_{5,3} + 20x_{6,1} + 450x_{6,2} + 30x_{6,3}$$

$$\begin{array}{llll}
\text{s.t.} & x_{1,1} + & x_{1,2} + & x_{1,3} = 1 & \text{（区域 1）} \\
& x_{2,1} + & x_{2,2} + & x_{2,3} = 1 & \text{（区域 2）} \\
& x_{3,1} + & x_{3,2} + & x_{3,3} = 1 & \text{（区域 3）} \\
& x_{4,1} + & x_{4,2} + & x_{4,3} = 1 & \text{（区域 4）} \\
(CDOT) & x_{5,1} + & x_{5,2} + & x_{5,3} = 1 & \text{（区域 5）} \\
& x_{6,1} + & x_{6,2} + & x_{6,3} = 1 & \text{（区域 6）}
\end{array}$$

$$30x_{1,1} + 50x_{2,1} + 10x_{3,1} + 11x_{4,1} + 13x_{5,1} + 9x_{6,1} \leqslant 50 \text{（埃斯特万）}$$
$$10x_{1,2} + 20x_{2,2} + 60x_{3,2} + 10x_{4,2} + 10x_{5,2} + 17x_{6,2} \leqslant 50 \text{（麦克肯兹）}$$
$$70x_{1,3} + 10x_{2,3} + 10x_{3,3} + 15x_{4,3} + 8x_{5,3} + 12x_{6,3} \leqslant 50 \text{（斯基德盖特）}$$
$$x_{i,j} = 0 \text{ 或 } 1 \quad i = 1,6; \quad j = 1,3$$

$$\text{其中}, x_{ij} = \begin{cases} 1 & \text{如果将海岸警卫船 } j \text{ 分配在地区 } i \\ 0 & \text{否则} \end{cases}$$

最优解对应的分配方案是埃斯特万号船负责区域 1，4 和 6，麦克肯兹号船负责区域 2 和 5，斯基德盖特号船负责区域 3，总成本为 480。

一种采用拉格朗日松弛的强算法保留整数约束和最后三个约束条件，但对前六个等式约束进行松弛，设拉格朗日乘子为 v_i，则对应松弛问题的模型为：

$$\min \quad 130x_{1,1} + 460x_{1,2} + 40x_{1,3} + 30x_{2,1} + 150x_{2,2} + 370x_{2,3}$$
$$510x_{3,1} + 20x_{3,2} + 120x_{3,3} + 30x_{4,1} + 40x_{4,2} + 390x_{4,3}$$
$$340x_{5,1} + 30x_{5,2} + 40x_{5,3} + 20x_{6,1} + 450x_{6,2} + 30x_{6,3}$$
$$+ v_1(1 - x_{1,1} - x_{1,2} - x_{1,3}) + v_2(1 - x_{2,1} - x_{2,2} - x_{2,3})$$
$$(CDOT_v) \quad + v_3(1 - x_{3,1} - x_{3,2} - x_{3,3}) + v_4(1 - x_{4,1} - x_{4,2} - x_{4,3})$$
$$+ v_5(1 - x_{5,1} - x_{5,2} - x_{5,3}) + v_6(1 - x_{6,1} + x_{6,2} + x_{63})$$

$$\begin{array}{l}
\text{s.t.} \quad 30x_{1,1} + 50x_{2,1} + 10x_{3,1} + 11x_{4,1} + 13x_{5,1} + 9x_{6,1} \leqslant 50 \\
\quad 10x_{1,2} + 20x_{2,2} + 60x_{32} + 10x_{4,2} + 10x_{5,2} + 17x_{6,2} \leqslant 50 \\
\quad 70x_{1,3} + 10x_{2,3} + 10x_{33} + 15x_{4,3} + 8x_{5,3} + 12x_{6,3} \leqslant 50 \\
\quad x_{i,j} = 0 \text{ 或 } 1 \quad i = 1,6; j = 1,3
\end{array}$$

注意到松弛问题并没有完全舍弃被松弛的约束条件，根据定义 13.3，这些约束条件作为惩罚项添加到了目标函数中。由于这些条件均是等式，所以对应的乘子 v_i

并没有符号限制。松弛问题的可行解可能使得 $x_{3,1}+x_{3,2}+x_{3,3}\neq1$，或者，$1-x_{3,1}-x_{3,2}-x_{3,3}\neq0$。

如果被选择的乘子 $v_3\neq0$，则不满足约束条件的解对应目标函数会受到惩罚。

例 13-2　构造拉格朗日松弛问题

考虑一个整数规划问题：

$$
\begin{aligned}
\max\quad & 20x_1+30x_2-550y_1-720y_2\\
\text{s.t.}\quad & 1.5x_1+4x_2\leqslant300\\
& x_1-200y_1\leqslant0\\
& x_2-75y_2\leqslant0\\
& x_1,x_2\geqslant0\\
& y_1,y_2=0\ \text{或}\ 1
\end{aligned}
$$

（a）利用乘子 v_1 和 v_2，写出松弛最后两个线性约束条件后的拉格朗日松弛问题的模型。

（b）说明两个乘子应该满足的符号约束。

解： 利用定义 13.3。

（a）在拉格朗日松弛问题的目标函数中添加两个约束条件对应的惩罚项，得到的模型如下：

$$
\begin{aligned}
\max\quad & 20x_1+30x_2-550y_1-720y_2+v_1(0-x_1+200y_1)+v_2(0-x_2+75y_2)\\
\text{s.t.}\quad & 1.5x_1+4x_2\leqslant300\\
& x_1,x_2\geqslant0\\
& y_1,y_2=0\ \text{或}\ 1
\end{aligned}
$$

（b）在最大化问题中，这两个约束的不等式符号为 $\leqslant$，所以乘子需要满足 v_1，$v_2\geqslant0$。

13.2.2　易处理的拉格朗日松弛方法

拉格朗日松弛问题（如 $CDOT_v$）中的决策变量 $x_{i,j}$ 是 0—1 整数变量，保留了原问题（如 $CDOT$）中关于决策变量的整数约束。但是，任何一个合理的松弛问题都应该使得到的问题**更加容易处理**（improved tractability），因此，拉格朗日松弛通过利用对偶乘子尽可能松弛线性约束的方法，使得到的子问题更容易求解。

原理 13.4　采用拉格朗日松弛方法放松一些约束条件，虽然得到的仍然是一个整数规划问题，但是应该使得到的松弛问题具备一定的特殊结构，从而让该问题更加容易求解。

为了说明上文中给出的松弛问题 $CDOT_v$ 满足原理 13.4，不妨假设前六个约束对应的拉格朗日乘子分别为 $\hat{v}_1$，$\hat{v}_2$，$\hat{v}_3\leftarrow150$，$\hat{v}_4$，$\hat{v}_5$，$\hat{v}_6\leftarrow-90$，将被松弛的约束条件的惩罚项添加到目标函数后，进行整理合并，例如 $x_{1,1}$ 的目标函数系数为 $130-\hat{v}_1=130-150=-20$，得到拉格朗日松弛问题的模型如下（$CDOT_{\hat{v}}$）：

$$\begin{aligned}
\min \quad & -20x_{1,1} - 120x_{2,1} + 360x_{3,1} + 120x_{4,1} + 430x_{5,1} + 110x_{6,1} \\
& + 310x_{1,2} + 0x_{2,2} - 130x_{3,2} + 130x_{4,2} + 120x_{5,2} + 540x_{6,2} \\
& 110x_{1,3} + 220x_{2,3} - 30x_{3,3} + 480x_{4,3} + 130x_{5,3} + 120x_{6,3} \\
(CDOT_{\hat{v}}) \quad & + 180
\end{aligned}$$

$$\begin{aligned}
\text{s. t.} \quad & 30x_{1,1} + 50x_{2,1} + 10x_{3,1} + 11x_{4,1} + 13x_{5,1} + \ 9x_{6,1} \leqslant 50 \\
& 10x_{1,2} + 20x_{2,2} + 60x_{3,2} + 10x_{4,2} + 10x_{5,2} + 17x_{6,2} \leqslant 50 \\
& 70x_{1,3} + 10x_{2,3} + 10x_{3,3} + 15x_{4,3} + \ 8x_{5,3} + 12x_{6,3} \leqslant 50 \\
& x_{i,j} = 0 \ \text{或} \ 1 \quad i = 1, 6; j = 1, 3
\end{aligned}$$

新模型的特殊结构体现在每个决策变量只在目标函数中出现一次，且只出现在一个约束条件中，因此，如果不考虑目标函数中的常数项 $\sum_i \hat{v}_i = 180$，则松弛问题$(CDOT_v)$可以进一步分解成三个子问题，每个子问题只有一个约束条件。

虽然决策变量仍然要求是0—1整数，但是对于这些只有一个约束条件的整数规划问题，形式已经非常简单，它们就是常见的0—1背包问题（见定义11.4）。我们可以直接观察到目标函数系数为负的决策变量才会取1，因此$\hat{x}_{2,1} = 1$，$\hat{x}_{3,3} = 1$，对应的目标函数值是$-120 - 30 + 180 = 30$。注意到，当$i = 1, 3$时，上述得到的解$\hat{x}_{i,j}$均满足被松弛条件，而其他可能导致不满足该条件的决策变量为0。

如果目标函数系数为负的决策变量均取值为1会导致解不满足背包问题的约束，拉格朗日松弛方法就需要花费更长的时间求解背包问题。然而，即便是规模较大的背包问题，也比较容易得到最优解（见9.9节的例子），所以，在拉格朗日松弛算法中迭代求解上述子问题也是实际可行的。

13.2.3 拉格朗日松弛问题的界和最优解

在第12.2节中，对于通过改变目标函数或约束条件对应的可行域来松弛整数规划问题的方法，提出了松弛问题需要满足的一些条件，本节介绍的拉格朗日松弛也符合它们。根据原理12.8，有效的松弛问题需要满足以下两个条件：第一，原问题的可行解一定是松弛问题的可行解；第二，松弛问题所有可行解的目标函数值一定优于或者等于原问题的最优目标函数值。

定义13.3表明拉格朗日松弛符合上述两个条件，因为放松原问题中的约束条件不会排除原问题中的可行解；同时，由于松弛问题的全局可行解也会满足所有被松弛的约束条件，结合拉格朗日乘子的符号法则可以看到，添加到目标函数的惩罚项只会改进目标函数值。例如，对于一个最小化问题的约束条件 $\sum_j a_{ij}x_j \geqslant b_i$，对应的乘子一定满足符号准则 $v_i \geqslant 0$，在拉格朗日松弛问题中，所有原问题的可行解 $\hat{\mathbf{x}}$ 一定满足 $v_i\left(b_i - \sum_j a_{i,j}\,\hat{x}_j\right)$。因此，松弛约束对应的惩罚项只会改进最小化问题的目标函数值，使得对应目标函数值成为原问题最优目标函数值的一个下界。

原理 13.5 对于一个目标函数最小化（最大化）的原问题，由定义13.3得到的拉格朗日松弛问题的最优目标函数值是该问题最优目标函数值的一个下界(上界)。

对于应用案例 13-2 中的最小化问题,其拉格朗日松弛问题($CDOT_{\hat{v}}$)的最优目标函数值是 30,即为原问题($CDOT$)最优目标函数值 480 的一个下界。

第 12.2 节探究了松弛问题的最优解刚好是原问题的最优解的情形。根据原理 12.11 和原理 12.12,当松弛问题的最优解满足以下两个条件时,它同时也是原问题的最优解:第一,它是原问题的可行解;第二,它在原问题和松弛问题中的目标函数值相同。具体到拉格朗日松弛问题,我们有以下结论。

原理 13.6 对于拉格朗日松弛问题的一个最优解,如果它是原问题的可行解,并且满足每一个被松弛的不等式约束对应的互补松弛条件(见 6.7 节),即使得对应的乘子 $v_i = 0$ 或者对应的约束条件为等式,那么它也是原问题的一个最优解。

互补松弛条件保证了每一个被松弛的约束在目标函数中对应的对偶项等于 0,使得原问题和松弛问题的目标函数值相等,满足松弛问题最优解是原问题最优解的条件。

拉格朗日松弛方法和其他不改变目标函数的松弛方法相同,如果得到的最优解是原问题的可行解,那么它也是一个原问题的当前最优解。但是,该方法的区别在于,如果这个解还满足每一个被松弛的不等式约束对应的互补松弛条件,根据原理 13.6,那么它也是原问题的最优解。

例 13-3 基于拉格朗日松弛问题的上下界和最优解

考虑如下的 0—1 整数规划问题:

$$\begin{aligned}
\max \quad & 5x_1 + 1x_2 + 4x_3 \\
\text{s.t.} \quad & x_1 + 2x_2 \quad\quad \leqslant 2 \\
& \quad\quad + 1x_2 + 1x_3 \leqslant 1 \\
& x_1, x_2, x_3 \quad\quad = 0 \text{ 或 } 1
\end{aligned}$$

(a) 直接观察给出问题的最优解。

(b) 若松弛第二个不等式约束,设乘子为 $\hat{v} \geqslant 0$,请写出对应的拉格朗日松弛问题。

(c) 令 $\hat{v} = 10$,直接观察给出(b)中松弛问题的最优解,并说明得到的目标函数值是原问题的一个上界。

(d) 令 $\hat{v} = 3$,直接观察给出(b)中松弛问题的最优解,并根据原理 13.6 说明它也是原问题的最优解。

解:

(a) 由枚举法,原问题最优解是 $\hat{\mathbf{x}} = (1, 0, 1)$,对应目标函数值是 9。

(b) 拉格朗日松弛问题如下所示:

$$\begin{aligned}
\max \quad & 5x_1 + (1 - \hat{v})x_2 + (4 - \hat{v})x_3 + \hat{v} \\
\text{s.t.} \quad & x_1 + 2x_2 \leqslant 2 \\
& x_1, x_2, x_3 = 0 \text{ 或 } 1
\end{aligned}$$

(c) 若 $\hat{v} = 10$,则拉格朗日松弛问题的最优解是 $\hat{\mathbf{x}} = (1, 0, 0)$,对应目标函数值是

15。由于原问题的最优目标函数值为 9，所以这是该最大化问题的一个有效上界。

(d) 若 $\hat{v}=3$，则拉格朗日松弛问题的最优解是 $\hat{x}=(1,0,1)$，对应目标函数值是 9。根据原理 13.6，$\hat{x}$ 满足原问题中被松弛的约束条件。同时，这个解使得该约束为紧约束，满足 $\hat{v}=3>0$ 对应的互补松弛条件，所以，$\hat{x}$ 是原问题的最优解。

13.2.4 拉格朗日对偶问题

目前，我们介绍了拉格朗日松弛问题的主要思想及其原理，下面讨论如何选择合适的拉格朗日乘子，提高拉格朗日松弛算法求解原问题的效率，并分析其给出的原问题目标函数值的上下界。

原理 13.7 给定一个整数规划问题，拉格朗日分解策略选择最佳松弛问题时的目标是使得该松弛问题的最优目标函数值是原问题的最好的界。因此，在选择最优乘子的过程中，该策略不断求解乘子对应的拉格朗日松弛问题，并根据得到的结果判断是否可能进一步改进乘子的选择。如果可以，则更新乘子，并重新计算对应的松弛问题；否则，则终止搜索过程。

为了避免讨论模型是最大化问题或最小化问题以及列举不同形式的线性约束，可以只考虑以下整数规划标准模型 (P)，其他情形下的整数规划模型均可以归约至标准模型的形式：

$$\min \quad \mathbf{cx}$$
$$(P) \quad \text{s. t.} \quad \mathbf{Rx} \geqslant \mathbf{r}$$
$$x \in T \triangleq \{\mathbf{x} \geqslant \mathbf{0}: \mathbf{Hx} \geqslant \mathbf{h}, x_j \text{ 为整数}, j \in J\}$$

其中，$\mathbf{x}$ 是非负决策变量向量，$\mathbf{c}$ 是成本系数向量，J 是带有整数约束的决策变量构成的子集，$\mathbf{Rx} \geqslant \mathbf{r}$ 和 $\mathbf{Hx} \geqslant \mathbf{h}$ 是模型最主要的线性约束条件。若松弛第一部分的约束条件，设对应的拉格朗日乘子向量为 $\mathbf{v} \geqslant 0$，并保留第二部分容易处理的约束条件，则可以得到以下的拉格朗日松弛问题 (P_v)：

$$\min \quad \mathbf{cx} + \mathbf{v}(\mathbf{r} - \mathbf{Rx})$$
$$(P_v) \quad \text{s. t.} \quad \mathbf{x} \in \mathbf{T}$$

对于问题 P_v，根据原理 13.7 提出的目标，拉格朗日对偶问题用于搜索最佳的乘子，使得对应的拉格朗日松弛问题得到的最优目标函数值是原问题最好的界。

定义 13.8 对于原问题 (P) 和上述拉格朗日松弛问题 (P_v)，对应的拉格朗日对偶问题通过求解以下模型找到最优的拉格朗日乘子 $\mathbf{v}$：

$$\max \quad v(P_v)$$
$$(D_L) \quad \text{s. t.} \quad \mathbf{v} \geqslant 0$$

其中，$v(\cdot)$ 表示问题 $(\cdot)$ 的最优目标函数值。

根据原理 13.5 和原理 13.6，上述标准形式的拉格朗日对偶问题满足以下原理。

原理 13.9 对于问题 (P)，$(P_{\bar{v}})$ 和 (D_L)，一定有 $v(P) \geqslant v(D_L)$。而且，设乘子 $\hat{\mathbf{v}} \geqslant$

0 对应的松弛问题(P_0)的最优解为 $\hat{\mathbf{x}}$，如果 $\hat{\mathbf{x}}$ 满足 $\mathbf{R}\,\hat{\mathbf{x}}\geqslant\mathbf{r}$ 和 $\hat{\mathbf{v}}(\mathbf{r}-\mathbf{R}\,\hat{\mathbf{x}})=0$，则 $\hat{\mathbf{x}}$ 也是问题 $(\mathbf{P})$ 的最优解，并且 $v(P)=v(D_L)$。

每个乘子 $v\geqslant0$ 对应的松弛问题的最优目标函数值均是原问题 $v(P)$ 的一个下界，其中，最强的下界为 $v(D_L)$。另外，对于一个松弛问题的最优解 $\hat{\mathbf{x}}$，如果它满足被松弛的约束条件，并且符合该约束条件和相应乘子的互补松弛条件，那么，该最优解也一定是原问题的一个最优解。通过以上两点，可以得到 $v(P)=v(D_L)$ 的结论。

□**应用案例 13-3**

拉格朗日对偶问题的小算例

为了更好地理解拉格朗日对偶问题和最优乘子的搜索过程，下面根据 Parker 和 Rardin(1988) 提出的算例进行具体说明，该算例的规模较小，所以可以借助图形进行描述。考虑如下整数规划问题：

$$
\begin{aligned}
\min\quad & 3x_1+2x_2 \\
\text{s. t.}\quad & 5x_1+2x_2\geqslant3 \\
& 2x_1+5x_2\geqslant3 \\
(SMALL)\quad & 8x_1+8x_2\geqslant1 \\
& 0\leqslant x_1\leqslant1 \\
& 0\leqslant x_2\leqslant2 \\
& x_1,x_2\text{ 为整数}
\end{aligned}
$$

若松弛前面两个约束条件，设对应的拉格朗日乘子为 v_1，$v_2\geqslant0$，则对应的拉格朗日松弛问题为：

$$
\begin{aligned}
\min\quad & 3x_1+2x_2+v_1(3-5x_1-2x_2)+v_2(3-2x_1-5x_2) \\
(SMALL_{v_1,v_2})\quad \text{s. t.}\quad & (x_1,x_2)\in T\triangleq\{\text{整数}(x_1,x_2)\geqslant0: \\
& 8x_1+8x_2\geqslant1,x_1\leqslant1,x_2\leqslant2\}
\end{aligned}
$$

对应的拉格朗日对偶问题是：

$$
\begin{aligned}
\max\quad & v(SMALL_{v_1,v_2}) \\
(S\,Dual)\quad \text{s. t.}\quad & v_1,v_2\geqslant0
\end{aligned}
$$

图 13-2a 描绘了原始问题 $(SMALL)$ 和对应的线性松弛问题的求解过程。整数可行解是 $(x_1,\ x_2)=(0,2)$，$(1,1)$ 和 $(0,2)$，其中最优解为 $\mathbf{x}^*=(0,2)$，对应的目标函数值是 $v^*=4$。图 a 中的阴影部分表示线性松弛问题的可行域，其最优解是 $\bar{\mathbf{x}}=(3/7,3/7)$，对应目标函数值是 $\bar{v}=15/7\approx2.14$。

松弛前两个约束条件（对应图 13-2b 中的虚线）后，拉格朗日松弛问题的整数可行解仍需要满足约束条件 $8x_1+8x_2\geqslant1$，$0\leqslant x_1\leqslant1$ 和 $0\leqslant x_2\leqslant2$，得到的可行域为：

$$T\triangleq\{(0,1),(0,2),(1,0),(1,1),(1,2)\}$$

根据在 12.7 节的介绍，任何松弛问题都可以被看成关于可行域 T 的凸包（包含 T 中所有可行解的最小多面体）上的一个线性规划。图 b 中的阴影部分描绘了这个算例的凸包，其中，最优解 $\widetilde{x} = (1/3, 2/3)$，最优目标函数值为 $7/3$。

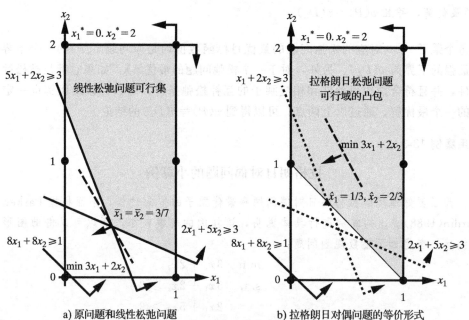

a) 原问题和线性松弛问题　　　　　b) 拉格朗日对偶问题的等价形式

图 13-2　求解小算例的拉格朗日松弛算法

13.2.5　拉格朗日对偶问题和线性松弛问题确定的上下界

给定一个整数规划问题，图 13-2 描述了求解拉格朗日对偶问题和线性松弛问题的区别。

原理 13.10　对于问题 (P)，(P_v) 和 (D_L)，可得：

$$v(D_L) = v \begin{bmatrix} \min & \mathbf{cx} \\ & \mathbf{R} \geqslant \mathbf{r} \\ & \mathbf{x} \in [T] \end{bmatrix} \qquad v(\overline{P}) = v \begin{bmatrix} \min & \mathbf{cx} \\ & \mathbf{R} \geqslant \mathbf{r} \\ & \mathbf{x} \in \overline{T} \end{bmatrix}$$

其中，$[T]$ 是 T 的凸包，$(\overline{P})$ 是原问题 (P) 的线性松弛问题，$\overline{T}$ 是 T 的线性松弛。

上述对线性松弛问题确定的界 $v(\overline{P})$ 的刻画很容易理解，反映了线性松弛问题在放松整数约束后仍考虑原问题中所有的约束条件。

而关于拉格朗日对偶问题确定的界 $v(D_L)$ 的刻画则有更深刻的几何意义，反映了在放松部分约束条件之后，拉格朗日松弛考虑的可行域只是松弛问题中保留的约束条件对应的凸包 $[T]$。

图 13-2b 给出了最优解 $\hat{x} = (1/3, 2/3)$，对应的目标函数值是 $7/3 \approx 2.33$。注意到它还是整数最优解 $\mathbf{x}^* = (0, 2)$ 对应的目标函数值 4.00 的下界，满足原理 13.9。与线性松弛问题的解 $\overline{\mathbf{x}} = (3/7, 3/7)$ 及其目标函数值 $15/7 \approx 2.14$ 相比，拉格朗日对偶问题提供的下界更好，即 $v(\overline{P}) < v(D_L)$。由于凸包 $[T]$ 总是至少和线性松弛可行域 $\overline{T}$ 一样紧，或者更紧，所以，如果拉格朗日松弛算法选择了最优的乘子，那么，由拉格朗日对偶问题给出的最优解将严格地改进一般线性松弛问题得到的最优解。

原理 13.11　对于问题(P)，(P_v)，$(\overline{P})$和(D_L)，满足 $v(D_L) \geqslant v(\overline{P})$。并且，如果 $[T] = \overline{T}$，则拉格朗日松弛问题可以按照线性规划问题求解，并且 $v(D_L) = v(\overline{P})$。

上述原理说明拉格朗日对偶问题得到的界至少和线性松弛得到的界一样好，但是，如果拉格朗日松弛问题(P_v)是严格的整数规划问题，不能按照一个线性规划问题直接求解，则拉格朗日对偶问题得到的界将会严格得更好。因此，我们可以进一步精炼拉格朗日易处理的原理，具体如下。

原理 13.12　按照原理 13.4，松弛原问题的部分约束后得到的子问题，应该比原问题更容易求解。而且，如果子问题能够作为一个线性规划问题求解，则由拉格朗日对偶问题得到的界不会比线性松弛得到的界更好；否则，拉格朗日对偶问题得到的界会严格得更优。

显然，如何选择被松弛的约束条件是拉格朗日松弛方法的关键。下面以广义分配模型$(CDOT)$为例，说明选择被松弛的约束时会遇到的困境。我们已经看到，如果选择松弛三个 $=1$ 的等式约束条件，那么拉格朗日松弛问题$(CDOT_v)$可以被分解为一系列的 0—1 背包问题。根据原理 13.12，由于背包问题是整数规划问题，所以由拉格朗日对偶问题得到的下界 $v(D_L)$ 会比线性松弛$(CDOT)$得到的下界更强。

但是，如果选择松弛 $\leqslant$ 的不等式约束条件，对应的乘子向量是 $\mathbf{w} \leqslant 0$，并保留 $=1$ 的等式约束条件，则可以得到如下的拉格朗日松弛模型$(CDOT_w)$：

$$\begin{aligned}
\min \quad & 130x_{1,1} + 460x_{1,2} + 40x_{1,3} + 30x_{2,1} + 150x_{2,2} + 370x_{2,3} \\
& 510x_{3,1} + 20x_{3,2} + 120x_{3,3} + 30x_{4,1} + 40x_{4,2} + 390x_{4,3} \\
& 340x_{5,1} + 30x_{5,2} + 40x_{5,3} + 20x_{6,1} + 450x_{6,2} + 30x_{6,3} \\
& + w_1(50 - 30x_{1,1} - 50x_{2,1} - 10x_{3,1} - 11x_{4,1} - 13x_{5,1} - 9x_{6,1}) \\
& + w_2(50 - 10x_{1,2} - 20x_{2,2} - 60x_{3,2} - 10x_{4,2} - 10x_{5,2} - 17x_{6,2}) \\
& + w_3(50 - 70x_{1,3} - 10x_{2,3} - 10x_{3,3} - 15x_{4,3} - 8x_{5,3} - 12x_{6,3})
\end{aligned}$$

$$\begin{aligned}
\text{s. t.} \quad & x_{1,1} + x_{1,2} + x_{1,3} = 1 \\
& x_{2,1} + x_{2,2} + x_{2,3} = 1 \\
(CDOT_w) \quad & x_{3,1} + x_{3,2} + x_{3,3} = 1 \\
& x_{4,1} + x_{4,2} + x_{4,3} = 1 \\
& x_{5,1} + x_{5,2} + x_{5,3} = 1 \\
& x_{6,1} + x_{6,2} + x_{6,3} = 1 \\
& x_{i,j} = 0 \text{ 或 } 1 \quad i = 1,6; j = 1,3
\end{aligned}$$

和问题 $CDOT_v$ 一样，松弛模型可以被分解成一系列只包含一个约束条件的子问题，例如：

$$x_{1,1} + x_{1,2} + x_{1,3} = 1$$
$$x_{1,1}, x_{1,2}, x_{1,3} \geqslant 0 \quad \text{并且为整数}$$

此时，这些问题既可以作为整数规划求解，也可以作为线性规划求解。无论是哪种情况，在每个子问题的最优解中，都是令目标函数系数最小的决策变量为 1，其余为 0，而整数约束并没有起到限制作用。根据原理 13.12，即便问题 $CDOT_w$ 选择了最优的拉格朗日乘子,由此得到的原问题目标函数的下界也不会比线性松弛得到的下界更好。

13.2.6 拉格朗日对偶问题的目标函数

虽然上述例子中通过图形说明了关于拉格朗日对偶问题的直观启示和思想,但是和本书中介绍的大部分算法一样,在解决实际应用问题时,找到最合适的拉格朗日乘子还是需要进行最优化搜索。

为了简化对拉格朗日乘子搜索方法的讨论,假设拉格朗日松弛问题(P_v)的可行域 T 是有界的,那么,松弛问题的最优解一定是可行域对应凸包中有限多个极点中的一个。由此,我们可以得到关于拉格朗日对偶问题目标函数的原理。

原理 13.13 如果拉格朗日松弛问题(P_v)的可行域(T)是有界的,那么,松弛问题的最优目标函数值 $v(P_v)$ 将是关于拉格朗日乘子 $v \geqslant 0$ 的分段线性凹函数,该函数对应着最小的以所有可行解 $x \in T$ 为参数的关于乘子 v 的线性函数。

图 13-3 通过算例($SMALL$)和对应的松弛问题($SMALL_{v_1,v_2}$)解释了原理 13.13 成立的原因(并验证了拉格朗日对偶问题的最优目标函数值是 $7/3 \approx 2.33$,和图 13-2b得到的一样)。给定任意非负的两个拉格朗日乘子,v_1 和 v_2,求解松弛问题最优的目标函数值等价于比较在四个可行解处 $\mathbf{x} \in T$ 的关于乘子的线性目标函数值,然后从中选择目标函数值最小的一个解作为最优解。例如,在可行解 $\mathbf{x} = (1, 2)$,拉格朗日松弛问题($SMALL_{v_1,v_2}$)的目标函数可以简化为如下线性函数:

$$3(1) + 2(2) + v_1(3 - 5(1) - 2(2))$$
$$+ v_2(3 - 2(1) - 5(2))$$
$$= 7 - 6v_1 - 9v_2$$

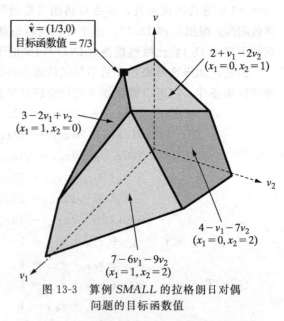

图 13-3　算例 $SMALL$ 的拉格朗日对偶问题的目标函数值

图中的每一个平面对应着给定乘子 $\mathbf{v}$ 下的最佳的线性函数[因为对任意的乘子 $\mathbf{v} \geqslant 0$,$\mathbf{x} = (1, 1)$ 都不可能是最优,所以图中并没有画出对应的平面],而拉格朗日松弛问题的最优目标函数值对应着关于给定乘子的最小线性函数。该函数之所以是分段线性的,原因在于对于一段连续的不同乘子 $\mathbf{v}s$,对应的最优解 $\mathbf{x}$ 可能是相同的;而当乘子取到其他值时,可能得到和之前完全不同的最优解,此时最优目标函数就会发生变化。平面之间的线性边界表明拉格朗日松弛问题可能存在多个最优解。

对于一般形式(P)下的整数规划问题,原理 13.13 说明拉格朗日松弛问题的目标函数 $v(P_v)$ 总是关于乘子的最小线性函数,并且是凹函数(见定义 16.23)。根据这个原理,我们可以设计如第 3 章和第 16 章介绍的改进搜索算法:如果乘子在邻域附近的调整都无法改进拉格朗日对偶问题的目标函数值,达到局部最大化,则该乘子就是拉格朗日对偶问题(D_L)的最优乘子。

13.2.7 求解拉格朗日界的次梯度优化算法

对于一个给定的整数规划模型和拉格朗日松弛模型，存在许多改进搜索算法努力尝试找到最优或近似最优的原问题目标函数的界。本小节介绍一类最简单且最常用的算法——次梯度搜索算法，该算法是 16D 最速下降梯度算法的推广。

首先，我们还是从图 13-3 中画出的算例（SMALL）中发现关于拉格朗日对偶问题的启示。图 13-4 给出了将对偶面从上投影到二维平面的局部图，得到拉格朗日对偶问题的最优解是 $\hat{\mathbf{v}} = (0.333, 0.0)$。

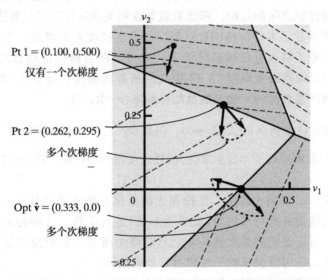

图 13-4　在二维平面上表示采用拉格朗日松弛对偶算法计算算例 SMALL

对一个最大化问题，在目标函数可导处，梯度方向（目标函数关于决策变量的偏导向量）对应着解的改进方向。例如，点 $Pt1 = (0.10, 0.50)$ 是一个最优解，在此处，拉格朗日对偶问题目标函数由对偶面唯一决定，因为对应的拉格朗日松弛问题(P_v)存在唯一的最优解 $\mathbf{x} = (0, 2)$。在此处，梯度存在并且得到改进方向 $\Delta \mathbf{v}(-1, -7)$。

拉格朗日对偶问题搜索最优乘子的难点出现在对偶函数分段线性的分段交界处，例如点 $Pt2 = (0.262, 0.295)$，此时，拉格朗日松弛问题将会存在两个最优解，即 $\mathbf{x} = (0, 1)$ 和 $\mathbf{x} = (0, 2)$。

为了解决以上问题，可以对梯度的概念进行推广，得到次梯度，它是一个用所有可能的梯度方向的凸组合来表达的方向，描述如下。

原理 13.14　给定标准形式的原问题($\mathbf{P}$)和拉格朗日松弛问题(P_v)，目标函数 $v(P_v)$ 在点 $\mathbf{v}$ 处的次梯度可以表示成：

$$\left\{ \Delta \mathbf{v} = \sum_{\widetilde{x} \in T_v} \alpha_{\widetilde{x}} (r - \mathbf{R}\,\widetilde{\mathbf{x}}) \quad 对任意的 \ \alpha_{\widetilde{x}} \geqslant 0 \ 且 \sum \alpha_{\widetilde{x}} = 1 \right\}$$

其中 $T_v \triangleq \{\widetilde{\mathbf{x}}$ 是问题(P_v)的最优解$\}$。

对于图中的点 Pt1，代入唯一的最优解 $(\widetilde{x}_1, \widetilde{x}_2) = (0, 2)$ 可得改进方向 $(\Delta v_1, \Delta v_2) = (-1, -7)$。

对于图中的更复杂的点 Pt2，存在两个松弛问题最优解 $x = (0, 1)$ 和 $(0, 2)$，对应的松弛问题目标函数值均为 1.673，由原理 13.14 可以得到多个次梯度方向是：

$$\alpha_1(-2, 1) + \alpha_2(1, -2), \quad \text{对任意的 } \alpha_1, \alpha_2 \geqslant 0, \quad \alpha_1 + \alpha_2 = 1$$

虽然在点 Pt2 处的所有次梯度刚好均是改进方向，但这个结论并不能推广到任意一个带有多个次梯度方向的点。在最优点 $\hat{v}$ 处的次梯度范围说明了这一点。图 13-4 画出了在最优点 $\hat{v}$ 处的所有次梯度，包括会减小目标函数值的方向 $(1, -2)$ 和增加目标函数值的方向 $(-2, 1)$。然而，可以证明的是，朝着其中任意一个次梯度方向的微小移动，都将会减小当前解和最优解之间的差距。和级数收敛性相关的具体细节见算法 13C 的步骤 4。

算法 13C 完整描述了求解拉格朗日对偶问题的次梯度搜索算法。在介绍应用该算法求解实例之前，首先了解该算法的具体细节：第一，在当前拉格朗日对偶问题的解 $\mathbf{v}^{(\ell)}$ 处，该算法虽然可以取到根据原理 13.14 定义的所有次梯度，但算法 13C 选择了更直观的次梯度，即松弛问题最优解不满足的被松弛约束 $(\mathbf{r} - \mathbf{R}\mathbf{x}^{(\ell)})$。

第二，如果步长收敛到 $0 (\lim_{\ell \to \infty} \lambda_\ell \to 0)$，但是步长之和并不收敛到 $0 \left(\sum_{\ell=1}^{\infty} \lambda_\ell = \infty \right)$，那么沿着次梯度方向（长度经过了单位标准化）的搜索步数也将收敛。在我们的例子中，步长

$$\lambda_{\ell+1} \leftarrow 1/2(\ell + 1)$$

第三，在算法 13C 的第 4 步中，先按照无约束优化的方法选择步长 λ_ℓ；然后在第 5 步中，根据乘子可能带有的符号约束（此处为非负）进行调整。这种确定步长的方法看似过于简单，但是，可以证明的是在这一步之后将解中所有为负的乘子设为 0 的方法不仅保证乘子的非负性，还可以保证乘子搜索过程的收敛性。

第四，次梯度搜索并不能保证拉格朗日对偶问题的目标函数值得到持续单调的改进。算法第 2 步记录了当前得到的最优解，但什么时候更新当前最优解需要根据情况而定。当拉格朗日松弛问题的最优解 $\mathbf{x}^{(\ell)}$ 刚好满足对偶约束时，该解也可以作为一个原始问题的当前最优解。

▶ **算法 13C：拉格朗日对偶问题的次梯度搜索算法**

设 (P)，(P_v) 和 (D_L) 与上文的定义相同。

第 0 步：初始化。 任选一个拉格朗日对偶问题的解 $\mathbf{v}^{(0)} \geqslant 0$，令 $\ell \leftarrow 0$，初始化原始问题当前最优目标函数值 $\hat{v}_P \leftarrow +\infty$ 和拉格朗日对偶问题当前最优目标函数值 $\hat{v}_D \leftarrow -\infty$。

第 1 步：拉格朗日松弛。 给定拉格朗日对偶问题当前的解 $\mathbf{v}^{(\ell)}$，求解对应的拉格朗日松弛问题 $(P_{v^{(\ell)}})$，得到松弛问题最优解 $\mathbf{x}^{(\ell)}$。

第 2 步：更新当前最优解。 若 $v(P_{v^{(\ell)}}) > \hat{v}_D$，则更新拉格朗日对偶问题当前最优目标函数值 $\hat{v}_D \leftarrow v(P_{v^{(\ell)}})$，并且令 $\hat{\mathbf{v}} \leftarrow \mathbf{v}^{(\ell)}$。若 $(\mathbf{r} - \mathbf{R}\mathbf{x}^{(\ell)}) \leqslant 0$ 并且 $\hat{v}_P < \mathbf{c}\mathbf{x}^{(\ell)}$，则更新原始问题当前最优目标函数值 $\hat{v}_P \leftarrow \mathbf{c}\mathbf{x}^{(\ell)}$。

第 3 步：算法停止条件判断。 若 $(\mathbf{r} - \mathbf{R}\mathbf{x}^{(\ell)}) \leqslant 0$ 并且 $\mathbf{v}^{(\ell)}(\mathbf{r} - \mathbf{R}\mathbf{x}^{(\ell)}) = 0$，则停止算法；此时，$\mathbf{x}^{(\ell)}$ 对应原问题 (P) 的最优解，并且 $v(D_L) = v(P)$。否则，若进一步计算并不能改进当前最优解，则停止算法；此时，分别得到原问题 (P) 和拉格朗日对偶问题 (D_L) 的近

似最优解，$\hat{v}_p$，$\hat{v}_D$，$\hat{\mathbf{x}}$和$\hat{\mathbf{v}}$。

第 4 步：次梯度方向上的步长选择。从一个满足$\lim\limits_{\ell\to\infty}\lambda_\ell\to0$且$\sum\limits_{\ell=1}^{\infty}\lambda_\ell=\infty$的级数中选择下一个步长$\lambda_{\ell+1}>0$，得到拉格朗日对偶问题新的解：

$$\mathbf{v}^{(\ell+1)}\leftarrow\mathbf{v}^{(\ell)}+\lambda_{\ell+1}\Delta\mathbf{v}\quad\text{其中},\Delta\mathbf{v}\leftarrow(\mathbf{r}-\mathbf{Rx}^{(\ell)}/\|\mathbf{r}-\mathbf{Rx}^{(\ell)}\|$$

第 5 步：投影保证乘子的可行性。将新的拉格朗日对偶问题的解投影至$\{\mathbf{v}\geqslant\mathbf{0}\}$，令：

$$v_i^{(\ell+1)}\leftarrow\max\{0,v_i^{(\ell+1)}\},\quad\forall i$$

令$\ell\leftarrow\ell+1$，返回第 1 步。

13.2.8　次梯度搜索算法应用举例

表 13-4 和图 13-5 给出了利用次梯度搜索算法 13C 求解算例 *SMALL* 的数值计算结果。拉格朗日对偶问题的初始解为$\mathbf{v}^{(0)}=(0.50，0.40)$，对应的拉格朗日松弛问题的解$\mathbf{x}^{(0)}=(1，2)$，其目标函数值是$v(P_{\mathbf{v}^{(0)}})=0.040$，将它们作为拉格朗日对偶问题的第一个当前最优解。由于$\mathbf{x}=(1，2)$满足松弛约束，所以作为原始问题的初始当前最优解。

表 13-4　次梯度搜索算法 13C 求解算例 *SMALL* 的数值结果

ℓ	$\mathbf{v}^{(\ell)}$	$\mathbf{x}^{(\ell)}$	$v(P_{\mathbf{v}^{(\ell)}})$	$\mathbf{r}-\mathbf{Rx}^{(\ell)}$	$\lambda_{\ell+1}$	Raw $\mathbf{v}^{(\ell+1)}$	$\hat{\mathbf{v}}$	$\hat{v}_D$	$\hat{\mathbf{x}}$	$\hat{v}_p$
0	(0.50, 0.40)	(1, 2)	0.40	(−6, −9)	1/2	(0.22, −0.02)	(0.50, 0.40)	0.40	(1, 2)	7
1	(0.22, 0.00)	(0, 1)	2.22	(1, −2)	1/4	(0.33, −0.22)	(0.22, 0.00)	2.22	(1, 2)	7
2	(0.33, 0.00)	(1, 0)	2.33	(−2, 1)	1/6	(0.19, 0.07)	(0.33, 0.00)	2.33	(1, 2)	7
3	(0.19, 0.07)	(0, 1)	2.04	(1, −2)	1/8	(0.24, −0.04)	(0.33, 0.00)	2.33	(1, 3)	7

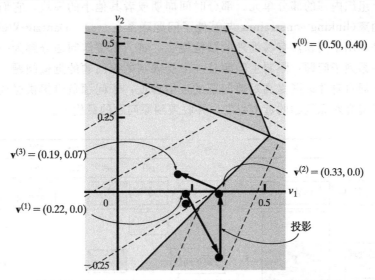

图 13-5　次梯度搜索算法 13C 求解算例 *SMALL* 的图示说明

选择不可行向量$\mathbf{r}-\mathbf{Rx}^{(0)}=(-6，-9)$作为第一个次梯度方向，并进行长度标准化后得到$(-0.55，-0.83)$。设步长为$\lambda_1=1/2$，经过一步移动后得到新的解$\mathbf{v}=(0.22，-0.02)$。由于第二个元素为负，经过投影后得到下一个对偶解$\mathbf{v}^{(1)}=(0.22，0.00)$。

当前目标函数值是 2.22，两次迭代后得到拉格朗日对偶问题的目标函数值为 2.33 和 2.04，可以看到该算法并不是持续改进拉格朗日对偶问题的目标函数值。虽然需要更多次迭代来确保收敛性，但由于算法在本例中找到了首次下降的拉格朗日对偶问题目标函数值，因此，停止算法，得到拉格朗日对偶问题的当前最优解(0.33，0.00)，其目标函数值是 2.33。虽然图 13-4 说明这是最优解，但次梯度搜索算法仅仅表明这是近似最优解。

13. 3　Dantzig-Wolfe 分解算法

13.1 节介绍的列生成算法适用于解决一类候选决策方案可以由多个完全信息下的列表示的组合优化问题。该算法并不是直接对带有所有列的规划问题进行求解，而是通过限制主问题求解只包含当前生成的列的模型，再由列生成子问题选择可能改进限制主问题目标函数值的列，并加入到限制主问题中。该算法的优点在于最后没有被子问题生成的列被判定为不会改进限制主问题的当前最优解，所以避免了考虑大量可能的列。

求解大规模优化模型的 Dantzig-Wolfe 分解算法以线性规划的先驱乔治·丹茨格(George Dantzig)和菲利普·沃尔夫(Philip Wolfe)(1960)的名字命名，虽然该算法从其他方法中获取许多想法，但是它们的目标却有较大差别。该分解算法不再是针对决策候选方案对应于完全信息下的列情况，而是借助 13.2 节介绍的拉格朗日松弛方法，将如图 13-6a所示的大量的复杂约束与一个或多个具有易处理的特殊结构(例如，网络流模型)的线性约束分解开。分解得到的子问题通常具备如图 13-6b 所示的**分块对角结构**(block-diagonal)，分块之间相互独立并只包含一部分决策变量。每个分块对应的子问题可能仅仅反映了一个组织内部的部分单元、部分时间周期或者其他小的模块，它们只是通过一系列的**连接约束**(linking constraints)与其他子问题联系在一起。Dantzig-Wolfe 分解算法的基本思想是利用子问题具有易处理的结构特点，将一个整体问题分解为一个限制主问题和一个或一系列子问题：限制主问题是一个受限制的原问题的近似问题，它通过列生成方法不断扩展自身并逐渐提高对原问题的近似程度；子问题负责提供必要的信息，协助主问题逐步提高对原问题的近似程度，并收敛到原问题的最优解。

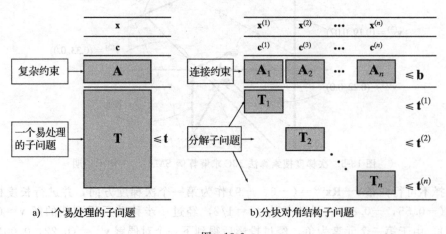

a) 一个易处理的子问题　　　　　　　　b) 分块对角结构子问题

图　13-6

与前几节类似，我们不妨先通过一个简单的例子来介绍该分解算法的应用。

□应用案例 13-4

Global Backpack（GB）算例

假设有一家名为 Global Backpack（GB）的公司，负责生产和分销书包。GB 有两个生产基地——海外基地和国内基地，每个基地均有两个生产线。下表给出了该公司生产优化问题的对角分块形式。

		海外基地		国内基地	
		x_1	x_2	x_3	x_4	
max		14	8	11	7	（利润）
s. t.		2.1	2.1	0.75	0.75	≤60（运输成本）
		0.5	0.5	0.5	0.5	≤25（处理成本）
GB 生产数据		1	1			≥20（应交付数量）
		1	0			≤20（生产线 1 的产能限制）
				1	1	≥12（应交付数量）
				1	0	≤15（生产线 1 的产能限制）
				0	1	≤25（生产线 2 的产能限制）

决策变量 x_1 和 x_2 分别表示在海外基地两条生产线的书包产量（单位：千），x_3 和 x_4 分别表示在国内基地两条生产线的书包产量。

首先是子问题。由于生产书包的原材料供应量已经由生产前基于一定的折扣价签订的合同决定，所以位于海外和国内基地的生产线 1 的产能均受到限制。同时，位于海外基地的生产线 2 所需的原材料可以通过较高价格在开放市场上购买，所以生产线 2 的产能没有限制；但是，国内基地在工会合同规定下，生产线 2 的产能也受到限制。根据当地政府的规定，两处基地的总生产量均有最低数量要求（单位：千）。

对两个基地的两条生产线，GB 估计了单位净利润（单位是每单位数量千美元），即期望销售价格减去生产成本。由于海外劳动成本较低，所以海外基地的净利润更高。GB 的决策目标是最大化所有基地的总利润（单位：千美元）。

GB 的产品运输和处理均由一家独立公司完成，连接约束对应该公司提出的运输成本和处理成本的资金约束（单位：千美元）。只要生产计划满足资金约束，那么 GB 就不需要付出额外的费用。由于所有的产品必须运回至国内市场销售，所以海外基地单位产品的资金约束高于国内基地的资金约束。

13.3.1　根据极点和极方向重新建模

和列生成算法的思想类似，Dantzig-Wolfe 分解算法希望聚焦在仅仅由连接约束构成的限制主问题，只有当需要考虑子问题的约束条件时才会对该子问题进行求解。对此，Dantzig 和 Wolfe 的主要思想是充分利用子问题的可行域为凸集的原理，重新对主问题建模，方法就是将主问题中的每个原始决策变量表示成各个子问题的**极点**（extreme point）和**极方向**（extreme ray）的加权求和形式，如下所示。

原理 13.15　对于具有形如图 13-6a 行分割形式并且主问题如下的线性规划问题：

$$\max \quad \sum_s \mathbf{c}^{(s)} \mathbf{x}^{(s)}$$
$$\text{s. t.} \quad \sum_s \mathbf{A}_s \mathbf{x}^{(s)} \leqslant \mathbf{b}$$
$$\mathbf{x}^{(s)} \geqslant \mathbf{0}, \quad \forall s$$

可以利用子问题集合 s 对应的所有可行域边界的极点和极方向，重新将它表示成如下形式：

$$\max \quad \sum_s \mathbf{c}^{(s)} \left(\sum_{j \in P_s} \lambda_{s,j} \mathbf{x}^{(s,j)} + \sum_{k \in D_s} \mu_{s,k} \Delta \mathbf{x}^{(s,k)} \right)$$
$$\text{s. t.} \quad \sum_s \mathbf{A}_s \left(\sum_{j \in P_s} \lambda_{s,j} \mathbf{x}^{(s,j)} + \sum_{k \in D_s} \mu_{s,k} \Delta \mathbf{x}^{(s,k)} \right) \leqslant \mathbf{b}$$
$$\sum_{j \in P_s} \lambda_{s,j} = 1, \quad \forall s$$
$$\lambda_{s,j} \geqslant 0, \quad \forall s, j \in P_s, \quad \mu_{s,k} \geqslant 0, \quad \forall s, k \in D_s$$

其中，集合 P_s 用于标记子问题的极点 $\mathbf{x}^{(s,j)}$，集合 D_s 用于标记子问题的极方向 $\Delta \mathbf{x}^{(s,k)}$。

13.3.2 对应用案例 13-4 中 GB 公司最优化问题重新建模

虽然实际问题会比应用案例 13-4 复杂得多，但应用案例 13-4 足够简单，使得我们能够借助图形直观地了解该分解算法的主要思想。由图 13-7a 可知，海外基地子问题对应的有：

$$\text{极点 } \mathbf{x}^{(1,j)} = \begin{bmatrix} 0 \\ 22 \end{bmatrix}, \begin{bmatrix} 20 \\ 2 \end{bmatrix}$$

$$\text{一个极方向 } \Delta \mathbf{x}^{(s,k)} = \begin{bmatrix} 0 \\ 1 \end{bmatrix}$$

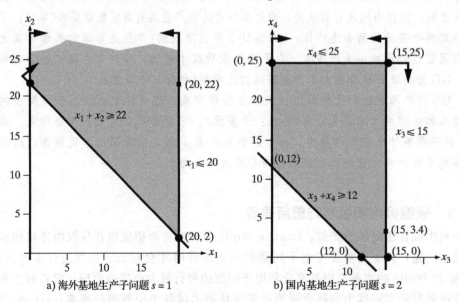

图 13-7　应用案例 13-4 算例 GB 的子问题描述

由图 13-7b 可知，国内基地子问题对应的有：

$$\text{极点 } \mathbf{x}^{(2,j)} = \begin{bmatrix} 0 \\ 12 \end{bmatrix}, \begin{bmatrix} 12 \\ 0 \end{bmatrix}, \begin{bmatrix} 15 \\ 0 \end{bmatrix}, \begin{bmatrix} 15 \\ 25 \end{bmatrix}, \begin{bmatrix} 0 \\ 25 \end{bmatrix} \qquad \text{没有极方向}$$

根据原理 13.15 和基础知识 3，两个子问题的任何可行解均可以由极点和极方向表达。例如，子问题 1 中的点 $(x_1, x_2) = (20, 22)$ 和子问题 2 中的点 $(x_3, x_4) = (15, 3.4)$，可以分别表示如下：

$$\begin{bmatrix} 20 \\ 22 \end{bmatrix} \leftarrow \lambda_1 \begin{bmatrix} 20 \\ 2 \end{bmatrix} + \mu_1 \begin{bmatrix} 0 \\ 1 \end{bmatrix} = 1 \begin{bmatrix} 20 \\ 2 \end{bmatrix} + 20 \begin{bmatrix} 0 \\ 1 \end{bmatrix}$$

$$\begin{bmatrix} 15 \\ 3.4 \end{bmatrix} \leftarrow \lambda_1 \begin{bmatrix} 15 \\ 0 \end{bmatrix} + \lambda_2 \begin{bmatrix} 15 \\ 25 \end{bmatrix} = 0.864 \begin{bmatrix} 15 \\ 0 \end{bmatrix} + 0.136 \begin{bmatrix} 15 \\ 25 \end{bmatrix}$$

注意到在两个子问题中，根据原理 13.15，极点的权重 λ_j 不仅均为非负而且和为 1，而极方向的权重只需要为非负即可。

13.3.3　子问题极点和极方向的生成方法

虽然根据原理 13.15 得到的新模型和原来的模型完全等价，但是当解决现实问题时，新模型将会存在大量的极点和极方向，使得计算比较困难。于是，Dantzig-Wolfe 分解算法采用和 13.1 节中列生成算法类似的思想，在子问题中只生成可能改进限制主问题目标函数值的极点和极方向。因此，首先介绍子问题的列生成方法，然后给出 Dantzig-Wolfe 分解算法的整体过程。

原理 13.16　为了生成能够改进原理 13.15 得到的主问题的列，或者证明这样的列不存在，Dantzig-Wolfe 分解算法在第 ℓ 次迭代时求解每个子问题对应的线性规划问题：

$$\begin{aligned} \max \quad & \bar{\mathbf{c}}^{(s)} \mathbf{x}^{(s)} - q^{(\ell)} \\ \text{s. t.} \quad & \mathbf{T}_s \mathbf{x}^{(s)} \leqslant \mathbf{t}^{(s)} \\ & \mathbf{x}^{(s)} \geqslant \mathbf{0} \end{aligned}$$

其中 $\bar{\mathbf{c}}^{(s)} \leftarrow (\mathbf{c}^{(s)} - \mathbf{v}^{(\ell)} \mathbf{A}_s)$，$\mathbf{v}^{(\ell)}$ 表示当前限制主问题中连接约束对应的最优对偶变量，$q_s^{(\ell)}$ 表示当前限制主问题中对应子问题 s 的等于 1 的凸约束的对偶变量。

在第 ℓ 次迭代时，根据限制主问题得到的对偶变量 $v^{(\ell)}$ 和 $q_s^{(\ell)}$，对列进行定价，得到检验数，选择能够最好地改进主问题目标函数值的列。目标函数中决策变量的系数 $\bar{\mathbf{c}}^{(s)} \leftarrow (\mathbf{c}^{(s)} - \mathbf{v}^{(\ell)} \mathbf{A}_s)$ 部分取决于对连接约束的定价。然后，对子问题进行优化。$-q_s^{(\ell)}$ 可以看作选择最优极点或根据极方向判定无界的常量（见原理 5.27）。如果得到极点，则只需要检验包括 $-q_s^{(\ell)}$ 在内的总价为正（最大化问题）或为负（最小化问题）即可。

如果将单纯形算法（见第 5～6 章和第 10.4 节）应用到列生成子问题中，可以得到以下结论。

原理 13.17　如果可以利用单纯形算法求解原理 13.16 给出列生成子问题，那么该算法终止时给出的检验数结果可以用于判定子问题新生成的列。单纯形中有界的最优解可以考虑作为最优的极点添加到主问题中，而根据对无界解的检验可以得到新的列所需要的极方向。

Dantzig-Wolfe 分解算法的完整步骤表达在算法 13D。

▶**算法 13D：Dantzig-Wolfe 分解算法**

第 0 步：初始化。设当前迭代次数 $\ell \leftarrow 1$，初始化子问题 s 的极点集合 $\mathbf{P}_{s,\ell} \subseteq \mathbf{P}_s$，使得满足原理 13.15 的主问题存在一个可行解。同时，初始化极方向集合 $D_{s,\ell} \leftarrow \varnothing$。

第 1 步：限制主问题求解。求解第 ℓ 次迭代根据原理 13.15 得到的限制主问题，得到最优解 $\lambda^{(s,\ell)}$ 和 $\mu^{(s,\ell)}$，以及最优的对偶变量 $\mathbf{v}^{(\ell)}$ 和 $\mathbf{q}^{(\ell)}$。

第 2 步：列生成求解。依次对每个子问题 s，根据原理 13.16，构造列生成并求解子问题。对于最大化(最小化)问题，若得到的目标函数值有界且为正(为负)，则在下一次迭代时将该极点 $\overline{\mathbf{x}}^{(s)}$（包括子问题 s 中等于 1 的凸约束的对偶变量）作为新的列添加至限制主问题中。若得到的目标函数值无界，则将对应极方向 $\Delta \mathbf{x}^{(s)}$ 作为新的列添加至限制主问题。否则，子问题中不存在在此次迭代中可以改进限制主问题的目标函数值。

第 3 步：终止条件判断。在第 2 步中，若对任意一个子问题 s，均不存在可以改进限制主问题的列，则算法停止。当前限制主问题对应的原始问题最优解和对偶问题最优解即为原问题最优解，按照如下方式得到原始决策变量：

$$\mathbf{x}^{(s)} \leftarrow \sum_{j \in P_{s,\ell}} \lambda_j^{(s,\ell)} \mathbf{x}^{(j)} + \sum_{k \in D_{s,\ell}} \mu_k^{(s,\ell)} \Delta \mathbf{x}^{(k)}$$

否则，将新的极点和极方向分别加入到极点集合 $P_{s,\ell+1}$ 和极方向集合 $D_{s,\ell+1}$。令 $\ell \leftarrow \ell+1$，返回第 1 步。

13.3.4 应用 Dantzig-Wolfe 分解算法求解应用案例 13-4

表 13-5 给出了利用 Dantzig-Wolfe 分解算法求解应用案例 13-4 的详细步骤。

表 13-5 利用 Dantzig-Wolfe 分解算法求解应用案例 13-4

ℓ	限制主问题	第 1 个子问题	第 2 个子问题
0	从极点开始		
	$\overline{\mathbf{x}}^{(1)} = (0, 22)$, $\mathbf{x}^{(2)} = (0, 12)$		
1	$\lambda^{(1,1)} = (1)$, $\lambda^{(2,1)} = (1)$	$\overline{\mathbf{c}}^{(1)} = (14.0, 8.0)$	$\overline{\mathbf{c}}^{(2)} = (11.0, 7.0)$
	$\mu^{(1)} = \text{none}$	$\Delta \mathbf{x}^{(1)} = (0, 1)$	$\overline{\mathbf{x}}^{(2)} = (15, 25)$
	$\mathbf{v}^{(1)} = (0, 0)$, $\mathbf{q}^{(1)} = (176, 84)$	无界	目标函数值 $= 256.0$
	限制主问题目标函数值 $= 260.0$		
	$\mathbf{x}^{(1,1)} = (0, 22)$, $\mathbf{x}^{(2,1)} = (0, 12)$		
2	$\lambda^{(2,1)} = (1, 0)$, $\lambda^{(2,2)} = (0.771, 0.229)$	$\overline{\mathbf{c}}^{(1)} = (-11.60, -17.60)$	$\overline{\mathbf{c}}(2) = (1.857, -2.143)$
	$\mu^{(1)} = (0)$	$\overline{\mathbf{x}}^{(1)} = (20, 2)$	$\overline{\mathbf{x}}^{(2)} = (15, 0)$
	$\mathbf{v}^{(2)} = (12.191, 0)$, $\mathbf{q}^{(2)} = (-387.2, -25.71)$	目标函数值 $= 120.0$	目标函数值 $= 53.57$
	限制主问题目标函数值 $= 318.51$		
	$\mathbf{x}^{(1,2)} = (0, 22)$, $\mathbf{x}^{(2,2)} = (3.43, 14.97)$		
3	$\lambda^{(1,3)} = (0, 1)$, $\lambda^{(2,3)} = (0, 0.136, 0.864)$	$\overline{\mathbf{c}}(1) = (-5.599, -11.599)$	$\overline{\mathbf{c}}(2) = (4.000, 0.000)$
	$\mu^{(1)} = (0)$	$\overline{\mathbf{x}}^{(1)} = (20, 2)$	$\overline{\mathbf{x}}^{(2)} = (15, 0)$
	$\mathbf{v}^{(3)} = (9.333, 0)$, $\mathbf{q}^{(3)} = (-135.2, 60.0)$	目标函数值 $= 0.00$	目标函数值 $= 0.00$
	限制主问题目标函数值 $= 484.8$		
	$\mathbf{x}^{(1,3)} = (20, 2)$, $\mathbf{x}^{(2,3)} = (15, 3.4)$		

第 $\ell = 1$ 次迭代，为两个子问题分别选择初始极点集合，并使得对应的限制主问题存

在可行解。可以看到，只有一个子问题得到了有界解。由于连接约束在当前极点处均为松弛约束，所以相应的对偶变量为 0。

考虑第 $\ell=1$ 次迭代时的列生成问题。给定限制主问题对偶变量，均为 0，以及目标函数决策变量系数 $\bar{\mathbf{c}}^{(1)}=(14.0,8.0)$ 和 $\bar{\mathbf{c}}^{(2)}=(11.0,7.0)$。常量 $q_1(1)=176$ 和 $q_1^{(1)}=176$ 和 $q_2^{(1)}=84$。对任意的 $s=1，2，\bar{\mathbf{c}}^{(s)}$ 中的元素均大于 0，这意味着可以进一步增加决策变量 $\mathbf{x}$ 的值。由图 13-7 可知，第 1 个子问题可得极方向 $\Delta\mathbf{x}^{(1)}=(0,1)$，对应在限制主问题中生成一个新的列 $D_{1,2}$。第 2 个子问题的最大极点 $\bar{\mathbf{x}}=(15，25)$ 是最优解，考虑常量 $q_2^{(\ell)}$ 可得对应的递减成本 $340-84>0$，因此，添加该极点到极点集合 $P_{2,2}$ 中。

第 $\ell=2$ 次迭代，连接约束的对偶变量并不是全为 0，目标函数决策变量系数为 $\bar{\mathbf{c}}^{(1)}=(-11.60，-17.60)$ 和 $\bar{\mathbf{c}}^{(2)}=(1.857，-2.143)$。由于子问题的解均是有界的，考虑常量 $q_1^{(\ell)}=-135.2$ 和 $q_2^{(\ell)}$ 后，将新的极点添加到极点集合中，进入下一个限制主问题。

第 $\ell=3$ 次迭代，常量 $\mathbf{q}^{(3)}=(-135.2，60)$，更新决策变量系数 $\bar{\mathbf{c}}^{(1)}=(-5.599，-11.599)$ 和 $\bar{\mathbf{c}}^{(2)}=(4.000，0.000)$。两个子问题的最优目标函数值均为 0，说明没有新的列可以改进限制主问题的目标函数值，所以限制主问题当前的最优解即为原问题的最优解。

虽然表 13-5 在每次迭代时均给出了原问题对应的决策变量 $\mathbf{x}^{(1)}$ 和 $\mathbf{x}^{(2)}$，但在实际应用中，只用在算法第 3 步停止时还原至决策变量 $\mathbf{x}$ 即可。在本算例中 $\mathbf{x}^{(1)}=(20,2)$，$\mathbf{x}^{(2)}=(15，3.4)$，全局目标函数值是 484.8。从图 13-7b 可以看到，第 2 个子问题的最优解对应一个非极点 $(15，3.4)$。

13.4　Benders 分解算法

第 13.2 节介绍了拉格朗日松弛算法，对于一个给定的整数线性规划问题，该算法通过松弛部分约束得到一个更容易求解的松弛问题。这些被松弛的约束并不是完全不考虑，而是以惩罚项的形式添加到目标函数中，惩罚项的权重就是对应的拉格朗日乘子。

本节介绍的 Benders 分解算法采取了与拉格朗日松弛算法相互补充的策略，它首先对于一些较复杂的列，通过固定部分决策变量得到一个更容易求解的问题；然后和本章之前介绍的算法相似，限制主问题根据子问题返回的决策变量值决定是否达到最优值，子问题从被固定的决策变量值集合中，选择可以改进限制主问题目标函数值的决策变量，并传递给限制主问题。Benders 分解算法多用于求解混合整数线性规划问题（MILPs），固定复杂的整数决策变量，而保留连续的决策变量，从而得到更容易求解的模型。

原理 13. 18　Benders 分解算法多适用于求解以下形式的混合整数规划模型：

$$\begin{aligned} \min \quad & \mathbf{cx}+\mathbf{fy} \\ (\textbf{BP}) \quad \text{s. t.} \quad & \mathbf{Ax}+\mathbf{Fy} \geqslant \mathbf{b} \\ & \mathbf{x} \geqslant \mathbf{0}，\quad \mathbf{y} \geqslant \mathbf{0} \quad \text{且为整数} \end{aligned}$$

特别地，若 $\mathbf{y}$ 的值固定，则对应一个线性规划问题。

☐ **应用案例 13-5**

Heart Guaraian 设施选址问题

本问题属于第 11.6 节介绍的无容量设施选址问题。Heart Guaraian(HG)公司正计划建立物流网络用于在五个市场分销新的监控设备产品。为了方便卡车运送监控设备，HG 考虑在三个备选地址中建立配送中心。下表给出了每个市场的需求(单位：千)、单位运输成本(单位：美元)和固定启动成本(单位：千美元)：

数据		市场				
		$j=1$	$j=2$	$j=3$	$j=4$	$j=5$
	需求 d_j	75	90	81	26	57
	启动成本 f_i	单位运输成本 c_{ij}				
地址 $i=2$	400	4	7	3	12	15
地址 $i=2$	250	13	11	17	9	19
地址 $i=3$	300	8	12	10	7	5

HG 的决策目标是最小化选址和配送的总成本。

设决策变量 x_{ij} 表示从地点 i 配送到市场 j 的产品数量，0—1 整数决策变量 y_i 表示是否在地点 i 处建立配送中心，那么，HG 的设施选址问题可以用下列模型表示：

$$\min \quad \sum_{ij} c_{ij} x_{ij} + \sum_i f_i y_i$$
$$\text{s. t.} \quad \sum_j x_{ij} - d_{sum}^* y_i \leqslant 0 \qquad \forall i$$
$$(HG) \qquad \sum_{\hat{i}} x_{ij} \qquad = d_j \qquad \forall j$$
$$x_{ij} \qquad \geqslant 0 \qquad \forall i,j$$
$$y_i \qquad = 0 \text{ 或 } 1 \quad \forall i$$

由于不考虑分销中心的容量约束，所以引入常量 $d_{sum} \triangleq \sum_j d_j$ ，得到第一个约束条件。

考虑到配送数量取值可以是连续的一般假设，模型(HG)中的决策变量分为连续和整数两类(如原理 13.18 所示)。特别地，当 y_i 的值固定时，剩下的关于 x_{ij} 的线性规划问题就是一个易于求解的运输问题。

13.4.1 Benders 分解策略

给定如 13.18 所示的模型(BP)，在第 ℓ 次迭代时，选取部分整数决策变量 $\mathbf{y}^{(\ell)}$ 并固定相应的值，从而将模型转化为只包含连续决策变量的问题，如下所示：

$$\min \quad \mathbf{cx} + \mathbf{fy}^{(\ell)}$$
$$(BP_\ell) \quad \text{s. t.} \quad \mathbf{Ax} \geqslant \mathbf{b} - \mathbf{Fy}^{(\ell)}$$
$$\mathbf{x} \geqslant 0$$

由 $(BP_{\mathbf{y}^{(\ell)}})$ 的对偶问题得到第 ℓ 次迭代的 Benders 子问题。

定义 13.19 利用原始模型(BP)和主问题$(BP_{y^{(\ell)}})$中各行的对偶变量$\mathbf{v}$可得如下的对偶子问题：

$$\max \quad \mathbf{v}(\mathbf{b} - \mathbf{F}\mathbf{y}^{(\ell)}) + \mathbf{f}\mathbf{y}^{(\ell)}$$
$$(BD_\ell) \quad \text{s. t.} \quad \mathbf{v}\mathbf{A} \leqslant \mathbf{c}$$
$$\mathbf{v} \geqslant \mathbf{0}$$

为了简化问题的讨论，假设原始模型(BP)只存在有限个最优解，从而保证固定部分决策变量为$\mathbf{y}^{(\ell)}$后得到的限制主问题(BP_ℓ)也只存在有限个最优解，使得对偶子问题(BD_ℓ)存在可行解。又因为所有子问题的约束条件均相同，所以每一个对偶子问题均是可行的。

当求解对偶子问题(BD_ℓ)时，可能会出现两种情形：子问题的最优解对应一个极点$\mathbf{v}^{(\ell)}$，或者子问题是无界的，最优解对应一个极方向$\Delta\mathbf{v}^{(\ell)}$。Benders 主问题在决定最优的整数变量值$\mathbf{y}$时，同时考虑了以上两种情形。

定义 13.20 给定所有子问题可能的极点$\mathbf{v}^{(i)}$，$i \in P$和极方向$\Delta\mathbf{v}^{(j)}$，$j \in D$，Benders 主问题求解变量$\mathbf{y}$的整数规划模型如下所示：

$$\min \quad z$$
$$(BM) \quad \text{s. t.} \quad z \geqslant \mathbf{f}\mathbf{y} + \mathbf{v}^{(i)}(\mathbf{b} - \mathbf{F}\mathbf{y}), \forall i \in P$$
$$0 \geqslant \Delta\mathbf{v}^{(j)}(\mathbf{b} - \mathbf{F}\mathbf{y}), \quad \forall j \in D$$
$$\mathbf{y} \geqslant \mathbf{0} \quad \text{且为整数}$$

在 13.3 节介绍的 Dantzig-Wolfe 分解算法基于原问题的列改写了原模型，而本节介绍的 Benders 分解算法考虑到定义 13.19 给出的 Benders 子问题均包含相同的约束条件，所以是基于原问题的行改写了原模型。(BM)中的第一组节点约束条件保证最优的$\mathbf{y}$值一定大于或等于在子问题中任何极点处的值；否则，若是不可行的，则子问题沿着极方向将是无界的，(BM)中的第二组约束条件确保不会出现不可行解。

当考虑所有的极点和极方向时，(BM)一定可以找到最优的$\mathbf{y}$，但此时的模型可能包含指数级别数量的极点和大量的极方向。因此，和本章介绍的其他算法类似，限制主问题可以只考虑当前迭代时子问题生成的极点和极方向。

原理 13.21 在第ℓ次迭代时，Benders 分解算法精确或近似求解以下的主问题(BM_ℓ)：

$$\min \quad z$$
$$(BM_\ell) \quad \text{s. t.} \quad z \geqslant \mathbf{f}\mathbf{y} + \mathbf{v}^{(i)}(\mathbf{b} - \mathbf{F}\mathbf{y}), \forall i \in P_\ell$$
$$0 \geqslant \Delta\mathbf{v}^{(j)}(\mathbf{b} - \mathbf{F}\mathbf{y}), \quad \forall j \in D_\ell$$
$$\mathbf{y} \geqslant \mathbf{0} \quad \text{且为整数}$$

其中，P_ℓ表示从第 1 次到第ℓ次迭代，子问题生成的极点下标集合，D_ℓ表示生成的极方向下标集合。

下面详细介绍行生成 Benders 分解算法 13E。

13. 4. 2 Benders 分解算法 13E 的最优性原理

到目前为止，一个有待讨论的问题是 Benders 分解算法 13E 在什么条件下停止求解子问题和限制主问题，即算法找到最优解的终止条件。算法第 2 步进行了检验。

原理 13. 22 设算法 13E 生成的子问题 ℓ 的极点为 $\mathbf{v}^{(\ell)}$，对应子问题目标函数值为 $v(BD_\ell)$，若 $v(BD_\ell)$ 比上一次迭代得到的限制主问题最优目标函数值小，即 $v(BD_\ell) \leqslant v(BM_{\ell-1})$，则 $\mathbf{v}^{(\ell)}$ 是主问题（**BM**）和原始问题（**BP**）的最优解。

最优性原理成立的原因在于，原始问题（BM）的约束比对偶问题（BD_ℓ）的约束更紧，所以给定 $\mathbf{y}^{(\ell)}$，$v(BD_\ell)$ 是 $v(BM)$ 的一个上界，即 $v(BD_\ell) \geqslant v(BM)$；而原始问题（BM）的约束比上一次迭代中的原始问题（$BM_{\ell-1}$）更紧，所以 $v(BM_{\ell-1})$ 是 $v(BM)$ 的一个下界，即 $v(BM_{\ell-1}) \leqslant v(BM) = v(BP)$。如果原理 13.22 的最优性条件得到满足，则有 $v(BD_\ell) = v(BM) = v(BP)$，并且 $\mathbf{v}^{(\ell)}$ 是以上三个问题的最优解。

注意到最优性原理 13.22 检验的是上一次迭代中对偶子问题的最优目标函数值 $v(BD_{\ell-1})$，而不是 $z_{\ell-1}$。由于限制主问题是整数规划问题，所以通常可以采取近似求解的方法。算法 13E 一直生成新的行并计算边界值 $z_{\ell-1}$，直到可能出现重复的行。每次迭代时，子问题生成极点 $\mathbf{v}^{(\ell)}$ 和极方向 $\Delta\mathbf{v}^{(\ell)}$，对应的约束条件如果在下一次迭代时能够改变限制主问题目标函数值，则加入到对应的集合。当最优性原理 13.22 得到满足时，算法找到最优解并停止。

▶ **算法 13E：Benders 分解算法**

设（BP），（BP_ℓ），（BD_ℓ）和（BM_ℓ）如上文定义。

第 0 步：初始化。 初始化极点集合 $P_0 \leftarrow \varnothing$，极方向集合 $D_0 \leftarrow \varnothing$，主问题目标函数值 $z_0 = -\infty$，以及满足的（BP）的初始解 $\mathbf{y}^{(0)}$。设迭代次数 $\ell \leftarrow 1$。

第 1 步：Benders 子问题求解。 求解 Benders 子问题（$BD_{\mathbf{y}^{(\ell-1)}}$）。若目标函数值有界，得到极点 $\mathbf{v}^{(\ell)}$，则进入第 2 步；若目标函数值无界，得到极方向 $\Delta\mathbf{v}^{(\ell)}$，则进入第 3 步。

第 2 步：算法停止判断。 若子问题得到的解满足 $\mathbf{fy}^{(\ell)} + \mathbf{v}^{(\ell)}(\mathbf{b} - \mathbf{Fy}^{(\ell)}) \leqslant v(BM_{\ell-1})$，则算法停止；$\mathbf{y}^{(\ell)}$ 是模型（BP）的最优解，通过求解问题（$BP_{\mathbf{y}^{(\ell)}}$）可得决策变量 $\mathbf{x}^{(\ell)}$。

第 3 步：限制主问题更新。 若第 2 步得到新的极点，则将该极点添加到集合 $P_\ell \leftarrow P_{\ell-1} \cup \ell$，并在限制主问题（$BM_\ell$）中增加约束条件 $z \geqslant \mathbf{fy} + \mathbf{v}^{(\ell)}(\mathbf{b} - \mathbf{Fy})$，得到 $D_\ell \leftarrow D_{\ell-1}$。若第 2 步得到新的极方向，则将该极方向添加到集合 $D_\ell \leftarrow D_{\ell-1} \cup \ell$，并在限制主问题（$BM_\ell$）中增加约束条件 $0 \geqslant \Delta\mathbf{v}^{(\ell)}(\mathbf{b} - \mathbf{Fy})$，得到 $P_\ell \leftarrow P_{\ell-1}$。

第 4 步：主问题求解。 精确或近似求解限制主问题（BM_ℓ）得到解 $y^{(\ell)}$ 和目标函数值 z_ℓ。令 $\ell \leftarrow \ell+1$，返回第 1 步。

13. 4. 3 应用 Benders 分解算法 13E 求解应用案例 13-5

在应用 Benders 分解算法之前，先按照子问题（BP_ℓ）的标准形式整理参数，对应包括连续变量、线性规划部分、目标函数元素 **cx** 和 **Ax**，如下表所示。

x=		x_{11}	x_{12}	x_{13}	x_{14}	x_{15}	x_{21}	x_{22}	x_{23}	x_{24}	x_{25}	x_{31}	x_{32}	x_{33}	x_{34}	x_{35}
c=		4	7	3	12	15	13	11	17	9	19	8	12	10	7	5
A=	$i=1$	1	1	1	1	1										
	$i=2$						1	1	1	1	1					
	$i=3$											1	1	1	1	1
	$j=1$	1					1					1				
	$j=2$		1					1					1			
	$j=3$			1					1					1		
	$j=4$				1					1					1	
	$j=5$					1					1					1

然后考虑右端项，整数部分 **fy** 和（**b－Fy**），整理后如下表所示。

y=				y_1	y_2	y_3
f=				400	250	300
	$i=1$	≤	0	329		
	$i=2$	≤	0		329	
	$i=3$	≤	0			329
	$j=1$	=	75			
	$j=2$	=	90			
	$j=3$	=	81			
	$j=4$	=	261			
	$j=5$	=	57			

设前面三行约束的对偶变量是 v_i，最后五行约束的对偶变量是 w_j，得到 Benders 子问题，如下所示。

	y_1	y_2	y_3	v_1	v_2	v_3	w_1	w_2	w_3	w_4	w_5	
max	400	250	300	$329y_1$	$329y_2$	$329y_3$	75	90	81	26	57	
s. t.				1			1					≤4
				1				1				≤7
				1					1			≤3
				1						1		≤12
				1							1	≤15
					1		1					≤13
					1			1				≤11
					1				1			≤17
					1					1		≤9
					1						1	≤19
						1	1					≤8
						1		1				≤12
						1			1			≤10
						1				1		≤7
						1					1	≤5
	y_i 固定			$v_i \leqslant 0$			w_j 不受限制					

由上表可以看到，对偶变量的符号约束已经根据产能约束的≤形式和需求的＝形式做了调整。

表 13-6 记录了 Benders 分解算法的求解过程。在 $\ell=1$ 次迭代，任选初始值 $\mathbf{y}^{(0)}=(0,0,0)$。由于在 $\mathbf{y}^{(0)}$ 处第 1 个子问题 (BD_1) 是无界的，所以有极方向 $\Delta\mathbf{v}^{(1)}=(-1,-1,-1)$ 和 $\Delta\mathbf{w}^{(1)}=(1,1,1,1,1)$，主问题新增加约束条件如下所示：

$$0 \geqslant \Delta\mathbf{v}^{(1)}(329y_1,329y_2,329y_3) + \Delta\mathbf{w}^{(1)}(75,90,81,26,57)$$

或：

$$0 \geqslant -329y_1 - 329y_2 - 329y_3 + 329$$

表 13-6　Benders 分解算法求解 Heart Guardian 算例

ℓ	Benders 子问题	主问题
0		$\mathbf{y}^{(0)}=(0,0,0)$
1	$\Delta\mathbf{v}^{(1)}=(-1,-1,-1)$	新行 $0\geqslant-329y_1-329y_2-329y_3+329$
	$\Delta\mathbf{w}^{(1)}=(1,1,1,1,1)$	$\mathbf{y}^{(1)}=(1,0,0)$
	目标函数值＝$+\infty$	目标函数值不确定
2	$\mathbf{v}^{(2)}=(0,-3,-10)$	新行 $z\geqslant400y_1-737y_2-2\,990y_3+2\,340$
	$\mathbf{w}^{(2)}=(4,7,3,12,15)$	$\mathbf{y}^{(2)}=(0,1,1)$
	目标函数值 2 740	目标函数值＝$-1\,387$
3	$\mathbf{v}^{(3)}=(-7,0,0)$	新行 $z\geqslant-2\,003y_1+250y_2+300y_3+2\,867$
	$\mathbf{w}^{(3)}=(8,11,10,7,5)$	$\mathbf{y}^{(3)}=(1,0,1)$
	目标函数值 3 417	目标函数值 1 264
4	$\mathbf{v}^{(4)}=(0,0,0)$	新行 $z\geqslant400y_1+250y_2+300y_3+2\,867$
	$\mathbf{w}^{(4)}=(4,7,3,7,5)$	$\mathbf{y}^{(4)}=(1,1,0)$
	目标函数值 2 340	目标函数值 2 290
5	$\mathbf{v}^{(5)}=(0,0,-10)$	新行 $z\geqslant400y_1+250y_2-2\,990y_3+2\,262$
	$\mathbf{w}^{(5)}=(4,7,3,9,15)$	$\mathbf{y}^{(5)}=(1,0,1)$
	目标函数值 2 912	目标函数值 2 340
6	目标函数值 2 340	

由上可得，在任何一个可行解 $\mathbf{y}$ 中，至少有一个元素 y_i 为正。

在 $\ell=2$ 次迭代，任选初始值 $\mathbf{y}^{(1)}=(1,0,0)$，子问题 (BD_2) 得到极点 $\mathbf{v}^{(2)}=(0,-3,-10)$ 和 $\mathbf{w}^{(2)}=(4,7,3,12,15)$，目标函数值是 2 740，主问题新增加约束条件如下所示：

$$z \geqslant 400y_1 + 250y_2 + 300y_3 + \mathbf{v}^{(2)}(329y_1,329y_2,329y_3) + \mathbf{w}^{(2)}(75,90,81,26,57)$$

或：

$$z \geqslant 400y_1 - 737y_2 - 2990y_3 + 2340$$

此时，求解限制主问题 (BM_2) 得到 $\mathbf{y}^{(2)}=(0,1,1)$，最优目标函数值为 $-1\,387$。

依次迭代，求解主问题可得 $\mathbf{y}^{(3)}=(1,0,1)$ 和 $\mathbf{y}^{(4)}=(1,1,0)$。当子问题 (BD_5) 得到的约束条件添加到限制主问题后，得到相同的最优解 $\mathbf{y}^{(5)}=(1,0,1)$，目标函数值为 2 340。由于第 $\ell=6$ 次迭代和第 $\ell=3$ 次迭代得到的最优解相同，意味着最优性条件得到满足，所以算法得到最优解，如下：

对应问题 (BP_{y^*}) 的最优解 $\mathbf{y}^* = (1,0,1)$

$\mathbf{x}^* = (75,90,81,0,0 \mid 0,0,0,0,0 \mid 0,0,26,57)$

最优目标函数值 = 2 340

练习题

13-1 用延迟列生成算法求解以下整数规划问题：

$$\min \quad \sum_j c_j x_j$$

$$\text{s. t.} \quad \sum_j a_{i,j} x_j \geqslant b_i \quad i = 1, \cdots, 5$$

$$x_j \quad \geqslant 0 \quad \text{且为整数}$$

其中，右端项为正整数且 $b_i \leqslant 5$，对任何一列 j，约束条件系数 a_{ij} 为非负整数且总和不大于 5，对应成本为 $c_j \leftarrow \sum_{i=1}^{5} \log_{10}(a_{i,j} + 1)$。

- ✅(a) 写出一个由列 j 构成的初始主问题，其中列 j 中的一个元素 $a_{ij} \neq 0$ 可以满足可行原始解。

- ✅(b) 说明列生成算法 13A 求解每个主问题的线性松弛问题而不是在算法终止之前要求决策变量满足整数约束的合理性。

- ✅(c) 假设当前主问题含有列 $j \in \overline{J}$，对应的线性松弛问题求解后得到对偶解 $\overline{v}_1, \cdots, \overline{v}_5$。写出生成下一个新的列 g（如果存在）的列生成子问题模型，列中元素是 $a_{i,g}$，对应目标函数的成本系数是 c_g。

- ✅(d) 解释新生成的进入主问题的列 g 不可能已经在集合 $\overline{J}$ 中的原因。

- ✅(e) 解释(c)中如何判断没有可以新生成的列、算法应该停止。

13-2 医疗救助中心 ERNow 正在为小型直升机设计航班，这些小型直升机将用于向受到飓风影响的人们配送医疗、食品和住房物资。下表给出了不同物资重量占飞机可承载重量 w_i 的比例和容量占集装箱容量 v_i 的比例。

i	物资	重量 w_i	容量 v_i	需求量 q_i
1	紧急救助补给	0.04	0.10	30
2	饮用水	0.20	0.14	20
3	柴油发电机	0.40	0.24	12
4	发电机燃油	0.28	0.32	23
5	帐篷	0.10	0.28	15
6	检测设备	0.16	0.24	30
7	毛毯	0.03	0.18	40
8	雨衣	0.08	0.14	25

ERNow 希望用尽可能少的航班配送次数满足所有物资的需求。

(a) 设 x_j 表示装载组合(load combination) j 的运送次数，a_{ij} 表示在第 j 个装载组合中，物资 i 的集装箱数量，将 ERNow 的计划问题描述成一个整数线性规划问题。

(b) 说明有许多的可行装载组合使得该问题适合用列生成算法进行求解的原因。

(c) 写出系数 a_{ij} 应该满足的重量约束 w_i 和容量约束 v_i。

(d) 为限制主问题构造一个初始的列集合，其中某类物资 i 达到重量或容量约束所允许的最大数量，而其余物资对应的系数满足 $a_{ij} = 0$。

(e) 说明列生成算法 13A 求解每个限制主问题的线性松弛问题而不是在算法终止之前要求决策变量满足整数约束的合理性。

(f) 设列生成算法已经求解了限制主问题的线性松弛问题，得到物资 i 对应的对偶变量 $\overline{w}_i$。写出列生成子问题的数学模型，其中新增加的列为 g，对应系数为 $a_{g,i}$，其递减成本使得列 g 符合进入限制主问题的条件。

(g) 根据(f)中列生成子问题的模型，写出算法 13A 的终止条件，并解释原因。

💻(h) 使用优化软件求解(d)中限制主问题的线性松弛模型，由观察法求解(f)中的线性松弛问题。写出算法 13A 迭代求解过程，直到主问题中增加了 5 个新列或者满足(g)中的终止条件。

(i) 对(h)得到的结果进行向上取整处理，得到近似最优解。

13-3 为了激发教师对长期战略计划的思考，Silo State 工业工程系计划将 12 位教师分成 4 个团队，每个团队 3 人。每位教师和其他教师的配合度不同，可以用下表所示的配合度评分表示(100 为最好，0 为最差)。

(a) 设决策变量 x_j 表示教师团队组合 $T_j \triangleq \{i_1, i_2, i_3\}$ 是否在计划安排中，用整数规划模型对上述问题建模，目标是最大化 4 个团队的总配合度得分，其中每个团队的配合度得分 h_j 是 3 人两两得分之和。

(b) 如果考虑所有可能的团队组合，(a)中的规划模型有多少列？

(c) 如果考虑所有可能的团队组合，

讨论直接求解(a)中模型的难度，尤其是当教师数量较大时。

(d) 若限制主问题选择的初始列是 1-3、4-6、7-9 和 10-12，解释采用列生成算法求解的好处。

💻(e) 采用优化软件求解(d)中第一个限制主问题对应松弛模型的原问题最优解和对偶问题最优解。

(f) 根据(e)中的对偶问题最优解，写出列生成子问题模型，使得产生可能改进限制主问题目标函数值的列。

(g) 根据(f)中的列生成模型，手动计算三个新的列，并根据相应的递减成本说明可能改进限制主问题目标函数值的原因。

(h) 将(g)中得到的列添加到主问题，重新求解，判断是否改进了限制主问题目标函数值，并进行解释。

(i) 说明(h)得到的解是否达到最优解。

13-4 下面的树状图给出了利用 13B 分支定价算法求解 0—1 整数规划问题的过程，决策变量分别是 x_1、x_2 和 x_3。节点旁边代表松弛问题的解，分支上代表固定的决策变量和新的列(决策变量)。

	教授 2	教授 3	教授 4	教授 5	教授 6	教授 7	教授 8	教授 9	教授 10	教授 11	教授 12
教授 1	21	61	99	54	75	27	64	70	99	58	88
教授 2		45	14	81	55	78	73	58	5	13	9
教授 3			44	27	41	31	53	3	36	0	10
教授 4				11	3	46	29	26	30	6	11
教授 5					43	56	52	93	73	0	87
教授 6						14	53	34	92	13	18
教授 7							38	27	68	27	18
教授 8								7	49	15	94
教授 9									35	32	53
教授 10										8	12
教授 11											10

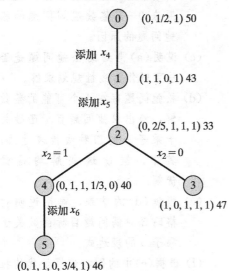

（没有初始当前最优）

节点 0： $(0, 1/2, 1) \ 50$

添加 x_4

节点 1： $(1, 1, 0, 1) \ 43$

添加 x_5

节点 2： $(0, 2/5, 1, 1, 1) \ 33$

$x_2 = 1$　　$x_2 = 0$

节点 4： $(0, 1, 1, 1/3, 0) \ 40$

添加 x_6

节点 3： $(1, 0, 1, 1, 1) \ 47$

节点 5： $(0, 1, 1, 0, 3/4, 1) \ 46$

- ✅（a）判断这是目标函数最大化问题还是最小化问题，并解释原因。
- ✅（b）若求解完全正确地按照分支定价算法 13B 进行，请对所有节点按求解顺序进行排序，并简要描述求解过程。最后，说明找到的最优解，并解释。

13-5 当练习题 13-4 中原始问题的决策变量是 x_1，x_2，x_3 和 x_4 时，用分支定价算法求解模型。

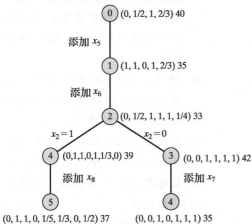

（没有初始的原问题当前最优解）

节点 0： $(0, 1/2, 1, 2/3) \ 40$

添加 x_5

节点 1： $(1, 1, 0, 1, 2/3) \ 35$

添加 x_6

节点 2： $(0, 1/2, 1, 1, 1, 1/4) \ 33$

$x_2 = 1$　　$x_2 = 0$

节点 4： $(0, 1, 1, 0, 1, 1/3, 0) \ 39$

添加 x_8

节点 3： $(0, 0, 1, 1, 1, 1) \ 42$

添加 x_7

节点 5： $(0, 1, 1, 0, 1/5, 1/3, 0, 1/2) \ 37$

节点 4： $(0, 0, 1, 0, 1, 1, 1) \ 35$

13-6 考虑以下整数规划模型，若根据以下要求松弛相应的约束条件，写出拉格朗日松弛问题的模型，并给出拉格朗日乘子的符号约束。

$$\max \quad 30x_1 + 55x_2 + 20x_3$$
$$\text{s. t.} \quad 40x_1 - 12x_2 + 11x_3 \leqslant 55$$
$$19x_1 + 60x_2 + 3x_3 \geqslant 20$$
$$3x_1 + 2x_2 + 2x_3 = 5$$
$$x_1, x_2, x_3 \qquad = 0 \text{ 或 } 1$$

- ✅（a）松弛第 1 个和第 2 个约束条件。
- （b）松弛第 1 个和第 3 个约束条件。

13-7 考虑以下设施选址问题：

$$\min \quad 3x_{1,1} + 6x_{1,2} + 5x_{2,1} + 2x_{2,2}$$
$$+ 250y_1 + 300y_2$$
$$\text{s. t.} \quad 30x_{1,1} + 20x_{1,2} \leqslant 30y_1$$
$$30x_{n,1} + 20x_{2,2} \leqslant 50y_2$$
$$x_{1,1} + x_{2,1} = 1$$
$$x_{1,2} + x_{2,2} = 1$$
$$0 \leqslant x_{1,1}, x_{1,2}, x_{2,1}, x_{2,2} \leqslant 1$$
$$y_1 = 0 \text{ 或 } 1$$

- ✅（a）使用枚举法计算所有可能的最优解。
- ✅（b）若松弛约束条件 3 和 4，拉格朗日乘子分别是 v_1 和 v_2，写出拉格朗日松弛问题的模型。
- ✅（c）可以发现（b）中的松弛问题比原始的整数规划问题更容易求解，解释其中的原因。
- ✅（d）使用枚举法计算（b）中的拉格朗日松弛问题，其中 $v_1 = v_2 = 0$，并说明得到的目标函数值是（a）中真实最优目标函数值的下界。
- ✅（e）若 $v_1 = v_2 = -100$，重新求解问题（d）。
- ✅（f）若 $v_1 = 1\,000$，$v_2 = 500$，重新求解问题（d）。

13-8 基于练习题 13-7，回答以下问题：

- ✅（g）在（f）得到的最优解处，计算算法 13C 定义的次梯度方向。设

步长 $\lambda = 500$，更新拉格朗日对偶问题的最优解，重新计算拉格朗日松弛问题，并判断是否改进了最优解。

☑(h) 在(f)得到的最优解处，计算算法 13C 定义的次梯度方向。设步长 $\lambda = 250$，更新拉格朗日对偶问题的最优解，重新计算拉格朗日松弛问题，并对结果进行解释。

☑(i) 由(b)中拉格朗日松弛问题得到的界比原问题线性松弛得到的界更好吗？解释原因。

(j) 若松弛前两个约束，保留第 3 个和第 4 个约束条件，写出对应的拉格朗日松弛问题的模型。

(k) 由(j)中拉格朗日松弛问题得到的界比原问题线性松弛得到的界更好吗？解释原因。

13-9 给定以下的广义分配问题，若松弛前两个约束条件，拉格朗日乘子分别是 $\mathbf{v} = (0, 0)$，$\mathbf{v} = (10, 12)$ 或 $\mathbf{v} = (100, 200)$，重新计算练习题 13-7 的各问题。

$$\min \quad 15x_{1,1} + 10x_{1,2} + 30x_{2,1} + 20x_{2,2}$$
$$\text{s.t.} \quad x_{1,1} + x_{1,2} = 1$$
$$x_{2,1} + x_{2,2} = 1$$
$$30x_{1,1} + 50x_{2,1} \leqslant 80$$
$$30x_{1,2} + 50x_{2,2} \leqslant 60$$
$$x_{1,1}, x_{1,2}, x_{2,1}, x_{2,2} = 0 \text{ 或 } 1$$

13-10 考虑以下 0—1 整数规划问题：

$$\min \quad 5x_1 - 2x_2$$
$$\text{s.t.} \quad 7x_1 - x_2 \geqslant 5$$
$$x_1, x_2 \text{ 为 } 0\text{—}1 \text{ 整数}$$

(a) 若仅松弛第一个约束条件，对应拉格朗日乘子为 v，写出拉格朗日松弛问题的模型，并进行解释。

(b) 解释由(a)得到的松弛问题是原来 0—1 整数规划问题的松弛问题的原因。

(c) 说明(a)得到的松弛问题是否总可以作为线性规划求解。

(d) 松弛问题存在 4 个可能的整数解，给出松弛问题目标函数关于乘子 v 的四种线性表达式，其中，假设这些解均是最优解。

(e) 根据(d)的结果，画图说明拉格朗日对偶问题目标函数关于乘子 v 的表达式。

(f) 根据(e)中的图，选择最优的拉格朗日乘子 v，并说明选择的原因。

13-11 考虑以下 0—1 整数规划问题：

$$\max \quad 13x_1 + 22x_2 + 18x_3 + 17x_4 + 11x_5 + 19x_6 + 25x_7$$
$$\text{s.t.} \quad \sum_{j=1}^{7} x_j \leqslant 3$$
$$3x_1 + 7x_2 + 5x_3 \leqslant 15$$
$$12x_4 + 9x_5 + 8x_6 + 6x_7 \leqslant 11$$
$$x_j \text{ 为 } 0\text{—}1 \text{ 整数}, j = 1, \cdots, 7$$

(a) 若松弛第 1 个约束条件，写出相应的拉格朗日松弛问题模型；若拉格朗日乘子初始化为 $v = 20$ 或 $v = -20$，哪一个更合适？

(b) 解释由(a)得到的松弛问题是原来 0—1 整数规划问题的线性松弛问题的原因。

(c) 若乘子为 $v = 10$，用观察法求解(a)中的松弛问题。给出最优解及其目标函数值，并验证其最优性。

(d) 从(c)得到的结果开始，计算算法 13C 以后迭代时得到次梯度方向。

13-12 考虑以下线性规划约束条件:

$$-w_1 + w_2 \leqslant 1$$
$$w_1 + 2w_2 \geqslant 1$$
$$w_1, w_w \geqslant 0$$

(a) 画图展示以上约束条件对应的可行集。

(b) 说明对应的可行集为凸集。

(c) 写出所有的极点。

(d) 写出所有的极方向。

(e) 说明下列各点均可以通过极点的凸组合加上极方向的非负组合表示: $\mathbf{w}^{(1)} = (0, 1)$, $\mathbf{w}^{(2)} = (1, 1)$, $\mathbf{w}^{(1)} = (0, 1/2)$。

(f) 是否存在一个可行解 (w_1, w_2) 不能通过极点的凸组合加上极方向的非负组合表示? 解释原因。

13-13 考虑用 Dantzig-Wolfe 分解算法求解以下线性规划问题,约束 1 和约束 2 是连接约束,约束 3~5 属于第一个子问题,约束 6~8 属于第二个子问题。

max	$52x_1$	$+19x_2$	$+41x_3$	$+9x_4$	
s. t.	$12x_1$	$+20x_2$	$+15x_3$	$+8x_4$	$\leqslant 90$
	$9x_1$	$+10x_2$	$+13x_3$	$+18x_4$	$\leqslant 180$
	$+x_1$				$\leqslant 7$
	$+x_1$	$-x_2$			$\geqslant 3$
	$x_1, x_2 \geqslant 0$				

(续)

		$+1x_3$		$\leqslant 8$
		$+1x_3$	$+1x_4$	$\geqslant 10$
		$x_3, x_4 \geqslant 0$		

(a) 用二维图展示第一个子问题中约束条件对应的可行集,并说明该可行集是凸集。

(b) 写出第一个子问题所有的极点和极方向。

(c) 针对第二个子问题,完成(a)。

(d) 针对第二个子问题,完成(b)。

(e) 说明算法 13D 初始化时,可以在第一个子问题选取极点 $(x_1, x_2) = (0, 0)$,在第二个子问题选取极点 $(x_3, x_4) = (0, 10)$。写出第一次迭代的限制主问题模型。

(f) 用优化软件求解(e)中的限制主问题模型。

(g) 根据(f)的结果,写出两个子问题的目标函数,并用图解法求解。

(h) 根据两个子问题的结果,更新主问题。

13-14 考虑以下的线性规划问题,完成练习题 13-13 中对应的各小题,其中 (e) 对应的极点为 $(x_1, x_2) = (0, 0)$,$(x_3, x_4) = (36, 0)$。

min	$200x_1$	$+350x_2$	$+450x_3$	$+220x_4$	
s. t.	$2x_1$	$+ 1x_2$	$+ 4x_3$	$+ 3x_4$	$\geqslant 100$
	$5x_1$	$+ 5x_2$	$+ 9x_3$	$+ 7x_4$	$\geqslant 177$
	$+x_1$				$\leqslant 5$
	$+5x_1$	$+4x_2$			$\leqslant 32$
	$x_1, x_2 \geqslant 0$				
			$+1x_3$	$+4x_4$	$\leqslant 36$
				$+1x_4$	$\leqslant 4$
			$x_3, x_4 \geqslant 0$		

13-15 用 Benders 分解算法 13E 求解以下混合整数线性规划问题，其中 y 是整数变量，初始化为 $\mathbf{y}^{(0)} = (0, 0)$。

$$\max \quad 60x_1 + 50x_2 - 25y_1 - 100y_2$$

$$\text{s. t.} \quad 20x_1 + 17x_2 - 60y_1 - 30y_2 \leqslant 10$$

$$11x_1 + 13x_2 - 30y_1 - 60y_2 \leqslant 10$$

$$x_1, x_2 \qquad\qquad\qquad \geqslant 0$$

$$y_1, y_2 \in [0, 10] \text{ 且为整数}$$

（a）根据定义 13.19，写出 Benders 主问题和 Benders 对偶问题。

（b）初始化 $y_i = 0$，用算法 13E 求解本算例。当主问题或子问题难以用观察法求解时，可以使用优化软件。

13-16 用 Benders 分解算法 13E 求解下列最小成本设施选址问题，其中供给节点旁的数字代表固定成本和容量（如果选址），需求节点旁的数字代表需求，边上的数字代表单位运输成本。

（a）设非负变量 x_{ij} 表示边 (i, j) 上的流量，0—1 变量 $y_i = 1$ 表示建站，根据该图写出带容量约束设施选址问题对应的混合整数规划模型。

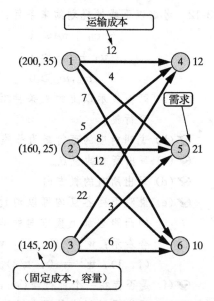

（b）考虑 y_i 是更复杂的整数变量，根据定义 13.18 和 13.19，写出对应的 Benders 主问题和 Benders 子问题。

（c）初始化固定 $y_i = 1$，用算法 13E 求解本算例，给出主问题和子问题求解时每一次迭代的结果。当主问题或子问题难以用观察法求解时，可以使用优化软件。

参考文献

Bertsimas, Dimitris and John N. Tsitklis (1997), *Introduction to Linear Optimization.* Athena Scientific, Nashua, New Hampshire.

Chvátal, Vašek (1980), *Linear Programming*, W.H. Freeman, San Francisco, California.

Lasdon, Leon S. (1970), *Optimization Theory for Large Systems*, Macmillan, London, England.

Martin, R. Kipp (1999), *Large Scale Linear and Integer Optimization*, Kluwer Academic, Boston, Massachusetts.

Parker, R. Gary and Ronald L. Rardin (1988), *Discrete Optimization*, Academic Press, San Diego, California.

Wolsey, Laurence (1998), *Integer Programming*, John Wiley, New York, New York.

## 第 14 章

计算复杂性理论

本书前几章依次介绍了不同种类的数学规划模型和求解算法，包括线性规划、整数规划、网络流模型、最短路径问题和动态规划。其中，有些问题比较容易求解，即便是规模较大时，也能够得到全局最优解，但是有些问题则非常难得到全局最优解。

给定一个最优化问题，**计算复杂性理论**（computational complexity theory）提出一系列严谨一致的方法，一方面是界定最优化问题的难易程度并比较两个最优化问题的相对难度，另一方面是测度算法的有效性，讨论怎样定义一个算法比另一个算法好。本章将介绍该理论的核心概念以及它们在最优化理论研究和应用中的作用。

14.1　问题、实例和求解的难度

首先，给出优化问题的严格定义。

定义 14.1　在计算复杂性理论中，优化问题是指一个由目标函数和约束条件符合某种特殊结构的无穷多个**实例**（instances）构成的集合所对应的一般性的数学模型。

根据上述定义，虽然有时称类似以下的例子为一个"优化问题"，但是，更严格地讲，它只能看成一个具备特定决策变量、目标函数和约束条件的线性规划问题的实例。

$$\begin{aligned} \min \quad & 2x_1 + 4x_2 \\ \text{s. t.} \quad & 12x_1 + x_2 \geqslant 29 \\ & x_1 + x_2 \leqslant 10 \\ & x_1, x_2 \quad \geqslant 0 \end{aligned}$$

衡量算法的有效性及问题求解难度的挑战

给定一组优化问题的实例，研究分析人员常常面临的挑战是如何选择最有效的算法对相应模型进行求解。那么，我们应该如何识别哪些优化问题可以通过有效而特别的精确算法进行快速求解？以下通过图论中两个有关树的问题对此进行说明。

□应用案例 14-1

关于问题求解难度的支撑树举例

考虑两个定义在赋权无向图上的问题。其中一个问题的实例如下：

给定一个实例的子图，若该子图是一个无圈的连通图，则称该子图是一个**树**（tree）；若该子图包含了图中所有的顶点，则称该子图是给定图的一个**支撑树**（spanning tree）。右图加粗的线构成了一个支撑树。

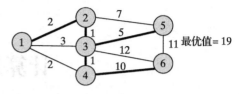

最小支撑树问题

第 10.10 节介绍了**最小支撑树问题**（minimum spanning tree，MST），它的目标是找到所有支撑树中总权重最小的支撑树。上图加粗的线构成了一个最小支撑树，最小权重是 19。

第 10.10 节还介绍了可以通过一个十分有效的贪婪算法求解最小支撑树的实例。首先按照权重对所有的边升序排序，开始选一条最小权的边，以后每一步中，总从与已选边不构成圈的那些未选边中，选一条权重最小的，直到找到一个支撑树。对于以上实例，第一次迭代中，选择权重为 1 的边（2，3）和（3，4）；第二次迭代中，选择权重为 2 的边（1，2）。虽然边（1，4）的权重也是 2，但由于它和已选的边构成了一个圈，所以不予考虑。在第三次迭代中，对于权重为 3 的边（1，3），由于它和已选的边构成了一个圈，所以也不予考虑。第四次迭代中，选择权重为 5 的边（3，5）。在第五次迭代中，不考虑权重为 7 的边（2，5）。在第六次迭代中，选择权重为 10 的边（4，6），此时得到了一个支撑树，得到的解是一个最优解。

斯坦纳最小树问题

和最小支撑树问题相似的问题是斯坦纳**最小树问题**［minimum steiner tree (Stein)］，对应的一个实例如下：

和最小支撑树问题相比，新增加的元素是一个斯坦纳节点子集（图中方框代表的节点）。斯坦纳最小树问题的目标是在所有支撑斯坦纳节点的树中找到权重之和最小的树，但并不一定需要包含所有其他的节点。图中加粗的边给出

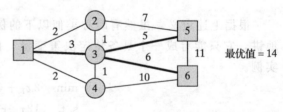

了一个总权重为 14 的斯坦纳最小树，包含了三个斯坦纳节点（1，5 和 6）和一个其他可选的节点（3）。

虽然斯坦纳最小树问题和最小支撑树问题比较类似，但是两者最大的区别在于目前求解斯坦纳最小树问题的算法仅仅是第 12 章介绍的求解整数规划的算法，其中最好的算法是类似分支定界或分支割算法的枚举方法。

在 20 世纪 70 年代建立起关于优化问题的复杂性理论之前，研究者和分析人员只能

凭借经验和直觉选择适合求解给定问题的算法。本章将介绍的计算复杂性理论，提供了一个非常严谨但仍然有待进一步完善的定量分析方法，可以用于界定最优化问题的复杂性程度，并指导选择合适的算法。

14.2　衡量算法复杂性及问题的难度

在对任意一个优化问题的计算时间进行讨论时可以看到，随着实例规模的不断增加，需要耗费的计算水平也在不断增加。因此，可以基于实例规模定义算法的有效性。

14.2.1　计算的时间复杂度

下面定义算法的运行(计算)时间。我们希望这个计算时间的衡量方法和具体的计算机无关，因而可以考虑将算法的计算时间定义为所需的基本运算的次数，即加、减、乘、除及两个数的比较的次数，并且不妨假设每种基本运算的时间相同。

考虑到计算时间随着实例规模的增长而不断增长，算法复杂性理论将算法效率定义为实例规模的函数。

定义 14.2　*一个给定算法的**时间复杂度**(computational order)是指该算法完成一个优化问题的实例计算所需的时间上界，它是关于实例规模的函数，记为 $O(\cdot)$。*

根据上述定义，$O(n^2)$ 表示算法的计算时间在最坏情形时随着实例规模的平方增长，$O(2^n)$ 表示算法的计算时间在最坏情形时随着实例规模呈指数增长。

定义中的上界是最坏情形(worst case)时的运行时间，所有实例的计算时间不会超过时间复杂度定义的时间。本章的 14.5 节和 14.6 节将会更深入地讨论根据所有实例的情形得到给定优化问题的计算时间复杂度。

当实例规模 n 不断增大时，我们仅仅关注算法计算时间的增长趋势，下表对此进行了说明。相比于实例规模只有 $n=10$，当实例规模增长到 $n=100$ 时，计算时间复杂度的排序发生了显著变化。

复杂度	计算时间 $n=10$	计算时间 $n=100$	复杂度	计算时间 $n=10$	计算时间 $n=100$
$\log n$	1 小时	2 小时	n^5	1 分钟	69+天
n^2	10 分钟	162/3 小时	2^n	1 秒钟	10^{17} 世纪

当实例规模 n 不断增加时，计算时间增加的趋势是最值得关注的问题，因此，在考虑算法复杂性时，可以忽略如下对趋势影响较小或不太重要的细节：

- 当实例规模较小时，时间复杂度的对比排序并不重要(如表中的 $\log n$ 和 2^n)。我们真正关心的是当实例规模足够大时揭示出的时间复杂度对比结果。
- 因为当实例规模足够大时，低阶项反映的计算时间变化情况可以忽略不计，所以，我们只考虑时间复杂度的表达式中占主导优势(dominant)的高阶项(如表中的 n^2 和 n^5)。
- 可以忽略时间复杂度表达式中的固定乘数(如两倍或三倍)，因为当实例规模足够大时，这些固定乘数反映出的计算时间变化情况也相当微弱。

- 忽略固定乘数可以让我们在定义算法的量级时，不用考虑计算机平台的运算能力或对单位计算时间的定义，其中，改变计算机的运算能力只是成一定比例地改变执行代数运算所需计算时间的上界，而对单位计算时间的不同定义也只是改变了量级中时间的表达方式。

例 14-1 确定时间复杂度

考虑对 n 个数按非递减顺序进行排序的问题。一个可能的（并不是最优）算法如下：第一次迭代，选择其中一个数构成有序列表；以后每一次迭代插入一个数时，从列表的最后一个数开始依次向上与当前将要插入的数进行比较，直到将该数插入到正确顺序的位置。当得到一个由 n 个数构成的非递减有序列表时，算法终止。现在，分析该算法的时间复杂度。

解： 对找到正确插入位置之前所需的步数进行求和，得到：

$$1 + 2 + \cdots + (n-1) = \frac{1}{2}n(n-1) = \frac{1}{2}(n^2 - n)$$

虽然算法在一些实例情形下可以更快地找到插入位置，但时间复杂度反映的是最坏情形时的计算时间。根据之前的介绍，算法复杂性关注的是时间复杂度表达式中占主导优势的高阶项，在本实例中是 n^2；同时，可以忽略固定乘数 $1/2$。所以，该算法的时间复杂度是 $O(n^2)$。

14.2.2 基于编码输入长度的实例规模

基于计算的时间复杂度衡量算法的有效性或问题的难度，需要精确地了解**实例规模**（instance size）。在很多优化问题中，根据实例中主要元素的数量（即变量的维数和约束的个数）直观判断实例规模是可行的，比如，实例中决策变量和约束条件的个数，在图论问题中节点和边的个数等。但是，当实例中的常数或参数，例如成本、约束条件系数、容量和约束的右端项，影响代数运算（例如，矩阵求逆）的计算时间或者影响代数运算的步数时，直观判断就会比较困难（例如，0—1 背包问题、例 14-1 和例 14-2 等）。

基于 20 世纪 30 年代计算机先驱阿兰·图灵提出的概念，当代复杂性理论对实例规模给出了更灵活的定义，虽然当时提出这些概念时，并没有出现电子计算机。如果将实例输入计算机进行求解，它必须要转化成一连串程序能够理解的符号，称为**编码**（encoding）。因此，复杂性理论基于编码长度给出了如下实例规模定义。

定义 14.3 对于一个优化问题的实例，它的**规模**（size of an instance）是指存储该实例的输入数据所需的一连串来自有限集合字母表的字符串的编码长度，该字母表定义了实例的主要结构和常数或参数的具体细节。

显然，编码长度取决于字母表的构造和其他使用的规则，但对于一个特定的优化问题或算法，这些不同的编码长度之间只是相差固定乘数。所以，在评价算法的效率时，这个固定乘数因为不影响编码长度随实例规模增长的趋势而可以忽略。

例 14-2 最大流问题的编码

以第 10.8 节介绍的最大流问题为例，对编码做进一步具体解释。给定一个有向图实

例 $G(V, A)$，边上的常数 u_{ij} 代表边 $(i, j) \in A$ 上的容量，点集合 V 中有两个特殊的点，分别对应起点 s 和终点 t，其他的点作为转运点。最大流问题的目标是在双向图中找到一条从起点 s 到终点 t 的可行网络流使得边上的总流量最大，其中，集合 V 中的其他节点作为转运点。下图是一个带有四个节点的实例，起点为 $s=1$，终点为 $t=4$。

（a）构造一个有限的字母表，使得其中的符号元素可以用于对该实例的数据输入进行编码。

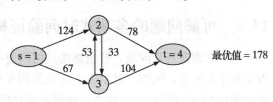

（b）根据（a）中的字母表，对该实例的数据输入进行编码，并说明提出的编码方式的合理性。

解：

（a）字母表中的符号元素可以包括 $0, \cdots, 9$ 的数字，以及分隔符号 & 和井号 #。

（b）对该实例进行编码，首先对起点 s 和终点 t 的名字进行编码，然后对节点集合 V 中其他点进行枚举编码，接着对所有的边 $(i, j) \in A$ 进行编码，最后对边上的容量 u_{ij} 进行编码，最后得到以下结果：

1&4#2&3#1&2&124#1&3&67#2&3&33#2&4&78#3&2&33#3&4&104

14.2.3 优化问题实例的编码长度表示

给定一个优化问题的实例，它的编码长度可以通过数数简单地得到。但是，和复杂性理论所关心的其他问题一样，更加值得研究的是编码长度会如何随着实例输入数据的规模增加而增加，包括固定常数的规模。方便起见，复杂性理论一般假设常数是整数，如果它们不是整数但却是有理数，则可以通过单位变换让它们成为整数。

原理 14.4 给定一个优化问题的实例，整数常数通常假设是通过一个固定底数的数字系统进行编码，所以，这些常数的规模定义为它们数值的对数值。

虽然以上的编码方式经常被称为二进制编码，因为假设对应的整数系统是以 2 为底；但实际上，编码规模和对数的底无关。例如，假设编码数字系统以 10 为底，那么，任意一个整数 q 的数字编码长度就是 $\lceil 1 + \log_{10}|q| \rceil$，在复杂性分析中，也可以简单看成 $\log_{10}|q|$。如果将该编码长度乘以一个常数，就可以将二进制编码转换成十进制编码，即：

$$\log_2 |q| = \log_2 10 \cdot \log_{10}|q|$$

因此，任意一个常数 q 对应的编码规模可以进一步简化为自然对数 $\log|q|$。

例 14-3 最大流问题基于编码长度的实例规模

考虑第 10.8 节介绍的最大流问题和定义在有向图 $G(V, A)$ 上的实例 14-2，在该实例中，边 $(i, j) \in A$ 上的容量为 $u_{i,j} > 0$，点集中存在两个特殊的点，对应着起点 s 和终点 t。写出该实例输入数据所需编码的长度上界的表达式，并说明其合理性。

解： 和例 14-2 的编码类似，可以忽略字符之间的分隔符，则流量的编码总长度是 $\sum_{(i,j) \in A} \log u_{i,j}$，上界是 $|A| \cdot \log u_{\max}$，其中 $u_{\max}$ 表示最大的容量。其他影响实例规模的元

素，例如，节点个数和边的个数，随着 $|V|$ 和 $|A|$ 线性增长，所以，最大流问题实例的输入数据编码长度是：

$$O(|V|+|A|+|A| \cdot \log u_{\max})$$

14.3 可解问题的多项式时间验证标准

对于大多数优化问题，分析算法的时间复杂度和度量实例的规模对确定最有效的求解方法会非常有益。例如，对于一个优化问题规模为 n 的实例，若两个求解算法的时间复杂度分别是 $O(n^2)$ 和 $O(n^3)$，那么，研究者或分析人员就可以优先考虑使用前一种算法。

但是，仅仅知道时间复杂度和实例规模并不足以克服 14.1 节提出的选择算法时面临的挑战。那么，如何界定一个优化问题是完全可解的呢？对此，当代计算复杂性理论给出了非常明确的回答。

原理 14.5 根据复杂性理论，对于一个优化问题，如果其对应的任意一个实例均可以用多项式时间算法进行求解，即最差情形时的计算时间是关于实例规模（实例输入数据的编码长度）的多项式函数（其中，幂为常数），那么，这个优化问题就是完全可解的（well-solved）。

例 14-4 识别多项式计算时间

考虑一个给定问题的实例，设 n 表示实例中的基本元素个数，q 表示和实例相关的常数，在以下列出的复杂度表达式中，判断哪些表示在最坏情形时运行时间是关于实例规模的多项式函数。

$$O(n^2), O(n^{25}), O(n^2 \log n), O(n^2 \sqrt{n}), O(2^n), O(n \cdot q)$$

解： $O(n^2)$ 表示了幂为 2 的多项式计算时间上界；对于 $O(n^{25})$，虽然计算时间会随着实例规模更加迅速增长，但它也是多项式时间；对于 $O(n^2 \log n)$ 和 $O(n^2 \sqrt{n})$，由于计算时间增长的上界是 $O(n^3)$，所以也是多项式计算时间。类似 $O(2^n)$ 的指数增长，由于不存在一个幂为常数的多项式函数作为上界，所以一定不是多项式时间。$O(n \cdot q)$ 也不是多项式计算时间，因为在一个二进制编码系统中，该算法对应的编码长度是 $O(n \cdot 2^{\log q})$，所以会随着 q 的编码长度指数增长。

多项式时间验证标准是计算机先驱阿兰·图灵对理论计算领域的另一个重要贡献，该标准在 20 世纪 70 年代被其他的计算机先驱杰克·艾德蒙斯（Jack Edmonds）、斯蒂芬·库克（Stephen Cook）和理查德·卡普（Richard Karp）拓展到优化领域。对于本书介绍的优化问题，表 14-1 列举了已知的最优算法的多项式时间验证结果。

表 14-1 常见的优化问题形式及其多项式时间可解性

多项式时间可解性	可能非多项式时间可解
线性规划（Linear Program，LP）	整数规划问题（Integer Linear Program，ILP）
最小支撑树问题（Spanning Tree Problem，MST）	斯坦纳最小树问题（Steiner Tree Problem，Stein）
网络流问题（Network Flow Problem，NetFlo）	固定费用网络流问题（Fixed Charge Network Flow Problem，FCNP）

（续）

多项式时间可解性	可能非多项式时间可解
线性分配问题（Linear Assignment，Asmt）	二次分配问题（Quadratic Assignment，QAsmt）
最大流问题（Maximum Flow，MFlow）	广义分配问题（Generalized Assignment，GAsmt）
二匹配问题（2-Matching，2Match）	三匹配问题（3-Matching，3Match）
最短路径问题（Shortest Path，SPath）	最长路径问题（Longest Path，LPath）
关键路径问题（Critical Path Method Scheduling，CPM）	最短完工时间调度调度问题（Minimum Makespan Scheduling，MSpan）
	旅行商问题（Travelling Salesman Problem，TSP）
	独立集问题（Set Packing，SPack）
	集覆盖问题（Set Covering，SCover）
	集分割问题（Set Partitioning，SPartn）
	节点覆盖问题（Vertex Covering，VCover）
	背包问题（Knapsack Problem，KP）
	0—1 背包问题（Binary Knapsack Problem，BKP）
	多维背包问题（Multi-dimension Knapsack Problem，MKP）
	投资预算问题（Capital Budget Problem，CapBud）
	设施选址问题（Facilities Location Problem，FLP）
	车辆路径问题（Vehicle Routing Problem，VRP）

14.4　多项式可解和非确定多项式可解

上一节介绍了完全可解问题的多项式时间验证标准（原理 14.5），重要的问题是多项式时间可解的问题类究竟包含了哪些？虽然表 14-1 说明许多常见的优化问题满足多项式时间验证标准，但是更多的优化问题是尚未确定：针对这一些问题，当前并没有找到多项式可解的算法，同时，也没有严格的证明不存在多项式可解的算法。本节将通过介绍计算复杂性理论里的最基本的问题类，为分析该不确定性提供基础。

14.4.1　判定问题和最优化问题

大多数正式的复杂性理论只适用于**判定问题**（decision problem），而非我们熟识的优化问题。判定问题，是指回答为"是"或"否"的问题。例如，判断一个有向图实例是否是无圈图就是一个判定问题。类似第 9.6 节介绍的算法可以在多项式时间内判定一个有向图实例是否是无圈图。

但是，对于大多数优化问题，仅仅回答"是"或"否"是不够的，它们还需要为决策变量选择一组最优的值或者至少得到一个目标函数的最优值。

原理 14.6　典型的优化模型中少有判定问题。

尽管如此，仍然存在一些优化问题的受限形式满足判定问题的定义。

原理 14.7　给定一个优化问题（**Opt**）的实例，受限的**可行性问题**（feasibility version）为是否存在一个解满足该实例的所有约束条件，该问题是一个判定问题，记作 **Opt**^{feas}。

原理 14.8 给定一个优化问题(**Opt**)的实例和阈值(threshold)v,受限的阈值问题(threshold version)为是否存在一个解满足该实例的约束条件并且对应的目标函数值不会比 v 更差,该问题是一个判定问题,对最大化问题记作**Opt**$^{\geqslant}$,对最小化问题记作**Opt**$^{\leqslant}$。

□应用案例 14-2

集分割问题和判定问题

第 11.3 节介绍了集分割问题(**SPartn**),其目标是找到一个对目标集合 S 的精确划分使得子集合总成本最小。设决策变量 $x_{ij}=1$ 表示选择了子集 S_j,$x_{ij}=0$ 表示没

有选择子集 S_j;参数矩阵 $\mathbf{A} \triangle \begin{bmatrix} 1 & 1 & 1 & 0 & 0 \\ 1 & 0 & 0 & 1 & 1 \\ 1 & 0 & 1 & 0 & 1 \end{bmatrix}$。该问题的一个实例如下,目标集

合 $S=\{1, 2, 3\}$,子集 $S_1=\{1, 2, 3\}$ 的成本是 12,$S_2=\{1\}$ 的成本是 3,$S_3=\{1, 3\}$ 的成本是 7,$S_4=\{2\}$ 的成本是 10,$S_5=\{2, 3\}$ 的成本是 5,则集分割问题的这个实例对应的优化模型如下:

$$\min \quad 12x_1 + 3x_2 + 7x_3 + 10x_4 + 5x_5$$
$$\text{s.t.} \quad \sum_{j=1}^{5} a_{ij}x_j = 1, \quad \forall i \in S$$
$$x_1, \cdots, x_5 \in \{0,1\}$$

最优解是 $\mathbf{x}^* = \{0, 1, 0, 0, 1\}$,最小成本是 8。

根据原理 14.6,和大多数优化问题一样,集分割问题(**SPartn**)显然不是判定问题,它并不能简单地用"是"或"否"来回答,而需要给出最优的决策变量。

相反,对于集分割问题(**SPartn**)的可行性问题(**SPartn**^{feas}),即一个给定实例是否存在一个可行解,可能的回答只有"是"或"否",所以,根据原理 14.7,可行性问题则是一个判定问题。对于本实例,答案为"是"。

根据原理 14.8,判断是否存在一个可行解对应的目标函数值不比 v 更差的阈值问题(**Spartn**$^{\leqslant}$),也是一个判定问题。本实例为最小化问题,若阈值 $v \geqslant 8$,则该判定问题的回答为"是",因为存在一个目标函数值为 8 的可行解;若 $v < 8$,则回答为"否"。

14.4.2 P 问题—多项式时间可解的判定问题

复杂性理论研究的第一类大问题是多项式时间可解的判定问题。

定义 14.9 **P** 问题 $\triangle$ {多项式时间可解的判定问题}。

表 14-1 列出的多项式时间可解优化问题均不是判定问题,所以不属于 **P** 问题。但是,这些问题对应的可行性问题和目标函数阈值问题均是 **P** 类问题。例如,对于所有目标函数最小化的线性规划问题(**LP**)实例,可以通过采用已知的多项式时间算法进行求解的方法,回答其对应的可行性判定问题(**LP**^{feas}),如果该实例真的存在一个可行解,那么

算法在终止时一定可以给出可行解；否则，该算法在终止时一定可以给出不可行的结论。

同理，通过采用已知多项式时间算法计算最小化线性规划问题实例的方法，将算法给出的最优目标函数值与阈值 v 进行对比，就可以回答对应的目标函数值阈值判定问题（$\textbf{LP}^{\leqslant}$）。

14.4.3 NP 问题—非确定多项式时间可解判定问题

将多项式时间可解判定问题的概念做进一步推广，可以研究一类更难的非确定多项式时间可解优化问题（如表 14-1 第二列的问题）。复杂性理论考虑的是能否在多项式时间内验证一个给定的或猜想的解是否可行。更严格地讲，一个判定问题是**非确定多项式时间可解的**（nondeterministic-polynomial time solvable），如果它满足如下的原理：对该判定问题的所有回答为"是"的实例，存在多项式时间的验证方法以及一个多项式长度编码的提示用来检验该"是"的回答。非确定多项式时间可解问题类是计算复杂性理论的第二个里程碑。

> **定义 14.10** NP 问题 $\triangleq$ {非确定多项式时间可解的判定问题}。

□**应用案例 14-3**

整数规划阈值判定问题的非确定多项式时间可解性

验证优化问题的非确定多项式时间可解性（可验证性）比求解优化问题直观容易很多。考虑一个目标函数最大化的整数规划问题和对应的阈值判定问题（$\textbf{ILP}^{\geqslant}$）。实例的输入数据包括 $m \times n$ 的整数矩阵 $\textbf{A}$、n 维的目标函数系数向量 $\textbf{c}$、m 维的约束条件右端项 $\textbf{b}$，以及阈值 v。阈值判定问题（$\textbf{ILP}^{\geqslant}$）考察是否存在一个 n 维向量 $\bar{\textbf{x}}$ 满足：

$$\textbf{c} \cdot \bar{\textbf{x}} \geqslant v$$
$$\textbf{A}\bar{\textbf{x}} \leqslant \textbf{b}$$
$$\bar{\textbf{x}} \geqslant \textbf{0} \quad \text{且为整数}$$

若这个实例的回答为"是"，那么如何在多项式时间内检验该"是"的回答？一种方法可能是从零开始，直接求解对应的优化实例，然后在最后比较得到的最优目标函数值和阈值。但是，目前并不知道求解任意整数规划问题实例的多项式时间算法。

如果可以通过其他非确定的方法猜想或找到一个足够好（目标函数值不比 v 更差）的可行解 $\bar{\textbf{x}}$，那么，结果又如何呢？此时，对整数规划阈值判定问题回答为"是"的实例，检验该"是"的回答只需要经过 $O(n)$ 次加法运算后比较得到的目标函数值和阈值、$O(mn)$ 次验证是否满足所有约束条件，以及 $O(n)$ 次观察验证是否满足 $\bar{x}_j \geqslant 0$ 且为整数。所以，计算复杂度为 $O(n) + O(mn) = O(mn)$，这意味着若给定一个可行解且目标函数阈值判定问题实例的答案为"是"，则可以在多项式时间内验证该结论。

但是，若整数规划阈值判定问题实例的目标函数阈值判定问题（$\textbf{ILP}^{\geqslant}$）的答案为"否"，即便可以在多项式时间内猜到或找到可行解，也无法在多项式时间内检验该"否"的回答。至少在最差的情形下，可能需要采用复杂度为指数级的枚举算法。因此，检验整数规划阈值判定问题实例的"否"的回答，是相当困难的。这也是 **NP** 问题只针对回答为"是"的实例验证多项式时间可解性的原因。

采用应用案例 14-3 的方法，可以验证，本书讨论的几乎所有优化问题相应的回答为"是"的判断问题都是 **NP** 问题。但这个结论并不能推广到所有的判定问题，阿兰·图灵就提出了一类即使回答为"是"的实例也不能在多项式时间内得到验证的**不可判定问题**（undecidable problem）。幸运的是，由于对这类问题的讨论已超出了本书的范畴，所以不予深入介绍。

14.4.4 多项式时间可解问题类和非确定多项式时间可解问题类

图 14-1 展示了本书目前讨论的几类复杂性理论中最基本的问题类的联系，其中最重要的就是 **P** 问题和 **NP** 问题之间的关系。

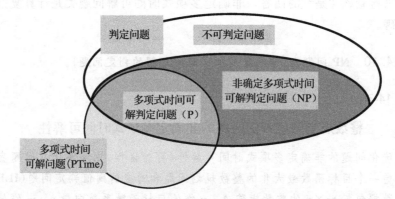

图 14-1　多项式时间可解判定问题和非确定多项式时间可解判定问题

原理 14.11 **P** 问题类是 **NP** 问题类的子集。

上述原理成立的原因在于，对于 **P** 问题，不管判定问题对应实例的回答为"是"还是"否"，都存在多项式时间的验证方法检验该回答。所以，相同的算法肯定可以在多项式时间内验证答案为"是"的实例，满足 **NP** 问题的定义。

图中 **PTime** 问题表示多项式时间内可以完全求解的问题类，所以，**PTime** 问题包含了 **P** 问题，但是比 **P** 问题更广。

原理 14.12 **P** 问题是 **PTime** 问题包含在判定问题类中的子集。

上图说明的最后一个结论是判定问题类不仅包括 **NP** 问题，还包括不可判定问题。

例 14-5 判别问题的复杂类

考虑表 14-1、应用案例 14-1 和应用案例 14-2 中的最小支撑树问题（**MST**）、斯坦纳最小树问题（**Stein**）和集分割问题（**SPartn**）。

指出以下问题（**MST**），（**MST**$^\leqslant$），（**Stein**$^\leqslant$），（**SPartn**^{feas}）分别对应图 14-1 中的复杂类。

解：众所周知，最小支撑树问题（MST）是多项式时间可解的优化问题，所以处在 **PTime** 问题且不包括 **P** 问题的部分。其目标函数阈值判定问题（MST$^\leqslant$）属于 **P** 问题。虽然斯坦纳最小树问题是很难求解的优化问题，但其目标函数阈值判定问题（Stein$^\leqslant$）仍属于 **NP** 问题，但可能不是 **P** 问题。类似地，集分割问题的可行解存在判定问题（SPartn^{feas}）是 **NP** 问题，但可能不是 **P** 问题。

14.5 多项式时间归约和 NP 难问题

因为存在一些问题并不确定是属于 **PTime** 问题还是 **P** 问题，所以，图 14-1 给出的复杂类划分仍然不完备。

14.5.1 问题之间的多项式时间归约

定义如下可以联系不同问题复杂度的关系算子，将会使得计算复杂理论的结果更加丰富。

定义 14.13 若复杂性理论的问题（Q$_1$）中的任意实例都能被一个问题（Q$_2$）的多项式时间算法在多项式时间内求解，则称问题（Q$_1$）**可多项式时间归约**（polynomially reduces）至问题（Q$_2$），记作（Q$_1$）$\propto$（Q$_2$）。

在最优化理论中，一类问题的所有实例可以通过求解另一类问题所有实例的算法进行求解是十分常见的。例如，第 10 章介绍的网络流问题（NetFlo）可以通过求解线性规划问题（LP）的算法求解，即（**NetFlo**）$\propto$（**LP**）。同理，求解整数规划 ILP 的算法也可以用来求解线性规划问题（LP），即（**LP**）$\propto$（**ILP**）。注意到 $\propto$ 算子右边开口端的问题更具有一般性、更难求解，类似于 $<$ 右端对应的是值较大的数。在上述两例中，因为（NetFlo）和（LP）是更加容易求解的问题，所以分别在 $\propto$ 算子左端。

基于多项式时间归约的概念，上一节讨论的可行解存在性判定问题和目标函数阈值判定问题满足以下原理。

原理 14.14 对于任何一个优化问题（Opt），存在性判定问题（Opt^{feas}）和阈值判定问题（Opt$^\leqslant$）[或（Opt$^\geqslant$）] 均可以多项式时间归约至该优化问题，即（Opt^{feas}）$\propto$（Opt），（Opt$^\leqslant$）$\propto$（Opt）[或（Opt$^\geqslant$）$\propto$（Opt）]。

□ **应用案例 14-4**

集分割问题多项式时间归约至斯坦纳最小树问题

下面通过集分割问题和斯坦纳最小树问题，介绍一个并非简单直观的多项式时间归约。下图证明了集分割问题的存在性判定问题（SPartn^{feas}）可以多项式时间归约至斯坦纳最小树问题的阈值判定问题（Stein$^\leqslant$），即（SPartn^{feas}）$\propto$（Stein$^\leqslant$）。

对上述结论的证明，首先定义集分割问题对应可行性问题（SPartn^{feas}）的一个典型实例：输入数据包括一个元素对象的全集合 S 和一个子集族 $\{S_i \subseteq S : i \in I\}$。考虑的问题是任意一个由多个子集构成的集合是否刚好对应着集合 S 的一个精确划分？

为了证明多项式时间归约的关系，需要相应构造一个斯坦纳最小树问题对应阈值判定问题的实例，使得可以通过求解该实例来求解集分割问题对应可行性问题的实例。

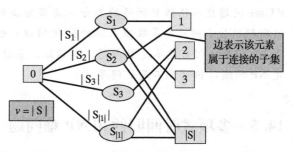

该图说明了如何实现两个问题的多项式时间归约。作为斯坦纳节点，起点 0 连接着每个子集 S_i 对应的非斯坦纳节点，边上的成本是子集中的元素个数 $|S_i|$。同时，将全集合 S 中的每个元素分别作为斯坦纳节点，若一个元素属于一个子集 S_i，则将该元素对应的斯坦纳节点和该子集对应的非斯坦纳节点相连。斯坦纳最小树问题对应阈值判定问题 $(\text{Stein}^{\leqslant})$ 中的阈值是 S 中的元素个数，即 $v= |S|$。

显然，根据斯坦纳树的定义，构造得到的斯坦纳树将会连接子集对应的非斯坦纳节点，使得可以覆盖 S 中的每一个元素，对应的总成本是连接的子集中元素个数之和。若总成本不比阈值差，则得到的斯坦纳树没有选择包含有相同元素的子集，从而解决了集分割问题对应的可行性判定问题 $(\text{SPartn}^{\text{feas}})$，回答为"是"；否则，$(\text{SPartn})$ 没有可行解，$(\text{SPartn}^{\text{feas}})$ 问题为"否"。

为什么这是一个多项式时间归约呢？原因是构造的斯坦纳最小树的实例规模和集分割的实例规模是多项式关系。相反，若对于给定的集分割实例需要构造指数级规模的斯坦纳最小树实例，那么求解斯坦纳最小树对应阈值判定问题的实例的多项式时间算法，将不能在多项式时间内求解集分割问题可行性判定问题对应的实例。所以，多项式时间归约的前提是两个问题的实例规模处于同一量级，是多项式关系。

以上讨论还没有解决的一个问题是是否存在一个多项式时间算法可以求解斯坦纳最小树对应的阈值判定问题 $(\text{Stein}^{\leqslant})$，有可能该算法并不存在。然而，上图说明 $(\text{Stein}^{\leqslant})$ 的求解难度不会比 $(\text{SPartn}^{\text{feas}})$ 更低，从而表明 $(\text{Stein}^{\leqslant})$ 的多项式可解性不会比 $(\text{SPartn}^{\text{feas}})$ 的多项式时间可解性更差。

多项式时间归约的另一个重要原理是传递性，从而可以在两个问题之间间接地建立起归约关系。

原理 14.15 问题之间的多项式时间归约具有传递性，即若 $(\mathbf{Q}_1)\propto(\mathbf{Q}_2)$ 且 $(\mathbf{Q}_2)\propto(\mathbf{Q}_3)$，则 $(\mathbf{Q}_1)\propto(\mathbf{Q}_3)$。

例如，因为 $(\mathbf{NetFlo})\propto(\mathbf{LP})$，且 $(\mathbf{LP})\propto(\mathbf{ILP})$，所以 $(\mathbf{NetFlo})\propto(\mathbf{ILP})$。

14.5.2 NP 完全问题和 NP 难问题

加拿大科学家斯蒂芬·库克(Stephen Cook)因为提出 **NP** 类问题中一个新的更难的子类而对计算复杂性理论做出了里程碑式的贡献，他发现 NP 问题中的所有问题都可以进一步归约至该子类中的问题，并称该子类为 NP 完全问题(NP−Complete)。

定义 14. 16 NP 完全问题$\triangleq\{(Q)\in NP：NP$ 类中的每一个问题均可以归约至$(Q)\}$。

上述思想不仅仅针对判定问题，还可以进一步拓展至至少和 NP 完全问题类中的相同难度的问题。

定义 14. 17 NP 难问题$\triangleq\{(Q)：NP$ 完全类中的一些问题可以归约至$(Q)\}$。

NP 难问题（NP-Hard）是复杂性理论中最难的问题类，若判定一个问题是否属于这一类，则需要证明 NP 完全类中存在一个问题可以归约至该问题。

例 14-6 证明给定问题是 NP 完全或 NP 难

应用案例 14-4 证明了多项式归约$(SPartn^{feas})\infty(Stein^{\leqslant})$。假设众所周知$(SPartn^{feas})$是 NP 完全问题，根据这些结果，证明$(Stein^{\leqslant})$是 NP 完全问题，而斯坦纳最小树问题$(Stein)$是 NP 难问题。

解： 为了证明$(Stein^{\leqslant})$是 NP 完全问题，首先说明$(Stein^{\leqslant})$是 NP 问题，然后找到另一个已知的可归约至$(Stein^{\leqslant})$的 NP 完全问题即可。$(Stein^{\leqslant})$是一个判定问题，并且对于该判定问题所有回答为"是"的实例，可以在多项式时间内得到验证，所以$(Stein^{\leqslant})$一定是 NP 问题。又因为存在一个 NP 完全问题$(SPartn^{feas})$可以归约至$(Stein^{\leqslant})$，所以$(Stein^{\leqslant})$是一个 NP 完全问题。

斯坦纳最小树问题并不是一个判定问题（见原理 14.6），因此它并不属于 NP 问题。然而，原理 14.4 说明斯坦纳最小树问题对应阈值判定问题可以归约至该问题，又因为刚刚已证明$(Stein^{\leqslant})$是一个 NP 完全问题，所以斯坦纳最小树问题$(Stein)$是 NP 难问题。

图 14-2 在之前给出的复杂类包含关系的框架中加入了 NP 完全问题和 NP 难问题。NP 难问题包括了所有 NP 问题可以归约至其中问题的一类问题，NP 完全问题是 NP 难问题中的属于判定问题的子集。

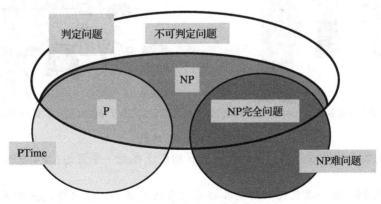

图 14-2　复杂类的分类结构

14.6　P 问题和 NP 问题

大量常见的优化问题（包括表 14-1 右边列举的所有问题）是 **NP 难问题**，相应的可行解存在性判定问题和目标函数阈值判定问题是 **NP** 完全问题。引入 **NP** 难问题和 **NP** 完全问题的原因在于，若存在一个多项式算法可以求解这两类中的任意一个问题，那么 **NP** 中的所有问题是多项式可解的。

原理 14.18 若 **NP** 完全问题或 **NP** 难问题中的一个问题能够在多项式时间内求解，那么 **NP** 问题中的所有问题是多项式可解的，即 **P＝NP**。因此，除非 **P＝NP**，否则不存在一个算法可以多项式时间内求解任意一个 **NP** 完全问题或 **NP** 难问题。

NP 难问题类中的每个问题都可以由 **NP** 完全问题类中的一些问题归约得到，而每个 **NP** 问题类中的问题都可以归约至每个 **NP** 完全问题类中的问题。若存在一个多项式时间算法可以求解 **NP** 难问题类或 **NP** 完全问题类中的任何一个问题，则该算法可以在多项式时间内求解所有 **NP** 问题，得到 **P＝NP**，原因在于 **NP** 问题类中的所有问题可以在多项式时间内归约至这个多项式时间算法已知的问题。

P≠NP 猜想

原理 14.18 激发了许多研究者寻找有效的多项式时间算法求解 **NP** 难题中感兴趣的问题，图 14-3 对此做了形象的展示。截至目前，所有的尝试均失败了。基于原理 14.18，一代又一代的研究者前赴后继地不断努力寻找求解一个 **NP** 难问题的多项式时间算法，希望最终可以解决许多代研究者没有解决的问题，即找到求解所有 **NP** 问题的多项式时间算法。如果能够找到针对 **NP** 问题类中的任意一个问题的多项式时间算法，则意味着所有 **NP** 问题存在多项式时间算法。

a) 一个尝试寻找NP难问题多项式时间算法却失败的团队　　b) 无数研究者分享寻找NP问题多项式时间算法的失败经历

图 14-3　**P≠NP** 猜想

然而，无数次的失败尝试使得研究者们开始广泛接受一个猜想：**P≠NP**。

原理 14.19 若一类优化问题或其相关拓展问题是 **NP** 难问题，虽然不能严格地加以证明，但几乎可以确定的是不存在一个多项式时间算法可以求解相对应的所有实例。

值得强调的是，尽管很多被广泛相信的数学或科学猜想最终被证明是错误的，但是在 **P＝NP** 得到证明之前，最好应该先明确研究问题是否是 **NP** 难问题，若是，则应该选取不是多项式时间精确算法的其他方法求解问题的实例。

14.7　求解 NP 难问题

若发现一个问题是 **NP** 难问题，并不意味着该问题无法求解，毕竟大多数常见的优化问题，如表 14-1 右列的问题，属于 **NP** 难问题。因此，需要提出一些有限的标准来指导如何选择合适有效的求解算法。

14.7.1　特例

求解 **NP** 难问题首选的方法之一是聚焦可求解的相关**特例**（special case）。

原理 14.20　一个优化问题的特例是其部分实例构成的一个子集，虽然原始优化问题是 **NP** 难问题，但特例中的所有实例均可以在多项式时间内求解。

在判断一个问题所属的复杂类时，必须考虑求解其最复杂实例对应的最差计算情况，分析其计算难度是否逼近可归约至该问题的其他问题。一个问题的复杂实例是不可能归约至另一个问题的简单实例。

这并不意味着一些特定应用问题的实例不存在有效的求解算法。例如，第 10.7 节介绍的**线性分配问题**（linear assignment problem，asmt）是一个常见的 0—1 整数规划问题。每个线性分配问题的实例都是整数规划的实例。虽然对所有的整数规划问题不存在一个多项式时间算法，但是，即便是在最坏的情况下，也存在多项式时间算法求解线性分配问题。

14.7.2　伪多项式时间算法

很多重要的优化问题被称为 **NP** 难问题，是因为不确定是否存在关于问题实例数据输入长度的多项式时间算法。然而，在更弱的有效性标准下，这些问题仍可能存在较好的多项式时间求解算法。

定义 14.21　若一个算法的时间复杂度是关于实例中主要元素的个数和固定参数的量级的多项式表达，则称该算法为伪多项式时间算法。

多项式算法和伪多项式算法的区别在于关于固定参数输入长度的计算时间表达。在真正的多项式算法中，计算复杂度是关于实例中输入长度的多项式表达（原理 14.4），但是，在伪多项式算法中，计算复杂度是关于输入长度的量级的多项式表达。在实例规模较小时，伪多项式算法可能有较好的求解效率，但是当实例规模不断增加时，指数增长的输入编码长度将会占主导。

伪多项式时间算法的一个例子是第 9.9 节中介绍的求解 0—1 背包问题的动态规划算法。算法的计算时间是 $O(nb)$，其中 n 是实例中的变量个数，b 是约束的右端项。虽然当 b 较小时，动态规划算法具备较好的效率；但是，如果采用标准的时间复杂度方法将 0—1 背包问题的输入长度表示为 $O(n \log b)$，则 0—1 背包问题是 **NP** 难问题。

14.7.3　平均计算性能

虽然在最坏情况下得到的计算时间较好地反映了大多数优化问题随着实例规模不断

增加的复杂性，但是，在实际应用中，算法的计算性能也可以通过在平均意义下的计算时间来度量。

原理 14.22 采用平均计算时间度量问题的复杂性，虽然并不能改变问题的复杂类别，但是能够较好地用来预测算法求解问题实例的平均性能。

线性规划问题是说明平均计算复杂度和最坏情况下的计算复杂度的区别的经典例子。正如表 14-1 所示，线性规划问题是多项式时间可解的，其多项式算法是第 7 章介绍的内点法，而不是第 5 章和第 6 章介绍的单纯形算法。在大多数线性规划实例中，单纯形算法具有较好的计算效率，但是在少数特殊情形下，单纯形算法的计算时间会随着实例规模呈指数增长（见第 7.6 节）。尽管如此，这并没有影响单纯形算法在现实生活中的广泛应用，原因就是它的平均计算效率非常好。

14.7.4 分支定界算法和分支切割算法中更强的松弛问题和割

在最坏情况下，类似第 12 章介绍的分支定界算法和分支切割算法等枚举方法的计算时间会随着实例规模的增长而呈指数级增长，但是，通过第 12.2 节介绍的松弛方法和第 12.6 节介绍的割平面方法，可以显著地提高算法的效率。

原理 14.23 对于具有指数级复杂度的枚举搜索算法，可以通过较强的松弛问题、割平面和其他整数规划的方法提高计算效率，对于一些优化问题的规模不太大的实例，可以有助于找到它们的最优解。

例如，第 12.6 节介绍了针对集覆盖问题的强有效不等式，可以帮助更好地求解整数规划问题。

14.7.5 带有最优目标函数上下界的启发式算法

求解 NP 难问题的另一种方法是启发式算法，这类启发式算法可以给出在最坏情况下最优目标函数的上下界。

定义 14.24 给定一类困难优化问题的实例，有界的启发式算法不仅可以给出对应的可行解，而且可以证明最优目标函数在最坏情况下的上界或下界。

以下的例子通过经典的旅行商问题介绍一个启发式算法。

□应用案例 14-5

基于三角不等式的双圈启发式算法求解旅行商问题

根据第 11.5 节的介绍，旅行商问题的目标是在一个给定的完全图上，从起点出发，以最小的路径成本经过图上的所有顶点，然后返回原点。这是一个经典的 NP 难问题。

在旅行商问题中，两点之间的距离满足著名的**三角不等式**（triangle inequality）：

$$d_{i,k} \leqslant d_{i,j} + d_{jk} \quad \text{对任意的节点 } i, j, k$$

这些不等式说明，从节点 i 直接到节点 j 的距离总是不大于通过中间节点 k 再到节点 j 的距离。

以第 11.5 节介绍的 NCB 为例，问题是让钻孔机以一条最短路径通过电路板上的 10 个孔。表 11-7 中的距离是欧氏距离，因此满足三角不等式，对应最优解的路径长度是 81.8 英尺。

该问题采用著名的**双圈近似算法**(twice-around aproximate algorithm)进行求解，算法步骤如下：

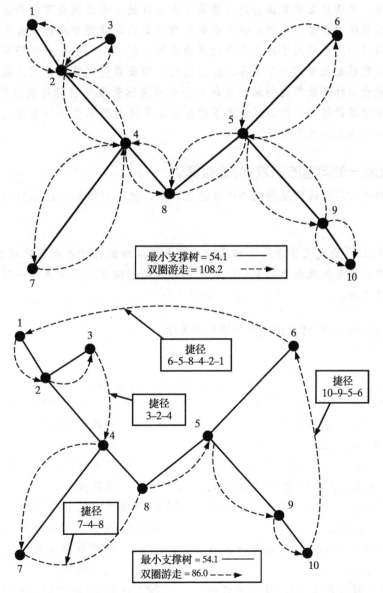

第一步，计算最小生成树。图中加粗的边对应最小生成树，根据第 10.10 节的内容，这一步在最坏情形下也可以在关于边数和顶点数的多项式时间内完成。

第二步，将最小生成树上的每一条边重复两次，但方向相反，构成封闭游走的回路（见图中虚线部分）。沿着回路走完所有顶点可能构成一条旅行商路径，但其中有些节点会访问了多次。

第三步，沿着封闭回路依次从每个节点走到下一个没有被访问的相邻节点，若需要经过一个已经被访问的中间节点，则直接通过捷径访问，最后得到旅行商路径。在本例中，从节点 1 出发，依次经过节点 2、3，然后通过捷径直接到节点 4，以此类推。

双圈启发式算法得到的最优目标函数值和实际最优目标函数值之间的差距有多大？一方面，双圈启发式算法得到的结果不会超过最小生成树长度的两倍。游走重复了最小生成树中的每一条边，但是根据三角不等式，捷径会降低总长度。另一方面，最优路径一定是访问了每个节点的连通子图。所以，最小生成树问题最优长度是旅行商问题最优长度的一个下界。综上所述，两圈启发式算法得到的最坏的目标函数值是最优目标函数值的两倍。虽然差距有可能达到最优目标函数值的 100% 并不是一个非常好的结果，但最坏情况下的分析结果还是可以为采用启发式算法进行求解提供一个确定的效率保证。

14.7.6　求解一般问题的启发式/近似算法

最后，对于大多数特别复杂的 **NP** 难优化问题，比较有效的方法是启发式算法或近似算法。

原理 14.25　启发式算法或近似算法，至少可以给出目标函数值较理想的可行解，在实际应用中，当实例规模非常大时，启发式算法或近似算法通常是唯一可以用来求解的比较有效的方法。

第 15 章将介绍几类常见而重要的启发式算法。

练习题

14-1　考虑如下的 0—1 背包问题：

$$\max \quad 7x_1 + 9x_2 + 21x_3 + 15x_4$$
$$\text{s. t.} \quad 8x_1 + 4x_2 + 12x_3 + 7x_4 \leqslant 19 \quad (BKP)$$
$$x_1, \cdots, x_4 \qquad = 0 \text{ 或 } 1$$

(a) 画出类似图 9-16 的动态规划图，并在边上标出目标函数中决策变量的系数。

(b) 解释 (a) 中动态规划模型的阶段和状态。

(c) 设初始状态为 19，第一阶段的目标函数初始化为 0，即 $v[19,$ $1] = 0$，对每一个可能的状态，计算子问题目标函数值 $v[$阶段，周期$]$。

(d) 根据 (c) 写出最优解和对应目标函数值。

14-2　考虑练习题 14-1 中的 0—1 背包问题。

✅ (a) 定义一个有限字母表，并基于该表给出背包问题该实例的二进制编码。

✅ (b) 证明 (a) 中的二进制编码长度与变量个数 n 成正比，与目标函

数系数 c_j、约束条件系数 a_j 和右端项常数 b 的编码长度的对数成正比。

(c) 说明练习题 14-1 中的模型是以下 0—1 背包问题的实例。

$$\max \quad \sum_{j=1}^{n} c_j x_j$$

$$\text{s. t.} \quad \sum_{j=1}^{n} a_j x_j \leqslant b$$

$$x_1, \cdots, x_n = 0 \text{ 或 } 1$$

(d) 求解练习题 14-1 背包问题的动态规划算法是找到一条通过 n 个阶段的最长路径,每个阶段最多有 b 种可能的状态。说明该算法是关于固定常数的量级的多项式表达,但在标准的二进制编码中却是指数级表达。

(e) 说明 (d) 使得 0—1 背包问题伪多项式时间可解的原因。

(f) 通过 (d) 和 (e),说明 0—1 背包问题在中等或较大规模时可解的难度。

(g) 因为 0—1 背包问题是 **NP** 难问题,所以所有的 **NP** 问题都可以归约为 0—1 背包问题。是否可以将一个非常复杂的 **NP** 难问题归约至类似 (f) 中的实例?解释原因。

14-3 考虑第 11 章定义 11.29 介绍的设施选址问题,设所有参数均为整数。

(a) 考虑以下实例,定义一个有限字母表,并基于该表给出该设施选址问题的二进制编码。

(b) 验证 (a) 中的二进制编码长度与候选设施个数 m 和需求点个数 n 成正比,与目标函数系数和约束条件系数的编码长度的对数成正比。

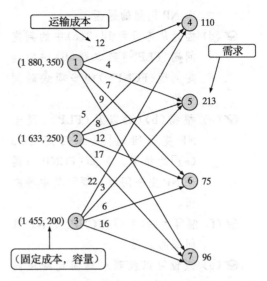

(c) 设阈值为 v,描述设施选址问题的目标函数阈值判定问题(**FLP$^{\leqslant}$**)。

(d) 解释设施选址问题对应的阈值判定问题 (c) 属于 **NP** 问题,但是设施选址问题不属于 **NP** 问题的原因。

(e) 设施选址问题的目标函数阈值判定问题(**FLP$^{\leqslant}$**)是 **NP** 完全问题。解释这意味着设施选址问题是 **NP** 难问题的原因。

(f) 假设可以找到求解设施选址问题和对应阈值判定问题的多项式时间算法,这个结果对于设施选址问题及其相关判定问题的复杂类划分有什么启示?

14-4 考虑第 11 章定义 11.31 介绍的固定费用网络流问题,设所有的数均是整数。

(a) 写出关于模型中维度和参数的二进制编码输入长度的表达式。

(b) 设阈值为 v,描述固定费用网络流问题(**FCNP**)的目标函数阈值判定问题(**FCNP$^{\leqslant}$**)。

(c) 解释阈值判定问题(**FCNP$^{\leqslant}$**)属

于 **NP** 问题的原因。

☑(d) 描述从练习题 14-3(c)中的判定问题（**FLP**$^{\leqslant}$）到本题(b)中的判定问题（**FCNP**$^{\leqslant}$）的多项式时间归约。

☑(e) 根据(b)(c)以及（**FLP**$^{\leqslant}$）属于 **NP** 完全问题［见练习题 14-3(e)］的结果，可知（**FCNP**$^{\leqslant}$）属于 **NP** 完全问题。解释其中的原因。

☑(f) 解释由(e)可得（**FCNP**）是 **NP** 难问题的原因。

☑(g) 假设可以找到求解固定费用网络流问题和对应阈值判定问题的多项式时间算法，这个结果对于固定费用网络流问题及其相关判定问题的复杂类划分有什么启示？

14-5 考虑第 11.2 节介绍的投资预算问题，假设有 n 个备选项目，决策变量 $x_j = 1$ 表示选择了项目 j，否则，$x_j = 0$ 表示没有选择项目 j。则数学模型可以表示如下：

$$\max \quad \sum_{j=1}^{n} r_j x_j \quad （收益最大化）$$

$$\text{s. t.} \quad \sum_{j=1}^{n} a_{t,j} x_j \leqslant b_t \ \forall \ t$$

（在 t 时间的预算限制）

$$x_j \leqslant x_k \ \forall \ j, k \in p$$

（项目配对约束）

$$x_j + x_k \leqslant 1 \ \forall \ j, k \in M$$

（项目互斥约束）

x_j 为 0—1 变量 $j = 1, \cdots, n$

(a) 写出关于模型中维度和参数的二进制编码输入长度的表达式。

(b) 设阈值为 v，描述投资预算问题的目标函数阈值判定问题（**CapBud**$^{\geqslant}$），并证明（**CapBud**$^{\geqslant}$）

是 **NP** 问题。

(c) 练习题 14-2 中 0—1 背包问题的目标函数阈值判定问题（**BPK**$^{\geqslant}$）是 **NP** 完全问题。结合(b)的结果证明（**CapBud**$^{\geqslant}$）也是 **NP** 完全问题，并给出具体的多项式时间归约结果。

(d) 说明(c)的结果对找到多项式时间算法求解投资预算问题（**CapBud**）和对应阈值判定问题（**CapBud**$^{\geqslant}$）的启示。

14-6 考虑一个多维背包问题，设有 n 个决策变量 x_j，表示是否选择物品 j，对应的数学模型如下：

$$\max \quad \sum_{j=1}^{n} r_j x_j \quad （收益最大化）$$

$$\text{s. t.} \quad \sum_{j=1}^{n} a_{ij} x_j \leqslant b_i \ i = 1, \cdots, m$$

（容量约束）

x_j 为 0—1 变量 $j = 1, \cdots, n$

(a) 写出关于模型中维度和参数的二进制编码输入长度的表达式。

(b) 解释练习题 14-1 中的实例（**BKP**）是（**MKP**）的一个实例。

(c) 设阈值为 v，描述多维背包问题（**MKP**）的目标函数阈值判定问题（**MKP**$^{\geqslant}$），并证明（**MKP**$^{\geqslant}$）是 **NP** 问题。

(d) 练习题 14-2 中 0—1 背包问题的目标函数阈值判定问题（**BPK**$^{\geqslant}$）是 **NP** 完全问题。结合(c)的结果证明（**MKP**$^{\geqslant}$）也是 **NP** 完全问题，并给出具体的多项式时间归约结果。

(e) 说明(d)的结果对找到多项式时间算法求解多维背包问题（**MKP**）和对应阈值判定问题（**MKP**$^{\geqslant}$）的启示。

14-7 考虑定义在有向图 $G(V, E)$ 上的节点覆盖问题，该问题的目标是找到一个数量最少的节点集合，使得对于图中所有的边至少有一个节点在该集合内。

(a) 说明节点覆盖问题可以表示成以下的数学模型，其中决策变量 x_i 表示节点 i 是否在解中。

$$\min \sum_{i \in V} x_i$$
$$\text{s. t.} \sum_{i \in I_e} x_i \geqslant 1 \quad \forall e \in E$$
$$x_i \text{ 为 0—1 变量} \quad \forall i \in V$$

其中，$I_e \triangleq \{i \in V$，并且 i 是边 e 的一个端点$\}$。

(b) 11.3 节介绍了加权集覆盖问题，该问题的目标是找到一个子集 S_j，$j \in V$ 的集合，该集合所含元素包含并集 $S \triangleq \bigcup_{j \in J} S_j$ 中的所有元素并且使得子集总权重最小。说明集覆盖问题可以表示成以下的整数规划模型，其中决策变量 x_j 表示找到的集合是否包含子集 j，参数 c_j 表示目标函数中的决策变量系数。

$$\min \sum_{j \in J} c_j x_j$$
$$\text{s. t.} \sum_{\{j \text{ with } i \in S_j\}} x_j \geqslant 1 \quad \forall i \in S$$
$$x_j \text{ 为 0—1 变量} \quad \forall j \in J$$

(c) 说明每一个节点覆盖问题的实例可以看成加权集覆盖问题的实例，并给出两个模型中各元素的一一对应关系。

(d) 节点覆盖问题是 **NP** 难问题，根据结果(c)，证明加权集覆盖问题也是 **NP** 难问题。

14-8 考虑练习题 14-7(a) 的节点覆盖问题，一个构造近似最优解 $\overline{V} \triangleq \{i \in$

V：$x_i = 1\}$ 的算法描述如下：(i)初始化 $\overline{V} \leftarrow \varnothing$；(ii)若存在一条边 $e \in E$ 且 $I_e \bigcap \overline{V} = \varnothing$，则更新 $\overline{V} \leftarrow \overline{V} \bigcup I_e$，即若当前解并没有覆盖边，则将该边的两个节点均添加到当前解中。若不存在这样的边，算法终止。

(a) 用该近似算法求解以下实例，设初始解为 $\overline{V} = \{1, 2\}$。

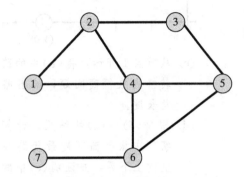

(b) 解释对于任意一个节点覆盖问题的实例，该算法一定可以给出可行解的原因。

(c) 证明该近似算法是关于节点数和边数的多项式时间算法。

(d) 解释最优的节点覆盖一定包含近似算法的第(ii)步中每条边的至少一个端点，并证明近似算法得到的最优节点覆盖的节点数不会超过实例最优节点覆盖的节点数的两倍。

(e) 解释虽然存在以上可以保证上界的近似算法，但是节点覆盖问题仍然是 **NP** 难问题的原因。

14-9 考虑例 14-5 中的旅行商问题和两圈启发式算法。给定以下包含五个顶点的实例，假设其中任意两点都相连，且两点之间的距离是欧氏距离。

(a) 使用算法 10F 计算最小生成树，给出最短总长度。

(b) 从节点 1 开始，写出对应的两圈游走遍历所有点的总长度。

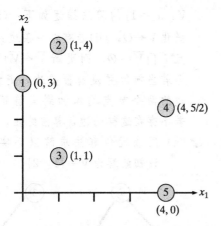

（c）从节点 1 开始，将（b）中的路线
转换成旅行商问题，给出路线
总长度。

（d）根据（a）～（c）的结果，计算本
实例中旅行商问题最优路径长
度的上下界，并证明（c）中的近
似最优目标函数值不会超过实

际最优解目标函数值的两倍。

（e）解释虽然存在以上可以保证下
界的两圈近似算法，而且边的
长度是欧氏距离，但是旅行商
问题仍然是 **NP** 难问题的原因。

14-10 考虑以下列举在表 14-1 中的每对
问题，证明前一个多项式时间可解
问题是后一个 **NP** 难问题的特例，
并给出前一个问题一定不会成为后
一个问题最坏情况下的实例的特殊
原理。

☑（a）最小支撑树问题（**MST**）和斯坦
纳最小树问题（**Stein**）。

（b）线性分配问题（**Asmt**）和广义分
配问题（**GAsmt**）。

（c）关键路径调度问题（**CPM**）和最
长路径问题（**LPath**）。

参考文献

Garey, Michael R. and David S. Johnson (1979), *Computers and Intractability - A Guide to the Theory of NP-Completeness*, W.H. Freeman, San Francisco, California.

Hochbaum, Dorit S., editor (1997), *Approximation Algorithms for NP-Hard Problems*, PWS Publishing, Boston, Massachusetts.

Martin, R. Kipp (1999), *Large Scale Linear and Integer Optimization*, Kluwer Academic, Boston, Massachusetts.

Parker, R. Gary and Ronald L. Rardin (1988), *Discrete Optimization*, Academic Press, San Diego, California.

Schrijver, Alexander (1998), *Theory of Linear and Integer Programming*, John Wiley, Chichester, England.

Wolsey, Laurence (1998), *Integer Programming*, John Wiley, New York, New York.

第 15 章

离散优化的启发式算法

在前面几个章节中，用于解决 ILP 和 INLP 问题的方法都是基于精确优化——在允许运行时间足够长的情况下，确保得到一个最优方案。然而，在第 14 章中介绍的复杂度理论指出(原理 14.19)：大量重要的 ILP 和 INLP 问题并没有存在多项式时间的解法，而多项式时间解法的存在才能保证在任意大的问题实例中可以求解出最优解。

现实情况是，基于现有的电脑效率情况，我们能够接受通过使用一些启发式/近似优化的形式去寻求大型离散优化问题的解决方案，这些方法能够找到不错的可行解，但是这些解不一定是最优的。许多启发式算法选择沿用精确解法，不过这些算法会在到达规定时间后停止搜索，从发现的可行方案中选取最佳的那个。随着分支定界、分支剪切以及大规模计算分析技术的发展，越来越多的大型的实例可以通过这种方式成功解决。尽管如此，这些问题的复杂度的指数增长最终会导致这些问题难以被如上的启发式算法解决。

本章介绍了一些重要的、严格意义上真正的启发式算法，这些方法不再追求和精确方法表面上相似，相反，这些方法充分探求了有效的问题结构，寻找能够得到最优解的最有机会的、最直观的驱动，从而有希望获得好的可行的解。利用这些方法获得的结果可能确实很好，但是通常它们的优劣需要经过大量的实例评估。这种严格的启发式方法很少会根据离数学上能够证明的离最优解的远近而决定是否停止运行。

15.1 构造型启发式算法

本章介绍的第一类启发式算法为构造型搜索(constructive search)算法，这个方法可以逐步建立一个最优解。像第 12 章中的部分解(或者临时解)一样，该算法逐个选择离散决策变量的值，直到得到一个完整的可行解为止。该方法从部分解开始，一次只选择一个决策变量的值，(经常)在完成第一次可行方案时停止。

15.1.1 基础构造型搜索算法

构造型搜索通常从每一个自由决策变量的离散分量开始。在每次迭代中，在当前决策解固定情况下，一个先前自由的变量固定为一个可行值。也就是说，当我们替换以前的固定值并且采用自由变量值时，为新分量所选定的值不应该产生违反约束的情况。

在最简单的情况下，当没有自由变量存在时，搜索过程停止。算法 15A 给出了一个更加正式的语句。

▶**算法 15A：基础构造型搜索算法**

第 0 步：初始化。从所有自由的初始部分解 $\mathbf{x}^{(0)} = (\sharp, \cdots, \sharp)$ 开始，并且初始化解的上标编号 $t \leftarrow 0$。

第 1 步：停止。如果当前解 $\mathbf{x}^{(t)}$ 的所有分量都已经被固定，停止算法并且输出 $\hat{\mathbf{x}} \leftarrow \mathbf{x}^{(t)}$ 作为近似最优解。

第 2 步：逐步操作(step)。选部分解 $\mathbf{x}^{(t)}$ 的一个自由分量 x_p 并给它赋值，使这个解有可能成为一个好的可行解。然后，$\mathbf{x}^{(t)}$ 迭代更新部分解 $\mathbf{x}^{(t+1)}$，解 $\mathbf{x}^{(t+1)}$ 和解 $\mathbf{x}^{(t)}$ 除了已固定选择值的 x_p 分量外，其他分量相同。

第 3 步：增量。增加 $t \leftarrow t+1$，并返回到第 1 步。

15.1.2 变量固定的贪婪选择

构造型搜索的主要难点显然在于如何选择下一个待固定的自由变量并且确定它的值，而**贪婪**(greedy)或**短视**(myopic)算法是解决这一问题最常见的方法。

定义 15.1 贪婪构造型启发式算法每次迭代都会选择并固定下一个变量，这种方法在当前临时解的变量已经固定的情况下，可以保证下一个解的最大可行性，并且能够最大限度地改进目标函数值。

也就是说，贪婪算法的规则是在目前已知内容的基础上，选择固定被选中概率最大的变量，从而得到更好的可行解。

在极少数情况下(例如，10.10 节的生成树问题)，贪婪算法能够保证产生一个精确的最优解。然而由于该算法在进行下次选择时只能依靠局部信息，因此在一般情况下这样做存在一定的风险。在贪婪算法中一个只有少数变量固定的并且看起来表现很好的解实际上会迫使搜索进入可行空间中非常差的区域。然而考虑到该算法的计算过程十分高效，有所损失在所难免。

15.1.3 NASA 应用中的贪婪规则

我们可以采用 NASA 资本预算模型(11-7)来说明构造型搜索的思路。在该模型中，决策变量为：

$$x_j \triangleq \begin{cases} 1 & \text{如果任务 } j \text{ 被选中} \\ 0 & \text{否则} \end{cases}$$

对于这样的资本预算模型，我们可以很自然地联想到采用连续添加任务直到下一步添加不满足约束条件的方法来构建解。也就是说，只要在不违反约束的前提下存在可选的任务执行，我们就将先前某一个自由分量 x_j 的值固定为 1。

为了实现这种构造型搜索，我们需要制定一个贪婪选择的准则，这一类型的准则在15.1 节中提到过。显而易见的是在选择任务时我们会优先选择具有高目标函数"价值"系数的任务，但同时我们也需要考虑约束条件。一个高价值的任务可能消耗大量的预算，因此选择这样的任务会对所有的进一步任务的选择产生约束。此外，一些优先约束会改变任务的隐含价值；选择某任务除了会获得该任务的价值之外，还会使其之后的下一个解可行。

我们的搜索以比率为衡量标准来权衡上述的任务价值和客观的约束条件。

$$r_j \triangleq = \frac{（任务\ j\ 的值）+（下一个可行解的限额）}{\sum_{i=1}^{8}（被任务\ j\ 消耗的剩余约束\ i\ 的右边部分的分数）} = \frac{C_j + \sum_{未优于j的自由分量k}\left(\frac{c_k}{2}\right)}{\sum_{i=1}^{8}\left(\frac{a_{i,j}}{b_i^{(t)}}\right)}$$

(15-1)

在这个公式中：

$c_j \triangleq$ 任务 j 的目标函数系数

$a_{i,j} \triangleq$ 任务 j 在第 i 个主约束中的系数

$b_i^{(t)} \triangleq$ 右侧在固定部分解 $x^{(t)}$ 中变量值之后，仍保留在主约束中的部分

选择所有前导项已被安排在部分解 $x^{(t)}$ 的自由项中，在这样的自由项中，我们将选择固定具有最大比率 r_j 的 x_j。如果在所有适用预算中对任务 j 的预算仍有剩余，则任务 j 的值被固定为 1。否则，我们设定 $x_j = 0$。

像许多贪婪选择的准则一样，比率 (15-1) 似乎相当复杂。但实际上分子考虑了两部分：选择任务的直接价值和它选择后续任务的潜在价值。并且，所有可行后续任务的价值的一半被随机添加到任务的直接价值中。在 (15-1) 中，分母把选定任务要消耗的剩余约束"资源"的分数相加。因此，我们倾向于选择需要当前稀缺资源相对较少的任务。

通过"性价比"，即价值与所使用的资源的比值，我们可以实现目标和约束两方面的综合考量。最高的比率 r_j 将对应于高价值或低资源消耗或两者兼有的任务 j。选择这个任务可能不是最好的长期决定，但它确实反映了没有任何未来情况的信息的前提下，我们可以知道的所有内容。

例 15-1　设计贪婪启发式规则

回想一下 11.3 节中，**集合覆盖模型**(set cover model) 寻求一个列或子集的最小成本集合，这些列或子集包含或覆盖给定集合的每个元素。其中一个实例是：

$$\begin{aligned}
\min\quad & 15x_1 + 18x_2 + 6x_3 + 20x_4 \\
\text{s.t.}\quad & +x_1 +x_4 \geqslant 1 \\
& +x_1 + x_2 + x_4 \geqslant 1 \\
& + x_2 + x_3 + x_4 \geqslant 1 \\
& x_1, \cdots, x_4 = 0\ 或\ 1
\end{aligned}$$

解释为什么按照最小比率来选择自由分量 x_j 并固定其 =1 是有意义的。

$$r_j \triangleq \frac{j\ \text{列的成本系数}}{j\ \text{列中未被覆盖元素的数量}}$$

解： 上式所提出的比率通过其分子包含的目标函数系数来明确地寻求最小成本。并且，它还考虑了除法的可行性，分子要除以仍然未被覆盖的行数或每个自由变量 j 可选择固定的分量的个数。我们寻求分量 x_j 的下一个最有效选择，并将该选择固定 $=1$，这种做法有着最佳的短期或短视意义。

15.1.4 NTSE 应用的构造型启发式解

从完全自由的部分解开始：

$$\mathbf{x}^{(0)} = (\#,\#,\#,\#,\#,\#,\#,\#,\#,\#,\#,\#,\#,\#)$$

所有的 $b_i^{(0)}$ 等于初始时右侧的值。前两个 j 的比率是：

$$r_1 = \frac{200}{6/10} = 333.33$$

$$r_2 = \frac{3+(18/2)}{(2/10)+(3/12)} = 26.67$$

其他的算术比率为：

$$r_3 = 129.07, \quad r_4 = 29.17, \quad r_5 = 35.21 \quad r_6 = 21.54$$
$$r_7 = 6.52, \quad r_8 = 7.37, \quad r_9 = 110.09 \quad r_{10} = 157.50$$
$$r_{11} = 10.96, \quad r_{12} = 7.38, \quad r_{13} = 586.05 \quad r_{14} = 87.30$$

这些比率中最高的是任务 13 的 586.05。由于该任务符合剩余右侧值 $b_i^{(t)}$ 约束并且没有前导任务，因此我们固定 $x_{13}=1$，从而得到：

$$\mathbf{x}^{(1)} = (\#,\#,\#,\#,\#,\#,\#,\#,\#,\#,\#,\#,1,\#)$$

表 15-1 简单总结了其余搜索的结果。$t=1$ 的处理与第一次迭代平行，它的处理为选择并固定额外的任务 $1=1$。

表 15-1 NASA 应用的构造型搜索

t	计算	选择
0	$\mathbf{x}^{(0)} = (\#,\ \#,\ \#,\ \#,\ \#,\ \#,\ \#,\ \#,\ \#,\ \#,\ \#,\ \#,\ \#,\ \#)$	
	$b_1^{(0)}=10, \quad b_2^{(0)}=11, \quad b_3^{(0)}=14, \quad b_4^{(0)}=14,$ $b_5^{(0)}=14, \quad b_6^{(0)}=1, \quad b_7^{(0)}=1, \quad b_8^{(0)}=1$	选择 $j=13$，并且固定 $x_{13}=1$
	$r_1=333.33, \quad r_2=26.67, \quad r_3=129.07, \quad r_4=29.17,$ $r_5=35.21, \quad r_6=21.54, \quad r_7=6.52, \quad r_8=7.37,$ $r_9=110.09, \quad r_{10}=157.50, \quad r_{11}=10.96, \quad r_{12}=7.38,$ $r_{13}=586.05, \quad r_{14}=87.30$	
1	$\mathbf{x}^{(1)} = (\#,\ \#,\ \#,\ \#,\ \#,\ \#,\ \#,\ \#,\ \#,\ \#,\ \#,\ \#,\ 1,\ \#)$	
	$b_1^{(1)}=10, \quad b_2^{(1)}=11, \quad b_3^{(1)}=10, \quad b_4^{(1)}=13,$ $b_5^{(1)}=13, \quad b_6^{(1)}=1, \quad b_7^{(1)}=1, \quad b_8^{(1)}=1$	选择 $j=1$，并且固定 $x_1=1$
	$r_1=333.33, \quad r_2=25.38, \quad r_3=122.59, \quad r_4=28.26,$ $r_5=31.05, \quad r_6=19.55, \quad r_7=6.05, \quad r_8=7.22,$ $r_9=107.84, \quad r_{10}=133.06, \quad r_{11}=10.35, \quad r_{12}=7.04,$ $r_{13}=\text{N/A} \quad r_{14}=79.56$	
$\vdots$	$\vdots$	$\vdots$

（续）

t	计算	选择
3	$\mathbf{x}^{(3)}=(1,\#,\#,\#,\#,\#,\#,\#,\#,\#,\#,\#,1,\#)$ $b_1^{(3)}=4,\quad b_2^{(3)}=3,\quad b_3^{(3)}=6,\quad b_4^{(3)}=13,$ $b_5^{(3)}=13,\quad b_6^{(3)}=1,\quad b_7^{(3)}=1,\quad b_8^{(3)}=1$ $r_1=\text{N/A},\quad r_2=8.00,\quad r_3=38.28,\quad r_4=28.26,$ $r_5=17.50,\quad r_6=18.35,\quad r_7=1.71,\quad r_8=7.22,$ $r_9=54.54,\quad r_{10}=\text{N/A},\quad r_{11}=9.61,\quad r_{12}=2.23,$ $r_{13}=\text{N/A},\quad r_{14}=50.99$	由于违反约束 2，选择 $j=9$，并且固定 $x_1=0$
$\vdots$	$\vdots$	$\vdots$
9	$\mathbf{x}^{(9)}=(1,\#,0,0,0,0,\#,\#,0,1,\#,\#,1,0)$ $b_1^{(9)}=4,\quad b_2^{(9)}=3,\quad b_3^{(9)}=6,\quad b_4^{(9)}=13,$ $b_5^{(9)}=13,\quad b_6^{(9)}=1,\quad b_7^{(9)}=1,\quad b_8^{(9)}=1$ $r_1=\text{N/A},\quad r_2=8.00,\quad r_3=\text{N/A},\quad r_4=\text{N/A},$ $r_5=\text{N/A},\quad r_6=\text{N/A},\quad r_7=1.71,\quad r_8=7.22,$ $r_9=\text{N/A},\quad r_{10}=\text{N/A},\quad r_{11}=9.61,\quad r_{12}=2.23,$ $r_{13}=\text{N/A},\quad r_{14}=\text{N/A}$	由于 $j=11$ 有自由前导任务，选择次优 $j=2$，并且固定 $x_2=1$
10	$\mathbf{x}^{(10)}=(1,1,0,0,0,0,\#,\#,0,1,\#,\#,1,0)$ $b_1^{(10)}=2,\quad b_2^{(10)}=0,\quad b_3^{(10)}=6,\quad b_4^{(10)}=13,$ $b_5^{(10)}=13,\quad b_6^{(10)}=1,\quad b_7^{(10)}=1,\quad b_8^{(10)}=1$ $r_1=\text{N/A},\quad r_2=\text{N/A},\quad r_3=\text{N/A},\quad r_4=\text{N/A},$ $r_5=\text{N/A},\quad r_6=\text{N/A},\quad r_7=0.0000,\quad r_8=0.0001,$ $r_9=\text{N/A},\quad r_{10}=\text{N/A},\quad r_{11}=0.002,\quad r_{12}=0.0000,$ $r_{13}=\text{N/A},\quad r_{14}=\text{N/A}$	选择 $j=11$，并且固定 $x_{11}=1$
$\vdots$	$\vdots$	$\vdots$
14	$\mathbf{x}^{(14)}=(1,1,0,0,0,0,0,0,0,1,1,0,1,0)$	

在 $t=3$ 时出现了不同的情况。具有最大比率 r_j 的是任务 9。但是，任务 9 在 2000～2004 年期间预算需要 50 亿美元，并且被选择的任务使用了除 $b_2^{(3)}=30$ 亿美元外的所有资源。因此我们必须固定 $x_9=0$，以维持方案的可行性。

另一个特殊情况出现在迭代 $t=9$。具有最佳比率的任务是 $j=11$。然而，任务 11 不能在前导任务 2 之前被选择。因此，我们选择第二最佳比率对应的任务，即当 $j=2$ 时，固定 $x_2=1$。

当决策向量的所有 14 个分量都被固定时，我们的构造型搜索终止。所产生的启发式最优解是：

$$\hat{\mathbf{x}} \triangleq \mathbf{x}^{(14)} = (1,1,0,0,0,0,0,0,0,1,1,0,1,0)$$

最终选择的任务为 1，2，10，11 和 13，方案总值为 671（与分支定界结果的比较见表 12-3）。

例 15-2　执行构造型启发式算法

返回例 15-1 的集合覆盖问题，这次我们仍然使用建议的贪婪比率 r_j。将此比率应用于算法 15A，若行仍未被覆盖，则固定所选的 $x_j=1$，否则 x_j 赋值为 0。

解：搜索以完全自由的部分解 $\mathbf{x}^{(0)}=(\#,\#,\#,\#)$ 开始。集合覆盖模型的所有行都未覆盖，因此比率计算为：

$$r_1 = \frac{15}{2}, \quad r_2 = \frac{18}{2}, \quad r_3 = \frac{6}{1}, \quad r_4 = \frac{20}{3}$$

比率的最小值出现在 $j=3$ 处，因此我们固定 x_3 以获得 $\mathbf{x}^{(1)} = (\sharp，\sharp，1，\sharp)$。

模型的第 3 行现在已经满足条件，修订后的比率为：

$$r_1 = \frac{15}{2}, \quad r_2 = \frac{18}{1}, \quad r_4 = \frac{20}{3}$$

根据最小比率固定 x_1，获得解 $\mathbf{x}^{(2)} = (1，\sharp，1，\sharp)$。

所有行都被部分解 $\mathbf{x}^{(2)}$ 覆盖。因此，剩余分量的最小成本选择为零。我们在启发式优化解 $\hat{\mathbf{x}} = (1，0，1，0)$ 处停止，此时成本为 $6+15=21$。我们可以注意到该解不如最优解 $\mathbf{x}^* = (0，0，0，1)$，最优解的成本为 20。

15.1.5 构造型搜索的需求

许多项目选择和资本预算模型可以通过贪婪构造型启发式算法（如刚刚举例说明的启发式算法）求解。不过，我们在第 12 章中看到，更精确的分支定界、分支和切割方法也可以很有效率地求解。

只有在求解大规模，并且通常是非线性的高度组合的离散模型（如第 11.5 节的 KI 卡车路径应用）或者需要我们快速求解的情况时，才真正需要应用构造型搜索方法。

原理 15.2 在大规模，特别是非线性的离散模型中，或者当时间有限时，构造型搜索通常是基于优化方法找到较好解的唯一有效的方法。

如果问题易处理且具有比较紧的松弛问题，分支定界是首选方法。当自然邻域存在时，改进搜索是有效的。如果两者都不适用，构造型启发法可以为我们提供最后的方法。

15.1.6 KI 卡车路线应用的构造型搜索

为了说明这种高度组合情况下的构造型搜索，我们将开发一个用于 KI 路线应用的算法。回顾卡车路线问题，在该问题中，路线 j 的始发点和终止点为同一个中心仓库，停靠点 $i=1，\cdots，20$ 被添加到包含最少路线数量的列表中。然后通过改进搜索对每条路线 j 进行排序以最小化总体行驶距离。图 15-1 显示了停靠点位置，表 15-2 提供了在每个停靠点要输送的负载分数。

表 15-2　在 KI 应用中应输送的卡车负载分数

停靠点，i	分数，f_i	停靠点，i	分数，f_i	停靠点，i	分数，f_i	停靠点，i	分数，f_i
1	0.25	6	0.70	11	0.21	16	0.38
2	0.33	7	0.28	12	0.68	17	0.26
3	0.39	8	0.43	13	0.16	18	0.29
4	0.40	9	0.50	14	0.19	19	0.17
5	0.27	10	0.22	15	0.22	20	0.31

我们从某个"种子"停靠点开始 KI 路线的构造型搜索。我们将在第一条路线中选择

离仓库点编号 $i=9$ 最远的自由停靠点。由图 15-1 可知，这个构造型搜索将创建一个有起始点、可往返的路径，并且该路径的大体方向由种子位置锚定。

只要在卡车路线上还有容量，我们将插入新的停靠点。像之前一样，我们采用贪婪算法。利用到目前为止固定在路线中的所有停靠点，计算它们的"重心"，然后将最靠近卡车重心点的停靠点添加到路线之中。

图 15-1 显示，具有 1 个停靠点的路线的重心被设置为仓库与"种子位置"之间距离"种子位置"大约还有五分之一路径长度的位置上。由停靠点 9 开始的路线的初始重心的坐标为：

$$0.8(x_9, y_9) = 0.8(15, 20) = (12, 16)$$

我们希望在这一点附近增加一组停靠站，形成一条更加紧凑的路线。

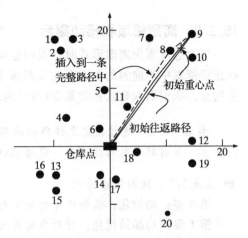

图 15-1　KI 应用中的位置和第一条路线

停靠点 9 已经使用 $f_9 = 0.5$ 个卡车容量。最接近重心的停靠点是 $i=8$，该停靠点在剩余容量内负载 $f_8 = 0.43$。它成为第一个插入点。

在路线具有多于一个停靠点之后，新的选择点被平均到其重心，其形式如下：

$$\frac{1}{2}[0.8(15, 20) + (11, 17)] = (11.5, 16.5)$$

然而，固定在这条路上的容量已经求和，为：

$$f_8 + f_9 = 0.50 + 0.43 = 0.93$$

剩余的负载将不适合剩余的 0.07 卡车负载能力，路径 $j=1$ 完成。

下一个种子位置是距离仓库编号 $i=10$ 的最远自由停靠点。依次地，停靠点 $i=7$ 固定在路径中，然后选择停靠点 $i=11$，最后选择 $i=5$。继续这样的方法，总共可以产生 7 条路线涵盖所有站点。

15.2　针对离散优化 INLPs 问题改进搜索启发式算法

虽然许多大型组合优化模型，特别是具有非线性目标函数的 INLPs 问题，对于枚举而言规模太大，并且不易变为易于处理的较紧的松弛问题，但是我们仍然可以做很多优化改进。譬如对在第 3 章中介绍的**改进搜索**(improving search)方法进行适当修改，就可以产生非常有效的**启发式**算法。也就是说，即使我们不能保证它们的最优性，甚至不能确定它们距离最优解的远近，我们仍然可以找到良好的可行解。

15.2.1　基础改进搜索算法

算法 15B 展示了改进搜索的基础修改，使其可以应用于离散模型。类似于第 3 章的连续情况，该过程从初始可行解 $\mathbf{x}^{(0)}$ 开始。每次迭代 t 搜索当前解 $\mathbf{x}^{(t)}$ 的邻域，比较当前解与邻域中某个解的目标值，若邻域中存在更优的可行解，则利用新的解对当前解进行迭代更新。如果邻域内没有使目标值改进的可行解，则该过程停止，获得局部最优和启发式最优解 $\mathbf{x}^{(t)}$。

15.2.2 离散邻域和移动集合

当改进搜索为离散形式时，我们必须明确地定义当前解的邻域。这与连续情况不同，在连续搜索中当前解的附近存在无限多个点，但是离散搜索必须更新到一个二进制或整数的点。我们引入显式移动集合（表示为 $\mathcal{M}$）来囊括所有可能的当前解 $\mathbf{x}^{(t)}$ 的邻居解。

原理 15.3 通过指定允许移动的移动集合 $\mathcal{M}$ 来定义邻域，从而对离散变量进行改进搜索。当前解和所有经过单一移动 $\Delta \mathbf{x} \in \mathcal{M}$ 可到达的解构成它的邻域。

▶**算法 15B：离散改进搜索**

第 0 步：初始化。 选择任意初始可行解 $\mathbf{x}^{(0)}$，并且初始化解的上标编号 $t \leftarrow 0$。

第 1 步：局部最优化。 针对当前解 $\mathbf{x}^{(t)}$，如果在移动集合 $\mathcal{M}$ 中不存在使移动后新解可行并且更优的移动 $\Delta \mathbf{x}$，则停止运算。点 $\mathbf{x}^{(t)}$ 是局部最优解。

第 2 步：移动。 选择一些改进的可行移动 $\Delta \mathbf{x} \in \mathcal{M}$，记为 $\Delta \mathbf{x}^{(t+1)}$。

第 3 步：逐步操作。 更新

$$\mathbf{x}^{(t+1)} \leftarrow \mathbf{x}^{(t)} + \Delta \mathbf{x}^{(t+1)}$$

第 4 步：增量。 增加 $t \leftarrow t+1$，并返回到第 1 步。

例 15-3 定义移动集合

考虑离散优化模型：

$$\begin{aligned}
\max \quad & 20x_1 - 4x_2 + 14x_3 \\
\text{s.t.} \quad & 2x_1 + x_2 + 4x_3 \leqslant 5 \\
& x_1, x_2, x_3 \quad = 0 \text{ 或 } 1
\end{aligned}$$

并假定改进搜索从 $\mathbf{x}^{(0)} = (1, 1, 0)$ 开始。

(a) 列出移动集合下 $\mathbf{x}^{(0)}$ 的所有邻居解。

$$\mathcal{M} \triangleq \left\{ \begin{bmatrix} 1 \\ 0 \\ 0 \end{bmatrix}, \begin{bmatrix} -1 \\ 0 \\ 0 \end{bmatrix}, \begin{bmatrix} 0 \\ 1 \\ 0 \end{bmatrix}, \begin{bmatrix} 0 \\ -1 \\ 0 \end{bmatrix}, \begin{bmatrix} 0 \\ 0 \\ 1 \end{bmatrix}, \begin{bmatrix} 0 \\ 0 \\ -1 \end{bmatrix} \right\}$$

(b) 确定邻域的哪些成员是有改进的并且可行。

解：

(a) 按照原理 15.3，指定移动集合下的 $\mathbf{x}^{(0)}$ 的邻居解是：

$$(1,1,0) + (1,0,0) = (2,1,0)$$
$$(1,1,0) + (-1,0,0) = (0,1,0)$$
$$(1,1,0) + (0,1,0) = (1,2,0)$$
$$(1,1,0) + (0,-1,0) = (1,0,0)$$
$$(1,1,0) + (0,0,1) = (1,1,1)$$
$$(1,1,0) + (0,0,-1) = (1,1,-1)$$

(b) 在(a)的邻居解中，满足模型的所有约束的可行解只有目标值为 -4 的解 $\mathbf{x} = (0,$

1, 0)和目标值为 20 的解 $\mathbf{x}=(1, 0, 0)$。当前点 $\mathbf{x}^{(0)}=(1, 1, 0)$ 的目标值为 16。因此，$\mathbf{x}=(1, 0, 0)$ 是唯一一个有所改进且可行的邻居(也就是说，这个邻居是改进搜索将迭代更新的解)。

15.2.3　NCB 应用的回顾

我们借助 11.5 节的 NCB 应用来说明离散优化中的改进搜索。回想一下，我们的目标是找寻一条印刷电路板上最短距离的路径，这条路径必须经过十个电路板上的钻孔。表 15-3 详细说明了孔到孔的行程距离。

表 15-3　NCB 应用中孔之间的距离

i \ j	1	2	3	4	5	6	7	8	9	10
1	—	3.6	5.1	10.0	15.3	20.0	16.0	14.2	23.0	26.4
2	3.6	—	3.6	6.4	12.1	18.1	13.2	10.6	19.7	23.0
3	5.1	3.6	—	7.1	10.6	15.0	15.8	10.8	18.4	21.9
4	10.0	6.4	7.1	—	7.0	15.7	10.0	4.2	13.9	17.0
5	15.3	12.1	10.6	7.0	—	9.9	15.3	5.0	7.8	11.3
6	20.0	18.1	15.0	15.7	9.9	—	25.0	14.9	12.0	15.0
7	16.0	13.2	15.8	10.0	15.3	25.0	—	10.3	19.2	21.0
8	14.2	10.6	10.8	4.2	5.0	14.9	10.3	—	10.2	13.0
9	23.0	19.7	18.4	13.9	7.8	12.0	19.2	10.2	—	3.6
10	26.4	23.0	21.9	17.0	11.3	15.0	21.0	13.0	3.6	—

为了改进搜索，最方便的是应用 11.5 节的二次赋值函数 11.27：

$$\min \sum_{k=1}^{10}\sum_{i=1}^{10}\sum_{j=1}^{10} d_{t,j}y_{k,i}y_{k+1,j} \qquad (\text{总距离})$$

$$\sum_{i=1}^{10} y_{k,i} = 1 \quad \forall k = 1,\cdots,10 \quad (\text{每次都打孔}) \tag{15-2}$$

$$\sum_{k=1}^{10} y_{k,i} = 1 \quad \forall i = 1,\cdots,10 \quad (\text{每个孔位都被钻孔})$$

$$y_{k,i} = 0 \text{ 或 } 1 \quad \forall k = 1,\cdots,10 \quad i = 1,\cdots,10$$

在这个模型当中：

$$y_{k,i} \triangleq \begin{cases} 1 & \text{如果钻出的第 } k \text{ 个孔序号是 } i, \\ 0 & \text{否则} \end{cases}$$

$y_{10+1,j}$ 应理解为在目标函数和中表示 $y_{1,j}$。

我们以一种常见的方式更改符号，例如即使分量有两个下标，仍把解写作向量 $\mathbf{y}$。NCB 最优解 $\mathbf{y}^*$(如图 15-2 所示)有 81.8 英寸长，它的非零分量为：

$$y_{1,1}^* = y_{2,3}^* = y_{3,6}^* = y_{4,10}^* = y_{5,9}^* = y_{6,5}^*$$
$$= y_{7,8}^* = y_{8,7}^* = y_{9,4}^* = y_{10,2}^* = 1$$

我们利用初始可行解进行改进搜索：

$$\mathbf{y}^{(0)} = (1,0,\cdots,00,1,0,\cdots,0\cdots0,\cdots,0,1) \tag{15-3}$$

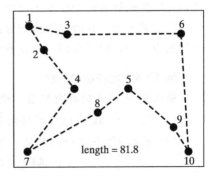

图 15-2　NCB 应用的最优路径

$y_{1,1} = y_{2,2} = \cdots = y_{10,10} = 1$ 代表的含义是：首先钻孔 1，然后钻孔 2，以此类推。总长度为

$$d_{1,2} + d_{2,3} + d_{3,4} + d_{4,5} + d_{5,6} + d_{6,7} + d_{7,8} + d_{8,9} + d_{9,10} + d_{10,1}$$
$$= 3.6 + 3.6 + 7.1 + 7.0 + 9.9 + 25.0 + 10.3 + 10.2 + 3.6 + 26.4$$
$$= 106.7(英寸)$$

15.2.4 选择一个移动集合

离散改进搜索启发式算法的关键要素是它的移动集合。如果可以，我们将使每个解互为彼此的邻居解，在这样的解当中进行搜索将产生全局最优解，因为停止意味着不存在优于当前解目标值的可行解。

然而，在实际的搜索中，我们设定的移动次数比得到最优解所需的移动次数少得多。

原理 15.4 离散改进搜索的移动集合 M 选取的范围必须足够紧凑，以便在每次迭代中都能够找到使目标值改进的可行邻居解。

另一方面，移动集合区间范围不能太过有限。

原理 15.5 由离散改进搜索产生的解由所采用的移动集合（或邻域）决定，一个范围更大的移动集合通常可以帮助我们得到更优秀的局部最优。

如果离散改进搜索的移动集合 M 范围过于局限，那么在每次迭代时将搜索非常少的解，这将导致搜索得到的局部最优解的质量较差。

我们将在最简单的几个移动集合中选择一个应用于 NCB 问题。具体来说，我们的集合 M 由多组置换（将一个位置 k 与另一个位置 ℓ 交换）组成。对应的移动矢量 Δy 在删除操作中具有两个 -1 分量，在修正操作中具有两个 $+1$ 分量，其他所有分量为 0。例如，如果路线中第三个位置 $k=3$ 要打的孔现在是数字 7，并且位置 $\ell=5$ 要打的孔现在是数字 1，则相应的互换移动方向为：

$$\Delta y_{3,7} = -1, \quad \Delta y_{5,1} = -1, \quad \Delta y_{3,1} = +1, \quad \Delta y_{5,7} = +1$$

第三个位置要打的孔数字更换为 1，第五个位置要打的孔数字更换为 7。

总之，这种由置换组成的集合 M 包含一个 Δy，Δy 中针对 k 和 ℓ 有 $(10 \times 9)/2 = 45$ 个选择，每个选择具有 $10 \times 9 = 90$ 个可能的赋值——总共 $45 \times 90 = 4\,050$ 个移动。然而，在任意特定解 y 上，其特定赋值的置换移动只有 45 个，继而产生可行的邻居。在本节的所有搜索中，我们通过采用一个这样的移动可以最大程度地改进目标函数。

例 15-4 比较移动集合
返回到例 15-3 的离散模型，设置初始点为 $x^{(0)} = (1, 1, 0)$。
(a) 表明 $x^{(0)}$ 在例 15-3 的移动集合下不是局部最优的。
(b) 表明 $x^{(0)}$ 在更小的移动集合上是局部最优的。

$$M \triangle \{(1,0,0),(0,1,0),(0,0,1)\}$$

解：
(a) 例 15-3(b) 确定 $x = (1, 0, 0)$ 是 $x^{(0)}$ 的具有更高目标值的可行邻居解。因此 $x^{(0)}$ 在其邻域中不是最好的，所以它不是局部最优解。算法 15B 将迭代更新到 $x^{(1)} = (1, 0,$

0)并重复这一步骤。

(b) 在这个更受限制的移动集合中,邻居解是:

$$(1,1,0)+(1,0,0)=(2,1,0)$$
$$(1,1,0)+(0,1,0)=(1,2,0)$$
$$(1,1,0)+(0,1,0)=(1,1,1)$$

无可行邻居解,因此 $\mathbf{x}^{(0)}$ 是局部最优解。

15.2.5 NCB 应用的基础改进搜索

我们可以使用第 11.5 节的 NCB 应用来说明算法 15B。表 15-4 显示从初始解 $t=0$ 开始所得到的结果。该解的 45 对可行的置换对于目标函数的影响如下:

k＼ℓ	2	3	4	5	6	7	8	9	10
1	−1.9	−1.6	−0.3	6.5	−0.5	3.1	12.1	20.1	38.8
2		0.8	11.5	26.3	18.2	18.0	30.2	54.0	34.4
3			6.4	13.6	14.6	3.0	17.8	41.8	22.8
4				9.3	−7.1	1.6	5.1	19.5	13.0
5					−1.0	−2.3	4.8	11.5	8.2
6						10.0	−3.1	8.2	−0.6
7							−1.1	4.4	−2.1
8								18.3	−1.5
9									−0.6

表 15-4　NCB 应用的基础改进搜索

t	钻孔顺序	长度	交换	非零移动分量
0	1-2-3-4-5-6-7-8-9-10	106.7	第 4 个位置和第 6 个位置交换	$\Delta y_{4,4}=\Delta y_{6,6}=-1$, $\Delta y_{4,6}=\Delta y_{6,4}=1$
1	1-2-3-6-5-4-7-8-9-10	99.6	第 1 个位置和第 2 个位置交换	$\Delta y_{1,1}=\Delta y_{2,2}=-1$, $\Delta y_{1,2}=\Delta y_{2,1}=1$
2	2-1-3-6-5-4-7-8-9-10	97.7	第 8 个位置和第 10 个位置交换	$\Delta y_{8,8}=\Delta y_{10,10}=-1$, $\Delta y_{8,10}=\Delta y_{10,8}=1$
3	2-1-3-6-5-4-7-10-9-8	96.0	第 7 个位置和第 10 个位置交换	$\Delta y_{7,7}=\Delta y_{10,8}=-1$, $\Delta y_{7,8}=\Delta y_{10,7}=1$
4	2-1-3-6-5-4-8-10-9-7	93.8	第 8 个位置和第 9 个位置交换	$\Delta y_{8,10}=\Delta y_{9,9}=-1$, $\Delta y_{8,9}=\Delta y_{9,10}=1$
5	2-1-3-6-5-4-8-9-10-7	92.8	局部最优	

例如,对于 $k=4$ 位置和 $\ell=6$ 位置的最佳交换,意味着节省的成本为:

$$d_{3,4}+d_{4,5}+d_{5,6}+d_{6,7}=7.1+7.0+9.9+25.0=49(英寸)$$

将孔 4 和孔 6 从其当前的第四和第六个位置脱离开,需要多加的成本为:

$$d_{3,6}+d_{6,5}+d_{5,4}+d_{4,7}=15.0+9.9+7.0+10.0=41.9(英寸)$$

因为需要在新的位置上将这些孔重新连接,所以会有一定的成本增加。净变化为 $41.9-49=-7.1$(英寸)。

表 15-4 展示了由此最佳交换产生的路线序列。它还详细描述了交换、移动的方向以及在 $t=5$ 时访问达到的局部最优解。局部最优 $\hat{y}$ 的长度为 92.8 英寸,并且:

$$\hat{y}_{1,2}=\hat{y}_{2,1}=\hat{y}_{3,3}=\hat{y}_{4,6}=\hat{y}_{5,5}=\hat{y}_{6,4}=\hat{y}_{7,8}=\hat{y}_{8,9}=\hat{y}_{9,10}=\hat{y}_{10,7}=1$$

与初始长度 106.7 英寸相比,局部最优解的长度已减少了 13%,但局部最优值 92.8 英寸仍远高于全局最短路径长度 81.8 英寸。

例 15-5　执行离散改进搜索

考虑背包模型(第 11.2 节)：

$$\max \quad 18x_1 + 25x_2 + 11x_3 + 14x_4$$
$$\text{s.t.} \quad 2x_1 + 2x_2 + x_3 + x_4 \leqslant 3$$
$$x_1, \cdots, x_4 \qquad = 0 \text{ 或 } 1$$

在单补码移动集合中允许将一个 0 分量改变为 1 或者将一个 1 分量改变为 0。以 $\mathbf{x}^{(0)} = (1, 0, 0, 0)$ 为初始解，应用离散改进搜索算法 15B 来计算近似最优解。如果任意移动都会得到不止一个可行且有改进的解，则选择相比之下最能改进目标值的邻居解。

解：给定 $\mathbf{x}^{(0)}$ 的可行邻居解分别是具有目标值 0, 29 和 32 的 $(0, 0, 0, 0)$、$(1, 0, 1, 0)$ 和 $(1, 0, 0, 1)$。由于最后一项改进目标函数值最多，所以搜索迭代更新到 $\mathbf{x}^{(1)} = (1, 0, 0, 1)$。

在解 $\mathbf{x}^{(1)}$ 处，可行邻居解为 $(0, 0, 0, 1)$ 和 $(1, 0, 0, 0)$。由于这两个邻居解均没有改善目标函数，因此在局部最优解 $\hat{\mathbf{x}} = \mathbf{x}^{(1)} = (1, 0, 0, 1)$ 处搜索停止，其目标值为 $\hat{v} = 32$。

15.2.6 多起点搜索

对于我们的小型 NCB 示例，我们能够知道的启发式最优序列是 2-1-3-6-5-4-8-9-10-7，并且已知该解与全局最优解之间的距离。对于更大规模的问题，我们很难判定启发式最优解与全局最优解的距离。因此，我们需要尝试进一步改进算法。

一个显而易见的方法是设置多个起始点——从几个不同的初始解 $\mathbf{y}^{(0)}$ 处重复进行搜索。

原理 15.6 利用**多起点**(multistart)或保持从不同的起始解中获得的几个局部最优解进行启发式搜索，是一种改善改进搜索的启发式解的方法。

表 15-5 详细描述了针对三个不同的起始解的 NCB 应用搜索。第一个是搜索表 15-4，局部最小值为 92.8。搜索 2 在一次迭代之后产生具有长度 84.7 英寸的局部最小值，改进了第一个搜索得到的结果。搜索 3 在较长的序列之后以相同的解终止。多起点搜索将这些局部最小值中的最优解作为近似最优解。

表 15-5　NCB 应用的多起点搜索

t	钻孔顺序	长度	交换	非零移动分量
			搜索 1	
0	1-2-3-4-5-6-7-8-9-10	106.7	第 4 个位置和第 6 个位置交换	$\Delta y_{4,4} = \Delta y_{6,6} = -1$，$\Delta y_{4,6} = \Delta y_{6,4} = 1$
1	1-2-3-6-5-4-7-8-9-10	99.6	第 1 个位置和第 2 个位置交换	$\Delta y_{1,1} = \Delta y_{2,2} = -1$，$\Delta y_{1,2} = \Delta y_{2,1} = 1$
2	2-1-3-6-5-4-7-8-9-10	97.7	第 8 个位置和第 10 个位置交换	$\Delta y_{8,8} = \Delta y_{10,10} = -1$，$\Delta y_{8,10} = \Delta y_{10,8} = 1$
3	2-1-3-6-5-4-7-10-9-8	96.0	第 7 个位置和第 10 个位置交换	$\Delta y_{7,7} = \Delta y_{10,8} = -1$，$\Delta y_{7,8} = \Delta y_{10,7} = 1$
4	2-1-3-6-5-4-8-10-9-7	93.8	第 8 个位置和第 9 个位置交换	$\Delta y_{8,10} = \Delta y_{9,9} = -1$，$\Delta y_{8,9} = \Delta y_{9,10} = 1$
5	2-1-3-6-5-4-8-9-10-7	92.8	局部最优	当前解 = 92.8
			搜索 2	
0	1-2-7-3-4-8-5-6-9-10	100.8	第 1 个位置和第 3 个位置交换	$\Delta y_{1,1} = \Delta y_{3,7} = -1$，$\Delta y_{1,7} = \Delta y_{3,1} = 1$
1	7-2-1-3-4-8-5-6-9-10	84.7	局部最优	当前解 = 84.7

（续）

t	钻孔顺序	长度	交换	非零移动分量
			搜索 3	
0	1-10-2-9-3-8-4-7-5-6	157.7	第 1 个位置和第 4 个位置交换	$\Delta y_{1,1} = \Delta y_{4,9} = -1,\ \Delta y_{1,9} = \Delta y_{4,1} = 1$
1	9-10-2-1-3-8-4-7-5-6	97.5	第 6 个位置和第 8 个位置交换	$\Delta y_{6,8} = \Delta y_{8,7} = -1,\ \Delta y_{6,7} = \Delta y_{8,8} = 1$
2	9-10-2-1-3-7-4-8-5-6	92.2	第 3 个位置和第 6 个位置交换	$\Delta y_{3,2} = \Delta y_{6,7} = -1,\ \Delta y_{3,7} = \Delta y_{6,2} = 1$
3	9-10-7-1-3-2-4-8-5-6	86.8	第 5 个位置和第 6 个位置交换	$\Delta y_{5,3} = \Delta y_{6,2} = -1,\ \Delta y_{5,2} = \Delta y_{6,3} = 1$
4	9-10-7-1-2-3-4-8-5-6	86.0	第 4 个位置和第 5 个位置交换	$\Delta y_{4,1} = \Delta y_{5,2} = -1,\ \Delta y_{4,2} = \Delta y_{5,1} = 1$
5	9-10-7-2-1-3-4-8-5-6	84.7	局部最优	当前解 $=84.7$

例 15-6　执行多起点搜索

回到例 15-4 的背包问题：

$$\max \quad 18x_1 + 25x_2 + 11x_3 + 14x_4$$
$$\text{s. t.} \quad 2x_1 + 2x_2 + x_3 + x_4 \leqslant 3$$
$$x_1, \cdots, x_4 \qquad = 0 \text{ 或 } 1$$

其单补码搜索邻域也不变。从初始解 $(1, 0, 0, 0)$，$(0, 1, 0, 0)$ 和 $(0, 0, 1, 0)$ 处开始执行多起点离散改进搜索。

解：例 15-4 已经确定，$\mathbf{x}^{(0)} = (1, 0, 0, 0)$ 能够获得的局部最优解是 $\hat{\mathbf{x}} = (1, 0, 0, 1)$，其目标值为 $\hat{v} = 32$。现在以 $\mathbf{x}^{(0)} = (0, 1, 0, 0)$ 作为起始解重新迭代，最佳可行邻居解是 $\mathbf{x}^{(1)} = (0, 1, 0, 1)$，目标值为 39。

因为没有可行邻居解能够改进当前解，所以该解是局部最优的。由于它还改进了当前最优（或现有）解，所以我们的近似最优解变为 $\hat{\mathbf{x}} = (0, 1, 0, 1)$，目标值为 39。

第 3 次搜索从 $\mathbf{x}^{(0)} = (0, 0, 1, 0)$ 开始。其最能改进目标函数的可行邻居解是 $\mathbf{x}^{(1)} = (0, 1, 1, 0)$，目标值为 36。再次，算法 15B 在局部最大值处停止。然而，由于新得到的解值不优于现有值 $\hat{v} = 39$，因此我们不更新解的取值。

15.3　元启发式算法：禁忌搜索和模拟退火

离散改进搜索算法 15B 在解决许多模型的过程中相当有效，特别是当它利用多起点进行多次搜索的时候，效率更高。然而，单纯地追求改进搜索的局部最优解被证明难以获得全局最优解，这是因为我们仅仅狭隘地关注局部最优解，却没有调查过可能存在与当前解相差较大的更好的解。

元启发式算法（metaheuristic）借助一些高级策略，以期望获得更好的多元化搜索。本节介绍两种搜索算法：禁忌搜索和模拟退火，这两种方法在延续了从单个解到单个解的移动模式的基础上，丰富了在每次迭代中我们选择移动的方式。第 15.4 节会对移动模式进一步扩展，引入通过进化家族的解进行移动的算法。

15.3.1　允许非改进移动的难点

当不存在改进目标值的可行移动时，我们通过允许进行非改进的可行移动来跳出局部最优解所在区域，这样做避免了重新开始改进搜索。几个这样的逆行移动可能可以很好地把搜索引入到可以产生进一步改进的区域。

不幸的是，这个看似能够改进算法的策略存在一个致命的缺陷（除非引入新技术）。例如，考虑表 15-5 的第一次搜索终止时的局部最优点，最终钻削顺序为 2-1-3-6-5-4-8-9-10-7，目标值为 92.8 英寸，此时没有改进移动。然而，最好的非改进移动，将处于第 8 位置的 9 与处于第 9 位置的 10 进行交换，增加的目标值只有 1.0 英寸。

为什么不采取这样的非改进移动，从而得到更好的局部最优解？下面我们来尝试一下上述操作：序列 2-1-3-6-5-4-8-10-9-7 的长度为 93.8 英寸。现在有一个可行的交换可以对其进行改进（也许只有一个）：交换回第 8 位置的 10 和第 9 位置的 9，减少长度到 92.8 英寸。采用该移动会使我们回到我们刚开始的地方，搜索将永远循环下去。

原理 15.7 非改进移动将导致改进搜索的无限循环，除非添加一些规定以防止重复的解。

15.3.2 禁忌搜索

我们已经证明在循环的改进搜索中添加非改进移动的方案对很多离散优化问题有效。**禁忌搜索**（tabu search）为这些方法中的一种，名称中"禁忌"二字是因为它通过分类一些移动"禁忌"或禁止项来进行搜索。

定义 15.8 禁忌搜索通过暂时禁止移动到近期出现过的解这种方式来提高循环效率。

效果是防止短期循环，但其实解在长时间的搜索过程中还是会发生重复。

算法 15C 给出了针对改进搜索算法 15B 的禁忌算法修改的正式陈述。禁忌算法中存在一个禁忌列表，用来记录当前迭代中被禁止的移动，并且每次迭代只能选择非禁忌可行移动。在每次迭代操作后，任何立即返回到前一点的移动都被添加到禁忌列表中。这样的移动在接下来几次迭代过程中是不被允许的，但最终所有移动都会从标签列表中删除，并再次可用。

▶**算法 15C：禁忌搜索**

第 0 步：初始化。选择任意起始可行解和迭代极限 t_{max}，然后设置现行解 $\hat{x} \leftarrow x^{(0)}$，并且初始化解的上标编号 $t \leftarrow 0$。本步骤不存在禁忌移动。

第 1 步：停止。如果当前解不能通过移动集合 M 中的非禁忌移动 Δx 得到它的可行邻居解，或者如果 $t = t_{max}$，则停止迭代。现行解 $\hat{x}$ 是近似最优解。

第 2 步：移动。选择一些非禁忌的可行移动 $\Delta x \in M$ 记为 $\Delta x^{(t+1)}$。

第 3 步：逐步操作。更新：

$$x^{(t+1)} \leftarrow x^{(t)} + \Delta x^{(t+1)}$$

第 4 步：现有解。如果解 $x^{(t+1)}$ 的目标函数值优于现有解 $\hat{x}$ 的目标函数值，替换 $\hat{x} \leftarrow x^{(t+1)}$。

第 5 步：禁忌列表。从禁忌列表中移除已经在禁忌列表中被禁止足够次数的移动，并且添加从解 $x^{(t+1)}$ 立即返回到解 $x^{(t)}$ 的所有移动的集合。

第 6 步：增量。增加 $t \leftarrow t+1$，并返回到步骤 1。

由于每一步操作可以改进或降低目标函数值，因此现有解$\hat{x}$只能迭代更新到目前为止发现的最佳可行点。当搜索停止时（通常在达到用户规定的迭代极限次数 t_{max}时），将现行解$\hat{x}$作为近似最优解。

15.3.3 NCB 应用的禁忌搜索

表 15-6 解释了 NCB 应用的禁忌搜索如何实现。图 15-3 记录所遇到的点的目标函数值。

表 15-6 贪婪算法的 NCB 应用

t	钻孔顺序	长度	现行值	交换	ΔObj.
0	1-2-3-4-5-6-7-8-9-10	106.7	106.7	第 4 个位置和第 6 个位置交换	7.1
1	1-2-3-6-5-4-7-8-9-10	99.6	99.6	第 1 个位置和第 2 个位置交换	1.9
2	2-1-3-6-5-4-7-8-9-10	97.7	97.7	第 8 个位置和第 10 个位置交换	1.7
3	2-1-3-6-5-4-7-10-9-8	96.0	96.0	第 7 个位置和第 10 个位置交换	2.2
4	2-1-3-6-5-4-8-10-9-7	93.8	93.8	第 6 个位置和第 10 个位置交换	−2.3
5	2-1-3-6-5-7-8-10-9-4	96.1	93.8	第 5 个位置和第 10 个位置交换	0.1
6	2-1-3-6-4-7-8-10-9-5	96.2	93.8	第 4 个位置和第 10 个位置交换	2.9
7	2-1-3-5-4-7-8-10-9-6	93.3	93.3	第 1 个位置和第 3 个位置交换	1.6
8	3-1-2-5-4-7-8-10-9-6	91.7	91.7	第 8 个位置和第 9 个位置交换	−0.2
9	3-1-2-5-4-7-8-9-10-6	91.9	91.7	第 2 个位置和第 3 个位置交换	−1.7
10	3-2-1-5-4-7-8-9-10-6	93.6	91.7	第 6 个位置和第 7 个位置交换	−3.2
11	3-2-1-5-4-8-7-9-10-6	96.8	91.7	第 5 个位置和第 7 个位置交换	−3.0
12	3-2-1-5-7-8-4-9-10-6	99.8	91.7	第 4 个位置和第 7 个位置交换	15.9
13	3-2-1-4-7-8-5-9-10-6	83.9	83.9	第 1 个位置和第 3 个位置交换	−2.1
14	1-2-3-4-7-8-5-9-10-6	86.0	83.9	第 8 个位置和第 9 个位置交换	−0.5
15	1-2-3-4-7-8-5-10-9-6	86.5	83.9	第 2 个位置和第 3 个位置交换	−0.8
⋮	⋮	⋮	⋮	⋮	⋮
40	1-2-7-8-5-9-10-4-6-3	96.3	83.9	第 1 个位置和第 2 个位置交换	−1.3
41	2-1-7-8-5-9-10-4-6-3	97.6	83.9	第 8 个位置和第 9 个位置交换	9.9
42	2-1-7-8-5-9-10-6-4-3	87.7	83.9	第 2 个位置和第 9 个位置交换	0.9
43	2-4-7-8-5-9-10-6-1-3	86.8	83.9	第 9 个位置和第 10 个位置交换	5.0
44	2-4-7-8-5-9-10-6-3-1	81.8	81.8	第 6 个位置和第 7 个位置交换	−0.5
45	2-4-7-8-5-10-9-6-3-1	82.3	81.8	第 5 个位置和第 7 个位置交换	−3.1
46	2-4-7-8-9-10-5-6-3-1	85.4	81.8	第 1 个位置和第 10 个位置交换	−2.1
47	1-4-7-8-9-10-5-6-3-2	87.5	81.8	第 7 个位置和第 8 个位置交换	0.7
48	1-4-7-8-9-10-6-5-3-2	86.6	81.8	第 2 个位置和第 3 个位置交换	0.1
49	1-7-4-8-9-10-6-5-3-2	86.7	81.8	第 9 个位置和第 10 个位置交换	−3.0
50	1-7-4-8-9-10-6-5-2-3	89.7	81.8	停止	

注：下划线表示分量不允许被更改。

此禁忌搜索的初始解和移动集合与表 15-4 中的普通改进搜索的初始解和移动集相同。然而，这一次迭代次数为 $t_{max}=50$，搜索寻找具有最佳目标函数值的可行的非禁忌邻居解，当达到迭代次数上限时，无论该解的目标值是否有改进，搜索停止。

禁忌搜索的设计需要一些判断标准来判定在每次迭代时怎么样移动会导致禁忌：标

准少会导致循环，太多又会过分限制搜索。

表 15-6 对 NCB 应用的搜索固定了每两个交换位置中的第一个位置，使其在一个时间段内的 6 次连续迭代中均保持不动。例如，在第 4 和第 6 位置发生第一次交换之后，第 4 位置在之后的 6 步移动中不允许再次发生改变。我们在禁忌位置处加下划线。这样的策略既可以保持相对丰富的可用移动，又能防止搜索方向立即逆转。

图 15-3 清楚地展示了禁忌搜索如何改进：只要改进移动可行，就开始控制搜索。在开始时，现行解 $\hat{\mathbf{y}}$ 的优化改进速度很快（现有值记录在表 15-6 中）。之后逐渐变缓慢。但仍然在迭代 $t=44$ 处发现全局最优解。

自然地，当达到迭代极限 $t_{max}=50$ 时，将得到最终的现行值。

结果将随着禁忌算法的规则模型和具体细节的变化而变化，但我们有充分的理由相信算法的性质是不变的。对改进搜索进行适当的禁忌变化，可以极大地增强所获得的启发式解的质量。

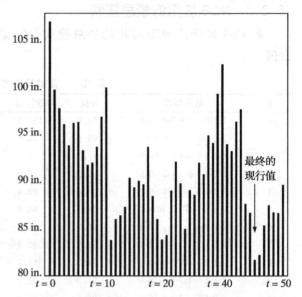

图 15-3 禁忌搜索中 NCB 应用的解决方案值

例 15-7 贪婪算法的应用

返回背包问题：

$$\max \quad 18x_1 + 25x_2 + 11x_3 + 14x_4$$
$$\text{s.t.} \quad 2x_1 + 2x_2 + x_3 + x_4 \leqslant 3$$
$$x_4, \cdots, x_4 \qquad = 0 \text{ 或 } 1$$

在例 15-5 和 15-6 中，我们假设将使用相同的单补码移动集合。

（a）说明在 x_j 被搜索改变之后如何使用禁忌算法使其在之后的 2 次搜索迭代中不被更改，从而防止短期循环。

（b）从解 $\mathbf{x}^{(0)} = (1, 0, 0, 0)$ 开始，设置 $t_{max}=5$，并在执行算法 15C 时使用该禁忌规则。

解：

（a）一旦一个分量从 0 变为 1，或者发生相反情况，返回到前一解的唯一方法是再次补充相同的分量。

（b）所需的搜索总结如下表。

t	$\mathbf{x}^{(t)}$	值	现行值	补充	ΔObj.
0	$(1, 0, 0, 0)$	18	18	$j=4$	14
1	$(1, 0, 0, 1)$	32	32	$j=1$	-18
2	$(\underline{0}, 0, 0, 1)$	14	32	$j=2$	25
3	$(\underline{0}, 1, 0, 1)$	39	39	$j=4$	-14
4	$(0, \underline{1}, 0, \underline{0})$	25	39	$j=3$	11
5	$(0, 1, 1, \underline{0})$	36	39	停止	

每次迭代从选择一个 x_j［这样的 x_j 不在那些标记的禁忌（带下划线的分量）中］进行补充开始，并保留可行性。这种移动最好的情况是可以产生下一个解。如果结果优于当前遇到的任意可行解，则结果保存为新的现行解。在 $t=t_{max}=5$ 时，计算在近似（这里是精确）最优解 $\hat{x}=(0，1，0，1)$ 处停止。

15.3.4 模拟退火搜索

将非改进移动引入改进搜索的另一种方法被称为模拟退火（simulated annealing），因为其类似于为提高金属强度而对其缓慢冷却的退火过程。

定义 15.9 模拟退火算法通过依概率接受非改进移动的方式，来控制循环。这一概率是由计算机随机生成的。

我们只考虑改进目标值的移动和被接受的非改进移动，我们不考虑被拒绝的移动。

算法 15D 会给读者提供算法细节。每次迭代的移动选择过程从随机选择的某个临时可行移动开始，完全忽略其对目标函数的影响。接下来，根据所选择的移动，我们计算净目标函数改进值 Δobj（非改进移动的改进值为非正）。如果目标函数值改进（$\Delta obj>0$），则总是接受移动，否则：

$$接受概率 = e^{\Delta obj/q} \qquad (15\text{-}4)$$

也就是说，所有使目标函数改进的移动都会被接受，一些非改进移动会以一定概率被接受。接受非改进移动的概率随着净目标改善 Δobj 变得更差而降低。

▶**算法 15D：模拟退火搜索**

第 0 步：初始化。选择任意起始可行解 $x^{(0)}$，设置迭代极限 t_{max} 和一个相对较大的起始温度 $q>0$。然后设置现行解 $\hat{x} \leftarrow x^{(0)}$，并且初始化解的上标编号 $t \leftarrow 0$。

第 1 步：停止。如果移动集合 $\mathcal{M}$ 中不存在移动 Δx 可以得到当前解的可行邻域，或者达到 $t=t_{max}$，则停止。现行解 $\hat{x}$ 是近似最优值。

第 2 步：临时移动。随机选择可行移动 $\Delta x \in \mathcal{M}$ 记为临时移动 $\Delta x^{(t+1)}$，并计算（可能为负的）净目标函数改进值 Δobj，改进值 Δobj 为从 $x^{(2)}=(0，0，0，1)$ 移动到 $(x^{(t)}+\Delta x^{(t+1)})$（目标为函数值增加至最大或减小到最小）目标函数的差值。

第 3 步：接受。如果 $\Delta x^{(t+1)}$ 改进目标函数，接受移动；或者如果 $\Delta obj \leqslant 0$，以概率 $e^{\Delta obj/q}$ 接受该移动，并且对解进行更新：

$$x^{(t+1)} \leftarrow x^{(t)} + \Delta x^{(t+1)}$$

否则，返回第 2 步。

第 4 步：现行解。如果解 $x^{(t+1)}$ 的目标函数值优于现行解 $\hat{x}$ 的目标函数值，替换 $\hat{x} \leftarrow x^{(t+1)}$。

第 5 步：降低温度。如果上次温度变化后已经经过了足够次数的迭代，则降低温度 q。

第 6 步：增量。增加 $t \leftarrow t+1$，并返回步骤 1。

(15-4)式中的参数 q 可以被看作是控制搜索随机性的温度。如果 q 值很大，(15-4)式中的指数接近 0，这意味着接受非改进移动的概率接近 $e^0 = 1$。如果 q 值较小，接受非常差的移动的概率就会急剧下降。模拟退火搜索通常以相对较大的 q 开始，并且每隔几个迭代就会减少它的值。

与禁忌搜索和其他可以进行非改进移动的搜索一样，模拟退火搜索必须保持现行解 $\hat{\mathbf{x}}$ 迭代更新到目前为止能够找到的最佳可行解。当计算停止时，$\hat{\mathbf{x}}$ 被输出为近似最优解。

15.3.5 NCB 应用的模拟退火搜索

表 15-7 提供了一个 NCB 应用模拟退火搜索的摘要流程。图 15-4 显示了通过迭代极限 $t_{max} = 50$ 次的接受解的完整过程。与本节的所有其他搜索一样，移动集合 $\mathcal{M}$ 包括所有替换，初始解 $\mathbf{y}^{(0)}$ 是 (15-3) 中的一个。

表 15-7　NCB 应用的模拟退火搜索

t	钻孔顺序	长度	现行值	温度	交换	ΔObj.	输出
0	1-2-3-4-5-6-7-8-9-10	106.7	106.7	5.00	第 7 个位置和第 10 个位置交换	2.1	接受
1	1-2-3-4-5-6-10-8-9-7	104.6	104.6	5.00	第 1 个位置和第 9 个位置交换	−20.1	拒绝
					第 1 个位置和第 4 个位置交换	−3.1	接受
2	4-2-3-1-5-6-10-8-9-7	107.7	104.6	5.00	第 7 个位置和第 10 个位置交换	1.3	接受
3	4-2-3-1-5-6-7-8-9-10	106.4	104.6	5.00	第 5 个位置和第 6 个位置交换	5.0	接受
4	4-2-3-1-6-5-7-8-9-10	101.4	101.4	5.00	第 9 个位置和第 10 个位置交换	0.3	接受
5	4-2-3-1-6-5-7-8-10-9	101.1	101.1	5.00	第 9 个位置和第 10 个位置交换	−0.3	接受
6	4-2-3-1-6-5-7-8-9-10	101.4	101.1	5.00	第 2 个位置和第 7 个位置交换	−12.9	拒绝
					第 1 个位置和第 7 个位置交换	3.6	接受
7	7-2-3-1-6-5-4-8-9-10	97.8	97.8	5.00	第 6 个位置和第 7 个位置交换	−6.6	拒绝
					第 7 个位置和第 8 个位置交换	−1.7	接受
8	7-2-3-1-6-5-8-4-9-10	99.5	97.8	5.00	第 2 个位置和第 5 个位置交换	−9.0	拒绝
					第 2 个位置和第 4 个位置交换	−0.9	接受
⋮	⋮	⋮	⋮	⋮	⋮	⋮	⋮
40	3-1-2-4-7-8-5-9-10-6	81.8	81.8	2.05	第 6 个位置和第 10 个位置交换	−13.4	拒绝
					第 5 个位置和第 6 个位置交换	−4.5	拒绝
					第 2 个位置和第 5 个位置交换	−24.2	拒绝
					第 9 个位置和第 10 个位置交换	−15.3	拒绝
					第 9 个位置和第 10 个位置交换	−15.3	拒绝
					第 8 个位置和第 9 个位置交换	−0.5	接受
⋮	⋮	⋮	⋮	⋮	⋮	⋮	⋮
46	3-1-2-4-7-8-9-10-5-6	85.4	81.8	2.05	第 5 个位置和第 10 个位置交换	−16.5	拒绝
					第 8 个位置和第 10 个位置交换	−15.3	拒绝
					第 8 个位置和第 10 个位置交换	−15.3	拒绝
					第 3 个位置和第 6 个位置交换	−20.8	拒绝
					第 2 个位置和第 9 个位置交换	−39.2	拒绝
					第 2 个位置和第 9 个位置交换	−39.2	拒绝
					第 4 个位置和第 9 个位置交换	−22.5	拒绝
					第 3 个位置和第 9 个位置交换	−32.2	拒绝
					第 5 个位置和第 7 个位置交换	−21.3	拒绝
					第 1 个位置和第 3 个位置交换	−3.8	拒绝
					第 2 个位置和第 8 个位置交换	−59.6	拒绝
					第 9 个位置和第 10 个位置交换	0.7	接受

(续)

t	钻孔顺序	长度	现行值	温度	交换	ΔObj.	输出
47	3-1-2-4-7-8-9-10-6-5	84.7	81.8	2.05	第 3 个位置和第 8 个位置交换	−52.6	拒绝
					第 8 个位置和第 9 个位置交换	−9.8	拒绝
					第 4 个位置和第 5 个位置交换	−0.7	拒绝
					第 7 个位置和第 10 个位置交换	−12.4	拒绝
					第 7 个位置和第 10 个位置交换	−12.4	拒绝
					第 5 个位置和第 10 个位置交换	−12.0	拒绝
					第 1 个位置和第 7 个位置交换	−34.0	拒绝
					第 4 个位置和第 10 个位置交换	−13.3	拒绝
					第 2 个位置和第 10 个位置交换	−18.6	拒绝
					第 6 个位置和第 10 个位置交换	−7.8	拒绝
					第 6 个位置和第 7 个位置交换	−18.3	拒绝
					第 3 个位置和第 5 个位置交换	−12.7	拒绝
					第 9 个位置和第 10 个位置交换	−0.7	接受
48	3-1-2-4-7-8-9-10-5-6	85.4	81.8	2.05	第 9 个位置和第 10 个位置交换	0.7	接受
49	3-1-2-4-7-8-9-10-6-5	84.7	81.8	2.05	第 7 个位置和第 8 个位置交换	0.2	接受
50	3-1-2-4-7-8-10-9-6-5	84.5	81.8	1.64	停止		

　　该模拟退火示例中的温度在 $q=5.0$ 开始。每 10 次迭代，温度会下降到原来的 0.8 倍，因此：

$$q = 5.0 \qquad 迭代次数\ t = 0,\cdots,9$$
$$q = 0.8(5.0) = 4.0 \quad 迭代次数\ t = 10,\cdots,19$$
$$q = 0.8(4.0) = 3.2 \quad 迭代次数\ t = 20,\cdots,29$$

　　表 15-7 的前几次迭代显示大多数方向随机选择的移动会被我们接受。第 7 和第 10 个位置的交换改进了解 $\mathbf{y}^{(0)}$，因此这个改进被立即接受从而产生解 $\mathbf{y}^{(1)}$。从解 $\mathbf{y}^{(1)}$ 产生的第一次移动将长度增加 20.1 英寸。因此其接受概率为：

$$e^{-20.1/5} \approx 0.018$$

毫无疑问，该解被拒绝了。

　　接下来的尝试产生了另一个移动，增加长度只有 3.1 英寸。它具有更大的接受概率：

$$e^{-31/5} \approx 0.538$$

因此该解被接受。

　　表 15-7 的后半部分显示了随着搜索的进行，降低温度 q 所产生的影响：由于接受概率随着 q 值的下降而下降，越来越多的非改进移动被拒绝。

　　图 15-4 中的结果显示了全模拟退火的搜索范围广泛。与禁忌搜索一样，最终的现有解恰好是全局最优值，但是并不能保证每次都可以得到全局最优解。

　　这种搜索是典型的模拟退火过程，

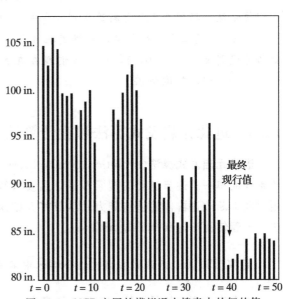

图 15-4　NCB 应用的模拟退火搜索中的解的值

虽然这种行为通常需要更多步的迭代，但在改进搜索中合理应用模拟退火算法，可以大大增强所获得的启发式解的质量。

例 15-8　模拟退火的应用

再次返回例 15-5 至 15-7 的背包模型，保持其单一补码移动集合和初始解 $\mathbf{x}^{(0)}=(1,0,0,0)$ 不变。设定温度 $q=10$，设定在 $t_{max}=3$ 内应用模拟退火算法 15D。在需要随机决策的地方，使用以下随机数（随机数满足 0 和 1 之间均匀分布）：0.72，0.83，0.33，0.41，0.09，0.94。

解：　所需的计算总结在下表中。

t	$\mathbf{x}^{(t)}$	值	现行值	q	补充	ΔObj	输出
0	(1, 0, 0, 0)	18	18	10	$j=4$	14	接受
1	(1, 0, 0, 1)	32	32	10	$j=4$	−14	拒绝
					$j=1$	−18	接受
2	(0, 0, 0, 1)	14	32	10	$j=3$	11	接受
3	(0, 0, 1, 1)	25	32	10	停止		

该过程从 $\mathbf{x}^{(0)}=(1,0,0,0)$ 处开始，通过在可行移动补充 $j=3$ 和 $j=4$ 之间随机选择的方式进行。由于第一个随机数 0.72 在区间 [0, 1] 的上半部分，$j=4$ 被暂时选择。相应的移动带来目标函数值的改进，因此搜索迭代更新到值为 32 的解 $\mathbf{x}^{(1)}=(1,0,0,1)$。

在 $\mathbf{x}^{(1)}$ 处的可行补充是 $j=1$ 和 $j=4$。根据下一个随机数 0.83，我们选择 $j=4$。相应的移动产生目标函数的差值为 Δobj$=-14$，因此我们需要测试随机数 0.33 是否是最大概率。

$$e^{\Delta obj/q} = e^{-14/10} \approx 0.247$$

它不是最大的概率，因此临时移动被拒绝。

下一个随机生成的可行移动取 $j=1$，相应移动产生的目标差为 Δobj$=-18$。这次：

$$e^{\Delta obj/q} = e^{-18/10} \approx 0.165 \geqslant 0.09$$

我们接受这个移动并将解更新迭代到 $\mathbf{x}^{(2)}=(0,0,0,1)$。

在 $\mathbf{x}^{(2)}$ 处有三个可行移动，根据随机数 0.94 我们选择了 $j=3$。相应的改进移动使解更新迭代到 $\mathbf{x}^{(3)}=(0,0,1,1)$。我们现在在 $t=t_{max}=3$ 处停止，并且报告现行解为 $\hat{\mathbf{x}}=(1,0,0,1)$，其值为 32。

15.4　进化元启发式算法和遗传算法

进化元启发式算法（evolutionary metahearistics）扩大了启发式搜索的范围，这一算法超越任何单一解逐步进化的搜索范围，启发式算法通过模仿生物界自然选择的机制，利用时间不断改进群体的适应能力。本节将介绍这类群体算法中最著名的一种元启发式算法——**遗传算法**（genetic algorithms）。

定义 15.10　遗传算法通过组合群体中不同成员的解演化出更好的启发式优化解。

迄今为止遇到的最好的单一解始终是群体的一部分（在此我们讨论的是处于变体中），

但每代还包括一系列其他解。在理想情况下，所有解都是可行的，有一些解在目标函数中可能几乎一样好，都是最优解，其他解可能有相当差的目标值。

我们可以通过在群体中组合成对个体的方式创建新的解。由于此组合过程不完全集中在当前的最优解，因此得到局部最优的频率较以前而言更低。

15.4.1　遗传算法的交配操作

用于组合群体解的标准遗传算法方法称为**交配**（crossover）。

定义 15.11　交配组合了一对"双亲"解，希望通过在同一点打破两个双亲向量并且通过将其中一个父代解的第一部分与另一个的第二部分重新组合的方式来产生一对"子代"解，反之亦然，也会产生相同的一对"子代"解。

我们可以用两个二进制解向量 $\mathbf{x}^{(1)}$ 和 $\mathbf{x}^{(2)}$ 来说明这一方法：
$$\mathbf{x}^{(1)} = (1,0,1,1,0\,|\,0,1,0,0)$$
$$\mathbf{x}^{(2)} = (0,1,1,0,1\,|\,1,0,0,1)$$
在分量 $j=5$ 之后两个父代进行交配，得到子代为：
$$\mathbf{x}^{(3)} = (1,0,1,1,0\,|\,1,0,0,1)$$
$$\mathbf{x}^{(4)} = (0,1,1,0,1\,|\,0,1,0,0)$$
一个子代 $\mathbf{x}^{(3)}$ 将 $\mathbf{x}^{(1)}$ 的初始部分与 $\mathbf{x}^{(2)}$ 的最后部分组合。子代 $\mathbf{x}^{(4)}$ 恰恰相反。两者都成为新群体的成员，搜索继续。

但是，我们不能保证对双亲解进行的随机交配将对目标值产生改进。然而，它确实产生了基础的新解，而且这些解保存了它们的双亲的重要部分。经验表明，这通常足以产生非常好的结果。

15.4.2　遗传算法的精英、移民、突变和交叉

基本遗传算法策略的许多变化已经成功地用于特定应用中，这其中包括标准交配操作 15.11 的许多替代操作。各种实施方式中的主要差异涉及以下几个方面：如何选择当前已有的解，使其通过交配产生新的解；如何确定哪些新的和/或旧的解能够在下一群体中存活；以及如何在一代代的搜索更新迭代时维持群体中的多样性。这些问题的唯一要求是更好的解要有更大的机会繁殖。

在这个简短的介绍中，我们只考虑一个单一最好的群体管理方法。每个新子代将由精英、移民、突变和交配的解组合构成。

定义 15.12　实施遗传算法的最优策略使得上一代持有的**精英**（elite）（最好的个体）解、**移民**（immigrant）解和其他解的**随机突变**（mutation）以及交配得到的子代解得以混合，从而产生新的一代。随机添加的移民解增加了方案的多样性，上一代持有的其他解的随机突变和父代群体中不重叠的成对解的交配所产生的子代混合后也会影响新解的形式。

保留上一代的精英解确保了迄今已知的最佳解将保留在群体中，并且具有更多的机会来产生后代。新移民解的引入和现有解的随机突变将有助于在解结合时保持方案的多样性。大多数新的解是由交配产生的解，它们的双亲是上一代群体中的精英解。算法15E 详细描述了这样一个完整的过程。

▶ **算法 15E：遗传算法搜索**

第 0 步：初始化。设置种群大小 p，初始化可行解 $\mathbf{x}^{(1)}, \cdots, \mathbf{x}^{(p)}$，每一代的迭代限制为 t_{max}。将群体进行细分：p_e 为精英，p_i 为移民，p_c 为交配。初始化解的上标编号 $t \leftarrow 0$。

第 1 步：停止。如果 $t = t_{max}$，则停止并且汇报当前群体的最优解是近似最优的。

第 2 步：精英。复制当前群体中的 p_e 最佳解来初始化生成 $t+1$ 代的群体。

第 3 步：移民/突变。随机选择 p_i 新移民可行解，或现有解的突变，并将它们包含在 $t+1$ 代群体中。

第 4 步：交配。从 t 代群体中选择 $p_c/2$ 对不重叠的解，并且在独立选择的随机截点处对每对解进行交配操作从而获得 $t+1$ 代群体。

第 5 步：增量。增加 $t \leftarrow t+1$，并返回到步骤 1。

15.4.3 遗传算法搜索的解编码

如同普通改进搜索的设计需要认真构造移动集合（原理 15.5），遗传算法的实现需要合理地选择那些用于在向量中编码解的可行方案。首先让我们返回 NCB 钻孔应用来探讨该过程的困难程度。

如果解仅仅通过显示钻井序列进行编码，那么聚在一起的两个作为交配双亲的染色体（一个解的编码为一个染色体）是：

$$(3,1,2,4,7,8,5,9,10,6) \quad \text{和} \quad (7,2,3,1,6,5,8,4,9,10)$$

在基因（组成编码的元素称为基因）$j=6$ 处，染色体进行交配，产生子代为：

$$(3,1,2,4,7,8,8,4,9,10) \quad \text{和} \quad (7,2,3,1,6,5,5,9,10,6)$$

这也不是可行的钻井序列，因为一些孔被钻井多次，而一些孔没有被考虑过。解编码的选择不当，使得交配几乎不会产生有用的新解。

原理 15.13 有效的遗传算法搜索需要在编码问题的可行解中进行选择，这些可行解通常（如果不是一直这种情况）在交配之后保留解的可行性。

我们可以通过一项被称为"随机密钥"的技术在 NCB 应用中获得更好的编码。

原理 15.14 用于遗传算法的随机密钥方法间接地将解编码为随机数序列。然后，设置随机数最小的位置为第一编码编号，随机数次小的位置为第二编码编号，以此类推，间接地生成解。

为了说明这个过程，我们考虑在 NCB 应用中使用如下的钻孔序列编码：

$$(0.32, 0.56, 0.91, 0.44, 0.21, 0.68, 0.51, 0.07, 0.12, 0.39)$$

钻孔顺序是通过将孔 1 与最低随机分量匹配，孔 2 在下一最低随机数点等，这样一个顺序进行的。也就是说，给定的随机向量对钻井序列进行如下编码：

$$(4,8,10,6,3,9,7,1,2,5)$$

但需要注意的是，对于两个随机数向量的交配会产生另外两个向量。因此，这些随机密钥编码的每个交配操作将产生两个新的可行解。此外，通过简单地生成随机数所构造的随机向量，很容易为初始群体和移民生成随机的新解。

15.4.4　NCB 应用的遗传算法搜索

图 15-5 显示了我们 NCB 问题采用算法 15E 搜索方法所获得的 30 代目标函数值。我们设定群体规模为 20，初始群体随机生成。根据原理 15.11，每个新子代包含上一代的 6 个最佳（精英）解、4 个随机产生的移民解，以及从上一代的 5 对双亲交配获得的 10 个解。所有解都由随机密钥编码。

图 15-5 中的条线从每个群体中解的最低路径长度向最高路径长度延伸。需要注意的是，路径最低的解的目标值系统地收敛到 81.8，我们知道这是该示例的最佳值。然而，群体之中总是包含不同的解，其中一些解有相当差的目标值。这种多样性使得当寻求对解进行改进时，搜索很可能会突变进入到新的可行空间之中。

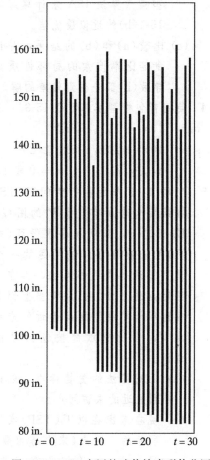

图 15-5　NCB 应用的遗传搜索群体范围

练习题

15-1　考虑通过构造型搜索算法 15A 解决（近似求解）以下背包问题：

$$\max \quad 11x_1 + 1x_2 + 9x_3 + 17x_4$$
$$\text{s. t.} \quad 9x_1 + 2x_2 + 7x_3 + 13x_4 \leqslant 17$$
$$x_1, \cdots, x_4 \qquad = 0 \text{ 或 } 1$$

☑（a）通过检查确定全局最优。

☑（b）解释为什么按比率$\left(\dfrac{\text{目标系数}}{\text{约束系数}}\right)$降序固定变量是合理的。

☑（c）应用构造型搜索算法 15A 选择变量固定在该比率序列中，从而构造得一近似解。

15-2　使用背包模型解练习题 15-1（这次使用递增比例顺序）。

$$\min \quad 55x_1 + 150x_2 + 54x_3 + 180x_4$$
$$\text{s. t.} \quad 25x_1 + 30x_2 + 18x_3 + 45x_4 \geqslant 40$$
$$x_1, \cdots, x_4 \qquad = 0 \text{ 或 } 1$$

15-3　考虑背包问题实例：

$$\max \quad 30x_1 + 20x_2 + 20x_3$$
$$\text{s. t.} \quad 21x_1 + 20x_2 + 20x_3 \leqslant 40$$
$$x_1, x_2, x_3 \qquad = 0 \text{ 或 } 1$$

（a）通过检查确定全局最优。

(b) 现在应用具有贪婪比率的构造型搜索算法 15A 来计算练习题 15-1(b)的近似最优值。

(c) 比较(a)和(b)的结果,并讨论贪婪比率搜索的局部性质如何导致(b)部分得到较差的解。

15-4 使用背包模型解练习题 15-3。

min $\quad 10x_1 + 10x_2 + 3x_3$

s.t. $\quad 10x_1 + 10x_2 + 6x_3 \geqslant 20$

$\qquad x_1, x_2, x_3 \quad = 0$ 或 1

15-5 回顾 11.5 节的旅行商问题(TSP),在给定包含所有节点 V 的图 $G(V, E)$ 情况下,该问题寻求循环(或遍历)总长度最小。该问题的一个构造型算法是最近邻算法,其在某个给定点处开始,然后将当前部分路径连续地扩展到距离最近的未到达点 V,当所有点都被包括时停止巡回。

(a) 证明算法的贪婪标准,以进行到最近的未访问点。

(b) 现在考虑在以下(TSP)实例中所示的 5 个点(来自练习题 14-9),假设边连接所有节点对,并且按照欧几里得算法计算距离。

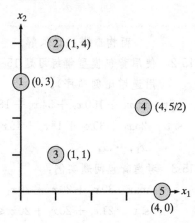

证明最佳游览路线是 1-2-4-5-3-1。

(c) 接下来,从节点 1 开始,通过最近邻算法来近似求解。

(d) 讨论使用一个简单的构造型方法(如最近邻算法)与所产生的解的质量的优点和缺点。

15-6 回到练习题 15-5(b)的旅行商问题实例。这次,通过图 15-1 中的 KI 卡车路线应用中使用的贪婪插入策略构建了一个近似最优的游览。具体来说,从一个两点路径 1-5-1 开始,然后在每次迭代插入迄今为止最接近已包含节点的坐标的平均值的未访问点处。

(a) 证明算法的贪婪标准,插入最近的未访问点。

(b) 将你的结果与练习题 15-5(b)的最优值以及 15-5(c)启发式解的最优值进行比较。

(c) 讨论使用贪婪插入构造型方法与最近邻的漫游延伸策略的优点和缺点。

15-7 在下面的图中考虑客户站点的简化车辆路径问题(VRP)(参见第 11.5 节)。

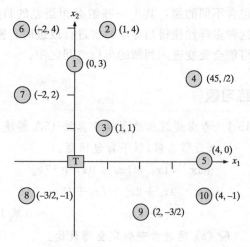

设计两条包含 5 个客户的路线,始发和返回到终端站点 $x_1 = x_2 = 0$。所有点到点距离假定通过欧几里得距离计算,并且目标是最小化两个路线的总行程长度。

(a) 在第 15.1 节的 KI 卡车应用中并行构造路径的构造型解，从而构造得到两个近似最优路径。从站点 6 和 10 的种子路线开始，然后以它们与重心（已经插入在两个新路线中的点的平均坐标）的距离远近的顺序迭代地插入所有其他点。

(b) 评论两条最终路线的质量，并考虑类似的构造型技术是否可用于更现实（VRP）的应用。

15-8 经典装箱问题（BP）考虑将具有不同大小 a_j 的物品 $j=1,\cdots,n$ 的集合打包为最小数目 N 个的箱包，每个箱包容量为 b。用于近似求解实例的第一拟合算法从没有箱包开始。然后，它采用随机顺序对物品进行装箱，按它们被打开的顺序考虑每个可能的箱包。物品放置在可容纳它的第一个箱包中，如果没有，则打开一个新的箱包并将该物品放置在该箱包内。

(a) 按照下标序列选取物品，将此第一拟合启发式算法应用于具有 $n=12$ 个物品，大小分别为 $a_j=12,14,9,19,2,4,13,8,8,10,13,7$，并且箱包容量 $b=30$ 的实例中。

(b) 确定在第一拟合顺序中物品装箱的贪婪标准。

(c) 解释为什么 $\sum_j a_j/b$ 是任意解所需的最佳箱包数的下限，并与 (a) 部分的结果进行比较。

(d) 解释为什么在执行算法的任意点都不存在超过一个箱包≤半满，以使得其使用的箱包最终数量 $\overline{N}$ 必须满足 $(\overline{N}-1)\left(\dfrac{b}{2}\right)<\sum_j a_j$。

(e) 结合 (c) 和 (d) 以确定由第一次

拟合启发式解所使用的箱包数量不能差于最优解的两倍。

15-9 考虑解决（近似解决）ILP 问题：
$$\max\quad 5x_1+7x_2-2x_3$$
$$\text{s.t.}\quad x_2+x_3\leqslant 1$$
$$x_1,x_2,x_3=0\text{ 或 }1$$
我们采用离散改进搜索算法 15B 解决该问题，采用移动集合 $\mathcal{M}=\{(1,0,0),(0,1,0),(0,0,1)\}$，总是迭代更新到具有最佳目标值的可行邻居解。

(a) 通过检查来识别全局最优解。

(b) 列出可行解 $\mathbf{x}^{(0)}=(0,0,1)$ 邻域的所有点。

(c) 以 $\mathbf{x}^{(0)}=(0,0,1)$ 为初始解，应用算法 15B 来计算局部最优解。

(d) 重复 (c) 部分，这次从 $\mathbf{x}^{(0)}=(1,0,0)$ 开始。

(e) 比较 (c) 和 (d) 的结果，并评价初始解的效果。

(f) 重复 (c) 部分，这次使用单补码移动集合，允许任何一个 $x_j=1$ 切换到 =0，反之亦然。

(g) 比较 (c) 和 (f) 的结果，并评论移动集合的影响。

15-10 对 ILP 问题重复练习题 15-9：
$$\min\quad 2x_1-11x_2+14x_3$$
$$\text{s.t.}\quad x_1+x_2+x_3\geqslant 1$$
$$x_1,x_2,x_3=0\text{ 或 }1$$

15-11 考虑解决（近似解决）ILP 问题：
$$\max\quad 12x_1+7x_2+9x_3+8x_4$$
$$\text{s.t.}\quad 3x_1+x_2+x_3+x_4\leqslant 3$$
$$x_3+x_4\leqslant 1$$
$$x_1,\cdots,x_4=0\text{ 或 }1$$
我们采用离散改进搜索算法 15B 解决该问题，并且总是迭代更新到具有最佳目标值的可行解。允许任何

一个 $x_j=1$ 切换到 $=0$，反之亦然。

☑ (a) 通过检查来识别全局最优解。

☑ (b) 以 $\mathbf{x}^{(0)}=(0, 0, 0, 0)$ 为初始解，应用算法 15B 来计算局部最优解。

☑ (c) 尝试以解 $\mathbf{x}=(0, 1, 0, 0)$ 和 $(0, 0, 0, 1)$ 作为初始解，应用改进搜索的多起点延伸以计算局部最优值。

15-12 对 ILP 问题解练习题 15-11：

$$\min \quad 20x_1 + 40x_2 + 20x_3 + 15x_4$$
$$\text{s. t.} \quad x_1 + x_2 \geq 1$$
$$x_1 + x_4 \geq 1$$
$$x_1, \cdots, x_4 = 0 \text{ 或 } 1$$

在 $\mathbf{x}=(1, 1, 1, 1)$ 处启动算法 15B，并且在 $\mathbf{x}=(1, 0, 1, 1)$ 和 $(1, 1, 1, 0)$ 处采用多起点算法。

15-13 返回到练习题 15-11 的改进搜索问题。

(a) 证明 $\mathbf{x}=(1, 0, 0, 0)$ 是局部最优。

(b) 证明如果允许在 $\mathbf{x}=(1, 0, 0, 0)$ 处进行非改进移动，则下一次迭代将使得搜索返回到同一点。

15-14 利用练习题 15-12 的模型解练习题 15-13。

☑ 15-15 返回到练习题 15-11 的改进搜索问题，初始解设置为 $\mathbf{x}^{(0)}=(1, 0, 0, 0)$。通过禁忌搜索算法 15C 计算近似最优值。在值发生改变后，禁止下一步操作中对该变量进行补充，并将搜索限制为 $t_{max}=5$ 次移动。

15-16 利用练习题 15-12 的模型练习练习题 15-15。禁止在其值发生变化后两步操作内对该变量进行补充。

☑ 15-17 返回到练习题 15-11 的改进搜索问题，设置初始解为 $\mathbf{x}^{(0)}=(0, 0, 0, 1)$。通过模拟退火算法 15D 计算近似最优值，设置初始温度为 $q=20$，并且将搜索限制到 $t_{max}=4$ 次，并且采用随机数为（均匀分布 $[0, 1]$）0.65, 0.10, 0.40, 0.53, 0.33, 0.98, 0.88, 0.37 的解析概率进行决策。

15-18 利用练习题 15-12 的模型练习练习题 15-17。使用随机数 0.60, 0.87, 0.77, 0.43, 0.13, 0.19, 0.23, 0.71, 0.78, 0.83, 0.29。设置初始解 $\mathbf{x}^{(0)}=(1, 0, 0, 0)$。

15-19 返回到旅行商问题(TSP)和练习题 15-5(b)的实例。给定可行的路径，置换移动集合考虑了当前路径中所有可能的城市位置的交换。例如，当前路径 1-2-5-4-3-1 的一个交换将是 1-2-3-5-3-1。

(a) 在练习题 15-5(b)的实例中从路径 1-2-5-4-3-1 开始，应用有配对交换的改进搜索算法 15B 计算近似最优解。

(b) 现在将多起点应用于具有置换邻居的同一实例，若都从(a)的初始解和路径 1-3-2-5-4-1 开始，近似最优解是什么？

(c) 应用禁忌搜索算法 15C 重复(a)部分，禁止在非改进交换的两步内交换两个城市中的第一个城市。

(d) 应用模拟退火算法 15D 重复(a)部分，设置初始温度 $q=15$，限制搜索到 $t_{max}=4$ 次，并使用随机数 0.05, 0.92, 0.77, 0.40, 0.81 和 0.53 来决定接受非改进移动。

15-20 信息学院(IC)正在计划举办一个重要的政府问题会议，讨论主题共

30 个，$i=1$，…，30。面板数据将被安排在 $t=1$，…，6 时间块中的一个，其中每块同时运行 5 个。为了使会议尽可能方便，IC 已经调查了预期参加者，并且计算了特别希望能够参加会议 i 和会议 i' 的参加者的数量，表示为 $q_{i,i'}$。现在 IC 想建立一个会议时间表，最大限度地减少由于他们希望参加同时进行的会议而产生不便的参加者总数。

(a) 将 IC 的会议调度任务按照 11.16 的交通问题模拟建立二次分配模型。如果面板 i 在时间块 t 中调度，则使决策变量 $x_{i,t} \triangleq 1$，否则 $=0$。

(b) 参考第 11.4 节和第 14 章内容，证明因为精确解的获取非常困难，使用本章的方法启发式地解决模型是合理的。

(c) 现在假设要通过改进搜索算法 15B 来近似地求解该实例。从某一可行的安排开始，使用置换移动集合来估计交换单对面板数据的当前时间分配的移动，计算任意当前分配 $\overline{x}_{i,j}$ 的这种移动的数量，并且需判定由这样的移动产生的所有邻居是否是可行的。

(d) 使用单一更改移动集合重复 (c) 部分，该更改移动集只更改单个面板数据的分配时间。

15-21 Silo State 的工业工程学院正在搬迁到新办公室。有 20 个教授（$p=1$，…，20）将在 25 间（$r=1$，…，25）房间内分配办公室，未使用的房间留给研究生助理。针对所有房间对 (r, r')，计算了行走距离 $d_{r,r'}$。部门主管还收集了值 $c_{p,p'} \triangleq$ 每月每对教授（p，p'）在他们的教学和研究中合作的次数。现在，部门主管想选择一个教授分配房间的规划安排，从而使得所有选择分配的总协作通信量 $c_{p,p'} \cdot d_{r,r'}$ 最小化。

(a) 将开头的任务按照 11.16 建立二次分配模型，与上面定义的模型参数一起，如果教授 p 被分配给房间 r，则使决策变量 $x_{p,r} \triangleq 1$，否则 $=0$。

(b) 参考第 11.4 节和第 14 章内容，证明因为精确解的获取非常困难，所以使用本章的方法启发式地解决模型是合理的。

15-22 返回到练习题 15-21 的模型，考虑在以下每一个移动集合中使用改进搜索算法 15B 进行近似求解：

$M_1 \triangleq \{$单个教授重新分配到任一办公室$\}$

$M_2 \triangleq \{$单个教授重新分配到一个空闲办公室$\}$

$M_3 \triangleq \{$互换两个教授的安排$\}$

搜索将从每个教授随机分配到不同的办公室开始。

(a) 证明所有这些移动集合依据教授和房间的数量会产生一个多项式大小邻域。

(b) 比较 3 个移动集合关于任意当前可行解的每个邻居是否也必须可行。

(c) 对于那些可以产生不可行邻居的移动集合，展示如何使用"大 M"惩罚因子来修改模型的目标函数，使这种不可行的解不具吸引力。

15-23 回到练习题 15-11 的改进搜索问题。

(a) 证明解 $\mathbf{x}^{(1)}=(0,0,1,0)$ 和 $\mathbf{x}^{(2)}=(0,0,0,1)$ 有资格属于该问题的遗传算法群。

(b) 利用(a)部分的解 $\mathbf{x}^{(1)}$ 和 $\mathbf{x}^{(2)}$，构造所有可能的交配结果(所有切点)。

(c) 判定在(b)部分中的所有解是否可行，如果不可行，解释这代表着对有效应用遗传算法搜索带来了哪些困难。

15-24 使用解 $\mathbf{x}^{(1)}=(0,1,1,1)$ 和 $\mathbf{x}^{(2)}=(1,0,1,1)$，利用练习题 15-12 的模型练习练习题 15-23。

☑ 15-25 再次返回到练习题 15-11 的模型，考虑使用遗传算法 15E 求解。设置初始群体为 $\{(0,0,1,0)$，$(0,0,0,1)$，$(0,1,1,0)$，$(1,0,0,0)\}$，$p_e=p_i=1$ 和 $p_e=2$。构造和评估下一代群体的每个成员，在分量 2 的最佳和最差当前解后进行交配。使用大的负 M 作为由交配产生的任何不可行解的目标值。

15-26 利用练习题 15-12 的模型，设定初始群体为 $\{(0,1,1,1)$，$(1,0,1,1)$，$(0,1,0,1)$，$(1,0,0,0)\}$，练习练习题 15-25。

15-27 返回练习题 15-20 的模型，考虑应用遗传算法 15E 求解。

(a) 首先考虑通过按顺序 i 参加会议并记录分配给它的时间块 t 来进行编码，寻求解决方案。勾画描述这样的两个解在交配中结合会发生什么。可能会导致什么样的不可行性？请解释说明。然后讨论如何通过在目标函数中用适当的"大 M"项惩罚解的不可行性来管理解的选取。

(b) 现在考虑编码解，首先列出第一个时隙的 5 个面板编号，然后是第二个的 5 个面板编号，以此类推。勾画描述如果两个解组合在一起，切割点限于特定时间段的会议列表之间的 5 个边界，即输入 5，10，15，20 和 25 之后，会发生什么样的不可行性，请解释说明。然后讨论如何通过在目标函数中用适当的"大 M"项惩罚解的不可行性，来管理解的选取。

(c) 最后，考虑在 15.13 中定义的随机密钥的方法。具体来说，解将间接编码 30 个对应于 30 个面板数据的随机数。为了恢复隐含的解并且评估目标函数，具有最低随机数的 5 个面板数据将被分配给时隙 1，接下来的 5 个到时隙 2，等等。解释为什么不可行性不能由 2 个这样的解之间的交叉产生，以及如何使算法 15E 更有效。

15-28 返回练习题 15-21 的模型，考虑应用遗传算法 15E 求解。

(a) 首先通过考虑在 p 顺序下给教授安排房间(对于分配给研究生助手的房间增加 $p=21,\cdots,25$)，来思考编码解。然后记录分配给教授的每个房间 r。勾画描述如果这样两个解在交配中组合在一起，会发生什么情况。这会导致什么样的不可行性？请解释说明。然后讨论如何通过在目标函数中用适当的"大 M"项惩罚解的不可行性，来管理解的选取。

(b) 现在通过考虑在 r 顺序下分配房间的方式考虑编码解，记录分配给房间的教授（或研究生助手）p。勾画描述如果两个解在交配中组合在一起，切割点限于特定时间段的会议列表之间的 5 个边界，即输入 5，10，15，20 和 25 之后，会发生什么情况。这会导致什么样的不可行性？请解释说明。然后讨论如何通过在目标函数中用适当的"大 M"项惩罚解的不可行性，来管理解的选取。

（c）最后，考虑在 15.13 中定义的

随机密钥的方法。具体来说，解将被间接编码为 25 个随机数，对应于（b）部分中的房间。为了恢复隐含的解和评估目标函数，具有最低随机数的房间将被分配给教授 1，第二个被分配给教授 2，等等，最后 5 个被分配给研究生。解释为什么不能由 2 个这样的解之间的交配产生不可行性，并考虑如何使算法 15E 更有效。

参考文献

Aarts, Emile and Jan Korst (1989), *Simulated Annealing and Boltzmann Machines*, Johy Wiley, Chichester, England.

Glover, Fred and Manuel Laguna (1997), *Tabu Search*, Kluwer, Boston, Massachusetts.

Goldberg, David E. (1989), *Genetic Algorithms in Search and Machine Learning*, Additon-Wesley, Reading, Massachusetts.

Parker, R. Gary and Ronald L. Rardin (1988), *Discrete Optimization*, Academic Press, San Diego, California.

Talbi, EI-Ghazali (2009), *Metaheuristics from Design to Implementation*, John Wiley, Hoboken, New Jersey.

Wolsey, Laurence (1998), *Integer Programming*, John Wiley, New York, New York.

第 16 章

无约束的非线性规划

本书的一个重要主题就是展示线性规划模型的功能强大和结构精巧，线性规划模型使用连续决策变量、线性约束和线性目标函数。而**非线性规划**（nonlinear programming，NLP）涵盖了所有其他单目标、连续决策变量的规划模型。

"非"线性，根据它"不是什么"来定义，意味着非线性规划具有许多不同的形式和算法。其中有的模型有约束，有的则仅有目标函数。在许多模型中，使用微积分能够得到易于利用的导数。但另一些模型中可能根本不存在导数。有的模型中，目标函数和约束都是非线性的。而有的模型中只有目标函数是非线性的。如果目标函数是非线性的，即使是单变量优化问题，也并不容易。

本章从没有约束的非线性规划开始，17 章则关注更加复杂的、有约束的模型。无约束规划有非常重要的应用，但绝大多数现实问题都至少存在几个约束。我们首先介绍无约束规划是因为此时非线性规划的基本概念更容易理解，也因为大部分无约束规划问题的求解方法是有约束问题的基础。本章始终假设读者已经熟悉 2.4 节的定义和第 3 章改进搜索的概念。

16.1　无约束非线性规划模型

非线性规划问题与线性规划问题的主要区别之一是，即使是无约束的非线性规划——没有约束条件——也是有意义的。

　　原理 16.1　在无约束优化中，线性目标函数总是无界的（除了目标函数是常数的不重要情形），但无约束的非线性规划可能存在有界的最优解。

我们从一些经典的应用开始对无约束非线性规划问题的讨论。

☐**应用案例 16-1**

美国邮政服务的单变量问题

当目标函数非线性时，即使是单决策变量的模型，也很有挑战性。我们以美国邮

政服务(U. S. Postal Service，USPS)为例分析一个现实的单变量非线性规划。[注]USPS
的"服务区域"通常由一个城市及其郊区组成。许多邮递员通过开车或有时步行的
方式投递邮件，形成了"投递区域"。每个工作日，邮递员基于分布在服务区域的
"交货单位"设计路线，其起始点必须是交货单位。通常来说，一个交货单位就是一
个当地的邮局，这些邮局同时对公众销售邮票等。

决定一个服务区域交货单位的最优数量，需要权衡增设运营交货单位的固定成
本和由此降低的邮递员成本——安排更近的投递区域所降低的交通成本。更多的交
货单位虽然提高了固定成本，但分散的交货单位距离顾客更近，从而节省了交通成
本，降低了邮递员的数量。

邮件处理自动化程度的提高，很大程度上改变了这些决策的相对经济性。为了
调整，USPS 开发并应用了一个粗略的决策模型，计算任何给定服务区域的近似最
优交货单位数量。输入参数包括：

$$a \triangleq 服务区域的土地面积$$
$$m \triangleq 服务区域的顾客数量$$
$$t \triangleq 邮递员服务任意一个客户站点的平均时间$$
$$d \triangleq 邮递员的工作日长度$$
$$c \triangleq 每个邮递员的年成本$$
$$u \triangleq 运营一个交货单位的年固定成本$$

我们希望的决策变量是：

$$x \triangleq 交货单位的数量$$

为了建立模型，我们采用了近似做法，假设顾客在服务区域是均匀分布的。该
假设下容易得到：

$$邮递员在投递区域间的平均旅行时间 \approx k_1 \sqrt{\frac{a}{x}}$$

$$所有路线中两个站点之间的旅行时间 \approx k_2 \sqrt{am}$$

其中 k_1 和 k_2 是比例常数。那么路线的总数量是：

$$\frac{站点总时间 + 站点间总时间}{每个邮递员的有效工作时间} = \frac{tm + k_2 \sqrt{am}}{d - k_1 \sqrt{a/x}}$$

总成本为：

$$固定成本 + 运营成本 = ux + c \frac{tm + k_2 \sqrt{am}}{d - k_1 \sqrt{a/x}} \tag{16-1}$$

16.1.1　USPS 单变量应用模型

在式(16-1)中采用如下参数来阐述一个具体的例子：

$$a = 400, \quad m = 200\,000, \quad d = 8, \quad t = 0.05$$

[注]　D. B. Rosenfield，I. Engelstein，and D. Feigenbaum (1992)，"An Application of Sizing Service Territories,"
European Journal of Operational Research，63，164-177.

$$c = 0.10, \quad u = 0.75, \quad k_1 = 0.2, \quad k_2 = 0.1$$

那么，我们单变量的 USPS 非线性规划模型变为：

$$\min f(x) \triangleq (0.75)x + (0.10)\left[\frac{(0.05)(200\,000) + (0.1)\sqrt{400(200\,000)}}{(8) - (0.2)\sqrt{400/x}}\right]$$

$$\approx 0.72x + \frac{1\,089.4}{8 - 0.2\sqrt{400/x}} \tag{16-2}$$

图 16-1 画出了 $x^* \approx 15.3$ 这唯一的最优解。

16.1.2 忽略约束以应用无约束方法

严格来说，模型（16-2）是不完整的。一个有意义的交货单元数量 x，应满足约束：

$$x \geqslant 0$$

以及

$$x \text{ 为整数}$$

但我们知道（第 6 章），只有当最优解不满足某个约束时，增加该约束才会改变最优解。由于 $x^* = 15.2 > 0$，被忽略的非负约束

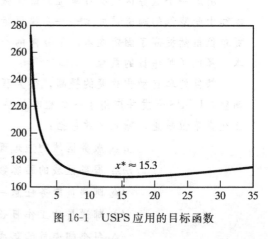

图 16-1　USPS 应用的目标函数

并不影响最优解——即使我们明确地加上该约束。x^* 违反了整数要求，但考虑到该模型的粗略规划本质，意味着我们有足够的理由四舍五入取 $x = 15$。

许多，甚至绝大多数被建模为无约束非线性规划的问题，事实上总会有几个约束以该种方式被忽略了。

原理 16.2　无约束模型相对来说易于处理。得到无约束模型的最优解后，检验其是否满足被忽略的约束，往往能够得到原问题的最优解。

当然，如果无约束的最优解违反了某个重要的约束，我们必须采用有约束的求解方法。

16.1.3 曲线拟合和回归问题

也许无约束 NLP 最常见的应用是曲线拟合或回归问题。我们通过选择函数形式的系数来尽量拟合某些观察到的数据。

原理 16.3　回归问题的决策变量是拟合函数形式的系数，其目标函数是拟合精度的测量。

□应用案例 16-2

定制计算机公司的曲线拟合问题

我们考虑一个（虚拟的）定制计算机公司来阐述曲线拟合的简单应用。该公司为工程师提供特别定制的计算机工作站。尽管可能存在许多共同点，但为了满足顾客的特定需求，每个订单的工作站都需要做特定的修改。

表 16-1 列出了最近 $m=12$ 个订单的订购数量和单位成本(千美元)。图 16-2 画出了该经验数据。显然，单位成本随着订单的订购数量急剧下降。定制计算机公司希望拟合类似图 16-2 的估计函数，以促进未来工作的出价准备。

表　16-1

i	数量，p_i	成本，q_i
1	19	7.9
2	2	25.0
3	9	13.1
4	4	17.4
5	5	19.5
6	6	13.0
7	3	17.8
8	11	8.0
9	14	9.2
10	17	6.3
11	1	42.0
12	20	6.6

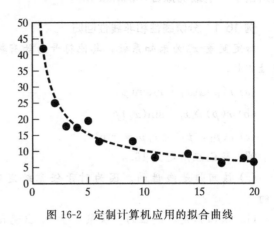

图 16-2　定制计算机应用的拟合曲线

16.1.4　线性和非线性回归

对于定制计算机公司的问题，我们的首要任务是选择一个合适的回归模型。也就是说，我们需要选择一个含未知系数的函数 $r(p)$ 来近似：

$$r(p_i) \approx q_i \quad \forall i = 1, \cdots, m$$

非线性优化将给出最优的系数值。

在曲线拟合中，函数系数构成了决策变量(原理 16.3)，这一事实带来了很大困扰。举例来说，回归分析经常使用如下形式：

$$r(x) \triangleq a + bx \tag{16-3}$$

其中 x 是数据，$\{a, b\}$ 是待定系数。这种表述方式与优化问题常用的形式恰好相反。

我们将延续数学规划的惯例，保留 x 作为决策变量。那么，式(16-3)可以描述为：

$$r(p) \triangleq x_1 + x_2 p \tag{16-4}$$

其中 p 是数据，$\{x_1, x_2\}$ 是待定系数。

同样的困扰出现在线性和非线性回归的区分中。

定义 16.4　如果拟合的函数形式对于未知系数(决策变量)是线性的，那么该回归问题就被定义为线性的。否则就是非线性的。

例如，在定制计算机公司的案例中，选择如下形式就是线性回归。

$$r(p) \triangleq x_1 + \frac{x_2}{p} \tag{16-5}$$

图 16-2 的相应曲线不可能是直线，但表达式(16-5)对于未知系数 x_1 和 x_2 是线性的。

线性回归和非线性回归的区别非常重要。因为线性拟合一般来说存在解析解，但非线性回归往往需要进行搜索才能得到最优解。本章所有非线性回归的计算都将采用如下形式进行阐述：

$$r(p) \triangleq x_1 p^{x_2} \tag{16-6}$$

图 16-2 中的曲线为：

$$r(p) \triangleq 40.69 p^{-0.6024}$$

这给出了一个**最优拟合**(optimal fit)。

例 16-1 分辨线性和非线性回归

给定变量 x_j 为未知系数，其他符号为既有数据，判断如下表达式是线性回归还是非线性回归。

(a) $r(p) \triangleq x_1 + x_2 \sin(p)$

(b) $r(p) \triangleq x_1 + \sin(x_2) p$

(c) $r(p_1, p_2) \triangleq x_1 p_1^2 + x_2 e^{p_2}$

解：我们应用定义 16.4。

(a) 该回归是线性的。因为对于任意给定数据 p，它关于决策变量 x_1 和 x_2 是线性的。

(b) 该回归是非线性的。决策变量 x_2 出现在非线性函数 $\sin(x_2)$ 中。

(c) 该归回是线性的。虽然拟合了关于输入 p_1 和 p_2 的非线性函数，但关于决策变量 x_1 和 x_2 是线性的。

16.1.5 回归的目标函数

为了将曲线拟合问题建模为非线性优化，我们需要一个目标函数来测量拟合程度。一个数据点的误差或**残差**(residual)，是实际观测数据和拟合函数的差值。例如，在我们的定制计算机案例中，函数形式(16-6)下的残差为：

$$q_i - r(p_i) = q_i - x_1 (p_i)^{x_2} \quad \forall i = 1, \cdots, m$$

回归的目标函数最小化某些关于残差大小的非减函数。许多种可能的非减函数已经被采用了，但最常见的是残差的平方和，或最小二乘。该目标函数有许多理想的统计性质，同时具有非常直观的吸引力——小的偏差影响较小，但大的偏差会带来严重的惩罚成本。

16.1.6 定制计算机公司曲线拟合的应用模型

在定制计算机应用中，最小二乘法的目标函数产生了无约束 NLP 模型：

$$\min \quad f(x_1, x_2) \triangleq \sum_{i=1}^{m} \left[q_i - x_1 (p_i)^{x_2} \right]^2 \tag{16-7}$$

图 16-3 展示了目标函数的图形，其全局最小点在：

$$x_1^* \approx 40.69, \quad x_2^* \approx -0.6024$$

给出了最优拟合。

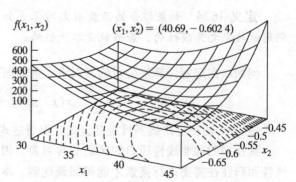

图 16-3 定制计算机应用中的目标函数

例 16-2 构建非线性回归模型

采用自某函数的三个观测被认为有

如下形式：

$$z = \alpha^u \beta^v$$

观测分别为 $(u_1, v_1, z_1) = (1, 8, 3)$，$(u_2, v_2, z_2) = (4, 1, 2)$ 以及 $(u_3, v_3, z_3) = (2, 29, 71)$。构建一个无约束非线性规划来选择 α 和 β，形成最小二乘拟合。

解： 残差为 $(z_i - \alpha^{u_i} \beta^{v_i})$。那么，最小二乘拟合求解 α 和 β 可由如下模型得到：

$$\min \quad f(\alpha, \beta) \triangleq (3 - \alpha^1 \beta^8)^2 + (2 - \alpha^4 \beta^{15})^2 + (71 - \alpha^2 \beta^{29})^2$$

16.1.7　极大似然估计问题

无约束 NLP 的另外一个常见应用是根据观测数据拟合连续的概率分布函数。一个**概率密度函数**（probability density function），$d(p)$，通过描述随机变量 P 在不同取值间的概率分布，刻画了任意的分布函数。例如，图 16-4 中描述的 $d(p)$ 表明，P 在 0.7 附近的概率比 0.2 附近的概率相对更高。

当 m 个独立随机变量 P_1，P_2，…，P_m 具有相同的概率密度 $d(p)$ 时，其**联合密度函数**（joint probability density function）或**似然估计**（likelihood）为：

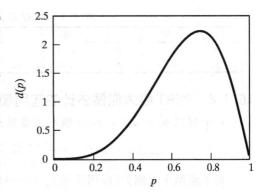

图 16-4　PERT 极大似然估计的密度函数

$$d(p_1, p_2, \cdots, P_m) = d(p_1)d(p_2)\cdots d(p_m) \tag{16-8}$$

也就是说，任意特定独立随机变量组合在某点的概率密度，就是其各自值的概率密度的乘积。

估计涉及选择概率密度函数 $d(p)$ 的未知系数。许多标准下，最优的估计是极大似然估计，极大似然估计最大化随机变量已知样本的联合密度函数。

原理 16.5　在极大似然估计中，决策变量是拟合概率密度函数中的系数，目标函数是相应的联合密度函数或评估观测数据的似然函数。

□**应用案例 16-3**

PERT 极大似然估计

对于许多标准的概率密度函数，极大似然估计可以得到参数的解析解。然而，仍存在某些需要数值优化的情形以最大化似然函数。

一个特定的例子是项目评估和审查技术（project evaluation and review technique，PERT）项目管理中使用的 Beta 分布（beta distribution）拟合。PERT 是 9.7 节中介绍的 CPM 项目调度方法的一个扩展。与 CPM 类似，一个项目被分解成一系列的工作活动，每个活动占用特定的时间长度。PERT 中的新元素是，该时间长度是随机变量（即安排工作计划时，假设仅仅知道该时间长度的概率分布函数）。

Beta 随机变量在区间 $0 \leqslant p \leqslant 1$ 中分配了随机密度，因此在 PERT 中比例 p 表示在最大的允许时间中，某项活动所占的百分比。Beta 概率密度函数是：

$$d(p) \triangleq \frac{\Gamma(x_1 + x_2)}{\Gamma(x_1)\Gamma(x_2)}(p)^{x_1-1}(1-p)^{x_2-1} \tag{16-9}$$

其中 $x_1 > 0$，$x_2 > 0$ 是控制其形状的参数[⊖]。比如，$x_1 = 4.50$，$x_2 = 2.20$ 给出了图 16-4 所示的密度函数。在表达式(16-9)中，$\Gamma(x)$ 是标准 Γ 函数，等于以下曲线下方的面积：

$$\gamma(x) \triangleq (h)^{x-1}(e)^{-h}$$

其中，$0 \leqslant h \leqslant +\infty$。$\Gamma(x)$ 不具有解析形式。

表 16-2 列出了之前项目中 $m = 10$ 次活动所使用的时间，我们假设其为观测数据。数值 p_i 表示实际持续时间占预期最大时间的比例。

表 16-2　PERT 极大似然估计的实践数据

	值		值		值		值		值
p_1	0.65	p_3	0.52	p_5	0.74	p_7	0.79	p_9	0.92
p_2	0.57	p_4	0.72	p_6	0.30	p_8	0.89	p_{10}	0.42

16.1.8　PERT 极大似然估计的应用模型

对于观测 $p_1 = 0.65$，Beta 概率密度是：

$$d(p_1) = d(0.6) = \frac{\Gamma(x_1 + x_2)}{\Gamma(x_1)\Gamma(x_2)}(0.65)^{x_1-1}(1-0.65)^{x_2-1}$$

对于前两个观测为[应用表达式(16-8)]：

$$d(p_1)d(p_2) = \left[\frac{\Gamma(x_1 + x_2)}{\Gamma(x_1)\Gamma(x_2)}(0.65)^{x_1-1}(1-0.65)^{x_2-1}\right]$$
$$\cdot \left[\frac{\Gamma(x_1 + x_2)}{\Gamma(x_1)\Gamma(x_2)}(0.57)^{x_1-1}(1-0.57)^{x_2-1}\right]$$

继续应用该方法，针对全部 m 个样本，系数为 x_1 和 x_2 的极大似然估计构成的非线性规划为：

$$\max \quad f(x_1, x_2) \triangleq \prod_{i=1}^{m}\left[\frac{\Gamma(x_1 + x_2)}{\Gamma(x_1)\Gamma(x_2)}(p_i)^{x_1-1}(1-p_i)^{x_2-1}\right] \tag{16-10}$$

图 16-5 画出了不同 x_1 和 x_2 下的目标函数。在图 16-4 的密度函数中，唯一的全局最大值是 $x_1^* \approx 4.50$ 和 $x_2^* \approx 2.20$。

例 16-3　构造极大似然估计模型

指数概率分布有如下密度函数：

$$d(p) \triangleq \alpha e^{-\alpha p}$$

构造一个无约束非线性规划，求解参数 α 的极大似然估计，使其与实践值 $p_1 = 4$，$p_2 = 9$ 和 $p_3 = 8$ 相一致。

解：似然估计是三个实践值的密度乘积[表达式(16-8)]。那么，需要的模型为：

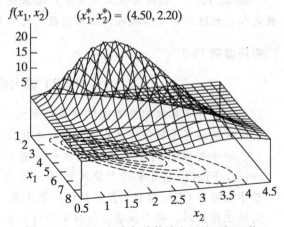

图 16-5　PERT 极大似然估计应用的目标函数

⊖　Beta 参数更常被记为 α 和 β，这里我们使用 x_1 和 x_2 是为了与 x_j 表示决策变量的管理一致。

$$\max \ f(\alpha) \triangleq (\alpha e^{-4\alpha})(\alpha e^{-9\alpha})(\alpha e^{-8\alpha})$$

16.1.9 平滑与非平滑函数和导数

根据目标函数是平滑的还是非平滑的对非线性规划进行分类，是非常有用的。

定义 16.6 如果对于所有 $\mathbf{x}$，函数 $f(\mathbf{x})$ 是连续可导的，那么 $f(\mathbf{x})$ 是平滑的。否则，是非平滑的。

图 16-6 列出了单变量 x 的几个函数来说明这一点（如果需要，请参考 3.3 节预备知识 2 中的微分）。

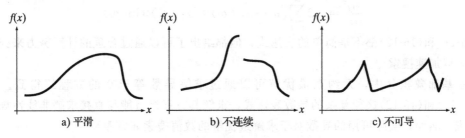

图 16-6 平滑和非平滑函数的例子

平滑和非平滑之间的区别非常有价值，因为非平滑函数的性质更加不规则，往往意味着需要难度更高的搜索。

原理 16.7 使用平滑函数的非线性规划往往比使用非平滑函数的更加容易处理。

例 16-4 平滑函数
判断下列单变量函数在各自定义域内是否平滑。

(a) $f(x) \triangleq x^3$，$x \in (-\infty, +\infty)$

(b) $f(x) \triangleq |x-1|$，$x \in (-\infty, +\infty)$

(c) $f(x) \triangleq \dfrac{1}{x}$，$x > 0$

解：我们应用定义 16.6。

(a) 该函数在定义域内处处可导，因此是平滑的。

(b) 该函数在定义域内 $x=1$ 处不可导，因此是非平滑的。

(c) 该函数在 $x=0$ 处不连续，但 $x=0$ 并不在定义域内，因此其对于 $x>0$ 平滑。

16.1.10 有用的导数

本节例子（图 16-1、图 16-3、图 16-5）中的三个目标函数都是平滑的。然而，对于任意 $\mathbf{x}$ 都存在（偏）导数，并不一定意味着搜索算法所需的导数一应俱全。

对于 USPS 应用：

$$f(x) \triangleq 0.75x + \frac{1\,089.4}{8 - 0.2\,\sqrt{400/x}}$$

有：

$$\frac{\mathrm{d}f}{\mathrm{d}x} = 0.7 - \frac{1\,089.4}{(8 - 0.2\sqrt{400/x})^2} \left(\frac{0.1}{\sqrt{400/x}}\right) \left(\frac{400}{x^2}\right) \tag{16-11}$$

对于定制计算机案例：

$$f(x_1, x_2) \triangleq \sum_{i=1}^{m} \left[q_i - x_1 (p_i)^{x_2}\right]^2$$

有：

$$\frac{\partial f}{\partial x_1} = -2\sum_{i=1}^{m} \left[q_i - x_1 (p_i)^{x_2}\right] (p_i)^{x_2} \tag{16-12}$$

$$\frac{\partial f}{\partial x_2} = -2\sum_{i=1}^{m} \left[q_i - x_1 (p_i)^{x_2}\right] x_1 (p_i)^{x_2} \ln(p_i)$$

式(16-11)和(16-12)都不是简单的表达式，但都给出了可以通过合理的计算努力来获得的导数，以加速搜索。

在基础微积分中，无约束最优解可以通过求解导数等于 0 的方程组得到。对于式(16-11)和(16-12)这种复杂的导数表达式，求解其方程组可能与直接求解非线性规划一样困难。然而，实际可用的导数对于求解最优解的数值搜索非常重要。

原理 16.8 使用平滑函数的非线性规划，如果导数方便计算，往往比不方便计算的更容易处理。因为导数可以用来开发更有效率的搜索。

对比 PERT 极大似然估计的目标函数：

$$f(x_1, x_2) \triangleq \prod_{i=1}^{m} \left[\frac{\Gamma(x_1 + x_2)}{\Gamma(x_1)\Gamma(x_2)} (p_i)^{x_1 - 1} (1 - p_i)^{x_2 - 1}\right]$$

Γ 函数本身没有解析形式，因此其导数肯定不可用，即使从理论上来说一定存在。为了计算该案例的最优解，我们需要不依靠导数的搜索方法。

例 16-5 评估导数的实用性

回到例 16-2 最小二乘的目标函数：

$$\min f(\alpha, \beta) \triangleq (3 - \alpha^1\beta^8)^2 + (2 - \alpha^4\beta^{15})^2 + (71 - \alpha^2\beta^{29})^2$$

(a) 分别求关于 α 和 β 的偏导数。

(b) 讨论偏导数对于计算最优 α 和 β 的价值。

解：

(a) 偏导为：

$$\frac{\partial f}{\partial \alpha} = 2(3 - \alpha^1\beta^8)(-\beta^8) + 2(2 - \alpha^4\beta^{15})(-4\alpha^3\beta^{15}) + 2(71 - \alpha^2\beta^{29})(-2\alpha\beta^{29})$$

$$\frac{\partial f}{\partial \beta} = 2(3 - \alpha^1\beta^8)(-8\alpha^1\beta^7) + 2(2 - \alpha^4\beta^{15})(-5\alpha^4\beta^{14}) + 2(71 - \alpha^2\beta^{29})(-29\alpha^2\beta^{28})$$

(b) 尽管(a)部分的导数表达式有些复杂，但仍可以被有效地评估。简单地设置其等于 0 并不实用，因为其形成的非线性方程组难以求解。然而，该导数可以用来加速改进搜索(原理 16.8)。

16.2　一维搜索

无约束非线性规划最简单的形式是单变量或**一维搜索**(one-dimensional search)。一维 NLP 既直接出现在类似 16.1 节的 USPS 应用中,也作为**线性搜索**(line search)子程序用来选择步长,应用在更一般算法的移动方向中。

16.2.1　单峰目标函数

图 16-7 画出了如下函数:

$$f(x) \triangleq (x-4)(x-6)^3 (x-1)^2$$

如何进行一维优化是非常有挑战性的。

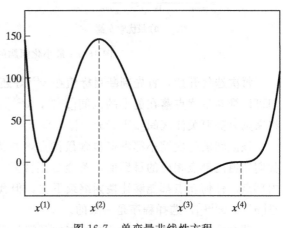

- 点 $x^{(1)}$ 和 $x^{(3)}$ 都是局部最小点,因为从任何一个 x 做微小的改变,都不会降低目标函数值(定义 3.5)。在图示的区间内,只有 $x^{(3)}$ 是整体的全局最小点(定义 3.7)。

- 点 $x^{(2)}$ 是局部最大点,因为从 $x^{(2)}$ 做微小的改变并不会提高目标函数值。在图示的区间内,作为唯一的局部最大点,同时也是全局最大点。

- 点 $x^{(4)}$ 既不是最大点也不是最小点,尽管 $f(x)$ 在该点的斜率(导数 $\mathrm{d}f/\mathrm{d}x$)等于 0。

图 16-7　单变量非线性方程

幸运的是,我们碰到的大多数应用中的一维搜索问题都具有更好的形式。

一个例子是单峰目标。

定义 16.9　若对于任意目标值更好的点 **x**,向着 **x** 的直线方向 Δ**x** 都是改进方向,那么目标函数 $f(x)$ 是单峰的。对于单峰目标函数,每一个无约束局部最优点都肯定是全局最优点。

单峰函数名称来自其"单峰"或"单模"的特点,这使得其在一维搜索中非常易于处理。例如,图 16-1 最小化 USPS 目标的函数是单峰的,因为该目标函数在 $\mathbf{x}^* \approx 15.2$ 左侧的任意点 **x** 是递减(改进)的,在右侧是递增(恶化)的。因为向 $\mathbf{x}^*$ 方向的微小移动都会改进目标,该局部最小点肯定是全局的。

一个目标函数是否单模取决于我们在最大化还是最小化。图 16-1 中 USPS 的目标函数对于最大化问题不是单峰的,因为,举例来说,向 $\mathbf{x}^{(2)} = 30$ 方向的移动不会立即改进目标函数在 $\mathbf{x}^{(1)} = 10$ 的值,虽然 $f(30) > f(10)$。

16.2.2　黄金分割搜索

尽管有时导数有帮助,但许多一维优化问题使用更简单的方法,并不要求导数。最聪明的方法之一是黄金分割搜索，该方法通过迅速缩小包含最优点的区间来处理单峰目标函数。

图 16-8 通过一个最小化问题阐释了该想法。我们迭代地考虑四个仔细选择的间隔点的目标函数值。最左边的 $x^{(\text{lo})}$ 总是最优解 x^* 的一个下界，而 $x^{(\text{hi})}$ 是一个上界，从而保证最优点一定落在区间 $[x^{(\text{lo})}, x^{(\text{hi})}]$。点 $x^{(1)}$ 和 $x^{(2)}$ 落在两者之间。

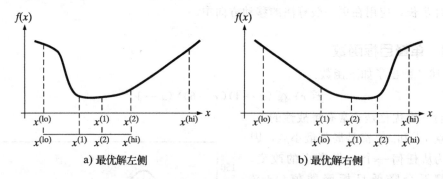

a) 最优解左侧　　　　　　　　　b) 最优解右侧

图 16-8　最小化问题的黄金分割搜索

每次迭代开始，首先判断目标值在 $x^{(1)}$ 好还是在 $x^{(2)}$ 好。如果 $x^{(1)}$ 更好（a 部分），我们可以推断最优点落在更小的区间 $[x^{(\text{lo})}, x^{(2)}]$。如果 $x^{(2)}$ 的目标值更好（b 部分），我们将来则只需要关注区间 $[x^{(1)}, x^{(\text{hi})}]$。

该区间的每次缩小都肯定包含最优点，并留给我们两个边界点和一个内部点，而且我们知道内部点相应的目标值。黄金分割搜索的效率来自于我们如何选择新的要评估的内部点。任何新点都能够让搜索继续下去，但我们希望无论下一个区间是 $[x^{(\text{lo})}, x^{(2)}]$ 还是 $[x^{(1)}, x^{(\text{hi})}]$，选择程序是一致的。

黄金分割搜索始终保持这些可能的区间长度相等。

原理 16.10　黄金分割搜索的两个中间点通过如下方式选择：
$$x^{(1)} = x^{(\text{hi})} - \alpha(x^{(\text{hi})} - x^{(\text{lo})})$$
$$x^{(2)} = x^{(\text{lo})} + \alpha(x^{(\text{hi})} - x^{(\text{lo})})$$
其中 $\alpha \approx 0.618$ 是著名的黄金比例（golden ratio）。

无论下一个区间是 $[x^{(\text{lo})}, x^{(2)}]$ 还是 $[x^{(1)}, x^{(\text{hi})}]$，它的长度都是现有长度的 α 倍。

随着算法的进行，黄金比例值：
$$\alpha = \frac{-1 + \sqrt{5}}{2} \approx 0.618 \tag{16-13}$$
出现在维持原理 16.10 所需的空间中。例如，假设选择的下一个区间是 $[x^{(\text{lo})}, x^{(2)}]$。如图 16-8a 所示，我们想要现有区间的 $x^{(1)}$ 作为下一个区间的 $x^{(2)}$。应用式(16-10)可得：
$$现有 \quad x^{(1)} = x^{(\text{hi})} - \alpha(x^{(\text{hi})} - x^{(\text{lo})})$$
以及
$$下一个 \quad x^{(2)} = x^{(\text{lo})} + \alpha(x^{(2)} - x^{(\text{lo})}) = x^{(\text{lo})} + \alpha(x^{(\text{lo})} + \alpha(x^{(\text{hi})} - x^{(\text{lo})}) - x^{(\text{lo})})$$

通过代数变换可得：

$$0 = \alpha^2 (x^{(\text{hi})} - x^{(\text{lo})}) + \alpha(x^{(\text{hi})} - x^{(\text{lo})}) - (x^{(\text{hi})} - x^{(\text{lo})})$$

$x^{(\text{hi})} \neq x^{(\text{lo})}$ 时可以进一步简化为：

$$0 = \alpha^2 + \alpha - 1$$

该二次项等式的唯一正根是 $\alpha=$式(16-13)的黄金比例。

16.2.3　USPS 应用的黄金分割解

算法 16A 总结了黄金分割搜索的思想。表 16-3 详细列出了其在最小化单峰 USPS 模型 16-2 中的应用。

▶**算法 16A：黄金分割搜索**

步骤 0：初始化。选择最优解 x^* 的下界 $x^{(\text{lo})}$ 和上界 $x^{(\text{hi})}$，选择停止精度（stopping tolerance）$\epsilon > 0$，并计算：

$$x^{(1)} \leftarrow x^{(\text{hi})} - \alpha(x^{(\text{hi})} - x^{(\text{lo})})$$
$$x^{(2)} \leftarrow x^{(\text{lo})} + \alpha(x^{(\text{hi})} - x^{(\text{lo})})$$

其中 α 是式(16-13)的黄金比例，评估目标函数 $f(x)$ 在所有四个点的值，并初始化计数 $t \leftarrow 0$。

步骤 1：停止。如果 $x^{(\text{hi})} - x^{(\text{lo})} \leqslant \epsilon$，停止并报告近似最优解：

$$x^* \leftarrow \frac{1}{2}(x^{(\text{lo})} + x^{(\text{hi})})$$

即剩余区间的中点。否则，若 $f(x^{(1)})$ 比 $f(x^{(2)})$ 好，则跳到步骤 2（对于最小化问题是更小，对于最大化问题是更大），若不是，则跳到步骤 3。

步骤 2：左侧。将搜索缩小到区间的左侧部分，更新：

$$x^{(\text{hi})} \leftarrow x^{(2)}$$
$$x^{(2)} \leftarrow x^{(1)}$$
$$x^{(1)} \leftarrow x^{(\text{hi})} - \alpha(x^{(\text{hi})} - x^{(\text{lo})})$$

并评估新点 $x^{(1)}$ 的目标值。然后前进到 $t \leftarrow t+1$，并回到步骤 1。

步骤 3：右侧。将搜索缩小到区间的右侧部分，更新：

$$x^{(\text{lo})} \leftarrow x^{(1)}$$
$$x^{(1)} \leftarrow x^{(2)}$$
$$x^{(2)} \leftarrow x^{(\text{lo})} + \alpha(x^{(\text{hi})} - x^{(\text{lo})})$$

并评估新点 $x^{(2)}$ 的目标值。然后前进到 $t \leftarrow t+1$，并回到步骤 1。

表 16-3 的计算从以下任意选定的区间开始：

$$[x^{(\text{lo})}, x^{(2)}] = [8, 32]$$

表 16-3　USPS 应用的黄金分割搜索

t	$x^{(\text{lo})}$	$x^{(1)}$	$x^{(2)}$	$x^{(\text{hi})}$	$f(x^{(\text{lo})})$	$f(x^{(1)})$	$f(x^{(2)})$	$f(x^{(\text{hi})})$	$x^{(\text{hi})} - x^{(\text{lo})}$
0	8.00	17.17	22.83	32.00	171.42	167.74	169.22	173.38	24.00
1	8.00	13.67	17.17	22.83	171.42	167.73	167.74	169.22	14.83
2	8.00	11.50	13.67	17.17	171.42	168.36	167.73	167.74	9.17
3	11.50	13.67	15.00	17.17	168.36	167.73	167.62	167.74	5.67
4	13.67	15.00	15.83	17.17	167.73	167.62	167.63	167.74	3.50

（续）

t	$x^{(lo)}$	$x^{(1)}$	$x^{(2)}$	$x^{(hi)}$	$f(x^{(lo)})$	$f(x^{(1)})$	$f(x^{(2)})$	$f(x^{(hi)})$	$x^{(hi)} - x^{(lo)}$
5	13.67	14.49	15.00	15.83	167.73	167.64	167.62	167.63	2.16
6	14.49	15.00	15.32	15.83	167.64	167.62	167.61	167.63	1.34
7	15.00	15.32	15.51	15.83	167.62	167.61	167.62	167.63	0.83
8	15.00	15.20	15.32	15.51	167.62	167.61	167.61	167.62	0.51
9	15.20	15.32	15.39	15.51	167.61	167.61	167.61	167.62	0.32

保证区间包含最优点是唯一的要求。中间点 $x^{(1)}$ 和 $x^{(2)}$ 可以根据原理 16.10 计算得到：

$$x^{(1)} \leftarrow x^{(hi)} - \alpha(x^{(hi)} - x^{(lo)}) = 32 - 0.618(32 - 8) \approx 17.17$$
$$x^{(2)} \leftarrow x^{(lo)} + \alpha(x^{(hi)} - x^{(lo)}) = 8 + 0.618(32 - 8) \approx 22.83$$

在迭代 $t=0$，目标值：

$$f(x^{(1)}) = 167.74 < f(x^{(2)}) = 169.22$$

表明最优解落在当前区间的左侧部分。由算法 16A，更新：

$$x^{(hi)} \leftarrow x^{(2)} = 22.83$$
$$x^{(2)} \leftarrow x^{(1)} = 17.17$$

并计算新的：

$$x^{(1)} \leftarrow x^{(hi)} - \alpha(x^{(hi)} - x^{(lo)}) = 22.83 - 0.618(22.83 - 8.00) \approx 13.67$$

现在该过程对于迭代 $t=1$ 重复。

持续计算，直到区间 $[x^{(lo)}, x^{(hi)}]$ 的长度足够小。在表 16-3 中，设置的停止规则如下：

$$x^{(hi)} - x^{(lo)} < \varepsilon = 0.5$$

该条件在 $t=9$ 出现。然后我们对于最优解的估计是中点：

$$x^* \leftarrow 1(x^{(lo)} + x^{(hi)}) = \frac{1}{2}(15.20 + 15.51) = 15.36$$

如果希望更大的精度，我们需要更多的迭代持续下去。

例 16-6 应用黄金分割搜索

从区间 $[0, 40]$ 开始，对如下无约束单峰非线性规划应用黄金分割搜索：

$$\max f(x) \triangleq 2x - \frac{(x-20)^4}{500}$$

画图如右所示。

直到包含最优解的区间长度不高于 10。

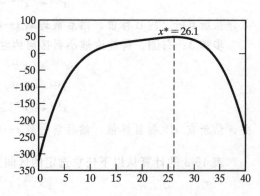

解：除了该模型是最大化，该算法与表 16-3 的过程完全一样。下表提供了细节。

t	$x^{(lo)}$	$x^{(1)}$	$x^{(2)}$	$x^{(hi)}$	$f(x^{(lo)})$	$f(x^{(1)})$	$f(x^{(2)})$	$f(x^{(hi)})$	$x^{(hi)} - x^{(lo)}$
0	0.00	15.28	24.72	40.00	-320.00	29.57	48.45	-240.00	40.00
1	15.28	24.72	30.54	40.00	29.57	48.45	36.27	-240.00	24.72
2	15.28	21.12	24.72	30.56	29.57	42.23	48.45	36.27	15.28
3	21.12	24.72	26.95	30.56	42.23	48.45	49.23	36.27	9.44

在 $t=3$ 时停止，此时 $x^{(\mathrm{hi})}-x^{(\mathrm{lo})}=9.44<\varepsilon=10$。

16.2.4 划界和 3 点模式

黄金分割搜索从求解一个单变量模型开始，其中区间 $[x^{(\mathrm{lo})}, x^{(\mathrm{hi})}]$ 包含最优解。但我们如何决定该初始区间，也就是说，在主搜索开始前我们如何对最优萁进行划界？

有些时候初始划界是给定的，因为该模型隐含决策变量的上下界。更常见的是，一个边界是已知的，而另一个则必须判断。比如，在线性搜索中，步长 λ 是给定移动方向后的单变量，λ 必须是正的。因此，我们从 $x^{(\mathrm{lo})}=0$ 开始。

为了定位相应的 $x^{(\mathrm{hi})}$，以对一个单峰目标函数的最优解划界，需要搜索一个 **3 点模式**（3-point pattern）。

定义 16.11 在一维优化中，3 点模式是 3 个决策变量值 $x^{(\mathrm{lo})}<x^{(\mathrm{mid})}<x^{(\mathrm{hi})}$ 的组合，其中 $x^{(\mathrm{mid})}$ 的目标值比其他两个更好（对于最大化是更大，对于最小化是更小）。

图 16-9 展示了 USPS 模型（16-2）。点
$$x^{(\mathrm{lo})}=8, \quad x^{(\mathrm{mid})}=16, \quad x^{(\mathrm{hi})}=32$$

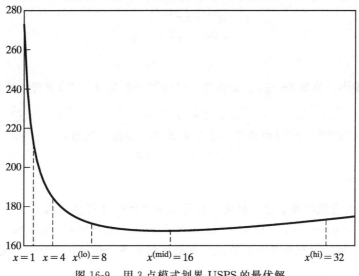

图 16-9 用 3 点模式划界 USPS 的最优解

环绕最小点的 3 点模式中：
$$f(x^{(\mathrm{lo})})=f(8)\approx 171.42>f(x^{(\mathrm{mid})})=f(16)\approx 167.63$$
$$f(x^{(\mathrm{hi})})=f(32)\approx 173.38>f(x^{(\mathrm{mid})})=f(16)\approx 167.63$$

如果目标函数是单峰的，3 点模式提供了我们寻找的划界。中点值 $f(x^{(\mathrm{mid})})$ 比 $f(x^{(\mathrm{lo})})$ 更好，意味着该函数在 $x^{(\mathrm{lo})}$ 的右侧得到改进。同理，$f(x^{(\mathrm{mid})})$ 比 $f(x^{(\mathrm{hi})})$ 更好，意味着该函数在 $x^{(\mathrm{hi})}$ 的左侧得到改进。一个最优点肯定落在两者之间。

原理 16.12 如果 $\{x^{(\mathrm{lo})}, x^{(\mathrm{mid})}, x^{(\mathrm{hi})}\}$ 是单峰目标函数 $f(x)$ 的一个三点模式，则区

间 $[x^{(\mathrm{lo})},\ x^{(\mathrm{hi})}]$ 中存在一个最优解 x^*。

16.2.5　寻找 3 点模式

当给定初始下界 $x^{(\mathrm{lo})}$ 时，算法 16B 详细列出了快速寻找一个 3 点模式的最常见机制。x 的值通过指数变化的步长 δ 进行修正，直到最后 3 个点形成 3 点模式。

▶ **算法 16B：3 点模式**

步骤 0：初始化。选择最优解 x^* 的下界 $x^{(\mathrm{lo})}$，以及初始步长 $\delta > 0$。

步骤 1：右侧还是左侧。如果 $f(x^{(\mathrm{lo})}+\delta)$ 比 $f(x^{(\mathrm{lo})})$ 更好（最小化问题更小，最大化问题更大），设置：

$$x^{(\mathrm{mid})} \leftarrow x^{(\mathrm{lo})}+\delta$$

然后转到步骤 2 以搜索右侧。否则，一个最优点落在左侧，设置：

$$x^{(\mathrm{hi})} \leftarrow x^{(\mathrm{lo})}+\delta$$

然后转到步骤 3。

步骤 2：扩展。提高 $\delta \leftarrow 2\delta$。如果现在 $f(x^{(\mathrm{mid})})$ 比 $f(x^{(\mathrm{mid})}+\delta)$ 更好，设置

$$x^{(\mathrm{hi})} \leftarrow x^{(\mathrm{lo})}+\delta$$

并停止；$\{x^{(\mathrm{lo})},\ x^{(\mathrm{mid})},\ x^{(\mathrm{hi})}\}$ 构成了一个 3 点模式。否则，更新：

$$x^{(\mathrm{lo})} \leftarrow x^{(\mathrm{mid})}$$
$$x^{(\mathrm{mid})} \leftarrow x^{(\mathrm{mid})}+\delta$$

然后重复步骤 2。

步骤 3：缩小。降低 $\delta \leftarrow \frac{1}{2}\delta$。如果现在 $f(x^{(\mathrm{lo})}+\delta)$ 比 $f(x^{(\mathrm{lo})})$ 更好，设置

$$x^{(\mathrm{hi})} \leftarrow x^{(\mathrm{lo})}+\delta$$

并停止；$\{x^{(\mathrm{lo})},\ x^{(\mathrm{mid})},\ x^{(\mathrm{hi})}\}$ 构成了一个 3 点模式。否则，更新：

$$x^{(\mathrm{hi})} \leftarrow x^{(\mathrm{lo})}+\delta$$

然后重复步骤 3。

图 16-9 中的数值体现了这一想法。计算从 $x^{(\mathrm{lo})}=\delta=1$ 开始。因为：

$$f(x^{(\mathrm{lo})}+\delta) = f(1+1) = f(2) \approx 212.16 < f(x^{(\mathrm{lo})}) = f(1) \approx 273.11$$

我们必须向右扩展以寻找一个 3 点模式来对最优解划界。设置 $x^{(\mathrm{mid})}=2$，我们加倍 δ 并考虑

$$x^{(\mathrm{mid})}+\delta = 2+2 = 4$$

目标函数再一次得到改进，因此：

$$x^{(\mathrm{lo})} \leftarrow x^{(\mathrm{mid})} = 2$$
$$x^{(\mathrm{mid})} \leftarrow x^{(\mathrm{mid})}+\delta = 4$$

然后过程继续。

最终，我们有 $x^{(\mathrm{lo})}=8$，$x^{(\mathrm{mid})}=16$，以及 $\delta=16$。然后：

$$f(x^{(\mathrm{mid})}) = f(16) \approx 167.73 < f(x^{(\mathrm{mid})}+\delta) = f(32) \approx 173.63$$

算法在得到如下 3 点模式后停止：

$$x^{(\mathrm{hi})} = x^{(\mathrm{mid})}+\delta = 32$$

例 16-7　寻找 3 点模式

回到例 16-6 的模型：

$$\max f(x) \triangleq 2x - \frac{(x-20)^4}{500}$$

应用算法 16B 来计算一个 3 点模式，初始值为 $x^{(\text{lo})}=0$，以及(a)$\delta=10$，(b)$\delta=50$。

解：

(a)初始化 $f(x^{(\text{lo})})=f(0)=-320$，$f(x^{(\text{lo})}+\delta)=f(10)=0$ 改进了目标值。然后 $x^{(\text{mid})}\leftarrow10$。加倍 δ 并尝试 $f(x^{(\text{mid})}+\delta)=f(30)=40$ 进一步得到改进。然后设置 $x^{(\text{lo})}\leftarrow x^{(\text{mid})}=10$，$x^{(\text{mid})}\leftarrow30$。再次加倍 δ 并得到 $f(x^{(\text{mid})}+\delta)=f(30+40)=-12\,360$。然后停止，得到 $x^{(\text{hi})}\leftarrow70$。

(b)初始化 $f(x^{(\text{lo})})=f(0)=-320$，$f(x^{(\text{lo})}+\delta)=f(50)=-1\,520$ 变得更差。设置 $x^{(\text{hi})}\leftarrow0$。如果我们的目的仅仅是对最优解划界，可以就此停止。然而为了完成一个 3 点划界，我们必须缩小 δ。减半得到 $\delta=25$，得到 $f(x^{(\text{lo})}+\delta)=f(25)=48.75$，改进了 $f(x^{(\text{lo})})$。选择 $x^{(\text{mid})}\leftarrow25$ 则完成了 3 点模式。

16.2.6　二次拟合搜索

黄金分割搜索算法 16A 是可靠的，但它很慢，尤其是对于较高的精度要求，黄金分割搜索以稳定的速率缩小包含最优解的空间，可能要花费非常多的计算才能得到最优解。二次拟合搜索充分利用了当前 3 点模式，很大程度上提高了计算速度。

给定一个 3 点模式，我们可以通过相应的函数值来做二次方程拟合，该二次方程有唯一的最大点或最小点，$q^{(\text{qu})}$，无论对于给定目标 $f(x)$ 要搜索的是什么。二次拟合通过使用该近似最优点 $x^{(\text{qu})}$ 来替代三点模式中的某一点来改善当前三点模式。

图 16-10 图示了 USPS 模型(16-2)，其中初始化的 3 点模式是：

$$x^{(\text{lo})}=8,\quad x^{(\text{mid})}=20,\quad x^{(\text{hi})}=32$$

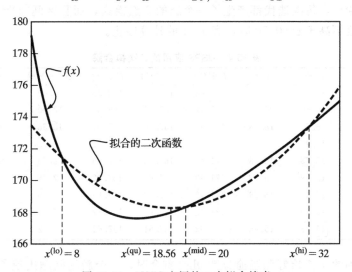

图 16-10　USPS 应用的二次拟合搜索

主曲线画出了实际的目标函数 $f(x)$。第二条虚线表示通过 3 点模式进行的唯一二次方程拟合。

该二次近似有如下最小点：
$$x^{(\text{qu})} \approx 18.56 \quad f(x^{(\text{qu})}) \approx 167.98 \tag{16-14}$$

结合当前 $x^{(\text{lo})}$ 和 $x^{(\text{hi})}$，形成了一个新的 3 点模式：
$$x^{(\text{lo})} = 8, \quad x^{(\text{mid})} = 18.56, \quad x^{(\text{hi})} = 20$$

其有着更小的区间 $[8,20]$。以这种方式重复进行，在不断变窄的区间内隔离出了 $f(x)$ 的最优点。

得到 $x^{(\text{qu})}$ 的计算仅需要一些烦琐的代数运算。

原理 16.13 在 3 点模式 $\{x^{(\text{lo})}, x^{(\text{mid})}, x^{(\text{hi})}\}$ 中拟合 $f(x)$ 的二次方程，其唯一的最优点出现在：
$$x^{(\text{qu})} \triangleq \frac{1}{2} \frac{f^{(\text{lo})}\left[s^{(\text{mid})} - s^{(\text{hi})}\right] + f^{(\text{mid})}\left[s^{(\text{hi})} - s^{(\text{lo})}\right] + f^{(\text{hi})}\left[s^{(\text{lo})} - s^{(\text{mid})}\right]}{f^{(\text{lo})}\left[x^{(\text{mid})} - x^{(\text{hi})}\right] + f^{(\text{mid})}\left[x^{(\text{hi})} - x^{(\text{lo})}\right] + f^{(\text{hi})}\left[x^{(\text{lo})} - x^{(\text{mid})}\right]}$$

其中，
$$f^{(\text{lo})} \triangleq f(x^{(\text{lo})}), \quad f^{(\text{mid})} \triangleq f(x^{(\text{mid})}), \quad f^{(\text{hi})} \triangleq f(x^{(\text{hi})}),$$
$$s^{(\text{lo})} \triangleq (x^{(\text{lo})})^2, \quad s^{(\text{mid})} \triangleq (x^{(\text{mid})})^2, \quad s^{(\text{hi})} \triangleq (x^{(\text{hi})})^2$$

例如，表达式 (16-14) 的近似最小点是：
$$x^{(\text{qu})} = \frac{1}{2} \times \frac{171.42[(20)^2 - (32)^2] + 168.32[(32)^2 - (8)^2] + 173.38[(8)^2 - (20)^2]}{171.42[20 - 32] + 168.32[32 - 8] + 173.38[8 - 20]}$$
$$\approx 18.56$$

16.2.7 USPS 应用的二次拟合解

算法 16C 详细列出了一维搜索的二次拟合程序，表 16-4 记录了 USPS 应用的求解过程。读者可以验证，每次迭代都产生了一个新的 3 点模式，而且区间 $[x^{(\text{lo})}, x^{(\text{hi})}]$ 不断缩小。当区间长度不高于 $\varepsilon = 0.50$ 时，表 16-4 的计算停止。

表 16-4　USPS 应用的二次拟合解

t	$x^{(\text{lo})}$	$x^{(\text{mid})}$	$x^{(\text{hi})}$	$f(x^{(\text{lo})})$	$f(x^{(\text{mid})})$	$f(x^{(\text{hi})})$	$x^{(\text{hi})} - x^{(\text{lo})}$	$x^{(\text{qu})}$	$f(x^{(\text{qu})})$
0	8.00	20.00	32.00	171.42	168.32	173.38	24.00	18.56	167.98
1	8.00	18.56	20.00	171.42	167.98	168.32	12.00	16.75	167.70
2	8.00	16.75	18.56	171.42	167.70	167.98	10.56	16.23	167.65
3	8.00	16.23	16.75	171.42	167.65	167.70	8.75	15.78	167.62
4	8.00	15.78	16.23	171.42	167.62	167.65	8.23	15.59	167.62
5	8.00	15.59	15.78	171.42	167.62	167.62	7.78	15.45	167.62
6	8.00	15.45	15.59	171.42	167.62	167.62	7.59	15.38	167.61
7	8.00	15.38	15.45	171.42	167.61	167.62	7.45	*15.13	167.62
8	15.13	15.38	15.45	167.62	167.61	167.62	0.32	—	—

当计算得到的 $x^{(\text{qu})}$ 恰好和当前 $x^{(\text{mid})}$ 几乎重合时，一个新的问题出现了。如果不做任何事情，算法将永远循环下去。算法 16C 的步骤 3 通过对 $x^{(\text{qu})}$ 向远端扰动 $\varepsilon/2$ 来解决这一难题。

在表 16-4 的 $t=7$ 中，以这种方式改变的值通过星号（∗）进行了标记。由式（16-13）得到 $x^{(qu)}=15.34$，与 $x^{(mid)}=15.38$ 过于接近。由于 $x^{(lo)}=8.00$ 与该点的距离比 $x^{(hi)}=15.45$ 更远，步骤 3 通过如下方式对计算值进行了扰动：

$$x^{(qu)} = x^{(mid)} - \frac{\epsilon}{2} = 1.38 - 0.25 = 15.13$$

▶ **算法 16C：二次拟合搜索**

　　步骤 0：初始化。 选择开始的 3 点模式 $\{x^{(lo)}, x^{(mid)}, x^{(hi)}\}$ 以及停止精度 $\epsilon>0$，并初始化迭代次数 $t \leftarrow 0$。

　　步骤 1：停止。 若 $(x^{(hi)} - x^{(lo)}) \leqslant \epsilon$，停止并报告近似最优解 $x^{(mid)}$。

　　步骤 2：二次拟合。 根据式（16-13）计算二次拟合最优点 $x^{(qu)}$。如果 $x^{(qu)} \approx x^{(mid)}$，转到步骤 3；如果 $x^{(qu)} < x^{(mid)}$，转到步骤 4；如果 $x^{(qu)} > x^{(mid)}$，转到步骤 5。

　　步骤 3：重合。 新的 $x^{(qu)}$ 实质上与当前 $x^{(mid)}$ 重合。如果 $x^{(mid)}$ 距离 $x^{(lo)}$ 比 $x^{(hi)}$ 更远，向左侧扰动：

$$x^{(qu)} \leftarrow x^{(mid)} - \frac{\epsilon}{2}$$

然后前进到步骤 4。否则，向右侧调整：

$$x^{(qu)} \leftarrow x^{(mid)} + \frac{\epsilon}{2}$$

并前进到步骤 5。

　　步骤 4：左侧。 如果 $f(x^{(mid)})$ 比 $f(x^{(qu)})$ 更好（最小化是更小，最大化是更大），然后更新：

$$x^{(lo)} \leftarrow x^{(qu)}$$

否则，替代：

$$x^{(lo)} \leftarrow x^{(mid)}$$
$$x^{(mid)} \leftarrow x^{(qu)}$$

然后前进到 $t \leftarrow t+1$，并回到步骤 1。

　　步骤 5：右侧。 如果 $f(x^{(mid)})$ 比 $f(x^{(qu)})$ 更好（最小化是更小，最大化是更大），然后更新：

$$x^{(hi)} \leftarrow x^{(qu)}$$

否则，替代：

$$x^{(lo)} \leftarrow x^{(mid)}$$
$$x^{(mid)} \leftarrow x^{(qu)}$$

然后前进到 $t \leftarrow t+1$，并回到步骤 1。

例 16-8　应用二次拟合搜索

回到例 16-6 的无约束非线性规划：

$$\max f(x) \triangleq 2x - \frac{(x-20)^4}{500}$$

根据初始 3 点模式，$x^{(lo)}=0$，$x^{(mid)}=32$，$x^{(hi)}=40$，应用二次拟合算法 16C 来确定

最优解，其区间$[x^{(lo)}, x^{(hi)}]$的长度不超过 10。

解：与表 16-4 的计算一致，除了该模型是最大化。下表包含了计算细节：

t	$x^{(lo)}$	$x^{(mid)}$	$x^{(hi)}$	$f(x^{(lo)})$	$f(x^{(mid)})$	$f(x^{(hi)})$	$x^{(hi)} - x^{(lo)}$	$x^{(qu)}$	$f(x^{(qu)})$
0	0.00	32.00	40.00	−320.00	22.53	−240.00	40.00	20.92	41.84
1	0.00	20.92	32.00	−320.00	41.84	22.53	32.00	25.00	48.75
2	20.92	25.00	32.00	41.84	48.75	22.53	11.80	* 30.00	40.03
3	20.92	25.00	30.00	41.84	48.75	40.03	9.08	—	—

16.3 导数、泰勒级数和多维的局部最优解条件

无约束非线性优化肯定可以不通过导数求解。然而，在可以得到导数的地方，导数可以告诉我们很多关于模型的事情，并极大地加快搜索算法进度（原理 16.8）。本节将介绍最重要的一些观点。

16.3.1 改进搜索范式

在 3.1 节和 3.2 节我们介绍了改进搜索（算法 3A，3.2 节）的原理，这是几乎所有非线性算法的基础。我们从一个满足所有模型约束的（向量）解 $\mathbf{x}^{(0)}$ 开始。在本章的无约束内容中，任意 $\mathbf{x}^{(0)}$ 都可以。第 t 个迭代将当前解 $\mathbf{x}^{(t)}$ 改进为：

$$\mathbf{x}^{(t+1)} \leftarrow \mathbf{x}^{(t)} + \lambda \Delta\mathbf{x}$$

其中 $\Delta\mathbf{x}$ 是移动方向，而 λ 是正的步长。每个 $\Delta\mathbf{x}$ 都应该是一个改进方向；也就是说，它应该立即提高目标函数值（定义 3.13）。如果存在约束，则应该保持可行性。该方法持续进行，直到达到这样一个点，没有任何方向可以立即提高目标函数值。此时停止（原理 3.17），往往可以得到局部最优解——一个目标值与周围点一样好的点（定义 3.5）[图 3.8a 给出了一个不是局部最优解的例外，尽管其没有提高方向]。

图 16-11 展示了最小化定制计算机模型(16-7)。在初始点 $\mathbf{x}^{(0)} = (32, -0.4)$，该搜索采用了步长 $\lambda = \dfrac{1}{2}$，方向 $\Delta\mathbf{x} = (2, -0.2)$，得到：

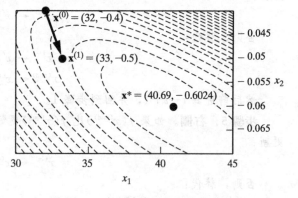

图 16-11 定制计算机应用的改进搜索

$$\mathbf{x}^{(1)} = \begin{bmatrix} 32 \\ -0.4 \end{bmatrix} + \frac{1}{2}\begin{bmatrix} 2 \\ -0.2 \end{bmatrix} = \begin{bmatrix} 33 \\ -0.5 \end{bmatrix}$$

图中的虚线，画出了图 16-3 所示目标函数的轮廓，表明该移动改进了目标值。哪怕是微小的移动，从 $\mathbf{x}^{(0)}$ 沿着 $\Delta\mathbf{x}$ 方向前进，都将搜索带到了目标函数更低的轮廓。

16.3.2 局部信息和邻域

图 16-11 的搜索下一步应该选择什么移动方向呢？最优的选择应该使得：

$$\Delta \mathbf{x} = \mathbf{x}^* - \mathbf{x}^{(1)} = \begin{bmatrix} 40.69 \\ -0.602\,4 \end{bmatrix} - \begin{bmatrix} 33 \\ -0.5 \end{bmatrix} = \begin{bmatrix} 7.69 \\ -0.102\,4 \end{bmatrix}$$

由其可直接得到最优解。

不幸的是，正在进行的搜索没有如图 16-11 所示的全局视点。下一个移动方向必须根据仅有的信息得到，包括已经访问过的点[这里是 $\mathbf{x}^{(0)}$ 和 $\mathbf{x}^{(1)}$]和目标函数在当前 $\mathbf{x}^{(1)}$ 直接邻域(定义 3.4)的局部形状。

16.3.3　一阶导数和梯度

从基础微积分我们知道(见 3.3 节和预备知识 2)，一阶导数或梯度给出了目标函数在当前解 $\mathbf{x}^{(1)}$ 附近的变化信息。

原理 16.14　单变量目标函数 $f(x)$ 的一阶导数 $f'(x)$，或 n 维变量函数一阶偏导 $\partial f / \partial x_1$，$\cdots$，$\partial f / \partial x_n$ 构成的梯度向量 $\nabla f(\mathbf{x})$，描述了函数 f 在当前决策变量值做微小变动时的斜率或变化速率。

例如，在最小化问题的图 16-11 中，点 $\mathbf{x}^{(1)} = (33，-0.5)$，我们应用表达式(16-12)的偏导数来计算：

$$\frac{\partial f}{\partial x_1} \approx -23.07，\quad \frac{\partial f}{\partial x_2} \approx -174.23，\quad \text{因此} \nabla f(\mathbf{x}^{(1)}) \approx (-23.07，-174.23)$$

那么，从 $x_1 = 33$ 或 $x_2 = -0.5$ 做微小的增加都会降低 $f(x_1，x_2)$，但增加 x_2 的变化速率更快。

16.3.4　二阶导数和海森矩阵

当一个目标函数二阶可导时——这也是应用中平滑目标函数最常见的典型情形，二阶导数可以告诉我们更多关于目标函数在当前解 $\mathbf{x}^{(t)}$ 邻域内形状的信息。预备知识 7 回顾了一些基础内容。

单变量目标 f 的二阶导是一个标量函数 $f''(x)$。对于 n 变量目标，存在一个完整的海森矩阵，其中第 i 行第 j 列由二阶偏导 $\partial^2 f / \partial x_i \partial x_j$ 构成。例如，定制计算机目标[模型(16-7)]：

$$f(x_1，x_2) \triangleq \sum_{i=1}^{m} (q_i - x_1 p_i^{x_2})^2$$

有一阶偏导[表达式(16-12)]：

$$\frac{\partial f}{\partial x_1} = -2 \sum_{i=1}^{m} (q_i - x_1 p_i^{x_2}) p_i^{x_2}$$

$$\frac{\partial f}{\partial x_2} = -2 \sum_{i=1}^{m} (q_i - x_1 p_i^{x_2})(x_1 p_i^{x_2}) \ln(p_i)$$

那么二阶偏导为：

$$\frac{\partial^2 f}{\partial x_1^2} = 2 \sum_{i=1}^{m} p_i^{2x_2}$$

$$\frac{\partial^2 f}{\partial x_1 \partial x_2} = \frac{\partial^2 f}{\partial x_2 \partial x_1}$$

$$=-2\sum_{i=1}^{m}\left[(q_i-x_1p_i^{x_2})(p_i^{x_2})\ln(p_i)-(p_i^{x_2})(x_1p_i^{x_2})\ln(p_i)\right]$$

$$\frac{\partial^2 f}{\partial x_2^2}=-2\sum_{i=1}^{m}\ln^2(p_i)\left[(q_i-x_1p_i^{x_2})(x_1p_i^{x_2})-(x_1p_i^{x_2})^2\right] \tag{16-15}$$

在图 16-11 中的点 $\mathbf{x}^{(1)}=(33,-0.5)$，由表 16-1 中的常数 p_i 和 q_i 可得到海森矩阵：

$$\nabla^2 f(33,-0.5)\triangleq\begin{bmatrix}\dfrac{\partial^2 f}{\partial x_1^2} & \dfrac{\partial^2}{\partial x_1\partial x_2}\\[2mm]\dfrac{\partial^2 f}{\partial x^2\partial x_1} & \dfrac{\partial^2 f}{\partial x_2^2}\end{bmatrix}\approx\begin{bmatrix}5.77 & 179.65\\179.65 & 11\,003.12\end{bmatrix}$$

▶ **预备知识 7：二阶导数和海森矩阵**

预备知识 2（3.3 节）提供了一阶导 df/dx[或 $f'(x)$]和一阶偏导 $\partial f/\partial x_j$ 的简要总结，其测量了函数 f 在其自变量增加时的变化速率。n 维变量函数 $f(\mathbf{x})$ 的偏导数向量是它的梯度 $\nabla f(\mathbf{x})$。

函数 f 的一阶导数或偏导数是其自变量的函数。如果该导数函数同样可导，那么 f 被称为二阶可导，我们可以求得其二阶导数。二阶导数描述了斜率的变化速率（即 f 的曲率）。

单变量函数 $f(x)$ 的二阶导数通常被记为 $d^2 f/dx^2$ 或 $f''(x)$。例如，$f(x)\triangleq 3x^4$ 有一阶导 $f'(x)=12x^3$ 和二阶导 $f''(x)=36x^2$。在点 $x=2$，$df/dx=12(2)^2=96$，而 $d^2 f/dx^2=36(2)^2=144$。

n 维二阶可导函数 $f(x)\triangleq f(x_1,\cdots,x_n)$ 对于任意变量 x_i 和 x_j 的组合有二阶偏导。当 $i\neq j$ 时该二阶偏导通常被记为 $\partial^2 f/\partial x_i\partial x_j$，当 $i\neq j$ 时记为 $\partial^2 f/\partial x_i^2$。变量列出的顺序表示其求导的顺序，即：

$$\frac{\partial^2 f}{\partial x_i\partial x_j}\triangleq\frac{\partial}{\partial x_j}\left(\frac{\partial f}{\partial x_i}\right)$$

为了阐明这一点，考虑 $f(x_1,x_2)\triangleq 5x_1(x_2)^3$。一阶偏导为 $\partial f/\partial x_1=5(x_2)^3$ 和 $\partial f/\partial x_2=15x_1(x_2)^2$。因此，

$$\frac{\partial^2 f}{\partial x_1^2}=0,\quad \frac{\partial^2 f}{\partial x_1\partial x_2}=15(x_2)^2,\quad \frac{\partial^2 f}{\partial x_2\partial x_1}=15(x_2)^2,\quad \frac{\partial^2 f}{\partial x_2^2}=30x_1x_2$$

注意到该例子中 $\dfrac{\partial^2 f}{\partial x_1\partial x_2}=\dfrac{\partial^2 f}{\partial x_2\partial x_1}$。当 f 及其所有一节偏导是连续函数时，这总是成立的。

$$\frac{\partial^2 f}{\partial x_i\partial x_j}=\frac{\partial^2 f}{\partial x_j\partial x_i}$$

将二阶偏导表述为海森矩阵往往更加方便，记为 $\nabla^2 f(\mathbf{x})$，定义如下：

$$\nabla^2 f(x_1,\cdots,x_n)\triangleq\begin{bmatrix}\dfrac{\partial^2 f}{\partial x_1^2} & \cdots & \dfrac{\partial^2 f}{\partial x_1\partial x_n}\\[2mm]\vdots & \ddots & \vdots\\[2mm]\dfrac{\partial^2 f}{\partial x_n\partial x_1} & \cdots & \dfrac{\partial^2 f}{\partial x_n^2}\end{bmatrix}$$

比如，在点 $x_1=-3$，$x_2=2$，上面的函数 $f(x_1,x_2)$ 有如下海森矩阵：

$$\nabla^2 f(-3,2) = \begin{bmatrix} 0 & 15\,(2)^2 \\ 15\,(2)^2 & 30(-3)(2) \end{bmatrix} = \begin{bmatrix} 0 & 60 \\ 60 & -180 \end{bmatrix}$$

二阶导数为搜索算法带来的是目标函数 f 在当前解 $\mathbf{x}^{(t)}$ 附近的曲率信息。

原理 16.15　单变量目标函数 $f(x)$ 的二阶导数 $f''(x)$ 或 n 维变量函数 $f(x)$ 二阶导数构成的海森矩阵 $\nabla^2 f(x)$，描述了 f 在当前决策变量值邻域的曲率或者说斜率的变化。

举例来说，$\dfrac{\partial^2 f}{\partial x_2^2} = 11\,003.12$ 确认了我们在图 16-11 中所看到的——在点 $\mathbf{x}^{(1)}$ 附近 x_2 的微小改变将极大地影响 f 的斜率。小很多的 $\dfrac{\partial^2 f}{\partial x_1^2} = 5.77$ 表明该函数在 x_1 的方向上更加平坦。

16.3.5　单变量的泰勒级数近似

对于目标函数的导数能告诉我们什么，经典的泰勒级数能给出一个更精确的描述。对于一维函数 $f(x)$，泰勒近似表示从当前 $x^{(t)}$ 变动 λ 时的影响如下：

$$f(x^{(t)} + \lambda) \approx f(x^{(t)}) + \frac{\lambda}{1!} f'(x^{(t)}) + \frac{\lambda^2}{2!} f''(x^{(t)}) + \frac{\lambda^3}{3!} f'''(x^{(t)}) + \cdots \qquad (16\text{-}16)$$

其中 $f'(x)$ 是 f 的一阶导数，$f''(x)$ 是二阶导数，以此类推。

为了说明，考虑：

$$f(x) \triangleq e^{3x-6} \qquad (16\text{-}17)$$

其中 $f'(x) = 3e^{3x-6}$，$f''(x) = 9e^{3x-6}$，$f'''(x) = 27e^{3x-6}$。在 $x^{(t)} = 2$ 附近，导数近似了变动 λ 带来的影响：

$$f(2 + \lambda) \approx f(2) + \frac{\lambda}{1!} f'(2) + \frac{\lambda^2}{2!} f''(2) + \frac{\lambda^3}{3!} f'''(2) + \cdots$$

$$= 1 + 3\lambda + \frac{9}{2}\lambda^2 + \frac{27}{6}\lambda^3$$

注意到随着 $|\lambda| \to 0$，高阶 λ 以更快的速率趋近于 0。这是为什么我们仅仅通过表达式(16-16)最开始的几项来近似一个方程，此时我们的关注点集中在当前 $x^{(t)}$ 的直接邻域。结果对于单变量函数的一阶或线性，和二阶或二次近似。

定义 16.16　单变量方程 $f(x)$ 在 $x = x^{(t)}$ 附近的一阶或线性和二阶或二次泰勒级数近似，分别为：

$$f_1(x^{(t)} + \lambda) \triangleq f(x^{(t)}) + \lambda f'(x^{(t)})$$

和

$$f_2(x^{(t)} + \lambda) \triangleq f(x^{(t)}) + \lambda f'(x^{(t)}) + \frac{1}{2}\lambda^2 f''(x^{(t)})$$

其中 λ 是变动的幅度，f' 是 f 的一阶导数，f'' 是二阶导数。

图 16-12 展示出了表达式(16-17)中的 $f(x) = e^{3x-6}$。a 部分画出了 $f(x)$ 以及当前 $x^{(t)} = 2$

的一阶近似。

$$f_1(2+\lambda) \triangleq f(2) + \lambda f'(2) = 1 + 3\lambda$$

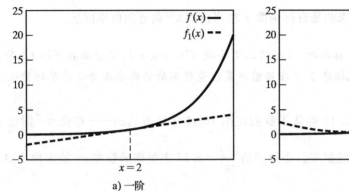

a) 一阶　　　　　　　　　　b) 二阶

图 16-12　一阶和二阶泰勒级数近似

而 b 部分则表示了 $f(x)$ 的二阶近似:

$$f_2(2+\lambda) \triangleq f(2) + \lambda f'(2) + \frac{1}{2}\lambda^2 f''(2) = 1 + 3\lambda + \frac{9}{2}\lambda^2$$

不难发现,一阶近似是变动 λ 的线性函数。其假设点 $x^{(t)}=2$ 的斜率保持不变。两种近似在接近 $\lambda=0$ 时都足够精确,并随着 λ 变大偏离。然而,b 部分中的二阶近似在一定程度上更接近实际的 f,因为它包含了二阶导数 $f''(x^{(t)})$ 所蕴含的曲率信息。

16.3.6　多维变量的泰勒级数近似

通过使用一阶和二阶偏导,我们可以将泰勒级数近似扩展到多于一个变量的函数。

定义 16.17　n 维变量函数 $f(\mathbf{x}) \triangleq f(x_1, \cdots, x_n)$ 在点 $\mathbf{x}^{(t)}$ 的一阶或线性和二阶或二次泰勒级数近似,分别为:

$$f_1(\mathbf{x}^{(t)} + \lambda \Delta \mathbf{x}) \triangleq f(\mathbf{x}^{(t)}) + \lambda \nabla f(\mathbf{x}^{(t)}) \cdot \Delta \mathbf{x}$$

$$\triangleq f(\mathbf{x}^{(t)}) + \lambda \sum_{j=1}^{n} \left(\frac{\partial f}{\partial x_j}\right) \Delta x_j$$

和

$$f_2(\mathbf{x}^{(t)} + \lambda \Delta \mathbf{x}) \triangleq f(\mathbf{x}^{(t)}) + \lambda \nabla f(\mathbf{x}^{(t)}) \cdot \Delta x + \frac{\lambda^2}{2} \Delta \mathbf{x} \nabla^2 f(\mathbf{x}^{(t)}) \Delta \mathbf{x}$$

$$\triangleq f(\mathbf{x}^{(t)}) + \lambda \sum_{j=1}^{n} \left(\frac{\partial f}{\partial x_j}\right) \Delta x_j + \frac{\lambda^2}{2} \sum_{i=1}^{n} \sum_{j=1}^{n} \left(\frac{\partial^2 f}{\partial x_i \partial x_j}\right) \Delta x_i \Delta x_j$$

其中 $\Delta \mathbf{x} \triangleq (\Delta x_1, \cdots, \Delta x_n)$ 是变动方向,λ 是应用的步长,$\nabla f(\mathbf{x}^{(t)})$ 是 f 在点 $\mathbf{x}^{(t)}$ 的梯度,而 $\nabla^2 f(\mathbf{x}^{(t)})$ 是相应的海森矩阵。

与式(16-16)的一维级数相比,在 n 维变量函数的完整泰勒级数展开中存在高阶余项,但余项随着 $|\lambda| \rightarrow 0$ 而变得不再重要。

为了说明定义 16.17,在点 $\mathbf{x}^{(t)} = (-3, 1)$ 考虑:

$$f(x_1,x_2) \triangleq x_1 \ln(x_2) + 2$$

有 $f(-3,1)=2$，以及梯度：

$$\nabla f(-3,1) \triangleq \begin{bmatrix} \dfrac{\partial f}{\partial x_1} \\ \dfrac{\partial f}{\partial x_2} \end{bmatrix} = \begin{bmatrix} \ln(x_2) \\ \dfrac{x_1}{x_2} \end{bmatrix} = \begin{bmatrix} 0 \\ -3 \end{bmatrix}$$

因此，$f(x_1, x_2)$ 在点 $\mathbf{x}^{(t)} = (-3, 1)$ 附近，$\Delta x \triangleq (\Delta x_1, \Delta x_2)$ 方向的一阶近似为：

$$\begin{aligned} f_1(\mathbf{x}^{(t)} + \lambda \Delta \mathbf{x}) &= f(\mathbf{x}^{(t)}) + \lambda \Delta f(\mathbf{x}^{(t)}) \cdot \Delta \mathbf{x} \\ &= 2 + \lambda(0, -3) \cdot (\Delta x_1, \Delta x_2) \\ &= 2 - 3\lambda \Delta x_2 \end{aligned}$$

为了通过二阶项改进近似，我们计算海森矩阵：

$$\nabla^2 f(-3,1) = \begin{bmatrix} 0 & \dfrac{1}{x_2} \\ \dfrac{1}{x_2} & \dfrac{-x_1}{(x_2)^2} \end{bmatrix} = \begin{bmatrix} 0 & 1 \\ 1 & 3 \end{bmatrix}$$

然后：

$$\begin{aligned} f_2(\mathbf{x}^{(t)} + \lambda \Delta \mathbf{x}) &\triangleq f(\mathbf{x}^{(t)}) + \lambda \nabla f(\mathbf{x}^{(t)}) \cdot \Delta \mathbf{x} + \frac{\lambda^2}{2} \Delta \mathbf{x} \nabla^2 f(\mathbf{x}^{(t)}) \Delta \mathbf{x} \\ &= 2 + \lambda(0, -3)\begin{bmatrix} \Delta x_1 \\ \Delta x_2 \end{bmatrix} + \frac{\lambda^2}{\lambda}(\Delta x_1, \Delta x_2)\begin{bmatrix} 0 & 1 \\ 1 & 3 \end{bmatrix}\begin{bmatrix} \Delta x_1 \\ \Delta x_2 \end{bmatrix} \\ &= 2 - 3\lambda \Delta x_2 + \lambda^2 \Delta x_1 \Delta x_2 + \frac{3}{2}\lambda^2 (\Delta x_2)^2 \end{aligned}$$

16.3.7 驻点和局部最优

一阶和二阶导数告诉了我们很多关于一个解是否局部最优的信息。我们从驻点开始。

定义 16.18 使得 $\nabla f(\mathbf{x}) = \mathbf{0}$ 的解 $\mathbf{x}$ 是平滑函数 f 的驻点。

也就是说，驻点是所有一阶（偏）导数等于 0 的解。

图 16-13 图示了：

$$\begin{aligned} f(x_1,x_2) &\triangleq 40 + (x_1)^3(x_1 - 4) \\ &\quad + 3(x_2 - 5)^2 \end{aligned} \tag{16-18}$$

偏导数为：

$$\frac{\partial f}{\partial x_1} = (x_1)^2(4x_1 - 12) \tag{16-19}$$

$$\frac{\partial f}{\partial x_2} = 6(x_2 - 5)$$

容易验证，其在两个驻点处为 0：

$$\mathbf{x}^{(1)} = (3, 5) \quad 和 \quad \mathbf{x}^{(2)} = (0, 5) \tag{16-20}$$

我们可以从图 16-13 中看到驻点之一，

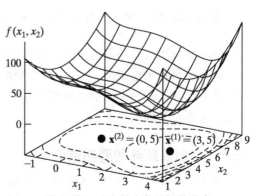

图 16-13 一个最小化目标的驻点

$\mathbf{x}^{(1)}$，是 f 的一个局部（这里同时是全局）最小点。这意味着我们得到了无约束局部最优的第一个条件［所谓的一阶必要（first-order necessary）］。

定义 16.19 平滑目标函数的每个无约束局部最优点肯定是一个驻点。

条件 16.19 在每个情形下都成立的原因是非零梯度 $\nabla f(\mathbf{x}^{(t)})$ 本身提供了在点 $\mathbf{x}^{(t)}$ 的改进方向。根据原理 3.23，我们可以采用 $\Delta\mathbf{x}=\pm\nabla f(\mathbf{x}^{(t)})$，其中最大化问题使用＋，而最小化问题使用－。那么，由一阶泰勒级数近似 16.17 有：

$$f(\mathbf{x}^{(t)}+\lambda\Delta\mathbf{x})\approx f(\mathbf{x}^{(t)})+\lambda\,\nabla f(\mathbf{x}^{(t)})\cdot\Delta\mathbf{x}=f(\mathbf{x}^{(t)})\pm\nabla f(\mathbf{x}^{(t)})\cdot\nabla f(\mathbf{x}^{(t)})$$

$$=f(\mathbf{x}^{(t)})\pm\lambda\sum_{j=1}^{m}\left(\frac{\partial f}{\partial x_j}\right)^2 \tag{16-21}$$

除非所有偏导数＝0，否则这将改善目标值，同时我们知道，当 λ 足够小时，泰勒级数展开的一阶导部分占优所有其他项。

例 16-9 验证局部最优点是驻点

考虑单变量方程：

$$f(x)=x^3-9x^2+24x-14$$

画出方程在 $1\leqslant x\leqslant 5$ 的图像，并验证局部最大点 $x^{(1)}=2$ 和局部最小点 $x^{(2)}=4$ 都是驻点。

解：函数的图像如右所示。

其一阶导数为：

$$f'(x)=3x^2-18x+24$$

同时有 $f'(x^{(1)})=f'(2)=0$ 和 $f'(x^{(2)})=f'(4)=0$，证明两者都是驻点。

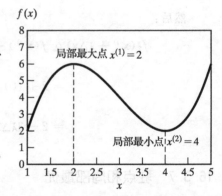

16.3.8 鞍点

再次观察图 16-13。驻点 $\mathbf{x}^{(1)}=(3,5)$ 是局部最小点，但 $\mathbf{x}^{(2)}=(0,5)$ 不是。对于后者，增大 x_1 将降低目标。点 $\mathbf{x}^{(2)}$ 也不是局部最大点。增大 x_2 将提高目标值。图 16-14 表示，剩下的一个可能是鞍点。

定义 16.20 鞍点是局部最大点和局部最小点之外的驻点。

每个驻点要么是局部最大点，要么是局部最小点，要么是鞍点。

鞍点的名称来自于图 16-14c 中二维情形下的鞍状图像。该驻点在其中一维的情形中是局部最大点，在另一维中是局部最小点，但将两个方向结合考虑时，其既不是局部最大点，也不是局部最小点。

16.3.9 海森矩阵和局部最优

为了更好地区分图 16-14 中的三类驻点，我们必须看二阶（偏）导数。在驻点，也就是 $\nabla f(\mathbf{x}^{(t)})=0$ 的点，二阶泰勒近似 16.17 可简化为：

$$f(\mathbf{x}^{(t)} + \lambda \Delta \mathbf{x}) \approx f(\mathbf{x}^{(t)}) + \lambda \,\nabla f(\mathbf{x}^{(t)}) \cdot \Delta \mathbf{x} + \frac{\lambda^2}{2} \Delta \mathbf{x} \,\nabla^2 f(\mathbf{x}^{(t)}) \Delta \mathbf{x}$$

$$= f(\mathbf{x}^{(t)}) + 0 + \frac{\lambda^2}{\lambda} \Delta \mathbf{x} \,\nabla^2 f(\mathbf{x}^{(t)}) \Delta \mathbf{x} \tag{16-22}$$

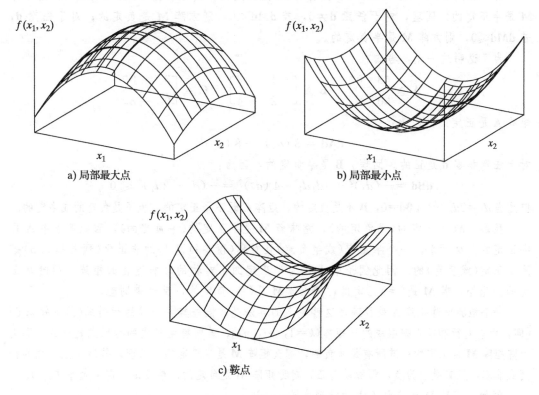

a) 局部最大点　　　　b) 局部最小点

c) 鞍点

图 16-14　驻点的三种形式

　　以(非零)海森矩阵为基础的二次形式 $\Delta \mathbf{x} \,\nabla^2 f(\mathbf{x}^{(t)}) \Delta \mathbf{x}$ 严格地决定驻点处是否存在改进方向 $\Delta \mathbf{x}$(即这些点是否有可能是局部最优)。

　　举例来说，考虑驻点 $\mathbf{x}^{(t)}$ 处满足 $\Delta \mathbf{x} \,\nabla^2 f(\mathbf{x}^{(t)}) \Delta \mathbf{x} < 0$ 的方向 $\Delta \mathbf{x}$。二次近似(16-22)意味着：

$$f(\mathbf{x}^{(t)} + \lambda \Delta \mathbf{x}) \approx f(\mathbf{x}^{(t)}) + \frac{\lambda^2}{2} \Delta \mathbf{x} \,\nabla^2 f(\mathbf{x}^{(t)}) \Delta \mathbf{x} < f(\mathbf{x}^{(t)})$$

　　我们可以推断 $\Delta \mathbf{x}$ 是最小化问题在点 $\mathbf{x}^{(t)}$ 的改进方向，因为当 λ 足够小时二次泰勒近似占优高阶项，此时沿着方向 $\Delta \mathbf{x}$ 移动严格地降低了目标值。由于降低方向的存在，驻点 $\mathbf{x}^{(t)}$ 不可能是局部最小点(原理 3.16)。

　　方阵的(半)正定和(半)负定性质——我们在预备知识 8 进行了简要回顾，处理了二次形式的正负号问题。结合泰勒表达式(16-22)，我们可以用这些性质来区分驻点。半定形式给出了二阶必要最优条件。

▶预备知识 8：(半)正定和(半)负定矩阵

　　对于单变量的二次形式 $dad = ad^2$，若常数 $a > 0$，则对于所有 $d \neq 0$ 是正的，若 $a <$

0，则对于所有 $d\neq0$ 是负的。同理，n 维变量形式 $\mathbf{dMd} = \sum_{i=1}^{n}\sum_{j=1}^{n}m_{i,j}d_id_j$ 是正的还是负的，取决于矩阵 $\mathbf{M}$ 的性质。

对于任意 $d\neq0$，若 $\mathbf{dMd}>0$，则方阵 $\mathbf{M}$ 是正定的；对于任意 d，若 $\mathbf{dMd}\geqslant0$，则方阵 $\mathbf{M}$ 是半正定的。同理，对于任意 $d\neq0$，若 $\mathbf{dMd}<0$，则方阵 $\mathbf{M}$ 是负定的；对于任意 d，若 $\mathbf{dMd}\leqslant0$，则方阵 $\mathbf{M}$ 是半负定的。

为了说明这一点，考虑：

$$\mathbf{A}\triangleq\begin{bmatrix}3 & 0\\0 & 8\end{bmatrix}, \quad \mathbf{B}\triangleq\begin{bmatrix}-1 & 2\\2 & -4\end{bmatrix}, \quad \mathbf{C}\triangleq\begin{bmatrix}3 & 0\\0 & -8\end{bmatrix}$$

矩阵 $\mathbf{A}$ 是正定的，因为：

$$\mathbf{dAd} = 3\,(d_1)^2 + 8\,(d_2)^2$$

对于任意非零 d 是正的。同理，$\mathbf{B}$ 是半负定的，因为：

$$\mathbf{dBd} = -(d_1)^2 + 4d_1d_2 - 4\,(d_2)^2 = -(d_1 - 2d_2)^2 \leqslant 0$$

但是当 $d_1=2d_2$ 时，$\mathbf{dBd}=0$，$\mathbf{B}$ 不是负定的。矩阵 $\mathbf{C}$ 既不是正定的，也不是负定的或半定的。

显然，$\mathbf{M}$ 是正定的（或负定的），意味着 $\mathbf{M}$ 是半正定的（半负定的），因此例子中 $\mathbf{A}$ 是半正定的。反过来，一个半正定（或半负定）且对称（预备知识 4）的非退化（预备知识 5）矩阵是正定（或负定）的。因此例子中 $\mathbf{A}$ 作为半正定的、对称的、非退化的矩阵，同时是正定的。此外，若 $\mathbf{M}$ 是（半）正定的，那么 $-\mathbf{M}$ 是（半）负定的，反过来同理。

一个检验对阵矩阵 $\mathbf{A}$ 是否满足这些定义的方法是，检查其主子式的行列式（预备知识 5）[即，由前 k 行和前 k 列组成的子矩阵（$k=1，\cdots，n$）]。若所有主子式的行列式是正的，那么对阵矩阵 $\mathbf{M}$ 是正定的；若所有是非负的，那么矩阵 $\mathbf{M}$ 是半正定的。同理，若所有主子式的行列式非零，且奇数阶为负，偶数阶为正，对称矩阵 $\mathbf{M}$ 是负定的；半负定的定义允许其为 0。

例如，矩阵 $\mathbf{D}$ 及其主子式的行列式为：

$$\mathbf{D}\triangleq\begin{bmatrix}5 & -2 & 0\\-2 & 3 & 0\\0 & 0 & 8\end{bmatrix}, \quad \det(5)=5, \quad \det\begin{bmatrix}5 & -2\\-2 & 3\end{bmatrix}=11, \quad \det\begin{bmatrix}5 & -2 & 0\\-2 & 3 & 0\\0 & 0 & 8\end{bmatrix}=88$$

由于所有行列式是正的，$\mathbf{D}$ 是正定的。另一方面，上面例子中 $\mathbf{B}$ 的主子式是 -1 和 0。其正负号交替变化且第一个是负的，证明 $\mathbf{B}$ 是半负定的。

原理 16.21 一个平滑函数 f 的海森矩阵在每个无约束局部最大点是半负定的，在每个无约束局部最小点是半正定的。

更强的正定形式给出了充分条件。

原理 16.22 若平滑函数 f 在某个驻点的海森矩阵是负定的，那么该驻点是无约束局部最大点。若驻点的海森矩阵是正定的，那么该驻点是无约束局部最小点。

我们通过验证图 16-13 和函数（16-18）的两个驻点来说明原理 16.21 和 16.22。根据表达式（16-19）的一阶偏导数，在点 $\mathbf{x}^{(1)}$ 的海森矩阵是：

$$\nabla^2 f(\mathbf{x}^{(1)}) = \nabla^2 f(3,5) = \begin{bmatrix} 12\,(x_1)^2 - 24x_1 & 0 \\ 0 & 6 \end{bmatrix} = \begin{bmatrix} 24 & 0 \\ 0 & 6 \end{bmatrix}$$

该矩阵是正定的，因为：

$$\Delta\mathbf{x}\begin{bmatrix} 24 & 0 \\ 0 & 6 \end{bmatrix}\Delta\mathbf{x} = 24(\Delta x_1)^2 + 6(\Delta x_2)^2 > 0 \quad \forall\,\Delta\mathbf{x} \neq 0$$

验证原理 16.21，局部最小点 $\mathbf{x}^{(1)}$ 有正定，同时也是半正定的海森矩阵。反过来，我们也可以应用原理 16.22，根据海森矩阵是正定的来证明驻点 $\mathbf{x}^{(1)}$ 是局部最小点。

第二个驻点 $\mathbf{x}^{(2)} = (0,5)$ 表明，性质 16.21 和 16.22 并不总是结论性的。由：

$$\nabla^2 f(\mathbf{x}^{(2)}) = \nabla^2 f(0,5) = \begin{bmatrix} 12\,(x_1)^2 - 24x_1 & 0 \\ 0 & 6 \end{bmatrix} = \begin{bmatrix} 0 & 0 \\ 0 & 6 \end{bmatrix}$$

有二次形式：

$$\Delta\mathbf{x}\begin{bmatrix} 0 & 0 \\ 0 & 6 \end{bmatrix}\Delta\mathbf{x} = 6(\Delta x_2)^2 \geqslant 0$$

我们可以应用原理 16.21 来排除局部最大点的可能性，因为该海森矩阵不是半负定的。然而，原理 16.22 无法仅仅根据半正定的海森矩阵来保证局部最小点。不扩展到三阶导数，我们无法分辨局部最小点和鞍点。

例 16-10　验证局部最优

验证方程：

$$f(x_1,x_2,x_3) \triangleq (x_1)^2 + x_1 x_2 + 5(x_2)^2 + 9(x_3 - 2)^2$$

有局部最小点 $\mathbf{x} = (0,0,2)$。

解：我们应用充分条件 16.22。首先，$\mathbf{x}$ 肯定是一个驻点。所有三个偏导数为：

$$\frac{\partial f}{\partial x_1} = 2x_1 + x_2, \quad \frac{\partial f}{\partial x_2} = x_1 + 10x_2, \quad \frac{\partial f}{\partial x_3} = 18(x_3 - 2)$$

在 $\mathbf{x} = (0,0,2)$ 都为 0，正是所需要的。

下面我们考虑海森矩阵：

$$\nabla^2 f(\mathbf{x}) = \begin{bmatrix} 2 & 1 & 0 \\ 1 & 10 & 0 \\ 0 & 0 & 18 \end{bmatrix}$$

我们可以通过检查所有主子式是否是正的（如有必要，参考预备知识 8）来验证矩阵是否正定，从而验证 $\mathbf{x}$ 是否局部最小点：

$$\det(2) = 2 > 0, \quad \det\begin{bmatrix} 2 & 1 \\ 1 & 10 \end{bmatrix} = 18 > 0, \quad \det\begin{bmatrix} 2 & 1 & 0 \\ 1 & 10 & 0 \\ 0 & 0 & 18 \end{bmatrix} = 324 > 0$$

例 16-11　验证鞍点

验证方程：

$$f(x_1,x_2) \triangleq (x_1)^2 - 2x_1 - (x_2)^2$$

有鞍点 $\mathbf{x} = (1,0)$。

解：为了满足定义 16.20，鞍点必须首先是驻点。检验，有：

$$\frac{\partial f}{\partial x_1} = 2x_1 - 2 = 2(1) - 2 = 0, \quad \frac{\partial f}{\partial x_2} = -2x_2 = -2(0) = 0$$

现在计算海森矩阵，有：

$$\nabla^2 f(1,0) = \begin{bmatrix} 2 & 0 \\ 0 & -2 \end{bmatrix}$$

其第一主子式的行列式＝2，第二主子式的行列式＝－4，该矩阵既不是半正定的也不是半负定的。因此，$\mathbf{x}$ 同时违反了 16.21 中是局部最小点和局部最大点的要求。剩下的唯一可能是鞍点。

16.4 凹凸函数和全局最优

搜索算法 3A(3.2 节)在到达局部最优解(原理 3.6)时停止，这为几乎所有无约束非线性优化算法提供了范例。然后呢？我们当然更希望找到一个全局最优解。

在本节中我们搜索具有**凸性**(convex)、**凹性**(concave)或**单峰**(unimodal)形式的目标函数，这让我们能够证明一个局部最优肯定同时也是全局最优的(见 3.4 节)。对于其他目标，我们或者接受改进算法停止的点，或者试图从不同的初始点 $\mathbf{x}^{(0)}$ 重启搜索来找到不同解。

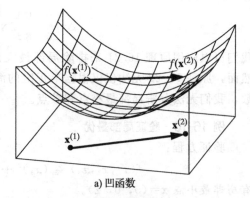

a) 凹函数

16.4.1 凹函数和凸函数定义

凹函数和凸函数可以通过 $f(\mathbf{x})$ 沿着直线 $\Delta\mathbf{x} \triangleq (\mathbf{x}^{(2)} - \mathbf{x}^{(1)})$ 方向从 $\mathbf{x}^{(1)}$ 到 $\mathbf{x}^{(2)}$ 的变化来定义(见 3.4 节)。

定义 16.23 若对于定义域内的每个 $\mathbf{x}^{(1)}$ 和 $\mathbf{x}^{(2)}$ 和任意步长 $\lambda \in [0, 1]$：

$$f(\mathbf{x}^{(1)} + \lambda(\mathbf{x}^{(2)} - \mathbf{x}^{(1)}))$$
$$\leqslant f(\mathbf{x}^{(1)}) + \lambda(f(\mathbf{x}^{(2)}) - f(\mathbf{x}^{(1)}))$$

函数 $f(\mathbf{x})$ 是凸函数。同理，若对于所有 $\mathbf{x}^{(1)}$ 和 $\mathbf{x}^{(2)}$ 和 $\lambda \in [0, 1]$：

$$f(\mathbf{x}^{(1)} + \lambda(\mathbf{x}^{(2)} - \mathbf{x}^{(1)}))$$
$$\geqslant f(\mathbf{x}^{(1)}) + \lambda(f(\mathbf{x}^{(2)}) - f(\mathbf{x}^{(1)}))$$

$f(\mathbf{x})$ 是凹函数。

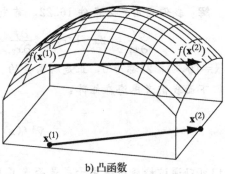

b) 凸函数

函数 f 沿着从 $\mathbf{x}^{(1)}$ 到 $\mathbf{x}^{(2)}$ 的线段的插值对于凸函数不能被低估，对于凹函数不能被高估。

图 16-15 画出了 2 个变量 $\mathbf{x} \triangleq (x_1, x_2)$ 的函数。图中表明了从 $\mathbf{x}^{(1)}$ 沿着 $(\mathbf{x}^{(2)} - \mathbf{x}^{(1)})$ 向

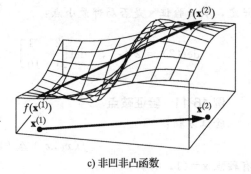

c) 非凹非凸函数

图 16-15 凹函数和凸函数

$\mathbf{x}^{(2)}$ 方向的移动。对于某些 $\lambda\in[0，1]$（性质 3.31），沿着该轨道的每个点 $\mathbf{x}$ 有表达式：

$$\mathbf{x} = \mathbf{x}^{(1)} + \lambda(\mathbf{x}^{(2)} - \mathbf{x}^{(1)})$$

例如，$\mathbf{x}^{(1)}$ 对应 $\lambda=0$，$\mathbf{x}^{(2)}$ 对应 $\lambda=1$。

定义 16.23 描述了我们沿着轨道估计某点的 f 值时会发生什么。对于凸函数（图 16-15a）对应的插值：

$$f(\mathbf{x}^{(1)}) + \lambda(f(\mathbf{x}^{(2)}) - f(\mathbf{x}^{(1)}))$$

应该总是等于或超过实际的 $f(\mathbf{x}^{(1)}+\lambda(\mathbf{x}^{(2)}-\mathbf{x}^{(1)}))$。对于凹函数［图 16-5b 部分］，应该是等于或低于。

该性质对于任意一对点组合 $\mathbf{x}^{(1)}$ 和 $\mathbf{x}^{(2)}$ 都必须成立。举例来说，某些点组合可能满足图 16-15c 中凸性的要求，而另一些满足凹性的定义。然而，该函数既不是凸函数也不是凹函数，因为图中的点同时违反了两种定义。

例 16-12　凹函数和凸函数

根据图像判断如下单变量函数对于 $\mathbf{x}\in[0，5]$ 是凹的、凸的还是非凹非凸的。

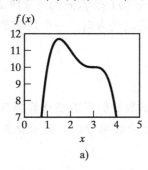

a)

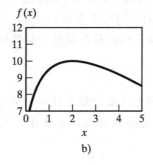

b)

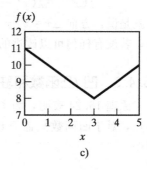

c)

解：我们应用定义 16.23。

（a）该函数是非凹非凸的。为了证明其不是凸函数，取点 $x^{(1)}=1$，$x^{(2)}=2$ 以及 $\lambda=\frac{1}{2}$。

$$f(x^{(1)}+\lambda(x^{(2)}-x^{(1)})) = f(1+\frac{1}{2}(2-1)) = f(1.5) \approx 11.7$$

$$\neq f(x^{(1)}) + \lambda(f(x^{(2)}) - f(x^{(1)})) = 10 + \frac{1}{2}(11-10) = 10.5$$

同理选择 $x^{(1)}=3$，$x^{(2)}=2$ 以及 $\lambda=\frac{1}{2}$ 可证明该函数不是凹函数，因为：

$$f(x^{(1)}+\lambda(x^{(2)}-x^{(1)})) = f\left(3+\frac{1}{2}(2-1)\right) = f(2.5) \approx 10.2$$

$$\neq f(x^{(1)}) + \lambda(f(x^{(2)}) - f(x^{(1)})) = 10 + \frac{1}{2}(11-10) = 10.5$$

（b）该函数显然是凹函数，因为定义 16.23 对于任意列出的一对点都满足。

（c）该函数显然是凸函数，因为定义 16.23 对于任意列出的一对点都满足。注意，凸（凹）函数并不需要是可导的。

16.4.2　无约束全局最优解的充分条件

目标函数凹凸性质的重要性体现在改进算法中不寻常的可用性。

原理 16.24 若 $f(\mathbf{x})$ 是凸函数，f 的每个无约束局部最小点是一个无约束全局最小点。若 $f(\mathbf{x})$ 是凹函数，每个无约束局部最大点是一个无约束全局最大点。

也就是说，一个搜索仅需要找到局部最优即可得到凸目标函数的全局最小点和凹目标函数的全局最大点，而不需要额外的努力。

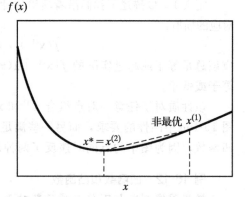

为了说明为什么原理 16.24 是对的，考虑一个凸的目标函数 $f(x)$，一个全局最小点 x^*，以及任意非全局最优的 $x^{(1)}$：

那么对于任意 $\lambda > 0$：

$$f(x^*) < f(x^{(1)}) \quad 或 \quad \lambda(f(x^*) - f(x^{(1)})) < 0 \tag{16-23}$$

结合 16-23 的凸性定义可得，对于任意 $\lambda \in (0, 1]$：

$$f(x^{(1)} + \lambda(x^* - x^{(1)})) \leqslant f(x^{(1)}) + \lambda(f(x^*) - f(x^{(1)})) < f(x^{(1)}) \tag{16-24}$$

也就是说，方向 $\Delta x = x^* - x^{(1)}$ 对于每个非全局最优的 $x^{(1)}$ 都是改进方向。一个局部最优点，若没有任何可以改进的方向，那么只可能是全局最优点。

16.4.3 凹/凸函数和驻点

原理 16.24 表明，为了得到无约束全局最优解，对于凸函数我们只需要计算局部最小点，对于凹函数只需要计算局部最大点。事实上，当目标函数可导时，要求甚至会更弱。

原理 16.25 平滑凸函数的每个驻点都是无约束全局最小点，平滑凹函数的每个驻点都是无约束全局最大点。

我们仅需要一个满足 $\nabla f(\mathbf{x}) = 0$ 的 $\mathbf{x}$。

为了表明为什么原理 16.25 成立，记 f 为一个平滑凸函数，且 $\nabla f(\mathbf{x}^*) = 0$。凸性定义 16.23 保证，对于任意 $\mathbf{x}$ 和任意 $\lambda \in (0, 1]$：

$$f(\mathbf{x}^* + \lambda(\mathbf{x} - \mathbf{x}^*)) \leqslant f(\mathbf{x}^*) + \lambda(f(\mathbf{x}) - f(\mathbf{x}^*))$$

进一步，一阶泰勒近似 16.16 给出：

$$f(\mathbf{x}^* + \lambda(\mathbf{x} - \mathbf{x}^*)) \approx f(\mathbf{x}^*) + \lambda \nabla f(\mathbf{x}^*)(\mathbf{x} - \mathbf{x}^*)$$

相减，简化，相除，并使 $\lambda \to 0$，得到：

$$f(\mathbf{x}) - f(\mathbf{x}^*) \geqslant \nabla f(\mathbf{x}^*)(\mathbf{x} - \mathbf{x}^*)$$

当 $\nabla f(\mathbf{x}^*) = 0$ 时，这使得 $\mathbf{x}^*$ 是全局最小点，因为对于任意 $\mathbf{x}$ 有 $f(\mathbf{x}) - f(\mathbf{x}^*) \geqslant 0$。

例 16-13 验证凹函数的全局最优点

函数：

$$f(x) \triangleq 20 - x^2 + 6x$$

是凹函数。据此证明其有无约束全局最大点 $x = 3$。

解： 求导可得：

$$f'(x) = -2x + 6$$

因此 $f'(3) = 0$。作为一个凹函数的驻点，$x = 3$ 肯定是无约束全局最大点（原理 16.25）。

16.4.4 验证凹函数和凸函数

很多常见的函数要么是凸的要么是凹的，但通过定义 16.23 来验证通常很烦琐。幸运的是，当函数的定义域是实数 n 维向量，或正的 n 维向量，或任意其他开的凸集合（定义 3.27），可以用一些重要的性质来简化分析。

原理 16.26 若 $f(\mathbf{x})$ 是凸函数，那么 $-f(\mathbf{x})$ 是凹函数。反过来也成立。

原理 16.27 若 $f(\mathbf{x})$ 连续且二阶可（偏）导，那么 $f(\mathbf{x})$ 是凸函数，当且仅当海森矩阵 $\nabla^2 f(\mathbf{x})$ 对于任意定义域（开的凸集）内的 $\mathbf{x}$ 是半正定的。$f(\mathbf{x})$ 是凹函数，当且仅当 $\nabla^2 f(\mathbf{x})$ 对于任意定义域内的 $\mathbf{x}$ 是半负定的。

原理 16.28 线性函数同时是凹函数和凸函数。

原理 16.29 任意 $f(\mathbf{x})$，若其是凸函数 $g_i(\mathbf{x})$，$i = 1, \cdots, k$ 的加权平均和，且权重系数非负（$\alpha_i \geqslant 0$），

$$f(\mathbf{x}) \triangleq \sum_{i=1}^{k} \alpha_i g_i(\mathbf{x})$$

那么，$f(\mathbf{x})$ 是凸函数。凹函数的非负加权平均和是凹函数。

原理 16.30 任意 $f(\mathbf{x})$，若其是凸函数 $g_i(\mathbf{x})$，$i = 1, \cdots, k$ 的最大值：
$$f(\mathbf{x}) \triangleq \max\{g_i(\mathbf{x}) : i = 1, \cdots, k\}$$
那么 $f(\mathbf{x})$ 是凸函数。凹函数的最小值是凹函数。

原理 16.31 若 $g(y)$ 是非减的单变量凸函数，$h(\mathbf{x})$ 是凸的，那么 $f(\mathbf{x}) \triangleq g(h(\mathbf{x}))$ 是凸的。若 $g(y)$ 是非减的单变量凹函数，$h(\mathbf{x})$ 是凹的，那么 $f(\mathbf{x}) \triangleq g(h(\mathbf{x}))$ 是凹的。

原理 16.32 若 $g(\mathbf{x})$ 是凹函数，$f(\mathbf{x}) \triangleq 1/g(\mathbf{x})$ 对于使 $g(\mathbf{x}) > 0$ 的 $\mathbf{x}$ 是凸的。若 $g(\mathbf{x})$ 是凸函数，$f(\mathbf{x}) \triangleq 1/g(\mathbf{x})$ 对于使 $g(\mathbf{x}) < 0$ 的 $\mathbf{x}$ 是凹的。

为了说明原理 16.26 到 16.32 的功能，检验线性回归（16-4）的曲线拟合目标函数：

$$\min \ f(x_1, x_2) \triangleq \sum_{i=1}^{m} [q_i - (x_1 + x_2 p_i)]^2$$

[非线性部分 $(q_i - x_1 (p_i)^{x_2})$ 不是凸函数] 其中 p_i 和 q_i 是给定的常数。

为了证明该线性回归 f 是凸的，首先注意到其是（非加权）函数和：

$$g_i(x_1, x_2) \triangleq [q_i - (x_1 + x_2 p_i)]^2$$

根据原理 16.29，若每个 g_i 是凸的，那么 f 就是凸的。

现在，丢掉下标 i，我们验证：

$$g(x_1,x_2) \triangleq [q-(x_1+x_2p)]^2 = [|q-(x_1+x_2p)|]^2$$
$$= [\max\{(q-x_1-x_2p), -(q-x_1-x_2p)\}]^2$$

（最后一个等号成立是因为 $|z|=\max\{z, -z\}$）。表达式 $(q-x_1-x_2p)$ 和 $-(q-x_1-x_2p)$ 都是线性的，因此根据原理 16.28 是凸的。因此，

$$h(x_1,x_2) \triangleq |q-(x_1+x_2p)| \max\{q-x_1-x_2p, -(q-x_1-x_2p)\}$$

也是凸的；这是凸函数的最大值（原理 16.30）。最后，考虑 $s(y) \triangleq y^2$。二阶导数 $s''(y) = 2$ 证明 $s(y)$ 是凸的，因为 $s''(y)$ 是 1 乘 1 的海森矩阵，且是正定的（原理 16.27）。在定义域 $y \geqslant 0$ 中，$s(y) \triangleq y^2$ 也是非减的。因此，我们可以应用组合原理 16.31 得到结论：

$$g(x_1,x_2) \triangleq (q-(x_1+x_2p))^2 = s(h(x_1,x_2))$$

是凸的。这完成了凸函数 f 的证明。

例 16-14 验证凸性和凹性

应用原理 16.26～16.32 来证明在给定定义域内，下列前两个函数是凸的，后两个函数是凹的。

(a) $f(x_1, x_2) \triangleq (x_1+1)^4 + x_1x_2 + (x_2+1)^4 \quad \forall x_1, x_2 > 0$

(b) $f(x_1, x_2) \triangleq e^{-3x_1+x_2} \quad \forall x_1, x_2$

(c) $f(x_1, x_2, x_3) \triangleq -4(x_1)^2 + 5x_1x_2 - 2(x_2)^2 + 18x_3 \quad \forall x_1, x_2$

(d) $f(x_1, x_2) \triangleq \dfrac{1}{-7x_1} - e^{-3x_1+x_2} \quad \forall x_1, x_2 > 0$

解：

(a) 其海森矩阵是：

$$\nabla^2 f(x_1,x_2) = \begin{bmatrix} 12(x_1+1)^2 & 1 \\ 1 & 12(x_2+1)^2 \end{bmatrix}$$

其主子式的行列式是 $12(x_1+1)^2$ 和 $144(x_1+1)^2(x_2+1)^2 - 1$，其对于任意 $x_1, x_2 > 0$ 都是正的。因此海森矩阵是正定的，且根据原理 16.27，f 是凸的。

(b) 函数 $h(x_1, x_2) \triangleq -3x_1+x_2$ 是凸的，因为其是线性的（原理 16.28）。同时，$g(y) \triangleq e^y$ 是非减且凸的，因为 $g''(y) = e^y > 0$。因此根据组合原理 16.31 可以证明，$f(x_1, x_2) = g(h(x_1, x_2))$ 是凸的。

(c) 该函数的海森矩阵是：

$$\nabla^2 f(x_1,x_2,x_3) = \begin{bmatrix} -8 & 5 & 0 \\ 5 & -4 & 0 \\ 0 & 0 & 0 \end{bmatrix}$$

主子式的行列式为 -8，$(32-25)=7$，0，这意味着海森矩阵是半负定的，且 f 是凹的（原理 16.27）。

(d) 对于 $x_1, x_2 > 0$，第一项 $g_1(x_1, x_2) \triangleq \dfrac{1}{-7x_1}$ 是 $h(x_1, x_2) \triangleq -7x_1$ 的倒数，$h(x_1, x_2)$ 是负的、线性且凸的函数。因此，$g_1(x_1, x_2)$ 是凹函数（原理 16.32）。(b) 部分已经证明 $g_2(x_1, x_2) \triangleq e^{-3x_1+x_2}$ 是凸函数，这意味着其负数是凹的（原理 16.26）。因此，

f 是凹函数的加和，且是凹的（原理 16.29）。

16.4.5　单峰和凹/凸函数

我们在 16.2 节介绍了单峰目标函数（定义 16.9）的概念。每个单峰目标函数的无约束局部最优点是全局最优点，因为在每一个可以改进的点都存在改进方向。

因为单峰函数和凹/凸函数都意味着无约束局部最优，同时是全局最优，那么两者之间存在联系就不意外了。

原理 16.33　最小化问题中的凸目标函数和最大化问题中的凹目标函数都是单峰的。

表达式(16-23)和(16-24)已经说明了原因。在凸的最小化问题和凹的最大化问题中，所有非全局最优解都存在改进方向。

单峰是比凸性和凹性更弱的要求。

原理 16.34　单峰目标函数可以既不是凸的，也不是凹的。

例如，右图是一个最大化问题的单峰函数，但我们在例 6-12(a)证明了其不是凹的。

其他类似的例子包括图 16-3 的定制计算机目标函数和图 16-5 的 PERT 应用。

不幸的是，对于任意的单峰目标函数，像 16.26～16.32 这种方便的组合一般来说并不存在。因此在实践中我们往往建立更严格的凹凸性质，以保证目标是单峰的。当函数对最大化问题非凹或对最小化问题非凸——这也是应用模型中经常出现的情形，我们往往必须接受局部最优并非全局最优的风险。

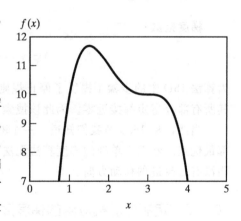

16.5　梯度搜索

在 3.3 节中，原理 3.23 给出，非零梯度 $\nabla f(\mathbf{x}^{(t)})$ 提供了在解 $\mathbf{x}^{(t)}$ 的改进方向。表达式(16-21)的一阶泰勒级数保证了，在足够小的步长内，对于最大化问题的方向 $\Delta \mathbf{x} = \nabla f(\mathbf{x}^{(t)})$ 和最小化问题的方向 $\Delta \mathbf{x} = -\nabla f(\mathbf{x}^{(t)})$，总可以得到改进。在本节中，我们将介绍梯度搜索算法，该算法应用建立在梯度基础上的移动方向。

16.5.1　梯度搜索算法

算法 16D 给出了细节。每次迭代的移动方向，通过当前点的梯度得到。

定义 16.35　在任意点 $\mathbf{x}^{(t)}$，若其有非零梯度 $\nabla f(\mathbf{x}^{(t)}) \neq 0$，那么梯度搜索使用移动方向：
$$\Delta \mathbf{x} \triangleq \pm \nabla f(\mathbf{x}^{(t)})$$

（＋对应最大化问题，—对应最小化问题。）

▶**算法 16D：梯度搜索**

  步骤 0：初始化。选择任意出发点 $\mathbf{x}^{(0)}$，选择停止精度 $\varepsilon>0$，以及迭代索引 $t\leftarrow 0$。

  步骤 1：梯度。计算在点 $\mathbf{x}^{(t)}$ 目标函数的梯度 $\nabla f(\mathbf{x}^{(t)})$。

  步骤 2：驻点。若梯度范数 $\|\nabla f(\mathbf{x}^{(t)})\|<\varepsilon$，停止。点 $\mathbf{x}^{(t)}$ 与某个驻点的距离足够近。

  步骤 3：方向。选择梯度移动方向：

$$\Delta\mathbf{x}^{(t+1)} \leftarrow \pm\nabla f(\mathbf{x}^{(t)})$$

（＋对应最大化，—对应最小化。）

  步骤 4：线性搜索。求解（至少是近似解）相应的一维线性搜索：

$$\max \text{ 或 } \min f(\mathbf{x}^{(t)}+\lambda\Delta\mathbf{x}^{(t+1)})$$

以计算 λ_{t+1}。

  步骤 5：新点。更新：

$$\mathbf{x}^{(t+1)} \leftarrow \mathbf{x}^{(t)}+\lambda_{t+1}\Delta\mathbf{x}^{(t+1)}$$

  步骤 6：前进。增加 $t\leftarrow t+1$，并回到步骤 1。

  梯度范数：

$$\|\nabla f(\mathbf{x}^{(t)})\| \triangleq \sqrt{\sum_j\left(\frac{\partial f}{\partial x_i}\right)^2}$$

为算法 16D 中的步骤 1 提供了停止规则。若点 $\mathbf{x}^{(t)}$ 的梯度长度非常小（小于停止精度 ε），其所有部分肯定都接近零。因此该搜索已经到达某个驻点（定义 16.18）。

  当然，从 16.3 节我们知道，一个驻点可能是鞍点（定义 16.20），并非我们搜寻的局部最优点。然而，单纯的梯度算法无法保证更多结论。当 $\nabla f(\mathbf{x}^{(t)})=0$ 时，原理 16.35 说明没有可改进的移动方向。

16.5.2 定制计算机应用的梯度搜索

  对于定制计算机的回归模型(16-7)(16.1 节)，表 16-5 详细列出了算法 16D 的应用。图 16-16 通过示意图画出了开始的几步。

表 16-5 定制计算机应用的梯度搜索

t	$\mathbf{x}^{(t)}$	$f(\mathbf{x}^{(t)})$	$\nabla f(\mathbf{x}^{(t)})$	$\|\nabla f(\mathbf{x}^{(t)})\|$	λ_{t+1}
0	$(32.00,\ -0.400\ 0)$	174.746	$(-6.24,\ 1\ 053.37)$	1 053.39	0.000 07
1	$(32.00,\ -0.468\ 7)$	141.138	$(-23.06,\ -0.14)$	23.06	0.105 58
2	$(34.44,\ -0.454\ 0)$	112.599	$(-4.57,\ 759.60)$	759.61	0.000 07
3	$(34.44,\ -0.507\ 8)$	93.297	$(-16.28,\ -0.10)$	16.28	0.113 03
4	$(36.28,\ -0.496\ 2)$	78.123	$(-3.34,\ 530.01)$	530.02	0.000 08
5	$(36.28,\ -0.536\ 5)$	67.897	$(-11.34,\ -0.07)$	11.34	0.119 70
6	$(37.63,\ -0.527\ 8)$	60.133	$(-2.33,\ 365.74)$	365.75	0.000 08
7	$(37.63,\ -0.557\ 1)$	54.932	$(-7.78,\ -0.05)$	7.78	0.129 05
8	$(38.64,\ -0.551\ 2)$	51.006	$(-1.48,\ 251.17)$	251.17	0.000 08
9	$(38.64,\ -0.572\ 2)$	48.428	$(-5.19,\ -0.03)$	5.19	0.139 26
10	$(39.36,\ -0.568\ 4)$	46.548	$(0.88,\ 168.22)$	168.22	0.000 09

（续）

t	$\mathbf{x}^{(t)}$	$f(\mathbf{x}^{(t)})$	$\nabla f(\mathbf{x}^{(t)})$	$\|\nabla f(\mathbf{x}^{(t)})\|$	λ_{t+1}
11	$(39.36, -0.5829)$	45.348	$(-3.34, -0.02)$	3.34	0.14737
12	$(39.85, -0.5806)$	44.522	$(-0.51, 108.66)$	108.66	0.00009
13	$(39.85, -0.5902)$	44.007	$(-2.10, -0.01)$	2.10	0.15220
14	$(40.17, -0.5888)$	43.672	$(-0.30, 68.07)$	68.07	0.00009
15	$(40.17, -0.5949)$	43.466	$(-1.29, 0.00)$	1.29	0.16435
16	$(40.38, -0.5941)$	43.329	$(-0.14, 42.34)$	42.34	0.00009
17	$(40.38, -0.5980)$	43.248	$(-0.76, 0.00)$	0.76	0.15652
18	$(40.50, -0.5975)$	43.203	$(-0.10, 24.60)$	24.60	0.00009
19	$(40.50, -0.5997)$	43.175	$(-0.46, 0.00)$	0.46	0.14805
20	$(40.57, -0.5994)$	43.160	$(-0.08, 14.77)$	14.77	0.00009
21	$(40.57, -0.6007)$	43.150	$(-0.29, 0.00)$	0.29	0.15527
22	$(40.62, -0.6005)$	43.143	$(-0.04, 9.37)$	9.37	0.00009
23	$(40.62, -0.6014)$	43.139	$(-0.18, 0.00)$	0.18	0.16376
24	$(40.65, -0.6013)$	43.137	$(-0.02, 5.78)$	5.78	0.00009
25	$(40.65, -0.6018)$	43.135	$(-0.11, 0.00)$	0.11	0.15266
26	$(40.66, -0.6017)$	43.134	$(-0.02, 3.37)$	3.37	0.00009
27	$(40.66, -0.6020)$	43.134	$(-0.06, 0.00)$	0.06	Stop

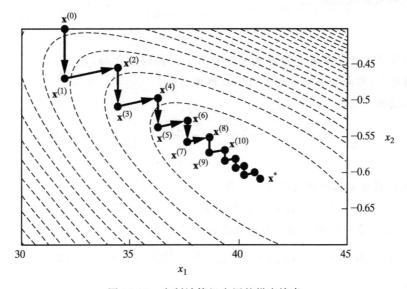

图 16-16 定制计算机应用的梯度搜索

该搜索从点 $\mathbf{x}^{(0)} = (32, -0.4)$ 开始。其移动方向（原理 16.35）是：

$$\Delta\mathbf{x} = -\nabla f(\mathbf{x}^{(0)}) = -(-6.24, 1\,053.37) = (6.24, -1\,053.37)$$

该移动方向定义了计算步长 λ 的第一个线性搜索。我们通过计算如下一维问题来给出沿着 $\Delta\mathbf{x}$ 方向的最大步长：

$$\min f(\mathbf{x}^{(0)} + \lambda\Delta\mathbf{x}) \triangleq f(32 + 6.24\lambda, -0.4 - 1\,053.37\lambda)$$

图像显示，最小点出现在约 $\lambda_1 = 0.00007$。

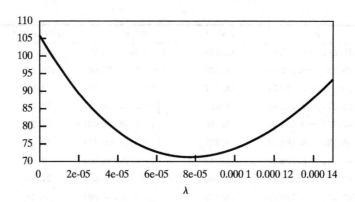

其结果是一个新点：

$$\mathbf{x}^{(1)} \leftarrow \mathbf{x}^{(0)} + \lambda_1 \Delta \mathbf{x} \approx (32, -0.4687)$$

表 16-5 的计算使用了停止精度 $\varepsilon = 0.1$。因此，算法直到 $t = 27$ 时的范数 $\|\nabla f(\mathbf{x}^{(t)})\| < 0.1$ 时才停止。结果(近似)得到的驻点是 $\mathbf{x}^{(27)} = (40.66, -0.6020)$，从前面的分析我们知道，该点近似了一个局部(这里也是全局)最小点。

例 16-15 使用梯度搜索

考虑无约束非线性规划：

$$\max \quad f(x_1, x_2) \triangleq \frac{x_1}{1 + e^{0.1x_1}} - (x_2 - 5)^2$$

(a) 计算梯度搜索算法 16D 在点 $\mathbf{x}^{(0)} = (30, 2)$ 的移动方向。

(b) 通过(a)部分的移动方向写出线性搜索问题。

解：在具体点 $\mathbf{x}^{(0)}$，梯度是：

$$\nabla f(30, 2) = \begin{bmatrix} \dfrac{1 + e^{0.1x_1} - 0.1x_1 e^{0.1x_1}}{(1 + e^{0.1x_1})^2} \\ -2(x_2 - 5) \end{bmatrix} = \begin{bmatrix} -0.088 \\ 6 \end{bmatrix}$$

因此，我们根据最大化问题使用如下方向：

$$\Delta \mathbf{x} = +\nabla f(\mathbf{x}^{(0)}) = (-0.088, 6)$$

(b) 由(a)部分的移动方向，得到相应的线性搜索：

$$\max f(30 - 0.088\lambda, 2 + 6\lambda) \triangleq \frac{(30 - 0.088\lambda)}{1 + e^{0.1(30 - 0.088\lambda)}} - [(2 + 6\lambda) - 5]^2$$

其中，$\lambda > 0$。

16.5.3 最速上升/下降性质

梯度搜索也被称为最速上升(最速下降)方法，因为原理 16.35 给出了在当前解附近，目标函数改进速度最快的方向。

原理 16.36 在任意 $\nabla f(\mathbf{x}^{(t)}) \neq 0$ 的点 $\mathbf{x}^{(t)}$，方向 $\Delta \mathbf{x} = \nabla f(\mathbf{x}^{(t)})$ 给出了目标函数上升的局部最大速率，而 $\Delta \mathbf{x} = -\nabla f(\mathbf{x}^{(t)})$ 给出了下降的局部最大速率。

图 16-16 的搜索通过图像展示了这一点。目标函数在某个点的改进速率，取决于移动方向和目标函数轮廓的夹角。基于梯度的方向，垂直于目标函数的轮廓，产生了最快速的局部改善。

例 16-16　计算最速上升/下降方向

回到例 16-15 的非线性规划，计算在点 $\mathbf{x}^{(0)}=(30, 2)$ 的长度为 1 的最速下降方向。

解： 与原理 16.36 一致，在 (30, 2) 的最速下降方向是例 16-15(a) 中计算的改善梯度方向的负数。因此，最速下降方向是 $\Delta\mathbf{x}=(0.088, -6)$。除以范数 $=6.000\,645$，给出了长度为 1 的方向 $(0.014\,7, 0.999\,9)$。

16.5.4　梯度搜索的曲折及其较差的收敛性

梯度搜索非常直观，但在大多数应用中并非十分有效。为了说明原因，再次查看图 16-16 和表 16-5 的搜索。第一步移动沿着方向 $\Delta\mathbf{x}=(6.24, -1\,053.37)$，第二步沿着方向 $\Delta\mathbf{x}=(23.06, 0.14)$，而第三步沿着方向 $\Delta\mathbf{x}=(4.57, -759.60)$。第三个方向与第一个方向几乎平行，而第四个方向与第二个方向平行。之后这种几乎垂直的移动方向替代随着迭代次数曲折继续下去。

我们希望更直接地到达最优点，但这些梯度搜索方向仍然在早期的迭代中产生了很好的结果。在 10 步内，目标从 174.746 降到了 46.548。

搜索中的难点随后出现。在某个最优解附近，目标函数的形状在很小的步长内就会发生很大变化。因此尽管基于梯度的方向产生了局部最速改善方向，但在带来巨大改变前，移动的距离是非常小的。其结果就是，曲折移动通过表 16-5 的最后 17 个迭代，仅将目标值从 46.548 降到了 43.134。

不幸的是，较差的收敛性是梯度搜索的典型问题。

原理 16.37　尽管梯度搜索会带来好的初始进程，但在许多无约束非线性应用中，到达驻点前的曲折搜索使得该方法对于提供满意的结果又慢又不可靠。

搜索的曲折性不是梯度搜索的唯一收敛问题。由于较小的解的变化可能带来目标函数的较大影响，数值误差也可能使搜索毫无希望地停留在远离最优解的地方。这需要更复杂的改进以获得真正让人满意的改进搜索算法。

16.6　牛顿法

梯度搜索可以认为是通过一阶泰勒级数近似（定义 16.17）来找到移动方向。

$$f_1(\mathbf{x}^{(t)} + \lambda\Delta\mathbf{x}) = f(\mathbf{x}^{(t)}) + \lambda\,\nabla f(\mathbf{x}^{(t)}) \cdot \Delta\mathbf{x}$$

在 $f(\mathbf{x})$ 的该一阶近似中，将 $\Delta\mathbf{x}$ 与梯度 $\nabla f(\mathbf{x}^{(t)})$ 组合起来，产生了最快的改进。

为了改善梯度搜索较慢且曲折的过程特点（原理 16.37），需要更多的信息。一个直观的可能是扩展到泰勒近似的二次项。

$$f_2(\mathbf{x}^{(t)} + \lambda\Delta\mathbf{x}) = f(\mathbf{x}^{(t)}) + \lambda\,\nabla f(\mathbf{x}^{(t)}) \cdot \Delta\mathbf{x} + \frac{\lambda^2}{2}\Delta\mathbf{x}\,\nabla^2 f(\mathbf{x}^{(t)})\Delta\mathbf{x}$$

本节探究著名的牛顿法及其具体应用。

16.6.1 牛顿步

与一阶泰勒近似关于方向参数 Δx_j 线性不同，二次项，或者说二阶版本存在局部最大值或最小值。为了确定向二次近似的局部最优点的移动 $\lambda \Delta \mathbf{x}$，我们可以固定 $\lambda = 1$，并将 f_2 对其参数 $\Delta \mathbf{x}$ 求导。固定 $\lambda = 1$，f_2 的标量表达形式是：

$$f_2(\mathbf{x}^{(t)} + \Delta \mathbf{x}) \triangleq f(\mathbf{x}^{(t)}) + \sum_{i=1}^{n} \left(\frac{\partial f}{\partial x_i} \right) \Delta x_i + \frac{1}{2} \sum_{i=1}^{n} \sum_{j=1}^{n} \left(\frac{\partial^2 f}{\partial x_i \partial x_j} \right) \Delta x_i \Delta x_j$$

那么，对于移动参数的偏导数是：

$$\frac{\partial f_2}{\partial \Delta x_i} = \left(\frac{\partial f}{\partial x_i} \right) + \sum_{j=1}^{n} \left(\frac{\partial^2 f}{\partial x_i \partial x_j} \right) \Delta x_j \quad i = 1, \cdots, n$$

或矩阵形式：

$$\nabla f_2(\Delta \mathbf{x}) = \nabla f(\mathbf{x}^{(t)}) + \nabla^2 f(\mathbf{x}^{(t)}) \Delta \mathbf{x}$$

任意形式中，设置 $\nabla f_2(\Delta \mathbf{x}) = 0$ 可以找到一个驻点，从而得到著名的牛顿步。

定义 16.38 牛顿步 $\Delta \mathbf{x}$，向 $f(\mathbf{x})$ 在当前点 $\mathbf{x}^{(t)}$ 的二阶泰勒级数近似的驻点（若有）移动，可以通过求解下面的线性方程组得到：

$$\nabla^2 f(\mathbf{x}^{(t)}) \Delta \mathbf{x} = - \nabla f(\mathbf{x}^{(t)})$$

图 16-17 展示了定制计算机问题中的曲线拟合模型(16-7)(16.1 节)。在初始点 $\mathbf{x}^{(0)} = (32, -0.4)$ 的一阶和二阶偏导是：

$$\nabla f(\mathbf{x}^{(0)}) = \begin{bmatrix} -6.240 \\ 1053 \end{bmatrix} \quad 和 \quad \nabla^2 f(\mathbf{x}^{(0)}) = \begin{bmatrix} 7.13 & 293.99 \\ 293.99 & 18.817 \end{bmatrix}$$

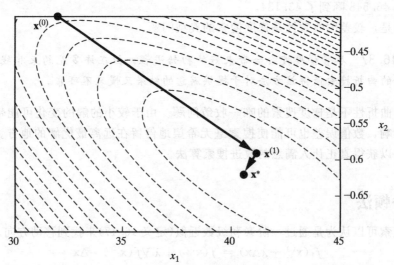

图 16-17 定制计算机应用中的牛顿法

求解问题：

$$\begin{bmatrix} 7.13 & 293.99 \\ 293.99 & 18.817 \end{bmatrix} \Delta \mathbf{x} = - \begin{bmatrix} -6.240 \\ 1053 \end{bmatrix}$$

得到牛顿步 $\Delta \mathbf{x} = (8.956, -0.1959)$，从而得到二阶泰勒近似的最小点：

$$\mathbf{x}^{(1)} = \mathbf{x}^{(0)} + \Delta\mathbf{x} = (32, -0.4) + (8.956, -0.195\,9) = (40.96, -0.595\,9) \quad (16\text{-}25)$$

例 16-17　计算牛顿步

在如下无约束 NLP 搜索中，计算当前点 $\mathbf{x}^{(0)} = (0, 1)$ 的牛顿步：

$$\min f(x_1, x_2) = (x_1 + 1)^4 + x_1 x_2 + (x_2 + 1)^4$$

解：为了得到线性系统 16.38，我们计算偏导数：

$$\nabla f(0, 1) = \begin{bmatrix} 4(x_1 + 1)^3 + x_2 \\ x_1 + 4(x_2 + 1)^3 \end{bmatrix} = \begin{bmatrix} 5 \\ 32 \end{bmatrix}$$

和

$$\nabla^2 f(0, 1) = \begin{bmatrix} 12(x_1 + 1)^2 & 1 \\ 1 & 12(x_2 + 1)^2 \end{bmatrix} = \begin{bmatrix} 12 & 1 \\ 1 & 48 \end{bmatrix}$$

那么，牛顿步 $\Delta\mathbf{x}$ 是如下问题的解：

$$\begin{bmatrix} 12 & 1 \\ 1 & 48 \end{bmatrix} \begin{bmatrix} \Delta x_1 \\ \Delta x_2 \end{bmatrix} = - \begin{bmatrix} 5 \\ 32 \end{bmatrix}$$

其近似解是 $\Delta x_1 = -0.361\,7$，$\Delta x_2 = -0.659\,1$。

16.6.2　牛顿法

牛顿法需要重复上面的流程。也就是说，它使用当前点的一阶和二阶偏导数来计算牛顿步，根据该牛顿步更新解，并重复该过程。算法 16E 给出了具体细节。

▶**算法 16E：牛顿法**

步骤 0：初始化。选择任意初始点 $\mathbf{x}^{(0)}$，选择停止精度 $\varepsilon > 0$，并设置迭代索引 $t \leftarrow 0$。

步骤 1：导数。计算目标函数在当前点的梯度 $\nabla f(\mathbf{x}^{(t)})$ 和海森矩阵 $\nabla^2 f(\mathbf{x}^{(t)})$。

步骤 2：驻点。若 $\|\nabla f(\mathbf{x}^{(t)})\| < \varepsilon$，停止。点 $\mathbf{x}^{(t)}$ 与某个驻点足够近。

步骤 3：牛顿步。求解线性问题：

$$\nabla^2 f(\mathbf{x}^{(t)}) = - \nabla f(\mathbf{x}^{(t)})$$

得到牛顿步 $\Delta\mathbf{x}^{(t+1)}$。

步骤 4：新点。更新 $\mathbf{x}^{(t+1)} \leftarrow \mathbf{x}^{(t)} + \Delta\mathbf{x}^{(t+1)}$。

步骤 5：前进。增加 $t \leftarrow t + 1$，并回到步骤 1。

16.6.3　定制计算机应用中的牛顿法

表 16-6 和图 16-17 应用算法 16E 来求解定制计算机应用，其中停止精度 $\varepsilon = 0.1$。方程(16-25)已经求得向 $\mathbf{x}^{(1)} = (40.96, -0.595\,9)$ 的第一次移动。重新计算导数，新的牛顿步 $\Delta\mathbf{x} = (-0.273\,3, -0.006\,1)$ 给出下面位置：

$$\mathbf{x}^{(2)} = \mathbf{x}^{(1)} + \Delta\mathbf{x} = (40.96, -0.595\,9) + (-0.2733, -0.006\,1) = (40.68, -0.602\,0)$$

表 16-6　定制计算机应用中的牛顿法

t	$\mathbf{x}^{(t)}$	$f(\mathbf{x}^{(t)})$	$\nabla f(\mathbf{x}^{(t)})$	$\nabla^2 f(\mathbf{x}^{(t)})$	$\|\nabla f(\mathbf{x}^{(t)})\|$	$\Delta\mathbf{x}^{(t+1)}$
0	$(32.00, -0.400\,0)$	174.746	$(-6.240, 105\,3)$	$\begin{bmatrix} 7.13 & 293.99 \\ 293.99 & 18.817 \end{bmatrix}$	1 053.4	$(8.956, -0.195\,9)$

（续）

t	$\mathbf{x}^{(t)}$	$f(\mathbf{x}^{(t)})$	$\nabla f(\mathbf{x}^{(t)})$	$\nabla^2 f(\mathbf{x}^{(t)})$	$\|\nabla f(\mathbf{x}^{(t)})\|$	$\Delta\mathbf{x}^{(t+1)}$
1	$(40.96, -0.595\,9)$	43.820	$(2.347, 116.3)$	$\begin{bmatrix} 4.86 & 18.817 \\ 166.21 & 166.21 \end{bmatrix}$	116.36	$(-0.273\,3, -0.006\,1)$
2	$(40.68, -0.602\,0)$	43.133	$(0.028\,9, 2.989)$	$\begin{bmatrix} 4.81 & 158.97 \\ 158.97 & 10.918 \end{bmatrix}$	2.989\,5	$(0.005\,8, -0.000\,4)$
3	$(40.69, -0.602\,4)$	43.133	$(0.000\,0, 0.002\,7)$	$\begin{bmatrix} 4.81 & 158.73 \\ 158.73 & 10.899 \end{bmatrix}$	0.002\,72	停止

注意假设步长 $\lambda=1$，这是因为牛顿步给出的是包括步长和方向的完整移动而不仅仅是一个移动方向。

算法 16E 在下一个移动到点 $\mathbf{x}^{(3)}=(40.68, -0.602\,4)$ 时停止。该点的梯度范数 0.002\,72 比停止精度 $\varepsilon=0.1$ 小，这意味着我们与目标函数的一个驻点非常接近了。

例 16-18 执行牛顿法

回到例 16-17 的模型，并执行牛顿法算法 16E 的两个迭代，初始点为 $\mathbf{x}^{(0)}=(0, 1)$。

解：例 16-17 已经计算了偏导数的表达式：

$$\nabla f(x_1, x_2) = \begin{bmatrix} 4(x_1+1)^3 + x_2 \\ x_1 + 4(x_2+1)^3 \end{bmatrix}$$

和

$$\nabla^2 f(x_1, x_2) = \begin{bmatrix} 12(x_1+1)^2 & 1 \\ 1 & 12(x_2+1)^2 \end{bmatrix}$$

沿着第一个牛顿步 $\Delta\mathbf{x}^{(1)}=(-0.361\,7, -0.659\,1)$，那么第一个迭代得到：

$$\mathbf{x}^{(1)} = (0.1) + (-0.361\,7, -0.659\,1) = (-0.361\,7, 0.340\,9)$$

注意，没有应用步长 λ（或等价的，$\lambda=1$）。

在梯度和海森矩阵表达式中，替换该 $\mathbf{x}^{(1)}$，得到下一个线性问题：

$$\begin{bmatrix} 4.889 & 1 \\ 1 & 28.93 \end{bmatrix}\begin{bmatrix} \Delta x_1 \\ \Delta x_2 \end{bmatrix} = -\begin{bmatrix} 1.381 \\ 9.282 \end{bmatrix}$$

这里解是 $\Delta\mathbf{x}^{(2)}=(-0.218\,4, -0.313\,3)$，我们完成第二次迭代：

$$\mathbf{x}^{(2)} = (-0.361\,7, -0.659\,1) + (-0.218\,4, -0.313\,3) = (-0.580\,1, 0.027\,6)$$

16.6.4 牛顿法的快速收敛速度

比较表 16-5 和表 16-6 可知，牛顿法比梯度搜索带来了收敛速度的巨大提高。梯度算法需要 27 次移动得到最优解。牛顿法仅仅需要 3 步。

尽管完全解释该改善的数学原理不在本书范围内，但两种算法的对比经验是非常典型的。

原理 16.39 如果牛顿法收敛到局部最优点，需要的步数远远少于梯度搜索。

16.6.5 梯度搜索和牛顿法的计算权衡

当然，迭代次数不是比较算法有效性的唯一标准。我们必须考虑每次迭代付出的代价。

牛顿法有优势也有劣势。优势是不使用线性搜索(尽管在某些扩展中被增加到算法 16E 中)。一旦方向 $\Delta\mathbf{x}^{(t+1)}$ 计算出来,我们可以直接更新解,而不必相对费力地搜索最优步长 λ。

牛顿法的额外负担来自其对二阶泰勒近似的应用。对于一个 n 维变量 $\mathbf{x}^{(t)}$,每次方向的计算需要一阶偏导的 n 个表达式,以及海森矩阵中(应用对称性)额外的 $\frac{1}{2}n(n+1)$ 个表达式。这大概相当于计算 $n+\frac{1}{2}n(n+1)$ 次目标函数值的工作量,而梯度搜索仅需计算 n 次。此外,我们必须求解 n 乘 n 的线性方程组来得到下一个牛顿移动。这也是每次迭代中一个主要的计算负担。

原理 16.40　每个迭代中,计算一阶和二阶偏导数以及求解线性方程组,使得牛顿法的计算量随着决策变量维数的增加而变得繁重。

16.6.6　牛顿法的初始点

也许牛顿法最大的劣势是其可能根本无法收敛。

原理 16.41　只有从局部最优点相对较近的地方出发,牛顿法才能够保证收敛到局部最优点。

收敛失败的主要原因有两个。第一个是二阶泰勒近似本身。在远离最优解的地方,二阶近似给出的信息非常有限,以至于牛顿步可能根本无法改善目标函数。比如,假设例 16-18 的牛顿搜索从 $\mathbf{x}^{(0)}=(-1,1)$ 开始而不是 $(0,1)$。那么,定义 16.38 的线性问题如下:

$$\begin{bmatrix} 0 & 1 \\ 1 & 48 \end{bmatrix}\begin{bmatrix} \Delta x_1 \\ \Delta x_2 \end{bmatrix}=-\begin{bmatrix} 1 \\ 31 \end{bmatrix}$$

由此可得牛顿步 $\Delta\mathbf{x}^{(1)}=(-1,17)$ 将最小化目标值从 $f(-1,1)=15$ 移动到 $f(-2,18)=130\ 286$。这并没有改善结果!

另一个潜在的难题来自于牛顿迭代中需要求解的线性方程组。我们如何知道是否可以有效地求解;也就是说(预备知识 5),什么条件能够保证 16.38 中的海森矩阵 $\nabla^2 f(\mathbf{x}^{(t)})$ 是非奇异的?

在一个严格局部最优点附近,二阶充分条件 16.22 说明海森矩阵必须是正定的或负定的。任意一个都能够得到非奇异性(预备知识 8)。但是如果我们远离最优解,不存在任何保证。

16.7　拟牛顿法和 BFGS 搜索

在 16.5 节我们看到,梯度搜索仅需要一阶偏导数,但往往只能给出较差的数值表现。16.6 节的牛顿法得到了改善的收敛性,但每次迭代需要二阶导数并求解一个线性方程组。一个非常自然的想法是,融合两种方法,保留它们各自的优点并改善各自最差的缺陷。这正是拟牛顿法背后的思想，这为许多无约束非线性规划问题给出了最有效的著名算法。

16.7.1 偏转矩阵

定义 16.38 的牛顿步由下式可得移动 $\Delta\mathbf{x}$：
$$\nabla^2 f(\mathbf{x}^{(t)})\Delta\mathbf{x} = -\nabla f(\mathbf{x}^{(t)})$$
假设海森矩阵是非奇异的，我们可以左乘其逆矩阵来表示移动为：
$$\Delta\mathbf{x} = -\nabla^2 f(\mathbf{x}^{(t)})^{-1}\nabla f(\mathbf{x}^{(t)})$$
也就是说，通过在当前梯度前应用合适的偏转矩阵 $\mathbf{D}_t = \nabla^2 f(\mathbf{x}^{(t)})^{-1}$ 来计算方向。

> **定义 16.42** **偏转矩阵**(deflection matrix)$\mathbf{D}_t$ 产生修正的梯度搜索方向：
> $$\Delta\mathbf{x}^{(t+1)} = -\mathbf{D}_t\nabla f(\mathbf{x}^{(t)})$$

通过拉伸一个点，我们也可以认为梯度搜索是一种偏转矩阵方法。比如，最大化案例的算法 16D 的使用方向：
$$\Delta\mathbf{x} = \nabla f(\mathbf{x}^{(t)}) = -(-\mathbf{I})\nabla f(\mathbf{x}^{(t)})$$
其可以被看作使用了负的单位偏转矩阵 $\mathbf{D}_t = -\mathbf{I}$。相应的最小化问题使用 $\mathbf{D}_t = +\mathbf{I}$。

16.7.2 拟牛顿方式

拟牛顿法(quasi-Newton condition)通过一个偏转矩阵起作用，该偏转矩阵近似牛顿法中海森矩阵的逆矩阵 $\nabla^2 f^{-1}(\mathbf{x}^{(t)})$。与纯粹的牛顿法不同，该 $\mathbf{D}_t$ 由之前仅使用一阶导数的搜索结果构造。

该方法的关键在于识别一个偏转矩阵所需的性质，从而用于替代逆海森矩阵。其中主要的想法在于，海森矩阵 $\nabla^2 f(\mathbf{x}^{(t)})$ 反映了一阶导数 $\nabla f(\mathbf{x}^{(t)})$ 的变化速率。我们从 $\mathbf{x}^{(t)}$ 移动到 $\mathbf{x}^{(t+1)}$，由如下方式得到：
$$\nabla f(\mathbf{x}^{(t+1)}) - \nabla f(\mathbf{x}^{(t)}) \approx \nabla^2 f(\mathbf{x}^{(t)})(\mathbf{x}^{(t+1)} - \mathbf{x}^{(t)})$$
或
$$\nabla^2 f(\mathbf{x}^{(t)})^{-1}(\nabla f(\mathbf{x}^{(t+1)}) - \nabla f(\mathbf{x}^{(t)})) \approx \mathbf{x}^{(t+1)} - \mathbf{x}^{(t)}$$
对 $\mathbf{D}_t$ 类似的要求被称为拟牛顿条件。

> **原理 16.43** 在每次迭代中，通过满足拟牛顿条件，拟牛顿算法的偏转矩阵近似了逆海森矩阵的变化：
> $$\mathbf{D}_{t+1}\mathbf{g} = \mathbf{d}$$
> 其中 $\mathbf{d} = \mathbf{x}^{(t+1)} - \mathbf{x}^{(t)}$ 且 $\mathbf{g} = \nabla f(\mathbf{x}^{(t+1)}) - \nabla f(\mathbf{x}^{(t)})$。

海森矩阵的另一个特有属性是对称性。对于大部分一般函数来说，$\nabla^2 f(\mathbf{x}^{(t)})$ 和 $\nabla^2 f(\mathbf{x}^{(t)})^{-1}$ 都是对称矩阵。若希望拟牛顿偏转矩阵能够用来近似这样的逆海森矩阵，偏转矩阵必须具备该性质。

> **原理 16.44** 拟牛顿算法的偏转矩阵应与逆海森矩阵一样是对称的。

16.7.3　保证方向改善

在 16.6 节中，我们碰到的难题之一是，牛顿法给出远离最优解的不可预测解，甚至可能给不出改善步。

我们希望拟牛顿算法来避免这个难题。回忆前面的原理 3.21 和 3.22，若 $\nabla f(\mathbf{x}^{(t)}) \cdot \Delta \mathbf{x} > 0$，则方向 $\Delta \mathbf{x}$ 能够改善最大化问题；若 $\nabla f(\mathbf{x}^{(t)}) \cdot \Delta x < 0$，则能够改善最小化问题。从偏转矩阵定义 16.42 中得到的方向，这些条件如下：

$$\nabla f(\mathbf{x}^{(t)})(-\mathbf{D}_t \nabla f(\mathbf{x}^{(t)})) = \nabla f(\mathbf{x}^{(t)})(-\mathbf{D}_t)\nabla f(\mathbf{x}^{(t)}) > 0$$

和

$$\nabla f(\mathbf{x}^{(t)})(-\mathbf{D}_t \nabla f(\mathbf{x}^{(t)})) = \nabla f(\mathbf{x}^{(t)})(-\mathbf{D}_t)\nabla f(\mathbf{x}^{(t)}) < 0$$

注意到若每个 $\mathbf{D}_t$ 是负定的，那么任意最大化问题都能满足，因此 $-\mathbf{D}_t$ 是正定的（预备知识 8）。类似地，最小化问题要求 $\mathbf{D}_t$ 是正定的。这些考虑引出了另一个特性。

原理 16.45　拟牛顿算法中的偏转矩阵应该保持 $\mathbf{D}_t$ 在最大化问题中是负定的，在最小化问题中是正定的，从而保证改善方向。

16.7.4　BFGS 公式

事实上，许多种类的偏转矩阵更新公式都能够满足拟牛顿要求 16.43 至 16.45。但其中一个方法被证明比其他的都更加有效率。由 C. Broyden，R. Fletcher，D. Goldfarb 和 D. Shanno 的组合工作开发而来，该方法被称为 BFGS 公式。

定义 16.46　BFGS 公式通过如下方式更新偏转矩阵：

$$\mathbf{D}_{t+1} \leftarrow \mathbf{D}_t + \left(1 + \frac{\mathbf{g}\mathbf{D}_t\mathbf{g}}{\mathbf{d} \cdot \mathbf{g}}\right)\frac{\mathbf{d}\mathbf{d}^T}{\mathbf{d} \cdot \mathbf{g}} - \frac{\mathbf{D}_t\mathbf{g}\mathbf{d}^T + \mathbf{d}\mathbf{g}^T\mathbf{D}_t}{\mathbf{d} \cdot \mathbf{g}}$$

其中 $\mathbf{d} = \mathbf{x}^{(t+1)} - \mathbf{x}^{(t)}$，且 $\mathbf{g} = \nabla f(\mathbf{x}^{(t+1)}) - \nabla f(\mathbf{x}^{(t)})$。

尽管该方式表现得非常激进，但每个迭代中，事实上 BFGS 更新 16.46 对偏转矩阵的改变相当温和。该更新形式：

$$\mathbf{D}_t + \varphi \mathbf{C}_1 - [(\mathbf{D}_t\mathbf{C}_2) + (\mathbf{D}_t\mathbf{C}_2)^T]$$

其中系数：

$$\varphi \triangleq 1 + \frac{\mathbf{g}\mathbf{D}_t\mathbf{g}}{\mathbf{d} \cdot \mathbf{g}} \tag{16-26}$$

被应用于组合简单矩阵：

$$\mathbf{C}_1 \triangleq \frac{\mathbf{d}\mathbf{d}^T}{\mathbf{d} \cdot \mathbf{g}} = \frac{1}{\sum_j d_j g_j}\begin{bmatrix} (d_1)^2 & d_1 d_2 & \cdots & d_1 d_n \\ d_2 d_1 & (d_2)^2 & \cdots & d_2 d_n \\ \vdots & \vdots & \ddots & \vdots \\ d_n d_1 & d_n d_2 & \cdots & (d_n)^2 \end{bmatrix}$$

$$\mathbf{C}_2 = \frac{\mathbf{g}\mathbf{d}^T}{\mathbf{d} \cdot \mathbf{g}} = \frac{1}{\sum_j d_j g_j}\begin{bmatrix} g_1 d_1 & g_1 d_2 & \cdots & g_1 d_n \\ g_2 d_1 & g_2 d_2 & \cdots & g_2 d_n \\ \vdots & \vdots & \ddots & \vdots \\ g_n d_1 & g_n d_2 & \cdots & g_n d_n \end{bmatrix}$$

$$\tag{16-27}$$

注意 C_1 和 C_2 按照行排序，每行乘以每个其他参数。

16.7.5 定制计算机应用的 BFGS 搜索

算法 16F 详细列出了基于 BFGS 更新公式 16.46 的搜索算法。表 16-7 和图 16-18 则给出了该算法在定制计算机公司曲线拟合模型（16-7）中的应用。

表 16-7 定制计算机应用的 BFGS 搜索

t	$\mathbf{x}^{(t)}$	$f(\mathbf{x}^{(t)})$	$\nabla f(\mathbf{x}^{(t)})$	$\|\nabla f(\mathbf{x}^{(t)})\|$	$\mathbf{D}_t$		$\Delta\mathbf{x}^{(t+1)}$	λ_{t+1}
0	$(32.00, -0.400\,0)$	174.746	$(-6.240, 1\,053)$	1 053.4	$1.000\,0$ $0.000\,0$	$0.000\,0$ $1.000\,0$	$(6.240, -1053)$	0.000 1
1	$(32.00, -0.468\,5)$	141.139	$(-23.02, 2.514)$	23.15	$1.000\,2$ $0.016\,0$	$-0.016\,0$ $0.000\,3$	$(23.06, -0.3684)$	0.375 5
2	$(40.66, -0.606\,8)$	43.258	$(-0.823, -51.54)$	51.54	$0.375\,9$ $0.005\,9$	$-0.005\,9$ $0.000\,2$	$(0.0079, 0.0032)$	1.436 1
3	$(4.067, -0.602\,1)$	43.133	$(-0.041, 0.100)$	0.11	$0.377\,5$ $0.005\,5$	$-0.005\,5$ $0.000\,2$	$(0.0160, -0.0002)$	1.060 4
4	$(40.69, -0.602\,4)$	43.132	$(0.000, -0.008)$	0.01	停止			

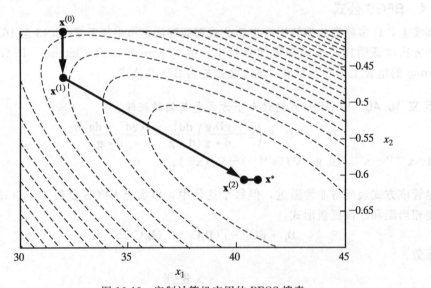

图 16-18 定制计算机应用的 BFGS 搜索

对于该最小化问题，算法 16F 的初次迭代使用了单位偏转矩阵 $\mathbf{D}_0 = \mathbf{I}$，其中第一次移动方向：

$$\Delta\mathbf{x}^{(1)} = -\mathbf{D}_0\,\nabla f(\mathbf{x}^{(0)}) = -\mathbf{I}\,\nabla f(\mathbf{x}^{(0)}) = -\nabla f(\mathbf{x}^{(0)})$$

因此，我们的 BFGS 流程与梯度搜索算法 16D 的第一个方向一致。

与梯度算法 16D 一样，而与牛顿算法 16E 不一样，拟牛顿法要求线性搜索。表 16-7 列出了该搜索的第一步步长 $\lambda = 0.000\,1$。该结果是：

$$\mathbf{x}^{(1)} \leftarrow \mathbf{x}^{(0)} + \lambda_1\Delta\mathbf{x}_1 = (32.00, -0.400\,0) + (0.000\,1)(6.240, -105\,3)$$
$$= (32.00, -0.468\,5)$$

其梯度 $\nabla f(\mathbf{x}^{(1)}) = (-23.02, 2.514)$。那么，

$$\mathbf{d} \triangleq \mathbf{x}^{(t+1)} - \mathbf{x}^{(t)} = \begin{bmatrix} 32.000\ 4 \\ -0.468\ 5 \end{bmatrix} - \begin{bmatrix} 32 \\ -0.4 \end{bmatrix} = \begin{bmatrix} 0.000\ 4 \\ -0.068\ 5 \end{bmatrix}$$

$$\mathbf{g} \triangleq \nabla f(\mathbf{x}^{(t+1)}) - \nabla f(\mathbf{x}^{(t)}) = \begin{bmatrix} -23.02 \\ 2.514 \end{bmatrix} - \begin{bmatrix} -6.240 \\ 1\ 053.4 \end{bmatrix} = \begin{bmatrix} -16.78 \\ -1\ 050.9 \end{bmatrix}$$

并且

$$\mathbf{d} \cdot \mathbf{g} = (0.000\ 4, -0.068\ 5) \cdot (-16.78, -1\ 050.9) = 71.9$$

▶**算法 16F：BFGS 拟牛顿搜索**

步骤 0：初始化。选择任意初始解 $\mathbf{x}^{(0)}$，计算梯度 $\nabla f(\mathbf{x}^{(0)})$ 并选择停止精度 $\varepsilon > 0$。且初始化偏转矩阵：

$$\mathbf{D}_0 = \mp \mathbf{I}$$

（一对应最大化问题，＋对应最小化问题）且设置迭代索引 $t \leftarrow 0$。

步骤 1：驻点。若范数 $\|\nabla f(\mathbf{x}^{(t)})\| \varepsilon$，停止。点 $\mathbf{x}^{(t)}$ 与某个驻点足够接近。

步骤 2：方向。使用当前偏转矩阵 $\mathbf{D}_t$ 计算移动方向：

$$\Delta \mathbf{x}^{(t+1)} \leftarrow \mathbf{D}_t \nabla f(\mathbf{x}^{(t)})$$

步骤 3：线性搜索。求解（至少是近似）一维线性搜索最大化或最小化 $f(\mathbf{x}^{(t)} + \lambda \Delta \mathbf{x}^{(t+1)})$ 问题，以求得步长 λ_{t+1}。

步骤 4：新点。更新：

$$\mathbf{x}^{(t+1)} \leftarrow \mathbf{x}^{(t)} + \lambda_{t+1} \Delta \mathbf{x}^{(t+1)}$$

并计算新的梯度 $\nabla f(\mathbf{x}^{(t_1)})$。

步骤 5：偏转矩阵。按照如下方式修改偏转矩阵：

$$\mathbf{D}_{t+1} \leftarrow \mathbf{D}_t + \left(1 + \frac{\mathbf{g}\mathbf{D}_t\mathbf{g}}{\mathbf{d} \cdot \mathbf{g}}\right) \frac{\mathbf{d}\mathbf{d}^{\mathrm{T}}}{\mathbf{d} \cdot \mathbf{g}} - \frac{\mathbf{D}_t\mathbf{g}\mathbf{d}^{\mathrm{T}} + \mathbf{d}\mathbf{g}\mathbf{D}_t}{\mathbf{d} \cdot \mathbf{g}}$$

其中 $\mathbf{d} \triangleq (\mathbf{x}^{(t+1)} - \mathbf{x}^{(t)})$ 且 $\mathbf{g} \triangleq (\nabla f(\mathbf{x}^{(t+1)}) - \nabla f(\mathbf{x}^{(t)}))$。

步骤 6：前进。增加 $t \leftarrow t+1$，并回到步骤 1。

下面我们计算主要的更新矩阵：

$$\frac{\mathbf{d}\mathbf{d}^{\mathrm{T}}}{\mathbf{d} \cdot \mathbf{g}} = \frac{1}{71.9} \begin{bmatrix} 0.000\ 4 \\ -0.468\ 5 \end{bmatrix} (0.000\ 4, -0.468\ 5) = \begin{bmatrix} 0.000\ 000\ 0 & -0.000\ 000\ 4 \\ -0.000\ 000\ 4 & 0.000\ 065\ 2 \end{bmatrix}$$

$$\frac{\mathbf{D}_0\mathbf{g}\mathbf{d}^{\mathrm{T}}}{\mathbf{d} \cdot \mathbf{g}} = \frac{1}{71.9} \begin{bmatrix} 1 & 0 \\ 0 & 1 \end{bmatrix} \begin{bmatrix} -16.78 \\ -1\ 050.9 \end{bmatrix} (0.000\ 4, -0.468\ 5) = \begin{bmatrix} -0.000\ 095 & 0.015\ 975 \\ -0.005\ 927 & 1.000\ 62 \end{bmatrix}$$

然后有：

$$\mathbf{g}\mathbf{D}_0\mathbf{g}^{\mathrm{T}} = (-16.78, -1050.9) \begin{bmatrix} 1 & 0 \\ 0 & 1 \end{bmatrix} \begin{bmatrix} -16.78 \\ -1\ 050.9 \end{bmatrix} = 1\ 104\ 583$$

新的偏转矩阵是：

$$\mathbf{D}_1 \leftarrow \mathbf{D}_0 + \left(1 + \frac{\mathbf{g}\mathbf{D}_0\mathbf{g}}{\mathbf{d} \cdot \mathbf{g}}\right) \frac{\mathbf{d}\mathbf{d}^{\mathrm{T}}}{\mathbf{d} \cdot \mathbf{g}} - \frac{\mathbf{D}_0\mathbf{g}\mathbf{d}^{\mathrm{T}} + \mathbf{d}\mathbf{g}^{\mathrm{T}}\mathbf{D}_0}{\mathbf{d} \cdot \mathbf{g}}$$

$$= \begin{bmatrix} 1 & 0 \\ 0 & 1 \end{bmatrix} + \left(1 + \frac{1\ 104\ 583}{71.9}\right) \begin{bmatrix} 0.000\ 000\ 0 & -0.000\ 000\ 4 \\ -0.000\ 000\ 4 & 0.000\ 065\ 2 \end{bmatrix}$$

$$-\left[\begin{bmatrix} -0.000\,095 & 0.015\,975 \\ -0.005\,927 & 1.000\,62 \end{bmatrix} + \begin{bmatrix} -0.000\,095 & -0.005\,927 \\ 0.015\,975 & 1.000\,62 \end{bmatrix}\right]$$

$$=\begin{bmatrix} 1.000\,2 & -0.016\,0 \\ -0.016\,0 & 0.000\,3 \end{bmatrix}$$

该修改的偏转矩阵产生了下一个移动方向:

$$\Delta \mathbf{x}^{(1)} \longleftarrow \mathbf{D}_1\,\nabla f(\mathbf{x}^{(1)}) = -\begin{bmatrix} 1.000\,2 & -0.016\,0 \\ -0.016\,0 & 0.000\,3 \end{bmatrix}\begin{bmatrix} -23.02 \\ 2.514 \end{bmatrix} = \begin{bmatrix} 23.06 \\ -0.368\,4 \end{bmatrix}$$

然后继续搜索。

当 $\|\nabla f(\mathbf{x}^{(t)})\| < \varepsilon$,表明我们已经到达近似的驻点。使用 $\varepsilon = 0.1$,这出现在表 16-7 的迭代 $t=4$。

例 16-19 实施 BFGS 搜索

假设对于一个最大化问题,BFGS 算法 16F 到达迭代 $t=5$ 时有如下参数:

$$\mathbf{x}^{(5)} = (10, 16), \quad \nabla f(\mathbf{x}^{(5)}) = (-1, 1), \quad \mathbf{D}_5 = \begin{bmatrix} -10 & 2 \\ 2 & -4 \end{bmatrix}$$

然后在 BFGS 方向中应用步长 $\lambda_6 = \frac{1}{2}$,以达到一个新点 $\mathbf{x}^{(6)}$,且 $\nabla f(\mathbf{x}^{(6)}) = (5, -3)$。

(a)判断应用的方向 $\Delta \mathbf{x}^{(6)}$ 和新的解 $\mathbf{x}^{(6)}$。

(b)计算下一个迭代所需要的修正偏转矩阵 $\mathbf{D}_6$。

解:

(a)根据梯度偏转计算公式 16.42:

$$\Delta \mathbf{x}^{(6)} \longleftarrow \mathbf{D}_5\,\nabla f(\mathbf{x}^{(5)}) = -\begin{bmatrix} -10 & 2 \\ 2 & -4 \end{bmatrix}\begin{bmatrix} -1 \\ 1 \end{bmatrix} = \begin{bmatrix} -12 \\ 6 \end{bmatrix}$$

那么新的解是:

$$\mathbf{x}^{(6)} = \mathbf{x}^{(5)} + \lambda_6 \Delta \mathbf{x}^{(6)} = \begin{bmatrix} 10 \\ 16 \end{bmatrix} + \frac{1}{2}\begin{bmatrix} -12 \\ 6 \end{bmatrix} = \begin{bmatrix} 4 \\ 19 \end{bmatrix}$$

(b) 我们应用 BFGS 公式 16.46。首先,差值向量为:

$$\mathbf{d} \triangleq \mathbf{x}^{(6)} - \mathbf{x}^{(5)} = \begin{bmatrix} 4 \\ 19 \end{bmatrix} - \begin{bmatrix} 10 \\ 16 \end{bmatrix} = \begin{bmatrix} -6 \\ 3 \end{bmatrix}$$

$$\mathbf{g} \triangleq \nabla f(\mathbf{x}^{(6)}) - \nabla f(\mathbf{x}^{(5)}) = \begin{bmatrix} 5 \\ -3 \end{bmatrix} - \begin{bmatrix} -1 \\ 1 \end{bmatrix} = \begin{bmatrix} 6 \\ -4 \end{bmatrix}$$

且 $\mathbf{d} \cdot \mathbf{g} = -48$。更新矩阵为:

$$\frac{\mathbf{d}\mathbf{d}^{\mathrm{T}}}{\mathbf{d} \cdot \mathbf{g}} = \frac{1}{-48}\begin{bmatrix} -6 \\ 3 \end{bmatrix}(-6.3) = \begin{bmatrix} -0.75 & 0.375 \\ 0.375 & -0.187\,5 \end{bmatrix}$$

$$\frac{\mathbf{D}_5 \mathbf{g}\mathbf{d}^{\mathrm{T}}}{\mathbf{d} \cdot \mathbf{g}} = \frac{1}{-48}\begin{bmatrix} -10 & 2 \\ 2 & -4 \end{bmatrix}\begin{bmatrix} 6 \\ -4 \end{bmatrix}(-6.3) = \begin{bmatrix} -8.5 & 4.25 \\ 3.5 & -1.75 \end{bmatrix}$$

且

$$\mathbf{g}\mathbf{D}_5\mathbf{g} = (6, -4)\begin{bmatrix} -10 & 2 \\ 2 & -4 \end{bmatrix}\begin{bmatrix} 6 \\ -4 \end{bmatrix} = -520$$

现在代入公式 16.46 可得：

$$\mathbf{D}_6 \leftarrow \mathbf{D}_5 + \left(1 + \frac{\mathbf{g}\mathbf{D}_5\mathbf{g}}{\mathbf{d}\cdot\mathbf{g}}\right)\frac{\mathbf{d}\mathbf{d}^T}{\mathbf{d}\cdot\mathbf{g}} - \frac{\mathbf{D}_5\mathbf{g}\mathbf{d}^T + \mathbf{d}\mathbf{g}^T\mathbf{D}_5}{\mathbf{d}\cdot\mathbf{g}}$$

$$= \begin{bmatrix} -10 & 2 \\ 2 & -4 \end{bmatrix} + \left(1 + \frac{-520}{-48}\right)\begin{bmatrix} -0.75 & 0.375 \\ 0.375 & -0.1875 \end{bmatrix}$$

$$- \left[\begin{bmatrix} -8.5 & 4.25 \\ 3.5 & -1.75 \end{bmatrix} + \begin{bmatrix} -8.5 & 3.5 \\ 4.25 & -1.75 \end{bmatrix}\right] = \begin{bmatrix} -1.8750 & -1.3125 \\ -1.3125 & -2.7188 \end{bmatrix}$$

16.7.6　验证拟牛顿要求

尽管大多数内容的证明并不在本书范围内，但 BFGS 更新公式 16.46 可以被证明满足我们所有的拟牛顿要求。

原理 16.47　在每次迭代中，BFGS 更新公式 16.46 给出了满足拟牛顿条件 16.43 的偏转矩阵，同时满足对称性要求 16.44 和改善方向特性 16.45。

为了说明这一点，关注表 16-7 的 $t=1$。这里有：

$$\mathbf{d} = \mathbf{x}^{(2)} - \mathbf{x}^{(1)} = \begin{bmatrix} 40.66 \\ -0.6068 \end{bmatrix} - \begin{bmatrix} 32.00 \\ -0.4685 \end{bmatrix} = \begin{bmatrix} 8.66 \\ -0.1383 \end{bmatrix}$$

$$\mathbf{g} = \nabla f(\mathbf{x}^{(2)}) - \nabla f(\mathbf{x}^{(1)}) = \begin{bmatrix} -0.823 \\ -51.54 \end{bmatrix} - \begin{bmatrix} -23.02 \\ 2.514 \end{bmatrix} = \begin{bmatrix} 22.193 \\ -54.05 \end{bmatrix}$$

拟牛顿原理 16.43 中 $\mathbf{D}_2\mathbf{g}=\mathbf{d}$ 可以验证：

$$\mathbf{D}_2\mathbf{g} = \begin{bmatrix} 0.37594 & -0.00585 \\ -0.00585 & 0.00016 \end{bmatrix}\begin{bmatrix} 22.193 \\ -54.05 \end{bmatrix} \approx \begin{bmatrix} 8.66 \\ -0.1383 \end{bmatrix} = \mathbf{d}$$

容易看出，表 16-7 的所有偏转矩阵 $\mathbf{D}_t$ 也满足对称性且是正定的（最小化问题的要求）。比如，$\mathbf{D}_3$ 的主子式是：

$$\det(0.3775) = 0.3775 > 0 \quad 且 \quad \det\begin{bmatrix} 0.3775 & -0.0055 \\ -0.0055 & 0.0002 \end{bmatrix} = 0.00004 > 0$$

例 16-20　验证拟牛顿要求

回到例 16-19 的最大化模型，并说明计算出的 $\mathbf{D}_6$ 满足拟牛顿算法原理 16.43 到 16.45 的要求。

解：拟牛顿原理 16.43 是 $\mathbf{D}_6\mathbf{g}=\mathbf{d}$。检查，有：

$$\mathbf{D}_6\mathbf{g} = \begin{bmatrix} -1.8750 & -1.3125 \\ -1.3125 & -2.7188 \end{bmatrix}\begin{bmatrix} 6 \\ -4 \end{bmatrix} = \begin{bmatrix} -6 \\ 3 \end{bmatrix} = \mathbf{d}$$

满足要求。同时，矩阵 $\mathbf{D}_6$ 是对称的（原理 16.44），因为 $d_{1,2}^{(6)} = d_{2,1}^{(6)} = -1.3125$。

为了保证最大化问题的改善方向，$\mathbf{D}_6$ 应该也是负定的（原理 16.45）。这也是正确的，因为主子式：

$$\det(-1.8750) = -1.8750 \quad 且 \quad \det\begin{bmatrix} -1.8750 & -1.3125 \\ -1.3125 & -2.7188 \end{bmatrix} = 3.375$$

符号交替且第一个是负的。

16.7.7 用 BFGS 近似海森矩阵的逆

拟牛顿原理 16.43 至 16.45 来自于模拟牛顿法对海森逆偏转矩阵 $\mathbf{D}_t = \nabla^2 f(\mathbf{x}^{(t)})^{-1}$ 的应用。BFGS 以及许多其他的拟牛顿偏转矩阵都倾向于该牛顿方法，这就并不奇怪了。

原理 16.48 *由于 BFGS 算法 16F 接近局部最优点，偏转矩阵 $\mathbf{D}_t$ 趋向于该最优点的逆海森矩阵。*

再一次，我们可以通过定制计算机应用的结果来说明这一点。BFGS 表 16-7 最终的偏转矩阵是：

$$\mathbf{D}_3 = \begin{bmatrix} 0.377\,5 & -0.005\,5 \\ -0.005\,5 & 0.000\,2 \end{bmatrix}$$

相应的海森矩阵是：

$$\nabla^2 f(\mathbf{x}^{(3)}) = \begin{bmatrix} 4.811 & 158.8 \\ 158.8 & 10\,903 \end{bmatrix}$$

其逆为：

$$\nabla^2 f(\mathbf{x}^{(3)})^{-1} = \begin{bmatrix} 0.400\,4 & -0.005\,8 \\ -0.005\,8 & 0.000\,2 \end{bmatrix}$$

与原理 16.48 一致，该 $\mathbf{D}_3$ 非常好地近似了 $\nabla^2 f(\mathbf{x}^{(3)})^{-1}$。

16.8 无导数优化和 Nelder-Mead 法

有时候非线性规划的目标函数是不可导的，或者至少不具有可计算的导数。对于这些问题，改进搜索必须完全依赖函数的值。

没有导数，算法怎么选择改进方向呢？许多机制已经被提出来了。有些只是简单地应用坐标方向——依次搜索。其他的则沿着当前过程的趋势进行搜索。我们这里仅介绍基于 Nelder 和 Mead 的方法，该方法通过维持当前解的集合来构建方向。

16.8.1 Nelder-Mead 策略

在不使用导数的无约束搜索机制中，Nelder-Mead 法是最流行的之一，其详细过程列在了算法 16G 中。表 16-8 记录了其在 PERT 极大似然估计模型(16-10)中的应用。

表 16-8　PERT 应用的 Nelder-Mead 搜索

t	$\mathbf{y}^{(1)}$	$\mathbf{y}^{(2)}$	$\mathbf{y}^{(3)}$	$\mathbf{y}^{(t)}$	$\Delta\mathbf{x}^{(t+1)}$	镜像	第二
0	$(5.000,\ 3.000)$	$(6.000,\ 3.000)$	$(6.000,\ 4.000)$	$(5.500,\ 3.000)$	$(-0.500,\ -1.000)$	$\lambda = 1.0$	$\boxed{\lambda = 0.5}$
	$f = 12.425$	$f = 11.429$	$f = 2.663$	$f = 13.084$		$f = 11.415$	$f = 24.915$
1	$(5.250,\ 2.500)$	$(5.000,\ 3.000)$	$(6.000,\ 3.000)$	$(5.125,\ 2.750)$	$(-0.875,\ -0.250)$	$\boxed{\lambda = 1.0}$	$\lambda = 2.0$
	$f = 24.915$	$f = 12.425$	$f = 11.429$	$f = 13.074$		$f = 30.005$	$f = 19.654$
2	$(4.250,\ 2.500)$	$(5.250,\ 2.500)$	$(5.000,\ 3.000)$	$(4.750,\ 2.500)$	$(-0.250,\ -0.500)$	$\lambda = 1.0$	$\boxed{\lambda = 0.5}$
	$f = 30.005$	$f = 24.915$	$f = 12.425$	$f = 30.482$		$f = 18.229$	$f = 17.354$
3	$(4.250,\ 2.500)$	$(5.250,\ 2.500)$	$(4.625,\ 2.250)$	$(4.750,\ 2.500)$	$(-0.203,\ -0.031)$	$\lambda = 1.0$	$\lambda = 0.5$
	$f = 30.005$	$f = 24.915$	$f = 17.354$	$f = 30.482$		$f = 21.434$	$f = 11.231$

（续）

t	$\mathbf{y}^{(1)}$	$\mathbf{y}^{(2)}$	$\mathbf{y}^{(3)}$	$\mathbf{y}^{(z)}$	$\Delta\mathbf{x}^{(t+1)}$	镜像	第二
4	(4.438, 2.375)	(4.750, 2.500)	(4.250, 2.500)	(4.594, 2.438)	(0.344, −0.063)	$\boxed{\lambda=1.0}$	
	$f=35.513$	$f=30.482$	$f=30.005$	$f=16.119$		$f=31.642$	
5	(4.438, 2.375)	(4.938, 2.375)	(4.750, 2.500)	(4.688, 2.375)	(−0.063, −0.125)	$\lambda=1.0$	$\lambda=-0.5$
	$f=35.513$	$f=31.642$	$f=30.482$	$f=15.893$		$f=17.354$	$f=26.577$
6	(4.438, 2.375)	(4.594, 2.438)	(4.688, 2.375)	(4.516, 2.406)	(−0.172, 0.031)	$\boxed{\lambda=1.0}$	
	$f=35.513$	$f=16.119$	$f=15.893$	$f=25.980$		$f=31.062$	
7	(4.438, 2.375)	(4.344, 2.438)	(4.594, 2.438)	(4.391, 2.406)	(−0.203, −0.031)	$\lambda=1.0$	$\boxed{\lambda=0.5}$
	$f=35.513$	$f=31.062$	$f=16.119$	$f=32.845$		$f=17.253$	$f=28.811$
8	(4.438, 2.375)	(4.344, 2.438)	(4.289, 2.391)	(4.391, 2.406)	(0.102, 0.016)	$\lambda=1.0$	$\boxed{\lambda=0.5}$
	$f=35.513$	$f=31.062$	$f=28.811$	$f=32.845$		$f=29.758$	$f=31.979$
9	(4.438, 2.375)	(4.441, 2.414)	(4.344, 2.438)	(4.439, 2.395)	(0.096, −0.043)	$\lambda=1.0$	$\boxed{\lambda=-0.5}$
	$f=35.513$	$f=31.979$	$f=31.062$	$f=33.857$		$f=26.094$	$f=32.250$
10	(4.438, 2.375)	(4.392, 2.416)	(4.441, 2.414)	(4.415, 2.396)	(−0.027, −0.019)	$\boxed{\lambda=1.0}$	
	$f=35.513$	$f=32.250$	$f=31.979$	$f=33.726$		$f=34.140$	
11	(4.438, 2.375)	(4.388, 2.377)	(4.392, 2.416)	(4.413, 2.376)	(0.021, −0.040)	$\lambda=1.0$	$\boxed{\lambda=2.0}$
	$f=35.513$	$f=34.140$	$f=32.250$	$f=34.957$		$f=37.893$	$f=41.050$
12	(4.455, 2.296)	(4.438, 2.375)	(4.388, 2.377)	(4.446, 2.335)	(0.058, −0.042)	$\boxed{\lambda=1.0}$	$\lambda=2.0$
	$f=41.050$	$f=35.513$	$f=34.140$	$f=38.569$		$f=42.813$	$f=27.929$
13	(4.504, 2.294)	(4.455, 2.296)	(4.438, 2.375)	(4.479, 2.295)	(0.042, −0.080)	$\boxed{\lambda=1.0}$	
	$f=42.813$	$f=41.050$	$f=35.513$	$f=43.202$		$f=41.193$	
14	(4.504, 2.294)	(4.521, 2.215)	(4.455, 2.296)	(4.513, 2.254)	(0.058, −0.042)	$\lambda=1.0$	$\boxed{\lambda=-0.5}$
	$f=42.813$	$f=41.193$	$f=41.050$	$f=42.388$		$f=28.723$	$f=44.727$
15	(4.484, 2.275)	(4.504, 2.294)	(4.521, 2.215)	(4.494, 2.285)	(−0.027, 0.070)	$\lambda=1.0$	$\boxed{\lambda=-0.5}$
	$f=44.727$	$f=42.813$	$f=41.193$	$f=45.087$		$f=37.793$	$f=44.627$
16	(4.484, 2.275)	(4.508, 2.250)	(4.504, 2.294)	(4.496, 2.262)	(−0.009, −0.032)	$\boxed{\lambda=1.0}$	$\lambda=2.0$
	$f=44.727$	$f=44.627$	$f=42.813$	$f=46.671$		$f=46.356$	$f=43.832$
17	(4.487, 2.231)	(4.484, 2.275)	(4.508, 2.250)	(4.485, 2.253)	(−0.022, 0.003)	$\lambda=1.0$	$\boxed{\lambda=-0.5}$
	$f=46.356$	$f=44.727$	$f=44.627$	$f=45.790$		$f=42.708$	$f=47.301$
18	(4.497, 2.251)	(4.487, 2.231)	(4.484, 2.275)	(4.492, 2.241)	(0.008, −0.034)	$\boxed{\lambda=1.0}$	$\lambda=2.0$
	$f=47.301$	$f=46.356$	$f=44.727$	$f=46.977$		$f=48.520$	$f=44.839$
19	(4.500, 2.207)	(4.497, 2.251)	(4.487, 2.231)	(4.498, 2.229)	(0.011, −0.002)	$\lambda=1.0$	$\boxed{\lambda=-0.5}$
	$f=48.520$	$f=47.301$	$f=46.356$	$f=48.192$		$f=44.882$	$f=47.275$
20	(4.500, 2.207)	(4.497, 2.251)	(4.493, 2.230)	(4.498, 2.229)	停止		
	$f=48.520$	$f=47.301$	$f=47.275$	$f=48.192$			

　　与其他改进搜索方法不一样的是，后者仅保留一个当前解，而 Nelder-Mead 算法 16G 维持 $n+1$ 个解的解集(ensemble)。

　　定义 16.49　在一个 n 维决策变量优化问题中，Nelder-Mead 算法维持 $n+1$ 个不同的解 $\mathbf{y}^{(1)}$, …, $\mathbf{y}^{(n+1)}$，其中 $\mathbf{y}^{(1)}$ 有最好的目标函数值，$\mathbf{y}^{(2)}$ 有第二好的目标函数值，以此类推。

　　搜索的每次迭代都试图用一个更好的解去替代最差的解 $\mathbf{y}^{(n+1)}$。

　　表 16-8 的最大化问题解释了 $n=2$ 的情形。搜索从下面的解集开始：

$$\mathbf{y}^{(1)}=(5,3),\quad \mathbf{y}^{(2)}=(5,3),\quad \mathbf{y}^{(3)}=(6,4),\quad f(\mathbf{y}^{(1)})=12.425,$$

$$f(\mathbf{y}^{(2)}) = 11.429, \quad f(\mathbf{y}^{(3)}) = 2.663$$

注意，这里的解是按照从好到坏进行编号的。

在解集里恰好维持有 $n+1$ 个解，这多少有些随意性。然而，维持的解太多则计算太复杂，太少则无法充分划界出一个潜在的最优解。对于 n 维决策变量问题，$n+1$ 个解恰好足够围绕某个点定义出一个多边形的顶点。

▶ **算法 16G：无导数的 Nelder-Mead 法**

步骤 0：初始化。选择 $(n+1)$ 个不同的解 $\mathbf{x}^{(j)}$ 作为初始解集 $\{\mathbf{y}^{(1)}, \cdots, \mathbf{y}^{(n+1)}\}$，计算 $f(\mathbf{y}^{(1)}), \cdots, f(\mathbf{y}^{(n+1)})$，并初始化迭代索引 $t \leftarrow 0$。

步骤 1：质心。按照目标值的改善顺序，根据需要重新编号和安排 $\mathbf{y}^{(i)}$。然后计算最优 n 维质心：

$$\mathbf{x}^{(t)} = \frac{1}{n} \sum_{i=1}^{n} \mathbf{y}^{(i)}$$

步骤 2：停止。若所有解的值 $f(\mathbf{y}^{(1)}), \cdots, f(\mathbf{y}^{(n)})$ 与质心的目标值 $f(\mathbf{x}^{(t)})$ 足够接近，停止并报告最优的 $\mathbf{y}^{(1)}$ 和 $\mathbf{x}^{(t)}$。

步骤 3：方向。使用质心 $\mathbf{x}^{(t)}$ 计算远离最差值的移动方向：

$$\Delta \mathbf{x}^{(t+1)} \leftarrow \mathbf{x}^{(t)} - \mathbf{y}^{(n+1)}$$

步骤 4：镜像。尝试 $\lambda=1$ 来计算 $f(\mathbf{x}^{(t)} + 1\Delta\mathbf{x}^{(t+1)})$。若该新值至少和当前最好的解 $f(\mathbf{y}^{(1)})$ 一样，跳到步骤 5 以扩大。若其不比第二差的解 $f(\mathbf{y}^{(n)})$ 好，跳到步骤 6 以缩小。否则，接受 $\lambda \leftarrow 1$，并前进到步骤 8。

步骤 5：扩大。尝试 $\lambda=2$ 来计算 $f(\mathbf{x}^{(t)} + 2\Delta\mathbf{x}^{(t+1)})$，若该值不比 $f(\mathbf{x}^{(t)} + 1\Delta\mathbf{x}^{(t+1)})$ 差，固定 $\lambda \leftarrow 2$，否则设置 $\lambda \leftarrow 1$。然后前进到步骤 8。

步骤 6：缩小。若镜像值 $f(\mathbf{x}^{(t)} + 1\Delta\mathbf{x}^{(t+1)})$ 比最差的当前值 $f(\mathbf{y}^{(n+1)})$ 好，通过计算 $f\left(\mathbf{x}^{(t)} + \frac{1}{2}\Delta\mathbf{x}^{(t+1)}\right)$ 来尝试 $\lambda = \frac{1}{2}$。若否，尝试 $\lambda = -\frac{1}{2}$ 来计算 $f\left(\mathbf{x}^{(t)} - \frac{1}{2}\Delta\mathbf{x}^{(t+1)}\right)$。任意一种，若结果比最差的当前值 $f(\mathbf{y}^{(n+1)})$ 有所改善，固定 λ 在 $\pm\frac{1}{2}$ 并前进到步骤 8。否则，跳到步骤 7 以收缩。

步骤 7：收缩。将当前解向着最好的 $\mathbf{y}^{(1)}$ 收缩：

$$\mathbf{y}^{(i)} \leftarrow \frac{1}{2}(\mathbf{y}^{(1)} + \mathbf{y}^{(i)}) \quad \forall i = 2, \cdots, n+1$$

然后计算新的 $f(\mathbf{y}^{(2)}), \cdots, f(\mathbf{y}^{(n+1)})$，前进 $t \leftarrow t+1$，然后回到步骤 1。

步骤 8：替换。在解集中替换最差的 $\mathbf{y}^{(n+1)}$ 为：

$$\mathbf{x}^{(t)} + \lambda\Delta\mathbf{x}^{(t+1)}$$

然后前进到 $t \leftarrow t+1$，并回到步骤 1。

例 16-21 安排一个 Nelder-Mead 解集

考虑无约束非线性规划：

$$\min f(x_1, x_2, x_3) = (x_1)^2 + (x_2 - 1)^2 + (x_3 + 4)^2$$

为 Nelder-Mead 搜索选择一个初始的解集，并根据 16.49 的标记进行排序。

解：对于 $n=3$，我们需要 4 个不同的解来"圈出"一个最可能产生好的解的区域。一个可能的解集是：

$$\begin{bmatrix} 3 \\ 3 \\ 3 \end{bmatrix}, \quad \begin{bmatrix} -3 \\ 3 \\ -3 \end{bmatrix}, \quad \begin{bmatrix} 3 \\ 0 \\ 3 \end{bmatrix} \quad \text{和} \quad \begin{bmatrix} -3 \\ 0 \\ -3 \end{bmatrix}$$

评估目标值有：

$$f(3,3,3) = 62, \quad f(-3,3,-3) = 14, \quad f(3,0,3) = 59, \quad f(-3,0.-3) = 11$$

那么对于最小化模型，我们有初始解集：

$$\mathbf{y}^{(1)} = \begin{bmatrix} -3 \\ 0 \\ -3 \end{bmatrix}, \quad \mathbf{y}^{(2)} = \begin{bmatrix} -3 \\ 3 \\ -3 \end{bmatrix}, \quad \mathbf{y}^{(3)} = \begin{bmatrix} 3 \\ 0 \\ 3 \end{bmatrix}, \quad \mathbf{y}^{(4)} = \begin{bmatrix} 3 \\ 3 \\ 3 \end{bmatrix}$$

16.8.2　Nelder-Mead 方向

无导数优化方法中，关键的问题是在没有偏导数的帮助下如何构造搜索方向。Nelder-Mead 算法 16G 使用了一种"远离最差解"的方式。

原理 16.50　在第 t 次迭代，Nelder-Mead 算法使用搜索方向：

$$\Delta\mathbf{x} = \mathbf{x}^{(t)} - \mathbf{y}^{(n+1)}$$

其通过最优 n 维质心：

$$\mathbf{x}^{(t)} = \frac{1}{n}\sum_{i=1}^{n}\mathbf{y}^{(i)}$$

远离最差的当前解 $\mathbf{y}^{(n+1)}$。

这个想法在于远离解集中最差的解，并向其余的解移动。

图 16-19 对于表 16-8 中 $t=0$ 时的 2 维变量搜索做出了说明。最好的两个解的质心是：

$$\mathbf{x}^{(0)} \triangleq \frac{1}{2}\left[\begin{bmatrix} 5 \\ 3 \end{bmatrix} + \begin{bmatrix} 6 \\ 3 \end{bmatrix}\right] = \begin{bmatrix} 5.5 \\ 3 \end{bmatrix}$$

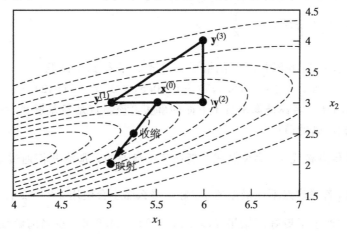

图 16-19　PERT 应用的 Nelder-Mead 方向

那么，16.50 的搜索方向是：

$$\Delta \mathbf{x} = \mathbf{x}^{(0)} - \mathbf{y}^{(3)} = \begin{bmatrix} 5.5 \\ 3 \end{bmatrix} - \begin{bmatrix} 6 \\ 4 \end{bmatrix} = \begin{bmatrix} -0.5 \\ -1.0 \end{bmatrix}$$

例 16-22 计算 Nelder-Mead 方向

回到例 16-21，基于这里构造的初始解集，计算相应的 Nelder-Mead 方向。

解： 在该 3 维变量模型中，最好的 3 个解的质心是：

$$\mathbf{x}^{(0)} = \frac{1}{3}(\mathbf{y}^{(1)} + \mathbf{y}^{(2)} + \mathbf{y}^{(3)})$$

$$= \frac{1}{3}[(-3,0,-3) + (-3,3,-3) + (3,0,3)] = (-1,1,-1)$$

那么，方向 16.50 变为：

$$\Delta \mathbf{x} = \mathbf{x}^{(0)} - \mathbf{y}^{(4)} = (-1,1,-1) - (3,3,3) = (-4,-2,-4)$$

16.8.3 Nelder-Mead 的有限步长

在 Nelder-Mead 算法 16G 中，质心 $\mathbf{x}^{(t)}$ 扮演当前解的角色。但是，对于方向 16.50，应该采用多大的步长 λ 呢？

一个策略是使用完整的线性搜索：

$$\mathbf{x}^{(t)} + \lambda \Delta \mathbf{x}$$

然而，对于粗略估计的方向 $\Delta \mathbf{x}$ 来说，这需要的计算量通常来说是不合理的。此外，太大的步长会摧毁解集的"蔓延"特性。

算法 16G 因为仅仅尝试一个或两个从 $\left\{ +1, +2, +\frac{1}{2}, -\frac{1}{2} \right\}$ 中取出来的 λ 而面对这些问题。

原理 16.51 Nelder-Mead 算法首先通过 $\lambda = 1$ 镜像质心 $\mathbf{x}^{(t)}$ 来探究新点 $\mathbf{x}^{(t)} + \lambda \Delta \mathbf{x}$。用此新点替代 $\mathbf{y}^{(n+1)}$，若其在解集中既不是最好的也不是最差的，则不需要进一步的尝试即可采用该解。若镜像点是新的最好解，该算法扩展到尝试 $\lambda = 2$。若该点是最差解，该流程缩小到尝试 $\lambda = +\frac{1}{2}$ 或 $\lambda = -\frac{1}{2}$。

图 16-19 展示了表 16-8 中 $t = 0$ 的情形。尝试 $\lambda = 1$ 得到了镜像点：

$$\mathbf{x}^{(0)} + \Delta \mathbf{x} = (5.5,3) + (-0.5,-1.0) = (5,2)$$

有 $f(5,2) = 11.415$。名称镜像来自于下面的事实，该新点是最差解 $\mathbf{y}^{(3)} = (6,4)$ 在质心 $\mathbf{x}^{(0)} = (5.5,3)$ 相反侧的镜像。

直接用该镜像点替代 $\mathbf{y}^{(3)}$ 会使其成为新解集中最差的。那么我们通过缩小用 $\lambda = +\frac{1}{2}$ 来得到更好的解$\left($若镜像点不比最差的 $\mathbf{y}^{(3)}$ 好，那么缩小会使用 $\lambda = -\frac{1}{2}\right)$。

$(5.25，2.5)$ 产生了更好的结果 $f(5.25, 2.5) = 24.915$。在当前解集中用该缩小点替代最差的解，能够得到改善的解集：

$$\mathbf{y}^{(1)} = (5.25, 2.5), \quad \mathbf{y}^{(2)} = (5, 3), \quad \mathbf{y}^{(3)} = (6, 3)$$

$$f(\mathbf{y}^{(1)}) = 24.915, \quad f(\mathbf{y}^{(2)}) = 12.425, \quad f(\mathbf{y}^{(3)}) = 11.429$$

此时 $t=1$。注意，这些点已经按照目标值顺序重新编号了。

表 16-8 表示该新解集的方向 16.50 是 $\Delta\mathbf{x} = (-0.875, -0.250)$，新质点 $\mathbf{x}^{(1)} = (5.125, 2.75)$。现在 $\lambda = 1$ 时的镜像产生了新的最优解 $(4.25, 2.5)$，其目标值为 $f(4.25, 2.5) = 30.005$。这需要扩展到尝试 $\lambda = 2$。然而，结果并不足够好，所以该镜像点进入解集。

例 16-23　执行 Nelder-Mead 搜索

假设一个最小化 Nelder-Mead 搜索的当前解集有目标值 $f(\mathbf{y}^{(1)}) = 13$，$f(\mathbf{y}^{(2)}) = 21$，$f(\mathbf{y}^{(3)}) = 25$ 和 $f(\mathbf{y}^{(4)}) = 50$。对于下表中的情形 (a) 到 (d)，描述该迭代中要尝试哪些步长 λ 以及应该选择哪个（若有）。

	$f\left(\mathbf{x}^{(t)} - \frac{1}{2}\mathbf{x}\Delta\right)$	$f\left(\mathbf{x}^{(t)} + \frac{1}{2}\mathbf{x}\Delta\right)$	$f\left(\mathbf{x}^{(t)} + 1\Delta\mathbf{x}\right)$	$f\left(\mathbf{x}^{(t)} + 2\Delta\mathbf{x}\right)$
(a)	12	15	18	30
(b)	40	22	12	10
(c)	43	51	60	25
(d)	60	49	44	70

解：根据算法 16G 的细节：

(a) 镜像 $(\lambda = 1)$ 目标值 18 既不比最好的解值 $f(\mathbf{y}^{(1)}) = 13$ 好，也不比第二差的解 $f(\mathbf{y}^{(3)}) = 25$ 差。那么，我们用 $\lambda = 1$ 的镜像点替代当前最差解 $\mathbf{y}^{(4)}$。

(b) 镜像 $(\lambda = 1)$ 目标值 12 比最好的解值 $f(\mathbf{y}^{(1)}) = 3$ 更好。那么我们扩展并尝试 $\lambda = 2$。结果得到值 10 有所改善，因此我们用 $\lambda = 2$ 的镜像点替代当前最差解 $\mathbf{y}^{(4)}$。

(c) 镜像 $(\lambda = 1)$ 目标值 60 比最差的解值 $f(\mathbf{y}^{(4)}) = 50$ 更差。那么我们缩小并尝试 $\lambda = -\frac{1}{2}$。结果得到值 43 优于最差解，因此我们用 $\lambda = -\frac{1}{2}$ 的镜像点替代当前最差解 $\mathbf{y}^{(4)}$。

(d) 镜像点 $(\lambda = 1)$ 的目标值 44 比最差的解值 $f(\mathbf{y}^{(4)}) = 50$ 更好，但不如第二差的 $f(\mathbf{y}^{(3)}) = 25$。那么我们缩小并尝试 $\lambda = \frac{1}{2}$。结果得到值 49 优于最差解，因此我们用 $\lambda = \frac{1}{2}$ 的镜像点替代最差解 $\mathbf{y}^{(4)}$。

16.8.4　Nelder-Mead 收缩

有时镜像点和缩小点产生的解都不会改善解集。这意味着需要重新缩放解集的整个向量。

原理 16.52　对于 Nelder-Mead 算法，当镜像点和之后的缩小点都不能改善当前解集时，那么通过如下方式向着最优解 $\mathbf{y}^{(1)}$ 收缩整个向量：

$$\mathbf{y}^{(i)} \leftarrow \frac{1}{2}(\mathbf{y}^{(1)} + \mathbf{y}^{(i)}) \quad \forall i = 2, \cdots, n+1$$

对于表 16-8 的 PERT 极大似然搜索，图 16-20 在步骤 $t=3$ 描述了这样一个收缩步骤。解

集的点 $\mathbf{y}^{(2)}$ 和 $\mathbf{y}^{(3)}$ 向着最优解移动了半步：

$$\text{新 } \mathbf{y}^{(2)} \leftarrow \frac{1}{2}(\mathbf{y}^{(1)} + \mathbf{y}^{(2)}) = \frac{1}{2}\left[\begin{bmatrix} 4.25 \\ 2.5 \end{bmatrix} + \begin{bmatrix} 5.25 \\ 2.5 \end{bmatrix}\right] = \begin{bmatrix} 4.75 \\ 2.5 \end{bmatrix}$$

$$\text{新 } \mathbf{y}^{(3)} \leftarrow \frac{1}{2}(\mathbf{y}^{(1)} + \mathbf{y}^{(3)}) = \frac{1}{2}\left[\begin{bmatrix} 4.25 \\ 2.5 \end{bmatrix} + \begin{bmatrix} 4.625 \\ 2.25 \end{bmatrix}\right] = \begin{bmatrix} 4.438 \\ 2.375 \end{bmatrix}$$

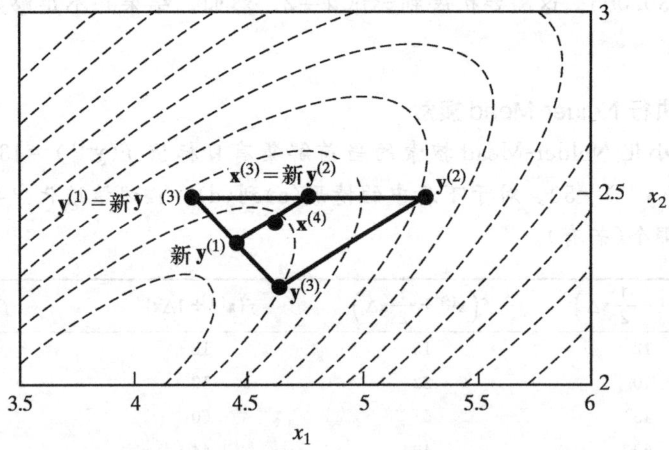

图 16-20　PERT 应用中的 Nelder-Mead 收缩

根据新目标值顺序重新编号，该搜索得到了更加紧的解集。

例 16-24　Nelder-Mead 搜索中的收缩

假设对于以下解集，有必要应用算法 16G 步骤 7 的收缩：

$$\mathbf{y}^{(1)} = (2,3), \quad \mathbf{y}^{(2)} = (-4,5), \quad \mathbf{y}^{(3)} = (8,-1)$$

计算新的解集。

解：应用原理 16.52。

$$\text{新 } \mathbf{y}^{(1)} = \mathbf{y}^{(1)} = (2,3)$$

$$\text{新 } \mathbf{y}^{(2)} = \frac{1}{2}(\mathbf{y}^{(1)} + \mathbf{y}^{(2)}) = \frac{1}{2}[(2,3) + (-4,5)] = (-1,4)$$

$$\text{新 } \mathbf{y}^{(3)} = \frac{1}{2}(\mathbf{y}^{(1)} + \mathbf{y}^{(3)}) = \frac{1}{2}[(2,3) + (8,-1)] = (5,1)$$

16.8.5　PERT 应用的 Nelder-Mead 搜索

对于极大似然估计 PERT 模型(16-10)，表 16-8 详细列出了算法 16G 搜索所需要的 20 次迭代。当某个尝试的 λ 值被采用时，在表中用方框圈出。否则，应用收缩原理 16.52。

当解集中的目标函数值相差不大时，Nelder-Mead 搜索停止。在表 16-8 中该情形在下面条件时达到：

$$\sqrt{\frac{1}{n+1}\sum_{i=1}^{n+1}\left[f(\mathbf{y}^{(i)})\mid - f(\mathbf{x}^{(t)})\right]^2} < \varepsilon = 0.5$$

然后解集中的最优解和质心点被选出来作为近似最优解 $\mathbf{x}^* = (4.5，2.207)$，其目标值 $f(\mathbf{x}^*) = 48\,520$。

练习题

16-1 一个生物医学仪器公司以每天 5 台的速度销售其主要产品。该设备每隔几天进行批量生产。每批的固定成本为 2 000 美元，两次生产之间的储存成本为每台每天 40 美元。该公司希望选择合适的批量以最小化平均到每天的库存和固定成本。假设需求是平稳的。

✅(a) 构造一维无约束 NLP 来选择最优的批量。

✅(b) 画出模型中目标函数的图像，并用图像求解最优的批量。

16-2 作为 911 紧急呼叫研究的一部分，一个分析员希望选择合适的参数值 α 来通过指数分布 $d(t) = \alpha e^{-\alpha t}$ 描述呼叫到达时间间隔 80，10，14，26，40 和 22 分钟。

(a) 构造一维无约束 NLP 来选择 α 的极大似然估计。

✅(b) 画出模型中目标函数的图像，并用图像求解最优估计。

16-3 一个石油钻井公司希望为供给基地在丛林地区选址，这是现在正勘探石油的地区。该基地服务于地图坐标 $(0，-30)$，$(50，-10)$，$(70，20)$ 和 $(30，50)$ 之间的钻井现场，并用直升机供应运行。该公司希望选择一个地址，以最小化四个现场总的飞行距离。

✅(a) 构造无约束 NLP 以选择最优的基地地址。

✅(b) 使用类优化软件，从坐标 $(10，10)$ 开始，计算一个至少局部最优的解。

16-4 重复练习题 16-3，这次最小化到达每个钻井现场的最大距离。

16-5 一个电子装配厂为一个新的调制解调器制订生产员工计划。工厂测量测试员工组装产品并观测到如下数据：

通过单元	2	6	20	25	40
平均时间	8.4	5.5	4.2	3.7	3.1

经验表明，学习曲线——描述员工提高其生产效率的能力随着生产的增多而提高，往往有如下形式：

平均时间 ＝ a 生产单元^b

其中 a 和 b 是经验常数。

✅(a) 构造无约束 NLP 来拟合给定数据和该形式，以最小化误差的平方和。

✅(b) 用类优化软件为你的曲线拟合模型计算至少一个局部最优解，起始点为 $a=15$，$b=-0.5$。

16-6 下表列出了一种新基因工程番茄植株在户外重新栽种后的一系列高度数据（单位：英尺）和周数的关系。

周	1	2	4	6	8	10
高度	9	15	22	33	44	52

研究人员希望用一个 S 形状的逻辑曲线来拟合该经验数据：

$$尺寸 = \frac{k}{1 + e^{a+b(周)}}$$

其中 k，a 和 b 是经验参数。

(a) 构造无约束 NLP 来拟合给定数据和该表达式，以最小化总的平方和误差。

✅(b) 用类优化软件为你的曲线拟合模型计算至少一个局部最优解，

起始点为 $k=50$, $a=3$, $b=-0.3$。

16-7 大学机动车池[一]为教授和职员的业务通勤提供 n 辆车。其中机动车的折旧、保险和牌照等固定成本平均每年每车 f 美元，加上每公里的可变运营成本 v_m 美分。无法被机动车池满足的旅行者必须开自己的私人车辆，并以每公里 v_p 美分来报销。一年中不同时间的需求差别很大，但过去旅行记录的进一步分析符合回归方程。

$$m(n) \triangleq a_m + b_m n + c_m/n$$
$$p(n) \triangleq a_p + b_p n + c_p/n$$

分别为机动车池和私人汽车关于机动车池规模的函数，单位为每年的英里数。构造一维无约束 NLP 来计算最小成本的机动车池规模。忽略整数要求。

16-8 一旦选择了用于新服务设施的站点，其市场规模的极限也必须确定下来，包括相应的设施规模。[二]假设(i)该设施位于一个圆形市场区域的中心，并且规模恰好覆盖一个半径为 r 的区域，平均需求密度为每单位区域 d 个呼叫；(ii)运行设施的成本为 $[f + c(规模)]$，其中 f 是固定成本，c 是每单位规模的可变成本；(iii)每个呼叫的交通成本与顾客和设施的距离(直线，单程)成正比，每单位距离为 t。构造一维无约束 NLP 来选择市场区域半径以最小化设施每次呼叫的平均总成本。计算你目标函

数中的所有微积分。

16-9 更新高速公路路面标记成本为 c 美元每公里，但降低了由于延迟、事故等标记效果随着时间降低所带来的社会成本。[三]假设新的标记有最大的性能 p_{max}，而更新 t 天后的性能可以描述为 $p(t) = p_{max} e^{-\alpha t}$，其中 α 是依赖于标记耐久性的常数。同时假设损失性能的每单位成本为 d 美元每天每公里。构造一维变量无约束 NLP 来选择更新的时间间隔以最小化平均每公里每天的总成本。计算你目标函数中的所有微积分。

16-10 一个新电影院的潜在顾客数量 p_i，通过周围县 $i = 1, \dots, 15$ 的人口普查数据估计得到。然而，来自任何 i 的潜在顾客比例与其到县中心坐标 (x_i, y_i) 的(直线)距离负相关。构造 2 维 NLP 来选择最大的顾客数量位置。

16-11 用 n_t 表示在学期 t 使用某本教材的大学数量 $(n_0 = 0)$，在任何单学期 t 新采用的数量可以通过 $(a + b n_{t-1})(m - n_{t-1})$ 估计，其中 a 和 b 是与成功速率相关的参数，m 是历史上采用的最大大学数量。

(a) 给定 n_t 在 $t = 1, \dots, 10$ 的值，构造一个无约束 NLP 来对这些数据做非线性最小二乘法拟合。

☑(b) 说明适当的参数修改可以将你的模型转换成线性最小二乘问题。

⊖ W. W. Williams and O. S. Fowler(1980)，"Minimum Cost Fleet Sizing for a University Motor Pool," *Interfaces* 10：3，21-27.

⊖ D. Erlenkotter (1989)，"The General Optimal Market Area Model," *Annals of Operations Research*，18，45-70.

⊜ V. Kouskoulas (1988)， "An Optimization Model for Pavement Marking Systems," *European Journal of Operational Research*，33，298-303.

16-12 主要飞机零件每经过 t_1 飞行时间就要进行检查和大修，经过 t_2 飞行时间进行更换。[⊖]经验表明，一个特定飞机模型的发动机检修成本在检修周期内可以描述为递增非线性方程 $a(t_1)^b$，而每小时的运行成本是一个递增非线性函数 $c(t_2)^d$，其中 t_2 基于前一个替换时间。每次替代花费一个固定部分成本 f 和人工成本 $g(t_1)^h$ 来验证和修复相关问题。在 t_1 和 t_2 基础上构造无约束 NLP 来找到一个检修和替换策略以最小化每飞行小时的总成本。

16-13 判断下列函数在给定定义域内是否平滑。

☑ (a) $f(x) \triangleq x^4 + 3x - 19$ $\forall x$

(b) $f(x) = \min\{2x-1, 2-x\}$ $\forall x$

☑ (c) $f(x) = |x-5|$ $x > 0$

(d) $f(x) = 3x + \ln(x)$ $x > 0$

☑ (e) $f(x_1, x_2) = x_1 e^{x_2}$ $\forall x_1, x_2$

(f) $f(x_1, x_2) = |x_1+1| + |x_2-3|$ $x_1, x_2 \geq 0$

16-14 下列每个图像表示一个函数 $f(x)$。通过图像判断每个表示的点在定义域内是无约束局部最大点、无约束全局最大点、无约束局部最小点、无约束全局最小点，还是都不是。

☑ (a)

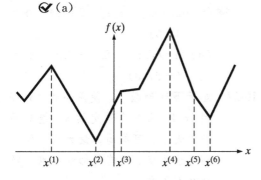

(b)

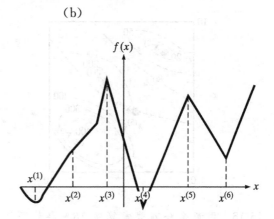

16-15 下列每个图像表示一个平滑函数 $f(x_1, x_2)$ 的轮廓。通过图像判断每个表示的点在定义域内是无约束局部最大点、无约束全局最大点、无约束局部最小点、无约束全局最小点，还是都不是。

☑ (a) 点 $\mathbf{x}^{(1)} = (1, 3)$，$\mathbf{x}^{(2)} = (4, 4)$，$\mathbf{x}^{(3)} = (3, 3)$，$\mathbf{x}^{(4)} = (4, 1)$，$\mathbf{x}^{(5)} = (2, 1)$

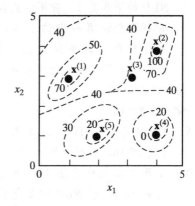

(b) 点 $\mathbf{x}^{(1)} = (6, 6)$，$\mathbf{x}^{(2)} = (2, 8)$，$\mathbf{x}^{(3)} = (8, 2)$，$\mathbf{x}^{(4)} = (4, 4)$，$\mathbf{x}^{(5)} = (4, 2)$

⊖ T. C. E. Cheng (1992)，"Optimal Replacement of Ageing Equipment Using Geometric Programming," *International Journal of Production Research*，30，2151-2158.

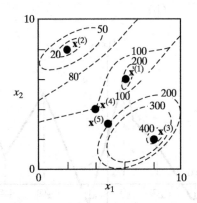

16-16 用黄金分割搜索算法 16A 寻找下面 NLP 的最优解:

$$\min \quad 10x + \frac{70}{x}$$
$$\text{s. t.} \quad 1 \leqslant x \leqslant 10$$

其中误差不超过 ± 1。

16-17 用黄金分割搜索算法 16A 寻找下面 NLP 的最优解:

$$\max \quad 500 - x \, (x - 20)^3$$
$$\text{s. t.} \quad 0 \leqslant x \leqslant 12$$

其中误差不超过 ± 1。

16-18 假设我们仅知道练习题 16-16 中 NLP 的下界是 1。应用 3 点模式算法 16B 来计算相应的上界,应用该上界开始黄金分割搜索算法,分别使用下列的初始步长 δ。

- ✅ (a) $\delta = 0.5$
- ✅ (b) $\delta = 16$

16-19 对于练习题 16-17 的 NLP 模型做练习题 16-18,分别使用 $\delta = 2$ 和 $\delta = 5$。

✅ **16-20** 使用二次拟合算法 16C 来计算练习题 16-16 中 NLP 的最优解,允许的误差为 2。从 3 点模式 $\{1, 2, 10\}$ 开始。

16-21 使用二次拟合算法 16C 来计算练习题 16-17 中 NLP 的最优解,允许的误差为 4。从 3 点模式 $\{0, 3, 12\}$ 开始。

16-22 考虑一维变量函数 $f(x) = x^3 - 3x^2 +$ $11x$ 在当前点 $x = 3$ 的情形。

- ✅ (a) 对 $f(x + \lambda)$ 推导一阶泰勒近似。
- ✅ (b) 对 $f(x + \lambda)$ 推导二阶泰勒近似。
- 🖩 (c) 在 x 附近画出原始方程和两个泰勒级数近似。该近似有多精确?哪个更好?

16-23 对于函数 $f(x) = 18x - 20\ln(x)$ 在 $x = 16$ 做练习题 16-22。

16-24 考虑二维变量函数 $f(x_1, x_2) = (x_1)^3 - 5x_1 x_2 + 6 \, (x_2)^2$,当前点 $\mathbf{x} = (0, 2)$ 和移动方向 $\Delta \mathbf{x} = (1, -1)$。

- ✅ (a) 对 $f(\mathbf{x} + \lambda \Delta \mathbf{x})$ 推导一阶泰勒近似。
- ✅ (b) 对 $f(\mathbf{x} + \lambda \Delta \mathbf{x})$ 推导二阶泰勒近似。
- 🖩 (c) 画出原始方程和两个泰勒级数近似关于 λ 的函数。该近似有多精确?哪个更好?

16-25 对于函数 $f(x_1, x_2) = 13x_1 - 6x_1 x_2 + 8/x_2$,$\mathbf{x} = (2, 1)$ 和 $\Delta \mathbf{x} = (3, 1)$ 做练习题 16-24。

16-26 对于下列无约束 NLP,或者验证给定的 $\mathbf{x}$ 是目标函数的驻点,或者给出改善 $\mathbf{x}$ 的方向 $\Delta \mathbf{x}$。

- ✅ (a) $\min \, (x_1)^2 + x_1 x_2 - 6x_1 - 8x_2$,$\mathbf{x} = (8, -10)$
- (b) $\max 10 \, (x_1)^2 + 2\ln(x_2)$,$\mathbf{x} = (1, 2)$
- ✅ (c) $\min 16x_1 - x_1 x_2 + 2 \, (x_2)^2$,$\mathbf{x} = (3, 0)$
- (d) $\max x_1 x_2 - 8x_1 + 2x_2$,$\mathbf{x} = (-2, 8)$

16-27 对于下列函数 f,使用条件 16.19 到 16.22 来分类给定的 $\mathbf{x}$:绝对局部最大点、可能局部最大点、绝对局部最小点、可能局部最小点,或什么都不是。

- ✅ (a) $f(x_1, x_2) \triangleq 3 \, (x_1)^2 - x_1 x_2 + (x_2)^2 - 11x_1$,$\mathbf{x} = (2, 1)$

(b) $f(x_1, x_2) \triangleq -(x_1)^2 - 6x_1x_2 - 9(x_2)^2$, $\mathbf{x} = (-3, 1)$

✅(c) $f(x_1, x_2) \triangleq x_1 - x_1x_2 + (x_2)^2$, $\mathbf{x} = (2, 1)$

(d) $f(x_1, x_2) \triangleq 12x_2 - (x_1)^2 + 3x_1x_2 - 3(x_2)^2$, $\mathbf{x} = (12, 8)$

✅(e) $f(x_1, x_2) \triangleq x_1(x_2)^3$, $\mathbf{x} = (0, 0)$

(f) $f(x_1, x_2) \triangleq 6x_1 + \ln(x_1) + (x_2)^2$, $\mathbf{x} = (1, 3)$

✅(g) $f(x_1, x_2) \triangleq 2(x_1)^2 + 8x_1x_2 + 8(x_2)^2 - 12x_1 - 24x_2$, $\mathbf{x} = (1, 1)$

(h) $f(x_1, x_2) \triangleq 4(x_1)^2 + 3/x_2 - 8x_1 + 3x_2$, $\mathbf{x} = (1, 1)$

16-28 判断下列函数在给定定义域内是凸的、凹的、同时凹凸的，还是非凹非凸的。

✅(a) $f(x_1, x_2) \triangleq \ln(x_1) + 20\ln(x_2)$, $x_1, x_2 > 0$

(b) $f(x) \triangleq x\sin(x)$, $x \in [0, 2\pi]$

✅(c) $f(x) \triangleq x(x-2)^2$, $x \geqslant 0$

(d) $f(x) \triangleq (x-8)^4 + 132x$, $\forall x$

✅(e) $f(x_1 \cdots x_5) \triangleq 3x_1 + 11x_2 - x_3 - 8x_5$, $\forall (x_1, \cdots, x_5)$

(f) $f(x_1, x_2) \triangleq 21x_1 + 63x_2$, $x_1, x_2 \geqslant 0$

✅(g) $f(x_1, x_2) \triangleq \max\{x_1, x_2\}$, $\forall x_1, x_2$

(h) $f(x_1, x_2) \triangleq \min\{13x_1 - 2x_2, -(x_2)^2\}$, $\forall x_1, x_2$

✅(i) $f(x_1, x_2) \triangleq \dfrac{10}{\sqrt{x_1}} - 40\sqrt{x_2}$, $x_1, x_2 \geqslant 0$

(j) $f(x_1, x_2) \triangleq \ln[-3(x_1)^2 - 9(x_2)^2] - 10/x_2$, $x_1, x_2 > 0$

16-29 用凹性/凸性来判断以下解 $\mathbf{x}$ 对于表

示的函数 f 是无约束全局最大点还是无约束全局最小点，并解释。

✅(a) $f(x_1, x_2) \triangleq (x_1 - 5)^2 + x_1x_2 + (x_2 - 7)^2$, $\mathbf{x} = (2, 6)$

(b) $f(x_1, x_2) \triangleq 500 - 8(x_1 + 1)^2 - 2(x_2 - 1)^2 + 4x_1x_2$, $\mathbf{x} = (-1, 0)$

16-30 考虑无约束 NLP：

$$\max \quad x_1x_2 - 5(x_1 - 2)^4 - 3(x_2 - 5)^4$$

💻(a) 用图形软件产生目标函数在 $x_1 \in [1, 4]$, $x_2 \in [2, 8]$ 中的图形轮廓。

✅(b) 计算梯度搜索算法 16D 在 $\mathbf{x}^{(0)} = (1, 3)$ 的移动方向。

✅(c) 陈述你的方向所带来的线性搜索问题。

✅(d) 用图形求解你的线性搜索问题，并计算下一个搜索点 $\mathbf{x}^{(1)}$。

✅(e) 再做算法 16D 的两次迭代来计算 $\mathbf{x}^{(2)}$ 和 $\mathbf{x}^{(3)}$。

✅(f) 在 (a) 部分的轮廓上画出搜索的流程。

16-31 对下面的无约束 NLP 做练习题 16-30。

$$\min \quad \frac{1\,000}{x_1 + x_2} + (x_1 - 4)^2 + (x_2 - 10)^2$$

从点 $\mathbf{x}^{(0)} = (3, 1)$ 开始，并画出 $x_1 \in [2, 11]$, $x_2 \in [0, 15]$。

16-32 回到练习题 16-30 的无约束优化问题，从点 $\mathbf{x}^{(0)} = (3, 7)$ 开始。

✅(a) 写出目标函数在点 $\mathbf{x}^{(0)}$ 对于未知方向 $\Delta\mathbf{x}$ 和 $\lambda = 1$ 的二阶泰勒近似。

✅(b) 计算点 $\mathbf{x}^{(0)}$ 的牛顿方向 $\Delta\mathbf{x}$，并验证其是你的二阶泰勒近似的驻点。

✅(c) 从你的牛顿方向开始，完成牛

顿法算法 16E 的两次迭代。

📖(d) 在练习题 16-30(a)的轮廓中画
出你的搜索流程。

16-33 在练习题 16-31 的 NLP 上做练习
题 16-32,从 $\mathbf{x}^{(0)} = (13, 1)$ 开始。

16-34 回到练习题 16-31 的无约束优化问
题,并考虑 BFGS 算法 16F,初始
点 $\mathbf{x}^{(0)} = (2, 3)$。

✅(a) 计算算法 16F 的第一个方向。

✅(b) 假设该方向最优的步长是 $\lambda =$
0.026,计算新解 $\mathbf{x}^{(1)}$,下一个
偏转矩阵 $\mathbf{D}$,和下一个 BFGS
搜索方向 $\Delta\mathbf{x}$。

(c) 验证(b)部分中你的偏转矩阵
满足拟牛顿条件 16.43(在舍入
误差内)且是对称的。

(d) 用代数方法验证(b)部分中你
的方向是改善性的。

📖(e) 类似练习题 16-31(a),画出你
的第一个和第二个移动方向的
轮廓图。

16-35 在练习题 16-31 的 NLP 上做练习
题 16-34,使用初始点 $\mathbf{x}^{(0)} = (6,$
$1)$,(b)部分中使用的 $\lambda = 0.32$。

16-36 考虑无约束 NLP:

$$\min \quad \max\{10 - x_1 - x_2, 6 + 6x_1 - 3x_2,$$
$$6 - 3x_1 + 6x_2\}$$

✅(a) 解释为什么 Nelder-Mead 搜索
对于解决该无约束优化问题是
合适的。

✅(b) 从初始解集 $(5, 0)$,$(10, 5)$,
$(5, 5)$ 开始做 Nelder-Mead 算
法 16G 的 3 次迭代。

(c) 通过质心 $\mathbf{x}^{(t)}$ 画出你的搜索过程,
用虚线连接每个解集的 3 个点。

16-37 对于如下 NLP 做练习题 16-36:
$$\max \quad \min\{20 - x_1 - x_2,$$
$$6 + 3x_1 - x_2,$$
$$6 - x_1 + 3x_2\}$$

从初始解集 $(0, 0)$,$(1, 2)$,$(2,$
$2)$ 开始。

16-38 根据 Nelder-Mead 算法 16G,计算
下列解($\mathbf{y}^{(1)}$ 最优目标值,以此类推)
应用搜索步骤收缩后得到的解集。

✅(a) $\mathbf{y}^{(1)} = (1, 2, 1)$,$\mathbf{y}^{(2)} = (5, 4,$
$5)$,$\mathbf{y}^{(3)} = (3, 2, 7)$,$\mathbf{y}^{(4)} = (7,$
$2, 7)$

(b) $\mathbf{y}^{(1)} = (10, 8, 10)$,$\mathbf{y}^{(2)} = (4, 6,$
$2)$,$\mathbf{y}^{(3)} = (0, 0, 0)$,$\mathbf{y}^{(4)} = (0,$
$10, 6)$

参考文献

Bazaraa, Mokhtar, Hanif D. Sherali, and C. M. Shetty (2006), *Nonlinear Programming - Theory and Algorithms*, Wiley Interscience, Hoboken, New Jersey.

Griva, Igor, Stephen G. Nash, and Ariela Sofer (2009). *Linear and Nonlinear Optimization*, SIAM, Philadelphia, Pennsylvania.

Luenberger, David G. and Yinyu Ye (2008), *Linear and Nonlinear Programming*, Springer, New York, New York.

第 17 章

带约束的非线性规划

本章，我们将会介绍带约束的非线性规划的基本模型和方法。首先，我们从对实际问题的建模开始，着重关注线性约束与非线性约束的区别、凸可行集与非凸可行集的区别，以及可分离目标函数与不可分离目标函数的区别等。然后，我们提出了多种求解方法，其中有些解法较为一般化，而有些只适用于特定的非线性规划问题。本章的前序章节是第 3、5、6 和 16 章。

17.1　带约束的非线性规划模型

像往常一样，从一些例子开始我们对带约束的非线性规划的学习。在这一节中，我们提出了三个案例，来阐述非线性规划适用面之广；在 17.2 节中，我们会再提出三个，分别对应带约束的非线性规划中的一些经典问题。所有的这些案例都是从已发表的报告中摘录的。

□应用案例 17-1

比利时啤酒公司选址—分配问题

选址问题以及将顾客分配到服务设施等问题，在非线性规划中是非常常见的。下面将介绍一家名叫 Beer Belge 的比利时啤酒公司在经营中遇到的问题。[注]Beer Belge 希望重组现有的 17 个仓库以更加有效地服务遍布比利时全境的 24 000 名顾客。为了分析的方便，我们将所有顾客划分成 650 个区域。

下面是相关的下标定义：

$$i \triangleq 仓库编号(i = 1, \cdots, 17)$$
$$j \triangleq 顾客区域(j = 1, \cdots, 650)$$

公司的分析员可以根据地图和以往的经验来确定每个顾客区域的信息。

⊖　L. F. Gelders，L. M. Pintelon，and L. N. Van Wassenhove(1987)，"A Location-Allocation Problem in a Large Belgian Brewery," *European Journal of Operational Research*，28，196-206.

$$h_j \triangleq 顾客区域 j 的中心的 x 坐标$$

$$k_j \triangleq 顾客区域 j 的中心的 y 坐标$$

$$d_j \triangleq 每年需要去区域 j 的交货次数$$

我们希望选择所有仓库的位置，然后将不同的顾客区域对应到 17 个仓库中，目标是最小化总的旅行成本。

17. 1. 1 Beer Belge 选址—分配模型

如所有的**选址—分配**(location-allocation)问题一样，Beer Belge 的决策变量体现在两个分离而相关的问题中。首先，我们需要决定仓库放在什么位置；其次，我们需要将去区域 j 交付货物的次数分配给这 17 个仓库。我们可以按照如下方式来定义决策变量：

$$x_i \triangleq 仓库 i 位置的 x 坐标$$

$$y_i \triangleq 仓库 i 位置的 y 坐标$$

$$w_{i,j} \triangleq 仓库 i 负责配送区域 j 的交货次数$$

为了得到待优化的目标函数，我们假设从仓库 i 到区域 j 的往返成本与两个位置的直线(欧几里得)距离成正比。所以，最小化总运输成本可以用下面的公式来表示：

$$\min \sum_i \sum_j (i \ 到 \ j \ 的次数)(从 \ i \ 到 \ j \ 的距离)$$

利用先前对常数和决策变量定义好的符号，我们得到：

$$\min \sum_{i=1}^{17} \sum_{j=1}^{650} w_{i,j} \sqrt{(x_i - h_j)^2 + (y_i - k_j)^2}$$

考虑到调配方案的可行性，为了完成这个模型，我们必须要添加一些约束。最终的模型就变成了下面的样子：

$$
\begin{aligned}
\min \quad & \sum_{i=1}^{17} \sum_{j=1}^{650} w_{i,j} \sqrt{(x_i - h_j)^2 + (y_i - k_j)^2} \quad (总配送距离) \\
\text{s. t.} \quad & \sum_{i=1}^{17} w_{i,j} = d_j \quad j = 1, \cdots, 650 \qquad (给区域 j 的配送次数) \\
& w_{i,j} \geq 0 \quad i = 1, \cdots, 17; \quad j = 1, \cdots, 650
\end{aligned}
\tag{17-1}
$$

例 17-1 带有数据的选址—分配模型

为了服务于丛林、相距甚远的三个油田，需要建造两个简易机场。第一个油田每个月需要 25 吨的补给；第二个油田位于第一个油田的东 75 英里、北 330 英里处，每个月需要 14 吨的补给；地三个油田位于第一个油田的西 225 英里、南 40 英里处，每个月需要 34 吨的补给。使用选址—分配模型来确定简易机场的位置和分配规则，以最小化每个月的运输成本(每次的飞行成本可以认为等于吨×飞行里程)。

解：我们可以将第一个油田作为坐标原点，按照东西南北的方位构造坐标轴(以西方为 x 轴正方向，以北方为 y 轴正方向)，那么第二个油田的位置就是 $(-75, 330)$，第三个油田的位置就是 $(225, -40)$。

决策包含两个部分，其一是选择简易机场的位置，其二是对运送补给的分配。定义 (x_1, y_1) 为第一个简易机场的坐标，(x_2, y_2) 为第二个简易机场的坐标，w_{ij} 为从机场 i

到油田 j 每月配送的补给。模型的结果如下,

$$\min \quad w_{1,1}\sqrt{(x_1-0)^2+(y_1-0)^2}+w_{1,2}\sqrt{(x_1+75)^2+(y_1-330)^2} \quad (吨·里程)$$
$$+w_{1,3}\sqrt{(x_1-225)^2+(y_1+40)^2}+w_{2,1}\sqrt{(x_2-0)^2+(y_2-0)^2}$$
$$+w_{2,2}\sqrt{(x_2+75)^2+(y_2-330)^2}+w_{2,3}\sqrt{(x_2-225)^2+(y_2+40)^2}$$

$$\text{s. t.} \quad w_{1,1}+w_{2,1}=25 \quad (油田1)$$
$$w_{1,2}+w_{2,2}=14 \quad (油田2)$$
$$w_{1,3}+w_{2,3}=34 \quad (油田3)$$
$$w_{i,j} \quad \geqslant 0 \quad i=1,2; \quad j=1,2,3$$

这里的目标函数等于每月调配的运输成本,而约束对应分配规则的可行性。

17.1.2 线性约束的非线性规划

选址—分配模型(17-1)说明了许多大规模的非线性规划包含的所有约束都是线性的。而仅仅是因为目标函数不是线性的,所以才将这个问题称为非线性规划,也可简称为 NLP。

含有线性约束的非线性规划构成了一类重要的 NLP 问题,这主要因为线性规划是易于处理的,而此类型的 NLP 仅仅将目标函数扩展为非线性。幸运的是,线性约束的 NLP 是非常常见的。

原理 17.1 许多可以被有效解决的大型非线性规划问题中所有或者几乎所有的约束都是线性的。

□ **应用案例 17-2**

德士古的汽油混合

早在 1950 年,石油公司就开始使用数学规划来帮助它们计划在炼油厂的石油混合。当然,德士古公司也不例外。[⊖]

图 17-1 简单描绘了炼油厂处理石油的过程。原油首先经过蒸馏,而产生不同种材料,包括较轻的汽油和较重的燃料油。从经济的角度来看,蒸馏过程得到的汽油直馏馏分不能直接满足市场的需求。因此许多比汽油更轻或者更重的馏出物需要被重构,然后得到其他的汽油形式。最后的过程中需要将一些添加物加入到汽油之中,成为可以面世、有合适质量指标(如辛烷值、含铅量、含硫量和挥发性)的混合产品(如高级无铅汽

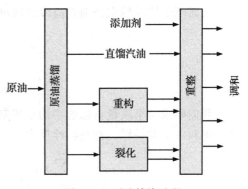

图 17-1 石油精炼过程

⊖ C. W. DeWitt, L. S. Lasdon, A. D. Waren, D. A. Brenner, and S. A. Melhem(1989), "OMEGA: An Improved Gasoline Blending System for Texaco," *Interfaces*, 19: 1, 85-101.

油、常规无铅汽油等)。

一般的炼油厂计划每个月完成一次混合。下面是相关的下标定义:

$$i \triangleq 汽油或添加物(原料)的编号(i = 1, \cdots, m)$$

$$j \triangleq 市场产品的编号(j = 1, \cdots, n)$$

$$k \triangleq 质量指标(k = 1, \cdots, h)$$

我们假设下面的一些常数是已知的:

$$p_j \triangleq 产品 j 的预估价格$$

$$r_j \triangleq 单位产品 j 市场需要的产量$$

$$s_i \triangleq 可用的原料 i 数量$$

$$v_i \triangleq 单位原料 i 的成本$$

$$a_{i,k} \triangleq 原料 i 的第 k 个质量指标$$

$$l_{j,k} \triangleq 产品 j 第 k 个质量指标可接受的最低值$$

$$u_{j,k} \triangleq 产品 j 第 k 个质量指标可接受的最高值$$

我们希望寻找一个只使用现有库存原料,又可以满足市场和质量需求的生产计划,来最大化收益(销售收入减去原料成本)。

17.1.3 德士古汽油混合模型

显然,汽油混合包括决定要使用多少原材料库存。因此,我们可以按照如下方式来定义决策变量:

$$x_{i,j} \triangleq 原料 i 用在产品 j 上的数量$$

与原理 17.1 一致,模型中的大部分都是线性的。我们的目标是最大化销售收入减去原料成本的差:

$$\max \quad \sum_{i=1}^{m} \sum_{j=1}^{n} (p_j - v_i) x_{i,j} \quad (利润)$$

下面两个线性约束分别对应库存的可行与需求的满足:

$$\sum_{j=1}^{n} x_{i,j} \leqslant s_i \quad i = 1, \cdots, m$$

$$\sum_{i=1}^{m} x_{i,j} \geqslant r_j \quad j = 1, \cdots, n$$

我们要求每个质量指标的平均水平落在事先约定的上下限之间。绝大部分基于混合的约束和 4.2 节一样,都是线性形式的:

$$l_{j,k} \leqslant \frac{\displaystyle\sum_{i=1}^{m} a_{i,k} x_{i,j}}{\displaystyle\sum_{i=1}^{m} x_{i,j}} \leqslant u_{j,k} \quad j = 1, \cdots, n : 线性 k$$

除此之外,在汽油混合问题中有两类质量指标是非线性。其一是挥发性,具有如下的对数形式:

$$\ell_{j,k} \leqslant \ln\left(\frac{\sum_{i=1}^{m} a_{i,k} x_{i,j}}{\sum_{i=1}^{m} x_{i,j}}\right) \leqslant u_{j,k} \quad j = 1, \cdots, n:挥发性 k$$

辛烷值的测度更加复杂，具有如下四次函数形式，其中 $b_{i,k}$，$c_{i,k}$，$d_{i,k}$ 和 $e_{i,k}$ 是对应的参数：

$$\ell_{j,k} \leqslant \frac{\sum_{i=1}^{m} b_{i,k} x_{i,j}}{\sum_{i=1}^{m} x_{i,j}} + \frac{\sum_{i=1}^{m} c_{i,k} (x_{i,j})^2}{\left(\sum_{i=1}^{m} x_{i,j}\right)^2} + \frac{\sum_{i=1}^{m} d_{i,k} (x_{i,j})^3}{\left(\sum_{i=1}^{m} x_{i,j}\right)^3}$$

$$+ \frac{\sum_{i=1}^{m} e_{i,k} (x_{i,j})^4}{\left(\sum_{i=1}^{m} x_{i,j}\right)^4} \leqslant u_{j,k} \quad j = 1, \cdots, n;辛烷 k$$

将上述公式进行汇总，并通过添加变量类型约束（即非负约束），完成完整的汽油混合模型：

$$\max \quad \sum_{i=1}^{m} \sum_{j=1}^{n} (p_j - v_i) x_{i,j} \qquad (利润)$$

$$\text{s. t.} \quad \sum_{j=1}^{n} x_{i,j} \leqslant s_i \qquad\qquad i = 1, \cdots, m \qquad (可行性)$$

$$\sum_{i=1}^{m} x_{i,j} \geqslant r_j \qquad\qquad j = 1, \cdots, n \qquad (需求)$$

$$\ell_{j,k} \leqslant \frac{\sum_{i=1}^{m} a_{i,k} x_{i,j}}{\sum_{i=1}^{m} x_{i,j}} \leqslant u_{j,k} \qquad\qquad j = 1, \cdots, n; \quad 线性 k \quad (混合1)$$

$$\ell_{j,k} \leqslant \ln\left(\frac{\sum_{i=1}^{m} a_{i,k} x_{i,j}}{\sum_{i=1}^{m} x_{i,j}}\right) \leqslant u_{j,k} \qquad\qquad j = 1, \cdots, n; \quad 挥发性 k(混合2)$$

$$\ell_{j,k} \leqslant \frac{\sum_{i=1}^{m} b_{i,k} x_{i,j}}{\sum_{i=1}^{m} x_{i,j}} + \frac{\sum_{i=1}^{m} c_{i,k} (x_{i,j})^2}{\left(\sum_{i=1}^{m} x_{i,j}\right)^2}$$

$$+ \frac{\sum_{i=1}^{m} d_{i,k} (x_{i,j})^3}{\left(\sum_{i=1}^{m} x_{i,j}\right)^3} + \frac{\sum_{i=1}^{m} e_{i,k} (x_{i,j})^4}{\left(\sum_{i=1}^{m} x_{i,j}\right)^4} \leqslant u_{j,k} \quad j = 1, \cdots, n; \quad 辛烷 k \quad (混合3)$$

$$x_{i,j} \geqslant 0 \qquad\qquad i = 1, \cdots, m; \quad j = 1, \cdots, n$$

$$(17\text{-}2)$$

其中的混合 2、3 这两个约束使得这成为一个非线性规划。其他的元素都是线性的。

17.1.4　工程设计模型

选址—分配模型(17-1)和汽油混合模型(17-2)在实际中有典型的运用。然而，在**工程设计**中涌现的 NLP 问题与之前有着不同的特征。

原理 17.2　对结构和过程的最优工程设计常常带来相对较少的变量和高度非线性的约束和目标函数。

□**应用案例 17-3**

氧气系统工程设计

为了阐述在工程中产生的更小规模但非线性程度更高的模型，我们考虑钢铁领域氧气转炉中氧气产生系统的设计。⊖图 17-2a 展现了这个系统的主要组成部分。制氧机按照常数速率生产氧气，产生的气体被压缩，储存在一个储气罐中。然后火炉按照图 17-2b 所示的周期模式使用氧气，每个周期长度为 t_2。在前 t_1 的时间内有相对低的需求水平 d_1，在此之后从 t_1 到 t_2 的时间里有着较高的需求 d_2。

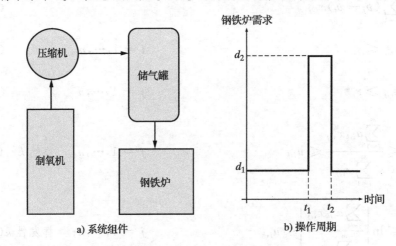

图 17-2　氧气系统工程设计实例

我们试图调整系统各个部分的规模，寻找能够最小化成本的方案，特别地，我们的决策变量是以下四个：

$$x_1 \triangleq 氧气生产率$$
$$x_2 \triangleq 储气罐中的压强$$
$$x_3 \triangleq 压缩机的功率$$
$$x_4 \triangleq 储气罐的容积$$

⊖　F. C. Jen，C. C. Pegels，and T. M. DuPuis(1967)，"Optimal Capacities of Production Facilities," *Management Science*，14，B573-B580.

受物理条件的限制，储气罐的压强至少为 p_0。

17.1.5 氧气系统工程设计模型

氧气系统的采购和运行成本主要包含四部分：

$$总成本 = 制氧机成本 + 压缩机成本 + 储气罐成本 + 电力成本$$

根据相似系统的历史经验，工程师预测制氧机成本是生产率的线性函数：

$$制氧机成本 = 61.8 + 5.72 \times 生产率$$

压缩机成本是压缩机功率的非线性函数：

$$压缩机成本 = 0.017\,5 \times (功率)^{0.85}$$

储气罐成本也是储气罐容积的非线性函数：

$$储气罐成本 = 0.009\,4 \times (容积)^{0.75}$$

最后，压缩机的电力成本正比于功率和运行时间：

$$电力成本 = 0.006 \times 运行时间 \times 压缩机功率$$

每个周期的产出必须能够满足一个周期内的需求，也就是：

$$t_2 x_1 \geqslant d_1 t_1 + d_2 (t_2 - t_1)$$

同时，最小压强 p_0 的条件也要满足：

$$x_2 \geqslant p_0$$

剩余的约束体现了决策变量之间的物理关系。首先压缩机的功率与储气罐的压强是相关的，特别地，压缩机功率需要能够在高需求开始前维持最高 $(d_2 - x_1)(t_2 - t_1)$ 的氧气库存。引入标准的温度和气体常数，得到如下约束：

$$x_3 = 36.25 \frac{(d_2 - x_1)(t_2 - t_1)}{t_1} \ln\left(\frac{x_2}{p_0}\right)$$

最后，容积和压强必须能够维持最高的氧气库存。引入标准的温度和气体常数，得到如下约束：

$$x_4 = 348\,300 \frac{(d_2 - x_1)(t_2 - t_1)}{x_2}$$

将上述公式进行汇总，并通过添加变量类型约束（即非负约束），我们得到氧气系统模型设计问题的 NLP 模型：

$$
\begin{aligned}
\min \quad & 61.8 + 5.72 x_1 + 0.017\,5\,(x_3)^{0.85} + 0.009\,4\,(x_4)^{0.75} \\
& + 0.006 t_1 x_3 && (总成本) \\
\text{s. t.} \quad & t_2 x_1 \geqslant d_1 t_1 + d_2 (t_2 - t_1) && (需求) \\
& x_2 \geqslant p_0 && (压强) \\
& x_3 = 36.25 \frac{(d_2 - x_1)(t_2 - t_1)}{t_1} \ln\left(\frac{x_2}{p_0}\right) && (功率\ vs.\ 压强) \\
& x_4 = 348\,300 \frac{(d_2 - x_1)(t_2 - t_1)}{x_2} && (容积\ vs.\ 压强) \\
& x_1, x_2, x_3, x_4 \geqslant 0
\end{aligned}
\tag{17-3}
$$

常数的取值如下所示：

$$d_1 = 2.5, \quad d_2 = 40, \quad t_1 = 0.6, \quad t_2 = 1.0, \quad p_0 = 200$$

通过求解可以得到如下最优解，生产率 $x_1^* = 17.5$，储气罐压强 $x_2^* = 473.7$，压缩机功率 $x_3^* = 468.8$，以及容积 $x_4^* = 6\,618$，可以得到总成本近似等于 173.7。

例 17-2　构建工程设计模型

一个金属制的密封圆柱形容器需要装下 20 立方英尺的化学品。顶部和侧面的金属每平方英尺需要花费 2 美元，而较为厚重的底部每平方英尺需要花费 8 美元。为了避免头重脚轻，容器的高度不能超过底部半径的两倍。构建一个有约束的非线性规划来寻找最小成本设计。

解：设计者的决策变量包括：

$$x_1 \triangleq 容器的直径$$
$$x_2 \triangleq 容器的高度$$

然后，我们就得到了如下的 NLP：

$$\min \quad 2\left(\pi x_1 x_2 + \pi \frac{(x_1)^2}{4}\right) + 8\left(\pi \frac{(x_1)^2}{4}\right) \quad (总成本)$$

$$\text{s. t.} \quad \pi \frac{(x_1)^2}{4} x_2 \geq 20 \qquad\qquad (容积)$$

$$x_2 \quad\quad\; \leq 2x_1 \qquad\qquad (高度—直径比)$$

$$x_1 \geq 0, x_2 \geq 0$$

目标函数是最小化金属容器的总成本，包括顶部、侧面和底部的成本，第一个约束确保容积满足要求，第二个约束保证高度—直径比，最后是非负约束。

17.2　特殊的 NLP：凸规划、可分离规划、二次规划和正项几何规划

线性规划是一类特殊的非常容易求解的带约束的非线性规划。除此之外，许多其他形式的 NLP 也可以根据相应的特点来用对应的搜索算法求解。

在本节中，我们定义并阐述了四类易于求解的 NLP 问题：**凸规划、可分离规划、二次规划和正项几何规划**。在 17.7～17.10 节将阐述我们是如何利用它们的特殊性质的。像往常一样，本节的模型取自真实且出版的案例。

□应用案例 17-4

辉瑞最优批量规划

一个常见的 NLP 应用场景便是管理**库存**（inventories）和选择**生产批量**（lot si-zes）。辉瑞[⊖]，一家制药企业，提供了一个很好的例子。

药物的生产包括了在容纳几千加仑的容器中进行的一系列发酵和有机合成步骤。每个批量的产品包含一个或多个批次（同一次生产过程为同一批次）的产品。

研究的主要问题是每个批量应该包含多少批次产品。因为需要对器械进行清洗

⊖　P. P. Kleutghen and J. C. McGee(1985)，"Development and Implementation of an Integrated Inventory Management Program at Pfizer Pharmaceuticals," *Interfaces*，15：1，69-87.

和重新配置，所以每次新的批量开始生产都会产生客观的转换时间和转换成本。这些转换负载必须根据批量持有成本而平衡。特别地，严谨的质量控制发生在每个批量生产结束之后，所有产品都完成检验之后才能够进行下一步骤的加工。

我们具体（虚构）的批量规划问题包括四种产品 $j=1，\cdots，4$，每个产品有两个生产步骤 $k=1，2（k=0$ 意味着是原材料）。表 17-1 具体给出了相应的输入参数。

表 17-1　辉瑞批量规划数据

产品编号，	年需求，	转换时间（周）		处理时间（周）		价值（千美元）		
j	d_j	$t_{j,1}$	$t_{j,2}$	$p_{j,1}$	$p_{j,2}$	$v_{j,0}$	$v_{j,1}$	$v_{j,2}$
1	150	0.5	0.7	1.5	3.2	10	14	27
2	220	1.3	2.0	4.0	1.5	50	70	110
3	55	0.3	0.2	2.5	4.2	18	29	40
4	90	0.9	1.8	2.0	3.5	43	69	178

$$d_j \triangleq 产品 j 每年需要的批次$$

$$t_{j,k} \triangleq 每批量产品 j 在步骤 k 的转换时间$$

$$p_{j,k} \triangleq 每批次产品 j 在步骤 k 的处理时间$$

$$v_{j,k} \triangleq 每批次产品 j 在步骤 k 结束时的价值$$

我们同样假设总共有 3 000 周用于生产这 4 种产品，持有库存的成本为每周 0.5% 倍于产品价值，转换成本为每周 $c=12\ 000$ 美元。

17.2.1　辉瑞最优批量规划模型

为了完整构造辉瑞的制药模型，引入如下决策变量：

$$x_j \triangleq 每批量产品 j 包含的批次数$$

首先，每年的批量数是：

$$\frac{年需求}{批量大小} = \frac{d_j}{x_j}$$

所以，年均成本作为目标函数可以表示为：

$$\min \quad \sum_{j=1}^{4} \frac{d_j}{x_j}\Big[（每批量产品 j 的转换成本）+（每批量产品 j 的持有成本）\Big] \quad (17\text{-}4)$$

产品 j 的转换成本可以简单地表示为：

$$（每批量产品 j 的转换成本）= c \sum_{k=1}^{2} t_{j,k}$$

为了计算对应的持有成本，考虑图 17-3 展现的产品周期。每批量产品 j 最开始有着 x_j 批次的原材料价值 $v_{j,0}$。经过 $x_j p_{j,1}$ 周的生产，所有产品 j 完成了步骤 1，它们的价值提升为 $x_j v_{j,1}$，接下来的 $x_j p_{j,2}$ 周的生产后价值又提升到了 $x_j v_{j,2}$。最后，所有完成品在 $52/(d_j/x_j)$ 均匀地发放给顾客，直到下一批量的产品生产完毕。那么，每批量的库存成本就是库存价值曲线下面面积的 0.5%。

将得到的转换成本和持有成本代入到表达式（17-4）中可以得到完整的目标函数：

$$\min \quad \sum_{j=1}^{4} \frac{d_j}{xj}\Big[c \sum_{k=1}^{2} t_{j,k} + 0.005\Big(\sum_{k=1}^{2} \frac{1}{2}p_{j,k}(v_{j,k-1}+v_{j,k})(x_j)^2 + \frac{52v_{j,2}}{2d_j}(x_j)^2\Big)\Big]$$

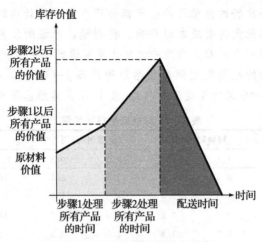

图 17-3 辉瑞批量规划库存曲线

这个模型唯一且主要的约束就是生产时间必须是可行的。对所有批量进行加总,得到:

$$\sum_{j=1}^{4} \frac{d_j}{x_j} (每批产品 j 的转换时间$$

$$+每批产品 j 的处理时间) \leqslant (可用时间)$$

或者:

$$\sum_{j=1}^{4} \frac{d_j}{x_j} \left(\sum_{k=1}^{2} t_{j,k} + \sum_{k=1}^{2} p_{j,k} x_j \right) \leqslant 3\,000 \tag{17-5}$$

用表 17-1 中的数字替换,并进行简化,得到如下完整模型:

$$\min \quad 66.21x_1 + \frac{2\,160}{x_1} + 426.8x_2 + \frac{8\,712}{x_2} \quad (总成本)$$

$$+ 61.20x_3 + \frac{330}{x_3} + 268.1x_4 + \frac{2\,916}{x_4} \tag{17-6}$$

$$\text{s. t.} \quad \frac{180}{x_1} + \frac{726}{x_2} + \frac{27.5}{x_3} + \frac{243}{x_4} \leqslant 221.5 \quad (生产时间)$$

$$x_1, \cdots, x_4 \geqslant 0$$

解出最优计划为:

$$x_1^* = 7.161, \quad x_2^* = 5.665, \quad x_3^* = 2.911, \quad x_4^* = 4.135 \tag{17-7}$$

年均成本近似为 6 837 000 美元。

17.2.2 凸规划

批量规划模型(17-6)的特殊之处在于它是一个**凸规划**(convex program)。

定义 17.3 一个有如下形式的有约束线性规划:

$$\max 或 \min f(\mathbf{x})$$

$$\text{s. t.} \quad g_i(\mathbf{x}) \begin{cases} \geqslant \\ \leqslant \\ = \end{cases} b_i \quad i = 1, \cdots, m$$

是一个**凸规划**，如果目标函数是最大化凹函数 f 或最小化凸函数 f，每个满足 $\geq$ 约束的 g_i 都是凹函数，每个满足 $\leq$ 约束的 g_i 都是凸函数，而每个满足 $=$ 约束的 g_i 都是线性的。

在 16.4 节中我们定义了凸函数和凹函数（定义 16.23），然后展示了它们在求解最易处理的目标函数中的重要性。凸规划将这些想法扩展到约束中。每个 $\geq$ 约束都应该是凹的（将所有决策变量整理到公式左手边），每个 $\leq$ 约束都应该是凸的，而每个 $=$ 约束都是线性的。

为了验证批量规划模型（17-6）满足这些条件，首先考虑它们的目标函数：

$$\min \quad f(\mathbf{x}) \triangleq 66.21x_1 + \frac{2\,160}{x_1} + 426.8x_2 + \frac{8\,712}{x_2}$$
$$+ 61.20x_3 + \frac{330}{x_3} + 268.1x_4 + \frac{2\,916}{x_4} \tag{17-8}$$

注意，可以被分解为如下形式的和：

$$\alpha_j x_j + \frac{\beta_j}{x_2}$$

其中的 α_j 和 β_j 都是正的常数。上面这个公式的第一项是线性的，所以是凸的（原理 16.28）。但线性函数同样也是凹的，这使得第二项也就是倒数项是凸的（原理 16.32）。所以，目标函数可以写成一系列凸函数的和，所以也是凸的（原理 16.29）。这就是我们所需要的（定义 17.3）。

现在我们来考虑约束：

$$g_1(\mathbf{x}) \triangleq \frac{180}{x_1} + \frac{726}{x_2} + \frac{27.5}{x_3} + \frac{243}{x_4} \leq 221.5$$
$$g_2(\mathbf{x}) \triangleq x_1 \geq 0$$
$$g_3(\mathbf{x}) \triangleq x_2 \geq 0$$
$$g_4(\mathbf{x}) \triangleq x_3 \geq 0$$
$$g_5(\mathbf{x}) \triangleq x_4 \geq 0 \tag{17-9}$$

定义 17.3 要求 g_1 是凸的而其他函数是凹的。函数 g_1 也可以表示为反比例函数之和，所以它也是凸的。而其他的函数都是凹的，因为它们是线性的。

例 17-3　识别凸规划

确定下面的数学规划是否为凸规划。

(a) $\max \quad 3w_1 - w_2 + 8\ln(w_1)$

　　s.t. $\quad 4(w_1)^2 - w_1w_2 + (w_2)^2 \leq 100$

　　　　$w_1 + w_2 = 4$

　　　　$w_1, w_2 \geq 0$

(b) $\min \quad 3w_1 - w_2 + 8\ln(w_1)$

　　s.t. $\quad (w_1)^2 + (w_2)^2 \geq 10$

　　　　$w_1 + w_2 = 4$

　　　　$w_1, w_2 \geq 0$

(c) max $\quad w_1 + 7w_2$

$\quad$ s. t. $\quad w_1 w_2 \quad\quad\quad \leqslant 14$

$\quad\quad\quad\quad (w_1)^2 + (w_2)^2 = 40$

$\quad\quad\quad\quad w_1, \quad w_2 \quad\quad \geqslant 0$

(d) min $\quad w_1 + 7w_2$

$\quad$ s. t. $\quad w_1 + w_2 \quad \leqslant 14$

$\quad\quad\quad\quad w_1 - w_2 \quad \geqslant 0$

$\quad\quad\quad\quad 2w_1 + 5w_2 = 18$

$\quad\quad\quad\quad w_1, \quad w_2 \quad\quad \geqslant 0$

解：我们使用定义 17.3。

（a）目标函数是凹函数，因为它是两个线性函数和对数函数 $8\ln(w_1)$（有负的二阶导数，原理 16.27）的和。第一条约束是凸的，因为它的海塞矩阵

$$\nabla^2 f(\mathbf{w}) = \begin{bmatrix} 8 & -1 \\ -1 & 2 \end{bmatrix}$$

是正定的（原理 16.27）。因为其余的三个约束都是线性的，所以这个模型是一个凸规划。目标是极大化一个凹函数，而第一个 $\leqslant$ 约束是凸的，第二个 $=$ 约束是线性的，剩下的 $\geqslant$ 约束都是凹的（因为是线性的）。

（b）这个 NLP 不是凸规划，因为极小化问题的目标函数应该是凸的而不是凹的。同样，第一条 $\geqslant$ 约束的左边函数

$$(w_1)^2 + (w_2)^2 \geqslant 10$$

是凸的，而不是凹的。

（c）这个 NLP 不是凸规划，因为它的第一条约束包含了函数 $g_1(w_1, w_2) = w_1 w_2$，它既不是凸的也不是凹的。这个函数的海塞矩阵是

$$\nabla^2 g_1(\mathbf{w}) = \begin{bmatrix} 0 & 1 \\ 1 & 0 \end{bmatrix}$$

同样，第二条 $=$ 约束对应的函数不是线性的。

（d）这个数学规划是线性规划，所以也是凸规划。线性的目标函数不仅是凸的，也一定是凹的（原理 16.28），所以满足定义 17.3 中提到的所有条件。

17.2.3 凸规划的易处理性

为了理解凸规划的容易求解之处，让我们回顾一下在 3.4 节中提到的那些便于进行搜索的特点。最便于处理的便是单峰目标函数（定义 16.9），原理 16.24 已经在单峰函数的条件下确定了如何最大化一个凹函数或者最小化一个凸函数。

至于约束，我们希望问题的可行域是一个凸集（定义 3.27），而凸优化的定义恰好可以满足这个要求。

原理 17.4 由以下函数定义的可行域：

$$g_i(\mathbf{x})\begin{Bmatrix}\geqslant\\\leqslant\\=\end{Bmatrix}b_i\quad i=1,\cdots,m$$

是凸的，如果每个≥约束的 g_i 是凹的，每个≤约束的 g_i 是凸的，而每个＝约束的 g_i 都是线性的。

我们可以通过考虑一个简单的≤约束(凸约束)来看看为什么原理 17.4 是对的：
$$g(\mathbf{x})\leqslant b$$
以及满足这条约束的两个点 $\mathbf{x}^{(1)}$，$\mathbf{x}^{(2)}$。如果对应的可行域是凸集，那么位于 $\mathbf{x}^{(1)}$，$\mathbf{x}^{(2)}$ 所构成线段上面的所有点都必须满足上述约束，也就是(定义 3.29)，对于每个可以表示成如下形式的点：
$$\mathbf{x}^{(1)}+\lambda(\mathbf{x}^{(2)}-\mathbf{x}^{(1)})$$
其中的 $\lambda\in[0,1]$。于是有：
$$g(\mathbf{x}^{(1)})\leqslant b$$
$$g(\mathbf{x}^{(2)})\leqslant b$$
我们可以将第一个公式两边同乘 $1-\lambda$，第二个公式两边同乘 λ，然后进行相加，得到：
$$(1-\lambda)g(\mathbf{x}^{(1)})+(\lambda)g(\mathbf{x}^{(2)})\leqslant(1-\lambda)b+(\lambda)b$$
这可以被简化为：
$$g(\mathbf{x}^{(1)})+\lambda(g(\mathbf{x}^{(2)})-g(\mathbf{x}^{(1)}))\leqslant b$$
因为 g 是凸函数，那么公式左边一定大于或者等于 $g(\mathbf{x}^{(1)}+\lambda(\mathbf{x}^{(2)}-\mathbf{x}^{(1)}))$(定义 16.23)，所以：
$$g(\mathbf{x}^{(1)}+\lambda(\mathbf{x}^{(2)}-\mathbf{x}^{(1)}))\leqslant b$$
上面这个公式就可以说明线段上面的所有点都满足约束。同理，也可以说明≥约束(凹约束)的可行域是凸的。在此之前，我们已经知道线性约束会形成凸集(原理 3.32)。

将上面对目标函数凹凸性的要求与对可行域是凸集的要求结合在一起，我们就可以得到凸规划最方便的求解之处。

原理 17.5　凸规划中的每一个局部最优解都是全局最优解。

那些可以求解局部最优解的改进搜索方式便可以用来得到全局最优解。

17.2.4　可分离规划

辉瑞最优批量规划模型除了满足凸规划的条件之外，还有一种特殊的可分离性质。

定义 17.6　如果函数 $s(\mathbf{x})$ 可以被表示为下列部分之和：
$$s(x_1,\cdots,x_n)\triangleq\sum_{j-1}^{n}s_j(x_j)$$
其中的每一个函数 $s_1(x_1)$，$\cdots$，$s_n(x_n)$ 都是单变量函数，则函数 $s(\mathbf{x})$ 是可分离的。

也就是说一个函数是可分离的，当且仅当它可以写为一系列单变量函数的和。

为了验证辉瑞的目标函数(17-8)是可分离的，考虑如下 4 个单变量函数：

$$f_1(x_1) \triangleq 66.21x_1 + \frac{2\,160}{x_1}$$

$$f_2(x_2) \triangleq 426.8x_1 + \frac{8\,712}{x_2}$$

$$f_3(x_3) \triangleq 61.20x_1 + \frac{330}{x_3}$$

$$f_4(x_4) \triangleq 268.1x_1 + \frac{2\,916}{x_4}$$

显然，完整的目标函数可以分离成上述四个单变量函数之和。

基于同样的定义，约束中的函数 $g_1(\mathbf{x})$ 到 $g_5(\mathbf{x})$ 都是可分离的。例如，

$$g_1(\mathbf{x}) = g_{1,1}(x_1) + g_{1,2}(x_2) + g_{1,3}(x_3) + g_{1,4}(x_4)$$

其中，$g_{1,1}(x_1) = 180/x_1$，$g_{1,2}(x_2) = 726/x_2$，$g_{1,3}(x_3) = 27.5/x_3$，$g_{1,4}(x_4) = 243/x_4$。

当目标函数和所有的函数都是可分离的，我们便将这类 NLP 称为可分离规划。

定义 17.7 一个有约束的非线性规划如果满足下面的函数形式：

$$\max \text{ 或 } \min f(\mathbf{x})$$

$$\text{s.t.} \quad g_1(\mathbf{x}) \begin{Bmatrix} \geqslant \\ \leqslant \\ = \end{Bmatrix} b_1 \quad i = 1, \cdots, m$$

且 f 和所有的 g_i 都是可分离的，则该规划是一个可分离规则。

辉瑞的模型(17-6)提供了一个很好的例子。

例 17-4　识别可分离规划

让我们重新审视例 17-3 中出现的 NLP，确定这些数学规划是否为可分离规划。

解：我们使用定义 17.7。

(a)目标函数和绝大多数约束函数都是可分离的，但第一条约束函数中出现了 w_1w_2 这个包含两个变量的部分。

(b) 这个模型是一个可分离规划，目标函数和所有约束函数都可以拆分成一个只与 w_1 相关的函数和一个只与 w_2 相关的函数之和。

(c) 目标函数和绝大多数约束函数都是可分离的，但第一条约束函数中出现了 w_1w_2 这个包含两个变量的部分。与(a)问类似。

(d) 这个模型是线性规划。根据定义，线性函数可以包含决策变量常数倍的和。所以可以被分解为每一个决策变量的线性函数之和，所以都是可分离的。因此，每一个线性规划都是可分离规划。

17.2.5　可分离规划的易处理性

可分离规划的目标函数和约束函数都是单变量函数的和，这点与线性规划相同，只不过线性规划中每个单变量函数都是线性函数。这种关系可以用于对每个成员函数进行

分段线性近似，就如图 17-4 中所示的那样。也就是每个单变量成员函数都可以用分段线性函数（线段）来近似表达。然后，一个可分离规划就符合凸规划的定义（定义 17.3），这种近似方式可以通过线性规划来求解。

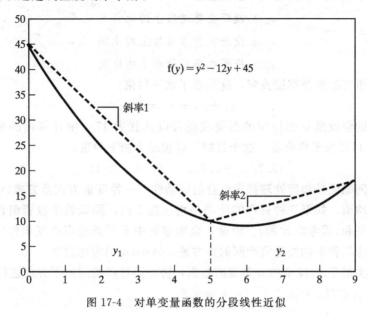

图 17-4　对单变量函数的分段线性近似

原理 17.8　可分离的凸非线性规划，可通过对目标函数和约束函数进行分段线性近似的方式，用线性规划的技巧来处理。

具体的细节将在 17.9 节中给出。

□ 应用案例 17-5

二次型投资组合管理

我们将再次回到我们第 8 章遇到的金融领域，介绍另一种重要的带约束的非线性规划。财务经理时常需要计划和控制市场决策，这其中包含一系列非线性规划。

我们将考虑一类简单的**投资组合管理**——将资金分散投资使得收益最大化而风险最小化。我们的经理，名叫 Barney Backroom，必须考虑如何将可用的资金分布在三种不同的投资选择上：普通股、货币市场和公司债券。表 17-2 展示了三类投资在过去 6 年的表现，Barney 将利用这些数据辅助他进行决策。他希望得到的平均收益是 11%，在此条件下最小化风险。

表 17-2　投资组合回报的历史数据

类别	年收益百分比						
	1	2	3	4	5	6	平均
股票	22.24	16.16	5.27	15.46	20.62	−0.42	13.22
货币	9.64	7.06	7.68	8.26	8.55	8.26	8.24
债券	10.08	8.16	8.46	9.18	9.26	9.06	9.03

17.2.6 二次型投资组合管理模型

显然，这个模型所涉及的决策变量包括：

$$x_1 \triangleq 投资在普通股上的比例$$

$$x_2 \triangleq 投资在货币市场上的比例$$

$$x_3 \triangleq 投资在公司债券上的比例$$

模型要求所有的资产都被投资，这形成了如下约束：

$$x_1 + x_2 + x_3 = 1$$

一个合理的假设是每类投资的期望收益可以达到表 17-2 中计算出的平均收益。所以，为了达到 11% 的平均收益，这个目标可以表示为如下约束：

$$13.22x_1 + 8.24x_2 + 9.03x_3 \geqslant 11$$

更困难的问题便是如何处理投资组合的波动性。一种度量方式是**方差**（variance）——均方误差的平均值。如果三种资产的波动是相互独立的，那么整个投资组合的方差就是每类资产的方差和（需考虑比例）。但是，金融市场中不同类型资产互相作用，所以一个合理的模型还应当将不同类型资产间的**协方差**（covariance）考虑进来。

给定形式类似于表 17-2 的 n 条观测数据，协方差可以按照如下方式进行估计：

$v_{i,j} \triangleq$ 类别 i 和类别 j 之间的协方差

$$= \frac{1}{n} \sum_{t=1}^{n} (类别\ i\ 在\ t\ 期的回报)(类别\ j\ 在\ t\ 期的回报)$$

$$- \frac{1}{n^2} \Big[\sum_{t=1}^{n} (类别\ i\ 在\ t\ 期的回报) \Big] \Big[\sum_{t=1}^{n} (类别\ j\ 在\ t\ 期的回报) \Big]$$

然后，整个投资组合的方差可以近似表示为：

$$投资组合回报的方差 = \sum_{i=1}^{n} \sum_{j=1}^{n} v_{i,j} x_i x_j = \mathbf{xVx}$$

其中的 $\mathbf{V}$ 是由 $v_{i,j}$ 所构成的矩阵。

例如，根据表 17-2 中的数据，我们可以得到下面这个 $\mathbf{V}$ 矩阵：

$$\mathbf{V} = \begin{bmatrix} 66.51 & 2.61 & 2.18 \\ 2.61 & 0.63 & 0.48 \\ 2.18 & 0.48 & 0.38 \end{bmatrix}$$

于是，我们可以结合前面提到的约束和目标函数而得到下面的问题：

$$\begin{aligned} \min \quad & 66.51(x_1)^2 + 2(2.61)x_1 x_2 + 2(2.18)x_1 x_3 + 0.63(x_2)^2 \quad (方差) \\ & + 2(0.48)x_2 x_3 + 0.38(x_3)^2 \end{aligned}$$

$$\begin{aligned} \text{s. t.} \quad & x_1 + x_2 + x_3 = 1 & (投资\ 100\%) \\ & 13.22x_1 + 8.24x_2 + 9.03x_3 \geqslant 11 & (回报) \\ & x_1, x_2, x_3 \geqslant 0 \end{aligned}$$

$$(17\text{-}10)$$

通过求解，可以得到最优解为 $x_1^* = 0.47$ 的资产投资在普通股上，$x_2^* = 0$ 的资产投资在货币市场，$x_3^* = 0.53$ 的资产投资在债券市场，最终得到的最小方差为 15.895。

17.2.7 二次规划定义

模型(17-10)其实是一类特殊的二次规划。

定义 17.9 一个有约束的非线性规划是**二次规划**，如果目标函数是二次型，也就是：

$$f(\mathbf{x}) \triangleq \sum_j c_j x_j + \sum_i \sum_j q_{i,j} x_i x_j = \mathbf{c} \cdot \mathbf{x} + \mathbf{x} \mathbf{Q} \mathbf{x}$$

而所有的约束都是线性的。

投资组合管理模型(17-10)显然满足上述定义。所有 5 条约束都是线性的，而目标函数仅仅包括平方项和两个变量的成绩项。用定义 17.9 提到的矩阵形式进行描述，目标函数满足：

$$\mathbf{c} = \mathbf{0}, \quad \mathbf{Q} = \mathbf{V}$$

例 17-5 识别二次规划

确定下面的 NLP 是否为二次规划。对于满足条件的二次规划，要写出对应的矩阵形式 $\mathbf{c} \cdot \mathbf{w} + \mathbf{w} \mathbf{Q} \mathbf{w}$。

(a) max $\quad 3w_1 - 5w_2 + 12 (w_1)^2 + 8w_1 w_2 + (w_2)^2$

     s. t. $\quad w_1 + w_2 = 9$

            $w_1, w_2 \geqslant 0$

(b) min $\quad w_1 w_2 w_3$

     s. t. $\quad (w_1)^2 + (w_2)^2 \leqslant 25$

(c) min $\quad 5w_1 + 19w_2$

     s. t. $\quad w_1 + w_2 = 9$

            $w_1, w_2 \geqslant 0$

解：我们使用定义 17.9。

(a) 这个模型是一个二次规划，因为目标函数仅仅包括二次项，同时所有约束都是线性的。

$$\mathbf{c} = \begin{bmatrix} 3 \\ -5 \end{bmatrix}, \quad \mathbf{Q} = \begin{bmatrix} 12 & 4 \\ 4 & 1 \end{bmatrix}$$

值得注意的是，交叉项 $w_1 w_2$ 前面的系数 8 可以进行分解：

$$q_{1,2} w_1 w_2 + q_{2,1} w_1 w_2 = 4w_1 w_2 + 4w_1 w_2 = 8w_1 w_2$$

(b) 这个模型不是二次规划。目标函数包含三个变量的乘积，不是二次的，同样约束也不是线性的。

(c) 这个模型是线性规划，所以也是二次规划。目标函数的 $\mathbf{c}$ 和 $\mathbf{Q}$ 元素可被分解为：

$$\mathbf{c} = \begin{bmatrix} 5 \\ 19 \end{bmatrix}, \quad \mathbf{Q} = \mathbf{0}$$

17.2.8 二次规划的易处理性

目标函数中出现非线性，而这种非线性都体现在二次上，这使得二次规划和线性规划有着很多相似之处。特别地，强力的对偶和互补松弛性性质使得很多情形下存在有效的算法来解决。17.7 节将给出其中的细节。

□ **应用案例 17-6**

围 堰 设 计

在这里我们考虑围堰（大坝）的规划，这是一类在工程设计中常常出现的带约束的非线性规划。[⊖]围堰常用来在工程建设中暂时阻挡水流。图 17-5 展示了一种常见的设计。每个围堰的单元包括一个充满土壤的钢制圆柱体，和用来与相邻圆柱体相连的钢板（其中也填充着土壤）。

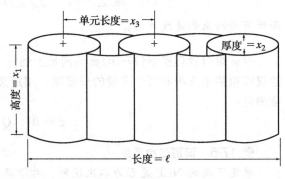

图 17-5 围堰的结构

给定：

$\ell \triangleq$ 大坝的总长度（英寸）

$t \triangleq$ 大坝的设计使用年限（天）

以及场地和材料的其他特征，我们希望能够找到一个最小化成本的设计。主要的决策变量包括：

$$x_1 \triangleq \text{大坝的高度（英寸）}$$

$$x_2 \triangleq \text{大坝的平均厚度（英寸）}$$

$$x_3 \triangleq \text{每个单元的长度（英寸）}$$

17.2.9 围堰设计模型

为了构建一个模型，我们先从各个部分的成本开始计算。填充成本大致与大坝的容积成正比，如果每立方英尺的成本是 0.21 美元，

填充成本 ≈ 0.21（大坝的总长度）（大坝的高度）（大坝的平均厚度）$= 0.21\ell x_1 x_2$

类似地，钢铁总共在大坝的正反两面以及钢制圆柱体的左右两侧使用，需要采取平面对曲面进行近似。如果每平方英尺的钢铁价格是 2.28 美元，我们有：

$$\text{钢铁成本} \approx 2.28\left[2(\text{长度})(\text{高度}) + 2\left(\frac{\text{长度}}{\text{单元长度}}\right)(\text{高度})(\text{厚度})\right]$$

$$= 4.56\ell x_1 + 4.56\ell \frac{x_1 x_2}{x_3}$$

一个高度较低的大坝可以减少建设成本，但是洪水的风险也必须考虑进来。通过对之前经验的分析，洪水成本可以近似地表示为：

$$\text{洪水成本} \approx (\text{每次洪水的成本})\left(\frac{\text{设计年限}}{\text{经验}}\right) = 40\,000\,\frac{t}{x_4}$$

在这里，每次洪水的成本为 40 000 美元，而 x_4 是一个与大坝高度相关的中介决策变量：

⊖　F. Neghabat and R. M. Stark(1972)，"A Cofferdam Design Optimization," *Mathematical Programming*，3，263-275.

$$x_4 + 33.3 \leqslant 0.8x_1$$

模型其他的约束来源于可能的失败模式。一种可能性是河流底部的滑动，如果要预防这种情形，需要满足下列条件：

$$1.042\,5(\text{高度}) \leqslant \text{厚度} \quad \text{或} \quad 1.042\,5x_1 \leqslant x_2$$

另一个值得考虑的问题是单元相连处的拉应力，这要求：

$$(\text{高度})(\text{单元长度}) \leqslant 2\,857 \quad \text{或} \quad x_1x_3 \leqslant 2\,857$$

将上述公式进行汇总，并使得所有约束的右端项标准化为 1，并且大坝的长度是 800 英尺，设计使用年限为 365 天，我们的围堰设计模型就简化成下面这个有约束的 NLP 模型：

$$
\begin{aligned}
\min \quad & 168x_1x_2 + 3\,648x_1 + 3\,648\frac{x_1x_2}{x_3} + \frac{1.46\times10^7}{x_4} \quad (\text{成本}) \\
\text{s. t.} \quad & \frac{1.25x_4}{x_1} + \frac{41.625}{x_1} \leqslant 1 \quad (\text{经验}) \\
& \frac{1.042\,5x_1}{x_2} \leqslant 1 \quad (\text{滑动}) \\
& 0.000\,35x_1x_3 \leqslant 1 \quad (\text{张力}) \\
& x_1, x_2, x_3, x_4 > 0
\end{aligned}
\tag{17-11}
$$

这个问题的最优解是高度 $x_1^* = 62.65$ 英尺，平均厚度 $x_2^* = 65.32$ 英尺，单元长度 $x_3^* = 45.60$ 英尺，中介变量 $x_4^* = 16.82$，得到的总成本为 211.1 万美元。

17.2.10　正项几何规划

围堰设计模型(17-11)的目标函数和约束函数都有特殊的正项式形式。

定义 17.10　如果函数 $p(\mathbf{x})$ 可以被表示为：

$$p(x_1, \cdots, x_n) \triangleq \sum_k d_k \Big(\prod_{j=1}^{n} (x_j)^{a_{k,j}} \Big)$$

其中的 $d_k > 0$，而指数 $a_{k,j}$ 可以取任何符号，则 $p(\mathbf{x})$ 是一个正项式。

例如，模型(17-11)的目标函数：

$$f(x_1, x_2, x_3, x_4) \triangleq 168x_1x_2 + 3\,648x_1 + 3\,648\frac{x_1x_2}{x_3} + \frac{1.46\times10^7}{x_4}$$

是一个正项式，其中参数的取值为：

$$
\begin{aligned}
& d_1 = 168, \quad d_2 = 3\,648, \quad d_3 = 3\,648, \quad d_4 = 1.46\times10^7 \\
& a_{1,1} = 1, \quad a_{1,2} = 1, \quad a_{1,3} = 0, \quad a_{1,4} = 0 \\
& a_{2,1} = 1, \quad a_{2,2} = 0, \quad a_{2,3} = 0, \quad a_{2,4} = 0 \\
& a_{3,1} = 1, \quad a_{3,2} = 1, \quad a_{3,3} = -1, \quad a_{3,4} = 0 \\
& a_{4,1} = 0, \quad a_{4,2} = 0, \quad a_{4,3} = 0, \quad a_{4,4} = -1
\end{aligned}
\tag{17-12}
$$

特别注意的是，幂 $a_{k,j}$ 可以取任何符号，而前面的系数 d_k 必须是正的。所以，

$$h(x_1, x_2, x_3) \triangleq 13(x_1)^2(x_3) + 29(x_2)^{0.534}(x_3)^{-0.451}$$

是一个正项式，但稍作变换之后，

$$h(x_1,x_2,x_3) \triangleq 13 (x_1)^2 (x_3) - 29 (x_2)^{0.534} (x_3)^{-0.451}$$

就不是一个正项式，因为 $d_2=-29<0$。

正项几何规划是那些目标函数和约束函数都是正项式而变量必须为正的 NLP。

定义 17.11 一个 NLP 可以被称为**正项几何规划**（posynomial geometric program），如果它可以表示为如下形式，

$$\min \quad f(\mathbf{x})$$
$$\text{s. t.} \quad g_i(\mathbf{x}) \leqslant 1 \quad i=1,\cdots,m$$
$$\mathbf{x} > \mathbf{0}$$

这里的 f 和所有的 g_i 都是 $\mathbf{x}$ 的正项式。

我们将正项式的具体函数形式展开，形式如下：

$$\min \quad \sum_{k \in K_0} d_k \prod_{j=1}^n (x_j)^{a_{k,j}}$$
$$\text{s. t.} \quad \sum_{k \in K_0} d_k \prod_{j=1}^n (x_j)^{a_{k,j}} \leqslant 1 \quad i=1,\cdots,m \qquad (17\text{-}13)$$
$$x_j > 0 \quad j=1,\cdots,n$$

这里的不同 K_i 集合中的 k 不应重合。

注意，在这里我们只允许最小化问题，而约束必须为 $\leqslant$ 形式。同样，变量必须取正数，并且需要将 $\leqslant$ 约束的右边项标准化为 1。通常，我们如果采用取相反数的方式使得约束成为现在的 $\leqslant$ 形式，将可能改变系数的符号，使得部分 d_k 变为负数，这就破坏了正项式的性质。

围堰模型（17-11）满足以上的所有条件，如果用具体形式（17-13）来表示，模型（17-12）用 $K_0=\{1,2,3,4\}$ 给出了目标函数的系数，而对应的约束集合 $K_1=\{5,6\}$，$K_2=\{7\}$，$K_3=\{8\}$ 是：

$$d_5 = 1.25, \quad d_6 = 41.625, \quad d_7 = 1.042\,5, \quad d_8 = 0.000\,35$$
$$a_{5,1}=-1, \quad a_{5,2}=0, \quad a_{5,3}=0, \quad a_{5,4}=1$$
$$a_{6,1}=-1, \quad a_{6,2}=0, \quad a_{6,3}=0, \quad a_{6,4}=0$$
$$a_{7,1}=1, \quad a_{7,2}=-1, \quad a_{7,3}=0, \quad a_{7,4}=0$$
$$a_{8,1}=1, \quad a_{8,2}=0, \quad a_{8,3}=1, \quad a_{8,4}=0$$

例 17-6 识别正项几何规划

确定下面的 NLP 是否为正项几何规划。对于满足条件的正项几何规划，按照（17-13）的形式写出系数 d_k 和幂 $a_{k,j}$。

(a) $\min \quad 144 \dfrac{w_1}{\sqrt{w_2}} + 6w_3$

$\qquad 19w_1 + (w_2)^2 \leqslant w_3$

$\qquad w_1 w_2 w_3 \leqslant 44$

$\qquad w_1,\ w_2,\ w_3 > 0$

(b) max $144\dfrac{w_1}{\sqrt{w_2}}+6w_3$

$\qquad 19w_1-(w_2)^2\leqslant w_3$

$\qquad w_1w_2w_3\qquad \geqslant 44$

$\qquad w_1,\ w_2,\ w_3>0$

解：我们应用定义 17.10 和 17.11。

(a)对每条约束进行标准化，使得约束条件的右端项为 1。原模型就可以写成正项几何规划的形式(17-13)，系数是：

$$K_0=\{1,2\},\quad K_1=\{3,4\},\quad K_2=\{5\}$$

$$d_1=144,\qquad d_2=6,\qquad d_3=19,\quad d_4=1,\quad d_5=\dfrac{1}{44}$$

$$a_{1,1}=1,\qquad a_{1,2}=-0.5,\quad a_{1,3}=0$$

$$a_{2,1}=0,\qquad a_{2,2}=0,\qquad a_{2,3}=1$$

$$a_{3,1}=1,\qquad a_{3,2}=0,\qquad a_{3,3}=-1$$

$$a_{4,1}=0,\qquad a_{4,2}=2,\qquad a_{4,3}=-1$$

$$a_{5,1}=1,\qquad a_{5,2}=1,\qquad a_{5,3}=1$$

(b) 这个模型不是一个正项几何规划。第一，这是一个正项式最大化问题，不满足定义 17.11 对于最小化的要求。第二，第二条约束有着≥形式，而非≤形式。第三，第一条约束有负系数，所以不是一个正项式。

17.2.11 正项几何规划的易处理性

正项式函数不一定是凸的，所以这种几何规划通常不是凸规划。例如，

$$h(x_1,x_2)\triangleq(x_1)^2x_2+7x_2 \tag{17-14}$$

在 $\mathbf{x}=(1,1)$ 这个点的海塞矩阵是：

$$\nabla^2 h(1,1)=\begin{bmatrix}2 & 2\\ 2 & 0\end{bmatrix}$$

这个矩阵不是半正定的，所以(原理 16.27)h 不是一个凸函数，尽管定义域为 $\mathbf{x}>\mathbf{0}$。

尽管如此，经过变量替换，正项几何规划可以转换为凸规划。

原理 17.12 如果我们用 $z_j\triangleq\ln(x_j)$ 作为变量代替原始变量 x_j，正项几何规划可以转换为凸规划。

例如，如果我们对函数(17-14)进行变量替换，替换 $z_j\triangleq\ln(x_j)$ 或 $x_j=\mathrm{e}^{z_j}$，得到：

$$h(z_1,z_2)\triangleq(\mathrm{e}^{z_1})^2(\mathrm{e}^{z_2})+7(\mathrm{e}^{z_2})=\mathrm{e}^{2z_1+z_2}+7(\mathrm{e}^{z_2})$$

根据复合原理 16.31，得到的两个指数函数都是凸的，所以它们的和也是凸函数。

值得注意的是，定义 17.11 中提到的一些细节使得这种变量替换成为可能。第一，如果 x_j 存在 0 或者负数，那么对数运算就没有意义。第二，如果系数 d_k 不全为正数，那么就不能使用凸函数之和为凸函数的结论了，因为部分凸函数前面有负分量。第三，如果不全是≤约束，那么约束函数的凸性将没有意义。

进一步对正项几何规划变形可以得到更易于求解的规划问题。17.10 节将提供更多的细节。

17.3 拉格朗日乘子法

如果我们能够将问题简化为只含等式约束的非线性规划,那么就可以用本书之前提到的微积分数值技巧来得到最优解。我们将**拉格朗日乘子的技巧**运用在这一节。同样,拉格朗日法对本章后面几节的求解方法有着重要的启发作用。

17.3.1 归纳为等式形式

原理 17.13 拉格朗日乘子求解技巧要求待求解的 NLP 必须为等式形式:
$$\min \text{ 或 } \max \quad f(\mathbf{x})$$
$$\text{s. t.} \quad g_i(\mathbf{x}) = b_i \quad \forall i = 1, \cdots, m$$
也就是说,事先设定原问题的部分约束为起作用约束,约束取 "=" 号。

等式形式 NLP 中的约束包括原问题中的等式约束和不等约束集中起作用的约束。这里要注意,像非负约束这样的变量类型约束也可以包含其中。

为了更清楚地看出模型是如何变成等式形式的,让我们再来考虑 17.2 节中的辉瑞最优批量模型:

$$
\begin{aligned}
\min \quad f(\mathbf{x}) &\triangleq 66.21x_1 + \frac{2\,160}{x_1} + 426.8x_2 + \frac{8\,712}{x_2} \quad &\text{(总成本)} \\
&\quad + 61.20x_3 + \frac{330}{x_3} + 268.1x_4 + \frac{2\,916}{x_4} \quad & (17\text{-}15)
\end{aligned}
$$
$$
\text{s. t.} \quad \frac{180}{x_1} + \frac{726}{x_2} + \frac{27.5}{x_3} + \frac{243}{x_4} \leqslant 221.5 \quad \text{(生产时间)}
$$
$$
x_1, \cdots, x_4 \geqslant 0
$$

如果在最优解 $\mathbf{x}^*$ 上所有的约束都不起作用,那么这个问题的最优解将恰好就是目标函数无约束时的最优解。我们在 17.2 节已经说明如果目标函数是凸的,我们可以通过寻找驻点来计算 $\mathbf{x}^*$(原理 16.22),也就是那些所有偏导数都为 0 的点。于是,我们可以求解出 x_1^*:

$$\frac{\partial f}{\partial x_1} = 66.21 - \frac{2\,160}{(x_1)^2} = 0$$

所以:

$$x_1^* = \sqrt{\frac{2\,160}{66.21}} = 5.712$$

类似地,无约束下最优解为:
$$x_2^* = 4.518, \quad x_3^* = 2.322, \quad x_4^* = 3.298$$

代回 (17-15) 中的约束,我们得到:
$$\frac{180}{5.712} + \frac{726}{4.518} + \frac{27.5}{2.322} + \frac{243}{3.298} = 277.7 \not\leqslant 221.5$$

　　无约束的最优解是不可行的，所以，在有约束最优解处这条约束一定是起作用的。假设非负约束一定不会起作用，我们就可以将原来的模型改写为等式形式：

$$\min \quad f(\mathbf{x}) \triangleq 66.21x_1 + \frac{2\,160}{x_1} + 426.8x_2 + \frac{8\,712}{x_2} \quad （总成本）$$

$$+ 61.20x_3 + \frac{330}{x_3} + 268.1x_4 + \frac{2\,916}{x_4} \tag{17-16}$$

$$\text{s.t.} \quad \frac{180}{x_1} + \frac{726}{x_2} + \frac{27.5}{x_3} + \frac{243}{x_4} = 221.5 \quad （生产时间）$$

17.3.2　拉格朗日函数和拉格朗日乘子

　　拉格朗日法将等式约束模型 17.13 转换成无约束形式。具体的方法是将每条约束加以权重 v_i，称之为**拉格朗日乘子**，然后加总到目标函数上。结果得到一个以 $\mathbf{x}$ 和 $\mathbf{v}$ 为变量的**拉格朗日函数**。

　　定义 17.14　在等式约束 $g_1(\mathbf{x}) = b_1, \cdots, g_m(\mathbf{x}) = b_m$ 上定义的非线性规划对应的拉格朗日函数是：

$$L(\mathbf{x}, \mathbf{v}) \triangleq f(\mathbf{x}) + \sum_{i=1}^{m} v_i[b_i - g_i(\mathbf{x})]$$

其中 v_i 是第 i 条约束的拉格朗日乘子。

　　例如，辉瑞问题等式形式(17-16)的拉格朗日函数是：

$$L(x_1, x_2, x_3, x_4, v) \triangleq 66.21x_1 + \frac{2\,160}{x_1} + 426.8x_2 + \frac{8\,712}{x_2} + 61.20x_3 + \frac{330}{x_3}$$

$$+ 268.1x_4 + \frac{2\,916}{x_4} + v\left(221.5 - \frac{180}{x_1} - \frac{726}{x_2} - \frac{27.5}{x_3} - \frac{243}{x_4}\right) \tag{17-17}$$

　　在构造拉格朗日函数的过程中，将带约束的非线性规划松弛成无约束线性规划形式。有趣的是，拉格朗日函数和原来的函数在可行域内的每个点都有相同的值，因为：

$$L(\mathbf{x}, \mathbf{v}) = f(\mathbf{x}) + \sum_{i=1}^{m} v_i[b_i - g_i(\mathbf{x})] = f(\mathbf{x}) + \sum_{i=1}^{m} v_i(0) = f(\mathbf{x}) \tag{17-18}$$

　　例 17-7　构造拉格朗日函数

考虑如下等式约束非线性规划：

$$\min \quad 6\,(x_1)^2 + 4\,(x_2)^2 + (x_3)^2$$
$$\text{s.t.} \quad 24x_1 + 24x_2 = 360$$
$$x_3 \quad\quad\quad = 1$$

构造对应的拉格朗日函数。

　　解：这里约束数量 $m = 2$，按照 17.14 的形式，我们将两个等式约束乘上对应的拉格朗日乘子 v_1 和 v_2，然后加到目标函数上，结果是：

$$L(x_1, x_2, x_3, v_1, v_2) \triangleq 6\,(x_1)^2 + 4\,(x_2)^2 + (x_3)^2 + v_1(360 - 24x_1 - 24x_2) + v_2(1 - x_3)$$

17.3.3　拉格朗日函数的驻点

　　让我们来考虑一下拉格朗日函数的驻点(也就是梯度 $\nabla L(\mathbf{x}^*, \mathbf{v}^*)$ 等于 0 的点)。梯度

$\nabla L(\mathbf{x}, \mathbf{v})$的组成部分是拉格朗日函数关于 $\mathbf{x}$ 和 $\mathbf{v}$ 的偏导数。我们令其都等于 0，就得到了关键的**驻点条件**。

原理 17.15 如果解$(\mathbf{x}^*, \mathbf{v}^*)$满足：

$$\sum_i \nabla g_i(\mathbf{x}^*) v_i^* = f(\mathbf{x}^*) \quad \text{或} \quad \sum_i \frac{\partial g_i}{\partial x_j} v_i = \frac{\partial f}{\partial x_j} \quad \forall j$$

和

$$g_i(\mathbf{x}^*) = b_i \quad \forall i$$

则它是拉格朗日函数 $L(\mathbf{x}, \mathbf{v})$ 的驻点。

例 17-8 构造拉格朗日的驻点条件

让我们再回到例 17-7 的模型以及对应的拉格朗日函数。给出 x_1^*，x_2^*，x_3^*，v_1^* 和 v_2^* 对应的驻点条件。

解：我们按照原理 17.15 的条件形式构造拉格朗日函数：

$$L(x_1, x_2, x_3, v_1, v_2) \triangleq 6(x_1)^2 + 4(x_2)^2 + (x_3)^2$$
$$+ v_1(360 - 24x_1 - 24x_2) + v_2(1 - x_3)$$

梯度可以写成：

$$\nabla f(\mathbf{x}) = (12x_1, 8x_2, 2x_3)$$
$$\nabla g_1(\mathbf{x}) = (24, 24, 0)$$
$$\nabla g_2(\mathbf{x}) = (0, 0, 1)$$

所以，对应的驻点条件是：

$$
\begin{aligned}
24v_1^* &= 12x_1^* \\
24v_1^* &= 8x_2^* \\
+ 1v_2^* &= 2x_3^* \\
24x_1^* + 24x_2^* &= 360 \\
1x_3^* &= 1
\end{aligned}
$$

17.3.4 拉格朗日驻点与原始模型

如果仔细观察拉格朗日驻点条件 17.15，那么拉格朗日函数 17.14 解决等式约束 NLP 17.13 的价值就十分清晰了。最一开始，之所以构造拉格朗日函数，是因为它在所有的可行点上都和原目标函数相同。对于任何固定的拉格朗日乘子 $\mathbf{v}$，松弛模型的无约束最优解 $\mathbf{x}^*$ 一定是一个驻点（原理 16.19），这就是条件 17.15 中的第一部分。

但 17.15 的第二部分要求拉格朗日函数的驻点满足原问题的所有约束。如果驻点的 $\mathbf{x}^*$ 部分在 $\mathbf{v}^*$ 固定在驻点上时可以最优化拉格朗日函数，那么 $\mathbf{x}^*$ 是松弛模型的最优值点，满足可行性，也与 $f(\mathbf{x}^*)$ 有着相同的函数值。所以，$\mathbf{x}^*$ 也是原模型的最优解。

原理 17.16 如果$(\mathbf{x}^*, \mathbf{v}^*)$是拉格朗日函数 $L(\mathbf{x}, \mathbf{v})$ 的驻点，而 $\mathbf{x}^*$ 是 $L(\mathbf{x}, \mathbf{v}^*)$ 的无约束最优解，那么 $\mathbf{x}^*$ 是对应的等式约束 NLP 的最优解。

17.3.5　拉格朗日乘子法的过程

用拉格朗日法去求解等式约束 NLP 利用了充分最优条件 17.16。特别地，我们有：

（1）将给定模型归纳成纯等式形式 17.13。

（2）构造拉格朗日函数 17.14。

（3）根据条件 17.15 解出拉格朗日函数的驻点。

（4）验证驻点的 $\mathbf{x}$ 部分对于固定 $\mathbf{v}=\mathbf{v}^*$ 时的拉格朗日函数是最优的，也就是说对原问题也是最优的。

拉格朗日函数(17-17)给出了求解辉瑞最优批量订货模型的第 1 步和第 2 步。为了求出驻点，我们首先进行如下计算：

$$\frac{\partial L}{\partial x_1} = 66.21 - \frac{2\,160}{(x_1)^2} + \frac{180v}{(x_1)^2} = 0 \quad \text{或} \quad x_1^* = \sqrt{\frac{2\,160 - 180v^*}{66.21}}$$

$$\frac{\partial L}{\partial x_2} = 426.8 - \frac{8\,712}{(x_2)^2} + \frac{726v}{(x_2)^2} = 0 \quad \text{或} \quad x_2^* = \sqrt{\frac{8\,712 - 726v^*}{426.8}}$$

$$\frac{\partial L}{\partial x_3} = 61.20 - \frac{330}{(x_3)^2} + \frac{27.5v}{(x_3)^2} = 0 \quad \text{或} \quad x_3^* = \sqrt{\frac{330 - 27.5v^*}{61.20}} \tag{17-19}$$

$$\frac{\partial L}{\partial x_4} = 268.1 - \frac{2\,916}{(x_4)^2} + \frac{243v}{(x_4)^2} = 0 \quad \text{或} \quad x_4^* = \sqrt{\frac{2\,916 - 243v^*}{268.1}}$$

然后有：

$$\frac{\partial L}{\partial v} = 221.5 - \frac{180}{x_1} - \frac{726}{x_2} - \frac{27.5}{x_3} - \frac{243}{x_4} = 0$$

将前面的四个公式代入上式进行替换，可以得到：

$$221.5 = \frac{180}{\sqrt{\dfrac{2\,160 - 180v^*}{66.21}}} + \frac{726}{\sqrt{\dfrac{8\,712 - 726v^*}{426.8}}} + \frac{27.5}{\sqrt{\dfrac{330 - 27.5v^*}{61.20}}} + \frac{243}{\sqrt{\dfrac{2\,916 - 243v^*}{268.1}}}$$

我们发现目标函数里面这个转换成本是转换时间的倍数（12 000 美元/周），我们可以进行如下分解：

$$221.5 = \frac{1}{\sqrt{12 - v^*}} \left[\frac{180}{\sqrt{\dfrac{180}{66.21}}} + \frac{726}{\sqrt{\dfrac{726}{426.8}}} + \frac{27.5}{\sqrt{\dfrac{27.5}{61.20}}} + \frac{243}{\sqrt{\dfrac{243}{268.1}}} \right]$$

然后解出：

$$v^* = 12 - \frac{1}{221.5} \left[\sqrt{180(66.21)} + \sqrt{726(426.8)} + \sqrt{27.5(61.20)} + \sqrt{243(268.1)} \right]^2$$

$$= -6.865$$

最后将上式替换进(17-19)，得到 $x_1^* = 7.161$，$x_2^* = 5.665$，$x_3^* = 2.911$ 和 $x_4^* = 4.135$。

我们知道驻点的这个 $\mathbf{x}^*$ 部分是最优的，因为结果和 17.2 节是一样的。为了计算拉格朗日法的第 4 步，利用原理 17.16，我们必须验证给定 $v = v^* = -6.865$ 时的拉格朗日函数：

$$L(x_1, x_2, x_3, x_4 - 6.865)$$

$$
\triangleq 66.21x_1 + \frac{2\,160}{x_1} + 426.8x_2 + \frac{8\,712}{x_2} + 61.20x_3 + \frac{330}{x_3}
$$

$$
+ 268.1x_4 + \frac{2\,916}{x_4} - 6.865\left(221.5 - \frac{180}{x_1} - \frac{726}{x_2} - \frac{27.5}{x_3} - \frac{243}{x_4}\right)
$$

$$
= 66.21x_1 + \frac{3\,395.7}{x_1} + 426.8x_2 + \frac{13\,696}{x_2} + 61.20x_3 + \frac{518.79}{x_3}
$$

$$
+ 268.1x_4 + \frac{4\,584.2}{x_4} - 1\,520.6
$$

基于与 17.2 节原问题同样的理由,这个函数是凸函数,所以这个驻点确实是全局最优解(原理 16.22)。

例 17-9　用拉格朗日法进行优化

用拉格朗日乘子法对例 17-7 和 17-8 中提到的问题求出最优解。

解：例 17-8 给出的驻点条件是:

$$
\begin{aligned}
24v_1^* & & &= 12x_1^* \\
24v_1^* & & &= 8x_2^* \\
& +1v_2^* &&= 2x_3^* \\
24x_1^* & +24x_2^* && = 360 \\
1x_3^* & && = 1
\end{aligned}
$$

用前三个公式替换掉后两个公式中出现的 x_1,x_2,x_3,可以得到:

$$
24(2v_1^*) + 24(3v_1^*) = 360 \quad 或 \quad v_1^* = 3
$$

$$
1\left(\frac{1}{2}v_2^*\right) = 1 \qquad\qquad 或 \quad v_2^* = 2
$$

再代回前三个公式就可以求出对应的 x_j^*,得到唯一的驻点:

$$
(x_1^*, x_2^*, x_3^*, v_1^*, v_2^*) = (6, 9, 1, 3, 2)
$$

还需要验证计算出来的这个点是下面这个函数的最小值:

$$
L(x_1, x_2, x_3, v_1^*, v_2^*)
$$

$$
\triangleq 6\,(x_1)^2 + 4\,(x_2)^2 + (x_3)^2 + 3(360 - 24x_1 - 24x_2) + 2(1 - x_3)
$$

$$
\triangleq 6\,(x_1)^2 + 4\,(x_2)^2 + (x_3)^2 - 72x_1 - 72x_2 - 2x_3 + 1\,082
$$

这个函数显然是凸函数(正二次函数与线性函数的和),所以求出的驻点确实是原问题的最优值点(原理 17.16)。

17.3.6　拉格朗日乘子的解释

对于那些已经完成了本书大部分阅读的读者,不妨回想之前线性规划时我们引入的**对偶变量** v_i(原理 6.20),它可以用来进行模型右端项变化时的灵敏性分析。在这里使用同样的符号并非巧合。

原理 17.17　最优的拉格朗日乘子,与约束 $g_i(\mathbf{x}) = b_i$ 关联的 v_i^* 可以被解释为右端项 b_i 增加一单位最优值的变化。

为了验证这个解释是合理的，我们只需要验证在($\mathbf{x}^*$，$\mathbf{v}^*$)处的拉格朗日函数：

$$L(\mathbf{x}^*, \mathbf{v}^*) = f(\mathbf{x}^*) + \sum_{i=1}^{m} v_i^* [b_i - g_i(\mathbf{x}^*)]$$

相对于右端项 b_i 变化的变化率是：

$$\frac{\partial L}{\partial b_t} = v_i^*$$

对于某个具体的模型，例如有唯一等式约束的辉瑞最优批量模型(17-16)，其中的 $v^* = -6.865$。这个值恰好是拉格朗日函数(17-17)关于右端项的偏导数，其中右端项代表了每周的产能。因为拉格朗日函数和原目标函数有同样的驻点[表达式(17-18)]，所以 v^* 告诉我们右端项一个小增量会降低最优目标函数值，变化率是 6 865 美元/周。

例 17-10　解释最优拉格朗日乘子
用例 17-9 的最优拉格朗日乘子结果去分析原问题约束右端项的灵敏性。

解：由例 17-7 可知，模型的约束是：

$$24x_1 + 24x_2 = 360$$
$$x_3 = 1$$

对应的最优拉格朗日乘子是 $v_1^* = 3$ 和 $v_2^* = 2$。右端项的增加可以增大最优目标函数值 541。至少对于小的变化，第一个约束的右端项每增加一单位，最优函数值将增加 3；第二个约束的右端项每增加一单位，最优函数值将增加 2。

17.3.7　拉格朗日法的局限性

尽管拉格朗日乘子法对许多模型表现良好，但它也有很明显的局限性：

- 驻点条件 17.15 只有在线性和简单非线性函数时才容易求解。其他情况下，求解这些条件可能比对原问题进行直接搜索还要困难。
- 对于有很多不等式约束的模型，为了确定哪些约束是起作用的，将有爆炸性量级的组合需要尝试。
- 只有当原目标函数足够易于处理以应用原理 17.16 时，利用等式系统 17.15 计算出来的驻点是全局最优解。其他情况可能会出现令人混淆的结果。

除此之外，求解其他形式的 NLP 时还有另一个微妙的难点。原理 17.16 告诉我们拉格朗日函数最优解的 $\mathbf{x}^*$ 部分一定是原问题的最优解，但逆命题不一定为真。也就是，原问题的最优解不一定对应拉格朗日函数的驻点。尽管绝大多数模型都在条件 17.15 之下达到了最优解，但接下来的一节，我们还会给出一个反例。

例 17-11　理解拉格朗日法的局限性
考虑如下等式约束非线性规划：

$$\max \quad w_1 w_2$$
$$\text{s.t.} \quad 9(w_1)^4 - 17(w_1)^3 + 6(w_1)^2 + 3w_1 + 11e^{w_2} = 100$$

描述我们使用拉格朗日乘子法求解问题时遇到的困难。

解：对唯一的等式约束引入拉格朗日乘子 v，可以得到拉格朗日函数：

$$L(w_1, w_2, v) \triangleq w_1 w_2 + v[100 - 9(w_1)^4 + 17(w_1)^3 - 6(w_1)^2 - 3w_1 - 11e^{w_2}]$$

对应的驻点条件 17.15 是：

$$\frac{\partial L}{\partial w_1} = w_2 - 36v\,(w_1)^3 + 51v\,(w_1)^2 - 12vw_1 - 3v \qquad\qquad = 0$$

$$\frac{\partial L}{\partial w_1} = w_1 - 11ve^{w_2} \qquad\qquad = 0$$

$$\frac{\partial L}{\partial w_1} = 100 - 9\,(w_1)^4 + 17\,(w_1)^3 - 6\,(w_1)^2 - 3w_1 - 11e^{w_2} = 0$$

求解这组高度非线性的方程可能比求解原问题还要困难。此外，原始目标函数既不是凸函数也不是凹函数，而约束函数也很不易于求解，即便我们得到了驻点 w_1^* 和 w_2^*，也几乎不可能论证它是一个最优解。

17.4 KARUSH-KUHN-TUCKER 最优性条件

拉格朗日驻点条件 17.15 常常很难直接解得最优值点，但它却提供了最优值点必须（常常）满足的条件。在这一节中，我们建立了 Karuch-Kuhn-Tucker(KKT) 条件，它说明了某个点是否是给出的 NLP 问题的局部最优解，这和 6.7 节中的线性规划有着类似的结论。

17.4.1 完全可导的 NLP 模型

17.3 节中关于拉格朗日函数的讨论仅仅局限在等式约束下。

定义 17.18 可导的非线性规划有着如下一般形式：

$$\begin{aligned}
\max \text{ 或 } \min \quad & f(\mathbf{x}) \\
\text{s. t.} \quad & g_i(\mathbf{x}) \geqslant b_i \quad \forall i \in G \\
& g_i(\mathbf{x}) \leqslant b_i \quad \forall i \in L \\
& g_i(\mathbf{x}) = b_i \quad \forall i \in E
\end{aligned}$$

这里的 f 和所有的 g_i 都是可导的函数，集合 G、L 和 E 分别对应 $\geqslant$，$\leqslant$ 和 $=$ 约束。

17.4.2 互补松弛性条件

将等式约束时的拉格朗日驻点条件 (17.15) 扩展到非等式约束时的困难之处在于，确定局部最优解 $\mathbf{x}$ 上哪些约束起作用。当我们知道哪些约束起作用，我们就可以把它当作一个等式约束加入到拉格朗日函数中，否则就将其删除。

一种将这种要求规范化的方式是将所有约束都与一个拉格朗日乘子 v_i 关联起来，但要求对那些不起作用的约束，v_i 必须等于 0。也就是，我们对每条约束强制其满足**互补松弛性**，就像线性规划中的 6.26 那样（6.3 节）。

原理 17.19 在局部最优点上，对于每条不等约束，要么起作用，要么其对应的拉格朗日乘子等于 0，也就是：

$$v_i[b_i - g_i(\mathbf{x})] = 0 \quad \text{对所有的不等式 } i$$

我们可以利用二次型投资组合管理模型(17-10)来进行说明：

$$\begin{aligned}
\min \quad & 66.51\,(x_1)^2 + 2(2.61)x_1 x_2 + 2(2.18)x_1 x_3 \\
& + 0.63\,(x_2)^2 & \text{(方差)} \\
& + 2(0.48)x_2 x_3 + 0.38\,(x_3)^2 & \\
\text{s.t.} \quad & x_1 + \quad x_2 + \quad x_3 = 1 & \text{(投资 100\%)} \\
& 13.22x_1 + 8.24x_2 + 9.03x_3 \geqslant 11 & \text{(回报)} \\
& x_1, x_2, x_3 \qquad\qquad \geqslant 0
\end{aligned} \tag{17-20}$$

按照上面给定的顺序，对应的互补松弛性条件分别为：

$$\begin{aligned}
v_2(11 - 13.22x_1 - 8.24x_2 - 9.03x_3) &= 0 \\
v_3(-x_1) &= 0 \\
v_4(-x_2) &= 0 \\
v_5(-x_3) &= 0
\end{aligned} \tag{17-21}$$

注意，对于第一条等式约束，互补松弛性是没有必要的。

17.4.3　拉格朗日乘子符号约束

根据原理 17.17 的解释，拉格朗日乘子可以反映右端项 b_i 变化时最优目标函数值的变化率。就像线性规划的结果 6.20，这条解释隐含了当约束为非线性时拉格朗日乘子的符号约束。例如，我们知道增加$\leqslant$约束的右端项 b_i 会使得约束更加松弛，所以这只会使得最大化问题的最优值增大，或者最小化问题的最优值减小。其余的情况类似。

原理 17.20　定义 17.18 中的约束 i 对应的拉格朗日乘子应该满足如下符号约束：

目标函数	i 是$\leqslant$约束	i 是$\geqslant$约束	i 是$=$约束
最小化	$v_i \leqslant 0$	$v_i \geqslant 0$	无约束
最大化	$v_i \geqslant 0$	$v_i \leqslant 0$	无约束

再次回到资产组合管理这个最小化问题(17-20)，我们需要的符号约束是：

$$v_1 \text{无约束}; \quad v_2, v_3, v_4, v_5 \geqslant 0 \tag{17-22}$$

因为第一条约束是等式约束，而其他都是最小化问题中的$\geqslant$约束。

17.4.4　KKT 条件和 KKT 点

我们现在已经做好对可导的模型 17.18 建立 Karush-Kuhn-Tucker 条件的准备。

原理 17.21　我们称 **x** 和 **v** 满足某个可导非线性规划 17.18 的 Karush-Kuhn-Tucker 条件，如果它满足互补松弛性 17.19，符号约束 17.20，梯度方程：

$$\sum_i \nabla g_i(\mathbf{x})v_i = \nabla f(\mathbf{x})$$

以及原始约束：

$$\begin{aligned}
g_i(\mathbf{x}) &\geqslant b_i \quad \forall i \in G \\
g_i(\mathbf{x}) &\leqslant b_i \quad \forall i \in L
\end{aligned}$$

$$g_i(\mathbf{x}) = b_i \quad \forall i \in E$$

如果某个 $\mathbf{x}$，存在一个与之对应的 $\mathbf{v}$ 联合起来满足上述条件，我们就将其称为一个 KKT 点。

投资组合模型(17-20)目标函数的梯度如下：

$$\nabla f(x_1, x_2, x_3) = \begin{bmatrix} 133.02x_1 + 5.22x_2 + 4.36x_3 \\ 5.22x_1 + 1.26x_2 + 0.96x_3 \\ 4.36x_1 + 0.96x_2 + 0.76x_3 \end{bmatrix}$$

而 5 条约束的梯度是：

$$\nabla g_1(x_1, x_2, x_3) = (1, 1, 1)$$
$$\nabla g_2(x_1, x_2, x_3) = (13.22, 8.24, 9.03)$$
$$\nabla g_3(x_1, x_2, x_3) = (1, 0, 0)$$
$$\nabla g_4(x_1, x_2, x_3) = (0, 1, 0)$$
$$\nabla g_5(x_1, x_2, x_3) = (0, 0, 1)$$

所以，KKT 条件 17.21 中的梯度方程部分是：

$$1v_1 + 13.22v_2 + v_3 = 133.02x_1 + 5.22x_2 + 4.36x_3$$
$$1v_1 + 8.24v_2 + v_4 = 5.22x_1 + 1.26x_2 + 0.96x_3$$
$$1v_1 + 9.03v_2 + v_5 = 4.36x_1 + 0.96x_2 + 0.76x_3 \tag{17-23}$$

KKT 条件的剩余部分包括原始约束：

$$x_1 + x_2 + x_3 = 1$$
$$13.22x_1 + 8.24x_2 + 9.03x_3 \geqslant 11$$
$$x_1, x_2, x_3 \geqslant 0 \tag{17-24}$$

以及互补松弛性条件(17-21)和符号约束(17-22)。

现在让我们将 KKT 条件与拉格朗日驻点条件 17.15 进行对比。这两组条件都要求目标函数的梯度可以表示为约束函数梯度的加权组合，也都要求原始约束必须满足。KKT 条件比拉格朗日驻点条件多出了互补松弛性条件和符号约束。

例 17-12　构造 KKT 条件

考虑如下非线性规划：

$$
\begin{aligned}
\max \quad & 2w_1 + 7w_2 \\
\text{s. t.} \quad & (w_1 - 2)^2 + (w_2 - 2)^2 = 1 \\
& w_1 \leqslant 2 \\
& w_2 \leqslant 2 \\
& w_1 \geqslant 0 \\
& w_2 \geqslant 0
\end{aligned}
$$

写出这个问题的 KKT 条件。

解： 我们使用定义 17.21，按照约束的顺序进行排序，目标函数和 5 个约束函数的梯度分别为：

$$\nabla f(w_1, w_2) = (2, 7)$$

$$\nabla g_1(w_1,w_2) = (2w_1, 2w_2)$$
$$\nabla g_2(w_1,w_2) = (1,0)$$
$$\nabla g_3(w_1,w_2) = (0,1)$$
$$\nabla g_4(w_1,w_2) = (1,0)$$
$$\nabla g_5(w_1,w_2) = (0,1)$$

KKT 条件包括原始约束：

$$(w_1 - 2)^2 + (w_2 - 2)^2 = 1$$
$$w_1 \leqslant 2$$
$$w_2 \leqslant 2$$
$$w_1 \geqslant 0$$
$$w_2 \geqslant 0$$

梯度方程：

$$\begin{bmatrix} 2w_1 \\ 2w_2 \end{bmatrix} v_1 + \begin{bmatrix} 1 \\ 0 \end{bmatrix} v_2 + \begin{bmatrix} 0 \\ 1 \end{bmatrix} v_3 + \begin{bmatrix} 1 \\ 0 \end{bmatrix} v_4 + \begin{bmatrix} 0 \\ 1 \end{bmatrix} v_5 = \begin{bmatrix} 2 \\ 7 \end{bmatrix}$$

互补松弛性条件：

$$v_2(2 - w_1) = 0$$
$$v_3(2 - w_2) = 0$$
$$v_4(0 - w_1) = 0$$
$$v_5(0 - w_2) = 0$$

符号约束：

$$v_2, v_3 \geqslant 0$$
$$v_3, v_4 \leqslant 0$$

17.4.5 可行改进方向，重温局部最优

为了更深入理解 KKT 条件 17.21 在带约束的非线性规划中的重要性，我们必须重新回到在 3.2 和 3.3 节中提到的初级的改进搜索方法。改进搜索给出的移动方向 $\Delta \mathbf{x}$ 必须既能够改进目标函数值，又保证可行性。也就是（定义 3.13 和 3.14），在移动方向上移动足够小的步长 λ 后，既能改进目标函数值，又保持着可行性。

如果在某一点上存在这样的**可行改进方向**，那么这个点一定不会是局部最优点（原理 3.16）。因为可以在可行改进方向上移动以达到目标函数的改进。

如果不存在可行改进方向，在适当的条件下，这个点至少是局部最优的（原理 3.17）。尽管不存在可行改进方向不一定意味着局部最优，就像图 3-8 所示的那样，但搜索算法还是会终止。

原理 17.22 使用搜索方法时，如果在当前点没有可行改进方向，搜索方法将终止，这给出了局部最优的工作定义。

什么时候一个移动方向 $\Delta \mathbf{x}$ 可以比当前点 $\mathbf{x}$ 有提升空间呢？一阶泰勒级数近似（定义 16.17）：

$$f(\mathbf{x} + \Delta \mathbf{x}) \approx f(\mathbf{x}) + f(\mathbf{x}) \cdot \Delta \mathbf{x}$$

告诉我们改进取决于 $\nabla f(\mathbf{x}) \cdot \Delta\mathbf{x}$ 的符号,这点统一了条件 3.21 和 3.22。

原理 17.23 根据对目标函数 $f(\mathbf{x})$ 的线性泰勒近似,可以得到如下与移动方向 $\Delta\mathbf{x}$ 相关的结论:

目标函数	$\nabla f(\mathbf{x}) \cdot \Delta\mathbf{x} > 0$	$\nabla f(\mathbf{x}) \cdot \Delta\mathbf{x} < 0$
最大化	改进	不改进
最小化	不改进	改进

如果 $\nabla f(\mathbf{x}) \cdot \Delta\mathbf{x} = 0$,那么需要更多的信息来对移动方向进行划分。

如果 $\nabla f(\mathbf{x}) \cdot \Delta\mathbf{x} = 0$,还是可能存在可行改进方向的,但没有任何满足 17.23 中一阶条件的 $\Delta\mathbf{x}$ 预示着没有可行的改进方向。

对应的可行性条件 3.25 对于线性规划是同样的,方向 $\Delta\mathbf{x}$ 是可行的,如果

$$\mathbf{a} \cdot \Delta\mathbf{x} \begin{cases} \leqslant 0 & \text{对于起作用的约束} & \mathbf{a} \cdot \mathbf{x} \leqslant b \\ = 0 & \text{对于所有的约束} & \mathbf{a} \cdot \mathbf{x} = b \\ \geqslant 0 & \text{对于起作用的约束} & \mathbf{a} \cdot \mathbf{x} \geqslant b \end{cases}$$

不起作用的约束不需要被考虑,因为它们不会对可行性产生立竿见影的影响。

为了对非线性的约束进行归纳,我们还需要再一次利用一阶泰勒级数近似(定义 16.17):

$$g_i(\mathbf{x} + \Delta\mathbf{x}) \approx g_i(\mathbf{x}) + \nabla g_i(\mathbf{x}) \cdot \Delta\mathbf{x} \tag{17-25}$$

如果 g_i 在 $\mathbf{x}$ 点是起作用的,即 $g_i(\mathbf{x}) = b_i$,那么(17-25)中的可行性依赖于 $\nabla g_i(\mathbf{x}) \cdot \Delta\mathbf{x}$ 项的符号。

原理 17.24 对于带约束的非线性规划 17.18 的线性泰勒近似,方向 $\Delta\mathbf{x}$ 在 $\mathbf{x}$ 点是可行的,如果

$$\nabla g_i(\mathbf{x}) \cdot \Delta\mathbf{x} \begin{cases} \geqslant 0 & \text{对于起作用的} \geqslant \text{约束} \\ \leqslant 0 & \text{对于起作用的} \leqslant \text{约束} \\ = 0 & \text{对于所有的} = \text{约束} \end{cases}$$

17.4.6 KKT 条件与可行改进方向的存在性

我们现在到了将 Karush-Kuhn-Tucker 条件 17.21 与可行改进方向的存在性联系起来的时候。

原理 17.25 Karush-Kuhn-Tucker 条件提供了一种一阶的检验可行改进方向是否存在的方法。具体地,$\mathbf{x}$ 是 KKT 点,当且仅当没有移动方向满足可行改进方向的一阶检验 17.23 和 17.24。

为了解释这个原理,重新来看投资组合管理模型(17-20)的最优解:

$$x_1^* = 0.43, \quad x_2^* = 0, \quad x_3^* = 0.57$$

可以肯定的是,在这个全局最优解上没有可行改进方向,我们可以找出与之对应的

v_i^* 来满足 KKT 条件[(17-21)~(17-24)]。可以计算出：

$$v_1^* = -132.026, \quad v_2^* = 14.892, \quad v_3^* = 0.0, \quad v_4^* = 12.275, \quad v_5^* = 0.0$$

$$(17\text{-}26)$$

很容易去验证这些数值满足互补松弛性条件(17-21)、符号约束(17-22)以及原始约束 (17-24)。至于梯度方程：

$$
\begin{aligned}
1v_1 + 13.22v_2 + v_3 &= 1(-132.026) + 13.22(14.892) + (0.0) &= 64.8 \\
133.02x_1 + 5.22x_2 + 4.36x_3 &= 133.02(0.47) + 5.22(0) + 4.36(0.53) &= 64.8 \\
1v_1 + 8.24v_2 + v_4 &= 1(-132.026) + 8.24(14.892) + (12.275) &= 2.96 \\
5.22x_1 + 1.26x_2 + 0.96x_3 &= 5.22(0.47) + 1.26(0.0) + 0.96(0.53) &= 2.96 \\
1v_1 + 9.03v_2 + v_5 &= 1(-132.026) + 9.03(14.892) + (0.0) &= 2.45 \\
4.36x_1 + 0.96x_2 + 0.76x_3 &= 4.36(0.47) + 0.96(0.0) + 0.76(0.53) &= 2.45
\end{aligned}
$$

$$(17\text{-}27)$$

将这个最优解与 $\mathbf{x} = (1, 0, 0)$ 相比，这个点的 $\Delta\mathbf{x} = (-1, 0, 1)$ 满足一阶条件 17.23 和 17.24，因为：

$$\nabla f(1,0,0) \cdot \Delta\mathbf{x} = (133.02, 5.22, 4.36) \cdot (-1,0,1) = -128.66 < 0$$

和起作用的约束：

$$\nabla g_1(1,0,0) \cdot \Delta\mathbf{x} = (1,1,1) \cdot (-1,0,1) = 0$$
$$\nabla g_4(1,0,0) \cdot \Delta\mathbf{x} = (0,1,0) \cdot (-1,0,1) \geqslant 0$$
$$\nabla g_5(1,0,0) \cdot \Delta\mathbf{x} = (0,0,1) \cdot (-1,0,1) \geqslant 0$$

(注意 $v_2 = v_3 = 0$，因为互补松弛性)，但梯度方程：

$$
\begin{bmatrix} 1 \\ 1 \\ 1 \end{bmatrix} v_1 + \begin{bmatrix} 0 \\ 1 \\ 0 \end{bmatrix} v_4 + \begin{bmatrix} 0 \\ 0 \\ 1 \end{bmatrix} v_5 = (133.02, 5.22, 4.36)
$$

的唯一解是：

$$v_1 = 133.02, \quad v_2 = -127.8, \quad v_3 = -128.66$$

这是违反符号约束的，v_4，$v_5 \geqslant 0$。KKT 条件不满足。

为了理解为什么 17.25 永远是对的，我们可以将可行改进方向条件 17.23 和 17.24 看作决策变量 $\Delta\mathbf{x}$ 的线性规划。以最小化问题为例：

$$
\begin{aligned}
\min \quad & \nabla f(\mathbf{x}) \cdot \Delta\mathbf{x} \\
\text{s. t.} \quad & \nabla g_i(\mathbf{x}) \cdot \Delta\mathbf{x} \geqslant 0 \quad \text{对起作用的} \geqslant \text{约束} \\
& \nabla g_i(\mathbf{x}) \cdot \Delta\mathbf{x} \leqslant 0 \quad \text{对起作用的} \leqslant \text{约束} \\
& \nabla g_i(\mathbf{x}) \cdot \Delta\mathbf{x} = 0 \quad \text{对所有的} = \text{约束}
\end{aligned}
$$

$$(17\text{-}28)$$

现在，我们应用 6.4 节中提到的线性规划对偶技巧。对于乘子 v_i，(17-28)的对偶问题是：

$$
\begin{aligned}
\max \quad & \sum_{\text{起作用的约束} i} (0)v_i = 0 \\
\text{s. t.} \quad & \sum_{\text{起作用的约束} i} \nabla g_i(\mathbf{x}) v_i = \nabla f(\mathbf{x}) \\
& v_i \geqslant 0 \quad \text{对所有起作用的} \geqslant \text{约束} \\
& v_i \leqslant 0 \quad \text{对所有起作用的} \leqslant \text{约束}
\end{aligned}
$$

$$(17\text{-}29)$$

注意，对偶问题(17-29)的可行性要求与 KKT 条件 17.21 中在 **x** 点的梯度方程和符号约束部分完全相同(由互补松弛性，假设对所有非起作用的约束 $v_i = 0$)。如果任何 v_i 满足这些条件，对偶问题是可行的，目标函数恒为 0。根据原理 6.51，原问题中最优的方向 $\Delta \mathbf{x}$ 有着相同的最优值 $\nabla f(\mathbf{x}) \cdot \Delta \mathbf{x} = 0$。如果 KKT 条件得到满足，没有 $\Delta \mathbf{x}$ 可以同时满足 17.23 和 17.24 中的所有条件。

另一方面，如果一些 $\Delta \mathbf{x}$ 满足了 17.23 和 17.24 中的所有条件，那么存在一个可行的 $\Delta \mathbf{x}$ 使得 $\nabla f(\mathbf{x}) \cdot \Delta \mathbf{x} < 0$。所以对偶问题一定是不可行的，因为每个对偶问题的解都是原问题最优解的限制(原理 6.47)，都会有目标函数值 0。所以，KKT 条件在 **x** 点不能被满足。

例 17-13　验证 KKT 点没有可行改进方向

考虑这个有约束的非线性规划：

$$\min \quad (w_1)^2 + (w_2)^2$$
$$\text{s. t.} \quad w_1 + w_2 = 1$$
$$w_1, w_2 \geqslant 0$$

全局最优解是 $w_1^* = w_2^* = 1/2$。

(a) 给出这个问题的 KKT 条件。

(b) 验证在 $\mathbf{w} = (0, 1)$，$\Delta \mathbf{w} = (1, -1)$ 满足可行改进方向的一阶条件，对应的 KKT 条件没有解。

(c) 验证 KKT 条件在 $\mathbf{w}^*$ 点上满足，也就是没有既可行又能改进的方向。

解：

(a) 根据 17.21，三条约束上的拉格朗日乘子 v_1，v_2，v_3 满足如下条件：

$$w_1 + w_2 = 1 \qquad \text{(原始约束)}$$
$$w_1, w_2 \geqslant 0$$
$$v_2(-w_1) = 0 \qquad \text{(互补松弛性)}$$
$$v_3(-w_2) = 0$$
$$\begin{bmatrix} 1 \\ 1 \end{bmatrix} v_1 + \begin{bmatrix} 1 \\ 0 \end{bmatrix} v_2 + \begin{bmatrix} 0 \\ 1 \end{bmatrix} v_3 = \begin{bmatrix} 2w_1 \\ 2w_2 \end{bmatrix} \quad \text{(梯度方程)}$$
$$v_2, v_3 \geqslant 0 \qquad \text{(符号约束)}$$

(b) 方向 $\Delta \mathbf{w} = (1, -1)$ 在 $\mathbf{w} = (0, 1)$ 处满足改进检验 17.23，因为：

$$\nabla f(0, 1) \cdot \Delta \mathbf{w} = (0, 2) \cdot (1, -1) < 0$$

它也是可行的，因为起作用的约束有：

$$\nabla g_1(0, 1) \cdot \Delta \mathbf{w} = (1, 1) \cdot (1, -1) = 0$$
$$\nabla g_2(0, 1) \cdot \Delta \mathbf{w} = (1, 0) \cdot (1, -1) \geqslant 0$$

解： $\mathbf{w} = (0, 1)$ 满足 KKT 条件中的原始约束，为了满足互补松弛性，需要有 $v_2 = 0$。求解梯度方程：

$$\begin{bmatrix} 1 \\ 1 \end{bmatrix} v_1 + \begin{bmatrix} 1 \\ 0 \end{bmatrix} v_2 = \begin{bmatrix} 0 \\ 2 \end{bmatrix}$$

得到唯一解 $v_1 = 2$，$v_2 = -2$，这违反了 v_2 的符号约束，KKT 条件不能够满足。

(c) $w_1^* = w_2^* = \frac{1}{2}$ 满足原始约束，唯一起作用的约束是第一条，为了满足互补松弛性，后两条约束对应的 v_2，v_3 都应为 0。这使得梯度方程化简为：

$$\begin{bmatrix} 1 \\ 1 \end{bmatrix} v_1 = \begin{bmatrix} 1 \\ 1 \end{bmatrix}$$

可解出 $v_1 = 1$，满足符号约束。KKT 条件的所有部分都得到满足。

17.4.7　KKT 最优性条件的充分性

原理 17.25 告诉我们，KKT 点是不存在可行改进方向的。所以 KKT 条件得到最优性，无论可行改进方向的不存在是否充分。最常见的例子就是凸规划(定义 17.3)。

原理 17.26　如果 **x** 是一个凸规划的 KKT 点，那么它是全局最优解。

例如，投资组合管理问题(17-20)是一个凸规划，因为它的所有约束都是线性的，而目标函数是凸的，因为目标函数的海塞矩阵是正定的：

$$\nabla^2 f(\mathbf{x}) = \begin{bmatrix} 133.02 & 5.22 & 4.36 \\ 5.22 & 1.26 & 0.96 \\ 4.36 & 0.96 & 0.76 \end{bmatrix} \tag{17-30}$$

所以，当我们验证 $x_1^* = 0.47$，$x_2^* = 0.0$，$x_3^* = 0.53$ 是一个 KKT 点(17.27)，我们证明它是最优的(原理 17.26)。

17.4.8　KKT 最优性条件的必要性

相比于 KKT 条件的充分性，KKT 条件的必要性更为我们所关注。最优值点一定会满足 KKT 条件吗？

考虑如下 NLP：

$$\begin{aligned} \min \quad & (y_1)^2 + 4y_2 \\ \text{s. t.} \quad & (y_1 - 1)^2 + (y_2)^2 \leqslant 1 \\ & (y_1 + 1)^2 + (y_2)^2 \leqslant 1 \end{aligned} \tag{17-31}$$

不难验证这是一个凸规划，因为目标函数和约束函数都是凸函数。因为这个问题只有唯一的可行解，所以这个可行解 $y_1 = y_2 = 0$ 也就是最优解。

KKT 条件 17.21 给出：

$\nabla f(y_1, y_2) = (2y_1, 4)$，$\nabla g_1(y_1, y_2) = (2y_1 - 2, 2y_2)$，$\nabla g_2(y_1, y_2) = (2y_1 + 2, 2y_2)$

所以，$\mathbf{y} = (0, 0)$ 点的梯度方程变成：

$$\begin{bmatrix} -2 \\ 0 \end{bmatrix} v_1 + \begin{bmatrix} 2 \\ 0 \end{bmatrix} v_2 = \begin{bmatrix} 0 \\ 4 \end{bmatrix}$$

显然，这个方程组是无解的。尽管 $y_1 = y_2 = 0$ 确实是这个凸规划的最优解，但却不是一个 KKT 点。

幸运的是，KKT 条件不具备必要性的模型在实际中非常少见。同样，也可以引入各种类型的**约束限定**使得每个局部最优解或者全局最优解都是 KKT 点。我们只介绍最简单的一种。

原理 17.27 如果①所有约束都是线性的，或②所有约束函数在局部最优点的梯度线性独立，有约束可导 NLP 的最优值点一定是 KKT 点。

例 17-14 验证 KKT 条件的必要性

在不求解的情况下验证下面模型每一个局部最小值一定是 KKT 点。

(a) max $\quad (w_1)^2 + e^{w_2} + w_1 w_2$

　　s.t. $\quad 3w_1 + w_2 \leqslant 9$

　　　　 $w_1, \ w_2 \geqslant 0$

(b) max $\quad (w_1)^2 + e^{w_2} + w_1 w_2$

　　s.t. $\quad (w_1 - 1)^2 \leqslant 1$

　　　　 $(w_2 - 2)^2 \leqslant 4$

解： 我们利用约束限制 17.27，这只依赖于模型的约束。

(a) 所有的约束都是线性的，所以每个局部最优值都是 KKT 点。

(b) 约束的梯度分别是：

$$\nabla g_1(w_1, w_2) = (2w_1 - 2, 0) \quad \nabla g_2(w_1, w_2) = (0, 2w_2 - 4)$$

除了 $\mathbf{w} = (1, 2)$ 这个点外，这些约束都是线性独立的，而这个点所有约束都不起作用，所以每个局部最优值都是 KKT 点。

17.5 惩罚与障碍法

另一种解决带约束的非线性规划的方法是将其转换为一系列无约束的模型。在本节中，我们将研究这样的**序列无约束极小(极大)化技术**，也可称为**惩罚**(penalty)函数法或者**障碍**(barrier)函数法(7.4 节里有 LP 情形下的此类算法)。

17.5.1 惩罚函数法

惩罚函数法是将有约束 NLP 转化为无约束 NLP 的方案。

定义 17.28 惩罚函数法可以去掉非线性规划中的约束，将违反这些约束的惩罚引入目标函数：

$$\text{max 或 min } F(\mathbf{x}) \triangleq f(\mathbf{x}) \pm \mu \sum_i p_i(\mathbf{x})$$

(对于最小化问题是＋，对于最大化问题是－)，而 μ 是正的**惩罚乘子**，p_i 是满足如下条件的函数：

$$p_i(\mathbf{x}) \begin{cases} = 0 & \text{如果 } x \text{ 满足约束 } i \\ > 0 & \text{否则} \end{cases}$$

针对具体的约束，**惩罚函数** $p_i(\mathbf{x})$ 有很多选择的方式。

原理 17.29　有约束 NLP 中最常用的惩罚函数是：

$$\max \ \{0, b_i - g_i(\mathbf{x})\} \quad \max^2 \ \{0, b_i - g_i(\mathbf{x})\} \quad 对于 \geqslant 约束$$
$$\max \ \{0, g_i(\mathbf{x}) - b_i\} \quad \max^2 \ \{0, g_i(\mathbf{x}) - b_i\} \quad 对于 \leqslant 约束$$
$$|g_i(\mathbf{x}) - b_i| \quad\quad\quad |g_i(\mathbf{x}) - b_i|^2 \quad\quad 对于 = 约束$$

当对应约束被满足时不进行惩罚，但随着不满足程度的加深，惩罚也越来越大。

□**应用案例 17-7**

服务柜台设计

工程设计问题中，惩罚函数法最常出现在许多约束都是非线性的状况下。我们以一家公司的服务柜台设计为例进行阐述。

图 17-6 展现了这个问题。柜台的宽度是 0.5 米，围绕两个宽度为 1 米的传送带建立，传送带将仓库的库存运送过来。

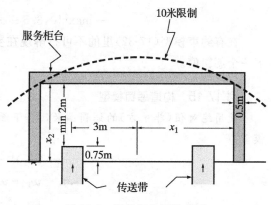

图 17-6　服务柜台设计应用

两个传送带的中心间距为 6 米，在工作区延伸出来 0.75 米的长度。为了雇员可以有效地在柜台后工作，从传送带的末端（延伸到工作区域）到前方正对的服务台应保证至少 2 米的距离。柜台内的任何区域距离两个传送带中心（未延伸部分）的距离之和不超过 10 米（即在一个椭圆之内）。在上面的这些限制下，我们希望最大化供顾客使用的柜台外部周长。

为了刻画这个简单的例子，在两条传送带的中间设立原点，并引入下列决策变量：

$$x_1 \triangleq 柜台内部工作区域长度的一半$$
$$x_2 \triangleq 柜台内部工作区域的宽度$$

然后，这个问题可以被描述为如下非线性规划：

$$\begin{aligned}
\max \quad & 2x_1 + 2x_2 + 2 && （外周长）\\
\text{s.t.} \quad & \frac{(x_1)^2}{(5)^2} + \frac{(x_2)^2}{(4)^2} \leqslant 1 && （10 米距离限制）\\
& x_1 \geqslant 3.5 && （必须包含传送带）\\
& x_2 \geqslant 2.75 && （2 米工作空间）
\end{aligned}$$

(17-32)

这个问题的目标函数是最大化外周长。第一条椭圆约束使得柜台内部最远的地方距离两个传送带的距离之和不超过 10 米。x_1 的下界确保工作空间可以完整容纳两条传送带，x_2 的下界保证传送带与服务台末端的 2 米间隔。这个问题的最优解中，服务柜台内部的尺寸为 $2x_1^* = 2 \times 3.63$，$x_2^* = 2.75$ 米，最优的外周长为 14.76 米。

17.5.2　服务柜台问题的惩罚方法

任何满足原理 17.29 的惩罚函数都可以用来处理服务柜台模型(17-32)的一条≤约束和两条≥约束。我们将采取第二种,也就是平方惩罚函数的形式。例如,对于第一条约束,

$$p_1(x_1,x_2) \triangleq \max{}^2\left\{0,\frac{(x_1)^2}{25}+\frac{(x_2)^2}{16}-1\right\}$$

当约束满足的时候,$[(x_1)^2/25+(x_2)^2/16-1]\leqslant 0$,$p(x_1,x_2)=0$。然而,约束不满足的时候,$[(x_1)^2/25+(x_2)^2/16-1]>0$,这使得上面的函数等于违反量的平方。将这种想法应用在全部约束上,我们得到了下面这个不带约束的惩罚模型。

$$\max\quad 2x_1+2x_2+2-\mu(\max{}^2\left\{0,\frac{(x_1)^2}{25}+\frac{(x_2)^2}{16}-1\right\}$$
$$+\max{}^2\{0,3.5-x_1\}+\max{}^2\{0,2.75-x_2\}) \qquad (17\text{-}33)$$

在有约束模型(17-32)里的不可行解现在变得可行了,但它们都在目标函数中被减去了一个惩罚值。

例 17-15　构造惩罚模型

使用绝对值(非平方)的惩罚函数,将下面这个有约束的 NLP 转换为没有约束的惩罚模型。

$$\begin{aligned}\min\quad &(w_1)^4-w_1w_2w_3\\ \text{s.t.}\quad &w_1+w_2+w_3=5\\ &(w_1)^2+(w_2)^2\leqslant 9\\ &w_3w_2\qquad\qquad\geqslant 1\end{aligned}$$

解:使用 17.29 中的绝对值惩罚函数,对应的具有 17.28 形式的无约束模型可以写成:

$$\begin{aligned}\min\quad &(w_1)^4-w_1w_2w_3+\mu(|w_1+w_2+w_3-5|\\ &+\max\{0,(w_1)^2+(w_2)^2-9\}+\max(0,1-w_3w_2))\end{aligned}$$

其中 μ 是一个正的惩罚因子。

17.5.3　对带惩罚有约束最优性的总结

根据定义,给定任何有约束的 NLP,定义 17.28 中的惩罚项在可行域内的任何 **x** 点上一定等于 0。这给我们提供了一个思路,去了解什么时候惩罚模型的无约束最优解是原问题的最优解。

原理 17.30　如果无约束惩罚问题 17.28 的一个最优解 **x**[*] 在原来有约束的模型中是可行的,那么一定是原问题的最优解。

任何原问题的更优解一定也满足惩罚项为 0,在惩罚问题中会得到更优的目标函数值,所以 **x**[*] 满足最优性。

17.5.4　惩罚函数的可微性

可微性是选择惩罚函数的一个考虑。如果模型 17.28 的函数足够平滑，在第 16 章许多无约束的模型都可以用来进行优化。原理 17.29 中的第一种选择，也就是绝对值（非平方）的惩罚函数，是不满足可微性条件的，但是平方惩罚函数是满足条件的。

原理 17.31　当 g_i 都可微的时候，原理 17.29 中的平方惩罚函数是可微的。

我们可以验证当 g_i 平滑时，$a \leqslant$ 约束 $g_i(\mathbf{x}) \leqslant b_i$ 是否可微。对应的平方惩罚函数可被表达为：

$$p_i(x) = \begin{cases} 0 & \text{如果 } \mathbf{x} \text{ 满意 } g_i(\mathbf{x}) \leqslant b_i \\ [g_i(\mathbf{x}) - b_i]^2 & \text{否则} \end{cases}$$

对应的偏导是：

$$\frac{\partial p_i}{\partial x_j} = \begin{cases} 0 & \text{如果 } \mathbf{x} \text{ 满意 } g_i(\mathbf{x}) \leqslant b_i \\ 2[g_i(\mathbf{x}) - b_i]\dfrac{\partial g_i}{\partial x_j} & \text{否则} \end{cases}$$

注意到上面这个分段的偏导数在边界 $g_i(\mathbf{x}) = b_i$。所以，上面这个偏导数是意义明确且连续的。

17.5.5　精确的惩罚函数

我们也希望惩罚函数是**精确**的。也就是说，我们希望使用一个足够大的 $\mu > 0$，这样无约束惩罚模型 $F(\mathbf{x})$ 可以通过剔除不可行性以取得最优解。

一个简单的例子表明 17.29 中的平方惩罚函数不一定精确。考虑如下模型：

$$\begin{aligned} \min \quad & y \\ \text{s. t.} \quad & y \geqslant 0 \end{aligned} \tag{17-34}$$

运用 17.29 的平方惩罚函数得到如下惩罚模型：

$$\min \quad F(y) \triangleq y + \mu \max^2\{0, -y\} = \begin{cases} y & \text{如果 } y \geqslant 0 \\ y + \mu y^2 & \text{如果 } y < 0 \end{cases}$$

求导可得：

$$\frac{\mathrm{d}F}{\mathrm{d}y} = \begin{cases} 1 & \text{如果 } y \geqslant 0 \\ 1 + 2\mu y & \text{如果 } y < 0 \end{cases}$$

唯一的驻点是：

$$y^* = -\frac{1}{2\mu}$$

但是无论 μ 取多大的值，无约束模型的极小值都是负的且不可行。

原理 17.32　17.29 中的平方惩罚函数往往不精确，也就是说，不存在一个 μ 使得惩罚模型的无约束极值 F 是原 NLP 的最优解。

假设如果我们在应用（17-34）时使用了不可微的惩罚函数 $\max\{0, b_i - g_i(\mathbf{x})\}$，对应的惩罚模型就是：

$$\min F(y) \triangleq y + \mu \max\{0, -y\}$$

对于任何的 $\mu > 1$，$F(y)$ 在 $y=0$ 处取得最小值。也就是说，一个有限的 μ 就足够大，使得 $F(y)$ 最优解也是原 NLP 的最优解。

在 17.29 中的非平方惩罚函数都有类似的精确性。

原理 17.33 对于带约束的非线性规划问题，如果非平方形式的惩罚函数存在最优解，在较弱的假设下，就一定存在一个有限的惩罚因子使得无约束模型 17.28 中的最优解也是原 NLP 的最优解。

17.5.6 管理惩罚因子

在例如 (17-33) 的平方形式，有约束的极值只有在 $\mu \to \infty$ 的时候才能被取到。原理 17.33 中的精确方法只需找到一个有限大的 μ 即可。不管怎样，μ 都需要增大，而且我们不知道究竟增大到多少才可以。

为什么我们不直接在一开始就用一个很大的 μ 呢？图 17-7 以下面这个简单模型为例说明了这个问题。

$$\begin{aligned} \min \quad & w \\ \text{s.t.} \quad & 3 \leqslant w \leqslant 5 \end{aligned} \tag{17-35}$$

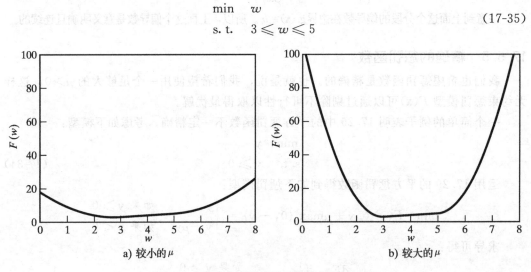

a) 较小的 μ b) 较大的 μ

图 17-7 无约束下惩罚因子的易处理性比较

当 μ 相对大的时候，对应的惩罚函数变得很陡。自变量小的移动会对最终取值有着很大的影响。当我们用 16 章的方法求解无约束模型时会非常困难。

两种对惩罚因子 μ 的要求自然而然地归结成下面这种序列策略，过程之中惩罚因子慢慢增加。

原理 17.34 当使用惩罚法求解有约束的非线性规划时，惩罚因子 μ 应该先取一个 > 0 的相对低值，然后随着计算过程的继续逐渐增加。

17.5.7 序列无约束惩罚技术

正式来说，原理 17.34 给我们带来了算法 17A，即序列无约束惩罚技术。惩罚因子 μ

最开始很小，随着每次搜索而增大。对于 μ 的每一个值，无约束惩罚问题 17.28 可以通过搜索得到最优解。如果结果在原问题是可行的，便停止搜索，搜索结果即为原问题最优解（原理 17.30）。否则，算法继续，直到无约束最优解足够靠近可行域。

▶ **算法 17A：序列无约束惩罚技术**

第 0 步：初始化。构造惩罚模型 17.28，选择相对小的初始的惩罚因子 μ_0，和初始可行解 $\mathbf{x}^{(0)}$。同样，选择初始序号 $t \leftarrow 0$，选择一个增大因子 $\beta > 1$。

第 1 步：无约束最优化。从 $\mathbf{x}^{(t)}$ 开始，求解 $\mu = \mu_t$ 下的 17.28 中的惩罚最优化模型，得到最优解 $\mathbf{x}^{(t+1)}$。

第 2 步：停止。如果 $\mathbf{x}^{(t+1)}$ 是可行的，或者 $\mathbf{x}^{(t+1)}$ 足够接近原问题的可行域，停止并输出 $\mathbf{x}^{(t+1)}$。

第 3 步：增加。增大惩罚因子：

$$\mu_{t+1} \leftarrow \beta \mu_t$$

然后令 $t \leftarrow t+1$，回到第 1 步。

表 17-3 给出了对服务柜台设计模型（17-32）和对应的惩罚形式（17-33）使用算法 17A 的过程。最初始的因子是 $\mu = \dfrac{1}{4}$，第一次搜索得到无约束最优解：

$$\mathbf{x}^{(1)} = (9.690, 6.202)$$

表 17-3 服务柜台问题的序列惩罚解

t	μ	最优 $\mathbf{x}^{(t+1)}$	违反约束，i		
			1	2	3
0	$\dfrac{1}{4}$	(9.690, 6.202)	5.160	0.000	0.000
1	1	(6.632, 4.244)	1.885	0.000	0.000
2	4	(4.981, 3.188)	0.627	0.000	0.000
3	16	(4.221, 2.749)	0.185	0.000	0.001
4	64	(3.806, 2.748)	0.051	0.000	0.002
5	256	(3.677, 2.749)	0.013	0.000	0.001
6	1 024	(3.643, 2.750)	0.003	0.000	0.001
7	4 096	(3.634, 2.750)	0.001	0.000	0.000

超出第一条约束 5.160。然后，因子乘 $\beta = 4$ 后，从 $\mathbf{x}^{(1)}$ 开始进行一次新的搜索。得到 $\mathbf{x}^{(2)}$ 后再将因子变为 4 倍，然后开始第 3 次搜索。这个过程将一直继续，直到 μ 足够大，使得无约束极值点满足最优性。算法停止时无约束最优解为 $\mathbf{x}^* = (3.63, 2.75)$。

17.5.8 障碍法

上面提到的惩罚法从一个点出发，要求最终的无约束极值点落在原 NLP 的可行域内。障碍法的思路与之不同，从一个可行的点出发，要求保证无约束搜索不会离开可行域。

定义 17.35 障碍法可以去掉非线性规划中的约束，将在约束边界设置的障碍引入目标函数，具体是如下形式：

$$\max \text{ 或 } \min F(\mathbf{x}) \triangleq f(\mathbf{x}) \pm \mu \sum_j q_i(\mathbf{x})$$

（对于最小化问题是＋，对于最大化问题是一），而 μ 是正的 **障碍乘子**，q_i 是满足如下条件的函数：

$$q_i(\mathbf{x}) \rightarrow \infty$$

当约束 i 趋向于起作用（active）时。

因为边界在等式约束下不可避免，所以障碍法只适用于约束全为不等约束的时候。针对具体的约束，$q_i(\mathbf{x})$ 有很多选择的方式。

原理 17.36 含不等约束 NLP 中最常用的障碍函数是：

$$-\ln[g_i(\mathbf{x}) - b_i], \quad \frac{1}{g_i(\mathbf{x}) - b_i} \qquad \text{对于} \geqslant \text{约束}$$

$$-\ln[b_i - g_i(\mathbf{x})], \quad \frac{1}{b_i - g_i(\mathbf{x})} \qquad \text{对于} \leqslant \text{约束}$$

上面的每个函数在接近边界的时候都会趋向＋∞。

17.5.9 服务柜台问题的障碍方法

服务柜台问题（17-32）的所有约束都是不等式，所以可以使用障碍法。我们使用更常用的对数形式。例如，第一条约束对应如下障碍项：

$$q_1(x_1, x_2) \triangleq -\ln\left(1 - \frac{(x_1)^2}{25} - \frac{(x_2)^2}{16}\right)$$

当 $\mathbf{x}$ 处在可行域相对较内的时候，障碍函数对目标函数的影响微乎其微。但是当 $[(x_1)^2/25 + (x_2)^2/16] \rightarrow 1$，对数的相反数就会趋向＋∞。我们可以用类似的方式处理其他约束，得到如下障碍模型：

$$\max \quad 2x_1 + 2x_2 + 2 + \mu\left[\ln\left(1 - \frac{(x_1)^2}{25} - \frac{(x_2)^2}{16}\right)\right] \\ + \ln(x_1 - 3.5) + \ln(x_2 - 2.75)] \qquad (17\text{-}36)$$

其中 $\mu > 0$，这个目标函数不鼓励趋近边界的点。

例 17-16 构造障碍模型

用倒数障碍函数，将下面这个有约束的 NLP 转化为无约束障碍模型：

$$\min \quad (w_1)^4 - w_1 w_2 w_3$$
$$\text{s. t.} \quad (w_1)^2 + (w_2)^2 \leqslant 9$$
$$w_3 w_2 \geqslant 1$$

解：使用原理 17.36 的倒数障碍函数，对应的无约束模型是：

$$\min \quad (w_1)^4 - w_1 w_2 w_3 + \mu\left(\frac{1}{9 - (w_1)^2 - (w_2)^2} + \frac{1}{w_3 w_2 - 1}\right)$$

其中，μ 是一个正的障碍因子。

17.5.10 障碍法对最优性的收敛

与惩罚法不同，障碍函数对处在可行域范围内的函数产生影响。让我们回到(17-34)的 $y \geqslant 0$ 例子，来看看这种方法带来的困难之处。使用 17.36 中的对数障碍函数，那么对应的障碍问题是：

$$\min \quad F(y) \triangleq y - \mu \ln(y)$$

在 $y > 0$ 的范围内求导得到：

$$\frac{dF}{dy} = 1 - \frac{\mu}{y}$$

其中唯一的驻点是：

$$y^* = \mu$$

无论 $\mu > 0$ 取多少，这个无约束最优解永远无法达到原问题的最优解 $y = 0$。

当有约束 NLP 的最优解出现在边界上时，类似的问题就一定会出现。

原理 17.37 如果 $\mu > 0$ 而且原问题的最优解处在可行域的边界上，那么障碍函数 17.35 中的最优解永远不等于原问题的最优解。

就像惩罚法一样，无约束最优解存在一个趋势，当 $\mu \to 0$ 的时候，无约束最优解距离原问题最优解越来越近。

原理 17.38 尽管没有办法解出原问题，但随着 $\mu \to 0$，使用障碍法得到的无约束最优解会收敛到原问题最优解。

17.5.11 管理障碍因子

根据原理 17.38，如果想得到有约束的最优解，我们必须让 μ 趋近于 0。那么，为什么不干脆直接从一个接近 0 的地方开始呢？图 17-8 以(17-35)为例做了说明。

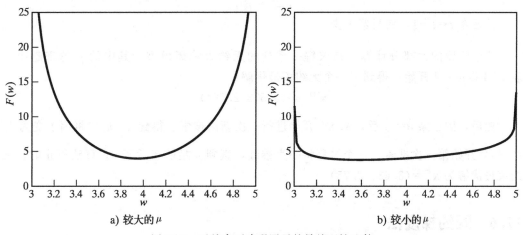

a) 较大的 μ b) 较小的 μ

图 17-8 无约束下障碍因子的易处理性比较

当 μ 相对较大的时候，一个强障碍使得搜索远离边界。随着 μ 的减小，搜索慢慢可以靠近边界。于是，最佳的策略就是从一个较大的 μ 开始，然后慢慢缩小这个因子。

原理 17.39 当使用障碍法求解带约束的非线性规划的时候，障碍因子 μ 应该从较大的 $\mu>0$ 开始，然后随着搜索慢慢减小。

17.5.12　序列无约束障碍技术

正式来说，原理 17.39 逐渐降低 μ 的思路给我们带来了算法 17B，即序列无约束障碍技术。算法过程从一个可行的内点 $\mathbf{x}^{(0)}$ 开始，在这个内点处所有约束都是松的。μ 从一个较大的值开始，随着搜索逐渐减小。对于每个 μ 的取值，无约束障碍问题 17.35 都可以通过搜索得到最优解。μ 足够接近 0 便停止搜索(读者可以与 7.4 节线性规划的障碍法进行对比)。

表 17-4 给出了对服务柜台设计模型(17-32)和对应的障碍形式(17-36)使用算法 17B 的过程。与惩罚法不同，障碍法必须从原问题可行域的内点开始，这里我们采用：

$$\mathbf{x}^{(0)} = (3.52, 2.77)$$

表 17-4　服务柜台问题的序列障碍解

t	μ	$\mathbf{x}^{(t+1)}$	t	μ	$\mathbf{x}^{(t+1)}$
0	4	(3.573, 2.794)	2	1	(3.608, 2.769)
1	2	(3.588, 2.786)	3	$\frac{1}{2}$	(3.629, 2.752)

▶**算法 17B：序列无约束惩罚技术**

第 0 步：初始化。构造障碍模型 17.35，选择相对大的初始障碍因子 μ_0 和初始内点 $\mathbf{x}^{(0)}$。同样，选择初始序号 $t\leftarrow 0$，选择一个缩小因子 $\beta<1$。

第 1 步：无约束最优化。从 $\mathbf{x}^{(t)}$ 开始，求解 $\mu=\mu_t$ 下的 17.35 中的障碍最优化模型，得到最优解 $\mathbf{x}^{(t+1)}$。

第 2 步：停止。如果 μ 足够小，停止并输出 $\mathbf{x}^{(t+1)}$。

第 3 步：缩小。减小惩罚因子：

$$\mu_{t+1} \leftarrow \beta\mu_t$$

然后令 $t\leftarrow t+1$，回到第 1 步。

这个问题的大部分计算，是求解一系列的无约束障碍模型，其中的 μ 越来越小。表 17-4 以 $\mu_0=4$ 开始，得到下一个无约束最优解：

$$\mathbf{x}^{(1)} = (3.573, 2.794)$$

然后，因子乘 $\beta=\frac{1}{2}$ 后，从 $\mathbf{x}^{(1)}$ 开始进行一次新的搜索。得到 $\mathbf{x}^{(2)}$ 后再将因子变为 1/2，然后开始第三次搜索。这个过程将一直继续，直到 μ 足够接近于 0。算法停止时，无约束最优解为 $\mathbf{x}^* = (3.63, 2.75)$。

17.6　既约梯度法

第 5 章线性规划介绍的单纯形法是目前应用最广泛的优化技巧。在本节之中，我们进行一种自然的拓展，将之利用在非线性的情况，这种方法叫作**既约梯度法**(reduced gradient），或者更一般地称为**消除变量法**（variable elimination method）。

17.6.1　含线性约束 NLP 的标准形式

关于既约梯度法的大部分探讨基于一个基本的假设，就是非线性规划的约束是线性的。更进一步，我们认为约束和 5.1 节中的 5.6 采取一样的标准形式。

定义 17.40　**线性约束非线性规划的标准形式**是：

$$\min \text{ 或 } \max \quad f(\mathbf{x})$$
$$\text{s. t.} \qquad \mathbf{Ax} = \mathbf{b}$$
$$\qquad\qquad \mathbf{x} \geqslant \mathbf{0}$$

同时我们假设矩阵 $\mathbf{A}$ 的各行是线性无关的。这总是能通过消除冗余变量得到。

□**应用案例 17-8**

滤波器调谐

我们以电子滤波器为例探讨既约梯度法的概念。两个决策变量：

$$x_1 \triangleq \text{第一调谐参数}$$
$$x_2 \triangleq \text{第二调谐参数}$$

被选择，目标是最小化失真：

$$f(x_1, x_2) \triangleq (x_1 - 5)^2 - 2x_1 x_2 + (x_2 - 10)^2$$

其中，x_1 在 $[0, 3]$ 范围内取值，x_2 在 $[0, 5]$ 内取值，它们的和最多为 6。这就是一个线性约束非线性规划：

$$\min \quad f(x_1, x_2) \triangleq (x_1 - 5)^2 - 2x_1 x_2 + (x_2 - 10)^2$$
$$\text{s. t.} \quad x_1 + x_2 \leqslant 6$$
$$\qquad 0 \leqslant x_1 \leqslant 3 \tag{17-37}$$
$$\qquad 0 \leqslant x_2 \leqslant 5$$

图 17-9 将这个模型画了出来。全局最优解出现在 $\mathbf{x}^{(3)} = (1.75, 4.25)$。

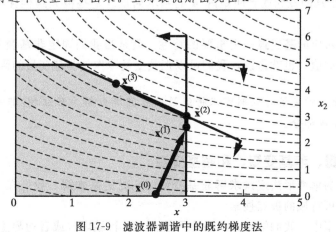

图 17-9　滤波器调谐中的既约梯度法

我们可以添加松弛变量 x_3，x_4，x_5，把这个问题转换成标准形式 17.40。

$$
\begin{aligned}
\min \quad & f(x_1, x_2) \triangleq (x_1 - 5) - 2x_1 x_2 + (x_2 - 10)^2 \\
\text{s.t.} \quad & +x_1 + x_2 + x_3 \qquad\qquad\qquad = 6 \\
& +x_1 \qquad\quad\; + x_4 \qquad\quad = 3 \\
& +x_2 + \qquad\qquad\quad x_5 = 5 \\
& x_1, \quad x_2, \quad x_3, \quad x_4, \quad x_5 \geqslant 0
\end{aligned}
\tag{17-38}
$$

17.6.2 线性约束的可行方向条件

任何改进搜索算法都是沿着可行改进方向进行的。3.3 节中的原理 3.25 已经详细阐述了在标准形式下保持可行性的细节要求。

原理 17.41 线性约束标准形式 17.40 下的可行点 **x**，Δ**x** 是一个可行方向，当且仅当：

$$
\mathbf{A}\Delta\mathbf{x} = \mathbf{0}
$$
$$
\Delta x_j \geqslant 0 \quad 对于所有满足 \; x_j = 0 \; 的 \; j
$$

为了更清楚地理解，考虑调谐问题图 17-9 在 $(2.5, 0)$ 处的点 $\mathbf{x}^{(0)}$。包括对应的松弛变量，完整的标准形式解是：

$$
\mathbf{x}^{(0)} = (2.5, 0, 3.5, 0.5, 5)
$$

唯一起作用的不等式是 x_2 的非负约束。所以对应的可行方向条件 17.41 是：

$$
\begin{aligned}
& +\Delta x_1 + \Delta x_2 + \Delta x_3 \qquad\qquad\qquad = 0 \\
& +\Delta x_1 \qquad\qquad\quad + \Delta x_4 \qquad\quad = 0 \\
& +\Delta x_2 \qquad\qquad\qquad\quad + \Delta x_5 = 0 \\
& \Delta x_2 \qquad\qquad\qquad\qquad\qquad\quad \geqslant 0
\end{aligned}
\tag{17-39}
$$

17.6.3 主线性等式的基

5.2 节提出了**基**的概念或者叫矩阵 **A** 的基本列集。基是极大线性无关列向量构成的集合。

一组基以及对应的**基变量**一个重要的特性，就是当我们固定**非基变量**的时候，可以求解出基变量的取值。也就是说，我们可以把基变量看作是非基变量的函数。

原理 17.42 对变量的识别可以将线性方程的解分解为独立的/非基本解和非独立的/基本解两个组成部分。

17.6.4 基变量、非基变量、和超基变量

第 5 章提到的单纯形法逐次求解非基变量取 0 时的**基本解**。我们在 5.2 节中看到这些约束使得只从可行域的极点搜索。

在非线性模型中，我们知道最优解有可能落在可行域内，或者边界上非端点的位置。

但这并不影响基变量对于非基变量的依赖性。只不过在非线性问题中，非基变量不再被固定为 0。我们定义**超基变量**(superbasic)，指那些取正数的非基变量。

原理 17.43 既约梯度法将变量分为三部分：基变量、取值为 0 的非基变量和取值为正数的超基变量。

为了更清楚解释，我们回到调谐问题的标准形式(17-38)，选择 x_1，x_3 和 x_5 作为基变量。初始可行解为图 17-9 中的

$$\mathbf{x}^{(0)} = (2.5, 0, 3.5, 0.5, 5)$$

其中非基变量 $x_2^{(0)} = 0.0$ 和 $x_4^{(0)} = 0.5$。如果所有非基变量都为 0，那么将得到可行域的一个极点。但当 $x_4^{(0)} > 0$ 的时候，这就是一个超基变量，$\mathbf{x}^{(0)}$ 不位于极点上。

例 17-17 区分基变量、非基变量和超基变量

考虑下面这个标准形式的非线性规划：

$$
\begin{aligned}
\max \quad & f(\mathbf{w}) \triangleq 50 - (w_1)^2 + 6w_1 - (w_2)^2 + 6w_2 + w_3 \\
\text{s.t.} \quad & +w_1 \ - w_2 \ +3w_3 \qquad\qquad = 1 \\
& +3w_1 \ +2w_2 \qquad\quad\ +2w_4 = 6 \\
& w_1, \qquad w_2, \qquad w_3, \qquad w_4 \geq 0
\end{aligned}
$$

(a) 说明 w_3 和 w_4 是可以作为一组基变量的。

(b) 在 $\mathbf{w} = (0, 2, 1, 1)$ 处，以(a)问为基变量，将其他变量按照非基变量和超基变量分类。

解：

(a) 一个基是一组极大线性无关列向量。w_3 和 w_4 构成的两列是线性无关的，因为对应的矩阵

$$\mathbf{B} = \begin{bmatrix} 3 & 0 \\ 0 & 2 \end{bmatrix}$$

的行列式 $= 6$，非零，而最多有两个线性无关的 2 维向量。

(b) w_1 是非基变量，因为取值为 0；w_2 是超基变量，因为取值为正。

17.6.5 通过求解基变量的主约束维持等式

回到 17.41 的可行性要求。令 $\mathbf{B}$ 为 $\mathbf{A}$ 中基变量对应的矩阵，$\mathbf{N}$ 是由其余变量组成的矩阵。然后将方向向量 $\Delta\mathbf{x}$ 分为对应 $\mathbf{B}$ 的分量 $\Delta\mathbf{x}^{(B)}$ 和对应 $\mathbf{N}$ 的分量 $\Delta\mathbf{x}^{(N)}$。

条件 17.41 要求：

$$\mathbf{A}\Delta\mathbf{x} = \mathbf{B}\Delta\mathbf{x}^{(B)} + \mathbf{N}\Delta\mathbf{x}^{(N)} = \mathbf{0}$$

将基变量表示为非基变量的函数：

$$\Delta\mathbf{x}^{(B)} = -\mathbf{B}^{-1}\mathbf{N}\Delta\mathbf{x}^{(N)} \tag{17-40}$$

所以我们可以找到一个非基变量的方向，然后求解变量使得等式(17-40)保持成立。

原理 17.44 方向 $\Delta\mathbf{x} \triangleq (\Delta\mathbf{x}^{(B)}, \Delta\mathbf{x}^{(N)})$ 在标准形式里保持等式 $\mathbf{A}\mathbf{x} = \mathbf{b}$ 成立，如果

$$\Delta \mathbf{x}^{(B)} = -\mathbf{B}^{-1}\mathbf{N}\Delta \mathbf{x}^{(N)}$$

这里的 $\mathbf{B}$ 是 $\mathbf{A} \triangleq (\mathbf{B}, \mathbf{N})$ 的基矩阵。

例如，在调谐问题中，对基变量分量 Δx_1，Δx_2，Δx_3，求解(17-39)的可行性条件可以得到：

$$\begin{bmatrix} \Delta x_1 \\ \Delta x_3 \\ \Delta x_5 \end{bmatrix} = -\begin{bmatrix} 0 & 1 \\ 1 & -1 \\ 1 & 0 \end{bmatrix} \leqslant \begin{bmatrix} \Delta x_2 \\ \Delta x_4 \end{bmatrix} \tag{17-41}$$

例 17-18 求解基方向组成分量

回到例 17-17 的最大化非线性规划，在 $\mathbf{w} = (0, 2, 1, 1)$ 处，用非基本解方向分量表示基本解方向分量，确保得到的方向依然满足约束。

解： 我们应用原理 17.44，对于基分量，求解 $\mathbf{A}\Delta \mathbf{w} = \mathbf{0}$ 这个条件。结果是：

$$\Delta w_3 = -\left(\frac{1}{3}\Delta w_1 - \frac{1}{3}\Delta w_2\right)$$

$$\Delta w_4 = -\left(\frac{3}{2}\Delta w_1 + 1\Delta w_2\right)$$

17.6.6 起作用的非负性与退化情况

条件 17.41 中要求可行方向满足当非负约束 $x_j \geqslant 0$ 这条约束起作用的时候 $\Delta x_j \geqslant 0$。在单纯形法(5.6节)中，是不对此做严格要求的。下面提到的算法使基变量严格正，也就是，

$$x_j > 0 \quad \forall j \in B \tag{17-42}$$

例如，调谐问题中的解，$\mathbf{x}^{(0)} = (2.5, 0, 3.5, 0.5, 5)$ 中的基成分 $j = 1, 3, 5$ 都是正的。

在**非退化假设**下，只有非基变量的非负约束起作用，而且我们要求：

$$\Delta x_j \geqslant 0 \quad \forall j \in N \quad \text{如果有 } x_j = 0 \tag{17-43}$$

17.6.7 既约梯度

我们从原理 17.44 中知道如何通过选择一个组非基变量来构造一个可行方向。剩下的问题就是，如何构造一个可行改进方向。

根据一阶泰勒展开式，沿着 $\Delta \mathbf{x}$ 方向的一小步将带来这么多的改变：

$$\nabla f(\mathbf{x}) \cdot \Delta \mathbf{x}$$

将梯度 $\nabla f(\mathbf{x})$ 分成基分量和非基分量 $(\nabla f(\mathbf{x})^{(B)}, \nabla f(\mathbf{x})^{(N)})$，我们可以消除掉基变量，就可以看到只有非基变量作用的效果：

$$\begin{aligned} \nabla f(\mathbf{x}) \cdot \Delta \mathbf{x} &= \nabla f(\mathbf{x})^{(B)} \cdot \Delta \mathbf{x}^{(B)} + \nabla f(\mathbf{x})^{(N)} \cdot \Delta \mathbf{x}^{(N)} \\ &= \nabla f(\mathbf{x})^{(B)} \cdot (-\mathbf{B}^{-1}\mathbf{N}\Delta \mathbf{x}^{(N)}) + \nabla f(\mathbf{x})^{(N)} \cdot \Delta \mathbf{x}^{(N)} \\ &= (\nabla f(\mathbf{x})^{(N)} - \nabla f(\mathbf{x})^{(B)}\mathbf{B}^{-1}\mathbf{N})\Delta \mathbf{x}^{(N)} \end{aligned} \tag{17-44}$$

方向分量前面的系数就叫作**既约梯度**(reduced gradient)。

定义 17.45 在位置 $\mathbf{x}$，与基矩阵 $\mathbf{B}$ 相关联的既约梯度是 $\mathbf{r} \triangleq (\mathbf{r}^{(B)}, \mathbf{r}^{(N)})$。其中：
$$\mathbf{r}^{(B)} \triangleq 0$$
$$\mathbf{r}^{(N)} \triangleq \nabla f(\mathbf{x})^{(N)} - \nabla f(\mathbf{x})^{(B)} \mathbf{B}^{-1} \mathbf{N}$$

举例说明，回到调谐模型(17-38)的 $\mathbf{x}^{(0)} = (2.5, 0, 3.5, 0.5, 5)$。对应的梯度为：

$$\nabla f(\mathbf{x}^{(0)}) = \begin{bmatrix} 2(x_1 - 5) - 2x_2 \\ -2x_1 + 2(x_2 - 10) \\ 0 \\ 0 \\ 0 \end{bmatrix} = \begin{bmatrix} -5 \\ -25 \\ 0 \\ 0 \\ 0 \end{bmatrix}$$

使用(17-41)，它用 $\mathbf{B}^{-1}\mathbf{N}$ 来表达可行方向，基变量是 x_1，x_3，x_5：

$$\mathbf{r}^{(B)} = (r_1, r_3, r_5) = (0, 0, 0) \tag{17-45}$$

和

$$\mathbf{r}^{(N)} = (r_2, r_4) = \nabla f^{(N)} - \nabla f^{(B)}(\mathbf{B}^{-1}\mathbf{N})$$

$$= (-25, 0) - (-5, 0, 0) \begin{bmatrix} 0 & 1 \\ 1 & -1 \\ 1 & 0 \end{bmatrix} = (-25, 5) \tag{17-46}$$

例 17-19 计算既约梯度

回到例 17-17 和 17-18 的非线性规划，基为 $B = \{3, 4\}$，计算 $\mathbf{w} = (0, 2, 1, 1)$ 处的既约梯度。

解：目标函数为：

$$f(\mathbf{w}) \triangleq 50 - (w_1)^2 + 6w_1 - (w_2)^2 + 6w_2 + w_3$$

在 $\mathbf{w}$ 点的梯度为：

$$\nabla f(\mathbf{w}) = \begin{bmatrix} -2w_1 + 6 \\ -2w_2 + 6 \\ 1 \\ 0 \end{bmatrix} = \begin{bmatrix} 6 \\ 2 \\ 1 \\ 0 \end{bmatrix}$$

应用定义 17.45，既约梯度中的基分量变为：

$$r_3 = r_4 = 0$$

对应的非基分量变为：

$$r_1 = 6 - (1, 0) \cdot \left(\frac{1}{3}, \frac{3}{2} \right) = \frac{17}{3}$$

$$r_2 = 2 - (1, 0) \cdot \left(-\frac{1}{3}, 1 \right) = \frac{7}{3}$$

17.6.8 既约梯度移动方向

既约梯度算法沿着既约梯度方向改变非基变量，$\Delta \mathbf{x}^{(N)} = \pm \mathbf{r}^{(N)}$（＋在极大化模型中，－在极小化模型中）。然而，需要避免减少那些已经 $= 0$ 的 x_j［也就是保证可行性要求(17-43)]。

原理 17.46 既约梯度法从可行点 $\mathbf{x}$ 沿着从 17.45 中得到的既约梯度方向 $\Delta\mathbf{x}$(＋在最大化中，—在最小化中)移动，即对于非基分量 $j \in N$：

$$\Delta x_j \leftarrow \begin{cases} \pm r_j & \text{如果} \pm r_j > 0 \text{ 或 } x_j > 0 \\ 0 & \text{否则} \end{cases}$$

以及对于基分量：

$$\Delta\mathbf{x}^{(B)} \leftarrow -\mathbf{B}^{-1}\mathbf{N}\Delta\mathbf{x}^{(N)}$$

在调谐问题的最小化过程中(17-45)~(17-46)，构造方式 17.46 使得非基分量为：

$$\Delta x_2 = -r_2 = 25 \quad \text{且} \quad \Delta x_4 = -r_4 = -5 \tag{17-47}$$

对应的基分量可以根据表达式(17-41)获得：

$$\begin{bmatrix} \Delta x_1 \\ \Delta x_2 \\ \Delta x_3 \end{bmatrix} = -\begin{bmatrix} 0 & 1 \\ 1 & -1 \\ 1 & 0 \end{bmatrix}\begin{bmatrix} 25 \\ -5 \end{bmatrix} = \begin{bmatrix} 5 \\ -30 \\ -25 \end{bmatrix} \tag{17-48}$$

我们构造了如 17.46 形式的可行方向 $\Delta\mathbf{x}$。如果 $\Delta\mathbf{x}=0$，那么现在的 $\mathbf{x}$ 点就是 KKT 点，算法在此停止。否则[使用(17-44)和 17.45]：

$$\nabla f(\mathbf{x}) \cdot \Delta\mathbf{x} = \mathbf{r}^{(N)} \cdot \Delta\mathbf{x}^{(N)} = \sum_{\Delta x_j = \pm r_j \neq 0} (r_j)(\pm r_j)$$

说明了 $\Delta\mathbf{x}$ 有正确的符号。

例 17-20 构建既约梯度方向

再次回到例 17-17~例 17-19 的非线性规划。给出在 $\mathbf{w}=(0, 2, 1, 1)$ 处，由既约梯度得到的移动方向。

解：使用例 17-19 中得到的既约梯度和构造方法 17.46，这个最大化模型的非基分量为：

$$\Delta w_1 = +r_1 = \frac{17}{3}, \quad \Delta w_2 = +r_2 = \frac{7}{3}$$

然后，由此可以根据例 17-18 得到基分量：

$$\Delta w_3 = -\left(\frac{1}{3}\Delta w_1 - \frac{1}{3}\Delta w_2\right) = -\frac{10}{9}$$

$$\Delta w_4 = -\left(\frac{3}{2}\Delta w_1 + 1\Delta w_2\right) = -\frac{65}{6}$$

17.6.9 既约梯度法中的线搜索

得到具体化的既约梯度方向 17.46，下一个问题就是我们应该沿着这个方向走多远。和许多非线性方法一样，线搜索要求沿着可行方向寻找能够提升目标函数的最大 λ。然而，约束带来了可行性上的考虑。方向 $\Delta\mathbf{x}$ 显然满足等式约束 $\mathbf{A}(\mathbf{x}+\lambda\Delta\mathbf{x})=\mathbf{b}$，对于任何大的 λ，上述都成立。但是，非负约束也需要考虑。线搜索也需要被第 5~7 章中 LP 算法中用到的"最小比率"检验。

原理 17.47　既约梯度法每轮的步长 λ 是由下面这个一维的最优化问题决定的：

$$\min \text{ 或 } \max \quad f(\mathbf{x} + \lambda \Delta \mathbf{x})$$
$$\text{s. t.} \qquad 0 \leqslant \lambda \leqslant \lambda_{\max}$$

其中 $\mathbf{x}$ 是现在的位置，$\Delta \mathbf{x}$ 是移动方向，$\lambda_{\max}$ 是最大可行步长。

$$\lambda_{\max} = \min\left\{\frac{x_j}{-\Delta x_j} : \Delta x_j < 0\right\}$$

例如，调谐问题的方向(17-47)～(17-48)在 $j = 3, 4, 5$ 上的分量是负的。所以，在 $\mathbf{x}^{(0)} = (2.5, 0, 3.5, 0.5, 5)$ 处的最大可行步长是：

$$\lambda_{\max} = \min\left\{\frac{3.5}{30}, \frac{5}{5}, \frac{5}{25}\right\} = 0.1 \tag{17-49}$$

失真函数 $f(\mathbf{x}^{(0)} + \lambda \Delta \mathbf{x})$ 对于所有的 $\lambda \in [0, 0.1]$ 都会减少，所以步长应当为 $\lambda = 0.1$。

例 17-21　计算最大可行步长

例 17-20 计算出了这个标准形式线性约束的 NLP，既约梯度移动方向为：

$$\Delta \mathbf{w} = \left(\frac{17}{3}, \frac{7}{3}, -\frac{10}{9}, -\frac{65}{6}\right) \quad \text{当前解}$$
$$\mathbf{w} = (0, 2, 1, 1)$$

计算在这个方向的最大可行步长。

解：含线性约束的标准形式 NLP 中，唯一可能失去可行性的原因就是变量减小到 0 以下。根据原理 17.47：

$$\lambda_{\max} = \min\left\{\frac{1}{10/9}, \frac{1}{65/6}\right\} = \frac{6}{65}$$

17.6.10　既约梯度法中基的变化

我们最后的问题就是处理非退化假设(17-42)。我们关于基变量的所有分析都基于一个假设，就是这些基变量的取值一定为正。和第 5 章的单纯形法(5.6 节)一样，这个非退化不能永远被保证。所以，如果最近的移动使得某个基变量变为了 0，我们需要再找一个变量做替代，这样既约梯度法才能正常运行。

在移动的过程中，很多的非基变量(超基变量)都会改变，像单纯形法一样，我们很难确定哪一个变量应该入基。但我们只需要仔细选择一个确实会对在计算过程 17.44 中被阻碍的那个基产生影响即可。

原理 17.48　当沿着既约梯度方向移动时，被基变量 x_i 的非负约束阻碍，那么这个基变量应该被一个非基变量 x_j 所替代。用超基变量进行替代会更好，超基变量根据原理 17.44，应该选择 $-\mathbf{B}^{-1}\mathbf{N}$ 中与 i 和 j 关联位置非零的元素。

超基变量是更为偏好的，因为它们的取值是正的，而这正是基变量所要求的。

沿着调谐问题的方向(17-47)～(17-48)，计算步骤(17-49)中被阻碍的变量是非基变量 x_4，不需要调整基变量。

例 17-22　既约梯度法中改变基

从例 17-17 到例 17-21 的非线性规划计算出了最大可行步长 $\lambda_{max}=\dfrac{65}{6}$，它沿着方向：

$$\Delta \mathbf{w} = \left(\frac{17}{3}, \frac{7}{3}, -\frac{10}{9}, -\frac{65}{6}\right) \quad 当前解 \quad \mathbf{w} = (0,2,1,1)$$

w_3 和 w_4 是非基变量。假设线搜索选择了完整的步长 $\lambda = 65/6$。

(a) 判断是否需要改变基变量。

(b) 如果需要改变，选择一组新的基变量。

解：应用原理 17.48。

(a) 按照完整步长移动后，新的解变成：

$$\mathbf{w} + \lambda \Delta \mathbf{w} = \left(\frac{34}{65}, \frac{144}{65}, \frac{35}{39}, 0\right)$$

因为基变量 w_4 降到了 0，所以需要改变基变量。

(b) 我们必须选择一个非基变量代替 w_4，这个非基变量在移动方向上要对函数值产生影响。如果这个非基变量是超基变量就更好了。就像例 17-20 中展现的那样，Δw_4 受到两个非基变量的影响，而这两个变量都是超基变量。我们可以选择 w_2，这样新的基就变成了 $\{w_2, w_3\}$。

17.6.11　既约梯度法

既约梯度搜索的所有组成部分都已经齐备，下面的算法 17C 提供了细节。

▶**算法 17C：既约梯度搜索**

第 0 步：初始化。选择停止规则 $\varepsilon > 0$，从一个任意点 $\mathbf{x}^{(0)}$ 开始。然后构造一组相应的基，使得其中有尽可能多的 $x_j^0 > 0$，选择初始序号 $t \leftarrow 0$。

第 1 步：既约梯度方向。按照 17.45 的方法计算既约梯度 $\mathbf{x}^{(t)}$，然后按照 17.46 的方法利用 $\mathbf{r}$ 来生成新的移动方向 $\Delta \mathbf{x}^{t+1}$。

第 2 步：停止。如果 $\|\Delta \mathbf{x}^{t+1}\| \leqslant \varepsilon$，停止并输出局部最优解 $\mathbf{x}^{(t)}$。

第 3 步：可行限制。根据 17.47，计算最大可行限制步长 λ_{max}（如果 $\Delta \mathbf{x}^{t+1} \geqslant 0$，那么 $\lambda_{max} = \infty$）。

第 4 步：线搜索。进行一次一维最优化，决定最优的 λ_{t+1} 使得：

$$\min 或 \max \quad f(\mathbf{x} + \lambda \Delta \mathbf{x}^{t+1})$$
$$\text{s. t.} \quad 0 \leqslant \lambda \leqslant \lambda_{max}$$

第 5 步：新点。更新：

$$\mathbf{x}^{(t+1)} \leftarrow \mathbf{x}^{(t)} + \lambda_{t+1} \Delta \mathbf{x}^{t+1}$$

第 6 步：变基。用超基变量 j' 代替 $x_j^{(t+1)} = 0$ 的基。

第 7 步：更新。增加 $t \leftarrow t+1$，然后回到步骤 1。

这个计算过程开始于任何可行点和任何基。每次迭代沿着既约梯度方向 17.46，要么目标函数停止增加，要么达到最大步长。当基变量降到 0 之后就用 17.48 中提到的变基方法。这个算法在移动方向足够接近于 0 的时候停止。

17.6.12 滤波器调谐问题的既约梯度搜索

图 17-9 已经展现了由既约梯度算法 17C 所得到的点序列，其中初始点位置为(2.5, 0)。表 17-5 给出了具体的细节。

表 17-5 滤波器调谐问题的既约梯度搜索

	x_1	x_2	x_3	x_4	x_5	
$\min f(\mathbf{x})$		$(x_1-5)^2-2x_1x_2+(x_2-10)^2$				$\mathbf{b}$
	1	1	1	0	0	6
$\mathbf{A}$	1	0	0	1	0	3
	0	1	0	0	1	5
$t=0$	B	N	B	N	B	
$\mathbf{x}^{(0)}$	2.5	0.0	3.5	0.5	5.0	$f(\mathbf{x}^{(0)})=106.25$
$\nabla f(\mathbf{x}^{(0)})$	−5.0	−25.0	0.0	0.0	0.0	
$\mathbf{r}$	0.0	−25.0	0.0	5.0	0.0	
$\Delta\mathbf{x}$	5.0	25.0	−30.0	−5.0	−25.0	$\lambda_{\max}=0.1,\ \lambda=0.1$
$t=1$	B	N	B	N	B	
$\mathbf{x}^{(1)}$	3.0	2.5	0.5	0.0	2.5	$f(\mathbf{x}^{(1)})=42.25$
$\nabla f(\mathbf{x}^{(1)})$	−9.0	−21.0	0.0	0.0	0.0	
$\mathbf{r}$	0.0	−21.0	0.0	9.0	0.0	
$\Delta\mathbf{x}$	0.0	21.0	−21.0	0.0	−21.0	$\lambda_{\max}=0.0238,\ \lambda=0.0238$
$t=2$	B	B	N	N	B	
$\mathbf{x}^{(2)}$	3.0	3.0	0.0	0.0	2.0	$f(\mathbf{x}^{(2)})=35.00$
$\nabla f(\mathbf{x}^{(2)})$	−10.0	−20.0	0.0	0.0	0.0	
$\mathbf{r}$	0.0	0.0	20.0	−10.0	0.0	
$\Delta\mathbf{x}$	−10.0	10.0	0.0	10.0	−10.0	$\lambda_{\max}=0.2,\ \lambda=0.125$
$t=3$	B	B	N	N	B	
$\mathbf{x}^{(3)}$	1.75	4.25	0.0	1.25	0.75	$f(\mathbf{x}^{(3)})=28.75$
$\nabla f(x^{(3)})$	−15.0	−15.0	0.0	0.0	0.0	
$\mathbf{r}$	0.0	0.0	15.0	0.0	0.0	
$\Delta\mathbf{x}$	0.0	0.0	0.0	0.0	0.0	停止

第一次移动沿着方向(17-47)~(17-48)前进了完整一步 $\lambda_{\max}=0.1$。因为被阻碍的变量是非基变量，所以不需要进行基变换。于是简单重复之前梯度的计算就得到了新的方向：

$$\Delta\mathbf{x}=(0,21,-21,0,-21)$$

移动方向再一次移动到底 $\lambda_{\max}=0.0238$。然而，这次被阻碍的变量是基变量 x_3。用超基变量 x_2 替换原来的 x_3，这样基变量都严格正，而且基对应的列向量是线性独立的。

重新计算下一个移动的方向：

$$\Delta\mathbf{x}=(-10,10,0,10,-10)$$

注意到 $\Delta x_3=0$，尽管 $-r_3=-20$，因为降低 x_3 就会立即超出可行范围。

在选定的 $\Delta\mathbf{x}$ 上最大可行步长是 $\lambda_{\max}=0.2$。在 $\lambda\in(0,0.2]$ 上进行线搜索，得到最小

值取在 $\lambda=0.125$ 处，所以搜索更新到：
$$\mathbf{x}^{(3)} = (1.75, 4.25, 0, 1.25, 0.75)$$
当下一轮计算时，我们计算得到 $\Delta \mathbf{x} = \mathbf{0}$，那么这个点是最优的（至少是局部）。

17.6.13 既约梯度中的主迭代和辅迭代

在既约梯度搜索中的任何点，超基变量的增加或减少都不会立刻丢失可行性。对此规律进行精炼，可以得到一个有用的结论，它将移动分为**主迭代**（major iteration）和**辅迭代**（minor iteration）。

原理 17.49 既约梯度算法的**辅迭代**过程只改变超基变量和基变量的值，改变的方式是按照如下的方式设定移动方向 $\Delta \mathbf{x}$（＋在最大化中，－在最小化中）：
$$\Delta x_j \leftarrow \begin{cases} \pm r_j & \text{如果} x_j > 0 \\ 0 & \text{否则} \end{cases}$$
其中 $j \in N$ 是非基变量，
$$\Delta \mathbf{x}^{(B)} \leftarrow -\mathbf{B}^{-1}\mathbf{N}\Delta \mathbf{x}^{(N)}$$
主迭代与 17.46 的构造方式一样，不同点在于允许改变＝0 的非基变量。

辅迭代将非基变量在边界 0 处固定住，只改变超基变量，如果改善幅度太小，便再进行一次主迭代，改变更多的非基变量，如算法 17C 做的那样。

17.6.14 既约梯度的二阶扩展

主/辅迭代方向的计算过程 17.49 可被扩展来使用目标函数的二阶信息。将目标函数 $f(\mathbf{x})$ 看成超基变量的函数，其他非基变量取值为 0，基变量取对应的值，这就变成了一个定义在超基变量上的无约束最优化问题，就可以使用 16.7 节中提到的拟牛顿法。在结束几轮辅迭代之后，考虑使其他非基变量为正。

17.6.15 非线性约束的广义既约梯度法

截至目前，我们都假设约束是线性的。**广义既约梯度**（generalized reduced gradient）算法就是对上面算法的扩展，可以用来解决非线性约束。

假设我们有如下非线性等式约束标准形式的问题：
$$\begin{aligned} \min \text{ 或 } \max \quad & f(\mathbf{x}) \\ \text{s. t.} \quad & g_i(\mathbf{x}) = b_i \quad i \in E \\ & \mathbf{x} \geq \mathbf{0} \end{aligned} \tag{17-50}$$
使用一阶泰勒近似，围绕某个特定的点 $\mathbf{x}^{(t)}$，我们可以把约束近似线性化：
$$b_i = g_i(\mathbf{x}) \approx g_i(\mathbf{x}^{(t)}) + \nabla g_i(\mathbf{x}^{(t)}) \cdot (\mathbf{x} - \mathbf{x}^{(t)}) \tag{17-51}$$
可行性意味着 $g_i(\mathbf{x}^{(t)}) = b_i$，这个线性化可以简单表示为：
$$\nabla g_i(\mathbf{x}^{(t)}) \cdot \mathbf{x} = \nabla g_i(\mathbf{x}^{(t)}) \cdot \mathbf{x}^{(t)} \quad \forall i \in E \tag{17-52}$$
将系统（17-52）中的非负约束包含进来，得到了下面的线性形式：
$$\mathbf{A}^{(t)}\mathbf{x} = \mathbf{b}^{(t)}$$

$$\mathbf{x} \geqslant \mathbf{0}$$

其中，$\mathbf{A}^{(t)}$ 的每列是 $\nabla g_i(\mathbf{x}^{(t)})$，$\mathbf{b}^{(t)}$ 等于 $\nabla g_i(\mathbf{x}^{(t)}) \cdot \mathbf{x}^{(t)}$。我们就可以使用线性约束的既约梯度算法 17C 了(或者二阶扩展)。

上面这个针对连续系统的广义既约梯度法还有一大困难，就是近似(17-51)对于那些非线性约束是不精确的。所以，(17-52)不能保证 $\mathbf{x}$ 依然是可行的。

广义既约梯度算法引入了**校正步骤**(corrector step)来解决这个问题。其本质是引入惩罚函数(17.5 节)，每次移动后进行一次最小化惩罚函数的优化问题。一旦可行性问题解决，就可以开始下一次运算(17-52)。

17.7　二次规划求解方法

倘若一个带约束的非线性规划的目标函数是二次函数，且约束条件都是线性的，称其为**二次规划**(quadratic program)，见定义 17.9。本节我们将提出应用于这一类非线性规划的特殊求解方法。

17.7.1　二次规划的一般对称形式

用一般对称形式表示二次规划。

定义 17.50　二次规划的**一般对称形式**如下：

$$\max \text{ 或 } \min \quad f(\mathbf{x}) \triangleq c_0 + \mathbf{c} \cdot \mathbf{x} + \mathbf{x}\mathbf{Q}\mathbf{x}$$

$$\text{s. t.} \quad \mathbf{a}^{(i)}\mathbf{x} \geqslant b_i \quad \forall i \in G$$

$$\mathbf{a}^{(i)}\mathbf{x} \leqslant b_i \quad \forall i \in L$$

$$\mathbf{a}^{(i)}\mathbf{x} = b_i \quad \forall i \in E$$

其中 $\mathbf{Q}$ 是一个对称矩阵，用 G，L 和 E 分别表示 $\geqslant$，$\leqslant$ 和 $=$ 约束。

注意，非负约束和其他变量约束都被视作主要约束。

为简化符号表示，假设 $Q(=\mathbf{Q}^{\mathrm{T}})$ 是对称矩阵。不对称的 $\overline{\mathbf{Q}}$ 和对称的 $\mathbf{Q} = \frac{1}{2}(\overline{\mathbf{Q}} + \overline{\mathbf{Q}}^{\mathrm{T}})$ 不影响目标值，因此该假设不失一般性。

17.7.2　滤波器调谐问题的二次规划形式

我们通过滤波器调谐模型(17-53)来说明二次规划法，见第 17.7 节。模型的向量形式 17.50 如下：

$$\min \quad 125 + (-10, -20) \cdot \mathbf{x} + \mathbf{x}\begin{bmatrix} 1 & -1 \\ -1 & 1 \end{bmatrix}\mathbf{x}$$

$$\text{s. t.} \quad (1,0) \cdot \mathbf{x} \geqslant 0$$

$$(0,1) \cdot \mathbf{x} \geqslant 0$$

$$(1,1) \cdot \mathbf{x} \leqslant 6 \qquad\qquad (17\text{-}53)$$

$$(1,0) \cdot \mathbf{x} \leqslant 3$$

$$(0,1) \cdot \mathbf{x} \leqslant 5$$

其中，$G=\{1, 2\}$，$L=\{3, 4, 5\}$且$E=\varnothing$。

例 17-23　理解标准二次规划符号表示

回到第 17.6 节，例 17-17～17-19 中的二次规划：

$$\max \quad f(\mathbf{w}) \triangleq 50 - (w_1)^2 + 6w_1 - (w_2)^2 + 6w_2 + w_3$$

$$\text{s. t.} \quad + w_1 \quad - w_2 \quad + 3w_3 \quad\quad = 1$$

$$+ 3w_1 \quad + 2w_2 \quad\quad + 2w_4 = 6$$

$$w_1, \quad w_2, \quad w_3, \quad w_4 \geqslant 0$$

写出标准形式 17.50 中的 c_0，$\mathbf{c}$，$\mathbf{Q}$，Q，G，L，E，$\mathbf{a}^{(i)}$和b_i。

解：用 17.50 矩阵形式表示目标函数，有 $c_0 = 50$。

$$\mathbf{c} = \begin{bmatrix} 6 \\ 6 \\ 1 \\ 0 \end{bmatrix} \quad \mathbf{Q} = \begin{bmatrix} -1 & 0 & 0 & 0 \\ 0 & -1 & 0 & 0 \\ 0 & 0 & 0 & 0 \\ 0 & 0 & 0 & 0 \end{bmatrix}$$

其中，$E=\{1, 2\}$，$G=\{3, 4, 5, 6\}$且$L=\varnothing$，对应的约束系数是：

$$\mathbf{a}^{(1)} = (1, -1, 3, 0), \quad b_1 = 1$$
$$\mathbf{a}^{(2)} = (3, 2, 0, 2), \quad b_2 = 6$$
$$\mathbf{a}^{(3)} = (1, 0, 0, 0), \quad b_3 = 0$$
$$\mathbf{a}^{(4)} = (0, 1, 0, 0), \quad b_4 = 0$$
$$\mathbf{a}^{(5)} = (0, 0, 1, 0), \quad b_5 = 0$$
$$\mathbf{a}^{(6)} = (0, 0, 0, 1), \quad b_6 = 0$$

17.7.3　等式约束二次规划和KKT条件

首先我们研究带有纯等式约束的二次规划：

$$\max \text{ 或 } \min \quad f(\mathbf{x}) \triangleq \mathbf{c}\mathbf{x} + \mathbf{x}\mathbf{Q}\mathbf{x}$$

$$\text{s. t.} \quad \mathbf{A}\mathbf{x} = \mathbf{b} \tag{17-54}$$

其中一般形式 17.50 中有 $G=L=\varnothing$，且等式 $i \in E$ 的系数向量 $\mathbf{a}^{(i)}$ 是矩阵 $\mathbf{A}$ 的行向量。

对于所有的等式约束，模型(17-54)的 **KKT 条件**不要求符号约束或者互补松弛条件，见原理 17.21。目标函数梯度如下：

$$\nabla f(\mathbf{x}) = \mathbf{c} + 2\mathbf{Q}\mathbf{x}$$

且约束条件梯度$\nabla g_i(\mathbf{x})$是 $\mathbf{A}$ 的行向量。因此根据 KKT 条件，模型(17-54)可以得到：

$$\sum_i \mathbf{a}^{(i)} v_i = \mathbf{c} + 2\mathbf{Q}\mathbf{x}$$

$$\mathbf{A}\mathbf{x} = \mathbf{b}$$

纯等式二次规划的特点在于其约束条件可以转换为线性方程的写法。

原理 17.51　纯等式二次规划(17-54)的 KKT 最优性条件如下：

$$\begin{bmatrix} -2\mathbf{Q} & \mathbf{A}^T \\ \mathbf{A} & 0 \end{bmatrix} \begin{bmatrix} \mathbf{x} \\ \mathbf{v} \end{bmatrix} = \begin{bmatrix} \mathbf{c} \\ \mathbf{b} \end{bmatrix}$$

例 17-24　写出等式二次规划的 KKT 条件

写出如下等式约束的二次规划在点 $\mathbf{y}=(2,0,-1)$ 的 KKT 最优性条件。

$$\min \quad 4(y_1)^2 - 6y_1y_2 + 5(y_2)^2 + y_3$$
$$\text{s.t.} \quad +y_1 \qquad -3y_2 \quad -9y_3 = 11$$
$$\qquad\qquad -y_1 \qquad +7y_2 \quad +7y_3 = -9$$

解：根据模型，有：

$$\mathbf{A} = \begin{bmatrix} 1 & -3 & -9 \\ -1 & 7 & 7 \end{bmatrix}, \quad \mathbf{c} = \begin{bmatrix} 0 \\ 0 \\ 1 \end{bmatrix}, \quad \mathbf{Q} = \begin{bmatrix} 4 & -3 & 0 \\ -3 & 5 & 0 \\ 0 & 0 & 0 \end{bmatrix}$$

根据原理 17.51，KKT 条件如下：

$$\begin{bmatrix} -8 & 6 & 0 & 1 & -1 \\ 6 & -10 & 0 & -3 & 7 \\ 0 & 0 & 0 & -9 & 7 \\ 1 & -3 & -9 & 0 & 0 \\ -1 & 7 & 7 & 0 & 0 \end{bmatrix} \begin{bmatrix} y_1 \\ y_2 \\ y_3 \\ v_1 \\ v_2 \end{bmatrix} = \begin{bmatrix} 0 \\ 0 \\ 1 \\ 11 \\ -9 \end{bmatrix}$$

17.7.4　KKT 条件直接解二次规划

等式约束二次规划的简单 KKT 条件 17.51 给出了一种解二次规划的方法。我们可以构建线性形式的 KKT 条件，然后解出 KKT 点 $\mathbf{x}$ 和对应的拉格朗日乘子 $\mathbf{v}$。

这种方法在很多算法中都有涉及。

原理 17.52　等式约束二次规划经常通过直接解(线性)KKT 条件 17.51 求解。

在求解过程中可能会用到复杂的线性代数方法，但是基本步骤仍然是解 KKT 条件。

原理 17.51 的唯一可解性意味着模型(17-54)有唯一的 KKT 点。根据原理 17.27，等式约束保证了每一个局部最优点都是 KKT 点，原理 17.51 唯一解一定对应于一个唯一的局部(全局)最大或者最小点，除非模型根本没有极值点。也存在模型有多个 KKT 点或者没有的情形。总而言之，任何局部最优一定对应于原理 17.51 的一个解。

例 17-25　求解等式二次规划的 KKT 条件

求解例 17-24 中等式约束二次规划的 KKT 条件，找到模型的一个 KKT 点。

解：该 KKT 系统有唯一解：

$$y_1 = -0.0834, \quad y_2 = -0.0992, \quad y_3 = -1.1984$$

对应的拉格朗日乘子为：

$$v_1 = -0.2486, \quad v_2 = -0.1768$$

验证该 KKT 解是否是全局最大(最小)点或鞍点还需要进一步分析。

17.7.5　二次规划的起作用集方法

起作用集方法通过将一般的二次规划 17.50 缩减为一个等式序列，来求解等式约束

QP 的线性方程形式的 KKT 条件。定义：

$S\triangleq$ 一般二次规划模型 17.50 的当前可行解 $\mathbf{x}^{(t)}$ 处起作用约束指数的集合

$\mathbf{A}_S\triangleq$ 行向量由系数向量 $\mathbf{a}^{(i)}$，$i\in S$ 组成的矩阵

每个集合 E 的等式约束，以及集合 G 和 L 的起作用不等式约束属于集合 S。

假设我们让每一个起作用约束 $i\in S$ 在下一步移动中满足等式要求，从 $\mathbf{x}^{(t)}$ 出发的最优移动 $\Delta\mathbf{x}$ 应该满足：

$$\max \text{ 或 } \min \quad f(\mathbf{x}^{(t)}+\Delta\mathbf{x})=f(\mathbf{x}^{(t)})+\nabla f(\mathbf{x}^{(t)})\cdot\Delta\mathbf{x}+\Delta\mathbf{x}\mathbf{Q}\Delta\mathbf{x}$$
$$\text{s. t.} \quad \mathbf{A}_t\Delta\mathbf{x} \quad =0 \tag{17-55}$$

可以看出对于二次函数，目标函数(17-55)通过二阶泰勒公式重写 $f(\mathbf{x}^{(t)}+\Delta\mathbf{x})$（定义 16.17）的结果是确定的。约束条件是熟悉的 $\sum a_{i,j}\Delta x_k=0$（原理 3.25），使移动满足线性等式约束。

注意到子问题(17-55)现在是等式约束形式(17-54)。因此我们可以通过解对应的 KKT 线性方程式 17.51 来得到移动方向 $\Delta\mathbf{x}$。

定义 17.53 一般二次规划的起作用集方法通过解 KKT 条件得到当前解 $\mathbf{x}^{(t)}$ 处的移动方向 $\Delta\mathbf{x}$：

$$\begin{bmatrix} -2\mathbf{Q} & \mathbf{A}_S^{\mathrm{T}} \\ \mathbf{A}_S & 0 \end{bmatrix}\begin{bmatrix} \mathbf{X} \\ \mathbf{v}^{(S)} \end{bmatrix}=\begin{bmatrix} \nabla f(\mathbf{x}^{(t)}) \\ 0 \end{bmatrix}$$

其中，$\mathbf{A}_S$ 是起作用约束的系数矩阵，$\mathbf{v}^{(S)}$ 是对应的拉格朗日乘子向量。所有的 v_i 对于 $i\notin S$ 给定等于 0。

对于只有等式约束的模型，定义 17.53 中的 KKT 解可能不存在，或者在这些起作用约束中不对应于最小化（最大化）问题的期望最小（最大）。但是，当目标函数表现良好时，定义 17.53 能够提供很好的结果。

为了进一步说明，回到凸规划模型(17-53)。在点 $\mathbf{x}^{(0)}=(2,5,0)$ 处，只有非负约束 $i=2$ 是起作用的，因此有：

$$S=\{2\} \quad \mathbf{A}_S=(0,1)$$

且 $\nabla f(\mathbf{x}^{(t)})=(-5,-25)$，根据定义 17.53，寻找移动方向的 KKT 条件是：

$$\begin{bmatrix} -2 & 2 & 0 \\ 2 & -2 & 1 \\ 0 & 1 & 0 \end{bmatrix}\begin{bmatrix} \Delta x_1 \\ \Delta x_2 \\ v_2 \end{bmatrix}=\begin{bmatrix} -5 \\ -25 \\ 0 \end{bmatrix}$$

该 KKT 系统有唯一解：

$$\Delta x_1=2.5, \quad \Delta x_2=0, \quad v_2=-30 \tag{17-56}$$

17.7.6 起作用集方法的步长

倘若根据子问题(17-55)，移动方向 $\Delta\mathbf{x}\neq 0$，则：

$$\mathbf{x}^{(t+1)}\leftarrow\mathbf{x}^{(t)}+\Delta\mathbf{x}$$

能够在起作用约束限制下最优化目标函数。然而，我们在构建(17-55)时忽略了不起作用约束。沿 $\Delta \mathbf{x}$ 方向的移动有可能违反这类约束。

为说明上述可能性，我们引入一个新的最大化步长规则。

原理 17.54　倘若根据起作用约束在解 $\mathbf{x}^{(t)}$ 处得到的移动方向 $\Delta \mathbf{x}$ 非零，起作用集算法沿方向 $\Delta \mathbf{x}$ 前进的步长 λ 满足：

$$\lambda_G \;\leftarrow\; \min\left\{\frac{\mathbf{a}^{(i)} \mathbf{x}^{(t)} - b_i}{-\mathbf{a}^{(i)} \Delta \mathbf{x}} : \mathbf{a}^{(i)} \Delta \mathbf{x} < 0, i \in G\right\}$$

$$\lambda_L \;\leftarrow\; \min\left\{\frac{b_i - \mathbf{a}^{(i)} \mathbf{x}^{(t)}}{\mathbf{a}^{(i)} \Delta \mathbf{x}} : \mathbf{a}^{(i)} \Delta \mathbf{x} > 0, i \in L\right\}$$

$$\lambda \;\leftarrow\; \min\{1, \lambda_G, \lambda_L\}$$

λ 的前两个可能值分别对应于不起作用的 $\geqslant$ 和 $\leqslant$ 约束，最后一步中的 1 则提供了完整移动可行的可能值。例如，在调谐应用(17-56)中，点 $\mathbf{x}^{(0)} = (2, 5, 0)$ 处的移动方向为 $\Delta \mathbf{x} = (2, 5, 0)$，步长计算如下：

$$\lambda_G = +\infty$$

$$\lambda_L = \min\left\{\frac{3.5}{2.5}, \frac{0.5}{2.5}\right\} = 0.2$$

$$\lambda = \min\{1, +\infty, 0.2\} = 0.2 \tag{17-57}$$

例 17-26　起作用集方法的步长

使用起作用集方法求解含有以下约束的二次规划，根据定义 17.53，$\mathbf{y} = (2, 5)$ 处的移动方向为 $\Delta \mathbf{y} = (-3, 1)$。

$$2y_1 + 3y_2 \geqslant 10$$
$$1y_1 + 7y_2 \leqslant 40$$
$$1y_1 + 3y_2 = 17$$

（a）确定移动步长 λ。

（b）如果第二个约束是 $y_1 + 7y_2 \leqslant 80$，步长 λ 是否改变？

解：

（a）只有最后一个等式约束起作用。沿方向 $\Delta \mathbf{y}$ 移动每单位步长，其他约束改变：

$$\mathbf{a}^{(1)} \cdot \Delta \mathbf{y} = (2, 3) \cdot (-3, 1) = -3$$
$$\mathbf{a}^{(2)} \cdot \Delta \mathbf{y} = (1, 7) \cdot (-3, 1) = 4$$

因此有：

$$\lambda_G = \frac{19 - 10}{3}, \quad \lambda_L = \frac{40 - 37}{4}, \quad \lambda = \min\left\{1, 3, \frac{3}{4}\right\} = \frac{3}{4}$$

（b）右端项变为：

$$\lambda_G = 3, \quad \lambda_L = \frac{80 - 37}{4}, \quad \lambda = \min\left\{1, 3, \frac{43}{4}\right\} = 1$$

虽然步长 $\lambda = \min\{3, 43/4\}$ 是可行的，但是根据 KKT 条件 17.53 计算，最优步长是 $\lambda = 1$。

17.7.7 起作用集方法在 KKT 点处停止

只要移动方向 $\Delta\mathbf{x}\neq\mathbf{0}$，更新 $\mathbf{x}^{(t+1)}\leftarrow\mathbf{x}^{(t)}+\lambda\Delta\mathbf{x}$ 能够让我们朝（表现良好的）一般二次规划 17.50 的最优解前进。那么当 $\Delta\mathbf{x}=\mathbf{0}$ 时，我们应该停止搜索吗？这取决于根据起作用约束的线性条件 17.53，拉格朗日乘子 $\mathbf{v}$ 是否能够得到全模型的完整 KKT 解。

原理 17.55 倘若条件 17.53 的一个解有 $\Delta\mathbf{x}=\mathbf{0}$，且此时所有对应的拉格朗日乘子 $\mathbf{v}$ 满足以下符号约束，起作用集方法在全模型 17.50 的一个 KKT 点处停止。

目标函数	$i\in G$	$i\in L$
Minimize	$v_i\geqslant 0$	$v_i\leqslant 0$
Maximize	$v_i\leqslant 0$	$v_i\geqslant 0$

满足原理 17.55 的拉格朗日乘数足以满足全模型 17.50 的 KKT 点条件，因为对应的最优性条件是：

$$\mathbf{c}+2\mathbf{Q}\mathbf{x}^{(t)}=\sum_i \mathbf{a}^{(i)}v_i=\mathbf{A}_S^{\mathrm{T}}\mathbf{v}^{(S)} \tag{17-58}$$

另外还要考虑 17.55 符号限制、所有不等式约束的互补松弛性以及原始约束的可行性。其中 (17-58) 是 17.53 中求解的线性系统的第一个部分；因为只有起作用约束才允许 $v_i\neq 0$，互补松弛条件自动成立；原始可行性被方程式 17.53 和步长规则 17.54 约束成立。因此，一个 KKT 点的额外要求只有原理 17.55 中的符号限制。

例 17-27 二次规划起作用集方法的停止搜索条件
考虑一个最大化二次规划问题的起作用集搜索，当前起作用约束是：

$$
\begin{array}{rrrrrr}
w_1 & +2w_2 & & & & \geqslant 4 \\
& & w_3 & -8w_4 & +w_5 & \leqslant 2 \\
3w_1 & +2w_2 & +2w_3 & +2w_4 & +2w_5 & = 16
\end{array}
$$

如果根据定义 17.53 有如下解，判断搜索过程是否停止：

(a) $\Delta\mathbf{w}=(0,0,0,0,0)$，$\mathbf{v}=(-33,10,14)$

(b) $\Delta\mathbf{w}=(0,0,0,0,0)$，$\mathbf{v}=(33,10,14)$

(c) $\Delta\mathbf{w}=(2,-1,-1,0,1)$，$\mathbf{v}=(33,10,14)$

解：应用原理 17.55。

(a) 对于该最大化模型，$v_1=-33$，$v_2=10$ 分别满足 $\geqslant$、$\leqslant$ 约束的符号要求，因此搜索会在当前解一个 KKT 点处停止。

(b) 对于该最大化模型，$v_1=33$ 违反了 17.55 的符号要求，搜索不会停止。

(c) 当前移动方向 $\Delta\mathbf{w}\neq\mathbf{0}$，搜索继续。

17.7.8 从起作用集中删除约束

显然，当系统 17.53 产生了一个移动方向 $\Delta\mathbf{x}=\mathbf{0}$ 且符号约束 17.55 未被满足时，起作用集需要被修改，即一个或多个当前的起作用约束 $i\in S$ 应该被修改为严格不等。

为了确定从 S 中删除哪一个起作用约束，我们再次关注求解系统 17.53 中的拉格朗日乘子。我们知道根据原理 17.17，这些乘子的含义可以被解释为 (17-55) 最优值随约束右端项的变化。例如，最小化子问题的一个 ≤ 不等式约束 i 有 $v_i > 0$，意味着让不等式约束 i 变得严格可以改进目标函数（即放松至 $\mathbf{a}^{(i)} \cdot \Delta\mathbf{x} \leq 0$）。换言之，一个起作用约束违反符号限制 17.55 意味着可以将它从起作用集中删除。

原理 17.56　当系统 17.53 的解有 $\Delta\mathbf{x} = \mathbf{0}$，但不是所有的 v_i 都满足 17.55 的符号要求时，起作用集 S 应该删除对应于违反条件 17.55 乘子 v_i 的约束 i。

例 17-28　删除起作用集的约束

说明在例 17-27 搜索未停止的情形下，起作用集应该如何被修改。

解：应用原理 17.56。

（a）搜索停止，因此起作用集不需要修改。

（b）由于拉格朗日乘子 $v_1 = -33$ 违反约束要求 17.55，我们从 S 中删除约束 $i = 1$，并重新求解线性系统 17.53。

（c）由于移动方向 $\Delta\mathbf{w} \neq \mathbf{0}$，不需要改变 S。

17.7.9　滤波器调谐问题的起作用集解

17D 算法整合了原理 17.53～17.56 关于二次规划起作用集方法的内容。图 17-10 和表 17-6 给出了应用 17D 算法求解调谐问题 (17-53) 的相关细节，初始点为 $\mathbf{x}^{(0)} = (2.5, 0.0)$。

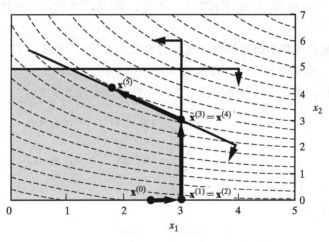

图 17-10　滤波器调谐问题的起作用集解

表 17-6　滤波器调谐问题的起作用集解

		变量			约束					
		x_1	x_2		$i=1$	$i=2$	$i=3$	$i=4$	$i=5$	
$t=0$	$\mathbf{x}^{(0)}$	2.5	0.0	S	no	yes	no	no	no	
	$\Delta\mathbf{x}$	2.5	0.0	$\mathbf{v}$	0.0	−30.0	0.0	0.0	0.0	$\lambda = 0.200\,0$
$t=1$	$\mathbf{x}^{(1)}$	3.0	0.0	S	no	yes	no	yes	no	
	$\Delta\mathbf{x}$	0.0	0.0	$\mathbf{v}$	0.0	−26.0	0.0	−4.0	0.0	减少 $i=2$
$t=2$	$\mathbf{x}^{(2)}$	3.00	0.00	S	no	no	no	yes	no	
	$\Delta\mathbf{x}$	0.0	13.0	$\mathbf{v}$	0.0	0.0	0.0	−30.0	0.0	$\lambda = 0.230\,8$

(续)

		变量			约束				
		x_1	x_2		$i=1$	$i=2$	$i=3$	$i=4$	$i=5$
$t=3$	$\mathbf{x}^{(3)}$	3.00	3.00	S	no	no	yes	yes	no	
	$\Delta\mathbf{x}$	0.0	0.0	v	0.0	0.0	-20.0	10.0	0.0	减少 $i=4$
$t=4$	$\mathbf{x}^{(4)}$	3.00	3.00	S	no	no	yes	no	no	
	$\Delta\mathbf{x}$	-1.25	1.25	v	0.0	0.0	-15.0	0.0	0.0	$\lambda=1.000\,0$
$t=5$	$\mathbf{x}^{(5)}$	1.75	4.25	S	no	no	yes	no	no	
	$\Delta\mathbf{x}$	0.00	0.00	v	0.0	0.0	-15.0	0.0	0.0	KKT 点

▶**算法 17D：二次规划的起作用集方法**

第 0 步：初始化。选择初始可行解 $\mathbf{x}^{(0)}$，用 $\mathbf{x}^{(0)}$ 处所有起作用约束的指数初始化可行集 S。并选择停止公差 $\varepsilon>0$，初始化迭代指数 $t\leftarrow 0$。

第 1 步：子问题。$\mathbf{A}_S$ 表示 S 中起作用约束的系数矩阵，解 17.55 的 KKT 条件：

$$\begin{bmatrix} -2\mathbf{Q} & \mathbf{A}_S^{\mathrm{T}} \\ \mathbf{A}_S & \mathbf{0} \end{bmatrix}\begin{bmatrix} \Delta\mathbf{x}^{t+1} \\ \mathbf{v}_S^{(t+1)} \end{bmatrix}=\begin{bmatrix} \nabla f(\mathbf{x}^{(t)}) \\ \mathbf{0} \end{bmatrix}$$

其中 $\Delta\mathbf{x}^{t+1}$ 是移动方向，$\mathbf{v}_S^{(t+1)}$ 是起作用约束的拉格朗日乘子。不起作用约束 $i\notin S$ 的拉格朗日乘子给定 $\mathbf{v}_i^{(t+1)}\leftarrow 0$。

第 2 步：KKT 点。若 $\|\Delta\mathbf{x}^{(t+1)}\|\leqslant\varepsilon$ 且 $\mathbf{v}^{(t+1)}$ 满足 17.55 符号要求，停止搜索；当前解 $\mathbf{x}^{(t)}$ 是给定对称二次规划 17.50 的 KKT 点。否则，若 $\|\Delta\mathbf{x}^{(t+1)}\|>\varepsilon$，继续第 3 步，反之继续第 4 步。

第 3 步：从起作用集中删除约束。选择拉格朗日乘子 $\mathbf{v}_i^{(t+1)}$ 违反 17.55 符号要求的约束 $i\in S$，将其从起作用集中删除。继续第 6 步。

第 4 步：步长。通过下式计算沿方向 $\Delta\mathbf{x}^{(t+1)}$ 前进的最大步长 λ：

$$\lambda_G \leftarrow \min\left\{\frac{\mathbf{a}^{(i)}\mathbf{x}^{(t)}-b_i}{-\mathbf{a}^{(i)}\Delta\mathbf{x}^{t+1}}:\mathbf{a}^{(i)}\Delta\mathbf{x}^{t+1}<0,i\in G\right\}$$

$$\lambda_L \leftarrow \min\left\{\frac{b_i-\mathbf{a}^{(i)}\mathbf{x}^{(t)}}{\mathbf{a}^{(i)}\Delta\mathbf{x}^{t+1}}:\mathbf{a}^{(i)}\Delta\mathbf{x}^{t+1}>0,i\in L\right\}$$

$$\lambda \leftarrow \min\{1,\lambda_G,\lambda_L\}$$

第 5 步：前进。令：

$$\mathbf{x}^{(t+1)}\leftarrow\mathbf{x}^{(t)}+\lambda\Delta\mathbf{x}^{(t+1)}$$

用新的起作用约束的指数更新 S。

第 6 步：搜索继续。令 $t\leftarrow t+1$，返回第 1 步。

由(17-56)和(17-57)得到第一步的移动方向 $\Delta\mathbf{x}=(2.5,0.0)$ 和步长 $\lambda=0.2$，因此有：
$$\mathbf{x}^{(1)}=\mathbf{x}^{(0)}+\lambda\Delta\mathbf{x}=(2.5,0.0)+0.2(2.5,0.0)=(3.0,0.0)$$

$\mathbf{x}^{(1)}$ 处的起作用集 $S=\{2,4\}$ 包括之前已有的 $x_2\geqslant 0$ 和新起作用的 $x_1\leqslant 3$。对应的线性系统 17.53 的解有方向 $\Delta\mathbf{x}=0$。此时我们还没有得到全模型的 KKT 条件，因为 $v_2=-26$ 不满足最小化问题 $\geqslant$ 约束的符号要求(原理 17.55)。因此我们将 $i=2$ 从 S 中删除，重新求解方程式 17.53。

新的移动方向非零，搜索继续。当 $t=5$ 时，再次有 $\geqslant$。此时，拉格朗日乘子满足原理 17.55 的符号要求。搜索在 KKT 点 $\mathbf{x}^*=(1.75, 4.25)$（全局最优）处停止。

17.8 序列二次规划

序列二次规划（sequential quadratic programming）是一种用以解决广泛非线性规划的方法，创造性结合了第 17.3 节的拉格朗日思想和第 16.6 节牛顿法的概念。它构建了一种采用第 17.7 节二次规划形式的方法来选择步长。如果问题表现良好，按照给定步骤，二次规划步长选择的重复解会收敛于非线性规划的最优解。我们将对辉瑞批量问题（应用案例 17-4）稍做修改以说明上述关键思想，并展示这些思想如何与求解策略相结合。

□ 应用案例 17-9

修改后的辉瑞问题

回想一下应用案例 17-4 考虑的是每年产品 $j=1, \cdots, 4$ 的生产批量 x_j 决策问题，需要同时考虑库存维持成本和转换成本。本节中我们对模型稍做修改：

$$\min \quad f(\mathbf{x}) \triangleq 66.21 x_1 + \frac{2\,160}{x_1} + 426.8 x_2 + \frac{8\,712}{x_2} \text{（总成本）}$$

$$+ 61.20 x_3 + \frac{330}{x_3} + 268.1 x_4 + \frac{2\,916}{x_4}$$

$$(Pf2) \text{s. t.} \quad h(\mathbf{x}) \triangleq \frac{180}{x_1} + \frac{726}{x_2} + \frac{27.5}{x_3} + \frac{243}{x_4} - 221.5 = 0 \quad \text{（产能约束）}$$

$$g(\mathbf{x}) \triangleq x_1 - 5 \qquad\qquad \leqslant 0 \quad \text{（产品 1 批量约束）}$$

显然，产能没有被充分利用时目标函数不可能达到最优，所以产能约束取等号。而引入 $x_i \leqslant 5$ 是为了使模型同时包含等式约束和不等式约束。决策变量 $x_1, \cdots, x_4$ 应该 $\geqslant 0$，但由于该约束永远不可能起作用，不需要引入显性的约束条件。

17.8.1 拉格朗日法和牛顿法背景知识

考虑一般形式的带约束的非线性规划：

$$\begin{aligned} \min \quad & f(\mathbf{x}) \\ \text{s. t.} \quad & g_i(\mathbf{x}) \leqslant 0 \quad \forall\, i = 1, \cdots, \ell \\ & h_k(\mathbf{x}) = 0 \quad \forall\, k = 1, \cdots, m \end{aligned} \tag{17-59}$$

假设 f 和所有的 g_i, h_k 都是 $\mathbf{x}$ 的二次连续可微函数。

将不等式约束和等式约束分别乘以乘子 $v_i \leqslant 0$ 和无限制参数 w_k，并添加到目标函数中，得到拉格朗日函数：

$$\min \quad L(\mathbf{x}, \mathbf{v}, \mathbf{w}) \triangleq f(\mathbf{x}) - \sum_{i=1}^{\ell} v_i g_i(\mathbf{x}) - \sum_{k=1}^{m} w_k h_k(\mathbf{x}) \tag{17-60}$$

对于应用案例 17-9 中模型 $(Pf2)$ 有：

$$\min \quad L(\mathbf{x}, v, w) \triangleq f(\mathbf{x}) - v \cdot g(\mathbf{x}) - w \cdot h(\mathbf{x}) \tag{17-61}$$

其中 $\mathbf{x} \triangleq (x_1, x_2, x_3, x_4)$，$v \leqslant 0$ 和 w 是两类约束条件的拉格朗日乘子。

第 17.3 节考虑了没有不等式约束的特殊情形，同时展示了如何计算 $\nabla L(\overline{\mathbf{x}}, \overline{\mathbf{w}}) = 0$ 时拉格朗日(17-60)驻点 $(\overline{\mathbf{x}}, \overline{\mathbf{w}})$(原理 17.15)。进一步添加额外假设，这些点将成为对应非线性规划的最优解。

与拉格朗日第 17.3 节的直接解法相反，第 16.6 节牛顿方法(算法 16E)在一阶和二阶偏导数中求解(二阶)方程系统，确定无约束最优化问题的下一步最优移动。求解过程中重复迭代使用移动方向 $\Delta\mathbf{x}$，而不是试图在一轮计算完成模型求解。

17.8.2 序列二次规划策略

序列二次规划法 SQP 包含以下两种策略的要素：

- 与拉格朗日法类似，SQP 采用了(17-60)的表示形式，但它通过 $(\mathbf{x}^{(t)}, \mathbf{v}^{(t)}, \mathbf{w}^{(t)})$ 反复迭代，并在每次迭代 t 中改进。
- 与牛顿法类似，SOP 采用了二阶系统确定第 t 次迭代时最优的移动方向 $\Delta\mathbf{x}$，但是它将结果应用于当前的拉格朗日函数 $L(\mathbf{x}^{(t)}, \mathbf{v}^{(t)}, \mathbf{w}^{(t)})$，而不是一个单一的无约束目标函数。

原理 17.57 第 t 次迭代时，SOP 最小化二阶近似为拉格朗日函数：

$$L(\mathbf{x}^{(t)}, \mathbf{v}^{(t)}, \mathbf{w}^{(t)}) + \nabla L(\mathbf{x}^{(t)}, \mathbf{v}^{(t)}, \mathbf{w}^{(t)})\Delta\mathbf{x} + \frac{1}{2}\Delta\mathbf{x}\,\nabla^2 L(\mathbf{x}^{(t)}, \mathbf{v}^{(t)}, \mathbf{w}^{(t)})\Delta\mathbf{x}$$

它也是移动方向 $\Delta\mathbf{x}$ 的函数。

根据原始目标和约束条件：

$$\nabla L(\mathbf{x}^{(t)}, \mathbf{v}^{(t)}, \mathbf{w}^{(t)}) = \nabla f(\mathbf{x}^{(t)}) - \sum_{i=1}^{\ell} v_i^{(t)}\,\nabla g_i(\mathbf{x}^{(t)}) - \sum_{k=1}^{m} w_k^{(t)}\,\nabla h_k(\mathbf{x}^{(t)}) \qquad (17\text{-}62)$$

以及

$$\nabla^2 L(\mathbf{x}^{(t)}, \mathbf{v}^{(t)}, \mathbf{w}^{(t)}) = \nabla^2 f(\mathbf{x}^{(t)}) - \sum_{i=1}^{\ell} v_i^{(t)}\,\nabla^2 g_i(\mathbf{x}^{(t)}) - \sum_{k=1}^{m} w_k^{(t)}\,\nabla^2 h_k(\mathbf{x}^{(t)}) \qquad (17\text{-}63)$$

为确保新移动方向 $\Delta\mathbf{x}^{(t)}$ 能得到可行解，需满足：

$$g_i(\mathbf{x}^{(t)}) + \nabla g_i(\mathbf{x}^{(t)})\Delta\mathbf{x}^{(t+1)} \leqslant 0 \quad i = 1, \cdots, \ell$$
$$h_k(\mathbf{x}^{(t)}) + \nabla h_k(\mathbf{x}^{(t)})\Delta\mathbf{x}^{(t+1)} = 0 \quad k = 1, \cdots, m \qquad (17\text{-}64)$$

我们可以将(17-62)简化为：

$$\nabla L(\mathbf{x}^{(t)}, \mathbf{v}^{(t)}, \mathbf{w}^{(t)}) = \nabla f(\mathbf{x}^{(t)}) \qquad (17\text{-}65)$$

当可行点为 $\mathbf{x}$，移动方向为 $\Delta\mathbf{x}$ 和拉格朗日乘子分别是 $\mathbf{v}$ 和 $\mathbf{w}$ 时，约束的一阶条件一定等于 0。所以，最小化拉格朗日近似 17.57，删除常数项 $L(\mathbf{x}^{(t)}, \mathbf{v}^{(t)}, \mathbf{w}^{(t)})$ 并将其扩展为(17-65)和(17-63)的形式，得到序列二次规划。

原理 17.58 第 t 次迭代时，序列二次规划 SQP 解以下二次规划：

$$\min \quad \nabla f(\mathbf{x}^{(t)})\Delta\mathbf{x}^{(t)} + \frac{1}{2}\Delta\mathbf{x}^{(t)}\Big[\nabla^2 f(\mathbf{x}^{(t)}) -$$

$$(QP_t) \quad \sum_{i=1}^{\ell} v_i^{(t)}\,\nabla^2 \mathbf{g}_i(\mathbf{x}^{(t)}) - \sum_{k=1}^{m} \mathbf{w}_k^{(t)}\,\nabla^2 \mathbf{h}_k(\mathbf{x}^{(t)})\Big]\Delta\mathbf{x}^{(t)}$$

$$\text{s.t.} \quad 约束条件(17\text{-}64)$$

最优方向 $\Delta\mathbf{x}^{(t)}$ 可以得到更新后的搜索点 $\mathbf{x}^{(t+1)} \leftarrow \mathbf{x}^{(t)} + \Delta\mathbf{x}^{(t+1)}$，且约束（17-64）的最优对偶乘子是：

$$v_i^{(t+1)}, i=1,\cdots,\ell; \quad w_k^{(t+1)}, k=1,\cdots,m$$

▶**算法 17E：序列二次规划**

第 0 步：初始化。选择停止公差 $\varepsilon>0$，初始可行解 $\mathbf{x}^{(0)}$，初始拉格朗日乘子 $\mathbf{v}^{(0)}\leqslant 0$ 和无符号限制的 $\mathbf{w}^{(0)}$。初始化迭代指数 $t\leftarrow 0$。

第 1 步：二次子问题。解二次规划子问题 $QP(t)$（原理 17.58），得到最优移动方向 $\Delta\mathbf{x}^{(t)}$ 和拉格朗日乘子 $\mathbf{v}^{(t+1)}$ 和 $\mathbf{w}^{(t+1)}$。更新下一步 $\mathbf{x}^{(t+1)}\leftarrow\mathbf{x}^{(t)}+\Delta\mathbf{x}^{(t+1)}$。

第 2 步：停止搜索。若 $\|\Delta\mathbf{x}^{(t)}\|\leqslant\varepsilon$，停止搜索；解 $\mathbf{x}^{(t+1)}$，$\mathbf{v}^{(t+1)}$ 和 $\mathbf{w}^{(t+1)}$ 共同构成原非线性规划问题的一个近似 KKT 最优。否则令 $t\leftarrow t+1$，回到第 1 步。

算法 17E 给出了序列二次规划法详细的全过程。当计算在第 2 步停止时，解 $\mathbf{x}^{(t+1)}$，$\mathbf{v}^{(t+1)}$ 和 $\mathbf{a}^{(1)}=(1,1,0,0)$，$\mathbf{a}^{(2)}=(1,0,0,0)$ 达到了可行和拉格朗日 17.57 最小，非常近似于 0。由此可以得到近似的 KKT 最优。

17.8.3 算法 17E 在辉瑞问题应用案例 17-9 中的应用

首先我们得到了相关的一阶和二阶偏导表达式，见表 17-7。

表 17-7 辉瑞问题应用案例 17-9 的偏导表达式

$\nabla f(\mathbf{x}^{(t)})\triangleq(66.21-2160\,(x_1^{(t)})^{-2},426.8-8712\,(x_2^{(t)})^{-2},$
$\qquad 61.20-330\,(x_3^{(t)})^{-2},268.1-2916\,(x_4^{(t)})^{-2})$
$\nabla^2 f(\mathbf{x}^{(t)})\triangleq(4320\,(x_1^{(t)})^{-3},17424\,(x_2^{(t)})^{-3},660\,(x_3^{(t)})^{-3},5832\,(x_4^{(t)})^{-3})$
$\nabla g(\mathbf{x}^{(t)})\triangleq(1,0,0,0)$
$\nabla^2 g(\mathbf{x}^{(t)})\triangleq(\text{all zero})$
$\nabla h(\mathbf{x}^{(t)})\triangleq(-180\,(x_1^{(t)})^{-2},-726\,(x_2^{(t)})^{-2},-27.5\,(x_3^{(t)})^{-2},-243\,(x_4^{(t)})^{-2})$
$\nabla^2 h(\mathbf{x}^{(t)})\triangleq(360\,(x_1^{(t)})^{-3},1452\,(x_2^{(t)})^{-3},55\,(x_3^{(t)})^{-3},486\,(x_4^{(t)})^{-3})$

注意，线性函数 g 的一阶偏导是常数，没有二次偏导。并且，因为变量可分离，函数 f 和 h 的海塞矩阵均为对角矩阵（定义 17.6）。

表 17-8 描述了算法 17E 的求解过程。其中每行均由当前迭代时最优的移动方向 $\Delta\mathbf{x}$ 以及对应的 v，w 组成。

表 17-8 辉瑞问题应用案例 17-9 的序列二次规划解

$t=0$	$x=(4.000, 6.000, 3.000, 5.000)$，$v=0.000$，$w=-10.000$，$f=7034.9$，$g=-1.000$，$h=2.267$
	$\nabla f=(-68.790, 184.800, 24.533, 151.460)$，$\nabla^2 f=(67.500, 80.667, 24.444, 46.656)$
	$\nabla g=(1.000, 0.000, 0.000, 0.000)$，$\nabla^2 g=0$
	$\nabla h=(-11.250, -20.167, -3.056, -9.720)$，$\nabla^2 h=(5.625, 6.722, 2.037, 3.888)$
	$\Delta\mathbf{x}=(1.000, -0.0715, 0.0417, -0.789)$，$\|\Delta\mathbf{x}\|=1.2765$，QP 目标函数值 $=-208.57$
$t=1$	$\mathbf{x}=(5.000, 5.929, 3.042, 4.211)$，$v=-42.232$，$w=-8.639$，$f=6878.9$，$g=0.000$，$h=3.706$
	$\nabla f=(-20.190, 178.928, 25.532, 103.656)$，$\nabla^2 f=(34.560, 83.621, 23.453, 78.102)$
	$\nabla g=(1.000, 0.000, 0.000, 0.000)$，$\nabla^2 g=0$
	$\nabla h=(-7.200, -20.656, -2.972, -13.704)$，$\nabla^2 h=(2.880, 6.698, 1.954, 6.508)$
	$\Delta\mathbf{x}=(0.000, 0.0675, 0.0399, 0.1600)$，$\|\Delta\mathbf{x}\|=0.1782$，QP 目标函数值 $=29.343$

(续)

$t=2$	$\mathbf{x}=(5.000,\ 5.996,\ 3.082,\ 4.371)$，$v=-85.943$，$w=-9.132$，$f=6\,909.8$，$g=0.000$，$h=0.098\,3$ $\nabla f=(-20.190,\ 184.477,\ 26.449,\ 115.475)$，$\nabla^2 f=(34.560,\ 80.828,\ 22.554,\ 69.835)$ $\nabla g=(1.000,\ 0.000,\ 0.000,\ 0.000)$，$\nabla^2 g=0$ $\nabla h=(-7.200,\ -20.194,\ -2.896,\ -12.719)$，$\nabla^2 h=(2.880,\ 6.736,\ 1.879,\ 5.820)$ $\Delta\mathbf{x}=(0.000,\ 0.000\,8,\ 0.000\,6,\ 0.006\,4)$，$\lVert\Delta\mathbf{x}\rVert=0.0.006\,5$，QP 目标函数值 $=0.902\,14$
$t=3$	$\mathbf{x}=(5.000,\ 5.996,\ 3.082,\ 4.377)$，$v=-86.002$，$w=-9.140\,1$，$f=6\,010.7$，$g=0.000$，$h=-$ $\qquad 0.000\,8$ $\nabla f=(-20.190,\ 184.454\,2,\ 26.463,\ 115.921)$，$\nabla^2 f=(34.560,\ 80.796,\ 22.540,\ 69.529)$ $\nabla g=(1.000,\ 0.000,\ 0.000,\ 0.000)$，$\nabla^2 g=0$ $\nabla h=(-7.200,\ -20.188,\ -2.895,\ -12.682)$，$\nabla^2 h=(2.880,\ 6.733,\ 1.878,\ 5.794)$ $\Delta\mathbf{x}=(0.000,\ -0.000\,03,\ -0.000\,07,\ 0.000\,00)$，$\lVert\Delta\mathbf{x}\rVert=0.000\,08$，QP 目标函数值 $=-0.007\,31$
$t=4$	$\mathbf{x}=(5.000,\ 5.997,\ 3.082,\ 4.377)$，$v=-86.004$，$w=-9.141$，$f=6\,010.7$，$g=0.000$，$h=0.000$

令公差 $\varepsilon=0.000\,1$，初始点为 $\mathbf{x}^{(0)}=(4,\ 6,\ 3,\ 5)$，$v=0$，$w=-10$。$f(x^{(0)})=$ $7\,034.9$ 表示原始模型的目标值，但是 $h(\mathbf{x}^{(0)})=2.267\neq0$，说明该初始点在等式约束中不可行。最优移动方向 $\Delta\mathbf{x}$ 得到下一搜索点 $\mathbf{x}^{(1)}=(5.000,\ 5.929,\ 3.042,\ 4.211)$，改进目标值 $6\,878.9$。但此时仍然有 $1.275\,4>\varepsilon$，所以搜索继续。

$\Delta\mathbf{x}^{(3)}$ 有 $0.000\,08<\varepsilon$，我们在近似最优 $\mathbf{x}=(5.000,\ 5.997,\ 3.082,\ 4.377)$ 处停止搜索，目标值为 $6\,010.7$，对应的对偶乘子 $v=-86.004$，$w=-9.141$。

注意到上一次迭代中二次规划目标值为 $-0.007\,31$，非常接近于 0，因此全模型的 KKT 和拉格朗日条件均被满足。

17.8.4 减少计算的近似值

前述章节中我们已经描述了序列二次规划的基本内容，与第 16、17 章的二阶方法类似，它在每次迭代中都需要计算关于目标函数和非线性约束的海塞矩阵，SQP 的计算量可能非常庞大。由此我们引出一种 SQP 的近似方法——类似于第 16.7 节中的拟牛顿法。详细内容见非线性规划部分的参考文献。

17.9 可分离规划方法

可分离函数由单一决策变量函数的和构成（定义 17.6），而**可分离规划**是指目标函数和约束都是可分离函数的非线性规划（定义 17.7）。其一般形式如下：

$$\max \text{ 或 } \min \quad f(\mathbf{x}) \triangleq \sum_j f_j(x_j)$$

$$\text{s. t.} \quad g_i(\mathbf{x}) \triangleq \sum_j g_{i,j}(x_j) \geqslant b_i \quad \forall\, i \in G$$

$$g_i(\mathbf{x}) \triangleq \sum_j g_{i,j}(x_j) \leqslant b_i \quad \forall\, i \in L \tag{17-66}$$

$$g_i(\mathbf{x}) \triangleq \sum_j g_{i,j}(x_j) = b_i \quad \forall\, i \in E$$

$$x_j \quad \geqslant 0 \qquad\qquad\qquad \forall\, j$$

这里 G，L 和 E 分别表示 $\geqslant$，$\leqslant$ 和 $=$ 约束。为简化符号表示，我们假设所有变量都满足非负约束。

17.9.1 回顾应用案例 17-4 辉瑞问题

第 17.2 节提出了辉瑞问题模型：

$$\min \quad 66.21x_1 + \frac{2\,160}{x_1} + 426.8x_2 + \frac{8\,712}{x_2} \qquad （总成本）$$

$$+ 61.20x_3 + \frac{330}{x_3} + 268.1x_4 + \frac{2\,916}{x_4} \tag{17-67}$$

$$\text{s. t.} \quad \frac{180}{x_1} + \frac{726}{x_2} + \frac{27.5}{x_3} + \frac{243}{x_4} \leqslant 221.5 \qquad （生产时间）$$

$$x_1, \cdots, x_4 \qquad\qquad \geqslant 0$$

该模型的变量为：

$$x_j \triangleq 产品\ j\ 的生产批量$$

显然该模型是可分离的，因为目标函数可以改写为：

$$f(x_1, x_2, x_3, x_4) \triangleq f_1(x_1) + f_2(x_2) + f_3(x_3) + f_4(x_4)$$

其中：

$$f_1(x_1) \triangleq 66.21x_1 + \frac{2\,160}{x_1}$$

$$f_2(x_2) \triangleq 426.8x_2 + \frac{8\,712}{x_2}$$

$$f_3(x_2) \triangleq 61.20x_3 + \frac{330}{x_3}$$

$$f_4(x_2) \triangleq 268.1x_4 + \frac{2\,916}{x_4}$$

且生产时间约束可以拆分为：

$$g_1(x_1) \triangleq \frac{180}{x_1}$$

$$g_2(x_2) \triangleq \frac{726}{x_2}$$

$$g_3(x_3) \triangleq \frac{27.5}{x_3}$$

$$g_4(x_4) \triangleq \frac{243}{x_4}$$

另外，四个变量的非负约束是线性的，同样是可分离函数。

原理 17.59 线性函数始终可分离。

根据定义，线性函数由包含单一决策变量的 $a_j x_j$ 之和组成。

例 17-29 识别可分离函数

判断以下函数是否可分离。

(a) $f(w_1, w_2) \triangleq (w_1)^{3.5} + \ln(w_2)$

(b) $g_1(w_1, w_2) \triangleq 14w_1 - 26w_2$

(c) $g_2(w_1, w_2) \triangleq 14w_1 + w_1w_2 - 26w_2$

解：应用定义 17.6。

(a) 该函数可以拆分为 $f_1(w_1) \triangleq (w_1)^{3.5}$，$f_2(w_2) \triangleq \ln(w_2)$ 之和，因此可分离。

(b) 该函数是线性的，根据原理 17.59，可分离。

(c) 该函数包含 w_1w_2 项，因此不可分离。

17.9.2 可分离函数的分段线性近似

可分离规划最主要的优势在于有时可以将其近似为线性规划（原理 17.8）。我们首先从包含一个变量的函数 f_j，$g_{i,j}$ 的分段线性近似开始。

原理 17.60 可分离规划的**分段线性近似**将决策变量 x_j 的定义域划分为一系列区间 k，线性近似为 $f_j(x_j)$ 和 $g_{i,j}(x_j)$：

$$f_j(x_j) \approx c_{j,0} + \sum_k c_{j,k} x_{j,k}$$

$$g_{i,j}(x_j) \approx a_{i,j,0} + \sum_k a_{i,j,k} x_{j,k}$$

新变量 $x_{j,k}$ 表示区间 k 内的 x_j，系数 $c_{j,k}$ 和 $a_{i,j,k}$ 表示插值截距和斜率。

图 17-11 描绘了辉瑞模型（17-67）中 x_1 在 $[0, 8]$ 的近似情况。目标函数 $f_1(x_1)$ 和约束条件 $g_1(x_1)$ 都分为三段线性近似。第一段 $x_1 \in [0, u_{1,1}] = [0, 1]$，第二段 $x_1 \in [u_{1,1}, u_{1,2}] = [1, 5.7]$，第三段 $x_1 \in [u_{1,2}, u_{1,3}] = [5.7, 8]$。其中 $u_{1,1} = 1$ 在两个函数的转折点附近选定，$u_{1,2} = 5.7$ 是 $f_1(x_1)$ 的近似最小点，而 $u_{1,3} = 8$ 是 x_1 的实际上限。

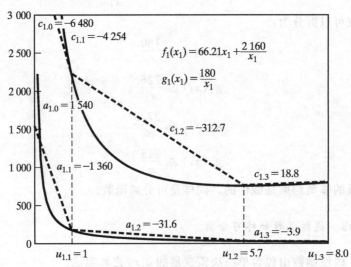

图 17-11　辉瑞问题应用案例 17-4 的分段线性近似

引入新变量 $x_{1,1}$，$x_{1,2}$ 和 $x_{1,3}$，系数如图 17-11 所示，有：

$$f_1(x_1) \triangleq 66.21 x_1 + \frac{2\,160}{x_1} \approx 6\,480 - 4\,254 x_{1,1} - 312.7 x_{1,2} + 18.8 x_{1.3}$$

$$g_1(x_1) \triangleq \frac{180}{x_1} \qquad\qquad \approx 1\,540 - 1\,360 x_{1,1} - 31.6 x_{1,2} - 3.9 x_{1,3}$$

注意，在目标函数和约束中必须使用相同的区间来近似 x_1。新变量的上限由区间上下限得到：

$$0 \leqslant x_{1,1} \leqslant u_{1,1} = 1$$

$$0 \leqslant x_{1,2} \leqslant u_{1,2} - u_{1,1} = 5.7 - 1.0 = 4.7$$

$$0 \leqslant x_{1,3} \leqslant u_{1.3} - u_{1,2} = 8.0 - 5.7 = 2.3$$

例 17-30　构建分段线性近似

考虑一个可分离的非线性规划，目标函数和约束条件含有决策变量 w_1。

$$f_1(w_1) \triangleq (w_1)^2 - 4w_1 + 22$$

$$g_{1,1}(w_1) \triangleq \sqrt{w_1 + 9}$$

$$g_{2,1}(w_1) \triangleq 14 w_1$$

分段线性近似时使用分界点 $u_{1,1} = 2$ 和 $u_{1,2} = 5$。

解：首先我们估计定义 17.60 的插值系数。截距是：

$$c_{1,0} = f_1(0) = 22, \quad a_{1,1,0} = g_{1,1}(0) = 3, \quad a_{2,1,0} = g_{2,1}(0) = 0$$

区间 $[0, u_{1,1}] = [0, 2]$ 上的斜率是：

$$c_{1,1} = \frac{f_1(2) - f_1(0)}{2 - 0} = -2$$

$$a_{1,1,1} = \frac{g_{1,1}(2) - g_{1,1}(0)}{2 - 0} = 0.158$$

$$a_{2,1,1} = \frac{g_{2,1}(2) - g_{2,1}(0)}{2 - 0} = 14$$

区间 $[u_{1,1}, u_{2,1}] = [2, 5]$ 上的斜率是：

$$c_{1,2} = \frac{f_1(5) - f_1(2)}{5 - 2} = 3$$

$$a_{1,1,2} = \frac{g_{1,1}(5) - g_{1,1}(2)}{5 - 2} = 0.142$$

$$a_{2,1,2} = \frac{g_{2,1}(5) - g_{2,1}(2)}{5 - 2} = 14$$

对应的分段线性近似为：

$$f_1(w_1) \approx 22 - 2w_{1,1} + 3w_{1,2}$$

$$g_{1,1}(w_1) \approx 3 + 0.158 w_{1,1} + 0.142 w_{1,2}$$

$$g_{2,1}(w_1) \approx 0 + 14 w_{1,1} + 14 w_{1,2}$$

17.9.3　可分离规划的线性规划表示

应用分段线性近似 17.60 到可分离规划（17-66）的每一个变量上可以得到线性规划近似。

定义 17.61 一个包含非负变量的可分离非线性规划的**线性规划近似**可以表示为：

$$\max \text{ 或 } \min \quad \sum_j \left(c_{j,0} + \sum_k c_{j,k} x_{j,k} \right)$$

$$\text{s. t.} \quad \sum_j \left(a_{i,j,0} + \sum_k a_{i,j,k} x_{j,k} \right) \geqslant b_i \quad \forall\, i \in G$$

$$\sum_j \left(a_{i,j,0} + \sum_k a_{i,j,k} x_{j,k} \right) \leqslant b_i \quad \forall\, i \in L$$

$$\sum_j \left(a_{i,j,0} + \sum_k a_{i,j,k} x_{j,k} \right) = b_i \quad \forall\, i \in E$$

$$0 \leqslant x_{j,k} \leqslant u_{j,k} - u_{j,k-1} \qquad \forall\, j, k$$

其中 $u_{j,k}$ 是变量 $x_j \,(u_{j,0} \triangleq 0)$ 的区间分界点，系数 $c_{j,k}$ 和 $a_{i,j,k}$ 表示插值截距和斜率。

以上模型是一个线性规划，可通过第 5~7 章的方法求解。

应用 17.61 求解辉瑞问题，有：

$$\min \quad 42\,354 - 4\,254 x_{1,1} - 312.7 x_{1,2} + 18.8 x_{1,3}$$
$$- 16\,997 x_{2,1} - 1\,509 x_{2,2} + 184.8 x_{2,3}$$
$$- 598.8 x_{3,1} - 82.3 x_{3,2} + 43.3 x_{3,3}$$
$$- 5\,564 x_{4,1} - 615.5 x_{4,2} + 157.6 x_{4,3}$$

$$\text{s. t.} \quad 7\,030 - 1\,360 x_{1,1} - 31.6 x_{1,2} - 3.9 x_{1,3}$$
$$- 2\,452 x_{2,1} - 161.3 x_{2,2} - 20.2 x_{2,3} \tag{17-68}$$
$$- 555 x_{3,1} - 12 x_{3,2} - 1.5 x_{3,3}$$
$$- 1\,486 x_{4,1} - 73.6 x_{4,2} - 9.2 x_{4,3} \leqslant 221.5$$

$$0 \leqslant x_{1,1} \leqslant 1, 0 \leqslant x_{1,2} \leqslant 4.7, 0 \leqslant x_{1,3} \leqslant 2.3$$
$$0 \leqslant x_{2,1} \leqslant 1, 0 \leqslant x_{2,2} \leqslant 3.5, 0 \leqslant x_{2,3} \leqslant 3.5$$
$$0 \leqslant x_{3,1} \leqslant 1, 0 \leqslant x_{3,2} \leqslant 1.3, 0 \leqslant x_{3,3} \leqslant 5.7$$
$$0 \leqslant x_{4,1} \leqslant 1, 0 \leqslant x_{4,2} \leqslant 2.3, 0 \leqslant x_{4,3} \leqslant 4.7$$

一个对应于(17-7)的非线性最优的最优解是：

$$x_{1,1}^* = 1.0, \quad x_{1,2}^* = 4.7, \quad x_{1,3}^* = 2.3, \quad \text{or} \quad x_{1,1}^* + x_{1,2}^* + x_{1,3}^* = x_1^* = 8.0$$
$$x_{2,1}^* = 1.0, \quad x_{2,2}^* = 3.5, \quad x_{2,3}^* = 2.4, \quad \text{or} \quad x_{2,1}^* + x_{2,2}^* + x_{2,3}^* = x_2^* = 6.9$$
$$x_{3,1}^* = 1.0, \quad x_{3,2}^* = 1.3, \quad x_{3,3}^* = 0.0, \quad \text{or} \quad x_{3,1}^* + x_{3,2}^* + x_{3,3}^* = x_3^* = 2.3$$
$$x_{4,1}^* = 1.0, \quad x_{4,2}^* = 2.3, \quad x_{4,3}^* = 0.0, \quad \text{or} \quad x_{4,1}^* + x_{4,2}^* + x_{4,3}^* = x_4^* = 3.3$$

$$\tag{17-69}$$

17.9.4 可分离规划线性规划近似的正确性

定义 17.61 能够完全正确地表示模型(17-66)吗？倘若不考虑插值误差，答案是有时候可以，有时候不行。为了解潜在的难点，我们尝试求解：

$$\max \quad f(y) \triangleq y^2 - 12y + 45$$
$$\text{s. t.} \quad 0 \leqslant y \leqslant 9$$

f 是图 17-4(第 17.2 节)中的函数。显然，最优点 $y^* = 0$，因为 $f(0) = 45$，$f(9) =$

18，且中间的每一个 y 所对应的函数值都小于端点值处。

根据线性规划近似表示 17.61，我们得到：

$$\max \quad 45 - 7y_1 + 2y_2$$
$$\text{s.t.} \quad 0 \leqslant y_1 \leqslant 5$$
$$0 \leqslant y_2 \leqslant 4$$

最优解是 $y_1^* = 0$，$y_2^* = 4$，因此有 $y^* = y_1^* + y_2^* = 4$。

误差出现在哪里呢？近似式：

$$f(y) \approx c_0 + \sum_k c_k y_k$$

只有在我们假设分段变量 y_k 最优值满足某种特定顺序时才完全对应于 17.60。若 $y \in [0, 5]$，我们希望第一个分段变量 y_1 表示 y。若 $y \in [5, 9]$，我们希望第一个分段变量取到最大值，然后第二个变量补充剩余部分。

一般来说，分段线性近似的每一段都应该在考虑下一段前取到最大值。

原理 17.62　当且仅当分段变量的最优点满足：

$$x_{j,k+1}^* > 0 \quad 仅当 \quad x_{j,k}^* = (u_{j,k} - u_{j,k-1}) \quad 对于所有的 j 和 k$$

时，其中 $u_{j,0} \triangleq 0$，线性规划表示 17.61 是可分离规划(17-66)的一种正确近似。

辉瑞问题(17-69)是一个满足条件 17.62 的实例。$j = 2$ 时，公式(17-68)的分段上限是 1.0，3.5 和 3.5，而：

$$x_{2,1}^* = 1.0, \quad x_{2,2}^* = 3.5, \quad x_{2,3}^* = 2.4$$

可以看出，前两段都按顺序取到了它们的最大值。

例 17-31　检查分段线性近似

对一个可分离的非线性规划进行线性近似。分别取非负变量 w_1 和 w_2 的分界点 $u_{1,1} = 2$，$u_{1,2} = 6$，和 $u_{2,1} = 7$，$u_{2,2} = 20$。说明以下线性近似解是否是原非线性规划的正确结果（不考虑插值误差）。

(a) $w_{1,1}^* = 2$，$w_{1,2}^* = 3$，$w_{2,1}^* = 6$，$w_{2,2}^* = 0$

(b) $w_{1,1}^* = 0$，$w_{1,2}^* = 3$，$w_{2,1}^* = 1$，$w_{2,2}^* = 13$

解：根据公式 17.61，分段变量的上下界分别是：

$$0 \leqslant w_{1,1} \leqslant 2 - 0 = 2, \quad 0 \leqslant w_{1,2} = 6 - 2 = 4$$
$$0 \leqslant w_{2,1} \leqslant 7 - 0 = 7, \quad 0 \leqslant w_{2,2} = 20 - 7 = 13$$

(a) 该最优解是原非线性规划的正确结果，因为它满足条件 17.62。变量 $w_{1,1}^*$ 取到该段的最大值，所以 $w_{1,2}^*$ 可以为正值。

(b) 该最优解不是原非线性规划的正确结果，因为它违反了条件 17.62。变量 $w_{1,2}^* > 0$，而变量 $w_{1,1}^*$ 没有取到最大值。

17.9.5　可分离凸规划

假设给定的可分离规划(17-61)也是凸规划，即目标函数是最小化凸函数或者最大化凹函数，约束条件包括大于等于 0 的凸函数、小于等于 0 的凹函数和线性函数（定义 17.3）。

以上具体要求和约束条件的整体目标有关。但是仍然可以发现可分离形式(17-61)中的这些函数应该有类似性质。

原理 17.63 可分离函数：

$$s(x_1, \cdots, x_n) \triangleq \sum_{j=1}^n s_j(x_j)$$

是凸函数，当且仅当 s_j 是凸的；是凹函数，当且仅当 s_j 是凹的。

根据原理 16.29，我们知道凸函数（凹函数）之和仍然是凸函数（凹函数）。而原理 17.63 说明了对于可分离函数反过来也是成立的。为了找到原因，我们选择 $\mathbf{x}^{(1)}$ 和 $\mathbf{x}^{(2)}$ 两个点，除了第 j 项，其他项都完全相同。因此，从 $\mathbf{x}^{(1)}$ 到 $\mathbf{x}^{(2)}$ 移动步长 λ，只改变了 s 项的 $s_j x_j^{(1)} + \lambda(x_j^{(2)} - x_j^{(1)})$。只有当 s_j 满足凸函数定义 16.23 时，s 才满足该定义。

给出了这么多方便的性质，毫无疑问我们认为可分离的凸规划满足 17.62，具有良好的线性规划近似。

原理 17.64 可分离凸规划的线性近似 17.61 倘若存在最优解，则一定有一个最优解满足序条件 17.62。

再次回顾辉瑞问题(17-68)。根据第 16.2 节，我们知道(17-67)形式的非线性规划是凸规划。所以毫不意外，分段最优(17-69)满足序条件 17.67。

为了理解为什么可分离凸规划满足有效线性近似的条件，回忆原理 16.27，可以知道凸函数的二阶导数非负，而凹函数二阶导数非正，它们分别满足一阶导数单调不减和单调不增。

对于最小化凸函数目标，每次近似中最小成本斜率 $c_{j,k}$ 出现在 $k = 1$ 时。对于最大化凹函数目标，同样也是优先考虑第一段。以类似的方式，约束系数也表现出对较低编号段的偏好。例如，若约束 i 是小于等于 0，也就是凸函数，$a_{i,j,1}$ 是 $g_{i,j}$ 近似的最小斜率，对可行性的影响也最小。若约束大于等于 0，也就是凹函数，$a_{i,j,1}$ 是近似中的最大斜率，可以以最大速度改进可行性。

结合上述对目标函数和约束条件的观察，我们可以发现每一个分段线性近似的第一段 $x_{j,k}$ 能够最小程度影响约束并最大程度改善目标函数。最优的线性解必须首先考虑第一段，只有当第一段达到上界时，第二段才有可能取正值。每一个区间 k 都遵循这种模式，即性质 17.62。

17.9.6 可分离非凸规划的求解难点

当给定的可分离规划不是凸规划时，性质 17.62 不能自动成立，但是我们可以人为地使其满足。

假设我们将上下限单纯形 5D 算法应用于线性近似 17.61。每次迭代中选择非基下限变量，使其增加，或者选择非基上限变量，使其减小。

一般的可分离规划搜索算法限制了搜索范围，使其满足序条件 17.62。一个非基下界分段变量不能增加，除非它的前段变量已经达到上界。同样，一个非基上界分段变量不能减少，除非它的后段变量已经减少到 0。

　　显然这些额外的限制让单纯形法不能得到线性规划 17.61 的最优解。但是它们满足性质 17.67，最终算法在启发式最优处停止。

　　产生全局最优的另一种方法可以通过第 11.1 节中的整数规划推导得到。对应每个 $x_{j,k}$，引入二元变量 $y_{j,k}$。

$$y_{j,k} \triangleq \begin{cases} 1 & \text{如果 } x_{j,k} > 0 \\ 0 & \text{否则} \end{cases}$$

变换后的约束条件是：

$$(u_{j,k} - u_{j,k-1})y_{j,k+1} \leqslant x_{j,k} \leqslant (u_{j,k} - u_{j,k-1})y_{j,k} \quad \forall j, k$$

该条件使得后段变量为正值时，前段变量一定取到最大值，满足序条件 17.67。

17.10　正项几何规划方法

　　正如我们在第 17.1 节和第 17.2 节中看到的，非线性规划的许多重要应用出现在工程设计中，决策变量可能是物理尺寸、压力等。这些模型通常是高度非线性的，并具有许多局部最优解。本节将涉及其中称为**正项几何规划**的特殊情况，它解决了许多工程设计模型的"变量权力"形式，并且是目前唯一一种可以解得全局最优解的非线性非凸规划。

17.10.1　正项几何规划

　　在第 17.2 节中我们介绍了**正项**函数（定义 17.10），是一组决策变量乘积的正加权和，决策变量指数符号没有限制。而**正项几何规划** GP 是一个最小化正项目标函数，约束条件是正项函数小于等于 1（定义 17.11）且变量大于 0 的非线性规划。一般形式如下：

$$\begin{aligned} \min \quad & \sum_{k \in K_0} d_k \prod_{j=1}^{n} (x_j)^{a_{k,j}} \\ \text{s.t.} \quad & \sum_{k \in K_i} d_k \prod_{j=1}^{n} (x_j)^{a_{k,j}} \leqslant 1 \quad i = 1, \cdots, m \\ & x_j \qquad\qquad\qquad\quad > 0 \quad j = 1, \cdots, n \end{aligned} \quad (17\text{-}70)$$

其中，非重叠集合 K_i 对应目标函数和约束中的正项式，d_k 是权重，$a_{k,j}$ 是正项式 k 中变量 x_j 的指数。

　　几个对易处理性至关重要的细节：
- 目标函数是最小化正项函数，不支持最大化目标。
- 系数 d_k 为正。
- 约束条件必须是正项函数小于等于右端。不支持等于或者大于等于的形式。
- 决策变量必须取正值，后续会取对数。

17.10.2　回顾围堰问题

　　我们通过第 17.2 节的围堰问题来说明 GP 模型。

$$\min \quad 168x_1x_2 + 3\,648x_1 + 3\,648\,\frac{x_1x_2}{x_3} + \frac{1.46 \times 10^7}{x_4} \quad (\text{成本})$$

$$\text{s.t.} \quad \frac{1.25x_4}{x_1} + \frac{41.625}{x_1} \leqslant 1 \quad (\text{经验})$$

$$\frac{1.042\,5x_1}{x_2} \leqslant 1 \quad (\text{滑动}) \tag{17-71}$$

$$0.000\,35x_1x_3 \leqslant 1 \quad (\text{张力})$$

$$x_1,x_2,x_3,x_4 > 0$$

在(17-70)符号表示中,

$$K_0 = \{1,2,3,4\}, \quad K_1 = \{5,6\}, K_2 = \{7\}, \quad K_3 = \{8\}$$

对应的系数是:

$$d_1 = 168, \quad d_2 = 3\,648, \quad d_3 = 3\,648, \quad d_4 = 1.46 \times 10^7$$
$$d_5 = 1.25, \quad d_6 = 41.625, \quad d_7 = 1.042\,5, \quad d_8 = 0.000\,35$$
$$a_{1,1} = 1, \quad a_{1,2} = 1, \quad a_{1,3} = 0, \quad a_{1,4} = 0$$
$$a_{2,1} = 1, \quad a_{2,2} = 0, \quad a_{2,3} = 0, \quad a_{2,4} = 0$$
$$a_{3,1} = 1, \quad a_{3,2} = 1, \quad a_{3,3} = -1, \quad a_{3,4} = 0$$
$$a_{4,1} = 0, \quad a_{4,2} = 0, \quad a_{4,3} = 0, \quad a_{4,4} = -1$$
$$a_{5,1} = -1, \quad a_{5,2} = 0, \quad a_{5,3} = 0, \quad a_{5,4} = 1$$
$$a_{6,1} = -1, \quad a_{6,2} = 0, \quad a_{6,3} = 0, \quad a_{6,4} = 0$$
$$a_{7,1} = 1, \quad a_{7,2} = -1, \quad a_{7,3} = 0, \quad a_{7,4} = 0$$
$$a_{8,1} = 1, \quad a_{8,2} = 0, \quad a_{8,3} = 1, \quad a_{8,4} = 0$$

例 17-32 用正项集合规划表示

写出下列模型正项几何规划标准形式(17-70)的约束和指数集合:

$$\min \quad 3\,\frac{w_1^{43}}{w_2} + 14w_2w_3$$

$$\text{s.t.} \quad w_1\,\sqrt{w_3} + w_2\,\sqrt{w_3} \leqslant 20$$

$$\frac{w_1}{w_2} \leqslant 1$$

$$w_1,w_2,w_3 > 0$$

解: 将主约束除以20,得到标准形式的右端项。目标函数包括正项式 $k \in K_0 \triangleq \{1,2\}$,第一个约束包括 $k \in K_1 \triangleq \{3,4\}$,第二个约束有 $k \in K_2 \triangleq (5)$。因此对应的标准型系数是:

$$d_1 = 3, \quad d_2 = 14, \quad d_3 = 0.05, \quad d_4 = 0.05, \quad d_5 = 1$$

和

$$a_{1,1} = 0.43, \quad a_{1,2} = -1, \quad a_{1,3} = 0$$
$$a_{2,1} = 0, \quad a_{2,2} = 1, \quad a_{2,3} = 1$$
$$a_{3,1} = 1, \quad a_{3,2} = 0, \quad a_{3,3} = 0.5$$
$$a_{4,1} = 0, \quad a_{4,2} = 1, \quad a_{4,3} = 0.5$$
$$a_{5,1} = 1, \quad a_{5,2} = -1, \quad a_{5,3} = 0$$

17.10.3 正项几何规划变量的对数变换

正项函数不一定是凸函数，见应用(17-14)，且通常情况下正项几何规划(17-70)也不是凸规划。但是我们可以通过变量代换将其转换为凸规划。具体来说(原理 17.12)，我们考虑令：

$$z_j \triangleq \ln(x_j) \tag{17-72}$$

或者：

$$x_j \triangleq e^{z_j} \tag{17-73}$$

根据(17-73)，(17-70)的正项式 k 可以简化为：

$$d_k \prod_j (x_j)^{a_{k,j}} = d_k \prod_j (e^{z_j})^{a_{k,j}} = d_k \prod_j e^{a_{k,j}z_j} = d_k^{\sum_j a_{k,j}z_j} = d_k e^{a^{(k)} \cdot z}$$

其中，$a^{(k)} \triangleq (a_{k,1}, \cdots, a_{k,n})$，$z \triangleq (z_1, \cdots, z_n)$。原几何规划问题(17-70)变为：

$$
\begin{aligned}
\min \quad & f(z) \triangleq \sum_{k \in K_0} d_k e^{a^{(k)} \cdot z} \\
\text{s. t.} \quad & g_i(z) \triangleq \sum_{k \in K_i} d_k e^{a^{(k)} \cdot z} \leqslant 1 \quad i = 1, \cdots, m \\
& z_j \, \text{URS} \qquad\qquad\qquad j = 1, \cdots, n
\end{aligned}
\tag{17-74}
$$

围堰问题(17-71)可以改写为：

$$
\begin{aligned}
\min \quad & 168 e^{a^{(1)} \cdot z} + 3\,648 e^{a^{(2)} \cdot z} + 3\,648 e^{a^{(3)} \cdot z} + (1.46 \times 0^7) e^{a^{(4)} \cdot z} \\
\text{s. t.} \quad & 1.25 e^{a^{(5)} \cdot z} + 41.625 e^{a^{(6)} \cdot z} \leqslant 1 \\
& 1.042\,5^{a^{(7)} \cdot z} \qquad\qquad \leqslant 1 \\
& 0.000\,35 e^{a^{(8)} \cdot z} \qquad\quad\ \leqslant 1 \\
& z \, \text{URS}
\end{aligned}
\tag{17-75}
$$

其中：

$$
\begin{aligned}
a^{(1)} &= (1,1,0,0), & a^{(2)} &= (1,0,0,0) \\
a^{(3)} &= (1,1,-1,0), & a^{(4)} &= (0,0,0,-1) \\
a^{(5)} &= (-1,0,0,1), & a^{(6)} &= (-1,0,0,0) \\
a^{(7)} &= (1,-1,0,0), & a^{(8)} &= (1,0,1,0)
\end{aligned}
$$

例 17-33 几何规划的变量代换

回到例 17-32 的正项几何规划。通过(17-73)变量代换将其改写为(17-74)的凸规划形式。

解：根据例 17-32 的系数，变换后的模型是：

$$
\begin{aligned}
\min \quad & 3 e^{0.43z_1 - 1z_2} + 14 e^{1z_2 + 1z_3} \\
\text{s. t.} \quad & 0.05 e^{1z_1 + 0.5z_3} + 0.05 e^{1z_2 + 0.5z_3} \leqslant 1 \\
& 1 e^{1z_1 - 1z_2} \qquad\qquad\qquad \leqslant 1 \\
& z_1, z_2, z_3 \, \text{URS}
\end{aligned}
$$

17.10.4 几何规划变形凸规划

根据(17-73)变量代换可以将正项几何规划变换为凸规划(定义 17.3)。

原理 17.65 几何规划通过代换 $x_j = e^{z_j}$ 得到的新模型是变量为 z_j 的凸规划。

为理解新模型为什么是凸规划，首先我们观察到目标函数和约束条件都是

$$p_k(\mathbf{z}) \triangleq e^{\mathbf{a}^{(k)} \cdot \mathbf{z}}$$

的正加权和。

其中线性指数 $\mathbf{a}^{(k)} \cdot \mathbf{z}$ 关于 $\mathbf{z}$ 是凸函数（原理 16.28），且 $h(y) \triangleq e^y$ 是非减的凸函数。根据原理 16.31，每个 p_k 都是凸函数，所以它们的和必然也是凸函数。综上，(17-74)满足最小化凸函数目标，约束条件凸函数小于等于右端项，因此(17-74)是一个凸规划。

注意到以上分析依赖于正项几何规划的具体细节。为了使凸函数的加权和仍然是凸函数，系数 $d_{j,k}$ 一定为正。同样，最小化目标函数和非线性约束小于等于右端项也都是使模型成为凸规划的必要条件。

17.10.5 求解变换后的几何规划

原理 17.65 给正项几何规划(17-65)求解全局最优解提供了一种直接途径。我们只需要替换 $x_j = e^{z_j}$，按照第 17.6 节中的方法求解变换后的凸规划，最后通过：

$$x_j^* \leftarrow e^{z_j^*} \quad \forall j \tag{17-76}$$

代换回原问题。

例如，应用 17C 算法求解变换后的模型，得到最优解：

$$z_1^* = 4.138, \quad z_2^* = 4.179, \quad z_3^* = 3.820, \quad z_4^* = 2.823$$

然后根据(17-76)代换回原模型，有：

$$x_1^* = e^{4.138} = 62.65, \quad x_2^* = e^{4.179} = 65.32,$$
$$x_3^* = e^{3.820} = 45.60, \quad x_4^* = e^{2.823} = 16.82$$

17.10.6 几何规划的对偶问题

有时候我们可以使用一些比解凸规划(17-74)更有效的方法求解几何规划。比如通过求解原模型的对偶问题。

除了约束条件对应的拉格朗日乘子，几何规划的对偶问题还需要给每个正项式 k 对应的目标函数和约束条件引入变量：

$$v_i \triangleq \text{约束条件 } i \text{ 的拉格朗日乘子}$$
$$\delta_k \triangleq \text{正项式 } k \text{ 的对偶变量}$$

定义 17.66 正项几何规划(17-70)的**几何规划对偶模型**可以表示为：

$$
\begin{aligned}
\max \quad & \sum_{\text{all } k} \delta_k \ln\left(\frac{d_k}{\delta_k}\right) - \sum_{j=1}^{m} v_i \ln(-v_i) \\
\text{s.t.} \quad & \sum_{\text{all } k} \mathbf{a}^{(k)} \delta_k = 0 \\
& \sum_{k \in K_0} \delta_k = 1 \\
& \sum_{k \in K_i} \delta_k = -v_i \quad i = 1, \cdots, m
\end{aligned}
$$

$$\delta_k \geqslant 0 \quad \forall k$$
$$v_i \leqslant 0 \quad i = 1, \cdots, m$$

其中 v_i 是原模型主要约束 i 的拉格朗日乘子，δ_k 是正项式 k 的对偶变量。

通过围堰问题(17-71)进一步说明，其对偶形式 17.66：

$$
\begin{aligned}
\max \quad & \delta_1 \ln\left(\frac{168}{\delta_1}\right) + \delta_2 \ln\left(\frac{3\,648}{\delta_2}\right) + \delta_3 \ln\left(\frac{3\,648}{\delta_3}\right) \\
& + \delta_4 \ln\left(\frac{1.46 \times 10^7}{\delta_4}\right) + \delta_5 \ln\left(\frac{1.25}{\delta_5}\right) + \delta_6 \ln\left(\frac{41.625}{\delta_6}\right) \\
& + \delta_7 \ln\left(\frac{1.042\,5}{\delta_7}\right) + \delta_8 \ln\left(\frac{0.000\,35}{\delta_8}\right) \\
& - v_1 \ln(-v_1) - v_2 \ln(-v_2) - v_3 \ln(-v_3)
\end{aligned}
$$

$$
\begin{array}{llllllllll}
\text{s. t.} & +\delta_1 & +\delta_2 & +\delta_3 & & -\delta_5 & -\delta_6 & +\delta_7 & +\delta_8 & = 0 \\
& +\delta_1 & & +\delta_3 & & & & -\delta_7 & & = 0 \\
& & & -\delta_3 & & & & & +\delta_8 & = 0 \\
& & & & -\delta_4 & +\delta_5 & & & & = 0 \\
& +\delta_1 & +\delta_2 & +\delta_3 & +\delta_4 & & & & & = 1 \\
& & & & & +\delta_5 & +\delta_6 & & & = -v_1 \\
& & & & & & & +\delta_7 & & = -v_2 \\
& & & & & & & & +\delta_8 & = -v_3 \\
& \delta_1, \cdots, \delta_8 & & & & & & & & \geqslant 0 \\
& v_1, v_2, v_3 & & & & & & & & \leqslant 0
\end{array}
\tag{17-77}
$$

前 4 个约束条件表示用原变量 j 的指数 $a_{j,k}$ 给 δ_k 赋权。第 5 个约束表示将与目标函数相关的变量 δ 进行归一化。剩余的主要约束表示原模型主要约束的 3 个拉格朗日乘子(的相反数)是与之相关的 δ_k 之和。模型有如下最优解：

$$
\begin{aligned}
& v_1^* = -1.225, \quad v_2^* = -0.481, \quad v_3^* = -0.155, \\
& \delta_1^* = 0.326, \quad \delta_2^* = 0.108, \quad \delta_3^* = 0.155, \quad \delta_4^* = 0.411 \\
& \delta_5^* = 0.411, \quad \delta_6^* = 0.814, \quad \delta_7^* = 0.481, \quad \delta_8^* = 0.155
\end{aligned}
\tag{17-78}
$$

最优值为 14.563。

例 17-34 构建几何规划的对偶问题

构建例 17-33 中几何规划的对偶问题。

解：根据 17.66，引入拉格朗日乘子 v_1，v_2 和变量 δ_1，$\cdots$，δ_5，于是有：

$$
\begin{aligned}
\max \quad & \delta_1 \ln\left(\frac{3}{\delta_1}\right) + \delta_2 \ln\left(\frac{14}{\delta_2}\right) + \delta_3 \ln\left(\frac{0.05}{\delta_3}\right) + \delta_4 \ln\left(\frac{0.05}{\delta_4}\right) + \delta_5 \ln\left(\frac{1}{\delta_5}\right) \\
& - v_1 \ln(-v_1) - v_2 \ln(-v_2)
\end{aligned}
$$

$$
\begin{array}{llllll}
\text{s. t.} & 0.43\delta_1 & & +1\delta_3 & & +1\delta_5 & = 0 \\
& -1\delta_1 & +1\delta_2 & & +1\delta_4 & -1\delta_5 & = 0 \\
& & 1\delta_2 & +0.5\delta_3 & +0.5\delta_4 & & = 0 \\
& 1\delta_1 & +1\delta_2 & & & & = 1
\end{array}
$$

$$1\delta_3 \quad + 1\delta_4 \quad 0 \quad =- v_1$$
$$1\delta_5 \quad =- v_2$$
$$\delta_1, \cdots, \delta_5 \quad \geqslant 0$$
$$v_1, v_2 \quad \leqslant 0$$

17.10.7 求解几何规划的难度级别

对偶问题 17.66 是一个有线性约束的可分离规划(定义 17.7)。其目标函数对于可行的 $(\delta, \mathbf{v})$ 是凹函数。

原理 17.67 正项几何规划对偶问题 17.66 是一个有线性约束的可分离规划。

因此第 17.9 节中的可分规划方法和第 17.6 节中的既约梯度算法都可以用于求解它的全局最优解。

有时问题会更加简单一些。注意到最后一组主要约束完全根据 δ_k 来决定 v_i,模型的难度取决于其他主要约束中独立变量 δ_k 的数量。

定义 17.68 几何规划的**求解难度**根据下式确定:

$$正项式 k 的数量 — 变量 j 的数量 — 1$$

对偶问题 17.66 的前两组主要约束有一组变量和 $n+1$ 个约束,分别对应于原问题的多项式 k 以及 n 个原变量。因此,难度级别限制了变量 δ 的数量。有些模型的难度级别为 0,意味着对偶问题的最优解可以通过求解一组线性方程式得到。围堰问题(17-77)的难度级别是:

$$正项式 — 变量 — 1 = 8 — 4 — 1 = 3$$

例 17-35 确定几何规划的求解难度

确定例 17-32~17-34 中正项几何规划的求解难度。

解:模型有 5 个正项式和 3 个变量。因此求解难度是 $5-3-1=1$。

17.10.8 得到原几何规划的解

我们看到对偶问题 17.66 可能非常容易求解,但是我们真正感兴趣的是原问题 17.11。如何得到原始最优解 $\mathbf{x}^*$ 呢?

当对偶问题的最优拉格朗日乘子已知时,我们可以得到对偶问题和原问题的显式表达式。

原理 17.69 假设 $\mathbf{z}^*$ 是几何规划对偶问题 17.66 在约束 $\sum_k \mathbf{a}^{(k)} \delta_k = \mathbf{0}$ 上的最优拉格朗日乘子,则通过

$$x_j^* \leftarrow \mathrm{e}^{-z_j^*}$$

可以得到原问题的全局最优解。

例如，围堰问题(17-77)前 4 个约束的最优拉格朗日乘子是：

$$z_1^* = -4.138, \quad z_2^* = -4.179, \quad z_3^* = -3.820, \quad z_3^* = -2.823$$

应用原理 17.69，原问题的最优解如下：

$$x_1^* = e^{4.138} = 62.65, \quad x_2^* = e^{4.179} = 65.32$$

$$x_3^* = e^{3.820} = 45.60, \quad x_4^* = e^{2.823} = 16.82$$

17.10.9　几何规划对偶问题的推演

为什么模型 17.66 被称为对偶问题，原问题的最优解可以通过原理 17.69 得到呢？首先，我们对变换后的模型(17-74)的目标函数和约束条件两端取对数。

$$
\begin{aligned}
\min \quad & \ln(f(\mathbf{z})) \triangleq \ln\Big(\sum_{k \in K_0} d_k e^{a^{(k)} \cdot \mathbf{z}}\Big) \\
\text{s.t.} \quad & \ln(g_i(\mathbf{z})) \triangleq \ln\Big(\sum_{k \in K_i} d_k e^{a^{(k)} \cdot \mathbf{z}}\Big) \leqslant 0 \quad i = 1, \cdots, m \\
& z_j \ \text{URS} \qquad\qquad\qquad\qquad\qquad j = 1, \cdots, n
\end{aligned}
\tag{17-79}
$$

最小化 $\ln(f)$ 等价于最小化 f，且 $g_i(\mathbf{z}) > 0$，所以对数始终存在。

注意到变换后模型(17-75)是凸规划，所以经对数变换后的模型(17-79)也是凸规划。可以通过 KKT 条件寻找最优解（原理 17.28）。

KKT 条件如下：

$$\frac{1}{f(\mathbf{z})} \sum_{k \in K_0} d_k a_{k,j} e^{a^{(k)} \cdot \mathbf{z}} - \sum_{i=1}^{m} \frac{v_i}{g_i(\mathbf{z})} \sum_{k \in K_i} d_k a_{k,j} e^{a^{(k)} \cdot \mathbf{z}} = 0 \quad \forall j \tag{17-80}$$

其中 v_i 是拉格朗日乘子。

令：

$$\delta_k \triangleq \frac{1}{f(\mathbf{z})} (d_k e^{a^{(k)} \cdot \mathbf{z}}) \quad k \in K_0 \tag{17-81}$$

$$\delta_k \triangleq \frac{-v_i}{g_i(\mathbf{z})} (d_k e^{a^{(k)} \cdot \mathbf{z}}) \quad k \in K_i, i = 1, \cdots, m$$

方程式(17-80)变为：

$$\sum_{\text{所有} \, k} a_{k,j} \delta_k = 0 \quad \forall j = 1, \cdots, n$$

恰好是对偶问题 17.66 的第一组主要约束。v_i 和 δ_k 的符号约束同样一一对应。

为了使定义(17-81)中的新变量 δ_k 起作用，我们令：

$$f(\mathbf{z}) = \sum_{k \in K_0} d_k e^{a^{(k)} \cdot \mathbf{z}}$$

两边同除以 $f(\mathbf{z})$，有：

$$1 = \sum_{k \in K_0} \delta_k \tag{17-82}$$

类似地，

$$g_i(\mathbf{z}) = \sum_{k \in K_i} d_k e^{a^{(k)} \cdot \mathbf{z}} \quad \forall i = 1, \cdots, m$$

乘以 $-v_i/g_i(\mathbf{z})$，得到：

$$- v_i = \sum_{k \in K_i} \delta_k \quad \forall i = 1, \cdots, m \tag{17-83}$$

根据表达式(17-82)和(17-83)，得到了对偶问题 17.66 的约束条件。

接下来只需要得到 KKT 条件的互补松弛部分。对偶问题 17.66 并没有直接包含这些条件，而是通过最优化目标函数：

$$\sum_{\text{所有} k} \delta_k \ln\left(\frac{d_k}{\delta_k}\right) - \sum_i v_i \ln(- v_i) \tag{17-84}$$

来满足其他约束，决策变量是$(\delta, \mathbf{v})$。通过漫长且烦琐的推导可以证明它最大化了驻点 $\mathbf{z}$ 处的拉格朗日函数(17-79)，这和互补松弛条件有等价效果。

17.10.10 符号几何规划

有时候模型虽然不能表示为正项几何规划，但是可以通过限制更少的符号形式表示。

定义 17.70 $s(\mathbf{x})$倘若能表示为：

$$s(x_1, \cdots, x_n) \triangleq \sum_k d_k \left(\prod_{j=1}^{n} (x_j)^{a_{k,j}}\right)$$

其中 d_k 和 $a_{j,k}$ 符号任意，称之为**符号**(signomial)**函数**。

注意，此时不再要求权重 d_k 一定是正值。

显然，权重不再为正值时，正项几何变换后非线性规划的凸性不复存在。但是该问题仍然有较好的易处理性。感兴趣的读者可以进一步阅读相关的非线性规划书籍。

练习题

17-1 利用一块长宽分别为 30、40 英寸的纸板制作一个无盖的立体纸盒。在四个角分别剪下四个矩形，然后折起四个侧面使其与底面垂直，用胶带固定住。设计师希望纸盒的体积尽可能大。

☑(a) 为上述问题建立标准的非线性规划模型。

☑(b) 应用最优化软件，任选一个初始点，找到局部最优。

17-2 建造一个体积不小于 50 000 立方米的办公楼。为了节约供暖和制冷能源，外部屋顶和侧壁表面的面积不能超过 2 250 平方米。在这些前提下，设计师希望使占地面积最小。

(a) 为上述问题建立标准的非线性规划模型。

☑(b) 应用最优化软件，任选一个初始点，找到局部最优。

17-3 一家公司管理其生产的 5 种产品库存，当产品库存为 0 时开始生产固定批量的该产品。下表给出了每种产品的准备成本、单位体积、单位库存维持成本(每年)和预计年需求。

	产品				
	1	2	3	4	5
准备成本	300	120	440	190	80
单位体积	33	10	12	15	26
单位库存维持成本	87	95	27	36	135
预计年需求	800	2 000	250	900	1 350

管理者希望能够选择合适的生产批量，最小化准备成本和库存维持成

本，同时使库存体积不超过 4 000 立方米。假设库存提前期为 0。

- (a) 为上述问题建立带约束的非线性规划模型（提示：如何用 j 的产品批量表示其现有库存）。
- (b) 应用最优化软件，任选一个初始点，找到局部最优。

17-4 一家打印店有 5 台打印机，每隔几年更换新的打印机。下表给出了每台打印机的更换成本（千美元）以及换新以后的预计年收入（千美元）。打印机老化后其工作效率会随之降低，下表的最后一行表示老化打印机每年收入减少的百分比。

	打印机				
	1	2	3	4	5
更换成本	110	450	150	675	320
年收入	90	110	55	220	250
收入减少百分比	5%	20%	30%	20%	40%

打印店老板希望针对每台打印机选择合适的更换周期，最小化更换成本和收入损失。每年用于更换打印机的预算是 250 000 美元。

- (a) 为上述问题建立带约束的非线性规划模型（提示：如何用 j 打印机的更换时间表示其平均收入损失）。
- (b) 应用最优化软件，任选一个初始点，找到局部最优。

17-5 工程师计划用车床切割旋转机多余的金属部分，长度为 42 英寸。车床每分钟转 N 转，刀具以 f 英寸每转的进给速度推进。根据经验，刀具寿命（分钟）为：

$$\left(\frac{5}{Nf^{0.60}}\right)^{6.667}$$

每次刀具磨损时，操作员必须花 0.1 小时安装一个新的刀具并重新调整车床。工程师希望选择最优的加工计划使总成本最小。操作员人工成本为每小时 52 美元，刀具成本为 87 美元。速度 N 必须在区间 [200，600] 内，进给速度 f 在区间 [0.001，0.005] 内。

- (a) 为上述问题建立带约束的非线性规划模型。
- (b) 应用最优化软件，任选一个初始点，找到局部最优。

17-6 一家仓储公司利用自动存储和检索系统（ASAR）处理包含 5 种产品的订单，当库存为 0 时进行补货。下表给出了每种产品的周需求量和单位体积（立方英尺）。

	产品				
	1	2	3	4	5
需求	100	25	30	50	200
体积	2	5	3	7	5

管理者想要知道每种产品分别应该储存多少在仓库中，以最小化每周的补货次数。仓库体积为 1 000 立方英尺。

- (a) 为上述问题建立带约束的非线性规划模型。
- (b) 应用最优化软件，任选一个初始点，找到局部最优。

17-7 一家固体垃圾处理公司计划建立 2 个回收点，以满足下面 5 家社区的需求（吨每天）。

	社区				
	1	2	3	4	5
需求	60	90	35	85	70
东西坐标	0	4	30	20	16
南北坐标	0	30	8	17	15

每个回收点每天至多能处理 200 吨垃圾。决策者希望在社区网络中选择合适的地点建立回收点，减少垃圾拖

运。上表后两行给出了社区坐标，假设托运距离和直线距离成正比。

- ☑(a) 为上述选址问题建立带约束的非线性规划模型。

- ☑💻(b) 应用最优化软件，任选一个初始点，找到局部最优。

17-8 一家轻工制造公司计划在美国西部乡村建立一家新工厂，将从附近的 5 个社区里雇用 100 名员工。下表给出了每个社区里合格的员工数和社区坐标(英里)。

	社区				
	1	2	3	4	5
合格员工数量	70	15	20	40	30
东西坐标	0	10	6	1	2
南北坐标	0	1	8	9	3

决策者希望选择最优的厂址使得员工上班的路程最短。假设员工上班的距离与社区到工厂的直线距离成正比。

- (a) 为上述选址问题建立带约束的非线性规划模型。

- ☑💻(b) 应用最优化软件，任选一个初始点，找到局部最优。

17-9 一位投资者计划将 150 万美元投入到由政府债券、利率敏感型股票和技术股票组成的投资组合。通常来说，它们其中之一贬值时必然伴随着另一个增值。根据他的分析，有如下平均回报率和协方差。

	债券	利率敏感型股票	技术股票
平均回报	5.81%	10.97%	13.02%
	协方差		
债券	1.09	−1.12	−3.15
利率敏感型股票	−1.12	1.52	4.38
技术股票	−3.15	4.38	12.95

投资者希望确定一种投资比例使得协方差最小，同时保证投资回报至少达到 10%。

- ☑(a) 为上述投资问题建立带约束的非线性规划模型。

- ☑💻(b) 应用最优化软件，任选一个初始点，找到局部最优。

17-10 一位农民想要将可用种植面积的 10%～60% 分配给玉米、大豆和向日葵。市场变幻无穷，他打算根据过去的经验进行决策。下表给出了每种产品的每英亩平均回报和协方差。

	玉米	大豆	向日葵
平均回报	77.38	88.38	107.50
	协方差		
玉米	1.09	−1.12	−3.15
大豆	−1.12	1.52	4.38
向日葵	−3.15	4.38	12.95

该农民希望找到风险最小的种植计划，同时使收入至少达到 90 美元每英亩。

- (a) 为上述问题建立带约束的非线性规划模型。

- ☑💻(b) 利用最优化软件，任选一个初始点，找到局部最优。

17-11 生产一种新的高品质威士忌需要混合 5 种不同的蒸馏产品，且质量检测需要通过 3 种指标。下表给出了每种原料的指标值、生产成本(单位体积)以及 3 种指标的上下限。

指标	原料				
	1	2	3	4	5
1	12.6	15.8	17.2	10.1	11.7
2	31.4	30.2	29.6	40.4	28.9
3	115	202	184	143	169
成本	125	154	116	189	132

指标	混合后的新产品	
	下限	上限
1	12	16
2	31	36
3	121	164

前两种指标可以通过被混合原料指标值的加权和得到。而第三种指标的对数是被混合原料指标值加权和的对数。生产经理希望找到一种生产成本最小的混合比例，同时满足3种质量指标的取值范围。

- (a) 为上述问题建立带约束的非线性规划模型。

- (b) 应用最优化软件，任选一个初始点，找到局部最优。

17-12 一家化学制造商计划生产1 250桶特殊的清洁液体，需要用到5种原料。成品需要经过3种质量指标检验。下表给出了每种原料的指标值、成品需要满足的指标范围，以及每种原料的单位成本(每桶)。

指标	原料				
	1	2	3	4	5
1	50.4	45.2	33.1	29.9	44.9
2	13.9	19.2	18.6	25.5	10.9
3	89.2	75.4	99.8	84.3	68.8
成本	531	339	128	414	307

指标	成品	
	下限	上限
1	33	43
2	17	20
3	81	99

第一种指标值是被混合原料指标值的加权平均，第二种指标值的平方是被混合原料指标值的加权平均的平方，而第三种指标的对数是被混合原料指标值加权平均的对数。生产经理希望找到一种生产成本最小的混合比例，同时满足3种质量指标的取值范围。

- (a) 为上述问题建立带约束的非线性规划模型。

- (b) 应用最优化软件，任选一个初始点，找到局部最优。

17-13 一家激光打印机制造商可以在4家工厂 $j = 1, \cdots, 4$，生产6种打印机 $i = 1, \cdots, 6$。工厂 j 生产一台打印机 i 需要的产能表示为 $f_{i,j}$。由于激光打印机市场竞争非常激烈，每种打印机的价格 p_i 都可以认为是市场上同种产品 i 数量的非线性减函数。假设需求函数已知，构造非线性模型求解利润最大的生产计划。

17-14 一家公司计划在现有仓库上加入一块新的自动储存和检索(ASAR)⊖区域。该区域有 $n \geqslant 1$ 条通道，每条通道两侧都有存放托盘的储存格，通道中间有一台堆垛机，用于运送托盘到通道的任何位置。储存区域至少有 p 个储存格，长宽高分别为 w, d, h 英尺。所有的货架高 $m \geqslant 1$ 个储存格，通道宽 k 个储存格。建筑总高不能超过 t 英尺，其中货架顶部距离天花板 u 英尺。通道宽度是托盘宽度的150%，便于堆垛机携带托盘通过；通道长度应容纳 k 个储存格和一个托盘宽度，便于为末端的输入/输出站提供空间。ASAR区域三面密封，只

⊖ J. Ashayeri, L. Gelders, and L. Van Wassenhove(1985), "A Microcomputer-Based Optimisation Model for Design of Automated Warehouses," *International Journal of Production Research*, 23, 825-839.

留下通道的一段和现有仓库相连。工程师希望找出一种设计方案使得建造成本最小。c_1 是堆垛机的单位成本，c_2 是每个储存格所需的钢架成本，c_3，c_4 和 c_5 分别表示每平方地板、天花板和墙壁的建造成本。构建非线性模型找出最优的设计方案。决策变量是 n，m，k，以及建筑的外部尺寸 x（垂直于通道），y（平行于通道）和 z（高度）。将其他符号视作常数处理。

❤ **17-15** 假设兴泰克[⊖]重新考虑旗下主要医药产品 $j=1$，…，7 的销售资源分配问题。目前使用 e_j 销售资源每月可以销售 s_j 单位产品，边际利润是 p_j。通过广泛的讨论和调查，兴泰克量化了销售资源变化对每种产品销量的影响。非线性函数 $r_j(x_j)$ 预测了未来和现在的产品销量比，它是 x_j，即未来和现在销售资源比的函数。构建非线性规划，寻找最优的销售资源分配方案，使得总资源不变且总利润最大，决策变量是 x_j。每种产品的销售资源变化不超过 50%。

17-16 一家石油生产商[⊖]在 10 家制造厂 $j=1$，…，10 生产石油润滑剂，需要向世界各地的供应商 $i=1$，…，15 采购一种添加剂。制造厂 j 每月需要 d_j 吨添加剂，而供应商 i 每月最多能够提供 s_i 吨。从

i 供应商向 j 制造厂运输添加剂的成本是 $t_{i,j}$ 每吨。添加剂价格取决于具体的购买量。基本价是 c_i，每多预定 q_i，从 i 供应商处当月购买的所有产品价格降低百分比 $\alpha_i > 0$。例如，每多预定 1 000 吨产品，价格在基本价基础上降低 0.5%。构建非线性模型，寻找最小化采购成本和运输成本的采购方案（$i=1$，…，15；$j=1$，…，10）。

17-17 搅拌釜式反应器[⊜]是一个带有用于化工生产的大型搅拌器的釜体。连续的 5 个釜体能够有效减低有毒化学物质浓度。假设从釜体 1 进入时浓度为 c_0，从釜体 5 离开时不超过 $\bar{c}$。釜体中的流速不超过 q 升每分钟，每个釜体的处理效果取决于它的体积 v_i。每分钟减少的有毒物质量近似等于：

$$\gamma \frac{\text{输出浓度}}{1+\text{输出浓度}}$$

乘以釜体体积。搅拌釜的成本也可以通过体积得到：$\alpha \cdot \text{体积}^\beta$。构建非线性模型寻找最小化成本的方案。决策变量是：

$$c_i \triangleq \text{釜体 } i \text{ 的输出浓度}$$
$$v_i \triangleq \text{釜体 } i \text{ 的体积}$$

假设其他参数都是常数。

17-18 每天有 q_i 吨货物通过海运抵达日本[⚃]，再运往国内的 50 个地区 $i=1$，…，50。货物可能抵达任意一

⊖ L. M. Lodish, E. Curtis, M. Ness, and M. K. Simpson(1988), "Sales Force Sizing and Deployment Using a Decision Calculus Model at Syntex Laboratories," *Interfaces*, 18：1, 5-20.

⊖ P. Ghandforoush and J. C. Loo(1992), "A Non-linear Procurement Model with Quantity Discounts," *Journal of the Operational Research Society*, 43, 1087-1093

⊜ L. Ong(1988), "Hueristic Approach for Optimizing Continuous Stirred Tank Reactors in Series Using Michaelis-Menten Kinetics," *Engineering Optimization*, 14, 93-99.

⚃ M. Noritake and S. Kimura(1990), "Optimum Allocation and Size of Seaports," *Journal of Waterway, Port, Coastal and Ocean Engineering*, 116, 287-299.

个港口 $j=1$，…，17。国内的运输成本 $c_{i,j}$ 因港口和目的地而异。政府计划投资港口，增加港口的吨位处理能力，降低国内运输成本、港口维修费用以及货物在港口内的延迟费用。港口 j 的维修费用是 a_j · 处理能力 · j^{b_j}，其中 a_j 和 b_j 是已知的常数；延迟费用是：

$$d/[j\ 处理能力-j\ 的运输量]$$

其中 d 是每吨每天的延迟费用。使用以下决策变量构建非线性模型，找出最优的港口投资计划。

$x_{i,j} \triangleq$ 从港口 j 运往区域 i 的货物（吨）

$x_j \triangleq$ 从港口 j 运出的总货物

$y_j \triangleq$ 港口 j 的处理能力

17-19 三个城市社区由两两之间的双向车道连接起来。社区 k 输出来自 i 的车辆数 $b_{i,k}$（每小时）服从已知模式（$b_{i,k}=-\sum_{k\neq i}b_{i,k}$）。城市 (i,j) 之间的堵车时间 $d_{i,j}$ 是车流量的函数，后者反映了 (i,j) 之间的车道数量和其他道路特征。构建一个非线性模型，寻找系统最优的车流量，即给定总车流量时，最小化总堵车时间。决策变量如下：

$x_{i,j,k} \triangleq (i,j)$ 之间驶向 k 的车流量 $(i,j,k=1,\cdots,3)$

（注意这与司机本人的决策问题不同。）

17-20 前线的作战指挥官[⊖]必须计划如何使用他的前线火力 f 和储备火力 r，以最小化敌军在这些天 $t=1,\cdots,14$ 攻占的距离，敌军火力

为 a。根据模拟战争预测，敌军的每单位剩余火力每天消灭 p 单位防守火力，而每单位的防守火力每天消灭 q 单位敌军火力。第 t 天攻占的距离可以根据当前的火力来估算：

$$\exp\left[-4\left(\frac{防守火力}{敌军火力}\right)^2\right]$$

储备力量第 1 天不参与战斗，但是一旦参与就不能逃跑。利用以下决策变量构建非线性模型，找出最优的作战计划。

$x_t \triangleq$ 第 t 天的敌军火力

$y_t \triangleq$ 第 t 天的防守火力

$z_t \triangleq$ 第 t 天新加入的防守火力

假设火力只会对敌人造成伤害。

17-21 一个冷水系统[⊖]有如下结构。

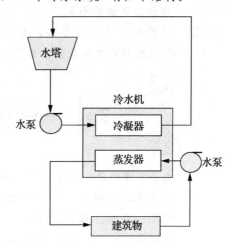

在上图的下环中，水以每分钟 F_1 加仑的速度流动，进入冷水机时温度为 $T_{1,1}$，被冷却至 $T_{1,2}$ 再次流入建筑物。上环中，一股独立的水流以每分钟 F_2 加仑的速度流动，经过冷水机时吸收热量，然

⊖ K. Y. K. Ng and M. N. Lam(1995)，"Force Deployment in a Conventional Theatre-Level Military Engagement," *Journal of the Operational Research Society*，46，1063-1072.

⊖ R. T. Olson and J. S. Liebman(1990)，"Optimization of a Chilled Water Plant Using Sequential Quadratic Programming," *Engineering Optimization*，15，171-191.

后在外部水塔中由 $T_{2,1}$ 至 $T_{2,2}$。水塔的输出温度 $T_{2,2}$ 是 $T_{2,1}$，F_2，塔风机转速 S 以及环境温度 T_0 的非线性函数 f_1。下环中，水流需在建筑中吸收 H 热量，由水温变化乘以水流量得到。类似地，上下两环的热量交换经过水泵以后在冷水机中达到平衡。水泵产生的热量等于其消耗电能的 k 倍。后者也是四种温度和两种流速的非线性函数 f_2。水塔中消耗的电量是塔风机转速的非线性函数 f_3。给定某天，温度 T_0，建筑物的热量 H，常数 k 以及三种函数都已知，且其他的系统变量被控制在 $[\underline{T_{i,j}}, \overline{T_{i,j}}]$，$[\underline{F_i}, \overline{F_i}]$ 和 $[\underline{S}, \overline{S}]$ 之间。构建一个非线性模型，使系统用电量最小化。

17-22 下图是一些大型企业，如 PG&E 的水库和水电站系统示意图。⊖

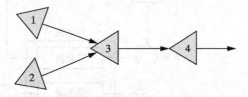

每个节点都是一个带有水坝发电厂的水库，水流经过节点流向下游，需要一个月才能到达下一个水库。可以估计未来几个月 $t=1, .., 3$ 流入水库 i 的水量 $b_{i,t}$（英尺），水库的初始储水量为 $s_{i,0}$。$\underline{s_i}$ 和 $\overline{s_i}$（英尺）分别是水库的最高最低储水量。类似地，$\underline{f_i}$ 和 $\overline{f_i}$ 限制了从水坝流出的水量。每月由水坝 i 得到的发电量是当月 i 流出的水量 f 和水压的非线性函数 $h_i(s, f)$。水压取决于当月储存在水库中的水量 s。管理者希望找到最优的管理方案使得发电量最大。

(a) 绘制随时间变化的曲线图，表示 i 节点每月流出的水量 $f_{i,t}$ 和当月储存水量 $s_{i,t}$。标出上下界以及具有净流入量的节点。假设对于所有节点，$f_{i,0}=0$。

(b) 构建非线性规划模型，最优化如(a)部分图示的发电量。

17-23 判断以下 NPL 是否是凸规划。

☑(a) max $\quad \ln(x_1)+3x_2$

s. t. $\quad x_1 \qquad\qquad \geqslant 1$

$\qquad 2x_1+3x_2 \quad =1$

$\qquad (x_1)^2+(x_2)^2 \leqslant 9$

(b) min $\quad x_1+x_2$

s. t. $\quad x_1, \ x_2 \leqslant 9$

$\qquad -5 \leqslant x_1 \leqslant 5$

$\qquad -5 \leqslant x_2 \leqslant 5$

☑(c) max $\quad x_1+6/x_1+5 \ (x_2)^2$

s. t. $\quad 4x_1+6x_2 \leqslant 35$

$\qquad x_1 \geqslant 5, \ x_2 \geqslant 0$

(d) min $\quad 14x_1+9x_2-7x_3$

s. t. $\quad 6x_1+2x_2 \quad =20$

$\qquad 3x_2+11x_3 \leqslant 25$

$\qquad x_1, \ x_2, \ x_3 \geqslant 0$

☑(e) min $\quad e^{x_1+x_2}-28x_2$

s. t. $\quad (x_1-3)^2+(x_2-5)^2 \quad \leqslant 4$

$\qquad 14x_1-6x_2 \qquad\qquad =12$

$\qquad -2 \ (x_1)^2+2x_1x_2-(x_2)^2 \geqslant 0$

(f) max $\quad 62x_1+123x_2$

s. t. $\quad \ln(x_1)+\ln(x_2)=4$

$\qquad 7x_1+2x_2 \quad =900$

$\qquad x_1, \ x_2 \qquad\qquad \geqslant 1$

17-24 判断练习题 17-23 中的 NPL 是否是可分离规划。

⊖ Y. Ikura, G. Gross, and G. S. Hall (1986), "PG&E's State-of-the-Art Scheduling Tool for Hydro Systems," *Interfaces* 16: 1, 65-82.

17-25　判断以下 NPL 是否是二次规划，若是，写出目标函数矩阵形式 $\mathbf{c} \cdot \mathbf{x} + \mathbf{x}\mathbf{Q}\mathbf{x}$ 中的 $\mathbf{c}$ 和 $\mathbf{Q}$。

☑(a) $\min\ x_1 x_2 + 134/x_3 + \ln(x_1)$
s. t.　$x_1 + 4x_2 - x_3 \leqslant 7$
　　　$14x_1 + 2x_3 = 16$
　　　$x_1,\ x_2,\ x_3 \geqslant 0$

(b) $\min\ 6\,(x_1)^2 + 34x_1 x_2 + 5\,(x_2)^2 - 12x_1 + 19x_2$
s. t.　$7x_1 + 3x_2 \geqslant 15$
　　　$93x_1 + 27x_2 + 11x_3 \leqslant 300$
　　　$x_3 \geqslant 0$

☑(c) $\max\ 2x_1 x_2 + (x_2)^2 + 9x_3$
s. t.　$x_1 + x_2 + x_3 \geqslant 6$
　　　$x_j \leqslant 5,\ j = 1,\ \cdots,\ 3$

(d) $\max\ (x_1)^2 + (x_2)^2$
s. t.　$(x_1 - 10)^2 + (x_2 - 4)^2 \leqslant 9$
　　　$x_1,\ x_2 \geqslant 0$

17-26　判断下列给定多项式是否是正项式。

☑(a) $23x_1 - 34x_2 + 60x_3$

(b) $54x_1 + 89x_2 + 52x_3$

☑(c) $7x_1 x_2/(x_3)^{2.3} + 4\sqrt{x_1}$

(d) $44x_1/\ln(x_2) + e^{-x_3}$

17-27　将以下 NPL 用正项几何规划标准型表示，写出集合 K_i，以及系数 d_k 和 $a_{k,j}$。

☑(a) $\min\ 13x_1 x_2/x_3 + 9\sqrt{x_1 x_3}$
s. t.　$3x_1 + 8x_2 \leqslant x_3$
　　　$20/(x_3)^4 \leqslant 4$
　　　$x_1,\ x_2,\ x_3 > 0$

(b) $\min\ 40/x_1 + x_2/\sqrt{x_3}$
s. t.　$x_1 x_2 \leqslant (x_3)^2$
　　　$18x_1 + 14x_2 \leqslant 2$
　　　$x_1,\ x_2,\ x_3 > 0$

17-28　考虑以下非线性规划：
$\min\ 8\,(x_1 - 2)^2 + 2\,(x_2 - 1)^2$
s. t.　$32x_1 + 12x_2 = 126$

☑(a) 构建拉格朗日函数。

☑(b) 构造拉格朗日驻点条件。

☑(c) 求拉格朗日函数驻点 x_1, x_2，说明为什么该点是原模型的最优点。

(d) 说明为什么 $x_1 \leqslant 2$ 是原模型的起作用约束。

☑(e) 利用拉格朗日法为加入新约束 (d) 的模型寻找最优解。

17-29　就以下非线性规划完成练习题 17-28。
$\max\ 300 - 5\,(x_1 - 20)^2 - 4\,(x_2 - 6)^2$
s. t.　$x_1 + x_2 = 8$
(c)部分的约束改为 $x_2 \geqslant 0$。

17-30　写出以下规划的 KKT 条件。

☑(a) $\min\ 14\,(x_1 - 9)^2 + 3\,(x_2 - 5)^2 + (x_3 - 11)^2$
s. t.　$2x_1 + 18x_2 - x_3 = 19$
　　　$6x_1 + 8x_2 + 3x_3 \leqslant 20$
　　　$x_1,\ x_2 \geqslant 0$

(b) $\max\ 6x_1 + 40x_2 + 5x_3$
s. t.　$x_1 \sin(x_2) + 9x_3 \geqslant 2$
　　　$e^{18x_1 + 3x_2} + 14x_3 \leqslant 50$
　　　$x_2,\ x_3 \geqslant 0$

☑(c) $\min\ 100 - (x_1 - 3)^2 - (x_2)^4 + 19x_3$
s. t.　$5\,(x_1 - 1)^2 + 30\,(x_2 - 2)^2 \geqslant 35$
　　　$60x_2 + 39x_3 = 159$
　　　$x_1,\ x_2,\ x_3 \geqslant 0$

(d) $\max\ 7\ln(x_1) + 4\ln(x_2) + 11\ln(x_3)$
s. t.　$(x_1 + 2)^2 - x_1 x_2 + (x_2 - 7)^2 \geqslant 80$
　　　$5x_1 + 7x_3 \geqslant 22$
　　　$x_1,\ x_2,\ x_3 \geqslant 3$

☑17-31　对于练习题 17-30 中的规划模型，根据原理 17.26 判断 KKT 点是否是全局最优点。

17-32　考虑如下 NLP。
$\min\ 15\,(x_1)^2 + 4\,(x_2)^2$
s. t.　$3x_1 + 2x_2 = 8$
　　　$x_1, x_2 \geqslant 0$

✅(a) 写出模型的 KKT 条件。

(b) 证明在点 $\mathbf{x}=(0, 4)$ 处存在可行改进方向 $\Delta\mathbf{x}=(2, -3)$。

(c) 证明在(b)部分的非最优点 $\mathbf{x}$ 处，KKT 条件不成立。

(d) 说明为什么模型的局部最优点一定是 KKT 点。

✅(e) 说明模型的全局最优点 $\mathbf{x}^*=(1, 5/2)$ 是一个 KKT 点。

17-33 就以下 NLP 完成练习题 17-32。

$$\max \quad 2\ln(x_1) + 8\ln(x_2)$$
$$\text{s. t.} \quad 4x_1 + x_2 = 8$$
$$x_1, x_2 \geqslant 1$$

非最优点 $\mathbf{x}=(1, 4)$，可行改进方向 $\Delta\mathbf{x}=(-1, 4)$，全局最优点 $\mathbf{x}^*=(1, 4)$。

✅ **17-34** 通过绝对值（非平方）惩罚函数将练习题 17-30 的 NLP 变换为无约束惩罚模型。

✅ **17-35** 使用平方惩罚函数完成练习题 17-34。

17-36 考虑如下 NLP：

$$\min \quad 2(x_1 - 3)^2 - x_1 x_2 + (x_2 - 5)^2$$
$$\text{s. t.} \quad (x_1)^2 + (x_2)^2 \leqslant 4$$
$$0 \leqslant x_1 \leqslant 2, x_2 \geqslant 0$$

最优解是 $\mathbf{x}^*=(1.088, 1.678)$。

✅(a) 利用非平方惩罚函数将模型改写为无约束惩罚模型。

✅(b) 说明为什么对于所有的 $\mu \geqslant 0$，(a)部分无约束模型的局部最小一定是全局最小。

✅(c) 判断(a)部分的惩罚目标是否可微，说明原因。

✅(d) 判断是否存在足够大的惩罚因子 μ 使得(a)部分无约束模型最优解也是原模型的最优解，说明原因。

✅(e) 假设我们利用 17A 算法求解给定的带约束的非线性规划。说明我们为什么可以分别选取 $\mu=0.5$，$\beta=2$ 作为初始惩罚因子和增大因子。

✅💻(f) 利用最优化软件实现 17A 算法，初始点是 $\mathbf{x}=(3, 5)$，惩罚因子和增大因子见(e)部分。

✅ **17-37** 使用平方惩罚函数完成练习题 17-36，(f)部分在总约束公差 $\leqslant 0.2$ 时停止搜索。

17-38 就以下 NLP 完成练习题 17-36。

$$\max \quad 100 - 8(x_1)^2 - 3(x_2 - 3)^2$$
$$\text{s. t.} \quad x_2 \geqslant 2/x_1$$
$$0 \leqslant x_1 \leqslant 2$$
$$0 \leqslant x_2 \leqslant 2$$

17-39 使用平方惩罚函数完成练习题 17-38，(f)部分在总约束公差 $\leqslant 0.2$ 时停止搜索。

✅ **17-40** 判断障碍法是否能应用于练习题 17-23 的 NLP，倘若可以，利用对数障碍函数将原模型改写为无约束障碍模型。

✅ **17-41** 利用倒数障碍函数完成练习题 17-40。

17-42 考虑通过障碍法求解练习题 17-36 的 NLP。

✅(a) 利用对数障碍函数将原模型改写为无约束障碍模型。

✅(b) 说明为什么对于所有的 $\mu \geqslant 0$，(a)部分无约束模型的局部最小一定是全局最小。

✅(c) 判断(a)部分的障碍目标是否可微，说明原因。

✅(d) 判断是否存在足够小的障碍因子 μ 使得(a)部分无约束模型最优解也是原模型的最优解，说明原因。

✅(e) 假设我们利用 17B 算法求解给定的带约束的非线性规划。说明我们为什么可以分别选取

$\mu=2$，$\beta=1/4$ 作为初始惩罚因子和减小因子。

🖥️ (f) 利用最优化软件实现 17B 算法，初始点是 $\mathbf{x}^{(0)}=(3,5)$，障碍因子和减小因子见 (e) 部分。当 $\mu\geqslant 1/32$ 时，继续搜索。

17-43 利用倒数障碍函数完成练习题 17-42。

17-44 就练习题 17-38 的 NLP 完成练习题 17-42。初始点为 $\mathbf{x}^{(0)}=(1.8,1.8)$，障碍因子 $\mu=8$ 且 $\beta=1/4$。

17-45 利用倒数障碍因子完成练习题 17-44。

17-46 考虑以下非线性规划：

$$\min \quad (x_1-8)^2+2(x_2-4)^2$$
$$\text{s.t.} \quad 2x_1+8x_2\leqslant 16$$
$$x_1 \leqslant 7$$
$$x_1,x_2 \geqslant 0$$

(a) 引入松弛变量 x_3，x_4，构建 17C 算法的标准型。

(b) 说明 x_2 和 x_4 可以构成标准模型的一组基变量。

(c) 假设基变量如(b)部分给定，初始点为 $\mathbf{x}^{(0)}=(0,1,8,7)$，写出基变量、非基变量和超基变量。

(d) 写出(c)部分基变量和初始解对应的既约梯度。

(e) 根据 17C 算法得到(c)部分基变量和初始解对应的移动方向。

(f) 计算(e)部分移动方向最大可行步长 λ。假设沿该方向移动至最大可行步长时目标函数持续改进，写出 $\mathbf{x}^{(1)}$。

(g) 说明为什么 17C 算法在 $\mathbf{x}^{(1)}$ 会变换基变量，并写出新的基变量。

17-47 回到练习题 17-46(a)的标准型非线性规划。

(a) 应用 17C 算法寻找最优解，初始点为 $\mathbf{x}^{(0)}=(0,1,8,7)$。

(b) 画图描绘算法过程。

17-48 就以下非线性规划完成练习题 17-46。

$$\max \quad 500-3(x_1+1)^2+2x_1x_2-(x_2-10)^2$$
$$\text{s.t.} \quad x_1-x_2\leqslant 1$$
$$x_2 \leqslant 5$$
$$x_1,x_2 \geqslant 0$$

初始基变量为 $\{x_1,x_4\}$，初始点为 $\mathbf{x}^{(0)}=(2,1,0,4)$。

17-49 针对练习题 17-48(a)的标准型 NLP 完成练习题 17-47。

17-50 考虑以下等式约束二次规划：

$$\min \quad 6(x_1)^2+2(x_2)^2-6x_1x_2+4(x_3)^2+5x_1+15x_2-16x_3$$
$$\text{s.t.} \quad x_1+3x_2-2x_3=2$$
$$3x_1-x_2+x_3=3$$

(a) 写出二次规划标准型的 $\mathbf{Q}$，$\mathbf{c}$，$\mathbf{A}$ 和 $\mathbf{b}$。

(b) 写出模型的 KKT 条件。

(c) 解 KKT 条件，得出唯一的 KKT 点。

17-51 就以下等式约束二次规划完成练习题 17-50。

$$\max \quad -(x_1)^2-8(x_2)^2-2(x_3)^2+10x_2x_3+14x_1-8x_2+20x_3$$
$$\text{s.t.} \quad x_1+4x_3=4$$
$$-x_2+3x_3=1$$

17-52 回到练习题 17-46 的 NLP，利用 17D 算法求解，初始点为 $\mathbf{x}^{(0)}=(0,1)$。

(a) 写出一般对称形式 17.50 的 c_0，$\mathbf{c}$，$\mathbf{Q}$，$\mathbf{a}^{(1)}$，…，$a^{(4)}$ b_1，…，b_4，和 G，L，E，并说明该模型是二次规划。

(b) 写出并求解初始解 $\mathbf{x}^{(0)}$ 对应的起作用集最优性条件 17.53。

(c) 确定步长，写出下一个搜索点 $\mathbf{x}^{(1)}$。

(d) 写出并求解 $\mathbf{x}^{(1)}$ 对应的最优性条件 17.53，证明倘若所有起作用不等式都已经被纳入起作用集 S，目标函数不能继续改进。

☑(e) 利用(d)部分的结果说明哪些起作用约束应该被删除。

☑(f) 继续(e)部分，找出二次规划的最优解。

(g) 画图描绘以上求解过程。

(h) 对比(g)部分的17D算法和练习题17-47中的17C算法。

17-53 针对练习题17-48的NLP完成练习题17-52，初始点为$\mathbf{x}^{(0)} = (2, 1)$。

17-54 构建以下可分离规划的线性规划近似17.59，分界点是：$u_{1,0} = 0$，$u_{1,1} = 1$，$u_{1,2} = 3$，$u_{2,0} = 0$，$u_{2,1} = 2$，$u_{2,2} = 4$。

☑(a) $\min \quad x_1/(4-x_1)+(x_2-1)^2$
s.t. $2x_1+x_2 \geqslant 2$
$4(x_1+1)^3 - 9(x_2)^2 \leqslant 25$
$0 \leqslant x_1 \leqslant 3$
$0 \leqslant x_2 \leqslant 4$

(b) $\max \quad 500-(x_1-1)^2-25/(x_2+1)$
s.t. $\sqrt{x_1}-(x_2+1)^2 \geqslant -3$
$6x_1+2x_2 \leqslant 10$
$0 \leqslant x_1 \leqslant 3$
$0 \leqslant x_2 \leqslant 4$

17-55 考虑可分离规划：
$$\min \quad 2(x-3)^2$$
$$\text{s.t.} \quad 0 \leqslant x \leqslant 6$$

(a) 证明该模型是一个凸规划。

☑(b) 证明最优解出现在$x^*=3$时。

☑(c) 利用$u_0=0$，$u_1=2$，$u_2=6$构建线性规划近似17.61。

☑(d) 求解(c)部分的线性近似模型，说明得到的最优解是否满足条件17.62。

(e) 讨论(a)部分的凸性与(d)部分的序条件17.62之间的联系。

(f) 证明当目标是求最大值时，$x^*=$

0和$x^*=6$都是原NLP的最优值。

☑(g) 目标改为求最大值，重复(d)部分练习。

(h) 点评当(g)不满足17.62的序条件时，目标函数和其他值产生的误差。

17-56 考虑标准型正项几何规划：
$$\min \quad 3/\sqrt{x_1}+x_1x_2+10/(x_3)^3$$
$$\text{s.t.} \quad 0.5x_1x_2/(x_3)^2 \leqslant 1$$
$$0.167x_1+0.25(x_1)^{0.4}x_2+0.0833x_3 \leqslant 1$$
$$x_1,x_2,x_3 > 0$$

☑(a) 变量代换将模型变形为一个凸规划。

☑□(b) 使用最优化软件求解凸规划，将最优解代换回原变量，得到原模型的最优解。

☑(c) 构建原NLP的几何规划对偶问题。

☑(d) 确定原NLP的求解难度。

☑□(e) 使用最优化软件求解(c)模型，根据对应的拉格朗日乘子得到原模型最优解。

17-57 就以下正项几何规划完成练习题17-56。
$$\min \quad 10/(x_1x_2x_3)^2$$
$$\text{s.t.} \quad 12(x_1)^2x_2+4x_3 \leqslant 1$$
$$0.1x_2\sqrt{x_1}+x_2x_3 \leqslant 1$$
$$(x_1x_2)^{0.333} \leqslant 1$$
$$x_1,x_2,x_3 > 0$$

17-58 配水系统⊖是一个由储水罐和管道组成的网络。储水罐和管道交叉口记为节点i，$j=0$，$\cdots m$，节点间的水流量为$x_{i,j}$（正向流动为正值，

⊖ M. Collins，L. Cooper，R. Helgason，J. Kennington，and L. LeBlanc(1978)，"Solving the Pipe Network Analysis Problem Using Optimization Techniques," *Management Science*，24，747-760.

逆向为负值)。节点 i 的水压可以通过节点处一根开放式垂直水管中的水柱高度测得,地面节点水压记为 0。储水罐的水压给定为 s_i,所有节点的净流出水流是 $r_i\left(\sum\limits_{i=0}^{m}r_i=0\right)$。地面节点 0 与储水罐 i 通过水管 $(0,i)$ 相连。为了确定系统是否会达到一个稳定状态,工程师希望找出水流 $f_{i,j}$ 和水压 h_i 使得 (i) 每个节点处的水流平衡,(ii) 储水罐处的水压达到 s_i,(iii) 满足以下非线性等式:

$$h_j-h_i=\phi_{i,j}(f_{i,j})$$
$$非地面节点(i,j)$$

其中,函数 $\phi_{i,j}(x_{i,j})$ 是水压差和水管 (i,j) 之间水流的关系式,后者反映了水管的长度、大小、泵送以及其他特性。

(a) 构建非线性模型,决策变量是没有符号限制的 $x_{i,j}$,需满足所有节点的流量平衡,目标是最小化求和项:

$$f_{i,j}(x_{i,j})\begin{cases} s_jx_{0,j} & 弧(0,j) \\ \int_0^{x_{i,j}}\phi_{i,j}(z)\mathrm{d}z & 其他(i,j)\end{cases}$$

(b) 说明为什么 (a) 模型是一个可分离规划,假设 $\phi_{i,j}$ 也是凸函数。

(c) 写出 (a) 模型的 KKT 条件,说明为什么局部最优点 $\mathbf{x}^*$ 满足该条件。

(d) 通过 (c) 部分的 KKT 条件说明等式系统 (i)~(iii) 的解可以通过 (a) 的局部最优解和对应的 KKT 乘子 $\mathbf{v}^*$ 得到。

17-59 回到练习题 17-36 的 NLP,考虑利用算法 17E 求解。

　☑ (a) 构建拉格朗日函数,对偶变量为 v_1。

　☑ (b) 根据原理 17.57,构建二阶拉格朗日函数,也是移动方向 $\Delta\mathbf{x}$ 的函数。

　☑ (c) 按照原理 17.58 的形式改写二次规划。

　☑ (d) 当 $\mathbf{x}^{(0)}=(1,1)$ 且乘子 $v_1=0$ 时,按照 (c) 形式写出完整的规划模型。

17-60 就练习题 17-38 的 NLP 完成练习题 17-59,$\mathbf{x}^{(0)}=(1,1)$ 且乘子 $v_1=0$。

参考文献

Bazarra, Mokhtar, Hanif D. Sherali, and C. M. Shetty (2006), *Nonlinear Programming - Theory and Algorithms*, Wiley Interscience, Hoboken, New Jersey.

Griva, Igor, Stephen G. Nash, and Ariela Sofer (2009). *Linear and Nonlinear Optimization*, SIAM, Philadelphia, Pennsylvania.

Luenberger, David G. and Yinyu Ye (2008), *Linear and Nonlinear Programming*, Springer, New York, New York.